AF820283

Gesamtverzeichnis des deutschsprachigen Schrifttums (GV) 1700 – 1910

Bearbeitet unter der Leitung von
Hilmar Schmuck und Willi Gorzny

Bibliographische und redaktionelle Beratung:
Hans Popst und Rainer Schöller

112

Ps - Raf

K · G · Saur München · New York · London · Paris 1984

CIP-Kurztitelaufnahme der Deutschen Bibliothek

Gesamtverzeichnis des deutschsprachigen Schrifttums :
(GV). – München, New York, London, Paris : Saur. ·
Bd. 1 – 6 bearb. unter d. Leitung von Peter Geils
u. Willi Gorzny.
ISBN 3-598-30000-X

1700 – 1910 / bearb. unter d. Leitung von Hilmar
Schmuck u. Willi Gorzny. Bibliograph. u. red.
Beratung: Hans Popst u. Rainer Schöller

NE: Schmuck, Hilmar [Bearb.]

112. Ps - Raf. - 1984.

© 1984 by K. G. Saur Verlag KG, München
Techn. Realisierung und Druck: Norbert Gärtner, Mainz-Kastel
Binden: Karl Schaumann, Darmstadt
Printed in the Federal Republic of Germany
ISBN 3-598-30000-X (Gesamtwerk)

Psallite. Gesangbuch zum Gebrauch der Diözese Straßburg, hrsg. auf Anordnung des hochw. Hrn. Bischofs Adolf. gr. 16. (XXIV, 504 S. m. Titelbild.) Straßburg 900. (F. X. Le Roux & Co.) Geb. in Leinw. n.n. 1.25; auf feinerem Pap. n.n. 1.60

Psalm. Kopenhagen 1753. 2. Druck. Hamburg 1753. V: *Klopstock*, *Frdr. Glieb.* (GGr) (Cat. d. Stadtbibl. Zürich. Zürich 1864—97.)

— der 68ste; aus d. Hebräisch. übers. u. erklärt v. Thaddäus a S. Adamo, (Thereser). 8. Bonn 788.

Psalm, der 23. 1 Bl. Imp.-Fol. Braunschweig, Grüneberg's Buchh. * 30 Pf. Ausg. auf Glacé-Papier *

— der 91., erklärt für Jung und Alt zur Beförderung des richtigen Verständnisses und der erbaulichen Anwendung des heiligen Bibelworts. Mit 2 (color.) Kpfrn. Reutlingen 858. (Palm.) 32. (30 S.) n. 3½ ngr.

Psalm, der 50. u. 129., Miserere u. De profundis. Textbeilage zu den: „6 Gesängen zum Gebrauche bei der hl. Mission". (2 S.) kl. 8. Freiburg i/B. 909. Herder. 25 Stück in Umschlag — 40

Psalmen, d. 103e, Psalm, Gesang an Gott, übers. u. mit Anmerkk. u. e. Gebet begl. v. Chr. Ad. Krahmer. gr. 8. Dresd. 788.

— Psalm Davids, der 104te, übers. u. mit Anmerkk. v. A. J. Onymus. gr. 8. Würzb. 807. Stahel. 3 gr

Psalm 90, s. Hühn, Ernst.

Psalm, der neunzigste. Ein Gebet Mose, des Mannes Gottes. 8. Basel 840, F. Schneider. 3 ngr

Psalm, der 90. Von des menschlichen Lebens Hinfälligkeit. Ein Gebet Moses, des Mannes Gottes. Im Auszuge aus Joh. Arnd's Predigten über den Psalter Davids. Berlin 864. Beck. 8. (32 S.) 1½ ngr.

— der 67ste, (nach d. hebräisch. Zählart d. 68ste); aus d. Hebr. übers. v. J. M. Feder. 8. Würzb. 786.

Psalm, der 77. Ein Wort für Angefochtene. 16. (16 S.) Stuttgart 880, Buchh. der Evangel. Gesellschaft. *

Psalmanaazaar, Georg: Historische und geographische Beschreibung der Insul Formosa, nebst beygefügten Ursachen, warum sich derselbe zur christl. Religion bekannt. Mit verschiedenen Kupfern. Aus dem Englischen übersetzt von Philipp Georg Hübnern. Frankfurt u. Leipzig 1716. (XIV), 551 S., 17 Tf., 1 Krt.

Psalmanaazar, Geo., Beschr. d. Insel Formosa, m. K. 8. Frankf. Wohler. 716.

A., M. C., Heilige // Psalm- // Andachten // Eines // Frommen Davidischen // Hertzens / // Aus den // Psalmen Davids // gezogen // von // M. C. A. // Breßlau / // bey Michael Hubert / 1716. - 12 Blatt (nicht paginiert) Titelkupfer, Titelblatt und Widmung. - 144 S.
B. S. T. 12°.8

Psalm- und Gesangbuch, Das Anhalt-Bernburg., worin die alten Lieder durchgängig verbessert, u. mit vielen neuen, theils fremden u. theils eigenen Liedern vermehrt worden. Bernburg 1753. H: *Starke*, *Wilhelm Ernst.* (StAt)

Psalmbuch, e. jüdisch-christl., aus d. 1. Jahrh., aus d. Syr. übers. v. Johs. Flemming, bearb. u. hrsg. v. Adf. Harnack, s.: Texte u. Untersuchungen zur Geschichte der altchristl. Literatur. III, 5. IV.

Psalme, hauptsächl. zum gottgeweihten Leben; v. E. D. P. a. d. G. (E. Dutzen). 8. Flensb. 791.

Christelig **Psalmebog.** Efter Kongelig Befaling samlet og forordnet til Brug for de danske Menigheder i Hertugdommet Slesvig. Slesvig. 1798. 8°

Evangelisk-luthersk **Psalmebog** for de dansktalende Menigheder i Slesvig. (Udgiven af det K. evangelisk-lutheriske Konsistorium i Kiel i Henhold til den fjerde ordentlige Fællessynodes Beslutning 1889.) Schleswig. o. J. 8°.
—— (Kleinere Ausgabe.) ebd. o. J. 8°.
—— Udgave med store Typer. ebd. 1894. 8°.

Psalmen

— die, exegetisch-homiletisch bearb., s. F. C. Adler.

— Dies. nach Luthers Uebersetzung mit Summarien, s. Karl Fr. Hartmann.

— — s. a. Mendelsohn.

— Dies. nach den 7 Bitten, s. F. Cph. Oetinger.

— — u. Jesaias übers. von Th. Gdl. Pieper, siehe Pieper.

— u. Jesaias, s. Th. Gdl. Piper.

— — dieselb. in französ. Versen, s. Pseaumes.

— — v. F. V. Reinhard übersetzt, s. Reinhard.

Psalmen, die, s. Repetitorium der Exegese des alten Testaments.

— — von J. R. Schärer, s. Schärer.

— übersetzt u. erklärt von J. G. Vaihinger, s. Schriften des A. u. N. Test.

— — v. Seiler, s. Seiler.

— — von J. J. Stolz, s. Stolz.

— Dies. übers. v. Struensee, s. Ch. G. Struensee.

— Dies., s. W. A. Teller.

— die, übers. v. L. v. Eß, s. Testament, das alte.

— — s. a. Thenius.

—— die, metrisch übersetzt und erläutert, s. Vahinger, J. G.

— übersetzt u. erklärt, s. Wittmann, Geo. Mich.

— mit Summarien u. Registern. 8. Dresd., Walther. gr. Druck 2 gr kl. Druck 1 gr

— mit kurzen Summarien u. nöthigen Parallelen. 12. Frankf. a. M., Brönner. 3 ggr

— Dies. erklärt v. Moldenhauer. 8. Hamb., Herold. 10 ggr

— mit kurzen Sumarien u. Parallelen. Speyer ... Kolb. 5 ggr

— Dies. (Als Anhang: die Klagelieder des Propheten Jeremias u. die übrigen Gesänge der heil. Schrift). In gereimten Versen übers. v. Fr. J. Weinzierl. Mit 1 Vign. 2e Aufl. gr. 8. Sulzb., v. Seidel. 1 Rthlr 8 ggr

— — in Vers. v. Daniel. 8. Zelle. 720.

— — die, n. d. Grundtext übers. 12. Görlitz. 723.

— — dies. 12. Salzburg, Mayr. 724.

— — in deutsch. Gesängen. 8. Hannov. 728.

— — in Versen, v. Lobwasser übers. 8. Lemgo, Meyer. 744.

— — poet. übers. m. Baumgartens Vorr. 4 Thle. 8. Halle. 746.

— Dies. übers. v. Ch. Richter. Mit Baumgartens Vorrede. 8. Halle 753. Gebauer. 6 ggr

— die, mit den gewöhnl. Kirchengesängen, einstimmig, in deutsche Reime gebracht von Ambros. Lobwasser. 24. Basel 760. Thurneisen. 6 ggr

— Oden Davids, oder poet. Uebersetzung der Psalmen v. S. G. Lange. 4 Thle. 8. Halle 760. Schwetschke u. S. 8 ggr

— — in deutsch. Poesie, m. K. v. Stoll. 8. Hildburghausen, Hanisch. 762.

— Dies. poet. übersetzt v. Jh. A. Cramer II. 4 Thle. gr. 8. Leipz. 762—64. Breitkopf u. H. 2 Rthlr 16 ggr

— die, übers. v. D. Wolleb. 8. Quedlinb. 763. Ernst. 10 ggr

— Dies. übers. v. J. J. Spreng. 8. Bernb. 766. Neu verbess. Uebersetz. 12. Basel 766. (Neukirch). 12 ggr grob. Druck 14 ggr

— Dies. aus d. Hebr. übers. u. mit Commentar. erläutert v. Jh. C. Fr. Schulz. gr. 8. Leipz. 772. Weygand. 18 ggr

— Dies. freie u. erklär. Uebersetzung v. Otth. Tr. Zachariä. 8. Götting. 773. Dieterich. 20 ggr

— Bußpsalmen, die vier ersten, in d. hebräischen Sprache von Jos. J. Monsperger. 8. Wien 776.

Psalmen, (v. Karl Ferd. Schmid). 8. Greifsw. 777.

— — die, 8. Rostock, Koppe. 777.

Psalmen. Stralsund u. Leipzig 1777. V: *Kosegarten, Ludwig Theobald.* (GGr) (Mn)

— Dies. sammt d. gebräuchl. Cantikus u. tägl. Gebeten mit Anmerkk. v. Ksp. Ullenberg. 8. Augsb. 778. Rieger. 7 ggr Lateinisch u. deutsch, s. *Psalterium.*

— übers. u. mit Anmerkk. erläutert v. G. Chr. Knapp. gr. 8. Halle 778. 2e A. 782. 3e A. 789. (Laue in Berl.) 21 ggr Beilage: Anmerkk. üb. einige Erklärr. u. Lesarten in denselben. 8. Ebd. 778.

— Dies. poet. übers. nach gewöhnl. Kirchenmelodien v. W. Lau. gr. 8. Königsb. 782.

— in Gestalt der Gebete abgefaßt; aus d. Französ. 8. Wien 782. (Heubner). 16 ggr

Psalmen, die, übers. v. Moses Mendelsohn. 8. Berl. 783. 2e Aufl. 788. Maurers B. 16 ggr

— Dies. frei übers. u. für christl. Gemeinden brauchbar gemacht v. S. L. Majewski. 8. Danzig 783.

— Dies. übers. u. mit Anmerkk. v. G. F. Seiler. 8. Erlang. 784. 2e Aufl. 8. Ebd. 788. (Heyder). 9 ggr

— Dies., u. biblische Gesänge in deutsche Verse übers. v. Frz. K. Kienle. gr. 8. Augsb. 787. (Rieger). 1 Rthlr

— Dies. lyrisch übers. v. Jos. Ant. Cramer. 1r Thl. 8. Hildesh. 787. (Hahn in Hannov.) 20 ggr

— Gesänge Davids, aus d. Hebräischen von K. A. Briegleb. 5 Bde. 8. Arnstadt 789—93.

— — übers. m. Anm. v. Knapp. gr. 8. Halle, Curt. 789.

— Kriegsgesänge, deutsch, aus d. Grundtext v. Frz. Thom. v. Schönfeld. 8. Wien 789. Schaumburg u. C. 10 ggr

— Dies. metrisch übers. v. Jos. Zobel. 8. Augsb. 790. Wolff. 1 Rthlr

— — d. Umschreib. für jeden Stand verständlich gemacht. 8. Brünn. (Löffler in Mannh.) 790.

— Dies. übers. v. Gtl. Ringeltaube. 1r Thl. gr. 8. Leipz. 790. Weidmann. 1 Rthlr 18 ggr

— die, poet. Uebersetzung. 8. Altona 791. (W. Nauck in Leipz.) 12 ggr

— — die, poet. übers. 8. Leipzig, Sommer. 791.

— die, ins Holländ. übers. von Müntinghe, u. aus d. Holländ. ins Deutsche übers. von J. C. H. Scholl. Mit Anmerkk. 3 Bdchen. gr. 8. Halle 792. 93. (Laue in Berl.) 2 Rthlr 3 ggr

— dem König David u. and. heil. Sängern nachgesungen, (von v. Wobeser). In 5 Büchern. gr. 8. Winterth. 793. Steiner. 18 ggr Schrbp. 1 Rthlr 12 ggr

— Dies. übers. mit Anmerkk. von J. A. Jacobi. 2 Thle. gr. 8. Jena 796. Cröker. 1 Rthlr 12 ggr

— Gesänge Davids u. ihr. Zeitgenossen. Nach d. Zeitfolge geordnet u. neu bearb. v. J. K. C. Nachtigal. gr. 8. Leipz. 796. (W. Nauck). 1 Rthlr

— — dies. v. J. L. C. Nachtigal. gr. 8. Leipz. Sommer. 796.

— — die, neu übers. v. W. Fr. Hezel. 1s Bdchn Psalmen 1—41. nebst Kritiken üb. d. Mendelsohnsche Psalmen-Uebersetzung. 8. Altenb. (Akadem. Buchhdl. in Jena.) 797.

— dargestellt nach ihrem wahren Geist für alle Klassen von Lesern, zunächst f. die Jugend u. Laien. 1s Bdchen. 8. Altenb. 797. (Hennings in Neisse). 16 gl

— — gesungen vor Davids Thronbesteig., od. in Bez. a. seine frühere Lebensperiode, übers. und neu bearb. m. Anm. von J. L. C. Nachtigal. gr. 8. Halle, Gebauer. 797.

Psalmen dem König David und anderen heiligen Sängern nachgesungen . . . Winterthur 1797. Ü: *Wobeser, Ernst Wratisl. Wilhelm von.* (ML) (GGr) (OL)

— Dies. frei aus d. Hebr. übers. v. Karl Schwarzl. Mit beigefügt. latein. Texte. 8. Augsb. 799. Rieger. 1 ℛ 4 gl

— metrisch übersetzt u. mit krit. u. erklär. Anmerkk. von C. G. Kühnöl. gr. 8. Leipz. 799. Köhler. 1 ℛ

— Dieselb. im Auszuge v. Denis. 8. Wien 799. Schaumburg u. C. 2 gl

- Dies. zum Gebrauch in d. sogen. Betstunden, übers. u. erklärt von G. J. L. Reuß. gr. 8. Altenb. 800. Mit n. Titel. gr. 8. Leipz. 809. Hinrichs. 1 ℛ 4 gl

— — z. Vorles. in Betstund., erkl. v. Reuß. gr. 8. Altenburg, Schnuphase. 800.

— die, neu übers. v. W. F. Hezel. 8. Brem. 800. (Heyse). 6 gl

— — e. Gebet- und Erbauungsbuch. 8. Wien, Schalbacher. 801.

— Dies. übers. u. mit Anmerkk. v. F. Prosp. Krekenberg. gr. 8. Münst. 805. (Theyssing). 16 gl

— die, in deutsche Reime gebracht v. Ambros. Lobwasser. gr. 12. Basel 806. Schweighäuser. 5 gl

— Dies. übersetzt v. P. K. Huber. 8. Ingolst. 810. (Weber in Münch.) 16 gl

— übersetzt u. metrisch bearb. v. M. Lindemann. gr. 8. Bamb. 812. (Wesché in Frkf. a. M.) 16 gl

— Dies. aus d. Grundtexte metrisch übers. mit kurzen Anmerkk. v. Jh. Rud. Schärer. 8. Bern 812. Walthard. 18 gl

— aus d. Hebräisch. neu übers. u. erläut. v. M. H. Stuhlmann. gr. 8. Hamb. 812. Fr. Perthes. 2 ℛ

— Dies. (metrisch) übersetzt u. mit kurzen, den Inhalt ders. erklär. Einleitungen begl. von Frz. V. Reinhard; hrsgg. von J. G. A. Hacker. 8. Leipz. 813. Hartknoch. 1 ℛ 4 gl

— Dies. für e. gebild. deutsche Dame, übers. u. in Kürze erläut. v. J. J. Stolz. gr. 8. Zürich 814. Orell. 2 ℛ

Psalmen, die, exegetisch homiletisch bearb. von F. C. Adler. Zum Gebrauch für Prediger und Schullehrer. gr. 8. Leipzig, Hinrichs. 817.

— die, in gereimten Versen übersetzt v. F. J. Weinzierl. gr. 8. Augsb. 819. Doll. (Landsh., Krüll). 1 ℛ 6 gl

— die, metrisch übers. v. W. M. L. de Wette. gr. 8. Heidelb. 819. Mohr. 18 gl (Aus de Wette's u. Augusti's Bibel besond. abgedr.) 2r verb. Abdruck. gr. 8. Ebd. 823. 16 gl Weiß P. mit Titelkpf. 1 ℛ 3r Abdr. 819. 16 gl

— die, übersetzt v. W. M. L. de Wette. 2r besond. u. verb. Abdruck aus der Bibel-Uebersetz. v. Augusti u. de Wette. gr. 8. Heidelb. 824, Mohr. 16 gr. Weiß Pap.

— dieselben, metrisch übersetzt v. F. W. Goldwitzer. gr. 8. Sulzbach 827, v. Seidel.

Psalmen, aus der Vulgata übersetzt. Regensburg 1829. Ü: *Wittmann, Georg Michael.* (schmal)

— Gesänge Davids u. seiner Geistesverwandten, metrisch aus d. Ursprache übers. (v. J. Bapt. König). 1r—5r Bd. gr. 12. Augsb. 830, 31. Schlosser. 2 ℛ 12 gl

Psalmen, die, übersetzt v. P. A. Auer. gr. 12. Innsbr. 831. (Landsh., Krüll). 16 gl

Psalmen, die, übers. v. P. A. Auer. gr. 12. (9½ B.) Innsbruck 831. (Regensburg, Manz.)

Psalmen, die. Uebers. u. erläutert von M. Sachs. gr. 8. Berlin 835. Veit u. Comp. 1⅙ ℛ

—— die, nach M. Luthers Uebersetz. 12. (9 B.) Frankfurt a. M. 836, Brönner. *

—— dass. — 6. Stereot.-Ausg. gr. 18. (146 Seit.) Ebds. 840. *

Psalmen, die, nach ihrer strophischen Anordnung übersetzt. Mit Einleitungen und Anmerkungen von [JOH.] FRIEDR. [BURCH.] KÖSTER. Königsberg. 1837. (U. B.).

Psalmen, die, hebräischer Text, nebst einem nach den neuesten Hilfsmitteln bearb. Kommentar, vorzugsweise zum Handgebrauche für angehende Theologie-Studirende. gr. 8. Berlin 841, Plahn'sche Buchh. (L. Nitze.) n. ⅚ ℛ

— die, in einer Auswahl für Gymnasien u. Schulen bearbeitet. 8. Fulda 841. (Müller.) ¼ ℛ

— die, nach Dr. M. Luthers Uebersetzung. Mit Petitschr. 18. Leipzig 844, K. Tauchnitz. n. 3 ngl — dies. mit Diamantschrift. 16. Ebend. n. 1/12 ℛ

Psalmen, die. Lieder der Andacht, des Trostes u. der Erhebung. Nach dem Urtexte der heil. Schrift, meist nach kirchl. Singweisen übers. v. Mor. Alex. Zille. 8. (15¼ B., 1 Stahlst. u. Ttl. in Gold- u. Farbendr.) Leipzig 844, Wöller. Thlr. *

— die. Uebersetzt u. erklärt für Verständniß u. Betrachtung v. Pet. Schegg. 1. Bd. 1.—67. Psalm. gr. 8. München 845, Lentner. 3⅓ ℛ

— dies. 2. Bd. 68.—150. Psalm. 1. Lfg. gr. 8. Ebd. 846. 1½ ℛ

Psalmen, die. Nach M. Luther's Uebersetzung. Mit einer Einleitung. 2. Aufl. gr. 18. (XIV u. 208 S.) Frankfurt a. M. 849, Brönner. n. 7 ngr

—— die, oder: Preisgesänge Davids und anderer heiligen Männer des alten Bundes. Uebers. und kurz erläutert von Jos. Aigner. 8. (XII und 212 S.) Augsburg 850, Rieger'sche Buchh.

— die, hebräisch mit der deutschen Uebersetzung Mart. Luthers. Ster.-Ausg. gr. 12. (200 S.) Leipzig 852, C. Tauchnitz. ½ ℛ

Psalmen, die. Enthltd.: Den hebräischen Text, die deutsche Uebertragung, die allgem., ausführliche Erläuterung mit 50 engl. Holzschn. (im Text), nebst Einleitung zu den Psalmen. Herausg. von Ludw. Philippson. Leipzig 857. Baumgärtner. 4. (1 Bl., 375 S.) 2 ℛ.

— die, übersetzt aus dem Grundterte von Leander van Eß. Sulzbach 858. v. Seidel. 12. (104 S.) 7½ ngr

Psalmen, die. Aus dem Urtext übers. 16. (134 S.) Elberfeld 859. [Köln,] (Hassel.)

— die. Aus dem Urtext übersetzt. 16. (134 S.) Elberfeld 869. (Langewiesche.) n. — 50

—— die, nach dem überlieferten Grundtexte übers. und mit erklär. Anmerkungen versehen von Adf. Kamphausen. Lex.-8. (IV umd 280 S.) Leipzig 863, Brockhaus.
Aus: Bunsen's Bibelwerk, besonders abgedruckt.

Psalmen, die, metrisch übers. von Adf. Brecher. 8. (VIII und 312 S.) Wien 864, Braumüller und Sohn. *

Psalmen, die. [Aus der biblia hebraica ed. Hahn.] Leipzig 869. Bredt. gr. 8. (101 S.) 7½ ngr

— die, sammt den übrigen alt- u. neutestamentlichen Lobgesängen. Nach der Vulgata übers. u. hersg. von Wilh. K. Reischl. Regensburg 869. Manz. gr. 16. (IV, 126 S.) n. 4 ngr

Psalmen, die. Fol. (XII, 147 S. mit 12 Farbendruckbildern.) Bremen 871, Müller's Verlag. geb. in Lwd. *
geb. in Leder *
Erschien in protestantischer und in katholischer Ausg. zu gleichen Preisen.

— die, nach der deutschen Uebersetzung Dr. Martin Luthers in revidirtem Text, m. Erläutergn. u. e. die Berichtiggn. zum 2., 3., 4. u. 5. Buch Mose zu den Büchern Josua, Richter u. Ruth enth. Anh. im Auftrag der zur Revision der Uebersetzg. d. Alten Testamentes berufenen Conferenz hrsg. v. Karl Frdr. Schröder. Nebst e. Beilage v. Schlottmann u. Riehm üb. den Goel im Buche Ruth u. Berichtggn. zu der Schrift.: Das 1. Buch Mose. gr. 8. (196 S.) Halle 876. Buchh. d. Waisenh. n. 2. 25

Psalmen, die. Hebräischer Text mit einer kurzen Auslegung von Aug. Heiligstedt. 1. und 2. Heft. gr. 8. [Halle 876, Herrmann.] Anton. [1. Heft. Psalm 1—25. (S. 1—72); 2. Heft. Psalm. 26—48. (S. 73—140.)] à Heft *ℳ 1. *

—— die. Aus dem Urtext übersetzt. 16. (134 S.) Elberfeld 877, (Langewiesche's Buchh.) *

—— die. Hebräischer Text mit einer kurzen Auslegung von Aug. Heiligstedt. 3. Heft: Psalm 49—78. gr. 8. (S. 141—268.) Halle 880, Anton. * 2 —
1. und 2. Heft. Halle 1876, [Herrmann.] Anton. à *ℳ 1.

Psalmen, die. Nach dem Orig. übers. von H. Graetz. 12. (V, 330 S.) Breslau 881, Schottländer. * 3 50
geb. * 4 50

—— die. Uebers. und erläut. von Samson Raph. Hirsch. 2 Thle. 4 Bücher. gr. 8. (IX, 380; 367 S.) Frankfurt a. M. 882, Kauffmann. à Thl. *ℳ 4,50. * 9 —

— die. Zum Gebrauche beim gottesdienstl. Gesange. 8. (228 S.) Basel 883. (A. Geering.) n. — 60

— de, na de plattdütsche Owersettung vun Joh. Bugenhagen. gr. 8. (108 S.) Kropp 885. Buchh. „Eben-Ezer". n. — 60

Psalmen, die. Aus dem Urtext übers. 3., durchgeseh. Aufl. 8. (128 S.) Elberfeld 886. (Faßbender.) n. — 40;
geb. n.n. — 75

Psalmen, die. Hebräischer Text mit einer kurzen Auslegung. Nach Dr. Aug. Heiligstedt's Tode fortgesetzt und zu Ende geführt von Max Budie. 4. (letztes) Heft: Psalm 78—150. gr. 8. (S. 269—424.) Halle 888, Anton. *
1.—3. Heft. Ebendas. 1876—80. *ℳ 4.—.

Psalmen, die. Sep.-Abdr. aus der Biblia hebraica ed. Hahn. Neuer Ster.-Abdr. gr. 8. (S. 993—1091.) Leipzig 890. E. Bredt. — 75

— die, nach der deutschen Übersetzg. Mart. Luthers. Durchgesehen im Auftrag der deutschen evangel. Kirchenkonferenz. Lex.-8. (72 S.) Stuttgart 892. Württemberg. Bibelanstalt. Geb. in Leinw. n. — 50;
m. Goldschn. n. — 80

— dasselbe. gr. 8. (72 S.) Ebd. 892. Geb. in Leinw.
n. — 40; m. Goldschn. n. — 70

— dasselbe. 16. (138 S.) Ebd. 892. In Leinw. kart.
n. — 8; geb. in Leinw. m. Goldschn. n. — 30

— dasselbe. (In grobem Druck.) gr. 8. (166 S.) Ebd. 894. In Leinw. kart. n.n. — 60

Psalmen, die. Aus d. Urtext übers. 4., durchgeseh. Ausg. 12. (128 S.) Elberfeld 893. R. Brockhaus (durch J. Faßbender). n. — 40

— dasselbe. Taschenausg. 16. (124 S.) Ebd. 895. n. — 40

Psalmen, die, übers. v. E. Kautzsch. 1.—4. Aufl. 8. (IV, 213 S.) Freiburg i/B. 893. J. C. B. Mohr.
n. 1. —; geb. in Sktytogen n. 1. 60

— die. gr. 8. (209 S.) Leipzig 894. Verlag „Kreisende Ringe". n. 3. —

— d., Metrische Uebersetzg. v. Feod. Spanjer-Herford. 8. (262 S.) Braunschweig 896. Berlin, C. A. Schwetschke & Sohn. n. 3. 50; geb. in Leinw. n.n. 4. 50

— die. Aus dem Urtext übers. Taschenausg. (2. Aufl.) 16. (124 S.) Elberfeld 899. R. Brockhaus (durch J. Faßbender). n. — 30

Die **Psalmen.** Uebers. von D. Bernhard Duhm, Prof. in Basel. *Freiburg i. B.: J. C. B. Mohr 1899.* (XXVIII, 222 S.) 8° [F.]
= Bücher, Die poet. u. prophet., d. Alten Testaments. 2.

Psalmen, die. [Aus: „Biblia hebraica, ed. Hahn".] gr. 8. (S. 993—1091.) Leipzig 899. E. Bredt. — 75

Die **Psalmen** für die 2. Aufl. übers. u. ausgelegt v. Lic. Hans Kessler, Konsistorialr. zu Berlin. *München: C. H. Beck 1899.* (XX, 302 S.) 4°(8°) [F.]
Kommentar, Kurzgefasster, zu d. heil. Schriften Alten u. Neuen Testamentes. 2. Aufl. A. Abt. 6, Hälfte 1. 99. 8880 11

Die Psalmen [**Psalmi**]. Aus d. Urtext übers. Taschen-Ausg. (3. Aufl.) *Elberfeld: R. Brockhaus 1902.* (128 S.) 8°

Die Leipziger Papyrusfragmente der Psalmen [**Psalmi**]. Hrsg. u. untersucht von D. C[arl] F[riedrich] Georg Heinrici. Nebst 2 Schrifttaf. Leipzig: Dürr 1903. (32 S., 18 Bl.) 4°
= **Heinrici**: Beiträge z. Geschichte u. Erklärung d. neuen Testam. 4.

Die Psalmen [**Psalmi**] übers. u. erkl. von Friedrich Baethgen, Prof. in Berlin. 3. neubearb. Aufl. *Göttingen: Vandenhoeck & Ruprecht 1904.* (L, 438 S.) 8°
— **Handkommentar** z. Alten Testament. Abt. 2, Bd 2. 11

Die Psalmen [**Psalmi**] in stabreimenden Langzeilen von Wilhelm Storck. *Münster i. W.: Aschendorff 1904.* (258 S.) 8° [F.]

Die Psalmen [**Psalmi**]. Neu übers. u. erkl. von Arnold B. Ehrlich. *Berlin: M. Poppelauer 1905.* (VI, 438 S.) 8°

Psalmen, die. Sinngemäße Uebersetzg. nach dem hebr. Urtext. (Neue [Titel-]Ausg.) (VIII, 254 S.) kl. 8. Freiburg i/B. [903]. (905). Herder. n. 1. 80;
geb. in Leinw n. 2. 40; in Ldr. n. 3. —

Die Psalmen [**Psalmi**] nach dem Urtext von Johannes Konrad Zenner S. J. Erg. u. hrsg. von Hermann Wiesmann S. J. T. 1. 2. Münster i. W.: Aschendorff 1900–07. 2 Bde 8°
1. Übers. u. Erklärung 1906. 2. Sprachl. Kommentar. 1907.

Die Psalmen [**Psalmi**]. In d. Versmassen d. Urschrift übers. von D. Bernhard Duhm. Tübingen: Mohr 1907. XXVIII, 222 S. 8° 5

Die Psalmen [**Psalmi**] übers. u. kurz erkl. von Dr. Karl A[lexander] Leimbach, Prof. T. 1. 2. Fulda: Actiendr. 1909. 8°
(Biblische Volksbücher. II. 5. 6.) 4

Psalmen, Auserlesene, zum allgemeinen Gebrauch in Reime gebracht. Zürich 1765—68. Ü: *Lavater, Joh. Casp.* (JL) (Cat. d. Stadtbibl. Zürich. Zürich 1864—97.)

— auserlesene, zum allgem. Gebrauch in deutsche Reime gebracht v. Jh. K. Lavater. 2 Thle. 8. Zürich 765, 68.

Palmen, Auserlesene, Davids zum allgemeinen Gebrauch in Reimen gebracht. Zürich 1765. Ü: *Lavater, Johann Kaspar.* (schstr S. 87)

— u. Lieder, auserles., der besten Dichter; hrsgg. von Kap. G. Lange. 8. Chemnitz 771. Stößel. 8 gr

Psalmen, Auserlesene, und Geistliche Lieder für die evangelisch-reformirte Kirche des Kantons Aargau. Aarau 1844. H: *Fröhlich, Albert Emanuel.* (ABJP)

— ausgewählte. Neu übersetzt, erklärt u. mit Berthler's Betrachtungen begleitet von Peter Schegg. gr. 8. Regensburg 843, Manz. 1¼ rf

—— ausgewählte, nebst den neutestamentlichen Lobgesängen und der Litanei, zum Singen in Kirche und Schule eingerichtet. 8. (32 S.) Breslau 877, (Dülfer's Verlag.) *

Ausgewählte **Psalmen,** übers. u. erklärt von Hermann Gunkel. *Göttingen: Vandenhoeck & Ruprecht 1904.* (X, 270 S.) 8° [F.]

— ausgewählte, zum Gebrauch in Kirche, Schule u. Haus. Hersg. von dem Kirchenrath der deutsch-reformirten Gemeinde zu Emden. Emden 865. Haynel. 8. (IV, 94 S.) n. 4 ngr; geb. n.n. 6 ngr

— ausgewählte, z. Gebrauch in Kirche, Schule u. Haus. Hrsg. v. d. Kirchenrath d. evang.-reform. Gemeinde zu Emden. 5. Aufl. 8. (IV, 90 S.) Emden 895. W. Haynel. n. — 55

Psalmen hauptsächlich über die Bestimmung. Flensburg 1792. H: *Outzen, Erasmus.* [Bruun, Bibl. Danica I, 384.)

— das Buch der, aufs neue übers. mit Anmerkk. v. J. G. Thenius. gr. 8. Dresd. 785. Gerlach. 20 gr

—— das Buch der, übers. v. Jos. Frz. Allioli. (Mit päpstl. Approbation.) Breit 12. (12¾ B.) Nürnberg 832, Stein.
Besonderer Abdruck aus dess. Bibelübersetzung.

— das Buch der, übers. von Jos. Fr. v. Allioli. Abdr. aus dessen vom apostol. Stuhl approb. Bibelübersetzung, mit abgekürzten Anmerkungen. (3. Aufl.) München 855. v. Vogel. 16. (153 S.) n. 7 ngr

—— die, Davids, s. a. Schneider, S. F. G.

— Davids, die. 12. Basel ... Schneider. ⅛ rf

— Davids, mit e. kurzen Inhaltsanzeige u. erbaul. Liedern rc. 12. Leipz., Dürr. 2½ gr

Psalmen, Die, Davids, übers. von Jo. Otto Dürkop . . . Hamb. 1715. H: *Sass, Daniel.* (Bruun, Bibl. Danica I, 29.)

— Davids, die, durch Umschreib. für jeden Stand verständl. gemacht. 8. Brünn 790. (Löffler in Manh.) 12 gr

Psalmen David's, ins Holländ. übers. v. Muntinghe, u. a. d. Holl. v. J. E. H. Scholl, m. Anm. 3 Bdch. gr. 8. Halle, Curt. 792. 793. (1 u. 2 B. 1 Rthlr. 12 gr. 3 B. 15 gr.) Rthlr

— Davids, die, neu übers. v. W. Fr. Hezel. 1s Buch. Psalmen 1—14., nebst Kritiken üb. die Mendelsohn'sche Psalmenübersetzung. 8. Altenb. 797. (Hennings in Neisse). 7 gr

— Davids, verdeutscht v. Dr. M. Luther. 8. Bresl. 802. W. G. Korn. 4 gr

— Davids, die. 24. Tübing. 807. N. A. 822. Fues. 4 gr

Psalmen, Die, Davids . . . Augsburg 1809. H: *Wittmann, Gg Mich.* (MGT)

Psalmen Davids, die, aus d. Vulgata übersetzt. 1ste Hälfte. 8. Regensb. Montag u. Weiß. 815. –

— Davids, die, aus d. Vulgata übersetzt. Mit 1 Titelkpf. 1e Hälfte. 8. Regensb. 816. (Montag u. W.) 2 gr

— Davids, übers. v. Dr. M. Luther. N. A. kl. Form. Tübing. 818. Fues. 4 gr

— Davids, mit V. Dietrichs Summarien u. kurzen Schlußgebetlein. 12. Nürnb. 820. Endter. 4 gr

Psalmen, die, Davids, 24. Neue Aufl. Tübing. 822, (Kummer.)

— Davids. 8. Zittau 823. (Schöps). 1½ gr

— Davids, die, metrisch nach dem Parallelismus aus d. Hebräisch. treu ins Deutsche übers. von Frz. W. v. Goldwitzer. gr. 8. Sulzb. 827. v. Seidel. 1 Rthlr 16 gr

—— Davids, die, nach Dr. M. Luthers Uebersetzung. Mit Stereotypen gedr. (1. u. 2. Abdruck.) 32. (à 208 Seit.) Elberfeld 833, 34, Hassel. à
Val. König, J Bapt.

—— Davids, die, nach M. Luthers deutsch. Uebersetz. ½ 32. (238 Seit.) Hamburg 835. (Leipzig, Barth.) *

— Davids, die, nach Dr. Martin Luthers deutscher Uebersetzung. Lex. 18. (gröbste Schrift.) Barmen 838. Steinhaus. n. ½ Rthlr

—— Davids, die, nach M. Luthers Uebersetz. 32. (208 Seit.) Barmen 840, Steinhaus.

—— Davids, die. 12. (4½ B.) Basel 840, Schneider.

Psalmen Davids, die, nach Dr. Martin Luthers Uebersetzung. 6e Stereotyp-Ausg. gr. 18 Frankf. a. M. 840. Brönner. n. ⅙ Rthlr

—— die, Davids, nach Dr. Mart. Luthers Uebersetzung. Mit Perlschrift stereot. 32. (146 S.) Elberfeld 843, Hassel. *

—— die, Davids, nach Dr. M. Luthers Uebersetzung. Stereot.-Ausg. 24. (146 S.) Hannover 843, Hahn'sche Hofbuchh.

Psalmen Davids, die, nach Dr. Mart. Luthers Uebersetzung. Stereot.-Ausg. 8. (9¾ B.) Frankfurt a. M. 844, Brönner. *

— die, Davids. 64. (240 S.) Basel 852, Bahnmaier. In Engl. Einb. n. 4½ ngr; m. Goldschn. n. 6 ngr

— die, Davids. Nach d. Deutschen Uebersetzung Mart. Luthers. gr. 16. (126 S.) Berlin 852, Decker. In Engl. Einb. m. Goldschn. n. ⅔ Rthlr

—— die, Davids nach Dr. Mart. Luthers Uebersetzung. Ster.-Ausg. 32. (145 S.) Leipzig 852, C. Tauchnitz.

— die, Davids, in Kirchen-Liedern für die häusliche Andacht. 1. u. 2. Buch. Psalm 1—72. Breslau 853. (Dülfer.) Lex.-8. (32 S.) n. 3⅓ ngr

—— die, Davids, in hebräischer und russischer Sprache. Ster.-Ausg. gr. 12. (200 S.) Leipzig 853, C. Tauchnitz.

—— David's, die. Nach der deutschen Uebersetzung Dr. Mart. Luthers. Ster.-Ausg. der preuß. Haupt-Bibelgesellschaft. 25. Aufl. 8. (72 S.) Berlin 858, Decker'sche geheime Ober-Hofbuchdruckerei. * 2 Ngr.; weiß Pap. * · Vlnp. * ·

—— dass. — gr. 16. (72 S.) Ebendas. 858. * * Weiß Pap. * * 2½ Ngr.; Vlnp. * ·

—— dass. — gr. 4. (III und 72 S.) Ebendas. 859. * * Weiß Pap. * * 10 Ngr.; Vlnp. * * Pracht-Ausg. * *

—— die, Davids nach der deutschen Uebersetzung Dr. Martin Luthers. Nebst der Vorrede Luthers und drei Registern. 16. (172 S.) Eisleben 877, Christl. Verein im nördl. Deutschland. geb.

Psalmen, die, Davids nach Martin Luthers Uebersetzung. 16. (318 S.) Elkhart, Ind., 1882. (Philadelphia, Schäfer & Koradi.) geb. n. 2. —

— die, Davids. Nach der kirchlich in Zürich eingeführten Uebersetzg. aufs Neue m. Sorgfalt durchgesehen. 16. (152 S.) Zürich 885. Dépôt der evangel. Gesellschaft. geb. in Leinw. n. — 35

— die, Davids, nach der deutschen Übersetzg. Dr. Martin Luthers. Durchgeseh. Ausg. m. dem von der deutschen evangel. Kirchenkonferenz genehmigten Text. 12 (294 S.) Königsberg 899. (W. Koch.)
Geb. in Ldr. m. Goldschn. n.n. 1. 50

Psalmen, Des Königs und Propheten Davids geistreiche ... in Deutsche Reimen gebracht durch ... A. Lobwasser, denen auch ... Lutheri und anderer ... Leute ... Lieder und Psalmen beygefüget ... Berlin 1700. H: *Jablonski, Daniel Ernst.* (BrMm)

—— Davids allgemeinen religiösen Inhalts. Metrisch übers. von C. Koller. Mit Parallelstellen aus dem neuen Testamente. 8. (VIII und 87 S.) Zürich 858, Orell, Füßli und Comp.

— drei, erklärt von Jh. Bugenhagen aus Pommern, verdeutscht durch Martin Bucer 1525, wieder herausgeg. mit Luthers Vorr. v. Gust. Ritter. 8. Nördling. 842, Beck. 1¾ ngr

Psalmen, Drey, auf den bevorstehenden Bethtag 14. Herbstmonat 1800. Zürich 1800. V: *Lavater, Johann Kaspar.* (schstr S. 135)

Psalmen Davids, Drey, in deutschen Versen nachgeahmt [von I. D. Michaelis]. 2. Auflage.

Die Psalmen u. Festlieder für den öffentlichen Gottesdienst der Stadt u. Landschaft Bern. Bern 1775.
— — — Bern 1780.
— — — Bern 1820.

Psalmen, Fünf geistvolle — zur göttlichen Mutter, gezogen aus den marianischen Psalter des heiligen Bonaventura G W. kl. 8. (36 S.) Wien. Druck und Verlag von Karl Ueberreuter. 1854.

— — 75 aus dem heil. Psalter. Nach Dr. Mart. Luthers Uebersetzung. Zum gemeinsamen Beten in Kirche, Schule und Haus. Ausgewählt und geordnet von C. P. Th. Crome. 8. (98 S.) Elberfeld 856, Bädeker'sche Buchh. *

Psalmen und Gedichte in Dictaten vom Geiste der Wahrheit aus der Höhe der Höhen. Niedergeschrieben durch einen hierzu Erwählten. Herausg. von Johs. Busch. Dresden 1870. V: *Lorber, Jakob.* (Brü S. 308) (Zeitschr. f. Büch. N. F. 15, 1923, S. 119)

— — dargestellt nach ihrem wahren Geist, für alle Classen von Lesern, zunächst für die Jugend und Layen. 1s Bdchn. 8. Altenburg. (Akadem. Buchhdl. in Jena.) 797.

— (geistvolle) zur Ehre der Mutter Gottes Maria, aus des heil. Bonaventura Psalter gezogen. 12. Augsb. 821. 4e Aufl. 831. Doll. (Landsh., Krüll). 1 ℊℊ — Dass. 18. Ebd., Kranzfelder. Das Dutzend. 6 ℊℊ

— geistvolle, zur Ehre der Mutter Gottes Maria, aus des heil. Bonaventura Psalter gezogen, eine geistliche Arznei, in allen schweren Anliegen des Leibes u. der Seele mit größtem Nutzen zu gebrauchen. 12. Aufl. 12. (24 S. m. 1 Stahlst.) Augsburg 852, Doll. 1/24 ℊℊ

— geistvolle, zur Ehre der Mutter Gottes Maria. Eine geistliche Arznei in allen schweren Anliegen des Leibes und der Seele mit größtem Nutzen zu gebrauchen. Aus des heil. Bonaventura's Psalter gezogen. 13—15. mit der lauretan. Litanei verm. Aufl. Augsburg 853—56. N. Doll. 12. (24 S. u. 1 Holzschn.) 1¼ ngr.

— geistvolle, zur Ehre der Mutter Gottes Maria. Eine geistliche Arznei in allen schweren Anliegen des Leibes und der Seele mit größtem Nutzen zu gebrauchen. Aus des heiligen Bonaventura's Psalter gezogen. 16—19. Aufl. Ebend. 859—63. 12. (24 S.) 1¼ ngr.

— geistvolle, zur Ehre der Mutter Gottes Mariä. Eine geistl. Arznei in allen schweren Anliegen des Leibes u. der Seele mit größtem Nutzen zu gebrauchen. Aus des heil. Bonaventura's Psalter gezogen. Ebend. 866. 12. (24 S. mit 1 Holzschntaf.) 1¼ ngr.

— geistvolle, zur Ehre der Mutter Gottes Maria. Eine geistl. Arznei in allen schweren Anliegen d. Leibes u. der Seele m. größtem Nutzen zu gebrauchen. [Aus d. heil. Bonaventura's-Psalter.] gr. 16. (24 S. m. e. Holzschntaf.) Ebend. 870. — 15

— geistvolle, zur Ehre der Mutter Gottes Maria. Eine geistl. Arznei, in allen schweren Anliegen d. Leibes u. der Seele m. größtem Nutzen zu gebrauchen. Aus d. heil. Bonaventura's Psalter gezogen. 16. (30 S.) Ebend. 884. — 15; geb. n. — 25

— geistvolle, zur Ehre der Mutter Gottes Maria. Eine geistl. Arznei in allen schweren Anliegen d. Leibes u. der Seele m. größtem Nutzen zu gebrauchen. Aus d. hl. Bonaventura's Psalter gezogen. 12. (24 S. m. 1 Bild.) Ebd. 888. — 15

Psalmen, geistvolle, zur Ehre der Mutter Gottes Maria. Eine geistl. Arznei, in allen schweren Anliegen d. Leibes u. der Seele m. großem Nutzen zu gebrauchen. Aus der hl. Bonaventura's Psalter gezogen. 2. Aufl. 16. (30 S.) Kempten 891, Kösel. — 15; geb. * — 25

— geistvolle, zur Ehre d. Gottes-Mutter Maria. Eine geistl. Arznei, in allen schweren Anliegen des Leibes u. d. Seele m. größtem Nutzen zu gebrauchen. Aus d. hl. Bonaventura's Psalter gezogen. (Neue Ausg.) 12. (24 S. m. Titelbild.) München 892. Ebd. n. — 15

Geistvolle Psalmen | zur | Ehre der Gottes-Mutter | Maria. | Eine geistliche Arznei | in allen schweren Anliegen des Leibes und der | Seele mit größtem Nutzen zu gebrauchen. | Aus des heil. Bonaventura's Psalter gezogen. | München. | Verlag von Ernst Stahl sen. (Jul. Stahl). – (Auf dem U. jedoch: Stuttgart. | Jos. Roth'sche Verlagshandlung. | 1892.).
44 S., 144 × 100, Fig. neben Titel: *Sei gegrüßt, Königin, Mutter der Barmherzigkeit!*, 100 × 62.
Diöz.-B. Rottenburg.

— geistvolle, zu Ehren der Gottes-Mutter Maria. Eine geistl. Arznei, in allen schweren Anliegen des Leibes u. der Seele zum größten Nutzen zu gebrauchen. Aus des hl. Bonaventura Psalter gezogen. 16. (24 S. m. 1 Bild.) München 894. J. J. Lentner. — 15;
m. Gebetsanh. (15 S.) n.n — 25

— dasselbe. Die besten Mariengebete, in allen schweren Anliegen des Leibes u. der Seele m. größtem Nutzen zu gebrauchen. 12. (32 S.) Würzburg 894. A. Göbel. — 15

Psalmen, Geistvolle — zur göttlichen Mutter, gezogen aus dem marianischen Psalter des heiligen Bonaventura. Neutitschein. 1855. Schnellpressendruck von J. N. Enders. (22 S. 8.)

Psalmen, geistvolle — zur göttlichen Mutter, gezogen aus dem marianischen Psalter des heiligen Bonaventura. Innsbruck, 1856. Gedr. bei Felician Rauch. (24 S. kl. 8.)

— die, aus d. Mainzer Gesangbuche, zum Choralgesang eingerichtet für d. sonntägl. Nachmittags-Andacht. 8. Hadam. 819. (Lanz in Weilb.) 1½ ℊℊ

Psalmen, Gesänge Davids und seiner Geistesverwandten, metrisch ... übersetzt. Augsburg 1830—31. Ü: *König, Joh. Baptist.* (Ky)

Psalmen und Gesänge der heil. Schrift, nebst Hymnen der ältesten christlichen Kirche. Metrisch übersetzt. Freiburg 1815. Ü: *Jäck, Marx Fidel.* (Ky)

— u. Gesänge der heil. Schrift, nebst Hymnen d. ältest. christl. Kirche. Metrisch übers. (v. M. F. Jäck). 2 Bde. 8. Freiburg 815. Herder. 1 ℊ

Psalmen, zum heiligsten Herzen Jesu. Augsburg 863. Doll. 12. (24 S.) 2 ngr.

Psalmen zum heiligsten Herzen Jesu. Augsburg 865. Doll'sche Buchh. 12. (26 S.) 2 ngr.

— zum heiligsten Herzen Jesu. gr. 16. (26 S.) Augsburg 870. Kranzfelder. — 20

— zum heiligsten Herzen Jesu. 16. (43 S.) Kempten 886. Kösel. n. — 20; geb. n. — 30

Psalmen | zum | heiligsten Herzen Jesu. | (Vignette: *Brennendes Her:)* | München. | Verlag der J. J. Lentner'schen Buchhandlung. | Druck von Ernst Stahl. *(Auf dem U. jedoch:* Stuttgart. | Jos. Roth'sche Verlagshandlung. | 1892.). 30 S., 132 × 91.
. Diöz.-B. Rottenburg.

— dasselbe. Neue Ausg. gr. 16. (30 S.) München 892. Stuttgart, J. Roth. n. — 15

— zum heiligsten Herzen Jesu. 2. Aufl. gr. 16. (43 S.) Kempten 894. J. Kösel. n. — 20; kart. n. — 30

— zum heiligsten Herzen Jesu. 16. (32 S. m. 1 Bild.) München 894. J. J. Lentner. n. — 15

— zu Ehren d. heiligsten Herzens Jesu. Die besten Herz-Jesu-Gebete, um Gnade u. Barmherzigkeit in allen schweren Anliegen des Leibes u. der Seele zu erlangen. gr. 16. (64 S.) Würzburg 895. A. Goebel. n. — 20

—— zu Ehren des heiligsten Herzen Jesu, zu Ehren der allersel. Jungfrau Maria, vom heil. Bonaventura, und auf den Namen des glorwürd. heil. Vaters Joseph. Mit einer Meßandacht. 2. und 3. Aufl. 32. (48, 48, 29, 17 S.) München 888, Pfeiffer. geb. · *

— zu Ehren d. heiligsten Herzen Jesu, zu Ehren der allersel. Jungfrau Maria vom heil. Bonaventura u. auf den Namen d. glorwürd. heil. Vaters Joseph. Mit e. Meßanh. u. Tagzeiten vom hl. Herzen Jesu. 6. Aufl. 16. (178 S. m. Titelbild.) München 890. Pfeiffer. geb. n.n. — 50

—— auf den glorreichen Namen Jesus Christus. In Liebe und Verehrung gewidmet dem heil. Herzen Jesu und Mariä von einem Marienkinde. 24. (31 S.) Dülmen 881, Laumann'sche Verlagsh. · — 10

Die Psalmen der Charwoche (**Officium** maioris hebdomadae, Ausz.). Volksausg. Sämmtl. Psalmentexte v. Palmsonntag bis Osterdienstag, nach d. röm. Psalmtönen auf Mittel- u. Schlusscadenzen verteilt von Fr[anz] X[aver] Haberl. 3. unveränd. Aufl. Regensburg: F. Pustet 1903. (IV, 108* S.) 8° [07. 995]

— die, zum Gebrauch f. Kirche, Schule u. Haus in den reformirten Gemeinden Ostfrieslands. Mit Genehmigg. der kirchl. Behörde hrsg. v. dem Cötus der reformirten Prediger 8. (VII, 182 S.) Emden 876. Haynel. n. — 80; geb. n. 1. 20

— die, zum Gebrauch f. Kirche, Schule u. Haus in den reformirten Gemeinden Ostfrieslands. Mit Genehmigg. d. kirchl. Behörde hrsg. v. dem Cötus der reformirten Prediger. 5. Aufl. 8. (VII, 182 S.) Aurich 890. Dunkmann. n. — 35

— die, zum Gebrauch f. Kirche, Schule u. Haus in den reformirten Gemeinden Ostfrieslands. Mit Genehmigg. der kirchl. Behörde hrsg. v. dem Cötus der reformirten Prediger. 6. Aufl. 8. (VII, 182 S.) Aurich 893. A. H. F. Dunkmann. n.n. — 35

Psalmen, die, z. Gebrauch f. Kirche, Schule u. Haus in d. reform. Gemeinden Ostfrieslands. M. Genehmigg. d. kirchl. Behörden hrsg. v. d. Cötus d. reform. Prediger. 7. Aufl. 8. (VII, 182 S.) Aurich 896. A. H. F. Dunkmann. n.n. — 35

Psalmen, hauptsächlich zum gottgeweihten Leben . . . Flensburg 1791. V: *Outzen, Erasmus.* (Ky) (MGT) (Kordes, Schlesw.-holst. u. eutin. Schriftst. Schleswig 1797.)

—in neuen Liedern, nach bekannt. Melodien. gr. 8. Bresl. 762. J. F. Korn. 12 gr

— Lobgesänge u. geistl. Lieder, zum Gebrauch der evangel. Gemeinde zu Paris; gesammelt u. zum Theil verb. hrsgg. von Fr. Karl v. Bär. 8. Straßb. 777.

— — nebst Lobgesänge a. d. heil. Schrift 2c. 8. Wien, Gerold. 753.

— die, sammt den übrigen alt- u. neutestamentlichen Lobgesängen. Nach der Vulgata übers. u. hrsg. v. Wilh. K. Reischl. Neue Aufl. 12. (IV, 126 S.) Regensburg 892. Nationale Verlags-Anstalt. n. — 40

— dasselbe, zu Ehren d. allersel. Jungfrau Maria (v. hl. Bonaventura) u. auf d. Namen d. glorwürd. hl. Vaters Joseph. M. e. Meßanhang u. Tagzeiten v. hl. Herzen Jesu. 15. Aufl. 32. (178 S. m. Titelbild.) München 897. J. Pfeiffer. Geb. in Leinw. n. — 50

— zum hl. Namen Maria aus d. Marian. Psalter des Bonaventura. (Besond. f. d. Frauenfeste u. in schweren Anliegen.) Neue Ausg. 12. (15 S.) Stuttgart 892. J. Roth. n. 10. —

— auf d. Namen d. hl. Antonius v. Padua. Jubiläumsgabe 1195—1895. Die besten St. Antoniusgebete, in allen schweren Anliegen d. Leibes u. d. Seele m. größtem Nutzen zu gebrauchen. 12. (40 S.) Würzburg 895. A. Göbel. n. — 20

— dasselbe, nebst e. kurzen Lebensbeschreibg. d. Heiligen. Jubiläums-Ausg. 1195—1895. Gebete, Litanei u. Lieder zu Ehren d. hl. Antonius v. Padua, in allen schweren Anliegen d. Leibes u. d. Seele m. größtem Nutzen zu gebrauchen. 3. Aufl. 12. (52 S.) Ebd. 897. n. — 20

(U.-Titel:) Psalmen | auf den | Namen des glorwürdigen heil. Vaters | Joseph. Eine geistliche Arznei | in | allen schweren Anliegen des Leibes und der Seele | mit größtem Nutzen zu gebrauchen. | München. | Verlag der J. J. Lentner'schen Buchhandlung. | Druck von Ernst Stahl.
o. J., 24 S. falsch gezählt, 130 × 95, Fig. letzte U.-Seite: *S. Joseph*, 103 × 50.
Diöz.-B. Rottenburg.
Eine andere Ausgabe dieses Titels erschien 1892 in der Jos. Roth'schen Verlagshandlung in Stuttgart, ohne Angabe des Druckers, mit Fig. neben Titel: *Bitt' für uns o heil. Joseph!*, 103 × 52. (Diöz.-B. Rottenburg).

—— auf den Namen des glorwürdigen heil. Vaters Joseph. Eine geistl. Arznei in allen schweren Anliegen des Leibes und der Seele mit größten Nutzen zu gebrauchen. 12. (22 S.) Augsburg 859, Doll'sche Buchh.

— auf den Namen des glorwürdigen heiligen Vaters Joseph. Eine geistliche Arznei in allen schweren Anliegen des Leibes u. der Seele mit größtem Nutzen zu gebrauchen. 859. (22 S.) — (Neue Aufl.) Ebend. 862. 12. (24 S.) 1¼ ngr.

— auf den Namen des glorwürdigen heil. Vaters Joseph. Eine geistl. Arznei, in allen schweren Anliegen des Leibes u. der Seele mit größtem Nutzen zu gebrauchen. Ebend. 865. 12. (24 S. mit 1 Holzschntaf.) 1¼ ngr.

— auf den Namen d. glorwürdigen heil. Vaters Joseph. Eine geistl. Arznei, in allen schweren Anliegen d. Leibes u. der Seele m. größtem Nutzen zu gebrauchen. gr. 16. (24 S. m. e. Holzschntaf.) Ebend. 870. — 10

—— auf den Namen des glorwürdigen heiligen Vaters Joseph. Eine geistliche Arznei, in allen schweren Anliegen des Leibes und der Seele mit größtem Nutzen zu gebrauchen. 16. Aufl. 12. (24 S.) Augsburg 881, Kranzfelder'sche Buchh. — 15

— auf den Namen d. glorwürdigen heiligen Vaters Joseph. Eine geistl. Arznei, in allen schweren Anliegen d. Leibes u. d. Seele m. größtem Nutzen zu gebrauchen. 21. Aufl. 12. (24 S. m. 1 Bild.) Augsburg 888. Kranzfelder. — 15

— auf den Namen d. glorwürdigen hl. Vaters Joseph. Eine geistl. Arznei, in allen schweren Anliegen d. Leibes u. d. Seele m. größtem Nutzen zu gebrauchen. 23. Aufl. 12. (24 S. m. Titelbild.) Augsburg 891. Stuttgart, J. Roth. n. — 15

— auf den Namen des glorwürdigen hl. Vaters Joseph. Eine geistl. Arznei, in allen schweren Anliegen des Leibes u. der Seele m. größtem Nutzen zu gebrauchen. 16. (24 S. m. 1 Bild.) Ebd. 894. n. — 15

— dasselbe. Die besten St. Josephsgebete. 12. (32 S.) Würzburg 894. A. Göbel. — 15

— dasselbe. Die besten St. Josephsgebete, in allen schweren Anliegen d. Leibes u. d. Seele m. größtem Nutzen zu gebrauchen. 2. Aufl. 12. (32 S.) Würzburg 895. A. Göbel. — 15

— auf den Namen des glorwürdigsten hl. Vaters Joseph. Eine geistl. Arznei, in allen schweren Anliegen d. Leibes u. der Seele m. größtem Nutzen zu gebrauchen. 16. (110 S.) Ebend. 884. — 30; geb. n. — 40

— auf den Namen d. glorwürdigsten hl. Vaters Joseph. Eine geistl. Arznei, in allen schweren Anliegen d. Leibes u. der Seele mit größtem Nutzen zu gebrauchen. 2. Aufl. gr. 16. (107 S.) Kempten 892. J. Kösel. n. — 35; geb. in Halbleinw. n.n. — 45

— auf den Namen des glorwürdigsten hl. Vaters Joseph. Eine geistl. Arznei, in allen schweren Anliegen des Leibes u. der Seele m. größtem Nutzen zu gebrauchen. 3. Aufl. (VIII, 56 S. m. 1 Abbildg.) kl. 8. Kempten 906. J. Kösel. n. — 35; geb. in Halbleinw. n. — 45

— dasselbe. 27. Aufl. (24 S. m. Titelbild.) 16. Augsburg 905. Kranzfelder. n. — 15

— — niederdeutsche, aus d. Karolinger Zeit. s. a. Hagen, Fr. H. v. der.

Psalmen, niederdeutsche, aus der Karolinger Zeit, zum erstenmal hrsgg. v. Fr. Hnr. v. d. Hagen. 4. Bresl. 816. Graß, B. u. C. 16 gr.

— Salomon's achtzehn, welche sich in unserer Bibel nicht finden. Aus einer alten geheimgehaltenen Schrift in's Deutsche übertr. u. mit Anmerkungen begleitet von Rich. Akibon. gr. 12. (40 S.) Kassel 850, Raabé & Co. 6 ngr.

Psalmen, sechs alttestamentliche. Mit ihren aus den Accenten entzifferten Singweisen und einer sinn- und wortgetreuen rhythmischen Uebersetzung als Vorläufer einer umfassenden Schrift über die Poesie des alten Testaments hrsg. von Leop. Haupt. gr. 8. (59 S.) Leipzig 854, Engelmann. *

Psalmen und Threnodien . . . Rinteln 1764—77 . . . V: *Schröder, Frdr. Joseph Wilhelm.* (ML)

—— Trebnitzer, s. Denkmäler, schlesische, des deutschen schrifttums im mittelalter.

— undeudsche, und geistliche Lieder od. Gesenge, welche in den Kirchen d. Fürstenth. Churland und Semigallien in Liefflande gesungen werden. Königsperg bey George Osterbergern. 1587. Zur Feier d. 300jähr. Jubiläums der lett. Litteratur m. 2 Facsm.-Beilagen neu hrsg. von A. Bezzenberger u. A. Bielenstein. 4. (XXXIV, 85 S.) Mitau 886. Behre's Verl. n.n. 5. —

— Versuch e. poet. Uebersetzung einiger; aus d. Hebräisch. v. K. B. Guttinger. 8. Leipz. 779.

— Versuch e. poet. Umschreib. der, s. C. H. Güldenfalk.

Die Psalmen der Vesper und der Complet nach römischer Singweise und mit der in der Domkirche zu Münster gebräuchlichen Textunterlage. Zunächst f. d. Diöc. Münster. Hrsg. v. Vorstande d. Diöcesan-Cäcilienvereins. *Münster i. W.: Regensburg 1898.* (IV, 148 S.) 1 Bd 8. [illegible]

Psalmen des Westens. Aus dem Engl. frei übertr. *** 3.—5. Taus. (195 S.) kl. 8. Berlin 907. K. Curtius. 2.—; kart. 2.50; geb. in Lw. 3.20; Luxusausg., geb. in Ldr. 5. —

Psalmen-Andacht zu Maria zur Vesperzeit, auch sonst zu gebrauchen. 12. Augsb. 826. Doll. 1 gr.

Psalmenbüchlein. (Enth.: Geistvolle Psalmen zu Ehren der Gottes-Mutter Maria. Psalmen auf den Namen des glorwürdigen hl. Vaters Joseph. Psalmen zum heiligsten Herzen Jesu. Gebetsanh.). 16. (24, 24, 32 u. 15 S. m. 3 Abbildgn.) München 894. J. J. Lentner. Geb. in Leinw. n.n. — 85

Psalmenbund-Kalender, s. Kalender f. d. Psalmenbund.

Psalmenbund-Kalender 1885. 24. (30 S.) Augsburg, Literar. Institut v. Dr. M. Huttler. n. — 10

Psalmenbund-Kalender. Jahrg. 1889. Mit Beiträgen v. Schanz u. Gmelch. 32. (64 S.) Augsburg, Litterar. Institut v. Dr. M. Huttler. n. — 25

Psalmenbund-Kalender für den Psalmenbund und Gebetsverein zur Wiedervereinigung aller Christenheit. Jahrg. 1882—1888. Hrsg. von Julie v. Massow. 32. (à Jahrg. 32 S.) Augsburg, Litterar. Institut von Dr. M. Huttler. à Jahrg. *

—— dass. — Jahrg. 1889. Mit Beiträgen von Schanz und Gmelch. 32. (64 S.) Ebendas. *

Sahidisch-griechische Psalmenfragmente [Psalmi, fragm., sahid. et graece]. Von Dr. Carl Wessely. Wien: A. Hölder in Komm. 1907. (195 S.) 8° [Umschlagt.]
= Sitzungsberichte d. Kais. Akad. d. Wiss. in Wien. Philos.-hist. Klasse. Bd 155, Abh. 1. 07. 10070

Psalmengesänge, vierstimmige, f. Männerchor, zum Gebrauch bei öffentl. Gottesdienst, namentlich bei Processionen. 2. Aufl. gr. 8. (18 S.) Luxemburg 874. Brück. n. — 60

Psalmenklänge. Monatsschrift f. christl. Poesie. Schriftleitung: Jul. Bothfeld. Jahrg. 1905 u 1906. à 12 Nrn. (VIII, 140 u. VIII, 144 S m. je 1 Taf.) Lex.-8. Neudietendorf, B. Ellert & E. Schelbe. à Jhrg. n.n. 2.50

Saadia Al-fajjûmi's [Sa'adja Gaôn] arabische Psalmenübersetzung [Psalmi] und Commentar. (Psalm 50–72.) Nach e. Münchener u. e. Berliner Hs. hrsg., übers. u. m. Anm. vers. von Dr. S. Baron. *Berlin: M. Poppelauer 1900.* (XXIX, 83 S.) 8°

Psalmer David's, s. Davids Psalmer.

Ein zweisprachiges Psalmfragment aus Damaskus [Psalm 78 griech. u. arab.] mitgeteilt von Dr. Bruno Violet. Bericht. S.-A. aus d. Orientalist. Litt.-Zeitung, 1901. Mit e. Abb. *Berlin: W. Peiser 1902.* (52 Sp.) 4°

Psalmi, s. a. Liber Psalmorum.

— liber primus, siehe: Ὠριγένης.

Psalmi paraphrasibus insigniter illustrati. Salzburg, Mayr. 8°.

Psalmi ex recens. textus hebraei et vers. antiquar. lat. versi notisque crit. et philol. illustr. Berlini. 8. maj. Upsaliae. (Mauritius, Greifsw.) 805.

— *Psalmorum*, liber, collegit etc. J. N. v. Barth. 8. Regensburg 807.

Psalmi ex recens. textus hebraei et versionum antiquarum latine versi notisque criticis et philologicis illust. a N. M. Berlin. 8maj. Upsal. (Greifswalde, Mauritius.) 811.

Psalmorum Davidis ex recens. version. optim. in lat. versorum, libr. I. edid. C. F. W. Bendz. 8. (2½ B.) Havniae 841, Höst. •

— Hebraice cum versione Latina vulgatae editionis. Editio ster. 8. (200 S.) Lipsiae 852, C. Tauchnitz. ⅓ ₰

Psalmi hebraice cum septuaginta interpretum versione graeca. Editio ster. gr. 12. (200 S.) Lipsiae 852, C. Tauchnitz. Thlr.

—— hebraice ad optimas editiones accuratissime exscripti. In usum praelectionum academicarum. Edit. ster. 16. (IV und 298 S.) Berlin 864, Eichler. * 10 Ngr.; geb. *

— Liber Psalmorum Hebraicus atque Latinus ab Hieronymo ex Hebraeo conversus. Consociata opera ediderunt Constantinus de Tischendorf. S. Baer. Fr. Delitzsch. Lipsiae 1874.

Psalmi 1—49 arabice. Paulus de Lagarde in usum scholarum edidit. 4. (83 S.) Göttingen 875, (Dieterich'sche Sortimentsh.) • • 5 —

Psalmi chaldaice et syriace, ex Lagardiana Targumi recensione et codice Ambrosiano syriaco in usus academicos imprimendos curavit Eberh. Nestle. gr. 4. (XII, LII, 110 S.) Tübingen 879, Fues'sche Sortimentsh. * 3 50

Psalmi graece et syriace, ex optimis codicibus Vaticano graeco et Ambrosiano syriaco in usus academicos imprimendos curavit Eberh. Nestle. gr. 4. (XII, LII, 110 S.) Tübingen 879. Fues. n. 3. 50

Psalmi hebraice cum versione latina Vulgatae editionis. Ed. ster. 8. (100 Doppels.) Leipzig 900. E. Bredt. 1.50

Psalmi 150 cum commentario et prologis s. Athanasii et s. Eusebii in psalmos Arabice. Wien, Camesina, Fol.

Psalmi CL. cum comment. et prolog. S. Anastasii et S. Eusebii in Psalm. arab. Fol. Wien ... (Heubner). 10 ₰

Psalmi aliaque communia pro horis canonicis in festis per annum cum officio communi b. Mariae virginis per annum. Pro majori recitantium commoditate. Kempten 867. Kösel'sche Buchh. 8. (42 S.) n. 5 ngr.

Psalmi Davidici Hebraica, et Graeca lectione ubique subiecta explicati ... Viennae 1757. H: *Kapeller, Jaroslaus.* (SZMI)

— **Davidici**, c. exegesi et phraseol., ad text. hebr. praem. propylaeo psalmodico. 4. maj. Vien. Trattner. 757.

— **Davidis** et al. Θεοπνεύστων, in textu orig. c. not. etc. 12. Frcf. Varrentrapp. 712.

Psalmi Vulgatae editionis, e fonte Hebraeo notisque adjectis illustrati. In usum eorum, qui actus liturgicos horasque canonicas persolvunt (a Pastore L. Neumann.) 8. Augustae Trevirorum 835. Gall. n. $^{5}/_{6}$ ₰

Psalmi pro horis diurnis in festis sanctorum et commune sanctorum nec non appendix continens orationes ante et post missae celebrationem et alia. gr. 16. (161 S.) Graz 882. Styria. n. 2.—; geb. n. 2.60; ermäss. Pr. n. -- 85; geb. n. 1.70

Psalmi ad Laudes, Commemorationes communes sive Suffragia Sanctorum, Absolutiones et Benedictiones, Antiphonae et Versiculi, Responsoria 1., 2. et 3. Nocturni, Magnificat, Benedictus, Venite exultemus et Te Deum. [Einlageblätter zum Breviarium Romanum. 4 Bde.] Regensburg 886. Pustet. n. 1.—

— — ad Primam, ad Tertiam, ad Sextam, ad Nonam, ad Vespera. 32. (36 S.) Ebd. 887. n. —20

— — Invitatorium, Absolutiones et Benedictiones et Suffragia Sanctorum. 8. Ebd. —10

— Officii Defunctorum mediationum et finalium initiis digestis ad majorem psallentium commoditatem concinnati cura Fr. X. Haberl. In Schwarzdr. 12. (36 S.) Ebd. 887. n. —25; geb. n. —55

Psalmi Offici defunctorum [**Officium** defunctorum, Ausz.] mediationum et finalium initiis digestis ... concinnati cura Franc. Xav. Haberl. Ratisbonae: F. Pustet 1904. (35 S.) 8°

— Officii in die Nativitatis D. N. J. C. mediationum et finalium initiis digestis ad majorem psallentium commoditatem concinnati cura Fr. X. Haberl. In Schwarzdr. 12. (48 S.) Ebd. 887. n. — 30; geb. n. — 60

Psalmi officii in die Nativitatis D. N. J. C. [**Officium** in die Nativitatis Domini Nostri Jesu Christi, Ausz.] mediationum et finalium initiis digestis ... concinnati cura Franc. Xav. Haberl. Ratisbonae: F. Pustet 1890. (47 S.) 8°

Psalmi officii hebdomadae sanctae [**Officium** maioris hebdomadae, Ausz.] quos mediationum et finalium initiis distinctis ... ed. Joseph Mohr. Ed. ster. Ratisbonae: F. Pustet [um 1900]. (72, 4 S.) 8°

— Officiorum Hebdomadae Sanctae mediationum et finalium initiis digestis ad majorem psallentium commoditatem concinnati cura Fr. X. Haberl. In Schwarzdr. 12. (120 S.) Ebd. 885. n. — 70; geb. n. 1.—

— dasselbe. Volksausg. u. d. Titel „Die Psalmen der Charwoche". Sämtliche Psalmentexte, vom Palmsonntag bis Ostordienstag nach den römischen Psalmtönen auf Mittel- u. Schlusscadenzen verteilt von Fr. X. Haberl. In Schwarzdr. 16. (108 S.) Ebd. 886. cart. n. — 50; geb. n. — 65

Psalmi officiorum hebdomadae sanctae [Officium maioris hebdomadae, Ausz.] mediationum et finalium initiis digestis ... concinnati cura Franc. Xav. Haberl. Ratisbonae: F. Pustet 1901. (120 S.) 8°

Psalmi XV Hammaaloth philol. et crit. illustr. a Th. A. Clarisse Lugd. B. 8, (Lipsiae, Weigel in comm.) 819.

Psalmi, Septem, poenitentiales periphr. versione illustrati. Salisb. 1870. H: *Hörl, Ign.* (IIr)

— vesperarum secundum normam octo tonorum ad commodiorem usum in choro numeris notati. Regensburg 868. Pustet. 8. (16 S.) 1 ngr.

Psalmodie. Auszug aus d. Gottesdienstordng. f. d. evang.-luther. Kirche d. Prov. Schleswig-Holstein. gr. 8. (64 S.) Flensburg 897. A. Westphalen. n. 1. 60

Psalmów pokutnych Dawidowego psalterza siedm nowo-ułożonych do śpiewu dla katolików. 8. (14 S.) Posen 848, Stefański. n. 2 ngr.

Psalmus CXIX. ex ipso fonte hebraico latinum fecit, notas adj. Seb. Seemüller. 12. Nürnb. 779. Felssecker. 2 gr.

Psalmus XVIII. in discentium usum adornatus. ב' שמואל כ"ב : תהלים י"ח A. u. d. T.: The 18. psalm and the 22. chapter of the 2. book of Samuel in juxtaposition, as an elementary reading book for students of the Hebrew language. 4. (8 S.) London 847. (Göttingen, Vandenhoeck & Ruprecht.) n. 1/6 ₰

— — I. II. quos lect. et annot. illustr. H. C. F. Hülsemann. 8. maj. Jenae. Stahl. 793.

— XXXVI. selecti regis Davidis secundum versionem vulgatam. 8. Brosl. ... W. G. Korn. 3 gr.

— XXII. naturalis explicatio a F. H. A. Schnaar. 8. Rinteln 788.

Psalter, der, s. a. Universal-Bibliothek.

— ders. nach Luthers Uebers. tzung. 8. Elbing ... Neumann-Hartmann. n. 1/8 ₰

Psalter, Der ... in die Wendische Sprache übersetzet ... Budissin 1703. Ü: *Praetorius, Paul, Mich. Kätze & Andere.* (BrMm)

DER PSALTER, mit der Storr'schen Vorrede (S. I–X) über die Eintheilung der Psalmen nach den sieben Bitten des Vater-Unsers sammt Luthers und Arndts Urtheilen über den Psalter (in der Storr'schen Bibel-Ausgabe 1758) mit zwei Verständniß-Tabellen nach der historischen Ordnung der Psalmen, und nach den sieben Bitten, mit beygefügten Schriftstellen, zur Vergleichung eines jeden Psalmen mit seiner Veranlassung aus Oetingers Einleitung zu dem neutestamentlichen Gebrauch der Psalmen (S. 1–50), mit einem besondern Register, nebst Hillers Morgen- und Abendandachten nach dem Gebet des Herrn, und dessen sieben Bitten, als Anhang. – Canstadt: Ebninger (in Komm.) 1825. X, 322, 80 S.

ספר תהלים Der Psalter, od. die Psalmen Davids. 8. (23⅝ B.) London 840. (Hamburg, Herold'sche Buchh.) *

— der, nach der deutschen Uebersetzung von Dr. M. Luther. Mit Petitschrift. 16. Sulzbach 841, v. Seidel. 1½ ngr.

— der, ein Gebetbuch zum öffentlichen u. häusl. Gebrauche. Neu bearbeitet von C. Eberhardt u. G. Haag. gr. 8. Heidelberg 842, K. Winter. n. ½ ₰

Psalter, Der, neu übersetzt. Mit Inhaltsanzeigen ... Zürich 1842. Ü: *Schinz, Wilhelm Heinrich.* (Ky) (Zu)

Psalter, der, neu übersetzt (v. H. W. Schinz.) Mit Inhaltsanzeigen u. erläuternden Schriftstellen. Eine Festgabe für Freunde des Wortes Gottes. kl. 16. Zürich 842, Hanke. geb. n. ⅓ ₰ — In gepreßt. Lederband u. m. Goldschn. n. ½ ₰

Psalter, der, neu übersetzt (v. H. W. Schinz.) Mit Inhaltsanzeigen ꝛc., noch mit kurzen Anmerkungen. kl. 16. Zürich 842, Hanke. geb. ⅜ ₰ — In gepreßt. Lederb. u. mit Goldschnitt n. 16¼ ngr.

Psalter, der, nach der deutschen Uebersetzung. Mart. Luther's. Auf's neue revidirt nach den Wittenberger Hauptausg. von 1545 u. 1581. Voran steht ein Aufsatz: Ueber die Herstellung des ursprüngl. Textes der Luther'schen Bibelübersetzung von Wilh. Hopf. gr. 16. (XX u. 142 S.) Nürnberg 847, Raw. ¼ ₰

— oder Andachtsübungen bei Kriegszeiten u. in allgem. Anliegen zu gebrauchen. Gesammelt aus den Worten der heiligen Schrift u. eingerichtet nach den Bitten des Gebeths des Herrn. 32. (31 S.) Passau 849, Elsässer & Waldbauer. 1½ ngr.

Psalter, der, des Königs und Propheten David, verdeutscht von Dr. Mart. Luther, mit kurzen Summarien oder Inhalt jedes Psalmen. Besonders für Schulen eingerichtet. 12. (252 S. mit 1 Holzschn.) Philadelphia 851, (Schäfer und Koradi.) *

—— der, verdeutscht von Dr. Mart. Luther. Nach der letzten von selbst besorgten Ausg. wieder abgedr. Mit einer Anleitung zum Psalmengesang von Fr. Hommel. Titelzeichnung (in Stahl rad.) von Gust. König. 4. (XV und 248 S.) Stuttgart 853, S. G. Liesching. *

—— der. Nach der Uebersetzung Dr. Martin Luther's. Mit 4 Bildern von Jul. Schnorr v. Carolsfeld in Holzschn. Fol. (VI und 82 S.) Leipzig 855, G. Wigand. *

—— der, verdeutscht von Dr. Mart. Luther. Rev. Ausg. 32. (138 S.) Leipzig 856, Teubner. **

-- der, nach Dr. Mart. Luthers Uebersetzung unter Berücksichtigung des Grundtextes zum Behufe der häuslichen Andacht herausg. von Otto Thenius. Leipzig 859. Hirzel. 8. (XII, 182 S.) n. 10 ngr.

Psalter, der. 8. (202 S.) Berlin 860, (Uthemann und Müller.) **

— der, nach Dr. Mart. Luthers Uebersetzung. Zum Singen in Kirche, Schule u. Haus eingerichtet. Minden 862. Volkening in Comm. 16. (X, 144 S.) n. 3¾ ngr.

Psalter, der. gr. 8. (336 S.) Basel 866. (Missionsbuchh.) n. — 40; geb. in Leinw. n. 1. 20

Psalter, der. Allioli's Uebersetzung. Mit Orig.-Zeichnungen von Joseph, Ritter v. Führich. In Holzschn. ausgeführt von Kaspar Oertel. gr. 4. (367 S.) Leipzig 874, Dürr. * 24 —
geb. in Lwd. mit Goldschn. * 30 —
geb. in Leder mit Goldschn. * 36 —

— mit Dr. Martin Luther's Summarien. Taschenausg. 8. Mit Beilage: Die Psalmtöne in vierstimm. Satz, nebst Anleitung zum Psalmengesang von Fr. Hommel. gr. 8. (207 S. und Beilage 16 S.) St. Louis, Mo. 879. (Dresden, H. J. Naumann.) geb. und geh. * 3 —

Der Psalter [Psalmi] nach Dr. Martin Luthers Uebersetzung. Zum Singen eingerichtet mit e. angefügten Metten- u. Vesperordnung u. d. nötigen Musikbeilagen von A. Lortzing, Pfarrer. 7., unveränd. Aufl. Gütersloh: C. Bertelsmann 1904. (IV, 224 S.) 8° [J.] [07. 4614 9

Psalter. Monatsblätter f. fröhl. Wissenschaft. Hrsg.: Kallistophanes v. Theben. Jahrg. 1909. 12 Nrn. (à ca. 16 S.) 8. Leipzig, K. Scheithauer. 2. —

Der Cambridger Psalter [Psalmi, angelsächs.]. (Hs. Ff. 1. 23 Univ. Libr. Cambridge.) Zum 1. Male hrsg. m. besond. Berücks. d. latein. Textes von Karl Wildhagen. 1. Hamburg: Grand 1910. 8° (Bibliothek d. angelsächs. Prosa. Bd 7.) [10. 18317

Psalter Davids

— — 12. Leipzig, Dürr.

Psalter Davids v. Luther übers. 12. Frankf. Andreä. 713.

* Psalter Davids, auf das erbaulichste in deutsche Gesänge, nach Lutherischen Melodeyen abgefaßt. 8. Hannov. Hellwing. 728. Rthlr.

Psalter, Der, Davids Deutsch und Litthauisch mit jeden Psalms kurzen Summarien . . . [Königsberg] 1728. Ü: *Quandt, Joh. Jac.* (BrMm)

— der Psalter des Propheten Davids, verdeutscht durch M. Luther. 8. Liegnitz ... Siegert. 3 gr. N. A. 803. Ebd. 12 gr.

Psalter, der, des Königs u. Propheten David, verdeutscht von Dr. Mart. Luther mit kurzen Summarien oder Inhalt jedes Psalmen. (Besonders für Schulen eingerichtet.) Philadelphia, Schäfer & Koradi. gr. 16. (252 S. mit 1 Holzschntaf.) geb. 12 ngr.

Psalter, Der, Davids als ein Less-, Lehr- und Betbuch auf Brevierart. O. O. 1779. V: *Ruef, Anton Sebastian.* (Ml.)

Psalter, Deutsche, nach M. Luthers Übersetzung, mit neuen Summarien und kurzen Anmerkungen versehen. Tübingen 1766. H: *Kraft, Chn Gottlieb* & *Carl Frdr. Hartmann.* (Ky)

TEUTSCHER PSALTER, Nach D. Martin Luthers Uebersetzung. Mit neuen Summarien und kurzen Anmerkungen versehen. Nebst Einer Einleitung zum Gebrauch dieser Ausgabe der Psalmen. 2., verm. Aufl. *[besorgt von Karl Friedrich Hartmann]* – Tübingen: Franck 1776. 264 S.
– [zweite u. verm. Ausg.] – Tübingen: Heerbrandt 1779. 264 S.

Der engadinische Psalter (Ün cudesch da Psalms [Psalmi, rhätoroman.]) des (Durich) Chiampel (d. i. Ulrich Campell). Neu hrsg. von J(akob) Ulrich. Dresden: Gesellsch. f. rom. Lit. 1906. (XXXI, 437 S.) 8°
= Gesellschaft f. romanische Literatur. Bd 9. [07. 4880

Psalter, Evangelischer, von zehen Sayten. Zittau u. Leipzig 1726. V: *Zöllner, David.* (Myl)

— Psalter Davids, der ganze, mit kurzen Summarien u. e. f. d. Gebrauch als tägl. Hand- u. Gebetbuch dienenden Verzeichniß. 8. Reutling. ... N. Aufl. ... Fischer. 4 gr.

Psalter Davids, der ganze. Mit kurzen Summarien u. einem für d. Gebrauch als tägliches Handbuch dienenden Verzeichniß. Neue Aufl. 8. Reutlingen 834. C. F. Fischer jun. 1/6 ℔

Psalter u. Harfe. Geistliche Gesänge aus alter u. neuer Zeit f. gemischten Chor u. vierstimm. Männergesang. 1—3. Hft. gr. 8. Langensalza, Beyer & Söhne. à n. — 80
1. Leicht ausführbare Motetten u. geistliche Lieder f. gemischten Chor. Zusammengestellt u. zum Teil bearb. v. Ernst Rabich. 1. Hft. 2. Aufl. (V, 66 S.) 885.
2. Vier- u. achtstimmige Motetten f. gemischten Chor. Hrsg. v. A. H. Pfaff. (VI, 66 S.) 883.
3. Leicht ausführbare Motetten u. geistliche Lieder f. vierstimmigen Männergesang. Zusammengestellt u. zum Teil bearb. v. Ernst Rabich. (VI, 74 S.) 885.

— u. Harfe. Geistliche Gesänge aus alter u. neuer Zeit f. gemischten Chor u. vierstimm. Männergesang. 4. Hft. gr. 8. Langensalza 891. Beyer & Söhne. n. 1. —
(1—4.: n. 3. 40)
Leicht ausführbare Motetten u. geistliche Lieder f. gemischten Chor. Zusammengestellt u. zum Teil bearb. v. Ernst Rabich. (VI. 90 S.)

Psalter u. Harfe. Geistl. Gesänge aus alter u. neuer Zeit für gem. Chor, Frauenchor u. Männergesang. 1. Hft. gr. 8. Langensalza 897. H. Beyer & Söhne. n. — 80
Leicht ausführbare Motetten u. geistl. Lieder für gem. Chor. Zusammengest. u. zum Teil bearb. von Ernst Rabich. 3., unveränd. Aufl. (VIII, 74 S.)

— u. Harfe. Geistliche Gesänge aus alter u. neuer Zeit f. gemischten Chor, Frauenchor u. Männergesang. 4. Hft. gr. 8. Langensalza, H. Beyer & Söhne. n. 1. —
Leicht ausführbare Motetten u. geistliche Lieder für gemischten Chor. Zusammengestellt u. zum Teil bearb. Von Ernst Rabich. 2. Aufl. (VIII, 100 S.) 900.

Psalter, der, des heil. Joseph, oder die kirchl. Tagzeiten, nebst einigen Andachtsübungen zu Ehren des heil. Joseph, des Schutzpatrons der kathol. Kirche, verfaßt von einem Priester der Diöcese Mainz. gr. 16. (180 S.) Mainz 877, Kirchheim. * — 65

— der kleine. Perlen alt-testamentlicher heiliger Dichtung. In sorgfältiger Auswahl u. in neuer Uebertragung nach dem Text u. Versmaße der hebräischen Urschrift. Schaffhausen 861. Brodtmann. 16. (VII, 156 S.) 15 ngr.

— der kleine. Eine Sammlg. geistl. Lieder f. Erbauungsstunden u. Evangelisation. 16. (133 S.) Hamburg 892. J. G. Oncken Nachf. — 30; kart. n. — 40

Der kleine Psalter. E. Sammlg. geistl. Lieder f. Erbauungsstunden, Evangelisation u. Vereine. 4. Aufl. ... Cassel: J. G. Oncken Nachf. 1899. (179 S.) 1 Bd. 8°

Psalter --- , Ein kurtz // Psalter /// aus allen // CL. // Psalmen Davids // in Einem gebracht. // Im Jahr // Des GereCh-ten ernstes Gebet kan MIt // GOtt aLLes. // Ps. 148, 18; Jac. 5, 15, 16: - 80 S. und noch 2 Blatt (nicht paginiert) Erinnerung an den Leser, eingeschoben zwischen das Titelblatt und Seite (3).
B. S. T. 8°.544.

Psalter, kurzgefaßter evangel., auf 10 Seiten, d. i. auserlef. Gesangbuch in 10 Abtheill., nebst e. neuen Anh. von verschied. alten u. neuen Liedern. Mit e. Samml. von Morgen-, Abend-, Beicht-, Communion- u. a. Gebeten. Mit 1 Titelkpf. 8. Zittau 797. Schöps. 18 gr Neuer Anh. dazu apart. 8. Ebd. 797. 4 gr

Psalter, lothringischer, s. Bibliothek, altfranzösische.

— mein. 24 der schönsten Lieder der Bibel, ausgewählt v. Rud. Burckhardt. 3. Aufl. (30 S.) 16. Karlsruhe (910). Stuttgart, Verl. f. Volkskunst. —20; geb. — 40

Aus einem mittelhochdeutschen Psalter. Nach einer alten Handschrift herausgegeben. Zum Besten der Spitalkirche in Meran. Innsbruck, 1856. Gedruckt bei Felician Rauch. (23 S. 8.)

Die Berliner Handschrift des sahidischen Psalters [Psalmi, koptisch] hrsg. von Alfred Rahlfs. *Berlin: Weidmann 1901.* (153 S.) 4°
— Abhandlungen d. Königl. Gesellschaft d. Wiss. zu Göttingen. Phil.-hist. Kl. N. F. Bd 4, No 4.

Geiger, Ed. Ephraem, Der Psalter Salomos herausgegeben u. erklärt. Augsburg, Wolff in Komm., 1871, gr. 8°, VII, 167 S., 3,60 Mk.

Psalteria rhythmica. Gereimte Psalterien d. Mittelalters. Aus Hs. u. Frühdrucken hrsg. von Guido Maria Dreves S. J. Folge 1. *Leipzig: O. R. Reisland 1900.* 8°
— Analecta hymnica medii aevi. 35.

Psalteria Wessofontana, s.: Analecta hymnica medii aevi. 38.

Psalteriolum cantionum catholicorum ... Editio septima ... Coloniae 1710. H: *Heringsdorf, Joh.* (Jes) (So) (Plas)

Psalterium

— ex recens. text. hebr. et vers. antiquar. latine versi notisque philolog. et crit. illustr. a G. Aug. Franke. 8maj. Halle 738. Ed. nova emend. 827. Waisenhaus-B. 10 gr

תהלים **Psalterium** hebraice, ad optima exemplaria accurat. expressum. 8maj. Halae 832. Schwetschke et fil. 5/12 ß

Psalterium coptice. Ad cod. fid. recens. lectionis varietate et Psalmos apocryphos Sahidica dialecto conscriptos ac prim. a Woldio edit. adjecit Iul. Ludov. Ideler. 8maj. (16 B.) Berolini 837. Dümmler. Thlr.

— in dialectum Copticae linguae Memphiticam translatum ad fidem trium codicum Ms. Regiae Bibliothecae Berolin. inter se, et cum Tukii et Ideleri libris, nec non cum Graecis Alexandr. codicis ac Vaticani, Hebraicisque psalmis comparatorum edid. notisque crit. et grammat. instr. M. G. Schwartze. 4maj. Lipsiae 843. Barth. n. 4 ß

Psalterii versio Memphitica. E recognitione Pauli de Lagarde. Accedunt Psalterii Thebani fragmenta Parhamiana, Proverbiorum Memphiticorum fragmenta Berolinensia. 4. (VIII, 155 S.) Göttingen 875. (Dieterich's Sort.) n.n. 20. —

Psalterium seu liber Psalmorum. Juxta Vulgatam latinam et versionem textus originalis hebraici cum notis introductionalibus et cum argumentis exegeticis, quibus harmonia utriusque versionis demonstratur. Exaravit Melch. Mlčoch. Lex.-8. (517, VII S.) Olmütz 890. Hölzel. n. 10. —

Psalterium Aethiopic., ex ed. Ludolf. 4. Frcf. Varrentrapp.

Psalterium aureum, das, v. Sanct-Gallen. Ein Beitrag zur Geschichte der Karolingischen Miniaturmalerei. Mit Text v. J. Rud. Rahn. Hrsg. v. Histor. Verein d. Kantons St. Gallen. Fol. (67 S. m. eingedr. Holzschn. u. 17 Steintaf. in Bunt- u. Golddr.) St. Gallen 878. Huber & Co. in Comm. geb. n.n. 20. —

Psalterium aureum, aus dem, der Stiftsbibliothek in St. Gallen. Kl. in-fol. 6 S. St. Gallen, A. & J. Köppel. 1897. 7 50

Psalterium Bononiense. Interpretationem veterem slavicam cum aliis codicibus collatam, adnotationibus ornatam, appendicibus auctam adiutus academiae scientiarum Vindobonensis liberalitate ed. V. Jagić. Accedunt XIX specimina codicum. (XII, 968 S.) Lex. 8. Berlin 907. Weidmann. 25. —

— chaldaicum ex Lagardiana recensione in usus academicos imprimendum curavit Eberh. Nestle. gr. 4. (XII, XXVI, 55 S.) Tübingen 879. Fues. n. 3. 50

— Davidis, brevi ac succincta paraphr. explicat. 12. Strassb., Levrault. 9 gr

Psalterium Davidis Aethiopice et Latine ... Accedunt Aethiopice tantum hymni et orationes aliquot Vet. et Novi Testamenti, item Canticum Canticorum ... cura Iobi Ludolfi. Francofurti ad Moenum 1701.

Psalterium Davidis hebraice. Edendum curav. G. A. Frank. Neue Aufl. gr. 8. Halle 827, Waysenhausbuchh.

Psalterium Davidis cum brevi ac succincta paraphrasi ex Bellarmini commentario deprompta. Taurini 867. (Innsbruck, Wagner'sche Universitäts-Buchh.) 2 Vol. gr. 16. (VII, 806 S.) n.n. 1 ß

— Davidis latino-germanicum cum Canticis ab Ksp. Ullenberg. 8. Augsb. 756. Rieger. 12 gr

— explanatum, sive Psalmi omnes et in officio canonico legenda veteris testamenti cantica, juxta Vulgatum SS. librorum editionem, additis notis tum textus sensum, tum omnia, quae in bibliis hebraicis aliter leguntur, exhibentibus. Edid. J. Mich. Schnitzler. 8. (23½ B.) Confluentibus 842, Hoelscher. *

Psalterii Florianensis partem Polonicam ad fidem codicis recensuit, apparatu critico, indice locupletissimo instruxit Wladislaus Nehring. gr. 8. (LI, 248 S.) Posen 883. J. K. Zupański. n. 5. —

— graecum, ex romana codicis Vaticani editione in usus academicos imprimendum curavit Eberh. Nestle. gr. 4. (XII, XXVI, 55 S.) Ebendas. 879. * 3 50

— hebraic. in us. fratr. minor. ord. S. Francisci. fol. ibid. 710.

— — ex ed. Bashuys, c. comment, Iudaeor. 8. Hannov. 712.

— — a Franke, vid. Franke.

— *Psalterium* hebraicum, ad optimarum editionum fidem summa diligentia ac stud. recus. 8maj. Basel 825. (C. E. Spittler). 8 gr Auf geleimt. gr. 4 Form. 1 ß 8 gr

— hebraicum in us. scholar. ed., text. secundum optimas edit. Heidenheimianam, Norzianam, Nisselianam, Athianam, Hooghtianam, aliasque accuratiss. recogn. Vocabulariisque instr. Jo. H. R. Biesenthal. 16. (11 ½ B.) Berolini 837, Bade. Ohne Wörterbuch.

Psalterium juxta hebraeos Hieronymi. E recognitione Paul de Lagarde. Accedit corollarium criticum. gr. 8. (XVI, 168 S.) Leipzig 874. Teubner. n. 7. 60

— **Iob, Proverbia** arabice. Paulus de Lagarde ed. 4. (XI. 167 S.) Göttingen 876. (Dieterich's Sort.) n.n. 20.—

Psalterium, das, der allerseligsten Jungfrau Maria. Verfaßt v. dem heil. Bonaventura. Uebers. u. hrsg. v. e. Mitgliede d. Kapuziner-Ordens. 16. (VII, 120 S.) Dülmen i/W. 891. A. Laumann. n. — 40

Psalterium marianum seraphici Doctoris S. Bonaventurae unacum octo canticis, hymno „te matrem dei laudamus". Symbolo „quicunque" atque litaniis BMV. Juxta edition vaticanum editum. kl. 8. (168 S.) Graz 1883. Verlagshdl. Styria. 80 kr., in Leder geb. 60 kr.

— ordinis Francisci F. F. Minorum Capucinorum. fol. max. Coloniae. (Göbhard, Bamb.) 725.

Psalterium parvum, continens psalmos ac commune sanctorum ad horas canonicas minores in festis per annum. Pro majore commoditate in choro vel domi psallentium magnis characteribus exaratum. Fol. (III, 232 S.) Augsburg 882, [Literar. Institut von Dr. M. Huttler.] Haugg. * * 25 —

— quotidianum ad usum Austriaci militis. 12. Wien 757. Trattner. 5 gr

Psalterium vespertinum, das römische, m. deutscher Übersetzung der Psalmen u. Hymnen u. Verteilung der Psalmverse auf die Melodien der Kirchentöne im Violinschlüssel m. Choralnoten auf 5 Linien, zum Gebrauch f. Schulen, Institute, Seminarien u. zur Vorübg. im Choralgesang. [Aus: „Röm. Vesperbuch".] qu. 4. (IV, 142 S.) Regensburg 900. F. Pustet. 1. —; geb. in Halbldr. n. 1. 50

— Syriacum a Dathe, s. a. Dathe.

— syriacum ex recensione Erpenii, cum notis philologicis et criticis, edid. Jo. Aug. Dathe. 8maj. Halle 768. Waisenhaus-B. 1 ß

— syriacum, e codice Ambrosiano saeculi fere sexti in usus academicos imprimendum curavit Eberh. Nestle. gr. 4. (XII, 81 S.) Ebendas. 879. * 3 50

— tetraglottum graece, syriace, chaldaice, latine, XL. post primam hebraici psalterii editionem anno, adjuvante S. G. F. Perry, ex optimis codicibus, Vaticano et Sinaitico graecis, Ambrosiani syriaco, Amiatino latino, et ex Lagardiana Targumi impressione, in usum studiosorum imprimendum curavit Eberh. Nestle. 2 partes. gr. 4. Ebendas. [Pars I. (Bog. 1—14.) 877; pars II. (XVI, Bog. 15—40½.) 879.] ** 15 —

Psalterium, das tironische, der Wolfenbütteler Bibliothek. Hrsg. vom königl. stenograph. Institut zu Dresden. Mit e. Einleitg. u. Übertragg. d. tiron. Textes v. Osk. Lehmann. gr. 8. (IV, 208 S. u. 120 autogr. Doppels.) Leipzig 885. Teubner. n. 10. —

— Turicense, s. Monumenta sacra inedita.

Psalterium, das Allen verständl. rc., s. Blüthen u. Blumen heil. Andacht.

— Vespertinum, Psalmi ad Vesperas et Completorium per totius anni cursum mediationum et finalium initiis digestis ad majorem psallentium commoditatem concinnati cura Fr. X. Haberl. (Choralnoten.) In Schwarzdr. 8. (144 S.) Regensburg 888. Pustet. n. — 50; geb. n. — 80

— dasselbe. Volksausg. Die Psalmentexte der Vesper u. des Completorium, nach den röm. Psalmentönen auf Mittel- u. Schlusscadenzen verteilt von Fr. X. Haberl. In Schwarzdr. kl. 8. (XII, 146 S.) Regensburg 885. Pustet. n. — 50; geb. n. — 80

— vespertinum. Approbatione fr. ordinariatu ad usum dioec. Argentinensis evulgatum. 8. (XLV, 32 u. 227 S.) Strassburg i/E. 893. (F. X. Le Roux & Co.) Geb. n. 4. —

Psalter-Klänge. 6 Spruchblätter in Farbendr. 4. Dresden 888. Schwager. In Leinw.-Mappe. 1. 50

Psälterlein, katholisches, enthaltend eine Auswahl der schönsten und bewährtesten Kirchenlieder alter und neuer Zeit, nebst einem vollständigen Gebetbuche, besonders auch zum Gebrauche beim öffentlichen Gottesdienste eingerichtet rc. Bearb. von H. L. Papenburg 860. Lüken. 16. (IV, 507 S.) n. 15 ngr.

Psälterlein. Katholisches Gebet- u. Gesangbuch. 2. verm. Aufl. 16. (IV, 724 S. m. 1 Stahlst.) Regensb. 891, Pustet. * 1 20
3. Aufl., s. Mohr, Jos.

Psälterlein, geistliches, P. P. societ. Jesu, in welchem die auserlesensten alten u. neuen Kirchen- u. Hausgesänge, lieb reiche Psalmen Davids verfasset sind rc. 32. Cöln, J. G. Schmitz. 6 gr

Psalter-Schatzkästlein, biblisches, worinnen 366 Sprüche aus Davids Psalmen, mit des sel. Joh. Arnd's geistr. Worten erklärt rc. v. W. H. P. Z. B. 12. Nürnb. 798. Raw. 6 gr

DAVIDISCHES PSALTER-SPIEL der Kinder Zions, von Alten und Neuen auserlesenen Geistesgesängen; Allen wahren heilsbegierigen Säuglingen der Weisheit, insonderheit den Gemeinden des Herrn zum Dienst und Gebrauch mit Fleiß zusammengetragen. Und in gegenwärtig-beliebiger Ordnung und Form, nebst einem doppelt dazu nützlichen Register, ans Licht gegeben von Einem MitGeNossen Zions. 2. Aufl. – Schaffhausen 1729. 849 S. *(1047 Lieder. Unter vermutlich mehreren Hrsg. befindet sich auch Gruber.)*

Psalterspiel, Geistliches, oder Betrachtungen auf die Fest- Sonn- und Feyertage. Nürnberg 1718. V: *Zeidler, Max.* (Bibliotheca Norica Williana. Altdorf 1772—78. I, 3, 313 f.)

Kleine Davidische Psalterspiel der Kinder Zions, Das. Ephrata, Pa. 1795. 2te verm. Aufl. Balt, 1797.

— u. Harfenspiel, neues, der Kinder Zion. 12. Basel, Holdenecker. 5 gr

— u. Harfenspiel, neues. Eine Samml. auserles. geistl. Lieder zum nützl. Gebrauch in christl. Familien. 8. Reutling., Fischer. 6 gr

Psalter u. Harfenspiel, neues, der Kinder Zion. Eine Samml. auserles. geistl. Lieder aus den Werken von Woltersdorf rc. 8. Reutlingen 833. C. F. Fischer jun. ¼ ß

Psalter- u. Harfenspiel, neues, der Kinder Zion. 2. Thl. der Sammlung auserlesener geistlicher Lieder. Neue, wenig veränd. u. verm., aber auf's Gewissenhafteste von einem evangel. Geistlichen durchgeseh. Ausg. 16. (337 S.) Reutlingen 851, Kurtz. 8 ngl

Psalter- und Harfenspiel, neues, der Kinder Zion; oder 2. Thl. der Sammlung auserlesener geistlicher Lieder. Nebst einem Anhang von Morgen- und Abend-, Beicht- u. Communiongebeten 2c. Reutlingen 858. Rupp u. Baur. 24. (XII, 324 S.) 9 ngr.

Psalterz królowéj malgorzaty pierwszej malzonki Ludwika I. króla polskiego i wegierskiego córki króla czeskiego i cesarza Karola IV. najstarszy dotad znany pomnik pismiennictwa polstkiego. (Hrsg. v. Stanisl. Graf Dunin Borkowski.) 4. ... Wieden (Wien) 834, Mechitar.-Congregat.-Buchh. 1 Thlr. 4 Gr., mit Fac-simile

[Slav.] Slověn'skaja psaltyr'. [Ant.] Psalterium Bononiense. Interpretationem veterem slavicam cum aliis codicibus collatam, adnotationibus ornatam, appendicibus auctam adiutus Acad. Scient. Vindob. liberalitate ed. V[ratoslav] Jagić. Accedunt 19 spec. codicum. Vindobonae: Gerold & soc.; Berlin: Weidmann 1907. (XI, 968 S.) 4°(8°) (07. 10331

PSAROS, Demetrios (Gortynis/Griechenl.): De inflammatione glandulae subaxillaris cum perforatione oesophagi. (Titel nach der Urkunde)
2.8.1856 - Urk; F 69
Diss. Ingolst.-Landsh.-Mchn.

Pfarrer, M. S., s. Feria sexta.

Psaumes

— mis en vers français et les cantiques sacr. 8. Frkf. a. M., Hermann. 6 ß

— — p. Lobwasser en vers franç. 12. Bern. 721.

— — en vers av. la Liturgie. 8. Alt. 729.

— en vers franç. II Toms. gr. 12. Berl. ... Ed. nova 762. Lange. 1 ß

— Pseaumes de David en vers franç. 8. Bern 774. Typ. Soc. 1 ß

— — en vers françois. II Tomes. gr. 8. Berl. Lange. 786.

Psaumes et cantiques pour servir à l'édification publique et particulière. 2. édit., augmentée de 38 cantiques nouveaux sous forme de Supplément. 16. (25½ B.) Strasbourg 846, libr. Levrault. *

Pschaden, Wilhelm, Rangs- und Eintheilungsliste der Herren k. u. k. Stabs- und Ober-Officiere, Cadetten, Feldwebels und Rechnungs-Unterofficiere des k. u. k. Infanterie-Regimentes Alexander des I., Kaisers von Russland, Nr. 2. 8. (12 S. und Liste) —.40
Kronstadt: Albrecht 1891.

Pschedmieisky, Esther, aus Ludwinow (Gouvernement Suwalki), Rußland-Polen: Das diasklerale Lichtreizphänomen. [Mit vier Figuren im Text.] Berlin. S. Karger. 1910. 22 S. 8°. S.-A. aus Monatsschrift für Psychiatrie und Neurologie. Bd. 29. [24. XII. 10.]
Zürich Univ. Med. Diss. 1910/11.

Pschedmieisky, Esther. Das diasklerale Lichtreizphänomen. Diss. Med. Univ. Zürich. [Mit Figuren.] (Sonderabdruck aus Monatsschrift für Psychiatrie und Neurologie. Bd. 29.) 22 S. 8. Berlin, S. Karger, 1910.

PSCHEDŹENAK. Protyka sa Sserbow na ljeto 1855. (Kalender für die Wenden auf das Jahr 1855.) ib. — 4°.

PSCHEDŹENAK. Protyka sa Sserbow na ljeto 1856. (Kalender für die Wenden auf das Jahr 1856.) ib. — 4°.

PSCHEDŹENAK. Protyka sa Sserbow na ljeto 1857. (Kalender für die Wenden auf das Jahr 1857.) ib. — 4°.

PSCHEDŹENAK. Protyka sa Sserbow na ljeto 1858. (Kalender für die Wenden auf das Jahr 1858.) ib. — 4°.

PSCHEDŹENAK. Protyka sa Sserbow na ljeto 1859. (Kalender für die Wenden auf das Jahr 1859.) ib. —

PSCHEDŹENAK. Protyka sa Sserbow na ljeto 1860. (Kalender für die Wenden auf das Jahr 1860.) ib. —

PSCHEDŹENAK. Protyka sa Sserbow na ljeto 1861. (Kalender für die Wenden auf das Jahr 1861.) ib. — 4°.

PSCHEDŹENAK. Protyka sa Sserbow na ljeto 1862. (Kalender für die Wenden auf das Jahr 1862.) ib. —

PSCHEDŹENAK. Protyka sa Sserbow na lěto 1863. (Kalender für die Wenden auf das Jahr 1863.) ib. — 4°.

Pschedźenak Protyka sa Sserbow na lěto 1864—69. Bautzen. Leipzig, Schmaler & Pech. 4. Jeder Jahrg. (40 S. mit eingedr. Holzschn.) n. 3½ ngr.

PSCHEDŹENAK. Protyka sa Sserbow na lěto 1864. (Kalender für die Wenden auf das Jahr 1864.) ib. — 4°.

PSCHEDŹENAK. Protyka sa Sserbow na lěto 1865. (Kalender für die Wenden auf das Jahr 1865.) ib. —

PSCHEDŹENAK. Protyka sa Sserbow na lěto 1866. (Kalender für die Wenden auf das Jahr 1866.) ib. — 4°.

PSCHEDŹENAK. Protyka sa Sserbow na lěto 1867. (Kalender für die Wenden auf das Jahr 1867.) ib. — 4°.

PSCHEDŹENAK. Protyka sa Sserbow na lěto 1868. (Kalender für die Wenden auf das Jahr 1868.) ib. — 4°.

PSCHEDŹENAK. Protyka sa Sserbow na lěto 1869. (Kalender für die Wenden auf das Jahr 1869.) ib. —

PSCHEDŹENAK. Protyka sa Sserbow na lěto 1870. (Kalender für die Wenden auf das Jahr 1870.) ib. — 4°.

PSCHEDŹENAK. Protyka sa Sserbow na lěto 1871. (Kalender für die Wenden auf das Jahr 1871.) ib. —

PSCHEDŹENAK. Protyka sa Sserbow na lěto 1872. (Kalender für die Wenden auf das Jahr 1872.) ib. — 4°.

PSCHEDŹENAK. Protyka sa Sserbow na lěto 1873. (Kalender für die Wenden auf das Jahr 1873.) ib. —

PSCHEDŹENAK. Protyka sa Sserbow na lěto 1874. (Kalender für die Wenden auf das Jahr 1874.) ib. — 4°.

PSCHEDŹENAK. Protyka sa Sserbow na lěto 1875. (Kalender für die Wenden auf das Jahr 1875.) ib. —

PSCHEDŹENAK. Protyka sa Sserbow na lěto 1876. (Kalender für die Wenden auf das Jahr 1876.) ib. — 4°.

PSCHEDŹENAK. Protyka sa Sserbow na lěto 1877. (Kalender für die Wenden auf das Jahr 1877.) ib. —

PSCHEDŹENAK. Protyka sa Sserbow na lěto 1878. (Kalender für die Wenden auf das Jahr 1878.) ib. —

PSCHEDŹENAK. Protyka za Serbow na lěto 1879. (Kalender für die Wenden auf das Jahr 1879.) ib. — 4°.

PSCHEDŹENAK. Protyka za Serbow na pschestupne lěto 1880. (Kalender für die Wenden auf das Schaltjahr 1880.) ib. —

PSCHEDŹENAK. Protyka za Serbow na lěto 1881. (Kalender für die Wenden auf das Jahr 1881.) ib. — 4°.

PSCHEDŹENAK. Protyka za Serbow na lěto 1882. (Kalender für die Wenden auf das Jahr 1882.) ib. —

PSCHEDŹENAK. Protyka za Serbow na lěto 1883. (Kalender für die Wenden auf das Jahr 1883.) ib. —

PSCHEDŹENAK. Protyka za Serbow na pschestupne lěto 1884. (Kalender für die Wenden auf das Schaltjahr 1884.) ib. — 4°.

PSCHEDŹENAK. Protyka sa Sserbow na lěto 1885. (Kalender für die Wenden auf das Jahr 1885.) ib. —

PSCHEDŹENAK. Protyka sa Sserbow na lěto 1886. (Kalender für die Wenden auf das Jahr 1886.) ib. — 4°.

PSCHEDŹENAK. Protyka sa Sserbow na lěto ... (Kalender für die Wenden auf das Jahr ...) 1889—1901. Z nakładom Maćicy Serbskeje. W kommissiji M. Ssmolerja. Ćźischeź Ssmolerjez knihiećźisch ćźeńnje w maćźiećźnym domje w Budyschinje. 8°.

Pschehlad sličžbowanja serbskeho lutherskeho knihowneho towarstwa na schwórte a. s. dżjela na pjate ljeto 1866 a. s. dżjela 1867. Bautzen 868. (Schmaler & Pech) gr. 8. (40 S.) n. 3½ *ngr.*

Pscheidl, W., über eine neue Art, die Inklination aus den Schwingungen eines Magnetstabes zu bestimmen. [Mit 2 (eingedr.) Holzschn.] [Aus: „Sitzungsber. d. k. Akad. d. Wiss."] Lex.-8. (6 S.) Wien 879. (Gerold's Sohn.) n. — 20

— Über eine neue Art, die Inklination aus den Schwingungen eines Magnetstabes zu bestimmen (mit 2 Holzschnitten). S. 80. II. [illegible] . . . vgr.
Separatabdruck

Pscheidl, W.: Berechnung der sphärischen Aberration bei einem sphärischen Hohlspiegel. S. 17–21. 8° – Teschen, I. St. G., Progr. 1873.

Pscheidl, W., Bestimmung der Brennweite e. Concavlinse mittelst d. zusammengesetzten Mikroskopes. Lex.-8. (5 S.) Wien 886. (Gerold's Sohn.) n. — 20

Pscheidl, W., Bestimmung der Brennweite einer Concavlinse mittelst des zusammengesetzten Mikroskopes. Lex.-8. (5 S.) Wien 886, (Tempsky.) *
Aus: Sitzungsberichte der k. Akademie der Wissenschaften, besonders abgedruckt.

— Bestimmung der Brennweite einer Konkavlinse mittelst des zusammengesetzten Mikroskopes. S. 14. II. [illegible] . . . vgr.
Separatabdruck

— Bestimmung d. Elasticitätscoëfficienten durch Biegung eines Stabes. I. u. II. [Mit 3 (eingedr.) Holzschn.] [Aus: „Sitzungsber. d. k. Akad. d. Wiss."] Lex.-8. (19 S.) Ebend. 879. 82. n. — 60

Pscheidl W.: Bestimmung des Elasticitätskoëfficienten durch Biegung eines Stabes. 1. Mitteilung (mit 1 Holzschnitt). S. 79. II. [illegible] . . . —20
Separatabdruck

— Bestimmung des Elasticitätskoëfficienten durch Biegung eines Stabes. 2. Mitteilung (mit 2 Holzschnitten). S. 86. II. [illegible] . . . —36
Separatabdruck

— **Einleitung in die praktische Physik.** Mit 25 in den Text eingedr. Holzst. gr. 8. (VIII, 91 S.) Braunschweig 879. Vieweg & Sohn. n. 1. 20

Pscheidl, W., Grundriss der Naturlehre f. die oberen Classen der Mittelschulen. gr. 8. (XII, 371 S. m. 283 Abbildgn. u. 1 farb. Taf.) Wien 899. W. Braumüller. Geb. in Leinw. n. 4. 40

Pscheidl, W., Lehrbuch der Arithmetik f. Unter-Gymnasien, s.: **Močnik**, Frz. Ritter v.

Pschor, Ludwig: Über die A n w e n d u n g von Paraszenien in den Euripideischen Stücken Alkestis und Medea. Prag, Phil. Diss. 1903/04

Pschor, Ludwig: Beiträge zur antiken Jagdkunde. A. Der Jagdhund und seine Verwendung in der antiken Welt. B. Beize im Altertum. S. 3—20. 4. **Progr.** K. k. Staats-Gymn. *Mährisch-Trübau* 1910.

Pschor, L[udwig]: Realerklärung und Anschauungs-Unterricht bei der Lektüre von Ciceros Rede „Pro L. Murena". S. 3—10. 8. **Progr.** K. k. Staatsgymn. *Mähr.-Trübau* 1907.

Pschor, Ludwig: Σκηνὴ μὲν ὑποκριτῶν ἴδιον, ἡ δὲ ὀρχήστρα τοῦ χοροῦ. (Ein Beitrag zur bühnengeschichtlichen Entwicklung des altgriechischen Theaters.) S. 3—14, 1 Abb. 8.
Progr. K. k. Staats-Gymn. *Mähr.-Trübau* 1908.
I. Alkestis. II. Medea.

Pschorr, Robert [aus München]: Ueber einige neue Derivate des '(1)'Phenyl'(3)'methylpyrazolons und Antipyrins ... Jena, Druck v. A. Kämpfe, 1894; 38 S., 1 Bl. 8.
Jena, Phil. Fak., Inaug.-Diss. v. [14. Dez.] 1893

Pschütt! Caricaturen. Red.: Ant. Fabigan. 1. Jahrg. 1892. 52 Nrn. (2 Bog. m. z. Tl. farb. Illustr.) Fol. Wien. (Leipzig, Literar. Anstalt A. Schulze.) n. 20. —
Erschien im Jan. u. Febr. 1892 u. d. T.: Caricaturen.

— dasselbe. Hrsg.: Wilh. Friedenstein. Red.: Rob. Plöhn. 2. Jahrg. 1893. 52 Nrn. (2 Bog. m. z. Tl. farb. Illustr.) Fol. Ebd. n. 20. —

— dasselbe. Hrsg.: J. Danneberg. Red.: Vict. Schreiber. 3. Jahrg. 1894. 52 Nrn. (2 Bog. m. z. Tl. farb. Illustr.) Fol. Ebd. n. 20. —

Pschütt! Caricaturen. Hrsg.: J. Sachs u. J. Danneberg. Chef-Red.: Wilh. Altmann. Red.: Vict. Schreiber. 7. Jahrg. 1898. 52 Nrn. (à ca. 14 S. m. z. Tl. farb. Abb.) Fol. Wien. (Leipzig, Literar. Anstalt, A. Schulze.) n. 20. —
Kann auch vierteljährlich bezogen werden.

— dasselbe, s. a. Danneberg's Pschütt!

Pseaumes, s. Psaumes

Pseiner, Jos., die verbess. zweckmäß. Getreide-Harfe; (ein lüftiges Getreide- u. Futter-Trocknungsgebäude). Mit 16 Tabb. u. 1 Kpft. gr. 8. Wien 824. (Brünn, Traßler). 2 ₰ 4 gr

Pselli, Mich., in Platonis de animae procreatione praecepta commentarius; nunc primum ex cod. bibl. acad. Upsal. ed. emendavit latine reddidit commentariis et prolegomenis persecutus est Car. Guil. Linder. 8maj. (X und 70 S.) Upsaliae 854. (Holmiae, Samson und Wallin.) *

Pselli Michaelis Ἐπιλύσεις σύντομοι φυσικῶν ζητημάτων ed. G. Seebode. Pr. 1840
8 S. 4°. —.80

Pselli de Justiniani Novellis libellum, graece scriptum cum vers. lat. notis atque excursibus ex literis B. Tannenberg edidit Alb. Berger. 8maj. Lipsiae 836. libr. Belgica (Hochhausen et Fourness.) n. 1/6 ₰

Psellus, de Justiniani Novellis libellum, graece script. c. versione lat., notis atque excursibus ex literis B. Tannenberg ed. Alb. Berger. 8maj. (1¾ B.) Lipsiae 836, [Hochhausen et Fournes. ?] *

Ψελλος. Michael Psellus de operatione daemonum cum notis Gaulmini curante Jo. Fr. Boissonade. Accedunt inedita opuscula Pselli. 8maj. Norimb. 838. Fr. N. Campe. 2 3/4 ₰

Psellus, Mich., de operatione daemonum c. notis Gaulmini cur. Jo. Fr. Boissonade. Acced. inedita opuscula Pselli. 8maj. (23½ B.) Norimbergae 838. [Bockenheim, J. B. Levy.]
2¾ Thlr., hrbgs. Pr. *

Pselli, Mch., synopsis legum versibus jambicis et politicis, c. lat. interpret. et not. Fr. Bosqueti, edid. L. H. Teucher. 8. Leipz. 789. (List in Berl.) 12 gr Schrbp. 18 gr

M. Pselli synopsis Legum vers. jamb. et polit. c. lat. interpret. et notis *Fr. Bosqueti* (*Par.* 632. 8.) selectisq. observatt. *Corn. Sibenii* emend. ed. L. H. TEUCHER. *Lpz.*, Sommer. 789. 8. (10 Gr.)

—synopsis legum versibus jambis et politicis etc. ed. L. H. Teucher. 8 maj. Leipzig 789; jetzt Klemann in Berlin u. der Preis 1/2 ₰

Psenner, J.

Psenner: Hofmann-Peerlkamp's und Gruppe's Ansichten über Hor. Od. IV. 9 und deren Widerlegung. 15 S. –Innsbruck, Progr. 1867

Psenner, Jos., Peter Mayr, Wirt an der Mahr, s. a. Anno Neun.

Peter Mayr, Wirt an der Mahr, von Josef **Psenner**. Innsbruck: Vereinsbuchh. 1907. 92 S. 8°
(Anno Neun. Bdch. 4.) [07. 1525

Psenner, Ludw., Religion u. Volkswohl od. Volkswirtschaftliches Leben seit der Reformation. (IV, 126 S.) 8. Graz 910. U. Moser. 1.40

Psenner, Ludw., die Rettung aus d. socialen Elend. 1.—7. Thl gr. 8. Wien, Buchh. „Reichspost". n. 2. 60
1. Die Gesetze der menschlichen Gesellschaft. 9. Aufl. (32 S.) 896. n. — 20
2. Die Schulreform. 7. Aufl. (45 S.) 902. n. — 40
3. Die sittliche Reform. (4. [Umschlag-]Aufl.) (34 S.) 894. n. — 30
4. Die Reform der Bevölkerungs-Politik. 3. unveränd. Aufl. (39 S.) 895. n. — 40
5. Der falsche Parlamentarismus, das Unglück des XIX. Jahrh. 5. unveränd. Aufl. (40 S.) 895. n. — 40
6. Die Organisation des Bauernstandes. 4. unveränd. Aufl. (32 S.) 896. n. — 40
7. Die Organisation der Arbeit. 3. unveränd. Aufl. (40 S.) 897. n. — 40

Psenner, Ludw., die Rettung aus dem socialen Elend. 1. Thl. Die Gesetze der menschl. Gesellschaft. 9. Aufl. gr. 8. (32 S.) Wien 896. Warnsdorf, A. Opitz. n. — 20

Psenner, Ludw., die Sittlichkeit u. die soziale Frage. (Für Geist u. Herz. 4. Bdchn.) (87 S.) kl. 8. Ravensburg (906). F. Alber. n. — 40

Psenner, Dr. Ludwig, Der Staat der Zukunft. (Sep.-Abdr. aus dem „Oesterr. Volksfreund".) 8. (31 S.) * —.20
Wien: „Austria" 1893.

— die Ummandlung der Welt. Vortrag. (14 S.) gr. 8. Wien (VIII/1, Langegasse 39) 905. Dr. L. Psenner.
n.n. — 30

— Christliche Volkswirtschaftslehre f. Freunde des Volkes. (In 3 Tln.) 1. Tl. (VIII, 152 S.) gr. 8. Graz, U. Moser. 1907. 2. —

Psenner. L., Christliche Volkswirtschaftslehre f. Freunde des Volkes. 2. u. 3. Tl. (VIII, VIII u. S. 153—541.) gr. 8. Graz '07. '08, U. Moser. Je 2. —

Christliche Volkswirtschaftslehre für Freunde des Volkes. Von Dr. Ludwig **Psenner**. 2., (durchgesehene) Aufl. Graz & Leipzig: U. Moser 1908. (XV, 541 S.) 8° [F.] [08. 13119

Psenner, Ludw, der christliche Zukunftsstaat. gr. 8. (31 S.) Augsburg 893. Literar. Institut v. Dr. M. Huttler. n. — 40

Pserhofer, Arth., Aprilwetter. 8. (120 S.) Wien 898. L. Weiss. n. 2.—

Die Diplomatin. Lustspiel in 3 Akten von Arthur **Pserhofer**. *Berlin: Harmonie [1903]*. (64 S.) 8° [F.]
— Harmonie, Theater-Bibliothek. Bd 2. [04. 2393

— 4 Einakter, s. a. Brettl- u. Theater-Bibliothek, bunte.

Vier Einakter. Dichterschmerzen, e. Duoscene. Madame Esprit. Er, sie u. Jener – Der Papa – 3 parodist. Ehebruchstücke. Von Arthur Pserhofer. *Berlin: Harmonie [1903].* (80 S.) 8° [F.]
= Brettl- u. Theater-Bibliothek, Bunte. 18. [04. 53

Pserhofer, Arth., sträfliche Einfälle, s. a. Brettl- u. Theater-Bibliothek, bunte. II.

Arthur Pserhofer: Sträfliche Einfälle. *Berlin: Harmonie [1902].* (101 S.) 8° [F.]
= Brettl- u. Theater-Bibliothek, Bunte. 2. [04. 2289

Arthur **Pserhofer**. Gedichte. Der 'Sträflichen Einfälle' 2., bedeutend verm. Aufl. Berlin: Harmonie [1905]. (160 S.) 8° [F.]
= [**Brettl**- u. Theater-**Bibliothek**, Bunte. 2.] [06. 1390 11

Pserhofer, Arth., aus jungen Tagen, s.: Universal-Bibliothek.

— Tutti Frutti. gr. 8. (167 S.) Wien 900. L. Weiss. n. 2.—

Perschke, Dr. Emil, Oesterreichisches Sachenrecht. I. Band. Einleitung. Der Besitz. Gr.-8. (XVI, 250 S.) 2 40
Wien: Manz 1893.

Pseudacronis scholia in Horatium vetustiora. Recensuit Otto Keller. Vol. I. Schol. AV in carmina et epodos. 8. (XIII, 480 S.) Leipzig 902. B. G. Teubner. n. 9.—; geb. n. 10.—

Pseudacronis scholia in Horatium vetustiora. Recensuit Otto Keller. Vol. II. Schol. in sermones, epistulas artemque poeticam. (XVI, 512 S.) kl. 8. Leipzig 904. B. G. Teubner. 12.—; geb. 13.—
Vol. I. Ebd. 902. n. 9.—; geb. n. 10.—.

Die Pseudepigraphen des Alten Testaments. In Verb. mit ... übers. u. hrsg. von E[mil] Kautzsch. — Tübingen, Freiburg i. B. & Leipzig: Mohr (1899–)1900. VII,540 S. (Die Apokryphen u. Pseudepigraphen des Alten Testaments. 2.) **1:4°** Bl 8052-2. **12:4°** B. g. Prot. 58-2.
300:404.187-C. L. S. Bd 2. **2. 3. 4. 5. 6. 7. 8. 9. 10. 11. 102.**
5.7590

Pseudo-Aristoteles über die Seele. Eine psychologische Schrift ... Berlin 1891. H: *Gundisalvi, Dominicus.* (EB)

Pseudo-Augustini quaestiones veteris et novi testamenti, recensuit Alex. Souter, s.: **Corpus** scriptorum ecclesiasticorum latinorum.

Pseudo-Callisthenes, Nach der Leidener Handschrift hrsg. v. Heinr. Meusel. [Aus: „Jahrbücher f. class. Philologie."] gr. 8. (116 S.) Leipzig 871. Teubner. n. 2. 40

Pseudo-Castoris excerpta rhetorica, edita a G. Studemund. gr. 4. (26 S.) Breslau 888. (Koebner.) n. — 75

Pseudochristianismus, oder Tellers Unvernunft und schwarzes Herz ... Braunschweig 1783. V: *Sellig, J. A. C.* (MGT) »1788« (Ky)

Pseudochristianismus, od. Tellers Unvernunft u. schwarzes Herz, in dem Pasquill wider Feddersen, (v. J. A. C. Sellig). 8. Braunschw. 788. Schulbuchh. 2 gr

Pseudo-Cyprianus
s. Cyprianus, Thascius Caecilius. [09. 771

Pseudo-Eratosthenis Catasterismi, recensuit Alex. Olivieri, s.: **Mythographi** graeci.

Der Genesiscommentar (I—IV. 1) des **Pseudoeucherius** im Codex Augiensis CXCI. Herausgegeben und eingeleitet von Carl Wotke. 8 (S. III—XII. 27 S.).
Progr. K. k. Staatsg. im XVII. Bezirke von *Wien (Hernals)* 1897.

Pseudo-Haman, od. kurze Widerlegung der Schrift wider die Juden. 8. Berl. 803. Schöne. 4 gr

Pseudo-Jonathan (Thargum Jonothan ben Usiël zum Pentateuch). Nach d. Londoner Handschrift (Brit. Mus. add. 27031) hrsg. v. M. Ginsburger. gr. 8. (XXI, 366 S.) Berlin 903. S. Calvary & Co. n. 8.—

Pseudolysiae oratio funebris, ed. Mart. Erdmann. gr. 8. (30 S.) Leipzig 881. Teubner. n. — 80

Pseudomartyr, oder Kritik über des Hrn. Professors Hezel behauptete Ächtheit der Stelle I. Joh. 5, 7. 1794. V: *Ortel, Eucharius Ferdinand Christian.* (MGT) (Fiker)

Pseudonymenlexicon, Deutsches P'-Lexikon s. Holzmann, Michael, und Bohatta, Hanns.

Pseudo-Patriotismus, od. polit. Kannengießerei. 8. Grätz 814. Ferstl. 2 gr

Pseudo-Plutarchos περὶ ἀσκήσεως bearbeitet v. J. Gildemeister und F. Bücheler S.-A. 1872. 21 S. 1.–

Pseudo-Reformator, Der, des 19. Jahrh. und seine Pamphlete. Regensburg 1845. V: *Rütges, Heinrich Gisbert.* (Gla I 2, 976)

Pseudo-Reformator, der, des 19. Jahrhunderts u. seine Pamphlete. Ein Nachruf aus der niedern kathol. Geistlichkeit vom Niederrhein an Joh. Ronge. gr. 8. Regensburg 845, Manz. 1/4 rf

Pseudo-Shakspere'sche Dramen, s. Shakspere.

Psichari, J., Observations phonétiques sur quelques phénomènes néo-grecs. S.-A. 188 28 S. —.7

Psichari, J., Questions d'histoire et de linguistique. S.-A. 1888. 57 S. 4°.

Psilander, A. A., 681 Sternörter, s.: **Engström, Folke.**

Tafeln zur Berechnung der Präcession zweiter Ordnung für 1900,0 von A. A. Psilander. *Lund: E. Malmström 1899.* (58 S.) 4°
= Acta Universitatis Lundensis. Bd 35. Afd. 2. No 7.

— **Gustav** (Schwedischer Adel), De militari veste, potissimum Secundum LL. Svec. et Rom. Specimen jur. extemporaneum. Präs. Christian Nettelbladt. Greifswald (C. Höpfner) Dez. 1728. 24 S. (4.75) 27255
Gew.: Gustav Psilander (Oheim), Peter Psilander (Vater, Andreas Psilander (Oheim).

Psilander, Hjalmar [Hrsg.], s. Apokalypse, Niederdeutsche.

Pskow [Schlagwort]

Pskow, s.: **Europa. Uebersichtskarte.**

PSSST...!!: Año I, no. 1, May 23, 1908 ?
Weekly
Large quarto, each issue 4 pages. Subtitle: 1) Semanario humorístico; 2) with no. 5, June 21, 1908: Reinos de las ridiculeces, es nuestra divisa ... Ser leales es nuestro objeto decir en verdad es nuestro medio (Lirato). Editor: Carlos Fernandez Benedicto (first article signed: Ceferino)
Hanover, PA

Pštros, Eduard

Pštros, Ed., die böhmischen Kronlehen im Königreich Böhmen, Markgrafenthum Mähren und Herzogthum Schlesien dargestellt. Prag 861. Credner in Comm. Lex.-8. (VIII, 141 S.) n. 1 ₰

Psyche, an. gr. 8. Hamb. 774. Hoffmann. 4 gl.

Psyche, ein Mährchen des Alterthums, von L. T. Kosegarten, zwente umgearbeitete Ausgabe. 8. Leipzig, 789. Gräff. 12 gl.

Psyche. Melodrama. 8. Zeitz, Heinse. (Steinacker in Lpz.) 793.

Psyche; Melodrama. 8. Zeitz 793. Webel. 2 gl.

— eine Skizze aus d. Göttergeschichte. 8. Zeitz 793. Webel. 2 gl.

— Singsp. von Müchler. 8. Berl. Hartmann. 797.

* **Psyche**, Singsp. v. Müchler. 8. Berl. Maurer'sche Buchh. 797.

— e. episch. Gedicht. Mit Kpf. 8. Neustrel. 810. Albanus. 20 gl.

Psyche. Ein episches Gedicht ... Neustrelitz 1811. V: *Nauwerk, Ludw. Gottlieb Carl.* (GGr)

— Stunden der Weihe für das höhere Leben der Seele, mit e. Vorrede v. P. C. Conz. Mit 1 Kpf. 8. Stuttg. 819. Steinkopf. 1 ₰

Psyche. Ein Taschenbuch f. d. J. . . . Hg.: Talvj. 1825. Halle. Goed. VIII, 116, 280.

Psyche. Ein Mährchen nach Apulejus. br. 8. (IV und 122 S. mit 4 lithogr. Kompositionen von Raphael in qu. 4.) Stuttgart 854, H. Köhler.

—— Ein Märchen aus dem Alterthum. 16. (117 S. mit Holzschnt.) Göttingen 855, Wigand.

— Populär-wissenschaftliche Zeitschrift für die Kenntniß des menschlichen Seelen- u. Geisteslebens. Herausg. von Ludw. Noack. 1. Bd. 6 Hefte (à 4—5 Bgn.). Leipzig 857. O. Wigand. gr. 8. Jedes Heft n. 10 ngr.

Psyche. Zeitschrift für die Kenntniß des menschl. Seelen- und Geisteslebens. Von Ludw. Noack. 1—4. Bd. à Bd. 6 Hefte. gr. 8. (à Heft 64—72 S.) Leipzig 858—61, O. Wigand. à Heft * 10 Ngr. à Bd. *

Psyche. Zeitschrift für die Kenntniß des menschl. Seelen- und Geisteslebens. Von Ludw. Noack. 5. Bd. 6 Hefte. gr. 8. (à Heft ca. 72 S.) Leipzig 862, O. Wigand. à Heft * 10 Ngr. *

Psyche. Deutsche Zeitschrift für Odwissenschaft u. Geisterkunde. Redig. von Karl Andr. Berthelen, unter Mitwirkung von Glieb. Dämmerung u. a. gelehrten u. ungelehrten Forschern u. Freunden des innern Seelenlebens. 1. u. 2. Jahrg. 1865 u. 1866. à Jahrg. 12 Hefte. (à 2½ Bgn.). Großenhain, Haffner. gr. 8. Jeder Jahrg. n. 2 ₰

Psyche (8 ff.: Spiritistische Rundschau). Monatsschrift d. spiritist. Ver. Psyche zu Berlin (6. 7: Hrsg. im Auftr. d. spiritist. Loge 'Psyche zur Wahrheit' zu Berlin von Hermann Stenz; 8. 9: im Auftr. d. Bundes spiritist. Vereine von Wilhelm Kuhaupt; 10: von Jacques Groll). Jg. 1–10. Berlin: F. Schlosser (6 ff.: K. Siegismund) in Komm. 1893–1903. 10 Bde 8°
1. Juli 1893–Juni 1894 u. s. f. bis 5. Juli 1897–Juni 1898.
6. Okt. 1898–Okt. 1899 u. s. f. bis 10. Okt. 1902–Okt. 1903. [07. 3016

Psyche. Monatsschrift d. spiritist. Vereins Psyche zu Berlin. Leiter: Carl Wald. 3. Jahrg. Juli 1895—Juni 1896. 12 Nrn. (à ca. 10 S.) gr. 8. Berlin, K. Siegismund. n. 1. 80; einz. Nrn. — 15

— Spiritistische Monatsschrift. Organ d. deutschen spiritist. Vereins Psyche zu Berlin. Red.: Alfr. Lindemann. IV.—V. Jahrg. Juli 1896—Juni 1898. à 12 Nrn. (Bog.) gr. 8. Ebd. à Jahrg. n. 3. —; einz. Nrn. n.n. — 25

— dasselbe. Organ d. spirit. Loge „Psyche zur Wahrheit" zu Berlin. Leiter: Herm. Stenz. 6. Jahrg. Octbr. 1898 —Septbr. 1899. 12 Nrn. (à ca. 20 S.) gr. 8. Ebd. n. 3. 60
Kann auch halbjährlich bezogen werden.

Psyche. Monatsschrift f. Spiritismus u. verwandte Gebiete. Organ der spiritist. Loge „Psyche zur Wahrheit" zu Berlin. Leiter: Herm. Stenz. 7. Jahrg. Octobr. 1899 —Septbr. 1900. 12 Nrn. gr. 8. (à ca. 20 S. m. Taf.) Berlin, K. Siegismund. n. 3. 60
Fortsetzung s.: Rundschau, spiritistische.

Psyche, d., u. d. Cupido Liebe, v. Hrn. de la Fontaine. 8. Nrnb. 745.

Psychiatrica et Neurologica. Basel: Administration 1891 ff. 8°

Psychiatrie, forensische, red. v. Gabr. Anton, Paul Dittrich u. Jul. v. Wagner-Jauregg, s.a. Handbuch der ärztl. Sachverständigen-Tätigkeit. VIII. IX.

Forensische **Psychiatrie**. Mit Beiträgen von ... red. von Prof. Dr. Gabriel Anton, Halle a. S., Prof. Dr. Paul Dittrich, Prag, u. Prof. Dr. Julius v. Wagner-Jauregg, Wien. Bd 1. Wien & Leipzig: W. Braumüller 1908. 8°
= **Handbuch** d. ärztl. Sachverständigen-Tätigkeit. Bd 8. [08. 4358

Psychiatrie, Infektionskrankheiten, Zoonosen, Vergiftungen, bearb. v. Brieger, Dehio, Finlay, Harnack, Marx, E. Mendel, Nicolaier, Reiche, Rumpf, J. Schwalbe, Sticker, Unverricht u. A. Wassermann, s.a. Handbuch der prakt. Medicin. 5. Bd.

Psychiatrie. Infektionskrankheiten. Zoonosen. Vergiftungen. Bearb. von Geh. Med.-R. Prof. Dr. [Ludwig] Brieger in Berlin [u.a.]. Mit 47 Abb. (In 5 Lfgn.) *Stuttgart: F. Enke (1899–)1901.* (XIV, 1010 S.) 8°
= Handbuch d. praktischen Medicin. Bd 5. [01. 3147

Psychodramenwelt. Mitteilungsorgan der „Litterar. Gesellschaft Psychodrama". Beilage der „Neuen litterar. Blätter". Schriftleiter: Franziskus Hähnel 1. Jahrg. Novbr. 1893—Oktbr. 1894. 4 Nrn. (½ Bog.) gr. 8. Bremen, J. Kühtmann. n. 1. 60

Psychodramenwelt. Vierteljahrsschrift d. „Litterar. Gesellschaft Psychodrama". Schriftleiter: Franziskus Hähnel. 2. Jahrg. 1895. ca. 4 Nrn. (à ca. 4 S.) gr. 8. Bremen, G. Winter. n. 1,60

Psychogonie. Die Abstammg. d. Menschengeistes u. der erste Schritt zur Erkenntniß der wahren Ursachen, durch welche Hell-, Fern- u. Voraussehen, sowie andere myst. Erscheingn. d. geist. Gebiets vermittelt werden. Vom Verf. der „Kosmogonie". 4. (32 S.) Potsdam 883. (Döring.) n.n. 1. 50

Psychologia empirica, od. d. empirische Psychologie f. die studirende Jugend in den 5 niedern Schulen. 8. Cöln 787. Simon. (Rommerskirchen). 4 gl

Psychologie, die, in Einzeldarstellungen. Hrsg. v. H. Ebbinghaus u. E. Meumann. 1.—3. Bd. 8. Heidelberg, Carl Winter. 14.—; geb. in Leinw. n 17. —
Dürr, E., Grundzüge der Ethik. (XXVI, 363 S.) 909. (Bd. 1.) 4.—; geb. n 5. —
Heymans, G., die Psychologie d. Frauen. (VIII, 308 S.) 910. (Bd. 3.) 4.—; geb. n 5. —
Witasek, Steph., Psychologie der Raumwahrnehmg. des Auges. (XI, 454 S. m. 47 Fig.) 910. (Bd. 2.) 6.—; geb. n 7. —

Psychologie. – Zur Psych. d. gr. Krieges, s.a. Binder von Krieglstein, Carl Frh.

Zur Psychologie des grossen Krieges von C. v. B.-K. I. Arcole. Studie aus den Lehrjahren eines grossen Generals. Mit 1 Karte. Gr.-8. (59 S.) —.90
Wien: Braumüller 1893.

Zur Psychologie des grossen Krieges von C. von B. — K. II. Ein Krieg ohne Chancen. Mit 3 Kartenbeil. Gr.-8. (VIII, 387 S.) 3.60
Wien: Braumüller 1893.

Zur Psychologie des grossen Krieges. III. Statistik und Psyche von C. v. B.-K. Gr.-8. (92 S.) 1.20
Wien: Braumüller 1896.

Zur **Psychologie** unserer Zeit. H. 1. Berlin: M. Lilienthal 1903. 8° (o6. 1479)

Psychologisches u. Physiologisches aus der österreich. Armee, s. a. Bibliothek, militärische.

Psychologisches und Physiologisches aus der österreich. Armee. 8. Leipzig 1873.

Psychologisches und Physiologisches aus der österreichischen Armee. Leipzig 1874. V: *Laabe, Mcnr. v.* (Kat. der ständ. Bibliothek. Stuttg. 1907. S. 388.) (Kat. d. Bibl. d. dtsch. Reichstages. Berl. 1882.) (KA)

Psychorama eines Scheintodten. (Gedichte.) gr. 8. (VIII u. 203 S.) Leipzig 847, Thomas. 1 1/3 ℳ

Psychrometertafeln. (4 Tab. gr. Fol. auf Schreib-, u. 1 Bl. Text, gr. 4. auf Drckp. Berlin 832, Duncker u. Humblot.)

§ **PSYLANDER** (ps.). Der belobte FLOH, Als rechtmässiger König aller Thiere nach seinen ruhmlichen Qualitäten betrachtet von —. O. O. u. J. (c. 1720). 8°. (In München 2 Expl.)
In Versen. 24 SS. Nach der sehr komischen u. zugleich literarisch interess. Vorrede folgt S. 13 das Gedicht, welches übrigens frei von groben Anstössigkeiten ist. — Hochst selten!

Psyllak, B., *Περὶ τῶν παρ' Ὁμήρῳ πέντε τῆς νήσου Κρήτης λάων.* Gel. 1865. 78 S.

Ptachetko, Das Becken von Lemberg. Lemberg 1863. 4.

Ptáčovský, kurzgefaßte, tabellarisch bearbeitete Anleitung zur schnellen Erlernung der vier slavischen Hauptsprachen, s.: Fröhlich, R. A.

Ptak, Karl, Bilder u. Klänge. Gedichte u. Skizzen aus dem Nachlasse. Mit seinem Portr. u. e. Gesellschaftsbilde. (XXII, 250 S.) 8. Wien 910. Gerlach & Wiedling. 3. 50

Ptak, Karl, die Schlacht v. Eimbeck. Liebestod. Omar Chijam d. Jüngeren Divan. Drei Dichtgn. 12. (155 S. m. Bildern.) Wien 892. Lesk & Schwidernoch. n. 3. 50; geb. in Halbfrz. n. 4. 50

Ptaschnik: Die ordentliche Bundesversammlung der Aetoler. 25 S.–Wien Th, Progr. 1859

Ptaschnik, J., Leitfaden beim Lesen der geographischen Karten. Für die erste Klasse der Gymnasien entworfen. 8. (IV und 72 S.) Wien 855, Beck'sche Universitäts-Buchh. *

Ptaschnik, J., Leitfaden beim Lesen der geografischen Karten. Für die erste Klasse der Gymnasien entworfen. 2. Aufl. Wien 861. Beck. 8. (V, 72 S.) 6 ngr.

Ptaschnik, J., Leitfaden beim Lesen der geographischen Karten. Für die 1. Klasse der Gymnasien entworfen. 3. Aufl. Wien 867. Beck's Verlag. 8. (V, 72 S.) n. 6 ngr.

Ptaschnik, J., Leitfaden beim Lesen der geographischen Karten. Für den geograph. Unterricht an Gymnasien entworfen. 4.—6. Aufl. gr. 8. (IV, 181 S.) Wien 872—76, F. Beck. * 1 80

Ptaschnik, J., Leitfaden beim Lesen der geographischen Karten. Für den geograph. Unterricht an Gymnasien entworfen. 7. Aufl. (180 S.) 1878; 8. Aufl. (197 S.) 1881; 9. Aufl. 8. (VIII, 200 S.) Wien 884, F. Beck. geb. · 2 10

Ptašnik, Ioh., Italia mercatoria apud Polonos saeculo XV ineunte. (XIX, 109 S.) gr. 8. Rom 910. Loescher & Co. 3. 20

Ptaszynski, S. A., die Topi-wallas. Ein Roman für Männer. 8. (96 S.) Berlin 882, Dreyer. · 1 50

Ptolemäus und Berenice. Berlin 1765. V: *Ramler, Carl Wilh.* (ML) (Ky)

Ptolemäus u. Berenice, (v. K. W. Ramler). gr. 4. Berl. 765.

Ptolemäus und Zarlino, oder wahrer Gesichtskreis der haltbaren Universalitäten der Elementar-Tonlehre ... Dresden 1791. V: *Wiese, Christian Ludwig Freiherr von.* (ML) »1795« (Ky)

— u. Zartino, ob. wahrer Gesichtskreis d. haltbaren Unmerfalitäten d. Elementarkonleiter, (von C. L. G. v. Wiese). gr. 4. Dresd. 795. Walther. 6 gr.

Ptolemaei Eordaei, Aristobuli Cassandrensis et Charetis Mytilenaei reliquiae. Edidit Janus Gerardus Hullemann. 8maj. ($12\frac{7}{8}$ B.) Trajecti ad Rhenum 844. (Aachen, Mayer.) *

Ptolemäus Gnosticus

Ptolemaeus, Brief an die Flora, s.a. Texte, kleine, f. theologische Vorlesungen 9.

Ptolemaeus (Gnosticus). Brief an die Flora (Πρὸς Φλώραν). Hrsg. von Prof. Adolf Harnack. Bonn: A. Marcus & E. Weber 1904. (10 S.) 8°
— Texte, Kleine, f. theolog. Vorlesungen u. Übungen. 9. [illegible]

Ptolemaei Hephaestionis novar. historiar. ad variam eruditionem pertinentium excerpta e Photio edid. lectionis variet. instr. et commentar. illustr. Ios. Imm. Gisl. Roulez. Praef. est Frid. Creuzerus. 8maj. ($10\frac{1}{4}$ B.) Aquisgrani 834, Mayer. Thlr.

— Hephaestionis novarum historiarum ad variam eruditionem pertinentium excerpta e Photio ed. lect. variet. instrux. et commentario illust. Jos. Imm. Gisl. Roulez. Praefatus est Frid. Creuzerus. 8maj. Aquisgrani 834. Mayer; Bruxelles, Mayer et Somerhausen. 1 ß

Ptolemäus, Claudius

— De analemmate ed. J. L. Heiberg. Gel. 1892. 80 S.

Ptolemäus, Claudius. Beobachtung und Beschreibung der Gestirne und der Bewegung der himmlischen Sphäre . . . Berlin u. Stettin 1795. Ü (Cap. 1): *Fischer, Johann Friedrich.* (Hoff)

— Beobachtt. u. Beschreib. der Gestirne u. die Bewegung der himml. Sphären; mit Erläuter. rc. verm. v. J. Elert Bode. gr. 8. Berl. 795. Nicolai. 1 ß 8 gr

— état des étoiles fixes au second siècle, à la position des mêmes en 1786, av. le texte grec et la traduction française, par Montignot, av. tab. et pl. 4. Strassb. 787. König. 3 ß

Ptolemaei, Claud., Geographiae libri VIII. Graece et lat. ad cod. manuscriptor. fid. ed. Frid. Guil. Wilberg socio adjuncto Car. Henr. Frid. Grashofio. Fasc. I—IV. libr. I—IV. cont. Imp.-4. Essendiae, Baedeker. [I. ($12\frac{3}{4}$ B. u. 2 Stnt.) 838. $1\frac{1}{2}$ Thlr., II. ($9\frac{1}{2}$ B.) 839. 1 Thlr., III. (10 B.) 842. $1\frac{1}{6}$ Thlr., IV. ($8\frac{1}{2}$ B. u. 1 Stnt.) 843. $1\frac{1}{12}$ Thlr.]

—— Geographiae libri VIII. Graece et latine ad cod. manuscriptorum fidem edid. Frid. Guil. Wilberg, socio adjuncto Car. Henr. Frid. Grashofio. Fasc. V. librum V. cont. Imp.-4. (10 B.) Essendiae 844, Baedeker.
Fasc. I—IV. libr. I—IV. Ibid. 1838—43. 4 Thlr. $22\frac{1}{2}$ Ngr.

Ptolemaei, Claud., Geographia. Edid. Car. Frid. Aug. Nobbe. Edit. stereot. 3 Tom. 16. Lipsiae, Carol. Tauchnitz. [1. ($19\frac{1}{4}$ B.) 843., 2. (17 B.) à 20 Ngr. fein Pap. à 1 Thlr., 3. ($13\frac{3}{8}$ B.) 45. 15 Ngr., fein Pap. $22\frac{1}{2}$ Ngr.] 1 Thlr. 25 Ngr. Fein Pap. 2

Ptolemaei, Claudii, geographia. E codicibus recognovit, prolegomenis, annotatione, indicibus, tabulis instruxit Carol. Müllerus. Vol. I pars I et II. Lex.-8. (VII, 1023 S.) Paris 883. 901. Firmin Didot & Co. à n. 12. —; 35 farb. Karten dazu. gr. Fol. (3 S. Text.) Geb. n. 60. —

— dasselbe. Ed. Carol. Frider. Aug. Nobbe. Ed. ster. Tom I. 16. (XXIV, 284 S.) Leipzig 898. O. Holtze's Nachf. 2. —

Ptolemaei Pelusiotae, Claudii, Germania, e cod. ms. graeco antiquissimo, nondum collato, qui Lutetiae Paris. in Biblioth. mss. Reg. sub titulo Cod. Reg. Fonteblandensis N. CIↃCCCCI asservatur, accurate descripta et typis expressa, lect. variet. ex ejusdem Bibl. Regiae codd. mss. praestantiss. tribus atque ex haud minus egregio cod. ms. Bibl. ms. Imperialis Vindobon. adjecta. Ed. F. C. L. Sickler. 4maj. Cassel 834. Bohné. $1\frac{1}{3}$ ß

Ptolemaeus, Claudius, (Des), Germanien, Rhaetien, Vindelicien, Norikum u. Oberpannonien, nebst einem Theile vom belgischen Gallien. Der Originaltext mit beigef. Varianten, deutscher Uebersetzung u. topograph. Erklärungen von Dr. *Andr. Buchner*. München, Akademie, 1839. 4°. Beibd.
Griech. u. deutsch. 1 Bl., 60 S., 1 Bl. Err.

ΠΤΟΛΕΜΑΙΟΥ ΚΛΑΥΔΙΟΥ ΥΠΟΘΕΣΕΙΣ ΚΑΙ ΠΛΑΝΩΜΕΝΩΝ ΑΡΧΑΙ ΚΑΙ ΠΡΟΚΛΟΥ ΔΙΑΔΟΧΟΥ ΥΠΟΤΥΠΩΣΕΙΣ. Hypothèses et époques des planètes, de Claude Ptolémée et hypotyposes de Proclus Diadochus, traduites pour la 1re fois du grec en français, sur les manuscrits de la Bibliothèque impériale de Paris par M. Halma, suivie des notes de M. Delambre. 2 Voll. in 4. grec et français. Paris 813 u. 16, Merlin.

— vergl. Halma.

Ptolemaei, Claud., *Κανων βασιλειων και φασεις ἀπλανων, και Γεμινου εἰσαγωγη εἰς τα φαινομενα.* Tabl. chronolog. des règnes etc., par Halma, (gr. et franc.) gr. 4. Paris 819. Bobée. 16 ß — *ὑποθεσεις και πλανωμενων ἀρχαι.* Hypothèses etc. de Cl. Ptolemée, et hypotyposes de Proclus, par Halma. gr. 4. Paris 820. Merlin. 8 ß

Ptolemaei Claudii *περὶ κριτηρίου καὶ ἡγεμονικοῦ* libellus rec. F. Hanow. Pr. 1870. 15 S. 4°.

Ptolemaei, Claudii, *περὶ κριτηρίου καὶ ἡγεμονκοῦ* libellus. Resensuit Frider. Hanow. gr. 4. (15 S.) Leipzig 871. Teubner. n. 1. —

Claudii Ptolemaei Opera quae exstant omnia . . . ed. J[ohan] L[udvig] Heiberg, Prof. Haun. Vol. 1. *Lipsiae: B. G. Teubner 1898.* 8. (Bibliotheca script. Graec. et Rom. Teubneriana.) [98. 9367

Ptolemaei, Claudii, opera quae exstant omnia. Vol. I. Syntaxis mathematica. Ed. J. L. Heiberg. Pars I, libros I—VII continens. 8. (VI, 546 S. m. Fig. u. 1 Taf.) Leipzig 898. B. G. Teubner. n. 8. —

Ptolemaei, Claudii, opera quae exstant omnia. Vol. I. Syntaxis mathematica. Ed. J. L. Heiberg. Pars II, libros VII—XIII continens. (IV, 608 S. m. Fig.) 8. Ebd 903. n. 12. —; geb. n. 13. — (I u. II.: n. 20. —

Ptolemaei, Claudii, opera quae exstant omnia. Vol. II. Opera astronomica minora. Ed. J. L. Heiberg. Accedit tabula phototypica. (CCIII, 282 S.) kl. 8. Leipzig 907. B. G. Teubner. 9. —; geb. in Leinw. 9. 60
Vol. I. Ebd. 903. 20. —; geb. 20.60.

Ptolemäus, der deutsche, aus dem Ende des 15. Jahrh. (um 1490), hrsg. v. Jos. Fischer, S. J., s.a. Drucke u. Holzschnitte des 15. u. 16. Jahrh. in genauer Nachbildg. XIII.

Der 'deutsche **Ptolemäus**' aus dem Ende des XV. Jahrhunderts (um 1490) in Faksimiledr. hrsg. mit e. Einl. von Jos. Fischer S. J. Straßburg: Heitz 1910. 45 S., 30 Bl. 8°
(Drucke u. Holzschnitte d. 15. u. 16. Jhs. 13.) [10. 3629

Ptolemaei, Claud., *μαθηματικη συνταξις*. Composition mathematique, trad. du grec. en franç. (avec le texte en regard), sur les manuscrits de la Bibl. impériale de Paris par M. Halma et suivie des notes de M. Delambre. II Vols. in 4. grec. et français. Paris 813—16. Merlin. 30 ⅌

Ptolemei, Joh., tägliche Erinnerung des Todes sammt kräftigsten Gebeten und Tagzeiten um Erhaltung einer vollkommenen Reue und eines glückseligen Todes. Neu bearb. Augsburg 855. Schmid. 32. (112 S.) 3 ngr.

— — s.a. Ptolomäus, Johann Baptist

—— **Nur was Du willst, o Herr! Ein vollständ. kathol. Gebet- und Erbauungsbuch, mit reicher Auswahl der schönsten und kräftigsten Andachtsübungen auf das ganze Jahr, für Kirche und Haus. Nebst tägl. Erinnerung des Todes** rc. gr. 8. (XIV und 440 S. mit 1 Stahlst. und 15 Kreuzwegvign. in eingedr. Holzschn.) Augsburg 856, Schmid'sche Vrlgsh.

Ptolomaus, Trauersp. u. die Schulwittwe, Schausp. von Schummel. 8. Bresl. Gutsch. 790.

Ptolomäus, Claudius, s. Ptolemäus

PTOLOMÄUS, JOHANN BAPTIST: Tägliche Erinnerung des Todes, oder andächtige Gebether um selig zu sterben. Pressburg 1790: Franz Augustin Patzko. 47 S.

— — s.a. Ptolemei, Johann

Ptolomée, s. Ptolemäus, Claudius

PTT(-Beamte): Der PTT- und Zollbeamte
v. Echo.

PTT-Union
v. Posthorn.

(**Puaur,**) **Hat die römische Kirche die Kennzeichen der Kirche Jesu Christi? Gewissensfrage an den Hrn. Bischof v. Puy gerichtet, als Antwort auf die Angriffe der Jesuiten-Missionare v. Vals auf den Protestantismus.** Lex.-8. (16 S.) Basel 854. (Straßburg, Treuttel und Würtz.)

Puaur, hat die römische Kirche die Kennzeichen der Kirche Jesu Christi? Gewissensfrage an den Hrn. Bischof von Puy gerichtet als Antwort auf die Angriffe der Jesuiten-Missionäre von Vals auf den Protestantismus. 12. (23 S.) Cincinnati 859. (Philadelphia, Schäfer und Koradi.) Thlr. •

PUBERLE, TERENTIUS. Ord. S. Franc.: Deutsche Predigten. Olen 1793.

Pubetz, Ant., übersichtliche Darstellung der aus dem Steinkohlentheer erzeugten u. abgeleiteten Farbstoffe. Berlin 870. Springer's Verlag. 8. (32 S.) n. 8 ngr.

Pubetz, Ant., praktisches Handbuch der gesammten Färberei u. Dreherei. Für Anfänger u. selbständ. Färber, f. Leiter v. Fabrik-Etablissements, f. polytechn. Schulen u. f. Coloristen. 1—3. Abth. Mit in den Text gedr. Holzschn. gr. 8. Berlin 871. 72. Springer's Verl. n. 10. —

1. Die Lehre v. den Gespinnstfasern, das Bleichen u. Appretiren derselben. (VIII, 80 S.) n. 2. —
2. Die Lehre v. den Beizen, ihre Darstellg., Anwendg. u. Prüfg (IX—XIX u. S. 81—227.) n. 3. —
3. Die Farbstoffe, ihre Anwendg. u. Erkenng. 1. Thl. Vegetabilische u. animalische Farbstoffe. (XX—XXXVI u. S. 228—460.) n. 5. —

Pubitschka, P. Franz —. Die ersten Blüthen des aufkommenden Christenthumes im slavischen Böhmen. Nach der Chronik des — —. Von Johann Sterle. Mit Linzer'scher Ordinariats-Bewilligung. Der Ertrag ist dem katholischen Waisenhause in Linz gewidmet. Linz, 1855. Druck und Verlag von Joh. Huemers Witwe. (47 S. 16.)

Pubitschka, Franz, Priester von der Gesellschaft Jesu. Chronologische Geschichte Böhmens unter den Slaven. (Vom Anfang bis 1618.) Mit Kupfern. (10 Bde.) 4. Leipzig und Prag 1770—1801.

Pubitschka, Frz., († d. 5. Juni 1807.) chronolog. Geschichte v. Böhmen. 6 Bde. Mit Kpf. gr. 4. Prag 770—84. (Calve). 16 ⅌ 18 gr.

— de antiquissimis sedibus Slavorum. 4. Leipz. 771.

— series chronologica rerum Slavo-Bohemicar. ab ipso inde Slavorum in Bohem. adventu usque ad haec nostra tempora. 4. Prag 768. Edit. II. auct. 4. Wien 770. Gerold. 1 ⅌

— unusne an duo ecclesiae metropolit. Pragens. canon. Joa. de Nepomuk nomine, Wenceslai IV. jussu, de ponte Prag. in subjectum Moldav. flumen proturbati fuere? 8maj. Prag 790.

— de Venedis, Vinidis seu Winidis, itemque de Enetis, Henetis seu Venetis veteribus. 8. Olmütz 772.

Publicandum, s. Publikandum.

[5.] Sparsteuer. E. Steuer zu Gunsten d. Arbeit, d. Landwirtschaft, d. Handwerks ... Von Publicanus ... *Berlin: W. Müller [1897].* (40 S.) 1 Bd 8.
= Streitfragen, Soziale. H. n.

Publicanus, s. a. Sparsteuer.

Publicationen, s. Publikationen.

Publications de l'Association internationale pour la protection légale des travailleurs. No. 1. 8. Berne, Schmidt (*Umschlag:* Schmid) & Francke: Paris, H. Le Soudier: Jéna, Gustave Fischer, 1901. [M. 4. —]

Publications de l'Association internationale pour la protection légale des travailleurs. No. 2. 8. Berne, A. Francke; Paris, H. Le Soudier; Jéna, Gustave Fischer, 1903. [M. 1.50]
s. Compte-rendu.

— de l'association internationale pour la protection légale des travailleurs, s.a. Schriften der internationalen Vereinigung f. gesetzlichen Arbeiterschutz.

Publications de la bibliothèque municipale de Budapest. (Mit ungar. u. französ. Titel.) Nr. 1. Lex. 8. Budapest, F. Kilián's Nachf. — 80
1. Catalogue systématique. 1. fasc. L'habitation et les questions corrélatives de la construction des villes. Rédigé par Stadtbiblioth. Ervin Szabó. (56 S.) 907.
Fortsetzg., s.: Veröffentlichungen der Stadtbibliothek v. Budapest.

— de circonstance du conseil permanent international pour l'exploration de la mer. Nr. 1—12. 13 A, B, C u. 14—34. Lex.-8. Kopenhagen (A. F. Høst & Søn.) n.n. 32. 75

1. How to distinguish between mature and immature plaice throughout the year. A preliminary communication. By C. G. Joh Petersen. With 1 plate. (8 S.) 903. n.n. 1. 15
2. On the standard-water used in the hydrographical research until July 1903. By Mart. Knudsen. (9 S. m. 2 Fig.) 903. n.n. — 60
3. Literatur, die, der 10 wichtigsten Nutzfische der Nordsee in monographischer Darstellung. Mit 10 Taf. (112 S.) 903. n.n. 3. 40; engl. Ausg. n.n. 3. 40
4. 5. Ueber den Gebrauch von Stickstoffbestimmungen in der Hydrographie. — Gefrierpunkttabelle f. Meerwasser. Von Mart. Knudsen. (13 S.) 903. n.n. — 85
6. On a new form of trawl net, designed to fish in mid-water as well as on the ground. Preliminary notice. By Harry H. Kyle. (10 S. m. 2 Fig.) 903. n.n. — 60
7. Ueber das Vorkommen v. Oithona nana Giesbr. in der Nordsee. Von P. J. van Breemen. (Aus dem niederländ. Institut f. Meeresforschg.) (24 S. m. 1 Karte.) 903. n.n. 1. 15
8. 9. On the spawning in the Cod (Gadus morrhua L.) in autumn in the North Sea. By T. Wemyss Fulton. With a chard. — A new mark for fish. (14 S.) 904. n.n. 1. 15
10. On a new (planktonic) species of the genus Apherusa. By G. O. Sars. With a plate. (4 S.) 904. n.n. — 60
11. σt Tabelle. Anh. zu den 1901 hrsg. hydrograph. Tabellen. Von Mart. Knudsen. (23 S.) 904. n.n. — 85
12. Catalogue des poissons du nord de l'Europe, avec les noms vulgaires dont on se sert dans les langues de cette région. (76 S.) 904. n.n. 1. 15
13 A. Ostsee-Fischerei, die, in ihrer jetzigen Lage. (1. Tl.) I. Uebersicht üb. die Seefischerei in den dänischen Gewässern innerhalb Skagens. Im Auftrag von C. G. Joh. Petersen bearb. Von Andr. Otterström. — II. Uebersicht üb. die Seefischerei Schwedens an den süd- u. östlichen Küsten dieses Landes. Von Filip Trybom u. Alf. Wollebaek. Mit 6 Taf. (59 S.) 904. n.n. 1. 70
B. Dasselbe. (2. Tl.) III. Uebersicht üb. die Seefischerei Deutschlands in den Gewässern der Ostsee. Im Auftrage des deutschen Seefischerei-Vereins (Hannover) unter Mitwirkg. v. Herm. Henking bearb. Von Erich Fischer. (S. 59—140 m. 6 Fig. u. 6 Taf.) 905. n.n. 2. —
13 C. Ostsee-Fischerei, die in ihrer jetzigen Lage. (3. Tl.) IV. Uebersicht über die Seefischerei Finnlands. Von J. Alb. Sandman. (S 141—188 m 10 Taf.) 906. n.n. 1. 70
14. Oberflächentemperaturmessungen in der Nordsee. Vorläufige Mitteilung. Von E. van Everdingen u. C. H. Wind. Mit 1 Taf. (10 S. m. Fig.) 904. n.n. 1. 15
15—20. 15. Ein Versuch zur Untersuchung der hydrographischen Veränderungen in der nördlichen Ostsee sowie im Finnischen u. Bottnischen Meerbusen. Vorläufige Mitteilung. Von Sigurd Stenius. Mit 5 Taf. — 16. Graphische Berechnung von σt aus t u. σ_0. Von Sigurd Stenius. — 17. Scottish hydrographic research during 1903. By A. J. Robertson. — 18. Einfluss des Windes auf Dichte u. die Bewegung des Meerwassers. Von J. W. Sandström. — 19. Zur Ozeanographie des Nordmeeres. Resumé e. am 22. VII. geh. Vortrags. Von B. Helland-Hansen. Mit 3 Fig. im Text. — 20. Ueber die Oxydierbarkeit des Meerwassers durch Kalium permanganat. Von E. Ruppin (8, 6, 6, 8 u 9 S.) 904. n.n. 1. 70
21. On the determination of the atmospheric gases dissolved in sea-water. By Charles J. J. Fox. With 1 plate and 4 fig. in the text (24 S.) 905. n.n. 1. 15
22. Notes biologiques sur les Copépodes de la mer norvégienne. Par D. Damas. Avec une carte. (24 S.) 905. n.n. 1. 15
23. On the use of insulated water-bottles and reversing thermometers. By V. Walfrid Ekman. With 2 plates and 8 fig in the text. (28 S.) 905. n.n. 1. 15
24—26. 24 Kurze Beschreibung eines Propellstrommessers. Von V. Walfrid Ekman. Mit 1 Taf. — 25. Beschreibung des Bifilar-Strommessers Von O. Pettersson. Mit 1 Taf. — 26. Prüfung v. Strommessern u. Strommessungsversuche in der Nordsee. Von A. M. van Roosendaal u. C. H. Wind. Mit 2 Taf (4, 6 u. 10 S) 905. n.n. 1. 70
27. Communications du laboratoire central à Christiania No. 4: Ekman, V. Walfrid: An apparatus for the collection of bottom-samples. With 5 fig. (6 S.) 905. n.n. — 60
28. Bericht üb. die Anstalten zur Vermehrung des Lachses u. der Meeresforellen in den Flüssen der Ostsee. Im Auftrage der Kommission C1, unter Mitwirkg. von O. v. Grimm (Russland), u. dem deutschen Seefischerei-Verein (H. Henking) (Deutschland) u. v. Chr. Levinsen (Dänem.) bearb. Von Fil. Trybom. (31 S.) 905. n.n. — 90
29. On the distribution and the migrations of Mugiaea atlantica, Cunningham, in the English channel, the Irish sea, and of the south and west coasts of Ireland in 1904. By Lewis Henry Gough. With 3 charts and 2 Fig. in the text. (13 S.) 905. n.n. 1. 15
30. 31. Kurze Beschreibung e. elektrisch registrierenden Strommessers. Von Rolf J. Witting. Mit Textfig. — Etliches üb. Strommessung. (8 u. 11 S.) 905. n.n. — 90
32. A self-closing water bucket for plankton investigations. By Charles Atwood Kofoid. With 4 fig. in the text. (10 S.) 905. n.n. — 60
33. Catalogue des espèces de plantes et d'animaux, observées dans le plankton, recueilli pendant les expéditions périodiques depuis le mois d'août 1902 jusqu'au mois de mai 1905. Publié par le bureau, avec la coopération (pour le plankton végétal) de C. H. Ostenfeld. (XII, 122 S.) 906 n.n. 2. 25
34. Methods for measuring direction and velocity of currents in the sea By Fridtjof Nansen. With an appendix by V. Walfrid Ekman. With 2 plates and 31 fig. in the text. (42 S.) 906. n.n. 1. 45

— de circonstance du conseil permanent international pour l'exploration de la mer. Nr. 35—52. Lex. 8. Kopenhagen, A. F. Høst & Søn. nn 23. 60

Catalogue des espèces de plantes et d'animaux observées dans le plankton recueilli pendant les expéditions périodiques depuis le mois d'aout 1905 jusqu'au mois de mai 1908. Publié par le bureau, et redigé par C. H. Ostenfeld, pour le zooplankton avec la cooperation de C. Wesenberg. (XIII, 151 S.) 909. (Nr. 48.) nn 2. 85
Dalhuisen, A. F. H., u. W. E. Ringer, fortgesetzte Strommessungsversuche in der Nordsee. Mit 2 Taf. (Aus dem niederländ. Institut f. Meeresforschg.) (16 S.) 907. (Nr. 36.) nn 1. 15
Ekman, V. Walfrid, Tabellen f. Meerwasser unter Druck. (48 S.) 910. (Nr. 49.) nn 1. 45
— Die Zusammendrückbarkeit des Meerwassers nebst einigen Werten f. Wasser u. Quecksilber. Mit 8 Fig. (17 S.) 908. (Nr. 43.) nn 1. 70

Sau
F.2

Fox, J. J., on the coefficients of absorption of the atmospheric gases in distilled water and sea water. Part I: Nitrogen and Oxygen. With 1 plate. (23 S.) 907. (Nr. 41.) nn 1. 15
— dasselbe. Part. II. Carbonic acid. With 5 fig. (31 S.) 909. (Nr. 44.) (Je) nn 1. 15
Gehrke, Joh., Beiträge zur Hydrographie des Ostseebassins. (191 S. m. 2 Taf.) 910. (Nr. 52.) nn 3. 80
— Ueber Farbe u. Durchsichtigkeit des Ostseewassers. Mit e. allgemeinen Theorie des Zusammenhanges zwischen Farbe u. Durchsichtigkeit in natürl. Gewässern. (20 S.) 909. (Nr. 45.) nn — 85
— Mean velocity of the Atlantic currents running north of Scotland and through the English Channel. With 4 fig. (18 S.) 907. (Nr. 40.) nn — 85
Gilson, Gust., description d'un sondeur-collecteur et remarques sur le prélèvement d'échantillons du fond de la mer. Avec 1 planche. (12 S.) 906. (Nr. 35.) nn 1. 15
Jacobsen, J. P., der Libellenstrommesser. Ein Apparat zur Messg. v. Strömgn. im Meere. (20 S. m. 5 Fig. u. 2 Taf.) 909. (Nr. 51.) nn 1. 45
Knudsen, Mart., some remarks about the currents in the North Sea and adjacent waters. (7 S.) 907. (Nr. 39.)
— Salzgehaltbestimmungen des Oberflächenwassers als Hilfsmittel bei Positionsbestimmungen an Bord. Mit e. Karte. (9 S.) 907. (Nr. 38.) nn — 85
— Ein Wasserschöpfer zur Benutzg. während der Fahrt des Schiffes. (11 S. m. 2 Fig. u. 2 Taf.) 909. (Nr. 50.) nn 1. 15
Liste des stations explorées pendant les croisières hydrographiques périodiques. (16 S.) 907. (Nr. 37.) nn — 85
Mastermann, A. T., memorandum on the vitality of trawl-caught-fish. (7 S. m. 1 Fig.) 908. (Nr. 42.) nn — 60
Pettersson, O., gezeitenähnliche Bewegungen des Tiefenwassers. Mit 1 Taf. (21 S.) 909. (Nr. 47.) nn 1. 15
Schneider, Guido, über das Wachstum der Aale (Anguilla vulgaris Flem.) in den Gewässern Schwedens. (18 S.) 909. (Nr. 46.) nn — 85
Heft 1—34. Ebd. 903—06. 32.75.

Publications de la commission internationale pour l'aërostation scientifique, s.: Veröffentlichungen der internationalen Kommission f. wissenschaftliche Luftschiffahrt.

Publications de l'institut grand-ducal de Luxembourg, s. Publications de la section ... de l'institut g.-d. de Luxembourg.

Publications, London periodical and serial, law reports, transactions of various societies, and newspapers. 1851. gr. 12. (11 S.) Leipzig 851, Twietmeyer's Buchh. **

— de l'observatoire central Nicolas sous la direction de Th. Bredikhine. Série II. Vol. I. Imp.-4. St.-Pétersbourg 893. (Leipzig, Voss' Sort.) n. 48. —
Observations faites au cercle verticale par M. Nyrén. (XXII, 25, 581 S.)

— de l'observatoire central Nicolas sous la direction de O. Backlund. Série II. Vol. V. Imp.-4. St.-Pétersbourg. (Leipzig, Voss' Sort.) n. 36. —
Observations faites au cercle méridien. Par H. Romberg. (VI, 574 S.) 898.

— de l'observatoire central Nicolas sous la direction de O. Backlund. Série II. Vol. II u. XI. Imp.-4. St.-Pétersbourg (Leipzig, Voss' Sort.). n. 74. —
II. Observations faites au cercle verticale. Par N. Nyrén. (V, 110, 636 S.) 896. n. 48. —
XI. Beobachtgn. d. Saturnstrabanten am 30-zöll. Pulkowaer Refractor. Von Herm. Struve. (IV, 387 S.) 898. n. 26. —

Publications de l'observatoire central Nicolas sous la direction de O. Backlund. Série II. Vol. IX, 1—4; X, XII, XIII, XVII, 1 et XVIII, 1. Imp. 4. St.-Pétersbourg. (Leipzig, Voss' Sort.) n. 114. —
IX, 1. Observations faites à la grande lunette méridienne. Par A. Sokoloff u. S. Lébédeff. (88 S.) 903. n. 6. —
2. Die Rectascensionen der Pulkowaer Hauptsterne aus den Catalogen 1815.0, 1865.0 u. 1885.0 abgeleitet u. auf die Epoche 1900.0 bezogen. Von A. Kowalski. (IX, 33 S.) 903. n. 4. —
3. Catalog v. 781 Zodiacalsternen f. Aequinoctium u. Epoche 1895.0 nach Beobachtungen von M. Ditschenko. Von J. Seyboth. (IV, 143 S.) 903. n. 8. —
4. Durchgangsbeobachtungen von Zodiacalsternen. Von H. v. Zeipel. (28 S.) 904. n. 4. —
X. Observations faites à l'instrument des passages établi dans le premier vertical. Par M. Nyrén, B. Wanach et S. Kostinsky. Rédigées par M. Nyrén. (III, 40 u. 480 S.) 903. n. 32. —
XII. Mikrometermessungen von Doppelsternen ausgeführt am 30-zöll. Refractor zu Pulkowo. Von Herm. Struve. (III, 216 S.) 901. n. 14. —
XIII. Observations faites au cercle vertical. Par M. Nyrén et A. Ivanof. Rédigées par M. Nyrén. (III, 18 u. 487 S.) 903. n. 32. —
XVII, 1. Nova Persei. Bearbeitung der in Pulkowo erhaltenen Spectrogramme. Von A. Belopolsky. (Mit 2 Taf. u. mehreren Holzschn.) (116 S.) 903. n. 8. —
XVIII, 1. Telegraphische Längenbestimmung zwischen Pulkowo u. Potsdam. Von Th. Wittram u. F. Renz. (II, 41 u. 81 S. m. 1 Taf.) 903. n. 6. —

Publications de l'observatoire central Nicolas sous la direction de O. Backlund. Série II. Vol. VII, 1 u. 2 u. XV. 37,5×28 cm. St. Pétersburg. (Leipzig, Voss' Sort.) 66. —
VII, 1. Mittlere Oerter v. 6943 Sternen f. 1885.0 aus den Beobachtungen v. H. Romberg in den J. 1881—1894. Von J. Seyboth. (XIX, 428 S.) 910. 20. —
VII, 2. Catalog v. 6943 Sternen f. die Epoche 1885.0 aus den Beobachtungen v. H. Romberg in den J. 1881—1894. Von J. Seyboth. (III, 175 S.) 909. 14. —
XV. Observations faites au cercle vertical. Par A. Ivanof et A. Wassilief. Rédigées par M. Nyrén. (III, 64, CLXI u. 474 S.) 910. 32. —

Publications de l'Observatoire d'Athènes. Athen, Wilberg. gr. 4.
Série I. Tome I.: Astronomische Beobachtungen über Cometen von J. F. Jul. Schmidt. Mit 18 lith. Taf. (in 4. u. Fol.) u. 1 Holzschn. 863. (V, 145 S.) n. 4 ℛ︎
Série II.: Beiträge zur physikalischen Geographie von Griechenland von J. F. Jul. Schmidt. 1. u. 2. Bd. 861, 64. (XI, 304 S.; 2 Bl., 228 S.) Jeder Bd. n. 4 ℛ︎
Inhalt: I. 1. Die Topographie Griechenlands. Höhenbestimmungen. (111 S.) einzeln n. 1 ℛ︎ 15 ngr. — 2. Dritter Bericht über Bourdon's Metallbarometer. (32 S.) einzeln n. 10 ngr. — 3. Das Klima von Athen nebst phänologischen Notizen u. Angaben über Maxima der Vegetation in Attika. (160 S.) einzeln n. 2 ℛ︎ 10 ngr.

Publications de l'Office international de bibliographie. No. 18. Gr. 8°. Zürich, Concilium bibliographicum. 1899. engl. u. deutsche Ausg. zu gleichem Preis.
*** 18. Conspectus methodicus et alphabeticus numerorum „systematis decimalis" ad usum schedulari zoologici auctoritate instituti bibliographici internationalis Bruxellensis ampliatus a concilio bibliographico. VIII, 27 S. 1 50

Publications de l'Office international de bibliographie. No. 30. Gr. in-8°. Concilium bibliographicum. 1899.
30. Conspectus methodicus numerorum „systematis decimalis" ad usum bibliographiae anatomicae confectus auctoritate instituti bibliographici internationalis. Bruxellensis ampliatus ab *H. H. Field.* 8 S.

Publications scientifiques de l'Association internationale des Botanistes. [Tome] 1. gr.-8. Jena, Gustav Fischer, 1906. [M. 20.—]
s. a. Résultats scientifiques du Congrès international de Botanique, Vienne 1905.

— scientifiques de l'association internationale des botanistes. I. Lex.-8. Jena 906. G. Fischer. n. 20 —
Résultats scientifiques du congrès international de botanique Vienne 1905 — Wissensch. Ergebnisse des internat. botan. Kongresses Wien 1905. Hrsg. im Namen des Organisations-Komitees f. den Kongress von v. R. Wettstein u. J. Wiesner als Präsidenten u. A. Zahlbruckner als Generalsekretär. Red. von J. P. Lotsy. Mit 3 lith. Taf., 1 Karte u. 53 Abbildgn. im Texte. (VI, 446 S.)

— du sécrétariat suisse de paysans, s. a. Mitteilungen des schweizerischen Bauernsekretariates.

Publications du Secretariat suisse des paysans. Procès-Verbal de l'assemblée des delegués de l'Union suisse des paysans, du 6 février à Berne et Petitions aux Autorités fédérales concernant la police épizootie, la loi sur les assurances, (impôt sur la bière), la loi sur les denrées alimentaires et le défaut des wagons pour l'exportation des fruits. 8°. 97 p. Berne, K. J. Wyss. 1899. 1 50

Publications du Secrétariat suisse des paysans. No. 5. 8°. Berne, K. J. Wyss. 1899. 1 50
*** Préavis relatif au projet de loi féderale sur le commerce des denrées alimentaires et des objets d'usage domestique. 81 p.

Publications du secrétariat suisse des paysans. No. 7. Gr. in-8°. 148 p. Bern, K. J. Wyss. 1900.
*** Documents relatifs aux ordonnances pour une loi fédérale sur les denrées alimentaires. 1re partie. Vin, miel, lait, matières grasses et produits laitriers. Elaboré par le secrétariat suisse des paysans.

Publications du Secrétariat suisse des paysans. No. 10: 3e rapport annuel… de l'Union suisse des paysans et du Secrétariat suisse des paysans. 1900. 36 p. 8. Berne, K.-J. Wyss, 1901. [fr. 1. 20]

Publications du Secrétariat suisse des paysans. No. 11: Procès-verbal de l'Assemblée des délégués de l'Union suisse des paysans tenue… à Olten le samedi, 9 mars 1901, et Rapport concernant la révision de la loi fédérale sur les maladies contagieuses des animaux, présenté au Département fédéral de l'Agriculture. 56 p. 8. Berne, K.-J. Wyss, 1901. [fr. 1. —]

Publications du Secrétariat suisse des paysans. No. 12 *et* 13. 8. Berne, K.-J. Wyss.
No. 12: Le projet du code civil suisse dans ses dispositions les plus importantes pour l'agriculture commenté par le Secrétariat suisse des paysans. 1re partie: Droit des personnes, de la famille et des successions. 61 p. 1901. [fr. 1. —]
No. 13: 4e rapport annuel… de l'Union suisse des paysans et du Secrétariat suisse des paysans. 1901. 58 p. 1902. [fr. —.80]

Publications du Secrétariat suisse des paysans. No. 14 *et* 15. 8. Berne, K.-J. Wyss, 1902.
No. 14: Le projet de code civil suisse dans ses dispositions les plus importantes pour l'agriculture commenté par le Secrétariat suisse des paysans. 2e partie: Des droits réels (De la propriété, des servitudes et des charges foncières, du gage mobilier). 43 p. [fr. 1. —]
No. 15: Procès-verbal de l'Assemblée des délégués de l'Union suisse des paysans tenue à Berne le 22 février 1902…. 57 p. [fr. —. 60]

Publications du secrétariat suisse des paysans. No. 16 *et* 17 *et* Nr. 18. 8. Berne, K.-J. Wyss, 1903.

No. 16: Le projet de code civil suisse dans ses dispositions les plus importantes pour l'agriculture commenté par le Secrétariat suisse des paysans. 3e partie: Des droits réels ‹Fin› ‹Gage immobilier et registre foncier›. 58 p. [fr. 1. —]

No. 17: 5e rapport annuel ... de l'Union suisse des paysans et du Secrétariat suisse des paysans. 1902. 47 p. [fr. 1. —]

Nr. 18 *u. d. T.:* Mitteilungen des Schweizerischen Bauernsekretariates. Nr. 18: Stenogramm der Verhandlungen ... = Sténogramme des débats de l'Assemblée ordinaire des délégués de l'Union suisse des paysans tenue le 4 avril 1903 ... à Berne. 47 p. Bern, K. J. Wyss. [fr. —. 60]

Publications du Secrétariat suisse des paysans. No 19: Propositions relatives au projet de code civil suisse. Aperçu élaboré par le Secrétariat suisse des paysans. Appendice: Résultat de la consultation des Sociétés cantonales d'agriculture concernant le privilège sur les immeubles dans le droit successoral rural. 58 p. 8. Berne, K.-J. Wyss, 1903. [fr. 1. —]

Publications du secrétariat suisse des paysans. No. 20: 6e rapport annuel ... de l'Union suisse des paysans et du Secrétariat suisse des paysans. 1903. 44 p. 8. Berne, K.-J. Wyss, 1904. [fr. 1. —]

Publications du secrétariat suisse des paysans. No. 21: 7e rapport annuel ... de l'Union suisse des paysans et du Secrétariat suisse des paysans. 1904. 47 p. 8. Berne, K.-J. Wyss, 1905. [fr. 1. —]

Publications du Secrétariat suisse des paysans. No 22—24. 8. Berne, K.-J. Wyss, 1905.

No 22: Le projet de code civil suisse dans ses dispositions les plus importantes pour l'agriculture commenté par le Secr' s' des p'. 4e partie: Des Obligations. 57 p. [fr. 1. 20]

Nr. 23 *u. d. T.:* Mitteilungen des Schweizerischen Bauernsekretariates. Nr. 23: Stenogramm der Verhandlungen ... = Sténogramme des débats de l'Assemblée ordinaire des délégués de l'Union suisse des paysans tenue le 20 mars 1905 ... à Berne. 71 p. Bern, K. J. Wyss. [fr. 1. 60]

No 24: Le trafic des vins dans les entrepôts fédéraux. 32 p. [fr. 1. —]

Publications du Secrétariat suisse des Paysans. No. 25: 8e rapport annuel ... de L'Union suisse des Paysans et du Secrétariat s' des P'. 1905. 40 p. 8. Berne, K.-J. Wyss, 1906. [fr. 1. —]

[Publications du Secrétariat suisse des paysans. No.] 26: Stenogramm der Verhandlungen ... = Sténogramme des débats de l'Assemblée ordinaire des délégués de l'Union suisse des paysans tenue le 17 février 1906 ... à Berne. 51 p. 8. Bern, K. J. Wyss, 1906. [fr. —. 80]

U. d. T.: Mitteilungen des Schweizerischen Bauernsekretariates Nr. 26... .

Publications du Secrétariat suisse des Paysans. No. 27—29. 8. Berne, K. J. Wyss.

No 27: Documents concernant les ordonnances d'une loi fédérale sur les denrées alimentaires. 2e Partie: Viandes et charcuteries, cidre, fruits, légumes et œufs. Etude du Secrétariat suisse des Paysans. 148 p. 1906. [fr. 1.50]

No. 28: La position de l'agriculture vis-à-vis du projet de loi du Conseil fédéral relatif à l'assurance-maladies et accidents ‹du 10 décembre 1906›. Préavis et propositions du secrétariat suisse des paysans. 83 p. 1907. [fr. 1. —]

No. 29: 9e rapport annuel ... de l'Union suisse des Paysans et du Secrétariat s' des P'. 1906. 55 p. 1907. [fr. —. 60]

[Publications du Secrétariat suisse des paysans. No.] 30: Stenogramm der Verhandlungen ... = Sténogramme des débats de l'Assemblée ordinaire des délégués de l'Union suisse des paysans tenue le 2 septembre 1907 ... à Berne. 54 p. 8. Bern, K. J. Wyss, 1907. [fr. —. 80]

U. d. T.: Mitteilungen des Schweizerischen Bauernsekretariates. Nr. 30... .

Publications du Secrétariat suisse des paysans. No. 31—33. 8. Berne, K.-J. Wyss, 1908.

No. 31: La Question ouvrière agricole en Suisse. 1re partie: La condition des ouvriers agricoles suisses autrefois et aujourd'hui. Exposé du Secrétariat suisse des paysans. IV + 135 p. 1908. [fr. 1. 80]

No. 32: 10e rapport annuel ... de l'Union suisse des Paysans et du Secrétariat s' des P'. 1907. 50 p. 1908. [fr. —. 60]

No. 33: Les dispositions les plus importantes pour l'agriculture des lois cantonales d'exécution du code civil fédéral. Circulaire du secrétariat suisse des paysans aux sections de l'Union s' des p' et aux associations cantonales d'agriculture. 28 p. 1908. [fr. —. 40]

Publications du Secrétariat suisse des paysans (*No. 35: P'). No. 34—37. 8. Berne, K.-J. Wyss, 1908—1909.

No. 34: Le monopole des céréales et des farines en Suisse et l'agriculture. Mémoire du Secrétariat suisse des paysans. 41 p. 1908. [fr. —. 60]

No 35: L'influence du nouveau tarif douanier sur les conditions d'existence de la population en Suisse, étudiée en tenant spécialement compte de la situation des ouvriers de l'industrie et des métiers. Par le Secrétariat suisse des Paysans. 209 p. 1909. [fr. 2. 50]

No. 36: 11e rapport annuel ... de l'Union suisse des Paysans et du Secrétariat s' des P'. 1908. 53 p. 1909. [fr. —. 60]

Nr. 37 *u. d. T.:* Mitteilungen des Schweizerischen Bauernsekretariates. Nr. 37: Stenogramm der Verhandlungen ... = Sténogramme des débats de l'Assemblée ordinaire des délégués de l'Union suisse des paysans tenue le 15 mars 1909 ... à Berne. 60 p. Bern, K. J. Wyss, 1909. [fr. —. 80]

Publications du Secrétariat suisse des Paysans. No 38 *et* 39. 8. Berne, K.-J. Wyss, 1910—1911. [*à* fr. —. 80]

No 38: 12e Rapport annuel ... de l'Union suisse des Paysans et du Secrétariat s' des P'. 1909. 55 p. 1910.

No 39: 13e R' a' ... de l'Union suisse des Paysans et du Secrétariat s' des P'. 1910. 63 p. 1911.

Publications de la section historique d'Institut royal grand-ducal de Luxembourg [ci-devant Société archéologique du grand-duché, vol. XXIII—XXIX]. 1re — 7e années 1867—1874. gr. 4. Luxemburg, Bück. [I. 1867. (XXII, 217 S. mit 5 Stnt.); II. 1868. (XXVII, 316 S. mit 6 Stnt.); III. 1869—70. (XVI, 311 S. mit 3 Kpfrt.); IV. 1871. (XXXIX, 220 S. mit 5 Stnt. in gr. 4. und qu. Fol.); V. 1872. (LVIII, 180 S. mit 3 Kpfrt.); VI. 1873. (XXIII, 314 S. mit 3 Stnt. in qu. 4. und qu. gr. 4.); VII. 1874. (XIII, 367 S. mit 3 Stnt.)] 1re année *
2e—7e années à *

Publications de la section historique de l'institut [ci-devant société archéologique du Grand-duché, vol. XXIII et XXIV.] I. II. Luxemburg 868. (Bück.) gr. 4. [I. (XXII, 217 S. mit 5 Steintaff.) n. 1 ₰ 14 ngr. — II. (XXVII, 316 S. mit 6 Steintaff.) n. 1 ₰ 26 ngr.]
n. 3 ₰ 10 ngr.

Publications de la section historique de l'Institut royal grand-ducal de Luxembourg [ci-devant Société archéologique du Grand-Duché, vol. XXX—XXXII]. VIIIe—Xe année. 1875—1877. gr. 4. (XXVIII, 285 S. mit 2 lithogr. und photolithogr. Taf.; XXVIII, 403 S. mit 1 Stnt.; XXI, 360 S. mit 4 lithogr. und chromolithogr. Taf.) Luxemburg 876—78, (Bück.) à Bd. *ℳ 5,60. *

—— dass. — XIe année 1878 [ci-devant Société archéologique du Grand-Duché, vol. XXXIII]. Chartes de la famille de Reinach déposées aux archives du Grand-Duché de Luxembourg. [Année 1221 à 1455. No. 1 à 1673.] 2 fasc. gr. 4. (CLXXI, 806 S.) (Ebendas.) 877,79. à *ℳ 4. *

Publications de la section historique de l'institut royal grand-ducal de Luxembourg (ci-devant société archéologique du Grand Duché). Année 1880. — XXXIV [XII]. gr. 8. [XIX, 344 S. m. 2 Steintaf.) Luxemburg 880. Bück in Comm. n. 5. 60

— dasselbe. Année 1881. — XXXV. [XIII.] gr. 8. (XVI, 520 S. m. 3 Steintaf.) Ebend. 882. n. 8. —

Publications de la section historique de l'institut r. g.-d. de Luxemburg [ci-devant „société archéologique du grand-duché"]. Année 1883. XXXVI [XIV]. gr. 8. Luxemburg 883. (Bück.) n. 8. —
Archives de Clervaux, analysées et publiées par M. F. X. Würth-Paguet et N. van Werveke. (VI, 616 u. Reg. XCI S.)

Publications de la section historique de l'Institut r. g.-d. de Luxembourg [ci-devant „société archéologique du grand-duché"]. Année 1884. XXXVII [XV]. gr. 8. (C, 904 S.) Luxemburg 885. (Bück.) n. 10. —

—— dass. — 16me année 1885 [XXXVIII.]: Cartulaire du prieuré de Marienthal. 1re vol.: 1231—1317. Publié d'après les documents originaux par N. van Werveke. gr. 8. (XXX, 372 S.) Luxemburg 886, (Brück.) *

Publications de la section historique de l'Institut r. g.-d. de Luxembourg [ci-devant „société archéologique du grand-duché".]. Vol. XXXIX: Cartulaire du prieuré de Marienthal. 2. vol. 1317 – 1783. Publié d'après les documents originaux par N. van Werveke. (345: LV S.) gr. 8. Luxemb. 891, (Brück). * 6 —

— dass. — Vol. XL—XLII, 1. gr. 8. Luxemb., (Bück). [XL. (LXXIII, 435 S.) 889. * 6 —; XLI. (LXXVIII, 378 S.) 890. * 6 —; XLII., fasc. 1. (S. 1—278.) 891. * 4 —.] * 16 —

Publications de l'Institut r. g.-d. de Luxembourg section historique [ci-devant „société archéologique du grand-duché"]. Vol. XLI—XLV. gr. 8. Luxemburg (V. Bück). n. 28. —
XLI. (LXXVIII, 379 S.) 890. n. 6. —
XLII. 1. et 2. fasc. (LVIII, 505 S. m. 2 Karten, 1 Lichtdr. u. 2 Taf.) 891. 95. n. 7. —
XLIII. (120 S.) 895. n. 3. —
XLIV. Publié à l'occasion du cinquantenaire de la fondation de la société archéologique, célébré le 3 IX. 1895. (337 S. m. 7 Taf.) 895. n. 6. —
XLV. (LXXXVIII, 245 S. m. Fig.) 896. n. 6. —

Publications de l'institut grand-ducal de Luxembourg, section historique (cidevant société archéologique du grand-duché). Vol. XLVI et XLIX 1. fasc. gr. 8. Luxemburg (V. Bück). n. 10. —
XLVI. (XCVIII, 370 S. m. Abbildgn.) 898. n. 6. —
XLIX, 1. (S. 1—192.) 899. n. 4. —

— dasselbe (Section des sciences naturelles et mathématiques). Tome XXIII et XXIV. gr. 8. (XXXII, 65 S. m. 1 Taf. u. XXVIII, 90 S. m. 2 Taf.) Ebd. 894. 96. à n. 6. —

— de la section orientale de la société ethnographique hongroise. I. gr. 8. Budapest 902. (Leipzig, O. Harrassowitz.) n. 4. –
Sulejman Efendi's Šejχ, čagataj-osmanisches Wörterbuch. Verkürzte u. mit deutscher Uebersetzg. versehene Ausg. Bearb. v. Ign. Kúnos. Mit Unterstützg. der ungar. Akademie der Wissenschaften. (IV, 201 S.)

— de la société pour la recherche et la conservation des monuments historiques dans le grand-duché de Luxembourg. Année 1847—1851 (au tome:) III—VII. gr. 4. (III: 202 S. m. 4 lith. Taf. IV: 192 S. m. 6 lith. Taf. V: 159 S. m. 7 lith. Taf. VI: 272 S. m. 12 lith. Taf. VII: 245 S. m. 16 lith. Taf.) Luxembourg 848—52, Bück. (Mainz, Le Roux.) 3—5: à n. $1^{1}/_{3}$ ℛ 6: n. 2 ℛ 7: n. $2^{2}/_{3}$ ℛ

Publications de la Société pour la recherche et la conservation des monuments historiques dans le grand-duché de Luxembourg. Année 1852—57. Vol. VIII—XIII. Luxembourg 853—58. Bück. gr. 4. (VIII.: 192 S. u. 11 lith. Taf. n. 2 ℛ. 12 ngr.; IX.: LX, 154 S. u. 9 lith. Taf. n. 2 ℛ. 12 ngr.; X.: XXXII, 250 S. u. 8 lith. Taf. n. 2 ℛ. 12 ngr.; XI.: CII, 132 S. u. 4 lith. Taf. n. 2 ℛ.; XII.: LXXII, 168 S. u. 3 lith. Taf. n. 2 ℛ.; XIII.: XLIV, 128 S. u. 4 lith. Taf. n. 1 ℛ. 10 ngr.) n. 12 ℛ. 16 ngr.

— de la Société pour la recherche et la conservation des monuments historiques dans le grand-duché de Luxembourg. Année 1858—63. Vol. XIV—XIX. Luxemburg 859—64. Buck. gr. 4. (XIV.: LIII, 182 S. u. 4 lith. Taf. n. 1 ℛ 10 ngr.; XV.: XLII, 224 S. u. 7 lith. Taf. n. 1 ℛ 10 ngr.; XVI.: XLIV, 207 S. u. 4 lith. Taf. n. 1 ℛ 10 ngr.; XVII.: LIX, 232 S. u. 6 lith. Taf. n. 1 ℛ 10 ngr.; XVIII.: LXXII, 263 S. u. 9 lith. Taf. n. 1 ℛ 10 ngr.; XIX.: XLVI, 232 S. u. 3 lith. Taf. n. 1 ℛ 14 ngr.) n. 8 ℛ 4 ngr.

— de la société pour la recherche et la conservation des monuments historiques dans le grand-duché de Luxembourg. Année 1864—66. (Tome) XX—XXII. Luxemburg 865—67. Bück. gr. 4. [Année 1864. (XXXII, 185 S. mit 7 Steintaff., wovon 2 in Buntdr.) 1865. (LI, 287 S. mit 2 Steintaff.) 1866. (L, 191 S. mit 5 Steintaff.)] Jeder Jahrg. n. 1 ℛ 14 ngr.

— de la société suisse des traditions populaires, s.: Schriften der schweizer. Gesellschaft f. Volkskunde.

Publications of the Germanistic Society of America: no. 1—6, 1909—1914; new series, no. 1, 1929.
Irregular. Octavo, with varying paging, 28—124 pages. Published largely in English; no. 3 in German. Edited by Frederick W. J. Heuser, 1929; Published by the Society.
New York, NY

Publicist, s. Publizist.

Publiciste: Le Publiciste Suisse
① Journal politique et littéraire (sous-titre jusqu'au no. 18 du 10. 2. 1846) ⑤ Prospectus («Beilage zum Berner Verfassungsfreund Nr. 284»), le 27. 11. 1845. No. 1 (spécimen), le 22. 12. 1845; no. 1. 1. 1. 1846—no. 76. 27. 6. 1846 ⑥ in-2° ⑦ 3× par semaine ⑧ Berne: Chr. Fischer ⑪ Gonzalve Petitpierre ⑫ libéral ⑬ BGSZ: 787a, 973; Prospectus. Beilage zum Berner Verfassungsfreund ⑭ ChF: Bibl. du Collège ⑮ Le «Prospectus» écrit: «... notre journal sera un organe fidèle des intérêts démocratiques dans la sphère cantonale. Il s'attachera à provoquer la réforme du pacte, parce qu'il l'envisage comme incompatible avec les idées qui ont prévalu et les besoins qui ont surgi depuis 1830, et que ce pacte est, à nos yeux, une des causes principales des calamités que la Suisse eut à déplorer récemment. Le 'Publiciste Suisse' sera également l'écho des vœux qui demandent une large révision de la constitution bernoise, ainsi que des changements dans l'organisation judiciaire et dans le système financier. La coopération de quelques hommes distingués du Jura qui nous est promise, est une garantie, que les intérêts de cette partie du pays ne seront pas négligés.».

Publicola oder gesammelte Blätter guter Absicht. Regensburg 1805. V: *Benzel-Sternau, Carl Christian Ernst Graf von.* (EE) »1803—6« (Ky)

— od. gesamml. Blätter guter Absicht, (v. K. C. E. Graf v. Benzel-Sternau). 2 Thle. 8. Regensb. 803, 6. Montag u. W. 2 ⁄f

— oder gesamml. Blätter guter Absicht. 1r Th. 8. Regensb. Montag. 805. Ritolr.

Publicola, Alexis, (psdn.), s. a. Herwegh, G., Fragmente zur Geschichte des Tages.

Publicola, A., Georg Herwegh. Fragmente zur Geschichte des Tages. 8°. Nürnberg 1843.

Publicola, Chr., die Note d. Oberst-Lieut. Kaufmann, k. Bevollmächtigten auf d. Generalsynode, beantwortet. 8. Bresl. 783. W. G. Korn. 2 ℛ

Publicola, Quintus Aemilius [Pseud.], s. a. Stoever, Johann Hermann

Publikola, G. A., (Jh. Herm. Stöver,) Niedersachsen; in seinem neuesten polit., civilen u. literar. Zustande; ein in d. Lüneburger Haide gefund. Reisejournal. 3 Bdchen. 8. Rom, (Berl.) 789. Vieweg in Braunschw. 2 ⁄f

PUBLICUS, J.
(F) Die Macht der Presse in gutem und schlechtem Sinne. Von J. Publicus 1. Auflage. Herausgeber K. Herdach. Warnsdorf. 1899. Opitz. 16°. 42 S. fl. —.10

Publicus, J., die Macht d. Presse in gutem u. schlechtem Sinne, } s. a. Volksaufklärung. 22.23.
— die moderne Schandpresse. }

PUBLICUS, J.
(F) Die moderne Schandpresse. Nach ihren eigenen Leistungen beleuchtet. Von J. Publicus. Herausgeber K. Herdach. Warnsdorf. 1899. Opitz. 16°. 49 S. fl. –.05

Publicus, Paulus, die schimpfenden Dioskuren, s. Familienbibliothek.
Vgl. Publikus, Paulus.

Publikanda. –

Publicanda d. Kön. Sächs. Erzgebirg. Kreisdeputation, die Abtragung d. Contribution u. Ausgleichung d. Verpflegungs-kosten, Spannungen u. and. Kriegsschäden durch den ganzen Kreis betreff., (von C. W. Ferber). Mit Tabb. No. 1—7. gr. 8., 4. u. Fol. Freiberg 807—8. Craz u. G. 12 gr.

Publicanda d. K. Sächs. Erzgeb. Kreisdeputat. rc. s. C. W. Ferber.

Publikandum. –

Publicandum wegen Abstellung verschiedener Missbräuche bei der Armee. Fol. Ortelsburg 1806.

Publicandum betreffend die Bestrafung der desertirten Einländer besonders von der Rhein-Armee. Berlin den 17. Junii 1794. Fol.

Publicandum wegen Einführung des Allgemeinen Landrechts bei den Militairgerichten. Berlin den 14. März 1797. Berl. o. J. Fol.

Publikandum wegen der vorläufigen Einrichtung der von Seiner Königlichen Majestät Allerhöchstselbst unter dem Namen einer Königlichen Bau-Akademie zu Berlin gestifteten allgemeinen Bau-Unterrichts-Anstalt. De Dato Berlin, den 6. July, 1799. ¶ Abgedr. in: Berlinische Nachrichten v. Staats- u. gelehrten Sachen. No. 88. 23. Julius 1799.

„Publicandum, die Leipziger Handelsabgaben betreffend, vom 18ten März 1820", o. O. 1820. — „II. Publicandum . . . . vom 31sten Januar 1824", o. O. u. J. 2 Bände. — Beide vorh.: Büch. der Industrie- und Handelskammer Leipzig.

Publicandum z. Unterr. wegen schleuniger Rettg Verunglückter. Berlin 1788.

Publicandum des ständischen freiwilligen Vereins und der Breslau-Briegischen Fürstenthumslandschaft, betreffend die . . . Pfandbriefsantheile . . . Breslau 1807. V: *Grattenauer, Carl Wilhelm Friedrich.* (NN) (MGT)

Publikandum, betr. die veränderte Verfassung der obersten Staats-Behörden der Preußischen Monarchie in Bez. auf die innere Landes- und Finanz-Verwaltung. [Dat.:] Königsberg den 16. 12. 1808.

Publikandum betreffend die äußern Verhältnisse des Kriegs-Ministeriums. Königsberg (1809). 8°. (Verm. Jähns.)

Publikation, s.a. Publikationen.

Zentralverband der Zimmerer und verwandten Berufsgenossen Deutschlands. **Publikation** aus den statistischen Erhebungen im Monat August 1906. 1. Hamburg: Schrader 1907. 8° Io. 5553

Publication der Eröffnung des in Augspurg von Chur-Fürsten in Bayern u. Pfaltz nidergesetzten gemeinsamen Reichs-Vicariats-Hoff-Gerichts. 31. Jan. 1741. — Die a. d. 1. Febr. 1741 bestimmte Eröffnung des Reichs-Vicariats-Hoff-gerichts. — Das vom Magistrat erfolgte Praesent. — Drei Darstellungen auf einem Blatt. Flugblatt: Gleichzeitige Radierung. Elias Bäck del., sc. et exc. A. V. Mit erklärendem Text unter jeder Darstellung. Fol. 20.—

Präsident: Graf Truchsess von Zeill. Assessoren: Ludw. v. Hertenstein, Leonh. v. Ammann, H. v. Kreitmayr, Graf Cajetan Fugger v. Kirchheim u. a., Rats-Deputierte: Herren von Stetten und von Holzapfel; Rats-Consulenten Herren von Möherr und von Scheidlin u. a.

Publication [**Publikation**] und Geschäftsordnung für die Abstimmung über die Revision einiger Artikel der Bundesverfassung. Herisau 1865.

Publication des Königl. Preussischen Geodätischen Instituts 1873—1886 4°.

[1.] Astronomisch-geodätische Arbeiten im Jahre 1871. Von C. Bruhns. Berlin 1873.
[2.] Astronomisch-geodätische Arbeiten in den Jahren 1872, 1869 und 1867. Herausgegeben von C. Bruhns. Berlin 1874.
[3.] Astronomisch-geodätische Arbeiten in den Jahren 1873 und 1874. 1875. 1876. 1877. 1878. 1879 und 1880. 1881 und 1882 1883 und 1884. [Von Th. Albrecht.] Berlin 1875—1885. 6 Bde.
[4.] Astronomische Bestimmungen für die Europäische Gradmessung aus den Jahren 1857—1866. Herausgegeben von J. J. Baeyer. Leipzig 1873.
[5.] Beobachtungen mit dem Bessel'schen Pendel-Apparate in Königsberg und Güldenstein, ausgeführt im Auftrage des Geodätischen Instituts von Dr. C. F. W. Peters. Mit einem Grundriss von Güldenstein. Hamburg 1874.
[6.] Maassvergleichungen. Heft II. Beobachtungen auf dem Steinheil'schen Fühlspiegel-Comparator. Mit einer Figuren-Tafel. (Baeyer-Sadebeck.) Berlin 1876.
[7.] Das Präcisions-Nivellement, ausgeführt von dem Geodätischen Institute. Bd. I. Arbeiten in den Jahren 1867 bis 1875. Mit einer photolithographischen Figurentafel und einer Uebersichtskarte. Berlin 1876
[8.] Zusammenstellung der Literatur der Gradmessungs-Arbeiten. Herausgegeben von dem Centralbureau der Europäischen Gradmessung. (Verfasst von Baeyer-Sadebeck.) Berlin 1876.
[9.] Das Rheinische Dreiecknetz. Heft 1. Die Bonner Basis. Heft 2. Die Richtungs-Beobachtungen. Mit 5 Figurentafeln und 1 Dreieckskarte. Berlin 1876 und 1878. 1 Bd.
[10.] Präcisions-Nivellement der Elbe. Auf Veranlassung der Elbstrom-Baubehörden von Preussen, Mecklenburg und Anhalt ausgeführt von Wilhelm Seibt. Mit zwei Figurentafeln und einer Uebersichtskarte. Erste Mittheilung. Berlin 1878.
[11.] Die Figur der Erde. Ein Beitrag zur Europäischen Gradmessung von Heinrich Bruns. Berlin 1878
[12.] Bestimmung des Längenunterschiedes zwischen den Sternwarten von Göttingen und Altona. Von Professor C. A. F. Peters. Kiel 1880.
[13.] Winkel- und Seitengleichungen. Von Alfred Westphal. Ueber die Beziehung der bei der Stations-Ausgleichung gewählten Nullrichtung von Wilhelm Werner. Berlin 1880.
[14.] Präcisions-Nivellement der Elbe. Zweite Mittheilung. Von der Seevemündung bis auf die Insel Neuhof. Auf Veranlassung der Königl. Preussischen Elbstrom-Bauverwaltung ausgeführt von Wilhelm Seibt. Berlin 1881.
[15.] Die Ausdehnungscoefficienten der Küstenvermessung. Von Alfred Westphal. Berlin 1881.
[16.] Das Mittelwasser der Ostsee bei Swinemünde. Auf Veranlassung des Präsidenten des Königl. Geodätischen Instituts und des Centralbureaus der Europäischen Gradmessung. Herrn Johann Jakob Baeyer. Bearbeitet von Wilhelm Seibt. Mit 8 Tafeln. Berlin 1881.
[17.] Das Hessische Dreiecknetz. Mit 1 Dreieckskarte und 5 Situationsplänen. Berlin 1882
[18.] Astronomisch-geodätische Ortsbestimmungen im Harz. Bestimmung der Polhöhen und der geodätischen Lage der Stationen Blankenburg, Hüttenrode, Hasselfelde und der Polhöhe von Nordhausen. Im Jahre 1881, behufs weiterer Untersuchung der Lothablenkungen angeordnet von Herrn Johann Jakob Baeyer. Ausgeführt von Moritz Löw. Berlin 1882.
[19.] Gradmessungs-Nivellement zwischen Swinemünde und Konstanz. Unter directer Leitung von . . . . Johann Jakob Baeyer bearbeitet von Wilhelm Seibt. Mit zwei Tafeln und einer Uebersichtskarte. Berlin 1882.
[20.] Das Rheinische Dreiecknetz. Heft 3. Die Netzausgleichung. Berlin 1882.
[21.] Der Einfluss der Lateralrefraktion auf das Messen von Horizontwinkeln. Von Dr. A. Fischer. Berlin 1882.
[22.] Register der Protokolle, Verhandlungen und Generalberichte für die Europäische Gradmessung vom Jahre 1861 bis zum Jahre 1880. Bearbeitet von M. Sadebeck. Berlin 1883.
[23.] Gradmessungs-Nivellement zwischen Swinemünde und Amsterdam. Unter directer Leitung des Herrn Johann Jakob Baeyer. Bearbeitet von Wilhelm Seibt. Mit zwei Tafeln und einer Uebersichtskarte. Berlin 1883.
[24.] Die gegenseitige Lage der Sternwarten zu Altona und Kiel. Von C. F. W. Peters. Kiel 1884.
[25.] Das Mittelwasser der Ostsee bei Travemünde. Bearbeitet von Wilhelm Seibt. Mit 9 Tafeln. Berlin 1885.
[26.] Uebersicht der Arbeiten des Königl. Geodätischen Instituts unter . . . . Johann Jakob Baeyer, nebst einem allgemeinen Arbeitsplane des Instituts für das nächste Decennium. Berlin 1886.

Publication des geodätischen Institutes. Maassvergleichungen. 1. Heft: Die in den J. 1866 und 1867 ausgeführten Vergleichungen mit der Copie Nr. 10 der Bessel'schen Toise, derselben, die früher bereits in Pulkowa und Southampton mit russ. und engl. Maassen verglichen worden war. Hrsg. von dem Centralbureau der Europ. Gradmessung. gr. 4. (VIII, 49 S.) Berlin 872, G. Reimer. * 8 —

— dasselbe. Maassvergleichungen. 2. Hft. Beobachtungen auf dem Steinheil'schen Fühlspiegel-Comparator. Mit e. (lith.) Fig.-Taf. gr. 4. (XII, 96 S.) Berlin 876. Bichteler & Co. 7. 50

Publication d. königl. preussischen geodätischen Instituts. Astronomisch-geodät. Arbeiten in den J. 1873 u. 1874. Bestimmung der Längendifferenzen zwischen Brocken u. Göttingen, Brocken u. Leipzig, Berlin u. Göttingen. Bestimmung der Polhöhen auf den Stationen: Mühlhausen, Tettenborn, Hohegeis, Ilsenburg, Asse, Löwenburg, Kuhberg, Bornstedter Warte, Gegenstein u. Regenstein. Hrsg. vom königl. preuss. geodät. Institut. gr. 4. (III, 145 S.) Berlin 875. Stankiewicz. 9. —

— **dasselbe.** Astronomisch-geodätische Arbeiten im J. 1875. Instruction f. die Polhöhen- u. Azimuthbestimmgn. der astronom. Section d. geodät. Instituts. Bestimmungen der Polhöhe u. d. Azimuthes auf Station Hercules bei Cassel. Bestimmung der Polhöhen auf den Stationen: Schildberg, Osterode, Hils. Langelsheim, Mansfeld, Monraburg, Dollmar, Heldburg, Harzburg, Dienkopf, Craula, Pfarrsberg, Eckartsberga, Sachsenburg, Kyffhäuser u. Lohberg. (Lith.) Uebersichtskarte der Lothablenkgn. (in Fol.) gr. 4. (VI, 151 S.) Berlin 876. Bichteler & Co. in Comm. n. 9. —

— **dasselbe.** Astronomisch-geodät. Arbeiten im J. 1876. Instruction f. die Längenbestimmungen d. geodät. Institutes. Bestimmung der Längendifferenzen zwischen Berlin u. Strassburg, Mannheim u. Strassburg, Strassburg u. Bonn. Bestimmung der Polhöhe u. d. Azimuthes auf Station Feldberg im Schwarzwalde. gr. 4. (V, 151 S.) Ebend. 877. n.n. 9. —

Publication d. königl. preuss. geodätischen Instituts. Astronomisch-geodätische Arbeiten im J. 1877. Bestimmung der Längendifferenzen zwischen Berlin u. Paris, Berlin u. Bonn, Bonn u. Paris. gr. 4. (148 S.) Berlin 878. Friedberg & Mode. n.n. 9. —

Publication des königl. preussischen geodätischen Institutes. Astronomisch-geodät. Arbeiten im J. 1878. Bestimmung der Längendifferenzen Berlin—Altona—Helgoland, Altona—Bonn—Wilhelmshaven, Altona—Wilhelmshaven. Bearb. von Th. Albrecht. gr. 4. (VI, 192 S.) Berlin 879, (Friedberg und Mode.) ** 7 —

—— dass. — Astronomisch-geodät. Arbeiten in den J. 1879 und 1880. Bestimmung der Polhöhen auf den Stationen: Neinstedt, Victorshöhe und Josephshöhe. — Bestimmung des Azimuthes auf Station Neinstedt. — Umrechnung der in den J. 1852—1876 ausgeführten Polhöhenbestimmungen. Bearb. von Th. Albrecht. gr. 4. (VI, 106 S.) Berlin 881, (Friedberg und Mode.) ** 7 —

Publication d. königl. preuss. geodätischen Institutes. Astronomisch-geodät. Arbeiten in den J. 1881 u. 1882. Instruction f. die Polhöhen- u. Azimuthbestimmgn. der astronom. Section d. geodät. Institutes. Bestimmung der Polhöhe u. d. Azimuthes auf den Stationen: Gollenberg, Thurmberg, Goldaper Berg, Springborg, Moschen, Schönsee u. Jauernick. gr. 4. (VII, 232 S.) Berlin 883. Friedberg & Mode. n.n. 15. —

Publication des königl. preussischen geodätischen Institutes. Astronomisch-geodät. Arbeiten in den J. 1883 und 1884. Bestimmung der Längendifferenzen Berlin — Swinemünde, Kiel—Swinemünde, Swinemünde—Königsberg, Königsberg—Warschau und Berlin—Warschau. Bestimmung der Polhöhe des Zeitballes in Swinemünde. gr. 4. (VI, 202 S.) Berlin 885, [Friedberg und Mode.] Stanckiewitz. **

— **dasselbe.** Das Präcisions-Nivellement, ausgeführt v. dem geodät. Institute. 1. Bd. Arbeiten in den J. 1867—1875. Mit e. photolith. Fig.-Taf. u. e. (lith.) Uebersichtskarte (in gr. Fol.) gr. 4. (VII, 124 S.) Ebend. 876. n. 10. —

— **dasselbe.** Zusammenstellung der Literatur der Gradmessungs-Arbeiten. Hrsg. v. dem Centralbureau der europ. Gradmessg. gr. 4. (III, 32 S.) Ebend. 876. n. 2. 50

— dasselbe. Das rheinische Dreiecksnetz. 1. Hft. Die Bonner Basis. Mit e. (lith.) Dreieckskarte. gr. 4. (V, 75 S.) Ebend. 876. n. 6. —

Publication d. königl. preuss. geodätischen Instituts. Das rheinische Dreiecksnetz. 2. Hft. Die Richtungs-Beobachtungen. Mit 5 (lith.) Fig.-Taf. u. 1 (lith.) Dreieckskarte. gr. 4. (164 u. 48 S.) Berlin 878. (Friedberg & Mode.) n.n. 15. — (1. u. 2.: n.n. 21. —)

— **dasselbe.** Das rheinische Dreiecksnetz. 3. Hft. Die Netzausgleichung. gr. 4. (VI, 210 S.) Ebend. 882. n.n. 11. — (1—3.: n. 32. —)

— d. königl. preuss. geodätischen Institutes. Das Mittelwasser der Ostsee bei Swinemünde. (I.) Auf Veranlassg. d. Präsidenten d. königl. geodät. Instituts u. d. Centralbureaus der europ. Gradmessung Hrn. J. J. Baeyer bearb. v. Wilh. Seibt. gr. 4. (III, 93 S. m. 8 Taf.) Berlin 881. Stankiewicz. n. 8. —
Theil II s.: Veröffentlichung d. k. preuss. geodätischen Institutes.

— **dasselbe.** Das hessische Dreiecknetz. Mit 1 (lith.) Dreieckskarte u. 5 (lith.) Situationsplänen. gr. 4. (VI, 230 S.) Ebend. 882. n.n. 12. —

— **dasselbe.** Gradmessungs-Nivellement zwischen Swinemünde u. Konstanz. Unter directer Leitung v. J. J. Baeyer bearb. v. Wilh. Seibt. Mit 2 (lith.) Taf. u. 1 (chromolith.) Uebersichtskarte. gr. 4. (VII, 109 S.) Ebend. 882. n.n. 9. —

— dasselbe. Absolute Höhen der Festpunkte d. Gradmessungs-Nivellements zwischen Swinemünde u. Konstanz. Im Auftrage d. königl. geodät. Instituts f. den prakt. Gebrauch zusammengestellt v. Wilh. Seibt. Mit einer (lith.) Uebersichtskarte. gr. 8. (52 S.) Ebend. 882. cart. n.n. 1. 50

— **dasselbe.** Der Einfluss der Lateralrefraktion auf das Messen v. Horizontwinkeln. Von A. Fischer. gr. 4. (III, 73 S.) Ebend. 882. n.n. 5. —

—— dass. — Gradmessungs-Nivellement zwischen Swinemünde und Amsterdam. Unter directer Leitung des Präsidenten des königl. geodät. Instituts und des Centralbureaus der europ. Gradmessung Hrn. J. J. Baeyer bearb. von Wilh. Seibt. gr. 4. (VI, 41 S. mit 2 lithogr. Taf. und 1 lithogr. und color. Übersichtskarte.) (Ebendas.) 883. ** 5 —

—— dass. — Gradmessungs-Nivellement zwischen Swinemünde und Konstanz. Unter directer Leitung von J. J. Baeyer bearb. von Wilh. Seibt. gr. 4. (VII, 109 S. mit 2 lithogr. Taf. und 1 chromolithogr. Uebersichtskarte.) (Ebendas.) 883. ** 9 —

—— dass. — Absolute Höhen der Festpunkte des Gradmessungs-Nivellements zwischen Berlin und Denekamp. gr. 8. (... S. mit 1 lithogr. Karte.) (Ebendas.) 883. * 1 20
Vergriffen.

— **dasselbe.** Register der Protokolle, Verhandlungen u. Generalberichte f. die europäische Gradmessung vom J. 1861 bis zum J. 1880. Bearb. v. M. Sadebeck. gr. 4. (IV, 81 S.) Ebend. 883. n.n. 5. —
cf.: Veröffentlichung.

Publication d. königl. preuss. geodätischen Institutes. Das Mittelwasser der Ostsee bei Travemünde. Bearb. v. Wilh. Seibt. Mit 9 Taf. (V, 60 S.) Berlin 885. Friedberg & Mode. n.n. 8. —

Publication eines Kundschaftsverhörs von Lindau über ein aufgeschlichenes Gerücht, betreffend die Gesandtschaftsstelle ... des ... Freiherrn von Buol Schauenstein ... [Chur?] 1791. V: *Schreivogel, Johann Georg.* (BrMm)

Ihro Kgl. Maj. in Schweden Publication, den Krieg wider den Czaarn in Rußland betreffend. Aus d. Schwed. o. O. (1741.) 8°.

Publikation ælterer praktischer und theoretischer Musik-Werke vorzugsweise d. XV. u. XVI. Jahrhunderts. Hrsg. von d. Gesellschaft f. Musikforschung. Jg. 1–33. (Bd 1–29.) Berlin: M. Bahn (4.1 ff.: L. Liepmannssohn; 9 ff.: T. Trautwein; 13 ff.: Leipzig: Breitkopf & Härtel) 1873–1905. 24 Bde 2°. 5 Bde 8°

Jg. 1–4.1 (Bd 1–4) = Ott, Joh.: 115 weltl. u. geistl. Lieder. 1544. Neue Ausg. von Rob. Eitner, Ludwig Erk u. Otto Kade. Bd 1–4. 1873–76.
4, 2 (Bd 5) = Schubiger, Anselm: Musikal. Spicilegien. 1876.
5 (Bd 6) = Josquin Deprès: Sammlung ausgew. Kompositionen ... veröffentl. von Franz Commer. 1877.
6 (Bd 7) = Walther, Joh.: Wittembergisch geistl. Gesangbuch von 1524. Part nebst Klav.-Ausz. von O. Kade. 1878.
7 (Bd 8) = Finck, Heinr.: Sammlung ausgewählter Kompositionen ... nebst 6 Tonsätzen von Herm. Finck. Part. u. Klav.-Ausz. von R. Eitner. 1879.
8 (Bd 9) = Oeglin, Erhart: Liederbuch zu 4 Stimmen ... Part.-Ausg. ... von R. Eitner u. Jul. Jos. Maier. 1880.
9 (Bd 10) = Oper, Die, von ihren ersten Anfängen bis z. Mitte d. 18. Jahrh. Th. 1: Einl., Caccini's Euridice; Gagliano's Dafne u. Monteverde's Orfeo ... von R. Eitner. 1881.
10 (Bd 11) = Virdung, Seb.: Musica getutscht. (Hrsg. von R. Eitner. 1882.)
11 (Bd 12) = Oper, Die ... Th. 2: Franc. Cavalli's Giasone u. Max [vielm. Marc'] Ant. Cesti's La Dori ... von R. Eitner. 1883.
12 (Bd 13) = Praetorius, Mich.: Syntagma. II. Teil von d. Instrumenten. 1884.
13 u. 14 (Bd 14) = Oper, Die ... Th. 3: Jean Bapt. Lully's Armide u. Aless. Scarlatti's Rosaura ... von R. Eitner. 1885–86.
15 (Bd 15) = Hassler, Hans Leo: Lustgarten ... von Friedr. Zelle. 1887.
16–18 (Bd 16) = Glareani Dodecachordon. Übers. von Peter Bohn. 1888–90.
19 u. 20 (Bd 17) = Oper, Die ... Th. 4: Georg Casp. Schürmann: Ludovicus Pius ... hrsg. von Hans Sommer. 1890–92.
20–22 (Bd 18) = Oper, Die ... Th. 5: Reinh. Keiser: Der lächerliche Prinz Jodelet. Hrsg. von F. Zelle. 1892(–94).
23 (Bd 19) = Regnart, Jakob: Deutsche dreistimmige Lieder nebst Leonh. Lechner's fünfstimm. Bearb. Hrsg. von R. Eitner. 1895.
24 (Bd 20) = Agricola, Mart.: Musica instrumentalis deudsch. (Hrsg. von R. Eitner.) 1896.
25 (Bd 21) = Eccard, Joh.: Neue geistl. u. weltl. Lieder. In Part. ges. von R. Eitner. 1897.
26 (Bd 22) = Burck, Joachim v.: 20 deutsche geistl. vierstimm. Lieder. Die Passion nach d. Ev. Johannes ... u. nach d. 22. Psalmen ... von A. Halm u. R. Eitner. 1898.
27 (Bd 23) = Eitner, R.: 60 Chansons aus d. 1. Hälfte d. 16. Jahrh. von franz. u. niederländ. Meistern. 1899.
28 (Bd 24) = Dressler, Gallus: 17 Motetten ... von A. Halm u. R. Eitner. 1900.
29 (Bd 25) = Langius, Gregor: Ausgew. Sammlung Motetten ... von Reinhold Starke. 1901.
30 (Bd 26) = Vecchi, Orazio: Amfiparnaso ... von R. Eitner. 1902.
31 (Bd 27) = Leclair, Jean-Marie: 12 Sonaten f. Viol. u. Generalbass nebst e. Trio ... hrsg. von R. Eitner. 1903.
32 (Bd 28) = Zeuner, Martin: 82 geistl. Kirchenlieder ... hrsg. von R. Eitner. 1904.
33 (Bd 29) = Forster, Georg: Der 2. Teil d. kurtzweiligen ... teutschen Liedlein ... von R. Eitner. 1905. [07. 16869]

Publication [**Publikation**] des Gr. R a t h e s des Kts. Appenzell A. Rh. betreff. die Abstimmung über die Bundesverfassung. 1872.

Sofortige Publication der Grundrechte des deutschen Volks! Ein kleiner Beitrag zur Aufklärung. Dresden o. J. 20 S. 8°.

Publication, sofortige, der Grundrechte des deutschen Volks! Ein kleiner Beitrag zur Aufklärung. Lex. 8. (20 S.) Dresden 849, Naumann. n. 1½ ngl

PUBLICATION DES VEREINS FÜR DIE GESCHICHTE VON OST- UND WEST-PREUSSEN.

Handelsrechnungen des Deutschen Ordens. Im Auftrage des Vereins für die Geschichte von Ost- und Westpreussen herausgegeben von C. SATTLER. Leipzig 1887. Verlag von Duncker & Humblot. gr. 8°.

Kaspars von Nostitz Haushaltungsbuch des Fürstenthums Preussen 1578. Ein Quellenbeitrag zur politischen und Wirtschaftsgeschichte Altpreussens. Im Auftrage des Vereins für die Geschichte von Ost- und Westpreussen herausgegeben von KARL LOHMEYER. ib. 1893. –

PUBLICATION DES VEREINS FÜR DIE GESCHICHTE DER PROVINZEN OST- UND WESTPREUSSEN.

Rechnungen über Heinrich von Derby's Preussenfahrten 1390–91 und 1392. Herausgegeben von HANS PRUTZ. ib. 1893. –

PUBLICATION DES VEREINS FÜR DIE GESCHICHTE VON OST- UND WEST-PREUSSEN.

Ausgewählte Briefe von und an Chr. A. Lobeck und K. Lehrs nebst Tagebuchnotizen. Im Auftrage des Vereins für die Geschichte von Ost- und Westpreussen herausgegeben von ARTHUR LUDWICH.
Theil 1. 1802–1849. ib. 1894. – Theil 2. 1850–1878. ib. 1894. –

Briefwechsel des Ministers und Burggrafen von Marienburg Theodor von Schön mit G. H. Pertz und J. G. Droysen. Mit Anlagen. Herausgegeben von FRANZ RÜHL. ib. 1896. –

Ein Wegweiser durch die Zeitschriftenliteratur. Von OTTO RAUTENBERG. ib. 1897. –

Die Preussen auf der Universität Wittenberg und die nichtpreussischen Schüler Wittenbergs in Preussen von 1502 bis 1602. Eine Festgabe zur vierhundertjährigen Gedächtnisfeier der Gründung der Universität Wittenberg. Von Lic. HERMANN FREYTAG. ib. 1903. –

Niederländische Ansiedlungen im Herzogtum Preussen zur Zeit Herzog Albrechts (1525–1568). Von Dr. BRUNO SCHUMACHER. ib. 1903. –

PUBLIKATION DES VEREINS FÜR DIE GESCHICHTE VON OST- UND WEST-PREUSSEN.

Geschichte der Pest in Ostpreussen. Von WILHELM SAHM. ib. 1905. –

Die Selbstbiographie des Burggrafen Fabian zu Dohna (* 1550–† 1621) nebst Aktenstücken zur Geschichte der Sukzession der Kurfürsten von Brandenburg in Preussen aus dem fürstlich dohnaischen Hausarchive zu Schlobitten. Herausgegeben von C. KROLLMANN. ib. 1905. –

Geschichte der Königsberger Obergerichte. Mit Benutzung amtlicher Quellen von GEORG CONRAD. Mit 9 Lichtdrucken. Abgeschlossen im April 1907. ib. 1907. –

Zur Geschichte der Tagesliteratur während der Freiheitskriege von PAUL CZYGAN. Bd. II. Aktenstücke: Erste Abteilung. ib. 1909. –

Zur Geschichte der Tagesliteratur während der Freiheitskriege von PAUL CZYGAN. Bd. II. Aktenstücke: Zweite Abteilung. ib. 1910. –

Publikationen des Altertums-Vereins zu Torgau. I–III. gr. 8. Torgau 887–889. (Jacob.) n. 2. 10

I. Satzungen d. Vereins. Mitglieder-Verzeichnis. I. Das Amt Torgau. II. Volkszahl v. Torgau 1606 u. 1635. 2 Abhandlgn. v. C. Knabe. Mit 1 Karte. (VI, 37 S.) n. — 60
II. I. Mitglieder-Verzeichnis. II. Siegel u. Wappen der Stadt Torgau. III. Der Teufel in Torgau v. C. Jacob. Mit 2 Taf. (26 S.) n. — 50
III. I. Mitglieder-Verzeichnis. II. Drei Bilder v. Torgau nach Zeichnungen von W. Dilich (1628) m. Erläuterung von C. Jacob. III. Miscellen v. C. Knabe. (18 S. m. 3 Bildern.) n. 1. —

Publikationen des Altertums-Vereins zu Torgau. IV–VII. gr. 8. Torgau, (F. Jacob). n. 3. 10
(I–VII.: n. 5. 20)

IV. I. Mitglieder-Verzeichnis. II. Untersuchung gegen den Rat zu Torgau 1656, bearb. v. C. Knabe. (31 S.) 890. n. — 60
V. I. Mitglieder-Verzeichnis. II. Aus der Geschichte v. Audenhain v. Chr. Dieckmann. Aus der ältesten Geschichte Audenhains. III. Ueber die Kassettenmalerei im Hause Breitestraße Nr. 354. Vortrag v. W. Wollschläger. (22 S. m. 1 Lichtdr.-Taf.) 893. n. — 50
VI. I. Mitglieder-Verzeichnis. II. Aus der Geschichte v. Audenhain v. Chr. Dieckmann. IV. Der 30jährige Krieg. (30 S.) 893. n. — 60
VII. Satzungen des Vereins u. Museums-Besuchsordnung. Mitglieder-Verzeichnis. A. Berichte üb. die 32 ersten Sitzungen des Altertums-Vereins, nebst sonst. Mitteilgn., auf Grund der Arbeiten des Curt Jacob u. anderer hrsg. durch Karl Bruns. B. Anlagen. I. Trinkstuben-Ordng. vom 30. Jan. 1579. II. Bericht üb. e. „Gasterey auf der Trinkstuben" vom 29. bis 31. Mai 1599. III. Grabsteln des Baumeisters Konr. Krebs († 1540). Anh. Litteratur. (98 S. m. 1 Lichtdr.) 894. n. 1. 40

Publikationen d. Altertums-Vereins zu Torgau, Fortsetzg., s.: Veröffentlichungen etc.

Publikationen der Wiener akademischen Anti-Duell-Liga Nr. 1. gr. 8. Wien (C. W. Stern). n. — 80
Das Duell in der Geschichte des deutschen Studententums. Von Karl Fojkmajer. (12 S.) 907.

— architektonische, hrsg. v. der Société centrale d'architecture de Belgique. Neue Folge. 3.–6. Bd. à 48 Taf. Fol. Berlin 887–890. Claesen & Co. In Mappe. à n. 28. —
Französ. Ausg. s.: l'Émulation.

Publikationen, architektonische. Hrsg. v. der Société centrale d'architecture de Belgique. Neue Folge 7.–9. Bd. (à 48 Taf. in Lithogr. u. Lichtdr.) Fol. Berlin 891–893. Hessling & Spielmeyer. à n. 28. —

Publikationen des Vereins Wiener Bauhütte. Reiseaufnahmen. Bd 17-20. (Je 50 Blatt) fol Wien -1893

—— des Börsen=Vereins der deutschen Buchhändler. I. und II. gr. 8. Leipzig, Verlag des Börsen=Vereins der deutschen Buchhändler. * 7 —

Inhalt:

I. Gutachten des königl. preußischen literarischen Sachverständigen-Vereins über Nachdruck und Nachbildung aus den J. 1864—1873 von O. Dambach. (XVIII, 168 S.) 874. *M. 3.

II. Gesammelte Aufsätze und Mittheilungen aus dem Börsenblatt für den deutschen Buchhandel 1869—1873. (IV, 315 S.) 875. *M. 4.

—— des Börsen=Vereins der Deutschen Buchhändler. III—VI. gr. 8. Leipzig, Verlag des Börsen=Vereins der Deutschen Buchhändler. (Kirchner.) * 9 40

Inhalt:

III. Frommann, F. J., Geschichte des Börsen-Vereins der Deutschen Buchhändler. (VI, 176 S.) 875. *M. 3.

IV. Actenstücke betr. die Herausgabe einer Geschichte des Deutschen Buchhandels. 1. und 2. Abdr. (III, 63 S.) 876,77. *M. 1.

V. Deutsche Gesetze und Verträge zum Schutze des Urheberrechts. Im Auftrage des Börsen-Vereins der Deutschen Buchhändler zusammengestellt von A. W. Volkmann. 1. Abdr. (170 S.); 2. revid. Abdr. (177 S.) 877. *M. 2,70.

VI. Verhandlungen der Conferenz zur Berathung buchhändlerischer Reformen, abgehalten zu Weimar am 18., 19. und 20. Septbr. 1878. Nach den stenograph. Aufzeichnungen. (VIII, 196 S.) 878. *M. 2,70.

I. und II. Ebendas. 1874,75. *M. 7.

— des Börsen=Vereins der deutschen Buchhändler. 4—6. Bd. gr. 8. Leipzig 880—82. Expedition des Börsenblattes. n. 6."40

4. Actenstücke, betr. die Herausgabe einer Geschichte d. deutschen Buchhandels. 2. Abdr. (III, 63 S.) n. 1. —

5. Deutsche Gesetze u. Verträge zum Schutze d. Urheberrechts. Im Auftrage d. Börsenvereins der deutschen Buchhändler zusammengestellt v. A. W. Volkmann. 2., rev. Abdr. (177 S.) n. 2. 70

6. Verhandlungen der Conferenz zur Berathung buchhändlerischer Reformen, abgeh. zu Weimar am 18., 19. u. 20. Septbr. 1878. Nach den stenograph. Aufzeichngn. (VIII, 196 S.) n. 2. 70

—— d. Börsen=Vereins der deutschen Buchhändler. 7. u. 8. Bd. gr. 8. Lpz., Geschäftsstelle d. Börsenvereins d. deutschen Buchhändler. * 9 —

7. Fünfzig Gutachten üb. Nachdruck u. Nachbildung, erstattet vom königl. preuß. litterar. Sachverständigen-Verein in den J. 1874—1889. Hrsg. v. Otto Dambach. (XLIV, 356 S.) 891. * 6 —.

8. Ausgewählte Aufsätze u. Mitteilungen aus dem Börsenblatt f. den deutschen Buchhandel 1890. (VIII, 426 S.) 891. * 3 —.

1.—6. Bd. Ebd. 1874—78. * 16 40.

— d. Börsenvereins d. deutschen Buchhändler. 9. Bd. gr. 8. Leipzig 896. Geschäftsstelle d. Börsenvereins d. deutschen Buchhändler. n. 2. 80; für Mitglieder d. Börsenvereins n.n.n. 1. 50

Beiträge zum Urheberrecht. Beschlüsse d. außerordentl. Ausschusses f. Revision d. Gesetze üb. Urheberrecht, nebst Begründg. (129 S.)

-- d. Börsenvereins d. dtschn. Buchhändler. X—XII. gr. 8. Leipzig, Geschäftsstelle d. Börsenvereins d. deutschen Buchhändler.

X. Gutachten der königl. preußischen Sachverständigen=Kammern f. Werke der Literatur u. der Tonkunst aus d. J. 1902—1907. Hrsg. v. Paul Daude. (X, 310 S.) Für Mitglieder d. Börsenvereins bis 1. XII. 1907 unentgeltlich.

XI. Reformbewegung, die, im deutschen Buchhandel 1878—1889 Hrsg. vom Vorstand des Börsenvereins der deutschen Buchhändler. I. Bd. 1878—1883. (X, 416 S.) 908. 8.—; f. Mitglieder des Börsenvereins 5. —

XII. Dasselbe. II. Bd. 1884—1887. (VII, 659 S.) 909. 12.—; f. Mitglieder des Börsenvereins nnn 7. 50

—— dass. — Neue Folge: Archiv für Geschichte des Deutschen Buchhandels. Hrsg. von der Histor. Commission des Börsen=Vereins der Deutschen Buchhändler. Redact.: F. Herm. Meyer. I—IV. gr. 8. (Ebendas.) * 16 —

Inhalt:

I. Meyer, F. Herm., zur Einführung. — Kirchhoff, Albr., Johann Herrgott, Buchführer von Nürnberg, und sein tragisches Ende 1527. — Kapp, Friedr., der deutsch-amerikanische Buchdruck und Buchhandel im vorigen Jahrhundert. — Kirchhoff, Albr., ein Reformversuch aus dem J. 1668. — Brockhaus, Heinr. Eduard, Metternich's Plan einer staatlichen Organisation des deutschen Buchhandels. — Steche, Rich., zur Geschichte des Bucheinbands. — Miscellen. (VII, 210 S.) 878. *M. 3.

II. Meyer, F. Herm., Bericht über den Fortgang der Vorarbeiten zu einer Geschichte des Deutschen Buchhandels. — Heigel, Karl Thdr., die Censur in Altbaiern. — Kirchhoff, Albr., Beiträge zur Geschichte der Preßmaßregelung und des Verkehrs auf den Büchermessen im 16. und 17. Jahrhundert. — Meyer, F. Herm., die genossenschaftl. und Gelehrten-Buchhandlungen des 18. Jahrhunderts. — Berger, Ed., der deutsche Buchhandel in seiner Entwicklung und in seinen Einrichtungen in den J. 1815 bis 1867. — Miscellen. (VII, 265 S.) 879. *M. 4.

III. Opel, Jul. Otto, die Anfänge der deutschen Zeitungspresse 1609—1650. (VIII, 268 S. mit 10 Taf. und Tab.) 879. *M. 5.

IV. Kapp, Friedr., Bericht an die Histor. Commission des Börsenvereins der Deutschen Buchhändler. — Teutsch, Fr., zur Geschichte des Deutschen Buchhandels in Siebenbürgen. I. Die vorreformatorische Zeit. — Rettig, G., Notizen über Mathias Apiarius, ersten Buchdrucker in Bern. — Kirchhoff, Albr., Hausirer und Buchbinder in Breslau im 16. Jahrhundert. — Schlossar, Ant., Grazer Buchdruck und Buchhandel im 16. Jahrhundert. — Kirchhoff, Albr., Beiträge zur Geschichte der Preßmaßregelung und des Verkehrs auf den Büchermessen im 16. und 17. Jahrhundert. II. Zur Geschichte der kaiserl. Bücher-Commission in Frankfurt a. M. — Kapp, Friedr., Aktenstücke zur Geschichte der preuß. Censur und Preß-Verhältnisse unter dem Minister Wöllner. 1. Abthl.: 1788—1793. — Miscellen. (VI, 249 S.) 879. *M. 4.

4

Publikationen des Börsen=Vereins der Deutschen Buchhändler. Neue Folge. V—IX. A. u. d. T.: Archiv für Geschichte des Deutschen Buchhandels. Hrsg. von der Histor. Commission des Börsenvereins der Deutschen Buchhändler. gr. 8. Leipzig, (Expedition des Börsenblattes.) * 22 —

Inhalt:

V. Zur Geschichte des Straßburger Buchdrucks und Buchhandels. — Kirchhoff, Albr., der Neisser Markt und die Breslauer Buchhändler. — Kirchhoff, Albr., die „Famoß"=Schriften. — Kirchhoff, Albr., Beitrag zur Geschichte der Entwickelung der Censurverhältnisse. — Meyer, F. Herm., die geschäftlichen Verhältnisse des deutschen Buchhandels im 18. Jahrh. — Kapp, Friedr., Aktenstücke zur Geschichte der preuß. Censur- und Preß=Verhältnisse unter dem Minister Wöllner. 2. Abthl.: 1794—1796. Miscellen: Mohr, Louis, zur Geschichte der Censur in Straßburg. — Rettig, G., Nachträgliches über Apiarius. — Kirchhoff, Albr., ein Mahnruf an die Nachdrucker 1591. — Ulm, Ad., Blauen und Sebastian Münster. — Hasse, Ernst, Autorenängstlichkeit im 16. Jahrh. — Ulm, Ad., zur Geschichte des Bücher=Auctionswesens im ersten Drittel des vorigen Jahrh. — Ulm, Ad., zur Geschichte des Antiquarbuchhandels um die Mitte des vorigen Jahrh. Ein Hallenser Universitäts=Antiquar. (VI, 321 S.) 880. *M. 5.

VI. Kapp, Friedr., zweiter Bericht an die Histor. Commission des Börsenvereins der Deutschen Buchhändler. — Teutsch, Fr., zur Geschichte des Deutschen Buchhandels in Siebenbürgen. II. Die Zeit von 1500—1700. — Radics, P. v., Geschichte des Deutschen Buchhandels. — Kirchhoff, Albr., die Breslauer Buchhändler und der Buchdrucker Georg Baumann. — Stieda, Wilh., zur Geschichte des Buchhandels in Riga. — Kirchhoff, Albr., ein „Localverein" im 17. Jahrh. Frankfurt a. M., 1669. — Heigel, K. Th., zur Geschichte des Censurwesens in der Gesellschaft Jesu. — Schlossar, Ant., ein Censurstreit aus Steiermark im J. 1720. — Kapp, Friedr., die preußische Preßgesetzgebung unter Friedrich Wilhelm III. (1815—1840.) Nach den Akten im Königl. Preuß. Geh. Staatsarchiv. — Miscellen: Buff, Adf. und Fr. Teutsch, zur Geschichte der Straßburger Buchdrucker. — Buff, Adf., die ältesten Augsburger Censuranordnungen. — Kirchhoff, Albr., weitere Notizen über Johann Herrgott in Nürnberg. — Schiffmann, Frz. Jos., zwei Luzerner Buchdrucker und Buchhändler. — Kirchhoff, Albr., zu Sigismund Feyerabends Streit mit Christoph Walther in Wittenberg. — Pallmann, Heinr., Frankfurts Buchdruckerordnungen. — Hasse, Ernst, zur Statistik der Leipziger Buchdrucker und Kupferstecher im J. 1767. — Meyer, F. Herm., Kosten von Verlags=Privilegien. — Meyer, F. Herm., Druckkosten im 17. und 18. Jahrh. — Meyer, F. Herm., Beiträge zur Geschichte der österreich. Bücherpolizei. — Meyer, F. Herm., Nachträgliches über den Hanauer Bücher=Umschlag. (VI, 285 S.) 881. *M. 4.

VII. Kapp, Friedr., dritter Bericht an die Histor. Commission der Börsenvereins der Deutschen Buchhändler. — Kapp, Friedr., Buchdruck und Buchhandel in Brandenburg=Preußen, namentlich in Berlin in den J. 1540—1740. — Pallmann, Heinr., Ambrosius Froben von Basel als Drucker des Talmud. — Meyer, F. Herm., Primus Truber, Hans Freiherr v. Ungnad und Genossen. — Kirchhoff, Albr., die Anfänge des Leipziger Meßkatalogs. — Kirchhoff, Albr., Streitigkeiten über die Gewerbsbefugnisse in Leipzig im J. 1598 fg. — Kirchhoff, Albr., zur älteren Geschichte der kursächsischen Privilegien gegen Nachdruck. — Stieda, Wilh., die Entwickelung des Buch=Gewerbes in Dorpat. — Meyer, F. Herm., der deutsche Buchhandel gegen Ende des 18. und zu Anfang des 19. Jahrh. — Miscellen: Kraus, F. X., zur Geschichte des Bücherwesens im 15. Jahrh. — Kirchhoff, Albr., zur Kenntniß der Associationsverhältnisse. — Krause, Ed., Notiz über den Reiseverkehr im 17. Jahrh. — Kirchhoff, Albr., die Censur des Meßkatalogs. — Buhl, H., Notiz über Büchertaxen. — Kirchhoff, Albr., die kaiserl. Bücher=Commission zu Frankfurt a. M. und die Leipziger Messe. — Kirchhoff, Albr., Patriarchalisches Preßregiment. — Krause, Ed., zur Geschichte der Censur in Preußen im Anfange des 18. Jahrh. (VII, 271 S.) 882. *M. 4.

VIII. Kapp, Friedr., vierter Bericht an die Histor. Commission des Börsenvereins der Deutschen Buchhändler. — Schiffmann, Frz. Jos., Samuel Apiarius, der älteste Buchdrucker Solothurns (1565—1566). — Pallmann, Heinr., ein Buchdruckerstrike zu Frankfurt a. M. im J. 1597. — Kirchhoff, Albr., weiteres über die Anfänge des Leipziger Meßkatalogs. — Kirchhoff, Albr., zur älteren Geschichte der kursächsischen Privilegien gegen Nachdruck (und der sächsischen Censur). Zweiter Beitrag. — Kirchhoff, Albr., zur ältesten Geschichte des Leipziger Zeitungswesens. — Kirchhoff, Albr., Lesefrüchte aus den Acten der kurf. sächsischen Bücher-Commission zu Leipzig. — Brucker, Urkunden über die Verhältnisse des Buchhandels und der Presse in Straßburg im 18. Jahrh. — Meyer, F. Herm., Mittheilungen zur inneren Geschichte des Deutschen Buchhandels von 1811—1848. I. Vereinsbildung und Vereinsthätigkeit. — Miscellen: Kirchhoff, Albr., buchhändlerische Geschäftspapiere aus den J. 1523 bis 1530. — Krause, Ed., Danziger Buchhändler als Kalenderverleger im 16. Jahrh. — Kirchhoff, Albr., ein gefährlicher Druckfehler. — Beiträge zur Geschichte der österreich. Bücherpolizei. — Meyer, F. Herm., buchhändlerische Deputirte schon im J. 1778. — Geiger, Ludw., Buchhändlerbriefe von 1786—1816. — Meyer, F. Herm., eine Cabinetsordre an Staatsminister v. Wöllner. — Legerlotz, H., aus den Hartknoch'schen Geschäftspapieren. — Meyer, F. Herm., Paul Gotthelf Kummer's Votum über die pseudo-Perthes'sche Eingabe von Jubilatemesse 1811. (VI, 333 S.) 883. *ℳ 5.

IX. Kapp, Friedr., Fünfter Bericht an die Histor. Commission des Börsenvereins der Deutschen Buchhändler. — Pallmann, Heinr., ein Meßregister Sigmund Feyerabend's aus dem J. 1565. — Kirchhoff, Albr., die kurf. sächsische Bücher-Commission zu Leipzig. I. Bis zum Abschluß ihrer Organisation. — Meyer, F. Herm., Mittheilungen zur inneren Geschichte des deutschen Buchhandels von 1811—1848. II. Geschäftliche Zustände und Einrichtungen. — Miscellen: Pallmann, Heinr., des Erzbischofs Berthold von Mainz ältestes Censuredict. — Mayer, Karl Fr., Augsburger Buchbinder. — Kirchhoff, Albr., die Preßpolizei in kleinen Staatsgebieten. — Meyer, F. Herm., zwei verschiedene Ausgaben eines Meßkatalogs. — Kirchhoff, Albr., Weiteres zur Geschichte des ältesten Zeitungswesens in Leipzig. — Kirchhoff, Albr., Nachtrag zu der Abhandlung: Die kurf. sächsische Bücher-Commission zu Leipzig. (259 S.) 884. *ℳ 4.

—— des Börsen-Vereins der deutschen Buchhändler. Neue Folge. A. u. d. T.: Archiv für Geschichte des deutschen Buchhandels. Hrsg. von der histor. Commission des Börsenvereins der deutschen Buchhändler. Redact.: F. Herm. Meyer. 10.—12. Bd. gr. 8. Leipzig, Geschäftsstelle des Börsenvereins der deutschen Buchhändler. à Bd. *ℳ 4.—. * 12 —

Inhalt:

Bd. 10. Kapp, Friedr., sechster Bericht an die historische Commission des Börsenvereins der Deutschen Buchhändler. — Hase, Oskar, zum Gesellschaftsbetrieb im Druckgewerbe. Frühestes Nürnberger Beispiel. — Kirchhoff, Albr., ein etwas räthselhaftes Document. — Hase, Oskar, Förderung des ältesten Buchhandels durch die Stadtbehörden. Nach Urkunden des Nürnberger Kreisarchivs. — Braun, J., Geschichte der Buchdrucker und Buchhändler Erfurts im 15. bis 17. Jahrhundert. — Kirchhoff, Albr., Lesefrüchte aus den Acten des städtischen Archivs zu Leipzig. II. — Meyer, F. Herm., Buchbinder und Buchhandel. — Kirchhoff, Albr., Christoph Kirchner in Leipzig und sein Concurs 1597/98. — Opel, J. O., über eine bisher unbekannte süddeutsche Zeitung. Mit 3 photogr. Abbild. — Kirchhoff, Albr., die Verwendung von Metallschnitten in der typographischen Ausstattung. — Miscellen: Hase, Oskar, Studenten-Credit im alten Buchhandel. — Kirchhoff, Albr., der Leipziger Rath als Mäcen — Kirchhoff, Albr., noch Einiges zu Johann Herrgott's Beziehungen zu Leipzig. — Rettig, G., die Herkunft des Mathias Apiarius. — Kirchhoff, Albr., aus dem Familienleben Leipziger Buchhändler. Social-Pathologisches aus Acten. — Kirchhoff, Albr., zum Vögelin-Kopf'schen Streit. — Kirchhoff, Albr., noch einmal der Leipziger Meßkatalog. — Meyer, F. Herm., die Meßrelationen Abraham Lamberg's. — Kirchhoff, Albr., die Anfänge der Insinuation von Privilegien durch den Rath zu Leipzig. Nachtrag zu: Die kurfürstl. sächsische Bücher-Commission in Leipzig. — Opel, J., Nachdruck der Schriften des Jesuiten Martin Verbeck (Becanus) in Frankreich und in den Niederlanden. — Kirchhoff, Albr., zu den Streitigkeiten der Leipziger Buchhändler mit den Meßfremden. — Meyer, F. Herm., weiteres zum Hanauer Bücher-Umschlag von 1775. (VIII, 277 S.) 886.

• 11. Bericht über den Fortgang der Arbeiten für die Geschichte des Deutschen Buchhandels. — Stehlin, Karl, Regesten zur Geschichte des Buchdrucks bis zum J. 1500. Aus den Büchern des Basler Gerichtsarchivs. — Kirchhoff, Albr., die Leipziger Büchermesse von 1550 bis 1650. — Kirchhoff, Albr., Leipziger Sortimentshändler im 16. Jahrhundert und ihre Lagervorräthe. Meyer, F. Herm., Papierfabrikation und Papierhandel. Beiträge zu ihrer Geschichte, besonders in Sachsen. — Miscellen: Kirchhoff, Albr., Metallschnitt im Buchdruck. — Kirchhoff, Albr., zu Christoph Kirchner's Concurs. — Distel, Th., ein Brief Friedrich Wilhelms I. — Meyer, F. Herm., der Anfang des deutschen Buchhandels in Amerika. (VII, 364 S.) 888.

• 12. Koch, A., erster Bericht an die Historische Commission des Börsen-Vereins der Deutschen Buchhändler. — Stehlin, Karl, Regesten zur Geschichte des Buchdrucks bis zum J. 1500. Aus den Büchern des Staatsarchivs, der Zunftarchive und des Universitätsarchivs in Basel. II. — Kirchhoff, Albr., Pantzschmann's Buchhandel. Ein weiterer Beitrag zur Geschichte der Leipziger Büchermesse. — Kirchhoff, Albr., Lesefrüchte aus den Acten des städtischen Archivs zu Leipzig. III. Beitrag zur Kenntniß des Bücherabsatzes um die Wende zum 17. Jahrhundert. — Zur Geschichte der Buchbindereien. I. Koch, Adf., die Hofbuchbinderei in Heidelberg. II. Kirchhoff, Albr., Werkstatts-Einrichtung Leipziger zünftiger Buchbindereien. — Kirchhoff, Albr., Beitrag zur Geschichte des Kunsthandels auf der Leipziger Messe. — Meyer, F. Herm., Reformbestrebungen im 18. Jahrhundert. — Miscellen: Geß, F., Kunz Kachelofen. 1503. — Kirchhoff, Albr., über Bernhard Keßler, Buchführer in Basel. — Geß, F., versuchter Nachdruck des Lutherischen Deutschen Neuen Testamentes durch Jakob Thanner in Leipzig. 1524. — Kirchhoff, Albr., Nickel Wolrabe's in Leipzig Ausgang. — Kirchhoff, Albr., Verlags-Inventur von Valentin Bapst's Erben in Leipzig vom J. 1563. — Kirchhoff, Albr., Verkehr mit England. — Kirchhoff, Albr., Georg Endter der Aeltere in Nürnberg, ein Buchbindergeselle. — Kirchhoff, Albr., Gotthard Vögelin's Leipziger Ladeneinrichtung. — Kirchhoff, Albr., ein Beispiel unordentlicher Buchführung. — Kirchhoff, Albr., Annehmlichkeiten der Neujahrsmesse. (316 S.) 889.

—— dass. — Neue Folge. A. u. d. T.: Archiv f. Geschichte d. deutschen Buchhandels. Hrsg. v. der histor. Kommission d. Börsenvereins der deutschen Buchhändler. Redact.: F. Herm. Meyer. XIII.—XV. Bd. gr. 8. Lpz. 890—92, Geschäftsstelle d. Börsenvereins. * 14 —

XIII. Kirchhoff, Albr. Die Sortiments- u. Kleinbuchhändler Leipzigs bis z. J. 1600, bezw. 1650. — Die Leipz. Büchermesse und der internat. Verkehr im 16. Jahrh. — Sig. Feyerabend's Wanderlager in Leipzig i. J. 1570. — Ein speculativer Buchhändler alter Zeit: Johann Francke in Magdeburg. — Lesefrüchte aus d. Akten d. städt. Archivs zu Leipzig. IV.: Aus dem innern Geschäftsleben d. Buchhandels um d. J. 1600.

Heß, Fel. Buchhändler-Briefstyl 1580: Hans Börner in Leipzig u. Melch. Sachse in Erfurt.

Meyer, F. Herm. Joh. Gottl. Imm. Breitkopf im Kampfe gegen Mißbräuche in d. Druckereien. — Reformbestrebungen im 18. Jahrh. II: Die Thätigkeit der Buchhandlungs-Deputirten.

Miscellen. (XI, 268 S.) 890. * 4 —.

XIV. Meyer, F. Herm. Vertriebsmittel d. ältesten Buchhändler. — Der Verlag Sigm. Feyerabend's. — Der Außenhandel deutscher Buchhändler im 18. Jahrh. — Zum Transitrecht. — Die Leipziger Büchermesse von 1780—1837. — Bücherverbote in Preußen von 1834—1882.

Stehlin, Karl. Regesten z. Gesch. d. Buchdrucks 1501—1520. Aus den Basler Archiven.

Kirchhoff, Albr. Lorenz Finkelthaus' in Leipzig Nachlaß-Inventar vom J. 1581. — Die Akten üb. d. Buchhdlr.-Gesellschaft v. 1696. — Der ausländ. Buchhandel in Leipzig im 18. Jahrh. — Lesefrüchte aus den Akten des städt. Archivs zu Leipzig. V.: Klagen u. Mißstände im Anfang d. 18. Jahrh. — Vertrieb.

Koch, Adf. Zur Geschichte des Nachdrucks. — Regierung und Buchhandel vor 100 Jahren.

Miscellen. (VI, 378 S.) 891. * 5 —.

XV. Bericht üb. d. Fortgang d. Arbeiten f. d. Gesch. d. dtschn. Buchhdls.

Meyer, F. Herm. Würzburger Befreiungen f. Buchdrucker. — Buchbinder u. Buchhandel II. — Eine Visitation der Würzburger Buchläden.

Kirchhoff, Albr. Christoph Birck, Buchbinder u. Buchführer in Leipzig: 1534—1578. — Die kaiserl. Bücher-Privilegien in Sachsen. — Lesefrüchte aus d. Akten d. städt. Archivs zu Leipzig. VI.: Miscellen z. Buchhandels-Recht u. Brauch.

Teutsch, Fr. Zur Geschichte d. dtschn. Buchhandels in Siebenbürgen. III: Von 1700 bis zur Gegenwart.

Miscellen. (VI, 329 S.) 892. * 5 —.

Neue Folge I.—XII. Bd. Ebd. 1878—88. * 50 —.

— dasselbe. Neue Folge. XVI. gr. 8. (V, 354 S. m. 2 Fksms. u. 3 Siegeltaf.) Ebd. 893. n. 6. —

— dasselbe. Neue Folge. XVII. gr. 8. (VI, 365 S.) Ebd. 894. n. 6. —

— dasselbe. Archiv f. Geschichte d. deutschen Buchhandels. Hrsg. v. d. histor. Commission d. Börsenvereins d. deutschen Buchhändler. XVIII. u. XIX. gr. 8. Ebd. n. 11. —

XVIII. (VI, 251 S.) 896. n. 5. —.

XIX. (VIII, 378 S.) 897. n. 6. —.

Publikationen d. Börsenvereins d. deutschen Buchhändler. Neue Folge. Archiv f. Geschichte d. deutschen Buchhandels. Hrsg. v. der histor. Commission des Börsenvereins der deutschen Buchhändler. XX. Nebst Rigister zu Bd. I—XX (1878—1898). (Bearb. v. Phpp. Vorhauer.) gr. 8. (VI, 208 u. IV, 346 S.) Leipzig 898. Geschäftsstelle des Börsenvereines der deutschen Buchhändler. n. 8. —

Publicationen des statistischen Bureau's der Hauptstadt Budapest. Hrsg. v. Director v. **Körösy**. Berlin 870—

1. Volkszählung 1870. Vergriffen.
2. „ 1857. Vergriffen.
3. „ 1870. 871.
4. „ 1870. 871
5. Bauthätigkeit 1870—71. 872.
6. Einkommensteuer 1870. 873.

— des statist. Bureaus der königl. Freistadt Pest. VII u. VIII. Lex.-8. Budapest 873. Ráth. n.n. 8. 40

VII. Statistisches Jahrbuch der Stadt Pest. I. Jahrg. Von Jos. Körösi. Uebersetzg. aus dem Ungar. (XVI, 556 S.) n. 7. —

VIII. Die Bauthätigkeit Pest's im J. 1872. Von Jos. Körösi. Uebersetzung aus dem Ungar. (40 S.) n.n. 1. 40

— dasselbe. IX—XII. Lex.-8. Berlin 875. 76. Stuhr in Comm. n. 12. 90

IX. Die öffentlichen Volksschulen der Stadt Pest in den Schuljahren 1871—72 u. 1872—73. Mit 8 lith. Taf. Von Jos. Körösi. Uebersetzung aus dem Ungar. (188 S.) n. 5. —

X. Untersuchungen üb. die Einkommen- u. Hauszins-Steuer der Stadt Pest auf Grund der Ergebnisse f. die J. 1871 u. 1872. Von Jos. Körösi. Uebersetzung aus dem Ungar. (XXXVI, 26 S.) n. 1. 50

XI. Die Sterblichkeit in der Stadt Pest in den J. 1872 u. 1873 u. deren Ursachen. Von Jos. Körösi. Uebersetzung aus dem Ungar. (VIII, 172 S. m. 1 Chromolith.) n. 5. —

XII. Die Bauthätigkeit Budapest's in den J. 1873 u. 1874. Von Jos. Körösi. Uebersetzung aus dem Ungar. (51 S.) n. 1. 40

— des statistischen Bureaus der Hauptstadt Budapest. XV. 2 Hfte. gr. 8. Berlin 881. 82. Puttkammer & Mühlbrecht. n. 11. 50

Die Hauptstadt Budapest im J. 1881. Resultate der Volksbeschreibung u. Volkszählung vom 1. Jan. 1881. Von Jos. Körösi. 1. u. 2. Hft. Uebersetzung aus dem Ung. (VI, 176 u. VIII, 233 S. m. 8 Steintaf.)

Publikationen des statistischen Bureaus der Hauptstadt Budapest. XV. Bd. 3. Hft. Lex.-8. Berlin 883. Puttkammer & Mühlbrecht. n. 5. —

Die Hauptstadt Budapest im J. 1881. Resultate der Volksbeschreibg. u. Volkszählg. vom 1. Jan. 1881. Von Jos. Körösi. 3. Hft. Uebersetzung aus dem Ung. (IV, 267 S.)

— dasselbe. XVI—XVIII u. XX. Lex.-8. Ebend. n. 14. 40

XVI. Die öffentlichen Volksschulen der Hauptstadt Budapest in den Schuljahren 1873/74, 1874/75, 1875/76 u. 1876/77. Von Jos. Körösi. (79 S.) 883. n. 3. —

XVII. Dasselbe, in den Schuljahren 1877/78, 1878/79, 1879/80 u. 1880/81. (111 S.) 884. n. 3. —

XVIII. Die Sterblichkeit der Stadt Budapest in den J. 1876—1881 u. deren Ursachen. Von Jos. Körösi. Uebersetzung aus dem Ung. (XII, (330 S.) 885. n. 7. —

XX. Die Bauthätigkeit Budapest's in den J. 1875—1884. Von Jos. Körösi. Uebersetzung aus dem Ung. (V, 56 S.) 886. n. 1. 40

XIX. erscheint später.

— des statistischen Bureaus d. Hauptstadt Budapest. Übersetzg. aus d. Ungar. XXI—XXIV. Lex.-8. Berlin, Puttkammer & Mühlbrecht. n. 12. —

XXI. Resultate der am 1. Juli 1886 durchgeführten Conscription der Bevölkerung Budapests v. J. Körösi. (III, 48 S.) 887. n. 1. 40

XXII. Die Sterblichkeit der Stadt Budapest in den J. 1882—1885 u. deren Ursachen. Von J. Körösi. (X, 168 S.) 888. n. 3. 60

XXIII. Statistik des Unterrichtswesens der Hauptstadt Budapest f. die J. 1881/2—1884/5. Von J. Körösi. (84 S.) 889. n. 3. —

XXIV. — dasselbe f. d. J. 1885/6—1888/9. (VIII, 138 S.) n. 4. —

Publikationen des statistischen Bureaus der Hauptstadt Budapest. Uebersetzung aus dem Ung. 19. u. 25, I. Lex.-8. Berlin 894. Puttkammer & Mühlbrecht. n. 9. 50

19. Statistik der infectiösen Erkrankungen in den J. 1881—1891 u. Untersuchung des Einflusses der Witterung. Von Jos. Körösi. (VIII, 141 S. m. 7 graph. Taf.) n. 4. 50

25. I. Die Hauptstadt Budapest im J. 1891. Resultate der Volksbeschreibg. u. Volkszählg. Von Jos. Körösi u. Gust. Thirring. 1. Bd. (VI, 98 u. 118 S. m. 7 Taf.) n. 5. —

— des statistischen Bureaus d. Haupt- u. Residenzstadt Budapest. Uebersetzg. aus d. Ungar. XXV, 2. u. 3., u. XXVI—XXVIII. Lex.-8. Berlin, Puttkammer & Mühlbrecht. n. 19. —

XXV, 2. Die Hauptstadt im J. 1891. Resultate der Volksbeschreibung u. Volkszählg. Von Jos. Körösy u. Gust. Thirring. 2. Bd. (VI, 110 u. 98 S. m. 8 Taf.) 895. n. 5. —

XXV, 3. Dasselbe. 3. Bd. Von Jos. Körösy. (X, 182 u. 162 S.) 898. n. 5. —

XXVI. D. Sterblichkeit d. Haupt- u. Residenzstadt Budapest in d. J. 1886—1890 u. deren Ursachen. Von Jos. Körösy. (X, 138 u. 206 S.) 898. n. 6. —

XXVII. Resultate d. am 15. XI. 1896 durchgef. Conscription der Bevölkerg. Budapest's. Von Jos. Körösy. (VII, 59 S.) 898. n. 1. 50

XXVIII. D. Bauthätigkeit in Budapest in den J. 1885—1895. M. e. graph. Abb. Von Jos. Körösy. (71 S.) 898. n. 1. 50

— des statistischen Bureaus d. Haupt- u. Residenzstadt Budapest (Uebersetzg. aus dem Ung.). XXIX—XXXI. Lex.-8. Berlin, Puttkammer & Mühlbrecht n. 13. —

XXIX. Die finanziellen Ergebnisse d. Actiengesellschaften während des letzten Vierteljahrhunderts (1874—1898.) Von Jos. v. Körösy. 2 Hfte. (XII, 241 S. u. 111 S. m. 2 graph. Taf.) 901. n. 5. —

XXX. Statistik des Unterrichtswesens der Hauptstadt Budapest f. die J. 1889/90—1894/95. Von Jos. v. Körösy. (VIII, 59 u. 89 S.) 900. n. 4. —

XXXI. Die Sterblichkeit der Haupt- u. Residenzstadt Budapest in den J. 1891—1895 u. deren Ursachen. Von Jos. v. Körösy. (VIII, 216 S.) 901. n. 4. —

— des statistischen Bureaus der Haupt- u. Residenzstadt Budapest. Nr. XXXII. XXXIII. 2 Bde. XXXIV. XXXV. XXXVI. 5 Hefte u. XXXVII. Lex.-8. Berlin, Puttkammer & Mühlbrecht. n. 27. —

XXXII. Die Bauthätigkeit in Budapest in den J. 1896—1900. Von Jos. v. Körösy. Mit 1 graph. Tab. (67 u. XXVI S.) 903. n. 2. —

XXXIII. 1. Die Hauptstadt Budapest im J. 1901. Resultate der Volkszählg. u. Volksbeschreibg. Von Jos. v. Körösy u. Gust. Thirring. Uebersetzung aus dem Ungar. 1. Bd. 2 Hälften. (91 u. 96 S. m. 4 farb. Plänen u. 1 Fig.) 903. 904. n. 5. —

2. — — dasselbe. 2. Bd. Mit 11 Taf. (VIII, 168 u. 113 S). 905. n. 5. —

XXXIV. Statistik d. Unterrichtswesens d. Hauptstadt Budapest in d. J. 1895/96—1899/1900. Von Jos. v. Körösy. Uebersetzg. aus d. Ung. (VIII, 48 u. 87 S.) 905. n. 4. —

XXXV. Die Sterblichkeit der Haupt- u. Residenzstadt Budapest in d. J. 1896—1900 u. deren Ursachen. Von Jos. v. Körösy. (Ung. u deutsch.) (VIII, 206 S.) 904. n. 4. —

XXXVI. 1—4. Die Sterblichkeit der Haupt- u. Residenzstadt Budapest in d. J. 1901—1905 u. deren Ursachen. Von Jos. v. Körösy. (Ungar. u. deutsch.) II. (tabellar.) Thl. 1—4. Heft. 1901—1904. (IV, 44; 67; VIII, 69 u. VIII, 75 S.) 901—905. à n. 1. —

5. Dasselbe. 5. Heft: 1905. Red. v. Jul. J. Pikler. (VIII, 107 S.) 906. n. 1. —

Publikationen des statistischen Bureaus der Haupt- u. Residenzstadt Budapest. Lex.-8. Berlin, Puttkammer & Mühlbrecht.

XXXVII Körösy, J. v., Die Armenpflege der Haupt- u Residenzstadt Budapest in den J. 1900—1902. Aus dem Ung. (87 S.) 2. — 1905.

— des statistischen Bureau's der Haupt- u. Residenzstadt Budapest. (Direktor: Gust. Thirring.) Nr. 38—41, 44 u. 45. Lex. 8. Budapest, (F. Kiliáns Nachf.) — Berlin, Puttkammer & Mühlbrecht. 10. —

Csillag, Jul., Bestand u. Geschäftsergebnisse d. Budapester Actiengesellschaften im J. 1906 u. Statistik der Actiengesellschaften in den J. 1873—1906. (VI, 34 u. 62 S.) 908. (Nr. 41.) 2. —

— dasselbe im J. 1907 u. Statistik der Actiengesellschaften in den J. 1873—1907. Zusammengestellt v. C. (In ungar. u. deutscher Sprache.) (IV, 34 u. 48 S.) 910. (Nr. 45.) 2. —

Pikler, Jul., die Sterblichkeit der Stadt Budapest im J. 1906. (Ungarisch u. deutsch.) (VI, 27 u. 112 S.) 908. (Nr. 40.) 1. —

dasselbe im J. 1907. Red. v. P. (In ungar. u. deutscher Sprache.) (VI, 46 u. 122 S.) 909. (Nr. 44.) 1. —

Statistik des Unterrichtswesens d. Hauptstadt Budapest f. die J. 1900/1901—1904/1905. (IV, 120 S.) 907. (Nr. 38.) 2. —

Thirring, Gust., das Unterrichtswesen der Stadt Budapest im J. 1905/06 u. Statistik der Communalschulen v. 1828 bis 1907. (Ungarisch u. deutsch.) (VI, 84 u. 107 S.) 908. (Nr. 39.) 2. —

—— des statistischen Bureaus der königl. kroatisch-slavon.-dalmatischen Landesregierung. (Deutsch und kroatisch.) 1.—5., 7., 11. und 12. Bd. Lex.-8. Agram, (Suppan's Universitäts-Buchh.) [1. Bd. (XLVII, 587 S.) 874. *ℳ 18.; 2. Bd. (348 S.) 879. *ℳ 4.; 3. Bd. (XII, 352 S.) 879. *ℳ 5.; 4. Bd. (86 S.) 879. *ℳ 2.; 5. Bd. (V, 97 S.) 879. *ℳ 4.; 7. Bd. (327 S.) 883. *ℳ 4.; 11. Bd. (96 S.) 883. *ℳ 3.; 12. Bd. (259 S.) 883. *ℳ 7.] * 37 —
6. und 8.—10. Bd. noch nicht erschienen.

—— des deutschen Clubs in Brünn. Nr. 1—4. gr. 8. Brünn, (Knauthe.) **

Inhalt:

Nr. 1. Trautenberger, Gust., Carl Freiherr vom und zum Stein in Brünn. (28 S.) 882. ** 40 Pf.
" 2. Nationales Erbauungsbuch für das deutsche Volk in Oesterreich. (134 S.) 882. **ℳ 1,20.
Nr. 3. Raske, Alois, Friedrich Fröbel und sein Kindergarten. (20 S.) 883. ** 20 Pf.
" 4. Strzemcha, Paul, Robert Hamerling. (20 S.) 884. ** 20 Pf.

Publicationen für die Internationale Erdmessung. Astronomische Arbeiten des k. k. Gradmessungs-Bureau, ausgeführt unter der Leitung des Hofrathes Theodor von Oppolzer. Nach dessen Tode herausgegeben von Prof. Dr. Edmund Weiss und Dr. Robert Schram. Bd. 1—7. Längenbestimmungen. Bd. 8. Breiten-, Azimut- und Winkelbestimmungen. Bd. 9—11. Längenbestimmungen. Prag-Wien-Leipzig 1889 ff. 11 Bde. 4°.

Publicationen der Internationalen Erdmessung. Astronomische Arbeiten der Oesterreichischen Gradmessungs-Commission. Bestimmung der Polhöhe und des Azimutes auf den Stationen: Krakau, Jauerling und St. Peter bei Klagenfurt. Ausgeführt und herausgegeben von Wilhelm Tinter. Wien 1891. 195 S. 4°.

Publicationen für die Internationale Erdmessung. Astronomische Arbeiten der Oesterreichischen Gradmessungs-Commission. Bestimmung der Polhöhe und des Azimutes auf den Stationen: Spieglitzer Schneeberg, Hoher Schneeberg und Wetrnik. Ausgeführt von Josef Herr. Nach dessen Tode definitiv gerechnet und herausgegeben von Wilhelm Tinter. Wien 1895. 96 S. 4°.

Publicationen für die Internationale Erdmessung. Die astronomisch-geodätischen Arbeiten des k. und k. Militär-geographischen Institutes in Wien. Bd. 5—18. Wien 1895 ff. 4°.

Publication für die internationale Erdmessung. Die Astronomisch-geodätischen Arbeiten des k. und k. Militär-geographischen Institutes in Wien. XIII. Bd. Trigonometrische Arbeiten. 6. Die Netz-Ausgleichungen im westlichen Theile der Monarchie. Mit einer Tafel. Herausgegeben vom k. und k. Militär-geographischen Institute. Wien. 1899. [In Comm. R. Lechner (Wilhelm Müller).] Lex.-8°. VIII, 218 S. fl. 5.—

Publicationen für die internationale Erdmessung. Die Astronomisch-geodätischen Arbeiten des k. und k. Militär-geographischen Institutes in Wien. XIV. Bd. Das Präcisions-Nivellement in der österreichisch-ungarischen Monarchie. IV. Süd-östlicher Theil. Mit einer Tafel. Herausgegeben vom k. und k. Militär-geographischen Institute. Wien. 1899. [In Comm. R. Lechner (Wilh. Müller).] 4°. VII, 226 S. fl. 5.—

Publicationen für die internationale Erdmessung. Die Astronomisch-geodätischen Arbeiten des k. und k. Militär-geographischen Institutes in Wien. XV. Bd. Trigonometrische Arbeiten. 7. Die Netz-Ausgleichungen im mittleren Theile der Monarchie. Mit einer Tafel. Herausgegeben vom k. und k. Militär-geographischen Institute. Wien. 1899. [In Comm. R. Lechner (Wilh. Müller).] Lex.-8°. IX. 210 S. fl. 5.—

Publicationen für die internationale Erdmessung. Die Astronomisch-geodätischen Arbeiten des k. und k. Militär-geographischen Institutes in Wien XVI. Bd. Astronomische Arbeiten. 5. Längenunterschied-Messungen. Budapest—Wien, Krakau—Budapest und Budapest—Pola. Ausgleichung des Längen-netzes. Anhang über Stromzeiten. Herausgegeben vom k. u. k. Militär-geographischen Institute. Wien. 1899. [In Comm R. Lechner (Wilh. Müller).] Lex.-8°. VI, 227 S. fl. 5.—

Publicationen für die internationale Erdmessung. Die Astronomisch-geodätischen Arbeiten des k. und k. Militär-geographischen Institutes in Wien. XVII. Bd. Astronomische Arbeiten. 6. Polhöhen und Azimuth-Messungen auf den Stationen Bernstein, Brno, Čebou, Pecný, Sadská, Studený, Vrch, Tillenberg, Veliš (Nur Polhöhe), Vysoká und Žbán. Herausgegeben vom k. u. k. Militär-geographischen Institute. Wien. 1901. [In Comm. R. Lechner (Wilh. Müller).] Lex.-8°. X, 206 S. K 10.—

Publikationen d. Exportakademie d. k. k. österr. Handelsmuseums. 1. Bd. gr. 8. Wien 898. Manz. n. 6.—
Handbuch d. internat. Handelspolitik. Von Jos. Grunzel. (VIII, 215 S.)

— der Exportakademie des k. k. österr. Handels-Museums. 2.—4. Bd. gr. 8. Wien, Manz. n. 6. 20
2. Die Reform des deutschen Handelsrechtes u. ihre Bedeutung f. Oesterreich. Von Ludw. Strauss. [Aus: „Jahresbericht d. Export-Akad. des k. k. Handels-Museums in Wien".] (VII, 113 S.) 899. n. 2. 40
3. Die Reformen auf dem Gebiete des commerciellen Unterrichtswesens in Österreich u. die Lehrerbildung. Von Ant. Schmid. [Aus: „Jahrb. d. Export-Akad. d. k. k. öst. Handels Museums".] (174 S.) 900. n. 3.—
4. Das Übungs-(Muster-)Comptoir an kaufmännischen Lehranstalten. Von Ant. Schmid. [Aus: „Jahrb. d. Export-Akad. d. k. k. österr. Handels-Mus."] (55 S.) 901. n. — 80
1. Bd. Ebd. 898. n. 6.—.

— der k. k. Gartenbau-Gesellschaft in Steiermark zu Graz. I. Ein Schulgarten f. grössere Städte. gr. 8. (36 S. m. e. lith. Plane.) Berlin 889. (Parey.) n. — 60

Publicationen der astronomischen Gesellschaft, s. Auwers, Arth., Reduction der Beobachtungen der Fundamentalsterne am Passageinstrument der Sternwarte zu Palermo. — Auwers, Arth., Untersuchungen über veränderliche Eigenbewegungen. — Hoüel, R. J., Tables pour la réduction du temps en parties décimales du jour. — Hülfstafeln zur Berechnung specieller Störungen. — Lesser, Otto, Tafeln der Metis. — Rechtwinkelige und Polarcoordinaten des Jupiter. — Schjellerup, genäherte Oerter der Fixsterne von welchen in den astronomischen Nachrichten Band 1—66 selbständige Beobachtungen angeführt sind. — Weiler, A., über das Problem der drei Körper im Allgemeinen und ins Besondere in seiner Anwendung auf die Theorie des Mondes.

Publicationen der astronomischen Gesellschaft. I—XIII. 4. Leipzig, Engelmann. * 76 —

Inhalt:

I. Hülfstafeln etc. 865. *ℳ 5.
II. Lesser, Tafeln der Metis. 865. *ℳ 4.
III. Weiler, Problem. 866. *ℳ 5.
IV. Hoüel, Tables. 866. *ℳ 2.
V. Auwers, Reduction. 866. *ℳ 6.
VI. Rechtwinkelige und Polarcoordinaten des Jupiter. 866. *ℳ 2,50.
VII. Auwers, Untersuchungen. 868. *ℳ 8.
VIII. Schjellerup, Oerter. 867. *ℳ 2,50.
IX. Lesser, Tafeln der Pomona. 869. *ℳ 5.
X. Becker, Tafeln der Amphitrite. 870. *ℳ 8.
XI. Winnecke, Parallaxe. 871. *ℳ 2.
XII. Weiler, Grundzüge. 872. *ℳ 11.
XIII. Spörer, Beobachtungen. 874. *ℳ 15.

Publication (XIX.) der astronomischen Gesellschaft, s. Charlier, C. V. L., üb. die Anwendung der Sternphotographie zu Helligkeitsmessungen der Sterne.

XIV. Auwers, Arth. Fundamental-Catalog. 1879. * 5 —. — XV. Hartwig, Ernst. Untersuchungen. 1879. * 4 —. — XVI. Oppolzer, Th. R. v. Syzygien-Tafeln für den Mond. 1891. * 7 —. — XVII. Auwers, Arth. Mittlere Oerter von 83 südl. Sternen. 1884. * 5 —. — Romberg, H. Genäherte Oerter der Fixsterne. 1886. * 4 —.

PUBLICATION DER ASTRONOMISCHEN GESELLSCHAFT.
XIX. u. d. T.: C. V. L. CHARLIER, Ueber die Anwendung der Sternphotographie zu Helligkeitsmessungen der Sterne. Publication der Astronomischen Gesellschaft XIX. Leipzig 1889. In Comm. bei Wilhelm Engelmann. 4°.
XX. u. d. T.: Tafeln zur Bestimmung der jährlichen Auf- und Untergänge der Gestirne von WALTER F. WISLICENUS. Publication der Astronomischen Gesellschaft. XX. ib. 1892. —

— der astronomischen Gesellschaft. XXI. gr. 4. Leipzig 896. (W. Engelmann.) n. 30.—
Hülfstafeln zur Berechng. d. Hauptungleichheiten in d. absoluten Bewegungstheorien d. kleinen Planeten. Unt. Mitwirkg. v. S. Oppenheim hrsg. v. Hugo Gyldén. (LIII, 242 S.)
Die früheren Publikationen wurden unter den Einzeltiteln aufgenommen.

Publikationen der astronomischen Gesellschaft. XXII. 32×24 cm. Ebd. 5.—
XXII. Logarithmisch-trigonometrische Tafel auf 11 (bezw. 10) Stellen. Von C. Börgen. (VI, 55 S.) 906.

Publikation der astronomischen Gesellschaft. XXIII. 31,5×24 cm. Leipzig, W. Engelmann. 5. —
XXIII. Essay on the return of Halleys comet. By P. H. Cowell and A. C. D. Crommelin. Von der astronom. Gesellschaft m. dem v. Herrn A. F. Lindemann gestifteten Preise gekrönte u. veröffentlichte Preisschrift. (60 S.) 910.

— der Gesellschaft für Rheinische Geschichtskunde. I. Kölner Schreinsurkunden des 12. Jahrh. Quellen zur Rechts- und Wirthschaftsgeschichte der Stadt Köln, hrsg. von Rob. Hoeniger. 1. Bd. 1. Lfg. gr. 4. (X, 116 S.) Bonn 884, Weber's Verlag. *

Publikationen der Gesellschaft für Rheinische Geschichtskunde. I.: Kölner Schreinsurkunden des 12. Jahrh. Quellen zur Rechts- und Wirthschaftsgeschichte der Stadt Köln, hrsg. von Rob. Hoeniger. 1. Bd. 2. und 3. Lfg. gr. 4. Bonn, Weber. [2. Lfg. (S. 117—208.) 885. *ℳ 5.15.; 3. Lfg. (IV, S. 209—376.) 888. *ℳ 9.30.] * 14 45
1. Lfg. Ebendas. 1884. *ℳ 7.—.

— dass. — II—IV. gr. 8. Leipzig, A. Dürr. * 34 —
geb. * 37 80

Inhalt:
II. Briefe von Andreas Masius und seinen Freunden 1538 bis 1573, hrsg. von Max Lossen. (XX, 537 S.) 886. *ℳ 11.40.; geb. *ℳ 12.30.
III. Das Buch Weinsberg. Kölner Denkwürdigkeiten aus dem 16. Jahrh., bearb. von Konst. Höhlbaum. 1. Bd. (XVI, 381 S.) 887. *ℳ 9.—.; geb. **ℳ 10.—.
IV. — dass. — 2. Bd. (XII, 443 S.) 887. *ℳ 10.—.; geb. *ℳ 11.—.

— der Gesellschaft f. rheinische Geschichtskunde. I. 2. Bd. 1. u. 2. Hälfte (Schluss). gr. 4. Bonn, E. Weber's Verl. n. 39. 50 (kplt.: n. 61. —)
Kölner Schreinsurkunden d. 12. Jahrh. Quellen zur Rechts- u. Wirthschaftsgeschichte der Stadt Köln. Hrsg. v. Rob. Hoeniger 2. Bd. 1. Hälfte. (323 S.) 893. n. 17. 50
— dasselbe. 2. Bd. 2. Hälfte. Mit e. Erklärg. der deutschen Worter v. J. Franck u. 1 photolith. Beilage. (VII, 320 S.) 894. n. 22. —

Publikationen der Gesellschaft für Rheinische Geschichtskunde. III—V. gr. 8. Leipzig, A. Dürr. n. 22. 60; geb. n. 25. 50
III. Das Buch Weinsberg. Kölner Denkwürdigkeiten aus dem 16. Jahrh., bearb. v. K. Höhlbaum. 1. Bd. (XVI, 381 S.) 886. n. 9. —; geb. n. 10. —
IV. — dasselbe. 2. Bd. (XII, 443 S.) 887. n. 10. —; geb. n. 11. —
V. Der Koblenzer Mauerbau. Rechnungen 1276—1289, bearb. v. M. Bär. Mit 1 Plane. (X, 146 S.) 888. n. 3. 60; geb. n.n. 4. 50

— dasselbe. VI. Fol. Ebd. 889. n. 80. —; in Halbfrz. geb. n. 86. —
Die Trierer Ada-Handschrift. Bearb. u. hrsg. v. K. Menzel, P. Corssen, H. Janitschek, A. Schnütgen, F. Hettner, K. Lamprecht. (X, 123 S. m. 38 Taf.)

— dasselbe. VII. gr. 8. Leipzig 890. Duncker & Humblot. n. 4. 80
Die Legende Karl's d. Grossen im 11. u. 12. Jahrh., hrsg. v. G. Rauschen. Mit e. Anh. üb. Urkunden Karl's d. Grossen u. Friedrich's I. f. Aachen v. H. Loersch. (XIX, 223 S.)

Publikationen der Gesellschaft f. rheinische Geschichtskunde. VIII. X. gr. 8. Bonn, H. Behrendt. n. 36. —
VIII. Die Matrikel der Universität Köln 1389—1559, bearb v. Herm. Keussen. 1. Bd. 1389—1466. 1. Hälfte, unter Mitwirkg. v. Wilh. Schmitz, u. 2. Hälfte, Register. (XXII, CXI, 572 u. XVI, 269 S.) 892. n. 18. —; geb. n.n. 21. —
X. Akten zur Geschichte der Verfassung u. Verwaltung der Stadt Köln im 14. u. 15. Jahrh. Bearb. v. Walt. Stein. 1. Bd. (XVIII, CLXXIX, 769 S.) 893. n. 18.

— der Gesellschaft f. rheinische Geschichtskunde. IX. 18.—30. (Schluss-) Lfg. hoch 4. Düsseldorf 895. L. Schwann. à Lfg. 1. 50
Köln. Künstler in alter u. neuer Zeit. Joh. Jac. Merlo's neu bearb. u. erweit. Nachrichten v. d. Leben u. d. Werken köln. Künstler. Hrsg. v. Ed. Firmenich-Richartz unt. Mitwirkg. v. Herm. Keussen. M. zahlr. bildl. Beilagen. 18.—30. Lfg. (XVIII S. u. Sp. 839—1206 m. 30 Taf.)
(Kplt. geb. in Halbsaffian: n.n. 50. —)

— dasselbe. X, 2. gr. 8. Bonn 895. H. Behrendt. n. 16. — (X. kplt.: n. 34. —)
Akten zur Geschichte d. Verfassg. u. Verwaltg. der Stadt Köln im 14. u. 15. Jahrh. Bearb. v. Walth. Stein. 2. Bd. M. Registern zu beiden Bdn. (XXII, 799 S.)

— dasselbe. XI. 1. Bd. gr. 8. Düsseldorf 898. L. Voss & Co. n. 15. —; geb. in Leinw. od. Halbfrz. n. 18. —
Landtagsakten v. Jülich-Berg. 1400—1610. Hrsg. von Geo. v. Below. 1. Bd.: 1400—1562. (XVI, 824 S.)

— der Gesellschaft f. rheinische Geschichtskunde. XI. 2. Bd. Lex. 8. Düsseldorf (L. Voss & Co.). 24. —
XI. Landtagsakten v. Jülich-Berg 1400—1610. Hrsg. v. Geo. v. Below. 2. Bd. 1563—1589. Mit e. Sachregister zu Bd. I u. II. (XVI, 1018 S.) 907.

— dasselbe. Nr. XII. 1. Lfg. 4 Blatt. Ebd. 894. n.n 18. —; Aufbewahrungsmappe n.n.n. 6. —
Geschichtlicher Atlas der Rheinprovinz, im Auftrage des Provinzialverbandes hrsg. 1.—4. Blatt. à ca. 43×65 cm. Farbendr. (1. Karte der Rheinprovinz unter franz. Herrschaft im J. 1813. n.n. 4. 50. — 2.—4. Karte der polit. u. administrativen Eintheilg. der heut. Rheinprovinz im J. 1789. n.n. 13. 50.)

— dasselbe. Nr. XII. 2.—4. Lfg. u. Erläutergn. dazu 1. u. 2. Bd. Bonn, H. Behrendt. n.n. 48. —; (Atlas 1—4 u. Erläutergn. 1 u. 2. n.n. 66. —)
2. Geschichtl. Atlas d. Rheinprovinz, im Auftr. d. Provinzialverbandes hrsg. 2. Lfg. 5.—8. Blatt. Karte d. polit. u. administrat. Eintheilg. d. heut. Rheinprovinz im J. 1789. 4.—7. Bl. Bearb. u. entworfen v. Wilh. Fabricius, gezeichnet v. Geo. Pfeiffer. à 68×48 cm. Farbendr. 898. nn. 16. 50 (Kplt.: n.n. 30. —)
3. Dasselbe. 3. Lfg. D. Rheinprovinz unt. preuss. Verwaltg. im J. 1818. Entworfen u. gezeichnet v. Const. Schulteis. 1:500,000. 65×42,5 cm. Farbendr. 897. n.n. 4. 50
4. Dasselbe. 4. Lfg. D. Rheinprovinz i. J. 1789 v. W. Fabricius. Uebersicht d. Kreiseintheilg. 1:500,000. 67×42,5 cm. Farbdr. 897. n.n. 4. 50
Erläuterungen. 1. Bd.: Die Karten v. 1813 u. 1818 v. Const. Schulteis. gr. 8. (XVI, 204 S.) 897. n.n. 4. 50
Erläuterungen. 2. Bd.: Die Karte von 1789. Einteilg. u. Entwickelg. d. Territorien v. 1600 bis 1794 v. Wilh. Fabricius. (XLVI, 789 S.) 898. n. 18. —

— der Gesellschaft f. rheinische Geschichtskunde. XII. Geschichtlicher Atlas der Rheinprovinz. 5. Karte. Bonn (H. Behrendt). n.n. 4. 50
Die Rheinprovinz im J. 1789. Uebersicht der Staatsgebiete. Von W. Fabricius. 1 : 500,000. 67×43 cm. Farbdr. 898.

— der Gesellschaft f. rheinische Geschichtskunde. XII. Geschichtlicher Atlas der Rheinprovinz. 6. Karte. Bonn (H. Behrendt). n. 18. —
Kirchliche Organisation u. Verteilung der Confessionen im Bereich der heut. Rheinprovinz um d. J. 1610. Im Auftrag des Prov.-Verbands hrsg. Von W. Fabricius. 1:250,000. 4 Bl. je 67×45 cm. Farbdr. 902. 903.

— dasselbe. XII. Geschichtl. Atlas der Rheinprovinz. Karte. Bonn 909. H. Behrendt. nn 4. 50
Kirchliche Organisation im Bereich der heutigen Rheinprovinz am Ende des Mittelalters um das J. 1450. Im Auftrag des Prov.-Verbandes hrsg. Von W. Fabricius. 1 : 500000. 67×44 cm. Farbdr. nn 4. 50

— dasselbe. XII. Erläuterungen zum geschichtl. Atlas der Rheinprovinz. 3. Bd. gr. 8. Ebd. n. 4. 80; geb. in Leinw. n. 5. 80; (Atlas 1—5 u. Erläutergn. z. 3. Bd. n.n. 75. 30)
Das Hochgericht Rhaunen v. Wilh. Fabricius. Mit 6 Karten. (XIX, 99 S.) 901.

— dasselbe. XII. Erläutergn. zum geschichtl. Atlas der Rheinprovinz. 4. Bd. gr. 8. Ebd. n. 4. 80; geb. in Leinw. n. 5. 80
(Atlas 1—6 u. Erläutergn. z. 1.—4. Bd.: n.n. 98. 10
Das Fürstent. Prüm. Von Herm. Forst. Mit 3 Karten. (XIX, 144 S.) 903.

— dasselbe. XII. Erläuterungen zum geschichtl. Atlas der Rheinprovinz. 5. Bd. I. Hälfte. gr. 8. Ebd. 909. 12.—; geb. n 13. —
Die beiden Karten der kirchlichen Organisationen, 1450 u. 1610. Von Wilh. Fabricius. I. Hälfte. Die köln. Kirchenprovinz. (XXXII, 441 S.)

— dasselbe. XIII. 3 Lfgn. gr. Fol. Lübeck 894—897. Joh. Nöhring. In Mappe à Lfg. n. 40. —
Geschichte d. Kölner Malerschule. 100 Lichtdr.-Taf. m. erklär. Text, hrsg. v. Ludw. Scheibler u. Carl Aldenhoven.

— dasselbe. XIII. 4. Lfg. u. Text. Lübeck 902. J. Nöhring. n. 52. —; (vollständig n. 172. —)
Geschichte der Kölner Malerschule. Von L. Scheibler u. Carl Aldenhoven. 131 Lichtdr.-Taf. 4. Lfg. (31 Taf.) gr. Fol. In Mappe n. 40. —; m. erklär. Text v. Carl Aldenhoven. gr. 8. (458 S.) n. 12. —

— dasselbe. XIV, XV u. XVII. gr. 8. Bonn, H. Behrendt. n. 44. —
XIV. Rheinische Akten zur Geschichte d. Jesuitenordens 1542—1582. Bearb. v. Jos. Hansen. (LI, 837 S.) 896. n. 20. —
XV. Die Kölner Stadtrechngn. d. Mittelalters m. e. Darstellg. d. Finanzverwaltg. v. Rich. Knipping. 1. Bd. D. Einnahmen u. d. Entwicklg. d. Staatsschuld. (XV, LXXXV, 288 S.) 897. n. 18. —
XVII. Urkunden u. Akten zur Geschichte d. Verfassg. u. Verwaltg. d. Stadt Koblenz bis zum J. 1500 v. Max Bär. (XXII, 266 S.) 898. n. 6. —

— dasselbe. XV. 2 Bd. gr. 4. Bonn (H. Behrendt). n. 22.—
Die Kölner Stadtrechnungen des Mittelalters m. e. Darstellg. der Finanzverwaltung. Von Rich. Knipping. 2. Bd. Die Ausgaben. (481 S.) 898. n. 22. — (1 u. 2 n. 40. —)

— dasselbe. XVI. gr. 8. Bonn 897. P. Hanstein. n. 10. —; geb. n. 11. —
Das Buch Weinsberg. Kölner Denkwürdigkeiten aus dem 16. Jahrh. 3. Bd., bearb. v. Frdr. Lau. (XXVII, 410 S.) (1.—3.: n. 29. —; geb. n. 32. —)

— dasselbe. XVI. 4. Bd. gr. 8. Bonn, P. Hanstein. n. 9. —; geb. n. 10. —
Das Buch Weinsberg. Kölner Denkwürdigkeiten aus dem 16. Jahrh. 4. Bd., bearb. v. Frdr. Lau. Mit dem Kölner Stadtplan vom J. 1571. (XXII, 323 S.) 898. n. 9. —; geb. n. 10. — (1—4 n. 38. —; geb. n. 42. —)

— dasselbe XVIII. gr. 8. Bonn, H. Behrendt. Kart. n. 9.—
Weistümer, die, der Rheinprovinz. 1. Abtlg. Die Weistümer des Kurfürstent. Trier. 1. Bd. Oberamt Boppard, Hauptstadt u. Amt Koblenz, Amt Bergpflege. Hrsg. von Hugo Loersch. (L, 352 S.) 900.

— dasselbe. XIX. gr. 8. Ebd. n. 8. —
Übersicht üb. den Inhalt der kleineren Archive der Rheinprovinz. Von Armin Tille. 1. Bd. (XII, 379 S.) 899.

— dasselbe. XX. gr. 8. Ebd. n. 18. —
Urbare, rheinische. Sammlung v. Urbaren u. anderen Quellen zur rhein. Wirtschaftsgeschichte. 1. Bd. Die Urbare v. S. Pantaleon in Köln. Hrsg. von Benno Hilliger. (XXVIII, CIV, 725 S.) 902.

— dasselbe. XIX. u. XX. 2. Bd. gr. 8. Ebd. n. 21. —
XIX. Uebersicht üb. den Inhalt der kleineren Archive der Rheinprovinz. Von Armin Tille u. Johs. Krudewig. 2. Bd. (IX, 385 S.) 904. n. 6. - (1. u. 2.: 14. —)
XX. 2. Urbare, rheinische. Sammlung v. Urbaren u. anderen Quellen zur rhein. Wirtschaftsgeschichte. 2. Bd. Die Urbare der Abtei Werden a. d. Ruhr. A. Die Urbare vom 9.—13. Jahrh. Hrsg. v. Rud. Kötzschke. (XXIV, CCIII, 555 S.) 906. n. 15.—

— dasselbe. XIX. 3. Bd. gr. 8. Ebd. 909. 6. —
Übersicht üb. den Inhalt d. kleineren Archive d. Rheinprovinz. Von Johs. Krudewig. 3. Bd. (IX, 315 S.)

— dasselbe. XXI. gr. 4. Bonn, P. Hanstein. Kart. n. 22.—
Regesten, die, der Erzbischöfe v. Köln im Mittelalter. 2. Bd. 1100—1205. Bearb. v. Rich. Knipping. (XXVI, 400 S.) 901.

— dasselbe. XXI. 3. Bd. I. Hälfte. 33,5×25,5 cm. Bonn, P. Hanstein. Kart. 15. 60
XXI. Regesten, die, der Erzbischöfe v. Köln im Mittelalter. 3. Bd. 1205—1304. I. Hälfte. 1205—1261. Bearb. v. Rich. Knipping. (XIV, 292 S.) 909.

— dasselbe. XXIII. gr. 8. Ebd. n. 14. —
Urkunden u. Regesten zur Geschichte der Rheinlande aus dem vatikan. Archiv. Gesammelt u. bearb. v. Heinr. Volbert Sauerland. 1. Bd. 1294—1326. (XIX, XX, 491 S.) 902.

— dasselbe. XXIII. 2. u. 3. Bd. gr. 8. Bonn, P. Hanstein. n. 32. 50; geb. in Leinw. n. 34. 50
2. Urkunden u. Regesten zur Geschichte der Rheinlande aus dem vatikanischen Archiv. Gesammelt u. bearb. v. Heinr. Volbert Sauerland. 2. Bd. 1327—1342. (XXI, 647 S.) 903. n. 17. —; geb. in Leinw. n. 18. —; in Halbfrz. n. 19. 50
3. Dasselbe. 3. Bd. 1342—1352. (XVI, LXXV, 503 S.) 905. n. 15. 50; geb. in Leinw. n. 16. 50 (1.—3. n. 46. 50; geb. in Leinw. n. 49. 50)

— dasselbe. XXII. 2 Bde. u. XXIII. 4. u. 5. Bd. Lex. 8. Ebd. 74.—; geb. n 78. 50
XXII. Zunfturkunden, d. Kölner, nebst and. Kölner Gewerbeurkunden bis zum J. 1500. Bearb. v. Heinr v. Loesch. 2 Bde. (XXX, 158, 287 u. VI, 757 S.) 907. 40.—; geb. n 42. —
XXIII.4. Urkunden u. Regesten z. Geschichte der Rheinlande aus dem vatikanischen Archiv. Gesammelt u. bearb. v. Heinr. Volbert Sauerland. 4. Bd. 1353—1362. (XXI, XCIX, 377 S.) 907. 13.—; geb. 14. —
5. Dasselbe. 5. Bd. 1362—1378. (23, CLXII, 600 S.) 910. 21.—; geb. in Leinw. 22. 50

Publikationen d. Gesellschaft f. rheinische Geschichtskunde. XXIV. gr. 8. Bonn (H. Behrendt.) n. 25. —; geb. n. 26. —
Der Buchdruck Kölns bis zum Ende des 15. Jahrh. Ein Beitrag zur Inkunabelbibliographie. Von Ernst Voullième. (XXXII, CXXXIV, 543 S.) 903.

— dasselbe. XXV. Düsseldorf 905. L. Schwann. In Leinw.-Mappe. n. 75. —
Die romanischen Wandmalereien der Rheinlande. Von Paul Clemen. (64 z. Tl. farb. Taf. m. 20 S. Text.) 64×5? cm.

— dasselbe. XXVI u. XXVII. 1. Lfg. Bonn, P. Hanstein. n. 30. 50
XXVI. Konsistorial-Beschlüsse, kölnische. Presbyterial-Protokolle der heiml. köln. Gemeinde 1572—1596. Hrsg. v. Eduard Simons. (XXXII, 610 S.) Lex.-8. 905. n. 18. —; geb. in Leinw. n. 19. —
XXVII.1. Siegel, rheinische. I. Die Siegel der Erzbischöfe v. Köln (948—1795). Von Wilh. Ewald. 32 Lichtdr.-Taf. m. erläut. Text. (XVI, 29 S.) gr. 4. 906. In Mappe n. 12. 50

Publikationen der Gesellschaft f. rheinische Geschichtskunde. XXVII. 2. Lfg. 34,5×26,5 cm. Bonn, P. Hanstein. In Mappe 10. —
XXVII, 2. Siegel, rheinische. II. Die Siegel der Erzbischöfe v. Trier (956—1795). Von Wilh. Ewald. 21 Lichtdr.-Taf. m. erläut. Text. (XVI, 26 S.) 910.

— dasselbe. XXVIII u. XXIX. Lex. 8. Ebd. 32. —
XXVIII. Jülich-bergische Kirchenpolitik am Ausgange d. Mittelalters u. d. Reformationszeit. Von Otto R. Redlich. 1. Bd. Urkunden u. Akten 1400—1553. (XXVI, 121 u. 482 S.) 907. 20. —
XXIX. Quellen z. Rechts- u. Wirtschaftsgeschichte d. rhein. Städte. Bergische Städte. I. Siegburg. Bearb. v. Frdr. Lau. (XXI, V, 89 u. 238 S.) 907. 12. —

— dasselbe. XXX. 2. Tl. 32,5×24,5 cm. Ebd. Kart. 15.—; geb. in Leinw. n 17. —
XXX. Die Münzen v. Trier. 2. Tl. Von Frdr. Frhr. v. Schrötter. Beschreibung der neuzeitl. Münzen 1556—1794. Mit 21 Lichtdr.-Taf. (XXVII, 128 S.) 908.

Publicationen der Gesellschaft zur Herausgabe der Denkmäler der Tonkunst in Oesterreich. Herausgegeben mit Unterstützung des k. k. Ministeriums für Cultus und Unterricht. Unter Leitung von Guido Adler. VII. Jahrgang. I. Bd.

Enthält:

Denkmäler der Tonkunst in Oesterreich.

Sechs Trienter Codices. Geistliche und weltliche Compositionen des XV. Jahrhunderts. Erste Auswahl. Bearbeitet von Guido Adler und Oswald Koller. Wien. 1900. Artaria. Fol. XXXIV, 294 S. K 30.—

Publicationen der Gesellschaft zur Herausgabe der Denkmäler der Tonkunst in Oesterreich. Herausgegeben mit Unterstützung des k. k. Ministeriums für Cultus und Unterricht. Unter Leitung von Guido Adler. VIII. Jahrgang I. Theil.

Enthält:

Denkmäler der Tonkunst. Andreas Hammerschmidt. Dialogi oder Gespräche einer gläubigen Seele mit Gott. I. Theil. Für Vocalstimmen mit Instrumentalbegleitung. Bearbeitet von A. W. Schmidt. Wien. 1901. Artaria & Co. Fol. XVII, 165 S. K 18.—

Publicationen der Gesellschaft zur Herausgabe der Denkmäler der Tonkunst in Oesterreich. Herausgegeben mit Unterstützung des k. k. Ministeriums für Cultus und Unterricht. Unter Leitung von Guido Adler. VIII. Jahrgang. II. Theil.

Enthält:

Denkmäler der Tonkunst in Oesterreich. Johann Pachelbel, 94 Compositionen, zumeist Fugen über das Magnificat für Orgel oder Clavier. Bearbeitet von Hugo Botstiber und Max Seiffert. Wien. 1901. Artaria & Co. Fol. XVI, 107 S. K 7.—

Publikationen der Gesellschaft für vervielfältigende Kunst in Wien. Galleriewerk und Prämienbilder. Wien -1900

Publikationen der Gesellschaft für vervielfältigende Kunst in Wien. Galeriewerk, Prämienbilder und Jahresmappe 1901-07. fol Wien 1901-07

Publikationen der Gesellschaft für vervielfältigende Kunst. Galeriewerk. Prämienbilder. Jahresmappe 1908-12. fol u Imp. Wien 1908-12

— der literarischen Gesellschaft in Wien. 1. u. 2. Jahrg. Oktbr. 1893—Septbr. 1895. à 4 Bde. 8. (à Jahrg. ca. 60—80 Bog.) Wien, M. Breitenstein. à Jahrg. n. 14.

Publikationen d. literarischen Gesellschaft in Wien. 3. Jahrg. 4 Bde. 8. Wien 896. Literar. Gesellschaft. Subskr.-Preis f. d. Jahrg. n. 12.—; geb. n. 14.—; Einzelpr. à n. 4.20; geb. à n. 5.—

1. Novellenbuch II. D. Weltverbesserer u. and. Geschichten v. J. W. Widmann. (VIII, 308 S.)
2. Weihnachtsspiele. Bilder aus d. deutschen Geschichte zu festl. Aufführgn. f. Jung u. Alt v. Leop. Florian Meißner. (XVII, 354 S. m. Bildnis.)
3. Humoresken u. Phantasien v. Max Kalbeck. (VI, 285 S.)
4. Studien u. Kritiken von Alfr. Frhrn. v. Berger. (XI, 284 S.)

Generalregister der Publicationen der Naturforsch. Gesellschaft in Zürich u. Übersicht ihres Tauschverkehrs. Gr. in-8°. 92 S. Zürich, Höhr & Fäsi. 1893. 1 35

— der physikalisch-ökonomischen Gesellschaft zu Königsberg in Pr. 1860—1884. Generalregister, zusammengestellt von A. Jentzsch. gr. 4. (32 S.) Königsberg 887. (Koch.) n. — 90
s.: Schriften der physikal.-ökonom. Gesellschaft zu Königsberg.

— des österreichischen historischen Instituts in Rom. I. Bd. gr. 8. Wien 910. F. Tempsky. — Leipzig, G. Freytag. 10.—
1. Literarische Polemik zu Beginn des grossen abendländischen Schismas. (Kardinal Petrus Flandrin, Kardinal Petrus Amilii, Konrad v. Gelnhausen.) Ungedr. Texte u. Untersuchgn. Von Frz. Pl. Bliemetzrieder. Mit 2 Taf. (XII, 98 u. 146 S.)

Publikationen d. wissenschaftlichen Institute d. kgl. höheren landw. Lehranstalt in Križevci (Kroatien). 2. Križevci. 1906. 4°.

Publicationen der norwegischen Commission der Europäischen Gradmessung. Geodätische Arbeiten. Heft 1—7. Christiania 1880-1890. 5 Bde. 4°.
Heft 1. Die Basis auf Egeberg bei Christiania und die Basis auf Rindenleret bei Levanger. Mit einer Figurentafel und zwei Situationskarten. 1882.
Heft 2. Die Verbindung der Basis bei Christiania mit der Hauptdreiecks-Seite Toaas—Kolsaas. Mit einer Dreieckskarte. 1880.
Heft 3. Die Verbindung der Basis auf dem Rindenleret mit der Hauptdreiecks-Seite Stokvola—Haarskallen. Mit einer Dreieckskarte. 1882.
Heft 4. Das nördliche Dreiecknetz zur Verbindung der Haupt-Dreieckseiten Haarskallen—Stokvola und Spaatind—Naverfjeld. Mit einer Dreieckskarte. 1885.
Heft 5. Das mittlere Dreiecknetz zur Verbindung der Haupt-Dreieckseiten Toaas—Kolsaas und Spaatind-Naverfjeld. Mit einer Dreieckskarte. 1887.
Heft 6. Das südliche Dreiecknetz zur Verbindung der Haupt-Dreieckseiten Toaas—Kolsaas und Dragonkollen—Vagnarberg Koster. Mit einer Dreieckskarte. 1888.
Heft 7. Die trigonometrische Verbindung zwischen Christiania und Bergen, ausgeführt in den Jahren 1851 und 1852 von F. Naser. Mit einer Dreieckskarte. 1890.

Publication der norwegischen Commission der europäischen Gradmessung. Astronomische Beobachtungen und Vergleichung der astronomischen und geodätischen Resultate. Christiania 1895. 4.

Publikationen der Schweizerischen geologischen Kommission. Gedruckt auf Kosten der schweizer. Eidgenossenschaft. [Verzeichnis] 1901 *u.* 1902. *je* IX S. 4.
Anhang zu: Beiträge zur geologischen Karte der Schweiz ... *u.* Matériaux pour la Carte géologique de la Suisse..., *sowie sep.*

—— der königl. württembergischen Commission für europäische Gradmessung. Präcisions-Nivellement. Ausgeführt unter der Leitung von v. Schoder. Ausgeglichen von demselben. gr. 4. (VI, 68 S.) Stuttgart 885, (Metzler'sche Buchh., Sortiment.) ** 2 —

— des astrophysikalischen Observatoriums Königstuhl-Heidelberg (astrophysikalische Abteilg. der grossherz. bad. Sternwarte). Hrsg. v. Max Wolf. 1. Bd. (IV, 192 S. m. Fig. u. 4 Taf.) gr. 4. Karlsruhe 902. G. Braun'sche Hofbuchdr. n. 20.—

— des astrophysikalischen Instituts Königstuhl-Heidelberg (astrophysikalisches Institut der grossh. bad. Sternwarte). Hrsg. v. Max Wolf. 2. u. 3. Bd. (III, 191 S. m. Fig. u. 3 Taf. u. III, 160 S. m. 7 Taf.) 32×24 cm. Karlsruhe 906. 10. G. Braun'sche Hofbuchdr. à 20.—

— aus dem steiermärkischen Landesarchive. Abth. A. Kataloge. I. Joanneumsarchiv. 1. Abth., 2. Abth. a, c, d u. 3. Abth. gr. 8. Graz, U. Moser. n.n. 6.50
1. Katalog der Handschriften. Für das Archiv bearb. von J. v. Zahn, f. die Herausgabe v. Ant. Mell (XI, 241 S.) 898. n.n. 4.50
2a. Allgemeine Actenreihe c. Katalog der Lehrbücher u. Acten. Für das Archiv bearb. v. M. v. Wellcetti u. Th. Unger, f. die Herausgabe v. A. Kapper. (V, 13 S.) 898. n.n. —50
2c. Politische Bewegung d. J. 1848. Katalog der Proclamationen, Maueranschläge u. anderer Stimmen vom März bis Decbr. 1848 f. Graz u. einzelne Orte auf dem Lande. Bearb. v. J. v. Zahn. (V, 37 S. m. 2 Abbildgn.) 898. n.n. —50
2d. Katalog der Joannea. Für d. Archiv bearb. v. E. Kümmel, f. die Herausgabe v. Ant. Kapper. (VI, 23 S.) 899. n.n. —50
3. Privatarchive. Katalog des Marktarchivs Aussee. Für das Archiv bearb. v. A. Mell u. J. v. Zahn, f. die Herausgabe v. Ant. Mell. (V, 10 S. m. 1 Stammtaf.) 899. n.n. —50

— dasselbe. Abthl. A. Kataloge. II. Landschaftliches Archiv. 1. Abthl. u. 5. Abth. a/1. gr. 8. Ebd. à n.n. —50
1. Katalog der landschaftlichen Urkunden. Für das Archiv bearb. von A. v. Luschin, f. die Hrsg. v. Ant. Kapper. (24 S.) 899.
5. Finanzwesen: a/1. Katalog der Gültschätzgn. Für d. Archiv u. die Herausgabe bearb. von J. v. Zahn. (34 S.) 900.

— d. Landesgesetzblattes f. d. Königr. Böhmen, s.: Gesetze f. d. Königr. Böhmen.

— der deutschen Literatur-Gesellschaft in München. Nr. 1. gr. 8. München [R. Abt.] G. Schuh & Co. n. 2.—
Der Realismus als Prinzip der schönen Künste. Eine ästhet. Studie. Von Cajetan Meier. O. S. B. (172 S.) 900.

Publikationen des Vereins »Massivbau-Verband« in Berlin
2. Flakowski, E: Massivbauweisen im Hochbau. Stuttgart 1907

— militärärztliche. Nr. 50—69. Wien, J. Šafář. n. 52. 10

50. Mittel u. Wege zur Schaffung u. Erhaltung e. entsprech. Sanitäts-Hilfspersonals f. die Militär-Sanitäts-Anstalten u. die Truppen im Frieden u. im Kriege. Entwurf e. Programmes f. dessen theoret. u. prakt. Ausbildg. Vom k. u. k. Militär-Sanitäts-Comité gekrönte Preisschrift. Von Ed. Bass. Lex.-8. (VI, 160 S. m. 1 Tab.) 900. n 3. 20
51. Leitfaden der Militär-Hygiene f. den Unterricht der Einjährig-Freiwilligen-Ärzte. Von Joh. Schöfer. 2., umgearb. Aufl. Mit 9 Abbildgn. Lex.-8. (VI, 116 S.) 900. n. 2. 50
52. Handbuch f. k. u. k. Militärärzte. IX. Nachtrag f. d. J. 1899. Von Paul Myrdacz. (I. Nachtrag zur 3. Aufl. d. 1. Bds. u. zum 2. Bde. des Handbuches.) (Abgeschlossen m. 31. XII. 1899) Lex.-8. (VI, 112 S.) 900. n. 2. 30
53. Heerwesen- u. Felddienst-Tabellen f. den Militärarzt im Felde. Nach Dienstvorschriften, Reglements etc. vom Standpunkte d. Sanitätsdienstes speciell bearb. Von Gust. Wolff. schmal qu. gr. Fol. (8 S. m. 1 Bl. Text in qu. schmal 12.) 900.
Gebrochen in qu. schmal 12. in Umschlag n. 1. 80
54. Einführung in das Heerwesen der österreichisch-ungar. Monarchie im Felde. Vom Standpunkte d. Sanitätsdienstes speciell bearb. für Militärärzte. Mit 2 Tab. als Beilage. 2. Aufl. Lex.-8. (VI, 134 S.) 901. n. 3. —
55. Aufgaben-Sammlung zum applicatorischen Studium des Feld-Sanitätsdienstes. Mit 45 Skizzen als Beilage. Lex.-8. (III, 129 S.) 901. n. 5. —
56. Handbuch f. k. u. k. Militärärzte. Von Paul Myrdacz. X. Nachtrag f. d. J. 1900. (II. Nachtrag zur 3. Aufl. des 1. Bds.) (Abgeschlossen m. 10. I. 1901.) Lex.-8. (68 S.) 901. n. 1. 60
57. Gelände- u. Feld-Sanitätsdienst. Ein Compendium der Terrainlehre f. Militärärzte. Mit 156 Fig. im Texte. Lex.-8. (VII, 128 S.) 901. n. 4. —
58. Beziehungen des Feld-Sanitätsdienstes zum Felddienste. (Von Cron u. Wolff.) Mit 40 Fig. im Texte. Lex.-8. (VI, 141 S.) 902. n 3. 20
59. Das Verbandpäckchen u. seine Anwendung auf d Schlachtfelde. Von Ant. Jerzabek. Mit 21 Illustr. 12. (20 S.) 902. — 30
60. Samariterbuch f. die Angehörigen der bewaffneten Macht. Gemeinverständl. Darstellg. der ges. Nothhilfeleistg. bei plötzlich auftret. Erkrankgn. u. Unglücksfällen im Frieden u. im Kriege. Von Ant. Jerzabek. Mit 216 Fig. im Texte. gr. 8. (VIII, 240 S.) 902. n. 3. 60; geb. in Leinw. n. 4 50
61. Handbuch f. k. u. k. Militärärzte. Von Paul Myrdacz. XI. Nachtrag f. d. J. 1901. (III. Nachtrag zur 3. Aufl. des 1. Bds.) (Abgeschlossen m. 31. XII. 1901.) Lex.-8. (92 S.) 902. n. 1. 80
62. Zehn Beispiele aus dem Gebiete des Gefechts-Sanitätsdienstes. Von Cron. Kritisch besprochen im Gelände. Ein Supplement zur „Militärischen Propädeutik als Einleitg. in das Studium des Feld-Sanitätsdienstes". 1. Hft. (Enth 5 Beispiele) gr. 8. (169 S. m. Fig.) 902. n. 3. 20
63. Behelf zur Lösung v. Aufgaben aus dem operativen Sanitätsdienste u. der Sanitätstaktik. Von Siegm. Taussig. 8. (VIII, 112 S. m. Fig.) 902. n 1. 60; geb. in Leinw. n. 2. 20
64. Zur Ausgestaltung der Marodenzimmer d. k. u. k. Heeres. Nach den Erfahrgn. e. Truppenarztes. gr. 8. (26 S.) 902. n. - 60
65. Drei Monographien aus dem Gebiete des Feld-Sanitätsdienstes. I. Zur Verwendg. der Sanitätsformationen im Gefechte. II. Die Gliederg. e. Infanterie-Divisions-Sanitätsanstalt. III. Einige Winke betreffs der Massnahmen des Chefarztes e. selbständig operier. Infanterie-Truppen-Division gelegentlich länger dauernder Ruhestellgn. u. bei Reisemärschen. Von Karl Cron. Mit 35 Skizzen. gr. 8. (92 S.) 902. n. 2. 20
66. Einführung in den schriftlichen Dienstverkehr des bei d. Truppe eingeteilten Militärarztes. Von Mor. Teich. Mit 8 Beilagen. gr. 8. (XII, 256 S.) 902. n. 4 50; geb. in Leinw. n. 5. 40
67. Zehn Beispiele aus dem Gebiete des Gefechts-Sanitätsdienstes. Kritisch besprochen im Gelände. Ein Suppl. zur „Militär. Propädeutik als Einleitg. in das Studium des Feld-Sanitätsdienstes". Von Cron. II. (Schl.-) Hft. (Enth. Fünf Beispiele.) Mit 21 Skizzen. gr. 8. (III u. S. 173—319.) 902. n. 3. 20
68. Der Sanitätsdienst bei der englischen Armee im Kriege gegen die Buren. Von Leop. Herz. Mit 2 Beilagen. gr. 8. (IV, 104 S.) 902. n. 2. 25
69. Vorschule zur Lösung sanitäts-taktischer Aufgaben. Von Max. Ritter v Hoen. 1. Hft. Mit 1 Spezialkartenblatte. gr. 8. (92 S) 902. n. 2. 25

Die früheren Nrn. sind unter den betr. Einzeltiteln aufgenommen.

— militärärztliche. Nr. 63/86 u. 70—100. Wien, J. Šafář. n. 90. 85

Beykovsky, Siegfr., Sehschärfe u. Refraktions-Bestimmungen vom prakt. Standpunkte des Truppenarztes. (III, 46 S.) kl. 8. 905. (Nr. 85.) n. — 90
Buraczynsky, Andr., Leitfaden f. Blessiertenträger. Mit Zugrundelegg. des „Leitfadens zum fachtechn. Unterrichte des k u k. Sanitäts-Hilfspersonals u. des „Leitfadens f. Blessiertenträger" v. Paul Myrdacz. Mit 39 Fig. (43 S.) 8. 903. (Nr: 74.) n. — 70
— dasselbe. Böhmische Uebersetzg. v. Rich. Fibich. (44 S. m. 39 Fig.) 8. 903. (Nr. 75.) n. — 70
— dasselbe. Kroatische Uebersetzg. v. Emil Jovanović. Mit 39 Fig. (46 S.) 8. 905. (Nr. 93.) n. — 70
— dasselbe. Ungarische Uebersetzg. v. Armin Mayer. (46 S. m. 39 Abbildgn.) 8. 905. (Nr. 85.) n. — 70
Cron, Studie üb. den Gefechts-Sanitätsdienst im Rahmen e. Korps. Entwickelt an der Hand der militär. Ereignisse bei der Westpartei im Treffen v. Náchod am 27. VI. 1866. Mit 9 Skizzen als Beilage. 2 Hefte. (III, 283 S.) gr. 8. 904. (Nr. 78. 79.) n. 6. 40
Drastich, Bruno, Leitfaden des Verfahrens bei Geisteskrankheiten u. zweifelhaften Geisteszuständen f. Militärärzte. I. Allgemeiner Tl. (83 S.) gr. 8. 904. (Nr. 80.) n. 2. 25
— dasselbe. II. Spezieller Tl. (VI, 204 S.) gr. 8. 905. (Nr. 84.) n. 4. 75 (Vollständig: 7. —)
Hahn, Fel., Repetitorium des österr.-ungar. Heerwesens im Felde f. Militärärzte. (IX, 116 S.) kl. 8. 906. (Nr. 96.) n. 2. 20; geb. in Leinw. n. 2. 70
Hilfsbuch f. den einjährig-freiwill. Mediziner im ersten Halbjahre. Aus den in Kraft steh. einschläg Dienstbüchern u. Vorschriften m. Benützg. des Handbuchs f. k. u. k. Militärärzte v. Oberstabsarzt Myrdacz nach der Instruktion f. die Truppenschulen des k. u. k. Heeres 1. Tl., § 37 zusammengestellt. 2., umgearb. u. verm. Aufl. v. Maraschners Hilfsbuch. (IV, 104 S.) gr. 8. 906. (Nr. 98.) n. 1. 80
Hoen, Max, Ritter v., Vorschule zur Lösung sanitäts-taktischer Aufgaben. 2. Heft. Mit 1 General- u. 1 Uebersichtskartenblatte. (S. 93—261.) gr. 8. 902. (Nr. 70.) n. 4. 50
— dasselbe. 3. Heft. Mit 1 Spezial-, 1 Umgebungskartenblatte u. 12 Skizzen als Beilage. (VII u. S. 263—533.) gr. 8. 903. (Nr. 71.) n. 7. 25 (Vollständig: n. 14. —)
Jerzabek, Ant., Wandtafeln f. den Unterricht im Sanitätshilfsdienste. 219 Fig. auf 12 Taf. m. (untergedr.) erklär. Text. 36,5×46 cm. 903. (Nr. 76.) n. 4. 50; auf Pappe in Karton n. 10. —
Kamen, Ludw., Anleitung zur Durchführung bakteriolog. Untersuchungen f. klinisch-diagnostische u. hygien. Zwecke. Mit 118 Fig. im Texte u. 76 Photogrammen auf 12 Taf. (VIII, 511 S. m. 12 Bl. Erklärgn.) gr. 8 903. (Nr. 73) n. 8. 40; geb. in Leinw n. 9. 60
— Prophylaxe u. Bekämpfung der Infektionskrankheiten. (Die Infektionskrankheiten rücksichtlich ihrer Verbreitung u. Bekämpfung.) Kurzgefasstes Lehrbuch f. Militärärzte, Sanitätsbeamte u. Studierende der Medizin. Mit 64 Abbildgn. im Texte u. 5 Taf. 7 Lfgn. (VIII, 880 S.) gr. 8. 905. (Nr. 83. 87. 94 u. 100.) n. 10. —; geb. in Leinw. n. 11. 40
Myrdacz, Paul, Epidemiologie der Garnisonen des k. u. k. Heeres in den J. 1894—1904. Nach der „Statistik der Sanitätsverhältnisse der Mannschaft des k. u. k. Heeres" zusammengestellt. (VII, 76 S.) gr. 8. 906. (Nr. 99.) n. 1. 80
Myrdacz, Paul, Handbuch f. k. u. k. Militärärzte. I. Bd. System. geordn. Sammlg d. in Kraft steh. Vorschriften, Zirkularverordngn., Reichskriegsministerial-Erlässe usw. üb. das k. u. k. Militärsanitätswesen u. die persönl. Verhältnisse der Militärärzte, als Ergänzg. zum Reglement f. den Sanitätsdienst des k. u. k. Heeres. 4. Aufl. (IX, 1056 S.) Lex.-8. 905. (Nr. 90—92.) n. 16. 50; geb. in Leinw. n. 19. —
— dasselbe. XII. Nachtrag f. d. J. 1902. (IV. Nachtrag zur 3. Aufl. des 1. Bds.) (Abgeschlossen am 4. XII. 1902.) (92 S.) Lex.-8. 903. (Nr. 77.) n. 1. 80
— dasselbe. XIII. Nachtrag f. d. J. 1903. (V. Nachtrag zur 3. Aufl. des 1. Bds.) (Abgeschlossen m. 31. XII. 1903.) (100 S.) gr. 8. 904. (Nr. 81.) n. 2. —
— dasselbe. XIV. Nachtrag (I. Nachtrag zur 4. Aufl. des 1. Bds. f. d. J. 1905. (60 S.) gr. 8. 906. (Nr. 97.) n. 1. 40
Senft, E., Taschenbuch f. prakt. Untersuchungen der wichtigsten Nahrungs- u. Genussmittel. Nach den v. Fl. Kratschmer in der militärärztl. Applikationschule geh. Vorträgen zusammengestellt. (77 S. m. 5 Taf. u. 5 Blatt Erklärgn.) 8. 903. (Nr. 72.) n. 1. 80; geb. in Leinw. n. 2. 70
Sprachführer f. den Verkehr des Arztes m. dem Kranken u. dem Wärter in deutscher, böhm., italien., kroat. (serb.), poln., rumän., ruthen. u. ungar. Sprache. Mit besond. Rücksicht auf den militärärztl. Gebrauch zusammengestellt u. übers. v. k. u. k. Militärärzten. (III, 87 S) qu. kl. 8. 905. (Nr. 82.) n. 2. 20
Steiner, Joh., das Militärsanitätswesen in Schweden u. Norwegen. (39 S.) gr. 8. 906. (Nr. 95.) n. 1. —
Trussig, Siegm., u. Gust. Frühauf, Behelf zur Lösung v. Aufgaben aus dem operativen Sanitätsdienste u. der Sanitätstaktik. Neue Ausg. m. Berichtiggn. u. Nachträgen. (VIII, 119 S. m. Fig. u. 7 Bl. Verbessergn.) kl. 8. (Nr. 63/86.) 905. n. 2. 20; geb. in Leinw. n. 2. 70
— — dasselbe. Berichtigungen u. Nachträge. (III S., 7 Bl., S. 49-61 u. 113—119 m. Fig.) kl. 8. 905. (Nr. 86.) n. — 60
Von der Leber weg. Ein Gespräch m. dem jungen Truppenarzte. Von e. älteren Kameraden. (47 S.) kl. 8. 905. (Nr. 89.) n. — 80

— militärärztliche. Nr. 101—135. Wien, J. Šafář. 73. 80

Behelf zum Studium des Militärsanitätswesens an d. k. u. k. Korpsoffiziersschulen. Mit 6 Fig. im Texte. (Nach den Weisgn. d. Generalinspektorates d. Korpsoffiziersschulen verf. v. Cron.) (52 S. m. Fig.) gr. 8. 910. (Nr. 132.) 1. —

Biehl, Karl, die Hörprüfung u. deren Verwertung bei der Untersuchung der Wehrpflichtigen. (Klinischer Vortrag im Universitätskurs f. d. k. k. Landwehrärzte.) (23 S.) kl. 8. 908. (Nr. 113.) — 75

Buraczyński, Andr., Leitfaden f. Blessiertenträger. Mit Zugrundelegg. d. „Leitfadens z. fachtechn. Unterrichte des k. u. k. Sanitäts-Hilfspersonals" u. d. „Leitfadens f. Blessiertenträger" v. Paul Myrdacz. 2., verb. Aufl. Mit 39 Fig. (48 S.) 8. 907. (Nr. 106.) — 70

— dasselbe. Polnische Übersetzg. v. Ludw. Baumbach. (48 S. m. 39 Abb.) 8. 909. (Nr. 123.) nn — 70

Cron, Karl, e. applikatorisches Beispiel üb. Krankentransport zu Wasser. Ergänzt durch e. Übersicht der Theorie d. Krankentransportes auf schiffbaren Flüssen v. Raschofszky. Mit 10 Abb. im Texte u. 1 Beilage. (III, 41 S.) gr. 8. 907. (Nr. 108.) 1. 60

— Zehn Beispiele aus d. Gebiete des Gefechtssanitätsdienstes. Kritisch besprochen im Gelände. Ein Suppl. zur „Militär-Propädeutik als Einleitg. in das Studium des Feldsanitätsdienstes". 2., umgearb. Aufl. I. Heft. Enth.: 1. Beispiel: Sanitäre Anordngn. beim Bezuge e. Nachhutstellg. 2. Beispiel: Sanitätsdienst gelegentlich e. Infanterieangriffes. (S. 1—70 m. Fig.) Lex. 8. 908. (Nr. 118.) 2. 20

— dasselbe. II. Heft. Enth.: 3. Beispiel: Formelle Hilfsplatzetablierung. 4. Beispiel: Leitender Sanitätsdienst beim Angriffsgefechte e. Detachements. (S. 71—145 m. Fig.) Lex. 8. 908. (Nr. 119.) 2. 20

Cron, Karl, zehn Beispiele aus d. Gebiete des Gefechtssanitätsdienstes. Kritisch besprochen im Gelände. Ein Suppl. zur „Militär-Propädeutik als Einleitg. in das Studium des Feldsanitätsdienstes". 2., umgearb. Aufl. III. Heft. Enth.: 5. Beispiel: Sanitätsdienst bei e. Streifkommando im Gebirge. 6. Beispiel: Anlage d. Sanitätsdienstes gelegentlich e. grossen Attacke. (S. 147—199 m. Fig.) Lex. 8. 909. (Nr. 120.) 1. 60

— Dasselbe. IV. Heft. Enth.: 7. Beispiel: Anlage d. Hilfsdienstes bei e. Artilleriemasse. 8. Beispiel: Sanitätsdienst anlässl. e. Gefechtes bei Dunkelheit. (S. 201—239 m. Fig.) Lex. 8. 909. (Nr. 121.) 1. 40

— Dasselbe. V. (letztes) Heft. 9. Beispiel: Sanitäre Einrichtg. e. vorbereiteten Verteidigungsstellg. 10. Beispiel: Sanitäre Anordngn. anlässlich der nachtsüber währ. Unterbrechg. e. Gefechtes. (VII u. S. 241—330 m. Fig.) Lex. 8. 909. (Nr. 122.) 2. 40

— Beziehungen des Feldsanitätsdienstes z. Felddienste. (Militärische Propädeutik als Einleitg. in d. Studium des Feldsanitätsdienstes. IV.) Neue Ausg., m. Berichtiggn. u. Zusätzen v. Frz. Kroath. Mit 40 Fig. im Texte. (VI, 141 S. u. 32 Bl.) Lex. 8. 907. (Nr. 110.) 1. —

— Feldtaschenbuch f. den Sanitätsdienst im Kriege. 2. Aufl. d. „Feldtaschenbuches f. k. u. k. Militärärzte". Unter Mitwirkg. mehrerer Kameraden zusammengestellt. I. Heft: Allgemein militär. Tl. Mit zahlr. Abb. (124 S.) kl. 8. 908. (Nr. 114.) 2. 20

— Dasselbe. II. Heft: 1. Tl. d. sanitätsoperativen u. sanitätstakt. Dienstes, enth.: Grundsätze f. sanitäre Leitg. u. Dienstverkehr. Sanitätsdienst ausserhalb des Gefechtes. Grundzüge des Sanitätsdienstes im Rückengebiete der Armee. Mit zahlr. Abb. (154 S.) kl. 8. 908. (Nr. 117.) Kart. 2. 70

— Gelände- u. Feldsanitätsdienst. Ein Kompendium d. Terrainlehre f. Militärärzte. (Militärische Propädeutik als Einleitg. in das Studium des Feldsanitätsdienstes. III.) Neue Ausg., m. Berichtggn. u. Zusätzen v. Thdr. Beyer. Mit 156 Fig. im Texte. (VII, 128 S. u. 12 Bl.) Lex. 8. 907. (Nr. 109.) 4. 10

— Kriegswaffen u. Feldsanitätsdienst. Ein Kompendium der Waffenlehre u. Waffenwirkg. f. Militärärzte. (Militärische Propädeutik als Einleitg. in das Studium des Feldsanitätsdienstes. II.) 2. Aufl., rev. v. Wilh. Raschofszky. Mit 39 Fig. im Texte. (IV, 69 S.) Lex. 8. 907. (Nr. 105.) 2. —

— Studien üb. die Einleitung der Evakuation m. Vollbahn aus Anlass v. Gefechten. Nach handschriftl. Aufzeichnungen des C. zusammengestellt u. durch e. Beispiel illustriert v. Thdr. Beyer. (Monographien aus dem Gebiete des Feldsanitätsdienstes. IV.) Mit 3 Fig. (62 S.) gr. 8. 907. (Nr. 111.) 1. 80

— Überblick e. Neuanlage des Gefechtssanitätsdienstes. (Monographien aus dem Gebiete des Feldsanitätsdienstes. VIII.) (57 S.) gr. 8. 909. (Nr. 125.) 1. 80

— Versuch e. Ableitung v. Grundsätzen f. Anlage u. Durchführung der Evakuation, dann f. Organisierung u. Verwendung v. Krankenzügen. Eine sanitätsoperative Studie. Mit 1 Fig. [Aus: „Mitteilgn. üb. Gegenstände d. Artillerie- u. Geniewesens".] (Monographien aus dem Gebiete des Feldsanitätsdienstes. V.) (53 S.) gr. 8. 907. (Nr. 112.) 1. 35

— u. Emil Hochmann, über Krankenstände im Felde u. ihre vorherige Abschätzung. (Monographien aus d. Gebiete des Feldsanitätsdienstes. VI.) Mit 13 Tab. u. 1 Farbentaf. (68 S.) gr. 8. 908. (Nr. 115.) 2. 70

Drastich, Bruno, Leitfaden d. Verfahrens bei Geisteskrankheiten u. zweifelhaften Geisteszuständen f. Militärärzte. I. Allgem. Tl. 2., gänzlich umgearb. Aufl. (106 S.) gr. 8. 909. (Nr. 126.) 2. 50

Einrichtung, die innere, der Sanitätszüge in 18 Bildern. Nach photograph. Aufnahmen. (39 S.) 13×17,5 cm. 910. (Nr. 129.) Kart. 1. 80

Hoen, Max, Ritter v., der operative u. takt. Sanitätsdienst im Rahmen des Korps, nebst e. Aufgabensammlg. Mit 4 Karten u. 6 sonst. Beilagen. (XI, 162 S.) gr. 8. 907. (Nr. 162.) 5.80; geb. 7. 20

— u. Marian Szarewski, die Armee im Felde. Auszug aus den einschläg. Vorschriften f. Militärärzte. (48 S.) gr. 8. 910. (Nr. 131.) 1. 40

— — Behelf zur Lösung v. Aufgaben aus dem takt. u. operativen Sanitätsdienste im Rahmen v. Armee, Korps u. Division. Mit 4 zweifarb. Taf. (14 Bl.) 8. 910. (Nr. 130.) 2. 70

— — Die operative u. sanitätstaktische Tätigkeit des Armeechefarztes. Mit 1 Schema als Beilage. (31 S. u. 11 S. in 8.) gr. 8. 910. (Nr. 133.) 1. 80

Hoorn, Frdr., kriegschirurg. Erfahrgn. aus dem russ.-japan. Kriege, nebst e. Anh. üb. den Verwundetenabschub bei den Russen u. Japanern. Mit 3 Kartenskizzen. (79 S.) gr. 8. 907. (Nr. 104.) 2. —

Kroath, Frz., Beitrag z. gefechtssanitären Applikatorik im Gelände. Enth. Winke betreffs Anlage u. Durchführg. einschläg. Übgn. u. Illustrierg. durch e. konkretes Beispiel. Für den Druck bearb. Mit 7 Skizzen im Texte. (III, 67 S.) gr. 8. 907. (Nr. 101.) 2. 20

Marschner, J., Hilfsbuch f. den einjähr.-freiwilligen Mediziner im ersten Halbjahre. Aus den in Kraft steh. einschläg. Dienstbüchern u. Vorschriften m. Benützg. des Handbuchs f. k. u. k. Militärärzte v. Myrdacz nach der Instruktion f. die Truppenschulen des k. u. k. Heeres. I. Tl., § 37. zusammengestellt. 3., umgearb. u. verm. Aufl. (120 S.) kl. 8. (910.) (Nr. 127.) 1. 80

Myrdacz, Paul, Handbuch f. k. u. k. Militärärzte. XV. Nachtrag (II. Nachtrag zur 4. Aufl. des 1. Bds.) f. d. J. 1906. (Abgeschlossen m. 31. XII. 1906.) (93 S.) Lex. 8. 907. (Nr. 103.) 2. —

— dasselbe. XVI. Nachtrag (III. Nachtrag zur 4. Aufl. d. 1. Bds.) f. d. J. 1907. (Abgeschlossen m. 31. XII. 1907.) (116 S.) Lex. 8. 908. (Nr. 116.) 2. 40

— dasselbe. XVII. Nachtrag (IV. Nachtrag zur 4. Aufl. des 1. Bds.) f. d. J. 1908. (Abgeschlossen m. 31. XII. 1908.) (98 S.) Lex. 8. 909. (Nr. 124.) 2. 20

— dasselbe. XVIII. Nachtrag. (V. Nachtrag zur 4. Aufl. des 1. Bds.) f. d. J. 1909. (Abgeschloss. m. 31. XII. 1909.) (123 S.) Lex. 8. 910. (Nr. 134.) 3. —

Richter, Max, die Ohren- u. Augenerkrankungen in der k. u. k. österr.-ungar. Armee. Eine krit. Studie, basiert auf statist. Daten. Mit 24 Tab. (44 S.) gr. 8. 907. (Nr. 107.) 1. 30

Rösler, Karl, Anleitung zur Führung e. Marodenhauses. (26 S.) gr. 8. 910. (Nr. 135.) 1. —

Senft, E., Taschenbuch f. prakt. Untersuchungen der wichtigsten Nahrungs- u. Genussmittel. Nach den v. Fl. Ritter Kratschmer v. Forstburg in der militärärztl. Applikationsschule geh. Vorträgen zusammengestellt. 2., verb. u. verm. Aufl. Mit 7 Taf. (m. Text auf der Rückseite). (106 S.) kl. 8. 910. (Nr. 128.) Geb. in Leinw. 2. 40

——— aus dem königl. ethnographischen Museum in Dresden. Hrsg. m. Unterstützg. der Generaldirection der königl. Sammlgn. f. Kunst u. Wissenschaft zu Dresden v. A. B. Meyer. VII. u. VIII. gr. Fol. Dresd., Stengel u. Markert. cart. à * 50 —

VII. Masken v. Neu-Guinea u. dem Bismarck-Archipel. Hrsg. v. A. B. Meyer. (15 S. m. 15 Taf. in Lichtdr.) 889.

VIII. Meyer, A. B., u. A. Schadenberg. Die Philippinen. I. Nord-Luzon: Tingianen, Bánaos, Ginaanen, Silipanen, Apoyáos, Kianganen, Igorroten, Irayas u. Ilocanen. (26 S. m. 18 Taf. in Lichtdr. u. 5 Holzschnitten.) 890.

I.—VI., s. Meyer, A. B. Lpz. 1881—86. [Naumann u. Schroeder.] Hiersemann. [* 230 —] ** 172 50.

— aus dem königl. ethnographischen Museum in Dresden. Hrsg. m. Unterstützg. der Generaldirection der königl. Sammlgn. f. Kunst u. Wissenschaft zu Dresden v. A. B. Meyer. VII—IX. gr. Fol. Dresden, Stengel & Markert. Kart. n. 200. — (I—IX.: n.n. 270. —)
VII. Masken v. Neu-Guinea u. dem Bismarck-Archipel. Hrsg. v. A. B. Meyer. (15 S. m. 15 Taf. in Lichtdr.) 889. n. 50. —
VIII. A. B. Meyer u. A. Schadenberg, die Philippinnen. I. Nord-Luzon: Tinguianen, Bánaos, Ginaanen, Silipanen, Apoyáos, Kianganen, Igorroten, Jrayas u Ilocanen. (26 S. m. 18 Taf. in Lichtdr. u. 5 Holzschn.) 890. n. 50. —
IX. Die Philippinen. II. Negritos. Hrsg. v. A. B. Meyer. (III, 92 S. m. 10 Holzschn. u. 10 Lichtdr.-Taf.) 893. n. 100. — (I u. II.: n. 150. —)

— aus d. kgl. ethnographischen Museum zu Dresden. Hrsg. m. Unterstützg. d. General-Direction d. kgl. Sammlgn. f. Kunst u. Wissenschaft zu Dresden v. A. B. Meyer. X. u. XI. Bd. gr. Fol. Dresden, Stengel & Co. Kart. n. 110. — (I.—X.: n.n. 380. —)
X. Schnitzereien u. Masken v. Bismarck-Archipel u. Neu-Guinea v. A. B. Meyer u. R. Parkinson. (IV, 28 S. m. 19 Lichtdr.-Taf.) 895. n. 60. —
XI. Bronzepauken aus Südost-Asien v. A. B. Meyer u. W. Foy. M. 13 Taf. in Lichtdr. (IV, 24 S.) 897. n. 50. —

— aus dem königl. ethnographischen Museum in Dresden. Hrsg. m. Unterstützg. der General-Direktion der königl. Sammlgn. f. Kunst u. Wissenschaft zu Dresden v. A. B. Meyer. XII. u. XIII. Bd. gr. Fol. Dresden, Stengel & Co. Kart. n. 110. —
XII. Schwerter v. der Celébes-See. Von W. Foy. Mit 6 Taf. in Lichtdr. Anh.: Ueber den Namen Celébes. (IV, 17 S.) 899. n. 35. —
XIII. Tanzobjekte vom Bismarck-Archipel, Nissan u. Buka. Von W. Foy. Mit 17 (darunter 3 Doppel-)Taf. in Lichtdruck u. 2 Textillustr. in Autotyp. (VII, 40 S.) 900. n. 75. —

— aus dem königl. ethnographischen Museum zu Dresden. Hrsg. m. Unterstützg. der Generaldirektion der königl. Sammlgn. f. Kunst u. Wissenschaft zu Dresden v. A. B. Meyer. XIV. Bd. gr. Fol. Dresden, Stengel & Co. Kart. n. 120. — (I—XIV.: n.n. 610. —)
Celebes I: Sammlung der Herren Dr. Paul u. Dr. Fritz Sarasin aus den J. 1893—1896. Anh.: Die Bogen-, Strich-, Punkt- u. Spiralornamentik v. Celebes. Von A. B. Meyer u. O. Richter. Mit 29 Taf., 17 Textabbildgn. u. 1 Karte. (XII, 140 S.) 903.

—— des siebenbürgischen Museum-Vereins. Abhandlungen. 1887. Nr. 1: Paläontologische Beiträge zur Kenntniss der rumänischen Karpathen. I. Kreidebildungen im Quellengebiet der Dambovitia. Von Frz. Herbig. gr. 8. (48 S. mit 17 lithogr. Taf.) Klausenburg 888. (Berlin, Friedländer und Sohn.) * 6 —

Publikationen d. internationalen Musikgesellschaft. Beihefte. 1.—9. Hft. gr. 8. Leipzig, Breitkopf & Härtel. n. 37. 50
1. Studium zur Geschichte des Melodramas I. Jean-Jacques Rousseau als Komponist seiner lyr. Scene „Pygmalion". Von Edg. Istel. (VIII, 90 S.) 901. n. 1. 50
2. Musica practica. Bononiae impressa opere et industria ac expensis magistri Baltasaris de Hiriberia MCCCCLXXXII. Von Bartol. Ramis de Pareia. Nach d. Orig.-Drucken der Liceo musicale m. Genehmigung der Commune von Bologna hrsg. v Johs. Wolf. (XVI, 116 S. m. Fig.) 901. n. 4. —
3. Laute u. Lautenmusik bis zur Mitte des 16 Jahrh. Unter besond. Berücksicht. der deutschen Lautentabulatur. Von Osw. Körte. (VII, 164 S.) 901. n. 5. —
4. Die Anfänge der Chromatik im italienischen Madrigal d. XVI. Jahrh. Ein Beitrag zur Geschichte des Madrigals. Von Thdr. Kroyer. (X, 160 S) 902. n. 6. —
5. Zur Geschichte der deutschen Instrumentalmusik in der 2. Hälfte des 17. Jahrh. Mit e. Anh.: Notenbeispiele in Auswahl. Von Karl Nef. (79 S.) 902. n. 3. —
6. Über die abweichende Bedeutung der Ligaturen in der Mensuraltheorie der Zeit vor Johannes de Garlandia. Ein Beitrag zur Geschichte der altfranzös. Tonschule des XII. Jahrh. Von Walt. Niemann. (VII, 160 S.) 902. n. 6 —
7. Die Verzierungs-Kunst in der Gesangs-Musik des 16.—17. Jahrh. (1535—1650). Von Max Kuhn. (V, 150 S. m. 1 Taf.) 902. n. 4 —
8. Die symmetrische Umkehrung in der Musik. Ein Beitrag zur Harmonie- u. Kompositionslehre m. Hinweis auf die hier techn. notwend. Wiedereinführg. antiker Tonarten im Style moderner Harmonik. Von Herm. Schröder. (VII, 128 S.) 902. n. 5. —
9. Geschichte der Kantorei-Gesellschaften im Gebiete des ehemaligen Kurfürstent. Sachsen. Von Arno Werner. (V, 84 S.) 902. n 3. —

Publikationen der international. Musikgesellschaft. Beihefte. 10. Heft. gr. 8. Leipzig, Breitkopf & Härtel. n. 3. —
Die Encyklopädisten u. die französische Oper im 18. Jahrh. Von Eug. Hirschberg. (VIII, 146 S.) 903.
Hft. 1—9 Ebd. 901. 902. n. 37. 50.

— dasselbe. Beihefte. II. Folge. 1—3. Heft. gr. 8. Ebd. n. 9. 50
1. Zur deutschen Literatur f. Viola da Gamba im 16. u. 17. Jahrh. Von Alfr. Einstein. (120 S.) 905. n. 3. —
2. Die Mensuraltheorie des Franchinus Gafurius u. der folgenden Zeit bis zur Mitte des 16. Jahrh. Von Ernst Praetorius. (V, 132 S.) 905. n. 4. —
3. Die Opern Alessandro Stradella's. Zur Geschichte des musikal. Dramas im Seicento. Von Heinr. Hess. (VII, 93 S.) 906. n. 2. 50

Publikationen der internationalen Musikgesellschaft. Beihefte. II. Folge. 4.—8. Heft. gr. 8. Leipzig, Breitkopf & Härtel. 16. —
Calmus, Georgy, die ersten deutschen Singspiele v. Standfuss u. Hiller. (VIII, 100 S.) 908. (6. Heft.) 3. —; geb. n 4.
Daffner, Hugo, die Entwicklung des Klavierkonzerts bis Mozart. (XII, 102 S.) 906. (4. Heft.) 3.
Fleury, Alex., S. J., üb. Choralrhythmus. Die ältesten Handschriften u. die 2 Choralschulen. Nach dem vom Verf. angebrachten Verbessergn. u. Erweitergn. aus dem Franz. übers. u. m. e. Nachwort versehen v. Ludw. Bonvin, S. J. (III, 67 S.) 907. (5. Heft.) 2. —
Prüfer, Arth., Johann Hermann Schein u. das weltl. deutsche Lied des 17. Jahrh. m. e. Anh.: Schein's Stellung zur Instrumentalmusik. (VII, 96 S.) 908. (7. Heft.) 3. —
Riesemann, Osk. v., die Notationen d. alt-russischen Kirchengesanges. (XI, 122 S. m. 12 eingedr. Taf.) 909. (8. Heft.) 5.

Publikationen des astronomisch-meteoronomischen Observatoriums zu Rostock. [Jg. 1–3.] Rostock 1903–05: C. Boldt. 3 Bde 4°
[1] — Matthiessen, Ludwig: Die astigmat. Brechung d. Sonnenstrahlen im Regenbogen. 1903.
2 — Klimatologie, Zur, von Mecklenburg. 1. Das Klima von Schwerin von Matthiessen. 2. Der Temperaturkalender v. Wustrow von A. ter Cock. 1904.
3 — Matthiessen: Das Potential e. Ringes auf d. Mittelpunkt e. Querschnitts. Bedingungen d. Gleichgewichts e. rotierenden flüssigen Ringes ... 1905. [c8. 13124 9]

Publicationen des astrophysikalischen Observatoriums zu Potsdam. 1. Bd. 1. Stück: Beobachtungen der Sonnenflecken vom October 1871 bis December 1873. Von G. Spörer. gr. 4. (92 S. mit 6 Stnt.) Leipzig 879, (Engelmann.) * 7 —

—— des astrophysikalischen Observatoriums in Potsdam. Nr. 2—4. [1. Bd. 2.—4. Stück.] gr. 4. Potsdam. (Leipzig, Engelmann.) *
Inhalt:
Nr. 2. Lohse, O., Beobachtungen und Untersuchungen über die physische Beschaffenheit des Jupiter, und Beobachtungen des Planeten Mars. (40 S. mit 2 Stnt.) 878. *M 5.
» 3. Vogel, H. C., Untersuchungen über das Sonnenspectrum. (79 S. mit 8 Stnt. in qu. Fol.) 880. *M 12.
» 4. Meteorologische Beobachtungen in den J. 1877 und 1878. (28 S.) 880. *M 2.

—— dass. — Nr. 5—8. [2. Bd. 4 Stück.] gr. 4. (Ebendas.) *
Inhalt:
Nr. 5. Spörer, G., Beobachtungen der Sonnenflecken von Jan. 1874 bis Decbr. 1879. (S. 1—81 mit 32 Stnt.) 880. *M 8.
» 6. Müller, Gust., Darstellungen des Sonnenspectrums bei mittlerer und schwacher Dispersion. (S. 83—97 mit 2 Kpfrt.) 881. *M 3.
» 7. Meteorologische Beobachtungen in den J. 1879 und 1880. (S. 99—170.) 881. *M 4.
» 8. Vogel, H. C., Beobachtungen des grossen Cometen von 1881 [Comet III. 1881]. (S. 171—184 mit 1 Kpfrt.) 882. *M 3.

—— dass. — Nr. 9—13. [3. Bd. 5 Stück.] gr. 8. (Ebendas.) *
Inhalt:
Nr. 9. Lohse, O., Beobachtungen und Untersuchungen über die physische Beschaffenheit der Planeten Jupiter und Mars. (IV, S. 1—76 mit eingedr. Holzschn. und 2 Stnt.) 882. *M 6.
» 10. Kempf, P., Untersuchungen über die Masse des Jupiter. (S. 77—126.) 882. *M 3.
» 11. Vogel, H. C., spectroskopische Beobachtungen der Sterne bis einschliesslich 7.5ter Grösse in der Zone von —1° bis + 20° Declination unter Mitwirkung von G. Müller. (S. 127—226.) 883. *M 6. (862?)
» 12. Müller, Gustav, photometrische Untersuchungen. (S. 227—292 mit 2 Stnt.) 883. *M 6.
» 13. Lohse, O., Abbildungen von Sonnenflecken, nebst Bemerkungen über astronom. Zeichnungen und deren Vervielfältigung. (S. 293—301 mit eingedr. Zinkotyp. und 3 Stnt.) 883. *M 4.

—— dass. — Nr. 14. 4. Bds. 1. Stück: Einige Beobachtungen mit dem grossen Refractor der Wiener Sternwarte, ausgeführt von H. C. Vogel. gr. 4. (S. 1—39 mit eingedr. Fig. und 4 Stnt.) (Ebendas.) 884. *

—— des astrophysikalischen Observatoriums zu Potsdam. Nr. 15—19. 4. Bds. [2.—6. Stück.] gr. 4. Potsdam. (Leipzig, Engelmann.) * 25 —

Inhalt:

Nr. 15. Kempf, P., meteorologische Beobachtungen in den J. 1881 bis 1883. (107 S. mit 1 lithogr. Curventaf.) 886. *M 7.—.
» 16. Müller, G., über den Einfluss der Temperatur auf die Brechung des Lichtes in einigen Glassorten, im Kalkspath und Bergkrystall. (68 S.) 885. *M 4.—.
» 17. Spörer, G., Beobachtungen von Sonnenflecken in den J. 1880 bis 1884. (211 S. mit 15 Taf.) 886. *M 10.—.
» 18. Wilsing, J., Ableitung der Rotationsbewegung der Sonne aus Positionsbestimmungen von Fackeln. (41 S.) 888. *M 2.—. (887?)
» 19. Lohse, O., Beschreibung des Heliographen. (17 S. mit 6 Textfig. und 1 Taf.) 889. *M 2.—.

—— dass. — hrsg. von H. C. Vogel. Nr. 20 [5. Bd.]: Bestimmung der Wellenlängen von 300 Linien im Sonnenspectrum von G. Müller und P. Kempf. gr. 4. (VII, 281 S.) (Ebendas.) 886. *

— dasselbe. Nr. 21—24. (6. Bds. 1.—4. Stück.) gr. 4. Ebd. n. 20. —
21. Bestimmung d. Polhöhe d. Observatoriums v. P. Kempf. (30 S.) 887. n. 2. —
22. Bestimmung der mittleren Dichtigkeit d. Erde m. Hülfe eines Pendelapparates v. J. Wilsing. (III, 97 S.) 887. n. 5. —
23. — dasselbe [2. Abhandlg.] v. J. Wilsing. (61 S. mit 1 Taf.) 889. n. 5. —
24. Meteorologische Beobachtungen in den J. 1884—1887. Bearb. v. P. Kempf. (140 S.) 889. n. 8. —

— d. astrophysikalischen Observatoriums zu Potsdam. Hrsg. v. H. C. Vogel. Nr. 25. (7. Bd. 1. Thl.) gr. 4. Potsdam. (Leipzig, W. Engelmann.) n. 10. —
Untersuchung üb. die Eigenbewegung der Sterne im Visionsradius auf spectrographischem Wege. Von H. C. Vogel. (IV, 166 S. m. Fig. u. 1 Taf.) 892.

— dasselbe. Nr. 27—30. (8. Bd. 1.—4. Stück.) gr. 4. Ebd. n. 22. —
27. Photometrische u. spectroskopische Beobachtungen, angestellt auf dem Gipfel d. Säntis. [Mit Unterstützg. d. „Elizabeth Thompson science fund" in Boston.] Von G. Müller. (101 S. m. 1 Abbildg. u. 2 heliogr. Taf.) 891. n. 6. —
28. Beobachtungen d. Planeten Mars v. O. Lohse. (IV, 42 S. m. 4 lith. Taf.) 891. n. 5. —
29. Beobachtungen v. Nebelflecken u. Sternhaufen. Von P. Kempf. (48 S.) 892. n. 2. —
30. Helligkeitsbestimmungen der grossen Planeten u. einiger Asteroiden v. G. Müller. (V, III u. S. 197—389.) 893. n. 9.

— dasselbe. Nr. 31. 9. Bd. gr. 4. Ebd. 894. n. 20. —
Photometrische Durchmusterung des nördlichen Himmels, enth. alle Sterne der B. D. bis zur Grösse 7,5. I. Thl. Zone 0° bis +20° Declination. Von G. Müller u. P. Kempf. (III, 501 S.)

— dasselbe. Nr. 32. 10. Bds. 1. Stück. gr. 4. Ebd. 894. n. 12. —
Beobachtungen v. Sonnenflecken in den J. 1885 bis 1893. Bearb. v. G. Spörer. (147 S. m. 30 Taf.)

— d. astrophysikalischen Observatoriums zu Potsdam. Nr. 26, 33—38 u. 42. Hrsg. v. H. C. Vogel. gr. 4. Potsdam. (Leipzig, W. Engelmann.) n. 37. —
26. (VII. Bds. 2 Thl.) Untersuchgn. üb. d. Spectra d. helleren Sterne nach photograph. Aufnahmen v. J. Scheiner. (III, 169 S.) 895. n. 10. —
33. (X. Bds. 2. Stück.) Meteorolog. Beobachtgn. in d. J. 1888 bis 1893. Bearb. v. P. Kempf. (142 S.) 895. n. 8. —
34. (XI. Bds. 1. Stück.) Beobachtgn. d. südl. Polarflecks d. Mars u. Bestimmg. d. Elemente d. Marsäquators aus Beobachtgn. d. Polarflecken v. O. Lohse. (25 S. m. 1 Fig.) 896. n. 2. —
35. (XI. Bds. 2. Stück.) Ausmessg. d. Orionnebels nach photograph. Aufnahmen v. J. Scheiner. (68 S. m. 2 Photograv.) 896. n. 4. —
36. (XI. Bds. 3. Stück.) Untersuchgn. üb. d. Parallaxe u. d. Eigenbewegg. v. 61 Cygni nach photograph. Aufnahmen v. J. Wilsing. (59 S. m. 2 Taf.) 897. n. 4. —
37. (XI. Bds. 4. Stück.) Beobachtgn. veränderl. Sterne in d. J. 1881 bis 1895 v. J. Wilsing. (54 S.) 897. n. 3. —
38. (XI. Bds. 5. Stück.) Untersuchgn. üb. d. Absorption des Sternenlichts in d. Erdatmosphäre, angestellt auf d. Ätna u. in Catania v. G. Müller u. P. Kempf. (V, III, 71 S. m. 3 Fig. u. 1 Taf.) 898. n. 4. —
42. Ueber e. einfache Interpolationsformel f. d. prismat. Spectrum v. J. Hartmann. (25 S.) 898. n. 2. —
Nr. 39—41 erscheinen später.

Publikationen des astrophysikalischen Observatoriums zu Potsdam. Hrsg. v. H. C. Vogel. Nr. 39—41 u. 43. gr. 4. Potsdam. (Leipzig, W. Engelmann.) n. 33. —
39. (12. Bds. 1. Stück.) Untersuchungen üb. die Spectra v. 528 Sternen. Von H. C. Vogel u. J. Wilsing. (73 S.) 899. n. 4. —
40. (12. Bds. 2. Stück.) Untersuchungen üb. das Spectrum der Nova Aurigae. Von J. Wilsing. (28 S.) 900. n. 2. —
41. (12. Bds. 3. Stück.) Funkenspectra einiger Metalle. Von O. Lohse. (166 S. m. Abbildgn.) 902. n. 7. —
43. (13. Bds. 1. Stück.) Photometrische Durchmusterung des nördlichen Himmels, enth. alle Sterne der B. D. bis zur Grösse 7. 5. Von G. Müller u. P. Kempf. 2. Thl. Zone +20° bis +40° Declination. (465 S.) 899. n. 20. —

— des astrophysikalischen Observatoriums zu Potsdam. Hrsg. von H. C. Vogel. Nr. 44, 47—51 u. 53. gr. 4 Potsdam (Leipzig, W. Engelmann.) n. 56. —
44. (14. Bd.) Photometrische Durchmusterung des nördlichen Himmels, enth. alle Sterne der B. D. bis zur Grösse 7.5. III. Thl. Zone +40° bis +60° Declination. Von G. Müller u. P. Kempf. (VII, 446 S.) 903. n. 20. —
47. Untersuchungen an den Spektren der helleren Gasnebel, angestellt am grossen Refraktor. Von J. Scheiner u. J. Wilsing. (59 S.) 905. n. 4. —
48. Ueber den Einfluss der sphärischen Abweichungen der Wellenfläche auf die Lichtstärke v. Fernrohrobjektiven. Von J. Wilsing. (31 S. m. Fig.) 903. n. 2. —
49. Untersuchungen über die Kopien des Gitters Gautier Nr. 47 u. üb. Schichtverzerrungen auf photographischen Platten. Von H. Ludendorff. (97 S.) 905. n. 6. —
50. (XV. Bds. 6. Stück.) Der grosse Sternhaufen im Herkules Messier 13. Von H. Ludendorff. (56 S.) 905. n. 4. —
51. (XVI. Bd.) Photometrische Durchmusterung des nördlichen Himmels, enth. alle Sterne der B. D. bis zur Grösse 7.5. IV. Tl. Zone +60° bis +90° Deklination. Von G. Müller u. P. Kempf. (270 S.) 906. 17. —
53. (XVIII. Bds. 1. Stück.) Ein neues Verfahren zur Messung der Linienverschiebung in Spektrogrammen. Von J. Hartmann. (47 S. m. Abbildgn. u. 1 Taf.) 906. n. 3. —

— des astrophysikalischen Observatoriums zu Potsdam. Hrsg. vom Direktor. In Stellvertretg.: O. Lohse. Nr. 45. 46. 52 u. 54—61. Lex. 8. Potsdam. Leipzig, W. Engelmann. 85. —
Eberhard, G., Untersuchungen üb. das Bogenspektrum des Dysprosiums. (27 S.) 909. (Nr. 60. [XX. Bd. 3. Stück.]) 2. —
— dasselbe üb. den Spektrographen IV des astrophysikal. Observatoriums. Mit 2 Fig. im Text. (110 S.) 907. (Nr. 54. [XVIII. Bd. 2. Stück.]) 7. —
Hartmann, J., Untersuchungen üb. das 80 cm-Objektiv des Potsdamer Refraktors. Mit 20 Fig. im Text u. 6 Taf. (106 S.) 908. (Nr. 46. [XV. Bd. 2. Stück.]) 8. —
Lohse, O., Doppelsterne. Mit 2 Fig. im Text u. 2 Taf.) (168 S.) 908. (Nr. 58. [XX. Bd. 1. Stück.]) 11. —
Ludendorff, H., der veränderliche Stern R Coronae borealis. Mit 7 Taf. (61 S.) 908. (Nr. 57. [XIX. Bd. 2. Stück.]) 5. —
Müller, G., u. P. Kempf, photometrische Durchmusterung des nördlichen Himmels, enth. die Grössen u. Farben aller Sterne der B. D. bis zur Grösse 7.5. Generalkatalog. (XXXV, 293 S.) 907. (Nr. 52. [XVII. Bd.]) 18.— (I—IV u. Generalkatalog: 95.—)
Scheiner, J., Katalog v. Doppelsternen der photographischen Himmelskarte aus der Zone von +31° bis +40° Deklination. (43 S.) 908. (Nr. 59. [XX. Bd. 2. Stück.]) 3. —
— Untersuchungen üb. die Solarkonstante u. die Temperatur der Sonnenphotosphäre. (Mit Unterstützg. der k. Akademie der Wissenschaften in Berlin.) Mit 7 Fig. im Text u. 4 Taf. (90 S.) 908. (Nr. 55. (XVIII. Bd. 3. Stück.]) 6. —
Vogel, H. C., die zwei Doppelrefraktoren des Observatoriums. Mit 14 Fig. im Text u. 5 Taf. (III, 59 S.) 907. (Nr. 45. [XV. Bd. 1. Stück.]) 5. —
Wilsing, J., u. J. Scheiner, vergleichende spektralphotometrische Beobachtungen am Monde u. an Gesteinen nebst Albedobestimmgn. an letzteren. (68 S.) 909. (Nr. 61. [XX. Bd. 4 Stück.]) 5. —
— — Temperaturbestimmung von 109 helleren Sternen aus spektralphotometrischen Beobachtungen. (221 S.) 909. (Nr. 56. [XIX. Bd. 1. Stück.]) 15. —

— dasselbe. Photographische Himmelskarte. Zone +31° bis +40° Declination. 1. u. 2. Bd. gr. 4. Ebd. à n. 25. —
1. 20627 scheinbare rechtwinklige Coordinaten v. Sternen bis zur 11. Grösse nebst genäherten Örtern f. 1900,0. Von J. Scheiner. (XL, 473 S. m. Fig.) 899.
2. 20553 scheinbare rechtwinklige Coordinaten von Sternen bis zur 11. Grösse nebst genäherten Örtern f. 1900,0. Von J. Scheiner. (XVI. 465 S.) 901.

— dasselbe. Photographische Himmelskarte. Zone + 30° bis + 40° Declination. Catalog. III. Bd. gr. 4. Ebd. 903. n. 25. —
20923 scheinbare rechtwinklige Coordinaten v. Sternen bis zur 11. Grösse nebst genäherten Oertern f. 1900 0. Nach Aufnahmen v. A. Schwassmann u. H. Clemens u. Ausmessgn. v. A. Everett. Von J. Scheiner. (XII, 470 S.)

Publikationen des astrophysikalischen Observatoriums zu Potsdam. Hrsg. vom Direktor. In Stellvertretg.: O. Lohse. Photograph. Himmelskarte. Zone +31° bis +40° Deklination. Katalog. IV. u. V. Bd. 32,5×25 cm. Potsdam. Leipzig, W. Engelmann. à 25.—
IV. 20522 scheinbare rechtwinklige Koordinaten v. Sternen bis z. 11. Grösse nebst genäherten Örtern f. 1900. 0. Von J. Scheiner. Nach Aufnahmen v. H. Clemens, G. Eberhard, A. Everett, H. Ludendorff, J. Scheiner u. A. Schwassmann u. Ausmessgn. v. H. Ludendorff u. W. Schweydar. Red. v. J. Scheiner. (XIV, 519 S.) 907.
V. 20458 scheinbare rechtwinklige Koordinaten v. Sternen bis z. 11. Grösse nebst genäherten Örtern f. 1900. 0. Von J. Scheiner. (XII, 470 S.) 910. 25. —

— dasselbe. Katalog. Ergänzungen u. Berichtiggn. zu den Bdn. I—IV. Von A. Biehl. (34 S.) 33×25,5 cm. Ebd. 908. 3. —

— des Office international de bibliographie. Nr. 8 u. 15. gr. 8. Zürich 898. Concilium bibliographicum. n. 2. 70
8. Sectio zoologica concilii bibliographici opibus complurium nationum Turici instituti. Editiones: anglica, gallica et germanica. (XVI, 24 S.) 897. n. 1. 60
15. Conspectus methodicus et alphabeticus numerorum „systematis decimalis" ad usum bibliographiae physiologicae, confectus auctoritate instituti bibliographici internationalis Bruxellensis et societatis biologicae Parisiensis, ampliatus a Carolo Richet. [01,01 : 612.] (23 S.) 897. n. 1. 10

— des Office international de bibliographie. Nr. 18 u. 30. gr. 8. Zürich, Concilium bibliographicum. 1. 70; engl. u. französ. Ausg. zu gleichem Preise.
18. Conspectus methodicus et alphabeticus numerorum „systematis decimalis" ad usum schedularii zoologici auctoritate instituti bibliographici internationalis Bruxellensis ampliatus a concilio bibliographico. (VIII, 27 S.) 898. 1. 20
30. Conspectus methodicus numerorum „systematis decimalis" ad usum bibliographiae anatomicae confectus auctoritate instituti bibliographici internationalis Bruxellensis ampliatus ab Herb. Haviland Field. (8 S.) 899. — 50

— dasselbe. Conspectus methodicus et alphabeticus numerorum classificationis bibliographici auctoritate instituti bibliographici internationalis Bruxellensis ampliatus a concilio bibliographico. 56., 56d., 57d. u.

58d. gr. 8. Zürich 902. Concilium bibliographicum. n. 4. 99; engl. u. französ. Ausg. zu gleichen Preisen.
56. Palaeontologica. (30 S.) n. 1. 10
56d. Biologia generalis. — Microscopia. (12 S.) n. — 64
57d. Zoologica. (41 S.) n. 1. 10
58d. Palaeontologica. — Biologia generalis. — Microscopia. — Zoologica. 56—57—59. (63 S.) n. 2. 15

— von noch nicht in Druck gelegten alten Orig.-Handschriften v. u. üb. Andreas Hofer u. seinen Zeitgenossen in zwangloser Folge. Nr. 1. 8. Meran-Mais 909. (Untermais, V. Schade.) — 40
Selbe üb. die Gefangennähmung Andreas Hofer, Sandwirths in Passeier. Nebst e. Anh. die Familie des Hofers u. des Verräthers desselben, verf. v. dem gewesenen Landesschützen-Hauptmann — Hofers treuen Freind — dann Mitvormund seiner Kinder v. J. 1810—1823 u. Schloßhauptmann auf dem Stammschlosse Tiral am 5ten 7ber 1840 Andr. Ilmer. (Zur Centenar-Feier der Autographen- u. Tiroliensien-Sammlg. entnommen u. wörtlich veröffentlicht v. Frz. Steiner-Hauenstein!) (15 S.)

— des „Katholischen Press- u. Literatur-Vereins" f. die Länder deutscher Zunge. 1. Bd. gr. 8. Stuttgart, Kathol. Vereins-Buchh. n. 1. 20; geb. n. 1. 60
Die hl. Elisabeth von Thüringen in der neueren deutschen Poesie. Von Frdr. Zurbonsen. (VIII, 121 S.) 900.

— der kön. ung. Reichsanstalt f. Meteorologie u. Erdmagnetismus. (Ungarisch u. deutsch.) 2.—6. Bd. 4. Budapest (L. Toldi). à n. 4. —
2. Wolkenbeobachtungen in Ó-Gyalla im J. 1898. Von Sigm. v. Karvázy. Mit 12 graph. Abbildgn. u. 8 Lichtdr.-Taf. (69 S.) 900.
3. Der jährliche Gang der Temperatur in Ungarn. Von Sigm. Róna. Mit 2 Abbildgn. (133 S.) 900.
4. Die Blitzschläge in Ungarn in den J. 1890—1900. Von Ladisl. v. Szalay. Mit 1 Karte u. 1 Graphikon. (129 S.) 901.
5. Die Methoden u. Mittel der Wolkenhöhenmessungen. Von Nic. Thege Konkoly jr. (V, 64 S. m. Fig. u. 1 Taf.) 902.
6. Die Temperaturverhältnisse v. Ungarn. Von S. Róna u. L. Fraunhoffer. (III, 155 S. m. 5 farb. Karten.) 904.
Der 1. Bd. ist vergriffen.

— des deutschen Reichs- u. königl. Preuß. Staats-Anzeigers, in den J. 1866—1874. gr. 8. (21 S.) Berlin 874. C. Heymann's Verl. n. — 50

— u. **Republicationen** der Königsberger literarischen Freunde. I. Lex.-8. Königsberg 886. Hartung. n. 10. —
G. C. Pisanski's Entwurf e. preußischen Literärgeschichte in 4 Büchern. Mit e. Notiz üb. den Autor u. sein Buch hrsg. v. Rud. Philippi. (XXIII, 722 S.)

— der Wiener freiwilligen Rettungsgesellschaft. Nr. 1—6. gr. 8. Wien, (Huber & Lahme.) n. 1. 40
1. I. Von den Cholera-Mahdis. II. Zur Cholerafrage. III. Kurzer Bericht üb. die Cholera in Toulon u. Marseille 1884 vom Schriftführer. (22 S.) 884. n. — 20
2. Das elektrische Licht im Eisenbahnbetriebe zu Kriegszeiten. Vortrag, geh. im Club österreich. Eisenbahn-Beamten am 21. Octbr. 1884 vom Schriftführer. [Aus: „Oesterr. Eisenbahn-Ztg."] (16 S.) 884. n. — 20
3. Die Aufgaben der Sanitäts-Behörden u. der gemeinnützigen Vereine bei Choleragefahr. Gemeinverständlicher Vortrag, geh. im akadem. Gymnasium zu Wien, am 14. Novbr. 1884 durch den Schriftführer. (16 S.) 884. n. — 20
4. Ueber den Transport v. Kranken im Allgemeinen u. insbesondere zu Epidemiezeiten in grossen Städten, vom Schriftführer. [Gemeinverständlicher Vortrag, geh. im akadem. Gymnasium zu Wien am 21. Novbr. 1884.] Nach stenograph. Aufzeichngn. (13 S.) 884. n. — 20
5. Einiges üb. das freiwillige Rettungswesen in Europa u. Amerika. [Gemeinverständlicher Vortrag, geh. im akadem. Gymnasium zu Wien, am 12. Dezbr. 1884.] Nebst e. Anh.: Einige Belehrgn. u. Vorschriften bei Feuer- u. Wassersgefahr, sowie für erste Hilfeleistgn. u. Normen f. Eisenbahn-Unfälle, sowie die organ. Bestimmgn. f. die freiwill. Unterstützg. der Militär-Sanitätspflege im Kriege. Vom Schriftführer. Nach stenograph. Aufzeichngn. (39 S.) n. — 20
6. Einige Belehrungen u. Vorschriften bei Feuer- u. Wassergefahr, sowie f. erste Hilfeleistungen. (23 S.) n. — 40

— des Schiller-Vereins zu Leipzig. 1. Heft. kl. 8. Leipzig 910. O. Leiner. — 30
Die Anfänge des Schiller-Vereins u. die ersten Schiller-Feiern in Leipzig. Von Geo. Büttner. Festgabe zum 10. XI. 1910. (40 S.)

— der Vereinigung „Sphinx" zu Berlin. Nr. 1. gr. 8. Berlin 892. C. F. Conrad. n.n. — 50
Stellung d. Strafrichters zum Spiritismus u. der Proceß Valeska Töpfer. Von Egbert Müller. (24 S.)

— aus den k. preuss. Staatsarchiven. Veranlasst u. unterstützt durch die k. Archiv-Verwaltung. 1—15. Bd. gr. 8. Leipzig 878—82. Hirzel. n. 185. —

1. Preussen u. die katholische Kirche seit 1640. Nach den Acten des geheimen Staatsarchives von Max Lehmann. 1. Thl. Von 1640 bis 1740. (XIV, 916 S.) n. 15. —
2. Friedrich Wilhelm I. in seiner Thätigkeit für die Landescultur Preussens. Von Rud. Stadelmann. (X, 388 S.) 1878. n. 9. —
3. Hessisches Urkundenbuch. 1. Abth. Urkundenbuch der Deutschordens-Ballei Hessen von Arth. Wyss. 1. Bd. Von 1207 bis 1299. Mit 1 Taf. in Lichtdr. (XIV, 575 S.) 1879. n. 13. —
4. Memoiren der Herzogin Sophie, nachmals Kurfürstin von Hannover, hrsg. von Adf. Köcher. (142 S.) — Frédéric II., histoire de mon temps [Redaction von 1746], hrsg. von Max Posner. (S. 143—499.) 1879. n. 12. —
5. Briefwechsel Landgraf Philipp's des Grossmüthigen von Hessen mit Bucer. Hrsg. u. erläutert von Max Lenz. 1. Thl. (VIII, 542 S.) n. 14. —
6. Geschichte der preußischen Politik 1807—1815. Von Paul Hassel. 1. Thl. [1807, 1808.] (XII, 587 S.) n. 13. —
7. Lehns- u. Besitzurkunden Schlesiens u. seiner einzelnen Fürstenthümer im Mittelalter. Hrsg. von C. Grünhagen u. H. Markgraf. 1. Thl. (XI, 555 S.) n. 12. —
8. Preußen u. Frankreich von 1795 bis 1807. Diplomatische Correspondenzen, hrsg. von Paul Bailleu. 1. Thl. [1795—1800.] (LVIII, 562 S.) n. 14. —
9. Die Gegenreformation in Westfalen u. am Niederrhein. Actenstücke u. Erläuterungen, zusammengestellt von Ludw. Keller. 1. Thl. [1555—1585.] (VIII, 610 S.) n. 14. —
10. Preussen u. die katholische Kirche seit 1640. Nach den Acten des geheimen Staatsarchives von Max Lehmann. 2. Thl. Von 1740 bis 1747. (715 S.) n. 16. —
11. Preussens Könige in ihrer Thätigkeit für die Landescultur. Von Rud. Stadelmann. 2. Thl. Friedrich der Grosse. (X, 656 S.) n. 14. —
12. Preußen im Bundestag 1851—1859. Documente der k. preuß. Bundestags-Gesandtschaft, hrsg. von Ritter v. Poschinger. 1. Thl. [1851—1854.] 1. u. 2. Aufl. (XII, 39 u. 396 S.) n. 7. —
13. Preussen u. die katholische Kirche seit 1640. Nach den Acten des geheimen Staatsarchives von Max Lehmann. 3. Thl. Von 1747 bis 1757. (721 S.) n. 16. —
14. Preußen im Bundestag 1851—1859. Documente der k. preuß. Bundestags-Gesandtschaft, hrsg. von Ritter v. Poschinger. 2. Thl. [1854—1856.] 1. u. 2. Aufl. (XVII, 395 S.) n. 7. —
15. — Dasselbe. 3. Thl. [1856—1859.] 1. u. 2. Aufl. (XXII, 541 S.) n. 9. —

— aus den preußischen Staatsarchiven. 16—26 Bd. gr. 8. Leipzig, Hirzel. n. 140. —

16. Lehns- u. Besitzurkunden Schlesiens u. seiner einzelnen Fürstenthümer im Mittelalter. Hrsg. v. C. Grünhagen u. H. Markgraf. (IV, 690 S.) 883. n. 14. —
17. Urkundenbuch d. Hochstifts Halberstadt u. seiner Bischöfe. Hrsg. v. Gust. Schmidt. (XII, 641 S. m. 6 Steintaf.) 883. n. 16. —
18. Preussen u. die katholische Kirche seit 1640. Nach den Acten d. geheimen Staatsarchives v. Max Lehmann. 4. Thl. Von 1768—1775. (V, 658 S.) 883. n. 14. —
19. Hessisches Urkundenbuch. 1. Abth. Urkundenbuch der Deutschordens-Ballei Hessen v. Arth. Wyss. 2. Bd. Von 1300 bis 1359. (VI, 662 S.) 884. n. 14. — (1. u. 2.: n. 27. —)
20. Geschichte von Hannover u. Braunschweig 1648 bis 1714 v. Adf. Köcher. 1. Thl. [1648—1668.] (VIII, 742 S.) 884. n. 16. —
21. Urkundenbuch d. Hochstifts Halberstadt u. seiner Bischöfe. Hrsg. v. Gust. Schmidt. 2. Thl. 1236—1303. Mit 6 Siegeltaf. (V, 671 S.) 884. n. 14. —
22. Unterhaltungen m. Friedrich dem Großen. Memoiren u. Tagebücher v. Heinr. de Catt, hrsg. v. Rhold. Koser. Mit 1 fcsm. Taf. (XXXII, 504 S.) 884. n. 9. —
23. Preußen im Bundestag 1851—1859. Documente der k. preuß. Bundestags-Gesandtschaft, hrsg. von H. Ritter v. Poschinger. 4. Thl. [1851—1858.] 2. Aufl. (XXI, 336 S.) 884. n. 9. —
(1—4: n. 30. —)
24. Preussen u. die katholische Kirche seit 1640. Nach den Acten d. geheimen Staatsarchives v. Max Lehmann. 5. Thl. Von 1775 bis 1786. (V, 707 S.) 885. n. 16. —
25. Preussens Könige in ihrer Thätigkeit f. die Landescultur. Von Rud. Stadelmann. 3. Thl. Friedrich Wilhelm II. (VIII, 235 S.) 885. n. 6. —
26. Briefwechsel der Herzogin Sophie v. Hannover m. ihrem Bruder, dem Kurfürsten Karl Ludwig v. der Pfalz, u. d. letzteren m. seiner Schwägerin, der Pfalzgräfin Anna. Hrsg. v. Ed. Bodemann. (XIX, 492 S.) 885. n. 12. —

Publikationen aus den k. preuss. Staatsarchiven etc.

Bd. 25. Stadelmann, Rud., Preussens Könige in ihrer Thätigkeit für die Landescultur. 3. Thl.: Friedrich Wilhelm II. (VIII, 235 S.) 885. *M 6.—.
» 26. Briefwechsel der Herzogin Sophie von Hannover mit ihrem Bruder, dem Kurfürsten Karl Ludwig von der Pfalz, und des letzteren mit seiner Schwägerin, der Pfalzgräfin Anna. Hrsg. von Ed. Bodemann. (XIX, 492 S.) 885. *M 12.—.
» 27. Urkundenbuch des Hochstifts Halberstadt und seiner Bischöfe. Hrsg. von Gust. Schmidt. 3. Thl.: 1301—1361. (VI, 710 S. mit 6 Siegeltaf.) 887. *M 15.—.
» 28. Briefwechsel Landgraf Philipp's des Großmüthigen von Hessen mit Bucer. Hrsg. und erläutert von Max Lenz. 2. Thl. (X, 506 S.) 887. *M 14.—.
» 29. Preußen und Frankreich von 1795—1807. Diplomatische Correspondenzen, hrsg. von Paul Bailleu. 2. Thl. [1800—1807.] (LXXXVII, 647 S.) 887. *M 16.—.
» 30. Stadelmann, Rud., Preussens Könige in ihrer Thätigkeit für die Landeskultur. 4. Thl.: Friedrich Wilhelm III. [1797—1807.] (VIII, 333 S.) 887. *M 8.—.
» 31. Die ältesten großpolnischen Grodbücher. 1. Bd.: Posen. 1386—1399. Hrsg. von J. v. Lekszycki. (XVIII, 417 S.) 887. *M 10.—.
» 32. Aeltere Universitäts-Matrikeln. I. Universität Frankfurt a. O. Aus der Orig.-Handschrift unter Mitwirkung von Geo. Liebe und Emil Theuner hrsg. von Ernst Friedlaender. 1. Bd. [1506—1648.] (XVI, 793 S.) 887. *M 20.—.
» 33. Die Gegenreformation in Westfalen und am Niederrhein. Actenstücke und Erläuterungen, zusammengestellt von Ludw. Keller. 2. Thl. [1585—1609.] (VIII, 698 S.) 887. *M 16.—.
» 34. Hansen, Jos., Westfalen und Rheinland im 15. Jahrhundert. I. Bd.: Die Soester Fehde. (VIII, 141, 484 S.) 888. *M 16.—.
» 35. Irmer, Geo., die Verhandlungen Schwedens und seiner Verbündeten mit Wallenstein und dem Kaiser von 1631—1634. 1. Thl.: 1631 und 1632. (LXXXVIII, 316 S.) 888. *M 9.—.
» 36. Aeltere Universitäts-Matrikeln. I. Universität Frankfurt a. O. Aus der Orig.-Handschrift unter Mitwirkung von Geo. Liebe und Emil Theuner hrsg. von Ernst Friedlaender. 2. Bd.: [1649—1811]. (VIII, 689 S.) 888. *M 20.—.
» 37. Briefe der Kurfürstin Sophie von Hannover an die Raugräfinnen und Raugrafen zu Pfalz. Hrsg. von Ed. Bodemann. (XXVI, 355 S.) 888. *M 9.—.

—— aus den k. preußischen Staatsarchiven. Veranlaßt u. unterstützt durch die k. Archiv-Verwaltg. 38.—50. Bd. gr. 8. Lpz., Hirzel. * 180 —

38. Die ältesten großpolnischen Grodbücher. 2. Bd.: Peisern 1390—1400. Gnesen 1390—1399. Kosten 1391—1400. Hrsg. von J. v. Lekszycki. (XIII, 427 S.) 889. * 10 —.
1. Bd. [Publ. Bd. 31.] Ebd. 1887. * 10 —.
39. u. 46. Irmer, Geo. Die Verhandlungen Schwedens u. seiner Verbündeten m. Wallenstein u. dem Kaiser von 1631 bis 1634. 2. Thl. 1633. (LXXXV, 431 S.) 889. * 14 —; u. 3. Thl. (Schluß.) 1633 u. 1634. (LXXVI, 563 S.) 891. * 16 —.
1. Thl. [Publ. Bd. 35.] Ebd. 1888. * 9 —.
40. Urkundenbuch d. Hochstifts Halberstadt u. seiner Bischöfe. Hrsg. v. Gust. Schmidt. 4. Thl. 1362—1425. (VI, 682 S. m. 4 Siegeltaf.) 889. * 15 —.
1.—3. Thl. [Publ. Bd. 17. 21. 27.] Ebd. 1883—87. * 43 —.
41. Meinardus, Otto. Protokolle u. Relationen d. Brandenburgischen Geheimen Rathes aus der Zeit d. Kurfürsten Friedrich Wilhelm. 1. Bd. Bis z. 14. April 1643. (LXXXVII, 750 S.) 889. * 20 —.
42. Hansen, Jos. Westfalen u. Rheinland im 15. Jahrh. 2. [Schluß-]Bd.: Die Münsterische Stiftsfehde. (VIII, 139; 583 S.) 890. * 18 —.
1. Bd. [Publ. Bd. 34.] Ebd. 1888. * 16 —.
43. Urkundenbuch zur Reformationsgeschichte d. Herzogth. Preußen. Hrsg. v. Paul Tschackert. 1. Bd. Einleitung. (XII, 389 S.) 890. * 9 —.
44. Dass. — 2. Bd. Urkunden, 1. Thl., 1523—1541. (VIII, 436 S.) 890. * 10 —.
45. Dass. — 3. [Schluß-]Bd. Urkunden, 2. Thl., 1542—1549. (II, 373 S.) 890. * 9 —.
47. Briefwechsel Landgraf Philipp's d. Großmüthigen v. Hessen m. Bucer. Hrsg. u. erläutert v. Max Lenz. 3. [Schluß-]Thl. (III, 638 S.) 891. * 16 —.
1. u. 2. Thl. [Publ. Bd. 5. 28.] Ebd. 1878,87. à Thl. * 14 —.
48. Hessisches Urkundenbuch. 2. Abthl. Urkundenbuch zur Geschichte der Herren v. Hanau u. d. ehemal. Prov. Hanau v. Heinr. Reimer. 1. Bd. 767—1300. Mit 2 Taf. in Lichtdr. (XXX, 677 S.) 891. * 15 —.
1. Abthl. 1. u. 2. Bd. [Publ. Bd. 3. 19.] Ebd. 1879,84. * 27 —.
49. Aeltere Universitäts-Matrikeln. I. Universität Frankfurt a. O. Personen- u. Ortsregister, unter Mitwirkg. v. Geo. Liebe, Emil Theuner, Herm. v. Petersdorff u. Herm. Granier bearb. v. Ernst Friedlaender. 3. Bd. (IX, 662 S.) 891. * 20 —.
1. u. 2. Bd. [Publ. Bd. 32. 36.] Ebd. 1887,88. à Bd. * 20 —.
50. Joachim, Erich. Die Politik d. letzten Hochmeisters in Preußen Albrecht v. Brandenburg. 1. Thl. 1510—1517. (VIII, 316 S.) 892. * 8 —.

— aus den k. preußischen Staatsarchiven. Veranlaßt u. unterstützt durch die k. Archiv-Verwaltg. 45. – 60. Bd. gr. 8. Leipzig, S. Hirzel. n. 301. —

45. Urkundenbuch zur Reformationsgeschichte d. Herzogth. Preußen. Hrsg. v. Paul Tschackert. 3. Bd. Urkunden, 2. Thl. 1542 – 1549. (II, 373 S.) 890. n. 9. — (1–3.: n. 28. —)
46. Die Verhandlungen Schwedens u. seiner Verbündeten m. Wallenstein u. dem Kaiser von 1631 – 1634. Von Geo. Irmer. 3. Thl. 1633 u. 1634. (LXXVI, 562 S.) 891. n. 16. — (kplt.: n. 39. —)
47. Briefwechsel Landgraf Philipp's d. Großmüthigen v. Hessen m. Bucer. Hrsg. u. erläutert v. Max Lenz. 3. Thl. (III, 638 S.) 891. n. 16. — (kplt.: n. 44. —)
48. Hessisches Urkundenbuch. 2. Abth. Urkundenbuch zur Geschichte der Herren v. Hanau u. der ehemal. Prov. Hanau v. Heinr. Reimer. 1. Bd. 767 – 1300. Mit 2 Taf. in Lichtdr. (XXX, 677 S.) 891. n. 15. —
49. Aeltere Universitäts-Matrikeln. I. Universität Frankfurt a O. Personen- u. Ortsregister, unter Mitwirkg. v. Geo. Liebe, Emil Theuner, Herm. v. Petersdorff u. Herm. Granier bearb. v. Ernst Friedlaender. 3. Bd. (IX, 662 S.) 891. n. 20. —
50. Die Politik d. letzten Hochmeisters in Preußen Albrecht v. Brandenburg. Von Erich Joachim. 1. Thl. 1510 – 1517. (VIII, 316 S.) 892. n. 8. —
51. Hessisches Urkundenbuch. 2. Abth. Urkundenbuch zur Geschichte der Herren v. Hanau u. der ehemal. Prov. Hanau v. Heinr. Reimer. 2. Bd. 1301 – 1349. (VII, 870 S. m. 1 Lichtdr.-Taf.) 892. n. 18. — (1. Abth. 1. u. 2. Bd., 2. Abth. 1. u. 2. Bd.: n. 69. —)
52. Aeltere Universitäts-Matrikeln. II. Universität Greifswald. Aus der Orig.-Handschrift unter Mitwirkg. v. Geo. Liebe, Emil Theuner, Herm. Granier u. Herm. v. Petersdorff hrsg. v. Ernst Friedlaender. 1. Bd. (1456 – 1615). (XXI, 635 S.) 893. n. 20. — (I, 1 – 3 u. II, 1.: n. 80. —)
53. Preussen u. die katholische Kirche seit 1640. Nach den Acten d. Geheimen Staatsarchives v. Max Lehmann. 6. Thl. Von 1786 bis 1792. (594 S.) 893. n. 16. —
54. Protokolle u. Relationen des brandenburgischen Geheimen Rathes aus der Zeit des Kurfürsten Friedrich Wilhelm. Von Otto Meinardus. 2. Bd. Bis Ende Dezbr. 1644. Mit e. geschichtl. Einleitg. f. den 2. u. 3. Bd. (CXLIII, 684 S.) 893. n. 28. —
55. — dasselbe. 3. Bd. Von Jan. 1645 bis Ende Aug. 1647. Mit den Registern zum 2. u. 3. Bd. (841 S.) 893. n. 28. — (1 – 3.: n. 76. —)
56. Preussen u. die katholische Kirche seit 1640. Nach den Acten des geheimen Staatsarchives v. Max Lehmann. 7. (Schluss-)Thl. Von 1793 bis 1797. Nebst Nachträgen zu sämmtl. Theilen. (V, 880 S.) 894. n. 28. — (kplt.: n. 123. —)
57. Aeltere Universitäts-Matrikeln. II. Universität Greifswald. Aus der Orig.-Handschrift unter Mitwirkg. v. Herm. Granier u. Herm. v. Petersdorff hrsg. v. Ernst Friedlaender. 2. Bd. (1646 – 1700) nebst Personen-, Orts-, Sach- u. Wortregister. (VIII, 535 S. m. 1 Tab.) 894. n. 15. —
58. Die Politik des letzten Hochmeisters in Preußen Albrecht v. Brandenburg. Von Erich Joachim. 2. Thl. 1518 – 1521. (VI, 402 S.) 894. n. 12. —
59. Politische Correspondenz des Kurfürsten Albrecht Achilles. Hrsg. u. erläutert v. Fel. Priebatsch. 1. Bd. 1470 – 1474. (XII, 830 S.) 894. n. 25. —
60. Hessisches Urkundenbuch. 2. Abth. Urkundenbuch zur Geschichte der Herren v. Hanau u. der ehemal. Prov. Hanau v. Heinr. Reimer. 3. Bd. 1350 – 1375. (922 S.) 894. n. 24. —

— aus den k. preußischen Staatsarchiven. Veranlaßt u. unterstützt durch die k. Archiv-Verwaltg. 61. – 72. Bd. gr. 8. Leipzig, S. Hirzel. n. 246. —

61. Die Politik des letzten Hochmeisters in Preußen Albrecht v. Brandenburg. Von Erich Joachim. 3. (Schluß-) Thl. 1521 – 1525. (V, 456 S.) 895. n. 14. — (3 Bde. kplt.: n. 31. —)
62. Die Gegenreformation in Westfalen u. am Niederrhein. Actenstücke u. Erläutergn., zusammengestellt v. Ludw. Keller. 3. Thl. 1609 – 1623. (VIII, 693 S.) 895. n. 22. — (1. – 3.: n. 52. —)
63. Geschichte v. Hannover u. Braunschweig 1648 – 1714 v. Adf. Köcher. 2. Thl. (1668 – 1674.) (VIII, 675 S.) 895. n. 20. — (1. u. 2.: n. 36. —)
64. Die Politik Pommerns währ. d. 30 jähr. Krieges. Von Max Bär. (XI, 503 S.) 896. n. 14. —
65. Urkundenbuch des Hochstifts Hildesheim u. seiner Bischöfe. Hrsg. v. K. Janicke. 1. Thl. Bis 1221. M. 4 Siegeltaf. (XV, 818 S.) 896. n. 22. —
66. Protokolle u. Relationen d. brandenburg. Geheimen Rathes aus der Zeit des Kurfürsten Friedrich Wilhelm. Von Otto Meinardus. 4. Bd. Von 1647 – 1654. (LXIII, 657 S.) 896. n. 26. — (1 – 4.: n. 102. —)
67. Polit. Correspondenz des Kurfürsten Albrecht Achilles. Hrsg. u. erläutert v. Fel. Priebatsch. 2. Bd. 1475 – 1480. (X, 744 S.) 897. n. 25. —
68. Polit. Correspondenz d. Grafen Franz Wilhelm v. Wartenberg, Bischofs v. Osnabrück, aus d. J. 1621 – 1631. Hrsg. v. H. Forst. (XL, 641 S.) 897. n. 18. —
69. Urkundenbuch, hessisches. 2. Abth. Urkundenbuch zur Geschichte d. Herren v. Hanau u. d. ehemaligen Prov. Hanau. Von Heinr. Reimer. 4. Bd. 1376 – 1400. (VII, 959 S.) 897. n. 26. — (1. – 4.: n. 83. —)
70. Die Gewerbe der Stadt Münster bis zum J. 1661. Mit e. Wappentaf. d. Gilden aus d. J. 1598. Von Rob. Krumbholtz. (XXII, 232 u. 558 S.) 898. n. 27. —
71. Polit. Correspondenz des Kurfürsten Albrecht Achilles. Von Fel. Priebatsch. 3. Bd. 1481 – 1486. (XII, 638 S.) 898. n. 20. — (kplt.: n. 70. —)
72. Briefwechsel Friedrichs des Großen m. Grumbkow u. Maupertuis. (1731 – 1759.) Hrsg. v. Rhold. Koser. (LXIV, 342 S.) 898. n. 12. —

— aus den k. preußischen Staatsarchiven. Veranlaßt u. unterstützt durch die k. Archivverwaltg. 73. – 77. Bd. gr. 8. Leipzig, S. Hirzel. n. 124. —

73. Urkundenbuch, hessisches. 1. Abth. Urkundenbuch der Deutschordens-Ballei Hessen v. Arth. Wyss. 3. Bd. Von 1360 bis 1399. (VI, 686 S.) 899. n. 20. —; (I, 1 – 3 u. II, 1 – 4 n. 130. —)
74. Acten, preussische u. österreichische, zur Vorgeschichte des 7jähr. Krieges. Hrsg. v. Gust. Berth. Volz u. Geo. Küntzel. (8, CLXXXIV, 764 S.) 899. n. 36. —
75. Briefwechsel König Friedrich Wilhelm's III. u. der Königin Luise m. Kaiser Alexander I. Nebst ergänz. fürstl. Korrespondenzen hrsg. v Paul Bailleu. (XXII, 564 S.) 900. n. 16. —
76. Preussen u. die katholische Kirche seit 1640. Nach den Acten des geheimen Staatsarchives. Von Herm. Granier. 8. Thl. Von 1797 bis 1803. (VIII, 863 S.) 902. n. 28. —
77. Dasselbe. 9. Thl. (Schluss.) Von 1803 bis 1807. (V, 666 S.) 902. n. 24. —

— aus den k. preussischen Staatsarchiven. Veranlasst u. unterstützt durch die k. Archivverwaltg. 78. u. 79. Bd. Lex.-8. Leipzig, S. Hirzel. n. 40. —

78. Archiv, politisches, des Landgrafen Philipp des Grossmütigen v. Hessen. Inventar der Bestände, hrsg. v. Fdr. Küch. 1. Bd. (LV, 885 S.) 904. n. 28. —
79. Briefe der Königin Sophie Charlotte v. Preußen u. der Kurfürstin Sophie v. Hannover an hannov. Diplomaten. Mit e. Einleitg. hrsg. v. Rich. Doebner. (XXII, 393 S.) 905. n. 12. —

— aus den k. preuss. Staatsarchiven. Veranlasst u. unterstützt durch die k. Archivverwaltg. 80. – 85. Bd. Lex. 8. Leipzig, S. Hirzel. 114. —

Archiv, politisches, des Landgrafen Philipp d. Grossmütigen v. Hessen. Inventar der Bestände, hrsg. v. Frdr. Küch. 2. Bd. (XII, 872 S.) 910. (Bd. 85.) 28. —
Bär, Max, Westpreussen unter Friedrich dem Grossen. 1. Bd. (Darstellung.) (X, 624 S.) 909. (Bd. 83.) 15. —; geb. 17. —
— Dasselbe. 2. Bd. (Quellen.) (VI, 778 S.) 909. (Bd. 84.) 18. —; geb. 20. —
Friedrich's des Grossen Briefwechsel m. Voltaire. Hrsg. v. Rhold. Koser u. Hans Droysen. 1. Tl. Briefwechsel des Kronprinzen Friedrich 1736 – 1740. (XV, 368 S.) 908. (Bd. 81.) 12. —; geb. 15. —
— dasselbe. 2. Tl. Briefwechsel König Friedrichs 1740 – 1753. (412 S.) 909. (Bd. 82.) 13. —; geb. 16. —
Meinardus, Otto, Protokolle u. Relationen des brandenburgischen Geheimen Rates aus der Zeit des Kurfürsten Friedrich Wilhelm. 5. Bd. Von 1655 – 1659. (LXXVIII, 699 S.) 907. (Bd. 80.) 28. — (1 – 5: 130. —)

Publikationen für die Stadt- und Land Bürger des Kantons Basel
⑤ 18. 5. 1798—? ⑥ 8° ⑦ Wochenblatt ⑧ Basel: Samuel Flick ⑩ Samuel Flick. Basel ⑫ amtliche Publikationen ⑮ Wahrscheinlich nur geplant. — Nach einer Annonce in den Wochentlichen Nachrichten aus dem Berichthaus zu Basel Nr. 19, vom 10. 5. 1798.

— der Hamburger Sternwarte. Nr. 1. Hrsg. v. Geo. Rümker. Hamburg 874. Friederichsen & Co. n. 5. —
Der Sternhaufen im Sternbilde d. Sobieski'schen Schildes, v. F. R. Helmert. Mit 2 (lith.) Karten. (79 S.)

Kiel, Königl. Sternwarte, Publikationen der —, Heft IX. Kiel 1894.

Kiel. K. Sternwarte, Publikationen der —. Heft 10: Zeitbestimmung im Vertikal des Polarsterns, von P. Harzer. Leipzig 1899. 4°.

Publikationen der von Kuffner'schen Sternwarte in Wien [Ottakring]. Hrsg. v. N. Herz. 1. Bd. Mit 12 Taf. gr. 4. (V, 216 S.) Wien 889. Frick. n. 15. —

— der v. Kuffner'schen Sternwarte in Wien (Ottakring). Hrsg. v. Norb. Herz. 2. Bd. gr. 4. (VIII, 253 u. 146 S. m. 4 Taf.) Wien 892. W. Frick. n. 20. — (1 u. 2.: n. 35. —)

— dasselbe. Hrsg. v. Leo de Ball. 3. Bd. gr. 4. (V, XVI, 307 u. XCVI S. m. 1 Taf.) Ebd. 894. n. 20.—

Publikationen der v. Kuffner'schen Sternwarte in Wien. Hrsg. v. Leo de Ball. IV. u. V. Bd. Imp.-4. (III, 382 u. 65 S. m. 9 Taf. u. V, 235; 23, 138 u. 81 S. m. Fig.) Wien 896. 900. W. Frick. à n. 20.—

— dasselbe. VI. Bd. 1. Thl. Imp.-4. (III, 93 S.) Ebd. 902. n. 5.—; (I—VI, 1 n. 100.—)

— der v. Kuffner'schen Sternwarte in Wien. VI. Bd. 2.—4. Tl. 4. Wien, W. Frick. n. 10.—
2. (47 S.) 903. 3.—. — 3. (37 S.) 904. 3.—. — 4. (47 S.) 904. 4.—

Publikationen d. Sternwarte d. eidg. Polytechnikums zu Zürich. Auf Kosten der „Wolfstiftg. d. eidg. Sternwarte" hrsg. v. A. Wolfer. 1. Bd. gr. 4. Zürich 897. (F. Schulthess.) n. 12.—
Beobachtgn. d. Sonnenoberfläche in d. J. 1887—89. Von A. Wolfer. (XXVII, 41 S. m. 15 Taf.)

— der Sternwarte d. eidg. Polytechnikums zu Zürich. Auf Kosten der „Wolfstiftg. der eidg. Sternwarte" hrsg. v. A. Wolfer. 2. Bd. gr. 4. Zürich (Schulthess & Co.). n. 12.—
Beobachtungen der Sonnenoberfläche in den J. 1890—1892. Von A. Wolfer. (XII, 65 S. m. 1 Fig. u. 16 Taf.) 899.

Publikationen der Sternwarte des eidg. Polytechnikums zu Zürich. Auf Kosten der „Wolfstiftg. der eidg. Sternwarte" hrsg. v. A. Wolfer. 3. Bd. gr. 4. Zürich (Schulthess & Co.) n. 12.—
Beobachtungen der Sonnenoberfläche in den J. 1893—1895. Von A. Wolfer. (XIV, 121 S. m. 15 Taf.) 902.

Publikationen der Sternwarte des eidg. Polytechnikums zu Zürich. Auf Kosten der Wolf-Stiftg. der eidg. Sternwarte. Hrsg. v. A. Wolfer. (IV. Bd. (VI, 80 S. m. 14 Taf.) 32,5×24 cm. Zürich 909. Schulthess & Co. 12.—

— des Verbandes zur Förderung d. rechts- u. staatswissenschaftlichen Literatur in Prag. I u. II. gr. 8. Prag 897. (J. B. Brandeis.) 2. 20
I. Kurze Darstellg. d. ordentl. Processganges nach der neuen Civilprocessordng. v. 1. VIII. 1895. Z. 113 R.-G.-Bl. Von Arnold Pollak. (55 S.) 1.—
II. D. Grundsätze d. Zwangsvollstreckg. ausländ. Executionstitel im österr. Recht. Von Jos. Eckstein. (71 S.) 1. 20

— dasselbe. III. gr. 8. Wien 897. M. Perles. n. 1. 20
Das Rechtsmittel im neuen Executionsverfahren. Von Frdr. Duschenes. (51 S.)

— dasselbe. IV. gr. 8. Berlin 897. C. Duncker. — Wien, Gerold & Co. n. 1. 50
Formularien zur neuen Civilprozeß-Ordng. Hrsg. v. Verbande zur Förderung der rechts- u. staatswissenschaftl. Literatur in Prag. (88 S.)

— d. „Deutschen Vereins f. internationale Friedenspropaganda v. 1874" zu Berlin. I. u. II. Bd. 8. München 896. A. Schupp. n. 3. 50
I. D. Philosophie d. Krieges v. Michel Revon. Einleitg. zu d. Verf. grossem Werke: L'Arbitrage internationale, son passé, son présent et son avenir. Preisgekrönt vom Institut de France m. d. Prix Bordin v. 1892. Autor. Uebersetzg. aus d. Franz. v. Alfr. Herm. Fried. (VIII, 86 S.) n. 1. 50
II. Der Krieg u. s. angebl. Wohlthaten v. J. Novicow. Autor. deutsche Uebersetzg. v. Alfr. Herm. Fried. (VII, 138 S.) n. 2.—

— dasselbe. III. Bd. 8. Berlin 896. Gutenberg, A.-G. n. 1.—
„Wohin?" Die Etappen d. J. 1895. Von Bertha v. Suttner. (VII, 134 S.)

— dasselbe. IV. gr. 8. Berlin 896. Hannemann. —50
Der wahre Weg zum bleib. Frieden, nebst Entwurf zur Reform u. Codification d. Völkerrechts. Von Ed. Loewenthal. 2. Aufl. (15 S.)

— des Vereins für öffentliche Gesundheitspflege. I. A. u. d. T. Der Untergrund der Stadt Halle an der Saale beschrieben u. auf einer Karte dargestellt von M. Münter. Ausgeführt u. herag. unter Leitung des Prof. Dr. H. Girard im Auftrage des Vereins für öffentliche Gesundheitspflege. Halle 869. Barthel. gr. 8. (32 S. mit 1 chromolith. Karte.) n. 10 ngr.

— — II. A. u. d. T.: Die Trichinen in Halle u. dem Saalkreise. Eine Untersuchung im Auftrage des Vereins für öffentl. Gesundheitspflege ausgeführt von Bruno Huber. Nebst einem Anhang über die vom Verein vorgeschlag. Mittel zur Verhütung der Trichinenkrankheit. Halle 870. (Pfeffer.) gr. 8. (III, 32 S.) n. 7½ ngr.

— des Vereins für öffentl. Gesundheitspflege in Halle. III u. IV. gr. 8. Halle 872. Pfeffer. à n. 1.— (1—4.: n. 3. 75)
III. Die Epidemien der Stadt Halle a/S. in den J. 1852—1871 beschrieben u. tabellarisch dargestellt v. Kurt Weinek. Eine Untersuchg. ausgeführt u. hrsg. unter Leitg. d. Dr. Kohlschütter im Auftrage d. Vereins f. öffentl. Gesundheitspflege. (42 S. m. 1 Steintaf. in gr. Fol.)
IV. Die Typhusepidemie im Waisenhause zu Halle an der Saale im J. 1871 u. die Immunität desselben gegen Cholera. Eine ätiolog. Untersuchg. v. Zuckschwerdt. (53 S. m. e. Steintaf. in Fol.)

PUBLIKATIONEN DES HISTORISCHEN VEREINS FÜR DORTMUND UND DIE GRAFSCHAFT MARK. 1883, Januar 20. Dortmund 1883. Buchdruckerei von C. L. Krüger. 8°

Publikationen des Vereins f. schleswig-holsteinische Kirchengeschichte. I. Reihe (grosse Schriften). 1. Hft. gr. 8. Kiel (R. Cordes.) n. 4.—
Quellen u. Bearbeitungen der schleswig-holsteinisch. Kirchengeschichte. Systematisch u. chronologisch zusammengestellt. Von F. Witt. (XIII, 255 S.) 899.
Fortsetzung s.: Schriften d. Vereins etc. — Vergl. auch: Beiträge u. Mitteilungen d. Vereins etc.

Publicationen des literar. Vereins in Stuttgart, siehe Bibliothek des literar. Vereins.

Publicationen des Litterarischen Vereins in Stuttgart XXVIII—LXXV. Stuttgart 853—64. gr. 8. (Auf Kosten des Vereins gedruckt und nicht im Handel.)
XXVIII—XXX. Fastnachtsspiele aus dem 15. Jahrhundert. 3 Thle. 853. (1621 S.) (Vgl. XLVI.)
XXXI. Urkunden zur Geschichte des schwäbischen Bundes (1488—1553) herausg. von K. Klupfel. 2. Thl. 1507—1533. 853. (370 S.)
XXXII. Konrad Stolles thüringisch-erfurtische Chronik aus der Urschrift herausg. von Ludw. Friedr. Hesse. 854. (XXVIII, 216 S.)
XXXIII. XXXIV. Der abenteuerliche Simplicissimus und andere Schriften von Hans Jakob Christoph von Grimmelshausen. Herausg. von Adelb. v. Keller. 2 Bde. 854. (1208 S.)
XXXV. Erzählungen aus altdeutschen Handschriften gesammelt von Adelb. v. Keller. 855. (712 S.)
XXXVI. Die Schauspiele des Herzogs Julius von Braunschweig nach alten Drucken u. Handschriften herausg. von Wilh. Ludw. Holland. 855. (VII, 906 S.)
XXXVII. Spiegel des Regiments von Johann von Morszheim. Herausg. von Karl Goedeke. 856. (763 S.)
XXXVIII. Martina von Hugo von Langenstein. Herausg. von Adelb. v. Keller. 856. (763 S.)
XXXIX. Denkmäler der provenzalischen Litteratur. Herausg. von Karl Bartsch. 856. (353 S.)
XL. Amadis. 1. Buch. Nach den ältesten deutschen Bearbeitungen herausg. von Adelb. v. Keller. 857. (482 S.)
XLI. Deutsche Dichtungen von Nicodemus Frischlin. Theils zum erstenmal aus den Handschriften, theils

nach alten Drucken herausg. von Dav. Friedr. Strauss. 857. (199 S.)
XLII. Das Zeitbuch des Eike von Repgow in ursprünglicher niederdeutscher Sprache und in früher latein. Uebersetzung herausg. von H. F. Massmann. 857. (XI, 753 S.)
XLIII. Wormser Chronik von Friedr. Zorn mit den Zusätzen Franz Bertholds von Flersheim herausg. von Wilh. Arnold. 857. (287 S.)
XLIV. Der Trojanische Krieg von Konrad v. Würzburg. Nach den Vorarbeiten K. Frommanns u. F. Roths zum ersten Male herausg. von Adelb. v. Keller. 858. (596 S.)
XLV. Karl Meinet. Zum ersten Mal herausg. von Adelb. v. Keller. 858. (902 S.)
XLVI. Fastnachtspiele aus dem 15. Jahrhundert. Nachlese. Von Adelb. v. Keller. 858. (367 S.) (Vgl. XXVIII—XXX.)
XLVII. N. Federmann's und H. Stade's Reisen in Süd-America 1529 bis 1555. Herausg. von Karl Klüpfel. 859. (209 S.)
XLVIII. Dalimils Chronik von Böhmen. Herausg. von Venzesl. Hanka. 859. (253 S.)
XLIX. Rebhun's Dramen. Herausg. von Herm. Palm. 859. (193 S. u. Notenbeilagen S. 195—202.)
L. Wilwolt's von Schaumburg Leben. Herausg. von Adelb. v. Keller. 859. (. . . S.)
LI. Decameron von Heinr. Steinhöwel. Herausg. von Adelb. v. Keller. 860. (704 S.)
LII. Dietrichs erste Ausfahrt. Herausg. von Frz. Stark. 860. (XX, 356 S.)
LIII. Mitteldeutsche Gedichte. Herausg. von Karl Bartsch. 860. (XXVI, 230 S.)
LIV. Gedichte von Jehan de Condet. Nach der Casanatensischen Handschrift herausg. von Adf. Tobler. 860. (186 S.)
LV. Huyge van Bourdeus. Ein niederlandisches Volksbuch. Herausg. von Ferd. Wolf. 860. (2 Bl., 88 S.)
LVI. Das Buch der Beispiele der alten Weisen. Nach Handschriften u. Drucken herausg. von Wilh. Ludw. Holland. 860. (2 Bl., 261 S.)
LVII. Translationen von Niclas von Wyle. Herausg. durch Adelb. v. Keller. 861. (373 S.)
LVIII. Scherzgedichte von Johann Lauremberg. Herausg. von J. M. Lappenberg. 861. (324 S. u. 1 lith. Facsim.)
LIX. Des Grafen Wolrad von Waldeck Tagebuch während des Reichstags in Augsburg 1548. Herausg. durch C. L. P. Tross. 861. (271 S.)
LX. Meleranz von dem Pleier. Herausg. von Karl Bartsch. 861. (387 S.)
LXI. Reisen u. Gefangenschaft Hans Ulrich Krafft's. Aus den Originalhandschriften herausg. von K. D. Hassler. 861. (440 S.)
LXII. Cyriacus Spangenberg von der Musica u. den Meistersängern. Herausg. durch Adelb. v. Keller. 861. (172 S. u. 1 lith. Notenbeilage.)
LXIII. Nürnberger Polizeiordnungen aus dem XIII. bis XV. Jahrh. Herausg. von Jos. Baader. 861. (340 S.)
LXIV. Endres Tuchers Baumeisterbuch der Stadt Nürnberg [1464—1475]. Mit einer Einleitung u. sachlichen Anmerkungen von Friedr. v. Weech herausg. durch Matth. Lexer. 862. (XIV, 387 S.)
LXV. LXVI. Der abenteuerliche Simplicissimus u. andere Schriften von Hans Jak. Chrph. Grimmelhausen. Herausg. von Adelb. v. Keller. 3. u. 4. Bd. 862. (944 S.) Vgl.: XXX. u. XXXIV.
LXVII. Renaus de Montauban oder die Haimonskinder. Altfranzös. Gedicht, nach den Handschriften zum ersten Male herausg. von Heinr. Michelant. 862. (2 Bl., 542 S.)
LXVIII. Meisterlieder der Kolmarer Handschrift. Herausg. von Karl Bartsch. 862. (718 S. u. Register S. 719—734.)
LXIX. Ein geistliches Spiel von S. Meinrad's Leben u. Sterben. Aus der einzigen Einsiedler Handschrift herausg. von Gall Morel. 863. (126 S.)
LXX. Des Teufels Netz. Satirisch-didaktisches Gedicht aus der 1. Hälfte des 15. Jahrh. Herausg. von K. A. Barack. 863. (467 S.)
LXXI. Heinrich Mynsinger von den Falken, Pferden u. Hunden. Herausg. von K. D. Hassler. 863. (98 S.)
LXXII. Der Veter Buoch. Nach einer Breslauer Handschrift herausg. von Herm. Palm. 863. (107 S.)
LXXIII. Paul Fleming's lateinische Gedichte. Herausg. von J. M. Lappenberg 863. (624 S.)
LXXIV. Reimchronik über Herzog Ulrich von Württemberg u. seine nächsten Nachfolger. Zum ersten Mal herausg. von Ed. v. Seckendorff. 863. (208 S.)
LXXV. Barlaam und Josaphat. Französ. Gedicht des 13. Jahrhunderts von Gui de Cambrai. Nebst Auszügen aus mehreren andern romanischen Versionen herausg. von Herm. Zotenberg und Paul Meyer. 864. (419 S.)

— der Vereinigg. schweizerischer Bibliothekare. — Publications de l'association des bibliothécaires suisses. I. gr. 8. Zürich 907. (Stadtbibliothek.) — (Leipzig, C. Beck.) nn — 50
1. Bedeutung u. Herstellung e. schweizerischen Gesamtkataloges. Von Hans Barth. Referat. (22 S.)

Publik' der Vereinigung Schweizerischer Bibliothekare — Publications de l'Association des Bibliothécaires Suisses. (Heft) 2. 8. Leipzig, Rudolf Haupt, 1909.
s. Wyss, Wilhelm v[on].

— der literarischen Vereinigung in Wien. I u. II. gr. 8. Wien 895. L. Weiss. n. 1. 20
I. Charles Baudelaire u. d. Modernen. Von Emil Rechert. (26 S.) n. — 50
II. Kampf u. Bündnis d. Ethiken. Von Adf. Stöhr. (30 S.) n. — 70

— wirtschaftliche, der Züricher Handelskammer. 1.—3. Heft. gr. 8. Zürich, A. Bopp. n. 5. 80
1. Steuerreform im Kanton Zürich. Kritik der Vorschläge des Kantonsrates u Gegenvorschläge. (56 S.) 905. n. 1. —
2. Die Baumwollspekulation u. ihre Bekämpfung. Ein Beitrag zu den Bestrebungen der Baumwollkongresse. Von Herm. E. Thomann. (55 S.) 905. n. 1. 80
3. Zur Revision des Fabrikgesetzes. Kritik des Entwurfs des eidgenöss. Fabrikinspektorats u. Gegenentwurf der Zürcher Handelskammer. (179 S.) 906. n. 3. —

Wirtschaftliche Publik' der Zürcher Handelskammer. Heft 1 u. Heft 2. 8. Zürich, Arnold Bopp, 1905. fr. 1. — u. fr. 1. 80
s. [Richard, Emil] — Thomann, Hermann E[duard].

Wirtschaftliche Publik' der Zürcher Handelskammer. Heft 3. April 1906. 8. Zürich, Arnold Bopp, 1906. [fr. 3. 50]
s. [Richard, Emil].

— wirtschaftliche, der Züricher Handelskammer. 4.—11. Heft. Zürich, A. Bopp. 10. 60
4. Zur Revision des schweizer. Obligationenrechts. Kritische Bemerkgn. zum bundesrätl. Gesetzentwurf v. 3. III. 1905. (60 S.) Lex. 8. 908. 1. 50
5. Was bringt uns d. Nationalbank? Von H. Kundert. (30 S.) Lex. 8. 907. 1. —
6. Zur Revision des schweizer. Postgesetzes. Kritik des bundesrätl. Entwurfes v. 25. II. 1907 u. Vorschläge der Zürcher Handelskammer. (24 S.) gr. 8. 907. — 80
7. Gutachten, zwei, der Handelskammer. Ausdehnung des Arbeiterinnenschutzes auf d. kaufmänn. Bureaux? — Aufhebung des Güterdienstes im Bahnhof Enge? (16 S.) gr. 8. 907. — 60
8. Kranken- u. Unfallversicherung. Kritik des bundesrätl. Gesetzesentwurfs v. 10. XII. 1906. (112 S.) gr. 8. 908. 3. —
9. Kranken- u. Unfallversicherung. Gesetzesentwurf m. Motiven nach den Vorschlägen der Zürcher Handelskammer. (64 S.) gr. 8. 908. 1. 50
10. Kranken- u. Unfallversicherung. Der Bericht d. nationalrätl. Kommiss. v. 2. V. 1908. (37 S.) gr. 8. 908. 1. 20
11. Verstaatlichung der Mobiliarversicherung? Von Paul Hiestand. (28 S.) gr. 8. 910. 1. —
1.—3. Heft. Ebd. 905. 06. 5. 80

Wirtschaftliche Publik' der Zürcher Handelskammer. Heft 4. Oktober 1906. 8. Zürich, Arnold Bopp, 1906. (fr. 1. 80)
s. (Wächter, [Hermann].)

b Wirtschaftliche Publik' der Zürcher Handelskammer. Heft 5. April 1907. 8. Zürich, Arnold Bopp, 1907. (fr. 1. 20)
s. Kundert, H[einrich].

Wirtschaftliche Publik' der Zürcher Handelskammer. Heft 6. Oktober 1907. 8. Zürich, Arnold Bopp, 1907. [fr. 1. —]
s. [Richard, Emil].

Wirtschaftliche Publik' der Zürcher Handelskammer. Heft 7—11. 8. Zürich, Arnold Bopp, 1907—1910.
Heft 7. Dezember 1907 s. [Meyer, Hermann] — Heft 8. Januar 1908 s. (Richard, Emil) — Heft 9. März 1908 s. (Richard, Emil) — Heft 10. Juli 1908 s. (Richard, Emil) — Heft 11. Juni 1910 s. Hiestand, Paul.

— des zionistischen Zentralbureaus Wien IX, Türkenstr. 9. I. Heft. gr. 8. Wien (IX, Türkenstr. 9) 909. Zionist. Zentralbureau. — 30
I. Zionistische Palästinaarbeit. Von A. Böhm. Mit 1 Karte der jüd. Kolonien in Palästina. 1.—10. Taus. (40 S.)

— des Zentralkollegiums des Landeskulturrates f. das Königr. Böhmen. 4. Heft. Lex. 8. Prag 909. (F. Řivnáč.) 3. —
Abhandlung üb. die agronomisch-pedologische Durchforschung e. Teiles des Bez. Welwarn. Von Jos. Kopecký. (111 S. m. 6 Taf. u. 1 farb. Karte.)

Publicationen des Central-Marken-Registers für das Jahr 1890. Heft I—LXIII. (8 S.) In Umschlag —10
Wien: Hof-u.Staatsdruckerei 1892.

Publicationen des Central-Marken-Registers für das Jahr 1891. Heft I—LXIII. Lex.-8. (VIII, 1002 S.) Ebda.1892. 15.85

Publication des Central-Marken-Registers für das Jahr 1892. Heft I bis XII. Lex.-8. (VIII, 1379 S.) Ebda.1893. 20.85

Publication des General-Marken-Registers für das Jahr 1893. Heft I—XII. (XVIII, 1207 S.) Ebda.1894. 16.—

Publication des Central-Marken-Registers für das Jahr 1895. Heft I—XII. Lex.-8. (XX, 1272 S.) Ebda.1896. 16.—

—— des Centralvereins belgischer Architecten. Neue Folge. 1.—4. Bd. Fol. (à Bd. 48 Stnt.) Berlin 886—88, Claesen und Comp. à Bd. in Mappe *M 28.—. * 1
Vorstehende 4 Bde. erschienen auch u. d. T.: l'Emulation. 9me—12me année. (s. d.)

—— des Centralvereins belgischer Architecten. Neue Folge. 5.—9. Bd. Fol. (à Bd. 48 Steintaf.) Berl. 889—92, Hessling u. Spielmeyer. à Bd. in Mappe * 28 —: * 140 —
1.—4. Bd. Ebd. 1886—88. à Bd. * 28 .

— des österreichischen Centralvereins f. Milchwirtschaft. Nr. 1—3 u. 5. gr. 8. Wien, (W. Frick). n. 4. 40
1. Das Molkereiwesen in Dänemark u. Schleswig-Holstein. Auszug aus dem an das hohe k. k. Ackerbauministerium erstatteten Reisebericht v. Heinr. Maresch. (48 S.) 892. n. 1. 20
2. Unsere Milchwirthschaft. Vortrag, geh. in der 1. ordentl. Generalversammlg. des österreich. Centralvereines f. Milchwirthschaft am 11. Febr. 1893 zu Wien v. B. Charousek. (21 S.) 893. n. — 80
3. Die Molkereigenossenschaften in Oesterreich u. deren Besteuerung. Von Frz. Frhrn. v. Myrbach. (42 S.) 894. n. 1. 20
5. Auszug aus dem Reiseberichte v. Frz. Toch, nebst e. Anh.: Mittheilungen üb. die Milchwirthschaft im Allgäu. (47 S.) 894. n. 1. 20
Das 4. Hft. ist nur in polnischer Sprache erschienen u. kostet n. 80.

— des österreichischen Centralvereines für Milchwirthschaft. Nr. 6. gr. 8. Wien (W. Frick). n. 2. 40
Das österreichische Lebensmittelgesetz im Lichte der heimischen Milchwirthschaft. Eine socialpolit. Plauderei. Von Hans Schrott-Fiechtl. (229 S.) 898.

Publikations Blatt für die Gemeinde der Herrschaft und V-Dörfer
① Fläsch, Haldenstein, Jenins, Igis-Landquart, Maienfeld, Malans, Mastrils, Says, Trimmis, Untervaz, Zizers ⑤ Probeblätter: 16. 12. 1897, 23. 12. 1897; 6. 1. 1898—13. 1. 1898 (im ganzen 4 Nummern) ⑥ 4° ⑦ Wochenblatt ⑧ Chur: Jos. Casanova ⑩ Martin Casanova ⑫ Anzeigeblatt und kurze Nachrichten ⑭ Be: L.

Publikationsorgan für das Transport- und Tarifwesen der Eisenbahnen und Dampfschiff-Unternehmungen auf dem Gebiete der Schweizerischen Eidgenossenschaft
v. Bundesblatt der Schweizerischen Eidgenossenschaft.

Publikola, s. Publicola.

Publikum,

— an das, e. Beil. zu Detlev Prasch Briefe üb. Leipzig. Mit Kpf. 8. Leipz. 787. Beygang. 6 gr

Publicum, Das betrogene.
Eine Kritik über Alpha und Omega ... Bremen 1846. V: *Bollmeier.* (zu)

Publikum, das betrogene. Eine Kritik über Alpha u. Omega u. s. w. von Δελτα. Zum Besten der „Mutterlosen Kirche" nahe bei Bremen. gr. 8. Bremen 846. (Geisler.) 1/8 ℛ

Publikum, an das, (über die Cholera). gr. 8. Oldenb. 831. (Schulze). 2 gr

— an das gebild. kunstliebende, Fischer betreffend. gr. 8. Berl. 818. Maurers B. 4 gr

— an das Lief- u. Esthländ., (v. A. W. Hupel). 8. Riga 772. Hartknoch in Leipz. 10 gr

— noch ein Nachtrag üb. die Verfälle in u. außer dem Opernhause, vom 20. Febr. bis zum 18. März 1818, worin vielleicht einige neue Ansichten angedeutet sind. gr. 8. Berl. 819. Maurers B. 2 gr

— an das, üb. die Proceßordnung. gr. 4. Berl. 782. Decker. 3 gr

— an das, die Rechtssache des Hrn. v. Berlepsch betreff. Wetzlar, d. 17. April 1799. Wolfenb., Albrecht. 1 gr

Publikum, das schmauslustige. Ein Guckkastenst. in 3 A. 16. Leipz. 802. Seeger. 6 gr

— das, an 2 Fränk. Schriftsteller. 8. Leipz. 774. Hertel. 3 gr

Publikum, das, im Verkehr m. der Eisenbahn bei der Personen- u. Reise-Gepäckbeförderung. Alphabetisch geordnete Zusammenstellung der Vorschriften der Eisenbahn-Verkehrsordng. m. den Zusatzbestimmgn. hierzu, welche auf die dem öffentl. Verkehr dienenden Eisenbahnen Deutschlands Anwendg. finden. 12. (47 S.) Leipzig 902. F. Schneider. n. — 20

Publikus, Paulus, kleine Rentner, } s.: Familien-
— drei Weihnachtsabende, } Bibliothek.
Vgl. Publicus, Paulus.

Publilius Syrus: Sententiae.
Ad fidem codicum optimorum primum recensuit Ed. Wölfflin. gr. 8. (IV, 165 S.) Leipzig 869, Teubner. *

Publili Syri sententiae. Recensuit A. Spengel. 8. (50 S.) Berlin 874, Weidmann'sche Buchh.

Publilii Syri Mimi sententiae. Digessit, recensuit, illustravit Otto Friedrich. Accedunt Caecilii Balbi, Pseudosenecae, proverbiorum, falso inter Publilianas receptae sententiae et recognitae et numeris adstrictae. gr. 8. (314 S.) [Berlin 880.] Leipzig, Grieben's Verlag. 6 —

Publishers Journal. Ein Katalog der engl. u. amerikan. Literatur. Red: Otto Gantzer. Vol. 1. März 1903–Febr. 1904. 12 Nrn. (à ca. 10 S.) Fol. Berlin, O. Gantzer. 6. —
Erscheint nicht mehr.

Publizist.–

Der Publicist. –
Berlin. – 1845 – 1874.

Publicist, der. Eine Zeitschrift zur Besprechung criminalistischer u. administrativer Gegenstände, gesellschaftl. u. bürgerl. Verhältnisse. Herausg. von A. F. Thiele. 1. u. 2. Jahrg. 1845. 1846 à 12 Hfte. gr. 4. Berlin, Liebmann. à n. 3 ℛ

Publicist, der. Eine Zeitschrift zur Besprechung gerichtlicher u. polizeilicher Gegenstände, gesellschaftl. u. bürgerl. Verhältnisse in Beziehung auf jene Gegenstände. Hrsg.: A. F. Thiele. 3–5. Jahrg. 1847–1849. à 52 Nrn. Imp. 4. (Bog.) Berlin. (Springer.) 1847 u. 48: à n. 3 ℛ 1849: n. 3½ ℛ

Der Publicist. Eine Zeitschrift für Freiheit und Gesetz, für öffentliches Recht und Gerichtsverfahren. Herausgeber A. F. Thiele. Ein Band, enthaltend Nr. 51 bis 115. Juli bis Dez. 1848. Fol.

— **Eine Zeitung f. öffentliches Recht u. Gerichtsverfahren u. f. sociale Interessen.** Red.: A. F. Thiele. 6. Jahrg. Juli–December 1851. 26 Nrn. Fol. (Bog. m. Beilagen.) Berlin, C. Schultze's Buchdruckerei. 1½ ℛ

— **Eine Zeitung f. Freiheit u. Gesetz, f. öffentliches Recht u. Gerichtsverfahren.** Red.: A. F. Thiele. 7. Jahrg. 1852. 104 Nrn. Fol. (à 1–1½ B.) Berlin, Weidle. 2 ℛ 18 ngr

Publicist, der. Eine Zeitung für Freiheit und Gesetz, für öffentl. Recht und Gerichtsverfahren. Redakt.: A. F. Thiele. 8. Jahrg. 1853. 104 Nrn. (à 1–1½ Bog.) Fol. Berlin, Weidle.
Die Fortsetzung erschien unter dem Titel:

Publicist, der. Zeitung für Recht und Gerichtsverfahren. Redakt.: A. F. Thiele. 9–11. Jahrg. 1854–56. à Jahrg. 104 Nrn. (à 1–1½ Bog.) Fol. Berlin, Röhring. à Jahrg. Thlr. *

Publicist, der. Zeitung für Recht und Gerichtsverfahren. Hrsg. und redig. von A. F. Thiele. 12. und 13. Jahrg. 1857 und 1858. à Jahrg. 104 Nrn. (à 1–2 Bog.) Fol. Berlin, Röhring. à Jahrg. *

—— dass. — Jahrg. 1859–61. à Jahrg. 313 Nrn. Fol. Ebendas. à Jahrg. *

Der Publicist. –
Frankfurt/Oder. – 1861–1878(?).
Vorh. u.d.T.: Frankfurter Publicist.

Frankfurter Publicist. –
Frankfurt/Oder. – 1855 – 1861.
Fortges. u.d.T.: Der Publicist.

Publizistik, Die, der Gegenwart. Würzb. 1879–81. V: *Woerl, Leo.* (KA) (Kat. d. stat. Bureau. Dresden 1890.)

Publicistik, die, der Gegenwart. Eine Rundschau über die gesammte Presse der Welt. 1–4. Hft. gr. 16. Würzburg 879. 80. Woerl. n. 4. 60
1. Die Pressverhältnisse der Grossherzogthümer Hessen u. Baden. (87 S.) n. 1. —
2. Die Pressverhältnisse im Königr. Württemberg. (64 S.) n. 1. —
3. Die Pressverhältnisse in der Schweizerischen Eidgenossenschaft. (46 S.) n. — 60
4. Die Pressverhältnisse im Königr. Bayern. (153 S.) n. 2. —

Publicistik, die, der Gegenwart. Eine Rundschau über die gesammte Presse der Welt. 5. und 6. Heft. 12. Würzburg, Woerl. * 8 —
Inhalt:
Heft 5. Die Pressverhältnisse im Kaiserstaat Oesterreich-Ungarn. (IV, 227 S.) 880. *ℳ 3.
» 6. Die Pressverhältnisse im Königreich Preussen. (VIII, 529 S.) 881. *ℳ 5.
1.–4. Heft. Ebendas. 1879,80. *ℳ 4,60.

Publicität, über die, der Hypothekenbücher üb. den nachtheil. Einfluß auf d. Handel. 8. Nürnb. 819. Campe. 3 gr

Puccini, Ritter ..., über den Zustand d. schönen Künste in Toskana; aus d. Italien. übers. von Fr. v. Martens. Nebst 3 Briefen über e. neuere Gemälde v. Cammucini, Aparisio u. Appiani. 8. Wien 815. Schaumburg. 12 gr

Die Bohème. Scenen aus Henry Murgers 'Vie de Bohème' in 4 Bild. v. G. Giacosa u. L(uigi) Illica. Mus. v. Giacomo Puccini ... Deutsch v. Ludwig Hartmann. Clavierausz. m. Text. Arrang. v. Carlo Carignani ... *Mailand: G. Ricordi & C. 1897.* (4 Bl., 255 S., 1 Portr.) 1 Bd 4.

Die kleine Frau Schmetterling (Madame Butterfly, [deutsch]). Tragödie e. Japanerin nach John L. Long u. David Belasco von L[uigi] Illica u. G[iuseppe] Giacosa. Deutsch von Alfred Bruggemann. Musik von Giacomo Puccini. [Textbuch.] Mailand, Leipzig [usw.]: Ricordi (copyr. 1907). 51 S. 8° A 12.7280

Pucelle, la, d'Orléans, par Voltaire. gr. 8. Londres. (Rottmann à Berl.)

— — la m. av. fig. 8. (Jülicher à Lingen.)

— — la m. ed. de Kehl. 4. Strasb. Levrault. Velinp.

— — la m. Poëme en XXI. Chants avec les Notes et Variantes. 12. Lpz. Sommer.

— — la m. Poëme héroïque en XVIII. Ch. av. f. 12. ibid.

— — la m. Poëme en XXI. Ch. ed. de Kehl. 4. Cassel, Thurneisen. Velinp.

— — la m. ed. de Kehl. gr. 8. Mayence, Kupferberg.

— — la même. 12. Basle, Em. Thurneisen. 755.

Pucelle d'Orléans, la, Poëme héroi-comique en 18 chants (par Voltaire) avec fig. 12. Génève, (Leips. Hinrichs en Comm.) 812.

Pucelle, la, d'Orléans, Johanna, die Heldin von Orleans. Trauersp. von Bernhold. 8. Nürnb. 752.

Puchas, Frz., ins Hl. Land! Erinnerungsblätter an die erste steir. Volkswallfahrt nach dem Hl. Lande (10. bis 31. VIII. 1908). Mit zahlreichen Abbildgn. 1. u. 2. Aufl. (Je V, 139 S. m. Titelbild.) 18,5×27,5 cm. Graz 909. Styria. 1. —

Puchas, Frz., 30 ausgewählte Lieder zum Gebrauche bei der Anbetung des allerheiligsten Sacramentes. (56 S.) 16. Graz (901). U. Moser. n. — 24; Partitur. (32 S.) Lex.-8. (902.) Kart. n. 2. —

— Ausgewählte Lieder zum Gebrauche bei der Anbetung des allerheiligsten Sakramentes. 2., verm. Aufl. (7.—12. Taus.) (59 S.) 16. Graz 909. U. Moser. — 24

— Papst Pius X. Kurze Lebensskizze. (32 S. m. 1 Bildn.) 12. Ebd. 903. n. — 12

— s.: Soldaten, die, des Jesukindes.

Puchau, Johann Balthasar (Guben / Lausitz), Exercit. jur. quaestionem utrum anticipatio usurarum, usurariam pravitatem involuat continens. Präs. Fried. Gottlieb Zoller. Leipzig (Loeper) 23. V. 1777. 12 S. (4.—) 27256

Puchberg [Schlagwort]

Puchberg, s.: Alpen, Wegmarkirungskarten.

Puechberg, Johann Mathias: „Einleitung zu einem verbesserten Kameralrechnungsfusse auf die Verwaltung einer Herrschaft angewandt", 1762.

Puchberger, Eman., e. allgemeinere Integration der Differentialgleichungen. 1. Hft. gr. 8. (IV, 24 S.) Wien 894. (C. Gerold's Sohn.) n. 1. —

Puchberger, Eman., e. allgemeinere Integration der Differentialgleichungen. 2. u. 3. Hft. gr. 8. (VI, 48 u. V, 51 S.) Wien 895. C. Gerold's Sohn. à 1. 60

— dasselbe. 4.—6. (Suppl.-) Hft. gr. 8. (XV, 29; 30 u. 51 S.) Ebd. 896—898. à n. 1. 60 (I—VI. n. 9.—)

Puchelberger, Jo. Friedrich (Neustadt ad Ayssum), De cereo juris naso seu vulgari dictero jus habere cereum nasum Das Recht habe eine wächserne Nasen. Diss. jur. Präs. Jo. Georg Fichtner. Altdorf (J. W. Kohle) März 1724. 28 S. (4.50) 27259
Widm. v.: J. M. Fichtner (dtsch.), F. L. Esper (dtsch., Georg Jakob Goeldl (Oppon.), Joh. Daniel Harrer (Oppon., dtsch.).

Puchelt, Benno Rudolf

Puchelt, B. R., s. Barth u. Roger über Auscultation.

Puchelt, Benno Rudolph, Quae fuerint doctrinae de tumoribus in pelvi, partum impedientibus, fata. Diss. histor.-med. Heidelberg (G. Reichard) (Aug.) 1839. IV, 28 S. (3.25) 27260

Puchelt, Bennone Rud., Comment. de tumoribus in pelvis etc. Cum praefat. Franc. Car. Naegele. 8maj. (16 B. u. 2 Stnt.) Heidelbergae 840, J. Ch. B. Mohr.

Puchelt, Ernst Sigismund

—— ergänzende Gesetze der großherzogl. badischen Strafgesetzgebung mit Erläuterungen. gr. 8. (X, 354 S.) Mannheim 868, Bensheimer. **

Puchelt, Ernst Sigism., Commentar zum allgemeinen deutschen Handelsgesetzbuch. Mit besond. Berücksicht. der Praxis des Reichs-Oberhandelsgerichts. 9 Lfgn. gr. 8. (VIII, 905 S.) Leipzig 872—74, Roßberg'sche Buchh. 1.—8. Lfg. à *M 1,50.; 9. Lfg. *M 2. *

—— dass. — 2. verm. und verb. Aufl. 2 Bde. gr. 8. (1. Bd. VIII, 536 S.) Ebendas. 876. *

Puchelt, Ernst Sigism., Kommentar zum allgemeinen deutschen Handelsgesetzbuch. Mit besond. Berücksicht. der Rechtsprechung des Reichsgerichts und des vormaligen Reichs-Oberhandelsgerichts. 3. in Folge der neuen Reichs-Justizgesetze vielfach umgearb. Aufl. 13 Lfgn. oder 2 Bde. gr. 8. (VIII, 552; III, 690 S.) Leipzig 882, Roßberg'sche Buchh. à Lfg. *M 1,50. * 19 50
geb. * * 22 50

— Kommentar zum allgemeinen deutschen Handelsgesetzbuch. Mit besonderer Berücksichtigung der Rechtsprechung des Reichsgerichts u. des vormaligen Reichs-Oberhandelsgerichts. 3., in Folge der neuen Reichs-Justizgesetze vielfach umgearb. Aufl. (In ca. 11 Lfgn.) 1—8. Lfg. gr. 8. (1. Bd. VIII, 352 S. u. 2. Bd. S. 1—208.) Ebend. 882. à n. 1. 50

Puchelt, Ernst Sigism., Kommentar zum allgemeinen deutschen Handelgesetzbuch. Mit besond. Berücksicht. der Rechtsprechg. d. Reichsgerichts u. d. vormal. Reichs-Oberhandelsgerichts. 3., in Folge der neuen Reichs-Justizgesetze vielfach umgearb. Aufl. 9—13. (Schluß-)Lfg. gr. 8. (2. Bd. III u. S. 209—490.) Leipzig 883. 85. Roßberg. à n. 1. 50 (cplt.: n. 19. 50; geb. n. 22. 50)

Puchelt, Ernst Sigism., Kommentar zum allgemeinen deutschen Handelsgesetzbuch. Mit besond. Berücksicht. der Rechtsprechg. des Reichsgerichts u. des vormal. Reichs-Oberhandelsgerichts. 4., verm. u. durchgeseh. Aufl, bearb. v. R. Förtsch. 15 Lfgn. gr. 8. Leipzig, Roßberg. n. 25. —; in 2 Bde. geb. n.n. 28. 60
1. Bd. (VI u. S. 1—693.) 892. 893. n. 11. 20; geb. n.n. 13. —
2. Bd. (III u. S. 695—1470.) 893. 894. n. 13. 80; geb. n.n. 15. 60

— dasselbe. Suppl. 2 Lfgn. gr. 8. Ebd. 892. n. 4. —
Gesetz, betr. die Gesellschaften m. beschränkter Haftung. Vom 20. Apr. 1892. Erläutert v. R. Förtsch. (VIII, 169 S.)

Puchelt, E. S., Kommentar zum Allgemeinen deutschen Handelsgesetzbuch, Supplement dazu, s.: Petersen, J., u. W. Frhr. v. Pechmann, Gesetz betr. die Kommanditgesellschaften auf Aktien u. die Aktiengesellschaften.

— das rheinisch-französische Privilegien- u. Hypothekenrecht, s. o. Hypothekenrecht, deutsches.

Puchelt, Ernst Sigism.: Das Rheinisch-französische Privilegien- und Hypothekenrecht. Unter Mitw. von . . . hrsg. Leipzig 1876.
Abth. 1. Das französ. Privilegien- u. Hypothekenrecht.
„ 2. Das Rhein. Hypothekenrecht in seinen Abweichungen vom französ. Rechte.

— das Strafgesetzbuch für das Großherzogth. Baden nebst Abänderungen u. Ergänzungen mit Einschluß der Gesetze über Presse, Vereine u. Ministerverantwortlichkeit mit Erläuterungen. 2 Abthlgn. Ebend. 866—68. gr. 8. [1. Abthl. (S. 1—279.) n. 1 ℛ 5 ngr, 2. Abthl. 1. Liefg. (280—552.) n. 1 ℛ 5 ngr, 2. Liefg. (S. 553—900.) n. 1 ℛ 10 ngr, 3. Liefg. (XVI u. S. 901—1152.) n. 1 ℛ 5 ngr] n. 4 ℛ 25 ngr

— das Strafgesetzbuch f. das deutsche Reich. Mit den amtl. Motiven u. m. Erläutergn. 1—4. Hft. gr. 8. (VII, 386 S.) Karlsruhe 871. Bielefeld in Comm. à n. 1. 50

— die Strafprozeßordnung für das Deutsche Reich. Unter Benützung der Materialien, sowie mit Vergleichung anderer Gesetzgebungen nebst Doktrin u. Praxis erläutert. gr. 8. (VII, 903 S.) Leipzig 879—81. Roßberg. n. 14.—

Puchelt, Ernst Sigismund (Hrsg.), s. Zeitschrift, Juristische, f. d. Reichsland Elsaß-Lothringen.

Puchelt, S., s.: Zeitschrift für deutsches bürgerliches Recht und französisches Zivilrecht.

Puchelt, S., s.: Zeitschrift f. französ. Civilrecht.

Puchelt, E. S., die Civilprozeßordnung für das Deutsche Reich. Unter Benützung der Materialien und mit Berücksicht. der seither. Judicatur des Reichsoberhandelsgerichts und der anderen obersten deutschen Gerichtshöfe erläutert. 14 Lfgn. oder 2 Bde. gr. 8. Leipzig, Roßberg'sche Buchh. [1.—13. Lfg. (1. Bd. VII, 305 S.); 2. Bd. (S. 1—720.) 877,78. à Lfg. * ℳ 1,50.; 14. Lfg. (IV, S. 721—868.) 878. * ℳ 2.]
compl. *

Puchelt, Friedrich August Benjamin

Puchelt, Fr. Aug. Benj , het Aderenstelsel in deszelfs ziekelijken toestand. (Naar het Hoogduitsch.) gr. 8. Amsterdam 834. Laarman. n. 2 ℛ

Puchelt, Friedrich August Benjamin (Hrsg.):

s.: Annalen, Heidelberger klinische. Bd 1-9, Suppl. 4. Heidelberg: 1825-1833

Puchelt, Friedr. Aug. Benj., medic. Annalen, s. Annalen.

— Beitr. zur Medicin als Wissenschaft u. Kunst. 16 Hft. A. u. d. T.: die individuelle Constitution u. ihr Einfluß auf d. Entstehung u. den Charakter der Krankheiten. gr. 8. Leipz. 823. Brockhaus. 20 gℊ

— De carditide infantum commentarius. Leipzig (C. H. F. Hartmann) 1824. 56 S. (4.25) 27262

Puchelt, Fr. Aug. Benj., de carditide infantum comment. 8maj. Leipz. 824. (Voss). 8 gℊ

Puchelt, Friedrich August Benjamin (Hrsg.):

s.: Ersch, Johann Samuel: Literatur der Medizin. Leipzig: 1822

— s. Frank, Jos., Praxeos medicae universae praecepta.

—— die Hautkrankheiten in tabellar. Form, auf Veranlassung seiner Zuhörer dargest. gr. 4. (2½ B.) Heidelberg 836, J. Ch. B. Mohr.

Puchelt, Friedrich August Benjamin, s. Homöopathie, Über die.

– s. Jahrbücher, Neue, der deutschen Medicin.

— Soc. Carl Friedr. Salomon Liscovius (Leipzig), De nexu causali. Diss. Leipzig (B. G. Teubner) 20. II. 1811. 21 S. (3.—) 27265

— Friedrich August Benjamin, Febris notionem, febriumque distinctionem. Leipzig (Teubner) 12. VII. 1815. 14 S. (3.25) 27261

— (Bornsdorf / Lausitz), Observationem febris intermittentis complicatae una cum epicrisi exhibens. Diss. med. Leipzig (B. G. Teubner) 5. IV. 1811. 22 S. (3.25) 27264

— Sacra natalitia divi Caroli Friderici magni ducis Badarum rel. ab academia Heidelbergensi rite pieque celebrata simulque praemia commissionibus victricibus decreta et novas quaestiones propositas. — Praemittitur oratio de prohibendis et exstinguendis quibusdam morborum causis, Heidelbergae observatis. Heidelberg (G. Reichard) 22. XI. 1838. 32 S. mit Namen. (3.25) 27263

— das System d. Medizin im Umrisse dargestellt, u. vorzügl. seinen Zuhörern gewidmet. 1r Theil. — A. u. d. T.: Umriß d. allgemeinen Gesundheits-, Krankheits- u. Heilungslehre. gr. 8. Heidelb. 825, Mohr.

Puchelt, Fr. Aug. Benj., das System der Medicin im Umrisse dargestellt, u. vorzügl. seinen Zuhören gewidmet. 1r Thl. A. u. d. T.: Umriß d. allgem. Gesundheits-, Krankheits- u. Heilungslehre. gr. 8. Heidelb. 826. Mohr. 3 ℛ — 2r Thl. 1r—3r Bd. A. u. d. T.: Umriß d. besond. Krankheits- u. Heilungslehre. 3 Bde. gr. 8. Ebd. 827—31. Ebd. 12 ℛ

—— dass. 2. Thl. 2—4. Bd. — A. u. d. T.: Umriss d. besond. Krankheits- u. Heilungslehre. 2—4. Bd. gr. 8. Ebds. [2. (51 B.) 829., 3. (52 B.) 831. à 4 Thlr., 4. Literatur u. Register. (16¼ B.) 832. 1 Thlr. 8 Gr.]
2. Thl. 1. Bd. Umriss d. besond. Krankheits- u. Heilungslehre. 1. Bd. Ebendas. 1826 u. 27. 4 Thlr.

Puchelt, Friedr. Aug. Benj., das System d. Medicin im Umrisse dargest. u. vorzügl. sein. Zuhörern gewid. 1. Thl. — A. u. d. T.: Die allgem. Gesundheits-, Krankheits- u. Heilungslehre. 2., neu bearb. Aufl. gr. 8. (33½ B.) Heidelberg 835, Mohr.

—— Table synoptique des signes que présente le coeur et des maladies qu'ils indiquent dressée d'après les plus récentes améliorations et d'après les observations les plus approfondies. Trad. de l'Allemand. gr. in-Fol. Heidelberg 834, Mohr.

—— tabellar. Uebersicht d. Zeichen, welche d. Herz darbietet, u. der Krankheiten, welche sie andeuten. Nach neuern Berichtigungen u. vielseit. Beobachtn. entworfen. gr. Fol. (1 B.) Heidelberg 834, Mohr.

Das Venensystem in seinen krankhaften Verhältnissen dargest. von Friedrich August Benjamin Puchelt. Leipzig: Brockhaus 1818. XXVI,405 S. 8°

Puchelt, Fr. Aug. Benj., das Venensystem in seinen krankhaften Verhältnissen. 2. völlig umgearb. Aufl. 1. Thl. Venöser Zustand. Erhöhte Venosität. gr. 8. Leipzig 843, Brockhaus. 1 ℛ 12 nℊ — 2. Thl. Venenkrankheiten. 2. völlig umgearb. Aufl. gr. 8. Ebend. 844. 2½ ℛ

Pucher Johann: Neue Methode, photographische Bilder auf Glas zu verfertigen. S. 6. 63. vgr. Separatabdruck

Pucher, Robert, Referendar: Die Vollstreckbarkeit des gegen den Schuldner ergangenen Urteils gegenüber dem Schuldübernehmer. Borna-Leipzig 1909: Noske. VIII, 52 S. 8°
Breslau, Jur. Diss. v. 6. März 1909, Ref. Fischer-Schott
[Geb. 7. Juni 85 Ober-Lazisk; Wohnort: Glatz; Staatsangeh.: Preußen; Vorbildung: Gymn. Beuthen (O.-S.) Reife O. 04; Studium: Breslau 5, Greifswald 1, München 1 S.; Rig. 27. Febr. 08.] [U 09. 513

Püchl, Anton (Mitarb.), s. Lesebuch für ... Bürgerschulen.

PUCHLEITNER, Seraphine: Versuch einer kartographischen Darstellung der Territorialeinteilung Krains unter französischer Verwaltung mit einer Einleitung über die Civilorganisation der Illyrischen Provinzen. — 1902. VIII, 161 Bl. Diss. Graz, Univ.

Puchleitner Dr. Seraphine: Die Verwaltungsorganisation des Erzstiftlandes Salzburg. 7. Brünn Mädchen-Lyz. 04.
Progr.

v. Püchler, Benedikt Freiherr, Geschichte der Regierung Kaiser Franz I. 3 Thle. (Mit 3 Portraits.) gr. 8. Wien 841. (Gerold.) n. 2 ß

v. Püchler, Frhr. Ben., Hunyady. Trspl. in 5 A. 8. Wien 819. (Leipz., Liebeskind). 12 gr

Puchmayer, Andr. Jarosl., Lehrgebäude d. russisch. Sprache. Nach dem Lehrgebäude d. böhm. Sprache des Abbé Dobrowsky. gr. 8. Prag 820. Haase; a. Kronberger u. W. 2 ß bei Enders das. 1 ß 16 gr

Puchmayer, Anton Jaroslaw, Lehrgebäude der russischen Sprache. Nach dem Lehrgebäude der böhmischen Sprache des Abbé Dobrowsky. Wohlf. Ausg. gr. 8. Prag 843, Calve'sche Buchh. n. 2/3 ß

Puchner, P. Benedikt, Benekdiktiner von St. Emmeram in Regensburg, eine Lebensskizze. München 1825. V: *Werner*, *Petr.* [?]. (Lindner)

Puchner, Heinrich [geprüfter Landwirth aus Reichenhall]: Untersuchungen über die Kohärescenz der Bodenarten. . . . (Aus: Forschungen a. d. Geb. d. Agrikulturphys. Hrsg. v. Wollny. XII.) Heidelberg, Carl Winter's Universitätsbuchh., 1889: 2 Bl. + 47 S. u. 2 Taf. 8°
Leipzig. Phil. Fak., Inaug.-Diss. v. 18. Nov. 1889

Puchner, H., Untersuchungen auf dem Gebiete des landwirtschaftlichen Maschinenwesens, ausgeführt v. der kgl. bayer. Maschinenprüfungsstation Weihenstephan. (216 S. m. Abb.) gr. 8. München (903). C. A. Seyfried & Co. n. 3.80

Puchner, Heinr., Untersuchungen auf dem Gebiete des landwirtschaftlichen Maschinenwesens, ausgeführt v. der kgl. bayer. Maschinenprüfungsstation Weihenstephan. Neue Folge 1909. (324 S. m. Abbildgn.) gr. 8. München (909). C. A. Seyfried & Co. 4.50; geb. 6. —
1. Tl. Ebd. 903. 3.80.

Puchner, Johann

Puchner, J., Gramatica di Nuovo-Roman, lingua universal. Edicion original. gr. 8. (IV, 78 S.) Linz a/D. 897. Selbstverlag. Postfrei n.n. 1. 70

Puchner, Joh., Grammatik der Weltsprache. Nuove-Roman. Erfunden u. verf. v. P. (72 S.) 8. Linz (905). R. Puchner. 1. 20

Puchner, Joh., systematisches Lehrbuch der französ. Sprache f. Mittelschulen u. zum Privatgebrauche nach den besten u. neueren Grammatiken bearb. gr. 8. (XIV, 307 S.) Leipzig 874. Mentzel. n. 4. —

Puchner, Johann Nepomuk

Puchner, Joh. Nep., Abriß d. allgem. Geschichte f. Gewerbsschulen, m. besond. Rücksicht auf d. Gesch. d. Erfindungen. 8. (...) Regensburg 839, Reitmayr.

Puchner, Jh. Nep., kurze Anleitung zum schriftlichen Gedankenvortrage für Schule u. Haus. Mit 5 Steintaf. gr. 8. Regensburg 837. Reitmayr. 1/2 ß

Puchner, J. N., Anleitung zum schriftlichen Gedankenvortrage für Schule und Haus. 4. verb. Aufl. Regensburg 858. Pustet. gr. 8. (XV, 271 S.) 15 ngr.

Puchner, J. N., Anleitung zum schriftlichen Gedankenvortrage für Schule u. Haus. Neu bearb., verm. u. verb. v. Jos. Wollinger. 5. Aufl. Regensburg 868. Pustet. gr. 8. (VIII, 368 S.) n. 18 ngr.

Puchner, J. N., kurze Anleitung zur Satzbaulehre für Schüler in den niedern Klassen der Lateinschule und den höhern Klassen der deutschen Schulen. 8. (XII und 120 S.) Regensburg 856, Manz.

—— Ausarbeitungen zu den Aufgaben über die Satzbaulehre. 8. (51 S.) Regensburg 856(57), Manz.

— s. J. K. M. Maurer, Gedichte.

Puchner, Joh. Nep., Samml. arithmet. Beispiele, z. Uebung in d. Fracht-, Tara-, Fusti-, Gewinn- u. Verlust-Rechnung. gr. 8. (5 B.) Regensburg 828, Reitmayr.

—— Sammlung arithm. Beispiele z. Uebung in d. Zins- u. Rabatrechn. gr. 8. (...) Regensburg 827. [Augsburg, Kollmann'sche Buchh.]

—— Uebung im Rechnen mit gemeinen Brüchen. gr. 8. (...) Regensburg ... [Augsburg, Kollmann'sche Buchh.]

— zur Uebung im Rechnen mit 3 Gliedern und mit mehreren, welche zur Ergänzung stehen. gr. 8. Regensburg .. (Kollmann in Augsburg.) 1/8 ß

Puchner, Johann Nepomuk „Ueber den Unterricht in den Realien an den Landwirthschafts- und Gewerbsschulen". pg. 3—8. 4°. Stadtamhof, Joseph Mayr.
Regensburg, Progr. 1837/38

PUCHNER, JOSEF, Ord. S. Franc.: Betrachtungen über den Eidschwur. Ofen 1794: Mit Kön. Universitäts-Schriften. 74 S. - 8°

PUCHNER, JOSEPH, Ord. S. Franc.: Lobrede auf dem heiligen Stephan ersten König in Hungern, als dessen Festtag den 20. August 1796 . . feierlich begangen wurde. Ofen 1796. Gedr. mit kön. Universitäts-Schriften. 16 S. - 8°

PUCHNER, Carl: Ueber einen Fall von Mammacarcinom beim Manne mit Metastasen auf Pleura, Lunge und im Mediastinum anticum.- München: Fuller 1887. 18 S.
13.6.1887 - Chr 1886/87,13; Jv 1886/87,189
Diss. Ingolst.-Landsh.-Mchn.

Puchner, Carl, über einen Fall von Mammacarcinom beim Manne mit Metastasen auf Pleura, Lunge und im Mediastinum anticum. Diss. München 1887, A. Buchholz. 8°. 18 S.

Puchner, Carl, Hötschnpötschen. Gedichte in ob der enns. Mundart. Mit (lithogr.) Portr. des Verf. 8. (VIII, 191 S.) Gmunden 881, Habacher's Buchdruckerei. * 2 —
—— dass. — 2. Aufl. Mit (lithogr.) Portr. des Verf. 8. (VIII, 191 S.) Gmunden 881, (Mänhardt.) * 2 —

Puchner, Edw. Eberh., s. Lesebuch f. Landschullehrer.

Puchner, Rudolf. Aglaja. Milwaukee, 1887. UC

--Erinngen aus d ersten Jahren d Ansiedlungen New Holstein. Chilton, Wis. 1894.

--Klänge aus dem Westen. Milwaukee, 1879.

Puchner, Rud., Anna Ruland. Sittenbild aus dem Westen der Vereinigten Staaten. 8. (279 S.) Dresden 903. E. Pierson. n. 5. —; geb. n. 6. —

Püchner, Fritz

Püchner, F., der Krebs u. seine Zucht. [Mit 14 Abbildgn.] [Archiv f. Landwirthschaft. (Beilage zur „Wiener landwirthschaftl. Zeitg.") Hrsg. v. H. H. Hitschmann. VII.] gr. 8. (VI, 34 S.) Wien 888. (Gerold's Sohn.) n. 2. —

PUCHO, AMADEUS: Kanzel-Rede bei Wiedereröffnung der abgebrannten Elisabethiner-Kirche zu Pressburg am 19. November 1879. gehalten von Amadeus Pucho. Mit Erlaubnis der Oberen. Pressburg 1879: C. Angermayer. 15 S. - gr. 8°

PUCHÓ, AMADEUS: Der Kapuziner-Kreuzweg in Preßburg. Gelegenheits-Predigt bei Einweihung desselben am 21. Februar 1892 gehalten von Amadeus Puchó. Preßburg 1892: Carl Angermayer. 10 S. - 4°

Puchstein, Franz *(geb. Cammin in Pomm. 7. 1. 1844)*: Ueber asiatische Cholera mit Berücksichtigung der Camminer Epidemie 1866. Breslau (1869). (33 S.) 8°
Breslau, Med. Diss. v. 26. Febr. 1869

Puchstein, Franziskus Friedrich Barnim (Labes Pommern), Synopsis brevis morborum cordis eorumque symptomatum. Diss. pathol. Berlin (Nietack) 13. IX. 1837. 32 S. mit Biogr. (M.: Fr. Pretzell). (3.25) 27266
Oppon.: O. Geisler, J. H. Schweich, G. H. Meyer. — Gew.: J. L. Truestedt.

Dr. O[tto] **Puchstein** & Th. v. Lüpke. Ba'albek. 30 Ansichten d. deutschen Ausgrabungen. 30 views of the German excavations. 30 vues des fouilles allemandes. Berlin: G. Reimer in Comm. 1905. (30 Taf.) quer-8° [05. 5981

Puchstein, Otto: Bericht über eine Reise in Kurdistan. (Sitzungsberichte der Königl. Preussischen Akademie der Wissenschaften zu Berlin. 1883. I.) Berlin 1883. 36 S. 1 Tf., 1 Kt. 8°. [G 2074

Puchstein, Otto, die griechische Bühne. Eine architekton. Untersuchg. Lex.-8. (VI, 144 S. m. 43 Abb.) Berlin 901. Weidmann. n. 8. —

Puchstein, O., das ionische Capitell. 47. Programm zum Winckelmannsfeste der archäolog. Gesellschaft zu Berlin. gr. 4. (68 S. m. eingedr. Illustr.) Berlin 887. G. Reimer. n. 3. —

Puchstein. Epigrammata graece in Aegypto reperta, s. Dissertationes philologicae Argentoratenses.

Puchstein, O., Führer durch die Ruinen v. Ba'albek. (40 S. m. Abbildgn., 2 Taf. u. 1 Kartenskizze.) 8. Berlin 905. G. Reimer. n. 1. 60

— Zur pergamenischen Gigantomachie. S.-A. 1888. 19 S. 4°.
— Ak 1889. 23 S.

— pseudohethitische Kunst. Ein Vortrag. Berlin 5. Juni 1890. 8. (22 S.) Berlin 890. D. Reimer. n. 1. —

— Reisen in Kleinasien u. Nordsyrien, s.: Humann, K.

Die ionische Säule als klassisches Bauglied orientalischer Herkunft. Ein Vortrag von Otto **Puchstein**. Mit 59 Abb. Leipzig: J. C. Hinrichs 1907. (55 S.) 8°
= **Sendschriften** d. Deutschen Orient-Gesellschaft. No 4. [07. 15187 10

— die griechischen Tempel in Unteritalien u. Sicilien, s.: Koldewey, Rob.

Puchta, Anna, Till Eulenspiegel. Für die Jugend bearb. 1.—4. Tausd. 8. (78 S. m. 6 farb. Bildern.) Stuttgart (902). G. Weise. Geb. — 60

Puchta, A., Leben u. Abenteuer des Robinson Crusoe, s.: Defoe, Dan.

— Lichtenstein, s.: Hauff, Wilh.

— Paul u. Virginie, s.: Saint-Pierre, B. de.

— Schatzkästlein, s.: Hebel, J. P.

— Joseph Schwarzmantel, s.: Salzmann, Chr. G.

Puchta, Anton

Puchta, Ant., Aufstellung e. neuen dreifach orthogonalen Flächensystems. [Aus: „Sitzungsber. d. k. Akad. d. Wiss."] Lex.-8. (7 S.) Wien 893. (F. Tempsky.) n. — 20

Puchta, Ant., analytische Bestimmung der regelmässigen convexen Körper im Raume v. vier Dimensionen, nebst e. allgemeinen Satz aus der Substitutionstheorie. [Mit 1 (lith.) Taf.] Lex.-8. (35 S.) Wien 884. (Gerold's Sohn.) n. 1. 20

Analytische Bestimmung der regelmäßigen konvexen Körper im Raume von vier Dimensionen, nebst einem allgemeinen Satz aus der Substitutionstheorie (mit 1 Taf.). S. 89. II. 89. 1.20
Separatabdruck

— — analytische Bestimmung der regelmässigen convexen Körper in Räumen von beliebiger Dimension. Lex.-8. (18 S.) (Ebendas.) 884. * — 40

Analytische Bestimmung der regelmäßigen konvexen Körper in Räumen von beliebigen Dimensionen. S. 90. II. 98 . . . . —.36
Separatabdruck

Puchta, A., analytische Darstellung der kürzesten Linien auf allen abwickelbaren Flächen. [Mit 1 Taf.] [Aus: „Sitzungsber. d. k. Akad. d. Wiss."] Lex.-8. (30 S.) Wien 889. (Tempsky.) n. — 40

Puchta, Ant., ein Determinantensatz u. seine Umkehrung. [Aus: „Denkschr. d. k. Akad. d. Wiss."] Imp.-4. (7 S.) Wien 878. Gerold's Sohn in Comm. n.n. — 50

— Eine gewisse Klasse von Riemann'schen Flächen, die nicht in einfach zusammenhangende verwandelt werden können. S. 82. II. 20 . . . . vgr.
Separatabdruck

— — über gewisse mechanisch erzeugbare Curven und Flächen höherer Ordnung. Lex.-8. (20 S. mit 2 lithogr. Taf.) (Ebendas.) 883. * 1 20
aus: Sitzungsberichte der k. Akademie der Wissenschaften, besonders abgedruckt.

— das Oktaëder u. die Gleichung 4. Grades. [Mit 2 (lith.) Taf.] [Aus: „Denkschr. d. k. Akad. d. Wiss."] Imp.-4. (42 S.) Ebend. 879. n. 2. 50

— üb. die allgemeinsten abwickelbaren Räume, e. Beitrag zur mehrdimensionalen Geometrie. (Aus: „Sitzungsber. d. k. Akad. d. Wiss."] Lex.-8. (34 S.) Ebd. 892. n. — 70

Puchta, Ant., über einen Satz von Euler-Brioschi-Genocchi. Lex.-8. (24 S.) Wien 887, (Tempsky.) * *
Aus: Sitzungsberichte der k. Akademie der Wissenschaften, besonders abgedruckt.

—— ein neuer Satz aus der Theorie der Determinanten. Imp.-4. (8 S.) (Ebendas.) 881. * 2 —
Aus: Denkschriften der k. Akademie der Wissenschaften, besonders abgedruckt.

Puchta, Bruno: Das Schulwesen der Leipziger Landgemeinden im 16. und 17. Jahrhundert. Als Beitrag zu einer sächs. Schulgeschichte nach urkundl. Quellen bearb. *Leipzig 1901: Grimme & Trömel.* (112 S.) 8°
Leipzig, Phil. Diss. v. [4. Nov.] 1901

Puchta, G. A., s. Inland, das.

Puchta, Georg Friedrich

Puchta, Geo. Fr., civilistische Abhandlungen. gr. 8. Berl. 823. Reimer. 21 gGr

Procancellarius Georg Friedrich Puchta viro Georg Friederici summos in utroque jure honores indicit. — Inest: De dominio rerum per procuratorem adquirendo disputatio. (Leipzig (W. Staritz)) 8. IX. 1842. 12 S. mit Biogr. v. Friederici (Reudnitz) (M.: H. Fr. C. Koehler). (3.25) 27270

—— Einleitung in das Recht d. Kirche. gr. 8. (10¼ B.) Leipzig 840, Breitkopf u. Härtel.

— Encyklopädie als Einleitung zu Institutionen-Vorlesungen. 8. Berlin 825, Reimer.

Geschichte des Rechts bei dem römischen Volk mit einer Einleitung in die Rechtswissenschaft und Geschichte des römischen Civilprocesses von G[eorg] F[riedr.] **Puchta.** 10. Aufl. nach d. Tode d. Verf. besorgt von Paul Krüger. *Leipzig: Breitkopf & Härtel 1893.* (XVI, 582 S.) 8° [F.]
— **Puchta:** Cursus d. Institutionen. Bd 1. [oo. 8311]

Puchta, Geo. Friedr., das Gewohnheitsrecht. 1. Thl. gr. 8. (16 B.) Erlangen 828, Palm'sche Vrlsh.

—— das Gewohnheitsrecht. 2. Thl. gr. 8. (19¼ B.) Erlangen 837, Palm'sche Vrlsbuchh.
1. Thl. Ebendas. 1828. 1 Thlr. 4 Gr.

— **Grundriß zu Vorlesungen über jurist. Encyklopädie u. Methodologie. gr. 8. Erlang. 822. Heyder. 4 gGr**

— **Kritik von Georg Beseler's Volksrecht u. Juristenrecht. Aus den Jahrbüchern für wissenschaftl. Kritik besonders abgedruckt. gr. 8. Berlin 844, Besser. n. ¼ Thlr**

Puchta, Geo. Friedr., Cursus d. Institutionen. 1. u. 2. Bd. gr. 8. Leipzig, Breitkopf u. Härtel. à 3½ Thlr.
Bd. 1. A. u. d. T.: Einleitung in d. Rechtswissenschaft u. Gesch. d. Rechts bei d. röm. Volk. (46 B.) 841.
" 2. Die Gesch. d. röm. Civilprocesses u. d. System, u. d. Gesch. d. röm. Privatrechts (1. Abthl.). (50½ B.) 842.

Puchta, Geo. Friedr., Cursus der Institutionen. 1. u. 2. Bd. 2., verb. Aufl. gr. 8. Leipzig, Breitkopf u. Härtel. [1. (46½ B.) 845., 2. (52½ B.) 46. à 3 Thlr. 15 Ngr.]

Puchta, G(eo.) F(riedr.), Cursus der Institutionen. 1. Bd. A. u. d. T.: Geschichte des Rechts bey dem röm. Volk, mit einer Einleitung in die Rechtswissenschaft. 3., verm. Aufl., nach dem Tode des Verf. besorgt von (Adolf Aug. Friedr.) Rudorff. gr. 8. (XVI und 736 S.) Leipzig 850, Breitkopf und Härtel.

—— dass. — 2. Bd. 3., verm. Aufl., nach dem Tode des Verf. besorgt von Dems. gr. 8. (XII und 830 S.) Ebds. 851.

Puchta, G(eo.) F(riedr.), Cursus der Institutionen. 3. (letzter) Bd. Aus dem Nachlaß des Verf. Hrsg. von (Adolf Aug. Friedr.) Rudorff. 1. Aufl. (VIII und 388 S.) 1847. und 2., verm. Aufl. gr. 8. (VIII und 392 S.) Leipzig 851, Breitkopf und Härtel. Thlr.

Puchta, Georg Friedr., Cursus der Institutionen. 1. Bd. 4. Aufl. (XVI und 744 S.) 1853. und 5., neu verm. Aufl., nach dem Tode des Verf. besorgt von A. Rudorff. A. u. d. T.: Geschichte des Rechts bei dem römischen Volk, mit einer Einleitung in die Rechtswissenschaft. 5., neu verm. Aufl. gr. 8. (XVI und 744 S.) Leipzig 856, Breitkopf und Härtel.

—— dass. — 2. Bd. 4. Aufl. 1854. und 5., neu verm. Aufl., nach dem Tode des Verf. besorgt von A. Rudorff. gr. 8. (XII und 827 S.) Ebds. 856.

— — 2. Bd. 4. neu verm. Aufl., nach dem Tode des Verf. besorgt von A. Rudorff. 854. — 5. rc. Aufl. Leipzig 857. Breitkopf u. Härtel. 8. (XII, 827 S.) 3 Thlr. 15 ngr.

—— dass. — 3. Bd. 3., verm. Aufl. gr. 8. (VIII und 398 S.) Ebds. 854.

Puchta, G. F., Cursus der Institutionen. 3. Bd. Aus dem Nachlaß des Verf. hrsg. von A. Rudorff. 4., verm. Aufl. gr. 8. (VIII und 398 S.) Leipzig 857, Breitkopf und Härtel.
1. und 2. Bd. 5. Aufl. Ebendas. 1856. 7 Thlr.

Puchta, G. F., Geschichte des Rechts bei dem römischen Volk, mit einer Einleitung in die Rechtswissenschaft. A. u. d. T.: Cursus der Institutionen. 6. Aufl. Nach dem Tode des Verf. besorgt von Adf. Friedr. Rudorff. 3 Bde. gr. 8. Leipzig, Breitkopf und Härtel. [1. Bd. 6. Aufl. (XVI und 648 S.) 865. 3 Thlr. 15 Ngr., 2. Bd. 6. Aufl. (XIV und 694 S.) 866. 3 Thlr. 15 Ngr., 3. Bd. 5. Aufl. (X und 346 S.) 866. 1 Thlr. 20 Ngr.]

Puchta, G. F., Cursus der Institutionen. 7. neu verm. Aufl. nach dem Tode d. Verf. besorgt. v. Adf. Frdr. Rudorff. 2 Bde. gr. 8. (XVI, 646 u. XIV, 696 S.) Leipzig 871. Breitkopf & Härtel. à 10. 50

Puchta, G. F., Cursus der Institutionen. A. u. d. T.: Geschichte des Rechts bei dem röm. Volk, mit einer Einleitung in die Rechtswissenschaft. 2. Bd. 7. Aufl., und 3. Bd. 6. neu verm. Aufl., nach dem Tode des Verf. besorgt von Adf. Friedr. Rudorff. gr. 8. Leipzig, Breitkopf und Härtel. [2. Bd. (XIV, 696 S.) 871. ℳ 10,50.; 3. Bd. (X, 352 S.) 872. ℳ 6.]

—— dass. — 8. Aufl. nach dem Tode des Verf. besorgt von Paul Krüger. 2 Bde. gr. 8. Ebendas. 875. à Bd. * ℳ 8. *
Inhalt:
Bd. 1. Geschichte des Rechts bei dem römischen Volk mit einer Einleitung in die Rechtswissenschaft und Geschichte des römischen Civilprocesses. (XVI, 582 S.)
" 2. System und Geschichte des römischen Privatrechts. (XIV, 544 S.)

Puchta, G. F., Cursus der Institutionen. 9. Aufl., nach dem Tode des Verf. besorgt von Paul Krüger. 2 Bde. gr. 8. Leipzig 881, Breitkopf und Härtel. * 16 —
geb. ** 19 —
Inhalt:
Bd. 1. Geschichte des Rechtes bei dem römischen Volk. Mit einer Einleitung in die Rechtswissenschaft und Geschichte des römischen Civilprocesses. (XVI, 582 S.)
" 2. System und Geschichte des römischen Privatrechtes. (XVI, 544 S.)

Puchta, G. F., Cursus der Institutionen. 10. Aufl., nach dem Tode des Verf. besorgt v. Paul Krüger. 2 Bde. gr. 8. Leipzig 893. Breitkopf & Härtel. à n. 8. —; geb. in Halbfrz. à n.n. 9. 50
1. Geschichte des Rechts bei dem römischen Volk, m. e. Einleitg. in die Rechtswissenschaft u. Geschichte des röm. Civilprocesses. (XVI, 582 S.)
2. System d. Geschichte des römischen Privatrechts. (XIV, 544 S.)

—— Lehrbuch f. Institutionen-Vorlesungen. (2 Abthln.) gr. 8. (9½ B.) München 829, Weber.

— Lehrbuch d. Pandekten. gr. 8. (40 B.) Leipzig 838, Barth.

— s. Museum, Rheinisches, für Jurisprudenz.

— Pandekten. 2. sehr verm. Ausg. gr. 8. Leipzig 844, Barth. 3 Thlr. — 3. verb. Aufl. 845. 3 Thlr.

— Pandekten. 4. Aufl. (XII und 768 S.) 1848., 5. Aufl. (XV und 768 S.) 1850. und 6., verm. Aufl. Nach dem Tode des Verf. besorgt von Adf. Aug. Friedr. Rudorff. gr. 8. (XV und 776 S.) Leipzig 852, Barth.

— Pandekten. 7. Aufl. 1853. und 8., verm. Aufl. Nach dem Tode des Verf. besorgt von A. Rudorff. gr. 8. (XVI und 784 S.) Leipzig 856, Barth.

Puchta, Geo. Frdr., Pandekten. 9. verm. Aufl. Nach dem Tode des Verf. besorgt von A. F. Rudorff. Leipzig 863. J. A. Barth. gr. 8. (XV, 812 S.) 4 Thlr.

— Pandekten. 10. verm. Aufl. Nach dem Tode des Verf. besorgt von A. F. Rudorff. Leipzig 866. J. A. Barth. gr. 8. (XIV, 832 S.) 4 Thlr.

— Pandekten. 11. sorgfältig revid. und verm. Aufl. Nach dem Tode des Verf. besorgt von A. F. Rudorff. gr. 8. (1. Lfg. 576 S.) Leipzig 871, Barth.

Puchta, G. F., Pandekten. 12., auf Grund der früheren A. F. Rudorff'schen Bearbeitung sorgfältig revid. und verm. Aufl. von Th. Schirmer. gr. 8. (XXIV, 811 S.) Leipzig 877, Barth.

Procancellarius **Georg Friedrich Puchta** viro Paul Anton Heink summos in utroque jure honores indicit. — Inest: De adcrescente portione eius, qui praetoris auxilio ab hereditate se abstinuit disputatio. (Leipzig (W. Staritz)) 14. VII. 1842. 15 S. mit Biogr. v. Heink (Marienstern) (M.: C. Th. Hottenroth). (3.25) 27260

— kleine civilistische Schriften. Gesammelt u. hrsg. v. Adph. Aug. Frdr. Rudorff. gr. 8. (LXIV u. 676 S.) Leipzig 851, Breitkopf & Härtel. 3 Thlr.

System und Geschichte des römischen Privatrechts von G[eorg] F[riedr.] **Puchta**. 10. Aufl. nach d. Tode d. Verf. besorgt von Paul Krüger. *Leipzig: Breitkopf & Härtel 1893.* (XIV, 544 S.) 8° [F.]
= **Puchta**: Cursus d. Institutionen. Bd 2. [93. 8593]

— System d. gemeinen Civilrechts, zum Gebr. bey Pandekten-vorlesungen. gr. 8. (21½ B.) München 832, Weber.

Puchta, Georg Friedrich, Verisimilium capita V. Leipzig (Staritz) 19. XII. 1837. 19 S. (3.25) 27267

Procancellarius **Georg Friedrich Puchta** solemnia inauguralia viri Alexander Nidda Genthe (Leipzig) indicit. — Inest Verisimilium Caput VI. [Leipzig] (Staritz) 10. X. 1839. 16 S. mit Biogr. v. Genthe (Leipzig) (M.: W. Canoy). (3.25) 27268

— **Verisimilium Capt. VI. 4maj. (2 B.) Lipsiae 839, (T. O. Weigel.)**

Puchta, G. F.: (Zur Vorbereitung eines Urtheils über den Ehescheidungsgesetzentwurf.) Berlin 1843.
(Fliegende Blätter f. d. Fragen des Tages. 1. Die Ehescheidungsfrage.)

Puchta, Ge. Friedr.: Vorlesungen über das heutige römische Recht. Aus dessen Nachlaß hrsg. von Ad. Aug. Friedr. Rudorff. Bd 1. 2. Leipzig 1847. 48.

— Vorlesungen üb. das heutige römische Recht. Hrsg. v. Adph. Aug. Frdr. Rudorff. 2 Bde. in 6 Lfgn. gr. 8. (1: VI u. 456 S. 2: X u. 482 S.) Leipzig 847, Bernh. Tauchnitz. — 2. durchgeseh. Aufl. 2 Bde. in 6 Lfgn. gr. 8. (1: VI u. 456 S. 2: X u. 482 S.) Ebd. 849. — 3. Aufl. 2 Bde. gr. 8. (1: X u. 459 S. 2: X u. 482 S.) Ebd. 852. (à Bd. 2 Thlr.) 4 Thlr.

— **Vorlesungen über das heutige römische Recht. Aus dessen Nachlaß hrsg. von Adf. Aug. Friedr. Rudorff. 4., verm. und verb. Aufl. 2 Bde. gr. 8. (1. Bd. XVI und 500 S.) Leipzig 854, B. Tauchnitz.**

— Vorlesungen über das heutige römische Recht. Aus dessen Nachlaß herausg. von Adf. Aug. Friedr. Rudorff. 2 Bde. Leipzig 854, 55. B. Tauchnitz. gr. 8. (XVI, 500; XX, 584 S.) 4 Thlr. 15 ngr.

— Vorlesungen über das heutige römische Recht. Aus dessen Nachlaß hrsg. von Adf. Aug. Friedr. Rudorff. 5., verm. und verb. Aufl. 2 Bde. in 6 Lfgn. gr. 8. (XVI und 504 S., XX und 586 S.) Leipzig 862, 63, B. Tauchnitz. à Lfg. 22½ Ngr.

— Vorlesungen üb. das heutige römische Recht. Aus dessen Nachlaß hrsg. v. Adf. Aug. Frdr. Rudorff. 6. verm. u. verb. Aufl. 2 Bde. gr. 8. (XIV, 514 u. XX, 586 S.) Leipzig 873. 74. B. Tauchnitz. 13. 50

Puchta, Heinrich

Puchta, Heinr., Gedichte. In einer Auswahl herausg. von Alb. Knapp. Stuttgart 860. J. F. Steinkopf. 16. (XXIV, 280 S.) 1 Thlr.

Puchta, Heinr., Handbuch der praktischen Katechese. 1. Thl. gr. 8. (XIX und 284 S.) Stuttgart 854, Cotta'sche Buchh. *

— der Hausaltar. Morgengruß und Feierabend in christl. Familien. 2., sehr verm. Aufl. 16. (XIV und 326 S.) Frankfurt a. M. 857, Heyder und Zimmer. * 18 Ngr.; geb. *

Puchta, Heinr., der Hausaltar. Morgengruß u. Feierabend in christl. Familien. 3. Aufl. Frankfurt a. M. 865. Heyder & Zimmer. gr. 16. (XVI, 326 S.) n. 18 ngr.

Puchta's, Heinr., geistliche Lieder u. Gedichte, hrsg. v. Rud. Eckart. (XXXI, 357 S.) 8. Ansbach 908. C. Brügel & Sohn. Geb. in Leinw. 3.—; m. Goldschn. 3.60

Puchta, (C. R.) Hnr., Morgen- u. Abendandacht am christl. Hausaltar in Gesängen. gr. 8. Erlangen 843, Heyder. ⅔ Thlr.

Puchta, Heinr., der erste Schritt ins Alphabet. Ein neues Lehrmittel zur Erleichterung des ersten Lese-Unterrichts durch anschauliche Versinnlichung der Buchstabenzeichen. Mit 28 (eingedr.) Holzschn. 8. (32 S.) Ansbach 852, Gummi. ⅙ Thlr.

Puchta, Wolfgang Heinrich

PUCHTA, Wfg. H.: Anleit. z. vorsicht. Creditiren auf unbewegl. Güter nach d. Grunds. d. preuss. Hypoth. Rechts. *Erl.*, Palm 815. 8. (2 Thl.

— Anleit. zum vorsichtigen Creditiren auf unbewegl. Güter. 8. Erlang. 816. Palm u. E. 2 Thlr.

Puchta, W. H.: „Anleitung zum Crediliren auf unbewegliche Güter, nach den Grundsätzen der Preussischen Hypothekenordnung; für Praktiker, Capitalisten und Grundeigenthümer", Erlangen 1818 (Palm & Enke).

Puchta, Wolfg. Heinr., Anleitung z. Civilprozeß-Praxis in Bayern, nach d. Gesetz v. 17. Nov. 1837. Mit Formularen. gr. 8. ($16^1/_4$ B.) Erlangen 838, Palm'sche Vrlsbuchh.

Puchta, Wolfg. Hnr., Beitr. zur Gesetzgebung u. Praxis des bürgerl. Rechtsverfahrens. 1r Bd. gr. 8. Erlang. 822. Palm. 2 ₰ 4 ℊ 2r Bd. A. u. d. T.: über d. Concursproceß ꝛc. gr. 8. Ebd. 827. Ebd. 2 ₰ 8 ℊ

Puchta, Wolfg. Heinr., der Dienst d. deutschen Justizämter od. Einzelrichter. 2 Thle. gr. 8. Erlangen, Palm'sche Vrlsh. [1. ($22^1/_2$ B.) 829. 1 Thlr. 16 Gr., 2. ($40^1/_2$ B. u. 1 Tab.) 830. 3 Thlr. 8 Gr.]

Puchta, (Wolfg. Heinr.,) Entwurf einer Ordnung d. Verfahrens in den Gegenständen d. freiwill. Gerichtsbarkeit. gr. 8. Erlangen 824, Palm u. Enke.

Puchta, Wolfg. Heinr.: Entwurf einer Ordnung des Verfahrens in den Gegenständen der freiwilligen Gerichtsbarkeit. Erlangen 1824.
— 2. Ausg. [u. d. Tit.:] Handbuch des gerichtlichen Verfahrens in Sachen der freiwilligen Gerichtsbarkeit. Th. 1. 2. 1831. 32.

Puchta, Wolfg. Hnr., Erinnerungen aus dem Leben u. Wirken eines alten Beamten, vornehmlich für Anfänger in der juristischen, besonders Aemter-Praxis. gr. 8. Nördlingen 842, Beck'sche Buchh. $1^1/_2$ ₰

— d. Geschäftsmann in Gegenständen der öffentl. u. Privatrechts-Praxis. gr. 8. Erlang. 818. Palm u. E. 1 ₰ 20 ℊ

Puchta, Wfg. H.: Ueber die Gränzen d. Richteramts in bürgerlich. Rechtssachen. *Nürnb.*, Riegel. 819. gr. 8. (1 Thl.)

— Vide: Güterzertrümmerung (Ueber).

— Handbuch des gericht. Verfahrens in nichtstreitigen bürgerl. Rechtssachen, namentl. bei den sogen. Handlungen der freiwilligen Gerichtsbarkeit, dann bei dem Vormundschafts- u. Hypothekenwesen. 2 Thle. gr. 8. Erlang. 821. Palm u. E. 5 ₰ 8 ℊ 2e umgearb. Ausg. gr. 8. Ebd. 831, 832. 4 ₰ 6 ℊ

— der Inquisitions-Prozeß mit Rücksicht auf eine zeitgemäße Reform des deutschen Strafverfahrens überhaupt u. besonders auf die Oeffentlichkeitsfrage betrachtet. gr. 8. Erlangen 844, Palm u. Enke. $1^1/_4$ ₰

— das Institut der Schiedsrichter nach seinem heutigen Gebrauche u. seiner Brauchbarkeit für Abkürzung u. Veränderung d. Processe. 8. Erlang. 823. Palm u. E. 16 ℊ

— über die gerichtl. Klagen besonders in Streitigkeiten d. Landeigenthümer. gr. 8. Gießen 833. Ferber. $2^1/_2$ ₰ — 2e verm. Aufl. 840. $2^1/_2$ ₰

— die Landgerichte in Bayern u. ihre Reform, mit vergleich. Rücksicht auf das deutsche Gerichtswesen d. frühern Zeit. gr. 8. Erlangen 833. Palm'sche Buchh. $^1/_2$ ₰

— über d. rechtl. Natur d. bäuerl. Gutsabtretung überh. u. mit Altentheilsbestellung besonders. gr. 8. (10 B.) Gießen 837, Ferber.

— das Prozeßleitungsamt des deutschen Civilrichters. gr. 8. mit breitem Rande. (10 B.) Gießen 836, Ferber.

— über d. bürgerl. Rechtspflege u. Gerichtsverfassung Baierns, mit Hinsicht auf die Verbesserungs-Vorschläge einer zur Revision d. Civil-Prozeßordnung allerhöchst angeord. gewes. Commission. gr. 8. Erl. 826, Palm u. E.

— Unterricht üb. die Gemeinde-Verwaltung auf d. Lande im Königr. Baiern. gr. 8. Nürnb. 819. 2e Aufl. 825. (Riegel u. W.) 9 ℊ

Puchta, Wolfg. Heinr.: Unterricht üb. die Gemeinde-Verwaltung auf dem Lande im Königr. Baiern. 2e Aufl. *Nürnberg*, Riegel u. Wiessner. (818.) 823. 8. (10 Gr.)

— Unterr. üb. die Gemeindeverwaltung auf d. Lande im Königr. Baiern. 2e Aufl. 8. Erlangen 823, (Riegel u. W. in Nürnberg.)

Puchta, Wolfg. Heinr.: Unterricht üb. d. neue Hypothekenverf. in Baiern. *Erl.*, Palm u. Enke. 823. gr. 8. (12 Gr.)

— Worte der Erfahrung f. das Princip der Specialität bei einer neuen Hypothekenordnung in u. außer Baiern. 8. Erlang. 819. Palm u. E. 8 ℊ

Puchtinger Franz: James Hoggs Balladendichtungen. 1905 PN 1879 Diss. Wien Univ.

Puchwein, Wilh., s.: Lieder f. die österreichische Jugend.

Pucich, Gius., l'imboschimento del Carso nel Litorale austro-illirico secondo lo stato alla fine del 1899 e la importanza economico-sociale del medesimo. Relazione, in occasione della esposizione mondia le in Parigi 1900. Versione italiana per cura del Allessandro Lanzi. gr. 8. (III, 97 S. m. 1 farb. Karte.) Triest (900.) (F. H. Schimpff.) n.n. 3.—

— die Karstbewaldung im österr.-illirischen Küstenlande nach dem Stande zu Ende 1899 u. die volkswirthschaftl. Bedeutung derselben, verf. anlässlich der Weltausstellg. in Paris 1900. gr. 8. (III, 99 S. m. 4 Abb., 1 Taf. u. 1 farb. Karte.) Ebd. 900. n.n. 3.—

Pucich J.: Die Karstbewaldung im österreichisch-illirischen Küstenlande nach dem Stande mit Ende d. Jahres 1906 . . . . Wien 1907. 63 S. P.

Puck [Sachliches OW]

Puck. Illustrirte Monatsschrift für Ernst, Scherz und sinnreiche Spiele der Jugend. Unter Mitwirkung von Hübner-Trams und namhaften Jugendschriftstellern herausg. von Rud. Löwenstein. 1. Jahrg. April—Decbr. 1855. 9 Hefte (à 3—4 Bgn. mit Holzschn. im Text u. lith. Taf.). Berlin, Janke. gr. 4. 1 ₰. 15 ngr.

— Monatsschrift für Ernst, Scherz und sinnige Spiele der Jugend. Unter Mitwirkung ꝛc. herausg. von Rud. Löwenstein. 2. Jahrg. 1856. 12 Hefte (à 3—4 Bgn.). Mit bunten Bildern (Holzschn.), Musikbeilagen und Spielen. Berlin, Janke. gr. 4. 2 ₰.

Puck. Ernst, Scherz und sinnige Spiele der Jugend. Unter Mitwirkung von namhaften Jugendschriftstellern hrsg. von Rud. Löwenstein und Hübner-Trams. 3. Jahrg. 1857. Mit bunten Bildern, (eingedr.) Holzschn., Musikbeilagen und Spielen. 9 Hefte. gr. 4. (1. Heft 24 S. mit 1 Stmt. in Fol.) Berlin, Janke.
Die Fortsetzung erschien unter dem Titel: Gnom. Vgl. dieses.

Puck: Jahrgang 1–2, no. 16, Mar. 1871–July 13, 1872?

Humorous weekly. Sub-title: Ein illustrirtes Wochenblatt; later, Illustrirte Wochenschrift. A "Beiblatt" was issued, and numbered 1–?, to accompany, no. 40–? "Jahrgang" does not appear on no. 1–2, and these issues are unpaged; other issues each 12–16 pages; lavish illustrations, largely of cartoon nature; large quarto. Illustrated by Joseph Keppler. Edited by Friedrich Herold, Jahrgang 1, no. 1–38; by Louis Willich, no. 39–41.
Published by H. Rubens [as Keppler-Herold & Co.], Jahrgang 1, no. 1–23; by Harry Rubens, no. 24–29; by H. Küllmer & H. Rubens, no. 30–34; by Küllmer & Co., no. 35–37; by Puck Publishing Co., no. 38–52 (H. Küllmer, mgr.); by R. P. Studley & Co. Circulation: 1871, 1000 (est.); 1872, 4–5000.
St. Louis, MO

Puck. Montags-Zeitung f. die elegante Welt. Jahrg. 1871. April—Decbr. 39 Nrn. (1/2 B.) gr. 8. München, Ehegartner in Comm. 4. 50

— dasselbe. Hrsg.: **Alfr. Jochner.** Red.: **Otto Ludolfs.** 3. Jahrg. 1872. 52 Nrn. (1/2 B.) gr. 8. Leipzig, Werner in Comm. n. 6. —

— Red.: **Constant v. Grimm.** 1. Jahrg. 1876. 52 Nrn. (B. m. eingedr. Holzschn.) gr. 4. Leipzig, Payne. n. 12. —

Puck. Red.: **Const. v. Grimm.** 2. Jahrg. 1877. 52 Nrn. (B. m. eingedr. Illustr.) gr. 4. Leipzig, Payne. n. 12. —

— dasselbe. 3. Jahrg. 1878. 1. Quartal. 13 Nrn. (B. m. eingedr. Illustr.) gr. 4. Ebend. n. 3. —

Puck: Jahrgang 1—22. Sept. 1876–1898.

Humorous weekly. Sub-title: Illustrirtes humoristisches Wochenblatt, 1876—98. Prospectus: Two leaves, with plate on verso. Various issues have supplements. Large quarto, each issue 16 pages, paged continuously; title-page and contents, 4 pages. Richly illustrated, usually with three full-page cartoons, often colored. Also as "ganze Nr." 1—10? Circulation: 1880, 19,500, 1890, 23,000; 1895, 23,000. There is a special edition, entitled: Puck während der Präsidentschafts-Campagne [reprinting of 32 issues, Apr. 16–Nov. 19, 1884]. Illustrated by Joseph Keppler, and others. Edited by Leopold Schenck, Sept. 1876–Mar. 1886; by Wilhelm Müller, June 2–Aug. 1886; by Dr. Emil A. Knoser, Sept. 14, 1886–Feb. 1889?; by Heinrich Binder, Mar. 13, 1889 to Mar. 25, 1890? Published by Joseph Keppler & Adolph Schwarzmann [Name of firm: Keppler & Schwarzmann], 1876–94
New York, NY

—— Illustrirtes humorist. Wochenblatt. Illustrirt von Jos. Keppler. Redig. von L. Schenck. Unter der techn. Leitung von A. Schwarzmann. 1.—4. Jahrg. Octbr. 1876—Septbr. 1880. à Jahrg. 52 Nrn. (à 1 1/2 Bog. mit Illustr. in Holzschn. und Lithogr.) Imp.-4. New-York, (Willmer und Rogers News Company.) à Jahrg. *

Puck: 1894–1899?

Humorous weekly. Quarto, each issue 12 pages. Circulation: 1895, 14,000 (est.). Edited & published by Henry Goosman.
Chicago, IL

Puck. Blätter f. Frohsinn u. Schönheit. Hrsg.: Geo. Bamberger. Verantwortlich: H. Krüger. 1908. 1. Heft. (16 S. m. z. Tl. farb. Abbildgn.) 31,5×24 cm. Berlin-Zehlendorf, R. Eckstein Nachf. —30
Mehr nicht erschienen.

— **literary.** Englisch f. Deutsch Lesende. Zur Unterhaltg. u. Übg. 1. Jahrg. 1910. 24 Nrn. (à ca. 12 S.) 30,5×22,5 cm. Wien, F. C. Mickl. 6. —

Puck, little. Illustriertes engl. Witzblatt f. deutsche Leser zur Fortbildg. in der engl. Sprache. Red.: Heinr. Paustian. 1.—3. Jahrg. Oktbr. 1904—Septbr. 1907. à 24 Nrn. (à ca. 8 S.) 4. Hamburg, H. Paustian. à Jhrg. n. 4. 80

— **little.** Illustrierte engl. Zeitschrift f. deutsche Leser zur Unterhaltg. u. Fortbildg. in d. engl. Sprache. Hrsg. unter Mitarbeit erster deutscher u. engl. Lehrkräfte. Schriftleitung: Heinr. Paustian. 4.—7. Jahrg. Oktbr. 1907—Septbr. 1911. à 24 Nrn. (6. u. 7. Jahrg. à 288 S.) Lex. 8. Hamburg, Paustian Gebrüder. à Jahrg. 6. —
Jahrg. 4 u. 5 sind vergriffen.

Puck [Verfasser]

Puck, Aug. R. (August Reiser) Doktor Strix, s.: Bereinstheater.

Puck, Jul., d. Pantheist. Erzähl. Dichtg. 8. (31 S.) Leipzig 896. Literar. Anstalt, A. Schulze. n. —60

Tarifbuch für Kiel. Auszüge aus d. grundlegenden Bestimmungen d. Eisenbahn-Verkehrs-Ordnung u. vollst. Verzeichniß d. Eisenbahn-Stationen u. d. Frachtsätze f. d. inneren deutschen Verkehr ... Nach amtl. Unterlagen bearb. von Rich. **Puck.** Kiel: Cordes 1908. 187 S. 4° [10. 45378

Pückert, Friedr. Adam: [Rundschreiben, hdschrftl. unterz.:] Friedrich Adam **Pückert** Mitgl. d. □ zum Morgenstern in Hof. [Dat.:] Lichtenberg b. Hof, den 30. April 1814. 1 Bl. 8°.
Bitte um Unterstützung. 21.

Pückert, Maximilian: Über die Constitution der Angelicasäure und Tiglinsäure. . . . Leipzig, Druck v. G. Kreysing, 1889; 28 S. + 1 Bl. 8°
Leipzig, Phil. Fak., Inaug.-Diss. v. 25. Febr. 1889

Pückert, Wilh., Aniane u. Gellone. Diplomatisch-krit. Untersuchgn. zur Geschichte der Reformen des Benedictinerordens im IX. u. X. Jahrh. gr. 8. (318 S.) Leipzig 899. J. C. Hinrichs' Verl. n. 8.—

Pückert, Wilh., das Münzwesen Sachsens 1518—1545 nach handschriftlichen Quellen. 1. Abthl. Die Zeit von 1518—1525 umfassend. gr. 8. (IV und 124 S.) Leipzig 862, (Hinrichs'sche Sortimentsh.) *

Pückert, Wilh., die kurfürstliche Neutralität während des basler Concils. Ein Beitrag zur deutschen Geschichte von 1438—1448. gr. 8. (VIII und 332 S.) Leipzig 858, Teubner. *

[F.] Sächsischer Landesverein des Evangelischen Bundes. Wie wurden Dom und Domkapitel zu Meissen dem Augsburgischen Bekenntnis gewonnen und gesichert? Dargel. v. Dr. Wilhelm **Pückert** ... *Leipzig: Buchh. d. Evang. Bundes [1897].* (20 S.) 1 Bd 8 in 4. [98. 400 115

Puck-Kalender für 1878, illustrirt von C. v. Grimm. 8. (100 S. mit eingedr. Holzschn.) Leipzig, Payne. *
Andere Jahrgänge sind nicht erschienen.

Pückler, Joh., gen. Schinderhannes, Gesch. s. Lebens und Charact., u. gerichtl. Akten bearb. 8. Frankf. Körner. 803. —

Pückler, E. Graf v. Erinnerungen aus Preußens Erhebung. (Berlin 1900.) 4°. (Aus: Westermanns Monatshefte.)

Gesang und Kunst. Offener Brief von Heinrich Graf v. **Pückler.** *(Schweidnitz [1902]: L. Heege.)* (9 S.) 8° [F.] [03. 4141

Schiclano ⟨es ist geschehen⟩. Heinrich Graf v. **Pückler.** Schweidnitz: L. Heege [1905]. (9 S.) 8° [Umschlagt.] [06. 3649

CARL GRAF von PÜCKLER-BURGHAUSS, Beiträge zur Geschichte der Güter Ober-Weistritz und Zubehör, Kreis Schweidnitz. Aus den Akten des Ober-Weistritzer Archivs zusammengetragen. Gedruckt als Beilage zu Band XXVI. der Zeitschrift des Vereins für Geschichte und Alterthum Schlesiens. (Breslau 1892.) 8°.

Die Nürnberger Bildnerkunst um die Wende des 14. und 15. Jahrhunderts. Von Siegfried Graf **Pückler-Limpurg.** Mit 5 Autotyp. u. 7 Lichtdr.-Taf. *Straßburg: J. H. E. Heitz 1904.* (x, 180 S.) 8°
= Studien z. deutschen Kunstgeschichte. H. 48. [04. 843

Pückler-Limpurg, Siegfried Graf: Martin Schaffner. *(Strassburg 1899: J. H. E. Heitz.)* (74 S.) 8° ¶ [Erschien mit 11 Taf. als H. 20 d. Studien zur Deutschen Kunstgeschichte.] Berlin, Phil. Diss. v. 3. Okt. 1899)

Pückler-Limpurg, Siegfried Graf: Martin Schaffner. Mit 11 Abb. Strassburg: J. H. E. Heitz 1899. (74 S.) 8°
= Studien z. deutschen Kunstgeschichte. H. 20.

Pückler-Muskau, Fürst (ps.), Jussuf's pikante Abenteuer im Harem des Bei von Tunis. In Briefen vom —. (190*.) (60 Heller, L. Rosner, Wien, 1911.)

Pückler-Muskau, Herm. Fürst v., Andeutungen üb. Landschaftsgärtnerei, verbund. m. d. Beschreibung ihrer prakt. Anwendung in Muskau. gr. 8. (18½ B. u. 1 Atlas m. 48 landschaftl. Darstell. nach Zeichnn. v. W. Schirmer u. 4 Plänen.) Stuttgart 834, Hallberger'sche Buchh.
50⅔ Thlr., sorgfält. col. Thlr.

Andeutungen über Landschaftsgärtnerei verbunden mit d. Beschreibung ihrer prakt. Anwendung in Muskau v. Fürsten [Hermann] v. **Pückler-Muskau.** Mit 44 Ansichten u. 4 Grundplänen. Lfg 1. Berlin-Carlshorst: H. Friedrich 1904. 8°
— **Klassiker** d. Gartenkunst. 1. [07. 764

de Pückler-Muskau, (Herm.) Prince, aperçu sur la plantation des parcs en général, joint à une description détoillée du parc de Muskau. Trad. de l'Allemand. Orné de 44 vues et de 4 plans. En 14 livrs. Livr. 1. 2. gr. 8. (Text compl.: 250 S. m. 4 lith. Taf. in qu. gr. Fol.) Stouttgart 847, Hallberger. Schwarz (à n. 2 ₰) n. 4 ₰; col. (à n. 4 ₰) n. 8 ₰ Text allein n. 3 ₰

(——) südöstl. Bildersaal, s. Bildersaal.

(——) Briefe ein. Verstorbenen, s. a. Briefe.

Pückler-Muskau, Herm. Fürst. Briefe eines Verstorbenen. Th 1–4. Ein fragmentarisches Tagebuch aus Deutschland, Holland u. England, geschrieben in den Jahren 1826, 1827 u. 1828. Mit 2 Stahlst., 4 sch. u. 2 kolor. Lith. Stuttgart 1831. 8. . . . [illegible]

(Pückler-Muskau): Briefe eines Verstorbenen. Ein fragmentarisches Tagebuch aus England, Wales, Irland u. Frankreich, geschrieben in den Jahren 1828 u. 1829. 4 Th. (1–2: 2. Aufl.). Stuttg. 1831. 4 Tvl. (1 kol.). M. Forf.s Portr.

—, — 2. Aufl. Ebda 1837. 8.

Pückler-Muskau, Fürst Herm. v., Briefwechsel und Tagebücher. Aus seinem Nachlasse hrsg. von Ludmilla Assing. 1. und 2. Bd. gr. 8. Hamburg 873, Hoffmann und Campe. *

Inhalt:

Bd. 1. Briefwechsel. 1. Bd. (VI, 476 S.)
„ 2. Reisetagebücher und vermischte Aufsätze. 1. Bd. (IV, 480 S.)

Pückler-Muskau, Fürst Herm. v., Briefwechsel und Tagebücher. Aus seinem Nachlasse hrsg. von Ludmilla Assing-Grimelli. 3.—6. Bd. gr. 8. Berlin 874, Wedekind und Schwieger.
à Bd. *ℳ 9. *

Inhalt:

Bd. 3. Briefwechsel. 2. Abthl.: Briefwechsel zwischen Pückler und Varnhagen von Ense nebst einigen Briefen von Rahel und der Fürstin v. Pückler-Muskau. (473 S.)
„ 4. Briefwechsel zwischen Pückler und Ludmilla Assing. Pückler's Bräutigamsbriefe an Lucie, Reichsgräfin v. Pappenheim. Vermischter Briefwechsel aus Pückler's Jugendzeit. 1800—1809. (443 S.)
„ 5. Briefwechsel zwischen Pückler und Alex. v. Humboldt. — Briefwechsel zwischen Pückler und Lady Hester Stanhope. — Briefwechsel zwischen Pückler und Heinr. Heine. Briefe Pückler's an Lucia. 1817—1822. — Vermischter Briefwechsel aus Pückler's Jugendzeit. 1810—1820. (450 S.)
„ 6. Briefwechsel zwischen Pückler und Heinr. Laube. Briefwechsel zwischen Pückler und der Herzogin Dorothea v. Sagan. Briefwechsel zwischen Pückler und Edwina Viereck. Briefwechsel zwischen Pückler, seinem Neffen, dem Fürsten v. Schönaich-Carolath und Grävell, wegen Anstellung eines Predigers. Briefe Pückler's an Lucie. 1824—1826. Briefe Pückler's an Lucie während seines Aufenthalts in England. 1827—1829. Vermischter Briefwechsel aus Pückler's Jugendzeit. 1821—1826. (500 S.)

Vgl.: Assing, Ludmilla. — Gartenflora.

Pückler-Muskau, Fürst Herm. v., Briefwechsel und Tagebücher Hrsg. von Ludmilla Assing-Grimelli. 7.—9. (Schluß-)Bd. gr. 8. Berlin, [Wedekind und Schwieger.] Damköhler. [7. und 8. Bd. (452; 456 S.) 875. à *ℳ 9.; 9. Bd. (368 S.) 876. *ℳ 7.] Herabges. Pr. à Bd. *
1. und 2. Bd. Hamburg 1873, Hoffmann und Campe. à *ℳ 9. — 3.—6. Bd. Berlin 1874, [Wedekind und Schwieger.] Damköhler. Herabges. Pr. à Bd. *ℳ 4.

Pückler-Muskau, Fürst Herm. v., Ironie des Lebens, ausgewählt u. hrsg. v. Heinr. Conrad, s. a. Lebenskunst.

Pückler-Muskau, Fürst Hermann v: Jronie des Lebens. Aus Schriften und Briefen ausgewählt und hrsg. von Heinrich Conrad. Bd 1. 2. München und Leipzig 1910. (Lebenskunst. 1. 2)

(——) Jugend-Wanderungen, s. Jugend-Wanderungen.

[Pückler-Muskau, Fürst Hermann]: Aus Mehemed Ali's Reich. Th. 1. Unter-Aegypten. Th. 2. Ober-Aegypten. Th. 3. Nubien und Sudan. Vom Verfasser der Briefe eines Verstorbenen. Stuttgart 1844. 3 Bde. 363; 266; 344 S. 8°. |I 914

(Pückler-Muskau, Herm. v.,) Aus Mehemed Ali's Reich, s. a. Aus.

(——) Reminiscenzen, s. Reminiscenzen.

— siehe a. Rückkehr, die.

[von **Pückler-Muskau**, Fürst Hermann]: Die Rückkehr. Vom Verfasser der Briefe eines Verstorbenen. Th. 1. Aegypten. Mit Abbildungen und 1 Karte. Th. 2. Syrien. Th. 3. Syrien und Kleinasien. Berlin 1846–1848. 3 Bde 263; 379; 455 S. 8°. |G 532

(——) Semilasso in Afrika,
(——) Semilasso's vorletzter Weltgang, } s. a. Semilasso.

[von **Pückler** Muskau, Fürst Hermann]: Semilasso in Afrika. Aus den Papieren des Verstorbenen. Th. 1. Algier. Th. 2. Algier, Bougie, Bona. Th. 3. Biserta, Tunis. Th. 4. Reise ins Innere des Königreichs Tunis. Seewan, Keruan, Sfax, Susa, Land der Beduinen. Die alten Städte Sufetula, Colonia Scillitana, Hydrah, Thugga, Sicca Veneria u. s. w. Th. 5. Schluss. Stuttgart 1836. 5 Bde. 8°. |I 2619

(——) Tutti Frutti, s. Tutti Frutti.

(——) der Vorläufer, s. Vorläufer.

v. Pückler, (von Muskau), Fürst Ldw. Karl Hans Erdm., Gedichte. 1r Bd. gr. 8. Berl. 811, Hayn. 1 ₰ 12 gr

Puck's Kalender f. 1898. Auslese aus d. früheren Jahrgängen d. Puck. M. Beiträgen d. Redakteure u. Mitarbeiter d. „Puck". M. Illustr. v. „Puck's" Künstlern u. Illustratoren. Fol. (64 S.) New-York (Leipzig, International News Company). 1.—

Puck's Kalender f. 1899. Auslese aus den früheren Jahrgängen des Puck. Mit Beiträgen der Redakteure u. Mitarbeiter des „Puck". Mit Illustr. v. „Puck's" Künstlern u. Illustratoren. Fol. (64 S.) New-York. (Leipzig, International News Company.) 1.—

Puck's Volks-Kalender für 1879. Redact.: Leop. Schenck. Mit Beiträgen von Casp. Butz, Ed. Dorsch, Carl Hauser rc. Illustrirt von Jos. Keppler, Pet. Krämer, Carl Mauch und Edw. Stuart Lloyd. gr. 8. (132 S. mit eingedr. Illustr. und 8 Stnt.) New-York. (Göttingen, Peppmüller.) *

— dass. — für 1880. Redig. von Leop. Schenck. Mit Beiträgen von Casp. Butz, W. Feistkorn [Hilarius], Carl Hauser rc. Illustrirt von Jos. Keppler, Eug. Bisbee, Arth. Boos rc. gr. 8. (133 S. mit eingedr. Holzschn., Chemityp. und Chromolithogr.) New-York. (Ebendas.) *

Puck's Volks-Kalender für 1881—1885. Redig. von Leop. Schenck. Mit Beiträgen von C. A. Honthumb, W. Kurtz, F. Mezger rc. Illustrirt von Jos. Keppler, J. A. Wales und F. Opper. gr. 8. (à Jahrg. ca. 130 S. mit eingedr. Illustr.) New York. (International News Comp.) à Jahrg. * 1 50

Puck's Wanderung durch die Kinderwelt. Dargestellt in schönen Bildern u. lust. Reimen. Eine Festgabe f. art. Kinder. gr. 4. (16 Chromolith. m. eingedr. Texte.) Neu-Ruppin 876. Oehmigke & Riemschneider. 2. 50

Pucsko, Alex., Lehrbuch d. Gabelsberger'schen Stenographie, s.: Heinrich, Ant.

Pucsko, Alexander: Schulrat Professor Alfons Paulin. Biographische Skizze. S. 18—21. 8.
Progr. K. k. Staatsgymn. mit deutsch. Unterrichtssprache *Laibach* 1910.

Puddicombe, Julie, die kleine Maria, od. Gott in jedem Ding. 2 Thle. Nach d. Engl. der 13. Aufl. 16. (XII u. 112 S.) Basel 852, Schneider. 6 ngr

Pudding, Lord, s. Abentheuer.

Pudel, der, auf Reisen, um seinen Herrn zu suchen; aus d. Engl. v. J. G. Gruber. Mit 1 Kpf. 12. Leipz. 803. Baumgärtner. 18 gr

Pudel, der weiße, eine Erzählung. Rosamunde u. die Mäuschen, ein Märchen f. die Jugend. 8. (35 S. m. 8 lith. u. col. Taf.) Erfurt 852, Bartholomäus. 1/4 thlr

Pudelhund, der, E. Lustsp. v. Eckartshausen. 8. München, Lentner. 802.

Pudenda oder Archiv der Thorheiten unserer Zeit. Leipz. 1817. V: *Kotzebue, August Friedrich Ferd. v.* (R-N) (Ky) (MGT)

Pudenda, od. Archiv der Thorheiten unserer Zeit, (v. A. v. Kotzebue). 1r Bd, 1s Stck. gr. 8. Leipz. 817. Barth. 15 gr

— Dass., s. auch Kotzebue, magnet. Scheidewasser.

Puder, Bruno: Die Trichinen in Halle und dem Saalkreise. Halle (1870): Plötz. 32 S. 8°
Halle-Wittenberg, Med. Diss. v. 11. Juli 1870
Geb. Ziesar bei Brandenburg a H. (Kr. Jerichow I) 19. 8. 1847. V.

PUDER, Heinrich (Dürkheim): De ileotypho in complicatione cum diphtheria.- München: Mühlthaler 1872. 16 S.
2.8.1871 - Urk; F 75; Chr 1871/72,19 Diss. Ingolst.-Landsh.-Mchn.

Puder, Jos., Wegblumen. Erzählungen u. Skizzen. (VII, 128 S.) kl. 8. Leipzig 909. Verlag f. Literatur, Kunst u. Musik. 1. 50

PUDERQUASTE, Die. Ein Damen-Brevier, aus den Papieren des Prinzen Hippolyt. Hrsg. v. Frz. Blei. München, H. v. Weber, 1909.

Pudmenzky, Bruno: Ueber Wirnts Ausdrucksweise mit besonderer Rücksicht auf Hartmann und Wolfram. Halle a/S. (1875): Plötz. 36 S. 8°
Halle-Wittenberg, Phil. Diss. v. 18. Dez. 1875
Geb. Hirschberg 28. 8. 1850. V.

Pudmenzky, B. Shakespeare's Perikles und der Apollonius des Heinrich von Neustadt. Detmold, G., 1884 37 S. 4. Progr.

Pudor, Jahresbericht üb. die Erteilung d. hauswirtschaftlichen u. Kochunterrichts in der I. Mädchenklasse der II. evangelischen Gemeindeschule in Marienburg, Westpreußen im Schulj. 1891/92. gr. 8. (34 S. m. 1 Taf.) Marienburg 892, Giesow. — 75

Pudor, Jahresbericht üb. die Erteilung d. hauswirtschaftlichen u. Kochunterrichts in der I. Mädchenklasse der II. evangelischen Gemeindeschule in Marienburg, Wpr., im Schulj. 1892/93. gr. 8. (8 S.) Marienburg 893. L. Giesow. n. — 20

Pudor, Jahresbericht üb. d. Erteilg. d. hauswirtschaftl. u. Kochunterrichts in der I. Mädchenklasse d. II. evang. Volksschule in Marienburg, Wpr., im Schulj. 1893/94. gr. 8. (7 S.) Marienburg 894. L. Giesow. n.n. — 25

— dasselbe, Fortsetzg., s.: Jahresbericht üb. die Haushaltungsschule ꝛc.

Pudor, C. A., Versuch e. nach d. Grundsätzen d. Erregungs-Theorie abgefaßten medicin.-prakt. Leitfadens bei Heilung e. sthenischen, besonders asthenischen Krankheitsform u. zum Gebrauch für Aerzte. 2 Thle. gr. 8. Leipz. 806, 7. Schwickert. (1r Thl. 1 thlr 18 gr, 2r Thl. 1 thlr 14 gr) 3 thlr 8 gr

Pudor, Friedr., Hermann und Thusnelda. Tragödie in 5 Aufzügen. (Der Bühne gegenüber als Mscr. gedr.) gr. 8. (377 S.) Dresden 859, Ernst. (Leipzig, O. Klemm.)

Pudor, Heinrich

— s. a. Deutsch, Ernst.
Die mit * bezeichneten Schriften [Verlagsfirmen in Klammern] sind in d. Selbstverlag d. Verf. in München übergegangen.

— s. a.: Scham, Heinr.

— guten Appetit! Modernes Erbauungsbüchlein. 8. (VII, 98 S.) Leipzig 894. H. Pudor. n. 1. 20

Pudor, Heinr., die Aufgabe d. deutschen Conservatoriums. gr. 8. (16 S.) Dresden 890. Pierson. n. — 50

— die Aufgabe d. deutschen Conservatoriums. 2. (Titel-) Aufl. gr. 8. (16 S.) Dresden 894. O. Damm. n. — 50

Pudor, Heinr., s.: Ausstellungs-Jahrbuch.

Babel-Bibel in der modernen Kunst. Von Heinrich **Pudor**. Mit 28 Abb. Berlin: O. Baumgärtel 1905. (59 S.) 8° [05. 7634

Bisexualität. Untersuchungen über d. allgem. Doppelgeschlechtlichkeit der Menschen. Gegen Wilhelm Fließ. Von Dr. Heinrich **Pudor**. Berlin-Steglitz: H. Pudor 1906. (55 S.) 8°
— **Pudor**: Das Geschlecht. H. 1. [07. 283

Pudor, Heinr., s.: Dokumente d. mod. Kunstgewerbes.

— **Einer-Ausstellung**: Catalog der Ausstellg v. Werken der bild. Kunst v. H. P., Frühling 1894. Mit e. Vorworte: Einer-Ausstellgn. 1. u. 2. unveränd. Aufl. gr. 16. (13 S.) Leipzig 894. H. Pudor. — 50; Nachtrag (3 S.) — 15

Pudor, Heinr., II. **Einer-Ausstellung**. Katalog m. Vorwort zur 2. Ausstellg. v. Werken d. bild. Kunst. 1895/96. gr. 16. (24 S.) Leipzig 896. H. Pudor. n. — 50

Der Einfluß des Lichts auf den menschlichen Organismus. Von Heinrich **Pudor**. Langensalza: Gesundes Leben 1905. (40 S.) 8° [F.] [05. 10475 3

— zur **Erklärung** der Cavalleria rusticana (Sizilianische Bauernehre). 1.—4. (Titel-)Aufl. gr. 8. (33 S.) Dresden 891—894. O. Damm. n. — 80

— s.: Erklärung zu Heinrich Pudors Gärten f. das Kind.

— Erziehung zum Kunstgewerbe. Beiträge zu e. geschichtl., ästhet. u. techn. Betrachtg. des neuzeitl. Kunstgewerbes. (VI, 125 S. m. 22 Taf.) Lex.-8. Berlin-Steglitz 906. [H. Pudor.] Leipzig-Stötteritz, Moderner Kunstverlag Dr. Trenkler & Co. n. 8. —

— die neue Erziehung. Essays üb. die Erziehg. zur Kunst u. zum Leben. gr. 8. (IV, 339 S.) Leipzig 902. H. Seemann Nachf. n. 4. —; geb. n. 5. 50

— Fideikommiss-Schutz in Deutschland versus Landarbeiterheim-Schutz in Dänemark. Zur Agrarpolitik in Dänemark u. Deutschland. (52 S.) gr. 8. Leipzig 905. Fel. Dietrich. n. 1. 50

Pudor, Heinr., Fideikommiss-Schutz in Deutschland versus Landarbeiterheim-Schutz in Dänemark. Zur Agrarpolitik in Dänemark und Deutschland. gr. 8°. Leipzig, F. Dietrich, 1905. — 2. (Titel-) Ausgabe. 8°. Leipzig, F. Dietrich, 1907. (Kultur u. Fortschritt, 118—120.)

— Fideikommiss-Schutz in Deutschland versus Landarbeiterheim-Schutz in Dänemark, s.a. Kultur u. Fortschritt.

PUDOR, Heinr. — Die Frauenreform-Kleidung. Ein Beitrag zur Philosophie, Hygiene und Aesthetik des Kleides. Leipzig 1903. Verlag von Hermann Seemann Nchflgr. in Leipzig. 8°.
Mit dem Titel 58 S. mit 58 eingedr. Abb. in Zinkätzung.

— das Freudenthal der Erde. Nach e. Ansprache vor der v. Egidy'schen Pfingstversammlg. gr. 8. (18 S.) Berlin 891. Leipzig, H. Pudor. n. — 50

— ernste Gedanken zu den „Ernsten Gedanken". Nebst e. Anh.: Die v. Egidy-Literatur. 8. (35 S.) Ebd. 891. n. — 50

— das landwirtschaftliche Genossenschaftswesen im Auslande. 1. Bd. Das landwirtschaftl. Genossenschaftswesen in den skandinav. Ländern. (VIII, 153 S.) gr. 8. Leipzig 904. Fel. Dietrich. n. 7. 50

— Das landwirtschaftliche Genossenschaftswesen im Auslande. II. Bd. (Das landwirtschaftl. Genossenschaftswesen in Grossbritannien u. Irland, Frankreich, Italien, Portugal u. Belgien.) (VIII, 133 S.) gr. 8. Leipzig 907. Gautzsch, Fel. Dietrich. 7.50; geb. n 9. —

Pudor, Heinr., „mein Geschäft" (adressiert an die Frankfurter Zeitung). 16. (3 S.) München 894. Leipzig, H. Pudor. — 15

— das Geschlecht. 1. Heft. Bisexualität. Untersuchgn. üb. die allgem. Doppelgeschlechtlichkeit der Menschen. Gegen Wilhelm Fliess. (56 S.) gr. 8. Berlin-Steglitz 906. Dr. H. Pudor. n. 1. 10

— Geschlechtsleben u. Ehe m. Berücksicht. der Gleichgeschlechtlichkeit. (5 S.) gr. 8. Leipzig 907. Verlag der Monatsschr. f. Harnkrankh. — 50
Sonderabdruck aus: „Monatsschr. f. Harnkrankh. usw."

Scham, Heinrich [d. i. Heinrich Pudor]: Geschlechtsliebe? Paradiesesstimmen. Leipzig: [Selbstverl.] 1895. 37 S. 8°

* — Mein Glaube. 8. (16 S.) [Dresd. 891, Albanus.] * — 30

— mein Glaube. 8. (16 S.) Dresden 891. Leipzig, H. Pudor. n. — 30

— Grundlagen der Ernährung. Grundlegendes zu e. neuen Ernährungstheorie im Anschluß an die Untersuchgn. Fletcher's, Dewey's, Foster's u. Pawlow's. (34 S.) kl. 8. Berlin-Steglitz 907. Leipzig-Stötteritz, H. Pudor. — 60

— Haben u. Können. — Kunst u. Dilettantismus. Erwiderung auf einige Besprechgn. meiner Einer-Ausstellung. 16. (4 S.) Leipzig 894. H. Pudor. — 15

— Das Heroentum in der deutschen Musik. 1. u. 2. Aufl. gr. 8. (29 S.) Dresd. 890,91, Damm. * — 80

— das deutsche Herz. (Thüringer Reiseschilderungen.) 8. (62 S.) Ebd. 890. n. — 80

Hygiene der Bewegung. Von Dr. Heinrich Pudor. Langensalza: H. Beyer & Söhne 1906. (40 S.) 8°
= Beiträge z. Kinderforschung u. Heilerziehung. H. 19. [07. 3386 3

— die graue Internationale! Randbemerkungen zu den Werken der internationalen Kunstausstellg. zu Berlin im J. 1891. gr. 8. (24 S.) Ebd. 891. n. — 50

Scham, Heinrich [d. i. Heinrich Pudor]: Jungbrunnen. Offenbarungen d. Natur. Mit 3 Federzeichn. von Fidus. Leipzig: Pudor 1894. 17 S. 8°

(Dr. Heinrich) Pudor. Katechismus der Nacktkultur. (Leitfaden f. Sonnenbäder u. Nacktpflege. 1.–10. Taus.) Berlin-Steglitz: H. Pudor 1906. (83 S.) 8° [06. 15950

Pudor H. Käuferregeln. Käuferbuch. I.-VI. (Kultur und Fortschritt 326. 327. 357/8. 373. 384/5. 391) Gautzsch 1910. 11

— Käuferregeln, s.a. Kultur u. Fortschritt.

Scham, Heinrich [d. i. Heinrich Pudor]: Kirtara. Fröhlichkeiten u. Sehnsuchten. Leipzig: Pudor 1894. 15 S. 8°

Körperpflege. Von Dr. Heinrich Pudor. Langensalza: Gesundes Leben 1906. (43 S.) 8° [F.]
= Gesundheitsbücherei. 8. [06. 14007 3

* — Krieg u. Frieden in d. Musik. 1. u. 2. Aufl. gr. 8. (VII, 48 S.) Dresden: Damm 1891. * 1 —

— Krieg u. Frieden in der Musik. 2. Aufl. gr. 8. (VII, 48 S.) Dresden 891. Leipzig, H. Pudor. n. 1. —

— s.: Kultur der Familie.

— die Kunst im Lichte der Kunst. 1. u. 2., verb. Aufl. gr. 8. (67 S. m. 6 Abbildgn.) Dresden 891. O. Damm. n. 1. 50

— ketzerische Kunstbriefe aus Italien, nebst e. Anh.: Gedanken zu e. Lehre vom Kunstschaffen. gr. 8. (XVII, 160 S. m. 3 Bildern.) Ebd. 893. n. 3. 20
Bildet den 2. Tl. von „Die Kunst im Lichte der Kunst".

— s: Kunsthandwerk.

Laokoon. Kunsttheoret. Essays von Dr. Heinrich **Pudor**. *Leipzig: H. Seemann 1902.* (251 S.) 8° [01. 13058

Neues Leben. Essays von Dr. Heinrich **Pudor**. Dresden & Leipzig: Reissner 1902. 165 S. 8° [10. 14401

— Liebe u. Leben. Dichtungen. 8. (XIII, 62 S.) Dresden 892. Leipzig, H. Pudor. n. 1. 80; geb. in Leinw. m. Goldschn. n. 3. 50

*—— Lieder aus Lug in's Land. 8. (XI, 163 S.) [Dresd. 892, Verlag d. Dresdner Wochenblätter.] * 1 80

Ihr jungen Mädchen! Von Dr. Heinrich **Pudor**. Berlin-Steglitz: H. Pudor 1907. (192 S.) 8° [07. 10353

Scham, Heinrich [d. i. Heinrich **Pudor**] : Nackende Menschen. Jauchzen d. Zukunft. 2. Taus. London: H. Scham 1893. 46 S. 8°

— s.: Messe, die Leipziger.

— das Moderne in Kunst u. Kunstgewerbe. I—III. 8. Leipzig 903. Berlin, H. Seemann Nachf. n. 3. 50
I. Secessionsstil u. mod. Kunstgewerbe. (53 S.) 903. n. 1.—
II. Die neue Architektur. (54 S.) 903. n. 1.—
III. Die bildende Kunst in den skandinavischen Ländern. (117 S.) 904. n. 1. 50

Scham, Heinrich [d. i. Heinrich **Pudor**] : Mutter-Milch. Offenbarungen d. Natur. London: H. Scham 1893. 64 S. 8°

— s.: Nachfolge, die, Christi.

— Nachklänge. Ein paar Interjektionen. 16. (7 S.) München 894. Leipzig, H. Pudor. n. — 20

— Nackt-Kultur. 1. u. 2. Bdchn. 8. Berlin-Steglitz, H. Pudor. à n. 2. —; auf japan. Handpap. à n. 8. —; geb. in Ldr. à n. 15. —
1. Allgemeines; Fusskultur. 1.—6. Aufl. (VII, 57 S. m. Abb. u. 13 Taf.) 906.
2. Kleid u. Geschlecht; Bein u. Becken. 1.—6. Aufl. (à V, 43 S. u. 12 S. Abbildgn.) 906.

— dasselbe. 3. Bdchn. Die Probleme des Lebens u. der Zeugg. (37 S. m. Abbildgn. u. 4 Taf.) gr. 8. Berlin-Steglitz 907. Leipzig-Stötteritz, Dr. H. Pudor. 2.—; auf japan. Handpap. 8.—; geb. in Ldr. 15. —

— Nackt-Kultur. (10 S.) gr. 8. Leipzig 907. Verlag der Monatsschrift f. Harnkrankh. — 60
Sonderabdruck aus: „Monatsschr. f. Harnkrankh. usw."

— Deutsche Qualitätsarbeit. Richtlinien f. e. neue Entwicklg. der deutschen Industrie. (III, 66 S.) 8. Gautzsch bei Leipzig 910. Fel. Dietrich. 1. 50

— das Rauschbedürfnis im Menschen, s.a. Diskussionen, Züricher. Nr. 23. 24.

PUDOR, Heinr., Rauschbedürfnis im Menschen. Zürich 1898. 4°.
Züricher Diskussionen, XXIII—XXIV. Vergriffen und selten!

— Reise-Bibliothek. 2. Bdchn. 8. München 895. Leipzig, H. Pudor. n. 3. —; geb. n. 4. — (1 u. 2.: n. 5. —; geb. n. 6. 50)
Französ. Reiseskizzen (einschließl. Riviera u. Kanalinseln). Nebst 5 Bild. u. 1 Karte. (IV, 183 S.)

— englische Reiseskizzen, s.: Reise-Bibliothek, Pudor'sche.

— hohe Schule des Sinnenlebens. Beiträge zu derselben. 1. Der Gefühls-, Geruchs-, Geschmackssinn. 12. (54 S.) München 895. Leipzig, H. Pudor. n. 1 20

— Schultze-Naumburg, s.: Werkstätten, Saalecker.

— die Selbsthilfe der Landwirtschaft. Ein Beitrag zur Zolltarifvorlage. gr. 8. (151 S.) Berlin-Schöneberg 902. Verlag der „Hilfe". n. 1. 80

— Sittlichkeit u. Gesundheit in der Musik. Nach e. Vortrag im Litterar. Verein zu Dresden, geh. am 13. März 1891. 2. Aufl. 8. (32 S.) Dresden 891. Leipzig, H. Pudor. n. — 60

Pudor, Heinrich, Zur Socialpolitik des Mittelstandes. I. 8°. Gautzsch bei Leipzig, Fel. Dietrich, 1910. (Kultur u. Fortschritt, 319/320.)

— Zur Sozialpolitik des Mittelstandes, s.a. Kultur u. Fortschritt.

Tragödie. Gedichte von Heinrich **Pudor**. (Nebst e. Anh.: Lady Tryon, Dramat. Stück in 1 Akt.) *München: H. Pudor; Leipzig: C. F. Fleischer [1891].* (81 S.) 8° [08. 450

Pudor, H.: Die Veredelung der Feste. S. 26—39. Sonderdr. aus: Archiv f. soziale Medizin u. Hygiene. 1906. Bd 2. H. 1.

Volksfeste und Bewegungsspiele. Mittel u. Wege z. Veredelung d. Feste von Dr. Heinrich **Pudor**. Langensalza: Gesundes Leben [1906]. (55 S.) 8° [F.]
= Gesundheitsbücherei. 7.

— die alten u. die neuen Wege in der Musik, nebst e. Vorwort. [Aus: „Das 20. Jahrh."] 1. u. 2. Aufl. gr. 8. (29 S.) Dresden 892. Leipzig, H. Pudor. n. — 70

*—— Die Welt als Musik. Vortrag, geh. am 9. Dezbr. 1891 im Dresdner Musikverein. 1. u. 2. Aufl. 8. (30 S.) [Dresd. 892, Verlag d. Dresdner Wochenblätter.] * 1 —

— Wie kauft man Bilderbücher? Ein Ratgeber für Käufer. (16 S.) 8. Mainz (910). (J. Scholz.) — 20

— Wiedergeburt in der Musik! 8. (VIII, 94 S.) Ebd. 892. n. 1. 60

— Kaiser Wilhelm II. u. Rembrandt als Erzieher. gr. 8. (40 S.) Dresden 891. O. Damm. n. — 80

— dasselbe. 2. u. 3., verm. Aufl. gr. 8. (42 S.) Ebd. 891. n. — 80

— e. ernstes Wort üb. „Rembrandt als Erzieher". gr. 8. (III, 47 S.) Göttingen 890. Dieterich's Verl. n. — 80

Touristen-Karte von der Haffküste zwischen Elbing und Cadinen bearb. u. hrsg. von C[arl] **Pudor**. Massstab 1:25,000. *Elbing: P. Meldt 1900.* (1 Kartenbl. 73 × 60 cm.) gr. 2° [01. 5750 10

Pudor, Karl Friedrich

— — **De discipulis, praeceptorum aliquando judicibus, disserit, et ad orationem, sacram memoriae B. Christian Schaeffer praetoris olim Urbani, bene meriti de patria, patroni munificentissimi, ad anniversarium juventutis examen vernum et ad actum oratorium quo viri Balthas. von Heintzenau grato recolentur patronos, ac fautores omnes ex aula invitat. Sorau (J. G. Roth) 14. IV. 1760. 16 S. mit Namen. (—.—)** 27272

Pudor, Carl Friedrich, Nullam vitae conditionem tot timoris caussas habere, quam hominis, qui scholae praeficiatur demonstrat orationesque duas, alteram, muneris adeundi causa a rectore alteram ad pie recolendam memoriam B. Christian Schaeffer et simul ad examen legitimum fautores et patronos scholae nostrae ex aula invitat. Sorau (J. G. Roth) 23. IV. o. J. 12 S. (—.—) 27271

— — **u. Friedrich Gottlieb Goesing** (Görlitz/Lausitz), De patriciis medii aevi. Leipzig (Langenheim) 16. IX. 1758. 28 S. (3.75) 27273

Pudor, Karl Heinrich

Pudor, C. H. Aphorist. Bemerkungen über den deutschen Sprachunterricht u. d. Bedürfniß der philos. Propädeut. auf Gymn. 13 S.
Progr. Marienwerder 1832

Pudor, Karl Hnr., Denkschrift auf die dritte Jubelfeier der Reformation, als die erste allgemeine in Westpreußen. 8. Berl. 819. (Dümmler). 1 ℛ

Empfindungen und Aussichten bei dem wachsenden Flor des Vaterlandes. Ein Gedicht zur Feier der Krönung des ersten Königs von Preussen, am 18ten Januar 1803 vorgelesen in der Königlichen deutschen Gesellschaft, von CARL HEINRICH PUDOR. Königsberg, gedruckt in der Hartungschen Königl. Hof- und Academischen Buchdruckerey. fol.

Pudor, Carl H., Erinnerungen an D. Chrstn. Gtli. Röckner, Kgl. Westpreuß. Consistorial-Direktor u. Pfarrer zu Marienwerder, f. seine Freunde. 8. (2½ B.) Marienwerder 829, (Baumann.)

— über Gothe's Iphigenia, ein ästhetisch-literar. Versuch, als Beitr. zu Vorstudien über Göthe. breit 8. Marienwerder 832. (Baumann). 1 ℛ Geb. mit Goldschnitt 1 ℛ 8 gr

Pudor, C. H., de Palma linguae latinae ab Europae civitatibus de pace, Foederibus etc. publice agentibus optimo jure. 4. 817. Breslau, Grass, Barth u. Comp. (Leipzig, Barth.) —

Pudor C. H., De palma linguae Latinae. Pr. 1817. 27 S. 4°.

Pudor, C. H. Qua via et ratione juvenes Graeci ac Rom. ad rempubl. bene gerendam instituti fuerint. 36 S.
Marienwerder, P 1825

Pudor, (C. H.,) qua via et ratione juvenes graeci ac romani ad rempublicam bene gerendam instituti fuerint. 4. Berlin 825, Dümmler.

Rede am Geburtstage Sr. Majestät des Königs von Preussen am 3ten August 1803 vor der Königlichen Deutschen Gesellschaft zu Königsberg gehalten von CARL HEINRICH PUDOR. ib., gedruckt in der Königl. Hartungschen Hofbuchdruckerei. 8°.

Pudor, C. H., poetische Versuche. 8. Berlin, Dieterici. 812.

— poet. Versuche. 8. Berl. 812. (Mittler). 20 gr

— Wozu mahnen die weltgeschichtl. Tage von Augsburg die denkende Nachwelt an? Eine Rede zur 300jähr. Jubel-Feier des Augsburg. Bekenntnisses am 26. Jun. 1830 gehalten. 8. Marienwerder 830. Baumann. 4 gr

—— wozu mahnen d. weltgeschichtl. Tage v. Augsburg d. denkende Nachwelt an? Eine Rede z. 300jähr. Jubel-Feier d. Augsburg. Bekenntnisses am 26. Jun. 1830 geh. 8. (2¼ B.) Marienwerder 832, (Baumann.)

Pudor, Wilhelm, Referendar in Leipzig: Der Vorbehalt des Eigentums. § 455 B.G.B. *Leipzig 1903: W. Wigand.* (70 S.) 8°
Leipzig, Jur. Diss. v. 1903

Pudschies, Paul, a. Straßburg i. Els.: Zur Kenntnis der Kupferammoniaksalze. Mühlhausen i. Thür. [1906]: Th. Pecena. (57 S.) 8°
Straßburg, Math.-naturwiss. Fak., Ref. Thiele, Diss. v. 1900
[Geb. 6. Dez. 82 Straßburg i. E.; Wohnort: Straßburg; Staatsangeh.: Elsaß-Lothringen; Vorbildung: Oberrealsch. Basel Reife M. 00; Studium: Basel 3, Straßburg 7 S.]

Pu dschou [Schlagwort]

Pu dschou, s.: Tschili.

Pueblo Anzeiger: 1887?–1897?
Democratic weekly. Circulation: 1895, 1100. Edited & published by Michel & Smallfield, 1891; by John Michel, 1892; Michel & Brandt, 1893–94; by John Michel, 1895; by George H. Harries, 1896–97.
Pueblo, CO

Puell, Ph. Nerius, († d. 10. Jan. 1801.) Geschichte des unter die Heiligen versetzt. Bischofs Hartmann v. Brixen. Brix. 764.

Puente, Don Pedro Antonio de la, (Ponz), Reise durch Spanien; aus d. Span., od. Briefe üb. die vornehmst. Merkwürdigkk. in d. Lande mit Erläuterr. u. Zusätzen von J. A. Dieze. 2 Thle. gr. 8. Leipz. 775—79. Weygand. 1 ℛ 14 gr

Puer centum annorum ... Der vor Augen liegend-handel- und wandlend Welt täglich anhaltendes Kinder-Spiel ... [Nürnberg 1715.] V: *Callenbach (Kallenbach), Franz.* (ADB) (RH) (Jes) (BrMm)

Puerta, la excellente, de las lenguas, od. Beschr. d. meist. natürl. Gegenst. a. d. Lat. v. L. H. Teucher. 8. Lpz. Schwickert. 794.

Puerto Plata [Schlagwort]

Puerto Plata, s.: Seekarten.

Puerto Rico [Schlagwort]

Puerto-Rico, s.: Kriegsschauplatzkarten.

Puf van Vlieten, Komödie in fünf Aufzügen. Leipzig 1780. V: *Mylius, Wilhelm Christhelf Siegmund.* (MGT) (Ky) (Cat. d. Stadtbibl. Zürich. Zürich 1864—97.)

Puf van Vlieten. Komödie. 1780. (III, 10397.) — *Mylius*, der den Titelnamen aus »Sophiens Reise« von Hermes entlehnt, ist nur Bearb. V: *Voltaire* (»Ecossaise«) & *Gg. Colman* (»English Merchant«). Vgl. Ersch II, 2 (1840), Nr. 4353d. (DARP)

Puf van Vlieten. Comödie. 8. Lpz. Breitkopf u. Hertel. 780. -

Pufahl, Katharine [Oberlehrerin]: Berliner Patrioten während der Franzosenzeit von 1806 bis 1808. Berlin, R. Gaertner, 1896; 43 S. 4.
Berlin, Dorotheen-S, OP 1896**

Pufahl, (Christian Ludw.) Max (geb. Schlawe 16. 1. 1846): Ueber eine seltene Verletzung im Innern des Auges. Berlin (1872). (30 S.) 8°
Berlin. Med. Diss. v. 21. Dez. 1872

Pufahl, Otto [aus Regenwalde in Pommern]: Über die Arsenmolybdänsäuren und ihre Salze. . . . Berlin, A. W. Schade's Buchdr. (L. Schade), 1888; 56 S. u. 1 Taf. 8°
Leipzig, Phil. Fak., Inaug.-Diss. v. 29. Okt. 1888

v. **Pufendorf**, ..., Gebet für unsern König (Georg VI.) In Versen. 4. Hannov. 821. Helwing. 3 gr

Pufendorf, die öffentliche Klage der Staatsanwaltschaft bei Verbrechen und Polizeiübertretungen in vierzehn Abhandlungen und der Verletzten bei Polizeiübertretungen in einem Anhange. gr. 8. (IV und 68 S.) Verden 857, (Steinhöfel'sche Buchh.) * –

Pufendorf, Esaias

(Puffendorf, Esaie.) Anecdotes de Suède, ou l'histoire secrète des changemens arrivés dans la Suède sous le règne de Charles XI. 8. Lahaye (Berlin) 1716. — 8 Stockholm (Amsterdam) 1716.

(Puffendorf, Esaias.) Anekdoten von Schweden, oder geheime Geschichte der Staatsveränderungen in Schweden unter der Regierung Carls XI. A. d. Französ. 8 Coeln 1716.

Pufendorf's, Esaias, Bericht über Kaiser Leopold, seinen Hof und die österreichische Politik 1671—1674. Nach einer Handschrift hrsg. und erläutert von Karl Gust. Helbig. gr. 8. (99 S.) Leipzig 862, Teubner.

Nachrichten, Geheime, vom Schwedischen Hofe und von denen in selbigem Reich vorgefallenen Veränderungen unter Regierung Carls XI. (1660—97). Auß d. Frantz.s. (des *Jesaias Pufendorff*, Bruder des Samuel P.) genandt Anecdotes de Suède übers. Cölln. P. Marteau (Hamburg, Sam. Heyl) 1716. 8°. (In Berlin: Ua 204 no. 3; in München: Hist. sept. 147.)
Vgl. O. M. V. 1717. G 4 a., wo wirklicher Druckort.
Orig. (in Berlin: Ua 6610): *(Esaie Pufendorff):* Les anecdotes de Suède ou l'histoire secrète des changements arrivez dans la Suède. Sous le règne de Charles XI. La Haye, à l'Enseigne de l'Apôtre St. Bartelemy. (Ulm) 1716. 8°. — Stockholm (Amsterd.) 1716. 8°. — Cassel 1718. 8°. (Weller, fing. Druckorte I. p. 68.)

Pufendorf, Friedrich Esaias von

v. *Pufendorf*, **Fr. Essaias**; († d. 25. Aug. 1785.) animadversiones juris universi. 4. Hannov. 783. Helwing. 1 ₰ 4 gr

Pufendorf, Frid. Esaias a: Animadversiones juris. T. 1. [einz.] Hannoverae 1783.

— (Ed. nova.) o. O. 1791.

Neun Briefe des Vizepräsidenten Friedrich Esaias v. **Pufendorf** zu Celle an die Gebrüder Helwingsche Hofbuchhandlung zu Hannover aus d. Jahren 1773–1784 von Prof. Franz Bertram, Hannover. Hannover: Helwing 1906. (31 S.) 8° [Umschlagt. F.]
Aus: Börsenblatt f. d. deutschen Buchhandel. 1906. No 52. 54. [06. 3090 B

a Pufendorf, Fr. Esai.: De culpa commentatio jur. natur. et civ. *Lemgo*, **Meyer. 741. 8maj. (14 Gr.)**

Pufendorf, Esaias: Introductio in processum civilem electoratus Brunsvico-Luneburgici provinciarumque ei annexarum Bremensis, Verdensis, Lauenburgensis, Hadelensis, nec non ducatus Brunsvico-Guelpherbytani, episcopatus Hildesiensis et comitatus Schaumburgensis. Francofurti et Lipsiae 1733.

A Pufendorf, Frid. Esaias: Introductio in processum civilem elector. Brunsv.-Luneburgicici provinciarumque ei adnexarum. *Hannoverae*, **Helwing. 768. 4. (1 Thlr. 4 Gr.)**

a Pufendorf, Frid. Esaias: **Introductio in processum criminal. Luneburg.** (*Zelle* 732.) **Ed. alt. annot. aucta a C. Fr. a Pufendorf.** *Hannoverae*, **Hellwing. 768, 4. (1 Thl. 4 Gr.) — Cur. C.** *Friderici. Ib.* **769. 4. (1 Thl.)**

— de jurisdictione germanica liber. 8maj. Lemgo 740. Ed. nov. 786. Meyer. 1 ₰ 12 gr

a Pufendorf, F. Es.: Observatt. jur. univ., quib. praecipue res judicatae summi tribunalis reg. et elect. continentur; adj. est. appendix var. statutor. et jur. *Hann.* **Helwing. T. 1—2. (744. 48.) 778. 79. T. 3—4. 756. 70. 4. (11 Thl.)**

— observationes juris universi, quibus praecipue res judicatae summi tribun. regii continentur; adj. est append. varior. statutor. et jur. IV Tom. 4. Celle 744—70. Tom. I. et II. Ed. II. auct. 756, 79, 80. Ed. nov. 4. Hannov., Helwing, 11 ₰ id. lib. sine notis et append. 4. ibid. 780 —84. 6 ₰

Pufendorfius, Frid. Esaias: Observationes juris universi quibus praecipue res judicatae summi tribunalis regii et electoralis continentur. Adjecta est app. variorum statutorum et jurium. T. 1. Ed. 2. Cellis Luneb. 1757. T. 2—4. Hannoverae 1748—70.

Pufendorf, Friedrich Esaias, De privilegiis, speciatim de jure de non adpellando libellus. Hannover (N. Foerster) (8. III.) 1730. 255 S. (7.—) 27360
Titelblatt rot und schwarz.

a Pufendorf, Fr. Esaias: De privilegiis spec. de jure de non appellando. *Hannov.*, **Helwig. 730. 8. (4 Gr.)**

Pufendorf, Friedrich Esaias von: Religio gentilium arcana. Lips. 1772. 8°

— de religione arcana gentium. 8maj. Hannov. 773. Helwing. 1 ₰

— Umschreib. und Erklär. d. hoh. Liedes Salom., herausg. v. Runge. 4. Brem. Cramer. (Barth in Leipz.) 775.

— Umschreibung u. Erklär. d. hohen Lieds Salomonis; (hrsgg. v. Konr. Hnr. Runge). 4. Brem. 776. (Barth in Lpz.) 1 Thlr. 8 Gr.

Pufendorf, Friedrich Ludwig von

— **Verehrungsopfer auf Jacobi's Grab, s. K. J. Dedekind.**

PUFENDORF, F. L. v. („Lieutenant unter dem Königl. Groß-Brit. u. Churfürstl. Braunschw.-Lüneburg. 6ten Infanterie-Regiment von Sydow"), Versuche in der lyrischen Dichtkunst (2 Bücher), nebst einigen Sinngedichten, u. einem Anhange (vermischter Gedichte). Zelle, gedruckt bey Joh. Dieterich Schultze, Hofbuchdr. u. Buchhändler. 1785. 8°. Rar!
Tit., 2 Bll. Widm. (an d. Generalmajor Heinr. Bernh. v. Sydow, Chef d. 6. Infant.-Reg. zu Nienburg), 2 Bll. Vorber. u. 262 S. — Neben moral. u. geistl. auch etwas leichtfertige Gedichte, z. B.: An Dora, in einer schönen Nacht (4 achtzeil. Str.); Wünsche, nach d. Frz. d. La Motte (5 vierz. Str.); Etwas für den Ehestand (Aufforderung zur Galanterie in 11 vierz. Str.); die Sommernacht (8 vierz. Str.); an die Nacht (11 vierz. Str.). Zwei derbe Sinngedichte S. 224 („die enthaltsame Braut") u. S. 241 („Die Dame u. ihre Kammerjungfer").

Pufendorf, F(riedrich) L(udwig) v(on): Ausführbare Vorschläge zur gänzlichen Vertilgung der Blattern. Regenten, Staatsmännern und Menschenfreunden zu reiflicher Erwägung und Beherzigung empfohlen. 128 S., gbd.

Braunschweig: Schulbuchhandlung 1792

v. *Pufendorf*, Konr. Fr., († ...) s. Fr. Es. *Pufendorfii*, introductio in processum.

Pufendorf, Samuel, s.a. Bosse, Friedrich.

Pufendorf, Samuel von

Pufendorf, S. v., s.a. Severinus v. Monzambano.

Pufendorff, Sam. von: „Gründlicher Bericht von dem Zustande des Heil. Röm. Reichs Teutscher Nation, vormahls in Latein Sprache u. d. T. Severin von Monzambano herausgegeben, anjetzo aber ins Teutsche übersetzt", Leipzig 1710. — Vorh.: Bibl. des German. Nationalmuseums Nürnberg.

Samuels Freyherrn von Pufendorff kurtzer doch Gründlicher Bericht von dem Zustande des H. R. Reichs Teutscher Nation, vormahls in Lateinischer Sprache unter dem Titul Severin von Monzambano herausgegeben, anitzo aber ins Teutsche übersetzet und mit den auserlesensten Anmerckungen der berühmtesten Publicisten, so bisz auf den Badenschen Friedens-Schlusz gerichtet ... und nützlichem Register versehen. Deme noch beygefüget 1.) Die Historie von dem wunderlichen Lärmen und Tumult, welcher in der gelehrten Welt dieses Buchs wegen entstanden. 2.) Des Herrn Autoris Untersuchung von der Beschaffenheit eines irregulairen Staats. 3.) Vita, Fama & Fata Literaria Pufendorfiana ... Leipzig, bey Johann Ludewig Gleditsch und Moritz Georg Weidmannen. 1715. Andere Aufflage.

17 cm. 27 leaves, 1,376, [56] pages. With folding genealogical tables. The Latin edition of this extraordinarily important work in political science appeared in 1667. The first German edition was issued by Gleditsch and Weidmann at Leipzig in 1710.

Pufendorf, S. F. v. Politische Betrachtungen der geistlichen Monarchie des Stuhls zu Rom. Halle 1714. H: *Thomasius, Christian.* (Schletter, Handb. d. jurist. Litt. Grimma 1843. S. 106.)

— polit. Betracht. d. geistl. Monarchie des Stuhls z. Rom. 8. Halle, Renger. 717.

[F.] Briefe Samuel Pufendorfs an Christian Thomasius (1687—1693). Hrsg. u. erkl. v. Emil Gigas. *München & Leipzig: R. Oldenbourg 1897.* (2 Bl., 78 S.) 1 Bd 8.
= Bibliothek, Historische. Bd 2. 97. 1138

— — le droit de la nature et des gens, trad. du latin par J. Barbeyrac. *Basle*, Thurneisen. (*Amsterd.* 706.) [712. 732.] 771. (Varrentrapp in *Frankf.*) II Voll. 4. (6 Thl. 16 Gr.)

Pufendorf, [Sam.] baron de: Le droit de la nature et des gens ou système général des principes les plus importans de la morale, de la jurisprudence, et de la politique. Trad. du latin par Jean Barbeyrac. 4. éd. T. 1. 2. Basle 1732.

— droit de la nature et des gens, trad. du latin par J. Barbeyrac. II Vols. 4. Basel 768. Thurneisen. 6 Thlr. 16 Gr. (Varrentrapp in Frkf. a. M.) 4 Thlr.

— — dass. französisch übers. v. demselben. 2 Thle. 4. Basel, Thurneisen. 769.

Pufendorf, Samuel von: Einleitung zu der Historie der vornehmsten Reiche und Staaten, so jetziger Zeit in Europa sich befinden. Von neuem getruckt, und biss auf den Baadischen Frieden abermahl fortgesetzt und vermehrt; dessgleichen mit neuem Vorbericht versehen. 8°
(Th. 1.) Franckfurt am Main. 1718.
(Th. 2.) Continuirte Einleitung. ebd. 1719.
Th. 3. ebd. 1715.
Th. 4 zu Samuel, Frey-Herrns von Puffendorff. Einleitung zu der Historie der vornehmsten Reiche und Staaten von Asia, Africa und America, welche nach dessen Methode ein gelährter Engelländer (J. Crull?) kürtzlich abgehandelt und beschrieben. Anjetzo auss dem Englischen ins Hoch-Teutsche übersetzt v. C. I. W. 3. Aufl. ebd. 1719.

Pufendorff, Samuel Freih. von. Einleitung in die Historie der vornehmsten Europäischen Staaten, fortgesetzt biss auf gegenwärtige Zeiten, mit Anmerkungen. Franckfurt (Th. 1—4) und Leipzig 1746—48. H: *Olenschläger, Johann Daniel von.* (KGBerlin II, 2456)

— Einleit. in die Historie der vornehmsten Europ. Staaten bis auf gegenwärt. Zeiten fortgesetzt v. J. D. v. Olenschlager. 4 Thle. 8. Frkf. a. M. 746—50. (1r Thl. 2e A. 763.) (Schäfer). 1 Thlr. 8 Gr.

— Einleit. z. Hist. der vorn. Reiche und Staat., so jetziger Zeit in Europa sich befind. 4 Thle. 8. Frankf. Eßlinger. 746.

— — deß. 1r und 2r Thl. 8. Ebend. 763.

— Einleit. zu den Pflichten aller Menschen. 12. Leipzig, Georgi. 721.

Id.: Eris Scandica qua adversus libros de J. N. et. G. objecta diluuntur, c. praef. Jul. RONDINI. *Frcf.*, 706. 4.

Pufendorff, Sam. de: „Tractatus de habitu religionis christianae ad vitam civilem", cum commentario Jo. Pauli Kressil, Jenae 1712.

— de habitu religionis christianae ad vitam civil. 12. Brem. Sauermann. 727.

PUFENDORF, Sam.: De jure naturae ac gentium libr. VIII. *Lond.* Scan. 672. — c. annott. J. Nic. HERTII. Ed. nova. *Francof.* 706. 4. — c. integris comment. viror. clariss. Jo. Nic. HERTII atque J. BARBEYRACII. Acc. Eris Scandica. Recens et animadv. illustr. Gfr. MASCOV. *Frcf.*, Schäfer. 744. 759. II Tom. 4. (5 Thl.)

Pufendorfius, Samuel: „De jure naturae et gentium, libri octo", London 1672. — Edit. nova, Francofurti ad M. 1716, vorh.: Bibl. des Oberlandesgerichts Celle — A. n. 3.

— de jure naturae et gentium libri VIII, c. integris comment. viror. clariss. Jh. Nic. Hertii atque Jh. Barbeyraci. Acc. Eris Scandica. Recens. et animadv. illustr. Gf. Mascov. II Tmi. 4. Frkf. a. M. 743, 44; auch 59. (Schäfer). 5 ℛ

— de iure naturae et gentium Libri VIII. c. comment. Hertii et Barbeyrac et animadv. Gf. Mascov. II Tmi. 4. Frcf. Esslinger. 759.

Puffendorf, Sam. de, ius feciale divin. 8. Frcf. Fritsch. 721. Rthlr.

Literaria Pufendorfiana ... Leipzig, bey Johann Ludewig Gleditsch und Moritz Georg Weidmannen. 1715. Andere Auflage.

— acht Bücher v. Natur- und Völkerrecht, m. Hert u. Barbeyrac Anmerk. 2 Thle. 4. Frankf. Knoch. 711.

L. B. DE PUFENDORF, Sam.: De officio hominis et civis juxta legem naturalem libri duo (*Lond.* 670.) cum annotatt. perpetuis etc. cur. Mau. WEBERO. *Francof. a. M.* 710. 8.
— — ed. LEHMANN. *Jen.* 721. 8.
— — c. ann. Glo. Sam. TREUER. *Lips.* 734. 8.
— — de offic. hom. et civ. juxta legem natural. l. II. Ad usum nobil. academ. militar. Warsov. fundat. ad exempl. edit. Holmiens. et aliquot annotatt. aucti cura F. J. LOMKAU. *Lips.* et *Dresd.* 767. 4.

— — c. not. Lehmann. 8. Jenae, Bielke. 721.

— — c. not. Weber. 8. Frcf. Brönner. 734.

— — c. annotat. G. S. Treuer. 8. Wolfb. Freytag. 734.

— de officio hominis et civis. 8. Basel, Flick. 739.

— — id. l. c. not. I. Barbeyrac et emendat. Ayrmann. 8. Giess. Krieger. 741.

— — id. l. c. comm. hist. theor. pract. Rotheri. 4. Lips. 748.

— de officio hominis et civis juxta legem naturalem libri duo locuplet., auctore Gli. Gerh. Titio. 8. Leipz. ... Ed. VII. 751. (Brockhaus). 10 ℊ

— — c. observat. Titii. 8. Lips. Junius. (Gleditsch.) 751.

Pufendorfius, Sam.: De officio hominis et civis secundum legem naturalem libri duo, cum Jo. Barbeyracii notis, et examine censurae Leibnitianae. Ex Gallico in Latinum sermonem transtulit Sebast. Masson. Ed. 4. emend. . . . a Chrph. Frid. Ayrmanno. Francofurti et Lipsiae 1759.

— de officio hominis et civis c. not. J. Barbeyrac. 8. Ingolst. 759 Krüll. 16 ℊ

— — eund. l. juxta legem natural. ed. Lomkau. 4. Dresd. (Sommer. Kummer, et. Göthe, Lips.) 767.

Pufendorff, Sam. v., über d. Papstthum. Neu bearb. v. C. Herm. Weise. gr. 8. (7 B.) Quedlinburg 839, Basse.

Pufendorf, Samuel v. Samuelis liberi baronis de Pufendorf De rebus a Carolo Gustavo Sveciæ rege gestis commentariorum libri septem elegantissimis tabulis æneis exornati Cum triplici indice. Norimbergae. Sumptibus Christophori Riegelii. Literis Bieiingianis Anno MDCCXXIX [1729]
Vortit., Titelkupfer. Tit., 3 Bl., 526 – 53 – 11 S. m. 3 Münz-Abb. u. 26 Vign. in Kupferst. 128 Taf. in Kupferst. 2°
Inhalt der Kupfer: Regierungszeit und Tod Karls X. Gustav (1654—60). Stecher: S. Blasendorff, J. Boulanger, N. Cochin, L. Cordier, Dahlbergh, Grignon, F. de Lapointe, J. Le Poutre, N. Pereila, N. Pitau, Richer, P. van Schuppen, W. Swidde. Als Zeichner nennt sich auf einigen Porträts D. Klöker.
1. Ausgabe 1696. Deutsche und franz. Ausg. 1697
Graesse V, 504.

Pufendorf, S. F. v. De rebus a Carolo Gustavo Sueciae Rege gestis, commentariorum libri septem . . . Norimbergae 1729. H: *Thomasius, Gottfried.* (BrMm)

— de rebus a Carolo Gustavo, Sueciae rege gest. c. fig. fol. Nürnb. Riegel et W. 792.

— — le même livre en françois av. fig. fol. ibid.

— — dasselbe in deutscher Sprache, m. K. Fol. Ebend.

Puffendorf, Sam. de, de rebus gestis Friederici III. elect. Brandenb. postprimi Boruss. regis. fol. Berl. Rottmann. 734.

v. **Pufendorf**, Sam. De rebus gestis Friderici III., electoris Brandenburgici, post primi Borussiae regis, commentariorum libri III. [1688—1690.] Ed. Ewald Friedr. v. Hertzberg. fol. Berolini 1784.

v. **Pufendorf**, Sam. De rebus gestis Friderici Wilhelmi Magni, electoris, Brandenburgensis, commentariorum libri XIX. fol. Berolini 1695. — (1314.) fol. c. tab. Berolini et Lipsiae 1733.

— de rebus gest. Friderici Wilh. Magni commentarior. Libri XIX. fol. Berol. (Stiller, Rost. et. Weidmann, Lips.) 733.

v. Pufendorf, Commentariorum de rebus suecisis libri 26 ab expeditione Gustavi Adolphi regis in Germaniam ad abdicationem usque Christinae. fol. Cum fig. Ultrajecti 1684. — fol. Francofurti 1707

Pufendorf, Sam. LB. de: De statu imperii Germanici liber unus. In usum regiae Berolinensis academiae cum praef. ed. cura Jac. Pauli Gundlingi. Ed. posthuma. Coloniae ad Spream 1706.

— — id. l. c. Gundling. 8. Berl. Rüdiger. 706.

— de statu imperii germ. c. Titii et Schaumb. 8. Lips. Fritsch. 734.

Monzambano, Severinus de [d. i. **Pufendorf**, Sam. v.]: De Statu Imperii Germanici. Nach dem ersten Dr. mit Berücks. der Ausg. letzter Hand hrsg. von Fritz Salomon. Weimar 1910.

Pufendorf, S. v., die Verfassung des deutschen Reiches, s. Universal-Bibliothek Nr. 966.

Pufendorf. Sam. v., s. Bibliothek, historisch-politische. —

Monzambano, Severinus v. (d. i. **Pufendorf**, Sam. v.): Ueber die Verfassung des Deutschen Reichs. Uebers. u. mit e. Einl. versehen von Harry Breßlau. Berlin 1870.

Pufendorf, S. Vita et res gestae divi Georgii I., Regis Magnae Britanniae, Ducis Brunvicensis et Luneburgensis. 4. Cellis 1728.

Pufendorf, Wilhelm von

v. Pufendorf's, Wlh., Observationen über Gegenstände des Civil- u. Proceßrechts. Aus dessen im Königl. Ober-Appellations-Gerichte zu Celle gehaltenen Vorträgen bearbeitet u. herausgeg. von Ldw. Schmidt, nebst einem vom OAR. Dr. Planck verfaßten Vorworte. gr. 8. Celle 841, Schulze. 1 ℔

Puff [Sachliches OW]

Puff, Herr; e. kom. Roman, n. Pigault le Brün, v. K. Witte. 4 Bde. 8. Hamb. Vollmer. 809.

— e. and. Uebers. dass., s. Herr Bott.

PUFF, Hans. Ein Lustspiel in Fünf Handlungen. (Hübsches Rokoko-Ornament.) Zweyte Auflage. (Druckerstock.) O. O. (Hamburg?) 1766. 8°.

Spielt in Hamburg, wie aus der drolligen Vorrede ersichtlich; zugleich ein Gegenstück zu desselben Vf. „Der Kaufmann: ein Menschenfreund", welches auf der Schoenemann'schen Bühne vorgestellt worden war. 109 S. (incl. Tit., 2 Bll. Vorr., 1 Bl. „Persone¬"). — Rar!

Puff van Vlieten, s. Puf van Vlieten.

Puff [Verfasser]

Puff: Beiträge zur Geschichte des ritterlichen steirischen Sängers Ulrich von Lichtenstein. 11 S.–Marburg, Progr. 1856

Puff: Geburts-, Trauungs-, und Sterbeorte landesfürstlicher Familienglieder in Steiermark. Beitrag zur Landesgeschichte. 24 S. 8°–Marburg, Progr. 1859

Puff: Ueber die Notwendigkeit der genauen Geschichtskenntnis der einzelnen Erbländer Oesterreichs. 5 S. –Marburg, Progr. 1855

Puff: Ueber die Notwendigkeit d. Verstehens d. ältern deutschen Sprache und Literatur für die studierende Jugend Oesterreichs. 12 S.–Marburg, Progr. 1852

Puff, Adolf *Wilhelm* [aus Neunkirchen (Rheinprov.)]: Das kalte Auftriebwasser an der Ostseite des nordatlantischen und der Westseite des nordindischen Ozeans. . . . Marburg, *Druck v. Gebr. Knauer in Frankfurt a. M.*, 1890: 2 Bl., 99 S., 2 Taf. 8°

Marburg, Phil. Fak., Inaug.-Diss. v [14. Nov.] 1890

PUFF, Erasmus, genannt *Ignaz Brandtwurm?!* (so!), Sultan Peter der Unaussprechliche u. seine Veziere. Oder polit. A. b. c. Büchlein zum Gebrauch der Königskinder von Habessinien. O. O. 1794. 456 SS. (12 Mk., br., unbeschn., L. Rosenthal, 1910.)

Weller, Lex. pseud. S. 463. — Ein 2. Titel lautet: Philos.-polit. Beobachtungen, gesammelt in Habessinien nebst polit. Glaubensbekenntniss des Erasm. Puff etc.

SULTAN Peter der Unaussprechliche u. seine Weziere. Oder politisches A. b. c. Büchlein zum Gebrauche der Königskinder von Habessinien. Oder unter dem Titel: Philosophisch-politische Beobachtungen gesammelt in Habessinien nebst politischem Glaubensbekäntnis des Abbé *Erasmus Puff* genannt *J. Brandtwurm.* Erstes u. wahrscheinlich nicht letztes Bändchen (Alles Erschienene). O. O. 1794. 8°. 456 S. (4 Mk. 50 Pfg., schönes Expl. in Hprgtbd., Frdr. Klüber's Nachf., München, 1908.)

Puff, Ferdinand

Puff, F., steirische Bauarn-Gspcaß, s. a. Bauarn-Gspoaß.

Puff, Ferd., Steyrische Bauarn-Gspoaß u. kloane Doarfgschichtn, dazöhlt. 1. Büachl. 16. (IV u. 32 S.) Gratz 852, Dirnböck & Mühlfeith. 1/6 ℔

Puff, Hugo

Puff, H., s. Kalender f sächs. Staatsbeamte.

Puff, L[ouis]: Gegenüberstellung der Gabelsbergerschen und der Vereinfachten deutschen Stenographie ‹Stolze-Schrey› bezüglich ihrer Regeln. 3. Aufl. Halle a. S.: Selbstverl. (Magdeburg: E. Grudzinski in Komm.) 1898. (IV,36 S.) 8°

Puff, L., Gegenüberstellung der Gabelsbergerschen u. d. vereinfacht. deutsch. Stenographie (Stolze-Schrey) bezüglich ihrer Regeln. 3. Aufl. gr. 8. (IV, 37 S.) Halle 898. (Magdeburg, A. Rathke.) n.n. — 30

Puff, L., u. E. **Stark**, Lehrbuch d. vereinf. Stenographie (Stolze-Schrey). Nach d. Beschlüssen des Einigungsausschusses d. Stenographie-Schulen Stolze-Schrey-Velten bearb. gr. 8. (IV, 38 S.) Magdeburg 897. A. Rathke. n.n. — 70

Puff, L[ouis] u. E. Stark: Lehrbuch der Vereinfachten Deutschen Stenographie '(Einigungssystem Stolze-Schrey)'. 3. Aufl. ... Magdeburg: A. Rathke 1898. (48 S.) 8°

Puff, L[ouis] u. E. Stark: Lehrbuch der Vereinfachten Deutschen Stenographie ‹Einigungssystem Stolze-Schrey›. 4. Aufl. Magdeburg: A. Rathke 1898 (auf d. Umschl.: 1899). (48 S.) 8°

Lehrbuch der Vereinfachten Deutschen Stenographie ⟨Einigungssystem Stolze-Schrey⟩. Hrsg. von **L[ouis] Puff**, Lehrer, Halle a. S., u. E[mil] Stark, Lehrer in Magdeburg. 5. Aufl. *Magdeburg: A. Rathke 1898.* (48 S.) 8° [00. 10592

Schlüssel zum **Lehrbuch** der Vereinfachten deutschen Stenographie ⟨Einigungssystem Stolze-Schrey⟩. Hrsg. von **L[ouis] Puff**, Halle a. S. u. E[mil] Stark, Magdeburg. *Magdeburg: A. Rathke 1898.* (19 S.) 8°

Lehrbuch der Vereinfachten Deutschen Stenographie ⟨Einigungssystem Stolze-Schrey⟩. Hrsg. von **L[ouis] Puff** u. E[mil] Stark. 6. Aufl. [Nebst] Schlüssel. *Magdeburg: A. Rathke 1901.* 2 Bde 8° [04. 5455

Lehrbuch der Vereinfachten Deutschen Stenographie. ⟨Einigungssystem Stolze-Schrey.⟩ Hrsg. von **L[ouis] Puff**, Lehrer in Halle a. S., u. E[mil] Stark, Lehrer in Magdeburg. 7. Aufl. *Magdeburg: A. Rathke 1903.* (52 S.) 8° [03. 1737

— u. E. Stark, Lehrbuch der vereinfachten deutschen Stenographie (Einigungssystem Stolze-Schrey). 8. Aufl. (50 S.) gr. 8. Magdeburg 904 A. Rathke. n. — 80; Schlüssel (17 S.) 905. n. — 50

Lehrbuch der Vereinfachten Deutschen Stenographie. ⟨Einigungssystem Stolze-Schrey.⟩ Hrsg. von L[ouis] **Puff**, Lehrer, u. E[mil] Stark, Lehrer. 10. Aufl. [Nebst] Schlüssel. Magdeburg: A. Rathke (1905). 2 Bde 8° [05. 6710

Lehrbuch der vereinfachten deutschen Stenographie ⟨Einigungssystem Stolze-Schrey⟩. Hrsg. von L[ouis] **Puff**, Lehrer, u. E[mil] Stark, Lehrer. 11. Aufl. Magdeburg: A. Rathke 1905. (52 S.) 8° [05. 10476 3

Lehrbuch der Vereinfachten Deutschen Stenographie ⟨Einigungssystem Stolze-Schrey⟩ Hrsg. von L[ouis] **Puff**, Lehrer, u. E[mil] Stark, Lehrer. 12. Aufl. Magdeburg: A. Rathke (1906). (52 S.) 8° [06. 553

Lehrbuch der vereinfachten deutschen Stenographie ⟨Einigungssystem Stolze-Schrey⟩. Hrsg. von L[ouis] **Puff** u. Emil Stark. 13. Aufl. Magdeburg: A. Rathke 1906. (52 S.) 8° [06. 6605

Lehrbuch der Vereinfachten Deutschen Stenographie ⟨Einigungssystem Stolze-Schrey⟩. Hrsg. von L[ouis] **Puff** u. E[mil] **Stark, Lehrer.** 14. Aufl. Magdeburg: A. Rathke [1906]. (52 S.) 8° [𝔉.] [06. 14144

Lehrbuch der vereinfachten Deutschen Stenographie ⟨Einigungssystem Stolze-Schrey⟩. Hrsg. von L[ouis] **Puff** u. E[mil] Stark. 15. Aufl. Magdeburg: A. Rathke (1906). (53 S.) 8° [06. 15149 8

Lehrbuch der Vereinfachten Deutschen Stenographie ⟨Einigungssystem Stolze-Schrey⟩. Hrsg. von L[ouis] **Puff**, Lehrer, u. E[mil] Stark, Lehrer. 16. Aufl. Magdeburg: A. Rathke [1907]. (53 S.) 8° [07 7471

Lehrbuch der Vereinfachten Deutschen Stenographie ⟨Einigungssystem Stolze-Schrey⟩. Hrsg. von L[ouis] **Puff** u. E[mil] Stark, Lehrer in Magdeburg. 17. Aufl. Magdeburg: A. Rathke [1907]. (53 S.) 8° [𝔉.] [07. 12746

Lehrbuch der Vereinfachten Deutschen Stenographie ⟨Einigungssystem Stolze-Schrey⟩. Hrsg. von L[ouis] **Puff** u. E[mil] Stark. 18. Aufl. [Text.] Magdeburg: A. Rathke [1907.] 8° [07. 17341

Lehrbuch der Vereinfachten Deutschen Stenographie ⟨Einigungssystem Stolze-Schrey⟩. Hrsg. von L[ouis] **Puff** u. E[mil] Stark, Lehrer. 19. Aufl. Magdeburg: A. Rathke [1908]. (53 S.) 8° [𝔉.] [08. 4052

Lehrbuch der Vereinfachten Deutschen Stenographie ⟨Einigungssystem Stolze-Schrey⟩. Hrsg. von L[ouis] **Puff** u. E[mil] Stark, Lehrer. 20. Aufl. Magdeburg: A. Rathke 1908. (53 S.) 8° [08. 11563

Puff, L[ouis] u. E. Stark: Lehrbuch der vereinfachten deutschen Stenographie ⟨Einigungssystem Stolze-Schrey⟩. 21. Aufl. Magdeburg: Rathke 1908. 53 S. 8°

Puff, L[ouis] u. E. Stark: Lehrbuch der vereinfachten deutschen Stenographie ⟨Einigungssystem Stolze-Schrey⟩. 22. Aufl. Magdeburg: Rathke 1908. 53 S. 8°

Schlüssel zum Lehrbuch d. Vereinfachten Deutschen Stenographie ⟨Einigungssystem Stolze-Schrey⟩. Hrsg. von L[ouis] **Puff** u. E[mil] Stark. Magdeburg: A. Rathke 1908. (17 S.) 8° [08. 11504

Lehrbuch der vereinfachten deutschen Stenographie ⟨Einigungssystem Stolze-Schrey⟩. Hrsg. von L[ouis] **Puff** u. E[mil] Stark 23. Aufl. Magdeburg: Rathke [1909]. 53 S. 8° [09. 6267

Puff, L[ouis] u. E. Stark: Lehrbuch der vereinfachten deutschen Stenographie ⟨Einigungssystem Stolze-Schrey⟩. 25. Aufl. Magdeburg: Rathke 1909. 53 S. 8°

Puff, L., u. E. Stark, Lehrbuch der vereinfachten deutschen Stenographie Stolze-Schrey. 31. Aufl. (51 S.) gr. 8. Magdeburg (910). A. Rathke. —80; Schlüssel (17 S.) — 60

Puff, L., u. R. Heberer, Lehrgang f. das Projektionszeichnen. (32 S. m. Abbildgn.) qu. gr. 8. Halle 904. Buchh. des Waisenhauses. n. — 80

Puff, L., u. R. Heberer, Lehrgang f. das Zirkelzeichnen. qu. gr. 8. (15 S. m. Fig.) Halle 902. Buchh. d. Waisenhauses. n. — 40

Puff, L[ouis] u. E. Stark: Lesebuch für Stenographen. ⟨System Stolze-Schrey.⟩ 2. Aufl. Magdeburg: A. Rathke 1899. (48 S.) 8° [Text lith.]

Lesebuch für Stenographen. ⟨System Stolze-Schrey.⟩ Hrsg. von **L[ouis] Puff**, Halle a. S., u. E[mil] Stark, Magdeburg. 3. Aufl. *Magdeburg: A. Rathke 1901.* (48 S.) 8° [Text sten.] [03. 1738

Lesebuch für Stenographen ⟨System Stolze-Schrey⟩. Hrsg. von **L[ouis] Puff**, Frankfurt a. M., u. E[mil] Stark, Magdeburg. 4. Aufl. *Magdeburg: A. Rathke 1904.* (48 S.) 8° [autogr.] [04. 13969

Lesebuch für Stenographen ⟨System Stolze-Schrey⟩. Hrsg. von L[ouis] **Puff**, Frankfurt a. M., u. E[mil] Stark, Magdeburg. 5. Aufl. Magdeburg: A. Rathke 1907. (48 S.) 8° [Text stenogr.] [07. 7472

— — Lesebuch f. Stenographen. System Stolze-Schrey. 6. Aufl. (V, 48 S.) gr. 8. Ebd. 910. nn — 70

Puff, L[ouis] u. E. Stark: Methodik des Stenographischen Unterrichts. Magdeburg: A. Rathke 1899. (128 S.) 8°

— — Methodik des stenographischen Unterrichts. (2. Aufl.) (58 S.) gr. 8. Ebd. 910. Geb. 1. 25

Methodisch geordneter Übungsstoff für den Unterricht in der Stenographie ⟨System Stolze-Schrey⟩. Von **L[ouis] Puff** u. E[mil] Stark. 2. Aufl. *Magdeburg: A. Rathke 1901.* (47 S.) 8° [𝔉.] [01. 1508

— — methodisch-geordneter Uebungsstoff für den Unterricht in der Stenographie (System Stolze-Schrey). 3. Aufl. gr. 8. (47 S.) Ebd 902. n.n. — 40

Methodisch geordneter Uebungsstoff für den Unterricht in der Stenographie ⟨System Stolze-Schrey⟩. Von L[ouis] **Puff** u. E[mil] Stark, Magdeburg. 4. Aufl. Magdeburg: A. Rathke 1906. (48 S.) 8° [06. 14145

— — Methodisch geordneter Uebungsstoff f. den Unterricht in der Stenographie System Stolze-Schrey. 5. Aufl. (47 S.) gr. 8. Ebd. 910. — 40

Unterrichtsbriefe zur Erlernung der Vereinfachten deutschen Stenographie '(Einiggssystem Stolze-Schrey)' durch Selbstunterr. Hrsg. v. **L[ouis] Puff**, Halle a. S., u. E. Stark, Magdeburg … *Magdeburg: A. Rathke 1898.* (2 Bl., 76 S.) 1 Bd 8. [98. 11401

Puff, Rudolf Gustav

Puff, Rud. Gust., Erinnerung an Gleichenberg. Eine kurze historisch-topographische Skizze dieses Badeortes u. seiner mahlerischen Umgebungen, als gemüthliches Andenken den allverehrten Gründern dieser Kuranstalt u. den sie besuchenden Freunden der schönen Natur gewidmet. breit 8. (Mit 1 Situations-Plan.) Grätz 839, Kaiser. n. 3/8 ₰

— dass. mit 17 lith. Ansichten. Ebend. 839. geb. n. 2 1/6 ₰

Puff, Dr. Rud. Erinnerung an Sauerbrunn nächst Rohitsch und seine Umgebungen. 2. Auflage. Mit einem Anhange über den Gebrauch des Mineralwassers. Mit 4 lithogr. Abbild. und 1 Karte. 12. (138 S.) Gratz, Franz Kaiser. 1853.

Puff, Dr. Rud. Gustav —. Marburger Taschenbuch für Geschichte, Landes- und Sagenkunde der Steiermark und der an dieselbe grenzenden Länder von — —. Erster Jahrgang, 8. (244 S. und 5 Blätter) Gratz, Druck von A. Leykam's Erben 1853.

Puff, Dr. Rudolph Gustav —. Marburger Taschenbuch für Geschichte, Landes- und Sagenkunde der Steiermark und der an dieselben gränzenden Länder von — —. Zweiter Jahrgang. 8. (4 Bl., 334 S.) Gratz. Druck von A. Leikam's Erben. 1854.

Puff, Rudolf Gustav: Das Römer-Bad Töplitz nächst Tüffer mit seinen Umgebungen. 114 S., gbd.

Gratz: Kaiser (1847)

Puff, Rudolf Gustav: Wegweiser für den Badeort und die Umgebung von Gleichenberg. 108 S. gbd., Abb.

Gratz: Kaiser 1845

— Wegweiser für den Badeort u. die Umgebung von Gleichenberg. Als gemüthliches Andenken den allverehrten Gründern dieser Curanstalt u. den sie besuchenden Freunden der schönen Natur. 16. (Mit 1 Situations-Karte u. 10 Ansichten.) Gratz 845. (Wien, Lechner.) n. 1 ₰

Puff, Dr. Rudolph Gustav —. Wegweiser in sämmtliche Gesundbrunnen und Bäder der Steiermark Für Reisende und Kurgäste zusammengestellt von — —. Mit mehreren Ansichten und einem Situationsplan der Umgebung von Rohitsch und Gleichenberg. 8, (240 S.) Gratz. Druck von A. Leykam's Erben. Herausgegeben von Joseph Franz Kaiser in Gratz. 1854.

Puffendorf, s. Pufendorf.

(**Puffer**, Joseph.) Betrachtungen über die jüngsten Ereignisse in Italien mit Bezug auf Oesterreichs Zukunft! Vom Verfasser der „Skizze der Ereignisse an der unteren Donau in den Jahren 1848—1849 etc.". 8. Leipzig 1860.

(**Puffer**, J.) Skizze der Ereignisse an der unteren Donau in den Jahren 1848 und 1849 mit besonderer Beziehung auf das Peterwardeiner Regiment. Wien 1852. 8°.

Puffer Lorenz: Das Verhältnis des Böhmerwaldes zur innerböhmischen Hochfläche.
1906 PN 2129 Diss. Wien, Univ.

Puffs, 100, oder sollte man's glauben? 16. Leipzig 845, Expedition der Signale. 1/6 ₰

Pugatowsky, Die zwölfjährige Heldin Fürstin Nadeshda. Ein historischer Roman . . . Leipzig 1831. V: *Borck (Bork), Carl Friedrich Wilh.* (GGr)

Puget de la Serre, Jean. A. d. Franz. übersetzte süsse Todesgedanken . . . Hamb. 1732. H: *Kohl, Joh. Peter.* (ML)

Die Puget Sound Post : Nov. 5, 1883---? Seattle, WA
Weekly; Edited & published by Schmidt & Hunter.

Puggaard, Christopher

Puggaard, C., Description géologique de la péninsule de Sorrento dans le royaume de Naples contenant de nouvelles observations sur les dolomies. gr. 8. (52 S. mit 1 chromolithogr. Karte in qu. gr. 4.) Copenhagen 858, Reitzel. (Leipzig, Lorck.) * *

Puggaard, Chr. Geologie der Insel Moën. Bern 1851.

Puggaard, Christopher, Geologie der Insel Möen, eine Untersuchung über die Umwälzungen der Kreide und der Glacialbildung sowie über die quaternären Ablagerungen und die errat. Blöcke dieser Insel. gr. 8. (VIII und 116 S. mit 13 theils ill. Stein- und Kpfrt. und vielen eingedr. Holzschn.) Leipzig 852, T. O. Weigel. *

— deux vues géologiques pour servir à la description géologique du Danemark. Copenhague 853. Reitzel. 4. (8 S. u.: To Geologiske Billeder af Stevns Klint og Möens Klint, en Bidrag til Danmarks geognostiske Physiognomik. 8 S. u. 2 Kpfrtaf. in Fol.) nn. 1 ₰. 15 ngr.

Puggala-Paññatti. Das Buch d. Charaktere. Aus d. buddhistischen Pāli-Kanon (Abtridhammo), zum ersten Male übers. von Bhikkhu Nyaṇatiloka. Breslau: Markgraf 1910. XII, 121 S. 8°
(Veröffentlichungen d. Deutschen Pāli-Gesellschaft. [1.]) [10. 1879

Puggala-Paññatti, s. a. Veröffentlichungen der deutschen Pāli-Gesellschaft. 1.

Puggé, Eduard

Theodosiani codicis genuina fragmenta, cum ex Cod. Palimpsesto Bibl. R. Taurinensis Athenaei edita, tum ex membranis Bibl. Ambros. Mediolan. in lucem prolata. Inter se disposuit atque edid. E. Puggeus. Acc. Theodosiani cod. variae lectiones. 8maj. *Bonnae*, Marcus. 825. (16 Gr.)

Puggé, Ed., s. Museum, Rheinisches, f. Jurisprudenz.

Ad audiendam orationem de rationibus quibus successio in bona defuncti nitatur pro aditu muneris professoris ord. in ordine ictorum d. VII Nov. . . . habendam . . . invitat Eduardus **Puggé** . . . — Insunt observationes duae de iure civili. Bonnae, typ. C. Georgii 1831. 8 S. 4. ¶ In Komm. bei Marcus in Bonn.

Puggé, Ed., über d. deutschen Universitäten. Beleuchtung d. Schrift d. Dr. F. A. W. Diesterweg „Ueber d. Verderben auf d. deutschen Universitäten. Essen 1836." gr. 12. (3 B.) Bonn 836, Marcus.

Pugh, Evan, miscellaneous chemical analyses. Inaugural dissertation. gr. 8. (VI und 46 S.) Goettingen 856, (Vandenhoeck und Ruprecht's Vrlgsh.) **

Pugh, Wilhelmus Russ (London)
De fracturis in genere.
[lt. Dekanatsbuch nur handschriftlich eingereicht.]
Dr. med. Giessen 20.6.1844.

Pughe, Francis Heveningham

Pughe, F. H., führende Dichter im Zeitalter der Königin Viktoria. (104 S.) gr. 8. Wien 904. C. Konegen. n. 1. 60

Studien über Byron und Wordsworth von (Dr.) F[rancis] H[evening-ham] Pughe (in Wien). *Heidelberg: C. Winter 1902.* (107 S.) 8°
= Forschungen, Anglistische. H. 8. (03. 5346

Pughe, Francis Heveningham [M. A. Lektor an d. Univ.]: John Drydens Übersetzungen aus Theokrit ... Breslau, Druck v. R. Nischkowsky, 1894; 2 Bl., 49 S., 1 Bl. 8.
Breslau, Phil. Fak., Inaug.-Diss. v. 14. Aug. 1894

PVGILLVS Facetiarum Iconographicaru', in Studiosorum potissimum gratiam ex proprijs eorundem Albis desumptarum; & iam primum hac forma editarum 1618. Allerhand Kurtzweilige Stücklein, allen Studenten furnemblich zu lieb auss Ihren eigenen Stambüchern zusamen gelesen vnd in dise form gebracht, zu Strasburg. Qu.-4°. (In Berlin: Cat. Lipperheide no. 678:)
Tit. u. 27 unbez. Taf. in Kpfst. v. Jacob van der Heyden, dessen Monogramm einige Blätter tragen. Dieselben enthalten Darstellungen von Studenten, Kriegern, Rittern, Gelehrten u. Frauen der verschiedenen Stände. (S. d. Abbilg. auf S. 321 des Lipperheide'schen Catalogs.)

— — Dasselbe. (Reproduktion.) Ebd., Hagemann & Comp. (188*).

Pugin, Aug.

Pugin, A., gothische Architekturen, s.: Mackenzie, F.

— **gothische Ornamente.** Einzelheiten d. berühmtesten Baudenkmäler des Mittelalters in Frankreich u. England, aufgenommen u. gezeichnet v. P. 100 Taf. gr. 4. (1 Blatt Text.) Berlin 896. B. Hessling. In Mappe n. 24. —
Erschien auch in 10 Lfgn. à n. 2.40.

® **Pugin,** A., gothische Ornamente. 896. (KBl. 30.) Jetzt: Berlin, Ornamentverlag.

Pugin, A. Paris und seine Umgebungen nach Original-Zeichnungen von A. Pugin, in Stahl gestochen von berühmten Künstlern Englands, mit erklärendem Text in deutscher Sprache. Berlin und St. Petersburg. 4°.

Pugin, Aug. Welby Northmore

Pugin, A. W., les vrais principes de l'architecture ogivale ou chrétienne et leur renaissance au temps actuel. Revu, augmenté et publié d'après le texte Anglais par T. H. King. Imp. 4. (XLVIII u. 243 S. m. 64 schw. u. 8 farbigen lith.Taf. u. eingedr. Vignetten.) Bruxelles et Leipsic 850, Muquardt. n. 10 ℛ

Pugin, Emile, s. Biermann, A., Baden-Baden.

Pugin, M(ichael) H(einrich), aus Valdivia (Chile): Ueber das Hydrazid der Picolinsäure und das a-Amidopyridin. *Heidelberg 1901: Moriell.* (47 S.) 8°
Heidelberg, Naturw.-math. Diss. v. 1901

Pugna porcorum per P. Porcium poëtam. Mit 2 Steindr. 12maj. Braunschw. 831. (Vogler in Potsd.) 6 ℊℊ

Pugnator, s.: Triumph der Liebe.

Pugnet, J. F. X., Beobachtungen u. Erfahrungen aus d. Gebiete d. prakt. Heilkunst. Uebers. nach französ. Handschriften u. hrsg. mit e. biograph. Vorberichte durch C. A. Bloesch. 2 Bde. gr. 8. Aarau 837, [Sauerländer, Vrlsh.] *
Bd. 1. Allgemeine Bemerkungen, Entzündungen d. Schleimhaeute. (18¾ B. u. Bildn.) * 1 Thlr. 8 Gr.
- 2. Entzündungen: der seroesen Haeute. Der parenchymatoesen Eingeweide. Der muskuloesen Gebilde. Der fibroesen Gewebe. Im Knochensysteme. Des Zellgewebes. Des Hautorgans. (20 B.) * 1 Thlr. 16 Gr.

Pugneth, Joh., Freude im Gebet. Ein Lehr- und Gebetbuch für Katholiken. 16. (IV, 529 S. mit chromolithogr. Titel und 1 Stahlst.) Wien 881, Grottendiek's Verlag. * 1 60
geb. mit Goldschn. * 2 40

Pugneth, Joh., Gebühren-Aequivalent f. das Decennium 1891 bis 1900. Belehrung über dasselbe, sowie prakt. Winke zur Verfassung der Einbekenntnisse f. die Kirchen- u. Pfründen-Verwaltgn. gr. 8. (36 S.) Bozen 890. Wohlgemuth. n.n. — 40

Pugneth, Joh.: Praktisches Geschäftsbuch für den Curat-Clerus Österreichs, s. Dannerbauer, Wolfgang.

— **Repertorium f. die Kirchen-, Pfründen- u. Stiftungs-Verwaltungen,** enth. Belehrgn., Vorschriften, Verordngn. u. Gesetze, sowie Entscheidgn. d. k. k. Verwaltungsgerichtshofes u. d. k. k. Reichsgerichtes in kirchl. Verwaltungs-Angelegenheiten. Mit besond. Berücksicht. der tirol. Diözesen in alphabet. Reihenfolge zusammengestellt u. hrsg. gr. 8. (186 S.) Meran 887. Jandl. n. 1. 60

Pugni, G., s. Manzoni, Alessandro.

Pugno, Raoul, und Clémenz Lippacher, Viviana (Ballet), s. Gondinet, Edmund, und Antonio Vallerini.

Puhallo u. Kraliček, Taktikaufgaben. Nr. 1—12 m. 28 Beilagen. (VI, 160 S.) Lex.-8. Wien 904. L. W. Seidel & Sohn. n. 8. —

— — **dasselbe.** II. Tl. Nr. 13—20 m. 26 Beilagen. (III u. S. 161—268.) Lex.-8. Ebd. 905. n. 8. —
Sonderabdrucke aus: „Streffleurs öst. militär. Ztschr."

Puhl, Franz: Über die Pflege der körperlichen Übungen am Leitmeritzer Gymnasium in alter und neuerer Zeit. 21 S. 8.
Progr. K. k. Staats-Obergymn. *Leitmeritz* 1909.

Puhl, H., Dorfgeschichte v. Klein-Drensen unter Zugrundelegung des dortigen Schulmuseums. (16 S. m. 5 Abb. auf 2 Taf.) 8. Lissa 905 F. Ebbecke. n.n. — 50

[Ant. u. F.] **Puhl,** Max [Dr.]: Festrede, gehalten am Geburtstage Sr. Maj. des Kaisers, 27. Jan. 1893. (Umschlagt.: Zwei Schulreden: 1. ...) *Krotoschin, Druck v. Kosmäls Druckerei, 1891:* 1—11 S. 8.
Krotoschin, k. Wilhelms-G., OP 1894 (157)

Puhl, Max: De Othone et Vitellio imperatoribus quaestiones. Halis Saxonum 1883: Ploetz. 38 S. 8°
Halle-Wittenberg, Phil. Diss. v. [16. März] 1883
Geb. Filehne (Posen) 21. 9. 1856. V.

Puhl, Max [Dr.]: Verzeichnis der Kunstsammlung des Königl. Wilhelms-Gymnasiums. ([Umschlagt.:] Die Kunstsammlung des Kgl. Wilhelms-Gymnasiums. I. Verzeichnis d. Kunstsammlg u. der darauf bezügl. Bücher.) Krotoschin, Kosmäls Buchdr., *1896;* 12 S. 8.
Krotoschin, k. Wilhelms-G, OP 1896 (160)

Puhl und Wagner, deutsche Glasmosaik-Gesellschaft. Ausgeführte Arbeiten. (16 S 36 T) 4° Rixdorf 1899

Puhlmann, C. G., **Handbuch der homöopathischen Praxis.** Anleitung zur klin. Untersuchg. Kranker u. zu deren Behandlg. nach homöopath. u. diätet. Grundsätzen, m. besond. Berücksicht. der in den Tropen vorkomm. Krankheitsformen. In Verbindg. m. mehreren Aerzten hrsg. gr. 8. (XVI, 670 S. m. 136 z. Tl. farb. Abbildgn. u. 2 farb. Taf.) Leipzig 894. Dr. W. Schwabe. n. 10. —; geb. n.n. 11. 50

Puhlmann's, Handbuch der homöopathischen Praxis. Anleitung zur klin. Untersuchg. Kranker u. zu deren Behandlg. nach homöopath. u. diätet. Grundsätzen m. besond. Berücksicht. der in den Tropen vorkomm. Krankheitsformen. Mit 142 in den Text gedr., zum Theil color. Abbildgn. u. 47 chromolithograph. Taf. 2. wesentlich verm. u. umgearb. Aufl. v. Th. Hengstebeck. (XX, 755 S.) gr. 8. Leipzig 901. Dr. W. Schwabe. 14.—; geb. n 15. 60

Puhlmann, Ernst: Untersuchungen über die Bildung des Ozons durch die stille elektrische Entladung und die Einwirkung des Ozons auf Benzol und Diphenylamin. 1894. 41 S., 1 Taf. 8⁰
Karlsruhe, Dipl.-Diss. v. 16. 12. 1891

Puhlmann, Ew.: **Repertorium der in den Amtsblättern der Königlichen Regierung zu Potsdam vom Jahre 1811 ab bis jetzt enth. Verordnungen etc., soweit sie noch jetzt gültig sind. Templin 1862.**

Puhlmann, F. A., der Wege-, Eisenbahn- u. Hochbau, sowie über landwirthschaftliche u. gewerbliche Bauanlagen. Ein Hand- u. Hilfsbuch für Bauhandwerker, Architecten, Bauunternehmer rc. Mit 4 Taff. Abbildgn. u. 260 (eingedr.) Holzschn. 1. Thl. Halle 869. Knapp. gr. 8. (208 S. mit 2 Steintaff., wovon 1 in Buntdr. in qu. 4.) n. 1 Thlr

— — 2. Thl. Mit 4 (lith.) Taff. Abbildgn. (in qu. 4., wovon 1 in Buntdr.) u. 300 (eingedr.) Holzschn. Ebend. 869. gr. 8. (XI, 312 S.) n. 1 Thlr 24 ngr.

Puhlmann, F. A., **der Wege-, Eisenbahn- und Hochbau, sowie über landwirthschaftliche und gewerbliche Bauanlagen.** gr. 8. Halle 869. Leipzig, Spohr.

— die Zahlenlehre u. die Berechnung der Linien, Flächen u. Körper. Für Bauhandwerker. Mit 64 (eingedr.) Holzschn. Ebend. 868. gr. 8. (IV, 78 S.) n. 10 ngr.

— Friedrich Wilhelm Anton Theophil Albert (Potsdam), De aëre perpurgando. Diss. med.-phys. Berlin (J. Fr. Starck) 11. V. 1827. 40 S. mit Biogr. (M.: S. Salzmann). (3.25) 27364
Oppon.: L. Weise, B. Keyl, E. Gabler. — Gew.: Johann Wiebel.

Puhlmann, Johann Gottlieb. Beschreibung der Gemählde, welche sich in der Bildergallerie. den daranstossenden Zimmern und dem weissen Saale im Königl. Schlosse zu Berlin befinden. Berlin 1790. 8".

Puhlmann, Jh. Glo., Beschreib. der Gemälde, welche sich in der Bildergallerie, den daran stoßenden Zimmern u. dem weißen Saale im kön. Schlosse zu Berlin befinden. gr. 8. Berl. 790. (Boike). 1 Thlr Schrbp. 1 Thlr 8 gr.

Puhlmann, O., die chemisch-mikroskopische Untersuchung des Harns auf seine wichtigsten krankhaften Veränderungen. Zum Gebrauch für pract. Aerzte und Militär-Lazarethe zusammengestellt. 1. Abdr. 1870, und 2. unveränd. Abdr. 8. (25 S.) Berlin 871, Hirschwald. *

Puhlmann, O., die chemisch-mikroskopische Untersuchung d. Harns auf seine wichtigsten krankhaften Veränderungen. Zum Gebrauche f. pract. Aerzte u. Militär-Lazarethe zusammengestellt. 3. Aufl. 8. (39 S.) Berlin 885. Hirschwald. n. — 80

Puhlmann, O., die chemisch-mikroskopische Untersuchung des Harns auf seine wichtigsten krankhaften Veränderungen. Zum Gebrauche f. pract. Aerzte u. Militär-Lazarethe zusammengestellt. 4. Aufl., neu bearb. v. J. Borntraeger. gr. 8. (40 S.) Berlin 890. Hirschwald. n. 1. —

Puhlmann, Os[illegible] De paralysi universali progressiva. [illegible] 8⁰
Berlin, Med. Diss. v. 1. Okt. 1850

Puhlmann, R., Mühlenbau-Anstalt: Hauptkatalog. Berlin (1890)

Puhlmann, Robert, pract. Arzt aus Rendsburg: **Über Seekrankheit.** *Berlin (1901): G. Schade.* (29 S.) 8°
Berlin, Med. Diss. v. 13. Dez. 1901

Puhlmann, Wilhelm, Medizinalprakt.: Aus d. med. Universitätspolikl. zu Leipzig. Die Arthritis luetica simplex. Leipzig 1909: Knoth. 23 S. 8°
Leipzig, Med. Diss. v. 25. Mai 1909, Ref. Hoffmann
[Geb. 6. Okt. 81 Kamin Wpr.; Wohnort: Leipzig; Staatsangeh.: Preußen; Vorbildung: Realgymn. Bromberg Reife O. 02; Studium: Greifswald 5, Berlin 4, Königsberg 2, Leipzig 2 S.; Coll. 9. Juli 09.] [U 09. 2846

PUHLOVSKY, Gottfried: Das Leben des hl. Anselm auf Grund seiner Briefe. — (1905) 153 Bl. 4° (Handschr.) Diss. 698
Diss. Wien, Univ.

Puhm, Jos., Schlras, f: Für Hütte u. Palast. 27. Bd.

Pühmeyer, Alfred, approb. Arzt aus Dortmund: **Die Funktionsprüfung** des Auges bei völliger Trübung der brechenden Medien. *Greifswald 1902: H. Adler.* (43 S.) 8°
Greifswald, Med. Diss. v. 15. Apr. 1902

Pührerfellner, Frz., Oremus. Kathol. Gebetbuch. gr. 16. (VIII, 376 S. m. 1 Stahlst.) Regensburg 899. F. Pustet. 1. —; geb. in Leinw. n. 1. 40; in Ldr. m. Goldschn. n. 1. 80

Pühringer Dr. Andreas: Ein Ausflug nach Carnuntum. (5.) Melk 01.
Progr.

Pühringer Dr. Andreas: Horatiana sive de ratione, quae intercedit inter Horatium et poetas lyricos Graecos. (3). 89. Melk 97. 98.
Progr.

Pühringer Andreas: De ratione inter Horatium et poetus lyricos Graecos, quod ad rem metricam et grammaticam pertinet, intercedente.
1894 PN 881 Diss. Wien, Univ.

— Ein Schülerausflug nach Krems. 6. ibd. 08. Progr.

Puhstkuchen, Anton Heinrich,
s. Pustkuchen, Anton Heinrich.

Puhstkuchen, Fr. Christoph

Puhstkuchen, Fr. Chph., († 1776.) histor. u. moral. Aufsätze bei d. Meyenberger Bade. 8. Lemgo 771. Meyer. 6 gr

— Beitr. zu d. Denkwürdigkeiten d. Grafsch. Lippe überhaupt u. in Absicht auf d. Religions- u. Kirchenbegebenheiten insonderheit. 4. Lemgo 769. Meyer. 10 gr

— de voce כארי Psalm. XXII. vs. 17. 4. Lemgo.

Puigblanch, Ant., die entlarvte Inquisition, ein histor.-philosoph. Gemälde dieses schreckl. Gerichts; nach d. span. Originale u. der engl. Uebersetzung von W. Walton im Auszuge bearb. Mit 6 Kpf. gr. 8. Weim. 817. Ind.-Cpt. 1 ⁄ 6 gr

Puihn, Johann Georg

Puihn, Jh. Geo., († d. 24. Jan. 1793.) d. Gifte des Mineralreichs. gr. 8. Baur. 796. Lübecks Erb. 20 gr Mit neuem Titel. Leipz. 813. Hinrichs. 12 gr

— materia venenaria regni vegetab. 8maj. Leipz. 785. Hilscher. 14 gr

— Diss. inaug. de venenis vegetabilibus generatim. 4. Erlang. 784.

PUILLE, Ludwig (Landshut): Ueber das Vorkommen des Scharlaches in München.- München: Mühlthaler 1871. 16 S.
11.8.1869 - Urk (Titel: De hydrocephalo acuto.); F 72; Chr 1869/70,13
Diss. Ingolst.-Landsh.-Mchn.

v. Puimaret, Baron, Erfindung, bei e. nassen Getreideärndte die Früchte zu trocknen, gesund aufzubewahren u. mit Nutzen auf die Mühle zu bringen; aus d. Französ. 4. Münster 771. Coppenrath. 1 gr

Des Puiol [Alexis Pujol: Essai sur la maladie de la face. Deutsch:] Abhandlung über diejenige Krankheit des Gesichts, welche der schmerzhafte Trismus genannt wird, nebst einigen Betrachtungen über den Hundskrampf des Cälius Aurelianus. Aus d. Franz. von Christian Heinrich Schreyer. Nürnberg & Altdorf: Monath 1788. XXII, 175 S. 8°

Pujoulx, J. B., neuestes Gemälde von Paris. Ein histor.-moral. Versuch; aus d. Französ. 8. Leipz. 801. Reinicke u. C. in Halle. 1 ⁄ 12 gr Fein Pap. 1 ⁄ 16 gr

— le naturaliste du second âge, ouvrage destiné à servir de suite et de complément au livre du second âge, ouvrage orné de plus de 100 fig. Avec le texte polonais en regard. 8. Bresl. 809. Ed. IV. 815. W. G. Korn. 1 ⁄ 12 gr illum. 2 ⁄ 12 gr

Pujoulx, J. B., Livre de second age, ou instructions amusantes sur l'histoire naturelle des animaux et des Végétaux, avec fig. IV Edition. gr. 8. Breslau, W. G. Korn. 815.

Puisegur, s. Puysegur.

de Puiseux. Untersuchungen über die algebraischen Functionen. Deutsch von H. Fischer. Halle. 1861.

Puissant, L., Samml. verschied. Aufgaben der Geometrie, aufgelöst u. bewiesen durch die algebraisch. Analysis; als weitere Ausführung zu Lacroix's Trigonometrie; a. d. Französ. v. Chr. M. Hahn. Mit 2 Kpf. gr. 8. Berl. 806. Duncker u. H. 16 gr

Puissant, L., Traité de topographie, d'arpentage et de nivellement. 2de édit. in 4. Paris. 820.

Puisse-t-il se trouver! Rève patriotique. 8. Königsb. 815. Nicolovius. 12 gr

Puissieux

— Begebenheiten eines rechtschaffenen Mannes; aus d. Französ. 3 Thle. 8. Frankf. 768. Herrmann. (Gebhardt u. K.) 20 gr

Puissieux, Mad. de, les Caractères. 8. Genève. (Pott, Lausan.) 752.

— l'Education du Marq. de ***, ou Mémoires de la Comtesse de Zurlac. II Part. 8. Vien. Trattner. 759.

Puissieux, Expériences physiq. et chymiq. de l'Angl. de Lewi III Vol. av. fig. 8. Paris. (Sommer, Lpz.)

Puissieux, Geschichte des Fräuleins Terville; aus d. Französ. 2 Thle. gr. 8. Münst. 770, 71. Perrenon. 1 ⁄ 16 gr

— Geschichte der Gräfin v. Zurlack. 8. Leipz. 770. Hilscher. 7 gr

du Puits de Maconex, der Führer für Weingartenbesitzer, s. Hlubek.

Puitspelu, N. du. Dictionnaire étymologique du patois lyonnais. 1re livraison. In-8°, p. 1 à 112. Lyon, Bâle, Genève, H. Georg. 1887. 5 —

Puitspelu, N. du. Dictionnaire étymologique du patois lyonnais. 2e livraison. In-8°, p. 113 à 216. Lyon, Bâle, Genève, H. Georg. 1888. 5 —

Puitspelu, N. du. Dictionnaire étymologique du patois lyonnais. 3e livraison. In-8°, 217 p. à 320. Lyon, Bâle, Genève, H. Georg. 1888. 5 —

Puitspelu, N. du. Dictionnaire étymologique du patois lyonnais. 5e et dernière livr. Gr. in-8°. CXX et p. 465—470. Lyon, Bâle, Genève, H. Georg. 1890. 5 —

Puittmann, Josias Ludwig Ernst,
s. Püttmann, Josias Ludwig Ernst.

Pukall, Wilhelm [aus Jacobsdorf bei Riesenburg in Westpreussen]: Ueber eine neue Bildungsweise von Derivaten des Oxyhydrochinons .... Berlin, Buchdr. v. Gustav Schade (Otto Francke) (1887); 68 S. + 1 Bl. 8°.
Berlin, Phil. Fak., Inaug.-Diss. v. 9. Aug. 1887.

Pukall, Wilhelm, über eine neue Bildungsweise von Derivaten der Oxyhydrochinons. Diss. Berlin 1887, Mayer & Müller. 8°. 68 S.

Keramisches Rechnen auf chemischer Grundlage an Beispielen erläutert. Leitfaden f. d. Unterr. in keram. Fachschulen u. z. Selbstunterr. von Dr. W[ilhelm] Pukall. Breslau: F. Hirt 1907. (VII, 127 S.) 8° [08. 3214

Pukl, Oberst Adolf Allgemeine und militärisch-technische Betrachtungen über die Hochwasser-Katastrophe Ende Juli 1897, speciell im polit Bezirke Reichenberg in Böhmen. Bearbeitet für das Studium der feldmässigen Wiederherstellung zerstörter Strassen und Brücken. Mit 2 tabellarischen Zusammenstellungen über die hergestellten Objecte und 6 Tafeln mit den Situationen und technischen Skizzen 8. Prag 1901.

Pukl, Adf., über Flussübergänge u. üb. Flussübergangs-Übgn. Takt.-techn. Studie. M. 15 Taf. (Karten- u. Planauszügen, graph. Skizzen, Details etc.). Lex.-8. (VIII, 137 S.) Wien 898. (L. W. Seidel & Sohn.) n. 6. 60

Pukl, Adf., Leitfaden für den Unterricht im Pionnierdienste. Zum Gebrauche für die k. k. Militär-Akademie zu Wiener-Neustadt, die Artillerie-Abtheilung der techn. Militär-Akademie zu Wien, für die Infanterie-Kadetten-Schulen, die Kavallerie- u. Artillerie-Kadettenschule, dann für Einjährig-Freiwillige. 1. Thl.: Vorkenntnisse. Mit 247 Fig. auf 7 (lith.) Taf. gr. 8. (XV, 119 S.) Wien 879. Seidel & Sohn in Comm. n. 3. 60

— dasselbe. 2. Thl.: III., IV. u. V. Hauptstück. Mit 4 (lith.) Taf. gr. 8. (S. 121—233.) Ebend. 882. n. 1. 50

Pukl, Adf., Leitfaden f. den Unterricht im Pionnierdienste. Zum Gebrauch f. die k. k. Militär-Akademie zu Wiener-Neustadt, die Artillerie-Abthlg. der techn. Militär-Akademie zu Wien, f. die Infanterie-Kadetten-Schulen, die Kavallerie- u. Artillerie-Kadettenschule, dann f. Einjährig-Freiwillige. 2. Thl.: 6. Hauptstück. Mit 4 (lith.) Taf. gr. 8. (XVII—XXXI u. S. 235—353.) Wien 883. Seidel & Sohn. n. 2. 20

— dasselbe. (2. Bd.) Praktischer Thl.: III. Aufgaben u. Beispielsammlg. 52 Fig., auf 3 (lith.) Taf. Anh.: Bautechnische Notizen [Elemente d. Hochbaues]. 36 Fig., auf 1 (lith.) Taf. gr. 8. (XXXIII—XL, 164 S.) Ebend. 884. n. 3. 60 (cplt.: n. 8. 90)

Pukl, Adf. Leitfaden f. den Unterricht im Pionnierdienste. Zum Gebrauche für die k. u. k. Militär-Akademie zu Wiener-Neustadt, die Artillerie-Abtheilg. der techn. Militär-Akademie zu Wien, f. die Infanterie-Cadeten-Schulen, d. Cavallerie- u. Artillerie-Cadeten-Schule, dann f. Einjährig-Freiwill. 2 Bde. gr. 8. Wien, Seidel u. Sohn. * 10 80
I. Theoretischer Thl.: I. Vorkenntnisse. II. Pionnierarbeiten. 501 Fig. auf 15 Taf. 2. Aufl. (XXVIII, 334 S.) 891. * 7 20.
II. Praktischer Thl.: Aufgaben- u. Beispielsammlg., 52 Fig. auf 3 Taf. Anh.: Bautechnische Notizen [Elemente d. Hochbaues], 36 Fig. auf 1 Taf. (Neue Bearbeitg.) (VIII, 167 S.) 889. * 3 60.

Puky Akos, über die Schleimdrüsen der Mundhöhle. [Mit 1 (lith.) Taf. (in qu. gr. 4.)] [Aus den Sitzungsber. der k. Akad. der Wiss.] Wien 860. (Gerold's Sohn.) Lex.-8. (4 S.) n. 4 ngr.

Pularet, Catéchisme de morale républicaine pour l'éduc. de la jeunesse, trad. en allem. et adopt, p. Engel. 8. Colmar. (Strasb. Levrault.) .

Pulch, *Paul* Die alten Handschriften der Gymnasialbibliothek. (Umschlagtitel: Mitteilungen aus der Bibliothek des Gymnasiums. I.) 4 (17 S.). **Progr.** G. *Rinteln* 1888 (373).

Pulch, de Eudociae quod fertur violario, s. Dissertationes philologicae Argentoratenses.

Pulch, Ph. Chr., die Bruchtabelle. Ein Hülfsmittel für Lehrer und Schüler beim Unterricht in der Bruchrechnung. gr. 8. (13 S. mit 6 lithogr. Fig.-Taf. in gr. Fol.) Wiesbaden 862. (Neuwied, Heuser's Verlag.) * *

Pulch, Ph. Chr.: Der Rechenunterricht. Wiesbaden 1864. 5 S. 4°. Schul-/Univ.-Schrift.

Pulcher, Jakob, Arzt in Gelsenkirchen: Zwillingsschwangerschaft in der Tube. Heidelberg 1905: H. Dörr. (29 S.) 8°
Heidelberg, Med. Fak., Ref. v. Rosthorn, Diss. v. 19. Apr. 1905
[Geb. 1. Dez. 76 Gelsenkirchen; Wohnort: Gelsenkirchen; Staatsangeh.: Preußen; Vorbildung: Gymn. Recklinghausen Reife Juli 98; Studium: Marburg 4, Heidelberg 5 S.; Coll. 20. Juli 04; Approb. 30. Dez. 03.]

Pulci, Luigi, il margente maggiore di, Vol. I. 8. Berl. Lange. 804.
Schreibp.

Pulci, Luigi, Ed. di Valenti, il Morgante maggiore. Vol. I. 8. Berlin. 804. Jetzt Reimer.

Pulci-Doria, Jos. Mar., hebraicum antiquitatum opus. II Tomi. 4. Lausanne 792. Pott u. C. 2 ₰ 16 gr

Pulciani, Alphons v. Nachklänge. Gesammelt und nebst dessen Biographie herausgegeben von einem seiner Freunde. kl. 8. (194 S.) Innsbruck, Dr. und Verlag Felic. Rauch 1853.

Bonner Laternenlieder von Pulcinella. Hft. 1. *Bonn: A. Heidelmann [1902].* 8° [3.]
1 4 13: 5

Pulcinella. s. a. Laternenlieder, Bonner.

PULCINELLA, Des Doctor —, aus Rom neueste Recepte zur so nöthigen Gemütsruhe in der itzigen Welt, oder der Kunst, immer fröhlich zu seyn.
Den Alten rathsam zur Erfahrung.
Den Jungen dienlich in der Nahrung.
Dirschau (fing.) 1759. (S. 41—46:) Heilsame Lebensregeln in Reimen. 11 Str. 4°. 48 S.
Hermogen beseufzt die Zeit,
Knüpft sich auf, und denkt zu sterben.
Citirt Baumgart, Litt. über Friedrich d. Gr. p. 165; Weller, Lex. Pseud.

Pulfrich, Karl

Pulfrich, C: Über die Anwendung des Stereo-Komparators für die Zwecke der topographischen Punktbestimmung. Berlin 1904 (Mitteil. a. d. Optischen Werkstätte v. Carl Zeiß, Jena)

Pulfrich, C: Über einen Apparat zur Messung der Kimmtiefe. Berlin 1904 (Mitteil. a. d. Optischen Werkstätte v. Carl Zeiß, Jena)

Pulfrich, C: Über einen Apparat zur Messung der Kimmtiefe; über einen neuen zerlegbaren Theodoliten und Phototheodoliten; über die stereophotogrammetrische Küstenvermessung vom Schiff aus und über eine neue Art der Vergleichung photographischer Sternaufnahmen. Vortrag. Leipzig 1904

Pulfrich, C: Über die Ausmessung stereophotogrammetrischer Küstenaufnahmen vom Schiff aus. Berlin 1908 (Mitteil. a. d. Opt. Werkst. von Carl Zeiß)

Pulfrich, C: Über die stereoskopische Betrachtung eines Gegenstandes und seines Spiegelbildes. Berlin 1905

Pulfrich, C: Ueber den von der Firma Carl Zeiß in Jena hergestellten stereoskopischen Entfernungsmesser. Vortrag. Leipzig 1899

Pulfrich, C: Über die Konstruktion von Höhenkurven und Plänen auf Grund stereo-photogrammetrischer Messungen mit Hilfe des Stereo-Komparators. Berlin 1903

Pulfrich, C: Neue stereoskopische Methoden und Apparate für die Zwecke der Astronomie, Topographie und Metronomie. Berlin 1903

Pulfrich, C: Über die Nutzbarmachung des Stereo-Komparators für den monokularen Gebrauch und über ein hierfür bestimmtes monokulares Vergleichs-Mikroskop. Berlin 1904 (Mitteil. a. d. Optischen Werkstätte v. Carl Zeiß, Jena)

Pulfrich, C: Über eine Prüfungstafel für stereoskopisches Sehen. Berlin 1901

Pulfrich, C., das Totalreflectometer u. das Refractometer f. Chemiker, ihre Verwendung in d. Krystalloptik u. zur Untersuchung der Lichtbrechung von Flüssigkeiten. Mit 4 lith. Taf. u. 45 Fig. im Text. gr. 8. (X, 144 S.) Leipzig 890. Engelmann. n. 5. —

Pulfrich, Karl ⟨geb. am 24 Sept. 1858 in Strässchen bei Burscheid Rgbz. Düsseldorf⟩: Photometrische Untersuchungen über Absorption des Lichtes in isotropen und anisotropen Medien ... Bonn, Druck v. P. Neusser (1881). 2 Bl., 54 S., 1 Bl., 1 Taf. 8. ¶ In Komm. bei Behrendt in Bonn. — Im Auszug mit Zusätzen abgedr. in Poggendorffs Ann. d. Phys. u. Chem. N. F. XIV 1881 S. 177—218.
Bonn, Phil. Fak., Diss. v. 18 Juni 1881

Pulfrich, C: Über ein Verfahren zur direkten Ermittelung der Horizontalprojektion der Ziellinie nach einem nicht notwendig zugänglichen Punkt. Berlin (1907)

Pulfrich, C: Über ein neues Verfahren der Körpervermessung. Leipzig 1907

Pulfrich, C: Ueber ein Vergleichsspektroskop für Laboratoriumszwecke. Berlin 1898

Pulfrich, C: Über einen Versuch zur praktischen Erprobung der Stereo-Photogrammetrie für die Zwecke der Topographie. Berlin 1903 (Mitteil. a. d. Optischen Werkstätte v. Carl Zeiß, Jena)

Pulfrich, C: Neue stereoskopische Versuche, insonderheit Demonstration der durch die Erweiterung des Objektivabstandes hervorgerufenen spezifischen Wirkung der Zeiß'schen Doppelfernrohre. Berlin 1905

— Über die bis jetzt mit dem Stereo-Comparator auf astronomischem Gebiete erhaltenen Versuchsergebnisse. Bonn 1902

Pulgar, del Marques de Santillana, s.: Bibliothek, spanische.

Pulgher, D., les anciennes églises Byzantines de Constantinople. Relevées, dessinées et publiées. 1re—4e livr. gr. Fol. (IV, 43 S. und 38 Stnt., wovon 8 in Chromolithogr.) Wien 878,79, Lehmann und Wentzel. à livr. *ℳ 8. *

Pulgher, D., les anciennes églises byzantines de Constantinople. Relevées, dessinées et publiées. 5e—8e livr. (fin). Fol. (14 Stnt., wovon 3 in Farbendr.) Mit Text. Lex.-8. (IV, 45 S.) Wien 880, [Lehmann und Wentzel.] Lehmann. à livr. *
compl. in Mappe *
1re—4e livr. Ebendas. 1878,79. à *ℳ 8.

Pvlheim, Carolvs ⟨geb. am 17 Mai 1835 |nicht 1837| in Köln⟩: De casv qvodam carcinomatis ventricvli ... Bonnae, typ. F. Krvegeri (1862). 32 S., 1 Bl. 8.
Bonn, Med. Fak., Diss. v. 14 Aug. 1862

Pulios, C., *Περὶ τῆς καταγωγῆς τοῦ γένους τῶν νῦν Ἑλλήνων καὶ τινῶν ἠθῶν αὐτῶν μετὰ παραλληλισμοῦ πρὸς τὰ τῶν ἀρχαίων.* 1870. 62 S. 1.20

Pulitzer, Albert, Der Roman des Prinzen Eugen, Herzog von Leuchtenberg. Eine Idylle unter Napoleon I. Mit drei Heliogravuren. Autorisirte Uebersetzung aus dem Französischen. Gr.-8. (VII, 342 S. 3 Heliogr. 8.) 2.40
Geb. in Ganzleinen 3.60
Wien: Braumüller 1896.

Pulitzer, Julia

Pulitzer, J., ein Beitrag zur Methodik der Heimatkunde (f. den Unterricht in der Volksschule). (IV, 111 S. m. 40 Abbildgn. u. Kartenskizzen.) gr. 8. Linz 903. Zentraldruckerei vorm. E. Mareis. n. 2. —

Pulitzer, J(ulia), ein Beitrag zur Methodik der Heimatkunde. (Umschlag: Methodik der Heimatkunde für den Unterricht in der Volksschule.) 2. (verm. u. verb. Aufl. (VII, 116 S. m. 40 Abbildgn. u. Kartenskizzen.) gr. 8. Linz (910). Zentraldruckerei vorm. E. Mareis. 2. —

(F) Beiträge zur Methodik der Naturgeschichte. Für den Unterricht in der Volksschule. Von J. Pulitzer. Mit 16 Abbildungen. Wien, Prag. 1900. Tempsky. Leipzig. Freytag. Gr.-8°. 67 S. K —.80

Pulitzer Julia: Das geographische Relief. 11. Linz LuBA. 96.
Progr.

Pulitzer Theodor: Beiträge zum Unterricht in der Chemie 7. Neutitschein R. 93.
Progr.

Pulitzer Theodor: Geschichte der Anstalt. 1874—99. 34. Neutitschein R. 99.
Progr.

Pulitzer Theodor: Director Johann Tuschina. †. 4. Neutitschein R. 95.
Progr.

Pulkowski, Friedrich Heinrich

Pulkowski, Dienst-Unterricht der Kanoniere der Fuß-Artillerie. Mit Genehmigung der königl. General-Inspection der Artillerie hrsg. 12. (168 S. mit 88 in den Text gedr. Abbild.) Berlin 884, Eisenschmidt.

Pulkowski, Dienst-Unterricht der Kanoniere der Fuß-Artillerie. Mit Genehmigung der königl. General-Inspektion der Artillerie hrsg. 2. und 3. verb. Aufl. 16. (168 S. mit 91 in den Text gedr. Abbild.) Berlin 885,86, Eisenschmidt. *

Pulkowski, Handbuch f. Unteroffiziere, Obergefreite u. Gefreite der Fußartillerie. Neubearb. v. Pulkowski. 6. neubearb. Aufl. Mit zahlreichen Abbildgn. im Text u. e. Signaturentaf. 2 Bde. 8. Berlin 905. R. Eisenschmidt. n. 3. 60; geb. n. 4. 40
1. (V, 240 S.) 2. —; geb. 2. 40
2. (IV, 155 S.) 1. 60; geb. 2. —

Pulkowski, Handbuch f. Unteroffiziere u. Obergefreite der Fußartillerie. 7. neubearb. Aufl. 2. Bd. Neubearb. v. Pulkowski. (III, 156 S. m. Fig.) gr. 8. Berlin 910. R. Eisenschmidt. 1.60; geb. 1. 80

[F.] Leitfaden für den Unterricht der Kanoniere der Fussartillerie. Zsgest. auf Veranl. d. Gen.-Insp. d. Fussartill. v. [Friedr. Heinr.] **Pulkowski,** Oberst a. D. 11. verb. Aufl. M. e. farb. Bildn. ... Kaiser Wilhelms II. u. 136 in d. Text gedr. Abb. *Berlin: R. Eisenschmidt 1897.* (235 S., 1 Portr.) 1 Bd 8. [98. 4867

Pulkowski, Leitfaden f. d. Unterricht der Kanoniere der Fußartillerie. Zusammengestellt auf Veranlassung der General-Inspektion d. Fußartillerie. 12., verb. u. z. Tl. vollst. umgearb. Aufl. M. e. farb. Bildn. Sr. Maj. Kaiser Wilhelms II. u. 150 in d. Text gedr. Abb. 12. (246 S.) Berlin 898. R. Eisenschmidt. n. — 60

Leitfaden für den Unterricht der Kanoniere der Fussartillerie. Zsgest. auf Veranlassung der General-Inspektion der Fussartillerie von [Friedrich Heinrich] **Pulkowski,** Oberst z. D. 13. verb. u. z. T. vollst. umgearb. Aufl. Mit 1 Bildnis u. 150 Abb. *Berlin: R. Eisenschmidt 1899.* (250 S.) 8° [F.] [00. 8524

Leitfaden für den Unterricht der Kanoniere der Fussartillerie. Hrsg. von [Friedr. Heinr.] **Pulkowski**, Oberst z. D. 15. verb. Aufl. Mit 1 Bildnis u. 139 Abb. *Berlin: R. Eisenschmidt 1901.* (243 S.) 8° [F.] [01. 11427

Pulkowski, Leitfaden für den Unterricht der Kanoniere der Fußartillerie. 16. vollständig umgearb. Aufl. Mit e. farb. Bildnis Sr. Maj. Kaiser Wilhelms II., 6 farb. Taf., 15 Bildern sowie 112 in den Text gedr. Abbildgn. u. 1 Anlage. gr. 8. (255 S.) Berlin 902. R. Eisenschmidt. n. — 60; kart. n. — 75

Leitfaden für den Unterricht der Kanoniere und Fahrer der Fußartillerie. Hrsg. von [Friedrich Heinrich] **Pulkowski**. Oberst z. D. 17. Aufl. *Berlin: R. Eisenschmidt 1903.* (200 S.) 8° [F.] [04. 11679 II

Leitfaden für den Unterricht der Kanoniere und Fahrer der Fußartillerie. Hrsg. von [Friedrich Heinrich] **Pulkowski**, Oberst z. D. Neubearb. von Pulkowski, Lt. im Fußart.-Regt Nr. 7. 18. neubearb. Aufl. Mit zahlr. Abb. Berlin: R. Eisenschmidt 1904. (191 S.) 8° [F.] [05. 15943

Leitfaden für Kanoniere und Fahrer der Fußartillerie. Hrsg. von [Friedrich Heinrich] **Pulkowski**, Oberst z. D. Neubearb. von Pulkowski, Lt. im Fußart.-Regt Nr. 7. 20. umgearb. Aufl. Mit e. Bildn. S. M. Kaiser Wilhelms II., 3 Uniformtaf. u. 109 Abb. Berlin: R. Eisenschmidt 1906. (190 S.) 8° [F.] [07. 1900

Pulkowski, Leitfaden f. (den Unterricht der) Kanoniere u. Fahrer der Fußartillerie. Neubearb. v. Pulkowski. 24., umgearb. Aufl. (XXXII, 191 S. m. 189 Abbildgn., 1 Bildnis u. 6 farb. Taf.) 8. Berlin 910. R. Eisenschmidt. nn — 60

— dasselbe. Ausg. f. Großherzogt. Baden. (VIII, XXI, 182 S. m. 141 Abbildgn., 2 Bildnissen u. 5 farb. Taf.) 8. Ebd. 909. Kart. nn — 70

— dasselbe. Ausg. f. das Königr. Bayern. Geschichte des Königr. Bayern u. seines Herrscherhauses, bearb. v. E. Müller. (XXXII, 182 S. m. 141 Abbildgn., 2 Bildnissen u. 5 farb. Taf.) 8. Ebd. 909. nn — 60

— dasselbe. Ausg. f. das Königr. Sachsen. (XXIV, 182 S. m. 141 Abbildgn., 2 Bildnissen u. 5 farb. Taf.) 8. Ebd. 909. Kart. nn — 70

—— Leitfaden für den theoretischen Unterricht der Ersatz-Reservisten der Fuß-Artillerie. 16. (95 S. mit vielen in den Text gedr. Holzschn.) Ebendas. 884. **

—— Leitfaden für den theoretischen Unterricht der Ersatz-Reservisten der Fuß-Artillerie. 2. und 3. verb. und verm. Aufl. 12. (103 S. mit 50 in den Text gedr. Holzschn.) Ebendas. 885,86. *

Leitfaden für den Unterricht der Unteroffiziere der Fuss-Artillerie. Hrsg. von [Friedr. Heinr.] **Pulkowski**, Oberst z. D. 4. verb. u. verm. Aufl. Mit 10 Abb. *Berlin: R. Eisenschmidt 1901.* (IV, 168 S.) 8° [F.] [01. 11498

Leitfaden für den Unterricht der Unteroffiziere der Fuß-Artillerie. Hrsg. von [Friedrich Heinrich] **Pulkowski**, Oberst z. D. 5. verb. u. verm. Aufl. Mit 10 Abb. *Berlin: R. Eisenschmidt 1903.* (168 S.) 8° [F.] [03. 20775

Pullè, Conte Leopoldo, s. a. **Castelnuovo**, Leo di.

O bere o affogare. Commedia in un atto di Leo di Castelnuovo '(Conte Leopoldo **Pullè**)'. Hrsg. u. m. Anm. u. Wörterverz. vers. v. Dr. E. Maddalena. Vom Vf. autoris. Nachdruck. *Berlin: L. Simion 1896.* (39, 11 S.) 1 Bd 8.
= Biblioteca italiana. H. 13. [96. 7379

Venus and Cupid, or a trip from Mount Olympus to London ... By the author of 'The fight at Dame Europa's school' [d. i. Henry William **Pullen**]. Copyrighted. Leipzig: Tauchnitz 1896. 271 S. 8°
(Collection of British authors. Tauchnitz Ed. Vol. 3153.) [11. 8126

Puellen, Johannes (geb. am 15 Apr. 1838 in Kelzenberg Rgbz Düsseldorf): De morbo rhachitide ... Bonnae, form. F. Krueger (1864). 25 S., 2 Bl. 8.
Bonn, Med. Fak., Diss. v. 20 Febr. 1864

Püllen, Joh. Theod.: Zufällige Frage ob ein Domicellarherr der köllnischen hohen Domkirchen zum Erzbischofen und Kurfürsten könne erwählet werden? Mit der unmasgebigen Rechtsmeynung und Beantwortung. Kölln 1780.

Puellen, Joseph (geb. Grevenbroich 10. 9. 1835): De articuli coxae resectione. Berolini (1861). (32 S.) 8°
Berlin, Med. Diss. v. 13. Aug. 1861

Püllen, Guilelmus (geb. 1806 in Laach bei Neuss): De dignoscendis cerebri abscessibus ... Bonnae, typ. C. Georgii (1832). 2 Bl., 18 S., 1 Bl. 4.
Bonn, Med. Fak., Diss. v. 12 Juli 1832

Puellenberg, Franziskus (Alexius) (Lügde/Westfalen), De dolore capitis. Diss. pathol.-therapeut. Berlin (Brüschcke) 1. IV. 1829. 30 S. mit Biogr. (3.25) 27278
Oppon.: C. E. Friese, Ew. Schmidt, J. Wegeler. — Gew.: von Vincke.

Püllenberg, Joh., kurzes Belehrungs- und Erbauungsbuch für die Sodalitäten überhaupt und für die Junggesellen-Sodalitäten des Bisthums Paderborn insbesondere. 12. (71 S.) Paderborn 853, Schöningh. *

Püllenberg, Joh., kurze Darstellung d. Hauptinhalts der Geschichte d. Philosophie, mit krit. Bemerkn. (f. Solche, die bei'm Studium der Gesch. d. Philosophie einige feste Haltpunkte zu haben wünschen). gr. 8. (7 B.) Lemgo 831, Meyer.

Püllenberg, Joh., kurze Darstellung d. Hauptinhalts d. Logik mit vielen prakt. Beispielen f. Gymnasialschüler. 8. (7 B.) Coblenz 835, Hergt.

Püllenberg, Joh., kurze Darstellung des Hauptinhalts der Logik, mit vielen prakt. Beispielen für Gymnasialschüler. 2., (verm. und verb.) Aufl. gr. 12. (VIII und 95 S.) Coblenz 854, Hergt. Thlr.

Püllenberg, J. Kurze Darstellung des Hauptinhalts der empir. Psychologie. 37 S. . . . .
Progr. Paderborn 1831

Püllenberg, Joh., Kurze Darstellung des Hauptinhalts der empirischen Psychologie. Paderborn, Wesener, 1833, 8°, 2. Aufl.: 1854, 3. Aufl., 72 S., 12°, (Coblenz, Hergt).

—— empirische Psychologie für Gymnasien. 3., (verm. und verb.) Aufl. gr. 12. (72 S.) Coblenz 854, Hergt.

Püllenberg, J. Einiges aus der Propäd. der Philos. 16 S. . . . . .
Progr. Paderborn 1832

—— geschichtl. Einleitung in d. Religionslehre, e. Anh. zu dem „Handbuche f. d. Religions-Unterr. in den 3 obern Klassen kathol. Gymnasien." gr. 8. (3½ B.) Paderborn 831, Wesener.
Vgl. unt. dess. „kathol. Religionshandbuch" ꝛc. — Hatte in d. 1. Aufl. den oben angeführten Titel.

—— Fundamentalphilosophie, oder Darstellung der wahren Gründe aller menschl. Ueberzeugungen, des Wissens und Glaubens, für Gebildete überhaupt und für Philosophie- und Theologie-Studirende insbesondere. gr. 8. (VI und 186 S.) Paderborn 855(56,) Schöningh.

Püllenberg, Jh., kathol. Gebet- u. Betrachtungsbuch. Mit 1 Kupf. 8. Paderb. 822. 2e A. 825. 3e A. 828. Wesener. 16 gl Schrbp. 1 ℳ Velinp. 1 ℳ 16 gl

Püllenberg, (J.,) kathol. Gebet- u. Betrachtungsbuch, mit besond. Rücksicht auf d. Gründlichkeit u. Wichtigkeit d. Religionswahrheiten. 3e verm. Aufl. Mit 1 Kpfr. 8. Paderb. 827, Wesener. 16 gr. Schrbp. 1 Rthl. Velinp.

—— **Gott, mein Gott, nach dir dürstet meine Seele.** Ps. 62. — Kathol. Gebet- u. Betrachtungsbuch, mit besond. Rücksicht auf d. Gründlichkeit u. Wichtigkeit d. Religionswahrheiten. 4., umgeänd. u. mit vielen Gebeten verm. Aufl. gr. 12. (18 B. u. Ttlkpfr.) Paderborn 838, Wesener. 7/12 Thlr., Vlnp.

—— Handbuch der Philosophie (der Logik, Metaphysik, Moral- u. Rechtsphilosophie. gr. 8. (29 B.) Lemgo 829, Meyer.

— Handbuch für den Religionsunterricht für die mittlern u. untern Klassen der Gymnasien. (N. A.) gr. 8. Paderborn 833. Wesener. 3/4 ℳ

— Handbuch f. den Religionsunterricht in den 3 obern Klassen kathol. Gymnasien; zugleich zum Gebr. f. gebild. Leser überhaupt. 2 Abtheill. gr. 8. Paderb. 826. Wesener. 1 ℳ 20 gl 2e umgearb. Aufl. gr. 8. Ebd. 833. (832). 1 ℳ

— Dass. für die 3 untern Klassen d. Gymnasien ꝛc. gr. 8. Paderb. 827. Wesener. 1 ℳ 4 gl

Püllenberg, Joh. Von den Ideen. 24 S. . . .
Paderborn, Progr. 1843

—— kathol. Religionshandbuch f. Gymnasien (zunächst f. d. obern Classen; zugleich f. Gebildete überh.) 2., umgearb. Aufl. gr. 8. (27 B.) Paderborn 833, Wesener.
Anhang hierzu, vgl. oben dess. „geschichtl. Einleitung" ꝛc.

— Rhetorik f. Gymnasien u. angeh. Redner, mit besond. Rücksicht auf prakt. Beispiele. gr. 8. Lemgo 827. Meyer. 12 gl

—— der prakt. Seelsorger am Krankenbette u. bei d. übrigen geistl. Amtsverrichtungen, nebst d. vollständ. Ritus bei Ertheil. d. h. Sacramente u. bei d. kirchl. Segnungen; zugleich Anleit. zu Betrachtn. u. Gebeten f. jeden Katholiken bei besond. Veranlassn. (2 Bdchn.) 2., verm. Aufl. 8. (21½ B.) Coblenz 838, Hergt.

Puller, Friedrich (Crefeld/Rheinprovinz), De ecchymomate capitis. Diss. med.-chir. Berlin (Nietack) 30. III. 1838. 28 S. u. Biogr. (M.: A. C. G. Gerpott). (3.25) 27367
Oppon.: B. Schlegtendal, G. Davidis, W. von Randenborgh. — Gew.: I. Gerpott (Oheim), Wilh. Jakob Gerpott (Oheim).

Puller, Fritz, Gerichtsreferendar a. Krefeld: Die Haftung des Kommanditisten. Borna-Leipzig 1907: R. Noske. (VIII, 68 S.) 8°
Leipzig, Jur. Fak., Diss. v. 21. Jan. 1907
[Geb. 8. Juli 80 Crefeld; Wohnort: Crefeld; Staatsangeh.: Preußen; Vorbildung: Städt. Gymn. Crefeld Reife O. 99; Studium: Freiburg i. B. 3, München 1, Bonn 2 S.; Rig. 15. Jan. 03.]

Pullich, Giorg., Propedeutica filosofica ad uso dei ginnasi compilata secondo lo spirito del piano d'organizzazione. 8. (248 S.) Milano 855. Trieste, Coën. *

PULLICH, Georg: De subjecto et objecto infallibilitatis. — (1842) 320 S. 8° (Handschr.) Diss. 60
Diss.Wien, Univ.

Pullicht, die, auf Malabar. Schausp. in 5 Aufz. v. Zumbach. 8. Cöln, Fabricius.
Schreibp. -

Pullig, Ernst August: Χριστὸς πάσχων. Der leidende Christus. Christliche Tragödie, als deren Verfasser lange Zeit Gregor von Nazianz gegolten hat. Übersetzt im Versmasse d. Urschrift m. e. Einl. u. Bemerkgn. *Bonn, Univ.-Buchdr. v. C. Georgi, 1893;* 51 S. 4.
Bonn, OR m. gymnasialem Unterbau, OP 1893 (471)

Katalog der Bibliothek der Lese- und Erholungs-Gesellschaft in Bonn 1900. Hrsg. von d. zeit. Bibliothekar Prof. Ernst **Pullig**. *Bonn (1900): C. Georgi.* (54 S.) 8° [co. 4874 B

Pullig, Hermann [Rhenanus]: Ennio quid debuerit Lucretius. Particula I. . . . Halis Saxonum, typ. expr. W. Pormetter, Berolinensis, 1888; 44 S. 1 Bl. 8°
Halle, Phil. Fak., Inaug.-Diss. v. 29. Sept. 1888

Pullig, H., Ennio quid debuerit Lucretius. Particula I. Dissertatio inaug. philol. gr. 8. (44 S.) Halis Sax. 888. (Leipzig, Fock.) n. 1. —

Pullmann, Willy, approb. Arzt aus Offenbach a. M.: **Beitrag zur Casuistik der Elephantiasis Penis.** Mit 1 Taf. *Giessen 1902: v. Münchow.* (27 S.) 8°
Giessen, Med. Diss. v. 1902

Pullwer, F. W., die rationell betriebene landwirthschaftliche Hühnerzucht. Eine kurze prakt. Anleitung zur Wartung, Pflege und Anzucht der Haushühner, sowie zur Ausbesserung wenig nutzbringender Hühnerracen. Auf Grund prakt. Erfahrungen verschiedener Züchter zusammengestellt und bearb. gr. 8. (30 S.) Koblenz 883, Groos. *

Pulo Lantar. Ein unsauberes Blatt deutscher Kolonialunternehmg. (Von F. Rust.) gr. 8. (31 S.) Berlin 900. M. Hildebrandt. n. — 50

Puls, der, Lustsp. in 2 A. v. Babo. gr. 8. Berlin, Unger. 804.
Schreibp.

Puls, zur revidirten Ausg. d. Neuen Testaments u. der Psalmen. Einige Fragen. gr. 8. (32 S.) Leipzig 875. Siegismund & Volkening. n. — 50

Puls, der Spuk v. Resau. Eine prakt. Studie üb. die Kulturfrage: Giebt es e. natürl. Spuk? Mit dem Resultate: Es spukt doch! Ein Buch für alle Freunde wahrer Aufklärg. gr. 8. (368 S.) Berlin 889. (Siegismund.) n. 5. —

Puls, A., Personen- u. Sachregister, s.: Kehr, C., Geschichte der Methodik d. deutschen Volksschulunterrichts.

Puls, Alfred: Bedenken und Wünsche betreffs der Lehrbücher für die biblische Geschichte an höheren Schulen. Husum 1909: Jeben. 44 S. 8°
Husum, k. G P 1909 (378) [So. 371

Puls, [Alfred], Direktor Prof. Dr.: **Beiträge zur neutestamentlichen Schullektüre.** Husum 1906: J. G. Jebens Nachf. (24 S.) 4°
Husum, k. G P 1906 (344)

Puls, [Alfred]: Beiträge zur neutestamentlichen Schullektüre. 24 S. 4.
Progr. Kgl. Gymn. *Husum* 1907 (344).
1. Die griechische Bildung des Apostels Paulus. 2. [Röm. 1, 16f.] 3. [Gal. 3, 19ff.] 4. Warum verriet Judas Ischarioth Jesum? 5. Die Stellung der 4. Bitte innerhalb des Vaterunsers.

Puls, A(lfred): Niederdeutsches Gebetbuch. **Aus der Pergamenthandschrift des Königlichen Christianeums zu Altona herausgegeben.** T. 1: Einleitung und Text. *Altona 1898: P. Meyer.* (X, 61 S.) 8°
Altona, k. Christianeum, P 1898 (288)

Puls, Alfred (Hrsg.), s. Girardet, Friedrich: Gedichtsammlung für Präparandenanstalten.

Puls, Alfr., Heimatskunde der Prov. Schleswig-Holstein. Schilderungen v. Land u. Leuten, gesammelt u. zusammengestellt. 2., stark verm. u. verb. Aufl. gr. 8. (VIII, 208 S.) Gotha 898. E. F. Thienemann. Geb. n. 2.40

Puls, Alfr., deutsch. Lesebuch f. Lehrerbildungsanst., s.: Girardet, F.

Puls, Alfr., Lesebuch f. die höh. Schulen Deutschlands. 1.—5. Tl. gr. 8. Gotha, E. F. Thienemann's Verl. Geb. in Leinw. n. 11. —

1. Lesebuch f. Sexta. (XII, 188 S.) 895. n. 1. 80
2. Lesebuch f. Quinta. (XII, 236 S.) 895. n. 2. —
3. Gedichtsammlg. aus d. letzten 150 Jahren deutscher Dichtg. (XL, 432 S.) 895. n. 3. —
4. Prosaisches Lesebuch (I) f. Quarta u. Untertertia gymn. od. Tertia real. (XI, 218 S.) 895. n. 1. 80
5. Prosaisches Lesebuch (II) f. Obertertia u. Untersekunda gymn od. Sekunda u. Prima real. (IX, 322 S.) 896. n. 2. 40

— dasselbe. 3.—5. Tl. Ausg. B. gr. 8. Ebd. 897. Geb. in Leinw n. 7. 20

3. Gedichtsammlg. aus d. letzten 150 Jahren deutscher Dichtg. (XXXVI, 448 S.) n. 3. —
4. Prosaisches Lesebuch (I) f. Quarta u. Untertertia gymn. od. Tertia real. (X, 262 S.) n. 1. 80
5. Dasselbe (II) f. Obertertia u. Untersekunda gymn. od. Sekunda u. Prima real. (IX, 336 S.) n. 2. 40

Der 1. u. 2. Tl. erscheinen nicht in einer besondern Ausg. B.

— dasselbe. Anh.: Heimatskunde d. Prov. Schleswig-Holstein. Aus Sage, Geschichte u. Kulturgeschichte zusammengest. gr. 8. (VIII, 102 S.) Ebd. 895. Geb. n. 1. 50

— Lesebuch f. die höheren Schulen Deutschlands. 1. Tl. Lesebuch f. Sexta. 2., verm., nach den Lehrplänen von **1901 u. der neuen Rechtschreibg.** verb. Aufl. gr. 8. (XVIII, **304 S.**) Ebd. 902. Geb. in Leinw. n. 2. —

Puls, Alfr., Lesebuch f. die höh. Schulen Deutschlands. 1.—3. Tl., 4. Tl. Ausg. A u B. 5. Tl. Ausg. A u. B u. 7. Tl. **Ausg.** A u. B. gr. 8. Gotha, E. F. Thienemann. Geb. n. 21. 90

1. f. Sexta. 3., durchgeseh. Aufl. (XVI, 310 S.) 905. n. 2. —
2. f. Quinta. 3. Aufl. (XVI, 387 S.) 906. n. 2. 60
3. f. Quarta. 3. Aufl. (XIV, 412 S.) 906. n. 2. 70
4. Prosalesebuch f. Untertertia der Vollanstalten od. Klasse III der Realschulen. 2., verm., nach den Lehrplänen v. 1901 u. der neuen Rechtschreibung verb. Aufl. Ausg. A f. evangel. Schulen. (XIV, 352 S.) 905. n. 2. 40; Ausg. B. (XIV, 352 S.) 905. n. 2. 40
5. Prosalesebuch f. Obertertia u. Untersekunda der Vollanstalten od. Klasse II u. I der Realschulen. 2., nach den Lehrplänen v. 1901 u. der neuen Rechtschreibg verb. Aufl. Ausg. A. Für evangel. Schulen. (XIII, 353 S.) 906. n. 2. 40; Ausg. B. (XIII, 353 S.) 906. n. 2. 40
7. Gedichtsammlung f. U III bis U II der Vollanstalten od. Kl. III bis I der Realschulen. 2., verm., nach den Lehrplänen von 1901 u. der neuen Rechtschreibung verb. Aufl. Ausg. A. Für evangel. Schulen. (XXXIX, 576 S.) 905. n. 2. 50; Ausg. B. (XXXIX, 576 S.) 905. n. 2. 50

Puls, Alfr., Lesebuch f. die höheren Schulen Deutschlands. 1. Tl. gr. 8. Gotha 909. E. F. Thienemann. Geb. in Leinw. 2. —

1. Lesebuch f. Sexta. 4., durchgeseh. Aufl. (XVI, 320 S.)

Puls, Alfr., Untersuchung über die Lautlere der Lieder Muscatblüt's. Inaugural-Dissertation. gr. 8. (XVII, 53 S.) Hirschberg i. Schl. 881. (Kiel, Lipsius und Tischer.) *

Puls, A. Ueber das Wesen der subjectlosen Sätze. Teil I.: Weg und Methode der Untersuchung. Flensburg, G. u. Rg., 1888. 26 S. 4.
— Dasselbe II. Ebd. 1889. 22 S. 4.
Progr.

Puls, Alfred [Dr.]: Ueber das Wesen der subjektlosen Sätze. Teil I: Weg und Methode der Untersuchung. II. Flensburg, gedr. i. d. Buchdr. v. L. P. H. Maaß, 1889; S. 27 - 48; 4°
Flensburg, f. G u. RG, LP 1880 (265)

Puls, A., üb. das Wesen der subjektlosen Sätzo. 1. Tl.: Wog u. Methode der Untersuohung. gr. 4. (48 S.) Flonsburg 889. (Westphalen.) n. 1. 10

Puls, [Cäsar]: [Ansprache, gehalten am 5. Mai bei der Großjährigkeitserklärung des Kronprinzen.] S. 12—13. 4. **Progr.** Städt. Realschule *Bielefeld* 1901 (409).

Puls, Über einen geologischen Aufschluss im Johannistal bei Bielefeld.
Aus: Bericht des Naturwiss. Ver. f. Bielefeld u. Umgegend. 1909 u. 1910.

Puls, Cäsar *Otto Friedrich:* Oberflächentemperaturen und Strömungsverhältnisse des Aequatorialgürtels des Stillen Ozeans ... (Aus: Aus d. Arch. d. Deutsch. Seewarte, Bd. XVIII No. 1.) Marburg. Buchdr. v. Hammerich & Lesser, Altona, 1895; 3 Bl., 38 S., 2 Bl., 4 Kt. 4.
Marburg, Phil. Fak., Inaug.-Diss. v. [11. Okt.] 1895

Puls, [Cäsar], Dr.: Vergleichende Übersicht über die Lehrbücher der Zoologie f. höh. Schulen. Bielefeld 1906: F. Eilers jun. (22 S.) 4° [J.]
Bielefeld, st. R P 1906 (461)

Puls Ed, Mustersammlung moderner schmiedeeiserner Ornamente. I und II. (Je 50 T) gr 4° Göttingen 1877

Puls, Ed., Muster-Sammlung moderner schmiedeeiserner Ornamento. Eine Sammlung von Zeichnungen ausgeführter schmiedeeiserner Thore, Thüren, Füllungen, Geländor aller Art, Candelaber, Wand- u. Gasarme etc. Nach den Entwürfen renommirter Architekten, nach eigenen Angaben u. unter Mitwirkung namhafter Fachgenossen zum prakt. Gebrauch für Architekten u. Schlosser hrsg. 2. Aufl. Fol. (150 Steintaf.) Göttingen 877. 78. Leipzig, Schwartzkopf & Welter? 36. —

Puls, Ed., Mustersammlung moderner schmiedeeiserner Ornamente. Eine Sammlung von Zeichnungen ausgeführter **Arbeiten, zum prakt. Gebrauch für Architekten und Schlosser hrsg. 3. verb. Aufl. 3 Hefte. gr. 4. (à Heft 50 Stnt. mit 1 Bl. Text.)** [Leipzig 879, Schwartzkopff und Welter.] **Berlin, Polytechn. Buchh.** *M.* 30.; einzeln à Heft 12 —

Puls, Ed., Adph. Krug u. Ant. Pertzel, Ornamentik f. Schlosser u. Architekten. Darstellung v. in Schmiedeeisen ausgeführten Thoren, Thüren, Thürfüllgn., Gittern, Balkons etc. 2. verm. u. verb. Aufl. in 120 Taf. u. Details. 10 Lfgn. hoch 4. (à 12 Steintaf. m. lith. Beilage in gr. Fol.) Gera 874. Kanitz Verl. à n. 2. 50

Puls, Ed., Adph. Krug und Ant. Pertzel, Ornamentik für Schlosser und Architekten. Darstellung von in Schmiedeeisen ausgeführten Thoren, Thüren, Thürflügeln, Gittern, Balkons etc. 2. verm. und verb. Aufl. in 120 Taf. und 11 Bogen Details, enth. 170 Musterabbild. nach ausgeführten Arbeiten der bedeutendsten Architekten und renommirtesten Kunst- und Bauschlossereien alter und neuer Zeit. 10 Lfgn. gr. 4. (à 10 Stnt. mit lithogr. Beilage in gr. Fol.) Gera 875, Kanitz' Verlag. à Lfg. *M. 2,50. *

—— Adph. Krug und Ant. Pertzel, Ornamentik für Schlosser und Architekten. Darstellung von in Schmiede-Eisen ausgeführten Thoren, Thüren, Thürfüllungen etc. 3. verb. Aufl. in 120 (lithogr.) Taf. und 11 (lithogr.) Bogen-Details (in Imp.-Fol.), enth.: 170 Musterabbildungen nach ausgeführten Arbeiten der bedeutendsten Architekten und renommirtesten Kunst- und Bauschlossereien alter und neuer Zeit. Zum prakt. Gebrauch hrsg. gr. 4. (7 S. Text.) Gera 876, Kanitz' Verlag. 30 —

— u. Ant. Pertzel, Ornamentik für Schlosser u. Architekten. Darstellung von Kunst- u. Schmiede-Arbeiten alter u. neuer Zeit. 4., verm. u. verb. Aufl. [130 (lith.) Taf. u. 14 (lith.) Bog. Details.] Zum prakt. Gebrauch hrsg. Fol. (7 S. Text.) Gera 881. Kanitz' Verl. cart. n. 35. —

Puls, Krug u. **Pertzel,** der kleine Ornamentist f. Schmiedeeisen. Ein Auszug aus dem grösseren Werke: Ornamentik f. Schlosser u. Architekten. 36 Ornamente auf 28 (lith.) Taf. 2. Aufl. gr. 4. (1 Bl. Text.) Gera 886. Kanitz' Verl. n. 4. —

Puls, Ernst: Vergleichende Untersuchungen über Flußdichte. Hamburg 1910: Lührs. 40 S., 1 Taf. 8°
Kiel, Phil. Diss. v. 18. Aug. 1910, Ref. Krümmel
[Geb. 15. Febr. 88 Hamburg; Wohnort: Hamburg; Staatsangeh.: Hamburg; Vorbildung: Realgymn. d. Johanneums Hamburg Reife M. 06; Studium: München 3, Kiel 4 S.; Rig. 11. Juni 10.] [U 11. 2053

Puls, G., Dea moneta Gei. 1717. 22 S. 4°. 1.20

Puls, Heinrich, appr. Arzt a. Ludwigslust i. M.: Zur Kenntnis der Hirschsprung'schen Krankheit. Tübingen 1910: Laupp. 28 S. 8° ¶(Aus: Beiträge z. klin. Chirurgie. Bd 69, H. 2.)
Rostock, Med. Diss. v. 12. Sept. 1910, Ref. Müller
[Geb. 3. Sept. 78 Alt-Karin; Wohnort: Rostock; Staatsangeh.: Mecklenburg-Schwerin; Vorbildung: Realgymn. Ludwigslust Reife M. 99; Studium: Rostock 10 S.; Coll. 29. Juni 10; Approb. 31. Mai 10.] [U 11. 4121

Puls, J. P., Festschrift zum 50jährigen Jubiläum der barmherzigen Schwestern im bischöflichen Waisenhause zu Paderborn 4. X. 1910. (26 S.) 8. Paderborn 910. (F. Schöningh.) — 25

Puls, Julius: Über Eiweissresorption. Diss. Dorpat. 1878. 40 S. 8°

Puls, Karl, aus Ludwigslust: Über einige p-Toluyl-Methyl-Phenyläther sowie über das p-Toluylcarbinol und das Chlor-Di-p-Tolacyl. *Rostock 1898: C. Boldt.* (38 S.) 8°
Rostock, Phil. Diss. v. [8. Juli] 1898

Puls, Otto

Puls, O., die volkswirthschaftliche Bedeutung der Kanalisirung des Mains von Frankfurt bis zum Rhein. Auf Grund der Akten und im Auftrage der Handelskammer zu Frankfurt a. M. dargestellt. 2. Aufl. gr. 8. (58 S. mit 1 lithogr. Karte in qu. gr. Fol.) Frankfurt a. M. 879, Jügel's Nachf. * 2 —
Die 1. Aufl. war nicht im Handel.

Puls, O., s. a. Börsen-Handbuch, Frankfurter.

— **Frankfurt am Main.** Börsen-Handbuch für 1882. 8. (VI, 160 S. m. 1 lith. Plan.) Frankfurt a/M. 882. (Jaeger.) geb. n. 2. —

Puls, Otto, **Frankfurter Börsen-Handbuch.** 4. Aufl. 1. Thl.: Börsen-Usancen. 12. (X, 230 u. LII S. m. 1 Plan.) Frankfurt a/M. 892. Jaeger's Verl. In Leinw. kart. n. 3. —

Frankfurter Börsen-Handbuch. Hrsg. von Otto **Puls.** Th. 1. 2. Frankfurt a. M.: Mahlau & Waldschmidt (2: Selbstverl.) 1892. 2 Bde 8°
1. Börsen-Usancen. 4. Aufl.
2 [u. d. T.:] Die Börsensteuer. Gesetz betr. d. Erhebung d. Reichsstempelabgaben in d. Fassung d. Gesetzes v. 29. Mai 1885. Hrsg. v. Otto Puls. 3. verb. u. verm. Aufl. [95. 9628 10

— die **Börsensteuer.** Gesetz betr. die Erhebg. der Reichsstempelabgaben in der Fassg. d. Gesetzes vom 29. Mai 1885. Mit den Ausführungs-Instruktionen d. Bundesraths, amtl. Entscheidgn., Kommissions- u. Reichstagsverhandlgn., Beschlüssen der Handelskammern etc. 2. Aufl. 8. (III, 186 S.) Frankfurt a/M. 885. (Neumann.) n. 1. 50

Die Börsensteuer. Gesetz betr. d. Erhebung d. Reichsstempelabgaben in d. Fassung d. Gesetzes v. 29. Mai 1885. Mit d. Ausführungsvorschriften u. Instruktionen d. Bundesraths ... sowie sämmtl. amtl. Entscheidungen bis z. 1. Sept. 1891. Hrsg. von Otto **Puls.** 3. verb. u. verm. Aufl. Frankfurt a. M.: Selbstverl.; Jäger i. Comm. 1892. (235 S.) 8° [F.]
= **Puls:** Frankfurter Börsen-Handbuch. Th. 2. [95. 9629 10

— dasselbe. Reichsstempelgesetz vom 27. Apr. 1894 m. den Ausführungsvorschriften, Formularen, Instruktionen d. Bundesraths, Kommissions- u. Reichtagsverhandlgn., Beschlüssen der Handelskammern, sowie den amtl. Entscheidgn. 4. Aufl. 12. (190 S.) Frankfurt a. M. 894 (Mahlau & Waldschmidt.) n. 2. —

— systematische **Darstellung** d. Börsensteuergesetzes vom 29. Mai 1885 in seinen wesentlichen, die Effektenbörse betr. Bestimmungen, unter Mitwirkg. v. Sachverständigen der Börse hrsg. 8. (15 S.) Ebend. 885. n. — 50

Zur Erinnerung an die Eröffnung der Main-Kanalisierung und der Frankfurter Hafenanlagen. Im Auftr. d. Handelskammer zu Frankfurt a. M. Von O[tto] Puls. — Frankfurt a. M. 1886: Körber. 31 S., 2 Kt. 8°

Puls, O.: Zur Erinnerung an die Eröffnung der Mainkanalisirung und die Frankfurter Hafen-Anlagen. Im Auftrag der Handelskammer zu Frankfurt a. M. dargestellt. 2. Aufl. Frankfurt a. M. 1886. 31 S. 4°. [E 4663

—— Mainkanalisation und Lagerhäuser. Frankfurt a. M. o. J.

Puls, O., das Reichs-Tabakmonopol. Materialien zur Beurtheilung desselben. Gesammelt und hrsg. 4 Hefte. gr. 8. (390 S.) Frankfurt a. M. 882, (Jaeger'sche Buchh.) à Heft *M 1. *

— das **Reichs-Tabakmonopol.** Materialien zur Beurtheilung desselben, gesammelt u. hrsg. 1—4. Hft. gr. 8. (224 S.) Ebend. 882. à n. 1. —

— das neue **Tarif-System** u. Materialien zur Tarifreform. Fol. (40 S.) Halle 877. Pfeffer in Comm. n. 8. —

Puls, O., der wirthschaftliche Werth der Main-Kanalisirung u. der Güterverkehr v. Frankfurt a/M. gr. 8. (88 S.) Frankfurt a/M. 888. (Neumann.) n. 2. —

Püls, Alex.: Selectiora ex universo jure eccles., s. Brehm, Chrysologus

Püls, Georg Friedrich (Waismainens.), De jure eundi in partes in negotiis circularibus locum non tenente. Diss. jur. Präs. Johann Georg Friedrich Hack. [Bamberg] (J. G. Klietsch) März 1773. 52 S. (5.25) 27279

Puels, Georg Friedrich [Praes.], s. Werner, Georg Franz: De iure exemptionum fori declinatoriarum in processu mandati sine clausula.

PULŠIĆ, Vincentius: De missionibus divinarum personarum. — (1880) 199 S. 8° (Handschr.) Diss. 434
Diss. Wien, Univ.

Pulsnitz [Schlagwort]

Pulsnitz, s.: Sachsen. Karte.

Pulsnitz, s.: Sachsen. Messtischblätter.

Pulst, Carl, aus Berlin: Die **Widerstandsfähigkeit** einiger Schimmelpilze gegen Metallgifte. Mit 2 Textfig. *Leipzig: Gebr. Borntraeger 1902.* (59 S.) 8° ¶[Aus: Jahrbücher f. wissensch. Botanik, Bd 37, H. 2.]
Leipzig, Phil. Diss. v. [15. März] 1902

Pulst, Carolus Wilhelmus *(geb. Ostrowo in Pos. 25.5.1794)*: De causis exigui medicinae theoreticae in hominum mortalitatem momenti. Vratislaviae (1820). (44 S.) 8° *[Verf. erlebte die Diplomerneuerung 1870 als Hofrat in Breslau]*
Breslau, Med. Diss. v. 23. Juni 1820

Pulſt, die aſiat. Cholera im Königr. Polen. Ein Verſuch, ihre Heilung nach rationellen Principien zu begründen. Auf eigene, während e. amtl. Reiſe in Polen geſammelte, Erfahrungen u. Anſichten geſtützt. gr. 8. (3½ B.) Breslau 831, Goſohorsky.

Pulstinger, Hans, appr. Arzt a. Deggendorf: Ein Fall von congenitaler Missbildung des Herzens. ⟨Mit e. Abb.⟩ München 1904: C. Wolf & Sohn. (16 S.) 8°
München, Med. Fak., Ref. v. Bollinger, Diss. v. 17. Jan. 1905
[Geb. 8. Aug. 74 Deggendorf; Wohnort: Landsberg a. L.; Staatsangeh.: Bayern; Vorbildung: Gymn. München Reife Juli 95; Studium: München 5, Erlangen 1, München 4 S.; Coll. 30. Nov. 04; Approb. 12. Juli 00.]

Pulszky, Franz (Hrsg.), s. Actenstücke zur Geschichte des ungarischen Schutzvereins.

Pulszky, Frz. v., Franz Deák. Eine Charakterskizze. Aus dem Ungar. v. Ladisl. Neugebauer. 8. (59 S.) Leipzig 876. O. Wigand. n. 1. —

Pulszky, F. v., die Goldfunde v. Szilágy-Somlyó, Denkmäler d. Völkerwanderung. Lex.-8. (32 S. m. 16 Illustr. im Text u. 1 Taf.) Budapest 890. Kilián. n. 1. 50

v. Pulsky, Frz., die Jacobiner in Ungarn. Hiſtoriſcher Roman. 2 Bde. 8. (550 S.) Berlin 851, Allgem. Deutſche Verlags-Anſtalt. n. 2⅓ ℛ (ſiehe auch: Bibliothek, Europäiſche, 507—509. Bd.)

Pulszky, Frz. v., die Jacobiner in Ungarn oder die Verſchwörung des Abts. Originalroman. 2. Aufl. 3 Bde. Berlin 867. Allgemeine deutſche Verlags-Anſtalt. 8. (528 S.) 1 ℛ

Pulszky, Frz., die Kupfer-Zeit in Ungarn. Mit 149 Illustr. im Text. Deutsche Ausg. gr. 8. (103 S.) Budapest 884. Kilián. n. 3. —

—— die Personal-Union. Ein offener Brief. gr. 8. (14 S.) Wien 878, Fischer und Comp. * — 60

Pulsky, Fr., und Th. Pulsky, Weiß, Roth, Schwarz. Skizzen aus der amerikaniſchen Geſellſchaft in den Vereinigten Staaten. Aus dem Engl. 5 Bde. Caſſel 853. Fiſcher. 12 (X, 161; 186: 198; 234; 211 S.) 2 ℛ. 15 ngr

—— meine Zeit, mein Leben. 4 Bde. Autoris. Uebersetzung. gr. 8. Pressburg, Stampfel. *

Inhalt:

Bd. 1. Kindheit und Schuljahre, Familienleben und die Vorboten der Revolution 1846—47. (428 S.) 880. *ℳ 7.
» 2. Während der Revolution. (412 S.) 881. *ℳ 7.
» 3. In der Verbannung in Amerika und England. (VII, 328 S.) 882. *ℳ 5,60.
» 4. Während der Verbannung in Italien. (311 S.) 883. *ℳ 5.

Pulszky, Carl v., Beiträge zu Raphael's Studium der Antike. (Inauguraldissertation.) gr. 8. (50 S.) [Leipzig 877.] Rudolstadt, Hartung und Sohn. * 1 60

Pulszky, Karl v., s. Landes-Gemälde-Galerie in Budapest.

— Raphael Santi in der ungarischen Reichs-Gallerie. Mit 14 Illustr. im Text. [Aus: „Ungar. Revue".] gr. 8. (47 S.) Budapest 882. Kilian. n. 1. 20

Pulszky, Therese

—— Sagen und Erzählungen aus Ungarn. 1. Bdchn.: Sagen. 8. (VIII und 261 S.) Berlin 851, Beſſer's Vrlgsh. *

Pulszky, Thereſe, Sagen und Erzählungen aus Ungarn. 2. Bdchn. 8. (III und 220 S.) Berlin 851, Beſſer's Vrlgsh. *
1. Bdchn. Ebendaſ. 1851. * 1 Thlr. 10 Ngr.

Pulszky, Thereſe. Aus dem Tagebuche einer ungariſchen Dame. Mit einer hiſtoriſchen Einleitung von Franz Pulszky. 2 Bde. Leipzig, F. W. Grunow u. Comp. 1850. CCII 199, 478 S. 8.

Pulszky, Thereſe, aus dem Tagebuche einer ungariſchen Dame. Mit einer hiſtor. Einleitung von Frz. Pulszky. 2 Bde. 8. (CCII und 677 S.) Leipzig 850, [Herbig.]

Pulszky, Therese: Weiß, Roth, Schwarz, s. Pulszky, Franz.

Pult, das, ein heroiſch-komiſches Gedicht in 6 Geſängen; aus d. Franzöſ. v. Schönberg. 8. Dresd. 753. Gröll. 6 ℊ

Pult, Eduard, ein Jahr. Ein Versbuch. (94 S.) kl. 8. Innsbruck 910. Wagner. 2. —

— Aus stillen Stunden. Gedichte. (111 S.) kl. 8. Ebd. 908. 2. —

Pult, G., rhaetoroman. Elementargrammatik, s.: Andeer, P. J.

Pult-Block-Kalender. Fromme's, pro 1887. Wien, Fromme. Zum Aufhängen. fl. —.60.

Pult-Block-Kalender, Fromme's, für das Jahr 1888. II. Jahrgang. (63 S.) Wien, Fromme. fl. —.50.

Pulte, Joseph Hippolyt

Pulte, J. H., Organon der Weltgeſchichte. gr. 8. (IV u. 124 S.) Cincinnati 846. (Leipzig, K. F. Köhler.) 24 ngl

Pulte, Philippus Albertus ⟨geb. 1799 in Attendorn Westf.⟩: De doloribus spuriis spasticis in partu ... Bonnae, ex off. Neusseri (1826). 4 Bl., 17 S., 2 Bl. 8.
Bonn, Med. Fak., Diss. v. 4 Sept. 1826

Pulteney's, Rich., Geſch. d. Botanik bis auf die neuere Zeit; aus d. Engl. v. K. G. Kühn. 2 Thle. gr. 8. Leipz. 798. Weygand. 1 ℛ 16 ℊ

Richard Pulteney historical and biographical sketches of the progress of botany in England from its origin to the introduction of the Linnean system. Lond. 1790. 8. — *German. vert. cum notis* Car. Glo. Kühn. Leipz. 1798. 8. 2 Voll. — *Gallice vert.* Boulard. Paris 1809. 8. 2 Voll. (Cfr. quoque Floras singulas in ipsarum prolegomenis.)

Pulterwey, W., Entdeck. der engelländ. großen Hauptverrätherey. 4. Hamb. 723.

Pult-Kalender für 1877 und 1878. schmal-Fol. (23?; 150 S.) Lahr, Schauenburg. geb. à Jahrg. 2 —
—— dass. — für 1879 und 1880. schmal-Fol. (230; I^v, 246 S.) Ebendas. à Jahrg. cart. ℳ 1,50.; geb. 2 —

Pult-Kalender für 1881—1885. schmal Fol. (à Jahrg. ca. 250 S.) Lahr, Schauenburg. cart. à Jahrg. geb. à Jahrg.

Pult-Kalender für 1888. schmal-Fol. (IV, 176, 80 S.) Lahr, Schauenburg. cart. geb.

Pult-Kalender f. 1889. schmal Fol. (IV, 176 u. 80 S.) Lahr, Schauenburg. cart. 1. 50; geb. 2. —

Pult-Kalender f. 1893. schmal Fol. (IV, 208; 100 S.) Lahr 892, M. Schauenburg. cart. 1 50; geb. 2 —
Erscheint jährlich.

Pult-Kalender f. 1895. schmal Fol. (IV, 208 u. 104 S. m. 1 farb. Karte.) Lahr, M. Schauenburg. Kart. 1. 50

Pult-Kalender f. 1899. schmal Fol. (IV, 208 u. 111 S. m. 1 farb. Karte.) Lahr, M. Schauenburg. Kart. 1. 50; geb. in Leinw. 2. —

Pult-Kalender f. 1903. schmal Fol. (IV S., Schreibkalender u. 120 S. m. 1 farb. Karte) Lahr, M. Schauenburg. Geb. 1.50

Pult-Kalender f. 1907. Mit e. (farb.) Eisenbahnkarte v. Mittel-Europa. 30. Jahrg. (IV S., Schreibkalender u. 128 S.) schmal Fol. Lahr, M. Schauenburg. Geb. 1.50

Pult-Kalender f. 1911. Mit 1 (farb.) Eisenbahnkarte v. Mittel-Enropa. 34. Jahrg. (IV S., Schreibkalender, 80 u. 95 S.) 34,5×12,5 cm. Lahr, M. Schauenburg. Geb. 1.50

Pultmappe 1908. 26. Jahrg. (68 S. u. 64 Sp.) 33,5×23 cm. Berlin—Schöneberg, C. Regenhardt. Geb. in Ldrtuch, m. Löschpap. durchsch. 2. —
Fortsetzg., s.: Moser's, Paul, Notizkalender u. Tagebuch.

Pultmappe mit Monats-Vormerkkalender pro 1891 und eine Schiefer-Notizfläche 1.30
Korneuburg: Kühkopf.

Pultmappe, Perles'. Schreibunterlags-Kalender pro 1890. 2. Jahrg. Quer-Folio. 1.20
Wien: Perles.

Pultmappe, Perles' Schreibunterlags-Kalender pro 1891. 3. Jahrg. Deutsche Ausgabe. Querfolio
Wien: Perles. 1.20

Pultmappe, schweizer., für 1897. (4. Jahrg.) Mit 1 Karte. In-fol. 64 S. (mit Löschpapier durchschossen). Zürich, Cäsar Schmidt. Leinw. 2 50

Pultmappe, schweizerische, f. d. J. 1899. (VI. Jahrg.) Fol. (64 S. m. Löschpap. durchsch. u. 1 Karte.) Zürich, C. Schmidt. Geb. in Leinw. n. 2. —

Pult-Notizkalender, Fromme's, pro 1886. Form. 17—13 cm. aufgezogen z. Hängen u. Stellen. Wien, Carl Fromme. 30 kr.

Pult-Notiz-Kalender, Fromme's. 1887. 2. Jahrg. Form. 17—13 Cm. Ebd. aufgezogen. fl —.25.

Pult-Notiz-Kalender Fromme's. III. Jahrg. 1888. Format 17 × 13 Centimeter. Ebd. Aufgezogen. fl. —.25.

Pult-Notiz-Kalender, Fromme's. 5. Jahrgang. 1890. Format 17×13 *cm.* Aufgezogen —.25
Wien: Fromme.

Pult-Notiz-Kalender, Fromme's, 1891. 6. Jahrgang. Format 17×13 *cm.* Aufgezogen —.25
Wien: Fromme.

Pult-Notiz-Kalender, Fromme's, pro 1892. 7. Jahrg. Format: 17×13 *cm.* Aufgez. —.25
Wien: Fromme.

Pult-Notiz-Kalender, Fromme's. 8. Jahrgang. 1893. Format 17×13 *cm.* Aufgezogen —.25
Wien: Fromme.

Pult-Notiz-Kalender, Fromme's, 1894 9. Jahrgang. Format: 17×13 *cm.* Aufgezogen —.25
Wien: Fromme.

Pult-Notiz-Kalender, Fromme's, pro 1896. 11. Jahrg. Format: 17×13 *cm.* Aufgez. —.25
Wien: Fromme.

Pult-Notiz-Kalender, Fromme's pro 1897. 12. Jahrg. Format: 17×13 *cm.* Aufgez. —.25
Wien: Fromme.

Pult-Notiz-Kalender, Fromme's, für 1898. 13 Jahrg. Format: 17×13 *cm.* Aufgez. —.25
Wien: Fromme.

Pult-Notiz-Kalender, Fromme's. 14. Jahrgang. 1899. Format 17×13 *cm.* Aufgez. —.25
Wien: Fromme.

Pultz, Johann Christoph

Pultz, Jh. Cph., üb. den deutschen Innenhandel, nicht wie er ist, sondern wie er wohl seyn könnte, nebst e. Plane zu einer tägl. mobilen Produkten-Bank, bei welcher man die landwirthschaftl. Erzeugnisse ꝛc. aufbewahren kann ꝛc. gr. 8. Leipz. 822. Wienbrack. 8 ℊ

Pültz, Jonas, d. in deutschen Sprache gebräuchlichsten Fremdwörter nach Abstammg. u. Bedeutg. f. d. Unterricht an Lehrerbildungsanst. u. Realschulen, sow. z. allgem. Gebrauch. M. e. Anh. üb. d. method. Behandlg. der Fremdwörter, insbes. ihre Zusammenstellg. zu etymolog. geord. Gruppen. Nach der amtl. Orthographie bearb. u. hrsg. gr. 8. (IV, 178 S.) Nürnberg 899. (F. Korn.) n. 3. —

Pültz, Jonas, die Grundzüge der Verfassungs- u. Gesetzeskunde nach den Vorschriften der neuen Lehrordnung, f. Seminaristen u. Schuldienstexspektanten hrsg. 2. verm. u. verb. Aufl. gr. 8. (151 S.) Nürnberg 902. (F. Korn.) n. 1. 50
1. Aufl. (127 S.) Ebd. 901. n.n. 1. 80.

Pültz, Jonas, die Grundzüge der Verfassungs- u. Gesetzeskunde f. Seminaristen, Schuldienstexspektanten u. Gemeindeschreiber hrsg. 3. verm. u. verb. Aufl. (VIII, 154 S.) 8. Nürnberg 906. (F. Korn.) Kart. n. 1. 60

Pültz, Martin

Pültz, M., Entwurf e. Planes f. den Schulturnunterricht in Landschulen. 8. (24 S.) Ansbach 889. Brügel & Sohn. — 25

Pültz, Mart., der Turnunterricht in der Volksschule. Eine Stoffübersicht f. das Knaben- u. Mädchenturnen. Zugleich Hilfsbuch f. den theoret. Teil des Turnunterrichts an d. Lehrerbildungsanstalten. 2., neubearb. Aufl. 8. (VI, 109 S. m. Abbildgn.) Ansbach 900. C. Brügel & Sohn. Geb. in Leinw. n. 1. 20

Puluj, Johann

Puluj, J., üb. die Abhängigkeit der Reibung der Gase v. der Temperatur. [Mit 1 (lith.) Taf.] [Aus: „Sitzungsber. d. k. Akad. d. Wiss."] Lex.-8. (40 S.) Wien 876. (Gerold's Sohn.) n. — 80

Puluj, J., Beitrag zur Bestimmung des mechanischen Wärmeaequivalentes. Lex.-8. (8 S.) Wien 875, (Gerold's Sohn.) *

— Beitrag zur Bestimmung d. mechanischen Wärmeaequivalentes. [Aus: „Sitzungsber. d. k. Akad. d. Wiss."] Lex.-8. (8 S.) Ebend. 876. n. — 20

Puluj, Joh., Beitrag zur Erklärung des Zöllner'schen Radiometers. [Mit 5 (eingedr.) Holzschn.] [Aus: „Sitzungsber. d. k. Akad. d. Wiss."] Lex.-8. (12 S.) Wien 880. (Gerold's Sohn.) n.n. — 30

— Nachschrift zum „Beitrag zur Erklärung des Zollnerschen Radiometers". S. 82. II. 263 . . . . vgr.
Separatabdruck

Puluj, J., Beitrag zur unipolaren Induction. [Mit 4 Holzschn.] [Aus: „Sitzungsber. der k. Akad. der Wiss."] Lex.-8. (7 S.) Wien 888. (Tempsky.) n. — 30

Puluj, J., Bestimmung d. Coefficienten der Selbstinduction m. Hilfe d. Elektrodynamometers u. e. Inductors. [Aus: „Sitzungsber. d. k. Akad. d. Wiss."] Lex.-8. (20 S. m. 2 Textfig.) Wien 891. (F. Tempsky.) n. — 40

— objective Darstellung der wahren Gestalt einer schwingenden Saite. [Mit 2 Holzschn.] [Aus: „Sitzungsber. d. k. Akad. d. Wiss."] Lex.-8. (4 S.) Ebd. 887. — 15

— über Diffusion der Dämpfe durch Thonzellen. 1. u. 2. Abhandlung. [Ausgeführt im physikal. Cabinete.] [Mit 2 (lith.) Taf.] [Aus: „Sitzungsber. d. k. Akad. d. Wiss."] Lex.-8. (18 u. 26 S.) Ebend. 877. n.n. 1. 20

—— strahlende Elektrodenmaterie. I.—IV. Abhandlung. [Ausgeführt im physikal. Cabinete der Wiener Universität.] Lex.-8. (Ebendas.) [I. Abhandlung. (60 S. mit 40 eingedr. Holzschn.) 880. ** ℳ 1,40.; II. Abhandlung. (19 S. mit 2 eingedr. Holzschn.) 881. ** 25 Pf.; III. Abhandlung. (13 S. mit 6 eingedr. Holzschn.) 881. * 30 Pf.; IV. Abhandlung. (III. 86 S. mit 56 eingedr. Holzschn.) 883. ** ℳ 2,80.] **
Vorstehende zwei Schriften sind aus: Sitzungsberichte der k. Akademie der Wissenschaften, besonders abgedruckt.

Puluj, J., üb. d. Entstehg. d. Röntgen'schen Strahlen u. ihre photograph. Wirkg. [Aus: „Sitzungsber. d. k. Akad. d. Wiss."] gr. 8. (11 S. m. 5 Fig. u. 1 Taf.) Wien 896. (C. Gerold's Sohn.) n. — 60; Nachtrag (3 S. m. 3 Taf.) n. — 70

Puluj, J., Elektrizitätswerk Hohenfurth der Firma Ignaz Spiro & Söhne in Krummau. (32 S. m. Abbildgn. u. 8 Taf.) Lex.-8. Prag 904. J. G. Calve. n.n. 2. 40

— e. Interferenzversuch mit zwei schwingenden Saiten. [Mit 6 Holzschn.] [Aus: „Sitzungsber. der k. Akad. d. Wiss."] Lex.-8. (5 S.) Ebd. 888. n. — 20

— e. Methode zur Messung der Phasendifferenz v. harmonischen Wechselströmen u. deren Anwendung zur Bestimmung der Selbstinduction. [Aus: „Sitzungsber. d. k. Akad. d. Wiss."] Lex.-8. (5 S. m. 1 Fig.) Ebd. 893. n. — 20

— über die Phasendifferenz zwischen der elektromotorischen Gesammtkraft u. der Spannungsdifferenz an e. Verzweigungsstelle des Stromkreises bei Anwendung harmonischer Wechselströme. [Aus: „Sitzungsber. d. k. Akad. d. Wiss."] Lex.-8. (14 S. m. 5 Fig.) Ebd. 893. n. — 50

Puluj, Prof. J., Ueber einen Phasenindicator und einige mit demselben ausgeführten Messungen. Mit 9 Textfiguren. Gr.-8. (29 S.)
Wien: Tempsky 1893. —.35

Puluj Johann, Dr.: Über einen Phasenindikator und einige mit demselben ausgeführte Messungen (mit 9 Textfiguren). S. 102. IIa. 85 . . . . K —.70
Separatabdruck

— ein Radiometer. [Ausgeführt im physikal. Cabinete der Wiener Universität.] [Mit 1 (lith.) Taf.] [Aus: „Sitzungsber. d. k. Akad. d. Wiss."] Lex.-8. (5 S.)
Wien: Gerold's Sohn 1877.

— über das Radiometer. [Ausgeführt im physikal. Cabinete der Wiener Universität.] [Mit 1 (lith.) Taf.] [Aus: „Sitzungsber. d. k. Akad. d. Wiss."] Lex.-8. (5 S.) Ebend. 879. n. — 40

— über die Reibung der Dämpfe. [Mit 1 (lith.) Taf.] [Ausgeführt im physikal. Cabinete der Wiener Universität.] [Aus: „Sitzungsber. d. k. Akad. d. Wiss."] Lex.-8. (33 S.) Ebend. 878. n. 1. —

— über die innere Reibung in einem Gemische von Kohlensäure u. Wasserstoff. [Ausgeführt im physikal. Cabinete der Wiener Universität.] 1. u. 2. Abhandlung. [Aus: „Sitzungsber. d. k. Akad. der Wiss."] Lex.-8. (17 u. 12 S.) Ebend. 879. n. — 70

— über die Reibungconstante der Luft als Function der Temperatur. 1. u. 2. Abhandlg. [Aus: „Sitzungsber. d. k. Akad. d. Wiss."] Lex.-8. (31 u. 25 S.) Ebend. 874. n. — 90

— über e. Schulapparat zur Bestimmung d. mechanischen Wärmeäquivalentes. [Mit 1 (lith.) Taf. (in qu. gr. 4.] [Aus: „Sitzungsber. d. k. Akad. d. Wiss."] Lex.-8. (10 S.) Ebend. 875. n.n. — 50

— ein Telethermometer. [Aus: „Sitzungsber. d. k. Akad. d. Wiss."] Lex.-8. (16 S. m. 3 Textfig.)
Wien: Tempsky 1890. n. — 40

— über die Wirkungen gleichgerichteter sinusartiger elektromotorischer Kräfte in e. Leiter m. Selbstinduction. [Aus: „Sitzungsber. d. k. Akad. d. Wiss."] Lex.-8. (14 S. m. 2 Textfig.) Ebd. 891. n. — 50

— dasselbe. (II. Mittheilg.) [Aus: „Sitzungsber. d. k. Akad. d. Wiss."] Lex.-8. (20 S. m. 6 Textfig.) Ebd. 893. n. — 50

Pulver. Humoristische Erzählungen u. Witze, s.: Volksbibliothek, deutsche.

Pulver, das arabische,. Posse in 2 Akten v. Kotzebue. 8. Lpz. Kummer. 810.

Pulver, das neue, od. Bereitung der explodirenden Baumwolle, welche durch einen einfachen Prozeß eine solche unglaubliche Kraft erhält, daß sie das gewöhnliche Schießpulver bei weitem übertrifft, erfunden von den Hrn. Schönbein, Böttger u. Otto, veröffentlicht von Otto. (Beigefügt sind die Verbesserungen von Knop, Bley, Artus.) 16. Arnstadt 816, (47,) Meinhardt. *

Das **preußische** prismatische Pulver. Mit Taf.
Berlin 1871. 39 S.

Pulver, das rauchfreie. Ergebnisse seiner Anwendung im Manöver. . gr. 8. (32 S.) Berlin 889. Eisenschmidt. n. — 75

— das rauchlose, u. sein Einfluß auf die Gestaltung d. Gefechts im Allgemeinen, sowie auf d. Gefecht der einzelnen Waffengattungen. 8. (32 S.) Berlin 889. Voß. n. — 80

Pulver, rauchloses, Dynamit u. andere Sprengstoffe, s.: Miniatur-Bibliothek.

Pülverchen, Ein niederschlagendes, für den Schöpfer der Hanseatischen Volksblätter . . . O. O. 1804. V: *Erbshäuser, Georg Heinrich.* (schr)

Pulvermacher, Berthold (geb. Rombczyn in Posen 20. 9. 1858): Ein Beitrag zur Statistik der Pneumonie und des Gelenkrheumatismus in Berlin. Berlin (1882). (30 S.) 8°
Berlin, Med. Diss. v. 29. Juli 1882

Pulvermacher, Christian Leopold Julius

Pulvermacher, Chrstn. Leop. Jul., † (Clip,) Album. (Gedichte.) 16. (4 B.) Breslau 840, Friedländer.

Pulvermacher, J., Album, Sammlung neuerer Gedichte. 16. Breslau 841, Friedländer. 2/3 Thlr

[Gedicht.] Zur Feier des fünfzigjährigen Stiftungsfestes der Loge „Zur Siegenden Wahrheit" zu Gleiwitz, am 19. April 1863, bei Ueberreichung eines Hammers. [Von Christian Jul. Leop. **Pulvermacher.**] Gleiwitz [1863]: Neumann. 2 Bl. 8⁰ [Umschlagtit.]
Tt. 2162. „In einer Werkstatt wunderbar, . . ."
439.

Pulvermacher, Gedichte. Breslau 860. Kohn & Hancke. 16. (3 Bl., 129 S.) n. 1 Thlr

Pulvermacher, Gelegenheitsdichter, s. Gelegenheitsdichter.

— der Gelegenheitsdichter. Eine Sammlung Gedichte zu Glückwünschen bei Geburten, Geburtstagen, Verlobungen, ehelichen Verbindungen, silb. u. gold. Hochzeits- u. Amts-Jubelfeiern, andern häusl. Festen, Neujahrstagen 2c. Einladungen zur Taufhandlung, Wahlsprüche in Pathenbriefen, Wiegenlieder, Stammbuchverse, Polterabendscherze 2c. Neue unveränd. Ausg. (von: „Gelegenheitsdichter," der, 1833.) 8. Breslau 835. Friedländer. 3/4 Thlr

—— das schwarze Kreuz am Hause. Novellen-Cyclus. 8. (16¼ B.) Breslau 837, Friedländer.

Pulvermacher.) Die heisse Quelle. (Loge in Hirschberg. 1858.) 8. 2 Bl.

—— Räthselkranz, enth. 100 d. besten Räthsel u. Charaden. 16. (4¼ B.) Quedlinburg 835. Ernst'sche Buchh.

Ein Sängerkampf von [Christian Jul. Leop.] **Pulvermacher** und [Edu.] **Schüller.** Zur Erinnerung an den 3. Aug. 1858. in Erdmannsdorf. Hirschberg [1858]: Krahn. 4 Bl. 8⁰ [Umschlagtit.]
Abgedr. in: FZ. 12 (1858) S. 374—376.
In Versen. Vom Wesen u. Streben d. Frmrs.
358 a.

— Taschenbuch dramatisirter Sprüchwörter. Für das Jahr 1835. Zum Gebrauch für gesellige Kreise. gr. 12. Berlin 834. Natorff u. Comp. ½ Thlr — Für das Jahr 1836. 2r Jahrg. Mit 6 illum. Steindrücken. 16. Breslau, Friedländer. 2/3 Thlr

—— Taschenbuch dramatis. Sprüchwörter f. d. J. 1836. Zum Gebr. f. gesell. Kreise. 2. Jahrg. 16. (10¼ B. u. 6 ill. Stnt.) Breslau, Friedländer.
1. Jahrg. 1835. Berlin, Natorff. (?) 12 Gr.

Pulvermacher, David [aus Strasburg, Westpr.]: Sebastian Münster als Grammatiker ... Berlin, Druck v. H. S. Hermann, 1892; 1 Bl., 32 S. 8.
Erlangen, Phil. Fak., Inaug.-Diss. v. 1892

Pulvermacher, David, Dr. phil., approb. Arzt: 'Ueber die primären Sarcome des Becken-Bindegewebes.' *Berlin (1904): H. S. Hermann.* (29 S.) 8°
Leipzig, Med. Diss. v. (15. Jan. 1904)

Pulvermacher, Georg

Pulvermacher, G., s.: Bechhold's Handlexikon der Naturwissenschaften u. Medizin.

Pulvermacher, Georg [aus Posen]: Ein Beitrag zur Kenntnis des Homo-o-phtalimids .... Berlin, Buchdr. v. Max Bading, 1887; 36 S. + 1 Bl. 8°.
Berlin, Phil. Fak., Inaug.-Diss. v. 9. Jul. 1887.

Pulvermacher, Georg, ein Beitrag zur Kenntniss des Homo-o-phtalimids. Diss. Berlin 1887, Mayer & Müller. 8⁰. 37 S.

Pulvermacher, Geo., s.: **Bericht über den V. internationalen Kongress f. angewandte Chemie.**

Pulvermacher, Isaac. (geb. Gnesen 15. 3. 1830): De emphysemate pulmonum vesiculari. Berolini (1854). (31 S.) 8°
Berlin, Med. Diss. v. 30. Aug. 1854

Pulvermacher, Leopold [app. Arzt in Berlin]: '(Aus d. inneren Abtheilg d. Augusta-Hospitals in Berlin.)' Ueber Neuritis nach Typhus abdominalis nebst Anführg eines durch Komplikationen seitens d. Respirationstractus, d. Circulationsorgane u. d. Nervensystems ausgezeichn. Falles ... Berlin, gedr. bei L. Schumacher, 1895; 26 S., 2 Bl. 8.
Berlin, Med. Fak., Inaug.-Diss. v. 11. Okt. 1895

Pulvermacher, Nathan [Silesius]: De Georgicis a Vergilio retractatis. . . . Berolini, Heinrich & Kemke (1890); 118 S. + 1 Bl. 8°
Berlin, Phil. Fak., Inaug.-Diss. v. 19. Jul. 1890

Pulvermacher, [Nathan]: Übersicht über die Entwicklung des Lessing-Gymnasiums von 1882 bis 1907. S. 3—13. 4.
Progr. Lessing-Gymn. *Berlin* 1903 (69).

Pulvermacher, Nathan: Berliner Vornamen. Eine statistische Untersuchung. 31 S. 4. (Zweiter Teil.) 29 S. 4.
Progr. Lessing-Gymn. *Berlin* 1902 (63). 1903 (66).

Pulvermacher, Nathan, Berliner Vornamen. Eine statist. Untersuchg. Progr. 4. (31 S.) Berlin 902. [R. Gaertner.] Weidmann. n. 1. —

Pulvermacher, Nathan, Berliner Vornamen. Eine statist. Untersuchg. (2. Tl.) Progr. (29 S.) gr. 4. Berlin 903. Weidmann. n. 1. —

Pulvermacher, Theodor, approb. Arzt aus Breslau: Aus d. med. Abteil. d. Allerheil.-Hospitals zu Breslau. Primärarzt Prof. Dr. Buchwald. Ein Fall von Cysticercus im IV. Ventrikel. *Leipzig 1904: B. Georgi.* (18 S.) 8°
Leipzig, Med. Diss. v. (5. März) 1903

Pulvermann, M., Festgeschichten f. die reifere jüdische Jugend. (150 S.) 8. Berlin (909). A. Pulvermacher & Co. 2.—; geb. 3. —

Pulvermann, M., die Gleichheit des Zukunftsstaates. Nach dem Engl. bearb. (20 S.) gr. 8. Berlin 906. Reichsverband gegen die Sozialdemokratie. n. — 25

Pulvermann, Max, Referendar a. Berlin: Der Schutz des Bürgen gegenüber dem Gläubiger nach dem Rechte des B.G.B. Borna-Leipzig 1905: R. Noske. (VIII, 40 S.) 8° [J.]
Heidelberg, Jur. Fak., Ref. Bekker, Diss. v. 1905
[Geb. 29. Juli 77 Ostrowo; Wohnort: Berlin; Staatsangeh.: Preußen; Vorbildung: Augusta-Gymn. Charlottenburg Reife M. 98; Studium: Berlin 1, Heidelberg 1, Berlin 1, Freiburg i. B. 1, Berlin 6 S.; Rig. 6. Aug. 04.]

Pulvermüller, Carl: Ueber Nitroderivate des γ-Diphenols. 1904. 41 S. 8⁰
Stuttgart, Dr.-Ing.-Diss. v. 22. 12. 1903

Pulverprobe des Bürgers Reginer . . . [Leipzig 1802.] V: *Schleicher, Franz Carl.* (stri)

Pulverthurm, der. Oder: Das Gebet als Schutzgeist. Ein Familiengemälde aus dem letzten Drittel des vorigen Jahrh. Der reifern Jugend gewidmet von dem Verf.: „Die Kinder der Wittwe" (Ed. v. Ambach). Mit 1 Stahlst. 8. (177 S.) Regensburg 850, Manz. ½ Thlr

Pulverturm, der, oder das Gebet als Schutzgeist. Ein Familiengemälde aus d. letzten Drittel d. vorigen Jahrh. Der reiferen Jugend gewidmet. Mit 1 Stahlst. 2. Aufl. 8. (175 S.) Regensburg 887. Verlags-Anstalt. 1. 50

Pulververschwörung, die. 32. (81 S.) Leipzig 855, O. Wigand's Separat-Conto.

Pulvervoß, Hinr., wat en pommerschen Jäger vertellen kann! gr. 8. (124 S. m. Abbildgn.) Neudamm (901). J. Neumann. n. 2. —; geb. in Leinw. n. 3. —

Pulwer, Otto, die körperliche Erziehung des weibl. Geschlechts m. besond. Berücksicht. d. Frauenturnens. Ein Weck- u. Mahnruf an alle Turnfreunde, sow. an Deutschlands Frauen u. Jungfrauen. Nebst e. ausführl. Bericht üb. die bisher. Entwickelg. d. Frauenturnens in Berlin u. ein. and. deutschen Städten. 8. (VIII, 60 S.) Berlin 896. R. Gaertner. n. — 80

Pulwer, Otto, Einige Klarstellungen aus dem Gebiete des Schulturnens.

Pulwer, Otto, Lehrplan für den Turnunterricht an Volksschulen und Taubstummenanstalten, m. besond. Berücksichtigung d. Leitfadens f. d. Turnunterricht in d. preuß. Volksschulen (1895), T. 1: Knabenturnen, Berlin 1903, 32 S., 16°.

Pulzner, Hugo Aemil. Car. (geb. Wirschkowitz in Schles. 21. 6. 1842): De graviditate extrauterina. Berolini (1866). (32 S.) 8°
Berlin, Med. Diss. v. 14. März 1866

Pulzner, Jutta: Eine Studienreise nach Frankreich. Stendal 1907: Franzen & Große. (S. 3—13.) 8°
Stendal, st. HM OP 1907 [232]

Pulzner, Rudolph: Über „Neuritis puerperalis". *Erlangen 1898: A. Vollrath.* (54 S.) 8°
Erlangen, Med. Diss. v. 22. Juli 1897

Pum Gustav: Beiträge zur Kenntnis ungesättigter Säuren. S. 97. IIb. 411 . . . . vgr.
Separatabdruck

— Über den Benzoësäureester des Glykosamins. S. 100. IIb. 385 . . . . vgr.
Separatabdruck

— Über die Einwirkung von Jodwasserstoffsäure auf Cinchonin. S. 100. IIb. 543 . vgr.
Separatabdruck

— Einwirkung von Jodwasserstoffsäure auf Cinchotin und Hydrochinin. S. 101. IIb. 55 vgr.
Separatabdruck

— Über die Einwirkung von Natriumäthylat auf Bibrombernsteinsäureester. S. 102. IIb. 508 . . . . vgr.
Separatabdruck

— Einige Umwandlungen des Cinchonins. S. 101. IIb. 555 . . . . vgr.
Separatabdruck

— Über das Verhalten von Hydrojodcinchonin zu Wasser. S. 103. IIb. 491 . . . . vgr.
Separatabdruck

Pummer, Edmund

Pummer's, E., Eisenbahn-Fahrordnung. Giltig vom 1. Juni 1886. qu. gr. 16. (24 S.) Klagenfurt 886. (Raunecker.) n. — 30

Pummer, Edm., Klagenfurt, seine Umgebung u. der Wörthersee. Handbuch f. Fremde. 16. (25 S. m. 1 Abbildg.) Klagenfurt 886. (A. Raunecker.) n.n. — 30

Pummer, Edmund. Klgft., seine Umgebung u. der Wörthersee. Handbuch für Fremde. 3. Aufl. Klgft., v. Kleinmayr, 1887. 64 S.

Pummerer, Anton: Der gegenwärtige Stand der Eckhart-Forschung, 1. Meister Eckharts Lebensgang. S. 3—52. 8.
Progr. Öffentl. Privatgymn. an der Stella Matutina *Feldkirch* 1903.

Pummerer, Rudolf, a. München ⟨geb. zu Wels in Oberösterreich⟩: Über Pyron. München 1905: V. Höfling. (86 S.) 8°
München, Phil. Fak., Ref. v. Baeyer, Diss. v. 28. Nov. 1905
[Geb. 20. Juni 82 Wels; Wohnort: München; Staatsangeh.: Bayern; Vorbildung: Maximilians-Gymn. München Reife Juli 00; Studium: München 11 S.; Rig. 28. Nov. 05.]

Pummerrattata! Homöopathische Mixturen gegen allerlei Grillen-Ungeziefer in geversstem u. ungeversstem Hoch- u. Kauder-Deutsch, v. Abraham a Sancta Fitzli-Putzli. 1. Gabe. 16. (64 S.) Zwickau 851, Pinther. n. 6 ngr.

Pumnul's, A., Grammatik der rumänischen Sprache für Mittelschulen. Neu bearb. v. D. Isopescul. gr. 8. (IV, 199 S.) Czernowitz 882. Pardini. 2. —

Pumpauf und Pumprich. Eine Novelle. Zerbst 1826. V: *Bernhardi, W.* (GGr)

Pumpelly, Laurence, a. Owego ⟨New York⟩: Über o-Benzoylen- und o-Benzylenbenzimidazol. Straßburg i. E. 1907: C. Müh & Cie. (36 S.) 8°
Straßburg, Math.-naturwiss. Fak., Ref. Thiele, Diss. v. 7. Dez. 1907
[Geb. 3. Juli 81 Owego N. Y.; Wohnort: Owego; Staatsangeh.: Vereinigte Staaten; Vorbildung: Akad. Owego, Williams College Williamstown Mass. B. A. 02; Studium: Cornell Univ. Ithaca N. Y. 3, Straßburg 7 S.]

Pumpen, die, in genauen Abbildungen ꝛc., s. a. Musterzeichnungen für Techniker.

Pumpen, Die, in genauen Abbildungen und beschreibendem Texte ... Darmstadt 1869. V: *Möser, L. W.* (Kat. d. Bibl. d. Techn. Hochsch. Berlin 1900.)

Pumpen, Die alten und neuen. [Nürnberg?] 1805. V: *Grübel, Johann Conrad.* (BrMm)

Pumpen- u. Brunnenbau. Bohrtechnik u. Röhren-Industrie. Centralblatt f. alle Pumpenfabriken, Röhrenwerke u. Tiefbohr-Unternehmgn. Hrsg. unter Mitwirkg. berühmter Fachmänner. Red.: M. Laubsch. Jahrg. 1905. April—Dezbr. (39 Nrn.) u. 1906. 52 Nrn. (468 u. 624 S. m. 54 u. 68 Abb.) 4. Berlin, Laubsch & Everth. à Jhrg. n. 4. —
Vergl.: Brunnenbauer, der.

Pumpen- u. Brunnenbau. Bohrtechnik & Röhren-Industrie. Centralblatt f. alle Pumpenfabriken, Röhrenwerke u. Tiefbohr-Unternehmgn. Offizielles Organ d. Centralverband selbständ. deutscher Brunnenbauer, Bohrunternehmer u. Pumpenbauer. Red.: M. Laubsch. 3.—6. Jahrg. 1907—1910. à 52 Nrn. (622, 640, 640 u. 740 S. m. Abb.) 33,5×24 cm. Berlin, Laubsch & Everth. à Jahrg. 4. —

PUMPERLUMPUMP, Matthias (ps.), Pumperlumpump, Kaisemakers Großvater und Consorten. Eine komische Geschichte für den Abend des achtzehnten Jahrhunderts. Erzählt von meinem Vetter — — (s. ob.), Hofschauspieler im Schlosse Burr, und hrsg. vom Verfasser der Abentheuer des Herrn von Lümmel *(Ernst Bornschein).* Leipzig, E. Bornschein, 1799. 8°. (5/6 Rthl.)
Anzeige d. Verlegers. Wirklich erschienen? — Fehlt in Weller's Lex. Ps.

Pumpernickel. (3. Jahrgang) Herausgeber Theodor Scheibe. Gedruckt und in Verlag bei Edl. von Schmidbauer und Holzwarth. 4. 2spaltig. In zwangloser Folge. 12 Lieferungen 36 kr. und 1 fl.
Wien 1854.

Pumpernickel. Blätter für Ernst und Scherz, Witz und Satyre. 4. Jahrg. Neue Folge. I. Band. Herausgeber: Theodor Scheibe. Druck und Verlag von Jos. Stöckholzer v. Hirschfeld. 4. 2spaltig. In zwangloser Folge (Jährlich 12 Lieferungen.) 1 fl. 12 kr. und 2 fl. jährlich.
Wien 1855.

Pumpernickel, Rochus. Ein musikal. Quodlibet in 3 Aufzügen, von Matth. Stegmayer. 8. Wien, Wallishäuser. 811.

— — 2r Thl. die Familie Pumpernickel. Ein musikalisch. Quodlibet in 3 Aufz. 8. Ebend. 811.

Pumpernickel's Hochzeittag ic.

Pumpernickliana, oder charakteristische Anecdoten aus Rochus Pumpernickels Leben, 8. Wien, Rehm, 811.

Pumphia und Kulikan. Oper, s. Perinet.

Pumphia u. Kulikan. Oper in 2 Akten. 8. Wien, Wallishäußer.

Pumphia und Kulikan. Eine Karrikatur. Oper in 2 Aufz. Wien 1808. V: *Perinet, Joachim.* (GGr)

Pumphia, Prinzessin, und Hanswurst Kulican, s. Curiosa et Jocosa.

Pumpiansky, Leo: Die britische Genossenschaftsbewegung von 1824 bis 1834. München 1910: Birk. 113 S. 8°
München, Staatswirtsch. Diss. v. 21. Juni 1910, Ref. Brentano
[Geb. 17. Febr. 89 Petersburg; Wohnort: Petersburg; Staatsangeh.: Rußland; Vorbildung: St. Annen-Gymn. Petersburg Reife Mai 06; Studium: Jura Petersburg 2, Staatsw. Leipzig 3, München 3 S.; Rig. 21. Juni 10.] [U 10. 3462

Pumplun, Emil: B e i t r a g zur Kenntnis der Syphilome am Halse ... Greifswald, Druck v. Julius Abel, 1889. 36 S. 8°
Greifswald, Med. Fak., Inaug.-Diss. v. 10. Apr. 1889

Punch, the continental. A selection of humorous and delightful anecdotes, elegant bonmots, most witty repartees and facetious bulls. 1. serie. Berlin (858.) Behrend. 32. (94 S.) n. 5 ngr.

[Pünchera, Domenic.] Luftkurort Silvaplana-Campfèr. [Von Pfarrer D. Pünchera. Mit Vignetten, 2 Tafeln und 1 Karte.] 28 S. 8. St. Moritz, Manatschal, Ebner & Cie., (1901).

Pünchera, J., der Geometrie-Unterricht in der I. u. II. Klasse der Kantonsschule u. in Realschulen. gr. 8. (196 S. m. Fig.) Chur 899. Hitz Nachf. n. 1. 60
Sonderabdruck aus: „Jahresber. d. bündner. Lehrervereins".

Punch-reader, the. **Extracts from „Punch", the London Charivari. With notes in german by A. Diezmann. 8. (198 S.) Leipsic 851, Hartung.**

Puncta in judiciis terrestribus et castrensibus observanda anno 1544 conscripta. Abbreviatio processus juridici anno 1641 confecta. Nunc primum edita opera Mich. Bobrzyński. gr. 4. (S. 195—272.) Krakau 882. (Friedlein.) n. 4. —

Puncte, s. P u n k t e .

Punctir-Buch, s. P u n k t i e r - B u c h .

Pund, Friedrich (Nürnberg), De collegio utriculariorum ad illustrand. vet. inscript. Präs. Christian Gottl. Schwarz. [Altdorf] (J. W. Kohle) 9. Febr. 1714. (4.50) 27368
Widm. v.: C. G. Schwarz.

— — Collegii feudal. ad B. Stryckii examen jur. feud. cap. XXIV et XXV. Disput. XVI. et ultim. De speciali juris feudalis tertio actiones et processum feudalem repraesentante in alma Noricorum. Präs. Heinrich Hildebrand. Altdorf (J. W. Kohle) 19. I. 1715. 12 S. (4.—) 27369

— — De regula juris Germanici Kauf geht vor Miethe quam occas. Reformat. Noric. tit. XVII. l. VII. Diss. acad. Präs. Ephraim Gerhard. Altdorf (J. W. Kohle) 12. I. 1718. 34 S. (4.50) 27370

Algebra mit Einschluss der elementaren Zahlentheorie. Von Dr. Otto **Pund**, Oberlehrer. Leipzig: Göschen 1899. VIII, 345 S. 8°.
(Sammlung Schubert. 6.)

Pund, Otto, **Algebra**, s.a. Sammlung Schubert. VI.

Pund, Otto [aus Rostock]: Ueber bedingt periodische Bewegungen eines materiellen Punktes auf Oberflächen zweiter Ordnung m. bes. Berücks. d. Grenzfälle ... Dresden, Druck v. B. G. Teubner, 1893; 49 S. 8.
Rostock, Phil. Fak., Inaug.-Diss. v. [30. Juli] 1892

Pundeff, Michael: Untersuchungen über den Begriff des objektiven Rechts. Sofia 1909: Glouschkoff. IV, 59 S. 8°
Greifswald, Jur. Diss. v. 12. Mai 1909, Ref. Jung
[Geb. 4. Juli 87 Küstendil; Wohnort: Sofia; Staatsangeh.: Bulgarien; Vorbildung: Staatsgymn. Sofia Reife Juni 04; Studium: Berlin 3, Greifswald 5 S.; Rig. 5. Nov. 08.] [U 09. 1468

Pünder, Hermann, Referendar: Die Haftung für die unerlaubten Handlungen des Vorstandes in der Lehre vom nichtrechtsfähigen Verein. Borna-Leipzig 1910: Noske. IX, 39 S. 8°
Jena, Jur. Diss. v. 12. Sept. 1910, Ref. Danz
[Geb. 1. April 88 Trier; Wohnort: Angermünde; Staatsangeh.: Preußen; Vorbildung: Gymn. Münstereifel Reife O. 06; Studium: Freiburg i. B. 1, Berlin 5 S.; Rig. 28. Juni 10.] [U 11. 2398

Pundiji u. Belong. Eine Geschichte aus Indien. br. 8. (58 S.) Berlin 872. Buchh. d. Goßner'schen Mission. — 30

Pundsack, Johann (Bremen), De legato liberationis ab indebito. Diss. jur. Göttingen (G. L. Schultz) 24. XII. 1753. 60 S. (5.—) 27371
Widm. v.: Gustav Bernhard Becmann u. Otto David Heinrich Becmann, zwei Widmungen in deutscher Sprache, Wedige Christoph Carl Becmann (Oppon.), Schramm (dtsch., Heinrich Hermann Meyer (Oppon..

Pundt, ..., de fungo articuli. 8. Götting. 809. Brose. 4 gr

Pundt, Diedrich, in Frankfurt a. M.: Die **Eisenbahnfahrkarte nach den Bestimmungen des geltenden deutschen Rechts.** Ein Beitrag zu d. Lehre von d. Inhaberpapieren. *Wiesbaden 1902: C. Ritter.* (VII, 124 S.) 8°
Marburg, Jur. Diss. v. [14. Mai] 1902

Pundt, Johann Friedrich (Konitz/Preußen), De cardialgia. Diss. med. [Berlin] Brueschcke) 16. XI. 1822. 30 S. mit Biogr. (3.—) 27372
Oppon.: G. T. Hilbert, C. F. Doering, E. Gabler.

Pündter, Franz: ... de lege Rhodia de jactu. Fürstenfeldbruck, Druck v. A. Sighart, 1890; 2 Bl., 31 S. 8°
Erlangen, Jur. Fak., Inaug.-Diss. v. 1890

Punga, F., das Funken v. Kommutatormotoren. Mit besond. Berücksicht. der Einphasen-Kommutatormotoren. (IX, 146 S. m. 69 Abbildgn.) 8. Hannover 905. Dr. M. Jänecke. n. 4. —; geb. n. 4. 60

Punge, Karl Hnr. Aug., theoret.-prakt. Anleit. zur Abfassung letztwilliger Verfügungen, nach Vorschrift des bürgerl. Gesetzbuches. gr. 8. Lemgo 810. Meyer. 20 gr

— Statut für die Notariatskammer in Bielefeld. 8. Cassel 812.

Pungg, Seb., die Sprache der Religion bei den Leiden unserer Zeiten, in fünf Fastenpredigten. 8. Augsb. 809. Doll. 3 gr

Pungs, Ernst: Zur Kenntnis der Carbodiimide. Erlangen 1909: Junge. 37 S. 8°
Erlangen, Phil. Diss. v. 19. Juni 1909, Ref. Fischer
[Geb. 25. Sept. 82 Grevenbroich; Wohnort: Rheydt; Staatsangeh.: Preußen; Vorbildung: Oberrealsch. Rheydt Reife O. 02; Studium: Berlin 1, Erlangen 8, München 1 S.; Rig. 19. Dez. 08.] [U 09. 853

Pungur, Jul., der Herbstzug der Rauchschwalbe in 1898 in Ungarn. Unter Widmg. v. Otto Herman u. Das Wetter zur Zeit des massenhaften Wegzuges der Rauchschwalbe im J. 1898; v. Jak. Hegyfoky. (Deutsch u. ungarisch.) (VIII, 257 S. m. 2 farb. Taf.) Lex.-8. Budapest 904. (F. Kilián's Nachf.) n.n. 10. —
Sonderabdruck aus: „Aquila".

Pünjer, Georg Christian Bernhard

Pünjer, Bernh., die Aufgaben d. heutigen Protestantismus. Akademische Rosenvorlesg. gr. 8. (23 S.) Jena 885. Deistung. n. — 50

Pünjer, G. Ch. Bernh., de Michaelis Serveti doctrina commentatio dogmatico-historica. gr. 8. (IV, 110 S.) Jena 876, [Dufft.] Fischer. * 2 —

Pünjer, G. Ch. Bernh., Geschichte der christlichen Religionsphilosophie seit der Reformation. [In 2 Bdn.] 1. Bd. Bis auf Kant. gr. 8. (IX, 491 S.) Braunschweig 880. Schwetschke & Sohn. n. 10. —

Pünjer, G. Ch. Bernh., Geschichte der christlichen Religionsphilosophie seit der Reformation. [In 2 Bdn.] 2. Bd. Von Kant bis auf die Gegenwart. gr. 8. (VI, 399 S.) Braunschweig 883. Schwetschke & Sohn. n. 10. — (1. u. 2.: n. 20. —)

— Grundriss der Religionsphilosophie. gr. 8. (VIII, 71 S.) Ebend. 886. n. 1. 60

Pünjer, G. Ch. Bernh., die Religionslehre Kant's. Im Zusammenhang seines Systems dargestellt u. krit. beleuchtet. gr. 8. (VIII, 112 S.) Jena 874. Dufft. n. 2. 40

Pünjer, J., ein Gang durch Pariser Schulen. gr. 8. (41 S.) Hannover 900. C. Meyer. n. — 60

Pünjer, J., Grammaire française zu Lehr- u. Lernbuch der französ. Sprache. 2. Tl. (24 S.) 8. Hannover 904. C. Meyer. n. — 30

Pünjer, J., Lehr- u. Lernbuch der französischen Sprache. gr. 8. (VII, 311 S.) Hannover 886. Meyer. n. 2. 40; geb. n. 2. 80

Pünjer, J., Lehr- u. Lernbuch der französischen Sprache. 2., umgearb. Aufl. 2 Tle. gr. 8. Hannover 891. C. Meyer. n. 2. 80; geb. n. 3. 50
1. (XI, 112 S.) n. 1. 20; geb. n. 1. 50. — 2. (VII, 203 S.) n. 1. 60; geb. n. 2. —.

Pünjer, J., Lehr- u. Lernbuch d. französischen Sprache. 1. u. 2. Tl. gr. 8. Hannover, C. Meyer. n. 2. 80; geb. n. 3. 50
1. 4. Aufl. (XII, 122 S.) 896. n. 1. 20; geb. n. 1. 50
2. 3. u. 4. gleichlaut. Aufl. (VII, 216 S.) 897. n. 1. 60; geb. n. 2. —

— Lehr- u. Lernbuch der französischen Sprache. 5. Aufl. 1. Tl. gr. 8. (XI, 162 S.) Ebd. 900. n. 1. 50; geb. n. 1. 80

— Lehr- u. Lernbuch der französischen Sprache. 1. u. 2. Tl. gr. 8. Ebd. Geb. in Leinw. n. 4. 80
I. 7. Aufl. (VIII, 170 S.) 905. Geb. n. 2. —
II. 6. Aufl. (VII, 277 S.) 904. Geb. n. 2. 80

Pünjer, J., Lehr- u. Lernbuch der französischen Sprache. (2 Tle.) I. Tl. 9. (Ster.-)Aufl. (VIII, 170 S.) gr. 8. Hannover 910. C. Meyer. Geb. in Leinw. 2. —

Pünjer, J. u. H. Heine

— — Lehr- u. Lernbuch der französischen Sprache für Handelsschulen. (Unter Mitwirkg. v. Hyppolyte Treillard.) gr. 8. (VIII, 254 S.) Ebd. 901. n. 2. 25; geb. n.n. 2. 75

— u. F. F. Hodgkinson, Lehr- u. Lesebuch der englischen Sprache. gr. 8. (VIII, 272 S.) Ebd. 889. n. 2. 20; geb. n. 2. 60

— u. F. F. Hodgkinson, Lehr- u. Lesebuch der englischen Sprache. 2. Aufl. gr. 8. (XII, 275 S.) Ebd. 891. n. 2. 20; geb. n. 2. 60

Lehr- und Lesebuch der Englischen Sprache. Von J. **Pünjer**, Rektor in Altona, u. F. F. Hodgkinson, Brit. Vice-Consul in Bremerhaven. Ausg. B. T. 1. 2 [nebst] Schlüssel. *Hannover, Berlin: C. Meyer 1899[–1900].* 3 Bde 8° [F.]
1. 2. 1899. Schlüssel. 1900. [01. 387

— u. F. F. Hodgkinson, Lehr- u. Lesebuch der englisch. Sprache. Ausg. B. In 2 Tln. gr. 8. Ebd. n. 2. 80; geb. n.n. 3. 60
1. 2. verb. u. verm. Aufl. Besorgt v. J. Pünjer. (VIII, 124 S.) 902. n. 1. 20; geb. n. 1. 60
2. (VII, 221 S.) 899. n. 1. 60; geb. n.n. 2. —

— — dasselbe. Ausg. B. Schlüssel. gr. 8. (26 S.) Ebd. (900). n.n. 1. —

— u. F. F. Hodgkinson, Lehr- u. Lesebuch der englischen Sprache. Ausg. B in 2 Tln. I. Tl. 3. verb. u. verm. Aufl. Besorgt v. J. Pünjer. (VIII, 149 S.) gr. 8. Ebd. 905. Geb. in Leinw. n.n. 2. —

— u. F. J. Hodgkinson, Lehr- u. Lesebuch der englischen Sprache. Ausg. B in 2 Tln. I. Tl. 5., (Ster.-)Aufl. Besorgt v. J. Pünjer. (VIII, 149 S.) 8. Ebd. 910. Geb. in Leinw. 1. 80

Lehr- und Lesebuch der Englischen Sprache für Handelsschulen. Von J. **Pünjer**, Rektor in Altona, u. H. Heine, Oberl. in Dresden. *Hannover, Berlin: C. Meyer 1900.* (x, 303 S.) 8° [F.] [01. 388

— — Lehr- u. Lesebuch der englischen Sprache f. Handelsschulen. Große Ausg. (Ausg. A.) Mit e. Anh. 3. verb. u. verm. Aufl. (VIII, 335 S. m. 13 Formularen.) gr. 8. Ebd. 906. Geb. n. 3. 60

— — Lehr- u. Lesebuch der englischen Sprache f. Handelsschulen. Große Ausg. (Ausg. A.) Mit e. Anh. 5. (Ster.-)Aufl. (VIII, 335 S. m. 13 Formularen.) 8. Ebd. 909. Geb. 3. 60

— — dasselbe, der französischen Sprache f. Handelsschulen. (Unter Mitwirkg. v. Hippolyte Treillard. Große Ausg. (Ausg. A.) Mit e. Anh. 2. bedeutend verm. u. verb. Aufl. (XI, 340 S. m. 10 Formularen.) gr. 8. Ebd. 904. Geb. in Leinw. n. 3. 60

Pünjer, J. u. H. Heine, Lehrbuch der englischen Sprache f. Handelsschulen. Kleine Ausg. (Ausg. B.) gr. 8. (VII, 119 S. m. 8 Taf.) Hannover 903. C. Meyer. n. 1. 20; geb. n.n. 1. 70

— u. H. Heine, Lehrbuch der englischen Sprache f. Handelsschulen. Kleine Ausg. (Ausg. B.) 2., verm. u. verb. Aufl. (VII, 126 S. m. 14 Beilagen.) gr. 8. Ebd. 905. Geb. in Leinw. n. 2. —; Uebungssätze dazu. (16 S.) 906. n. — 20

— — Deutsche Übungssätze f. das erste Kapitel des Lehrbuches der englischen Sprache f. Handelsschulen. Ausg. A u. B. 4. (Ster.-)Aufl. (16 S.) 8. Ebd. 909. — 20

— u. H. Heine, Lehrbuch der englischen Sprache f. Handelsschulen. Kleine Ausg. (Ausg. B.) 4., verm. u. verb. Aufl. (VII, 156 S. m. 15 Beilagen.) 8. Ebd. 910. Geb. in Leinw. 2. 40

— — dasselbe, der französischen Sprache f. Handelsschulen. Kleine Ausg. (Ausg. B.) Mit e. Anh. (VIII, 140 S. m. 10 Beilagen.) gr. 8. Ebd. 904. n. 1. 40; geb. n.n. 1. 85; Uebungssätze dazu. (16 S.) 904. n. — 20

— — Lehrbuch der französischen Sprache f. Handelsschulen. Kleine Ausg. (Ausg. B.) Mit e. Anh. 2., verb. Aufl. (VIII, 143 S. m. 10 Beilagen.) 8. Ebd. 908. 1.40; geb. in Leinw. 2. —

— — Übungssätze zum Lehrbuch der französischen Sprache f. Handelsschulen. Ausg. A u. B. 2. Aufl. (15 S.) 8. Ebd. 910. — 20

— u. W. Kahle, Lehrbuch der französischen Sprache f. Lehrerbildungsanstalten. 2 Tle. gr. 8. Ebd. 905. Geb. n. 6. 05

1. Für Präparandenanstalten. (VIII, 258 S.) n. 2. 80
2. Für Seminare. (VII, 302 S. m. 1 Fig., 1 eingedr. Kartenskizze u. 1 eingedr. Plan.) n. 3. 25

Pünjer, J., der erste Unterricht in d. französischen Sprache. Für höhere Mädchenschulen, Mittelschulen, verwandte Anstalten u. ähnliche Stufen bearb. gr. 8. (IV, 80 S.) Hannover 887. C. Meyer. n. — 60

Püning, E.

Püning: Eine deutsche Abhandlung über das altsächsische Gedicht „Der Heliand". 29 S. – Progr. Recklinghausen 1851.

Püning, E. Die Handschriften des Heliand. S. 17 – 32. *Recklinghausen* 1883. Progr.

Püning — Über das Lateinische in der deutschen Sprache, zunächst in etymologischer Hinsicht. 22 S.
Recklinghausen, Progr. 1844

Püning, E., Über die Stellung der Wissenschaften u. ihrer Träger zum Leben im Altertum; über das Studium der alten Sprachen. Recklinghausen 1864, 4°, 12 S., Progr. des Gymn.
Zwei kurze Festreden auf des Königs Geburtstag.

Püning: De Widukindo historico. 22 S.–Recklinghausen, Progr. 1859

Püning, Hermann

Püning, H., Grundzüge der Physik. Mit e. Anh.: Chemie u. Mineralogie. Zum Gebrauche f. die mittleren Klassen höherer Lehranstalten bearb. gr. 8. (IV, 208 S. m. Abbildgn.) Münster i/W. 893. Aschendorff. Geb. in Leinw. n.n. 2. —

Püning, H., Grundzüge d. Physik. M. e. Anh.: Chemie u. Mineralogie. Zum Gebrauche f. d. mittl. Klassen höh. Lehranst. bearb. 2. Aufl. gr. 8. (IV, 207 S. m. 243 Fig.) Münster 895. Aschendorff. Geb. in Leinw. n.n. 2. —

Püning, H., Grundzüge der Physik. Zum Gebrauche f. die mittleren Klassen höherer Lehranstalten bearb. 10. Aufl. Ausg. f. Realschulen. (VIII, 190 S. m. 231 Fig.) 8. Münster 905. Aschendorff. Geb. nn 2. —

Püning, H., Grundzüge der Physik. Zum Gebrauche f. die mittleren Klassen höherer Lehranstalten bearb. Mit e. Anh.: Chemie u. Mineralogie. 11. Aufl. (VII, 208 S. m. 242 Fig.) 8. Münster 906. Aschendorff. Geb. nn 2. —

[F.] Lehrbuch der Physik für die oberen Klassen höherer Lehranstalten. Im Anschl. an desselben Vfs Grundzüge d. Physik bearb. v. Prof. Dr. H[erm.] Püning. *Münster i. W.: Aschendorff 1897.* (VI, 270 S.) 1 Bd 8.
[97. 3..4

— Lehrbuch der Physik f. die oberen Klassen höherer Lehranstalten. Im Anschlusse an desselben Verf. Grundzüge der Physik bearb. 5. Aufl. Mit 344 Fig. u. 1 (farb.) Spektraltaf. (VIII, 355 S.) 8. Ebd. 906. Geb. nn 3. 60

— Physik f. höhere Mädchenschule u. Lyzeum, nach den Ausführungsbestimmgn. zum Erlasse vom 18. VIII. 1908 üb. die Neuordng. des höh. Mädchenschulwesens bearb. v. Otto Lemcke. Mit 1 (farb.) Spektraltaf. u. zahlreichen Abb. im Text. (VII, 255 S.) 8. Ebd. 909. Geb. 2. 70

Püning, Herm. Einige Punkte aus der neueren Meteorologie. 17 S. Progr. G. *Münster* 1877.

PUNITZER, Felix (Breslau): Casuistischer Beitrag zur Lehre vom Carcinom des Darmes.- Breslau: Jungfer 1893. 24 S.
16.3.1893 - Chr 1892/93,17; Jv 1892/93,210
Diss. Ingolst.-Landsh.-Mchn.

Punkes, Dr. Jos. (k. Lycealprof.), *Freisings höhere Lehranstalten zur Heranbildung von Geistlichen* in der nachtridentinischen Zeit. Zur Erinnerung an d. 50jähr. Bestehen des kgl. Lyceums zu Freising übersichtl. dargest. (Progr.) Freising, Buchdr. von F. P. Datterer, 1885. 8°. Ppb.
2 Bll., 94 S., 1 Bl. Inh.

Punkes, Jos., die Studien-Genossen des k. Lyceums in Freising von 1834—1884. Mit Angabe ihres späteren Lebensberufes alphabetisch zusammengestellt. 4. (V, 53 S.) München 887, Stahl sen. * 1 —

PUNKES, Joseph (Eck b.Isen): Papst Vigilius und der Dreikapitelstreit.- München: Bauer 1864. 2 Bl.,146 S.,1 Bl.
25.7.1863 - Urk (Titel: De Vigilio papa ejusque in trium capitulorum controversia agendi ratione.); F 44
Diss. Ingolst.-Landsh.-Mchn.

Punkes, Jos., Papst Vigilius u. der Dreikapitelstreit. Eine kirchengeschichtl. Abhandlung. München 865. (Manz.) gr. 8. (XI, 147 S.) n. 16 *ngr.*

Ein [illegible] Punkt beim vertragsbrüchigen Streik. Von einem alten Bergbeamten. Berlin. 1905 7 S.

Punkt, Ein dunkler, im Leben des geheimen Kommerzienraths von Bleichröder zu Berlin. Zürich 1886. V: *Laser, W.* (Cat. d. Stadtbibl. Zürich. Zürich 1864—97.)

Punkt, ein dunkler, im Leben des geheimen Commerzienrathes v. Bleichröder zu Berlin. Zugleich ein Gegensatz zur Anklage gegen Prof. Graef. 8. (48 S.) Zürich 886, Verlags-Magazin. 1 —

Punkt, e. streitiger. — Aus der Chronik e. Kirchensprengels. (In russ. Sprache.) (29 S.) 8. Berlin (903). H. Steinitz. n. 1. —

Puncten und Articul So... dem Herrn Abbt zu St. Gallen, wegen der Einführung Deß Lands-Friedens, In Conformität deß siben und sibentzigsten Articuli zugestellt worden. Auff dem Friedens-Congress in Baden im Junio 1718. 4. *o. O.* 1718.

Einige Punkte, auf welche die Aufmerksamkeit eines die Aufnahme Suchenden vor seiner Anmeldung zu lenken ist. [Bützow o. J.: Werner.] 1 Bl. 2° [Kopftit.] 4.

Punkte, 30. Abriß der wichtigsten Veränderungen im Civil-Prozeß-Verfahren durch die Verordnung vom 21. Juli 1846. gr. 8. Görlitz 846, Heinze u. Comp. n. 6 *ngl*

Punkte, dunkle, in unserm Wirthschaftsleben. 3. Aufl. gr. 8. (71 S.) Wien 892. M. Breitenstein. n. 1. --

Punkte, die 25, aus dem Katechismus, die jedes katholische Schulkind auswendig wissen soll. 16. (16 S.) München 889. Lentner. f. 20 Explre. n.n. 1. —; in steifem Umschlag n.n. — 10; f. 20 Explre. n.n. 1. 50

Punkte, der interessantesten, von Salzburg, Tyrol u. Salzkammergut. I. Jahrg. 12 u. II. Jahrg. 1r—5r Hft. (à 4 lith. Taf.) gr. 4. Salzburg 838. Oberer. à Hft. 3/8 ß — Feine Ausg. à 1/2 ß — auf chines. Pap. à 7/12 ß — auf grauem Grund color. à 1 7/12 ß

Kurzgefaßte **Puncte** die Aufnahme ins Collegium Carolinum betr. [1745.] — 2. Ausg. [u. d. T.:] Kurzgefaßte . . . Aufnahme in das . . . [1746.] Braunschweig.

Neun **Punkte** zur Selbstprüfung. [Hrsg. von d. Loge „Herkules an der Elbe" in Riesa.] Riesa o. J.: Lauger & Winter. 4 Bl. 8°. [Kopftit.]
Machen den Suchenden mit dem Zweck des Frmrbundes bekannt und mit dem, was der Bund von ihm, und was er vom Bunde zu erwarten hat. 1.

Neun **Punkte** zur Selbstprüfung. [Hrsg. von der Loge „Zum Goldenen Apfel" in Dresden.] o. O. [ca 1860]. 4 Bl. 8° [Kopftit.]

[Dasselbe.] [Dresden] o. J.: [Gärtner]. 4 Bl. 8°

[Dasselbe.] [Dresden] o. J.: [Pässler]. 4 Bl. 8°

[Dasselbe.] [Dresden 1878.] 5 Bl. 8°
Tt. 1781. 1782. Zur Informierung für Aufnahme-Suchende. ca 1860 u. 1878 in 489. Ausg. Pässler u. Gärtner in 110.

Neun **Punkte** zur Selbstprüfung. (1878). 5 Bl. 8°
[Von der Loge in Zittau für Aufnahme-Suchende].

Puncte in Politico-Ecclesiasticis, welche d. Prälatenstand im Königr. Böhmen bei d. zu Prag im J. 1790 gehalt. Landtage in Vorschlag gebracht hat; mit Anmerkk. gr. 8. Helmst. 791. Fleckeisen. 2 g

Punkte, schwarze, u. Sonnenblicke am Lebenshimmel der Völker. Ueberlieferungen aus der Geschichte u. dem Leben in Aktenstücken, Berichten u. Schilderungen. Leipzig 870. M. Schäfer. gr. 8. (III, 200 S.) n. 20 ngr.

— über einige, von Deutschlands künftiger Staats- u. Landes-Verfassung. gr. 8. Weim. 817. Ind.-Compt. 18 g

Puncte, über welche bei der Musterung eines Invalidenhauses zu relationiren ist. A. Ob.-Commando-Erlass Sect. III., Abth. 4, Nr. 312, vom 22. Januar 1854. Fol. Wien 1854.

Vorläufige **Puncte** einer Association Hamburgischer Einwohner, zur gemeinsamen Versicherung ihrer, innerhalb der Ringmauern der Stadt sich befindenden, mobilen Güter, als Fabrik-Waaren, Kaufmanns-Güter, und ihres Mobiliar-Vermögens, auf den Fuß der Hamburgischen Feuer-Casse, in Gemässheit des darüber bekannt gemachten Plans von G. E. Bieber. Hamburg 1795.

Punkte, Einige wichtige, zur Beförderung der Glückseligkeit einer Nation. Von Z**. O. O. [Wien] 1785. V: *Zehnmark, Ludwig Eduard.* (WBL 59/272) (GGR VII/12, Nr. 10/1) (BIBLPORT)

Punkte, wornach Communen, einzelne Unterthanen, auch Dorfgerichte sich bei Abhaltung der Bettler und Landstreicher und deren Einlieferung in das neue Arbeitshaus zu Colditz zu richten haben. Nach Vorschrift des Mandats vom 9. Juni 1803. *Dresden.* 1803

Punkten, von den zufälligen, in der Perspektivkunst, f. Werkmeister. 4. Coburg, Ahl. 783.

Punktierbuch.

— s. Frag- und Antwortspiel.

Punktir-Buch, oder des Zufalls Antwort auf eine Frage. Ein Scherz für Alt u. Jung, zur Erheiterung froher Gesellschaften. 12. Erfurt 842, Hennings u. Hopf. 1/12 ß

— oder des Zufalls Antwort auf eine Frage. Ein Scherz für Alt und Jung, zur Erheiterung froher Gesellschaften. 4. Aufl. 12. (24 S.) Erfurt 854, Hennings und Hopf.

— oder des Zufalls Antwort auf eine Frage. Ein Scherz für Alt u. Jung, zur Erheiterung froher Gesellschaften. 11. Aufl. Leipzig 865. Wolf. 12. (24 S.) 1½ ngr.

Punktierbuch nach den vorgefundenen Papieren der weltberühmten Wahrsagerin Lenormand aus Paris. Auch als Frage- u. Antwortspiel zur gesell. Unterhaltg. f. Jedermann. 16. (22 S.) Berlin 891. Gebr. Radetzki. — 10

Punktierbuch oder Die entschleierte Zukunft. *Berlin: Tessaro-Verl. [1902].* (38 S.) 8° [F.]
= Volksbücher. 23. [o3. 13110

Punktierbuch oder die entschleierte Zukunft. 12. (38 S.) Berlin (902). [Tessaro-Verlag.] R. Krüger. — 20

— das egyptische, od.: D. enthüllte Zukunft. Nebst Anh.: D. Kunst d. Wahrsagens aus d. Kaffeesatze. Von Sybille. 8. (56 S.) Berlin 896. A. Weichert. — 25

Punktier-Buch, ausführliches. In neuer u. gründl. Weise ausgearb. u. vervollst. nach den Aufzeichngn. des weisen Arabers Harun al Raschid u. d. weltberühmten Wahrsagerin Lenormand. Mit e. Anh. 8. (96 S.) Reutlingen 898. Enßlin & Laiblin. — 50

Punktir-Buch, das beliebte alte, aus dem Nachlasse des weisen Arabers O. A. Emir Tsasmir. Zur Unterhaltung und Erheiterung neu herausgegeben. Suhl (854.) (Cölleda,) Gebhardi. 12. (24 S.) 1½ ngr.

Punktir-Buch, das beliebte alte, aus dem Nachlasse des weisen Arabers O. A. Emir Tsasmir. Zur Unterhaltung u. Erheiterung herausg. 12. Aufl. Erfurt 863. C. Gebhardi. 16. (24 S.) 3 ngr.

Punktirbuch, beliebtes, vom alten Omar Tsasmir, mit einem belustig. Frag- und Antwortspiel und einer Blumensprache. Zur angenehmen Unterhaltung in gesell. Kreisen. 13. verb. Aufl. 1872. 12 Pf., und 14. verb. Aufl. 16. (32 S.) Quedlinburg 875, Ernst'sche Buchh. — 15

Punktir-Buch, beliebtes, vom alten Omar Thasmir, mit einem belust. Frag- und Antwortspiel und einer Blumensprache. Zur angenehmen Unterhaltung in gesell. Kreisen. 15. und 16. verb. Aufl. 16. (32 S.) Quedlinburg 876,78, Ernst'sche Buchh. — 10

Punktir-Buch, beliebtes, vom alten Omar Tsasmir, mit einem belustigenden Frag- u. Antwortspiel u. einer Blumensprache. Zur angenehmen Unterhaltung in geselligen Kreisen. 17., verb. Aufl. 16. (32 S.) Quedlinburg 881. Ernst. — 10

— beliebtes, vom alten Omar Tsasmir, m. e. belust. Frag- u. Antwortspiel u. 35 Scherz- u. Räthselfragen. Zur angenehmen Unterhaltg. in gesell. Kreisen. 18. Aufl. 16. (32 S.) Quedlinburg 883. Ernst. — 10

Punktir-Buch, beliebtes, m. e. belustigenden Frag- u. Antwortspiel u. 35 Scherz- u. Räthselfragen. Zur angenehmen Unterhaltg. in gesell. Kreisen. 19., verb. Aufl. 16. (32 S.) Halberstadt 892. Ernst. — 10

— beliebtes, m. e. belustigenden Frage- u. Antwortspiel u. 35 Scherz- u. Rätselfragen. Zur angenehmen Unterhaltg. in gesell. Kreisen. 20. u. 21. verb. Aufl. gr. 16. (à 32 S.) Leipzig 899. Ernst. — 10

Punktier-Buch, beliebtes, m. e. belustigenden Frage- u. Antwortspiel u. 35 Scherz- u. Rätselfragen. Zur angenehmen Unterhaltg. in gesell. Kreisen. 22. verb. Aufl. (32 S.) 16. Leipzig (906). Ernst. — 10

— das große, od. Enthüllung der Zukunft. 930 wahrsag. Schicksalsantworten üb. Person u. Familie, Verwandte, Nachbarn, Freunde u. Feinde, Traumbedeutg., Geschäfte u. bevorsteh. Ereignisse, fernere Zukunft u. Ueberraschgn., v. e. 77jähr. Zigeunerin aus Egypten. 8. (96 S.) Berlin (899). A. Weichert. — 50

Punktirbuch, das große, arabische. Deutliche Anweisg., wie man s. Schicksal, s. Zukunft, sow. auch and. wissenswerthe Dinge entziffern u. voraussehen kann. Enth. 50 Fragen u. 800 Antworten od. Orakelsprüche. 12. (63 S.) Wien 898. (Leipzig, Literar. Anstalt, A. Schulze.) n. — 40

Punktir-Buch, großes, d. weisen Arabers Osman Ben Ali od. Blicke in die Zukunft. 12. (26 S.) Landsberg a/W. 884. Volger & Klein. — 25

— großes, des weisen Arabers Osman Ben Ali od. Blicke in die Zukunft. (2. Aufl.) 12. (26 S.) Landsberg a/W. 893. Volger & Klein. — 25

— d. weisen Arabers Osman Ben Ali od. Blicke in d. Zukunft. 8. Aufl. 8. (26 S.) Landsberg 898. Volger & Klein. — 25

Punktierbuch, großes, enth. 1152 Orakelsprüche. Nebst Anleitg. zum Kartenlegen. 12. (96 S.) Köln 890. Püttmann. n. — 50

— großes vollständiges, nebst Wahrsagekunst, Frage- u. Antworten-Spiel, Zeichensprache ꝛc. 12. (96 S.) Styrum 888. Spaarmann. n. — 50

— großes vollständiges, nebst Wahrsagekunst, Frage- u. Antworten-Spiel, Zeichen-Sprache ꝛc. 3. Aufl. 12. (96 S.) Styrum 892. A. Spaarmann. n. — 50

— das größte und vollständigste, von dem berühmten arabischen Weisen Omar ben Hafid. Nach vorgefundenen alten Papieren neu bearb. 16. (44 S.) Wollin 879, Lipski. — 25

— neues. Ferner: Chiromantie u. Physiognomik zur Unterhaltung allein u. in geselligen Kreisen ꝛc. 32. Leipzig 845, Hentze. 1/6 ₰

— neues, oder: Ein Blick in die Zukunft. Zur angenehmen Unterhaltung aufs Neue herausg. 13—21. Aufl. Tangermünde (853—58.) Doeger. 16. (22 S.) n. 1 ngr.

— neues, oder ein Blick in die Zukunft. Zur angenehmen Unterhaltung aufs Neue herausg. 22—24. Aufl. Osterburg 860—62. Doeger. 16. (22 S.) n. 1 ngr.

Punktir-Buch, neues, oder: Ein Blick in die Zukunft. Zur angenehmen Unterhaltung auf's Neue herSg. 25—30. Aufl. Osterburg 865—68. Doeger'sche Hofbuchh. 16. (22 S.) n. 1 ngr.

— neues untrügliches. 768 unfehlbare Orakelsprüche auf alle die Zukunft betr. Fragen. Nebst einer Anleitung, betr. das Bleigießen in der Sylvesternacht. Nach den Papieren der berühmten Wahrsagerin Mlle. Lenormand. 1.—5. Aufl. 8. (64S.) Oberhausen 882—84, Spaarmann.

— neues untrügliches. 768 unfehlbare Orakelsprüche auf alle die Zukunft betr. Fragen. Nebst e. Anleitg., betr. das Bleigießen in der Sylvesternacht. Nach den Papieren der berühmten Wahrsagerin Mlle. Lenormand. 5. Aufl. 12. (64 S.) Oberhausen 885. Spaarmann. — 25

— neues untrügliches. 768 unfehlbare Orakelsprüche auf alle die Zukunft betr. Fragen. Nebst e. Anleitg., betr. das Bleigießen in der Sylvesternacht. Nach den Papieren der berühmten Wahrsagerin Mlle. Lenormand. 10. Aufl. 12. (64 S.) Styrum 892. A. Spaarmann. — 25

— neues u. vollständiges, zur Unterhaltung in geselligen Kreisen. Mit e. Anh. üb. Physiognomie, Bestimmg. d. Schicksals nach den Geburtsmonaten u. über das Kartenlegen. Neue Ster.-Ausg. 16. (68 S.) Reutlingen 890. Enßlin & Laiblin. n. — 20

— neuestes, s. Miniatur-Bibliothek des Nützlichen und Angenehmen.

Punctir-Buch, neuestes, s. Orakel.

— neuestes, od. die Kunst die Zukunft untrüglich vorher zu erfahren. Aus dem Arabischen von A. C. 16. Neu-Ruppin 846, Oehmigke u. Riemschneider. 1 ngl pr. Dutzend 1/4 ₰

Punktir-Buch, neuestes, oder ein Blick in die Zukunft zur angenehmen Unterhaltung f. alle Stände. 16. (16 S.) Neustadt in Holstein 852. (Altona, Lehmkuhl & Co.) 1 ngl

— neuestes. Für Liebhaber der Geomantie zusammengestellt. 24. (23 S.) Insterburg 855, Reinert.

— neuestes, oder die Kunst, eine an das Schicksal gestellte Frage zu beantworten. Zur Unterhaltung und Erheiterung für Herren und Damen. 24. (24 S.) Schwiebus 854, Wagner'sche Buchh.

— neuestes, oder die Kunst, eine an das Schicksal gestellte Frage zu beantworten. Zur Unterhaltung und Erheiterung für Herren und Damen. 2. Aufl. 24. (24 S.) Schwiebus 857, Wagner'sche Buchh.

— neuestes, oder die Kunst, eine an das Schicksal gestellte Frage zu beantworten. Zur Unterhaltung und Erheiterung für Herren und Damen. 2. Aufl. Schwiebus (858.) Wagner. 24. (24 S.) n. 1 ngr.

— neuestes, oder die Kunst, eine an das Schicksal gerichtete Frage zu beantworten. Zur Unterhaltung u. Erheiterung für Herren u. Damen. 3—6. Aufl. Schwiebus 859—62. Wagner in Comm. 32. (24 S.) 1 ngr.

— neuestes, oder die Kunst, eine an das Schicksal gerichtete Frage zu beantworten. Zur Unterhaltung u. Erheiterung für Herren u. Damen. 6. Aufl. Schwiebus 866. (Wagner.) 32. (24 S.) 1 ngr.

— neuestes, oder Kunst, in die Zukunft zu schauen. Ein Frag- und Antwort-Spiel zur Unterhaltung u. Erheiterung. 1—3. Aufl. Nordhausen 863, 64. Büchting. 16. (24 S.) 1¼ ngr.

— neuestes, oder: Kunst in die Zukunft zu schauen. Ein Frag- u. Antwort-Spiel zur Unterhaltung u. Erheiterung. 4—14. Aufl. Nordhausen 865—70. Büchting. 16. (24 S.) 1¼ ngr.

— neuestes, oder: Kunst in die Zukunft zu schauen. Ein Frag- und Antwort-Spiel zur Unterhaltung und Erheiterung. 14.—19. Aufl. 16. (24 S.) Nordhausen 870—72, Büchting. [Leipzig, Dr. Schwabe.] — 15

— neuestes, oder die Kunst, die Zukunft vorher zu erfahren. Aus dem Arabischen von A. F. 1.—3. Aufl. 32. (22 S.) Schwiebus 869—73, Wagner. — 10

— neuestes, od. e. Blick in die Zukunft zur angenehmen Unterhaltg. f. alle Stände. (4. Aufl.) 16. (16 S.) Neustadt i/Holst. 874. Ehlers. — 10

— neuestes, oder die Kunst, die Zukunft vorher zu erfahren. Aus dem Arab. von Ben Ali. 16. (24 S.) Celle 879, (Schulze'sche Buchh.) — 10

— neuestes, von Faust. Nebst einem Anh.: Zukunftsbestimmungen aus den Himmels-Zeichen. 1—3. Aufl. 16. (32 S.) Waldenburg i/Schl. 882. Georgi. — 10

— neuestes, nebst e. Blumen- u. Karten-Orakel. 32. (44 S.) Leipzig 873. Matthes. n. — 50

— neuestes, zur Enthüllung der Zukunft, nebst Planeten [Monatszettel] und Anweisung zur Kunst, aus den Karten wahrzusagen. Zur Unterhaltung für heitere und ernste Stunden. Neue Aufl. 24. (40 S.) Schloßchemnitz 879, Kästner und Müller. — 15

— neuestes großes arabisches. Nach den untrüglichsten oriental. Quellen des Aladin ben Abdul Wahhüb ins Deutsche übertr. 8. (112 S.) Reutlingen 899. R. Bardtenschlager. Kart. 1. —

Punktirbuch, neuestes u. vollständiges, s. Buch der Freude.

Punktir-Buch, neuestes u. vollständ., s. Buch, das, der Orakel.

Punktir-Buch, neu verbessertes, zur Ermunterung und Belustigung in fröhlichen u. langweiligen Gesellschaften. Stralsund 859. Schmidt. 16. (24 S.) n. 1 ngr.

— neuvermehrtes, zur Enthüllung der Zukunft. Eine angenehme Unterhaltg. in ernsten u. heiteren Stunden. 32. (24 S.) Reutlingen 875. Enßlin & Laiblin. — 10

Punktier-Buch zur Unterhaltung und Erheiterung für jung und alt. 42. Aufl. Schwiebus: H. Reiche [1907]. (24 S.) 8° [F.] [07. 7473]

— das vollständige. Nach d. hinterlass. Papieren des Ali ben Chadsar bearb. von P. v. A. Nebst Anh.: „D. Kunst des Kartenlegens", sow. „Monatsplaneten". 16. (79 S.) Berlin 896. A. Weichert. — 30

— das vollständige, m. Anweisung zum Kartenlegen, nebst Monatsplaneten v. dem berühmten Weisen Omar ben Hasched. Nach vorgefundenen alten Papieren neu bearb. 8. (48 S.) Hainichen 893. G. E. Hoffmann. — 25

Punktier-Buch, das vollständige, m. Anweisung zum Kartenlegen nebst Monatsplaneten v. dem berühmten arab. Weisen Omar ben Hasched. Nach vorgefund. alten Papieren neu bearb. (48 S.) kl. 8. Neuweißensee (905.) E. Bartels. — 50

— vollständiges, nach den vorgefundenen Papieren der weltberühmten Wahrsagerin Lenormand aus Paris und des weisen Arabers Harun al Raschid. Auch als Frage- und Antwortspiel zur gesell. Unterhaltung für Jedermann. 16. (44 S.) Berlin 872, Weiß. [Beuckert und Radetzki.] — 25

— vollständiges, nach den vorgefundenen Papieren der weltberühmten Wahrsagerin Lenormand aus Paris u. d. weisen Arabers Harun al Raschid. Auch als Frage- u. Antwortspiel zur gesell. Unterhaltg. f. Jedermann. gr. 16. (44 S.) Berlin 875. Beuckert & Radetzki. — 25

— vollständiges, nach den vorgefundenen Papieren der weltberühmten Wahrsagerin Lenormand aus Paris u. d. weisen Arabers Harun al Raschid. Auch als Frage- u. Antwortspiel zur gesell. Unterhaltg. f. Jedermann. 12. (44 S.) Ebd. 891. — 25

— vollständiges, aus dem Nachlasse d. arabischen Weisen Berna ben Nabib. Unterhaltendes u. wahrsag. Spiel f. Leute jeden Alters. 16. (23 S.) Berne 892. B. Bessin. n. — 10

— vollständiges, nebst Planeten [Monatszettel] u. Anweisung zur Kunst, aus den Karten zu wahrsagen. Zur lustigen u. angenehmen Unterhaltung für Jedermann. 16. (48 S.) Chemnitz 880. Hager. — 25

Punktirbüchlein des weisen Omar Arey Emir Tschasmir. Neu ausgearbeitet von Mehemed Ali. Aus dem Arab. (Mit Titelvign.) 16. Annaberg 841, Rudolph u. Dieterici. ⅙ ₰

Punktirbüchlein des weisen Omar Arey Emir Tschasmir. Neu ausgearb. von Mehemed Ali aus dem Arab. 3. Aufl. 16. (47 S.) Annaberg 853, Rudolph und Dieterici.

— des weisen Omar Arey Emir Tschasmir. Neu ausgearb. v. Mehemed Ali. Aus dem Arab. 4. Aufl. gr. 16 (47 S. m. lith. Titelbl.) Annaberg 875. Rudolph & Dieterici. n. — 50

— oder untrügliche Beantwortung aller an das Schicksal gestellten Fragen. Auf's Neue aufgewärmt mit für die heutige Zeit passenden Veränderungen ꝛc. kl. 16. Grünberg 846, Weiß. n. 1½ ngl

Punktirbüchlein, oder untrügliche Beantwortung aller an das Schicksal gestellten Fragen. 2. Aufl. 32. (24 S.) Grünberg 850, Weiß. 1½ ngl

Punktirbüchlein oder untrügliche Beantwortung aller an das Schicksal gestellten Fragen. 3. Aufl. Grünberg 861. Weiß. 16. (24 S.) 1½ ngr.

— allerneuestes, u. Karten-Prophet, od. Glücks- u. Unglücksspiegel, nebst Planeten [Monatszettel], sowie Anweisg. d. Bleigießens u. die Kunst, aus den Karten wahrzusagen. 16. (34 S.) Leipzig 891. Bautzen, O. Vieweg. — 25

Punktierbüchlein, nebst Blumen- u. Karten-Orakel zur Enthüllung der Zukunft. Zur Unterhaltg. f. heitere Stunden. 12. (III, 76 S.) Mülheim a/d. R. 891. J. Bagel. n. — 50

— dasselbe. 12. (48 S.) Ebd. 894. n. — 25

Punktierbüchlein, nebst Blumen- u. Karten-Orakel zur Enthüllg. d. Zukunft. Zur Unterhaltg. f. heit. Stunden. 12. (48 S.) Mülheim a/R. 896. J. Bagel. — 25

Punktierbüchlein nebst Blumen- und Karten-Orakel zur Enthüllung der Zukunft. Zur Unterhalt. f. heitere Stunden. *Mülheim a. d. R.: J. Bagel [1899].* (48 S.) 8° [F.] [00. 458: 5]

Punktierbüchlein, nebst Blumen- u. Karten-Orakel zur Enthüllung der Zukunft. Zur Unterhaltg. f. heitere Stunden. 12. (79 S.) Mülheim a/R. 899. J. Bagel. n. — 40

Punktirbüchlein, kleines. 256 unfehlbare Orakelsprüche auf viele die Zukunft betreff. Fragen. Nebst Monatszettel [Planeten]. Nach den Papieren der berühmten Wahrsagerin Mlle. Lenormand. 16. (32 S.) Oberhausen 884. Spaarmann. — 15

Punktierbüchlein, kleines. 256 unfehlbare Orakelsprüche auf viele die Zukunft betreff. Fragen. Nebst Monatszettel [Planeten]. Nach den Papieren der berühmten Wahrsagerin Mlle Lenormand. 6. Aufl. 12. (32 S.) Styrum 890. Spaarmann. n. — 20

—— neues, oder des Zufalls Antwort auf eine Frage. Ein unterhalt.-Scherz f. Jung u. Alt. 24. (½ B.) Berlin 844, Grobe. *

— neues. 24. Berlin 844. (Grobe.) n. 1/12 Rthlr — 2. Aufl. 16. Ebend. 846. 1/12 Rthlr

—— dass. 2. Aufl. 16. (1½ B.) Ebds. 847.

— neues, oder des Zufalls Antwort auf eine Frage. Ein unterhaltender Scherz f. Jung u. Alt. 2. Aufl. 16. (23 S.) Berlin 850, Grobe. 1/12 Rthlr

— neues. 256 unfehlbare Orakelsprüche auf viele die Zukunft betr. Fragen. Nebst Monatszettel [Planeten]. Nach d. Papieren d. berühmten Wahrsagerin Mlle Lenormand. 8. Aufl. 12. (32 S.) Styrum 895. A. Spaarmann. n. — 20

— neuestes, und Anweisung zur Kunst, aus den Karten wahrzusagen zur lustigen und angenehmen Unterhaltung. Potschappel 864. Tittel. 16. (27 S.) 1 ngr.

Punktirbüchlein, neuestes, u. Anweisung zur Kunst, aus den Karten wahrzusagen zur lust. u. angenehmen Unterhaltung. 2—5. Aufl. Dresden 865—68. Tittel. 16. (32 S.) 1 ngr.

—— neuestes, und Monatszettel (Planeten) zur angenehmen Unterhaltung für Jedermann. 1. Aufl. 1849. und 2. Aufl. 16. (29 S.) Löbau 851, Breyer.

— neuestes, und Monatszettel [Planeten] zur angenehmen Unterhaltung für Jedermann. 4. Aufl. Dresden 860. Breyer. 16. (28 S.) 1 ngr.

— neuestes, u. Monatszettel (Planeten) nebst Anweisung zur Kunst, aus den Karten wahrzusagen, zur lust. u. angenehmen Unterhaltung für Jedermann. 5. Aufl. Dresden 866. Breyer. 16. (32 S.) 1 ngr.

Punktirbüchlein, neuestes, nebst Planeten [Monatszettel] u. Anweisg. zur Kunst, aus den Karten wahrzusagen. Zur lustigen u. angenehmen Unterhaltg. f. Jedermann. 16. (32 S.) Chemnitz 871. Hager. — 13

—— neuestes, nebst Planeten [Monatszettel] und Anweisung zur Kunst, aus den Karten wahrzusagen. Zur lustigen und angenehmen Unterhaltung für Jedermann. 5.—12. Aufl. 32. (32 S.) Chemnitz 872—85, Hager.

— neuestes, nebst Planeten [Monatszettel] u. Anweisung zur Kunst, aus den Karten wahrzusagen. Zur lustigen u. angenehmen Unterhaltung für Jedermann. 9. Aufl. 32. (32 S.) Chemnitz 880. Hager. — 12

Punktirbüchlein, neuestes, nebst Planeten für beide Geschlechter. Eine lustige u. angenehme Unterhaltung für Jedermann. 6. Aufl. 12. (32 S.) Berlin 882. Bartels. — 25

Punktirbüchlein, neuestes, nebst Planeten für beide Geschlechter. Eine lustige u. angenehme Unterhaltung für Jedermann. (32 S.) kl. 8. Ebd. (905). — 25

—— neuestes, zur angenehmen Unterhaltung für Jedermann. 12. (22 S.) Löbau 848, Breyer.

— neuestes und vollständigstes. Zur Erheiterung u. Unterhaltung für alle Freunde u. Freundinnen der Zukunft. Von Felix Futurus. 1. u. 2. Aufl. Aschersleben 860. (Huch.) 32. (32 S. u. 1 Tab. in 4.) 1½ ngr.

Punktierkunst,

— die, ein Spiel zur angenehmen Unterhaltung für Jung u. Alt. 12. Elbing ... Neumann-Hartmann. 1 Sgr

Punktirkunst. Ein unterhaltendes u. prophezeihendes Spiel. 12. Weißenfels 844, Sueß. 1¾ ngr 2. Aufl. 32. Ebend. 846. n. 1/24 Rthlr

Punktir-Kunst. Ein unterhaltendes u. prophezeiendes Spiel. 4. Aufl. 24 (23 S.) Weißenfels 848, Sueß. 1/24 Rthlr

Punktir-Kunst. Ein unterhaltendes u. prophezeiendes Spiel. 6. Aufl. Weißenfels (857.) Sueß. 24. (23 S.) n. 1 ngr.

Punctir-Kunst, die. Ein Spiel zur angenehmen Unterhaltung für Jung u. Alt. Elbing 867. Neumann-Hartmann's Verl. 16. (24 S.) 1 ngr.

Punktir-Kunst, die. Ein Spiel zur angenehmen Unterhaltung für Jung und Alt. 16. (24 S.) Elbing 875, Neumann-Hartmann's Verlag. — 10

— die, aus dem Nachlasse des weisen Arabers Omar Arey Emir Tsasmir. Ein unterhaltendes Spiel f. junge Leute. 2. Aufl. 11. (24 S.) Warburg 881. Schilp. — 25

Punktir-Kunst, ächte, aus dem Nachlasse des weisen Arabers Omar Arey Emir Tsasmir. Ein unterhaltendes Spiel für junge Leute. 10. Aufl. 24. (24 S.) Erfurt 856, Bartholomäus.

Punktirkunst, die echte, oder Geomantie. Antworten auf 48 die Zukunft des Menschen betreff. Fragen. Aus den Schriften des weisen Arabers Ben-Halaft. 8. (64 S.) Hamburg 877, Kramer. * — 50

Punctir-Kunst, neue. Von Jamin Benar al Tamir aus seinem größeren Werke der „Prophezeih- u. Herekunst," herausgeg. 8. (18 S.) Crefeld 847, Klein. 1½ ngr

Ganz neue curiose — Punctir-Kunst. s. l. 1704. 4.

Punktir-Kunst, neue und aus dem Arabischen übersetzte, durch welche ein Jeder das Glück od. Unglück seiner zu unternehm. Handlungen gründlich erfahren kann. Nebst Frag- u. Antwortspiel. 16. (24 S.) Leipzig 889. Vieweg. — 15

Punktier-Kunst, neue u. aus dem Arab. übersetzte, durch welche e. Jeder das Glück od. Unglück seiner zu unternehm. Handlgn. gründlich erfahren kann. Nebst Frag- u. Antwortspiel. 16. (24 S.) Leipzig 891. Bautzen, O. Vieweg. — 15

Punctirkunst, die neuerfundene, od. der berühmt. engl. Gräfin Maria v. Pembrock seltene Geheimnisse, woraus die Heimlichkeiten d. Menschen u. deren künftiges Schicksal in Reimen zu erforschen. 8. Sondershaus. 817. (Ilmenau, Voigt). 8 Gr

Punktir-Kunst, neu erfundene, aus dem Nachlasse des weisen Arabers Omar Arey Emir Tsasmir. Ein unterhalt. Spiel für junge Leute. 17e Aufl. gr. 12. Schwäb. Hall 840. Haspel. 1/12 Rthlr

— die neuerfundene. Ein unterhaltendes Spiel f. junge Leute. 16. (Mit 1 Tabelle.) Bonn 845, Plelmes. 1½ Sgr

—— neuvermehrte rc., s. Orakel der Zukunft.

Punktirkunst, Neuvermehrte und aus dem Arabischen übersetzte, durch welche ein Jeder das Glück oder Unglück seiner unternehmenden Handlungen gründlich erfahren kann. Druck von A. Augusta in Leitomischl, 1855. (16 S. 8°)

Punctir-Kunst in Tabellen. Leipz. 742. 8.

Punktier-, die, u. die Traumdeutekunst. 12. (48 S.) **Styrum** & Lpz.: Spaarmann [1896] — 30

Punctir-Kunst, verbesserte. Zur angenehmen Unterhaltung für Liebhaber des Punctirens zusammengetragen. Einbeck 859. Ehlers. 24. (24 S.) 1¼ ngr.

Punktir-Kunst, verbesserte. Zur angenehmen Unterhaltung für Liebhaber des Punktirens zusammengetragen. Einbeck 869. Ehlers. 32. (24 S.) 2 ngr.

Punktirkunst, vollkommene, oder: Neuestes Punktir-Büchlein zur angenehmen Unterhaltg. f. Jedermann. 10. Aufl. 16. (24 S.) Neutitschein 883. (Wien, Daberkow.) n. — 12

Punktir-Kunst, vollkommene, oder neuestes Punktir-Büchlein zur angenehmen Unterhaltung f. Jedermann. 11., verb. Aufl. 16. (24 S.) Wien 889. Daberkow. n. — 12

Punktierkunst, vollkommene, od.: Neuestes Punktier-Büchlein zur angenehmen Unterhaltung f. Jedermann. 12. verb. Aufl. (24 S.) gr. 16. Wien (903). Th. Daberkow. — 15

Punkttabelle I u. II. Je 71 × 89,5 cm. Gebweiler (904). J. Boltze. n.n. 4. 50
I. Addition. — II. Subtraktion.

Punkt-Tabelle zur Veranschaulichung der Zahlenbilder f. den ersten Rechenunterricht. Fol. (4 Bl.) Berlin 888. Neve. 3. —

Punnel, N., Exercices de grammaire française à l'usage des écoles primaires d'Alsace-Lorraine. 8. (71 S.) Metz 897. P. Even. Kart. n. — 60; Partie du maître (32 S.) n. — 60

Punnel, N., livre de lecture française à l'usage de la division moyenne des écoles primaires d'Alsace-Lorraine. 1re et 2me édit. gr. 8. (V, 150 S.) Metz 887,88, Gebr. Even. cart. — 72

Punnel, N., livre de lecture française à l'usage de la division moyenne des écoles primaires d'Alsace-Lorraine. 2. éd. gr. 8. (V, 150 S.) Metz 887. Even. cart. n. — 72

Pünnel, Gustav, Referendar: Die objektive Klagenhäufung und ihre prozessualen Wirkungen nach Z.P.O. Metz 1909: Even. 47 S. 8°
Heidelberg, Jur. Diss. v. 24. Nov. 1909, Ref. v. Lilienthal
[Geb. 31. Jan. 88 Diedenhofen; Wohnort: Metz; Staatsangeh.: Elsaß-Lothringen; Vorbildung: Lyz. Metz Reife Juni 05; Studium: Straßburg 2, Berlin 1, München 1, Straßburg 3 S.; Rig. 6. Aug. 09.] [U 10. 1979

Pünnel, Leo, Referendar: Der Nießbrauch an einem Vermögen nach bürgerlichem Recht. Metz 1907: P. Even. (54 S.) 8°
Heidelberg, Jur. Fak., Ref. Bekker, Diss. v. 1907
[Geb. 2. Dez. 81 Diedenhofen; Wohnort: Metz; Staatsangeh.: Elsaß-Lothringen; Vorbildung: Lyzeum Metz Reife Juni 03; Studium: München 1, Genf 1, Berlin 1, Straßburg 5 S.; Rig. 6. Dez. 07.]

Punnett, R[eginald] C[rundall]

Punnett's, R. C., Mendelismus, ins Deutsche übertr. v. Wilfr. Ritter v. Proskowetz. Hrsg. m. e. Vorwort u. m. Anmerkgn. versehen v. Hugo Iltis. (117 S. m. Fig., 1 Bildnis u. 4 Taf.) kl. 8. Brünn 910. C. Winiker. 2.—; geb. in Leinw. 2. 40

Punsch. Redakt.: Ludw. Krapf. 1. Jahrg. 1884. 13 Nrn. (Bog.) Fol. Kaiserslautern, (A. Gotthold's Verlagsh.) *
Nicht weiter erschienen.

Punsch, Berliner. Redact.: **Wolfg. Bernhardi.** Jahrg. 1867. 52 Nrn. (½ Bgn.) Berlin, Hickethier. hoch 4. 3 ₰ 14 ngr.

Punsch, Münchener. Ein satyrisches Original-Blatt. Hrsg. v. M. E. Bertram. 1. Jahrg. 1848. Febr. u. März. 12 Nrn. gr. 8. (¼ B.) München. (Henzel.) — 2 u. 3. Aufl. à 12 Nrn. gr. 8. (¼ B.) Ebd. ½ ₰

Punsch, Münchener. Ein humoristisches Originalblatt von M. E. Schleich. 6—11. Bd. (Jahrg. 1853—58.) à 52 Nrn. (à ½ Bgn. m. Holzschn. im Text.) München. (Franz.) Jeder Jahrg. nn. 1 ₰. 5 ngr.

Punsch, Münchener. Ein humoristisches Originalblatt von M. E. Schleich. 12—17. Jahrg. 1859—64. à 52 Nrn. (à ½ Bgn. m. Holzschn.) München, (Franz.) 8.
12—14.: à nn. 1 ₰ 15 ngr.; 15—17.: à n. 1 ₰ 20 ngr.

— **Münchener.** Ein humoristisches Originalblatt von M. E. Schleich. 18—23. Jahrg. 1862—67. à Jahrg. 52 Nrn. (Bgn. mit eingedr. Holzschn.) München, (Franz'sche Buchh.) gr. 8. 18. Jahrg. n. 1 ₰ 20 ngr.
19—23. Jahrg. à n. 1 ₰ 18 ngr.

Punsch, Münchener, humoristisches Original-Blatt von *M. E. Schleich.* Bd. 7—22. (16 voll.) München 1854—69. Druck d. Dr. Wild'schen Buchdr. (Parcus). 8°. Benützt, Titel gestemp., übrigens wohlerhalten, in 15 Ppbdn. u. 1 Lwdbd.
Mit vielen Hlzsch.-Illustr. — Der erste Bd. dieses s. Zeit sehr beliebten Witzblattes erschien 1848.

Punsch, Münchener. Ein humorist. Wochenblatt v. M. E. Schleich. 24. Bd. 1871. 52 Nrn. (½ B. m. eingedr. Holzschn.) gr. 8. München 871. (Franz.) Vierteljährlich n. 1. 20

Punsch, schwäbischer. Ein humoristisch-satyr. Originalblatt. Jahrg. 1854. 52 Nrn. (¼ Bog.) gr. 8. Stuttgart, Expedition. (Bach.) *

Punsch, Wiener. Ironisirendes, persiflirendes, karrikirendes, satanisch-javanisches Welt- u. Scheltblatt von Mephistopheles. Eigenthümer u. verantw. Redakteur: J. B. Savbir. Mit Illustrationen. Erscheint jeden Samstag (seit 1. Nov.) 9 Nrn. gr. 4. (à ½ Bg.) Wien, Wetzler. 1862.

Punsch-Bowlen-Braukunst. Erprobte Rezepte f. durst. Seelen. (16 S.) kl. 8. Leipzig (910). (Aschersleben, W. Günther.) — 20

Punschel, J. L. E., evangelisches Choralbuch zunächst in Bezug auf die deutschen, lettischen und esthnischen Gesangbücher der russ. Ostsee-Provinzen. 3. Aufl. Mit einem Anhange versehen. qu. gr. 4. (XV und 173 S.) Dorpat 850, Kluge. *

Punschel, J. L. E., evangelisches Choral-Buch, zunächst in Bezug auf die deutschen, lett. u. esthn. Gesangbücher der russ. Ostsee-Provinzen auf den Wunsch der livländ. Provinzial-Synode bearb. u. angefertigt. 6., verm. Aufl. Mit einem Anh. versehen. Reval 862. Kluge's Verl. qu. gr. 4. (XVII, 223 S.) n. 3 ₰

Punschel, J. L. E., evangelisches Choral-Buch zunächst in Bezug auf die deutschen, lett. u. esthn. Gesangbücher der russ. Ostsee-Provinzen auf den Wunsch der livländ. Provinzial-Synode bearb. 8. verm. Aufl. Mit e. Anh. versehen. qu. gr. 4. (XVI, 227 S.) Reval 875. Kluge. n. 9. —

Punschel, evangelisches Choral-Buch zunächst in Bezug auf die deutschen, lettischen u. esthnischen Gesangbücher der russischen Ostsee-Provinzen, auf den Wunsch der livländ. Prov.-Synode bearb. u. angefertigt. 12. verb. u. verm. Aufl. 2. Abdr., m. e. Anh. versehen. qu. gr. 4. (XVI, 233 S.) Reval 900. F. Kluge. n. 8. —

— evangelisches Choral-Melodien-Buch, zunächst in Bezug auf die deutschen, lett. u. esthn. Gesangbücher der russ. Ostsee-Provinzen. 4., verm. Aufl. Mit einem Anh. versehen. Ebend. 862. qu. gr. 4. (IX, 90 S.) n. 20 ngr.

Punsch = Kalender. Ein humoristisch = satyrischer Almanach. Mit viel. Ill. [Holzschn. im Text] v. Carl Reinhardt u. Anderen.
Hamburg, Altona: C. G. Vogler 1854. 124 S., 1 Bl. 8°
[Umschlagt. kol.]

Punsch-Kalender. Wiener, für die gesammte lachlustige Welt. Politisch und nicht politisch, konversationell und oppositionell, städtisch und ländlich, lustig unendlich, also ein Schatzkästlein von Allem, was man sich im Jahre 1870 wünschen kann ohne unbescheiden zu sein. Herausgegeben von C. Schönwald. 1. Jahrgang. (63 S.) Wien, Perles in Comm. 25 kr.

Punsch-Kalender, Wiener, für die gesammte lachlustige Welt. Für das Jahr 1871. Herausgegeben von C. Schönwald. 2. Jahrgang. tl. 8. (58 S.) Wien, Perles in Comm. 25 kr.

Punsch-Kalender, Wiener. Illustrirtes Unterhaltungs-Büchlein für alle Stände und Kreise. Für die J. 1870—1874. Hrsg. von C. Schönwald. 1.—5. Jahrg. br. 8. (à Jahrg. 60—72 S. mit eingedr. Holzschn. und lithogr. Taf. in qu. gr. 4.) Wien, (Perles.) à Jahrg. * — 80

Punsch-Kalender, Wiener. Illustrirtes Unterhaltungs-Büchlein für alle Stände und Kreise. Für die J. 1875 und 1876. Hrsg. von C. Schönwald. 6. und 7. Jahrg. 8. (XVI, 42 S. mit eingedr. Holzschn. und 2 Holzschntaf. in Fol.; 67 S. mit eingedr. Holzschn.) Wien, (Perles.) à Jahrg. * — 80

—— dass. — Für die J. 1877—1880. Hrsg. von C. Schönwald. 8.—11. Jahrg. 8. (à Jahrg. ca. 72 S. mit eingedr. Holzschn.) (Ebendas.) à Jahrg. * — 80

Punsch-Kalender, Wiener, für die J. 1881—1885. Hrsg. von C. Schönwald. 12.—16. Jahrg. 12. (à Jahrg. ca. 80 S. mit eingedr. Illustr.) Wien, (Perles.) à Jahrg. *

Punsch-Kalender, Wiener, auf die Jahre 1886—1889. Hrsg. von C. Schönwald. 17.—20. Jahrg. 8. (à Jahrg. ca. 80 S. mit Illustr.) Wien, (Perles.) à Jahrg. * — 80

Punsch-Kalender, Wiener, f. d. J. 1890—1893. Hrsg. v. C. Schönwald. 21.—24. Jahrg. 8. (à Jahrg. 80—90 S. m. Bildern.) Wien, (Perles.) à Jahrg. * — 80

Punschkalender, Wiener, für das Jahr 1894. Herausgegeben von C. Schönwald. 25. Jahrg. 8. (86 S.) In Comm. Wien: Perles.

Punschkalender, Wiener, für das Jahr 1895. Herausgegeben von C. Schönwald. 26. Jahrg. 8. (89 S.) Wien: Perles. —.40

Punschkalender, Wiener, für das Jahr 1896. Herausgegeben von C. Schönwald. 27. Jahrg. 8. (96 S.) Wien: Perles. —.40

Punschkalender, Wiener, für das Jahr 1897. Herausgegeben von C. Schönwald. 28. Jahrg. 8. (103 S.) Wien: Perles. —.40

Punsch-Kalender, Wiener, pro 1898, für die gesammte lachlustige Welt. XXIX. Jahrgang. Herausgegeben von C. Schönwald. 8. (103 S.) Wien: Perles. —.40

Punsch-Kalender, Wiener, f. d. J. 1899. Hrsg. von C. Schönwald. 30. Jahrg. 8. (92 S. m. Bild.) Wien (M. Perles). n. — 80

PUNSCH-KALENDER, Wiener, für das Jahr 1900. 31. Jahrgang. Wien, Schönwald.
Verboten v. L.-G. Wien, 11. X. 1899. § 516.

(F) **Wiener Punsch-Kalender** für das Jahr 1901. Herausgegeben von R. Schönwald. XXXII. Jahrgang. [Wien.] Selbstverlag. [In Comm.] Perles. 8°. 101 S. K —.80

(F) **Wiener Punsch-Kalender** für das Jahr 1902. Herausgegeben von C. Schönwald. XXXIII. Jahrgang. Wien. Selbstverlag des Herausgebers. [In Comm.] Perles. Gr.-8°. 96 S. K —.80

Punsch-Kalender, Wiener, f. d. J. 1903. Hrsg. v. C. Schönwald. 34. Jahrg. 8. (98 S. m. Abbildgn.) Wien (M. Perles). n. — 80

(F) **Wiener Punschkalender** für das Jahr 1905. 36. Jahrg. 8° (110 S.) Wien: Perles. K —.80

(F) **Punschkalender** für das Jahr 1906. 37. Jahrg. 8°. (110 S.) Wien: Perles. K —.80

Punsch-Kalender, Wiener f. d. J. 1907. Hrsg. v. C. Schönwald. Mit literar. Beiträgen v.: Jul. Bauer, Vincenz Chiavacci, Jul. Stettenheim u. A. 38. Jahrg. (107 S. m. Abbildgn.) 8. Wien (M. Perles). n. — 80

(F) **Wiener Punschkalender** für das Jahr 1908. 39. Jahrg. 8°. (112 S.) Wien: Perles. K —.80

(F) **Wiener Punschkalender** 1910. 41. Jahrg. 8°. (104 S.) K —.80
Wien: Perles.

Punsch-Kalender, Wiener, f. d. J. 1911. 42. Jahrg. Hrsg. v. C. Schönwald, m. literar. Beiträgen v.: Jul. Bauer, Vincenz Chiavacci, Jul. Stettenheim u. A. (94 S. m. Abb.) 8. Wien (M. Perles). — 80

Punsch-Predigt. Ein Schwank zur Beförder. u. Erhöhung des gesellig. Vergnügens. Neu bearb. u. verm. mit Lieder- u. Chorgesängen, nebst Anweis. zur Verfertigung verschied. Sorten Punsch, Bischof &c. Von C. N. E. L. 8. Braunschw. 826. (Halberst., Vogler); (a. Schmidt in Cöln). 4 gGr.

Punsch- u. Bowlen-Rezepte. Prakt. Handbüchlein f. den Hausgebrauch. Mit e. Einleitg. v. Johs. Trojan. 7.—10. Aufl. (32 S.) kl. 8. Harzburg (910). R. Stolle. —50

Punt, L., Quaestiones Corinthiacae sive de auctoritate, qua in Peloponnesiorum societate Corinthii valuerint, praecipue belli Archidamici tempore. Diss. 1889. 6, 120 S. 2.—

Punte-Bianche [Schlagwort]

Punte-Bianche. Spitze, s.: Adriatisches Meer.

PUNTIGAM, Anton

(F) Peter Barbarić, ein Jüngling nach dem Herzen Gottes. Ein Lebensbild der lieben Jugend, namentlich den Studenten und Mitgliedern der marianischen Congregationen, gewidmet von Anton Puntigam. Mit 11 Illustrationen. Innsbruck. 1901. Rauch. 8°. VIII, 291 S. K 2.—

— bete u. arbeite, s.: Blüten aus dem Himmelsgarten.

Puntigam, Ant., S. J., himmelwärts. Peter Barbarić, e. Studentenideal aus der Herzegowina. 2. Aufl. (VIII, 302 S. m. Abb. u. 9 Taf.) 8. Innsbruck 910. F. Rauch. 1.90; geb. 2.55

— Unsere Zukunft in Bosnien. (32 S. m. Abb.) kl. 8. Graz 909. Styria. — 20

Puntigam, Franz: Über den Wert des Büffelfleisches als Nahrungsmittel. Brünn 1909. 17 S.
Wien, Vet.-med. Diss. v. 1909.

PUNTSCHART, Paul

(F) Der Grundschuldbegriff des Deutschen Reichsrechtes in Gesetz und Literatur. Kritische Studie von Prof. Dr. Paul Puntschart. Festschrift der Universität Graz aus Anlass der Jahresfeier am 15. November 1900. Graz. 1900. Leuschner & Lubensky. Gr.-8°. IV, 121 S. K 3.60

— Herzogseinsetzung u. Huldigung in Kärnten. Ein verfassungs- u. kulturgeschichtl. Beitrag. gr. 8. (XII, 304 S. m. 5 Abb.) Leipzig 899. Veit & Co. n. 8. 80

Puntschart, Paul, Schuldvertrag u. Treugelöbnis d. sächs. Rechts im Mittelalter. E. Beitrag zur Grundauffassg. d. altdeutschen Obligation. gr. 8. (XVIII, 515 S.) Leipzig 896. Veit & Co. n. 14. —

Puntschart, Val.

Puntschart, V., der entscheidende Einfluss der Gesetzgebung und der staatlichen Einrichtungen der römischen Republik auf die universale Bedeutung des röm. Privatrechtes. Rectoratsrede, im Studienj. 1879/80 an der Innsbrucker Universität gehalten. gr. 8. (87 S.) Innsbruck 880, Wagner'sche Universitäts-Buchh. *

Puntschart, die Entwicklung d. grundgesetzlichen Civilrechts der Römer. Für Juristen, Philologen u. Historiker auf Grund v. Forschgn. dargestellt. 2 Abthlgn. gr. 8. (XVI, 451 S.) Erlangen 872. Deichert. n. 8. —

Punschart, V., Festrede zur Saecularfeier der Geburt Friedrich Karl v. Savigny's, gehalten in der Aula der Innsbrucker Universität am 21. Febr. 1879. gr. 8. (19 S.) Innsbruck 879, Wagner'sche Universitäts-Buchh. * — 50

Puntsehart, V.: Die Ilias und ihre Bedeutung. 35 S. –Triest, Progr. 1853

Puntschart: Der Prozess der Virginia.–Wien Th., Progr. 1860

Puntschart, V., der Prozeß der Verginia. gr. 8. (97 S.) Wien 860, (Seidel und Sohn.)

Puntschart, V., die fundamentalen Rechtsverhältnisse d. römischen Privatrechts. Inductive Grundleggn. m. besond. Beziehg. auf die Fragen der Gefahrnormirg. bei Austauschobligationen. gr. 8. (XV, 498 S.) Innsbruck 885. Wagner. n. 9. 60

Puntschart, V., die moderne Theorie des Privatrechts u. ihre grundbegrifflichen Mängel, an den darin gegründeten Streitfragen aller Rechtsgebiete dargestellt. gr. 8. (X, 416 S.) Leipzig 893. Veit & Co. n. 10. —

Puntschert, J. K. Denkwürdigkeiten der Stadt Retz. 4. Korneuburg 1870.

Puntschert, J. K., Denkwürdigkeiten der Stadt Retz. 2, verm. u. verb. Aufl. Mit Holzschn. v. F. W. Bader u. 1 Radirg. gr. 8. (IX, 416 u. CXI S.) Wien 894. (C. Konegen.) n. 12.

Punzirungsgesetze. (Kaiserl. Verordng. v. 26. V. 1866, womit e. Gesetz üb. den Feingehalt der Gold- u. Silberwaren u. dessen Überwachg. in Wirksamkeit gesetzt wird. Gesetz üb. den Feingehalt der Gold- u. Silberwaren u. dessen Überwachg. Erlass des Finanzministeriums vom 30. XI. 1866, wegen Vollziehg. dieses Gesetzes.) gr. 4. (23 S. m. Abb.) Wien (902). (Hof- u. Staatsdruckerei.) n. — 40

Puoti, Basilio, regole elementari della lingua italiana. Nuova ediz. eseguita sulle più corrette, con note. Triest 864. Coen. 8. (184 S.) n. 12 *ngr.*

Puphal, Wilh., die Katastrophentheorie e. Universums im Weltall. (20 S.) kl. 8. Leipzig 908. Verlag f. Literatur, Kunst u. Musik. 1. —

— Schneebälle, Lawinen. (92 S.) kl. 8. Ebd. 907. 2. —; geb. n 3. —

[Pupikofer, Johann Adam.] Arbon, dargestellt nach seinem gegenwärtigen Zustande, und seinen bisherigen Schicksalen. [Mit 1 Tafel.] Thurg. Njbl. 1, 1824. 4. [St. Gallen] 1824.
Ausg. A. 12 S. — *Ausg. B.* Mit litterarischen und ergänzenden Anmerkungen. *15 S.*

[Pupikofer, Johann Adam.] Kurze Beschreibung und Geschichte des Kantons Thurgau für die Schulen des K' Th'. 8. Frauenfeld 1843.

[Pupikofer, Johann Adam.] Bischofzell, dargestellt nach seinem gegenwärtigen Zustande und seinen bisherigen Schicksalen. (Mit litterarischen und ergänzenden Anmerkungen [sowie 1 Porträt und 1 Tafel].) Thurg. Njbl. 2, 1825. 4. [Frauenfeld] 1825.

Pupikofer, J[ohann] A[dam]. Bischofszell vor und während der Revolution von 1798. Zwei öffentliche Vorträge, gehalten zu B' im Anfange des Jahres 1856 .... 8. Frauenfeld 1856.

[Pupikofer, Johann Adam.] Diessenhofen, dargestellt nach seinem gegenwärtigen Zustand und seinen bisherigen Schicksalen. Mit einer Ansicht der Stadt [Tafel]. Thurg. Njbl. (4, 1827). 4. (Frauenfeld) 1827.

[Pupikofer, Johann Adam. und Locher-Wild, Hans.] Geschichte und Beschreibung von Münsterlingen. 2 Abtheilungen. [*je* Mit 1 Tafel.] Thurg. Njbl. 22 [bis], 1854 *u.* 23, 1856. 4. Frauenfeld 1853 *u.* 1855.
Abtheilung 1. Das Kloster M' [von J' A' P'].
Abtheilung 2. Der Kantonsspital M' [von H' L'-W']. ([Mit] Beilage.)

Pupikofer, J[ohann] A[dam]. Geschichte der Kirchgemeinde Bussnang, im Auftrage der evangelischen Kirchenvorsteherschaft B' von J. A. P'. 8. Weinfelden 1857.

Pupikofer, J. A., Geschichte der Stadt Frauenfeld, s. Beiträge, thurgauische.

Pupikofer, J. A., Geschichte der Stadt Frauenfeld von ihrer ältesten Zeit bis auf die Gegenwart. Mit e. (lith.) Ansicht der Stadt vom J. 1762 (in qu. Fol.), e. Plane der Ortsgemeinde u. e. (photolith.) Ansicht d. Schlosses Frauenfeld. gr. 8. (XII, 469 S.) Frauenfeld 871. Huber. n. 4. —

Pupikofer, J[ohann] [Adam]. Geschichte der Freiherren von Klingen zu Altenklingen, Klingnau und Hohenklingen. 8.
Ausg. A. (Mit dem Grundrisse der Burg Hohenklingen [nebst 1 Karte und 2 Beigaben].) (Thurg. Beitr. zur vaterl. Gesch. [Heft] 10.) (Frauenfeld 1869.)
Ausg. B. SA. ⟨Mit einem lithographirten Grundrisse des Schlosses [und 1 Tafel]⟩ Frauenfeld 1869.

Pupikofer, J[ohann] A[dam]. Geschichte der Burgfeste Kyburg. [Mit 1 Tafel.] (Mittheil. Ant. Ges. Zürich ....) 4. Zürich 1869.
Ausg. A. (Mittheil. ... Band 16, Abtheil. 2, Heft 2.) [Denkmäler des Hauses Habsburg in der Schweiz. Heft 2, Theil 1.]
Ausg. B. (Mittheil. ... [Njbl.] 33.)

Pupikofer, J. A., Geschichte der Burgfeste Kyburg, s. Mittheilungen der antiquarischen Gesellschaft in Zürich.

Pupikofer, J[ohann] A[dam]. Geschichte des Thurgaus. 2 Hälften. 8.
1. Hälfte. Von der Urzeit bis zum Jahre 1499. — 2. Hälfte. 1499–1829.
Ausg. A. Bischofzell 1828–1830.
Ausg. B. Mit Urkunden und Nachweisungen. 1. Hälfte ... Bisch' und Zürich 1828; 2. Hälfte ... Zürich 1830.

Pupikofer, J. A., Geschichte d. Thurgaus. 2 Hälften. gr. 8. Bischoffzell. (Zürich, Trachsler u. Sohn.) à 2 Thlr. 6 Gr.
Hälfte 1. Von d. Urzeit bis z. J. 1499. Mit Urkunden u. Nachweisungen. (20½ B.) 828.
" 2. Von 1499 bis 1829. Mit Urkunden u. Nachweisn. (31 B.) 830.

Pupikofer, J[ohann] A[dam]. Geschichte des Thurgaus. 2., vollständig umgearb. Ausg. 2 Bände. 8. Frauenfeld 1886–1889.
Band 1 *u. d. T.:* G' der Alten Grafschaft Thurgau mit Inbegriff der Landschaften und Herrschaften Kyburg, Thurgau, Abtei und Stadt St. Gallen, Appenzell und Toggenburg von ihren ältesten Zeiten an bis zum Uebergang der Landeshoheit an die Eidgenossen. Ganz neue Bearbeitung, von J. A. P'.
Band 2 *u. d. T.:* G' der Landgrafschaft Thurgau vom Uebergang an die Eidgenossen bis zur Befreiung im Jahre 1798. Von J. A. P'. — Geschichte des Thurgaus von 1798–1830. Bearb. von Pfarrer [Huldreich] G[ustav] Sulzberger.

Pupikofer, J. A., Geschichte d. Thurgaus. 2., vollständig umgearb. Ausg. 1—7. Lfg. gr. 8. (1. Bd. XVI, 894 S. u. 2. Bd. S. 1—160.) Frauenfeld 884—86. Huber. à n. 1. 60 (1. Bd. cplt.: n. 10. —)

Pupikofer, J. A., Geschichte d. Thurgaus. 2., umgearb. Aufl. 8.—13. Lfg. gr. 8. (2. Bd. S. 161—886 u. Geschichte d. Thurgaus von 1798—1830, bearb. von G. Sulzberger, XII, 263 S.) Frauenfeld 887—889. Huber. n. 10. — (cplt.: n. 22. —)

Pupikofer, J[ohann] A[dam]. Geschichte der Kirchgemeinde Wängi, mit besonderer Rücksicht auf die Tochterkirchen Matzingen und Stettfurt und die Nachbargemeinde Adorf. Eine Weihnachtsgabe. 8. Frauenfeld 1844.

[Pupikofer, Johann Adam.] Gottlieben, dargestellt nach seinem bisherigen Zustand (*Umschlag: gegenwärtigen Zustande) und seinen bisherigen Schicksalen. (Mit einer Ansicht des Fleckens [Tafel].) Thurg. Njbl. (8, 1830 [*d. i.* 1831]). 4. (Frauenfeld) 1831.

Pupikofer, J[ohann] A[dam]. Die Grenze zwischen dem Rheingau, Churrätien und Thurgau. Abhandlung. [A.] 8. [Lindau 1874.]

Pupikofer, J[ohann] A[dam]. Johann Jakob Hess (1791-1857) als Bürger und Staatsmann des Standes Zürich und eidgenössischer Bundespräsident. Ein biographischer Beitrag zur Geschichte der schweizerischen Eidgenossenschaft und des schweizerischen Gemeinsinns in der Restaurations- und Regenerationszeit. Nebst Bildniss [Tafel] und zahlreichen Beilagen von diplomatischen Correspondenzen und Berichten. 8. Zürich, Leipzig 1859. Hirzel. (XII, 331 S.)

Pupikofer, J[ohann] A[dam]. Der Freiherr Ulrich von (Sax zu) Hohensax..., Mitkämpfer in der Schlacht bei Murten und im Schwabenkriege, Heerführer der Eidgenossen im Herzogthum Mailand (*Umschlag: in den mailändischen Kriegen). (Gestorben... 1538. SA.) 8. Frauenfeld 1876. Huber. (33 S.) [S.-A. aus: Thurg. Beitr. z. vaterländ. Geschichte.]

Pupikofer, J. A., die neue Kirche in der Schweiz, besonders in Hauptwyl, oder: Darstellung d. kirchl. Bewegungen in Hauptwyl, sammt einer Predigt über Taufe, Kindertaufe u. Wiedertaufe u. einem Glaubensbekenntnisse der neuen Glaubensgesellschaft. 8. St. Gallen 834. (Huber u. Comp.) 1/6 ₰

(Pupikofer, J[ohann] A[dam].) Thurgauische Kriegsgeschichte, oder Geschichte des thurgauischen Wehrwesens und der im Thurgau vorgefallenen Kriegsereignisse. [Mit 1 Beigabe.] Thurg. Beitr. zur vaterl. Gesch. [Heft] 7. 8. (Frauenfeld 1866.)

Pupikofer, Johann Adam, s. Lassberg, Joseph: Briefwechsel ...

Pupikofer, J. A., Leben und Wirken von Joh. Jakob Wehrli, als Armenerzieher und Seminardirector unter Mitwirkung der Erzieher J. K. Zellweger in Gais, J. Wellauer in St. Gallen und anderer Zöglinge Wehrli's dargestellt und herausgegeben. Mit dem (lith.) Bildniß Wehrli's. Frauenfeld 857. (Beyel u. Co.) 8. (VIII, 312 S.) 1 ₰.

[Pupikofer, Johann Adam.] Lebensabriss des Regierungsrathes und Staatskassiers J(ohann) C(onrad) Freienmuth (1775–1843). [Mit 1 Porträt-Tafel.] Thurg. Njbl. (20, 1845). 4. (Frauenfeld) 1845.

[Pupikofer, Johann Adam.] Lebensgeschichte Joh(ann) Conrad Hippenmeyers (*Umschlag: Hippenmeiers) von Gottlieben (1752–1832), Kaufmanns in Wien. [Mit 1 Porträt-Tafel.] Thurg. Njbl. (11, 1834). 4. (Frauenfeld) 1834.

[Pupikofer, Johann Adam.] Das Kloster Münsterlingen. Frauenfeld 1853 *s.* [Pupikofer, Johann Adam, und Locher-Wild, Hans.] Geschichte und Beschreibung von M'. Abtheilung 1.

Pupikofer, J[ohann] A[dam]. Der Pfahlbau bei Frauenfeld zwischen Niederwyl und Strass. Bericht an den historischen Verein des Thurgaus. Sammt einer Zeichnung. ⟨SA.⟩ 8. Frauenfeld 1862.

Pupikofer, J[ohann] A[dam]. Die Regesten des Stiftes Kreuzlingen im Canton Thurgau. Bearb. von J. A. P'. 4. Chur 1853.
Die Regesten der Archive in der schweizerischen Eidgenossenschaft. Band 2, Heft 4.

Pupikofer, J. A., Regesten des Stiftes Kreuzlingen, s. Regesten, die, der Archive in der schweizer. Eidgenossenschaft.

Pupikofer, J[ohann] A[dam], und Christinger, J(ac[ob]). Die Sage von der Thurbrücke zu Bischofszell. Ihr geschichtlicher Kern und ihre poetischen Bearbeitungen. Zwei Vorträge. SA. 8. Frauenfeld 1875.

— die Sage v. der Thurbrücke zu Bischofszell, s. Beiträge, thurgauische, zur vaterländ. Geschichte.

Pupikofer, Johann Adam *s.* Sammlung. Amtliche S' der ältern Eidgenössischen Abschiede. Lucern....

(Pupikofer, J[ohann] A[dam]. Die Städte-Siegel des Kantons Thurgau) *s.* Siegel. Die S' der Kantone St. Gallen, Graubünden, Aargau, Thurgau. Zürich 1858.

[Pupikofer, Johann Adam.] Steckborn, dargestellt in seinen bisherigen Schicksalen und in seinem gegenwärtigen Zustande (*Umschlag: St' d' nach seinem gegenw' Zustand und seinen bish' Sch'). (Mit einer Ansicht der Stadt [Tafel].) Thurg. Njbl. (7, 1830). 4. (Frauenfeld) 1830.

[Pupikofer, Johann Adam.] Das Stift und das Schullehrer-Seminar zu Kreuzlingen. [Mit 1 Tafel.] Thurg. Njbl. (15, 1838). 4. (Frauenfeld) 1838.

Pupikofer, J[ohann] A[dam]. Der Kanton Thurgau, historisch, geographisch, statistisch geschildert. Beschreibung aller in demselben befindlichen Berge, Seen, Flüsse,... Burgen und Klöster.... Ein Hand- und Hausbuch.... [Umschlag illustriert.] 8. St. Gallen und Bern 1837.
Historisch-geographisch-statistisches Gemälde der Schweiz. Heft 17.

Pupikofer, J. A., der Kanton Thurgau, s. Gemälde, histor.-geograph.-statist. d. Schweiz, 17. Hft.

(Pupikofer, J[ohann] A[dam].) Die Landgrafschaft Thurgau vor und bei ihrem Uebergange an die Eidgenossenschaft im Jahre 1460. Denkschrift zur Jubilarerinnerung. Hrg. vom historischen Verein des Kantons Thurgau. Sammt einer Karte der Landgr'. ⟨Sep.-Ausg. von:⟩ Der thurgauischen Beiträge zur vaterländischen Geschichte zweites Heft.⟩ 8. Frauenfeld 1861.

[Pupikofer, Johann Adam.] Weinfelden, dargestellt in seinen bisherigen Schicksalen und in seinem gegenwärtigen Zustande (*Umschlag: W', d' nach seinem gegenw' Zustand und seinen bish' Sch'). (Mit einer Ansicht des Fleckens [Tafel].) Thurg. Njbl. (1829). 4. (Frauenfeld) 1829.

[Pupikofer, Johann Adam.] Züge aus dem Leben einiger verdienter Männer des Geschlechtes Kesselring. [Mit 1 Porträt-Tafel.] Thurg. Njbl. (16, 1840). 4. (Frauenfeld) 1840.

Pupikofer, O[scar]. Einführung in die freie Perspektive. Für die Volksschule bearb. von O. Pupikofer. [Illustriert.] 23 S. 8. St. Gallen, Honegger (*Aufdruck:* Fehr'sche Buchh.), 1902. [fr. —. 80]

Pupikofer, Osk., Geschichte d. Freihandzeichen-Unterrichtes in der Schweiz. 1. Thl. Der Freihandzeichenunterricht bis zu Ende d. 18. Jahrh. gr. 8. (II, 47 S.) St. Gallen 890. (Huber & Co.) n. 1. 60

Pupikofer, Osk., Geschichte des Freihandzeichen-Unterrichtes in der Schweiz. 2. Thl. Der Freihandzeichenunterricht in der 1. Hälfte des 19. Jahrh. 1.—3. Hft. gr. 8. (147 S.) St. Gallen 891—894. Hasselbrink & Ehrat. à Hft. n. 1. 60 (1—II, 3.: n. 6. 40)

Pupikofer, Oscar. Geschichte des Freihandzeichen-Unterrichtes in der Schweiz. Von Oskar Pupikofer. Theil 2: Der Freihandzeichen-Unterricht in der ersten Hälfte des 19. Jahrhunderts. Heft 8. [Mit 1 Tafel.] II S. + S. 285—324. 8. St. Gallen, Honegger, 1902. [fr. 1. 60]

Pupikofer, O., die Reform des Volksschul-Zeichenunterrichtes im Lichte Pestalozzis. Ein Wort an Schulbehörden u. Lehrer. (79 S.) gr. 8. St. Gallen 904. (Fehr.) n. 1. --

Pupikofer, O[scar]. Die Reform des Volksschul-Zeichenunterrichtes im Lichte [Johann Heinrich] Pestalozzis. Ein Wort an Schulbehörden und Lehrer. II + 79 S. 8. St. Gallen, Honegger, 1904. [fr. 1.—]

— dasselbe. (Umschlag: 2. Aufl.) (79 S.) gr. 8. Leipzig 904. M. Sängewald. n. 1. —

Pupikofer, Osc., Stufengang f. d. Freihandzeichnen an schweizer. Volksschulen. 3 Hfte. qu. 4. (à 30 lith. Taf. m. 8, 11 u. 10 S. Text.) Zürich (884). Hofer & Co. n. 7. 50

— Wandtafelvorlagen f. d. Zeichenunterr. in der Volksschule. Im Auftr. d. Verbandes zur Förderg. d. Zeichen- u. gewerbl. Berufsunterrichts in d. Schweiz hrsg. 1. u. 2. Serie. à 5 Wandtafeln. à 97×78 cm. Lith. Mit Text. gr. 8. (III, 36 u. 23 S. m. Fig.) Ravensburg 895 u. 98. O. Maier.
In Mappe à n. 3. —; Texthfte. allein à n. — 75; Probehft. (1 Wandtaf. m. 23 S. Text) n. — 80

Pupikofer, O[scar]. Wegleitung für das Volksschulzeichnen. Auf Veranlassung der thurgauischen Lehrerschaft hrg. von Prof. O. P. Mit zirka 1400 Illustrationen. II + VIII + 104 S. 8.
Ausg. A: Leipzig, Max Sängewald, 1905. M. 1. 60
Ausg. B: St. Gallen, Honegger, 1905. fr. 2. —

Pupille, die, e. Roman; (v. Jh. Jak. Dusch); hrsgg. v. Jh. Gottw. Müller. 2 Bde. 8. Altona 798. ...

Pupin, Michael [aus Idvor. in der k. k. österr. Militär-Grenze]: Der osmotische Druck und seine Beziehung zur freien Energie. . . . Berlin, Druck v. Gustav Schade (Otto Francke) (1889); 42 S. + 1 Bl. 8°
Berlin, Phil. Fak., Inaug.-Diss. v. 20. Jul. 1889

Pupini, Orazio, Portorose in Istrien. Klimatischer Kurort, See- u. Soolbad. (VI, 31 S. m. 12 Abb. u. 2 Kärtchen.) gr. 8. Wien 910. A. Hartleben. 1. --

Pupini Therese: Karoline Pichlers Romane. II. 1910 PN 2996 Diss. Wien, Univ.

Pupke, Chrlieb., praktische Aufgaben zum Tafelrechnen für Schüler in Volks- und Bürgerschulen bearb. 3 Hefte. Berlin 859. Beck. 8. (22; 30; 40 S.) 1. u. 2.: à n. 2 ngr; 3.: n. 4 ngr.

— — Auflösungen dazu. 3 Hefte. Ebend. 859. 8. (16; 16; 12 S.) Jedes Heft n. 2½ ngr.

Pupke, Christlieb. Herbstliche Nachtgedanken eines Schulmeisters über Volkslehrerverhältnisse und Schulreform. Königsberg in der Neumark, J. G. Striese 1848. 24 S. 8.

Pupke, Christlieb, herbstliche Nachtgedanken eines Schulmeisters über Volkslehrerverhältnisse u. Schulreform. Freunden u. Feinden des Lehrstandes gewidmet. 8. (24 S.) Königsberg i. d. N. 849, Windolff & Striese in Comm. 1½ ngr.

Pupke, Franz: Die optischen Anomalien bei Apatit. Bonn 1908: Broch. 48 S. 8°
Bonn, Phil. Diss. v. 12. Aug. 1908, Ref. Brauns
[Geb. 6. Okt. 81 Landsberg a. W.; Wohnort: Bonn; Staatsangeh.: Preußen; Vorbildung: Gymn. Friedberg i. N. Reife O. 03; Studium: Tübingen 1, Berlin 3, Kiel 4, Bonn 2 S.; Rig. 8. Juli 08.] [U 09. 422

Pupke, H(enricus) Ludovicus: De plica Polonica seu cirragra. Halae (1819): Ruff. 25 S. 8°
Halle-Wittenberg, Med. Diss. v. 6. Mai 1819
Geb. Posen 16. 7. 1795. V.

Pupke, Otto, approb. Arzt aus Magdeburg: Ein Fall von Atresia ani vaginalis. *Leipzig 1903: B. Georgi.* (23 S.) 8°
Leipzig, Med. Diss. v. (21. Apr.) 1903

Pupke, Otto (Hrsg.), s. Hausgehülfin, Die.

Pupke, Otto (Hrsg.), s. Hüh!

Pupke, Otto (Hrsg.), s. Huppe, Die.

Pupke, Otto (Hrsg.), s. Stoff.

(Pupke, [Walther]:) Die Bevölkerung der Stadt Halle a. S. und ihre Entwicklung. Halle a. S.: Gebauer-Schwetschke 1908. 43 S. 8°
(Beiträge z. Statistik d. Stadt Halle a. S. H. 3.)

Pupke, Walther, a. Dresden: Die Lohnstatistik in Deutschland. Halle a. S. 1907 (C. Heinrich, Dresden-N.). (110 S., 4 Taf.) 8°
Halle, Phil. Fak., Ref. Conrad, Diss. v. 5. Febr. 1907
[Geb. 15. Apr. 80 Dresden; Wohnort: Halle a. S.; Staatsangeh.: Sachsen; Vorbildung: Annensch. (städt. Realgymn.) Dresden Reife O. 99; Studium: T.H. Dresden 2, Berlin 4, Univ. Halle 6 S.; Rig. 1. Aug. 06.]

Papovac, Dominik, s.: Arbeiten aus dem Gebiete der klinischen Chirurgie.

Pupovac, M., die Diamant-Bohrmaschine u. ihre Verwendg. beim Schürfen, Schachtabteufen u. submarinen Felssprengen. [Mit 2 lith. u. 1 Lichtdr.-Taf.] gr. 4. (14 S.) Wien 874. (Helf's Sort.) n.n. 2. 50

Pupovac, M. Der rationelle Stollen- und Querschlags-Vortrieb mit Bohrmaschinen. Wien. 1874.

'Tres numeri pacis' P. π. a. Die drei Friedenszahlen als Harmonien von Kreis und Ellipse. Endgiltige Lösung d. math. Problems die Quadratur d. Kreises. Zur Förderung d. Friedensidee in Schule u. Haus von Peter **Pupovac**. Wien: Selbstverl. (1909). 14 S. 8° (10. 4550 II

Pupp-Mattoni, Maria, aus meinen Mußestunden. 8. (VIII, 142 S.) Stuttgart 891. J. Fink. Geb. in Leinw. m. Goldschn. n.n. 2. 75

Püppchen, mein. (Ausgestanzt.) schmal Fol. (14 S. m. z. Tl. farb. Abbildgn.) Nürnberg 893. Th. Stroefer. Kart. n. 1.

Püppchen, das, u. das Reiterpferd sind allen Kindern lieb u. werth. Eine neue Bilderfibel mit mehr als 100 Abbild. u. den Leseübungen. 8. (8 S. m. 8 lith. u. col. Bl.) Neu-Ruppin 847. (Leipzig, Thomas.) 4 ngr.

-- Wunderhold. (Ausgestanzte Puppe.) gr. 8. (12 S. m. farb. Bildern) Stuttgart 891. F. Loewe. Kart. — 60

Püppchens Sommerhaus. 4. (6 farb. Taf. auf Karton z. Aufstellen.) Leipzig 896. F. A. Berger.
In Mappe n. 1. —

Puppe, d., a. d. Franz. d. Bibiena. 8. Frkft. Bödner. 753.

Puppe, unsere, u. was sie erlebte. In Versen u. farb. Bildern geschildert. kl. 4. (16 S.) Leipzig 890. Meißner & Buch. cart. n. 1. —

Puppe, Georg

Puppe, Geo., Alkohol u. Zurechnungsfähigkeit. (28 S.) 8. Berlin 907. Deutscher Verlag f. Volkswohlfahrt. — 15
Sonderabdruck aus: „Der Alkoholismus, seine Wirkgn. u. seine Bekämpfg."

Puppe, G., der beamtete Arzt u. ärztl. Sachverständige, s.: Rapmund, Otto.

Atlas und Grundriss der Gerichtlichen Medizin, unter Benutzung von E[duard] v. Hofmann's Atlas d. gerichtl. Medizin hrsg. von Dr. Georg **Puppe**, Prof. Mit 70 Taf. u. 204 Abb. T. 1. 2. München: J. F. Lehmann 1908. 2 Bde 8°
== **Handatlanten**, Lehmann's medizinische. Bd 17, 1. 2. [08. 13739

— **Atlas u. Grundriss der gerichtl. Medizin unter Benutzung von E. v. Hofmann's Atlas der gerichtl. Medizin**, s. a., Lehmann's **medizin. Handatlanten. 17. Bd.**

— **s.: Medizin, gerichtliche.**

Puppe, [G.]: Die gerichtsärztliche Sachverständigen-Thätigkeit nach dem Bürgerlichen Gesetzbuch für das Deutsche Reich. o. O. (1899).
(S.-A. a.: Offizieller Bericht d. 16. Hauptversammlung des Preuss. Medizinalbeamten-Vereins am 29. u. 30. 9. 1899.)

Puppe, Georg(Gottfried)(Kraatzen bei Pyritz), Untersuchungen über die Folgezustände nach Abortus. Diss. med.-chir. **Berlin (G. Schade) 27. VI. 1890.** 30 S. u. Biogr. **(M: B. Brietzig). (2.50)** 27373
Oppon.: E. Hasenbalg, L. Aschoff, E. Schirp. — Seinen Eltern gew. (V.: Georg Carl Puppe).

Puppe, J[ohann]: Ueber Versuche zur Ermittlung des Kraftbedarfs an Walzwerken. 1909. 191 S., 8 Taf. 4° ¶ Auch bei Stahleisen in Düsseldorf.
Berlin, Dr.-Ing.-Diss. v. 12. 3. 1909

Puppe, J., Versuche **zur Ermittlung des Kraftbedarfs** an Walzwerken. **Im Auftrage des Vereins deutscher** Eisenhüttenleute hrsg. (192 S. m. Abb. u. 11 Taf.) Lex. 8. Düsseldorf 909. Verlag Stahleisen. 10. —

— Weitere Versuche **zur Ermittlung des Kraftbedarfs an Walzwerken. (Mitteilung der Kommission f. die Untersuchg. des Kraftbedarfs an Walzwerken.)** (Erweiterter Abdr. eines Vortrages, geh. vor der Eisenhütte Düsseldorf am 14. XII. 1909.) (51 S. m. Abb. u. 3 Taf.) Lex. 8. Ebd. 910. 3. —

Puppe, Siegfried, Kammergerichtsreferendar in Berlin: Die Begriffe „Beamter" und „Amt" im Strafgesetzbuch für das deutsche Reich. [1908 o. O.] (101 S.) 8°
Heidelberg, Jur. Fak., Ref. v. Lilienthal, Diss. v. 1908
[Geb. 24. Aug. 80 Berlin; Wohnort: Berlin; Staatsangeh.: Preußen; Vorbildung: Wilhelms-Gymn. Berlin Reife M. 00; Studium: Berlin 0 S.; Rig. 18. Dez. 07.]

Puppel, C., unsere Schicksale während unserer Gefangenschaft **unter Napoleon, in den J. 1813 u. 14. 8. Danz. 825.** Anhuth. 6 gr

Puppel, Ernst, prakt. Arzt: Aus d. Kgl. Universitäts-Frauenklinik zu Königsberg i. Pr. ⟨Dir.: Prof. Dr. G. Winter.⟩ **Beiträge** zum Studium der Ausbreitung des Gebärmutterkrebses in praeformierten Lymphbahnen. ⟨Aus einer von d. med. Fakultät d. Univ. Königsberg gekr. Preisschrift.⟩ *Königsberg i. Pr. 1900: M. Liedtke.* (51 S.) 8°
Königsberg, Med. Diss. v. 12. Febr. 1900

Puppel, Ernst, Beiträge zum Studium der Ausbreitung des Gebärmutterkrebses in praeformierten Lymphbahnen. (Aus e. v. der medizin. Fakultät der Universität Königsberg gekrönten Preisschrift.) Diss. gr. 8. (51 S.) **Königsberg 900. (Gräfe & Unzer, Buchh.)** n. n. 1. —

Puppel, Max, Hagel- u. Insektenschäden. Vergleichende Zusammenstellg. 40 Taf. nach Orig.-Photographien u. Zeichngn. v. A. Rehberg. (VII, 20 S.) 8. Berlin 904. P. Parey. Geb. in Leinw. n. 4. —

Hagel- und Insektenschäden. Vergleichende Zusammenstellung von Max **Puppel**. 40 Taf. nach Orig.-Photogr. u. Zeichn. von A. Rehberg. (2. Aufl.) Berlin: P. Parey 1904. (20 S.) 8° [05. 11568

Puppel, Richard: Aus dem Kgl. patholog. Institut in Königsberg i. Pr. Die Tuberkulose der Parotis. Königsberg i. Pr. 1905: Karg & Manneck. (29 S.) 8°
Königsberg, Med. Fak., Ref. Beneke, Diss. v. 30. März 1905
[Geb. 20. Apr. 79 Königsberg i. Pr.; Wohnort: Königsberg; Staatsangeh.: Preußen; Vorbildung: Altstädtisches Gymn. Königsberg i. Pr. Reife O. 00; Studium: Freiburg i. B. 1, Königsberg 8 S.; Coll. 28. März 05; Approb. 6. Mai 05.]

Puppenbilderbuch. Sieben muntere (chromolithogr.) **Kinder**scenen mit sinnigen Verschen. qu. 32. (7 Bl. Text.) **Eßlingen** 877, Schreiber. cart. * — 60

Puppenbilderbuch. qu. 24. (12 farb. S.) Eßlingen (890). J. F. Schreiber. Kart. n. — 15

Puppenfee, die. Ein Bilderbuch f. die liebe Jugend, gezeichnet v. Paul Wagner, m. lust. Versen v. Wilh. Herbert. 1. u. 2. Aufl. [Ausgestanzt.] hoch 4. (14 z. Tl. farb. S. m. eingedr. Text.) Eßlingen 892. 893. J. F. Schreiber. Kart. n. 1. —

Puppenhaus, das. 4. (14 S. m. z. Tl. farb. Bildern.) Fürth 894. (Leipzig, W. Opetz.) — 70

Puppenhaus, das, ein Erbstück in der Gontard'schen Familie, s. Jügel, Carl.

— mein. (Ausgestanzt.) 12. (8 S. m. z. Tl. farb. Abbildgn.) Weimar 894. A. Karrer. — 10

Puppen-Kochbuch, allerliebstes, für kleine Mädchen, hrsg. von Marianne Natalie. 1. Aufl. 1855. und 2. Aufl. 32. (63 S. mit 1 Stnt.) Berlin 856, R. Kühn. *

Puppen-Kochbuch, allerliebstes, für kleine Mädchen, hrsg. von Marianne Natalie. 3. Aufl. 1858. und 4. Aufl. 16. (64 S. mit 1 ill. Stnt.) Berlin 859, R. Kühn. *

Puppen-Kochbuch, allerliebstes, für kleine Mädchen, herausg. von Marianne Natalie. 4—6. Aufl. Berlin 859—64. R. Kühn. 16. (64 S. u. 1 color. Lithogr.) n. 5 ngr.

Puppen-Kochbuch, allerliebstes, f. kleine Mädchen hrsg. v. Marianne Natalie. 8. Aufl. 16. (64 S.) Berlin 873. R. Kühn. n. — 60

Puppenkochbuch, allerliebstes, für kleine Mädchen hrsg. von Marianne Natalie. 10. Aufl. 12. (64 S.) Berlin 887, Reinh. Kühn. * — 60

Puppenkochbuch, nach welchem kleine Mädchen wirklich kochen können. Von Frau Helene's Kinderchen. 16. (48 S.) Frankfurt a/M. 893. Jaeger's Verl. Kart. — 50

Puppenkochbuch, nach welchem kl. Mädchen wirklich kochen können. Von Frau Helene's Kinderchen. (Neue Aufl.) (54 S.) 16. Zürich (906). Th. Schröter's Nachf. Kart. — 50

— neues, oder Anweisung zum Kochen für kleine Mädchen, herausg. von einer praktischen Köchin. Breslau 859. Schletter. 16. (42 S.) 4 ngr.

Puppenkochbuch, neues. Hrsg. v. Tante Friederike. 3. Aufl. 16. (64 S.) Berlin 889. Winckelmann & Söhne. cart. — 75

— Nürnberger. 5.—8. verm. Aufl. Hrsg. v. Tante Betty. 32. (64 S.) Nürnberg 892—895. J. Ph. Raw. Kart. — 50

Puppen-Kochbuch, Nürnberger, hrsg. v. Tante Betty. 12. Aufl. 16. (64 S.) Nürnberg 898. J. Ph. Raw's Verl. Kart. n. — 50

Puppen-Kochbuch, Nürnberger, hrsg. v. Tante Betty. 14. Aufl. 16. (64 S.) Nürnberg 900. J. P. Raw's Verl. Kart. n. — 50

Puppenkomödien, deutsche. IX u. X. 8. Oldenburg 890. Schulze. n. 2. 20 (I—X.: n. 11. 80)
IX. Die beiden alten deutschen Volksschauspiele vom Doctor Johann Faust u. Christoph Wagner, Faust's Famulus. Vervollständigter Text m. vielfachen Ergänzgn. bisher ungedr. Scenen, Varianten u. s. w. Hrsg. v. Karl Engel. (V, 119 S.) n. 1. 60
X. Doctor Johann Faust. Volksschauspiel vom Plagwitzer Sommertheater. Nach der Bühnenhandschrift der J. Dreßler'schen Truppe hrsg. u. m. den übr. Volksschauspielen v. Faust verglichen v. Alex. Tille. Ergänzung der Engel'schen Sammlung. (V, 39 S.) n. — 60
s. a. Engel, Carl.

Puppenkomödien, deutsche. Hrsg. v. Karl Engel. XI. XII. gr. 8. Oldenburg 892. Schulze. n. 2. 80 (I—XII.: n. 14. 60)
XI. 1. Der Prinz als Narr od. der geheimnißvolle Zauberspiegel. 2. Die verwandelten Herzen od. Wurst wider Wurst. 3. Eine schöne lustige triumphirende Comoedia v. e. Königes Sohn aus Engellandt u. d. Königes Tochter aus Schottlandt. 4. Comoedia v. Macht d. kleinen Knaben Cupidinis. (VII, 166 S.) n. 1. 60
XII. 1. Beitrag zur Geschichte d. Puppenspiels als Einleitung. 2. Comoedia v. dem verlornen Sohn, in welcher die Verzweifelg. u. Hoffng. gar artig introducirt werden. 3. Don Juan's zweites Leben od. Kasperles Gefahren. 4. Die Wasser- u. Feuerprobe, od.: Kasperle als Wunder-Doktor. (XXVIII, 89 S.) n. 1. 20

Puppen-Malbuch. (20 S. m. z. Tl. farb. Abbildgn.) Lex.-8. Nürnberg (904). Th. Stroefer. 1. 20

Puppen-Möbel. Anleitung u. Vorlagen zur Herstellg. v. Puppenmöbeln in Laubsägearbeit. [Aus: „Der kleine Kunsttischler."] Imp.-Fol. (1 Bl.) Leipzig, 874. M. Schäfer. n. — 50

Puppenmütterchens ABC. (4 S. m. z. Tl. farb. Abb.) Lex. 8. Nürnberg 910. Th. Stroefer. — 75

Puppenschneiderei, die. 10 Hfte. m. je 1 Schnittbog. in gr. Fol. u. 1 Bl. Text. gr. 8. Mit Meßrädchen. Dresden (901). Expedition der europ. Modenzeitg. In Karton 2. —; m. Puppe 4. 50

Puppenspiel. Leporello-Ausg. qu. 12. (12 farb. Bl. m. Text auf Pappe.) Stuttgart 894. G. Weise. — 75

Puppenspiel, das, vom Doctor Faust, siehe a. Kasperle-Theater.

Puppenspiel, Das, vom Doctor Faust. Zum erstenmal in seiner ursprünglichen Gestalt wortgetreu herausgegeben mit einer historischen Einleitung und kritischen Noten. Mit Holzschnitten. Leipzig 1850. H: *Hamm, Wilhelm Philipp Ritter von.* (Hessische Biographien. Hgbn. von Herman Haupt. Darmstadt. Bd. II/4 (1926) S. 366)

Puppenspiel, Das, vom Doctor Faust. Zum erstenmal in seiner ursprünglichen Gestalt wortgetreu hsg. . . . Leipz. 1850. V (Manuscript des Puppenspieles): *Bonneschky, Guido.* H: *Hamm, Wilhelm.* (Engel, Bibl. Faustiana. 2. Aufl. Oldenb. 1885.) (Heuer, Faust-Ausstellung in Frankf. a. M. Frankf. a. M. 1893.)

Puppenspiel, Neu eröfnetes moralisch-politisches. . . . Leipz. u. Frankfurt 1774. V: *Goethe, Johann Wolfgang von.* (KY) (MGT) (MB) (BrMm) (GGr)

Puppenspiel, neueröffnetes, moral., politisch., (von J. W. v. Göthe). 8. Leipz. 774. Weygand. 6 gr Krieger in Cassel. 4 gr

Puppenspiele; deutsche. Hrsg. v. Rich. Kralik u. Jos. Winter. gr. 8. (X, 321 S.) Wien 885. Konegen. n. 4.—

Puppenstube, die. Ein unzerreißbares Bilderbuch f. kleine Mädchen. 4. (17 Chromolith. auf Carton m. 1 S. Text.) Glauchau 876. Hobeda's Verl. n. 3. —

Puppenstube, die. Ein unzerreißbares Bilderbuch f. kleine Mädchen. 3. Aufl. 4. (17 Chromolith. auf Carton mit 1. S. Text.) Chemnitz 879. Friese. geb. n. 3. —

Puppen-Theater. 1.—12. Heft. 12. Kattowitz 885,86, Siwinna. à Heft — 20
Inhalt:
Heft 1. Das Christbäumchen. Lustspiel in 1 Akt. — Die drei Wünsche. Lustspiel in 1 Akt. — Der Nasenprinz. Märchen in 3 Akten. — Starka, die Tochter des Berges, in 3 Akten. (38 S.)
„ 2. Maruschka, oder die 12 Haulemännchen. Märchen in 5 Akten. — Klein Tausendschön, in 3 Akten. — Der bunte Vogel. Zaubermärchen in 3 Akten. (46 S.)
„ 3. Die Johannisnacht. Zaubermärchen in 3 Akten. — Sneewittchen. Märchen in 3 Akten. — Rumpelstilzchen, in 2 Akten. (36 S.)
„ 4. Hänsel und Gretel, in 3 Akten. — Lohengrin. Eine Sage in 3 Akten. — Die weiße Rose. Zaubermärchen in 4 Akten. — Die Waldnymphe. Ein allegor. Märchen in 1 Akt und 6 Bildern. (32 S.)
Heft 5. Der Feensee. Märchen in 5 Akten. — Ilsebill. Märchen in 5 Akten. (33 S.)
„ 6. Die weiße Katze. Märchen in 5 Akten. — Bobo und Bibi. Märchen in 3 Akten. — Im Reiche der Frösche. Märchen in 2 Akten. (40 S.)
„ 7. Die drei Schwestern. Ein Lebensbild. — Die gute kleine Maus. Märchen in 3 Akten. (23 S.)
„ 8. Der falsche Prinz. Bearb. nach dem gleichnam. Hauff'schen Märchen. In 5 Akten. (42 S.)
„ 9. Bestrafter Geiz oder die verhängnißvollen Pantoffeln. Dramatisirtes Märchen in 4 Akten. — Die verhängnißvolle Spindel oder Dornröschen. Zaubermärchen in 4 Akten. (42 S.)
„ 10. Der verwandelte Kalif. Zaubermärchen in 4 Akten. Dramatisirt nach Hauff's „Kalif Storch". — Die verzauberte Bratwurst. Dramatisirtes Märchen in 2 Akten. (46 S.)
„ 11. Schneeweißchen und Rosenrot. Dramatisirtes Märchen in 3 Akten. — Peter in der Fremde. Dramatisirtes Gedicht in 3 Akten. (46 S.)
„ 12. Belohnter Edelmut. Dramatisirtes Märchen in 3 Akten. — Prinz Pfirsichs Brautfahrt. Dramatisirtes Märchen in 4 Akten. (42 S.)

Puppentheater, großes. E. lust. Bilderbuch m. 6 feinen urfidelen Ziehbildern (in Farbdr.) u. 10 Orig.-Lustspielen f. die liebe Jugend. gr. 4. (27 S.) Eßlingen 897. J. F. Schreiber. Kart. n. 3. 50

Puppen- und Kindertheater. 1. Bdchn. (6 Hefte.) (Mit je 1 ill. Holzschn.) br. 8. Leipzig 853, (Klein's Kunsth.) (à Heft * 3 Ngr.) *
Inhalt:
Heft 1. Der furchtsame Töffel. Possenspiel in 2 Aufzügen, zur Darstellung für Kinder. (12 S.)
„ 2. Der Schornsteinfeger oder: Ehrlich währt am längsten. Schauspiel mit Gesang in 1 Aufzug zur Darstellung für Kinder. (12 S.)
„ 3. Der Räuberhauptmann, oder: Wie die Thaten, so der Lohn. Ein Schau- und Lustspiel für das Puppen-Theater. (8 S.)
Heft 4. Prinz Guido, oder: Das Suchen nach Zufriedenheit. Schau- und Lustspiel für das Puppen-Theater in 2 Aufzügen. (12 S.)
„ 5. Der lange Tom, oder: Der Erdgeist und der Riese. Zauberspiel mit Gesang in 1 Aufzug für das Puppen-Theater. (14 S.)
„ 6. Der Doctor und der Bauer. In 1 Aufzug für das Puppen-Theater. (12 S.)

—— dass. — 2. Bdchn. (6 Hefte.) (Mit je 1 ill. Holzschn.) gr. 8. Leipzig 854, Geißler. à Heft 3 Ngr. Thlr.
Inhalt:
Heft 1. Zwei Peter in der Fremde. Ein lustig Spiel für das Kindertheater in 2 Aufzügen. (16 S.)
„ 2. Vaters Geburtstag. Ein anmuthig Gelegenheitsspiel zur Aufführung für Kinder. (10 S.)
„ 3. Der Schneider Kakadu oder Träume sind Schäume. Eine Posse für die Puppencomödie in 1 Aufzug. Herr Hampelmann am Geburtstage. Festspiel &c. für das Puppentheater. (12 S.)
„ 4. Die Reise nach Australien. Ein Spiel für das Puppentheater in 3 Aufzügen. (16 S.)
„ 5. Der Flötenspieler. Lustspiel mit Gesang in 1 Aufzug zur Darstellung für Kinder. (15 S.)
„ 6. Das Räthsel oder der glückliche Tischlergeselle. Ein Lust- und Zauberspiel für das Puppentheater in 1 Aufzuge. (12 S.)

—— dass. — 3. Bdchn. 6 Hefte. (Mit je 1 ill. Holzschn.) gr. 8. Ebds. 856. à Heft 3 Ngr.

Inhalt:

Heft 1. Der gute Bauer oder: Der Kaiser im Reisekleid. Ein Schauspiel in 2 Aufzügen für das Puppentheater. (16 S.)
" 2. Der kleine Brunnengräber. Ein Lustspiel in 2 Aufzügen zur Aufführung für Kinder. (16 S.)
" 3. Die Reue des Verschwenders oder: Die fünf Sinne. Ein Spiel mit Gesang und Tanz für das Puppentheater in 3 Aufzügen. (16 S.)
" 4. Die drei Nußknacker. Ein anmuthiges Lustspiel zur Darstellung für Kinder in 2 Aufzügen. (16 S.)
" 5. Der Schneider in der Klemme. Ein artig Possenspiel mit Gesang für das Puppentheater in 2 Aufzügen. (16 S.)
" 6. Hoppla! Caspar ist todt! Possenspiel für das Puppentheater in 2 Aufzügen. (15 S.)

Puppen- und Kindertheater. 4. Bdchn. 6 Hefte. (Mit je 1 ill. Holzschn.) gr. 8. Leipzig 858, Geißler. à Heft 3 Ngr.

Inhalt:

Heft 1. Der Mutter Geburtstag oder: Der kleine schwarzwälder Uhrmacher. Ein Schau- und Lustspiel zur Aufführung für Kinder in 1 Aufzug. (12 S.)
" 2. Der dumme Punzel oder: Wie Alle reich werden wollten. Ein Lust und Zauberspiel für das Puppentheater in 2 Aufzügen. (16 S.)
" 3. Caspar im Luftballon oder: Hampelmanns lustige Weltreise. Eine Posse mit Gesang und Tanz für das Puppentheater in 3 Aufzügen. (16 S.)
" 4. Prinzessin Zwieback oder: Caspar im Sumpfe. Ein belehrendes Lustspiel in 2 Aufzügen für das Puppentheater. (16 S.)
" 5. Caspar in der Windmühle oder: Allzugut ist liederlich. Ein Lust- und Schauspiel für das Puppentheater in 2 Aufzügen. (16 S.)
" 6. Der Schwester Abschied oder: Die Reise auf dem Dampfwagen. Ein Familienstück zur Darstellung für Kinder in 1 Aufzuge. (12 S.)

1—3. Bdchn. Ebendas. 1853—56. à Bdchn. 18 Ngr.

Puppen- und Kindertheater. 5. Bd. 6 Hefte (à 16 S. u. 1 color. Holzschn.). Leipzig 862. Geißler. 8. Jedes Heft 3 ngr.
1. Heft: Der Doctorhut. Ein Spiel mit Gesang für das Puppentheater in 2 Aufzügen.
2. Heft: Caspar und der Seeräuber. Ein Schau- u. Lustspiel für das Puppentheater in 3 Aufzügen.
3. Heft: Fiedel-Görge. Zauberspiel mit Gesang in 3 Aufzügen für das Puppentheater.
4. Heft: Der glückliche Leimsieder. Eine Posse mit Gesang in 3 Aufzügen für das Puppentheater.
5. Heft: Onkels Begrüßung. Ein kleines Schauspiel in 2 Aufzügen zur Darstellung für Kinder.
6. Heft: Der Hirsedieb. Ein Lust- u. Zauberspiel für das Puppentheater in 3 Aufzügen.

Puppen- und Kindertheater. 6. Bd. 6 Hefte. 8. (Mit je 1 color. Holzschn.) Leipzig 878, Geißler.
cart. à Heft 30 Pf. 1 80

Inhalt:

Heft 1. Das Rothkäppchen. Ein kleines Schauspiel in 2 Aufzügen zur Darstellung für Kinder. (12 S.)
" 2. Der Siegesthaler. Schauspiel in 1 Aufzug zur Darstellung für Kinder. (12 S.)
" 3. Die Reise in's Schlaraffenland. Ein lustig Spiel für das Puppentheater in 2 Aufzügen. (15 S.)
" 4. Olga oder das Bündniß der Blumen. Ein Gelegenheitsstück zur Darstellung für die Jugend in 1 Aufzug. (11 S.)
Heft 5. Caspar und das Schneiderlein. Ein Schauspiel für das Puppentheater in 2 Aufzügen. (11 S.)
" 6. Ein Stündchen in der Tonne. Lustspiel in 1 Aufzug zur Darstellung für die reifere Jugend. (15 S.)

1.—5. Bd. Ebendas. 1853—62. à ℳ 1.80.

Puppentheater für die lieben Kleinen. Mit 5 col. Kupf. 16. Leipzig 846, Brauns. 1/2 ₰

Puppen-Theater, neues. Sammlung von kleinen Theaterstücken für Kinder- u. Puppen-Theater. 1—3. Bd. Breslau 860, 61. Schletter. 16. (224 S.) Jeder Bd. 6 ngr.

Puppentheater-Modellierbuch, das. (6 farb. Taf. m. Text auf dem Umschlag.) 31×26 cm. Ebd. (907). 1. 20

Puppenwelt, die. Eine neue Bilderlust für kleine Mädchen. Mit 12 fein ill. Kupf. qu. 8. Nürnberg 844, Zeh'sche Buchh. geb. 1/2 ₰

Puppenwelt, die. Spielfreude für kleine Mädchen in Reimen und Bildern. br. 8. (32 S. mit 8 ill. Stahlst.) Nürnberg 854, Geißler.

Puppenwelt, die. Spielfreude für kleine Mädchen in Reimen und Bildern. Mit 8 color. Stahlst. Nürnberg (855.) Geißler. 8. (32 S.) 15 ngr.

Purbrik, Ed. Ignatius, S. J., kurze Betrachtungen über die lauretanische Litanei. [Autoris. Uebersetzg.] 12. (IV, 214 S.) Luxemburg 879. Breisdorff. n. 1. 20

Purcell, Frederick [aus Capstadt]: Ueber den Bau der Phalangidenaugen ... Berlin, Buchdr. v. G. Schade, *1894*; 60 S., 1 Bl. 8.
Berlin, Phil. Fak., Inaug.-Diss. v. 13. Jan. 1894

Purcell, John, Abhandl. von allen Gattungen der Kolik; nach der 2n engl. Ausg. übersetzt, mit Anmerkk. v. J. A. P. Geßner. 8. Nördling. 775. Beck. 12 gl

Purchhauer, J. D. Ch., De atonia. 39 pp. Jen. 4°. 1755

Burckhard von Fürckenstein [Anton Ernst Burkhard von Birckenstein: Ertz-Hertzogliche Handgriffe deß Zirckels und Linials], Außerwöhlter[!]Anfang zu denen höchstnutzlich mathematischen Wissenschafften — Samt e.Anh. oder Beschreibung derer... ungarischen Städten, Vestungen und Schlösser... Augspurg: Walder 1713. 184 S., Taf.9-142 8°

Pürckstein, Burkh. v., auserles. Anfang zu den mathemat. Wissensch. m. K. 4. Augsb. 731.

Purckhard, C., *Ars scutaria*, vulgo herald. c. fig. Nrnb. Schmidt. 733.

Purckhauer, Johann Christoph (Rothenburg/Franken), De scamno comitiorum transverso, Von der Querbanck. Diss. jur. publ. Präs. Christian Wildvogel. Jena (Muller) 3. IX. 1707. 43 S. (4.75) 27374
Widm. v.: Christian Wildvogel, Joh. Simon Seyfried, G. A. Hönig.

Pürckhauer, A. F., die Forderung Christi, ihn zu bekennen. Predigt am Sonnt. Oculi 1848 gehalt. gr. 8. (14 S.) Nürnberg 848, Raw. 1/24 ₰

PÜRCKHAUER, Heinrich: Ein Fall von Echinococcus der Leber.- München: Oldenbourg 1888. 30 S.
11.5.1888 - Chr 1887/88,20; Jv 1887/88,214
Diss. Ingolst.-Landsh.-Mchn.

Pürckhauer, Heinrich, ein Fall von Echinococcus der Leber. Diss. München 1888, A. Buchholz. 8°. 30 S.

Pürckhauer, H., zur Casuistik der Allantiasis. [Aus: „Aerztl. Intelligenzbl."] gr. 8. (83 S.) München 877. J. A. Finsterlin. — 90

— dasselbe. s.: Mittheilungen u. Auszüge aus dem aerztlichen Intelligenzblatte.

— Propylamin gegen Chorea minor. gr. 8. (11 S.) München 878. J. A. Finsterlin. — 30

— dasselbe. s.: Mittheilungen u. Auszüge aus dem aerztl. Intelligenzblatt.

Pürckhauer, Rudolf, Dr. med., approb. Arzt (aus Berolzheim): Beiträge zur Complikation der Gravidität durch Ovarialtumoren. *Würzburg 1900: V. X. Seubert.* (31 S.) 8°
Würzburg, Med. Diss. v. 1900

Pürckhauer, Rudolf, approb. Arzt aus Dresden: **Aus d. chirurg. Universitäts-Klinik zu Kiel. Über einen Fall von traumatischer intraperitonealer Blasenruptur mit Heilung.** *Kiel 1904: H. Fiencke.* (21 S.) 8°
Kiel, Med. Diss. v. [4. Juni] 1904

Pürckhauer, Th., Predigt am Jahresfeste des bayer. Hauptvereins der Gustav-Adolf-Stiftung in Fürth, am 9. VII. 1901 geh. gr. 8. (11 S.) Nürnberg 901. F. Banckwitz. n. — 20

Pürckhl, Johann Christoph

— — De commissario imperiali in caussis justitiae. Von Kays. Commissarien In Justiz-Sachen. Jena (J. Chr. Croeker) 1740. 110 S. (5.25) 27284
Präs. Jo. Volckm. Bechmann. 1685 edidit.

Pürckstein, Ant. Ernst Burkh. v.,
s. Pürckenstein, Ant. Ernst Burkh. v.

Purdie, Eleanor [late Marion Kennedy student of Newham College, Cambridge]: The perfective „Aktionsart“ in Polybius. (Sep.-Abdr. aus „Indogermanische Forschungen“ IX.) Strassburg 1897. 93 p. 8°.
Freiburg. Phil. Diss. 1897/98.

PURDIE, THOMAS. Ueber die Einwirkung von Natriumalkylaten auf Fumarsäureester. Würzburg, 1881.

Pureberl, Geo., die körperl. Beredtsamkeit des kathol. Christuspredigers. 3e Ausg. 8. Salzb. 822. Mayr. 1 ℛ 5 gr

— Predigten auf verschied. Sonn- u. Festtage des Kirchenjahres. 2 Bde. 8. Salzb. 815. Mayr. 1 ℛ

— die Reise nach Neumarkt nächst Salzburg. Mit 1 Kpf. 12. Salzb. 813. Duyle. 8 gr

— christl. Sittenlehre f. die erwachsene Jugend. 8. Salzb. 804. Mayr. 3 gr

— Dies. mit Beispielen dem Bürger- u. Bauernstande gewidmet. 8. Salzb. 806. Mayr. 5 gr

— üb. den mündl. Vortrag des Redners, mit erläut. Beispielen zur Beförder. d. geistl. Beredtsamkeit. 8. Salzb. 810. Mayr. 12 gr

Purfürst, Hans: Über Umwandlungsprodukte des a-Nitro-ß-naphtylamins. Marburg 1902: Köster & Schell. (40 S.) 8°
Marburg, Phil. Diss. v. [2. Febr.] 1902

Purgaj J.: Die Reihenfolge der olynthischen Reden. 23. Marburg. 74. Progr.

PURGANTIUS (ps.), Lustige Brunnen-Kur, da drey Freunde ihre wunderliche Fata einander erzählen. Schwabach 1745. 8°.
— — Dasselbe m. d. Titel: Lustige Brunnencur, da drey Freunde von gleichem Schlag ihre Begebenheiten erzählen .... Carlsbad (Celle, Gsellius) 1754. 8°.
Beide Drucke ungemein selten!

PURGANTIUS, Dr., und der Dorfbarbier Lux, Quintessenzialisches Reizmittel zum Lachen. 1812.
Weller, Lex. Ps. p. 463. — Selten!

Purger, Immaculata. Gebetbüchlein zum 50jähr. Jubiläum des Dogmas der unbefl. Empfängnis Mariens. (48 S. m. Titelbild.) kl. 8. Donauwörth (904). L. Mager. —15

Purglitz — Situations-Plan der Fürst zu Fürstenbergischen Herrschaft — Kruschowitz. des Gutes Nischburg und Wschetatten. Lithographie von J. Velten in Carlsruhe. 1 : 83,000. 1 Bl

Purgold, A. Ueber die Bildung des Aussig-Teplitzer Braunkohlenflötzes. 1876.

Purgold, A.: Ueber die Bildung des Aussig-Teplitzer Braunkohlenflötzes. Vortrag. (Mittheilungen des Naturwissenschaftlichen Vereines in Aussig.) Aussig 1877. 16 S. 8°.

Purgold, A., Geognosie und Landwirthschaft, s. Sammlung gemeinnütziger Vorträge.

Purgold, A. Die Meteoriten des mineralogischen Museums in Dresden. 1882.

Purgold, Daniel Heinrich

— s. 1) Erzähll., das Nützlichste u. Angenehmste aus d. Geschichte. 2) Kann Gott beleidigt werden. 3) Prüfung d. Begriffe von d. Ehe. 4) Resultat meines mehr als 50jähr. Nachdenkens. 5) Sendschreiben an d. Verf. d. Schrift v. falschen Religionseifer. 6) Trostschreiben e. alten Predigers.

Purgold, Dn. Hnr., († d. 10. Oct. 1788.) die Freude d. Christen im Weihnachtsfest; die eigentl. Lehre d. Christen; die satanischen Versuchungen; in 3 Predigten. 8. Burg 767.

PURGOLD, D. H., Ob der Ehestand der Heiligkeit nachtheilig sey? Magdeb., Hechtel, 1763. 8°.
Cat. Monath III. Nürnb. 1784. 8°. p. 402.

PRÜFUNG der bisher gewöhnlichen Begriffe von der Ehe und von der Menschheit .... (von *Daniel Heinr. Purgold*). Magdeburg, Zapf, 1773. 8°. (2 ggr.)
Ersch II. 1. 1823. no. 1158; Anon.-Lex. III. p. 315 (nach Meusel u. Kayser).

Purgold, Dn. Hnr., die Rechtgläubigkeit d. heil. griech. Kirche. 8. Magdeb. 774. (Creutz). 6 gr

— was hat Luther für ein Recht gehabt zu reformiren rc.? 8. Magdeb. 785. Neue Aufl. 792. Creutz. 3 gr

Purgold, Dan. H., welches Recht zu reformiren hatte Luther? 8. Magdeb. Creutz. 792.

Purgold, F. J., Commentatio in vim naturae humanae physico fractam et enervatam aetiologice inquirens. Marburg/Hessen (Nov. typogr. acad.) 1791. 36 S. (3.75) 27375

Purgold, F. J., de vi naturae humanae. 8. Marb. 791. Krieger. 2 gr

Purgold, Friedrich

Purgold, Fr., der deutsche Anwaltstag zu Mainz u. Deutschlands Aussichten auf denselben zur Vorbereit. einer allgem. deutschen Gesetzgebung. 12. Darmst. 844, Jonghaus. 1/4 ℛ

Purgold, Frdr., das nationale Element in der Gesetzgebung. Ein Wort zur deutschen Rechtseinheit. Darmstadt 860. Jonghaus. gr. 8. (VII, 135 S.) n. 20 ngr.

Purgold, Fr., die Gesetzgebungswissenschaft, in Entwickelung der für d. Entwurf eines neuen, namentl. deutschen, Gesetzbuchs sich ergebenden Grundsätze. gr. 8. Darmstadt 840. Diehl. 5/12 ℛ

—— die deutsche Codificationsfrage, mit Bezugnahme auf die Verhandlungen der Germanistenversammlung zu Frankfurt a. M. Lex.-8. (2½ B.) Darmstadt 846, Jonghaus.
Aus: Anwaltzeitung J. 1846. Nr. 43—45 besond. abgedruckt.

Purgold, Friedr., die deutsche Codificationsfrage mit Bezugnahme auf die Verhandlungen der Germanistenversammlung zu Frankfurt a. M. gr. 8. (38 S.) Darmstadt 847, Jonghaus. 1/4 ℛ

Purgold, Friedr., das wissenschaftliche Princip des deutschen Privatrechts in der Anwendung auf das Leibgeding, siehe: Archiv f. die civilist. Praxis. 31. Bd. Beilageheft.

Purgold, Johann

Purgold, Jh., de diversis imperii Russici ordinib. eorumque juribus atque obligationes etc. 8maj. Halle 786. Gebauer. 12 gr

Purgold, Karl, archäologische Bemerkungen zu Claudian u. Sidonius. gr. 8. (120 S.) Gotha 878. F. A. Perthes. n. 2. —

Purgold, Karl, d. Inschriften v. Olympia, s.: Dittenberger, Wilh.

Purgold, Karl, Luthers kleiner Katechismus, aus d. heil. Schrift erklärt u. durch bibl. Stellen u. bibl. Beispiele bestätigt. Ein Handbuch zunächst für Lehrer an Volksschulen. 2e Aufl. 8. Greifswald 840. Koch. 1/7 ℛ

—— Luthers kleiner Katechismus ꝛc. erklärt, s. Luther, M.

Purgold, Carl, Dr. Mart. Luthers, kleiner Katechismus mit angedeuteten biblischen Stellen, biblischen Beispielen und geistlichen Liedern; für Kinder in Stadt- und Landschulen. Angehängt sind: 1. die Folge und der Inhalt der bibl. Bücher. 2. das Verzeichniß der lehrreichsten Abschn. der heil. Schrift. 3. Eine kleine Sammlung von Gebeten und die christl. Haustafel. 7. Aufl. 8. (47 S.) Greifswald 856, Koch's Verlag. *

(Purgold, C.,) Leitfaden z. Uebersicht in d. Erdbeschreibung f. Kinder in mittlere Volksschulen, s. Leitfaden.

— Leitfaden zur Uebersicht in d. Erdbeschreib. f. Kinder in mittl. Volksschulen. 8. Greifsw. 831. Koch. 4 gr

(Purgold, Carl,) Leitfaden zum Unterricht in der Erdbeschreibung f. Kinder in mittleren Volksschulen. 2., verb. Aufl. 8. (5¼ B.) Greifswald 846, (47,) Koch's Buchh. *

(——) Leitfaden z. Unterricht in d. Erdbeschr. f. Schüler u. Schülerinnen, s. Leitfaden.

Purgold, C., Leitfaden zum Unterricht in d. Erdbeschreibung f. Schüler u. Schülerinnen. 8. Greifsw. ... 2e Aufl. 829. Koch. 6 gr

Purgold, Karl, Leitfaden zum Unterricht in der Erdbeschreibung, für Schüler u. Schülerinnen. 3. verb. Aufl. 8. Greifswald 841, Koch. ¼ ₰

Purgold, Carl, Leitfaden zum Unterricht in der Erdbeschreibung für Schüler und Schülerinnen. 4., verb. Aufl. gr. 8. (VIII und 132 S.) Greifswald 848, Koch's Vrlgsh.

(——) Rede bei d. Einweihung d. allgem. Stadtschule zu Anclam. gr. 8. ... Greifswald 827, Koch.

(——) Rede bei Gelegenheit d. feierl. Grundsteinlegung z. großen Elementar-Schulgebäude zu Anclam. gr. 8. ... Greifswald 826, Koch.

(——) Sammlung v. Sprüchen u. Liederversen auf jede Woche d. Jahres, s. Sammlung.

— Samml. v. Sprüchen u. Liederversen auf jede Woche d. Jahres f. kleine Kinder. 8. Greifsw. 829. Koch. 2 gr

(——) tabellar. Unterricht d. deutschen u. d. brandenburg-preuß. Geschichte. Zur Benutz. f. Schüler u. Schülerinnen. 2. Aufl. 8. ... Greifswald 831, Koch.

— tabellar. Uebersicht der deutschen u. der brandenburg.-preuß. Geschichte. Zur Benutzung für Schüler u. Schülerinnen. 3. veränd. Aufl. 8. Ebend. 847. (846.) n. 2 ngr

(——) tabellar. Uebersicht d. allgem. Weltgeschichte. Zur Benutz. f. Schüler u. Schülerinnen. 2. Aufl. 8. ... Greifswald 831, Koch.

— tabellar. Uebersicht der allgem. Weltgeschichte. Zur Benutzung für Schüler u. Schülerinnen. 3. veränd. Aufl. 8. Ebend. 847. (846.) n. 2 ngr

Purgold, Ludwig

Purgold, Ldw., († d. 11. Aug. 1821.) Abälard u. Heloise, od. die Fragen der Menschheit. Romant.-Platon. Gespräch. 8. Berl. 818.

— üb. die Bildung zur Poesie u. Beredtsamkeit. Progr. 4. St. Petersb. (807.)

— Helwig, zum Besten der Preuß. Verwundeten. gr. 4. Königsb. 806. (Michelsen in Leipz.) 6 gr

— observat. criticae in Sophoclem, Euripidem, Anthologiam graecam et Ciceronem; adjuncta est Sophoclis e codice Jenensi varietas lectionis in scholia maximam partem inedita. Auctarium subjecit H. C. A. Eichstädt. 8maj. Jena 802. Gabler. (Cnobloch in Leipz.) 1 ₰ 18 gr

— üb. die Wichtigkeit d. deutschen Sprache f. gründl. Bildung. Progr. 4. St. Petersb. 813.

Purgoldt, J., Rechtsbuch, s. Sammlung deutscher Rechtsquellen.

PURGSTALL, A., Aculeus sine vulnere seu Epigrammata de . . . urbe Vienna. Viennæ 1706. 8°.
Karajan's Bibl. no. 4792. — Viennense perrarum.

Purgstall, Albertus, Exercitium academicum scripturisticum de libro et prophetia Danielis. Graz, Widmannstadt, 1713, 4°.

Purgstall, Albert., Synopsis vitae et doctrinae Confucii XXX gnomis comprehensa. Wien, Voigt, 1706, 8°.

Programm, siebentes — des kathol. Gymnasiums zu Temeswar für das Schuljahr 1856/57. Temeswar, 1857. Buchdr. von Beichel's Erben. (42 S. 4.)
Enthält: Psichologische Aehrenlese für Lehrer und Erzieher. Fortsetzung. Von dem Direktor des Gymnasiums Josef Karl Purgstaller.

Programm, achtes, des kath. Gymnasiums zu Temesvár. *Temesvár* 1858. Buchdruckerei von *Förk & C.* 42 S., 4°.
INHALT. Psychologische Aehrenlese. Von *Purgstaller* (S. 3—18).

Puricelli, *Louis* Alexander: Über den wirthschaftlichen Erfolg der Düngung auf Böden von verschiedener natürlicher Fruchtbarkeit. . . . Leipzig-Reudnitz, Druck v. O. Schmidt, 1891; IV, 62 S., 1 Bl., 18 Tab. 8°
Leipzig, Phil. Fak., Inaug.-Diss. v. [5. Aug.] 1891

PURICELLI, Ludwig (Meisenheim; Bamberg): Über die cyanotische Induration der Nieren. Stauungen bei Herz- und Lungenkrankheiten. Mit 1 Taf.- Stuttgart: Kröner 1886. 1 Bl.,30 S.,1 Bl.,Taf.
28.11.1884 - Urk (Titel: De induratione renum cyanotica.); Chr 1884/85,20; Jv 1885/86,167
Diss. Ingolst.-Landsh.-Mchn.

Puricelli, Ludwig, über die cyanotische Induration der Nieren (Stauungsniere bei Herz- und Lungenkrankheiten). Diss. München 1886, A. Buchholz. 8°. 29 S. mit einer Taf.

Purjesz, Ign., therapeutisches Recept-Taschenbuch f. venerische Krankheiten. 8. (VIII, 96 S.) Stuttgart 883. Enke. n. 1. 60

Purim-Almanach. Hrsg. von A. Goldschmidt. 2. und 3. Samml. gr. 8. Hamburg, A. Goldschmidt.
à Samml. *ℳ 1.—. * 2 —
Inhalt:
Samml. 2. Ein Purimabend, Lustspiel. — Der verhängnißvolle Brief, parodist. Scene. — Purim-Predigt, Parodie. — Fleischwaaren, Soloscene. — Purim-Ballade, Parodie. (32 S.) 886.
„ 3. Ein Purim bei Achaschwerosch's. Purim-Komödie. — Wilhelm Tell. Ein kom. Trauerspiel nach Schiller. — Nachmann Knuppenbeißer's Biographie. — Der waghalsige Bocher. Ballade. (32 S.) 888.

Purim-Almanach. Hrsg. v. A. Goldschmidt. 4. Sammlg. gr. 8. (34 S.) Hamburg 892. A. Goldschmidt. n. 1. —

Purim-Gebete. 8. Krotoschin 845, Monasch u. Sohn. 12 ngl

Purimspiel, das alte, nach neuem Schnitt u. Stil. [In 2 Aufzügen.] Erdacht u. gemacht v. M'i'r. 8. (40 S.) Frankfurt a/M. 887. Kauffmann. — 80

PURIMSPIELER, Maier David (ps.), Lustiger Luach. Humoristisch-satyrischer Kalender auf das Jahr 5623. 1862.

Purimspieler, M. D., Majssim un Schnokes, s. Unterhaltungs-Bibliothek für Eisenbahn-Reisende.

— — Majssim un Schnokes verzählt vu e meschugenen Cochem. 1863.
Beides bei Weller, Lex. Ps. p. 463.

Püringer, August

Püringer, Aug., Gedichte. (1894—1898.) 8. (VII, 188 S.) Dresden 900. E. Pierson. n. 3. —; geb. n. 4. —

Püringer, Aug., Künstler- u. Publicums-Unarten. Ein Warn- u. Mahnruf. gr. 8. (16 S.) Wien 895. F. Schalk. n. — 50

Puritaner-Grab, das, histor. romant. Gemälde aus den Zeiten Carls II. Nach d. Engl. bearbeitet. vom Uebersetzer der Romane: de l'Orme. Heinrich Masterton rc. 3 Bde. 8. Leipzig 834. Kollmann. $3^{1}/_{2}$ ₰

Puritas-Bibliothek. Aufklärung u. Reinheit. kl. 8. Berlin, Gerdes & Hödel. à Bd. n. 3. —; geb. n. 3. 75
Was e. junge Ehefrau wissen muß. Von Emma F. A. Drake. Einzige autoris. deutsche Ausg. von P. v. Gizycki. (XIX, 287 S.) (906.)
Was e. junger Ehemann wissen muß. Von Sylvanus Stall. Einzige autoris. deutsche Ausg. von P. v. Gizycki. (XXIV, 290 S.) (906.)

Puritas-Bibliothek. Aufklärung u. Reinheit. kl. 8. Berlin, Konstanz, Christl. Buch- u. Kunstverlag C. Hirsch. Geb. à Bd. 3. —
Stall, Sylvanus, was e. Knabe wissen muß. Einzige autoris. deutsche Ausg. von P. v. Gizycki. (LII, 231 S. m. 2 Bildn.) (907.)
— Was e. junger Mann wissen muß. Einzige autoris. deutsche Ausg. von P. v. Gizycki. (XXI, 324 S.) (907.)
Wood-Allen, Mary, was e. junges Mädchen wissen muß. Einzige autoris. deutsche Ausg. v. P. v. Gizicki.) (XX, 283 S.) (907.)
Fortsetzg., s.: Stall's Bücher.

Puritz und Opitz, Das freiwillige Sanitäts-Hülfscorps zu Hannover und dessen Verwendung im Kriege 1870/71, Hannover 1873, 8 S., 8°.

Puritz, Ludw., code-book of gymnastic exercises. Translated by O. Knofe and J. W. Macqueen. With 268 woodcut-illustrations. 16. (XXIII, 285 S.) Hannover 883. Hahn. cart. 1. 50

— Handbüchlein turnerischer Ordnungs-, Frei-, Hantel- u. Stabübungen. Eine Sammlg., auf Grundlage v. J. C. Lions Leitfaden f. den Betrieb der Ordnungs- u. der Freiübgn. bearb. Mit 235 Holzschn. 8. (XVI, 190 S.) Hof 884. Lion. geb. n. 2. 50

Puritz, L., Handbüchlein turnerischer Ordnungs-, Frei-, Hantel- u. Stabübungen. Eine Sammlg., auf Grundlage v. J. C. Lion's Leitfaden f. den Betrieb der Ordnungs- u. der Freiübgn. bearb. 2., verm. Aufl. Mit 237 Holzschnitten. 8. (XVI, 193 S.) Hof 887. Lion. geb. n. 2. 50

Puritz, Ludw. Handbüchlein turnerischer Ordnungs-, Frei-, Hantel- u. Stabübungen. Eine Sammlg., auf Grundlage v. J. C. Lions Leitfaden f. den Betrieb der Ordnungs- u. Freiübgn. bearb. 3. verb. u. verm. Aufl. gr. 8. (XVI, 202 S. m. 272 Holzschn.) Hof 892, Lion. geb. * 2 50

Puritz, Ludw., Handbüchlein turnerischer Ordnungs-, Frei-, Hantel- u. Stabübungen. Eine Sammlg., auf Grundlage v. J. C. Lions Leitfaden f. d. Betrieb d. Ordnungs- u. d. Freiübgn. bearb. 4., verb. u. verm. Aufl. 8. (XVI, 214 S. m. 279 Holzschn.) Hof 897. R. Lion. Geb. in Leinw. n. 2. 50

Puritz, Ludw, Handbüchlein turner. Ordnungs-, Frei-, Hantel- u. Stabübungen. Eine Sammlg., auf Grundlage v. J. C. Lions Leitfaden f. den Betrieb der Ordnungs- u. der Freiübgn. bearb. 5. verb. u. verm. Aufl. (XVI, 217 S. m. 283 Holzschn.) 8. Hof 904. R. Lion. Geb. in Leinw. n. 3. —

—— 16 Leiter- und Stuhl-Pyramiden für Turner, s. Lion, J. C.

Puritz, Ludwig. Manuel de gymnastique. Traduit de l'allemand, sur la sixième édition, par *Marc Senglet*, maître de gymnastique à Genève. In-32°, 294 p. avec 268 figures sur bois intercalées dans le texte. Hanovre (Genève, H. Georg). 1883. 1 80

— manuel de gymnastique. Traduit de l'allemand, sur la 6. éd., par Marc Senglet. Ouvrage accompagné de 268 figures sur bois. 16. (XXIV, 293 S.) Hannover 883. Hahn. cart. n. 1. 40

Puritz, Ludw., Merkbüchlein für Vorturner oberer Klassen höherer Lehranstalten. 16. (76 S.) Hannover 873. Hahn'sche Buchh. * — 50

Puritz, Ludw., Merkbüchlein für Vorturner in oberen Klassen höherer Lehranstalten und in Turnvereinen. 2. verb. und verm. Aufl. 16. (136 S. mit 107 Abbild. in Stndr.) Hahn'sche Buchh. 1876. *
Abbildungen 3 Bl. in Imp.-Fol. allein *

Puritz, Ludw., Merkbüchlein f. Vorturner in oberen Klassen höherer Lehranstalten u. in Turnvereinen. 3. verb. u. verm. Aufl. Mit 107 Abbildgn. in Steindr. (auf 18 Taf.) 16. (148 S.) Hannover 876. Hahn. n. — 75; cart. n. — 85

Puritz, Ludw., Merkbüchlein für Vorturner in oberen Klassen höherer Lehranstalten u. in Turnvereinen. 4., verb. u. verm. Aufl. Mit 235 Abbildungen in Holzschn. 16. (XV, 226 S.) Hannover 877. Hahn. n. — 75; cart. n. — 85

—— Merkbüchlein für Vorturner in oberen Klassen höherer Lehranstalten und in Turnvereinen. 5. und 6. verb. und verm. Aufl. 16. (XXIV, 288 S. mit 268 Holzschn.-Abbild.) Ebendas. 880, 81. * 90 Pf.; geb. * 1 —
—— dass. — 7. verb. Aufl. 16. (XXIV, 296 S. mit 276 Holzschn.-Abbild.) Ebendas. 884. cart. * 1 —

—— Merkbüchlein für Vorturner in oberen Klassen höherer Lehranstalten und in Turnvereinen. 8. verb. Aufl. 16. (XXIV, 309 S. mit 276 Abbild. in Holzschn.) Hannover 887, Hahn'sche Buchh. geb. * 1 —
Vgl.: Böttcher, Alfr., Vorturner zu Rat und That.

— Merkbüchlein f. Vorturner in oberen Klassen höherer Lehranstalten u. in Turnvereinen. 9., verb. Aufl. 16. (XXIV, 325 S. m. 283 Abbildgn. in Holzschn.) Hannover 890. Hahn. geb. n. 1. —
Dass. 10. Aufl. Ebda. 1893.

— Merkbüchlein f. Vorturner in oberen Klassen höh. Lehranst. u. in Turnvereinen. 11., verb. Aufl. 16. (XXIV, 325 S. m. 283 Abb.) Hannover 896. Hahn. Geb. in Leinw. n. 1. —

Puritz, Ludw., Merkbüchlein f. Vorturner in oberen Klassen höh. Lehranstalten u. in Turnvereinen. 12. verb. Aufl. 16. (XXIV, 331 S. m. 283 Holzschn.) Hannover 900. Hahn. Geb. in Leinw. n. 1. —

Merkbüchlein für Vorturner in oberen Klassen höherer Lehranstalten und in Turnvereinen von Ludwig Puritz. 13., verb. Aufl. Mit 284 Abb. Hannover & Leipzig: Hahn 1905. (XVI, 331 S.) 8° [F.] (-6. 1906) 7

Puritz, Ludw., Merkbüchlein f. Vorturner in oberen Klassen höherer Lehranstalten u. in Turnvereinen. 14., verb. Aufl. (XV, 216 S. m. 284 Holzschn. u. Bildnis.) kl. 8. Hannover 910. Hahn. Geb. in Leinw. 1. –

—— s. Pyramiden für Turner.

—— der hannoversche Tourist. Ein Führer bei Wanderungen in den Gebieten der Leine, Innerste, Weser und im Teutoburger Walde. Mit ausführl. Angaben über die Bäder Eilsen, Eschershausen, Grünenplan ꝛc. 4. gänzlich umgearb., durch geognost. und botan. Angaben verm. Aufl. Mit 1 (chromolithogr.) Specialkarte und 1 (eingedr.) Wegekarte des mittleren Deisters. 12. (158 S.) Hannover 881, Schmorl und v. Seefeld. * 2 —
3. Aufl. Vgl.: Tourist, Der hannoversche.

—— der hannover'sche Tourist. Ein Führer bei Wanderungen in den Gebieten der Leine, Innerste, Weser und im Teutoburger Walde. Mit ausführl. Angaben über die Bäder Eilsen, Eschershausen, Grünenplan, Limmer, Münder, Nammen, Nenndorf, Oeynhausen, Pyrmont, Rehburg, Salzdetfurth und Salzhemmendorf. 5. verb. und erweit. Aufl. 12. (VIII, 150 S. mit 1 Karte.) Hannover 886, Schmorl und v. Seefeld. geb. * 2 —

— der hannoversche Tourist. Ein Führer bei Wandergn. in den Gebieten der Leine, Innerste, Weser u. im Teutoburger Walde. Mit ausführl. Angaben üb. die Bäder Eilsen, Eschershausen, Grünenplan, Limmer, Münder, Nammen, Nenndorf, Oeynhausen, Pyrmont, Rehburg, Salzdetfurth u. Salzhemmendorf. 6., verb. Aufl. 12. (VIII, 159 S. m. 1 Karte.) Hannover 889. Schmorl & v. Seefeld. geb. n. 2. —

— der hannoversche Tourist. Ein Führer des Hannoverschen Gebirgs-Vereins bei Wandergn. in die Umgebg. Hannovers u. in entferntere Gebiete. Mit ausführl. Angaben üb. die Bäder Barsinghausen, Eilsen, Grünenplan, Limmer, Münder, Nammen, Nenndorf, Oeynhausen, Pyrmont, Rehburg, Salzdetfurth u. Salzhemmendorf. 7., erheblich erweit. Aufl. 12. (VIII, 223 S. m. 10 eingedr. Kärtchen.) Hannover 893. Schmorl & v. Seefeld. Geb. n. 1. 50; m. farb. Übersichtskarte n. 2. —; Karte allein n. 1. —

— hannoverscher Tourist. E. Führer bei Wandergn. in d. Umgebg. Hannovers u. in entfernt. Gebiete. Mit ausführl. Angaben üb. d. Bäder Barsinghausen, Karlshafen, Eilsen, Essen bei Wittlage, Grünenplan, Limmer, Melle, Münder, Nammen, Nenndorf, Oeynhausen, Pyrmont, Rehburg, Salzdetfurth u. Salzhemmendorf. 8., erweit. Aufl., hrsg. v. Osw. Reissert. Mit 2 Spezialkarten, 10 Uebersichts- u. 3 Wegekärtchen. 12. (VIII, 228 S.) Hannover 897. Schmorl & v. Seefeld Nachf. Geb. in Leinw. n. 2. —

— hannoverscher Tourist. Ein Führer f. Wanderer u. Radfahrer bei Ausflügen in das niedersächs. u. nordwestfäl. Hügelland sowie in die Lüneburger Heide m. besond. Berücksicht. der Bäder u. Sommerfrischen. 9. gänzl. umgearb. Aufl., v. Osw. Reissert. Mit 2 Spezialkarten, 11 Uebersichts- u. 3 Wegekärtchen. 12. (XVI, 262 S.) Hannover 901. Schmorl & v. Seefeld Nachf. Geb. in Leinw. n. 2. —

— hannoverscher Tourist. Ein Führer f. Wanderer u. Radfahrer bei Ausflügen in das niedersächs. u. nordwestfäl. Hügelland sowie in die Lüneburger Heide m. besond. Berücksicht. der Bäder u. Sommerfrischen. 10. umgearb. Aufl. v. Osw. Reißert. Mit 2 Spezialkarten u. 11 Uebersichtskärtchen. (XVI, 278 S.) kl. 8. Hannover 904. Schmorl & v. Seefeld Nachf. Geb. in Leinw. n. 2. —

— hannoverscher Tourist. Ein Führer f. Wanderer u. Radfahrer bei Ausflügen in die Lüneburger Heide, das Leine- u. Weser-Bergland u. e. Tl. des hess. Berglandes m. besond. Berücksicht. der Bäder u. Sommerfrischen. 12., erweit. Aufl. v. Hans Freytag. Mit 2 Karten u. 12 Übersichtskärtchen. (XVI, 496 S.) kl. 8. Hannover 909. Schmorl & v. Seefeld Nachf. Geb. 2. 50

Puritz, Ludw. Wanderkarte f. den hannov. Touristen. Lithogr. 1 : 200,000. Fol. Hannov. 892, Schmorl u. v. Seefeld Nachf. * 1 —

— 18 Wandtafeln m. den nach J. C. Lion's Zeichnungen vergrößerten 276 Abbildungen zum Merkbüchlein f. Vorturner. Fol. Hannover 887. Hahn. n. 6. —

Purk, X., Luźne karty pamietnika zbiega z Sybirn, s. Biblioteka pisarzy polskich.

(Purkart.) Die bayerischen Generäle der Napoleonischen Kriegsepoche. 8 Regensburg 1839.

Purkart. Uniformen einzelner Abteilungen verschiedener Armeen.
o. O. 1817—1819(?) 12 Aquarelle. 4°
(Bad., engl., franz., hess., holländ., schweiz. Militär, Kosaken.)

Purkart, Karl

Kriegserinnerungen für Bayern mit besonderer Beziehung auf die Kriegsepoche von 1790–1815. (Von Purkart.) Mit Tab. u. 1 Abb. des Obelisk auf dem Karolinen-Platz in München.
Kempten 1829. 192 S.
(Darin: Geschichtl. Skizze der bayer. Armee. — Orden, Ehrenzeichen u. andere Auszeichnungen in der bayer. Armee, mit ausschließl. Beziehung auf die Kriegsepoche von 1790–1815. Nebst einigen Auszugen aus der Geschichte der Regimenter bis zum Jahre 1829. — Orden, Ehrenzeichen u. andere Auszeichnungen der Unteroffiziere u. Soldaten in den bayer. Regimentern und Bataillone, so wie solche während den Feldzugen von 1805 bis 1815 gebildet und benannt waren.)

Bayerischer Kriegskalender und Ergänzungsblatt. (Von K. Purkart.) Bd 1. 2.
München 1828.

Kriegs-Tage der Baiern. Ein kriegsgeschichtlicher Nationalkalender. (Von Purkart.)
München 1825. 117 S.

Purkart, K., u. F. Grf v. Saporta. Vorschriften für den Schwimmunterricht. Mit Taf.
München 1826. 54 S.

Purkart, Hauptmann u. Graf v. Saporta, Vorschriften für d. Schwimmunterricht. Mit 6 Kpft. 2e Aufl. 8. Münch. 827. J. Lindauer. 8 gr

Purkart u. Saporta, Graf v., Vorschriften f. d. Schwimmunterricht, m. Abb., 2. Aufl., München 1827, VII u. 54 S., 6 Taf., 8°.

Purkart, Karl, Waffenunterricht für Offiziere u. Unteroffiziere, mit besonderer Beziehung auf die in der königlich-bayerischen Armee eingeführten Handfeuerwaffen. Eine Sammlung von Auszügen (aus den berühmtesten Autoren). Mit 2 Steintaf. 8. Würzburg 834. (Stahel.) n. 1 1/6 rthl

Purkart, K. Waffenunterricht für Offiziere u. Unteroffiziere mit bes. Beziehung auf die in der kgl. bayer. Armee eingeführten Handfeuerwaffen. Würzburg 1834. 311 S.

Purkarthofer, J., Rede bei d. Primizfeier des Hrn. J. Hertle. 8. Grätz 816. Miller. 3 gr.

PURKARTHOFER, Ignaz: Die Einwanderung der Deutschen in die Ostmark zur sächsischen, fränkischen und am Beginn der staufischen Periode (955 bis c. 1150). — 1909. XV, 414 Bl. Diss. Graz, Univ.

Pürkerth-Halada, M., der Seidenbau in kälterer Zone. Brünn 860. (Buschak & Irrgang.) gr. 8. (14 S.) 5 ngr.

Pürkerth-Halada, M., unsere neue Verfassung. Ansichten darüber theils in Bezug auf Oesterreich, theils auf andere Staaten. gr. 8. (44 S.) Wien 852, Dirnböck. 1/4 Thlr.

Purkhart, Norb., u. Sph. Rösler, die Tageszeiten in maler. Scenen-Darstellungen geschildert. 8. Ofen 805.

Pürkhauer, Dr. (prakt. Arzt) „Die geognostischen Verhältnisse der Umgebung von Rothenburg". pg. III–VIII und 1—20. 8°. Schneider & Schmidt. Rothenburg o.T., Progr. 1866/67

Pürkhauer, Daniel Philipp, über die Beichte mit besonderer Berücksichtigung der Frage: ob die allgem. oder Privatbeichte den Vorzug verdient? (Abdr. aus d. Zeitschrift für Protest. u. Kirche.) gr. 8. (80 S.) Erlangen 847, Bläsing. 1/6 Thlr.

Pürkhauer, Dan. Phil., über die Beichte mit besond. Berücksichtigung der Frage: ob die allgem. oder Privatbeichte den Vorzug verdient? gr. 8. (30 S.) Erlangen 847, Bläsing.

Pürkhauer, der Pfarrer in d. evang.-sozialen Bewegg., s.: Bericht üb. die 27. allgem. Pastoralkonferenz evang.-luther. Geistlicher Bayerns.

Pürkhauer, D. Ph., zwei Vorträge üb. Wirksamkeit u. Lehrfreiheit der Geistlichen geh. an den Synoden zu Dinkelsbühl in den J. 1871 u. 1872. gr. 8. (22 S.) Nördlingen 872. Beck. — 30

Pürkhauer, L., Führer durch d. Stadt Rothenburg ob d. Tauber u. deren nächste Umgebg. gr. 16. (32 S. m. 1 Plan.) Rothenburg o/T. 895. C. H. Trenkle. n. — 40

Purkinje (Purkyně), Joh. Ev.

Purkyně, Jan, Akademia. [Vyňato z časopisu Zivy.] Prag 861. (Rziwnatz.) Lex.-8. (72 S.) n. 12 ngr.

Purkyně, Joh., Austria polyglotta. gr. 8. (59 S.) Prag 867, Dr. Grégr und Dattel. * — 60

Purkinje, Jh., Beobachtt. u. Versuche z. Physiologie d. Sinne. 1s Hft. Beitrr. zur Kenntniß d. Sehens in subjectiver Hinsicht. 8. Prag 819. 2e Aufl. Mit 1 Kpf. Ebd. 823. (Calve). 1 Thlr. 2s Bdchen. Neuere Beitrr. zur Kenntniß des Sehens in subjectiver Hinsicht. Mit 4 ill. Kpft. gr. 8. Berl. 825. Reimer. 1 Thlr. 6 gr.

Purkinje's Bulletin üb. den Schwindel, s.: Aubert, H., physiologische Studien üb. die Orientierung.

De Cellulis antherarum fibrosis nec non de granorum pollinarium formis commentatio phytotomica. Auctore Joanne Ev[angelista] Purkinje [Purkyně]. Vratislaviae: Grueson 1830. VIII,57 S. 4

Purkinje, Jo. Ev., de cellulis Antherarum fibrosis nec non de granorum pollinarium formis commentat. phytotomica. Acced. tab. lith. **XVIII. 4 maj. (8 B.) Vratislaviae** 830, [Hentze.] Thlr.

Purkinje, Joannes Evangelista: De examine physiologico organi visus et systematis cutanei. Vratislaviae (1823). (58 S., 1 Taf.) 8°

Breslau, Med. Fak., Antr.-Progr. als ord. Prof. v. 22. Dez. 1823

Purkinje, Jh. Ev., et G. Valentin, de phaenomeno generali et fundamentali motus vibratorii continui in membranis cum externis tum internis animalium plurimorum et superiorum et inferiorum ordinum obvii. Comment. physiol. 4maj. Vratislaviae 835. Schulz et soc. n. $1^1/_3$ Thlr.

Purkinje, Joh. Ev., u. Ed. v. Kornatzki, das Phorolyt od. d. magische Doppelscheibe. 1. u. 2. Lfg. Ein Drehapparat nebst Durchsichtsscheibe u. gedr. Gebrauchsanweis. u. 2 Lfgn. Bildscheiben enth. Breslau 841, [Hirt's Verl.] *

Purkinje, Joannes Ev[angelista]: Symbolae ad ovi avium historiam ante incubationem. Vratislaviae (1825). (22 S., 2 Taf.) 4° *[Im Buchhandel 1830 bei Voß in Leipzig.]*

Breslau, Glückwunsch d. med. Fak. z. 50-jähr. Dr.-Jubil. v. Joh. Friedr. Blumenbach am 19. Sept. 1825

— **Symbolae ad ovi avium historiam ante incubationem. Adjectae sunt tabb. II lith. 4maj. Lpz. 830. Voss. 1 Thlr. 16 gr.**

Purkis, William. Rede über den Einfluss der Modegelehrsamkeit auf die Religion; a. d. Engl. Leipzig 1788. Ü: *Burckhardt, Johann Gottlieb.* (KV)

Purkis, W., Rede über den Einfluß der Modegelehrsamkeit a. d. Religion, aus dem Englischen. 8. Leipzig, Sommer. (Nauck) 1788.

Purkyně, Emanuel von

— Ombrometrische Beobachtungen der vom böhmischen Forstvereine in den Forsten Böhmens in verschiedenen Seehöhen und Expositionen errichteten Stationen. Herausgeg. von der Forstlehranstalt Weisswasser, zusammengestellt und redigirt von Em. v. Purkyně. Jahrg. 1879, 80. Prag. (2578, 2936)

Purkyně, Em. v., das chartografische Netz der ombrometrischen Stationen Böhmens, eingeführt vom böhm. Forstverein, zusammengestellt [unter Benutzung der Hickmann'schen Waldkarte]. 1 : 600,000. Chromolithogr. Imp.-Fol. Nebst Text: Das vom böhm. Forstvereine vorzugsweise in den Försterhäusern des Waldes errichtete ombrometrische Netz Böhmens im ersten Jahre seines Bestehens 1879. gr. 8. (47 S.) Prag 879, (Reichenecker.) *

Purkyně, Jan, s. Purkinje, Joh. Ev.

Purliliarum comitis, J., de generosa liberorum educatione libellus, s.: Sammlung selten gewordener pädagogischer Schriften des 16. u. 17. Jahrh.

Purlitz, Frdr., allgem. Fremdwörterbuch, s.: Kretzschmar.

Purlitz, Frdr., illustrierter Führer f. die Dampfer des Norddeutschen Lloyd, Bremen. (30 S.) kl. 8. Bremerhaven (904). Schipper, Mocker & Co. n. — 25

Purlitz, Frdr., das Kadetten-Schulschiff des Norddeutschen Lloyd. gr. 8. (19 S. m. 1 Taf.) Bremerhaven 900. v. Vangerow'sche Buchh. n. 1. —

Purlitz, Friedrich *Wilhelm* [aus Bremen]: König und Witenagemot bei den Angelsachsen ... Bremen, Druckerei v. H. Frese, 1892; 3 Bl., 66 S., 2 Bl. 8.
Leipzig, Phil. Fak., Inaug.-Diss. v. [19. Aug.] 1892

— **das deutsche Lotsenwesen.** Ein Handbuch f. Schiffsführer u. Reeder. Auf Grund des neuesten amtl. Materials bearb. (IV, 167 S.) gr. 8. Bremerhaven 903. L. v. Vangerow. Geb. in Leinw. n. 3. —

— **deutsche Seemannsordnung.** Gesetz vom 2. VI. 1902, nebst Gesetz betr. die Verpflichtg. deutscher Kauffahrteischiffe zur Mitnahme hülfsbedürft. Seeleute u. Gesetz betr. Stellenvermittelg. f. Schiffsleute vom 2. VI. 1902, sowie Zusammenstellg. der Bestimmgn. üb. die Militärverhältnisse der seemänn. u. halbseemänn. Bevölkerg. u. die Anmusterg. als Schiffsmann. Bearb. u. zusammengestellt. 8. (71 S.) Bremerhaven 902. L. v. Vangerow. n. — 60

Deutsche **Seemannsordnung**. Gesetz v. 2. Juni 1902 in d. Fassung v. 23. März 1903, Gesetz betr. d. Verpflichtung deutscher Kauffahrteischiffe z. Mitnahme hülfsbedürft. Seeleute, Gesetz betr. Stellenvermittelung f. Schiffsleute v. 2. Juni 1902, Bundesratsverordn. betr. Strafverfahren vor d. Seemannsämtern v. 15. März 1903, sowie Zusammenstellung d. Bestimmungen über d. Militärverhältnisse d. seemänn. u. halbseemänn. Bevölkerung ... Bearb. u. zsgest. von Dr. Fr[iedrich] Purlitz. 2., durchges. u. erg. Aufl. Bremerhaven: L. v. Vangerow 1903. (80 S.) 8° [Umschlagt. F.] [05. 10300 B

Purlitz, Friedrich (Red.), s. Spediteur- u. Rhederei-Zeitung, Deutsche.

— **Wahlgesetz f. die zweite Kammer der Ständeversammlg. f. das Königr. Sachsen m. Ausführungs-Verordnung u. Wahlkreis-Einteilung.** Nebst dem Gesetz üb. d. Gewährg. der Entschädigg. an die Mitglieder d. Ständeversammlg. (Diätengesetz). Mit Einleitg. hrsg. (60 S.) gr. 8. Dresden 909. W. Baensch. — 75

Purmann, Hugo Neue Beiträge zur Kritik des Lucretius. 48 S.
Pforta, Progr. 1849

Purmann, Hugo: Quaestiones Lucretianae. 16 S. – Progr. Lauban 1858.

— Quaestionum Lucretianarum part. II. 1860. 19 S. 4°.

Purmann: Quaestiones Lucretianae. I.–III. 55 S.–Lauban, Progr. 1858, 1860

Purmann, H., quaestiones Lucretianae. Cottbus. 4. 23 p. 1867.
Schul-/Univ.-Schrift

Purmann, (Carolus Theodorus) Hugo *(geb. Oels 2. 4. 1821)*: Quaestionum Lucretianarum specimen. Vratislaviae (1846). (69 S.) 8°
Breslau, Phil. Diss. v. 25. [vielmehr 27.] März 1846

Purmann, J. G., de cantu cum populari tum sacro ex antiquitatibus. Fcft. ad V. 1704. 4.

Purmann, J. G., de paschate Christianorum ex antiquitate. Fcft. ad Viadr. 1799. 4.

Purmann, Joh. Georg (Übers.), s. Du Perron, Anquetil: Reisen nach Ostindien ...
Dass. s. a.: Anquetil du Perron.

Purmann, Jh. Geo., († d. 11. Dec. 1813.) bibl. Erzähll. aus d. alten u. neuen Testamente, s. unten: Handbuch.

Purmann, J. G., biblische Erzählungen aus dem alt. u. neuen Test. zum Gebr. der Jugend. 8. Frankf. Gebhardt u. K. 801.

Purmann, Jo. Go., Etwas üb. d. moralische Physiognomik. Frkf. 4°. 1776

Purmann, J. G., expositio formulae: Pax vobiscum. Frcft. ad M. 1799. 4.

Purmann, J. Georg., Expositio formulae salutis. Progr. Francof. 799. 4. (28 S.)

Purmann, J. G., Von der Gastfreiheit der Alten. Pr. 1798. 26 S. 4°. 1.50

— **Johann Georg,** Einige Gedanken über die Empfindsamkeit. Frankfurt (H. Bayrhoffer) 26. VIII. 1773. 24 S. (4.75) 27377

Purmann, J. G., Uber den Geist der griechischen Dichter. Vier Progr. Frankfurt 777. folgg. 4.

— allgem. Handbuch d. Schulwissenschaft. 2 Thle. 8. Frkf. a. M. 786. N. Aufl. 798, 801. Gebhardt u. K. 1 ℛ 8 g (1r Thl. Bibl. Erzähll. aus d. A. u. N. Testam. 786, 2e A. 801. 16 g 2r Thl. Vorbereit. z. deutsch. u. latein. Sprachkenntniß. 786. N. A. 798. 16 g

— de ingenio poetarum Romanorum. Progr. I–IV. Francof. 785 seqq. 4.

Purmann, J. Georg., de jure manuario per Treugam sive pacem Dei temperato dissertatio. Francof. 803. 4. (36 S.)

Purmann, Jo. Georg, Narratio de synodo ecclesiastica anno 794. a Carolo Magno Francofurti ad Moenum habita. Cuius part. prima lustrationis scholasticae solemnia jussu et auctor. venerandi consistorii indicit. Frankfurt/Main (Schnackenburg) 8. V. 1794. 24 S. mit Namen. (3.75) 27376

— Progr. de ominibus ex notatione temporum captis. Francof. 795. 4.

— panegyricus etc. Francisci I. Rom. Imp. Fol. Frkf. a. M. 765. Raspe. 5 g

— panegyricus etc. Josepho II. dictus. Fol. Frkf. a. M. 790. Jäger. 8 g

— panegyricus etc. Leopold II. Fol. Frkf. a. M. 792.

Purmann, Johann Georg, s. Pelloutier: Geschichte.

— Rede von einigen Pflichten, die aus d. Werth u. d. Absichten d. Schulen entstehen, bei d. 300jähr. Stiftungsfeier des Gymnasii zu Frankfurt a. M. d. 23. Sept. 1779 gehalten. 4. Frkf. a. M. 779. Varrentrapp. 3 g

Purmanni, J. G., Progr. de verni temporis sacris apud Romanos. Francof. 778. 4. (28 S.)

Purmann, J. G., de saltatione cum populari tum sacra ex antiquitate. Frcft. 1785. 4.

Purmann, J. Georg, Schediasma de certaminibus gymnasticis veterum. Pr. 1798. 26 S. 4°. 1.—

Purmann, Johann Georg. Sitten u Meinungen der Wilden in Amerika. Frankfurt a.M., 1771.

[PURMANN, Johann Georg] 1733 - 1813
Sitten und Meinungen der Wilden in America.
mit Kupfern.
Erster [- Vierter] Theil.
Frankfurt a. M.: Garbe. 1777 [- 1781]. 8°.
Niedersächsische Landesbibliothek Hannover
2. Aufl. 1790.
Sabin 66712, Baginsky 557 u. Palmer: mit Verfasser.

[PURMANN, Johann Georg] 1733 - 1813
Sitten und Meinungen der Wilden in Amerika.
Mit Kupfern.
Letzte verbesserte Auflage.
Wien: Schrämbl. 1790. 4 Bde. 8°.
Stadtbibliothek Braunschweig
2. Aufl.
1. Aufl. 1777-1781 Sabin 81476 u. Palmer: mit Verfasser.

– s.a. Sitten u. Meinungen der Wilden...

Purmanni, J. G., Progr. de titulis honorificis, qui Imperatorum Romanor. nomini in numis et inscriptionibus additi leguntur. Francof. 790. 4. (32 S.)

— Vorbereitung zur deutsch. u. latein. Sprachkenntniß, s. oben: Handbuch.

Purmann's, J. G., Vorbereitung zur deutschen und latein. Sprachkenntnifs. Frankf. 787. 8. 16 gr. Eb. 798. 8. 16 gr.

Purmann, Johann Gottlieb

Purmann, Jh. Gtl., († d. 17. Mai 1799.) kurze u. bescheid. Erörterung d. Frage: Ob die Veränderung d. alten Kirchengesänge billig u. recht sey? 4. Bresl. 772.

— unpartheiische Gedanken über d. Streit des Hrn. Semler in Halle mit d. Diakon. Trescho. 4. Liegnitz 765.

— Vortrefflichkeit der christl. Religion, aus ihrem Unterricht v. d. künftig. Schicksalen ihrer treuen Bekenner. 8. Bresl. 775. Gutsch. 2 gr.

Purmann, L., die Aufgaben, welche der evangelischen Kirche aus dem drohenden Mangel an Geistlichen erwachsen. Vortrag auf der evangel. Conferenz in Durlach den 6. Mai 1874 geh. gr. 8. (30 S.) Frankfurt a/M. 874. Zimmer. n. — 40

Purmann, Matthäus Gottfried

Purmann, Matth. Gothofr., Chirurgia curiosa. darinnen Ein jedweder Chirurgus nicht allein auffs gründlichste sehen und finden kan, was in die gantze Wund-Artzney vor künstliche Operationes, richtige Cur-Vortheile, bewährte Artzney-Mittel, leichte und geschwinde Hand-Griffe, gehören sondern auch solche, durch und durch mit sehr raren und sonderlichen Observationen bewähret wird. Alles In drey Theil und 73 Capitel abgetheilet, Und mit vielen darzu dienenden Kupffer-Tabellen und Vier Registern versehen. 746 S. Frkf. u. Lpz. 1716. 4°.

Purmann, Matth. Gf., chirurgia curiosa, der. künstl. Operationen etc. 4. Frkf. Rohrlach. (a. Frommann in Jena) 739.

Purmann, Matthäus Gottfried: Rechter und wahrhafftiger Feldscherer oder die rechte und wahrhafftige Feldschers-Kunst... Neue verm. Ausfertigung. 408 S., gbd., Abb.

Franckfurth, Leipzig u. Breßlau: Pietsch 1738

Purmann, Matth. Gttf., Rechter u. wahrhafftiger Feldscheerer od. die rechte u. wahrhafftige Feldscheers-Kunst. Nebst Beifügung des Pest-Barbierers. 388 u. 216 S. Frkf. u. Lpz. 1738. 12°.

Purmann, Matthäus Gottfried: Rechter und wahrhafftiger Feldscherer oder die rechte und wahrhafftige Feldschers-Kunst... Neue verm. Ausfertigung. 352 S., gbd., Abb.

Breßlau u. Leipzig: Pitsch 1745

Matthaei Gothofredi Purmanni [Purmann], Grosser und gantz neugewundener Lorbeer- Krantz [Lorbeerkranz] oder wund Artzney in 3 Th. u. 127 Capittel abgetheilet,... wobey zugleich unterschiedene merckwürdige Casus... beschrieben worden,... Franckfurt & Leipzig: Rohrlach 1705. 784, 296 S. 8°

— chirurg. Lorbeerkranz, od. Wundarzney. 5 Thle. m. K. 4. Frkf. Rohrlach. 722.

Purmann, Matthäus Gottfried: Curiöse chirurgische Observationes, worinnen die raresten Casus, welche in den hiesigen Hospithälern, und anderweitigen Viel-jährigen Praxi vorgefallen und von ihm curiret worden sammt deren besonderen Umständen, Operationen, Handgriffen und Cur-Vortheilen... 488 S., gbd.

Franckfurth u. Leipzig: Rohrlach 1710

Purmann, Matthäus Gottfried: Der aufrichtige und erfahrne Pest-Barbierer. Das ist...Beschreibung, wie man nicht allein alle Arten der Geschwulsten...recht erkennen und unterscheiden, sondern auch...glücklich und geschwind curiren könne... Nebst Beyfügung einiger gründlichen Ursachen, was die Pest sey, wie sie anstecke... 224 S., gbd.

Breslau: Pietsch 1738

Purmann, Matthäus Gottfried: Der aufrichtige und erfahrne Pest-Barbierer. Das ist...Beschreibung, wie man nicht allein alle Arten der Geschwulsten...recht erkennen und unterscheiden, sondern auch...glücklich und geschwind curiren könne... Nebst Beyfügung einiger gründlichen Ursachen, was die Pest sey, wie sie anstecke... 160 S., gbd.

Breslau: Pietsch 1745

— Salivationskuren. 8. Frkf. 728.

50 sonder- und wunderbahre Schuß- Wunden- Curen [Schusswundenkuren], in Pommern vor denen Belägerungen, Wolgast, Ancklam, Demmin, Stettin,... geschehen, u. wie solche nach den richtigsten... Cur-Vortheilen tractiret... worden. Vor diesem anno 1637 nur die Helffte beschrieben, itzo aber... vollends hrsg. ... Von Matthaeo Gottfr[ied] Purmannen [Purmann]. Franckfurt & Leipzig: Rohrlach 1703. 409 S. 8°

Purmann, Matthäus Gottfried: Funfftzig sonder- und wunderbahre Schußwunden-Kuren...wie solche nach den richtigsten und beständigsten Cur-Vortheilen tractiret, und glücklich curiret worden. Vor diesem Anno 1687. nur die Helffte beschrieben, itzo aber vollends heraus gegeben. Neben noch zwey wunderbaren und merckwürdigen Exempeln und deren Curen... 413 S., gbd.

Franckfurt, Leipzig u. Liegnitz: Rohrlach 1721

Purmann, Thdr., allgemeine faßliche u. vollständige Erklärung des kleinen Katechismus Luther's, wie auch der Haustafel desselben. Mit einer Vorrede von Wilh. Böhmer. gr. 12. (54 S.) Breslau 851, Schulz & Co. 1/3 ₰

— Traugott Wilh. Krug's Erklärung des Steines der Weisen zur Widerlegung falscher Urtheile über die christl. Religion benutzt. 8. (15 S.) Oels 851. (Breslau, Schulz & Co.) n. 2 ngr

— Regeln u. Beispiele zur richtigen Aussprache franzöſ. Wörter zuſammengeſtellt. 2. theils bericht., theils verm. Aufl. 8. (16 S.) Ebd. 851. 1½ ngl

Purmann, Thdr., Sonntags-Büchlein; eine Mitgabe für das Leben beim Abgange von der Schule u. dem Scheiden aus dem elterlichen Hauſe zur erbaul. Wiederholung des genoſſenen Unterrichtes im evangel. Chriſtenthum, zur Stärkung ihres Glaubens u. zu ihrer Befeſtigung in der Tugend zuſammengeſtellt. 8. Breslau 843, G. P. Aderholz. ¼ ℛ︎ß

Purner, Christian

Purner, Christ. Über die Entwicklung des Zahlenbegriffes unter Berücksichtigung der Hamiltonschen Quaternionen. 38 S. 8.
Progr. Staatsg. *Salzburg* 1884.

Purner, *Christian*: Professor Heinrich Offer †. 8 (S. 72—74).
Progr.

Purnickl, R. Abbildung des merkwürdigeren baieriſchen Geſchützes, welches bey der Einnahme von Wien in den dortigen Zeughäuſern gefunden u. nach München zurückgebracht worden 1805. München 1806. 4 Taf., 1 Bl. Text.

Purper, Emil: Der Einfluss der verschiedenen Stützkonstruktion bei Turm-Drehkranen. 1908. 52 S., 2 Taf. 8°
Berlin, Dr.-Ing.-Diss. v. 17. 7. 1908

Purper, Carl, Referendar: Der Gläubigerverzug im Bürgerlichen Gesetzbuch. (o. O. u. J.) (91 S.) 8° [F.]
Heidelberg, Jur. Fak., Ref. Bekker, Diss. v. 20. Juli 1907
[Geb. 7. Juni 79 Diedenhofen; Wohnort: Straßburg-Neudorf; Staatsangeh.: Elsaß-Lothringen; Vorbildung: Lyzeum Straßburg Reife O. 00; Studium: Straßburg 7 S.; Rig. 20. Dez. 06.]

Purper, L.

— Neue Meteorologie mit den acht gleichzeitigen Winden. Paris, Juni 1881. (3982)

— Der acht gleichzeitige Windmotor, erfunden von L. Purper. Paris, Juni 1881. (3982)

Collection 'Purpur und Sünde'. Geheime Hof- u. Skandalgeschichten. Hrsg. von Burghard Assmus. 1. Berlin: Berl. Verl.-Inst. [1904]. 8° (05. 5,8)

FLEURETTENS Purpurschnecke. Erotische Lieder und Gedichte aus dem Achtzehnten Jahrhundert. Gesammelt und herausgegeben von Franciscus Amadeus, M. A. Er. (d. i. Franz Blei). Mit 20 Vollbildern, vielen Vignetten und Rahmen von Franz Marquis Bayros. Paphos. Im Jahr der Cythere 5091 (d. i. 1905). Gr. 4°. II, 131 Bll. u. 20 Bll. (Mk. 30—, imit. Prgt., Mk. 60—, Luxusausgabe in altes Prgt. gebd.) (75 Mk., Expl. der gewöhnl. Ausg. in Orig.-Prgtbd., Taussig, Prag, 1906; im Preise bedeutend steigend.)

I. Publikation der Gesellschaft österreichischer Bibliophilen.

Privatdruck des Verlags C. W. Stern. Jetziger Preis der gewöhnlichen Ausgabe (500 Expl.) Kr. 100.—, Luxusausgabe (50 Expl.) Kr. 120.—; 120 Mk., „mit 20 Tafeln auf Japan-Papier. Fol. Prgtbd" Max Harrwitz, Berlin, 1909.) Gänzlich vergriffen!

Anthologie aus Scheffner, Goethe, Uz, Wittekind (Koromandel), Corvinus, Ossenfelder, Chrn. Fel. Weisse, Bürger, Rost etc.

Purpus, Ant., u. Carl Alb. **Purpus**, Arizona, s.: Vegetationsbilder. IV, 7.

Purpus, Emil, prakt. Arzt in Dombühl: **Untersuchungen über die Ausscheidung verschiedener Arzneimittel ⟨Salicylsaures Natron und Jodkali⟩ durch den Harn bei Gesunden und Kranken.** *Ansbach 1898: C. Brügel & Sohn.* (21 S.) 8°
Erlangen, Med. Diss. v. 1898

Purpus, H.

— die theoretiſche Meiſterprüfung in Frage u. Antwort. (IV, 51 S.) kl. 8. Ebd. 904. Kart. —80

Purpus, H., Die freiwillige Versicherung der selbständigen Gewerbetreibenden u. Unternehmer nach dem Alters- u. Invaliden Versicherungs-Gesetz f. das Deutsche Reich vom 13. VII. 1899. (17 S.) gr. 8. Augsburg. Th. Lampart. 1904.

Purpus, H., was der Handwerker v. den Geſetzen wiſſen muß. Ein Hilfsbuch f. die theoret. Meiſterprüfung. In Frage u. Antwort zuſammengeſtellt. 3. verb. u. weſentl. erweit. Aufl. (IV, 83 S.) kl. 8. Augsburg 905 Lampart & Co. Kart. n. 1.—

Purpus H, was der Handwerker von den Gesetzen wissen muss. 5. Auflage. (113 S) Augsburg 1906

Purpus, Karl Albert: Arizona, s. Vegetationsbilder. IV, 7.

Purpus, Carl Alb., mexikanische Hochgipfel, s.: Vegetationsbilder. V, 8.

Purpus, *Wilhelm*, K. Gymnasiallehrer zu Grünstadt, aus Cleveland: **Die Anschauungen des Porphyrius über die Tierseele.** *Ansbach 1899: C. Brügel & Sohn.* (63 S.) 8°
Erlangen, Phil. Diss. v. 23. Febr. 1899

Purpus, Wilh., zur Dialektik des Bewusstseins nach Hegel. Ein Beitrag zur Würdigg. der Phänomenologie des Geistes. (III, 175 S.) gr. 8. Berlin 908. Trowitzsch & Sohn. 5.—

Die Dialektik der sinnlichen Gewissheit bei Hegel, dargestellt in ihrem Zusammenhang mit der Logik und der antiken Dialektik. — Von Dr. Wilhelm Purpus, G.-L. — 1905, Nürnberg, U. E. Sebald. — P. 3—57.
Progr. Nürnberg, K. Neues Gymn.

Purpus, Wilh., die Dialektik der sinnlichen Gewissheit bei Hegel, dargestellt in ihrem Zusammenhang m. der Logik u. der antiken Dialektik. Progr. (57 S.) gr. 8. Nürnberg 905. (J. L. Schrag.) n. 1.—

Die Dialektik der Wahrnehmung bei Hegel. Ein Beitrag zur Würdigung der Phänomenologie des Geistes. I. Teil. — Von Dr. Wilhelm Purpus, G.-P. — 1908, Schweinfurt, Fr. J. Reichardt (Wilh. Zinn). — 3—41.
Progr. Schweinfurt, K. Gymn.

— Die Dialektik der Wahrnehmung bei Hegel. Ein Beitrag zur Würdigg. der Phänomenologie d. Geistes. 1. Tl. Progr. (41 S.) 8. Schweinfurt 908. (E. Stoer.) 1.—

PÜRRER, Joseph
(F) Vorträge für den Monat Mai von Joseph Pürrer. Wien. 1900. Kirsch. Gr.-8°. 46 S. K —.80

Purrpionsky, L., Die britische Genossenschaftsbewegung von 1824—1834. Diss. 8°. München 1910.

Purrucker, Joh. Programma de vita Anci Martii, quarti Romanorum regis. fol. Baruthi 1756.

Purrucker, Jh. Mch., s. J. Buchka, Gedichte.

Purrucker, Julius Franziskus (Zeitz), De carcinomate ventriculi. Diss. med. Halle / Sachsen (Gebauer-Schwetschke) 25. VIII. 1855. 27 S. u. Biogr. (M.: A. Josephina). (--.—) 27381
Adversar. part. susceper.: G. Goldhorn, C. Sachtleben. — Seinen Eltern gew. (V.: Friedrich Purrucker.

Purrucker, Carl [pr. Arzt aus Zeitz]: Bericht über 50 Ovariotomien, ausgeführt von B. S. Schultze in Jena in den Jahren 1881, 1885, 1886, 1887. . . . Jena, Frommannsche Buchdr. (Hermann Pohle), 1889; 1 Bl. + 59 S. 8°
Jena, Med. Fak., Inaug.-Diss. v. [1. Apr.] 1889

Purry *s.* Pury.

Pursch, Der muntere. Ein Wochenblatt. Wien 17/I 1784. H: *Gähringer, Anton.* (Die Brieftasche. Wien 1789. S. 188) (Post von Wien 1784, I. Quartal, S. 412) (zenker S. 250, Nr. 220) (Wiener Blättchen 22/II 1784, S. 88; 10/II 1784, S. 111; 18/II 1784, S. 44) (biblport)

Pursch, Arminie, prakt. Lehrbuch f. d. Schnittzeichnen zur Kleideranfertigg. Leichtfaßl. Anleitg. f. Schule u. Haus. Lex.-8. (67 S. m. 53 Taf.) Dresden 897. L. Wolff. n. 2. 75; geb. n. 3. 50; in Geschenkbd. n. 4. 25

Pursche, Verkehrs-Störungen im Organismus. gr. 8. (16 S.) München 902. Verlag der ärztl. Rundschau. n. — 80

Pursche, C. A., der treue Preuße oder von den Pflichten gegen den König und das Vaterland. Mit einem Anh., patriot. Züge und Charaktere aus der preuß. Geschichte, einem kurzen Abriß der Geschichte des preuß. Vaterlandes und seines Regentenhauses, und Vaterlandslieder enth. gr. 8. (100 S.) Breslau 859,62. (Dülfer.) *

Pursche, Christianus Adolphus: * De Judaeorum notione de Messia et de regno per eum restaurando secundum libros V. et N. T. Commentatio. 25 S. 8° (4°)
Halle-Wittenberg, Phil. Diss. v. 25. Juni 1825
Geb. Leopoldshain b. Görlitz 17. 7. 1801. V.

Pursche, Herm., Handbuch zur Militär-Transport-Ordnung u. zum Militärtarife sowie zu den zugehörigen Dienstvorschriften der Eisenbahnen unter besond. Berücksicht. der Zusatzbestimmungen f. die kgl. sächs. Staatseisenbahnen (D. V. 199), alphabetisch geordnet, nebst 5 Muster-Militärfahrscheinen m. ausführl. Probeeintragungen. (85 S.) 8. Dresden (905). C. Heinrich. n. 1. 50

Pürschel, Erich, aus Strehlen i. Schl.: Die **Stadtvogtei** in Schlesien unter besonderer Berücksichtigung der Breslauer Stadtvogtei. *Breslau 1899: Bresl. Genossenschafts-Buchdr.* (65 S.) 8°
Breslau, Phil. Diss. v. 13. Jan. 1900

Pürschel, Johannes, Referendar: **Begriff** und Verjährung der Ansprüche aus unerlaubten Handlungen. *Breslau 1903: Bresl. Genoss.-Buchdr.* (III, 118 S.) 8°
Breslau, Jur. Diss. v. 17. Juli 1903

Pürschel, Karl: Zur Ovidlektüre in der Obertertia der Gymnasien. Strehlen, T. Erler's Buchdr., *1896;* 17 S. 4.
Strehlen i. Schl., k. G, P 1896 (210)

Purschenleben, das; ein Schspl. in 4 Aufz. (v. Karl Thdr. von Traiteur). 8. Frankf. (Heidelb.) 780.

Purschenstein [Schlagwort]

Purschenstein, s.: Sachsen. Karte. Messtischblätter.

Purschka, Ferd. Ritter v., Rückblicke auf die Entwickelung d. k. u. k. österreichischen Heeres. gr. 8. (303 S.) Lemberg 892. (Seyfarth & Czajkowski.) n. 4 —

Purschka, Norbert. Bilder aus dem oberösterreich. Dorfleben, s. Aus dá Hoamát.

Purschke, Carl Arth., Clemmys sarmatica n. sp. aus dem Tegel v. Hernals bei Wien. [Mit 1 (lith.) Taf.] Imp.-4. (8 S.) Wien 885. (Gerold's Sohn.) n. 1. 20

Purschke, Carl Arth., Clemmys sarmatica n. sp. aus dem Tegel von Hernals bei Wien. Imp.-4. (8 S. mit 1 lithogr. Taf.) Wien 885, (Tempsky.) * 1 20
Aus: Denkschriften der k. Akademie der Wissenschaften, besonders abgedruckt.

Purschke, Marie Sidonie, Blumen vom Wege. 8. (XV, 447 S. m. Bildnis.) Wien 894. St. Norbertus. n. 4. —; geb. in Leinw. n. 5. 60; m. Goldschn. n. 6. 60

— der Monate Wettstreit, s.: Schweninger, Geo.

Purschke, Rich., die Verhütung der Tuberkulose. Ratschläge zum Nutzen u. Frommen f. jedermann. (49 S.) 8. Warnsdorf (905). (Olmütz, F. Grosse.) n. — 50

Purselt, Conr., Sonn- und Feyertags-Predigten. 2 Jahrgänge. Fol. Augsb. Wolf. 707.

— — — ders. zwey besondere Jahrg. Fol. Ebendas. 712.

Pursh, Jos., Sammlung von Beispielen, Formeln und Tabellen aus der Elementar-Mathematik, zum Gebrauch der Schulen und zum Selbststudium, so wie auch für Geometer, Baumeister und Mechaniker. Systematisch geordnet. 1r Bd., die arithmetischen Wissenschaften enthaltend. A. u. d. T.: Sammlung v. Beispielen ꝛc. aus der Arithmetik, Buchstabenrechnung und Algebra. Mit 1 Steintaf. 8. Bern u. Chur 834. Dalp. 1 ₰

Pursh, Jos., Sammlung v. Beispielen, Formeln u. Tabellen aus d. Elementar-Mathematik, z. Gebr. f. Schulen u. z. Selbststud. Systemat. geord. u. eingerichtet. 2. Bd. — A. u. d. T.: Samml. v. Beispielen, ꝛc. aus d. Planimetrie, Stereometrie u. Trigonometrie. 8. (13 B. u. 4 Stnt.) Bern 835, Dalp.
1. Bd. Ebendas. 1834. 1 Thlr.

PURT, Johannes: Historia ecclesiae catholicae in Hungaria. — (1892) 146 S. 4° (Handschr.) Diss. 547
Diss. Wien, Univ.

Pürthner, Johann Karl

Pürthner, J. C., Methode u. Apparat zur Erzeugung gleichgerichteter Inductionsströme, sowie Anwendung derselben zur Widerstandsbestimmung der Elektrolyte. [Mit 2 Holzschn.] Aus dem physikalisch-chem. Laboratorium d. k. k. Universität in Wien. [Aus: „Sitzungsber. d. k. Akad. d. Wiss.“] Lex.-8. (6 S.) Wien 888. (Tempsky.) n. — 20

Purtscheller, Ludwig

Purtscheller, L., Die dritte Alpenturnfahrt der Sachsen. Leipzig [1884.] 4.
Sep.-Abdr. a. d. Deut. Turn-Ztg. . . . . (D.)

Purtscheller, L., Entwickelungsgeschichte d. Alpinismus u. d. alpinen Technik, s.: In Hochregionen.

Purtscheller, Ludwig. Über Fels und Firn. Bergwanderungen von Ludwig Purtscheller. Hrg. von H(einrich) Hess. [Mit vielen Illustrationen und 25 Tafeln.] XXII + 362 S. gr.-8. München. F. Bruckmann A.-G., 1901. [br. M. 18.50, geb. M. 20. —]

— s.a. Führer durch Salzburg, Berchtesgaden, Bad Reichenhall u. Umgebgn.

— Führer durch Salzburg u. Umgebung m. Ausflügen nach Berchtesgaden-Königssee u. Bad-Reichenhall. 14. Aufl., besorgt v. Hans Gruber. Mit neuem (farb.) Plan v. Salzburg u. Umgebung, gez. v. E. Hettwer. 12. (IV, 80 S.) Salzburg 902. H. Dieter. n. 1.—

Purtscheller's, Ludw., Führer durch Salzburg u. Umgebung m. Ausflügen nach Berchtesgaden-Königssee u. Bad-Reichenhall. 15., durchgeseh. Aufl. Mit neuem (farb.) Plan v. Salzburg u. Umgebg., gez. v. E. Hettwer. (IV, 80 S.) kl. 8. Salzburg 905. H. Dieter. n. 1.—

Purtscheller, L., Führer durch Salzburg und Umgebung. 16. Aufl. 8°. (IV, 80 S. mit 1 Plan) K 1.—
Salzburg: H.Dieter 1907.

Purtscheller's, Ludw., Führer durch Salzburg u. Umgebung m. Ausflügen nach Berchtesgaden-Königssee, Bad-Reichenhall, an den Chiemsee, nach Hallein u. Golling, Mondsee u. Ischl. 17., durchgeseh. Aufl. Mit neuem (farb.) Plan v. Salzburg u. Umgebg., gez. v. E. Hettwer. (IV, 80 S.) kl. 8. Salzburg 909. H. Dieter. —85

— d. bairische Hochland, s.: Trautwein, Th.

Purtscheller, L., und H. Hess, Der Hoch-Tourist in den Ostalpen. I. Band. Bairische und Nordtiroler Kalkalpen, Nord-Rhätische Alpen, Oetzthaler Alpen, Ortler- und Adamello-Alpen. Mit 2 Karten. 8. (218 S.) In Leinwand geb. 1.86
— — II. Band. Salzburger Kalkalpen, Oberösterreichisch-Steirische Alpen, Zillerthaler Alpen, Hohe und Niedere Tauern, Dolomit-Alpen. Mit zwei Karten. 8. (275 S.) In Leinwand geb. 1.86
Wien: Bibliogr.Institut 1894.

Purtscheller, L(udwig), und Hess, H(einrich). Der Hochtourist in den Ostalpen. Band 1: Bayerische und Nordtiroler Kalkalpen, Nord-Rätische Alpen, Ötztaler Alpen, Ortler- und Adamello-Alpen. 3. Aufl. Mit 17 Karten [wovon 10 Tafeln]. X + 400 S. 8. Leipzig und Wien, Bibliographisches Institut, 1903. (geb. M. 6. —)
Meyers Reisebücher.
(Band 2 u. Band 3 *umfassen die* Ostalpen östl. von der Brennerlinie. geb. *je* M. 4.50)

Purtscheller, L(udwig), und Hess, H(einrich). Der Hochtourist in den Ostalpen. Band 1: Bayerische und Nordtiroler Kalkalpen, Nord-Rätische Alpen, Ötztaler A', Ortler- und Adamello-Alpen. 4. Aufl. Mit 18 Karten [wovon 10 Tafeln]. 476 S. 8. Leipzig und Wien, Bibliographisches Institut, 1910. (geb. M. 6. —)
Meyers Reisebücher.

— u. H. Hess, der Hochtourist in den Ostalpen, s.a. Meyer's Reisebücher.

Purtscheller, L.: s.a. Hochtourist, Der, ...

Purtscheller, L., siehe: *Richter*, *Ed.*

— s.: Wegweiser auf der Gisela-, Salzkammergut-Local- etc. Bahn.

— Wegweiser auf der Salzburg-Tiroler (Gisela-)Bahn m. den Anschlüssen an Süd- u. Kronprinz Rudolfbahn unter besond. Berücksicht. der im Bereiche dieser Bahnstrecken lieg. Gebirgstouren in Salzburg, Tirol, Steiermark u. Baiern. Mit e. (farb.) Karte, gezeichnet v. E. Hettwer. 7. Aufl., besorgt v. Hans Gruber. 12. (62 S.) Ebd. 902. n. 1.—

— Wegweiser auf der Salzkammergut-Local- u. Salzkammergut-Staatsbahn, unter besond. Berücksicht. der im Bereiche dieser Bahnstrecken lieg. Gebirgstouren. Mit e. (farb.) Karte, gezeichnet v. E. Hettwer. 2. Aufl., besorgt v. Hans Gruber. 12. (34 S.) Ebd. 902. n. —60

Purtscheller, L., Wehrfrage und Turnen, Salzburg 1880, 14 S., 8°.

Purtscheller, Ludwig *s.* Zsigmondy, Emil. Die Gefahren der Alpen. Augsburg [1893].

Purtscher, Erich, Vademecum des Turbinenbauers. Anleitung zur schnellen u. sicheren Berechnung der Abmessungen der Jonval-Turbinen für alle vorkomm. Wasser- u. Gefälls-Verhältnisse mit Hilfe von Tabb., nebst einem Anh. über Tangontial-Räder. Klagenfurt 870. (J. & M. Leon.) gr. 16. (102 S. mit 1 Steintaf. in 4.) 24 *ngr.*

Purtscher, Fridolin, aus Chur: Die untrennbaren Partikeln im althochdeutschen Tatian. *Chur 1902: J. Casanova.* (117 S.) 8°
Leipzig, Phil. Diss. v. [21. Juni] 1902

Purtscher, Gisela. Die Überhäutung einer Schusswunde der Zunge. Diss. Med. Univ. Zürich. (*Kopftitel:* Aus dem pathologischen Institut der Universität Zürich.) — [Mit 2 Text-Figuren und 1 Tabelle.] 14 S. 8. Zürich, Emil Rüegg, 1902.

Purtscher, Herm. Die „Medea" des Euripides verglichen mit der von Grillparzer und Klinger. 59 S. 8. Progr. *Feldkirch* 1880.

Purucker, Franz Martin, aus Hammelburg: Zur Kenntnis der Synthesen mit Hülfe von Blausäure. *Hammelburg 1900: J. J. Hiller.* (36 S.) 8°
Heidelberg, Naturw.-math. Diss. v. 1900

Purucker, Georg: Ueber dimolekulare Anilverbindungen des i-Valeraldehyds und einen Uebergang derselben in Derivate der Aethylenbasen von A. W. Hofmann. 1901. 47 S. 8° ¶ Vgl. Berichte d. Deutschen Chem. Gesellschaft. Jg. 33. 1900.
München, Dr.-Ing.-Diss. v. 8. 7. 1901

Puruckherr, H. Aug. (Sachsen-Altenburg), De hydrocele. Diss. med.-chir. Göttingen (H. C. Seemann) 4. VIII. 1838. 40 S. (3.75) 27382

Purulich, Matthias

Purulich, Matth., Diss. de Pascha Christi ultimo. 8maj. Ofen 765. Typ. 10 *gr*

Purulich, Matthias, Dissertatio de paschate ultimo Christi. Graz, 1768. (Tyrnau, 1765.)

(Pury. David de Purry, 1709–1786.) Njbl. *s.* [Orelli, Felix von].

Pury, Soeur Sophie de. Au service du Maitre. (IV, 132 S. m. Bildnis.) 8. Strassburg 904. Buchh. der ev. Gesellschaft. n. 1.60; geb. in Leinw. n. 2.40

Pury, Abraham *s.* Mémoire justificatif.... 1767.

Pury, Charles-Albert *s.* Osterwald, Frédéric, et Pury, Charles-Albert.

de Pury, Car. Ludov. (geb. Neufchâtel 9. 5. 1817): De nephritide albuminosa seu morbo Brightii. Berolini (1841). (40 S.) 8°
Berlin, Med. Diss. v. 6. Aug. 1841

Pury, Daniel: Observationes juridicae. 26 S.– Basel, Jur.Diss.v. 27.Juni 1714.

Pury, David [1733–1820] *s.* Mémoire justificatif.... 1767.

Pury, Henri: Dissertatio inauguralis medica de fontis pharmaceutici praestantia.
Basel; Med. Diss. 1763.

Purz, der Compagnie-Hund. Eine Geschichte in 15 Bildern (Holzschntaf.) u. liebl. Versen. gr. 16. (15 S.) Berlin 874. Militaria. n. — 50

Purzelbäume, poetische. Eine Sammlg. der besten Balladen, Romanzen, Lieder u. Gedichte aus den „Flieg. Blättern". (160 S. m. Abb.) 8. München (909). Braun & Schneider. Geb. 2. 50

Puscarin, J., die romanische Amtssprache. Ein Compendium der romanischen Sprachlehre, mit einer Sammlung der im ämtl. Verkehr am häufigsten vorkommenden Ausdrücke. gr. 8. (VIII und 108 S.) Hermannstadt 861, Steinhaussen.

Puscariu, J. v: Das Stereometer, privilegirtes Körper-Meßinstrument. Budapest 1877

Puşcariu, Sextil, aus Kronstadt i. Siebenb.: Die rumänischen **Diminutivsuffixe.** *Leipzig: J. A. Barth 1899.* (147 S.) 8°
¶ [Aus: Jahresbericht d. Instituts f. rumän. Sprache zu Leipzig.]
Leipzig, Phil. Diss. v. [27. Juli] 1900

Etymologisches Wörterbuch der rumänischen Sprache. Von Dr. Sextil **Puşcariu.** 1. Heidelberg: C. Winter 1905. 8°
— **Sammlung** romanischer Elementarbücher. Reihe 3, Bd 1, 1. [05. 1316]

Puşcariu, S: Etymologisches Wörterbuch der rumänischen Sprache. 1. Lateinisches Element mit Berücksichtigung aller romanischen Sprachen. Heidelberg 1905

Pusch, Arthur: Das Χρονικον επιτομον der Wiener Handschrift Th. Gr. Nr. XI.. Text und Untersuchung. Jena 1908: Neuenhahn. 68 S. 8°
Jena, Phil. Diss. v. 1. Okt. 1908, Ref. Liebenam
[Geb. 21. Dez. 83 Großpörthen; Wohnort: Großpörthen; Staatsangeh.: Preußen; Vorbildung: Gymn. Zeitz Reife O. 03; Studium: Jena 8 S.; Rig. 25. Febr. 08.] [U 09. 2214

Pusch, *Johann* August *Max* [aus Meissen]: Über Diphenacylessigsäure und deren Reductionsprodukte ... Leipzig, Druck v. Metzger & Wittig, 1896; 26 S., 1 Bl. 8.
Leipzig, Phil. Fak., Inaug.-Diss. v. [2. Juli] 1896

Pusch, Fr., u. E. **Imgardt,** Wie klagt man am zweckmässigsten seine Aussenstände ein? Praktisches Handbuch f. Jedermann, der im Sühneverfahren, im Mahnverfahren od. im Wege der Klage bei den Amtsgerichten sein Recht selbst suchen will od. muss. Unter Beifügg. der Bestimmgn. üb. die Zwangsvollstreckg., der Gerichtskostentabelle, u. aller erforderl. Entwürfe zu Anträgen u. Klagen neu bearb. 6. Aufl. (III, 63 S.) gr. 8. Wiesbaden, R. Bechtold & Co. 1902. —. 75

Pusch, Fr., u. E. Imgardt, wie klagt man am zweckmäßigsten seine Außenstände ein? Praktisches Handbuch f. Jedermann, der im Sühneverfahren, im Mahnverfahren od. im Wege der Klage bei den Amtsgerichten sein Recht selbst suchen will od. muß. Unter Beifügg. der Bestimmgn. üb. die Zwangsvollstreckg., der Gerichtskostentabelle u. aller erforderl. Entwürfe zu Anträgen u. Klagen neu bearb. 7. Aufl. gr. 8. (IV, 63 S.) Wiesbaden (902). R. Bechtold & Co. n. — 75

Pusch, Fr., wie klagt man am zweckmäßigsten seine Außenstände ein? Praktisches Handbuch f. Jedermann, der im Sühneverfahren, im Mahnverfahren od. im Wege der Klage bei den Amtsgerichten sein Recht selbst suchen will od. muß. Unter Beifügg. der Bestimmgn. üb. die Zwangsvollstreckg., der Gerichtskostentabelle, u. aller erforderl. Entwürfe zu Anträgen u. Klagen neu bearb. (Gültig vom 1. IV. 1910.) 9. Aufl. (III, 63 S.) 8. Wiesbaden (910). R. Bechtold & Co. — 75
Die 8. Aufl. ist von E. Irmgardt mitbearbeitet.

Pusch, Franz

Pusch, Fr., der praktische Bäcker, s.: Wittinger, G.

Pusch, Franz (Hrsg.), s. Das Bäckerbuch.

Pusch, Frz., das Bäckerbuch. Ein prakt. Handbuch der Bäckerei aller Länder m. 25 Farbdr.-Taf. u. 445 Illustr. im Text. Hrsg. unter Mitwirkg. angesehener Fachleute. gr. 8. (954 S.) Stuttgart (900. 901). F. Krais. n. 12.—; geb. in Leinw. 15.—; auch in 20 Lfgn. à —60

Georgius Pusch. Theses selectae ex logica, quas publicae disputationi expositas praeside Georgio Pusch aa. ll. et philosophiae magistro, eiusdemque in principali Athenaeo Marchio-Badensi professore publico et ordinario propugnabunt ornati et eruditi logici: I. Franciscus Servatius Sieber, Bruchsaliensis, II. Josephus Kah, Badensis, III. Matthaeus Weiss, Neovilleranus, IV. Georgius Christophorus Krieg, Gernsbacensis.
Badenae in aula principalis Athenaei die 6. Septembris 1747. Horis ante et post meridiem consuetis.
Litteris Rastadiensibus Caroli Antonii Schell, Typogr.-Aul. 4°. 8 S.
Rastatt, P 1747

Pusch, Georg Gottlieb (Gottlob?)

Pusch, G. G. Geognostischer Atlas von Polen. Stuttgart und Tübingen. 1837. Folio. Darin: Geognostische Generalkarte von den Königreichen Polen und Galizien. (Aus dessen Werk: Geognostische Beschreibung von Polen.)

Pusch, Geo. Gtli., geognost. Beschreibung v. Polen, so wie d. übrigen Nordkarpathen-Länder. 1. Thl. gr. 8. (22½ B.) Stuttgart 833, Cotta.

Pusch, Geo. Gtli., geognost. Beschreibung v. Polen, so wie d. übrigen Nordkarpathen-Länder. 2. Thl. gr. 8. (44¼ B. u. 1 Stnt.) Stuttgart u. Tübingen 836, Cotta'sche Buchh.

—— dass. — Geogn. Atlas hierzu. 10 Blätter. Imp.-Fol. (9½ lith. u. ill. B.) Ebds. 836.
1. Bd. Ebendas. 1833. 2 Thlr.

Pusch, G. G. Beschreibung des Weisssteingebirges im sächsischen Erzgebirge. (Aus der Auswahl der Schrift d. Gesellsch. für Mineral., Dresden. 1826. 8.

Pusch, Georg Gottlob, und Ch. Bercht.
Erläuternde Experimente über die Grundlehren der allgemeinen und Mineralchemie. Freiberg, 1810. 8vo.

— s. W. A. Lampadius, erläuternde Experimente...

Pusch, Geo. Gll., geognostischer Katechismus, ob. Anweis. zum prakt. Geognostren für angeh. Bergleute u. Geognosten. Mit color. Kpf. 12. Freiberg 819. Craz u. G. 1 ₰

—— Polens Paläonthologie, od. Abbild. u. Beschreib. d. vorzüglichsten u. der noch unbeschrieb. Petrefakten aus d. Gebirgs-Formationen in Polen, Volhynien u. d. Karpathen, nebst einigen allgem. Beiträgen z. Petrefaktenkunde u. ein. Versuch z. Vervollständig. d. Gesch. d. europ. Auerochsen. (2 Lfgn.) Imp.-4. (29 B. u. 16 Stnt.) Stuttgart 836, 37, Schweizerbart'sche Buchh.

Pusch, (G. G.,) geognostisch-bergmänn. Reise, durch e. Theil d. Karpathen, Ober- u. Niederungarn, im J. 1821. 2 Thle M. 15 Kupf. gr. 8. Leipz. 826, Barth.

Pusch, Geo. Gli., geognostisch-bergmänn. Reise, durch e. Theil d. Karpathen, Ober- u. Nieder-Ungarn, im J. 1821. 2 Thle. Mit 16 Kpf. gr. 8. Leipz. 828. Barth. (NB. Sind nur erst e. Bogen gedruckt.)

Pusch, Gustav

Pusch, Gust., Anleitung zur sachgemäßen Handhabung der Rindviehzucht. 3. Aufl. gr. 8. (28 S. m. Abbildgn.) Dresden 891. G. Schönfeld's Verl. n. — 50

Pusch, G., d. Beurteilungslehre d. Rindes. gr. 8. (VIII, 388 S. m. 327 Abb.) Berlin 896. P. Parey. Geb. in Leinw. n. 10. —

Pusch, G., die Beurteilung des Rindes. Für Tierzüchter, Tierärzte u. prakt. Landwirte bearb. 2., neubearb. Aufl. (X, 396 S. m. 391 Abbildgn.) gr. 8. Berlin 910. P. Parey. Geb. in Leinw. 13. —

— Die Entwicklung der sächs. Rindviehzucht während der letzten 20 Jahre unter besond. Berücksicht. der staatl. Maßnahmen. Vortrag, geh. in der ökonom. Gesellschaft im Königr. Sachsen, Dresden, am 11. I. 1907. (63 S.) gr. 8. Leipzig 906. Fritzsche & Schmidt. 1. —

— Klinische Erfahrungen über Herpes tonsurans. S.-A. Jena 99. Fischer.

— s.: Führer durch Sachsens landwirtschaftliche Tierzucht.

— das Gestütswesen Deutschlands. gr. 8. (VI, 57 S. m. 3 Taf. u. 1 farb. Karte.) Berlin 891. [Th. Ch. F. Enslin.] R. Schoetz. n. 3. —

— Die Kindermilchproduktion in wirtschaftlicher u. hygienischer Beleuchtung unter besond. Berücksicht. der im Rassestalle der tierärztl. Hochschule in Dresden gemachten Erfahrungen. (73 S. m. 10 Abbildgn.) gr. 8. Berlin 908. R. Schoetz. 2. —

Pusch, G., Lehrbuch der allgem. Tierzucht. (XII, 388 S. m. 195 Abbildgn.) gr. 8. Stuttgart 904. F. Enke. n. 11. —; geb. in Leinw. n. 12. 20

Wandtafeln zur Beurteilung des Rindes. 18 Lithogr. im Format von 130 cm Höhe u. 170 cm Breite darstellend mustergiltige u. fehlerhafte Formen d. Rindes. Hrsg. von Dr. G[ustav] **Pusch**, Prof. in Dresden. [Text u. Taf.] *Berlin: P. Parey 1901[–03].* 1 Bd 8°, 1 Bd gr. 2°

Pusch, G., Wandtafeln zur Beurteilung des Rindes. 18 Lith. 130×170 cm, darstellend mustergilt. u. fehlerhafte Formen des Rindes. Mit Text. gr. 8. (7 S.) 1. Abteilg. (6 Taf.) Berlin 901. P. Parey. n.n. 30. —

— Wandtafeln zur Beurteilung des Rindes. 18 Lith. 180×170 cm, darstellend mustergilt. u. fehlerhafte Formen d. Rindes. 2. u. 3. (Schluss-)Abtlg. (à 6 Taf.) Berlin (902). P. Parey. à n.n. 30. —

Pusch, G., Zeit- u. Streitfragen auf dem Gebiete der Beurtheilung des Rindes, insbesondere üb. die Rasse-, Abstammungs- u. Formenverhältnisse in ihren Beziehungen zu den Leistungen der Thiere. Vortrag, geh. am 2. II. 1900 in der ökonom. Gesellschaft im Königr. Sachsen in Dresden. gr. 8. (25 S.) Dresden 900. Leipzig, G. Schönfeld. n. — 60

(B) — Zeit- u. Streitfragen. 900. (BB 32.) Jetzt: Leipzig, Fritzsche & Schmidt.

Pusch, Hans: Aus dem Laboratorium der medizinischen Klinik zu Bonn. Über die Gährungsverhältnisse und den Eiweissgehalt der Faeces gesunder und kranker Kinder im ersten Lebensjahr. *Danzig 1898: F. Raczkiewicz.* (18 S. mit Tab.) 8°
Bonn, Med. Diss. v. [7. März] 1898

Pusch, Hans, die staatliche Ueberwachung v. Privat-Kur- u. Krankenanstalten vom Standpunkte d. öffentlichen Gesundheitspflege. (66 S.) 8. Leipzig 905. F. Leineweber. n. 1. 20
Sonderabdruck aus: „Ztschr. f. Krankenanst."

Pusch, H[ermann], Dr.: Vom Hausstand und Haushalt einer Thüringer Bürgerfamilie im 16. Jahrhundert (Bürgermeister Jacob Keltz in Saalfeld a. d. Saale). *Meiningen 1901: Keyssner.* (S. 3—40.) 4°
Meiningen, herz. RG, OP 1901 (773)

Pusch, Hermannus [Saxo-Meiningensis]: Quaestiones Zenodoteae. ... Halis Saxonum, form. descr. E. Karras, 1889; 30 S. + 1 Bl. 8°
Halle, Phil. Fak., Inaug.-Diss. v. [3. Jan.] 1890

— Johann Daniel (Torgau), An conditio quae propter casum impleri nequit pro impleta habeatur ad conciliandas leges adversas XXXI. D. de condit. et demonst. et LIIII§ 1. D. de leg. I. Präs. Christoph Ludwig Crell. Wittenberg (Koberstein) Sept. 1735. 17 S. (4.25) 27384
Gew.: Gottlob Hieronymus von Leipziger.

— — Dasselbe. Wittenberg Sept. 1735. Rec. 1742. 16 S. (4.25) 27385

— — Dasselbe. Frankfurt u. Leipzig Sept. 1735. 1757. 19 S. (4.25) 27386

Bestimmungen über Chausseegelderhebung und Chausseepolizeiwesen. Zum Gebr. f. Chausseegelderheber ... Bearb. von Kreisbaumeister [Karl] **Pusch.** 2. Aufl. Gleiwitz: Neumann 1906. (IV,87 S.) 8° [F.] 106. nos 2

[F.] **Pusch,** Karl: Über Sebastian Francks Sprichwörtersammlung vom Jahre 1541. (Th. 1.) Hildburghausen, herz. Hofbuchdr. v. F. W. Gadow & Sohn, 1894; 1—42 S. 4.
Hildburghausen, G Georgianum, OP 1894 (708)

Pusch, (Carolus) Leo *(geb. Schönbrunn bei Sagan 9. 4. 1828)*: De febre intermittente. Vratislaviae (1856). (31 S.) 8°
Breslau, Med. Diss. v. 13. Dez. 1856

Pusch, Lucian v., Anthropologie, die Wissenschaft vom Menschen, od. Animismus, die Lehre v. der Seele, nach den Grundsätzen d. Universalreformbundes der Edlen vom freien Geiste [= der wahren J. S. U.], genannt Animismus. gr. 8. (46 S.) Berlin 892. F. Schlosser. n. 1. —

— der Armenarzt. Meine Hydrotherapie. 8. (8 S.) Berlin 892. (Leipzig, W. Besser.) n.n. — 10

Pusch, Lucian v., der Armenarzt. Hydropathie. 5. verm. Aufl. 8. (7 S.) Leipzig 901. W. Besser. n. — 20

Pusch, L., positive Beweise der Unsterblichkeit, zusammengestellt zur Aufklärg. f. Nichtspiritualisten. 8. (23 S.) Prag 886. (Leipzig, Mutze.) n. — 20

— positive Beweise der Unsterblichkeit. Zur Aufklärg. f. Nichtspiritualisten. gr. 8. (22 S.) Leipzig 893. O. Mutze. n. — 20

Pusch, Lucian, meine Diagnose aus d. Gesichtszügen. gr. 8. (20 S.) Leipzig 892. (W. Besser.) n. — 20

Intuitive Diagnose aus den Gesichtszügen. Aus d. Kraft d. höheren Magnetopathie. Von Pens. Kais. Russ. Prof. Dr. **Lucian v. Pusch.** 5. verm. Aufl. *Leipzig: W. Besser 1901.* (17 S.) 8° [01. 10048 2

— heiliges Drama. „Christus" od. der mittlere Wog. gr. 8. (XII, 33 u. 10 S.) Breslau (900). Leipzig, W. Besser. n. 1. —

— durch Nacht zum Licht. Post nubila Phöbus. Die Lösg. aller geist. u. materiellen (socialen) Fragen. (D. weisse Internationale.) 2 Bde. gr. 8. (XXII, 586 S. m. 1 Paradiesplan u. verschied. Zeichngn.) Leipzig 895. (O. Mutze.) n. 8. —; geb. n. 10. —

— meine Erlebnisse auf transcendentalem Gebiete. gr. 16. (24 S.) Berlin 889. Siegismund. n. — 50

— kleiner Katechismus der weissen Internationale als Erläuterung des christl. Katechismus zur Vereinigung der Seele m. der Gottheit. Eine Propagandaschrift der Wahrheit. gr. 8. (32 S.) Schweidnitz 902. P. Frömsdorf. n. — 75

— Katechismus der Religion des Sokrates od. des reformirten hellen. Monotheismus. gr. 8. (47 S.) Ebd. 893. n. — 60

— Katechismus d. reinen Spiritualismus. Wegweiser zur erlangg. e. glückl. lebens im disseits u. jenseits. gr. 8. (III, 248 S.) Leipzig 890. Mutze. n. 4. —

— Katechismus des reinen Spiritualismus. Wegweiser zur Erlangg. e. glückl. Lebens im Diesseits u. Jenseits. 2. Aufl. gr. 8. (250 S.) Leipzig 899. O. Mutzo. n. 4. —; geb. n. 5. —

— Notschrei an d. decadente Menschheit. gr. 8. (8 S.) Leipzig 898. W. Besser. n. — 20

— meine Obstheilkräfte. gr. 8. (8 S.) Eger 893. Ebd. n.n. — 55

Die Obstheilkräfte ⟨magnetopathische⟩. Von Prof. Dr. **Lucian v. Pusch.** (Preisgekr. in Leipzig 1894.) 5. verm. Aufl. *Leipzig: W. Besser 1901.* (10 S.) 8° [F.] [01. 10050 2

— meine Obstcur. 8. (7 S.) Berlin 892. (Leipzig, W. Besser.) n.n. — 10

— die Obstcur. 5. verm. Aufl. 8. (7 S.) Leipzig 901. W. Besser. n. — 20

Pusch, Lucian, Innere Religion. Klärung d. jetz. kirchl. Religionen. (224 S. m. Bildnis.) gr. 8. Schweidnitz 902. P. Frömsdorf. n. 3. —

— spiritualistische Philosophie ist erweiterter Realismus. 8. (34 S.) Ebd. 887. n. — 50

Pusch, Max [aus Dessau]: Über Isobernsteinsäure und Oxyisobernsteinsäure ... Marburg, *Weniger & C., Hzgl. Hofbuchdr., Dessau,* 1893; 42 S., 1 Bl. 8.
Marburg, Phil. Fak., Inaug.-Diss. v. [30. Jan.] 1894

Pusch, (Carl Heinr.) Otto (geb. Matschdorf bei Frankfurt a. O. 9. 9. 1855): Beitrag zur Lehre von der Puerperaleclampsie. Berlin (1880). (43 S.) 8°
Berlin, Med. Diss. v. 9. Okt. 1880

Pusch, Thdr., tabellarische Auszüge aus dem Arzneibuch f. das Deutsche Reich, 3. Ausg. [Pharmacopoea germanica od. tertia], zum Gebrauche f. Apotheker, Apotheken-Revisoren, Aerzte etc. zusammengestellt. Hrsg. vom Deutschen Apotheker-Verein. gr. 16. (38 S.) Berlin 890. Selbstverlag d. Deutschen Apotheker-Vereins. n. — 50

— Defektur-Taschenbuch, enth. e. kurze Zusammenstellung aller in dem Arzneibuch f. das Deutsche Reich [Pharmacopoea germanica ed. tertia] gegebenen Vorschriften f. die Darstellg. chem., sowie pharmaceut. Präparate u. Reagentien. Hrsg. vom Deutschen Apotheker-Verein. gr. 16. (32 S.) Ebd. 890. n. — 50

THEODOR PUSCH, Wider das Dispensirrecht der homöopathischen Aerzte. Denkschrift. s. l. 1885. (Halle a. S., Buchdruckerei des Waisenhauses.) 8°.

THEODOR PUSCH, Das Trinkwasser in seiner physiologischen und hygienischen Bedeutung mit besonderer Berücksichtigung des Trinkwassers in Dessau. Vortrag im Naturhistorischen Verein für Anhalt, gehalten am 14. Januar 1874. Separatabdruck aus dem Jahresbericht des Naturhistorischen Vereins 1873. Dessau. 1874. Comm. bei Hugo Jahn. 8°. (125)

Pusch, Walter, Referendar: Die Bedeutung der Worte '.. oder ein sonstiges Recht' in § 823[1] B.G.B. Berlin 1909: Streisand. 87 S. 8°
Jena, Jur. Diss. v. 3. Juli 1909, Ref. Thon
[Geb. 20. Juli 85 Ujest; Wohnort: Patschkau; Staatsangeh.: Preußen; Vorbildung: Gymn. Ratibor Reife O. 05; Studium: Jena 3, München 2, Jena 2 S.; Rig. 18. Mai 09.] [U 09. 2114

Püschel, Festtage u. Messentabelle von 1876 1900. gr. Fol. Grünberg 876. Weiß's Nachf. n. — 30

Püschel, Adolf

— Die Hausuhr der k. k. St. R. in Leitmeritz (m. 2 Lichtb.). 31. ibd. 905. **Progr.**

Püschel Adolf: Über radioaktive Stoffe. 12. Leitmeritz R. 904. **Progr.**

Pueschel, Albertus, Raguhnensis: De Vibii Sequestris libelli geographici fontibus et compositione. Halis Sax. 1907: Wischan & Burkhardt. (55 S.) 8°
Halle, Phil. Fak., Ref. Wissowa, Diss. v. 8. März 1907
[Geb. 27. März 84 Raguhn b. Dessau; Wohnort: Halle a. S.; Staatsangeh.: Anhalt; Vorbildung: Karls-Gymn. Bernburg Reife O. 02; Studium: Tübingen 1, Berlin 3, Halle 5 S.; Rig. 4. Febr. 07.]

Das Anwachsen der deutschen Städte in der Zeit der mittelalterlichen Kolonial-Bewegung. Von Dr. Alfred **Püschel.** Mit 15 Stadtpl. Berlin: Curtius 1910. XII, 214 S. 8°
(Abhandlungen z. Verkehrs- u. Seegeschichte. Bd 4.) [10. 9889 5

Püschel, Alfr., das Anwachsen der deutschen Städte in der Zeit der mittelalterlichen Kolonialbewegung, s. a. Abhandlungen zur Verkehrs- u. Seegeschichte. 4. Bd.

Püschel, Alfr., die Baumessung u. Inhaltsberechnung nach Formzahlen u. Massentafeln nebst Zusammenstellg. der üb. die Formzahlen der Waldbäume vorliegenden Erfahrgn. Bearb. unter Zugrundelegg. der neuen metr. Maße f. Forstwirthe u. Holzhändler. gr. 8. (VIII, 148 S.) Leipzig 871. Brockhaus. n. 2. 40

—— die Forst-Einrichtung oder Vermessung und Eintheilung der Forsten, Ausarbeitung von Wirthschaftsplänen und Ertragsberechnung. Nach forstl. Praxis und unter Andeutung des in Preußen, Sachsen, dem ehemal. Hannover und in andern Ländern besteh. Verfahrens bearb. gr. 8. (VIII, 200 S.) Dessau 869, Aue'sche Buchh. * 3 —

Püschel, Alfr., kurzgefasste Forst-Encyklopädie. Ein Hand- u. Taschenbuch mit Hülfstafeln, (lith.) Winkelmesser (in 4.) u. (lith.) Planimeter für Forsttaxatoren, Forstgeometer u. Forstwirthe, sowie Waldbesitzer, Staatswirthe etc. Mit 74 Fig. in Holzschn. Leipzig 860. Brockhaus. 8. (XII, 561 S.) n. 2 ℛ︎ 10 ngr.

— kurzgefasste Forst-Encyklopädie. Ein Hand- u. Taschenbuch m. Hülfstabellen, Winkelmesser u. Planimeter f. Forsttaxatoren, Forstgeometer u. Forstwirthe etc. Mit 74 (eingedr.) Fig. in Holzschn. Neue, m. Hülfstabellen zur Reduction der preuss. in metr. Maasse verm. Aug. 8. (XXVII, 560 S. m. 3 Steintaf.) Ebend. 872. n. 5. —

Püschel, Alfr., Taschenbuch für Forstwirthe und Holzhändler. Ein populäres Handbuch der Holz- und Baummessung und Schätzung. Nebst Geschäftskalender und Baumhöhenmesser. 8. (XII und 234 S. mit 2 Stnt. und 62 Fig. in eingedr. Holzschn.) Leipzig 863, Brockhaus. * 1 Thlr.; geb. *
Ist auch zu gleichen Preisen in einer Ausg. für Oesterreich erschienen.

Püschel, Alfred: Der Umfang deutscher Städte im 13. und 14. Jahrhundert. Kap. 1—4. (Berlin: Curtius 1909.) 34 S. 8° ¶(Der Rest ersch. in: Abhandlungen z. Verkehrs- u. Seegeschichte. 1910.)
Berlin, Phil. Diss. v. 31. Juli 1909, Ref. Schäfer
[Geb. 9. Nov. 83 Berlin; Wohnort: Charlottenburg; Staatsangeh.: Preußen; Vorbildung: Falk-Realgymn. Berlin Reife O. 02, humanist. Ergänzungsprüfung 06; Studium: Berlin 13 S.; Rig. 24. Juni 09.] [U 09. 253

Püschel, Arnold, Medizinalprakt. an d. Univ.-Ohrenklinik: Zur Kenntnis der otogenen extraduralen Abszesse. Frankfurt a. O. 1908: Köhler. 18 S. 8°
Jena, Med. Diss. v. 26. Juni 1909, Ref. Wittmaack
[Geb. 12. Sept. 82 Zielenzig; Wohnort: Jena; Staatsangeh.: Preußen; Vorbildung: Realgymn. Frankfurt a. O. Reife O. 03; Studium: Breslau 2, Greifswald 8 S.; Coll. 4 Juli 08; Approb. 26. Juni 09.] [U 09. 2144

Püschel, Ernst, unsere Zeit! 1. u. 2. Bd. kl. 8. Leipzig 909. O. Weber. à 1. —
1. Christen v. heute. Skizzen u. Satiren. (159 S.)
2. Die deutsche Pest. Allerlei Satirisches üb. die Witzblätter. (112 S.)

Püschel, G. H., Versuch ein. Wissenschaft aller natürlichen Dinge, in wie weit sie wirklich sind. 8. Königsberg, 754. Rthlr. -

Püschel, Georg Gottfried (Dessau), Exercit. pietatis LV. sive pia ad S. Coen. collatio et simul historica quae est systematis hist. univers. continuatio IV. Präs. Heinr. Jak. van Bashuysen. Zerbst (Chr. Böhm) 9. VI. 1731. (4.25) 27285
Widm. v.: J. F. Hartmann.

Püschel, Hermann, aus Grimma: Der syntaktische Gebrauch der Conjunctionen in den Adverbialsätzen bei Hans Sachs. Ein Beitrag zur deutschen Grammatik d. XVI. Jahrhunderts. *Leipzig 1899: E. Freter.* (119 S.) 8°
Leipzig, Phil. Diss. v. [13. Apr.] 1899

Püschel, Herm., der syntaktische Gebrauch der Conjunctionen in den Adverbialsätzen bei Hans Sachs. Ein Beitrag zur deutschen Grammatik des XVI. Jahrh. Diss. gr. 8. (120 S.) Leipzig 899. (E. Gräfe.) n. 2. —

Püschel, Johannes, a. Raguhn i. A.: Das Leben der Vornehmen Englands im 16. und 17. Jahrhundert, vornehmlich nach den Dramen Ben Jonsons. Halle a. S. 1907 (M. Wieprecht, Bernburg). (99 S.) 8° [F.]
Halle, Phil. Fak., Ref. Wagner, Diss. v. 6. Mai 1907
[Geb. 20. Sept. 82 Raguhn b. Dessau; Wohnort: Halle a. S.; Staatsangeh.: Anhalt; Vorbildung: Karls-Gymn. Bernburg Reife M. 01; Studium: T.H. München 1, Univ. Berlin 3, Halle 5 S.; Rig. 11. Febr. 07.]

Püschel, Johann Gf.

Püschel, Jh. Gf., († 1795.) Abschiedsrede an seine Eleven. 8. Magdeb. 774.

— die Harzgegend um Elptenfeld. 8. Stollberg 793.

Püschel, Jul., Elementar-Lesebuch. 8. Grünberg 843, 2. Aufl. 845, Levysohn. n. 4 ngr geb. n. 1/6 ℛ︎

Püschel, Jul., Elementarlesebuch. 3. unveränd. Aufl. 8. (IV u. 180 S.) Grünberg 850, Levysohn. n. 4 ngr

Püschel, Jul., Elementarlesebuch. 4., mit 1 (lith.) Bgn. Schreibschrift verm. Aufl. Grünberg 858. Levysohn. 8. (IV, 172 S. und: Die ersten Uebungen im Schreiblesen. 16 S.; Der kleine Katechismus rc. von Luther. 8 S.) n. 4 ngr

Püschel, Jul., Elementarlesebuch. 5., mit 1 Bgn. Schreibschrift verm. Aufl. Grünberg 866. Levysohn. 8. (IV, 196 S., wovon 8 lith.) n. 4 ngr; geb. n. 5 ngr

— Elementar-Violinschule. 1. Heft. Grünberg 857. Weiß in Comm. qu. 4. (2 Bl., 48 lith. S.) n. 15 ngr

—— 100 Rechentafeln zum schriftl. Ueben der 4 Grundrechnungsarten in unbenannten Zahlen f. Land- u. Stadtschulen. 8. (20 B. u. 1½ Text in 4.) Grünberg 845, Weiß.

— Wandfibel (zur 4. Aufl. seines Elementarlesebuchs). Grünberg (858.) Levysohn. (8 Bgn. in gr. Fol.) n. 12½ ngr

Püschel, Karl

Püschel, C. Über Crooke's strahlende Materie. 22 S. *Waldenburg* 1882.
Progr.

Püschel, *Carl* [Prof.]: Eine Zusammenstellung von Aufgaben aus der analytischen Geometrie für die Prima des Gymnasiums. 1. Tl. Waldenburg i. Schl., P. Schmidt's Druckerei, *1897;* 1 Bl., 27 S. 8.
Waldenburg i. Schl., st. Ev. G, OP 1897 (216)

Püschel, (C[arl]): Eine Zusammenstellung von Aufgaben aus der analytischen Geometrie für die Prima des Gymnasiums. II. T. *Waldenburg i. Schl. (1898): P. Schmidt.* (27 S.) 8° ¶(Fortsetzung d. P-Beilage 1897.)
Waldenburg i. Schl., st. Ev. G, OP 1898 (219)

Püschel, Kurt, a. Canth in Schlesien: James Beattie's „Minstrel". (Berlin: Mayer & Müller 1904.) (VI, 79 S.) 8°
Berlin, Phil. Fak., Ref. Brandl, Tobler, Diss. v. 10. Dez. 1904
[Geb. 20. Juni 82 Canth, Kreis Neumarkt in Schlesien; Heimatsort: Berlin; Staatsangeh.: Preußen; Vorbildung: Luisengymn. Berlin Reife O. 00; Studium: Berlin 8 S.; Rig. 25. Juli 04.]

Die alte und die neue Rechtschreibung. Vergl. dargest. von Max Püschel. Berlin: Heymann 1903. 24 S. 8° A 11. 35011

Püschel, Paul, von Kindern, die Sorgenpfade ziehen. Bilder aus Jammer u. Not unsrer Kinderwelt f. große u. kleine Leute, die Mitleid haben. Unter Mitarbeit v. Lehrern u. Schriftstellern hrsg. (125 S.) gr. 8. Dresden 908. W. Baensch. 1.50; geb. in Leinw. 2. —

Püschel, R. Li Romanz de la Rose. Première partie par Guillaume de Lorris. Berlin, Friedr.-G., 1872. 26 S. 4.
Progr.

Püschel, li Romanz de la Rose. 1. partie par Guillaume de Lorris. gr. 4. (26 S.) Berlin 872. (Calvary & Co.) n. 1. 20

— **Richard** (Zittau), De paralysi completa nervi oculomotorii. Diss. ophthalmol. Moder. Christ. Adolph Wendler. Leipzig (L. Schnauss) 16. V. 1861. 12 S. u. Biogr. (M.: A. A. Judenfeind). (3.—) 27286
Oppon.: Paessler, Engelhardt, Leupolt.

Püschel, Th., Gott ist mein Heil. 7 evangel. Predigten. gr. 8. (VI, 58 S.) Berlin 889. Evangel. Bücher-Verein. n. 1. —; geb. n. 1. 80; m. Goldschn. n. 2. —

Püschel Theodor: Die Bühnenbearbeitung des Götz von Berlichingen. 92. Olmütz R.905.

Püschel, Wilhelm, Referendar: Die **Pfandklage** des bürgerlichen Gesetzbuches. *Berlin 1903: W. Pilz.* (VI, 94 S.) 8° Göttingen, Jur. Diss. v. [23. Febr.] 1903

Püschel, Wilh., die Pfandklage des bürgerlichen Gesetzbuches. Diss. (VI, 94 S.) gr. 8. Berlin 903. (Göttingen, Vandenhoeck & Ruprecht.) n. 2. 40

Puschendorf, K., Kassel. Humoristische Schilderungen. 8. (63 S.) Leipzig 848, Thomas. ¼ ß

Puscher, Johann Gottlob (Bischofswerda/Meißen), De stupri judicio civili. Präs Augustin Leyser. Wittenberg (Eichsfeld) 19. IV. 1736. 32 S. (1.50) 27387
Gew.: Ephraim Gottfried Reich.

Puschi, A., l'atelier monétaire des patriarches d'Aquilée. Traduit de l'italien par Mlle G. Valery. [Aus: „Annuaire de la Société française de numismatique 1887".] Lex.-8. (114 S. m. Fig.) Macon 887. (Triest, Schimpff.) n. 3. —

Tapfere Kämpfer. Seliges Sterben. Von Missionar **Püsching**. *Friedenau-Berlin: Goßnersche Mission [1901].* (8 S.) 8° [Umschlagt. F.]

Paulus von Diangkel, ein Streiter Christi unter den Kols. Von Missionar **Püsching**. *Friedenau-Berlin: Goßnersche Mission [1901].* (16 S.) 8° [Umschlagt. F.]

Powilas isz Diangkēl, Kareiwis Kristaus tarp Kolû [Paulus von Diangkel, ein Streiter Christi unter den Kols]. Wokiszkay surasze Pasiuntinys **Püsching**, lietuwiszkay Pas. Lauzemis. *Friedenau-Berlin: Knyginyczia Gossneriszkoses Pasiuntinystes 1902.* (16 S.) 8° [F.]

Verirrt und heimgekehrt. Von Missionar **Püsching**. *Friedenau-Berlin: Goßnersche Mission [1901].* (16 S.) 8° [Umschlagt. F.]

Puschkin, Alexander

Puschkin, Alex., theoretisch-praktischer Lehrgang der Stenographie nach Gabelsbergers System verbunden mit Lese- u. Schreibübungen in method. Stufenfolge. 2. stark verm. Aufl. Bayreuth 857. Giessel in Comm. gr. 8. (2 Bl., 86 S. u. 43 lith. S.) n. 22 ngr

Puschkin, Alex., theoretisch-praktischer Lehrgang der Stenographie nach Gabelsbergers System, verbunden mit Lese- u. Schreibübungen in method. Stufenfolge für Schulen u. zum Selbstunterricht verf. 2. Thl. 3., umgearb. Aufl. Bayreuth 865. Gießel. gr. 8. (100 S.) n. 15 ngr

—— stenographische Lese- und Schreib-Uebungen nach Gabelsberger's System mit Bezug auf das „kurzgefaßte Lehrbuch der Gabelsbergerschen Stenographie" (Preisschrift, München 1854.) in method. Stufenfolge ausgearb. und mit ergänzenden Bemerkungen versehen. gr. 8. (32 und 26 lithogr. S.) (Bayreuth 857, Gießel.) *

Puschkin, Alex., französischer Repetitor. Eine gedrängte Zusammenstellung der wesentlichsten Regeln der französischen Sprache. Zum Behufe erleichterter Uebersicht u. Wiederholung des grammatikalischen Lehrstoffes verfaßt. Bayreuth 860. Giessel. gr. 8. (2 Bl., 48 S.) n. 7½ ngr

Ritual für Receptionen und Arbeiten des I. Grades nach dem Fessler'schen System, neu bearb. von Alex. Puschkin. Bayreuth 1869: Burger. 16 S. 4° [Umschlagtit.] 140.

Puschkin, Alex., die Stenographie nach Gabelsbergers System. Eine Skizze der Grundregeln dieses Systems nebst einer Darlegung der vielfachen vortheilhaften Anwendbarkeit der Stenographie für die Schule, für jede wissenschaftl. Laufbahn etc. gr. 8. (21 S. und 2 Stnt.) Würzburg 851, (Stahel'sche Buchh.) **

Puschkin, Alexander Sergejewitsch

Puschkin, (A.,) der Berggefangene. (Ein Gedicht.) Russisch u. Deutsch. gr. 8. St. Petersburg 824, (Leipz., Enobloch.)

Puschkin, Alex., Dichtungen, s. Classiker des In- und Auslandes.

Puschkin's, Alex., Dichtungen. Aus d. Russ. übersetzt von Rob. Lippert. 2 Bde. 8. Leipzig 840. Engelmann. 2½ ß

Puschkin und **Lermontow**, Dichtungen, in deutscher Uebertragung von Andr. Ascharin. 8. (VI, 327 S.) Dorpat 877. (Leipzig, K. F. Köhler.)

—— und **Lermontow**, Dichtungen, in deutscher Uebertragung von Andr. Ascharin. 2. (Titel-)Aufl. 8. (VI, 327 S.) Reval (877)885, Kluge. *

Puschkin, Alex. Ssergéjewitsch, aus P.'s Dichtungen. Deutsch v. Alexis Lupus. 2. verm. Aufl. gr. 8. (16 S.) St. Petersburg 899. (K. L. Ricker.) n. — 60

Puschkin, A. S., Dramen (Der geizige Ritter. — Mozart u. Salieri. — Der steinerne Gast. — Die Russalka), s.: Meyer's Volksbücher.

— Dubrowsky. Novelle. Uebers. v. Nathalie v. Bessel. 8. (177 S.) Breslau 894. Schles. Verlags-Anstalt. n. 2. —; geb. n. 3. —

Puschkin, Alex. Ssergéjewitsch, Dubrowsky. Novelle. Uebers. von Nathalie v. Bessel. (Neue [Titel-] Ausg.) (177 S.) 8. Breslau (894) 898. Schles. Buchdruckerei rc. n. 2. —

— dasselbe, s.: Universal-Bibliothek.

— die „Erzählungen Bélkin's". Aus dem Russ. übers. v. Alexis Lupus. 1. Lfg. 1. Ein Schuss. 2. Schneesturm. 2. Aufl. gr. 8. (50 S.) Ebd. 899. n. 1. 50

Puschkin, A. S., poetische Erzählungen (Der Springbrunn zu Bachtschisarai. — Der eherne Reiter), s.: Meyer's Volksbücher.

[Russ.] A[leksandr] S[ergěevič] **Puškin**. Gavriliada. (Poėma v odnoj pěsně.) Berlin: G. Štejnic (1904). (27 S.) 8°
[Auf d. Umschl.:] A. Puschkin, Gabriliade. La Gabriliade.
(Sobranie lučšich russkich proizvedenij. Č. 92.)

Puschkin, Alex., Gedichte, s. Kaslow.

— Gedichte, s.: Edward, G., aus russischen Dichtern.

— dasselbe, s.: Universal-Bibliothek.

Puschkin's, Alex., Gedichte, aus d. Russ. übersetzt von E. v. O. 8. Berlin 840. Gropius. 1 ₰

Puschkin, Alex., Gedichte. In deutscher Nachbildung von Heinr. Ludw. Schmitt. 16. (III, 119 S.) Wiesbaden 873, Feller und Gecks. *ℳ 1,20.; geb. * 2 25

— Gedichte. (In russ. Sprache.) 8. (Titel-)Aufl. 16. (591 S. m. Bildnis.) Leipzig 892. R. Gerhard. n. 4. —; geb. m. Goldschn. n. 5. —

— gesammelte Gedichte, } s.: Bibliothek, russische.
— neue Gedichte, }

— s.: Gedichte, revolutionäre.

—— der Gefangene im Kaukasus, } s. Universal-Bibliothek.

—— Geschichte d. Pugatschew'schen Aufruhrs. A. d. Russ. v. H. Brandeis. 8. (17½ B.) Stuttgart 840. [Frankfurt a. M., J. Baer.] 1⅙ Thlr., hrbgs. Pr. *

— Geschichte des Pugatschew'schen Aufruhrs. Aus d. Russ. von H. Brandeis. 8. Stuttgart 840. Cast'sche Buchh. 1⅙ ₰

Puschkin, A., Boris Godunow, s.: Meyer's Volksbücher.

Puschkin, A., Boris Godunow, s. Universal-Bibliothek Nr. 2212.

—— Boris Godunoff. Ein geschichtl. Drama. Aus dem Russ. übers. 8. (96 S.) Leipzig 853, Brockhaus.

Puschkin, Alex. S., die Hauptmannstochter, s. Universal-Bibliothek Nr. 1559, 1560.

— die Hauptmannstochter, s.: Reclam's Unterhaltungs-Bibliothek.

— die Hauptmannstochter, s.: Sammlung russ. Schriftsteller.

—— die Kapitainstochter, s. Collection Manassewitsch.

— die Kapitainstochter, s.: Kollektion Manassewitsch.

— Die Kapitänstochter, s.: Erzählungen, 1001, s. Jung u. Alt.

— dasselbe, s.: Bein, E., Bettchen Brennecke.

Menschen und Mächte. Novellen von Alexander Puschkin [Aleksandr Sergèevič Puškin]. Berlin, Leipzig: Hillger [1909]. 112 S. 8°
(Kürschners Bücherschatz. Nr 692.) [10. 7391

— Menschen u. Mächte, s. A. Kürschner's Bücherschatz.

— Mozart u. Salieri. Trauerspiel m. Musik in 1 Aufzuge zur 100jähr. Todesfeier Mozart's 5. XII. (23. XI.) 1791—1891, nach P's dramat. Gedicht frei bearb. Mit e. Portr. v. Mozart nach dem Bilde v. C. Jäger. 8. (33 S.) St. Petersburg 891. (H. Schmitzdorff.) n. 2. —

[Russ.] A[leksandr] S[ergèevič] **Puškin**. Car' Nikita. (Pervaja noč' braka. Desjataja zapověď. K X. Epigrammy.) Berlin: G. Štejnic (1904). (24 S.) 8°
[Auf d. Umschl.:] A. Puschkin. Zar Nikita. [Die Brautnacht. Das 10. Gebot. An X. Epigramme.] A. Pouchkine. Tsar Nikita.
(Sobranie lučšich russkich proizvedenij. Č. 99.) [06. 612

— Zar Nikita. Die erste Brautnacht. Das 10. Gebot. An X. Epigramme. (In russ. Sprache.) (24 S.) 8. Berlin 906. H. Steinitz. n. 1. —

—— Novellen. Für d. Deutsche bearb. v. Tröbst u. D. Sabinin. 1. Bdchn. gr. 12. (8⅔ B.) Jena 840. [Leipzig, Eisenach.]

— Novellen. Für das Deutsche bearbeitet von Dr. Tröbst und D. Sabinin. 1s Bdchen. gr. 12. Jena 840. Hochhausen. ¾ ₰

Puschkin's, Alex., Novellen. 2. Bdchn. A. u. d. T.: Die Hauptmannstochter. Novelle aus den Zeiten der Pugatscheff'schen Empörung. Aus d. Russ. übers. u. m. erläut. Anmerkungen vers. v. Tröbst. 8. (VI u. 232 S.) Jena 848, Hochhausen. ¾ ₰ (1 u. 2: 1½ ₰) (siehe auch: Rußlands Novellendichter.)

—— ausgewählte Novellen, s. Universal-Bibliothek Nr. 1612, 1613.

—— Eugen Onjägin, s. Collection Manassewitsch.

— Eugen Onjägin, s.: Kollektion Manassewitsch.

— Onegin, s.: Universal-Bibliothek.

Пушкинъ, А., Евгеній Онѣгинъ. Романъ въ стихахъ. (Puschkin, Eugenie Onjegin.) 32. (280 S.) Berlin 863, [Behr's Buchh.] *

— Евгеній Онѣгинъ. Романъ въ стихахъ. Berlin 863. F. Schneider. 32. (280 S.) n. 1 ₰

— Eugen Onägin (russisch). 3. Aufl. gr. 16. (282 S.) Berlin 874. Behr. n. 4. —

— Eugén Onégin. Roman in Versen. Deutsch v. Alexis Lupus. Neue verb. Aufl. gr. 8. (LXI, 93 S.) St. Petersburg 899. (K. L. Ricker.) n. 4. 50

Pique-Dame. Novellen von Alexander Puschkin [Aleksandr Sergeevič **Puškin**]. Aus d. Russ. übertr. u. eingel. von Fred M. Balte [d. i. Fred Meyer-Balte]. Mit Ill. von F. Koch. Berlin-Leipzig: Buchverl. fürs Deutsche Haus 1908. (286 S.) 8° [F.]
= Bücher, Die, d. Deutschen Hauses. Reihe 1, Bd 25. [08. 13390

— der eherne Reiter. Eine Petersburger Erzählg. Deutsch v. Alexis Lupus. Nebst Puschkin's Vorwort u. Anmerkgn., sow. Anmerkgn., Vor- u. Nachwort d. Übersetzers. 8. (XIII, 127 S.) St. Petersburg 898. (K. L. Ricker.) n. 4. 50

— Sammlung der verbotenen Gedichte. Vollständige Ausgabe. Russisch. 16. (134 S.) Leipzig 873. Kasprowicz. n. 1. 50

— Sammlung der verbotenen Gedichte. (In russ. Sprache.) 16., vollständ. Ausg. 16. (134 S.) Leipzig (900). E. L. Kasprowicz. n. 1. —

— Sammlung d. verbotenen Gedichte. (In russ. Sprache.) 19. vollst. Ausg. (134 S.) 16. Leipzig (902). E. L. Kasprowicz. n. 1. —

—— Стихотворенія. (Gedichte.) 16. (591 S.) Leipzig 861, Gerhard. 2 Thlr.; geb.

—— Стихотворенія, не вошедшія въ послѣднео собраніе сго сочинсній. (Gedichte, welche in der letzten vollständigen Ausgabe nicht aufgenommen worden sind.) gr. 8. (XII und 239 S.) Berlin 861, Wagner. *

—— dass. — Ausg. in 16. (XV und 240 S.) Ebendas. 861. *

—— Новые Стихотворенія, (Neue Gedichte), s. Библіотеки, Русская.

[Russ.] Zapreščennyja stichotvorenija [Aleksandra Sergěeviča] Puškina i [Michaila Jur'eviča] Lermontova. *Berlin: G. Štejnic 1903.* (74 S.) 8°
[Auf d. Umschl.:] Verbotene Gedichte von Puschkin u. Lermontow.
(Sobranie lučšich russkich proizvedenij. Č. 40.) (o). 10681

— Die Tochter des Hauptmanns, s.: Kollektion Manassewitsch.

Puschkin, Alex.: Protokoll der am 8. Juni unter dem Vorsitze des stellv. Grossmeisters Feustel stattgehabten Trauerarbeit [für Alexander Puschkin]. Bayreuth [1881?]: Burger. 5 S. 4°. 21.

— der Trauerquell; aus d. Russisch. übersetzt v. A. v. Wulffert. St. Petersb., Brieff. 2 Rubel 50 K.

— výbor básní. Vydává V. C. Bendl. Prag 859, 60. (Rziwnatz.) 8. Jedes Heft n. 24 ngr.
Inhalt: Svaz. I.: Basně rozpravne. (273 S.) — II.: Evgen Oněgin, román ve veršich. (277 S.)

— poetische Werke, aus dem Russischen übers. von Friedr. Bodenstedt. 3 Bde. Berlin 854, 55. Decker. 16. Jeder Band 1 ₰. 15 ngr.
1. Bd.: Gedichte. (XII, 318 S.)
2. „ Eugen Onägin. Roman in Versen. (312 S.)
3. „ Dramatische Werke. (4 Bl., 328 S.)

Puschkin, Alex., sämtliche Werke in 8 Bdn. Hrsg. u. übers. v. André Villard u. Th. Commichau. 5. Bd. Novellen. Uebertr. v. André Villard. (VII, 389 S.) 8. München 910. G. Müller. 4.50; geb. 6.—; Luxus-Ausg. 16.—; Einzelpr. 5.—; geb. 7.-

Puschkin, J[osef]. Bilder aus dem Schiller Festzuge in Hamburg am 13. November 1859 ... gez. und lithogr. von J. Puschkin. Hamburg, Ch. Fuchs [1860].
Tit., 1 Bl., 13 Taf. in kol. Lithogr. 2°.

Puschl, Carl, über eine kosmische Anziehung, welche die Sonne durch ihre Strahlen ausübt. [Aus den Sitzungsber. der k. Akad. der Wiss.] Wien 870. (Gerold's Sohn.) Lex.-8. (20 S.) n. 4 ngr.

Puschl, Carl, über eine kosmische Anziehung, welche die Sonne durch ihre Strahlen ausübt. Lex.-8. (20 S.) Wien 871, (Gerold's Sohn.) * — 40

— Über Äquivalentgewicht und Elektrolyse. 7. 1905.
Progr. Seitenstetten

Puschl, Karl, Bemerkung zur specifischen Wärme d. Kohlenstoffs. [Aus: „Sitzungsber. d. k. Akad. d. Wiss."] Lex.-8. (6 S.) Wien 874. (Gerold's Sohn.) —15

Puschl, C., Bemerkgn. üb. Wärmeleitung. [Aus: „Sitzungsber. d. k. Akad. d. Wiss.] Lex.-8. (6 S.) Wien 894. (C. Gerold's Sohn.) n. — 20

— über den Einfluss v. Druck u. Zug auf die thermischen Ausdehnungscoefficienten der Körper u. üb. das bezügl. Verhalten v. Wasser u. Kautschuk. [Aus: „Sitzungsber. d. k. Akad. d. Wiss."] Lex.-8. (12 S.) Ebend. 875. n. — 20

— Über die Einwirkung von Licht- und Wärmewellen auf bewegliche Masseteilchen. S. 15. 279 . . . . vgr.
Separatabdruck

Puschl, C., zur Elasticität der Gase. [Aus: „Sitzungsbericht d. k. Akad. d. Wiss."] Lex.-8. (12 S.) Wien 892. (F. Tempsky.) n. — 30

Puschl Karl: Über das Entstehen progressiver Bewegungen durch Verbrauch lebendiger Kraft oszillatorischer Bewegungen. S. 9. 173 . . . . vgr.
Separatabdruck

— Erniedrigung der Temperatur des Dichtigkeitsmaximums des Wassers durch Druck. S. 72. II. 283 . . . . vgr.
Separatabdruck

— Folgerungen aus Amagat's Versuchen. [Aus: „Sitzungsber. d. k. Akad. d. Wiss."] Lex.-8. (21 S.) Ebd. 894. n. — 50

Puschl, C., über Fortpflanzung des Lichtes durch Körpersubstanz. (10 S.) gr. 8. Wien 902. (A. Hölder.) n — 30

— Über Fortpflanzung des Lichtes durch Körpersubstanz. S. 111. IIa. 1131 . . . . . — 30
Separatabdruck

Puschl Karl: Über Gase und Lösungen. 16. Seitenstetten 96.
Progr.

Puschl, C., Über das Gesetz von Dulong und Petit. [Aus Sitzungsber. d. k. Akad. d. Wiss.] Gr.-8°. (16 S.) † K —.40
Wien: Gerold 1903.

Puschl, C., Grundzüge der aktinischen Wärmetheorie. [Aus: „Sitzungsber. d. k. Akad. d. Wiss."] Lex.-8. (30 S.) Wien 878. Gerold's Sohn in Comm. n.n. — 50

— Der zweite Hauptsatz der mechanischen Wärmetheorie und das Verhalten des Wassers. S. 89. II. 631 . . . . vgr.
Separatabdruck

—— über Körperwärme und Aetherdichte. Lex.-8. (10 S.) (Ebendas.) 874. * — 20
aus: Sitzungsberichte der k. Akademie der Wissenschaften, besonders abgedruckt.

— üb. die inneren Kräfte v. Flüssigkeiten u. Gasen. [Aus: „Sitzungsber. d. k. Akad. d. Wiss."] Lex.-8. (19 S.) n. — 50
Wien: Tempsky 1891.

Puschl, Karl, über die Mitbewegung d. Lichtes in bewegten Mitteln. [Aus: „Sitzungsber. d. k. Akad. d. Wiss."] Lex.-8. (11 S.) Wien 874. (Gerold's Sohn.) n. — 30

— über e. Modification d. herrschenden Gastheorie. [Aus: „Sitzungsber. d. k. Akad. d. Wiss."] Lex.-8. Ebend. 874. n. — 40

— üb. die Natur der Kometen. [Aus: „Sitzungsber. d. k. Akad. d. Wiss."] Lex.-8. (15 S.) Ebd. 893. n. — 40

— Notiz über die Molekularbewegung in Gasen. S. 48. II. 35 . . . . vgr.
Separatabdruck

—— neue Sätze der mechanischen Wärmetheorie. I. Von der bei Volumveränderungen der Körper entwickelten oder verschluckten Wärme. Lex.-8. (30 S.) (Ebendas.) 876. *

—— dass. — II. Von den das Volumen der Körper bedingenden Kräften. Lex.-8. (21 S.) (Ebendas.) 876. *
Vorstehende Schriften sind aus: Sitzungsberichte der k. Akademie der Wissenschaften, besonders abgedruckt.

Puschl, C., üb. den höchsten Siedepunkt der Flüssigkeiten. [Aus: „Sitzungsber. d. k. Akad. d. Wiss."] Lex.-8. (4 S.) Wien 887. (Tempsky.) — 15

Puschl Karl: Über Strahlung, Temperatur und specifische Wärme. 25. 20. Seitenstetten 97. 99.
Progr.

—— das Strahlungsvermögen der Atome, als Grund der physikalischen und chemischen Eigenschaften der Körper. gr. 8. (XV, 324 S.) *
Wien: Gerold 1869.

Puschl: Ueber den Ursprung und die Gesetze der Molekularkräfte nach dem Principe der Krafterhaltung. I. II. 65 S. – Melk, Progr. 1861, 62.

— über das Verhalten gesättigter Dämpfe. [Aus: „Sitzungsber. d. k. Akad. d. Wiss."] Lex.-8. (18 S.) Ebend. 875. n.n. — 30

— Über das Verhalten gesättigter Dämpfe. S. 70. II. 571 . . . . —.30
Separatabdruck

Puschl, C. Ueber das Verhalten gesättigter Dämpfe. Lex.-8. (12 S.) Wien 891, (Tempsky.) * — 30

— Über das Verhalten gesättigter Dämpfe. S. 100. IIa. 843 . . . . —.30
Separatabdruck

— Über das Verhalten der Gase zum Mariotteschen Gesetze bei sehr hohen Temperaturen. S. 97. IIa. 112 . . . . vgr.
Separatabdruck

— über das Verhalten der Gase zu den Gesetzen v. Mariotte u. Gay-Lussac. [Aus: „Sitzungsber. d. k. Akad. d. Wiss."] Lex.-8. (11 S.) Ebd. 887. n.n. — 25

— Über das Verhalten des gespannten Kautschuks. S. 97. IIa. 88 . . . vgr.
Separatabdruck

— Über das Verhalten des Wasserstoffes zum Mariotteschen Gesetze. S. 96. II. 313 . vgr.
Separatabdruck

— über die Volumenveränderung d. Kautschuks durch Wärme. [Aus: „Sitzungsber. d. k. Akad. d. Wiss."] Lex.-8. (4 S.) Ebend. 875. — 15

— über die latente Wärme der Dämpfe. Vorläufige Mittheilung. [Aus: „Sitzungsber. d. k. Akad. d. Wiss."] Lex.-8. (27 S.) Ebend. 880. n. — 40

— Über die latente Wärme der Dämpfe. 2. Teil. S. 82. II. 1102 . . . . —.40
Separatabdruck

—— über die latente Wärme der Dämpfe. Eine theoret. Betrachtung der Dampf- und Gas-Form der Körper mit blosser Voraussetzung der Aequivalenz von Wärme und Arbeit. gr. 8. (52 S.) Wien 879, Hölder. *

— dasselbe. Eine Theorie der Dampf- u. Gas-Form der Körper auf Grund der Aequivalenz von Wärme u. Arbeit. 2., wesentlich verb. Aufl. gr. 8. (IV, 59 S.) Wien 881. Hölder. n. 1. 40

Puschl, Carl, üb. die latente Wärme der Dämpfe. Eine Theorie der Dampf- u. Gas-Form der Körper auf Grund der Aequivalenz v. Wärme u. Arbeit. Mit Schlussfolgergn. üb. den phys. Zustand der Sonne u. der Kometen. 3. Aufl. gr. 8. (IV, 76 S.) Wien 883. Hölder. n. 1. 60

— über die specifische Wärme u. die inneren Kräfte der Flüssigkeiten. [Aus: „Sitzungsber. d. k. Akad. d. Wiss."] Lex.-8. (13 S.) n. — 30
Wien: Tempsky 1889.

— Über die spezifische Wärme und die inneren Kräfte des Wassers. S. 97. IIa. 118 . . —.30
Separatabdruck

Puschl, Karl, über die specifische Wärme v. Lösungen. gr. 8. (11 S.) Wien 900. (C. Gerold's Sohn.) n. — 30

— Über die spezifische Wärme von Lösungen. S. 109. IIa. 361 . . . . —.30
Separatabdruck

— Über die specifische Wärme chemischer Verbindungen. 17. 1900.
Progr. Seitenstetten

— über die Wärmeausdehnung der Flüssigkeiten. [Aus: „Sitzungsber. d. k. Akad. d. Wiss."] Lex.-8. (9 S.) Ebd. 888. n. — 20

— über die Wärmeausdehnung der Gase. 1. u. 2. Thl. [Aus: „Sitzungsber. d. k. Akad. d. Wiss."] Lex.-8. (25 S.) Ebd. n. — 90
1. (22 S.) 889. n. — 40. — 2. (25 S.) 890. n. — 50.

— zur Wärmeausdehnung d. Wassers. [Aus: „Sitzungsber. d. k. Akad. d. Wiss."] Lex.-8. (10 S.) Ebd. 892. n. — 30

— über die Wärmemenge u. Temperatur der Körper. [Aus den Sitzungsber. d. k. Akad. der Wiss.] Ebend. 870. Lex.-8. (26 S.) n. 4 *ngr*

—— über Wärmemenge und Temperatur der Körper. Lex.-8. (20 S.) (Ebendas.) 870. *

— aktinische Wärmetheorie u. chemische Äquivalenz. [Aus: „Sitzungsber. d. k. Akad. d. Wiss."] Lex.-8. (23 S.) Ebd. 894. n. — 50

— Über den Wärmezustand der Gase. S. 45. II. 57 . vgr.
Separatabdruck

Puschl, C., Ueber den Wärmezustand der Gase. [Aus: Sitzungsber. d. k. Akad. d. Wiss.] Gr.-8°. (28 S.) † K —.60
Wien: Gerold's S. 1902.

— Über den Wärmezustand der Gase. S. 111. IIa. 187 . . . . —.60
Separatabdruck

— Über das Wesen der Wärme. 7. 1901.
Progr. Seitenstetten

— über die Zusammendrückbarkeit der Gase u. der Flüssigkeiten. [Aus: „Sitzungsber. d. k. Akad. d. Wiss."] Lex.-8. (8 S.) Ebd. 888. n. — 20

— über den Zusammenhang zwischen Absorption u. Brechung d. Lichtes. [Aus: „Sitzungsber. d. k. Akad. d. Wiss."] Lex.-8. (6 S.) Ebend. 873. — 15

—— über den inneren Zustand und die latente Wärme der Dämpfe. 1. Thl. Lex.-8. (38 S.) Wien 877, (Gerold's Sohn.) *
Aus: Sitzungsberichte der k. Akademie der Wissenschaften, besonders abgedruckt.

Puschl, Carl Jos., mechanische Theorie der Naturkräfte. gr. 8. (92 S.) Wien 851, Gerold. n. ½ ₰

Puschmann, Stellung u. Ansprüche des unehelichen Kindes u. seiner Mutter, sowie die Legitimation unehel. Kinder nach dem bürgerl. Gesetzbuch. nebst e. Auswahl v. Strafvorschriften dargestellt. 1. u. 2. Aufl. 12. (à VIII, 68 S.) Cöthen (899). P. Schettler's Erben. n. — 75
Dass.3.Aufl. Ebda. o.J.

Puschmann, Adam

Puschman, A., gründlicher Bericht des deutschen Meistergesanges, s.: Neudrucke deutscher Litteraturwerke d. XVI. u. XVII. Jahrh.

Das Singebuch des Adam **Puschman** nebst d. Originalmelodien d. M(ichael) Behaim u. Hans Sachs hrsg. von G[eorg] Münzer. Leipzig: Breitkopf & Härtel (1906). (96 S.) 4° [J.] [06. 15130

Puschman, Adam, das Singebuch, nebst den Orig.-Melodien des M. Behaim u. Hans Sachs, hrsg. v. G. Münzer. (96 S. m. 3 Taf.) 33,5×27 cm. Leipzig (907). Breitkopf & Härtel. 15. —

Puschmann, Adolf [app. Arzt aus Göttingen]: Ueber Oxydimorphin und seine Wirkung auf den tierischen Organismus ... Göttingen, Druck d. Dieterichschen Univ.-Buchdr., 1895; 30 S. 8.
Göttingen, Med. Fak., Inaug.-Diss. v. [3. Aug.] 1895

Puschmann, Ferdinand

Puschmann, Jagd-, Forst- u. Vogelschutz im Herzogt. Altenburg. Nach der Reichs- u. Landes-Gesetzgebg. sowie Rechtsprechg., namentlich des Reichsgerichts, unter Berücksicht. der Vorschriften üb. die Stellg. der Forstbeamten, nebst dem Zivilstaatsdienst-Gesetz, dargestellt u. erläutert. (XII, 226 S.) kl. 8. Eisenberg 907. P. Kaltenbach. Geb. in Leinw. 3. —

Jagd-, Forst- und Vogelschutz im Herzogtum Sachsen-Altenburg. Nach d. Reichs- u. Landes-Gesetzgebung, sowie Rechtsprechung namentl. d. Reichsgerichts unter Berücks. d. Vorschriften über d. Stellung d. Forstbeamten nebst d. Zivilstaatsdienst-Gesetz dargest. u. erl. von Dr. jur. [Ferdinand] **Puschmann**. 2. Aufl. Eisenberg S.A.: P. Kaltenbach 1907. (XII, 226 S.) 8° [J.] [08. 8573

— dasselbe im Herzogt. Anhalt m. dem Gesetz, betr. den Ersatz v. Wildschaden u. dem Reichs-Vogelschutzgesetz in der Fassg. der Bekanntmachung vom 3. VI. 1908. Nach der Reichs- u. Landesgesetzgebg., sowie Rechtsprechg., namentlich d. Reichsgerichts unter Berücksicht. der Motive, d. Landtags-Verhandlgn. u. d. Partikularrechte Preußens, Bayerns, Sachsens, Mecklenburgs u. Sachsen-Altenburgs dargestellt u. erläutert. (XI, 161 S.) 8. Dessau 908. C. H. de Rot. Geb. 3. —

— dasselbe in Mecklenburg. Nach der Reichs- u. Landes-Gesetzgebg., sowie Rechtsprechg. namentlich des Reichs-Gerichts unter Berücksicht. der Verordngn. üb. Ausbildg. u. Anstellg. des Forstpersonals nebst der Allerhöchsten Verordng., den Ersatz v. Wildschaden betr., dargestellt u. erläutert. (IX, 147 S.) gr. 8. Wismar 908. Hinstorff's Verl. 3. —

— dasselbe im Königr. Preußen, s. a. Reichs-Gesetze, deutsche, in Einzel-Abdrucken Bd. 27.

Puschmann, Jagd-, Forst- u. Vogelschutz im Königr. Preussen m. den Bestimmungen üb. Vorbereitung u. Anstellung im Forstverwaltungs- u. Forstschutzdienst. Ein Handbuch nach der Reichs- u. Landesgesetzgebg., sowie Rechtsprechg., namentlich des Reichsgerichts, unter Berücksicht. der Partikularrechte Anhalts, Bayerns, Badens, Braunschweigs, Hessens, Mecklenburg-Schwerins, Mecklenburg-Strelitz', Oldenburgs, Sachsens, Sachsen-Altenburgs, Sachsen-Weimars u. Württembergs. (XV, 216 S.) 8. Giessen, E. Roth. 1909. (2.Aufl.) 2. 40; geb. 3. —

Puschmann, F., des Weidmanns Rechte u. Pflichten im Herzogt. Anhalt. Nach d. Reichs- u. Landes-Gesetzgebg., sow. Rechtsprechg. d. Reichsgerichts unt. Berücksicht. d. Vorschriften üb. d. Wildhandel dargest. u. erläut. 8. (IX, 81 S.) Cöthen 896. P. Schettler's Erben. Geb. in Leinw. n. 2. —

Des Weidmanns Rechte und Pflichten im Herzogtum Anhalt. Nach d. Reichs- u. Landes-Gesetzgebung, sowie Rechtsprechung d. Reichsger. unter Berücks. d. Vorschriften über d. Stellung d. Forstbeamten nebst d. Vogelschutzgesetzen dargest. u. erl. von Dr. jur. **Puschmann**, Cöthen. 2. verb. u. verm. Aufl. *Cöthen: P. Schettler's Erben (1901).* (VIII, 114 S.) 8° [J.]
— Sammlung Anhaltischer Gesetze. Bdch. 3. [01. 7998

Puschmann, Otto: Die Lieder Neidharts von Reuenthal. Eine kritische Untersuchung des Textes. Strasburg W.-Pr., Buchdr. v. A. Fuhrich (1889); 39 S., 1 Taf. 4°
Strasburg, W.-Pr., k. G, OP 1889 (41)

Puschmann, Paul, Führer durch die Statutar-Gesetzgebung in Stadt u. Kreis Cöthen. M. Ergänzgn. u. Erläutergn. in Anmerkgn. u. e. Anh. nebst Sachregister. gr. 8. (XI, 124 u. 48 S.) Cöthen 894. P. Dünnhaupt. n. 2. —

— die Orts- u. Kreis-Polizeigesetzgebung in Stadt u. Kreis Cöthen. Ein Handbuch f. Jedermann m. Anmerkgn. u. Anh. gr. 8. (IV, IV, 63 u. 48 S.) Ebd. 894. n. 1. —

Puschmann, Reichsvereinsgesetz, s. a. Reichsgesetze, deutsche. 344—346.

Puschmann, [Paul]. Das deutsche Reichsvereinsgesetz. Textausg. m. Vorw., Einl., erl. Anmerk. u. ausführl. alphabet. Sachreg. Giessen (1908). 8°.
(Deutsche Reichsgesetze in Einzel-Abdr. Nr 341/346.)

— der Stand der Sonntagsruhe im Herzogth. Anhalt am 1. Apr. 1895. Nach d. Novelle vom 1. Juni 1891 unt. Berücksicht. der dazu erlass. Bundesrathsbeschlüsse, sow. d. sämmtl. landesherrl., kreis- u. ortspolizeil. Verordngn. systemat. dargest. m. Anmerkgn. u. Sachregister. gr. 16. (VIII, 88 S.) Dessau 895. C. Dünnhaupt. Geb. in Leinw. n. 1. —

— die neue preußische Steuergesetzgebung, besteh. aus dem Einkommen-Steuergesetz, Gewerbe-Steuergesetz, Ergänzungs-Steuergesetz, Kommunal-Abgabengesetz. Was Jedermann davon wissen muß, um sich vor Schaden u. Strafen zu wahren. Bearb. u. m. Formularen zu Berufsgn. sow. Tarifen vers. 12. (39 S.) Breslau 895. Preuß & Jünger. n. — 50

Das Deutsche Vereins- und Gesellschafts-Wesen nach dem Bürgerl. Gesetzb. u. dem sonstigen Reichsrecht ... E. Hand- u. Nachschlagebuch ... bearb. v. Dr. **Puschmann**. *Dessau & Leipzig: R. Kahle (1898).* (1 Bl., IX, 272 S.) 1 Bd 8. [98. 9491

— d. deutsche Vereins- u. Gesellschafts-Wesen nach d. bürgerl. Gesetzbuch u. d. sonst. Reichsrecht einschliessl. d. Bestimmgn. d. neuen Handelsgesetzbuches u. d. neuen Innungsgesetzes. Ein Hand- u. Nachschlagebuch, unt. Berücksicht. d. Motive u. d. Entscheidgn. d. Reichsgerichts bearb. 1. u. 2. Aufl. 12. (à X, 272 S.) Dessau 898. Anhaltische Verlagsanstalt. Kart. n. 2. 50

— dasselbe. Ausg. f. Anhalt. 12. (X, 284 S.) Ebd. 898. n. 2. 50; Prachtausg. geb. in Leinw. m. Goldschn. n. 4. —

— Das deutsche Vereins- u. Gesellschaftswesen nach der Reichsgesetzgebg. m. dem Reichsvereinsgesetz vom 19. IV. 1908 u. den landesrechtlichen Ausführungs-Bestimmgn. v. Anhalt, Baden, Bayern, Elsaß-Lothringen, Hessen, Mecklenburg-Schwerin, Oldenburg, Preußen, Sachsen, Sachsen-Weimar, Württemberg. Ein Hand- u. Nachschlagebuch. 3. u. 4. verm. Aufl., unter Berücksicht. der Motive u. der Entscheidgn. des Reichsgerichts bearb. (Je XII, 262 S.) 8. Gießen (908). E. Roth. 2.40; geb. 3. —

Puschmann, Theodor

Puschmann, Thdr., historisch-kritische **Beleuchtung** der Blattern-Impfung. [Aus: „Wiener med. Wochenschrift".] gr. 8. (19 S.) Wien 893. M. Perles. n. — 60

Puschmann, d. Geschichte d. Lehre v. d. **Ansteckung**. [Aus: „Wiener med. Wochenschr."] gr. 8. (38 S.) Wien 895. M. Perles. n. 1. 20

Puschmann, Th., **Geschichte** d. medicinischen Unterrichts von den ältesten Zeiten bis zur Gegenwart. gr. 8. (VIII, 522 S.) Leipzig 889. Veit & Co. n. 11. —

Puschmann, Th., s.: **Handbuch der Geschichte der Medizin.**

Puschmann, T., Jahresbericht üb. die Medizin bei den Griechen u. Römern. 1884/1888 bis 1890. S.-A. 1884 u. 1890. 31 u. 66 S. zus. 1.50

[J.] Leonie. Erzählg v. Theodor **Puschmann.** *Breslau: S. Schottlaender 1897.* (108 S.) 1 Bd 8.
(Unterwegs u. Daheim.) [97. 6711

Puschmann, Thdr., die Medicin in Wien während der letzten 100 Jahre. gr. 8. (VIII, 327 S. m. 1 Plan d. allg. Krankenhauses.) Wien 884. Perles. n. 8. —

Puschmann, Thdr., Alexander v. Tralles. Orig.-Text und Uebersetzung nebst einer einleit. Abhandlung. Ein Beitrag zur Geschichte der Medicin. 2 Bde. gr. 8. (XII, 617; VI, 620 S.) Wien 878,79, Braumüller. à Bd. * *M* 20. *

Nachträge zu Alexander Trallianus. Fragmente aus Philumenus u. Philagrius nebst einer bisher noch ungedr. Abhandlung über Augenkrankheiten. Nach d. Hss. hrsg. u. ins Deutsche übers. von Dr. Theodor **Puschmann**, Prof., Wien. Berlin: S. Calvary & Co. 1886. (188 S.) 8°
— **Studien**, Berliner, f. classische Philologie u. Archaeologie. Bd 5, H. 2. [86. 7718

Puschmann, Dr. Th. (prakt. Arzt u. Spezialist der Psychiatrie in München), *Richard Wagner.* Eine psychiatrische Studie. Berlin, B. Beer, 1873. 8°. Cart.
67 S. Lat. Lett.

Puschmann, Th., Richard Wagner. Eine psychiatr. Studie. 3. verb. u. verm. Aufl. 8. (69 S.) Berlin 873. Behr. n. 1. 20

— **zu Ostern in Spanien.** Reiseschilderungen. gr. 8. (177 S.) Breslau 893. Schles. Verlags-Anstalt. n. 3. —; geb. n. 4. —

Püschmann, F. A., **Mittheilung** über geograph. Veranschaulichungsmittel, s.: **Köhler, J. A.**

— **über Veranschaulichungsmittel** f. mathematische Geographie. Erläuternde Beigabe zu neukonstruirten Veranschaulichungsapparaten f. Volksschulen u. höhere Unterrichtsanstalten. gr. 8. (24 S. m. eingedr. Holzschn.) Grimma 873. Gensel. n. — 50

Püschmann, Joh., **Abschieds-Predigt** üb. Ephes. 3, 20 u. 21 am 16. Sonntage nach Trinitatis, den 26. IX. 1909, geh. in der Jakobikirche zu Dresden. (11 S.) 8. Dresden (909). Niederlage des Vereins zur Verbreitg. christl. Schriften. — 15

— der **Wandsbecker Bote** Matthias Claudius. Lebensbild u. Auswahl der schönsten Blätter aus seiner Botentasche dem deutschen Christenvolke dargeboten. gr. 8. (160 S. m. 6 Abbildgn.) Ebd. 900. n. 1. —; geb. n. 1. 75

Püschmann, Joh., **diene dem Herrn** m. Freuden! Eine Mitgabe fürs Leben an junge Christen zur Erinnerg. an den Konfirmationstag. 1.—3. Aufl. 1.—15. Taus. 8. (à 48 S. m. Titelbild.) Dresden (902). Niederlage des Vereins zur Verbreitg. christl. Schriften. n.n. — 15

Püschmann, Joh., **diene dem Herrn** m. Freuden! Eine Mitgabe fürs Leben an junge Christen zur Erinnerg. an den Konfirmationstag. 4.—8. Aufl. 16.—40. Taus. (48 S. m. Titelbild.) kl. 8. Dresden (904. 906.) Niederlage des Vereins zur Verbreitg. christl. Schriften. — 15

— **Diene dem Herrn** m. Freuden! Eine Mitgabe fürs Leben an junge Christen zur Erinnerg. an den Konfirmationstag. 9./11. Aufl. 41.—55. Taus. (48 S. m. Titelbild.) kl. 8. Ebd. (909). p — 15

— **Führer durch den Gottesdienst.** Erklärg. der Gottesdienstordng. f. die Sonn-, Fest- u. Bußtage. (28 S.) kl. 8. Ebd. (908). p nn — 15

— der **Gustav-Adolf-Frauenverein** in Dresden. Festschrift zum 50jähr. Jubiläum 1905. (40 S.) 8. Ebd. (905). n. — 80

— **Klopstock**, der Sänger des „Messias". Lebensbild u. Auswahl aus seinen Dichtgn. (IV, 92 S. m. 5 Abbildgn.) gr. 8. Ebd. (903). n. — 75

— **Namenbuch.** Erklärung der Taufnamen nebst Ratschläge f. Taufe u. Namengebg. (Anh.: Erklärung der bibl. Namen.) Im Auftrage des Vereins zur Verbreitg. christl. Schriften im Königr. Sachsen zusammengestellt. (40 S.) 8. Ebd. (903). — 15

— s.: **Wegweiser, biblischer.**

Püschmann, *Georg* Martin [app. Arzt]: Ein Beitrag zur pathologischen Anatomie der Herztuberkulose ... Wurzen, Druck v. G. Jacob, 1896; 30 S., 1 Bl. 8.
Leipzig, Med. Fak., Inaug.-Diss. v. 26. Okt. 1896

Püschmann, Tony, **blühendes Leben.** Gedichte. (95 S. m. Bildnis.) 8. Leipzig-Gohlis 910. B. Volger. 2. —

Puschner, Johann Georg [Wirklicher Name],
s. Dendrono [Pseud.]

Die Ragnar Lodbrokssage in der deutschen Literatur v. A. Otto **Puschnig**. Laibach. 1910. 8°

Puschnig Andreas: Bibliographie der Ragnar-Lodbrock-Saga.
II. 1904 PN 1702 **Diss. Wien, Univ.**

Püse, H., Lebens- u. Leidensgeschichte zweier Missionarsfrauen auf Sumatra, s.: **Missions-Traktate**, rhein.

Unter Kannibalen auf Samosir. Von Missionar H. Püse. *Barmen: Missionshaus 1899.* (43 S.) 8° [F.]
— **Missions-Traktate**, Rheinische. No 88. [ol. 5706 5

Pusey, Edward Bouverie

— **das heil. Abendmahl ein Trost für den Bußfertigen.** Eine Predigt gehalten vor d. Universität in der Kathedral-Christ-Kirche zu Oxford am 4. Sonntag nach Ostern. Nebst e. Anhang: Auszüge aus einigen Schriftstellern der spätern engl. Kirche über die Lehre von der heil. Eucharistie. gr. 8. Regensburg 843, Pustet. 1/3 ℔

Pusey, E. B., das heil. Abendmahl ein Trost für den Bußfertigen. Predigt, gehalten vor der Universität in der Kathedralkirche Christ-Church zu Oxford am 4. Sonntage nach Trinit. 1843. Aus der „allgem. Kirchenzeitung" abgedruckt. 8. Darmstadt 844, Leske. 1/4 ℔

— **das heil. Abendmahl, ein Trost für die Bußfertigen.** Eine Predigt, gehalten vor der Universität in der Cathedralkirche Christi zu Oxford am 4. Sonntage nach Ostern. Aus dem Engl., u. mit e. Vorworte üb. die Zustände der anglikanischen Kirche u. die theol. Schule, welcher der Verf. den Namen gegeben von E. Willmann. gr. 8. Regensb. 844, Manz. 1/2 ℔

Pusey, Edward Bouverie.
Das heil. Abendmahl, ein Trost für den Bussfertigen . . . Regensburg 1844. Ü: *Diepenbrock, Melchior von* [?]. (Th)

Pusey, E. B., das Aufkommen u. Sinken d. Nationalismus in Deutschland. Ein histor. Versuch, nach d. Engl. bearb. v. Eph. Hnr. Fr. Bialloblotzky u. F. Sander. gr. 8. Elberfeld 829. Hassel. 15 gr Wohlf. Ausg. gr. 8. Barmen u. M. Gladbach 831. Schmachtenberg u. St. 12 gr

Pusey, E. B., das Aufkommen u. Sinken des Rationalismus in Deutschland. Ein histor. Versuch nach d. Engl. bearb. von Eh. H. F. Bialloblotzky und F. Sander. gr. 8. Elberfeld 836. Schmachtenberg. 1/3 ℔

Pusey, E. B., der Bußfertigen Trost im heiligsten Altarssacrament. Eine Rede. Aus dem Engl. v. Johs. Biegler. gr. 8. (8 S.) Augsburg 898. Literar. Institut v. Dr. M. Huttler. n. — 20

Pusikan [Autorname] = Göschen, Oscar.

Pusikan, üb. die Bedeutung der Wappenfiguren. gr. 8. (42 S.) Nürnberg 877. Bauer & Raspe. n. 1. —

†**Pusikan** [Göschen], die Helden von Sempach. hoch 4. (82 S. mit 2 Stnt., 21 color. Wappentaf., 1 Lichtdr. und 1 chromolithogr. Plan.) Zürich 886. (Bern, Jenni.) cart. *

Pusikan. Die Helden von Sempach. (1386.) 4. Zürich (1886).
[1. Aufl. Mit 1 Textabbildung, 23 Tafeln – wovon 20 mit Wappendarstellungen von Wilhelm Bergen – und 1 Karte.]
2. Aufl. [Mit 1 Textabbildung, 22 Tafeln – wovon 20 mit Wapp' – und 1 Karte.] Die Wappendarstellungen von Wilhelm Bergen.

— dass. — 2. Aufl. hoch 4. (82 S. mit 1 Titelbild, 1 Ansicht, 1 Plan und 20 Taf.) Zürich 886, Hofer und Burger. *

— **die Kaiserstein.** Geschichte d. Hauses. gr. 8. (VIII, 73 S. m. e. Steintaf. u. 2 Tab. in qu. Fol.) Wien 873. Braumüller. n. 3. —

Pusikan, Landgraf, Landgraf, werde hart! 1. u. 2. Aufl. Klagenfurt 869, 70. Bertschinger. gr. 8. (III, 76 S.) n. 12 ngr.

Pusillana. Schausp. in 4 A. v. Sander. 8. Dessau. (F. C. W. Vogel.) 783.

Pusinelli, Carl Franziskus Anton (Dresden), Additamenta quaedam ad pulsus normalis inprimis diurni et nocturni cognitionem. Diss. med. Leipzig (Staritz) 7. IX. 1838. 24 S. (3.—) 27388
Gew.: Carl August Rublack.

Pusinelli, Louis, Preis-Reductionstafeln des 24-Groschenfußes in den, im Jahre 1841, neu einzuführenden 30-Groschenfuß unter Berücksichtigung des alten Gewichts-Verhältnisses gegen das n. Zoll-Vereins-Gewicht. Nebst e. Vergleichung d. Parität d. Handelsgewichts d. vorz. Länder u. Handelsplätze gegen d. neue Zollvereinsgewicht. gr. 8. Dresden 840. (Leipzig, Fr. Fleischer.) n. 1/12 ℔

Puškin, Aleksandr Sergéevič, s. Puschkin, Alexander Sergejewitsch.

Puslowski, Leon, das königlich preussische statistische Bureau u. seine Dependentien, Geschichte, Organisation u. Verwaltg. gr. 8. (III, 168 S.) Berlin 872. Puttkammer & Mühlbrecht. n. 2. —

— die Heeresverfassungen in ihrem Einfluss auf den Volkswohlstand. 1. Thl. Geschichtliche Entwickelg. der französ. u. preuss. Heeresverfassgn gr. 8. (95 S.) Berlin 873. Behr's Buchh. n 2. —

Puspasutra, das, m. Einleitg. u. Ubersetzg. hrsg. v. Rich. Simon. (S. 481—780.) Lex. 8. München 908. G. Franz' Verl. 12. —
Sonderabdr. aus: „Abhandlgn. d. bayer. Akad. d. Wiss."

Das **Puṣpasūtra**. Mit Einl. u. Übers. hrsg. von Richard Simon. (München: K. Akad.; Franz in Komm. 1909.) S. 484–780. 4°
(Abhandlungen d. philos.-philol. Kl. d. Kgl. Bayer. Akad. d. Wiss. Bd 23, Abt. 3, [2.]) [11. 6216

Pussos, D., *Τρεῖς Γαζαῖοι συμβολαὶ εἰς τὴν ἱστορίαν τῆς φιλοσοφίας τῶν Γαζαίων.* Diss. 1893. 69 S. 1.—

Pußtay, Alexander von, s. Pusztay, Alexander von.

Pu-ssung-ling, chines. Novellen, s.: Meyer's Volksbücher.

Journal des Preuss. Seehandlungsschiffes „Elisabeth Louise", geführt von F. W. Pust, während einer Reise von Hamburg nach der Westküste von Süd-Amerika, 1837. Fol.

Berlin: Kgl. Seehandlungs-Societät 1837.

Pust, Friedrich Albert: Aus dem Anschar-Schwesternhaus zu Kiel. Ueber einen durch Laparotomie geheilten Fall von Darminvagination. *Kiel 1898: H. Fiencke.* (13 S. mit Taf.) 8°
Kiel, Med. Diss. v. [14. Febr.] 1898

Pust, Heinrich *Friedrich Wilhelm* [aus Köpitz]: '(Aus d. Klinik d. Hrn. Geh.-Rathes Jolly.)' Ueber zwei Fälle von traumatischer Psychose ... Berlin, gedr. bei W. Röwer, *1892*; 30 S. 8.
Berlin, Med. Fak., Inaug.-Diss. v. 30. Jan. 1892

Pust, Walter, approb. Arzt aus Stettin: Aus d. kgl. pathol. Institute zu Kiel. Die Tuberkulose der Thymus. *Kiel 1903: Schmidt & Klaunig.* (33 S.) 8°
Kiel, Med. Diss. v. [12. Jan.] 1903

Püst, H., Gedanken üb. Goethes Seele u. die Seele überhaupt od. Poesie u. Prosa. — Mit Tolstoi! Gegen die Antike! (14 S.) 8. Hamburg 907. J. Kriebel. — 40

— **Hilde v. Warneck od. Es gibt solche Menschen.** Ein Drama in 7 Aufzügen. (44 S.) 8. Ebd. 907. 1. 20

Pustau, Thdre. de, discours (la vie de Guillaume I. roi de Prusse), prononcé à l'occasion de l'inauguration du collège ducal à Ohrdruf, ce 18. Octbre. 1870. Ohrdruff 870. Stadermann jun. gr. 8. (4 S.) 2 ngr

Pustau, W., Auflagerdrücke, Laststellungen u. Durchbiegungen vollwandiger durchlaufender Träger zur Benutzung bei Nachrechnung der amtlichen Brückenproben. Mit Zusammenstellgn. auf 2 Taf. u. 1 lith. Taf. [Aus: „Organ f. Eisenbahnwesen".] gr. 4. (12 u. XVIII S.) Wiesbaden 894. C. W. Kreidel. n. 2.70

Pusterthal-Kärntner Bahn, s.: Woerl's Reisehandbücher.

Pustet, Anton (Red.), s. W a r t e , Katholische.

Pustkuchen, Anton Heinrich

— kurze Anleit., wie Singechöre auf d. Lande zu bilden sind. 8. Ebd. 813. 12 gr

Pustkuchen, Ant. Hnr., Choralbuch f. die Gesangbücher d. reformirt. Gemeinden in Lippe-Detmold. 4. Hannov. 810. 2e A. 813. Hahn. 2 Thlr

Pustkuchen, Fr. Christoph, s. P u h s t k u c h e n , Fr. Christoph.

Pustkuchen, Ludwig

Pustkuchen, (L.,) Novellenschatz des deutschen Volkes. Mit e. Vorwort vom Verf. v. Wilh. Meisters Wanderjahren. 3 Thle, mit Kpf. 8. Quedl. 822, Basse.

Pustkuchen, Ludwig
Novellenschatz des deutschen Volkes. Bd 2. Mit Friedrich Schillers Bildniß.
Quedlinburg, Leipzig: Basse 1822. 294 S. 8°

Pustkuchen, Ldw., s. a. Novellenschatz des deutschen Volkes.

— neuer Novellenschatz des deutschen Volkes. 2 Thle. 8. Leipz. 824—25, Hartmann.

Pustkuchen-Glanzow, Friedrich (Wilhelm)

Pustkuchen, Friedr. (Wilh.), s. a. † Glanzow. —

Pustkuchen-Glanzow (Mitarb.), s. A b h a n d l u n g e n a.d. Gebiete d. Jugenderziehung.

Pustkuchen-Glanzow, Fr. Wlh., der Beruf des evangel. Pfarrers nach seinem Zweck u. Wesen, dem Worte Gottes gemäß, mit besonderer Rücksicht auf die Ansichten u. Verhältnisse unserer Zeit, dargestellt (zunächst f. künftige u. angehende Pfarrer). gr. 8. Mühlheim 831. Schmachtenberg. 20 gr

† Pustkuchen-Glanzow, (Friedr. Pustkuchen,) der Beruf d. evangel. Pfarrers nach sein. Zweck u. Wesen rc., mit besond. Rücksicht auf d. Ansichten u. Verhältnisse uns. Zeit, dargest. (zunächst f. künftige u. angeh. Pfarrer). gr. 8. (8½ B.) Mühlheim a. R. 832. [M. Gladbach, J. W. Schmachtenberg.] -

Pustkuchen-Glanzow, Friedrich, s. B o r n , D. heilige.

— die Erlösung d. Sünder durch die Leiden u. d. Tod unsers Herrn Jesu Christi. 8. Wesel 819.

— Erzählungen. 16. (10½ B.) Iserlohn 832, Langewiesche.
Aus dem Taschenbuche „Lies mich" besonders abgedruckt.

— Glaubens- u. Sittenlehre in wahrhaften Beispielen. Ein Lesebuch f. Schule u. Haus. 8. Barmen u. Schwelm 831. Falkenberg. 16 gr

Pustkuchen-Glanzow, Fr.(Wlh.), Glaubens- u. Sittenlehre in wahrhaften Beispielen. Ein Lesebuch für Schule und Haus. 2r Thl. 8. Barmen u. Schwelm 833. Falkenberg. 5/12 Thlr (1r Thl. 2/3 Thlr)

— Grundzüge d. Christenthums. 3e Aufl. 8. Hamb. 827. Hoffmann u. Campe. 4 gr

Pustkuchen-Glanzow, Fr.(Wilh): „Das Ideal der Staatsökonomie", Schleswig 1822 (Taubstummen-Anstalt).

Pustkuchen, Fr[idericus] Guil[ielmus]: * De historiae initiis. 26 Bl. 4°
Halle, Phil. Diss. v. 12. Mai 1817
Geb. [Detmold 4. 2. 1793]
Da er später auch unter dem Decknamen Glanzow schrieb, verzeichnen ihn die ADB., Kayser, Goedeke, Brümmer unt. dem Namen: Pustkuchen-Glanzow.

— Kirche, Schule u. Haus. gr. 8. Elberf. 832. Büscher. 1 Thlr

— Kirche, Schule u. Haus. gr. 8. Elberfeld 832. jetzt Crayen in Leipzig. 1 Thlr

— Confect f. d. Theetisch. 8. Hamb. 823.

— Maria, od. die Frömmigkeit d. Weibes. Ein Charakter-Gemälde. Mit 1 Kpf. 8. Hamb. 2e A. (der Gedanken e. frommen Gräfin.) 827. Hoffmann u. Campe. 1 Thlr Velinp. 1 Thlr 8 gr (Vergl. Meisters Wanderjahre)

Wilhelm Meisters Meisterjahre [Von Joh. Friedr. Wilh. Pustkuchen-Glanzow.] T. 1. Quedlinburg u. Leipzig: Bosse 1824. 8°
1. 251 S.
TB. 230.

— die Natur d. Menschen u. seines Erkenntnißvermögens, als Fundament d. Erziehung psychologisch entwickelt. gr. 8. Leipz. 818. Reclam. 1 Thlr

— die Perlenschnur. 2 Thle. 8. Quedl. 820. Basse.

— die Poesie d. Jugend. Erzähll., Gedanken u. Lieder. 8. Leipz. 817 Reclam. 1 Thlr 4 gr (Vergl. Schriften, kleine).

— die Rechte d. christl. Religion üb. die Verfassung christl. Staaten; eine Streitschrift. 8. Schlesw. 822. Taubst.-Inst. 18 gr

— die Schlacht bei la belle Alliance. Barmen 816.

— histor.-krit. Untersuchung d. bibl. Urgeschichte, nebst Untersuchung üb. Alter, Verfasser u. Einheit der übrigen Theile d. Pentateuch. gr. 8. Halle 823. Grunert. (Kümmel). 18 gr

— die Urgeschichte d. Menschheit in ihrem vollen Umfange. 1r od. histor. Theil. gr. 8. Lemgo 821. Meyer. 1 Thlr 4 gr

— über die Vereinigung der Lutheraner u. Protestanten, mit besonderer Beziehung auf Bremen. 2 Hefte. 8. Bremen 823. Heyse. 10 gr

— Viola. Taschenbuch f. 1833, s. a. Viola.

— Viola, Taschenbuch f. 1833. (Enth. 8 Novellen.) Wesel 832. Becker.

Wilhelm Meisters Wanderjahre. Roman von Joh. Friedr. Wilh. Pustkuchen [Glanzow]. T. 1—3. [Nebst] Beil. Quedlinburg u. Leipzig: Basse 1821—1822. 8°
1. 1821. 243 S.; 2. 1821. 272 S.; 3. 1822. 160 S.
Beil. 1 [u. d. Tit.:] Wilhelm Meister's Tagebuch. Vom Verf. der Wanderjahre. Ebendas. 1822. 198 S. 8°
Vgl. Wilh. Meister's Tagebuch.

[Dasselbe.] 2. verm. Aufl. Bdchen 1. 2. Leipzig u. Sorau: Fleischer 1824. 8°
1. 188 S.; 2. 274 S.
Beil. 2 [u. d. Tit.:] Gedanken einer frommen Gräfin vom Verf. der Wanderjahre. Ebendas. 1822. 238 S. 8°

[Dasselbe.] 2. Aufl. Hamburg: Hoffmann & Campe 1828.

°[Dasselbe.] 2. verb. Aufl. Th. 1—3. Ebendas. 1823. 8°

°[Dasselbe.] T. 1—5. Ebendas. 1828. 8°
TB. 230. Polemischer Roman. Die Ausg. von 1828 ist nur eine Titelaufl., die aus Th. 1—3 in der 2. Aufl. und den beiden Beil. als Th. 4 u. 5 besteht.

(——) Wilhelm Meisters Wanderjahre, 5. Bd., s. Wilhelm Meister.

— die Wiederherstellung d. ächten Protestantismus, od. d. Union, die Agende u. die bischöfl. Kirchenverfassung. gr. 8. Hamb. 827. Hoffmann u. Campe. 1 ₰ Schrbp. 1 ₰ 8 ℊ

Pustoschkin, N. Versuche über Infektion durch Geschosse (Schweizer. Ordonnanzgewehr, Modell 1889). Mit 2 Taf. 24 S. In-8°. Bern. These. 1895.

Pusyrewski, A. Die russische Armee bei Ausbruch d. Feldzuges 1877—1878. Autoris. Übersetzg. aus dem Russ. von Frhr. v. Tettau. gr. 8. (III, 56 S.) Graudenz 891, Gaebel. * — 90

—— die krieger. Ereignisse im Königr. Polen im J. 1863, s.: Gesket.

Pusyrewski, A., der russische Felddienst nach den neuen Verordnungen. Mit Autoris. d. Verf. aus dem Russ. übers. von Frhr. v. Tettau. gr. 8. (112 S. m. 1 Karte.) Hannover 888. Helwing's Verl. n. 2. —

— die russische Garde im Kriege 1877/78. Ihre Organisation, Bewaffng., Ausbildg., Mobilmachg. u. Waffenthaten. Nach dem Werke „Vor zehn Jahren" v. P., bearb. v. A. Regenauer. Mit 2 Uebersichtskarten u. 2 Gefechtsplänen. gr. 8. (X, 247 S.) Berlin 888. Mittler & Sohn. n. 5. —

Pusyrewski, Generallieutenant. Die Cavallerie-Attake bei Somo-Sierra in Spanien am 30. November 1808. (Mit 6 Karten und 6 Abbildungen.) 8. Warschau 1898.

Pusyrewsky, A. Der poln.-russ. Krieg 1831. Deutsche Bearb. von B. Mikulicz. Bd 1—3. Mit Krt. u. Pl. Wien 1892. 1893.

Pusztay, Alex. v., Episoden aus Oesterreichs konstitutionellem Leben. gr. 8. (50 S.) Prag 865, Credner. *

— — Ungarns Industrie u. der Schutzverein. 12. (2 B.) Leipzig 845, Wilh. Engelmann. (Preßburg, Schaiba.)

v. Pußtay, A., s.: Thronfolge u. die pragmat. Sanction in Ungarn.

— Ungarn für sich u. im Staatsverbande mit Oesterreich. Ebend. 865. gr. 8. (68 S.) n. 16 ngr.

Pusztay, Alex., die Ungarn in ihrem Staats- u. Nationalwesen von 889 bis 1842. 1. Bd. gr. 8. (28½ B.) Leipzig 843, [Mayer.]

—— das ungarische Wechselrecht in Bezug auf die Landeskonstitution, den Handel, die Industrie u. den Kredit. Nebst e. kurzgefassten kritischen Uebersicht der Werke, welche seit 1840 über das ungarische Wechselrecht erschienen sind. gr. 8. (14 B.) Leipzig 842, (Georg Wigand.)

Putbus [Schlagwort]

Putbus, s.: Deutschland. Kürschner-Peip.

Putbus, s.: Granitz. — Rügen.

Putbus, A. C. von, Rede, wod. am Gedächtniß der königl. Ritterakademie zu Sorde sc. gr. 4. Kopenhagen, Proft. 749.

Puteani, Johann Frh. von

Puteani, J. von: „Entwurf eines Amts- und Wirthschafts-Regulativs, nebst Forstordnung", Wien 1818 (Wallishauser).

— Entwurf e. Amts- u. Wirthschafts-Regulativs, nebst Forstordnung. gr. 8. Wien 819. Wallishauser. 1 ₰

Puteani J. v.: Entwurf eines Amts- u. Wirthschafts-Regulativs, nebst Forstordnung ... Wien 1819. 154 S.

Puteani, J. (Freiherr) von: „Grundsätze des allgemeinen Rechnungswesens, mit Anwendung auf alle Vermögens- und Gewerbsverhältnisse des bürgerlichen Lebens, insbesondere auf Landwirthschaft, Handlung und Staatswirthschaft", Wien 1814. — Vorh.: Preuß. Staatsb. Berlin (Slg. preuß. statist. Landesamt). — Dasselbe, Wien 1818, vorh.: Com. Bibl. Hamburg.

Puteani, J. Freiherr von: „Grundsätze des allgemeinen Rechnungswesens, mit Anwendung auf alle Vermögens- und Gewerbsverhältnisse des bürgerlichen Lebens, insbesondere der Oekonomie, Handlung und Staatswirthschaft", Wien 1814 (Gerold). — Vorh.: Bibl. des Pr. statistischen Landesamtes Berlin. — Neue Auflage Wien 1819 (Gerold).

Puteani, Johann Freih. von: „Grundsätze des allgemeinen Rechnungswesens, mit Anwendung auf alle Vermögens- und Gewerbsverhältnisse des bürgerlichen Lebens, insbesondere auf Oekonomie, Handlung und Staatswirthschaft", mit 1 K., Wien 1818 (Gerold). — Vorh.: Preuß. Staatsbibl. Berlin, Com. Bibl. Hamburg.

v. Puteani, Frhr. Th., Landwirthschaftslehre f. d. gemeinen Mann. 8. Prag 816. Krauß. 9 ℊ

Puteani, Johann Frh. von, s. Verrichtungen, Landwirtschaftl.

(PUTEANI Josef Freiherr). Ueber das Eigenthumsrecht der böhmischen Obrigkeiten auf die Grunde ihrer Unterthanen und über die Gerechtigkeit der hieraus entstehenden Frohn- oder Robotschuldigkeit (von -). o. V. Deutschland 1788.
1 vol. 32 S.

Puteani, Carl Ferd., wohlmeinender Rath f. Jene, welche sich mit der Verwaltung ihres Vermögens mittel- od. unmittelbar befassen, besonders f. Guts-Besitzer. gr. 8. (4½ B.) Prag 814, Calve'sche Vrlgsh. -

Puteani, Carl Ferd. (v.), Versuch einer Dienst- u. Wirthschafts-Instruktion f. Wirthschafts- u. Oberämter in Böhmen. gr. 8. (6¾ B. u. 2 Tab.) Prag 836, (Dirnböck.)

Puteani, Wilhelm Frh. von, s. Bronn, Wilhelm

Puteanus, Ericius. Historiae belgicae liber singularis de obsidione Lovaniensi 1635. Graecii 1752. H: *Joris, Johann.* (Jes)

Puteanus, Eric., hist. mediolanens. s. fata et facta Italiae. P. X. priora saec. post. C. N. 4. Lipsiae, Georgi. 735.

Putensen, H.

— j.: Bericht über die landwirtschaftl. Winterschule in Lüneburg.

Putensen, H., Buchführung f. mittelgroße u. kleine landwirtschaftliche Betriebe. Mit Berücksicht. der Steuereinschätzg. nach dem Einkommensteuergesetz vom 24. Juni 1891. Fol. (35 S.) Lüneburg 892. Herold & Wahlstab. n. 1. —

Putensen, H., Anleitg. zur Buchführung f. mittelgroße u. kleine landwirtschaftl. Betriebe. Mit Berücksicht. der Steuereinschätzg. u. Vermögensanzeige nach dem Einkommensteuergesetz v. 24. VI. 1891 u. d. Ergänzungssteuergesetz v. 14. VII. 1893. 2., verm. u. verb. Aufl. Fol. (61 S.) Lüneburg 898. Herold & Wahlstab. n. 2. —

— Landluft. Novelle. 8. (77 S.) Ebd. 893. n. 1. —; geb. n.n. 1. 75

Putensen, Otto [aus Hannover]: Beiträge zur Kenntniss der Cyanursäure-Verbindungen .... Freiburg i. B., Druck d. Fr. Wagner'schen Buchdr., 1887; 76 S + 1 Bl. 8°.
Freiburg i. B., Phil. Fak., Inaug.-Diss. v. 1887.

PUTEOLANO, Giovanni (ps.), Poetisches Klein-Gewehrfeuer. 1833.
Weller, Lex. Ps. p. 463. — Rar!

Puteren, van, einiges über die Säure im Magen der Embryonen, s. Mittheilungen aus dem embryolog. Institute der k: k. Universität in Wien.

Püterich von Reicherzhausen, Jacob, siehe J. Chr. Adelung.

Puteus aquarum viventium, Brunn der lebendigen Wässer, das ist: Fernere Beschreibung der wunderbarlichen Geschichten Miracul und Gnaden, so ... Gott durch Hülff und Fürbitt ... Mariae ... zu Zell ... von ... 1690 biss ... 1700 ... denen ... presshafften Menschen zuflüssen und erspriessen lassen. Steyr 1700. V: *Jahrvogl, Hieronymus.* (wonisch S. 17)

[Russ.] **Putevoditel'** po Berlinu i ego okrestnostjam dlja russkich putešestvennikov. Izd. 5. *Berlin: Štur 1902.* (135 S.) 8°
[Führer durch Berlin u. Umgegend f. russ. Reisende. 5. Ausg.] [03. 16109

[Russ.] **Putevoditel'** po Berlinu i ego okrestnostjam dlja Russkich putešestvennikov. Izd. 6., ispravl., dopoln. i peredèlannoe. Berlin: Stuhr 1904. (170 S.) 8°
[Führer durch Berlin u. s. Umgebungen f. russ. Reisende. 6. verb. vervollst. u. umgearb. Aufl.] [05. 15565

Dass. Izd.8. Ebda.1908.(186 S.)

[Russ.] **Putevoditel'** po Berlinu i ego okrestnostjam dlja russkich putešestvennikov. Izd. 9., ispravl. i dopoln. pod red. Vladimira Leventona. Berlin: Stuhr 1910. 186 S. 8°
[Führer durch Berlin u. s. Umgebungen f. russ. Reisende. 9. verb. u. vervollst. Ausg.] [10. 15433

[Russ.] **Putevoditel'** po Kenigsbergu i prilegajuščim morskim kurortam dlja russkich putešestvennikov. God 1. (Königsberg i. P.): Haasenstein & Vogler (1910). 8°
[Führer durch Königsberg u. d. benachb. Seebäder. Jg. 1.] [10. 91310

[Russ. u. Ant.] Russkij **putevoditel'** po nèmeckim i pročim zapadno-evropejskim kurortam, i sanatorijam. Führer durch d. deutschen u. sonstigen westeurop. Bäder, Kurorte u. Heilanstalten. Sostavili: Dr. med. M. G. Večeslov, F. Tarasèvič. Verf.: Dr. med. M. G. Wetscheslow, Th. Tarassewitsch. G[od] 1. Jg. 1. Berlin: Deutsch-Russ. Verlagsgesellsch. (1904). 8° [05. 10426

Putjata, D. W., Chinas Wehrmacht. Aus d. Russ. übers. von St. Ritter v. Ursyn-Pruszyński. gr. 8. (III, 84 S. m. 9 Fig. u. 4 Taf.) Wien 895. W. Braumüller. n. 2. 40

Putiata-Kerschbaumer, R., das Sarkom des Auges. Mit e. Vorwort v. Sattler. Mit 16 Fig. auf 10 Taf. gr. 8. (XII, 285 S.) Wiesbaden 900. J. F. Bergmann. n. 16. —

von Putiatycki Der polynomische Lehrsatz für beliebige Exponenten, ein für Gymnasialschüler ausgearbeiteter Vortrag. 23 S.
Lissa, Progr. 1845
Vgl.Putyatycki,J.K.von.

v. Putiatycki, Felix (geb. Lissa in Posen 16. 8. 1857): Aneurysma der art. femoralis in der linken Leistenbeuge mit Eröffnung des Hüftgelenkes. Berlin (1880). (30 S.) 8°
Berlin, Med. Diss. v. 6. Aug. 1880

PÜTJENKIEKER, Johann (ps.), Hamburg wie es ist (so!) und — trinkt. Mit color. Lithographie. Hamburg 1834. (1 Mk. 20 Pfg. M. Glogau jr., Hamb., 1906.)
Weller, Lex. Ps. p. 463 hat „1833".

HAMBURG, wie es ist und — trinkt. Scenen aus dem hamburg. Volksleben. Von Joh. Pütjenkieker. Heft 1. Mit kolor. Lithographie. Hamburg 1834. Kl. 8°. — In Enveloppe.

Pütjenkieker, Jh., (Psdn.) s. Hamburg wie es ist — u. trinkt.

zu Putlitz, G. T., siehe a. Gans Freih. zu Putlitz.

Putlitz, C. T. Freiherr Gans Edler Herr zu. Der Nationalcharakter des preußischen Volkes und seine historische Entwickelung während des Königthums. Leipzig, J. C. Hinrichs 1843. 129 S. 8.

Putlitz, C. T. Freiherr Gans Edler Herr zu: Ueber Zucht und Veredelung feiner Schaafe. Berlin 1834. 30 S.

Putlitz, Elis. zu, geb. Gräfin Königsmarck, Gustav zu Putlitz. Ein Lebensbild, aus Briefen zusammengestellt u. ergänzt. (In 3 Thln.) 1. u. 2. Thl. gr. 8. (III, 332 S. m. 1 Bildnis u. 1 Ansicht u. 281 S. m. 2 Abbildgn.) Berlin 894. A. Duncker. à n. 6. —; geb. à n. 6. —

Putlitz, Elis. zu, geb. Gräfin Königsmarck, Gustav zu Putlitz. E. Lebensbild. Aus Briefen zusammengest. u. ergänzt. 3. (Schluß-) Thl. M. e. Portr. u. e. Ansicht. gr. 8. (297 S.) Berlin 894. A. Duncker. n. 5. —; geb. n. 6. — (kplt. n. 15. —; geb. n. 18. —)

Putlitz, Elly zu, über Frauenherzen. (21 S.) 8. Gr. Lichterfelde 907. E. Runge. — 50

— Gedichte. (92 S.) 8. Straßburg 907. J. Singer. 2. —

Putlitz, Elly zu, „Ihr laßt den Armen schuldig werden". (11 S.) kl. 8. Leipzig (909). H. G. Wallmann. — 10

„Ihr lasst den Armen schuldig werden." Von ELLY zu PUTLITZ. (7.—9. Tausend.) 3. Auflage. Verlag: Geschäftsstelle des Deutschen Sittlichkeitsvereins, Plotzensee. kl. 8°.

Putlitz, Elly zu, Sommerfäden. Skizzen. 8. (68 S.) Stuttgart 897. Schwabacher. n. 1. 20

Putlitz, Gustav (Heinrich Gans) zu

Putlitz, Gust. zu, die Alpenbraut. Novelle. 8. (128 S.) Berlin 870, A. Duncker. [Gebr. Paetel.] geb. mit Goldschn.

Putlitz, Gust. (Heinr. Gans) zu, Arabesken. Illustrirt von Wilh. Camphausen. I. (Abthl.:) Vergißmeinnicht. 4. (52 S. mit eingedr. Holzschn. und 6 lithochrom. Taf.) Berlin 854, A. Duncker. *

Putlitz, Gust. zu, der Aufruf an mein Volk. Historisches Zeitbild. Musik von J. B. André. Zur Gedächtnißfeier des 17. März 1813. Berlin 863. Boettcher. 8. (40 S.) n. 5 *ngr.*

Putlitz, Gust. zu, Badekuren, s. Bloch's, Ed., Theater-Correspondenz.

— Badekuren. Lustspiel in 1 Aufzuge. (Neuer Abdr.) Berlin 859. Schlesinger'sche Buchhdlg. 8. (46 S.) 10 *ngr.*

—— Badekuren. Lustspiel in einem Aufzuge. 4. Aufl. gr. 8. (48 S.) Berlin 871, Schlesinger's Verlag. [Friedberg und Mode.]

—— Rolf Berndt. Schauspiel in 5 Akten. 8. (128 S.) Berlin 881, Gebr. Paetel. 3 —

Putlitz, Gust. zu. der Brockenstrauß, s.: Bloch's, Ed., Theater-Korrespondenz.

—— der Brockenstrauß. Dramatischer Scherz in 1 Aufzüge. (Abdr. aus dem 2. Bd. der Lustspiele.) 8. (44 S.) Berlin 864, Schlesinger'sche Buchh.

—— Ce que la forêt se raconte, s. Bibliothèque de l'adolescence.

Putlitz, Gust. zu, Croquet. Roman. 2 Bde. 8. (266; 256 S.) Berlin 878, Gebr. Paetel. *

Putlitz, Gustav zu

Die Dame mit den Hirschzähnen. Berlin 1885.

In: Novellenschatz, Neuer deutscher. Bd 9

—— Eisen. Novelle. 2 Bde. 8. (152; 174 S.) Ebendas. 879. *ℳ 6.; geb. in 1 Bd. *

Putlitz, G. zu, brandenburgische Eroberungen, s.: Bloch's, E., Theater-Correspondenz.

— Festspiel, s.: Schütz, W., Weimar's Jubeltag.

Putlitz, G(ust. Heinr. Gans) zu, eine Frau, die zu sich selbst kommt, s. Jahrbuch deutscher Bühnenspiele. 31. Jg.

—— das Frölenhaus. Novelle. 8. (176 S.) Berlin 881, Gebr. Paetel. *ℳ 4.; geb. [illegible] 5 50

Putlitz, Gustav zu

Funken unter der Asche. Novelle. Berlin: Paetel 1871. 201 S. 8°

—— brandenburgische Geschichten. 8. (IX und 208 S.) Stuttgart 862, Cotta'sche Buchh.

Putlitz, Gust. zu, la glavo de Damokles. Unuakta burleskaĵo, esperantigita de la Esperantista klubo „Antaŭen ĝis la venko!" Chemnitz 'o (Saksujo). (16 S.) kl. 8. Chemnitz 'o 909. (Dresden A., Krentzerstr. 10, Wilh. Thielking.) 60

—— die Halben. Novelle. 8. (230 S.) Berlin 868, Wagner. [Gebr. Paetel.] *

Die Halben. Novelle von Gustav zu Putlitz. *Berlin: Bong & Co. [1899].* (S. 197–360.) 8° [[illegible]]
= Meister-Novellen d. XIX. Jahrh. Bd 2, (4.)
(Illustr. Klassikerbibl. Beigabe zu Zur Guten Stunde.) [illegible]

—— ein Hausmittel. Lustspiel in 1 Aufzuge. gr. 8. (45 S.) Berlin 858, Schlesinger'sche Buchh.

—— mein Heim. Erinnerungen aus Kindheit und Jugend. 1. und 2. Aufl. 8. (211 S.) Berlin 885,86, Gebr. Paetel. * geb. **

—— das Herz vergessen, s. Bloch's, E., Theater-Correspondenz.

Putlitz Gust. zu. Indra. Romantische Oper in 3 Aufz. Musik von Friedr. von Flotow. 8. (75 S.) Wien, Mechitaristen 1852.

—— Don Juan de Austria. Trauerspiel in 5 Aufzügen. 8. (120 S.) Berlin 863, Schlesinger'sche Buchh.

—— Carolina oder ein Lied am Golf von Neapel. Liederspiel in 1 Aufzuge. Musik von Ferd. Gumbert. 8. (31 S.) Berlin 863, Schlesinger'sche Buchh.

Putlitz, Gustav zu: Liebe im Arrest, s. Bloch's, Ed., Theater-Korrespondenz.

—— Luana. 16. (V und 134 S.) Berlin 855, A. Duncker. *

—— Luana. 3. Aufl. 16. (V, 134 S.) Berlin 872, Gebr. Paetel. geb. mit Goldschn. (*M* 2,70.)

Putlitz, G(ust. Heinr. Gans) zu, Lustspiele. 1—3. Bd. 8. Berlin, Schlesinger'sche Buchh. à Bd. 1 Thlr. Thlr.

Inhalt:

Bd. 1. Ein Hausmittel. Badekuren. Familien-Zwist und Frieden. Das Herz vergessen. (IV und 194 S.) 850.

" 2. Die blaue Schleife. Der Brockenstrauß. (189 S.) 851.

" 3. Seine Frau. Nur keine Liebe. Die Waffen des Achill. (172 S.) 852.

—— Lustspiele. 4. Bd.: Rosen und Dornen. Knüpfen und Lösen. Der Weg der Liebe. Liebe im Arrest. 8. (273 S.) Berlin 855, Schlesinger'sche Buchh.

1—3. Bd. Ebendas. 1850—52. 3 Thlr.

Putlitz, Gust. (Heinr. Gans) zu, Lustspiele. 1. Bd. 2. Aufl. 8. (III und 204 S.) Berlin 853, Schlesinger'sche Buchh. Thlr.

Hieraus sind abgedruckt:

Badekuren. Lustspiel in 1 Aufzuge. (II und 46 S.) 10 Ngr.

Familien-Zwist und Frieden. Lustspiel in 1 Aufzuge. (IV und 49 S.) 10 Ngr.

Ein Hausmittel. Lustspiel in 1 Aufzuge. (45 S.) 10 Ngr.

Das Herz vergessen. Lustspiel in 1 Akt. (60 S.) 10 Ngr.

—— Lustspiele. 1. Bd.: Ein Hausmittel. Badekuren. Familienzwist u. Frieden. Das Herz vergessen. 3. Aufl. Berlin 860. Schlesinger'sche Buchhdlg. 8. (204 S.) 1 *ß*

—— Lustspiele. (Neue Folge.) 1.—4. Bd. 8. Berlin, Behr's Buchh. *

à Bd. einzeln *

Inhalt:

Bd. 1. Um die Krone. Lustspiel in 5 Aufzügen. — Das Schwert des Damocles. Schwank in 1 Akt. apart *M 2. — Die Zeichen der Liebe. Lustspiel in 1 Akt. apart *M 1. (191 S.) 869.

" 2. Spielt nicht mit dem Feuer. Lustspiel in 3 Aufzügen. apart *M 2,50. — Brandenburgische Eroberungen. Lustspiel in 1 Akt. — Ueber's Meer. Lustspiel in 1 Akt. (186 S.) 869.

Bd. 3. Unerträglich. Lustspiel in 1 Akt. apart *M 1,50. — Der gestiefelte Kater. Weihnachtsmärchen in 1 Aufzug. apart *M 1,50. — Zwei Tassen. Lustspiel in 1 Aufzug. apart *M 1,50. — Die alte Schachtel. Lustspiel in 1 Akt. apart *M 1,50. — Die Schlacht bei Mollwitz. Histor. Genrebild in 1 Akt. (190 S.) 869.

" 4. Gut giebt Muth. Lustspiel in 3 Aufzügen. — Die böse Stiefmutter. Familienbild in 1 Akt. — Der Aufruf an mein Volk. Historisches Zeitbild. (156 S.) 872.

— Lustspiele. Einzel-Ausg. Nr. 1. 8. Berlin 883. Lassar. n. 2. —

Das Schwert d. Damokles. Schwank in 1 Akt. 4. Aufl. (30 S.)

— Lustspiele. Einzel-Ausg. Nr. 10. 8. Berlin 889. Lassar. n. 2. —

Familienzwist u. Frieden. Lustspiel in 1 Aufzuge. 2. Aufl. (49 S.)

—— Maienzauber. Festspiel zum 22. Mai 1864. Musik von G. Alois Schmitt. 4. (34 S.) Schwerin 864, Stiller'sche Hofbuchh. *

Putlitz, G. zu, das Maler-Majorle. Novelle. 8. (234 S.) Berlin 883. Gebr. Paetel. n. 4. —; geb. n. 5. 50

—— Ueber's Meer, s. Bloch's, E., Dilettanten-Bühne.

— die Nachtigall. Roman. 2 Bde. 8. (334 u. 327 S.) Berlin 872. Gebr. Paetel. n. 11. —

—— Novellen. 8. (III und 247 S.) Stuttgart 863, Cotta'sche Buchh.

—— Rafaella. Novelle. 16. (117 S.) Stuttgart 881, Richter und Kappler. *M 2.; geb. mit Goldschn. * 3 —

— die alte Schachtel, } s.: Bloch's, E.,
— das Schwert d. Damokles, } Theater-Correspondenz.

—— das Schwert des Damokles. Schwank in 1 Akt. 2. Aufl. 8. (31 S.) Berlin 878, Behr's Buchh. *

—— das Schwert des Damokles. Schwank in 1 Akt. 3. Aufl. (32 S.) 1882; 4. Aufl. 8. (30 S.) Berlin 883, Lassar's Buchh. * 2 —

— spielt nicht mit dem Feuer, s.: Bloch's, E., Volks-Theater.

[F.] Ein Ständchen. Dramat. Scherz in 1 Akt v. Gustav zu Putlitz. 2. Aufl. *Berlin: E. Bloch [1893].* (28 S.) 1 Bd 8.
— Theater-Korrespondenz, Eduard Blochs. No 258. [96. 1107

Putlitz, Gustav zu: Ein Ständchen, s.a. Bloch's, Ed., Theater-Korrespondenz.

— das Testament des großen Kurfürsten. Schauspiel in 5 Aufzügen. Berlin 859. Schlesinger'sche Buchhdlg. 8. (107 S.) 20 *ngr.*

—— das Testament des großen Kurfürsten. Schauspiel in 5 Aufzügen. 2. Aufl. 8. (131 S.) Berlin 877, Gebr. Paetel. *

—— Theater-Erinnerungen. 2 Bde. (259; 258 S.) 1874. *M 9., und 2. mit Register verseh. Aufl. 8. (259; 264 S.) Ebendas. 875. *

—— Ungebundenes. Immemorabilien. 1 Heft. 8. (III und 256 S.) Berlin 850, A. Duncker. *

—— Vergißmeinnicht. Eine Arabeske. 16. (75 S.) Berlin 854, A. Duncker.

— Vergißmeinnicht. Eine Arabeske. 5. Aufl. Berlin 863. A. Duncker. 16. (75 S.) 15 *ngr.*

— Vergißmeinnicht. Eine Arabeske. 6. Aufl. Berlin 866. Gebr. Paetel. 16. (75 S.) 15 *ngr.*

—— Vergißmeinnicht. Eine Arabeske. 7.—10. Aufl. 1867—73. *M* 2,70., und 11. Aufl. 16. (72 S.) Ebendas. 874. geb. mit Goldschn.

—— Vergißmeinnicht. Eine Arabeske. 12. und 13. Aufl. 16. (72 S.) Ebendas. 876,77. geb. mit Goldschn. *

—— Vergißmeinnicht. Eine Arabeske. 14.—16. Aufl. 16. (72 S.) Berlin 878—82, Gebr. Paetel. geb. mit Goldschn. * 3 —

—— Vergißmeinnicht. Eine Arabeske. 18. Aufl. 12. (79 S.) Berlin 887, Gebr. Paetel. geb. mit Goldschn. *

— Vergißmeinnicht. Eine Arabeske. 19. Aufl. 12. (79 S.) Berlin 890. Gebr. Paetel. geb. m. Goldschn. n. 3. —

Vergissmeinnicht. Eine Arabeske von Gustav zu Putlitz. *Berlin: Correspondenzblatt [1901].* (59 S.) 8° [F.] [Text stenogr.]
— Gabelsberger, Bibliothek. Bd 16. [02. 630

Dass. s. a. Bibliothek, Gabelsberger. Bd. 16.

Vergißmeinnicht. Eine Arabeske von Gustav zu Putlitz. 20. Aufl. *Berlin: Gebr. Paetel 1903.* (79 S.) 8° [F.]
(Paetel's Miniatur-Ausgaben-Collection. Bd 9.) [03. 1306

—— dass. — s.a.Paetel's Miniatur-Ausgaben-Collection.

— Waldemar. Schauspiel in 5 Aufzügen. Berlin 863. Wagner. 16. (154 S.) n. 25 ngr.

— Walpurgis, s.: Familien-Bücherschatz.

— Walpurgis, } s.: Paetel's Miniatur-Ausgaben-Collection.

—— Walpurgis. Novelle. 1. und 2. Aufl. 8. (178 S.) Ebendas. 870—73. *M 4.; geb. mit Goldschn. *

—— dass. — 3. Aufl. 1873. M 2,70., und 4. Aufl. gr. 16. (187 S.) Ebendas. 873. geb. mit Goldschn.

— Walpurgis. 5. Aufl. 16. (187 S.) Ebend. 878. geb. m. Goldschn. n. 3. —

[F.] Walpurgis. Von Gustav zu Putlitz ... *Weimar & Berlin: Schriftenvertriebsanst.; (Christl. Zeitschriftenver.) [1897].* (139 S., 5 Taf.) 1 Bd 8. [97. 6713

Walpurgis von Gustav zu Putlitz. *Berlin: Correspondenzblatt [1901].* (175 S.) 8° [F.] [Text stenogr.]
= Gabelsberger, Bibliothek. Bd 11. [02. 627

Dass.s.a.B i b l i o t h e k , Gabelsberger.Bd.11.

—— was sich der Wald erzählt. Ein Mährchenstrauß. 1. Aufl. Lex.-8. (68 S. mit lithogr. Ttlbld.) 1850., 2—10. Aufl. 1851. und 11—13. Aufl. 16. (80 S.) Berlin 852, A. Duncker.

—— dass. — Miniatur-Ausgabe. 1—3. Ausg. 1850. und 4—8. Ausg. 16. (79 S.) Ebds. 851.

—— dass. — Illustrirte Pracht-Ausg. 10. Aufl. 4. (68 S. mit 6 Stnt. von A. Hindorf in Tondr. und vielen Vign. in eingedr. Holzschn.) Ebds. 851(52.) *

—— Was sich der Wald erzählt. Ein Märchenstrauß. 15—18. Aufl. 16. (80 S.) Berlin 853, A. Duncker.

— Was sich der Wald erzählt. Ein Märchenstrauß. 19—21. Aufl. Berlin 854—59. A. Duncker. 16. (80 S.) 15 ngr.

— — Illustrirte Pracht-Ausg. Mit Zeichngn. von A. Hindorf und W. Riefstahl u. vielen Vign. 22. Aufl. Berlin 857. A. Duncker. 4. (66 S. mit Holzschn. im Text u. 5 Lithogr. in Ton- u. Farbendr.) n. 1 ℛ. 20 ngr.

—— Was sich der Wald erzählt. Ein Märchenstrauß. 28., 29., 31.—34. Aufl. 1869—73. M 2,70., und 35. und 36. Aufl. 16. (80 S.) Ebendas. 874,75. geb. mit Goldschn.

—— dass. — Illustr. Ausg. 30. Aufl. gr. 8. (78 S. mit eingedr. Holzschn. und 6 Holzschntaf.) Ebendas. 870. geb. mit Goldschn. *

Putlitz, Gust. zu, Was sich der Wald erzählt. Ein Märchenstrauß. 37.—40. Aufl. 16. (80 S.) Berlin 876—79, Gebr. Paetel. geb. mit Goldschn. *

Putlitz, Gust. zu, Was sich der Wald erzählt. Ein Märchenstrauß. 41.—43. Aufl. 16. (80 S.) Berlin 881—83, Gebr. Paetel. geb. mit Goldschn. * 3 —

— Was sich der Wald erzählt. Ein Märchenstrauß. 48. Aufl. 12. (100 S.) Berlin 892. Gebr. Paetel. Geb. in Leinw. m. Goldschn. n. 3. —

— was sich d. Wald erzählt. E. Märchenstrauß. 49. Aufl. 12. (100 S.) Berlin 896. Gebr. Paetel. n. 2. —; geb. in Leinw. m. Goldschn. n. 3. —

Was sich der Wald erzählt. Ein Märchenstrauss von Gustav zu Putlitz. 50. Aufl. *Berlin: Gebr. Paetel 1900.* (100 S.) 8° [F.]
(Paetel's Miniatur-Ausgaben-Collection.) [02. 9753

Dass.s.a.P a e t e l's Miniatur-Ausgaben-Collection.

—— Wenn die Thür zuschlägt —. Lustspiel in 1 Akt. 8. (39 S.) Berlin 864, Schlesinger'sche Buchh.

Putlitz, Gustav zu

Ausgewählte Werke. Bd 1-4.
Berlin: Paetel 1872-73. 8°

1. Der Stein vom Herzen.- Die Alpenbraut.- Cäcilie.- Die Töchter der Luft.- Das rothe Pulver.-
2. Die Halben.- Vergißmeinnicht.- Wenn die Binde fällt.-
3. Das Testament des großen Kurfürsten.- Don Juan d'Austria.- Waldemar.- Wilhelm von Oranien in Whitehall.-
4. Funken unter der Asche.- Was sich der Wald erzählt.- Die Bernauer Bierflasche.- Der Stellvertreter.- Aus dem Schwarzen in das Schwarze.-

—— ausgewählte Werke. 1.—4. Bd. gr. 8. Ebendas. 873. à Bd. *M 7. * geb. *

Inhalt:
Bd. 1. Der Stein vom Herzen. Novelle. — Die Alpenbraut. Novelle. — Cäcilie. Novelle. — Die Töchter der Luft. Novelle. — Das rothe Pulver. Erzählung. 1. und 2. Aufl. (461 S.)
" 2. Die Halben. Novelle. — Vergißmeinnicht. Eine Arabeske. — Wenn die Binde fällt. Novelle.
" 3. Das Testament des großen Kurfürsten. Schauspiel. — Don Juan d'Austria. Trauerspiel. — Waldemar. Schauspiel. — Wilhelm von Oranien in Whitehall. Schauspiel. (499 S.)
" 4. Funken unter der Asche. Novelle. — Was sich der Wald erzählt. Märchenstrauß. — Die Bernauer Bierflasche. Historische Skizze. — Der Stellvertreter. Novelle. — Aus dem Schwarzen und in das Schwarze. Erzählung. (464 S.)

—— ausgewählte Werke. 2. (wohlfeile) Ausg. 6 Bde. 8. Ebendas. 878. à Bd. *M 7.; geb. in 3 Bde. *

Inhalt:
Bd. 1. Der Stein vom Herzen. Novelle. — Die Alpenbraut. Novelle. — Cäcilie. Novelle. — Die Töchter der Luft. Novelle. — Das rothe Pulver. Erzählung. (460 S.)
" 2. Die Halben. Novelle. — Vergißmeinnicht. Eine Arabeske. — Wenn die Binde fällt. Novelle. (456 S.)
" 3. Das Testament des großen Kurfürsten. Schauspiel in 5 Aufzügen. — Don Juan d'Austria. Trauerspiel in 5 Aufzügen. — Waldemar. Schauspiel in 5 Aufzügen. — Wilhelm von Oranien in Whitehall. Schauspiel in 5 Aufzügen. (499 S.)
" 4. Funken unter der Asche. Novelle. — Was sich der Wald erzählt. Märchenstrauß. — Die Bernauer Bierflasche. Historische Skizze. — Der Stellvertreter. Novelle. — Aus dem Schwarzen und in das Schwarze. Erzählung. (464 S.)
" 5. Theater-Erinnerungen. (518 S.)
" 6. Die Nachtigall. Roman in 2 Bdn. (334; 327 S.)

Putlitz, Gust. zu, ausgewählte Werke. Ergänzungsbd.: Vier Novellen. [Ricordo. — Die Frau Meisterin. — Die Dame mit den Hirschzähnen. — Das Frölenhaus.] 8. (378 S.) Berlin 888, Gebr. Paetel. *M 6.—.; geb. **
Ausgewählte Werke. 6 Bde. Ebendas. 1878. à Bd. *M 7.—.; geb. in 3 Bdn. *M 28,50.

—— Wilhelm von Oranien in Whitehall. Schauspiel in 5 Aufzügen. 8. (III und 97 S.) Berlin 864, Schlesinger'sche Buchh.

Putlitz, Gustav Heinrich Gans Edler Herr von und zu

s. Putlitz, Gustav zu

Putlitz, Joach. Baron zu, Theater-Hoffnungen. Ein Wort zur Aufklärg. (38 S.) 8. Stuttgart 909. Deutsche Verlags-Anstalt. --75

Putlitz, Lita Freiin zu, aus sonniger Zeit, s.: Eickstedt, Christa Gräfin.

Putlitz, Marie zu, bunte Blätter. Gedichte. 8. (VIII, 119 S.) Dresden 898. E. Pierson. n. 2. —; geb. n. 3. —

Putlitz, Stephan (Gustav Adolf Eduard Gans) zu

Putlitz, St. Gans Edler Herr zu, J. P. Proudhon. Sein Leben und seine positiven Ideen. gr. 8. (VIII, 141 S.) Berlin 881, Hertz. * 2 60

Gans Edler Herr **zu Putlitz,** Stephan (Gust. Adolf Eduard) (geb. Retzin bei Perleberg 4. 2. 1854): Werth, Preis und Arbeit. Ein Beitrag zur Lehre vom Werthe. Berlin (1880). (113 S.) 8°
Berlin, Phil. Diss. v. 5. März 1880

Putlitz, Stephan zu (Hrsg.), s. Wochenschrift, Politische.

Der Schornsteinbau ... Mit 86 Fig. u. 1 Tabellenanh. Von Alfons **Putmans.** Hannover: Jänecke 1908. 234 S. 8°
(Bibliothek d. gesamten Technik. Bd 99) (09. 10982 7

Putmans, Alfons, der Schornsteinbau, s. Bibliothek der gesamten Technik.

Putna [Schlagwort]

Putna-Patak, s.: Oesterreich-Ungarn. Spezialkarte.

Putnam, C. S., Zahnarzneikunde wie sie sein sollte. Eine populäre Darstellung alles dessen, was in das Gebiet der Zahnheilkunde gehört. Basel 861. Bahnmaier. gr. 8. (VIII, 102 S.) n. 16 ngr.

— — 2. Aufl. Leipzig 861. Veit & Co. gr. 8. (VIII, 102 S.) 16 ngr.

Putnam, George Haven, internationaler Schutz gegen den Nachdruck. In einigen seiner Beziehungen auf Ethik u. polit. Oekonomie betrachtet. Ein Vortrag, gehalten am 29. Jan. 1879 im New-Yorker Free-trade-Club. Deutsch von Ed. Wiebe. gr. 8. (59 S.) Berlin 880. Vahlen. n. 1. 20

Putnam County Demokrat: 1887t—1919t
Democratic weekly. Circulation: 1890, 925; 1900, 980; 1905, 1505; 1910, 1625; 1915, 1825. Edited by C. W. Bente & published by Demokrat Publishing Co., 1887—89; edited & published by Holterman & Wohlfarth, 1890; edited by Carl Wohlfarth, & published by Holterman & Wohlfarth, 1891; edited & published by Carl Wohlfahrt, 1892—94; edited by Ambrose Wirtz, & published by H. F. Rauh, 1895—96; edited & published by H. F. Rauh, 1897—1919.
Ottawa, OH

Puton, A., die Forsteinrichtung im Nieder- u. Hochwaldbetriebe. Nach der 3. franz. Aufl. bearb. v. Ernst Liebeneiner. gr. 8. (VIII, 144 S. m. Abbildgn.) Berlin 894. P. Parey. n. 3. 50

Putoneus

— enunciata et consilia der Rechtsgelehrten, Facultäten u. Schöppenstühle, m. Anm. 67 Thle. n. Reg. 8. Lpz. Heinsius. 730—39.

Putoneus, Grundlehr. der Artillerie. m. K. Fol. Lpz. Kloß. 723.

Putoneus. Grundlehren der Artillerie. T. 1. 2. Mit Kpf. Leipzig 1723. 4°

Besondere Nachrichten von denen Vampyren, oder sogenannten Blut-Saugern, wobey zugleich die Frage: Ob es möglich, daß verstorbene Menschen wiederkommen, denen Lebendigen durch Aussaugung des Bluts den Tod zuwege bringen, und dadurch gantze Dörffer und Menschen und Vieh ruiniren können? gründlich untersucht worden von Putoneo. 732. 8.

Putonei, Besondere Nachricht von den Vampyren. Lpz. 8°. 1732

— Recht weltl. Fürsten in Kirchensachen. 8. Ebendas. 732.

Putsch, Albert: Die Mineralien der Eifel und der angrenzenden Gebiete. 1905. XVI, 115 S. 8°
Aachen, Dr.-Ing.-Diss. v. 16. 2. 1907

Putsch, H., d. Buch d. Weihnachtslieder, s.: Zauleck, P.

Putsch, H. Deutsches Kindergesangbuch, s. Tiesmeyer, L., u. P. Zauleck.

Putsch, H., deutsches Kindergesangbuch f. Kirche, Schule u. Haus. Große Ausg. zur Begleitg. aller geistl. Lieder u. seltenerer Kirchenlieder. Hrsg. v. P. Zauleck. 3. Aufl. (112 S.) 17×23 cm. Bremen 909. J. Morgenbesser. Geb. 1. 25

Putsch, H., & Co.: Album der Artikel für Zuckerfabriken und Landwirthschaft. Hagen 1875—1880. 1882. 1884. 1888

Putsch, H., & Co.: Jllustriertes Artikel- und Preisverzeichniß der Werkzeug- und Maschinenfabrik. Hagen i. W. 1900

Putsch, H., & Co.: Couteaux de diffusion etc. Hagen 1882

Putsch, H., & Co.: Doppelschnitzelmesser. Hagen 1892

Putsch, H., & Co.: Messerkasten mit verstellbarem Messersitz. Hagen i. W. 1893/1896

Putsch, H., & Co.: Neuer Messerkasten mit verstellbarem Messersitz. Hagen i. W. (1894)

Putsch, H., & Co.: Méthode de fixation pour couteaux de diffusion étroits. Hagen 1889

Putsch, H., & Co.: Methode zum Nachschärfen der Schnitzelmesser. Hagen i. W. 1882

Putsch, H., & Co.: Panzerplattenbelag für Schnitzelscheiben. Hagen 1897

Putsch, H., & Co.: Jllustrirtes Preisbuch über Bedarfsartikel für Zuckerindustrie und Landwirthschaft. Hagen 1893. 1896

Putsch, Carl (Jena) u. (Respond. Soz.) **Gotthold Meutzner** (Johanngeorgenstadt), Commentationum Homericarum specimen I. De vi et natura juramenti stygii et de illustrando inde vocab. ΑΑΑΤΟΣ Leipzig (Baumgaertner) 15. IX. 1832. 31 S. (4.—) 27390
Vgl. Putsche, Karl Eduard.

Putsch, Walter: Ueber die Zulässigkeit der einseitigen Abänderung gemeinschaftlicher Testamente ... Leipzig, Druck v. E. Heitmann, 1895; 60 S. 8.
Erlangen, Jur. Fak., Inaug.-Diss. v. 1895

Pütsch, Alb., Aphorismen über die Grundzüge für den Entwurf eines Gesetzes über die Unfallversicherung der Arbeiter. gr. 8°. Berlin, Kortkampf, 1884.

Pütsch, Alb., Aphorismen üb. die Grundzüge f. den Entwurf e. Gesetzes üb. die Unfallversicherung der Arbeiter. gr. 8. (14 S.) Berlin 884. Schettler's Erben, Verl. n. — 40

Pütsch, Alb., über Gasfeuerungen. Sachliche Würdigung der in Deutschland erteilten Patente. [Aus: „Verhandlungen des Vereins zur Beförderung des Gewerbfleisses".] gr. 4. (28 S. mit 2 Steintaf.) Berlin 880. Polytechn. Buchh. n. 2. 50

Pütsch, Alb., neue Gasfeuerungen. Sachl. Würdigung der seit 1880 auf diesem Gebiete in Deutschland ertheilten Patente. gr. 8. (IV, 140 S. mit 111 Holzschn.) Berlin 888, Simion. cart. *

Pütsch, Alb., neuere Gas- u. Kohlenstaubfeuerungen. Sachliche Würdigg. der seit 1885 auf diesem Gebiete in Deutschland ertheilten Patente. gr. 8. (IV, 132 S. m. 103 Abbildgn.) Berlin 899. L. Simion Nachf. Geb. in Leinw. n. 4. —

Pütsch, Alb., Erweiterte Haftpflicht oder obligatorische Unfallvericherung? 8⁰. Berlin 1881.
(S.-A.aus:Glasers Annalen.Bd.9.H.11)

— das deutsche Patentgesetz. Eine Paraphrase. 12. (43 S.) Berlin 884. Polytechn. Buchh. n. 1. —

— Die Reorganisation der Gewerbeschulen und der von ihr zu erwartende Nutzen. Ein Beitrag zur Lösung dieser Frage. (Aus: „Glaser's Annalen für Gewerbe und Bauwesen".) gr. 8⁰. Berlin, Polytechn. B., 1879. (22 S.)

— die Sicherung der Arbeiter gegen die Gefahren für Leben und Gesundheit im Fabrik-Betriebe. Durch (eingedr.) Abbild. erläut. Mittheilungen von bewährten Schutzvorrichtungen und Sicherheits-Massnahmen, sowie von Regierungs-Verordnungen, Betriebs-Vorschriften, Genehmigungs-Bedingungen, Fabrik-Ordnungen etc. Für den prakt. Gebrauch bearb. 2 Halbbde. gr. 8. Berlin 883, Kortkampf. [1. Halbbd. (I—XVI, S. 1—144.) *ℳ 5.; 2. Halbbd. (XVII—XXX, S. 145—379.) *ℳ 7.] * 12 —

Pütsch, Alb., Die Sicherung der Arbeiter gegen die Gefahren für Leben und Gesundheit im Fabrikbetriebe. 8⁰. Berlin 1883—84.

Pütsch, Alb., Verwendung u. Verarbeitung der Fäcalien. gr. 8. (17 S.) Berlin 875. polytechn. Buchh. — 60

Putsche, Christoph Wilhelm E.

Putsche, Chph. Wilh. E., Planetarium, od. Versuch einer sinnlichen Darstellung und Beschreib. des Copernikan. Weltgebäudes, mit e. Modell in einem Kästch. gr. 8. Weimar, geograph. Instit. 805.

— Tellurium, oder Versuch einer sinnl. Darstell. u. Beschr. des Laufs der Erde und ihres Mondes um die Sonne, m. e. Modelle in e. Kästch. gr. 8. Ebend. 805.
Vgl.Putsche,Karl Wilhelm Ernst.

Putsche, Hugo

Putsche, H., Ueb. das genus iudicii der Rede Ciceros pro C. Rabirio „perduellionis reo" ad Quirites. Diss. 1881. 45 S. 1.—

Putsche, Hugo, über das genus iudicii der Rede Ciceros pro C. Rabirio „perduellionis reo" ad Quirites. Inaugural-Dissertation. gr. 8. (45 S.) Jena 882, Frommann'sche Buchdruckerei. — 75

Putsche, H., perspektivische Konstruktionen. Zum Gebrauche für die Oberklassen von Realschulen u. Gymnasien, polytechn. Lehranstalten, Baugewerk-, Kunst-, Gewerbe- u. Fortbildungsschulen, sowie zum Selbstunterricht hrsg. 1. Serie. gr. Fol. (22 Chromolith.) Dresden 880. Gilbers' Verl. In Mappe. n. 28. —; Texthft. Lex.-8. (60 S. mit 70 eingedr. Fig.) n. 2. —

Putsche, H., perspektivische Konstruktionen. Zum Gebrauche für die Oberklassen von Realschulen und Gymnasien, polytechn. Lehranstalten, Baugewerk-, Kunst-, Gewerbe- und Fortbildungsschulen, sowie zum Selbstunterricht hrsg. 1. Serie. gr. Fol. (22 Chromolithogr.) Dresden 881, Gilbers'sche Hofverlagsh. In Mappe * 28 —
Textheft. Lex.-8. (60 S. mit 70 eingedr. Fig.) * 2 —

Putsche, Hugo, Licht- u. Schattenstudien. 20 Taf. schattierte Zeichngn. nach einf. Objekten aus verschied. Gebieten d. Freihandzeichnens m. Angabe d. Licht- u. Schattentöne. Z. Gebrauche f. alle Schulen zwischen u. nach d. Körperzeichnen. gr. 4. (2 S. Text.) Gera-Untermhaus 897. F. E. Köhler. In Mappe n. 6. —

Putsche, Karl Eduard

Amalia. Maurerisch gedeutet in der Instruktionsloge am 2. Sept. 1856 von Carl Edu. Putsche. [Weimar 1856: Hof-Buchdr.] 2 Bl. 8⁰ [Kopftit.]
Abgedr. in: FZ. 11 (1857) S. 247—248.
Tt. 2163. In Versen: „Unsere Loge sie nennt sich Amalia. Glücklicher ward nie, ..." 4.

Putsche, Car., Commentationum Homericarum Spec. I. De vi et natura juramenti Stygii et de illustrando inde vocabulo ἀάατος. 4 maj. (4¼ B.) Lipsiae 832, Baumgaertner.
Vgl.Putsch,Karl.

— Commentationum Homericarum spec. I. De vi et natura juramenti stygii et de illustrando inde vocabulo ἀάατος. Diss. 1832. 31 S. 4⁰. 1.50

Putsche, Carl Ed., s. Dünnebier, Jul. Alb., Elementarbuch.

Putsche, Carl Ed., Erinnerungen an Schiller, Göthe, Gesner, Gellert, Anna Amalia, Carl August, Friedrich August I. und Friedrich August II. von Sachsen. Zum Behufe deutsch-latein. Uebersetzungsübungen nach neulatein. Classikern ausgearb. und mit grammatisch-stilist. Winken, Wörtern und Redensarten versehen. gr. 8. (XV und 246 S.) Jena 864, Mauke's Verlag.

Der Loge Amalia [in Weimar] Festgruss an Gottfr. Theod. Stichling. [Unterz.: Karl Edu.] Putsche. [Dat.:] Weimar 1869. 1 Bl. 8⁰ [Kopftit.]
Ohne Noten: „Wie Herder durch sein ganzes Streben ..." 157. 446.

Karl August, Erbgrossherzog von Sachsen-Weimar-Eisenach: [Gedicht.] Dem neuvermälten [!] Paare Ihren Königlichen Hoheiten dem Erbgrossherzoge von Sachsen Karl August und Höchstdessen fürstlicher Gemalin [!] Pauline Prinzessin von Sachsen-Weimar zur Feier Höchstihres Einzugs in Weimar am 6. Sept. 1873 in tiefster Unterthänigkeit und Treue dargebracht von der Freimaurerloge Amalia in Weimar. [Am Ende:] Dichtung von C[arl] E[du.] **Putsche.** [Weimar 1873: Böhlau.] 2 Bl. 4⁰ [Umschlagtit.]
„Amalia, der edeln Fürstin Name, ...“

[Gedicht.] Zur Säcularfeier von Carl Augusts Regierungsantritt am 3. Sept. 1875 in der ▭ Amalia zu Weimar. [Unterz.: Karl Edu.] **Putsche.** [Weimar 1875.] 1 Bl. 8⁰ [Kopftit.]
Tt. 2572. „Dich, lichtverklärter Geist, ...“ 439.

—— größere lateinische Grammatik auf Grundlage der kleineren für untere und mittlere Classen zum Behufe eines bis in die höheren Gymnasialclassen stufenweise fortschreitenden Lehrganges ausgearb. und mit einer reichen Auswahl class. Beispiele versehen. gr. 8. (XVI und 472 S.) Jena 850, Mauke. *

— größere lateinische Grammatik auf Grundlage der kleineren f. untere u. mittlere Classen zum Behufe eines bis in die höheren Gymnasialclassen stufenweise fortschreitenden Lehrganges ausgearb. u. mit einer reichen Auswahl class. Beispiele verseh. gr 8. (XVI u. 506 S.) Ebd. 850. n. 1 ₰

Putsche, Karl Ed., Lateinische Grammatik für untere u. mittlere Gymnasialclassen, so wie für höhere Bürger- u. Realschulen. Zum Behufe eines stufenweise fortschreit. Lehrganges ausgearbeitet u. mit einer reichen Auswahl classischer Beispiele versehen. gr. 8. Jena 842, Mauke. 3/4 ₰ — 2. Aufl. gr. 8. Ebend. 843. 3/4 ₰

Putsche, Carl Ed., lateinische Grammatik für untere und mittlere Gymnasialclassen so wie für höhere Bürger- und Realschulen. Zum Behufe eines stufenweise fortschreitenden Lehrganges ausgearb. und mit einer reichen Auswahl class. Beispiele versehen. 3—7. Aufl. 1847—50. und 8. Aufl. gr. 8. (XXXII und 334 S.) Jena 852, Mauke.

Putsche, Carl Ed., lateinische Grammatik für untere und mittlere Gymnasialklassen so wie für höhere Bürger- und Realschulen. Zum Behufe eines stufenweise fortschreitenden Lehrganges ausgearb. und mit einer reichen Auswahl classischer Beispiele versehen. 9. und 10. Aufl. 1853—54., 11. Aufl. 1855. und 12. Aufl. gr. 8. (XXXII und 357 S.) Jena 856, Mauke.

Putsche, Carl Ed., lateinische Grammatik für untere und mittlere Gymnasialclassen sowie für höhere Bürger- und Realschulen. Zum Behufe eines stufenweis fortschreitenden Lehrganges ausgearb. und mit einer reichen Auswahl class. Beispiele versehen. 13—15. Aufl. gr. 8. (XXIV und 372 S.) Jena 857—60, Mauke. —

—— lateinische Grammatik für untere und mittlere Gymnasialclassen sowie für höhere Bürger- und Realschulen. Zum Behufe eines stufenweise fortschreit. Lehrganges ausgearb. und mit einer reichen Auswahl class. Beispiele versehen. 16.—19. Aufl. gr. 8. (XXIV und 374 S.) Jena 862—68, Mauke's Verlag. —

—— lateinische Grammatik für untere und mittlere Gymnasialclassen so wie für höhere Bürger- und Realschulen. Zum Behufe eines stufenweise fortschreit. Lehrganges ausgearb. und mit einer reichen Auswahl class. Beispiele versehen. 20. verm. Aufl. gr. 8. (XXIV, 405 S.) Jena 871, Dufft.

Harras, Joh. Ferd.: [Autogr.] [Lied.] Zur Feier des 70. Geburtstages des würdigen und geliebten [Br.] Joh. Ferd. Harras in der ▭ Amalia zu Weimar am 20. März 1862. [Unterz.: Karl Edu.] **Putsche.** [Weimar 1862.] 1 Bl. 8⁰ [Kopftit.]
Ohne Noten: „Treu hat er geliebt und geübt die Pflicht, ...“ 446.

[Lied.] In der Trauerhalle der Loge Amalia zu Weimar am 26. März 1875. [Unterz.: Karl Edu.] **Putsche.** [Weimar 1875.] 1 Bl. 8⁰ [Kopftit.]
Ohne Noten: „Stimm' an diesem Trauertage ...“ 446.

[Lied.] Zur Gedächtnissfeier des Br. Heinr. Wilh. Buek. Or. Weimar am 25. März 1879. [Unterz.: Karl Edu.] **Putsche.** [Weimar 1879.] 1 Bl. 8⁰ [Kopftit.]
Ohne Noten: „Stimm' an diesem Trauertage ...“ 446.

[Lied.] Zur hundertjährigen Gedächtnissfeier von Gotthold Ephr. Lessing im Schwesternclub der Loge Amalia Weimar am 15. Febr. 1881. [Unterz.: Karl Edu.] **Putsche.** [Weimar 1881: Hof-Buchdr.] 1 Bl. 8⁰ [Kopftit.]
Ohne Noten: „Wie wir jetzt nach hundert Jahren ...“ 446.

Putsche, C. E., De variis dei Mercurii apud Homerum muneribus atque epithetis ad unam notionem revocandis. Pr. 1888. 16 S. 4⁰. 1.—

Rundgesang am musikalischen Abende der Loge Amalia. Weimar den 18. Nov. 1867. [Unterz.: Karl Edu.] **Putsche.** [Weimar 1867: Hof-Buchdr.] 1 Bl. 8⁰ [Kopftit.]
Ohne Noten: „Zum ersten Mal leuchtet uns heute ...“ 446.

Zur Säcularfest-Feier der Aufnahme Carl Augusts in die Loge Amalia zu Weimar am 5. Febr. 1782. Hrsg. von Carl Edu. **Putsche.** Weimar: [Böhlau] 1882. XXIII, 50 S. 8⁰
(Frmr.-Analecten 12.)
cf. Bh. 25 (1882) S. 101—102 (J. G. Findel); FZ. 36 (1882) S. 52—53.
Tt. 2037. 5 Reden, wovon nur d. 5. von Karl Aug. handelt, u. chronol. Notizen z. Gesch. d. ▭. 23.

Putsche, K. E., s. Schiller's Gedichte, für das deutsche Volk erläutert.

Putsche, Carl Ed., lateinische Schul-Grammatik. Hrsg. von Alfr. Schottmüller. 21. Aufl. gr. 8. (VIII, 362 S.) Jena 876, [Dufft.] Fischer. *

Putsche, Carl Ed., lateinische Schul-Grammatik. Hrsg. von Alfr. Schottmüller. 21. Aufl. gr. 8. (VIII, 362 S.) Jena 876. Matthäi. n. 2. 40

Putsche-Schottmüller's lateinische Schulgrammatik. [23. Aufl.] Unter Mitwirkg. v. F. Heußner neu bearb. v. B. Heil u. H. Schmitt. gr. 8. (VIII, 278 S.) Hannover 889. Norddeutsche Verlags-Anstalt. n. 2. 20; geb. n. 2. 60

Putsche's Lateinische Sprachlehre ins Böhmische übersetzt von Prof. Swoboda. Prag, J. G. Calve'sche Buchhandlung 1853.

[Autogr.] Trinkspruch auf die Neuaufgenommenen in der □ Amalia [in Weimar]. ausgebracht von Carl Edu. Putsche. [Weimar 1859.] 2 Bl. 8° [Kopftit.]
Tt. 2164. Gedicht: „Gar Viele, berufen . . .“ 439.

Putsche, Carl Ed., Wörterbuch zur lateinischen Grammatik. 5. Aufl. gr. 8. (80 S.) Ebend. 870. — 75

Putsche, Karl Wilhelm Ernst

Putsche, Karl Wih. Er., vollständ. u. deutliche Anweisung z. Hopfenbau. gr. 8. Weimar 824. Ind.-Compt. 4 gr

Putsche, Karl Wilhelm Ernst, s. Dubief, L. F.

Putsche, Carl Wilh. Er., allgem. Encyklopädie d. gesammt. Land- u. Hauswirthschaft etc., s. Encyklopädie.

Putsche, K. W. E. (anonym): „Oekonomisch-technologisches Handbuch, oder land- und hauswirthschaftliches Orakel für Hausväter und Hausmütter zur vortheilhaftern Führung der Wirthschaft in der Stadt und auf dem Lande, von einem Landprediger im Saalgrunde“, 2 Teile, Leipzig 1798—1800 (Schwickert).

Dass.s.a.:Handbuch,...

—— neuester Katechismus d. Bienenzucht, od. vollständ. auf vieljähr. Erfahrung gegründ. Unterr. üb. d. einzig sichere Methode Bienen mit d. gedeihlichsten Erfolge zu warten, zu pflegen u. z. höchsten Ertrage zu bringen. Ein Buch f. alle Gegenden. gr 8. (8 B. u. 1 Kpfrt.) Leipzig 829, Baumgärtner.

— üb. die Kultur d. Kartoffeln etc. s. Payen.

— d. Landwirth in s. ganzen Wirkungskreise, s. Landwirth.

Putsche, Carl Wilh. Ernst, De variis agricolandi modis disputatio oecon.-philos. [Jena] (Schlotter) 15. II. 1817. 30 S. (3.75) 27391
Gew.: Christ. Gottl. von Voigt.

— Planetarium, od. Versuch einer sinnl. Darstell. u. Beschreibung d. Copernikan. Weltgebäude, mit e. Modell in einem Kästchen. gr. 8. Weim. 805. Geograph. Inst. 8 ₰
Vgl.Putsche,Christoph Wilhem E.

—— Taubenkatechismus, od. gründl. u. vollständ. Unterr. in d. Taubenzucht. M. 3 Kpfrt. gr. 8. (7 B.) Leipzig 830, Baumgärtner.

— Tellurium, od. Versuch einer sinnl. Darstell. u. Beschreib. des Laufs d. Erde u. ihres Mondes um die Sonne. Mit einem Modelle in e. Kästchen. gr. 8. Weimar 805. Geograph. Inst. 6 ₰
Vgl.Putsche,Christoph Wilhelm E.

Putsche, Karl Wlh. Er., s. Universal-Blatt für die Land- und Hauswirthschaft.

— Versuch einer Monographie d. Kartoffeln, od. ausführl. Beschreibung d. Kartoffeln, nach ihrer Geschichte, Charakteristik, Cultur u. Anwendung in Deutschland. Herausgg. v. F. J. Bertuch. Mit 9 illum. u. 4 schwarzen Kpf. gr. 4. Weimar 819. Ind.-Compt. 3 ₰ 12 gr

Putsche C. W. E.: Versuch einer Monographie d. Kartoffeln od. ausführliche Beschreibung d. Kartoffeln, nach ihrer Geschichte, Charakteristik, Cultur u. Anwendung in Teutschland. Herausg. v. F. J. Bertuch. Weimar 1819. 158 S. 13 Tvl. (9 kol.). 4°.

Putscher, Betrachtungen üb. die gegenwärtige Nonnenkalamität in Sachsen. Vortrag auf der 53. Versammlg. des sächs. Forstvereins in Schandau 1909. (35 S.) 8. Tharandt 909. Akadem. Buchh. — 50
Sonderabdruck aus: „Bericht d. sächs. Forstver. f. 1909“.

PUTSCHER, Paul (Fürstenfeldbruck): Ueber die mikroskopische Zusammensetzung des Bronchial-Inhaltes bei Lungen-Erkrankungen.- München, Fürstenfeldbruck: Sighart 1880. 1 Bl.,14 S.,Tab. 4.1.1881 - Urk (Titel: De microscopica sputorum continentia in morbis pneumonicis.); Chr 1880/1881,14
Diss.Ingolst.-Landsh.-Mchn.

Putschi Ferdinand: Charles Churchill. Diss.Wien. Univ.
D: Wiener Beiträge, Bd. XXI. 1909.
1908 PN 2454

Putschi, F., Charles Churchill, sein Leben und seine Werke. [Wiener Beiträge zur englischen Philologie. XXXI. Bd.] Gr.-8°. (VIII, 98 S.) K 4.—
Wien: Braumüller 1909.

Putschi, Ferd., Charles Churchill, s.a.Beiträge, Wiener, zur englischen Philologie. 31. Bd.

Putschögel, Emil. Predigten auf alle Sonn- u. Festtage d. Kirchenjahres. 1. Jahrg. gr. 8. (481 S.) Wien 885, Kirsch. ** 3 60
2.—4. Jahrg. Ebd. 1886—88. à Jahrg. ** 3 60.

Putschögel, Emil, Predigten auf alle Sonn- und Festtage des Kirchenjahres. 2.—4. Jahrg. gr. 8. (523; V, 515; 532 S.) Wien 886—88, Kirsch. à Jahrg. **

Putschögel, Emil, O. Cist., Predigten auf alle Sonn- u. Festtage d. Kirchenjahres. 5. Jahrg. gr. 8. (755 S.) Wien 897. H. Kirsch. n.n. 6. — (1—5: n.n. 20. 40)

PÜTTBACH, WILHELM. Ueber Molybdänacichloride. (Tübingen) Elberfeld, 1878.

Püttelkow, H., Lesebuch f. die Mittel- u. Oberstufe der katholischen Elementarschulen. gr. 8. (420 S.) Freiburg i/Br. 883. Herder. n. 1. 15; Einbd. n.n. — 25

Pütteltow, H., Lesebuch für die Mittel- und Oberstufe der katholischen Elementarschulen. 8. (420 S.) Freiburg i. Br. 885, Herder'sche Verlagsh. *M 1.30.; geb. *
Daraus einzeln:
Mittelstufe. 2. durchgeseh. Aufl. 8. (VI, 152 S.) * 50 Pf.; geb. * 70 Pf. Oberstufe. 8. (VI, 262 S.) * 80 Pf.; geb. *M 1.5.

— dasselbe, f. die Oberstufe. gr. 8. (V u. S. 153—414.) Ebend. 885. n. — 80; Einbd. n.n. — 25

— dasselbe, f. die Mittel- u. Oberstufe der katholischen Elementarschulen in Elsaß-Lothringen. gr. 8. (420 S.) Ebend. 883. n. — 80; Einbd. n.n. — 25; Mittelstufe ap. (VI, 152 S.) n. — 35; Einbd. n.n. — 20; Oberstufe ap. (VI u. S. 153—420.) n. — 60; Einbd. n.n. — 25

—— Lesebuch für die Mittel- und Oberstufe der katholischen Elementarschulen in Elsaß-Lothringen. 8. (420 S.) Ebendas. 885. *M 1.30.; geb. *
Daraus einzeln:
Mittelstufe. 2. durchgeseh. Aufl. 8. (VI, 152 S.) * 50 Pf.; geb. * 70 Pf. Oberstufe. 8. (VI, 262 S.) * 80 Pf.; geb. *M 1.5.

Püttelkow, H., Lesebuch f. die Mittelstufe der katholischen Elementarschulen in Elsaß-Lothringen. 3., durchgeseh. Aufl. 8. (VI, 152 S.) Freiburg i/Br. 890. Herder. n. — 50; geb. n. — 70

Pütteltow, H., Lesebuch f. d. Mittelstufe d. kathol. Elementarschulen in Elsaß-Lothringen. 4. Aufl. gr. 8. (VI, 152 S.) Freiburg i/B. 898. Herder. n.n. — 55; Einbd. n.n.n. — 20

Pütter, A., der Stralsunder Friede vom 24. Mai 1370. Vortrag. 8. (32 S.) Stralsund 870, Bremer. *

Pütter, A., Urtheile, Beschlüsse u. Verfügungen in bürgerlichen Rechtsstreitigkeiten. Eine Anleitg. zur Anfertigg. derselben, nebst einigen Mustern. 8. (VI, 145 S.) Berlin 884. Vahlen. n. 2. 50

Pütter, A.: Urtheile, Beschlüsse und Verfügungen in bürgerlichen Rechtsstreitigkeiten. Eine Anleitung zur Anfertigung derselben nebst einigen Mustern. Berlin 1885.

Wie versichert sich ein Beamter der deutschen Zuckerindustrie? Von A. Pütter, Fabrikdir., Eilenstedt. Magdeburg: Schallehn & Wollbrück 1907. (51 S.) 8° [07. 7470 3

Pütter, Aug., s.: Archiv, medizinisch-naturwissenschaftl.

Pütter, August, cand. med.: Aus d. zool. Institut d. Universität Breslau. Das Auge der Wassersäugetiere. *Breslau 1901: H. Fleischmann.* (42 S.) 8°
Breslau, Phil. Diss. v. 27. Juli 1901

— Die Ernährung d. Wassertiere u. d. Stoffhaushalt d. Gewässer. (IV, 168 S.) gr. 8. Jena 909. G. Fischer. 5.—

— Organologie d. Auges, s.: Graefe, Alfr., u. Thdr. Saemisch, Handbuch der ges. Augenheilkunde. II, 1.

Pütter, A[ugust]: Organologie des Auges. Mit 212 Fig. im Text u. 25 auf 40 Taf. Leipzig: W. Engelmann 1908. 395 S. 8°
(Handbuch d. gesamten Augenheilkunde. 2. Aufl. Bd. 2, Abt. 1, [3.])

Studien zur vergleichenden Physiologie des Stoffwechsels. Von August Pütter. Berlin: Weidmann 1908. (79 S.) 4°
= Abhandlungen d. Kgl. Gesellschaft d. Wiss. zu Göttingen. Math.-phys. Kl. N. F. Bd 6, No 1. [08. 9370

Pütter, August F. R., Dr. phil., Volontärassist. am physiol. Inst. zu Göttingen: Die Wirkung erhöhter Sauerstoffspannung auf die lebendige Substanz. Mit 4 Abb. im Text. *Jena: G. Fischer 1904.* (43 S.) 8° ¶ [Aus: Zeitschrift f. Allg. Physiol., Bd 3.]
Göttingen, Med. Diss. v. [6. März] 1904

Pütter, Carl Theodor, s. Pütter, Karl Theodor.

Pütter, Clemens, s. Pütter, Klemens.

Die Bekämpfung der Schwindsucht innerhalb der Städte. Von E[rnst] Pütter. *Berlin: Fischer 1901.* (10 S.) 8° [Umschlagt.]
Aus: Zeitschr. f. Krankenpflege. [02. 1616 3

Pütter, Ernst, die Bekämpfung der Tuberkulose innerhalb der Stadt. Ein Beitrag zur Wohnungsfrage. Erfahrgn. aus den Berliner Auskunfts- u. Fürsorgestellen f. Lungenkranke. (28 S.) gr. 8. Berlin 907. R. Schoetz. — 60

— u. A. Kayserling, die Errichtung u. Verwaltung v. Auskunfts- u. Fürsorgestellen f. Tuberkulöse. Hrsg. von dem Vorsitzenden u. dem Generalsekretär des Central-Komitees der Auskunfts- u. Fürsorgestellen für Lungenkranke in Berlin u. Vororten. (63 S.) Lex.-8. Berlin 905. A. Hirschwald. n. 1. 50

Trunksucht und Städtische Steuern. Aus d. Praxis e. größeren Provinzialstadt. Von Stadtrat [Ernst] **Pütter**, Halle a.S. 2. verm. Aufl. Halle a. S.: Stadtmission [1904]. (23 S.) 8° [F.] [04. 2980

Pütter, Trunksucht u. städtische Steuern. Aus der Praxis e. größeren Provinzialstadt. 3. Aufl. (6.—8. Tausd.) (23 S.) 8. Halle (906). Neukirchen, Buchh. des Erziehungsvereins. — 20

Das Ziehkinderwesen. Gutachten erstattet im Auftr. d. deutschen Ver. f. Armenpflege u. Wohltätigkeit von Stadtr. Ernst Pütter (Halle a. S.). *Leipzig: Duncker & Humblot 1902.* (106 S.) 8° [F.]
= Schriften d. deutschen Vereins f. Armenpflege u. Wohltätigkeit. H. 59. [02. 11226

F. PÜTTER. Ueber den christlichen Geist der Geselligkeit. Eine Vorlesung, gehalten im literärisch-geselligen Vereine in Stralsund, am 10. November 1856. Stralsund, 1857. Druck der Königl. Regierungs-Buchdruckerei. 8°.

Pütter, Ferdinand, Referendar: Die Kundenüblichkeit. Göttingen 1910: Kaestner. 75 S. 8°
Göttingen, Jur. Diss. v. 9. Sept. 1910, Ref. Titze
[Geb. 31. Juli 86 Marienwerder; Wohnort: Stralsund; Staatsangeh.: Preußen; Vorbildung: Prinz-Heinrichs-Gymn. Schöneberg Reife O. 06; Studium: München 1, Berlin 1, Göttingen 5 S.; Rig. 30. Juli 10.] [U 11. 1439

Pütter, F[erdinand]: Nachricht über eine in Stralsund bestehende Schul- und Pensions-Anstalt für Töchter von ihrem Gründer u. Vorsteher. — Stralsund: Löffler 1836. 22 S. 8°

Rede bei der Geburtsfeier des weisesten Vicarii Salomonis dieser Provinz Sr. Maj. des Königs Carl XIII. am 7. Oct. 1813 in der L. Gustav Adolph zu den drei Strahlen in Stralsund, von G. F. M. **Pütter.** Stralsund. 4°
Kl. 1178.

G. F. M. Pûtter's Rede in der Versammlung der Fr. Mr. am 1. Nov. 1815, gehalten zu Stralsund. 8 S. 4⁰
Kl. 1189.
[*Kalender f. d. Prov.-Loge von Mecklenburg. 8 (1831) S. 144.*]

Pütter, G. L., die preußische Landwehr, ihre Bedeutung und ihre Stellung im Heere. Ein Vortrag. gr. 8. (32 S.) Berlin 863, A. Jonas. *

Pütter, Heinrich

Pütter, Hnr., über den auswärtigen Handel Deutschlands; mit Berücksichtigung des durch den großen Deutschen Zollverband erleichterten inneren Verkehrs, so wie d. projektirten Eisenbahn von der Belgischen Gränze nach Köln. (Besond. abgedr. aus d. Allgem. Organ für Handel u. Gewerbe rc.) gr. 8. Köln 837. (Kohnen.) n. 1/3 ₰

Pütter, H.: „Ueber den beabsichtigten Handelsvertrag zwischen Holland und den Staaten des grossen deutschen Zollverbandes", Köln 1838. — Vorh.: Com. Bibl. Hamburg.

Pütter, Johann Stephan

Pütter, Jh. Steph. († d. 12. Aug. 1807.) patriot. Abbild. d. Zustandes beider höchsten Reichsgerichte. 4. Hannov. 749. Wetzlar 756. Winkler 6 gr.

PÜTTER, J. St.: Anleit. z. jurist. Praxis, wie in Deutschl. sowohl d. gerichtl., als aussergerichtl. Rechtshändel, od. andre Canzley-, Reichs- u. Staatssachen schriftl. od. mündl. verhand. u. in Archiven beygelegt werden. *Göttingen*, Vandenhöck. (1—5e A. 753—89.) 6e A. nebst d. Empfehl. deutscher Aufschriften u. üb. d. Richt- u. Rechtschreib. d. deutschen Sprache. 802. 2 Thle. 8. (1 Thl. 8 Gr.)

— Anleit. z. jurist. Praxis. 2 Thle. Mit e. Abhandl. über die Richtigkeit u. Rechtschreibung d. deutschen Sprache rc. gr. 8. Götting. 753, 59. 4e A. 2 Thle. 780, 89. 6e A. 802. Vandenhöck u. R. 1 ₰ 8 gr.

Pütter, Joh. Steph.: Anleitung zur Juristischen Praxi wie in Teutschland sowohl gerichtliche als aussergerichtliche Rechtshändel oder andere Canzley-Reichs- und Staats-Sachen schriftlich oder mündlich verhandelt und in Archiven beygeleget werden. Göttingen.
Th. 1. 3. Aufl. 1765.
» 2. Zugaben . . . insonderheit von der Orthographie und Richtigkeit der Sprache und vom Teutschen Canzley-Ceremoniel. 2. Aufl. 1767.
— 3. Aufl. Th. 2. 1780.

— Anleit. z. deutschen Staatsrecht; aus d. Latein. v. K. Ant. F. Graf v. Hohenthal, mit Anmerkk. v. F. W. Grimm. 2 Thle. gr. 8. Bayr. 791, 92. (Grau in Hof). 1 ₰ 8 gr.

Pütter, Johann Stephan: „Anleitung zum deutschen Staatsrechte; aus dem Lateinischen übersetzt von K. Ant. F. Grafen von Hohenthal, mit einer Vorrede und einigen Anmerkungen von F. W. Grimm", 2 Teile (2. Teil in 2 Bänden), Bayreuth 1791 bis 1793 (Grau in Hof).

Eb. Anleit. z. deutschen Staatsrechte, aus d. Lat. übers. v. K. Ant. F. Grafen v. HOHENTHAL; m. einer Vorr. u. einigen Anmerkk. v. F. W. GRIMM. *Bayreuth*, Zeitungsdr. I. Th. 791. II. Th. 1—2r Bd. 792—93. 8. (2 Thl.)

— vorläufige Anzeige u. Entwurf neuer Grundsätze d. Reichsprocesses. 8. Götting. 754.

— Opusculum de augendo apanagio auctis reditibus natu maximi filii penes quem imperium est vulgo primogeniti regentis cui accedunt praefationis loco Johann Adam Kopp (Marburg), Meditationes de incongrua adplicatione Paragii et Apanagii improprii ad familias Germanorum illustres. Jena (J. Fr. Ritter) (4. VI.) 1745. 44, 56 S. (5.25) 27291

Pütter, Joh. Steph.: „Ueber die beste Art, aus Acten zu referiren; auch über Manches, was sonst noch deutschen Geschäftsmännern und Schriftstellern zu empfehlen seyn möchte", Göttingen 1797 (Schröder).

PÜTTER, Joh. Steph.: Ueber die beste Art, aus Acten zu referiren. N. Aufl. *Gött.*, Deuerlich. (797.) 803. gr. 8. (8 Gr.)

— üb. die beste Art aus Akten zu referiren. gr. 8. Götting. 797. N. A. 805. (Deuerlich). 9 gr.

Pütter, Joh. Steph.: Weitere Ausführung der Frage: Ob die erste Classe der zur Cammergerichts-Visitation bestimmten außerordentlichen Reichs-Deputation nothwendig auf eine gewisse zum voraus festgesetzte Zeit abgelöset werden müsse? und ob solches dermalen auf den 2. Nov. 1768 thunlich und rathsam sey? Göttingen 1768.

— rechtl. Bedenken üb. einige freundschaftl. Beschwerden d. Reuß. Herrschaft Gera. Fol. Götting. 773. Vandenhöck u. R. 6 gr.

PÜTTER, J. Steph.: Rechtl. Bedenken üb. ein. landschaftl. Beschwerden d. Hochgräfl. Reuss. Herrschaft Gera. *Gött.*, Vandenhoeck u. Ruprecht. 773. Fol. (6 Gr.)

— rechtl. Bedenken über einige Landschaftsbeschwerden der reuß. Herrschaft Gera. Fol. Ebend. 773.

— rechtl. Bedenken üb. die in B. K. Heydenreichs Diss. de juris appanagii etc. aufgestellten Grundsätze. 4. Göttingen 785.

— rechtl. Bedenken üb. die, wegen der Aemter Blomberg u. Schieder 1777 von Lippe-Detmold gegen Schaumburg-Lippe beim kaiserl. Reichshofrathe anhängig gemachte Mandatssache. Fol. Götting. 780.

— rechtl. Bedenken üb. das gegenseitige Verhältniß d. Lutherischen u. Reformirten im Lippe'schen Antheil d. Grafschaft Schaumburg rc. Fol. o. O. (Leipz.) 790. Kummer. 16 gr.

— rechtl. Bedenken üb. eine merkwürdige Vormundschaftsgeschichte. Fol. Götting. 791.

Pütter, J. N., Unpartheyisches rechtliches Bedenken über die zwischen der Krone Böhmen und den Herren von Zedtwitz wegen Mittelbarkeit oder Unmittelbarkeit der Herrschaft Asch obwaltender Streitigkeit.

— unpartheiisches u. rechtliches Bedenken üb. die zwischen der Krone Böhmen u. v. Zedwitz wegen d. Herrschaft Asch obwaltenden Streitigkeiten, nebst: kurzer Begriff d. ganzen Zedtwitzischen Sache rc. Fol. Götting. 772. Dieterich. 1 ₰ 8 gr.

— gegengerichtl. Befestigung des von der Herrschaft Gera gegen den Grafen Reuß XXX. ꝛc. Fol. Gött. Dieterich. 775.

Vgl. B e f e s t i g u n g ,...

— kurzer Begriff d. deutschen Reichsgeschichte. gr. 8. Götting. 780. 2e A. 793. Vandenhöck u. R. 10 ℊℊ

PÜTTER, St. J.: Kurzer Begriff d. deutsch. Staatsrechts. 2e Ausg. *Gött.*, Vandenhoeck u. Ruprecht. (764.) 768. gr. 8. (14 Gr.)

PÜTTER, J. St.: Beytrr. z. näh. Erläut. u. richt. Bestimm. ein. Lehren d. deutschen Staats- u. Fürstenrechts. *Gött.*, Vandenhöck. 777—79. 2 Thle. gr. 8. (1 Thl. 8 Gr.)

— Bemerkk. üb. die Richtigkeit u. Rechtschreibung d. deutschen Sprache. gr. 8. Götting. 780. Vandenhöck u. R.

Pütter, Joh. Steph.: Freymüthige Betrachtungen über die Senate am kayserlichen und Reichs-Cammergerichte, und was nach Anleitung des kayserlichen Commissions-Decretes vom 15. Febr. 1772 für eine dauerhafte Einrichtung damit zu treffen seyn möchte? Göttingen 1772.

— freimüthige Betrachtt. üb. die Senate am kaiserl. u. Reichskammergerichte. gr. 4. Götting. 772. Vandenhöck u. R. 6 ℊℊ

— die wahre Bewandniß d. an d. 8. Mai 1776 erfolgten Trennung d. bisher. Visitationen d. königl. u. Reichskammergerichts. gr. 4. Götting. 776. Vandenhöck u. R. 20 ℊℊ

— der Büchernachdruck nach ächten Grundsätzen d. Rechts geprüft. gr. 4. Götting. 774. Vandenhöck u. R. 18 ℊℊ Dass. ins Französ. übers. v. P. J. Neyron. 8. Ebd. 774.

— pacis Westphal. commentat. exeget. illustr. conspectus generalis. Fol. maj. Götting. ... Vandenhöck u. R.

Academiae Georgiae Augustae prorector **Johann Stephan Pütter** cum senatu successorem in magistratu academico Heinr. August Wrisberg civibus suis honoris et officii caussa commendat indictis sollennibus. — Comparatur deportatio in novam Cambriam australem cum deportatione Romanorum in Insulam. Göttingen (J. Chr. Dieterich) 2. VII. 1791. 8 S. (3.75) 27297

Academiae Georgiae Augustae prorector **Jo. Stephan Pütter** cum senatu anniversaria inaug. sacra XXXV. indicit. — Prolusionis caussa de litterarum artiumque inter antiquiores Graecos conditione agitur, quatenus illa ex Musarum aliisque deorum nominibus muniisque intelligitur. Göttingen (J. Chr. Dieterich) 17. IX. 1772. 6 S. (—.—) 27294

PÜTTER, Joa. Steph.: Conspectus juris Germanici hodierni, novo systemate tradendi. *Gött.* 754. 8.

— conspectus juris germanici privat. hodierni. 4. Götting. 754. 8. ibid. 776.

— conspect. rei i u d i c i a r i a e imperii, singulatim iurium ac praxeos ambor. supremor. imp. tribunal. II Tmi. 4. Goett. Bossiegel. 748. 49.

— Commentatiuncula de necessaria in academiis rei judiciariae imperii sigillatim jurium ac praxeos amborum supremorum imperii tribunalium cultura. Leipzig (Langenheim) Editio altera priore auctior. (3. I. 1748.) 1749. 52 S. (—.—) 27293

— systemat. Darstell. der Pfälz. Religionsbeschwerden nach d. Lagen, worin sie jetzt sind. gr. 8. Götting. 793. Vandenhöck u. R. 18 ℊℊ

— Deduktionen für die Geraische Ritter- u. Landschaft gegen Heinrich XXX. Grafen von Reuß zu Gera. Fol. Götting. 778. Vandenhöck u. R. 1 ß 16 ℊℊ

PÜTTER, J. St.: Elem. jur. Germ. priv. hodierni. *Gött.*, Vandenhöck. (Ed. 1—2. 748—56.) Ed. 3a. 776. gr. 8. (16 Gr.)

Pütter, Johann Stephan: Elementa juris naturae, in usum auditorium adornata, s. A c h e n w a l l, Gottfried

PÜTTER, J. St.: Elem. jur. publ. Germ. *Gött.*, Bossiegel. (Ed. 1—3a. 754—60.) Ed. 4a. 766. gr. 8. (2 Thl.)

— Empfehlung einer neuen Mode deutscher Aufschriften auf deutsche Briefe. gr. 8. Götting. 775. 3e A. mit Nachtr. 795. Vandenhöck u. R. 2 ℊℊ

Pütter, (Joh. Steph.): Historische Entwickelung der heutigen Staatsverfassung des Teutschen Reichs. Th. 1—3. Göttingen 1786—87.

— 2. Aufl. Th. 1—3. 1788.

P ü t t e r, Johann Stephan: „Historische Entwickelung der heutigen Staatsverfassung des deutschen Reiches", 3 Bände, Göttingen 1786, 1787 (Vandenhoeck & R.); 2. Auflage ebenda 1789; 3. Auflage ebenda 1798, 1799.

P ü t t e r (Johann Stephan): „Historische Entwickelung der heutigen Staatsverfassung des teutschen Reichs", 3 Teile (1. Teil: 3. Auflage, 2. u. 3. Teil: 2. Auflage), Göttingen 1798, 1788. — Vorh.: Büch. der Industrie- u. Handelskammer Leipzig und Com. Bibl. Hamburg.

Pütter, Joh. Steph.: Entwurf einer Juristischen Encyclopädie nebst etlichen Zugaben 1. von der Politick, 2. von Land- und Stadtgesetzen, 3. von brauchbaren juristischen Büchern. Göttingen 1757.

— Entwurf e. jurist. Encyklopädie u. Methodologie, od. allgemeine Einleit. in die ganze Rechtsgelehrsamkeit. 8. Götting. 757. 2e umgearb. Aufl. 767. Vandenhöck u. R. 14 ℊℊ

— nova epitoma juris publ. Germanici, ad supplenda elementa antea edita. 8maj. Götting. 757.

Ej.: Nova epitome processus imper. amborum tribunalium supremorum. *Gött.*, Vandenhöck. (Ed. 1—4a. 757—85.); Ed. 5a. 796. gr. 8. (1 Thl.)

— nova epitome processus imperii amborum tribunal. supremor. 8maj. Götting. 757, 769, 777. Ed. IV. auct. et emend. 786. Ed. V. prior. auct. et emend. 796. Vandenhöck u. R. 1 ß

Pütter, Johann Stephan, s. E r l ä u t e r u n g u. Begründung d. Ritter- u. Landschaft.

— nähere Erläuter. von Seiten der Herrsch. G e r a , wid. den Grafen Reuß jüng. Linie. 8. Frankf. (Dieterich in Gött.) 774.

Pütter, Joh. Steph., Historische und litterarische Erläuterungen des ehemaligen Successionsfalls der mit Herzog Johannes von Baiern erloschenen Straubingischen Linie. Nebst einer richtigen genealogischen Tabelle. 4.
— D a s s e l b e, herausgegeben von Schlözer, Göttingen 1778.

— Erläuter. d. ehemal. Successionsfalles d. erlosch. Straubing. Linie. 8. Götting. 778. Vandenhöck u. R. 2 gr

P ü t t e r, Johann Stephan: „Erörterung und Beispiele des deutschen Staats- und Fürstenrechts", 2 Bände (je 4 Stücke) und 3. Band (1. Stück), Göttingen 1790 bis 1797 (Vandenhoeck & R.).

P ü t t e r, Johann Stephan: „Erörterungen und Beyspiele des teutschen Staats- und Fürstenrechts", 2 Bände, Göttingen 1793. 1794. — Vorh.: Bibl. des Kammergerichts Berlin — Jb. 972.

– s. E s t o r , J. G.: Reichsproceß.

— Etwas z. tägl. Andacht, od. Auszug aus d. Buche v. einzigen Wege z. wahren Glückseligkeit. 8. Götting. 775. 2e A. 776. Dieterich. 6 gr

P ü t t e r, Johann Stephan: „Etwas über teutsches Fürstenrecht und den Reichsprozess", Göttingen 1801 (Schröder).

— Etwas für alle Stände u. etwas z. tägl. Andacht f. die, welche ihre Gesinnung damit übereinstimmend finden. 8. Götting. 775. 2e A. 776. Dieterich. 6 gr

— Etwas für alle Stände, von treuer Ausübung d. Berufspflichten. 8. Götting. 776. Dieterich. 6 gr

P ü t t e r, Johann Stephan: „Etwas zur vorläufigen Uebersicht des deutschen Staatsrechts der mittleren Zeit", Göttingen 1788 (Vandenhoeck & R.).

Ordinis jur. decanus Johann Stephan Pütter viri Johann Heinrich Brüss (Hamburg) solennia inaug. indicit. — Praemissa commentatiuncula de foro delinquentis officialis cancellariae in supremo camerae imperialis judicio. Göttingen (Schulz) (10. IV. 1762) 11 S. mit Biogr. v. Brüss (M.: J. Burmester). (3.75) 27303

— Gedanken über die Beschwerden d. Stadt Fürstenau, wegen daselbst gestatteter kathol. Religionsübung. gr. 4. Götting. 788. Vandenhöck u. R. 2 gr

— patriot. Gedanken üb. einige das Kammergericht u. dessen Visitationen betreff. Fragen. gr. 4. Götting. 768. Vandenhöck u. R. 6 gr Weitere Ausführung derselben. gr. 4. Ebd. 768. 3 gr

PÜTTER, J. Steph.: Unpartheiische Gedanken üb. die, in d. Cammergerichts-Visitationsberichte v. 16. Juli 1768 enthalt. Materien u. s. w. ***Göttingen*****, Vandenhöck u. Ruprecht. 769. gr. 4. (5 Gr.)**

PÜTTER, J. St.: Geist d. westphäl. Friedens, nach dem innern Gehalt u. wahren Zusammenhange d. darin verhandelten Gegenständ., histor. u. system. dargestellt. ***Göttingen*****, Vandenhöck u. Ruprecht, 795. gr. 8. (1 Thl. 16 Gr.)**

Pütter, Johann Stephan [Praes.], s. G r o t h a u s , Nikolaus Anton Heinrich Julius von: Statuta Stadensia de anno 1279 ex codice authentico accurate descripta, cum introductione historica, lectionum variantium farragine, et glossarii specimine.

P ü t t e r, Johann Stephan: „Grundriss der Staatsveränderungen des teutschen Reiches", Göttingen 1753 (Vandenhoeck & R.); 7. Auflage ebenda 1795. — Vorh.: 1. Auflage (1753) und 2. Auflage (1755) StB Koblenz.

Pütter, Joh. Steph., geheimer Justizrath. Grundriss der S t a a t s v e r ä n d e r u n g e n des Teutschen Reichs. 5. Aufl. 8. Göttingen **1776**.

P ü t t e r, Joh. Stephan: „Handbuch von den teutschen Staaten", (1. Teil: Oesterreich, Bayern, Pfalz), Göttingen 1758. — Vorh.: StB Koblenz.

— histor.-polit. Handbuch von den besondern deutschen Staaten. 1r Thl. nebst Anhang. gr. 8. Götting. 758. Vandenhöck u. R. 1 ß 2 gr

— Handb. oder Anl. z. Kenntn. d. besond. deutsch. S t a a t e n. 1r Th. n. Anh. gr. 8. Ebend. 758.

P ü t t e r, Johann Stephan: „Handbuch der Teutschen Reichshistorie", 3 Teile, Göttingen 1762.

— vollständ. Handbuch d. deutschen Reichshistorie. gr. 8. Götting. 762. 2e A. 772. Vandenhöck u. R. 3 ß

Pütter, Johann Stephan. Vollständigeres Handbuch der d e u t s c h e n R e i c h s h i s t o r i e. (3 Bde.) 8. Göttingen **1772**.

Pütter, Johann Stephan [Praes.], s. H o f f m a n n , Kaspar Friedrich: De summorum imperii tribunalium concurrente jurisdictione ejusque conflictu in caussis antiquioribus ex ipsorum tribunalium origine dijudicando.

Ordinis jur. decanus **Johann Stephan Pütter** virorum August Adolph Hennings (Pinneberg/Holstein), Johann Balthasar Starck (Frankfurt/Main), Johann Wilhelm Backhaus (Ansbach) sollennia inaug. indicit. — Praemissa commentationis de instauratione imperii Romani sub Carolo M. et Ottonibus facta eiusque effectibus parte prima de prima illa instauratione sub Carolo M. facta. Göttingen (Schulz cur. F. A. Rosenbusch) (6. V.) 1766. 14 S. mit Biogr. v. Hennings (M.: A. Chr. Schneider), Starck (M.: M. U. Büttner) u. Backhaus (M.: J. Ph. Kern). (—.—) 27304

Ordinis jur. prodecanus **Johann Stephan Pütter** virum Georg Gustav Silberrad (Nürnberg) et Wilhelm August Rudloff (Rostock / Mecklenburg) sollennia inaug. indicit. — Praemissa commentationis de instauratione imperii Romani sub Carolo M. et Ottonibus facta eiusque effectibus parte secunda de altera illa instauratione sub Ottone M. eiusque successoribus facta. Göttingen (Schulz cur. F. A. Rosenbusch) (24. IV.) 1767. 20 S. mit Biogr. v. Silberrad (M.: M. Cl. von Lemp) u. Rudloff (M.: A. J. Prehn). (—.—) 27305

Ordinis jur. decanus **Johann Stephan Pütter** virorum Johann Georg Kaemmerer (Güstrow / Mecklenburg), Friedrich Maximilian Moors (Frankfurt Main), Johann Eelking (Bremen) Heinrich Lampe (Bremen) sollennia inaug. indicit. — Praemissa commentationis de instauratione inperii Romani sub Carolo M. et Ottonibus facta eiusque effectibus parte tertia de primae illius. instaurationis sub Carolo M. factae veris effectibus. Göttingen (Barmeier) (12. VI.) 1770. 28 S. mit Biogr. v. Kaemmerer (M.: M. E. Luger), Moors (M.: M. M. Pauli), Eelking (M.: R. M. Post) u. Lampe (M.: A. Haken). (3.75) 27306

Ordinis jur. decanus **Johann Stephan Pütter** virorum Carl Leopold Eerdtmann (Crivitz/ Mecklenburg), Georg Ludwig Bokelmann (Hamburg), Clemens Wichmann Carl Prinshausen (Hamburg), Gerhard Friedrich von Gülich (Osnabrück) sollennia inaug. indicit. — Praemissa commentationis de instauratione imperii Romani sub Carolo M. et Ottonibus facta eiusque effectibus parte quarta de secundae illius instaurationibus sub Ottone M: eiusque successoribus factae veris effectibus. Göttingen (F. A. Rosenbusch) (27. IV.) 1774. 16 S. mit Biogr. v. Erdtmann (M.: M. E. Stahlberg), Bokelmann (M.: M. M. Sauerplan), Prinshausen (M.: S. E. Rathen) u. Gülich (M.: G. Sengen). (—.—) 27307

Ordinis jur. decanus **Johann Stephan Pütter** virorum Georg Broekel (Hannover), Franziskus Spengel (Mannheim Pfalz), Thomas Brunnemann (Hamburg), Gustav Wilhelm Dreyer (Bremen) sollennia inaug. indicit. — Praemissa commentationis de instauratione imperii Romani sub Carolo M. et Ottonibus facta eiusque effectibus parte quinta de mutatione, quae in titulis regum et imperatorum a secunda illa instauratione inde contigit, eiusque effectibus. Göttingen (F. A. Rosenbusch) (12. VIII.) 1774. 24 S. mit Biogr. v. Broekel (M.: M. M. Schnaebel), Spengel, Brunnemann (M.: E. Berg) u. Dreyer (M.: M. M. Comann). (—.—) 27308

Ordinis jur. decanus **Johann Stephan Pütter** virorum Johann Moritz Heinrich Gericke (Hamburg), Johann Arnold u. Wilhelm Amsinck (Hamburg), Johann Schulte (Hamburg), Christian Abraham Heineken (Bremen) sollennia inaug. indicit. — Praemissa commentationis de instauratione imperii Romani sub Carolo M. et Ottonibus facta eiusque effectibus parte sexta de erronea, quae a secunda illa instauratione invaluit, opinione: imperium Romanum esse quartam monarchiam a Deo ordinatam, eamque Dei jussu a nomine ad Germanos translatam. Göttingen (F. A. Rosenbusch) (15. IX.) 1774. 20 S. mit Biogr. v. Gericke (M.: J. C. Brüning), Amsinck (M.: A. M. Lutterloh), Schulte (M.: M. M. Luis) u. Heinecken (M.: Wommel, H. Bendeleben). (3.75) 27309

Ordinis jur. prodecanus **Johann Stephan Pütter** virorum Harre Friedrich Fedden (Wursat.-Bremen), August Ferdinand Hurlebusch (Braunschweig), Heinrich August Kneisen (Lüneburg), Johann Eybe (Hamburg) sollennia inaug. indicit. — Praemissa commentationis de instauratione imperii Romani sub Carolo M. et Ottonibus facta eiusquo effectibus parte nona de erronea opinione, imperatores nostros esse successores pristinorum Romae Constantinopoleosue imperatorum. Göttingen (F. A. Rosenbusch) (6. IX.) 1779. 22 S. mit Biogr. v. Fedden (M.: A. M. Lubsen), Hurlebusch (M.: H. M. von Strombeck), Kneisen (M.: A. E. Uden) u. Eybe (M.: C. M. Goldener). (—.—) 27310

Ordinis jur. prodecanus **Johann Stephan Pütter** virorum Johann Arnold Günther (Hamburg), Nikolaus von Graffen (Hamburg), Heinrich Hanker (Hamburg), Friedrich August Mehl (Toitz/ Pommern) sollennia inaug. indicit. — Praemissa commentationis de instauratione imperii Romani sub Carolo M. et Ottonibus facta eiusque effectibus parte decima de valore juris Romani in Germania tamquam effectu erroneae de translato ad Germanos imperio Romano opinionis. Göttingen (F. A. Rosenbusch) (16. VIII.) 1780. 31 S. mit Biogr. v. Günther (M.: Chr. Hey), von Graffen (M.: A. Amsinck), Hanker (M.: A. M. Lütkens), Mehl (M.: Chr. D. Bertram). (3.75) 27311

Pütter, Johann Stephan: „Spec. jur. publ. et gent. medii aevi: de instauratione imp. Rom. sub. Carolo M. et Ottone M. facta ejusque effectibus", Göttingen 1784 (Vandenhoeck).

Pütter, Johann Stephan: „Institutiones jur. publ. German.", Göttingen 1770 (Vandenhöck & R.); edit. 5: Göttingen 1792 (Vandenhoeck & R.).

Pütter, J. Stph.: Institutt. jur. publ. Germ. *Ib.* (ed. 1-4a. 770-87.); ed. 5a. 792. gr. 8. (1 Thl. 8 Gr.)

— institutiones iuris publ. german. 8. maj. ibidem. 802.

Pütter, Jo. Steph.: Introductio in rem iudiciariam imperii speciatim quoque in statum ac praxin amborum supremorum imperii tribunalium. Goettingae 1752.

— introductio in rem iudiciariam imperii. II Ptes. 4. Gött. Vandenhök. 752.

Pütter, J. Steph.: Introduct. in rem judiciariam imperii. II Part. Ed. II. *Gottingae*, (752.) 757. 4. (1 Thl. 8 Gr.) Ebda.

Ordinis jur. prodecanus **Johann Stephan Pütter** virorum Jo. Christ. Gotthard Feldmann (Grevesmühlen / Mecklenburg) u. Georg Wilhelm Stock (Braunfels-Solms.) sollennia inaug. indicit. — Praemissa commentatiuncula de de jure et officio judicis circa interpretationem privilegiorum tum in genere, tum speciatim in territoriis Germaniae. Göttingen (Hager) (12. X.) 1758. 20 S. mit Biogr. v. Feldmann (M.: A. E. Schultz) u. Stock (M.: C. Chr. Greyss). (3.75) 27299

Ordinis jur. prodecanus Johann Stephan Pütter virorum Paridom Friedrich Anckelmann et Hermann Maneke (Hamburg) sollennia inaug. indicit. — Praemissa commentatiuncula de jure et officio summorum imperii tribunalium circa interpretationem privilegiorum Caesareorum. Göttingen (8. XII.) 1758. 24 S. mit Biogr. v. Anckelmann (Hamburg) (M.: A. C. Printz) u. Maneke (M.: M. Vakius). (3.75) 27300

PÜTTER, J. St.: Das allgem Kirchenstaatrecht n. die christl. Religion in ihrem Zusammenhange. 2 Tabb. *Göttingen*, Vandenhoeck u. Ruprecht. 786. gr. fol. (3 Gr.)

— die Augsburg. Confession in e. neuen Abdr. mit e. Vorrede. 8. Götting. 776. Vandenhöck u. R. 4 gl

— primae lineae juris privat. principum speciatim German. Smaj. Götting. 768, 779. Ed. III. 789. Vandenhöck u. R. 20 gl

Pütter, (Joh. Steph.): Litteratur des Teutschen Staatsrechts. (Th. 4 fortges. u. erg von Joh. Ludw. Klüber.) Th. 1—4. Göttingen, (Th. 4:) Erlangen 1776—91. 4 Bde

Pütter, Johann Stephan: „Litteratur des deutschen Staatsrechts", 3 Teile, Göttingen 1776 bis 1783 (Vandenhoeck & R.). — „4. Theil oder Neueste Litteratur des deutschen Staatsrechts, fortgesetzt von J. L. Klüber", Erlangen 1792 (Palm).

— für und wider die Lotterie. 8. Gießen, Krieger. 780.

Pütter, Johann Stephan [Praes.], s. Meixner, Johann Adam: De praeventione in caussis appellationis speciatim summorum imperii tribunalium.

Pütter, Johann Stephan [Praes.], s. Mettingh, Samuel Jakob: De legum imperii fundamentalium et civilium differentia.

— von Mißheyrathen deutscher Fürsten u. Grafen. gr. 8. Götting. 796. Vandenhöck u. R. 1 ℔ 16 gl

Academiae Georgiae Augustae prorector Jo. Stephan Pütter cum senatu anniversaria inaug. sacra XXXVI. rite indicit simulque successorem suum civibus commendat. — Subjicitur notatio Corporis Juris glossati MSti Bibliothecae Georgiae Augustae. Göttingen (J. Chr. Dieterich) 17. IX. 1773. 8 S. (3.75) 27295
Gratulationsschrift für Ge. Heinrich Ayrer.

Ordinis jur. decanus Johann Stephan Pütter viri Johann Philipp von Ledergerw (Breslau) sollennia inaug. indicit. — Praemissa observatione de normarum juris publici generalium difficultate. Göttingen (Hager) (2. XII.) 1757. 16 S. mit Biogr. v. von Ledergerw. (M.: Popp). (3.75) 27298

Pütter, Johann Stephan [Praes.], s. Oelhafen von Schöllenbach, Georg Christoph: De jurisdictione in feuda imperii.

Pütter, Jo. Steph.: Opuscula rem iudicariam imperii illustrantia. Acc. tres ad idem argumentum spectantes dissertationes Moguntinae. Goettingae 1766.
[Enthält 15 Diss.]

— opuscula rem judiciariam imperii illustr. 4. Götting. 766. Vandenhöck u. R. 1 ℔ 8 gl

PÜTTER, J. Steph.: Opuscula rem judiciar. imper. illustrantia. *Gott.* 766. gr. 4. (1 Thl. 8 Gr.); nachgedr. mit. d. Titel: Res judiciar. imper. divers. commentatt. illustrata. *Bamb.* 767. 4.

PÜTTER, J. Steph.: Ueb. das Präsentationswesen am Cammergerichte, u. die jetzige Lage der Churpfälz. Präsentation. *Göttingen*, Vandenhöck u. Ruprecht. 781. gr. 4. (6 Gr.)

— Johann Stephan, Libellus de praeventione atque inde nata praescriptione fori tum generatim tum in specie quod ad Augustissima imperii tribunalia attinet. Cum praefatione Johann Georg Estoris. Marburg (Müller) (20. III. 1744). XXIII, 84 S. (—.—) 27290

— libell. de praeventione atque inde fori tum generatim, tum in specie. 4. Marb. Kessler. 744.

— la propriété littéraire défendue, ou mémoire abrégé, dans lequel on examine jusqu'à quel point la Contrefaçon peut être légitime. gr. 8. Götting. 774. Vandenhöck u. R. 4 gl

— la Propriete litteraire defendue, ou mémoire abrégé, dans lequel on examine jusqu'à quel point la Contrefaçon peut être légitime. gr. 8. ibid. 775.

— De necessario in academiis tractanda rei judiciariae imperii scientia quaedam praefatus auspicia professionis jurium extraordinariae oratione inaug. capienda indicit. Göttingen (A. Vandenhoeck) 13. I. 1748. 34 S. (4.50) 27292

Pütter, Jh. Steph. Ueber die Rechtmässigkeit der Lotterie. 8°. Frankfurt a. M. 1780. (Krieger in Cassel.)

PÜTTER, J. St.: Ueb. d. Rechtmässigk. d. Lotterie etc. *Frankf.*, (Krieger in *Cassel*) 782. 8. (5 Gr.)

— auserlesene Rechtsfälle u. Deductionen, rechtl. Bedenken rc. 4 Thle in 16 Bänden u. Registerband. Fol. Götting. 760—809. Vandenhöck u. R.

PÜTTER, J. Steph.: Auserlesene Rechtsfälle aus allen Theilen d. in Deutschl. übl. Rechtsgelehrsamkeit. in Deductionen, rechtl. Bedenken, Relationen u. Urtheilen. *Göttingen*, Vandenhöck. 763—809. 4 Bde. m. Reg. fol. (25 Thl. 4 Gr.)

Pütter, Joh. Steph.: Auserlesene Rechts-Fälle aus allen Theilen der in Teutschland üblichen Rechtsgelehrsamkeit in Deductionen, rechtlichen Bedenken, Relationen und Urtheilen theils in der Göttingischen Juristen-Facultät theils in eignem Namen ausgearb. Bd 1—3. Göttingen 1768—91. **fol.**
[Bd 4 fehlt.]

— deutsche Reichsgeschichte in ihren Hauptfäden entwickelt. gr. 8. Götting. 778. 2e Aufl. 783. 3e Aufl. 793. Vandenhöck u. R. 1 ℛ 8 g̸ℊ

Pütter, J. St.: V. Reichspostwesen; od. Erörterr. u. Beyspp. d. deutschen Staats- u. Fürstenrechts. 1r. Heft. *Göttingen*, Vandenhöck. 790. 8.

Pütter, [Joh. Steph.]: Neuester Reichsschluß über einige Verbesserungen des kaiserlichen und Reichs-Cammergerichts, mit e. Vorr. zur näherer Erl. des cammergerichtlichen Präsentationswesens. Göttingen 1776.

Pütter, J. Steph.: Neuester Reichsschluss üb. ein. Verbesser. d. k. u. R. K. G. *Göttingen*, Vandenhöck. 776. 4. (8 Gr.)

Pütter, Johann Stephan [Praes.], s. Reinhard, Adam Friedrich Christian: De semisse comitiorum et supremae in I. R. G. potestatis doctorum juris publici antiquiorum figmento commentatio.

— die christl. Religion in ihrem wahren Zusammenhange. 8. Götting. 779. Vandenhöck u. R. 6 g̸ℊ

Academiae Georgiae Augustae prorector Johann Stephan Pütter cum senatu successorem suum civibus commendat. — De crotoniatarum republica et institutis agitur. Göttingen (J. Chr. Dieterich) 2. VII. 1774. 8 S. (3.75) 27296
Gratulationsschrift für Jo. Peter Miller.

Pütter, J. S., Responsum privatum de 1751, einen Successions-Fall in der freiherrl. Gemmingischen Familie v. J. 1749 betr. Nebst Stammtfl. d. Frh. v. Gemmingen. Göttingen 1768. fol.

Pütter, Johann Stephan [Praes.], s. Riedesel von Eisenbach, Wilhelm Hermann: De eo quod justum est circa remissionem mercedis in locatione conductione ob calamitates bellicas.

— Selbstbiographie. 2 Bde. gr. 8. Götting. 798. Vandenhöck u. R. 2 ℛ 12 g̸ℊ

Pütter, Johann Stephan [Praes.], s. Simon, Peter: De querelae nullitatis et appellationis coniunctione.

Pütter, Johann Stephan [Praes.], s. Sixt, Johann Christoph: De iure feminarum adspirandi ad fideicommissa familiae et de earum renunciatione quae fit exstincta iam stirpe masculina vulgo nach dem ledigen Anfall.

— v. der Sollicitatur am kaiserl. u. Reichskammergerichte. gr. 8. Götting. 768. Vandenhöck u. R. 3 g̸ℊ

Pütter, Jo. Steph.: Spicilegium ad supplendam passim et emendandam processus imperii novam epitomen. Goettingae 1771.

— spicilegium processus imperii nov. epit. 8maj. Gotting. 771. Vandenhöck u. R. 6 g̸ℊ

Pütter, Johann Stephan [Praes.], s. Stock, Georg Wilhelm: De iure et officio summorum imperii tribunalium circa interpretationem legum imperii.

Pütter, J. St.: Sylloge commentatt. jus priv. principum illustr. *Göttingen*, Vandenhoeck. (768.) 779. 4.

Pütter, Joh. Steph.: Sylloge commentationum ius privatum principum illustrantium. Gottingae 1789.

1. De iure feminarum adspirandi ad fideicommissa familiae et de earum renunciatione quae fit exstincta iam stirpe masculina vulgo Nach dem ledigen Anfall. Diss. Marburgi 1745.
2. De augendo apanagio auctis reditibus natu maximi filii penes quem imperium est vulgo primogeniti regentis. Jenae 1745.
3. De normis decidendi successionem familiarum illustrium controversam. Diss. Gottingae 1757.

Pütter, Johann Stephan [Praes.], s. Tabor, Johann Heinrich: De exceptionibus fori declinatoriis in processu mandati S. C.

— tabulae genealogicae ad illustr. historiam imperii German. principem. Fol. Göttingen 768. Vandenhöck. u. R. 12 g̸ℊ

Pütter, J. St.: Tabulae jur. publ. synopt. ad filum institutt. jur. publ. 770. editarum. *Ib.* (773.) 788. fol. (8 Gr.)

Ordinis jur. prodecanus Johann Stephan Pütter virorum Peter Simon et Johann Otto Lutterloh (Hamburg) sollennia inaug. indicit. — Praemissa theoria generali de nullitate. Göttingen (26. VI.) 1759. 20 S. mit Biogr. v. Simon (Hamburg) (M.: R. Greve) u. Lutterloh (Hamburg) (M.: A. C. Beltgens). (3.75) 27301

— Dasselbe. Göttingen (26. VI.) 1759. 18 S. mit Biogr. v. Simon (Hamburg) (M.: R. Greve) u. Lutterloh (Hamburg) (M.: A. C. Beltgens). (—.—) 27302

— über d. Unterschied zwischen offentl. u. Privatschulen, insonderheit im Hochstifte Osnabrück. 4. Götting. 778. Vandenhöck u. R. 4 g̸ℊ

Pütter, Joh. Steph.: Ueb. d. Unterschied d. Stände in Teutschland, besonders d. höheren u. niederen Adels, zur Grundlage ein. Abhandl. v. Missheirathen deutscher Grafen u. Fürsten. *Göttingen*, Vandenhoeck u. Ruprecht. 795. gr. 8. (12 Gr.)

— de utilitate et praestant. iuris publ. special. 4. Marburg. Krieger. 781.

Pütter, J. Steph.: Vers. e. Bestimm. d. kais. Ratificationsrechts bey Schlüssen reichsständ. Versamml. u. Visitat. d. Kammergerichts. *Göttingen*, Vandenhöck. 769. gr. 4. (5 Gr.)

— Versuch, die deutsche Reichshistorie durch mehrere Abtheill. noch pragmat. einzurichten. 8. Götting. 754.

— Versuch e. nähern Erläuterungen d. Processes bei d. höchsten Reichsgerichte rc. 4. Götting. 751. 2e A. 768. Vandenhöck u. R. 1 ʄ

Pütter, J. Steph.: Vers. ein. näh. Erläutt. d. Processes beider höchsten Reichsgerichte in einer pragmat. Sampl. ganz neuer K. G.- u. R. Hofr.-Sachen. *Göttingen*, Vandenhöck. 768. gr. 4. (1 Thl.)

Paetter, Joh. Steph. Versuch einer academischen Gelehrten-Geschichte von der Georg-Augustus-Universität zu Göttingen. Thl [1]—4. Göttingen. Thl 3 Hannover: 1765—1838. 8°.
[1]: 1765.
2: von 1765—1788. 1788.
3: fortges. von (Friedr.) *Saalfeld*. Von 1788—1820. 1820.
4: fortges. von G. H. *Oesterley*. Von 1820 bis z. 1. Säcularfeier d. Univ. i. J. 1837. 1838.
(Geschichte d. Univ. Göttingen [illegible]—4.)

— Versuch e. Akadem. Gelehrtengeschichte d. Universität Göttingen. 2 Thle. Mit 6 Kpf. gr. 8 Götting. 765—68. Vandenhöck u. R. 2 ʄ 16 gr Dessen 3r Thl. von 1788—1820 fortgesetzt v. F. Saalfeld. gr. 8. Hannov. 820. Helwing. 3 ʄ 16 gr Hbg. Pr. 2 ʄ A. u. d. T.: (Fr. Saalfeld, Geschichte d. Universität Göttingen in d. Zeitraume v. 1788—1820).

Pütter, Joh. Steph., Versuch e. academ. Gelehrten-Geschichte v. d. Georg-Augustus-Universität zu Göttingen. Nach ihm v. Saalfeld; fortges. v. Oesterley. 4. Thl. — A. u. d. T.: Gesch. d. Universität Göttingen in d. Zeitraume v. J. 1820 bis zu ihrer ersten Secularfeier im J. 1837. gr. 8. (33¾ B., 7 Kpfrt. u. 2 Tab.) Göttingen 838, Vandenhoeck u. Ruprecht.

Pütter, J. St.: Neuer Versuch ein. jurist. Encycl. u. Methodol. *Gött.*, Vandenh. (757.) 767. gr. 8. (14 Gr.)

— neuer Versuch ein. jurist. Encyklopädie und Methodologie, oder allgem. Einleit. in die ganze Rechtsgelehrsamkeit. 8. Ebend. 767.

— Vorbereitung z. Kenntniß d. vornehmsten deutschen Staaten. 8. Götting. 750.

— der einzige Weg z. wahren Glückseligkeit, deren jeder Mensch fähig ist. 8. Göttingen 772. 2e A. 775. 3e A. 776. 4e A. 794. Dieterich. 1 ʄ

— über d. Werth d. Conventionsmünze. gr. 8. Götting. 784. Vandenhöck u. R. 2 gr

Pütter, Johann Stephan [Praes.], s. Zwierlein, Johann Gottfried von: De ordine iudiciario ab Austraegis observando.

Pütter, Karl Theodor

— **Beiträge zur Völkerrechts-Geschichte u. Wissenschaft. gr. 8. Leipzig 843, Wienbrack. 1½ ʄ**

— **das praktische europäische Fremdenrecht. Nebst e. Anhang zur Kritik der fremdenrechtl. Bestimmungen d. preuß. Strafgesetz-Entwurfs. gr. 8. Leipzig 845, Hinrichs'sche B. 1⅙ ʄ**

Pütter, K. Th., der Inbegriff der Rechtswissenschaft oder juristische Encyclopädie u. Methodologie. gr. 8. Berlin 846, Reimer. 1⅓ ʄ

Pütter, K. Th., die Lehre vom Eigenthum nach deutsch. Rechten, aus d. Quellen dargest. u. mit den Röm. Rechtsgrundsätzen verglichen. gr. 8. (16 B.) Berlin 831, Mylius.

Pütter, Carl Theodor (Hagen/Westfalen), De senatusconsulto Claudiano vel de poenis mulierum, quae alienis se servis junxerint. Diss. inaug. Berlin (Brüschcke) 11. IV. 1827. 50 S. (3.75) 27287
Oppon.: H. Jacobson, L. Heidemann, H. Osterrath.

Pütter, Clemens, die Wachs-Industrie auf der Stufe jetzigen Fortschrittes. Ausführliche Darlegung der Eigenthümlichkeiten aller Arten des Bienen-, wie auch vegetabilischen Wachses; ihrer Prüfungsweisen auf etwaige Verfälschung; ihrer bisherigen, wie auch neueren Bleichmethoden; ihrer Benutzung zu Zimmer- u. Altarkerzen, Wachsstöcken rc., wie auch zu mancherlei andern Artikeln, insofern dieselben für den Handel von einigem Belang sind. 3., von Grund aus neu bearb. Aufl. von Chr. H. Schmidt's Wachs-Industrie. Mit einer (lith.) Taf., enthaltend 29 Abbildungen. 8. (VIII, 107 S.) Weimar 880. B. F. Voigt. 1. 50

Pütter, Clem., die Wachs-Industrie, s. a. Schauplatz, neuer, der Künste und Handwerke. 199.

Puetter, Martin Armin Theophil Rob. [illegible] geb. Stralsund [illegible] 1833
De doloribus ad partum. Berolini (1855). (43 S.) 8°
Berlin, Med. Diss. v. 16. Aug. 1855

Pütter, O. H., Volks-Kurzschrift auf drei Tafeln nach den Prinzipien v. Arends u. Stolze, nebst e. Tafel Schnellschrift nach den Prinzipien von Gabelsberger. gr. 8. (27 S., wovon 12 autogr.) Berlin 889. Luck. n. 1. —

Pütter, Robert [pract. Arzt aus Stralsund]: Ein Fall von Melaena neonatorum . . . . Marburg, Univ.-Buchdr. (R. Friedrich), 1887; 2 Bl. + 22 S. + 1 Bl. 8°
Marburg, Med. Fak., Inaug.-Diss. v. [14. Aug.] 1887

Pütter, Robert, ein Fall von Melaena neonatorum. Diss. Marburg 1887, N. G. Elwertsche Univ.-Buchh. 8°. 22 S.

Pütter, Theodor August Ferdinand

Geschichte der St. Johannis-Loge Gustav Adolph zu den 3 Strahlen in Stralsund, umfassend die ersten 50 Jahre ihres Bestehens, verf. zur Feier ihres Jubelfestes und Einweihung ihres Logenhauses, und den Brüdern gewidmet von Th[eod.] Aug. Ferd. **Pütter.** (Ms. f. Brr.) **Stralsund 1848: Regierungs-Buchdr. 43 S. 1 Bl. 8° [Umschlagtit.]**
Tt. 570. Nebst Verzeichn. der Mitgl. u. Beamten von 1797—1848.

Geschichtliche Notizen über die St. Andreas-Loge Quatuor Elementa zu Stralsund, gesamm. zu deren 50jährigen Stiftungsfeier am 30. Nov. 1850. [Von Theod. Aug. Ferd. **Pütter.**] [Greifswald] 1850: [Hache]. 34 S. 8° [Kopftit.]
Tt. 566. Nebst Verzeichn. der Mitgl. 439.

Zur 100jährigen Geschichte der St. Andreasloge Quatuor Elementa zu Stralsund. Th. 1. Geschichtliche Notizen über die St. Andreas-Loge Quatuor Elementa zu Stralsund, gesamm. zu deren 50jähriger Stiftungsfeier am 30. Nov. 1850 von [Theod. Aug. Ferd.] Pütter. Th. 2. Geschichte der St. Andreas-Loge Quatuor Elementa zu Stralsund während der zweiten Hälfte ihres ersten Jahrhunderts, dargest. und zu der 100jährigen Jubelfeier am 30. Nov. 1900 den Brüdern gewidmet von [Albert] Hasenjaeger. Greifswald [1900]: Abel. 80 S. 8⁰
Nebst Verzeichn. der Mitgl.

Pütterich, Georg, (Dr.), aus Bayreuth: **Untersuchungen über das Körpergewicht in Geisteskrankheiten.** *München: J. F. Lehmann 1897 [vielm. 1901/02].* (16 S.) 8°
Würzburg, Med. Diss. v. 1897

Putterlick, Aloys, Synopsis Pittosporearum. 8maj. Vindobonae 839. libr. Beck. n. 1/3 ₰ Schreibp. 5/12 ₰

Puttfarcken u. Janda, Turnhalle d. Wandsbecker Turnerbundes v. 1861, a) Sonder- u. Hinteransicht; b) Quer- u. Längsschnitt; c) Grundriß; Hamburg 1885, 3 Bl.

Püttgen, Hans, Gerichtsassessor a. Cassel: Gehören das Firmenrecht und das Warenzeichenrecht zu den vererblichen Vermögensrechten, sind sie insbesondere Bestandteile der Konkursmasse? Cassel 1906: H. Stöhr. (47 S.) 8°
Rostock, Jur. Fak., Ref. Lehmann, Diss. v. 31. Juli 1906
[Geb. 9. Jan. 78 Cassel; Wohnort: Cassel; Staatsangeh.: Preußen; Vorbildung: Friedr.-Gymn. Cassel Reife O. 96; Studium: Marburg 4, München 1, Berlin 1 S.; Rig. 30. Mai 05.]

Puttkamer, †Johanna v., u. Fürst Bismarck. gr. 8. (16 S.) Berlin 895. J. Harrwitz Nachf. n. — 75

Puttkamer, Herr v., u. die Simultanschulen in Preußen u. Deutschland von X. gr. 8. (16 S.) Berlin 880. Schleiermacher. n. — 60

Puttkamer, v., s.: Anciennetäts-Liste der Offiziere d. deutschen Heeres.

Puttkamer, Frhr. v., Geschichte des oldenburg. Infanterie-Regiments Nr. 91, s.: Rohr, v.

Puttkamer, Frhr. v., Preußen's Militair-Invaliden-Gesetzgebung für die Grade vom Oberfeuerwerker, Feldwebel u. Wachtmeister abwärts nach amtl. Quellen zusammengestellt. Breslau 867. Maruschke & Berendt. 8. (XII, 112 S. mit 1 Tab. in Fol.) n. 16 *ngr.*

Puttkammer, v., Preußen's Militair-Invaliden-Gesetzgebung f. die Garde vom Oberfeuerwerker, Feldwebel u. Wachtmeister abwärts nach amtl. Quellen zusammengestellt. 2. bis zum 15. Novbr. 1870 ergänzte Ausg. gr. 8. (XII, 188 S. u. 2 Tab. in Fol.) Breslau 871. Maruschke & Berendt. n. 3. — Nachtrag apart gr. 8. (76 S. m. 1 Tab in qu. Fol.) n. 1. 50

v. Puttkamer. Feldmarschall Graf von Pappenheim. Eine Charakter-Skizze. 8. s. l. 1862.

Puttkamer, Alberta v., Akkorde u. Gesänge. Dichtungen. gr. 8. (VII, 199 S.) Straßburg i/E. 889. Heitz. geb. n. 4. —

D'Annunzio. Von Alberta v. **Puttkamer.** *Berlin & Leipzig: Schuster & Loeffler [1904].* (91 S.) 8°
= **Dichtung.** Die. Bd 15. [04. 13448

Puttkamer, Alberta v., Dichtungen. 8. (IV, 172 S.) Leipzig 885. Schloemp. n. 3. —; geb. n. 5. —

Jenseit des Lärms. Dichtungen von Alberta v. **Puttkamer.** Berlin & Leipzig: Schuster & Löffler 1904. (167 S.) 8° [05. 891

Puttkamer, Alberta v., Leb' wohl, mein Elsaß! Ein Abschiedsgruß. 4. (4 S. m. 1 Abbildg.) Straßburg (901). (Schlesier & Schweikhardt.) — 30

Die Aera **Manteuffel.** Federzeichnungen aus Elsaß-Lothringen. Von Alberta v. **Puttkamer** unter Mitw. von Staatssekr. a. D. Max v. Puttkamer. *Stuttgart & Leipzig: Deutsche Verl.-Anst. [1904].* (188 S.) 8° [F.] [04. 7017

Puttkamer, Alberta v., Offenbarungen. Dichtungen. 8. (VIII, 162 S.) Stuttgart 894. J. G. Cotta Nachf. Geb. in Leinw. n. 4. —

— Kaiser Otto der Dritte. Schauspiel in 5 Aufzügen. 8. (153 S.) Glogau 883. Flemming. n. 2. —

Aus Vergangenheiten. Ein elsäss. Balladenbuch von Alberta v. **Puttkamer.** Mit Bilderschmuck von C. Spindler. *Straßburg: Schlesier & Schweikhardt 1899.* (190 S.) 8° [F.] [03. 13880

Puttkamer, Constantin Frh. von,
s. Puttkamer, Konstantin Frh. von.

Puttkamer, Erich von

Puttkammer, Pr.-Lieutn., Geschichte des Kaiser Franz Garde-Grenadier-Regiments No. 2. Im Auftrage des Regiments zusammengestellt. gr. 8. (VI, 257 S. mit 5 Stut. in qu. 4. und qu. Fol.) Berlin 874, Wiegandt, Hempel und Parey. *

Puttkamer, E. v., Geschichte d. kgl. preuß. Kaiser Franz-Garde-Grenadier-Regiments Nr. 2. Im Auftr. d. Regts. zusammengest. 2. Aufl. gr. 8. (VIII, 248 S. m. 1 Bildnistaf u. 10 Plänen. Berlin 895. P. Parey. Geb. in Leinw. n. 8. —

Geschichte des Kgl. Preussischen Kaiser Franz Garde-Grenadier-Regiments Nr. 2. Im Auftr. d. Regiments zsgest. von E[rich] v. **Puttkamer,** Hauptm. a. D. 2. Aufl. [Nebst] Nachtrag von Franz v. Notz, Oberlt. *Berlin: P. Parey 1895–1900.* 2 Bde 8° [F.] [03. 4803

Puttkamer, E. v., Geschichte des kgl. preuß. Kaiser Franz Garde-Gren.-Regiments Nr. 2, Nachtrag, s. Notz, Frz. v.

Puttkamer, E. v., Geschichte des königl. preuß. Kaiser Franz Garde-Grenadier-Regiments Nr. 2. Im Auftrage des Regiments zusammengestellt. 3. Aufl. (VIII, 287 S. m. 1 Taf. u. 10 Plänen.) gr. 8. Berlin 902. P. Parey. Geb. in Leinw. n. 8. —

Puttkamer, Gerh. Frhr. v., Fahrschule f. Militär-Radfahrer m. 12 Abb. nach photograph. Moment-Aufnahmen nach d. Natur. 8. (64 S.) Leipzig 896. Zuckschwerdt & Co. n. 1. —

— d. Militär-Fahrrad. Gleichzeitig parteiloser Ratgeber bei Anschaffg. v. Fahrrädern. gr. 8. (62 S. m. 34 Fig.) Ebd. 896. n. 1. 20

Puttkamer, Frhr. v., das Radfahren. Die militär. Brauchbarkeit des Rades u. seine Verwendg. in den Militärstaaten. gr. 8. (V, 66 S. m. 12 Abbildgn.) Berlin 894. E. S. Mittler & Sohn. n. 1. 25

Verzeichniss der Mitglieder der von Puttkamerschen corporativen Genossenschaft nach Hauptlinien, deren einzelnen Zweigen sowie nach Geschlecht u. Lebensalter geordnet. (Verf.: **Gustav** F[rh] v. **Puttkamor**.) *Stettin 1899: L. Pasenow.* (26 S.) 8° [F.] [00. 22-6 9

Verzeichniss der Mitglieder der von Puttkamerschen corporativen Genossenschaft nach Hauptlinien, deren einzelnen Zweigen sowie nach Geschlecht u. Lebensalter geordnet. (Verf.: **Gustav** F[rh] v. **Puttkamer**.) [2. Aufl.] *Stettin 1902, L. Pasenow.* (26 S.) 8° [F.] [03. 2802 9

Puttkamer, Hannely v., der Handarbeits-Unterricht auf dem Lande. 8. (60 S. m. 3 Taf.) Berlin 894. Evangel. Vereins-Buchh. n. — 50; geb. n. — 60; eleg. geb. n. — 70

— die ländliche Schlächterei. gr. 8. (48 S. m. 11 Abbildgn.) Berlin 893. P. Parey. n. 1. —

Patriotische Nörgeleien von B[n] Heinrich v. **Puttkamer**, Gen.Major a. D. Leipzig, Berlin, Paris: Grethlein & Co. [1907]. (250 S.) 8° [F.] [08. 1135

Puttkamer, Bar. H. v. Patriotische Nörgeleien. Leipzig 1909. 250 S.

Puttkamer, Jesko v., v. der Bombe. Militärische Humoresken. 1. u. 2. Aufl. 8. (112 S.) Leipzig 888. Brchse. n. 1. 50

Puttkamer, Jesco v., von der Bombe. Militär-Humoresken. 6. Taus. (112 S.) 8. Leipzig (907). G. Müller-Mann. 1. —

— Das Duallamädchen. Roman. (283 S.) 8. Ebd. (908). 3.—; geb. n 4. —

— Das Erbe des Verschollenen, s.: Weber's moderne Bibliothek.

— Die schwarze Frau auf Rügen. Erzählung. (119 S.) 8. Leipzig (907). G. Müller-Mann. 1. —

— Treibende Gewalten. Roman. (244 S.) 8. Ebd. (909). 3. —

Puttkamer, Jesco v., die Glocken v. Vineta. Eine humorist. Strandgeschichte. (119 S.) 8. Leipzig (905). G. Müller-Mann. n. 1. —

Puttkamer, Jesko v. Kismet. Novellen. 1. und 2. (Titel-)Aufl. 8. (IV, 199 S.) [Lpz. 889,90, Brchse.] Berl., Bruer u. Comp. [* 4 —] * 2 —; geb. * 3 —

— „Kismet". Bunte Liebesblätter. (131 S. m. Bildnis.) 8. Ebd. (906). n. 1. —

— Kismet. Bunte Liebesblätter. 12. Taus. (126 S. m. Bildnis.) 8. Ebd. (908). 1.—; geb. n 2. —

— Meeresfrauen. Geschichte auf Wogen u. Wellen. (137 S.) 8. Ebd. (906). n. 1. —

— Südliche Nächte. Eine moderne Odyssee. (126 S.) 8. Ebd. (907). 1. —

— Nixblumen. Aus d. Leben. (181 S.) 8. Ebd. 907). 1.—

Im Panzer-Automobil. Erzählung e. Weltreise von Jesco v. **Puttkamer**. Mit 4 Dreifarbendruckbild. u. 1 Umschlagbild von Prof. Richard Knötel. Leipzig & Kattowitz: C. Siwinna 1907. (IV, 162 S.) 8° [F.] [07. 8475

— Onkel Paul u. seine Nichte. Aus dem Helgoländer Badeleben. (133 S.) 8. Leipzig (906). G. Müller-Mann. n. 1. —

— Rataplan. Ernstes u. Heiteres aus dem Militärleben. (128 S.) 8. Ebd. (906). n. 1. —

Im Sektquartier. Husarenstück in 3 Akten von Jesco v. **Puttkamer** u. Maurice Rappaport. Breslau: Allegro [1905]. (93 S.) 8° [F. u. Ant.] [07. 1919

Puttkamer, Constantin, Frhr. v., Des Deutschen Reiches Jubeljahr, Oldenburg u. Leipzig 1895, 71 S., 8°.

Puttkamer, Const. Frhr. v., des Deutschen Reiches Jubeljahr. gr. 8. (71 S. m. Bild.) Oldenburg 897. Schulze. Geb. n. 1. 20

Puttkamer, Baronin Marie-Madeleine v., s. d. Marie-Madeleine.

MARIE-MADELEINE [Pseud. f. Maria Madeleine v. Puttkammer]. Aber das Fleisch ist stark. Leipzig, Verlag B. Elischer 1910. Umschlagzeichnung von Franz v. Bayros. 8°. 248 S.

Prinz Christian. Roman von **Marie**-Madeleine [d. i. Marie Madeleine v. Puttkamer]. Leipzig, Berlin, München, Paris: Grethlein [1909]. 219 S. 8° [10. 1501 11

Die Cousine. Verslustspiel in 3 Akten von **Marie** Madeleine [d. i. Marie Madeleine v. Puttkamer]. 2. Taus. Berlin: Continent [1908]. (120 S.) 8° [F.] [08. 5519

'**Frivol**'. Aus d. Leben e. Pferdes. Roman von **Marie** Madeleine [d. i. Marie Madeleine v. Puttkamer geb. Günther]. 3. Taus. *Berlin-Charlottenburg: Verl. Continent [1903].* (200 S.) 8° [F.] [04. 3053

Marie-Madeleine [d. i. Marie Madeleine v. Puttkamer, geb. Günther]. Aus faulem Holze. Novellen. 2. bis 5. Taus. Berlin-Charlottenburg: Continent [1902]. (208 S.) 8° [F.] [03. 14532 11

Die letzte Hürde. Skizzen von **Marie**-Madeleine [d. i. Marie Madeleine B[nin] v. **Puttkamer**] u. Paul Günther. Leipzig, Berlin, Paris: Grethlein & Co. [1907]. (183 S.) 8° [F.] [08. 2113

Katzen. Drei Liebesspiele von **Marie** Madeleine [d. i. Marie Madeleine v. Puttkammer geb. Günther]. Berlin: Continent (1910). 131 S. 8° [11. 4887

Die Kleider der Herzogin. Roman von **Marie** Madeleine [d. i. Marie Madeleine v. Puttkamer, geb. Günther]. 5. Taus. Berlin: Continent [1906]. (130 S.) 8° [F.] [07. 12403

Krabben! Seebadgeschichten von **Marie**-Madeleine [d. i. Marie Madeleine B[nin] v. Puttkamer, geb. Günther]. Titel- u. Textzeichn. von Wilhelm Jordan. 5.–8. Taus. *Berlin-Charlottenburg: Verl. Continent [1903].* (90 S.) 8° [F.] [04 3771

— — Auf Kypros. 132 S. (inkl. 2 Titel, 1 Blatt Widmung und 2 Blätter Inhalt). Mit 4 Abbildungen im Text (davon 2 mehrfarbig) und mit 24 Bildtafeln (darunter 13 farbig und 1 Originalradierung). Berlin, Est-Est-Verlag, 1910. Kl. Fol. Illustriert. Originalpappband.

Liebhaberausgabe von Marie Madeleine's Erstlingswerk mit Originalbeiträgen von Max Liebermann, Lovis Corinth, Max Slevogt, Julius Klinger, Hugo v. Habermann, Th. Th. Heine, Hermann Struck u. a. Titelzeichnung, Vorsatz, Zwischentitel und Zeichnung von Hans Rudi Erdt.

Auf Kypros. Von **Marie**-Madeleine [d. i. Marie-Madeleine Puttkamer]. 39. Aufl. Berlin-Charlottenburg: 'Est-Est'-Verl. [1910]. 127 S. 8° A 12. 4201 11

Das bisschen Liebe. Schauspiel in 4 Akten von **Marie** Madeleine [d. i. Marie Madeleine v. Puttkamer, geb. Günther]. Berlin: Continent [1906]. (140 S.) 8° [F.] [07. 12404

Das bisschen Liebe. Schauspiel in 4 Akten von **Marie-Madeleine** [d. i. Marie Madeleine v. Puttkammer, geb. Günther]. 3. Taus. Berlin: Continent [1907]. (140 S.) 8° [F.] [08. 4631 11

— — Brennende Liebe. ibidem, 1910. 8°. 230 S.

Marie Madeleine [d. i. Marie Madeleine v. Puttkamer, geb. Günther]. Aphrodite's Maskenspiel u. Anderes. Mit zahlr. Orig.-Ill. *(Berlin: 'Kleines Witzblatt' [1902])*. (64 S.) 8°
— **Kleine Witzblatt-Bibliothek**. Bd 8. [03. 10585

In Seligkeit und Sünden. Verse von **Marie** Madeleine [d. i. Marie Madeleine v. Puttkamer, geb. Günther]. 3. Taus. Berlin: Continent [1905]. (135 S.) 8° [F.] [07. 12403

In Seligkeit und Sünden. Verse von **Marie** Madeleine [d. i. Marie Madeleine v. Puttkamer, geb. Günther]. 4. Taus. Berlin: Continent [1905]. (135 S.) 8° [F.] [08. 5976 11

Marie-Madeleine [d. i. Marie Madeleine v. Puttkamer geb. Günther]. Im Spielerparadies. Momentphotographien aus Monte Carlo. *Berlin: Eysler & Co. [1903]*. (88 S.) 8° [F. u. Ant.] [03. 6172

[**Puttkamer**, Marie Madeleine:] Die Wegweiserin. Roman von Marie Madeleine. 5. Taus. Berlin: Continent [1908] .218 S. 8°

Puttkamer, Max von: Die Aera Manteuffel, s. Puttkamer, Alberta von.

[F.] Die Herrenhaus-Junker und die Arbeiter. Reden geh. v. [Robert] v. **Puttkamer** u. [Karl] v. Stumm in d. Sitzg d. Preuss. Herrenhauses am 24. Juni 1897. Nach d. stenogr. Bericht. *Berlin: Vorwärts 1897*. (16 S.) 1 Bd 8. [98 5644

Puttkamer, v., Rede, s. a. Herrenhaus-Junker, die, u. die Arbeiter.

[Ant. u. F.] Ein Frauenhaar. Roman v. Adelaide Freifrau v. **Puttkamer**-Schickerwitz. *Breslau: E. Trewendt 1896*. (1 Bl., 203 S.) 1 Bd 8. [96.6773

Puttkamer-Schickerwitz, Adelaide Freifrau v., e. Frauenhaar. Roman. 2. Aufl. 8. (263 S.) Leipzig 898. G. Fock Verl. n. 2.50; geb. in Leinw. n. 3.50

Puttkamer-Schickerwitz, Adelaïde Freifrau v., die Gänse in ihrem Werte. Praktischer Wegweiser f. die notleid. Agrarier. Mit erläut. Skizzen u. e. Sammlg. erprobter Koch-Recepte. gr. 8. (35 S.) Leipzig 902. Fritzsche & Schmidt. n. — 80

Puttkamer-Zartenthin, Baron v., die Canalisation des preußischen Staats. Berlin 867. (Grieben.) gr. 8. (22 S.) n.n. 1 ℛℳ

— Hypotheken- u. Lombard-Bank für Deutschland, mit einem Präsidium in Berlin, einer Direction für Berlin u. Potsdam, einer Direction für jede Provinz des preuß. Staates u. Filialen in verschiedenen deutschen Staaten. Ebend. 868. gr. 8. (26 S.) n.n. 1 ℛℳ

Puttkammer, C. G. v., deutsche Blätter, s. Blätter.

—— der Vaterlandsfreund, s. Vaterlandsfreund.

Puttkammer, C. G. v., preuß. Volksfreund, s. Volksfreund.

Puttkammer, Erich von, s. Puttkamer, Erich von.

Puttkammer, Ernst, appr. Arzt: Die bisherigen Resultate der Blennorrhoe-Behandlung. Greifswald (1909): Adler. 94 S. 8°
Greifswald, Med. Diss. v. 24. Jan. 1910, Ref. Roemer
[Geb. 11. Aug. 82 Stettin; Wohnort: Stettin; Staatsangeh.: Preußen; Vorbildung: Stadtgymn. Stettin Reife O. 03; Studium: Halle 1, Würzburg 1, Greifswald 1, Berlin 1, Greifswald 3 S.; Coll. 16. Dez. 08; Approb. 1. Jan. 10.] [U 10. 1584

Puttkammer, Georg: Über Säureadditionsprodukte von Dimethylazobenzolhydrazonen. 1908. 39 S. 8° ¶ Vgl. Journal f. prakt. Chemie. Bd 186. N. F. Bd 78.
Braunschweig, Dr.-Ing.-Diss. v. 25. 5. 1908

Puttkammer, Hans, a. Regensburg, Kammergerichtsreferendar in Berlin: Der Dienstvertrag, der eine Geschäftsbesorgung zum Gegenstande hat. ⟨B.G.B. § 675.⟩ Berlin 1907: H. Büttner. (IV, 57 S.) 8°
Erlangen, Jur. Fak., Ref. Sehling, Diss. v. 10. Dez. 1907
[Geb. 13. Dez. 80 Regensburg; Wohnort: Berlin; Staatsangeh.: Preußen; Vorbildung: Neues Gymn. Regensburg, Sophien-Gymn. Berlin, Theresien-Gymn. München Reife 01; Studium: Grenoble 2, Berlin 4 S.; Rig. 2. Nov. 07.]

Was muß man von der Bienenzucht wissen? Von Paul **Puttkammer**. Berlin: H. Steinitz (1903). (79 S.) 8° [F.] [04. 555

Puttkammer, Paul, was muß man v. der Fahrkunst wissen? Allgemeinverständlich dargestellt. gr. 8. (88 S.) Berlin (901). H. Steinitz. n. 1. —

Was muß man von der Fischzucht und Teichwirtschaft wissen? Von Paul **Puttkammer**. Berlin: H. Steinitz (1904). (63 S.) 8° [F.] [04. 556

Was muß man von der Geflügelzucht wissen? Gemeinverständl. dargest. von Paul **Puttkammer**. Berlin: H. Steinitz (1904). (88 S.) 8° [F.] [04. 557

— was muß man v. der Hühnerzucht wissen? Allgemeinverständlich dargestellt. gr. 8. (98 S. m. Abbildgn.) Ebd. (900). n. 1. —

Puttkammer, Paul, was muß man v. der Hühnerzucht wissen? Allgemeinverständlich dargestellt. 3. Aufl. (80 S. m. Abb.) 8. Berlin (909). H. Steinitz. 1. —

Was muß man von der Obstbaumzucht wissen? Von Paul **Puttkammer**. *Berlin: H. Steinitz (1903)*. (79 S.) 8° [F.] [03. 8094

— was muß man v. der Pflege u. Dressur des Hundes wissen? Gemeinverständlich dargestellt. gr. 8. (87 S. m. Abbildgn.) Ebd. 900. n. 1. —

— was muß man von der Pflege u. Dressur d. Hundes wissen? Allgemeinverständlich dargestellt. 3. Aufl. (88 S.) 8. Ebd. (905). n. 1. —

— Was muß man v. der Pflege u. Dressur des Hundes wissen? Allgemeinverständlich dargestellt. 5. Aufl. (96 S.) 8. Ebd. (908). 1. —

— Was muß man v. der Pflege u. Dressur des Jagdhundes wissen? (79 S.) 8. Ebd. (909). 1. —

— was muß man v. der Reitkunst wissen? Allgemeinverständlich dargestellt. gr. 8. (88 S.) Ebd. (900). n. 1. —

— wie mache ich e. kranken Hund gesund? Winke u. Ratschläge. (73 S.) gr. 8. Ebd. (903). n. 1. —

Wie mache ich meine kranken Haustiere gesund? Gemeinverständl. dargest. von Paul **Puttkammer**. Berlin: H. Steinitz (1905). (109 S.) 8° [F.] [06. 558

Puttkammer, Victor, Tierarzt: ⟨Aus d. Klinik f. kleine Haustiere d. Kgl. Tierärztl. Hochschule zu Berlin. — Prof. Regenbogen.⟩ Impfversuche zur Bewertung zweier Hundestaupesera. Berlin 1907: L. Schumacher. (34 S.) 8° ¶ (Aus: Archiv f. wissenschaftl. u. prakt. Tierheilkunde Bd 33. 1907.)

Gießen, Veterinär-Med. Koll., Ref. Pfeiffer, Diss. v. 22. Okt. 1907

[Geb. 16. Juni 81 Diwitten (Ostpr.); Wohnort: Berlin; Staatsangeh.: Preußen; Vorbildung: Gymn. Allenstein Reife M. 02; Studium: Tierärztl. Hochsch. Berlin 1, München 1, Berlin 5 S.; Rig. 6. März 07.]

Püttlingen, Joh. Frhr. Vesque v., s.a. Vesque v. Püttlingen.

v. Püttlingen, Jh. Vesque, die gesetzl. Behandlung der Ausländer in Oesterreich, nach den daselbst gültigen Civilrechts-, Straf-, Commerzial-, Militär- u. Polizei-Normen, nebst einer einleit. Abhandlung über die österreichische Staatsbürgerschaft. gr. 8. Wien 842. (Leipzig, Fr. Fleischer.) n. 2 ß

v. Püttlingen, (J. V.,) Darstell. d. Literatur d. österr. allgem. bürgerl. Gesetzbuches. gr. 8. Wien 827, Gollinger.

Püttlingen, Joh. Vesque v., Darstellung der Literatur d. Oesterr. Gesetzbuches üb. Verbrechen u. schwere Polizei-Uebertretungen. gr. 8. (13½ B.) Wien 833, Gerold.

v. Puttlitz, ..., s. 1) Gedanken u. Bemerkk. üb. d. letzten Krieg. 2) Ueber d. *Esprit* de corps.

v. Puttlitz, ..., Zoraide; dramat. Gedicht in 5 A. gr. 8. Berl. 807. Maurers B. 10 gl

Puttlitz, Karl Edler von [Wirkl. Name], s.a. Theudobuch [Pseud.]

Puttlitz, Edlen v., über Ersparnisse im Justiz-Haushalte des Preußischen Staates, mit Gewinn für d. Gang d. Geschäfte. 8. Berlin, Duncker und Humblot. 821.

v. Puttlitz, Karl Edler, Eunomia. Quartalschrift z. gesellb gen Unterhaltung. 4 Hefte. gr. 8. Hamm 820. Schultz. 4 ß 12 gl

KLAGELIEDER und Briefe unberühmter Personen über Gegenstände der Zeit. Redigirt vom bekannten Satyrikus ††† (verfaßt von Carl Edlen v. Puttlitz).
Pictoribus ac poetis
Quidlibet audendi semper aequa fuit potestas.
Germanien (Hamm, Schulz) 1817. 8°.
Anon.-Lex. II. p. 362 (nach Goedeke).
Tit., 1 Bl. Vorw., 1 Bl. Inh. der 26 Nrn., 167 S. (incl. 3 S. Druckf.).

Puttlitz, Karl Edler v. System der Staatswirthschaft. 8°. Leipzig (Brockhaus) 1826.

v. Puttlitz, System d. Staatswirthschaft. 8. Leipzig 826, Gleditsch.

Puttlitz, Edlen v., Vertheidigung der Preußischen Gerichtsverfassung durch Darstellung ihrer Grundzüge und Vergleichung derselben mit den Grundzügen der französischen Rechtspflege. gr. 8. Köln, Du Mont-Schauberg. 818.. Rthlr. -

Puttmann, Max, Frithjof v. Max Bruch. Kleiner Konzertführer. (16 S.) kl. 8. Leipzig (910). Breitkopf & Härtel. — 20

Franz Grillparzer und die Musik. Von Max **Puttmann.** Langensalza: Beyer 1910. 23 S. 8°
(Musikalisches Magazin. H. 31.) [11. 1141

Joseph Haydn als Vokalkomponist. Zum 100jähr. Todestage d. Meisters. Von Max **Puttmann.** Langensalza: Beyer 1900. 27 S. 8°
(Musikalisches Magazin. H. 28.) [11. 1138

— Requiem v. Giuseppe Verdi. Kleiner Konzertführer. (20 S.) kl. 8. Leipzig (909). Breitkopf & Härtel. — 30

Violinkonzert in Cdur von Karl Bleyle. Op. 10. Kleiner Konzertführer von Max **Puttmann.** Leipzig: Breitkopf & Härtel [1910]. 16 S. 8°
(Breitkopf & Härtels Musikbücher. Abt. 2. Nr 645.) [11. 2906

Ein Weihnachtsmysterium nach Worten der Bibel u. Spielen des Volkes v. Philipp Wolfrum. Opus 31. Kleiner Konzertführer. (16 S.) kl. 8. Ebd. (909). — 20

Püttmann, Adolf: Die Syntax der sogenannten progressiven Form im Alt- und Frühmittelenglischen. Marburg 1908: (Karras, Halle a. S.) 48 S. 8° ¶ (Aus: Anglia. Bd 31.)
Marburg, Phil. Diss. v. 3. Sept. 1908, Ref. Viëtor
[Geb. 13. Okt. 85 Cöln; Wohnort: Marburg; Staatsangeh.: Preußen; Vorbildung: Oberrealsch. Cöln Reife O. 04; Studium: Bonn 3, Grenoble 1, Marburg 4 S.; Rig. 18. Dez. 07.] [U 09. 3205

Püttmann, Hermann

Püttmann, H., siehe: Album. Originalpoesien.

Püttmann, H., Album. Originalpoesien von Geo. Weerth, N..h..s, Fr. Saß, H. Semmig, Th. Opitz, Miß Speridan Carrey, Alfr. Meißner, Carl Beck, Shelley, Weitling, F. Freiligrath, An. Grün, Heinr. Heine etc. 8. Borna 847, Reiche. (Bremen, Kühtmann und Comp.)

—— deutsches Bürgerbuch, s.a. Bürgerbuch.

Püttmann, H. Deutsches Bürgerbuch für 1845. Darmstadt 1845. VIII 374 S. 8.

Püttmann, Herm., Chatterton. 2 Thle. Leben d. Dichters. — Dichtungen. 8. (29¼ B.) Barmen 840, Langewiesche.

Püttmann, Herm., Dithmarschen-Lieder. 16. Leipzig 844, O. Wigand. 12 ngl

— nordische Elfenmährchen u. Lieder. gr. 16. Leipzig 844, Fr. Fleischer. ¾ ß

Püttmann, H., der Fortbau des Kölner Doms. Mit 1 perspectiv. Ansicht des vollendeten Doms, gez. von A. Wegelin, gest. von Rouarque. (Ergänzungsheft zu der Schrift: Der Kölner Dom, ein Denkmal deutscher Baukunst, in 4 Stahlstichen, erläutert von A. v. Binzer.) Roy.-4. Köln u. Aachen 842, Kohnen. n. ⅔ ß

—— Gedichte. Erste Gesammtausgabe. 8. (23½ B.) Herisau 846, (Schläpfer'sche Buchh.)

Püttmann, Herm., Sociale Gedichte. 8°. Bellevue bei Constanz, Verlags- u. Sortimentsbuchhdlg., 1845.

Püttmann, Herm., Sociale Gedichte. 1846.

— s. Jahrbücher (Rheinische).

— Kunstschätze u. Baudenkmäler am Rhein (von Basel bis Holland). Ein Leitfaden für reisende Kunstfreunde. 8. Mainz 843, Kupferberg. 1½ ß

— die Düsseldorfer Malerschule und ihre Leistungen seit der Errichtung des Kunstvereines im Jahre 1839. Ein Beitrag zur modernen Kunstgesch. gr. 8. Leipzig 839. O. Wigand. n. 1 1/3 ℛ

—— Prometheus, s. Prometheus.

TSCHERKESSENLIEDER (von *Hermann Püttmann*). (Motto:) „Wild und frei." Hamburg 1841. 8⁰. 88 S. (4 Mk. 50 Pfg. O. Rauthe, Friedenau-Berlin, 1908.)
Anon.-Lex. IV. p. 195 (nach Kayser).

Pvettmann, Hvgo (geb. am 24 März 1844 in Düsseldorf): De Roberto Garniero ... Bonnae, typ. F. Krvegeri (1865). 2 Bl., 38 S., 1 Bl. 8.
Bonn, Phil. Fak., Diss. v. 16 März 1865

Püttmann u. Rehrmann. Lehrgang der französischen Sprache. 2. Thl. gr. 8. Berl. 892, Mittler u. Sohn. * 1 50; geb. * * 1 80
Französisches Lese- u. Uebungsbuch. Unter besond. Berucksicht. d. Kriegswesens. Auf Veranlassg. der General-Inspektion d. Militär-Erziehungs- u. Bildungswesens bearb. v. Püttmann. (IX, 137 S.)
Der 1. Thl. ist noch nicht erschienen.

Püttmann u. Rehrmann, Lehrgang der französischen Sprache. 1. u. 2. Tl. gr. 8. Berlin, E. S. Mittler & Sohn. n. 7. 60; geb. in Halbldr. n.n. 8. 50
1. Französisches Lese- u. Übungsbuch f. obere Klassen höherer Lehranstalten. (XIV, 722 S.) 893. n. 5. —; geb. n.n. 5. 50
2. Französisches Lese- u. Übungsbuch. Unter besond. Berücksicht. des Kriegswesens. Auf Veranlassg. der General-Inspektion des Militär-Erziehungs- u. Bildungswesens bearb. v. Püttmann. 3., verm. Aufl. (XV, 200 S. m. 1 Kartenskizze.) 894. n. 2. 60; geb. n.n. 3. —

Püttmann u. Rehrmann, Lehrgang d. französischen Sprache. 2. u. 3. Tl. gr. 8. Berlin, E. S. Mittler & Sohn. n. 6. 60; geb. in Halbldr. n.n. 7. 40
(1—3: n. 11. 10; geb. n.n. 12. 60)
2. Französisches Lese- u. Uebungsbuch. Unt. bes. Berücksicht. d. Kriegswesens. Auf Veranlassg. d. General-Inspektion d. Militär-Erziehungs- u. Bildungswesens bearb. v. Püttmann. 4., verm. Aufl. (XV, 215 S. m. 1 Kartenskizze.) 898. n. 3. ; geb. n.n. 3. 40
3. Französ. Schulgrammatik, nebst grammat. Uebgn. f. d. Oberstufe höh. Lehranst. Auf Veranlassg. d. General-Inspektion d. Militär-Erziehungs- u. Bildungswesens bearb. v. Rehrmann. (XV, 351 S.) 895. n. 3. 50; geb. n.n. 4. —

— **u. Rehrmann,** Lehrgang d. französischen Sprache. 1. Tl. 2 Bde. u. 2. Tl. gr. 8. Berlin, E. S. Mittler & Sohn. n. 10. —; geb. n n. 11. 50
I, 1. Französisches Lese- u. Uebungsbuch für die Oberstufe. 2. Aufl. 1. Bd. (XIII, 484 S. m. Abbildgn. u. eingedr. Plänen.) 906. n. 4. 50; geb. n. 5. —
2. Dasselbe. 2. Bd. (VI, 292 S.) 906. n. 2. 60; geb. n. 3. —
II. Französisches Lese- u. Uebungsbuch. Unter besond. Berücksicht. d. Kriegswesens. Auf Veranlassg. d General-Inspektion des Militär-Erziehungs- u. Bildungswesens bearb. von Püttmann. 5. Aufl. (XV, 215 S. m. 1 Kartenskizze.) 902. n. 3. —; geb. n.n. 3. 50

Püttmann u. Rehrmann, Lehrgang der französ. Sprache. 3. Tl. gr. 8. Berlin 907. E. S. Mittler & Sohn. 4.—; geb. n 4.60
Französische Schulgrammatik nebst grammatischen Übungen f. die Oberstufe höh. Lehranstalten. Von Rehrmann. 2. Aufl. (XV, 360 S.)

Möschekopp. Düsseldorfer Lokalposse in 6 Bild. Mit e. Vorw. u. mundartl. Erl. (Verf.: Hugo **Püttmann.**) Düsseldorf: Tönnes [überklebt: Werkmeister] 1907. XVI, 114 S. 8° [09 1415 0

Der Offizier als englischer Dolmetscher. Von Prof. Dr. [Hugo] **Püttmann** u. Oberlt. Meier im Inf.Rgt No 118. Berlin: E.S. Mittler & Sohn 1905. (IV, 245 S.) 8° [F.] [05. 2419

Püttmann, der Offizier als französischer Dolmetscher. Militärisches Lese- u. Uebungsbuch. Auf Veranlassg. der General-Inspektion des Militär-Erziehungs- u. Bildungswesens bearb. 5. Aufl. Nebst e. Anh., enth.: Eine Sammlung v. Beispielen u. Mustern f. die Abfassg. v. Maueranschlägen, Veröffentlichgn. u. a. in Feindesland zur Vorbereitg. f. die Dolmetscherprüfg. v. Meier. (Lehrgang der französ. Sprache v. Püttmann u. Rehrmann. 2. Tl.) (XIV, 215 u. III, 16 S. m. 1 Karte.) gr. 8. Berlin 903. E. S. Mittler & Sohn. n.n. 3. 50; geb. n. 4. —

Püttmann, Josias Ludwig Ernst

Püttmannus, J. L. E.: Adversariorum iuris universi liber 1(—3). Lipsiae 1775—78.

PÜTTMANN, Josi. L. E.: Adversarior. jur. univ. L. 1—3. *Lpz.*, Crusius. 775—88. gr. 8. (1 Thl. 22 Gr.)

— adversariorum juris universi libri I—III. 8. Lpz. 775—88. (W. Vogel). 1 ℛ 22 𝔤𝔯

Procancellarius **Josias Ludwig Ernst Püttmann** sollemnia inauguralia candidati Johann Carl Müller (Merseburg) publice indit. — Inest De Feudi propter abusum amissione disquisitio. (Leipzig (Langenheim)) 9. VI. 1774. 18 S. mit Biogr. v. Müller (M.: Ch. W. E. Hornberger). (3.75) 27331

Procancellarius **Jos. Lud. Ernst Püttmann** sollemnia inauguralia candidati Carl Heinrich von Roemer (Lichtenstein) indicit. (Leipzig) 14. IV. 1785. 28 S. mit Biogr. v. Roemer (M.: Chr. H. S. Reichbrod von Schrenckendorf). (3.75) 27342
Enthält: Problema iuris criminalis An et quatenus iussio eum qui paret, a poena excuset eamue minuat?

Procancellarius Jos. Lud. Ernst Püttmann sollemnia inauguralia candidati Moritz Ludwig Hübel (Dresden) indicit. (Leipzig) 5. XII. 1782. 16 Seiten mit Biogr. v. Hübel (M.: J. R. Kalxia). (3.75 27336
Enthält: Quaestio iuris cambialis An ex cambii invalidi indossamento actio cambialis contra indossantem locum habeat? Enucleata.

PÜTTMANN, Jos. Ludw. E.: Anmerkk. z. Leipz. Wechselordn. *Leipz.* (Brockhaus.) 784. gr. 4. (20 Gr.)

— De arbitrio judicis e foro judiciisque eliminando disserit simulque ad audiendam orationem sollemnem qua professionem juris ordinariam invitat. Leipzig (Langenheim) 27. III. 1771. 16 S. (3.75) 27318

Püttmann, Josias Ludwig Ernst [Praes.], s. Aurig, Jo. Daniel: Miscellaneorum ad jus pertinentium specim. III.

Procancellarius **Jos. Lud. Ernst Püttmann** sollemnia inaug. candidati Christian Ernst Ulrici (Dresden) indicit.—De avallo. (Leipzig) 25. IX. 1781. 20 S. mit Biogr. v. Ulrici (M.: Chr. E. Gutbir). (3.75) 27335

Püttmann, Josias Ludwig Ernst [Praes.], s. Baetcke, Joh. Dietr.: De distinctione inter animum occidendi directum et indirectum e jurisprudentia criminali eliminanda.

Püttmann, Josias Ludwig Ernst [Praes.], s. Berger, Benjamin Gottfried: Observationum juris Germanici spec. secund.

Püttmann, Josias Ludwig Ernst [Praes.], s. Burghart, Gotthilf Hiob: De poenis pro frequentia delictorum temperandis.

Püttmann, Josias Ludwig Ernst [Praes.], s. Clodius, Christian August Heinrich: De Licinio Rufino jurisconsulto dissert.

Puttmann, Josias Ludwig Ernst (Ostrau / Sachsen), De contentione juris civilis cum naturali. Präs. Carl Ferdinand Hommel. Leipzig (Fr. G. Jacobaeer) (25. II. 1751). 16 S. (3.75) 27365
Gratulationsschrift für Friedrich Platner u. Geo. Theoph. Boerner (Leipzig).

— Conjecturarum ad locos quosdam juris civilis depravatos decas lectionibus aestivis a. 1763 praemissa. Leipzig (Langenheim) (20. IV.) 1763. 12 S. (3.75) 27316

Procancellarius **Jos. Lud. Ernst Püttmann** sollemnia inaug. candidati Friedrich Traugott Starck (Lausitz) indicit. (Leipzig) 5. VII. 1787. 16 S. mit Biogr. v. Starcke (Bautzen/Lausitz) (M.: M. M. Gemeinhard). (3.75) 27346
Enthält: De delatoribus praemiis haud excitandis.

Procancellarius **Jos. Lud. Ernst Püttmann** sollemnia inauguralia candidati Christian Gottl. Küster (Leipzig) indicit. (Leipzig) Mai (26. IV.) 1783. 24 S. mit Biogr. v. Küster (M.: Chr. M. Griebner). (3.75) 27337
Enthält: Problema juris criminalis Delinquendi occasio an et quatenus delictum eiusque poenam minuat?

Püttmann, **Josias Ludwig Ernst** (Ostrau/Sachsen), De distinctione territoriorum imperii in clausa et non clausa. Disput. prior histor. Disceptand. proponit Andreas Wagner. Leipzig (Langenheim) 26. VII. 1752. 44 S. (4.25) 27312a

Procancellarius **Jos. Lud. Ernst Püttmann** sollemnia inauguralia candidati Johann August Beck (Dresden) indicit. (Leipzig (Saalbach)) 11. 10. 1787. 16 S. mit Biogr. v. Beck (M.: Fr. E. Janicke). (3.75) 27347
Enthält: De mortis causa donatione, absente licet et ignorante donatario facta, jure valida.

Ordinarius senior et reliqui doctores facultatis juridicae Lipsiensis procancellario **Jos. Lud. Ernst Püttmann** summos in jure honores cum spe suo tempore locum in collegio obtinendi candidato Christian Winckler (Leipzig) indicunt. (Leipzig (Klaubarth)) 30. III. 1793. 31 S. mit Biogr. v. Winckler (M.: J. H. Schmid). (3.75) 27328
Enthält: Electorum caput I. De usu linguae latinae in vita civili causisque maxime publicis.

Procancellarius **Jos. Lud. Ernst Püttmann** sollemnia inauguralia candidati Johann Friedrich Herrmann (Königstein) indicit. (Leipzig (Klaubarth)) 25. VI. 1793. 23 S. mit Biogr. v. Herrmann (M.: E. S. Andreae). (3.75) 27355
Enthält: Electorum caput II. De negotiatione, quae accipiendis, custodiendis et transmittendis mercibus alienis exercetur, (vulgo vom Speditionshandel).

Procancellarius **Jos. Lud. Ernst Püttmann** sollemnia inauguralia candidati Friedrich Christian Heyner (Burgwerben bei Weißenfels) indicit. (Leipzig (Solbrig)) 5. VI. 1794. 16 S. mit Biogr. v. Heyner. (3.75) 27356
Enthält: Electorum caput IV. De jurejurando vicario.

Ordinarius senior et reliqui doctores facultatis juridicae Lipsiensis procancellario **Jos. Lud. Ernst Püttmann** summos in jure honores cum spe suo tempore locum in collegio obtinendi candidato Moritz Gottfried Bauer (Leipzig) indicunt. (Leipzig (Saalbach)) 27. III. 1795. 20 S. mit Biogr. v. Bauer (M.: Fr. E. Glaffey). (3.75) 27329
Enthält: Electorum caput V. De scriptura mensae, eiusque cum negotio mercatorio, quod scontro vulgo vocant, comparatione.

PÜTTMANN, Josi. L. E.: Elem. jur. crim. commoda methodo ordinata. Lpz., Fritsch. 779. gr. 8. (1 Thl. 8 Gr.) Ed. aucta — impr. ex legg. sax. contin. a. Ch. Glo. BIENER. 802. gr. 8. (1 Thl 12 Gr.)

— elementa juris criminalis commoda auditoribus methodo adornata. 8maj. Leipz. 779. — Aucta passim et suppleta etc. ed. Chr. Glo. Biener. 8maj. ibid. 802. (Hahn). 1 ₰ 12 gr

(PÜTTMANN, Josi. L. E.): Elem. jur. feud., qua priv. qua publ. Lpz. Weidmann. 781. gr. 8. (1 Thl.)

— elementa juris feudalis commoda auditoribus methodo adornata. 8maj. Leipz. 781. Weidmann. 1 ₰ Schrbpap. 1 ₰ 8 gr

— Elogium Christiani Thomasii. (Leipzig 20. IV. 1780.) 14 S. mit Biogr. v. Thomasius (Leipzig). (4.50) 27322

Procancellarius **Jos. Lud. Ernst Püttmann** sollemnia inaug. candidati Carl Heinrich Schwab (Nossen) indicit. — De eo quod inter feudum pecuniarium, pecuniam feudalem pecuniam ex feudo solvendam et constitutum feudale interest. (Leipzig) 18. IX. 1781. 20 S. mit Biogr. v. Schwab (M.: M. H. Koehler). (3.75) 27334

— de Hadriani Imperat. libris catacrianis epistola. 8maj. Leipz. 777. Müller. 2 gr

— De epocha Ausoniana fictoque D. Magni Ausonii consulatu Burdigalensi diatribe. Accedit Edvardi Corsini, De Burdigalensi Ausonii consulatu epistola. Leipzig (J. C. Müller) (Aug.) 1776. 72 S. (4.25) 27319
Brief ist gerichtet an Francisco de Albizzis patricio Pisano.

— de epocha Ausoniana, fictoque D. M. Ausonii consulatu Burdigalensi. 8. maj. Lps. Müller. 780.

Procancellarius **Jos. Lud. Ern. Püttmann** sollemnia inauguralia candidati Christian Samuel Gehe (Zehren) indicit. — Inest Disquisitio De excessu eius, cui aut verberatio aut vulneratio alicuius mandata est, mandanti haud imputando (Leipzig (Langenheim)) 11. XII. 1777. 22 S. mit Biogr. v. Gehe (M.: C. H. Malsius). (3.75) 27332

Püttmann, Josias Ludwig Ernst [Praes.], s. Fetter, Gottfr. Gottl.: De querela inofficiosi testamenti fratribus atque sororibus contra spurios haud competente.

— diatriba de feudo caballino, quod vulgo Klepperlehn vocant. 8maj. Leipz. 773. (W. Vogel). 2 ℛ

— De feudo fiduciario diatriba accedit Josephi Aurelii de Januario icti Neapolitani de jure feudali oratio. Leipzig (J. C. Müller) 1777. 96 S. (4.75) 27320
De jure feudali oratio in publico Neapolitano lyceo habita 6. I. 1754.

Püttmann, Josias Ludwig Ernst: „Grundsätze des Wechsel-Rechts", Leipzig 1784 (Kummer). — 2. Auflage, ebenda 1795, vorh.: Bibl. des Kammergerichts Berlin — Ff. 1744² —. 3. Auflage, nach dem Tode des Verfassers herausgegeben von Georg Friedrich von Martens, Leipzig 1805, vorh.: Bibl. des Kammergerichts Berlin — Ff. 1744³ — Com. Bibl. Hamburg und Bücherei der Industrie- und Handelskammer Leipzig.

— Grundsätze d. Wechselrechts. gr. 8. Leipz. 784. 2e Aufl. 795. 3e Aufl. herausgg. von G. F. v. Martens. gr. 8. Leipz. 804. Kummer. 20 ℛ

Püttmann, Josias Ludwig Ernst [Praes.], s. Güntz, Justus Christian: Selecta e jure vario capita.

Püttmann, Josias Ludwig Ernst [Praes.], s. Gutbir, Ludwig Heinrich: De sponsalibus intra tempus luctus initis.

Püttmann, Josias Ludwig Ernst [Praes.], s. Gutbir, Sigismund Polycarp: De ineptis morientium voluntatibus.

Püttmann, Josias Ludwig Ernst [Praes.], s. Haensel, Theophil Wilhelm: De symbolica feudorum investitura per poculum.

Püttmann, Josias Ludwig Ernst [Praes.], s. Hauenstein, Jo. Heinrich: De investitura feudorum interdum ad tempus impedita.

Püttmann, Josias Ludwig Ernst [Praes.], s. Hermann, Christian Gottfried: Varia juris civilis capita.

Püttmann, Josias Ludwig Ernst [Praes.], s. Hoedler, Christian Heinrich: De jure recipiendi hostes alienos.

Procancellarius **Josias Ludwig Ernst Püttmann** sollemnia inaug. candidati Christian Heinrich Weinlig (Dresden) indicit. — Inest de inopia mariti, interdum justa separationis conjugum temporariae causa, disquisitio. (Leipzig (Langenheim)) 21. X. 1773. 16 S. mit Biogr. v. Weinlig (M.: M. S. J. Schomburg). (3.75) 27330

PÜTTMANN, Josi. L.: D. de Salviano interdicto. *L.* 773. 4.

— interpretationum et observation., quibus difficiliora quaedam juris Romani capita explicantur, illustr. et ab emendationibus vindicantur, liber singularis. 8maj. Lpz. 763. Langenheim. 8 ℛ

Püttmann, Josias Ludwig Ernst [Praes.], s. Jokisch, Johann Heinrich: Observationum juris Germanici specim I.

— De judicio curiano disserit simulque ad audiendam orationem sollemnem qua professionem juris extraordinariam invitat. Leipzig (Langenheim) 8. V. 1765. 15 S. (3.75) 27317

Procancellarius **Jos. Lud. Ernst Püttmann** sollemnia inaug. candidati Christian Lebrecht Seyfert (Lichtenstein) indicit. (Leipzig) 11. V. 1780. 16 S. mit Biogr. v. Seyfert (M.: H. L. Sachs). (3.75) 27333
Enthält: De jure heredum vasalli offerendi simultanee investiendos.

— Prolusio de caeca et illiberali sine arte critica et humanioribus litteris jurisprudentia simul coniecturae ad loca quaedam juris civilis depravata lectionibus aestivis praemissae. Leipzig (Langenheim) (30. IV. 1762). 16 S. (3.75) 27315

Püttmann, Josias Ludwig Ernst [Praes.], s. Kirschbaum, Johann Gottl.: De derectariis.

Püttmann, Josias Ludwig Ernst [Praes.], s. Koehler, Karl Friedrich: Quaestionum forensium specimen primum.

Püttmann, Josias Ludwig Ernst [Praes.], s. Koerner, Christian Gottfried: De rutis caesis.

Püttmann, Josias Ludwig Ernst [Praes.], s. Küster, Chr. G.: De jure bibliothecarum.

Püttmann, Josias Ludwig Ernst [Praes.], s. Lastrop, Phil. Heinr.: De salviano interdicto.

Püttmann, Josias Ludwig Ernst [Praes.], s. Lehmann, Joh. Traug.: De causis nonnullis adulterii poenam mitigandi spuriis.

PÜTTMANN, L. E. Josi.: D. de Licinio Rufino. *Lpz.* 791. 4.

Püttmann, Josias Ludwig Ernst, s. Mascov, Gf.: Opuscula.

— u. (Respond.) **Christoph Friedrich Wollius**, Meletematum juris civilis specimen I. Leipzig (Langenheim) 21. III. 1771. 39 S. (4.25) 27358

— memoria Gf. Mascovii. Acced. Jo. Barbeyracii, Chr. Gli. Schwarzii, Jh. Dav. Koeleri, N. H. Gundlingii, Jh. Gli. Heineccii, Gf. Mascovii et Jh. Gli. Boehmii Epistolae aliquot ineditae etc. 8maj. Leipz. 771. (W. Vogel). 8 ℛ

Püttmann, Josias Ludwig Ernst [Praes.], s. Meyer, Karl Friedrich: De moderatione inculpatae tutelae ad orationem Ciceronis milonianam.

Püttmann, Josias Ludwig Ernst [Praes.], s. Michaelis, Heinrich Friedrich Günther: Aphorismi juris criminalis.

Procancellarius **Jos. Lud. Ernst Püttmann** sollemnia inauguralia candidati Benjamin Carl Heinrich Heydenreich (Dresden) indicit. (Leipzig (Klaubarth)) 19. V. 1785. 19 S. mt Biogr. v. Heydenreich (M.: J. W. Hamm). (3.75) 27343
Enthält: Miscellaneorum ad jus pertinentium specimen I.

Procancellarius **Jos. Lud. Ernst Püttmann** sollemnia inauguralia candidati Julius Gottlob Gutwasser (Dresden) indicit. (Leipzig (Klaubarth)) 4. VIII. 1785. 19 S. mit Biogr. v. Gutwasser (M.: Chr. Fr. S. Coerner). (3.75) 27344
Enthält Miscellaneorum ad jus pertinentium specimen II.

Procancellarius **Jos. Lud. Ernst Püttmann** sollemnia inauguralia candidati Jo. Balthasar Küstner (Frankfurt a. Main) indicit. (Leipzig (Klaubarth)) 31. I. 1788. 22 S. mit Biogr. v. Küstner (M.: J. W. Fabri). (3.75) 27348
Enthält: Miscellaneorum ad jus pertinentium specimen IV.

Procancellarius **Jos. Lud. Ernst Püttmann** sollemnia inaug. candidati Adolph Wenzeslaus Schmidt indicit. (Leipzig (Sommer)) 16. IV. 1789. 20 S. mit Biogr. v. Schmidt (Kozeniczae bei Warschau) (M.: E. E. Hertel). (3.75) 27349
Enthält: Miscellaneorum ad jus pertinentium specimen VI.

Ordinarius senior et reliqui doctores facultatis juridicae Lipsiensis procancellario **Jos. Lud. Ernst Püttmann** summos in jure honores cum spe suo tempore locum in collegio obtinendi candidatis Christian Ernst Weiss (Leipzig) et Johann Gottfried Müller (Lausitz) indicunt. (Leipzig (Saalbach)) 6. VI. 1789. 30 S. mit Biogr. v. Weiß (M.: Chr. Platner) u. Müller (Ebersbach / Lausitz). (3.75) 27326
Entält: Miscellaneorum ad jus pertinentium specimen VII.

Procancellarius **Jos. Lud. Ernst Püttmann** sollemnia inauguralia candidati Johann Otto Lutterloh (Hamburg) indicit. (Leipzig) Okt. 1789. 20 S. mit Biogr. v. Lutterloh (M.: A. C. Rumpff). (3.75) 27350
Enthält: Miscellaneorum ad jus pertinentium specimen VIII.

Procancellarius **Jos. Lud. Ernst Püttmann** sollemnia inauguralia candidati Johann Dieterich Baetcke (Hamburg) indicit. (Leipzig) 3. XII. 1789. 23 S. mit Biogr. v. Baetcke (M.: Rodatz). (3.75) 27351
Enthält: Miscellaneorum ad jus pertinentium specimen IX.

Procancellarius **Jos. Lud. Ernst Püttmann** sollemnia inauguralia candidati Carl Friedrich Curtius (Leipzig) indicit. (Leipzig (Saalbach)) 24. XII. 1789. 16 S. mit Biogr. v. Curtius (M.: Chr. Fr. Hilscher). (3.75) 27352
Enthält: Miscellaneorum ad jus pertinentium specimen X.

Procancellarius **Jos. Lud. Ernst Püttmann** sollemnia inaug. candidati Christian August Stoeltzer (Marklissa/Lausitz) indicit. Leipzig (Saalbach) 15. IX. 1791. 20 S. mit Biogr. v. Stoeltzer (M.: J. S. Hoffmann). (3.75) 27353
Enthält: Miscellaneorum ad jus pertinentium specimen XI.

Ordinarius senior et reliqui doctores facultatis juridicae Lipsiensis procancellario **Jos. Lud. Ernst Püttmann** summos in jure honores cum spe suo tempore locum in collegio obtinendi candidato Rudolph Hommel (Leipzig) indicunt. (Leipzig (Breitkopf)) 28. IX. 1791. 32 S. mit Biogr. v. Hommel (M.: A. S. Schubart). (3.75) 27327
Enthält Miscellaneorum ad jus pertinentium specimen XII.

Procancellarius **Jos. Lud. Ernst Püttmann** sollemnia inauguralia candidati Renatus Gotthelf Loebel (Thalwitz) indicit. (Leipzig (Breitkopf)) 10. XI. 1791. 20 S. mit Biogr. v. Loebel (M.: Chr. E. Karnal). (3.75) 27354
Enthält: Miscellaneorum ad jus pertinentium specimen XIII.

PÜTTMANN, Josi. L. E.: Miscellaneor. liber singularis. *Lpz.*, Weidmann. B. 793. gr. 8. (1 Thl.)

Püttmann, Josias Ludwig Ernst [Praes.], s. Müller, Johann August: De murcis.

Müller, Johannes Augustus. **Püttmann**, Josias Ludovicus Ernestus, praes.: De murcis. Lipsiae 1779. 4°.

Procancellarius **Jos. Lud. Ernst Püttmann** sollemnia inaug. candidati Christian Gottlob Starck indicit. (Leipzig) 31. III. 1785. 20 S. mit Biogr. v. Starck (Hubertusburg) (M.: Chr. B. Siber). (3.75) 27340
Enthält: De numero decoctorum prudentia legislatoria minuendo seu de remediis nonnullis contra frequentiam bonorum cessionis et creditorum concursus.

— de nuptiis senum. 8. maj. Halae, Gebauer. 782.

— observationes iuris feudal. 8. Lipsiae, Weidmann. 783.

— observationes juris feudalis. 8. Lpz. 784. Weidmann. 12 gl.

PÜTTMANN, Josi. L. E.: Observatt. jur. Germ. *Lps.* Spec. 1—3. 775—76. 4. (auch in d. Advers. jur. univers.)

Opuscc. juridd. ex observatt. miscellaneis Batavis in unum Vol. collecta; rec., praef. est et animadverss. nonnull. adj. Joh. L. E. PÜTTMANN. *Halle*, Gebauer. 782. gr. 8. (14 Gr.)

— opuscula juris criminalis. 8maj. Leipz. 783. Beer. 1 ℛ

PÜTTMANN, Josi. L. E.: Opuscula jur. crim. *Lpz.*, Beer. 789. gr. 8. (1 Thl.)

— opuscula iuris criminalis. 8. maj. Lipsiae, Beer. 793.

Procancellarius **Jos. Lud. Ernst Püttmann** sollemnia inaug. candidati Carl Friedrich Meyer (Hohenlohe - Gleichen) indicit. (Leipzig) 26. VI. 1783. 22 S. mit Biogr. v. Meyer (Wechmar/Gleichen) (M.: Schanerth). (3.75) 27338
Enthält: Ad orationem D. Marci De pupilla a tutore eiusue filio haud ducenda.

— E. Platner. et G. H. Mylius opuscul. de partu undecimestri cum praef. ed. F. L. Schönemann. 8maj. Leipz. 799. Göthe; (u. Joachim). 4 gl.

— Prolusio de partu undecimestri lectionibus aestivis a. c. 1779 praemissa. Leipzig (J. C. Müller) 30. IV. 1779. 16 S. (3.75) 27321

Püttmann, Josias Ludwig Ernst (Leipzig), **Ernst Platner** (Leipzig), **Gustav Heinrich Mylius** (Leipzig), Opuscula de partu undecimestri cum praefatione edidit Friedrich Leberecht Schönemann. Leipzig (Richter) (Nov.) 1799. IV, 34 S. (4.—) 27357
Enthält: Prolusio de partu undecimestri ad Nov. XXXIX. cap. II. — Platner, Ernst, De partu undecimestri. — Mylius, Gustav Heinrich, De simili argumento.

Püttmann, Josias Ludwig Ernst [Praes.], s. P f a f f, Karl Christian: De crimine conniventiae.

Procancellarius **Jos. Lud. Ernst Püttmann** **sollemnia inaug. candidati Jo. Fried. Theodor Rolle indicit. (Leipzig (Klaubarth)) 8. III. 1787. 20 S. mit Biogr. v. Rolle (Luckau) (M.: M. D. Brümmer). (3.75)** 27345
Enthält: De Poenis exemplaribus.

Procancellarius **Jos. Lud. Ernst Püttmann** **sollemnia inauguralia candidati** Friedrich Sigismund **Frobius (Leipzig) indicit.** (Leipzig) 4. XI. **1784. 20 S. mit Biogr. v. Frobius** (M.: S. M. Schulz). (3.75) 27339
Enthält: De potestate comitum Palatinorum hodie valde restricta.

Püttmannus, J. L. E.: Probabilium iuris civilis liber singularis. Acc. eiusdem diss. iuris canonici de legislatore Ephesino ad cap. 5, 10. de praescript. [Nebst] liber 2. Lipsiae 1768. 73.

— probabilium juris civilis liber singularis. II libri. 8. Lpz. 768—73. (W. Vogel). 22 gl.

— (Leipzig), De querela inofficiosi testamenti fratribus uterinis haud concedenda. Diss. inaug. Leipzig (Langenheim) 25. VI. 1761. 32 S. (4.25) 27313
Gew.: Hieronymus Friedrich von Stammer.

— De querela inofficiosi testamenti fratribus uterinis haud concedenda. Diss. inaug. Halle / **Magdeburg (J. Chr. Hendel) 25. VI. 1761. 1767. 32 S. (4.50)** 27314

— über die Referir- u. Decretirkunst. gr. 8. Leipz. Crusius. (F. C. W. Vogel.) 783.

Püttmann, Jos. L. E.: „Ueber die Sattelhöfe, deren Rechte und Freyheiten; mit Urkunden", Leipzig 1788 (Beer). — Vorh.: Bibl. des Oberlandesgerichts Celle — Md. 9 — und des Kammergerichts Berlin — Ec. 455.

— über die Sattelhöfe, deren Rechte u. Freyh., mit Urk. gr. 8. Lpz. Beer. 789.

Püttmann, Josias Ludwig Ernst [Praes.], s. S c h e r z e r, Christian Gottlieb: De remissione pignoris uxori in bonis mariti competentis absque iureiurando valida.

Püttmann, Josias Ludwig Ernst [Praes.], s. S c h u l t z, Christian August: Exercitatio ad l. XVI. C. de inoffic. testam.

Püttmann, Josias L. E., de titulo: semper **Augustus**, diatriba. 8. maj. Lps. Baumgärtner. 791.

— De titulo semper Augustus diatribe. Leipzig **(Schladebach) (Mai) 1791. 92 S. (6.—)** 27325

— varior. opusculor. sylloge. 8. maj. Lipsiae, Kummer. 786.

— De Thrasonismo litterario commentatio. Halle (J. J. Gebauer) (Juli) 1782. 38 S. (—.—) 27323

— De utilitate actionum humanarum fine ac regula. Leipzig (G. E. Beer) (Juli) 1785. 47 Seiten. (4.25) 27324
Gew.: J. L. E. Püttmann.

Procancellarius **Jos. Lud. Ernst Püttmann** sollemnia inauguralia candidati Christian August Günther (Schönstedt bei Langensalza/Thür.) indicit. (Leipzig) 7. IV. 1785. 23 S. mit Biogr. v. Günther (M.: A. Chr. Ernesti). (3.75) 27341
Enthält: Vindiciae dissertationis De querela inofficiosi testamenti fratribus uterinis haud concedenda.

— vitae atque memoriae excell. aliquot Ictor. et literatorum variis ab auctoribus litteris mandatae. Rec., animadvers. nonnullas adjecit et praefatus est. 8maj. Leipz. 796. Göthe. 20 gl.

Püttmann, Josias Lud. Ernst: Ueber die öffentliche Vollstreckung der peinlichen Strafen. E. Sendschreiben an Benj. Rush. Leipzig 1792.

— Sendschr. über die öffentl. Vollstreck. d. peinl. Straf. gr. 8. Lpz. Baumgärtner. 792.

— Leipziger Wechselordnung, s. Wechselordnung.

Püttmann, Josias Ludwig Ernst [Praes.], s. W e i n a r t, Benjamin Gottfried: De corona nuptiali vi compressae haud deneganda.

Püttmann, Josias Ludwig Ernst (Hrsg.), s. W e s t e n b e r g, J. Ortw.: Opuscula academica.

Püttmann, Josias Ludwig Ernst [Praes.], s. W o l l e, Christoph Friedrich: Meletematum iuris civilis specimen I.

Püttner, Elise, Danzig. s. Städte u. Landschaften, nordostdeutsche.

Püttner, E[lise]: D a n z i g, ehemalige Freie Reichs- u. Hansestadt, jetzt Hauptstadt der Provinz Westpreussen. 3. verm. u. verb. Aufl. Mit 24 Ill., d. Pl. d. Stadt u. 1 Karte d. Umgegend. Danzig: A. W. Kafemann 1899. (146 S.) 8°
= Städte, Nordostdeutsche, u. Landschaften. No. 2.

Kleiner Führer durch Danzig, ehemalige freie Reichs- u. Hanse-Stadt, jetzt Hauptstadt d. Prov. Westpreussen von E[lise] **Püttner** m. 12 Ill. u. Pl. (4. verb. Aufl.) *Danzig 1901: A. W. Kafemann.* (47, 32 S.) 8°
— **Städte**, Nordostdeutsche, u. Landschaften. No 5. [01. 7970 10

Führer durch den Luftkurort Oliva mit der ehemaligen Zisterzienser-Abtei gleichen Namens mit 16 Ill. u. 1 Waldkarte von E[lise] **Püttner.** *Danzig: A. W. Kafemann 1904.* (48 S.) 8°
[Umschlagt.:] Luftkurort Oliva ... Ill. Führer von E. Püttner.
— **Städte**, Nordostdeutsche, u. Landschaften. No 14. [04. 6638

Führer durch Luftkurort und Seebad Oliva mit d. ehemal. Zisterzienser-Kloster gleichen Namens. Mit 20 Ill., 1 Waldkt. u. 1 Straßenpl. von E[lise] **Püttner.** 2. Aufl. Danzig: Kafemann 1910. 48 S. 8°
(Nordostdeutsche Städte u. Landschaften. Nr 14.) [10. 12243

Püttner, Elise. Jäschkenthal u. der Johannisberg bei Danzig, s. Städte u. Landschaften, nordostdeutsche.

— Konrad Letzkau u. seine Tochter. Roman aus dem Anfange d. 15. Jahrh. 3 Bde. 8. (135, 185 u. 154 S.) Leipzig 887. Reißner. n. 8. –

Püttner, Elise, das Märchen vom Thorner Pfefferkuchen. Mit e. Titel-Illustr. (in Holzschn.) br. 8. (III, 59 S.) Danzig 872. Bertling. geb. n. 1. 25

Püttner, Elise, das Märchen vom Thorner Pfefferkuchen. Mit e. Titel-Illustr. 2. Aufl. 8. (59 S.) Danzig 885. Th. Bertling's Buchh. cart. n. 1. 25

Reise- und Fremdenführer durch Westpreußen. Danzig, ehemalige Freie Reichs- u. Hansestadt ... u. die hervorragendsten Städte d. Provinz von E[lise] Püttner. Mit Ill., d. Pl. d. Stadt, d. Stadttheaters u. Karten d. Umgegend u. d. ganzen Prov. Danzig: A. W. Kafemann 1906. (160 S.) 8°
= Städte, Norddeutsche, u. Landschaften. No 2. 106. 12913

Püttner, E., s: Städte u. Landschaften, nordostdeutsche.

Püttner, Elise, was ein Pomuchel der Großmama für seine lieben kleinen Landsleute erzählt hat. Ein Danziger Weihnachtsmärchen. Danzig 870. Bertling. gr. 16. (72 S.) 7½ ngr.

Zoppot von E[lise] Püttner. 2. Aufl. mit 9 Ill. u. 1 Pl. *Danzig: A. W. Kafemann 1901.* (60 S.) 8°
= Städte, Nordostdeutsche, u. Landschaften. No 1. [illegible] 10

Zoppot Ill. Führer von E[lise] Püttner. 3. verb., völlig neu bearb. Aufl. mit e. Straßenpl. u. e. Waldkt. Danzig: Kafemann 1910. 44, XVI S. 8°
(Nordostdeutsche Städte u. Landschaften. Nr 1.) [illegible] 10

Püttner, F., Predigten auf die Festtage des Herrn, Mariä und der Heiligen. 2 Thle. gr. 8. Prag, Widtmann. 804.

Verzeichniss der Bücher der Bibliothek der Grossen National-Mutterloge in den Preussischen Staaten, genannt zu den drei Weltkugeln [in Berlin]. [Zsgest. von Adolf Ramme u. Friedr. Wilh. Püttner.] [Nebst] Nachtr. [Berlin] 1885: [Berg], 1905: [Denter & Nicolas]. 8°
Verz. VI, 340 S. 1885; Nachtr. VII, 149 S. 1905.
cf. L. 28 (1905) S. 144 (P. Fischer). 23. 25.

Püttner, J. C. B. Seegefecht bei Helgoland am 9. Mai 1864 nach dem im Besitze Sr. Majestät befindlichen Original-Gemälde. Photogr. von H. Klee. Wien, L. T. Neumann. 1865.
Grösse I 4 fl., II 3 fl., III 2 fl., Visitkartenform. 60 kr.

Püttner, Jane, italienisches Novellenbuch. 8. (III, 152 S.) Dresden 902. E. Pierson. n. 3. —; geb. n. 4. —

Püttner, Rich., Rheinbilder. 9 (farb.) Studienblätter nach Aquarellen. gr. 4. Leipzig (896). Wezel & Naumann. n. 8. 50

Püttner, R., die Rheinfahrt, s. Vaterland, unser, in Wort und Bild.

Püttner, Viktor: Zur Chronologie der Plautinischen Komödien. 16 S. 8. Progr. K. k. Staats-Gymn. *Ried* 1906.

Püttner Viktor: De „Militis gloriosi" compositione et origine commentatio.
Adiectae sunt de fabulis Plautinis quaestiones chronologicae. Diss. Wien, Univ

D: Jahresbericht d. Staatsgymnasiums in Ried, 1905.
1901 PN 1446

Puttrich, Johann August (Dresden/Meißen), Analecta de jure detractionis speciatim foro Saxonico accommodata. Präs. Friedrich Gottlieb Zoller. Leipzig (Langenheim) 5. IV. 1769. 36 S. (4.25) 27397
Gew.: Carl Ferdinand Lindemann.

Puttrich, Ludw., Denkmale d. Baukunst d. Mittelalters in Sachsen u. d. preuss. Provinz Sachsen, s. Denkmale.

— Ludwig (Dresden), Observationum juris civilis specimen. Präs. Christian Rau. Leipzig (Breitkopf-Haertel) 5. II. 1807. 24 S. (3.75) 27398
Gew.: Adolph Samson von Burkersroda.

Putyatycki, J. K. von, vgl. Putiatycki.

v. Putyatycki, J. K. Ueber Ebbe und Fluth und deren Entstehung. 8 S. . .
Lissa, Progr. 1832

v. Putyatycki, J. K. Ueber die Delambrischen Gleichungen aus der sphär. Trigonometrie. (lateinisch.) 12 S. . . . .
Lissa, Progr. 1827

v. Putyatycki, J. K. Ueber das Vorhandensein der trigonometrischen Linien beliebiger Bogen als wirklicher Linien. 12 S. . . . .
Lissa, Progr. 1837

Putz und Reinlichkeit sind sehr wesentlich verschieden ... [Schleswig 1793.]
V: *Schmettow, Woldemar Friedrich Graf von.* (ML)

PUTZ, Eduard (Augsburg): Über Vorkommen und Häufigkeit des Gallertkrebses. (Titel nach der Urkunde) 11.7.1890 – Urk; Chr 1890/91,17
Diss. Ingolst.-Landsh.-Mchn.

Putz, F., u. F. Hochstetter, die Formen des Uebertritts. I. Im Deutschen Reich. Von P. II. In Oesterreich. Von H. (16 S.) gr. 8. München (905). J. F. Lehmann's Verl. n. — 40
Sonderabdruck aus: „Wartburg".

Putz, Glieb., Blätter, Blüten, Früchte. Gedichte. 8. (401 S.) Meran 886, [Pötzelberger.] Ellmenreich. **M* 4.—; geb. *

Putz, Glieb., König Laurin und sein Rosengarten. In neue Reime gebracht. 16. (54 S.) Innsbruck 868, Wagner'sche Universitäts-Buchh. cart. mit Goldschn. * 1 —

Putz, Heinrich

Putz, H., die Graphiterde d. Passauer Waldes, deren Reinigung u. Werthbestimmg. mit Rücksicht auf die Konkurrenz durch den Ceylon-Graphit, s.: Bericht, 13., d. naturhistorischen Vereins in Passau.

— radikale Mittel zur Beseitigung der gegenwärtigen Notlage der Landwirtschaft. Nationalökonomisch-landwirtschaftl. Studien. gr. 8. (23 S.) Passau 889. Abt. n. — 50

Putz, Heinrich Dr. „Die Königliche Kreis-Realschule Passau und die damit verbundenen Anstalten: Gewerbliche Fortbildungsschule und Kreisgewerbeschule von der Zeit ihrer Errichtung bis jetzt, d. i. von 1833/34 bis 1883/84". pg. 3–55. 8°. J. Bucher.
Passau, Progr. 1883/84

Die Reduktion der Kohlensäure im pflanzlichen Organismus. Studien und Versuche. – Von Dr. Heinrich Putz, L.-P. — 1886, Passau, ebenda. -- S. 3--50.
Progr. Passau, K. Lyzeum

Putz, Carl, Beiträge zur Geschichte des ungar. Privatrechtes als Einleitung in das Studium desselben. Wien 869. (Capellen.) gr. 8. (48 S.) n. 8 ngr.

— zur Frage der Rechts-Reception und Codification in Ungarn. gr. 8. (47 S.) Wien 872, Manz. * 1 —

-- u. Vict. Morawitz, Gerichts-Organisation v. Ungarn u. Siebenbürgen m. Angabe sämmtl. Gerichtshöfe. Bezirksgerichte u. der Gemeinden nach ihrer Lage in den Gerichtssprengeln u. e. vollständ. geschichtl. Orts-Lexikon 22,000 Ortsnamen enth. Nach authent. Quellen bearb. Mit e. Gerichts-Karte v. Ungarn u. Siebenbürgen in Farbendr. (in gr. Fol.) Lex.-8. (IX, 456 S.) Ebend. 872. n. 12. —

Putz, C., Prüfungsfragen u. Antworten aus dem Kirchenrecht, s.a. Prüfungskandidat, der. I.

Putz, C., Prüfungsfragen und Antworten aus dem Kirchenrecht. [Der Prüfungskandidat I.] 8°. (160 S.) K 1.35
Wien: Kuppitsch 1903.

Putz, C., Prüfungsfragen und Antworten aus dem Kirchenrecht. 2., vermehrte und verbesserte Auflage. [Der Prüfungskanditat. I.] 8°. (176 S.) K 1.80
Wien: Kuppitsch 1909.

Putz, juristische Prüfungsfragen m. concisen Antworten, systemat. bearb. 2 Abthlgn. in 5 Bdn. Wien 888–90.
Abthlg. I: Prüfungsfragen a. d. röm. Institutionen-Recht.
1. Sachenrecht. Obligationenrecht. 888.
2. Familienrecht. Erbrecht. 888.
Abthlg. II: Prüfungsfragen a. d. Pandekten.
1. Civilprocess. Sachenrecht. 889.
2. Obligationen- u. Pfandrecht. 889.
3. Familienrecht. Erbrecht. 890.

Putz, C., juristische Prüfungsfragen m. concisen Antworten, f. Candidaten der rechtshistor. Prüfgn. systematisch bearb. 1. Abth. Prüfungsfragen aus dem röm. Institutionen-Recht. 2 Bdchn. 12. Wien 888. O. Frank's Nachf. n. 3. —
1. Allgem. Theil, Sachenrecht, Obligationenrecht. (VI, 113 S.) n. 1. 50
2. Familienrecht. Erbrecht. (V, 112 S.) n. 1. 50

Putz, C., juristische Prüfungsfragen m. concisen Antworten, f. Candidaten der rechtshistorischen Prüfungen systematisch bearb. I. Abth. Prüfungsfragen aus dem röm. Institutionen-Recht m. concisen Antworten. 2. verm. u. verb. Aufl. 2 Bdchn. 12. Wien 902. R. Friedlaender. à n. 1. 50
1. Allgem. Theil, Sachenrecht, Obligationenrecht. (VII, 127 S.)
2. Familienrecht, Erbrecht, Legisactionen u. Formularprozeß. (V, 166 S. m. 1 Tab.)

Putz, C., Prüfungsfragen und Antworten aus dem römischen Institutionenrecht. I. Bd. Allg. Teil. Sachenrecht, Obligationenrecht. [Der Prüfungskandidat. XV.] 8°. (138 S.)
Wien: Kuppitsch 1909.

Putz, C., Prüfungsfragen u. Antworten aus dem römischen Institutionenrecht. II. Bdchen. Familienrecht, Erbrecht, Legisactionen und Formularprozess. Auf Grund der röm. Rechtsquellen u. m. Benutzung d. hervorrag. übl. Institutionenwerke. 3. verm. u. verb. Aufl. (176 S.) Wien, M. Kuppitsch Wwe. 1910. 1. 50.

-- dasselbe aus dem röm. Institutionenrecht, s.a. Prüfungskandidat, der.

Putz, C. Juristische Prüfungsfragen m. concisen Antworten, f. Candidaten der rechtshistor. Prüfgn. bearb. 2. Abthl.: Prüfungsfragen aus den Pandekten. 1.—3. Bdchn. 12. Wien 889, O. Frank's Nachf. à Bdchn. * 1 50; * 4 50
1. Allgemeiner Theil, Civilproceß, Sachenrecht. (V, 180 S.) 889.
2. Obligationen- u. Pfandrecht. (140 S.) 889.
3. Familienrecht, Erbrecht. (140 S.)
1. Abthl.: Institutionen. 2 Bdchn. Ebd. 1888. à Bdchn. * 1 50.

Putz, C., Juristische Prüfungsfragen m. concisen Antworten, f. Candidaten der rechtshistorischen Prüfungen systematisch bearb. II. Abth. Prüfungsfragen aus den Pandekten m. concisen Antworten. 2. verm. u. verb. Aufl. 3 Bdchn. 12. Wien, R. Friedlaender. 1902. Je 1. 50.
1. Allgemeiner Theil, Civilprocess, Sachenrecht. (VIII, 207 S.) — 2. Obligationen- u. Pfandrecht. (151 S.) — 3. Familienrecht, Erbrecht. (158 S.)

— System des ungarischen Privatrechtes. Wien 870. Manz' Verl. gr. 8. (XVI, 388 S.) n. 2 rthl 10 ngr.

Putz, Leo. Ein deutscher Künstler der Gegenwart. Mit (56 illustr. S.) Text v. Wilh. Michel u. 75 ein- u. mehrfarb. Taf. gr. 8. Leipzig (908). Klinkhardt & Biermann. 18.—; geb. 20. —

Putz, Mathias, Chronik von Goisern. Herausg. u. comment. v. Franz Kraus. 8. (60 S.) geh. 50 kr.
Wien: Braumüller 1881.

Putz, Olga, s.: Lichtstrahlen aus Franz Klasens Werken.

C. W. PÜTZ, Die Grundzüge der Kartographie für Natur- und Wanderfreunde. Leicht faßliche, durch Textzeichnungen erläuterte Anleitung zum richtigen Verständniss und Gebrauch topographischer Karten. Herausgegeben vom Touristen-Club für die Mark Brandenburg. Berlin 1887. Comm.-Verlag der Simon Schropp'schen Hof-Landkartenhandlung (J. H. Neumann). 8°.

Pütz, Carl, s. Pütz, Karl.

Pütz, E., Anleitung zur Anfertigung v. Geschäftsaufsätzen als Rechnungen, Quittungen, Kontrakte ꝛc., Wechsel, Briefe, Gutachten ꝛc., nebst e. Anh., enth.: a) die Hauptregeln der neuen Rechtschreibg., b) einige Kapitel aus der Grammatik, c) e. Wörterverzeichnis nach der neuen Rechtschreibg. 2., umgearb. Aufl. gr. 8. (152 S.) Holzminden 886. (Halle, Hofstetter.) geb. n. 1. 80

Pütz, E., Anleitung zur Anfertigung v. Geschäftsaufsätzen als Rechnungen, Schuldscheine, Verträge, Wechsel, Briefe, Berichte, Gutachten, Bewerbungen, Gesuche u. s. w., nebst e. Anh., enth.: a) die Hauptregeln der neuen Rechtschreibg., b) einige Abschnitte aus der Sprachlehre, c) e. Wörterverzeichnis nach der neuen Rechtschreibg. 4. Aufl. gr. 8. (167 S.) Halle a/S. 892. L. Hofstetter. n. 1. 50; geb. n. 1. 60

Pütz, E., Anleitg. z. Anfertigg. v. Geschäftsaufsätzen, nebst e. Anh. Zum Gebrauche f. gewerbl. Lehranst. u. z. Selbstunterrichte. 5. Aufl. gr. 8. (176 S.) Halle 896. L. Hofstetter. n. 1. 50; kart. n. 1. 60

[F.] Anleitung zur Anfertigung von Geschäftsaufsätzen nebst e. Anhange. Z. Gebr. f. gewerbl. Lehranstalten u. z. Selbstunterr. hrsg. v. E. Pütz, Baugewerkschullehrer. 5. Aufl. *Halle a. S.: L. Hofstetter 1897.* (176 S.) 1 Bd 8. [97. 4219

Pütz, E., Anleitung zur Anfertigung v. Geschäftsaufsätzen, nebst e. Anh. Zum Gebrauche f. gewerbl. Lehranstalten u. zum Selbstunterrichte. 6. Aufl. gr. 8. (168 S.) Halle 902. L. Hofstetter, Verl. n. 1. 50; kart. n.n. 1. 60

Pütz, E. v., die kleine Nachbarin, s.: Rhoades, Nina.

— Winifred, s.: Rhoades, Nina.

Pütz, E(ckhart) H. v., herbstliches Laub. 8. (65 S.) Dresden 899. E. Pierson. n. 1. 50; geb. n. 2. 50

Pütz, Ernst, specimina poëtica. Accessit versionum metricarum collectio. Jena 864. Doebereiner. gr. 8. (XI, 251 S.) n. 1 *ℛ* 5 *ngr.*

—— dass. — Accessit translationum metricarum collectio. Editio altera castigatior. gr. 8. (XVI und 187 S.) Trier 866, Lintz' Verlag. *

Pütz, Everida v., Tiroler Dorf-Geschichten. 6 Erzählungen. Mit d. Bildn. d. Verf. u. 7 Vollbild. nach Zeichngn. v. Caj. Schweitzer. 8. (VII, 308 S.) Köln 895. J. P. Bachem. 3. 75; geb. n. 5. —

Pütz, Everilda v., neue Tiroler Dorfgeschichten. (227 S.) 8. Brixen 903. Preßvereins-Buchh. n. 2. —; geb. in Leinw. n. 3. 20

Pütz, Everilda v., das Ende vom Lied. Novellen. 8. (258 S. m. Bildnis.) Brixen 902. Buchh. des kath.-polit. Preßvereins. n. 3. —; geb. n. 4. -

Pütz, [Frau] Everilda von. Geschichten aus Tirol. Mit zahlreichen Illustrationen. 156 S. 8. Einsiedeln *etc.*, Benziger & Co. A. G., 1906. (M. 2. —, geb. 3. —)

Pütz, E. v., Maria Angela, s. Bachem's Novellen-Sammlung.

[F.] Von der Pike auf. Erzählg aus d. Zeit d. russ. Feldzuges u. d. Freiheitskriege. F. d. reifere Jugend. Von E[verilda] v. **Pütz**. M. 4 Farbendruckb. v. O. Dinger u. e. erklär. Anh. *Köln a. Rh.: J. P. Bachem [1896].* (4 Bl., 163 S., 4 Taf.) 1 Bd 8. [97. 7305

Von der Pike auf. Erzählung aus d. Zeit d. russ. Feldzuges u. d. Freiheitskriege. Für d. reifere Jugend. Von E[verilda] v. **Pütz**. Mit 4 Farbendruckbild. u. e. erklär. Anh. 2. Aufl. Köln: J. P. Bachem [1900]. (171 S.) 8° [F.]
= **Jugendschriften**, Bachem's neue illustr. Bd 6. [08. 11467

Pütz, E. v. Der letzte Schuß, s. Bachem's Novellen-Sammlung.

[F.] Die Tochter des Marquis. Erzählg f. junge Mädchen. Von Everilda v. **Pütz**. M. 4 Kunstdruckb. v. O. Maehly. *Köln a. Rh.: J. P. Bachem [1896].* (2 Bl., 166 S., 4 Taf.) 1 Bd 8. [97. 7306

— die Tochter des Marquis. Erzählung f. junge Mädchen. 2. u. 3. Aufl. Mit 4 Kunstdr.-Bildern v. Otto Maehly. (à VI, 166 S.) 8. Ebd. (901. 906.) n. 2. —; geb. in Leinw. n. 2. 50

Die Tochter des Marquis. Erzählung f. junge Mädchen. Von Everilda v. **Pütz**. 3. Aufl. Mit 4 Kunstdruckbild. Köln: J. P. Bachem [1906]. (166 S.) 8° [F.]
= **Erzählungen**, Bachem's illustr., f. Mädchen. Bd 3. [08. 11408

— Versöhnt. Mein Johannes, s.: Roman- u. Novellen-Schatz. I. 14.

Von Fesseln befreit. Von E[verilda] v. **Pütz**. Kevelaer: Butzon & Bercker [1904]. (96 S.) 8° [F.]
= **Vergangenheit**, Aus, u. Gegenwart. Bdch. 43. [06. 4301

— von Fesseln befreit, s. Aus Vergangenheit u. Gegenwart. 43. Bdchn.

Pütz, Franz [aus Heinsberg]: Zur Geschichte der Entwicklung der Artursage ... (Erscheint vollst. in d. Zeitschr. f. frz. Sprache u. Litt.) Oppeln, Druck v. E. Raabe, 1892; 2 Bl., 32 S., 1 Bl. 8.
Bonn, Phil. Fak., Inaug.-Diss. v. 10. Aug. 1892

Pütz, Franz: Über den traumatischen Ursprung der Hernia epigastrica. *Bonn 1898: J. Bach Wwe.* (37 S.) 8°
Bonn, Med. Diss. v. [11. Juni] 1898

Pütz, Franz (Hennef/Rheinprovinz), Ueber Vergiftung durch Produkte der unvollständigen Verbrennung speciell durch Kohlenoxyd. Diss. med. Halle/S. (Plötz) 19. V. 1882. 55 S. mit Biogr. (M.: (G. Broel). (2.75) 27359
Refer.: Weber. — Oppon.: Handtmann, Böttger. — Seinen Eltern gew.

Pütz, Heinr., Führer f. Heimbach u. Umgegend. (66 S. m. 2 Vollbildern u. 1 Karte.) kl. 8. Trier 904. H. Stephanus. n. — 60

— die Urftsperre in der Eifel. Ihre Entstehg., Bedeutg. u. Umgebg. Zugleich Führer durch die Luftkurorte Heimbach u. Gemünd. Mit 1 Karte, Panorama u. 12 Bildern. 2., verm. Aufl. (57 S.) kl. 8. Baden-Baden (906). P. Weber. n. — 75

Pütz, Hermann, Vol.-Assistent am Hygienischen Institute der Tierärztlichen Hochschule zu Berlin: Arbeiten aus dem Hygienischen Institut der Kgl. Tierärztlichen Hochschule zu Berlin. Leiter: Prof. Dr. med. Ostertag. Nr. IV. Der Bacillus pyogenes und seine Beziehungen zur Schweineseuche. Berlin: R. Schoetz 1905. (52 S.) 8°
Gießen, Verein. Med. Fak., Ref. Olt, Diss. v. 8. Juni 1905
[Geb. 24. Apr. 79 Honnef; Wohnort: Stettin; Staatsangeh.: Preußen; Vorbildung: Realgymn. Elberfeld Reife H. 98; Studium: Hannover 5, Berlin 3 S.; Rig. 1. Dez. 04.]

Pütz, Herm., der Bacillus pyogenes u. seine Beziehungen zur Schweineseuche, s. a. Arbeiten aus dem hygienischen Institut der kgl. tierärztlichen Hochschule zu Berlin. Nr. 4.

Pütz H.: Beiträge z. Anatomie u. Physiologie d. Sprunggelenkes. Diss. Bern 1876. 44 S. P.

Pütz, Herm., über die Beziehungen der Tuberculose des Menschen zur Tuberculose der Thiere, namentlich zur Perlsucht des Rindviehes. Mit krit. Berücksicht. der Entdeckung des Tuberkelbacillus an der Hand eigener Versuche bearb. gr. 8. (64 S.) Stuttgart 883, Enke. * 1 60

Pütz, [Hermann]: Gedächtnissrede bei Enthüllung des Gerlach-Denkmales gehalten am 30. Juli 1890 im Vorgarten der Königl. Hochschule zu Berlin. (Halle a. S. 1890.) 12 S.

Pütz, Herm., die Hauptdaten der Lungenseuche-Impfung seit 1819. [Aus: „Zeitschr. f. Thiermedicin".] gr. 8. (44 S.) Leipzig 891. F. C. W. Vogel. n. — 80

Pütz, Herm., Compendium der practischen Thierheilkunde. gr. 8. (XII, 622 S.) Stuttgart 885, Enke. *

Pütz, Herm., die äusseren Krankheiten der landwirthschaftlichen Haussäugethiere. Mit 90 in den Text gedr. Holzschn. gr. 8. (IV, 478 S.) Berlin 880. Parey. n. 8. —

— — Die äusseren Krankheiten der landwirtschaftlichen Haussäugetiere. Berlin 81. Parey. M. 8.-

Pütz, Herm., Lehrbuch der allgemeinen chirurgischen Veterinär-Pathologie und -Therapie. Mit mehreren in den Text gedr. Holzschn. 2 Abthlgn. gr. 8. Bern 874, Dalp'sche Buchh. [Berlin, Wiegandt, Hempel und Parey.] [1. Abthl. (X, S. 1—176.) **M.* 3,50.; 2. Abthl. (S. 177—424.) **M.* 5.] (**M.* 8,50.) * 8 —

Pütz, H., u. Fr. Koch, Liederbuch f. deutsche Tierärzte. (VII, 91 S.) **8. Berlin 910. R. Schoetz. Geb. 1.25**

— Lungenseuche, ihre Bedeutung f. die Landwirthschaft, Verbreitung der Massregeln gegen dieselbe m. besond. Berücksicht. der Schutzimpfung. [Aus: „Oesterr. Monatsschr. f. Thierheilkunde u. Thierzucht".] (Internationaler land- u. forstwirthschaftl. Congress zu Wien 1890, Hft. 45.) gr. 8. (16 S.) Wien 890. (W. Frick.) n. — 80

Pütz H.: Die Lungenseuche als Gegenstand d. Veterinär-Sanitätspolizei. 2 Vorträge. Leipz. 1878. 76 S. (Vorträge f. Thierärzte. Ser. 1 H. 6/7). 327.

— Die Lungenseuche als Gegenstand der Veterinär-Sanitätspolizei. (76 S.) Jena 78. Dege & Hänel. (Dürselen, Wiesbaden.) M. 2.50

— **die Lungenseuche als Gegenstand der Veterinär-Sanitätspolizei, s.a. Vorträge f. Thierärzte.**

- Die Maul- u. Klauenseuche. Gemeinverst. dargestellt. Von d. Berner Regierung gekrönte Preisschrift. (48 S.) Berlin 74. Parey. M. —.80

Pütz, die Maul- u. Klauenseuche. Gemeinverständlich dargestellt. 8. (48 S.) **Bern 874. Dalp.** — 75

Pütz H.: Ueber die Milzbrandimpfungen Pasteur's. Leipz. 1884. 27 S. P. (Vorträge f. Thierärzte. Ser. 8 H. 1). 327.

— Über die Milzbrandimpfungen Pasteurs. Jena 84. Dege & Hänel. (Dürselen, Wiesbaden.) M. 1.50

— **über die Milzbrandimpfungen Pasteur's, s.a. Vorträge für Thierärzte.**

Pütz H.: Die Schutz- u. Noth-Impfung im Kampfe gegen Thierseuchen. Halle 1890. 28 S. P. (Thiermed. Vorträge. Bd. 1, H. 8). 327.

Pütz, H., die Schutz- u. Noth-Impfung im Kampfe gegen Thierseuchen, s.a. Vorträge, thiermedizinische.

— **die Seuchen und Herdekrankheiten unserer Hausthiere mit Rücksicht auf die Zoonosen des Menschen, für Thierärzte, Aerzte und Landwirthe. Nach seinen eigenen Vorlesungen bearb. 2 Abthlgn. gr. 8. Stuttgart, Enke. [1. Abthl. (S. 1—144 mit 57 eingedr. Holzschn.) 881. *M 3.; 2. Abthl. (X, S. 145—709 mit 16 eingedr. Holzschn.) 882. *M 11.] ***

— **die Seuchen u. Herdekrankheiten unserer Hausthiere mit Rücksicht auf die Zoonosen des Menschen, für Thierärzte, Aerzte u. Landwirthe. Nach seinen eigenen Vorlesungen bearb. Mit 73 in den Text gedr. Holzschn. gr. 8. (X, 790 S.) Stuttgart 882. Enke.** n. 14. —

— Über den gegenwärtigen Stand der Schutz- und Notimpfung zur Tilgung von Tierseuchen. (28 S.) Leipzig 90. Felix. M. 1.50

Pütz: Die Stellung d. Thiermedicin zu den übrigen Zweigen d. Naturwissenschaften. Vortr. Leipz. 1880. 42 S. (Vorträge f. Thierärzte. Ser. 2 H. 11/12). 327.

- Die Stellung der Tiermedizin zu den übrigen Zweigen der Naturwissenschaften. Vortrag, gehalten in der 1. Sitzung der Sektion für Veterinärkunde der 52. Generalversammlung deutscher Naturforscher und Ärzte am 18. September 1879 in Baden-Baden. (42 S.) Jena 80. Dege & Hänel. (Dürselen, Wiesbaden.) M. 3. -

— **die Stellung der Thiermedicin zu den übrigen Zweigen der Naturwissenschaften, s.a. Vorträge für Thierärzte.**

Pütz, Herm., landwirthschaftliche Thierkunde. Ein Leitfaden für den thierärztl. Unterricht an landwirthschaftl. Lehranstalten u. zum Selbststudium für Freunde der Thierwelt. Glogau 867. Flemming. gr. 8. (VIII, 379 S. mit 50 in den Text gedr. Holzschn.) 1 ₰ 15 ngr

Pütz, Herm., Landwirtschaftliche Tierkunde. Ein Leitfaden für den tierärztlichen Unterricht an landwirtschaftlichen Lehranstalten und zum Selbststudium für Freunde der Tierwelt. Mit 50 H. (379 S.) Glogau 67. (H. Voigt, Leipzig.) M. 4.50

— **über Ursache u. Tilgung der Lungenseuche. Mit Rücksicht auf die seitherigen Forschungsresultate u. auf die glänzenden Erfolge des holländischen Lungenseuchegesetzes, sowie nach den Ergebnissen eigener Versuche für Thierärzte u. Thierbesitzer bearb. gr. 8. (IV, 50 S.) Halle 881. Buchh. d. Waisenh.** n. 1. —

Pütz H.: Ueber Wundheilung resp. Wundbehandlung. M. Fortsetzung Leipz. 1878-79. (126) S. 1 Tvl. (Vorträge f. Thierärzte. Ser. 1. H. 12, Ser. 2. H. 9/10). 327.

Pütz, Hermann (Red.), s. Zeitschrift für praktische Veterinär-Wissenschaften.

— **über Wundheilung resp. Wundbehandlung, s.a. Vorträge für Thierärzte.**

Pütz, J., graphische Darstellung der Metall-Preise der letztvergangenen 25 Jahre, nach amtl. Quellen bearb. u. hrsg. Chromolith. 2 Blatt. gr. Fol. Iserlohn 883. Bädeker. n. 1. 50

Pütz, Carl, Ursachen u. Tragweite der Krise in der Kohlen- u. Roheisen-Industrie Deutschlands. gr. 8. (54 S.) Giessen 877. Roth. n. 1. 50

— **warum muss insbesondere der unbefangene Fachmann gegen Eisenzölle stimmen? gr. 8. (44 S.) Giessen 879. (Ferber.)** n. 1. 50

Pütz, Frau Libby, s.: Malten, L.

Pütz, Max: Ueber Alveolarabcesse[!], ihre Aetiologie, Prognose und Therapie mit besonderer Berücksichtigung der in der königl. Charité zu Berlin beobachteten Fälle. *Berlin (1898): E. Streisand.* (32 S.) 8° Erlangen, Med. Diss. v. [18. Febr.] 1898

Pütz, Max, Familie Pannemann, s.: Reichardt, Max.

Pütz, Otto: Die Begutachtung und Wertschätzung von Bergwerksunternehmungen mit besonderer Berücksichtigung der oberschlesischen Steinkohlengruben. Freiberg i. S.: Craz & Gerlach 1911. 111 S. 8°
¶ Auch als Buch.
Dresden, Dr.-Ing.-Diss. v. 14. 12. 1910

Pütz, Otto, die Herstellung der Bohrlöcher f. die Sprengarbeit durch Hand, s.a. Sammlung berg- u. hüttenmänn. Abhandlungen. 36. Heft.

Die Herstellung der Bohrlöcher für die Sprengarbeit durch Hand. Von Dipl.-Bergingen. Otto **Pütz**. Mit 1 Taf. Kattowitz: Böhm 1909. 20 S. 8°
Aus Berg- u. Hüttenmännische Rundschau.
(Sammlung berg- u. hüttenmännischer Abhandlungen. H. 36.) [09. 10166

— **Über die Imprägnierung des Grubenholzes im allgemeinen u. das Verfahren v. Wolmann im besonderen, s.a. Sammlung berg- u. hüttenmänn. Abhandlungen. 28. Heft.**

Pütz, Otto: Über die Imprägnierung des Grubenholzes im allgemeinen und das Verfahren von Wolman im besonderen. Kattowitz: Böhm 1908. 21 S. 8°
Aus: Berg- u. Hüttenmänn. Rundschau.
(Sammlung Berg- u. Hüttenmänn. Abhandlungen. H. 28.)

Pütz, Otto [aus Halle a. S.]: Über Nabelschnurhernien und ihre Behandlung. ... Halle a. S., Hofbuchdr. v. C. A. Kaemmerer & Co., 1891; 36 S., 3 Bl. 8°
Halle, Med. Fak., Inaug.-Diss. v. 9. Jul. 1891

Das Spülversatzverfahren. Von Otto **Pütz**. Mit 40 Fig. Berlin: J. Springer 1907. (IV, 78 S.) 8° (07. 1000)

— Die Wahl des Schachtansatzpunktes, s. Sammlung berg- u. hüttenmännischer Abhandlungen 48. Heft.

Die Wahl des Schachtansatzpunktes. Von Dipl.Ing. O. **Pütz**. Kattowitz: Böhm 1909. 19 S. 8°
Aus: Berg- u. Hüttenmännische Rundschau.
(Sammlung Berg- u. Hüttenmännischer Abhandlungen. H. 48.) (10. 9737)

Pütz, Paul: Der Einfluss des Vanadins auf Eisen und Stahl. 1906. 39 S., 1 Taf. 4° ¶ Abgeändert in: Metallurgie. Jg. 3; Mitteilungen aus d. Eisenhüttenmänn. Institut d. Kgl. Techn. Hochschule Aachen. Bd 2. 1908 [Nr 99]. Aachen, Dr.-Ing.-Diss. v. 11. 12. 1906

Pütz, Richard [aus Bern]: Ueber operative Entfernung von Fremdkörpern aus dem Ohre ... Halle a. S., Hofbuchdr. v. C. A. Kaemmerer & C., 1893; 28 S., 3 Bl. 8.
Halle, Med. Fak., Inaug.-Diss. v. 14. Aug. 1893

Pütz, Theod. Guil. (geb. am 17 Sept. 1812 in Dahlen (jetzt Rheindahlen) Rgbz. Düsseldorf): Enarratur sectio caesarea nuper in clinico nostro a cl. Kiliano tertium eadem in femina et matre et infante salvis instituta; accedunt quaedam de sectionis caesareae origine et historia ... Bonnae, typ. C. Georgii 1843. 1 Bl., VIII, 29 S., 1 Bl. 8.
Bonn, Med. Fak., Diss. v. 25 Nov. 1843

Pütz, Wilhelm

Pütz, G. Adnotationes ad Virgilii Cirin. 24 S.
Köln, kath., Progr. 1846

— adnotationes ad Virgilii Cirin. 4. Cöln 846, Bachem. n. 8 ngl

Pütz, Wilh., Atlante geografico-storico ad uso delle scuole. Parte I.: Il mondo antico. Con (16 S.) testo illustrativo. 1. versione ital. del Fel. de Angeli. Con 10 carte incise sopra 8 tavole (Stahlst. u. color.). Ratisbona 858. Manz. qu. Fol. n. 21⅓ ngr

Pütz, Wilh., Atlante geografico-storico ad uso delle scuole. Parte II.: Evo medio e moderno. Con testo illustrativo. Versione italiana de Felice de Angeli. Con 9 carte sopra 8 tavole (Stahlst. u. color.). Regensburg 859. Manz. qu. Fol. (20 S. Text.) n. 28 ngr

— Charakteristiken zur vergleichenden Erd- und Völkerkunde in abgerundeten Gemälden, für Schule und Haus gesammelt und bearb. 2 Bde. Köln 859, 60. Du Mont-Schauberg. gr. 8. (VIII, 727 S.; VIII, 464 S.) n. 3 ₰ 20 ngr

— historische Darstellungen und Charakteristiken für Schule und Haus gesammelt und bearb. 3 Bde. Ebend. 861—64. gr. 8. n. 6 ₰ 25 ngr
1. Bd.: Die Geschichte des Alterthums in abgerundeten Gemälden. (XI, 760 S.) n. 2 ₰ 10 ngr
2. Bd.: Die Geschichte des Mittelalters in abgerundeten Gemälden. (VIII, 643 S.) n. 2 ₰
3. Bd.: Die Geschichte der neuern Zeit in abgerundeten Gemälden. (VII, 802 S.) n. 2 ₰ 15 ngr

Pütz, Wilh., historische Darstellungen u. Charakteristiken für Schule u. Haus gesammelt u. bearb. 4. Bd. Die Geschichte der letzten 50 Jahre (1816—1866) in abgerundeten Gemälden. Köln 866. Du Mont-Schauberg'sche Buchh. gr. 8. (X, 546 S.) n. 1 ₰ 25 ngr

Pütz, Wilh., historische Darstellungen u. Charakteristiken f. Schule u. Haus. 2. umgearb. Aufl. 3 Bde. gr. 8. Köln 872—76. Du Mont-Schauberg. n. 20. 50
1. Die Geschichte d. Alterthums. (XI, 684 S.) n. 7. —
2. Die Geschichte d. Mittelalters in abgerundeten Gemälden. (VIII, 654 S.) n. 6. —
3. Die Geschichte der neueren Zeit in abgerundeten Gemälden. (VIII, 730 S.) n. 7. 50

Pütz, Wilh., historische Darstellungen und Charakteristiken für Schule und Haus. 2. umgearb. Aufl. 1. und 2. Bd. gr. 8. Köln, DuMont-Schauberg'sche Buchh. * 13 —
Inhalt:
Bd. 1. Die Geschichte des Alterthums. (XI, 684 S.) 873. *ℳ 7.
2. Die Geschichte des Mittelalters in abgerundeten Gemälden. (VIII, 654 S.) 876. *ℳ 6.
3. Bd. Ebendas. 1864. *ℳ 7,50.; 4. Bd. 1866. *ℳ 5,50.

Pütz, Wilh., historische Darstellungen u. Charakteristiken, für Schule u. Haus gesammelt u. bearb. 4. Bd. A. u. d. T.: Die Geschichte der neuesten Zeit [1815—1876] in abgerundeten Gemälden. 2., umgearb. Aufl. gr. 8. (XI, 563 S.) Köln 877. Du Mont-Schauberg. n. 6. 50

Pütz, W., historische Darstellungen u. Charakteristiken, f. Schule u. Haus gesammelt u. bearb. 1. Bd.: Geschichte d. Altertums. 2 Abtlgn. gr. 8. Köln 888. Du Mont-Schauberg. n. 8. —
1. Der Orient u. die Griechen. 3., umgearb. Aufl. Neue Bearbeitg. v. Jul. Asbach. (XI, 396 S.) n. 4. 60
2. Die Römer. 3., umgearb. Aufl. Neue Bearbeitg. v. Jul. Asbach. (IX, 301 S.) n. 3. 40

— dasselbe. 2. Bd. Die Geschichte d. Mittelalters in abgerundeten Gemälden. Neue Bearbeitung v. J. Asbach. 3., umgearb. Aufl. gr. 8. (XI, 694 S.) Ebd. 889. n. 8. —

Pütz, Wilh., histor. Darstellungen u. Charakteristiken, f. Schule u. Haus gesammelt u. bearb. 3. u. 4. Bd. 3., umgearb. Aufl. Rev. u. erweit. Bearbeitg. v. Jul. Asbach. gr. 8. Köln, Du Mont-Schauberg. n. 16. —; geb. in Halbfrz. n.n. 19. — (kplt.: n. 32. — ; geb. n.n 38 —)
3. Die Geschichte der neuern Zeit in abgerundeten Gemälden. (X, 775 S.) 894. n. 8. 50; geb. n.n. 10. —
4. Die Geschichte der neuesten Zeit bis auf die Begründg. d. Deutschen Reichs in abgerundeten Gemälden. (XIV, 642 S.) 892. n. 7. 50; geb. n.n. 9. —

Pütz, Wilh., histor. Darstellungen u. Charakteristiken, f. Schule u. Haus gesammelt u. bearb. 4 Bde. 4. [Titel-]Aufl. gr. 8. Köln 907. M. DuMont-Schauberg. 19.20 geb. in Leinw. 24. —
I. Die Geschichte des Altertums in abgerundeten Gemälden. 1. Abtlg.: Der Orient u. die Griechen. Neue Bearbeitg. v. Jul. Asbach. (XI, 396 S.) [1888.] 2.80. — 2. Abtlg.: Die Römer. Neue Bearbeitg. v. Jul. Asbach. (IX, 301 S.) [888.] 2.—; in 1 Bd. geb. 6. —
II. Die Geschichte des Mittelalters in abgerundeten Gemälden. Neue Bearbeitg. v. Jul. Asbach. (XI, 694 S.) [889.] 4.80; geb. 6. —
III. Die Geschichte der neuern Zeit in abgerundeten Gemälden. Rev. u. erweit. Bearbeitg. v. Jul. Asbach. (X, 775 S.) [894.] 5.10; geb. 6.30
IV. Die Geschichte der neuesten Zeit bis auf die Begründung des Deutschen Reichs in abgerundeten Gemälden. Rev. u. erweit. Bearbeitg. v. Jul. Asbach. (XIV, 642 S.) [892.] 4.50; geb. 5.70

—— vergleichende Erd- und Völkerkunde in abgerundeten Gemälden, für Schule und Haus. 2. umgearb. Aufl. 1. Bd. gr. 8. (X, 608 S.) Ebendas. 874. * 6 —
2. Bd. Ebendas. 1860. *ℳ 6,50.

—— vergleichende Erd- und Völkerkunde in abgerundeten Gemälden, für Schule und Haus. 2. Bd. 2. umgearb. Aufl. gr. 8. (VIII, 632 S.) Ebendas. 875. *
1. Bd. Ebendas. 1874, *ℳ 6.

— vergleichende Erd- u. Völkerkunde in abgerundeten Darstellungen, f. Schule u. Haus gesammelt u. bearb. 3. Aufl. Neue Bearbeitg. v. Aug. Auler. 1. Bd. gr. 8. (XII, 559 S.) Ebd. 892. n. 6. 50; geb. in Halbfrz. n.n. 8. —

Pütz, Wilh., vergleich. Erd- u. Völkerkunde in abgerund. Darstellgn., f. Schule u. Haus gesammelt u. bearb. 3. Aufl. Neue Bearbeitg. v. Aug. Auler. 2. Bd. gr. 8. (X, 654 S.) Köln 896. M. Du Mont-Schauberg. n. 7. 50; geb. in Halbfrz. n.n. 9. — (1 u. 2: n. 14. —; geb. n.n. 17. —)

- der Gesinnungs-Unterricht im 1. u. 2. Schuljahre od. Vorbereitungskursus f. den Religionsunterricht, s.: Redeker, Herm.

—— Grundriß d. Geographie u. Geschichte d. Staaten d. Alterthums, f. d. mittleren Klassen d. Gymnasien u. f. höh. Bürgerschulen. 3 Abthl. gr. 8. Köln. [Coblenz, Bädeker.] à 1/3 Thlr.

Bd. 1. Das Alterthum. 1. Aufl. (7⅝ B.) 835., 2. u. 3. A. (à 8 B. u. Zeittaf.) 837, 42.
" 2. Das Mittelalter. 1. Aufl. (7 B. u. Zeittaf.) 837., 2. A. (7 B. u. 1 Karte.) 842.
" 3. Die neuere Zeit. (7½ B. u. 1 Zeittaf.) 838.

Pütz, Wlh., Grundriß der Geographie u. Geschichte der alten, mittlern u. neuern Zeit für die mittleren Klassen der Gymnasien u. für höhere Bürgerschulen. 1. Abtheil.: Das Alterthum. 3. Aufl. gr. 8. Köln 842, Welter. 1/3 ℛ︀

—— Grundriß der Geographie u. Geschichte der alten, mittlern u. neuern Zeit f. die mittleren Klassen der Gymnasien u. f. höhere Bürgerschulen. 1. u. 2. Abth. gr. 8. Köln. [Koblenz, Bädeker.] à

Abthl. 1. Das Alterthum. 3. u. 4. Aufl. (à 8 B.) u. 5., verb. u. verm. Aufl. (9 B.) 846.
" 2. Das Mittelalter. 2. Aufl. (7 B. u. 1 Karte.) 842.
Abthl. 3. (1. Aufl.) Ebendas. 1838. 10 Ngr.

Pütz, Wilh., Grundriß der Geographie u. Geschichte der alten, mittlern u. neuern Zeit für die mittleren Klassen der Gymnasien u. für höhere Bürgerschulen. 1. Abth.: Das Alterthum. 5. verb. u. verm. Aufl. gr. 8. (VI u. 138 S.) Koblenz 847, Bädeker. — 6. verb. Aufl. gr. 8. (VI u. 138 S.) Ebd. 850. — 7. verm. u. verb. Aufl. gr. 8. (160 S.) Ebd. 851. 1/3 ℛ︀

— dass. 2. Abth.: Das Mittelalter. 5. verb. Aufl. [Mit 1 (lith.) Karte.] gr. 8. (IV u. 140 S.) Ebd. 850. — 6. verb. Aufl. [Mit 1 (lith.) Karte (in Imp. 4.)] gr. 8. (VI u. 141 S.), Ebd. 851. 1/3 ℛ︀

— dass. 3. Abth.: Die neuere Zeit. 4. umgearb. Aufl. gr. 8. (161 S.) Ebd. 850. 1/3 ℛ︀

Pütz, Wilh., Grundriß der Geographie und Geschichte der alten, mittleren und neueren Zeit für die mittleren Klassen der Gymnasien und für höhere Bürgerschulen. 3 Abthlgn. Neue Aufl. gr. 8. Koblenz 853—55, Bädeker. à Abthl. 10 Ngr.

Inhalt:
Abthl. 1. Das Alterthum. 8. Aufl. 1854. und 9., verb. Aufl. (159 S.)
" 2. Das Mittelalter. 7., verb. Aufl. (VI und 137 mit 1 lithogr. Karte in Fol.)
" 3. Die neuere Zeit. 6. Aufl. (157 S.)

— Grundriß der Geographie und Geschichte der alten, mittleren und neueren Zeit für die mittleren Klassen der Gymnasien u. für höhere Bürgerschulen. 3 Abthlgn. Koblenz, Bädeker. gr. 8. Jede Abth. 10 ngr.
1. Abth.: Das Alterthum. 8. verb. Aufl. 854. — 9. verb. Aufl. 855. (159 S.)
2. Abth.: Das Mittelalter. Mit 1 (lith.) Karte (in Fol.). 7. verb. Aufl. 854. — 8. verb. Aufl. 857. (VI, 136 S.)
3. Abth.: Die neuere Zeit. 5. Aufl. 853. — 6. Aufl. 856. — 7. verb. u. mit einer Uebersicht der Geschichte des preuß. Staates u. 1 (lith.) histor. Karte desselben (in Fol.) verm. Aufl. 857. (IV, 164 S.)

— Grundriß der Geographie und Geschichte der alten, mittlern und neuern Zeit für die mittleren Klassen höherer Lehranstalten. 1. Abth.: Das Alterthum. 10. Aufl. 857. — 11., verb. Aufl. Koblenz 860. Bädeker. gr. 8. (167 S.) 10 ngr.

—— Grundriß der Geographie und Geschichte der alten, mittlern und neuern Zeit für die mittleren Klassen höherer Lehranstalten. 3 Abthlgn. gr. 8. Coblenz 861—68, Bädeker. à Abthl. 10 Ngr.

Inhalt:
Abthl. 1. Das Alterthum. 12.—14., verb. Aufl. (158 S.)
" 2. Das Mittelalter. 10. und 11., verb. Aufl. (IV und 131 S. mit 2 histor. Karten.)
" 3. Die neuere Zeit. 8.—10., verb. Aufl. (IV und 152 S. mit 1 Karte von Deutschland nach seiner Eintheilung in 10 Kreise.)

—— Grundriß der Geographie und Geschichte der alten, mittlern und neuern Zeit für die mittleren Klassen höherer Lehranstalten. 3 Abthlgn. gr. 8. Coblenz [Leipzig], Bädeker. à Abthl. *M 1. * 3 —

Inhalt:
Abthl. 1. Das Alterthum. 15., vielfach verb. Aufl. (IV, 160 S.) 873.
" 2. Das Mittelalter. 12. umgearb. Aufl. (IV, 135 S.) 1870., und 13. vielfach verb. Aufl. Mit einer histor. (lithogr.) Karte von Deutschland nach seinen Territorien im Mittelalter nebst Angabe sämmtl. historisch merkwürdiger Orte (in qu. Fol.). (IV, 128 S.) 874.
" 3. Die neuere Zeit. 11. vielfach verb. Aufl. Mit einer (lithogr. und color.) Karte von Deutschland nach seiner Eintheilung in zehn Kreise (in qu. 4.). (IV, 166 S.) 874.

—— Grundriß der Geographie und Geschichte der alten, mittlern und neuern Zeit für die mittleren Klassen höherer Lehranstalten. 3 Abthlgn. gr. 8. Leipzig, Bädeker. à Abthl. *M 1. *

Inhalt:
Abthl. 1. Das Alterthum. 16., vielfach umgearb. Aufl. (VII, 152 S.) 877.
" 2. Das Mittelalter. 14. verb. Aufl. Mit einer histor. (lithogr.) Karte von Deutschland nach seinen Territorien im Mittelalter, nebst Angabe sämmtlicher histor. merkwürdiger Orte (in qu. Fol.). (IV, 130 S.) 879.
" 3. Die neuere Zeit. 12., vielfach verb. Aufl., hrsg. von H. Cremans. Mit einer (chromolithogr.) Karte von Deutschland nach seiner Eintheilung in 10 Kreise. (166 S.) 878.

Pütz, Wilh., Grundriß der Geographie und Geschichte der alten, mittlern und neuern Zeit für die mittlern Klassen höherer Lehranstalten. Hrsg. von H. Cremans. 3 Abthlgn. gr. 8. Leipzig, Bädeker. à Abthl. *M 1. *

Inhalt:
Abthl. 1. Das Alterthum. 17. und 18. Aufl. (VI, 114 S.) 882,84.
" 2. Das Mittelalter. 15. Aufl. Mit 1 histor. (lithogr.) Karte von Deutschland nach seinen Territorien im Mittelalter, nebst Angabe sämmtlicher histor. merkwürdiger Orte (in qu. Fol.). (IV, 128 S.) 884.
3. Die neuere Zeit. 13. vielfach verb. Aufl. Mit 1 (chromolithogr.) Karte von Deutschland nach seiner Eintheilung in zehn Kreise (VI, 146 S.) 882.

Pütz, Wilh., Grundriß der Geographie und Geschichte der alten, mittlern und neuern Zeit für die mittlern Klassen höherer Lehranstalten. Hrsg. von H. Cremans. 3 Abthlgn. gr. 8. Leipzig, Karl Bädeker. à Abthl. *M 1.—. * 3 —

Inhalt:
Abthl. 1. Das Alterthum. 19. Aufl. (VI, 114 S.) 886.
" 2. Das Mittelalter. 16. Aufl. (IV, 123 S. mit 1 histor. lithogr. Karte von Deutschland nach seinen Territorien im Mittelalter, nebst Angabe sämmtl. historischer merkwürdiger Orte [in qu. Fol.].) 889.
" 3. Die neuere Zeit. 14. vielfach verb. Aufl. (VI, 138 S. mit 1 chromolithogr. Karte von Deutschland nach seiner Eintheilung in zehn Kreise.) 887.

—— Grundriß der Geographie u. Geschichte der alten, mittlern u. neuern Zeit f. die mittleren Klassen höherer Lehranstalten. 1. u. 3. Abtlg. Hrsg. v. H. Cremans. gr. 8. Lpz., K. Baedeker. à Abtlg. * 1 —; * 2 —
1. Das Altertum. 20. Aufl. (VI, 110 S.) 891.
3. Die neuere Zeit. 15. Aufl. (VI, 140 S. m. 1 farb. Karte.) 1892.
2. Abtlg. Ebd. 1889. * 1 —.

— Grundriß der Geographie u. Geschichte der alten, mittl. u. neuern Zeit f. d. mittl. Klassen höh. Lehranst. Hrsg. v. H. Cremans. 3 Abtlgn. gr. 8. Leipzig, K. Baedeker. à n. 1. —; Einbde. à n.n.n. — 25
1. D. Altertum. Ausg. f. d. höh. Schulen in Preußen. 21. Aufl. (VI, 106 S.) 895.
2. D. Mittelalter. 17., umgearb. Aufl. M. 2 (1 farb.) histor. Karten. (X, 128 S.) 895.
3. Die neuere Zeit. 16., umgearb. Aufl. (VII, 166 S.) 896.

Pütz, Wilh., Grundriss der Geographie u. Geschichte d. alten, mittlern u. neuern Zeit, f. d. obern Klassen e. Gymnasiums. 1. Bd. Die Staaten d. Alterthums. 1—3. Abthl. gr. 8. Köln, Renard u. Dübyen. à 10 Gr.

Abthl. 1. Die Staaten d. Alterthums in Asien u. Afrika. (8 B.) 833.
- 2. Die Griechen u. Makedonier. (8 1/2 B.) 836.
- 3. Die Römer. (8 1/2 B.) 834.

Letzte Abthl. ist die 2., verm. Aufl. von dess. „Plan zu Vorträgen üb. d. Röm. Geschichte etc."

Pütz, Wilh., Grundriss d. Geographie u. Geschichte d. alten, mittlern u. neuern Zeit f. d. obern Klassen e. Gymnasiums. 3 Bde. 2., umgearb. Aufl. gr. 8. Köln. [Coblenz, Baedeker.] *

Bd. 1. Das Alterthum. (26 1/4 B.) 839. * 1 Thlr.
- 2. Das Mittelalter. (13 1/4 B.) 837. * 14 Gr.
- 3. Die neuere Zeit. (16 B.) 838. * 14 Gr.

—— Grundriss der Geographie u. Geschichte der alten, mittlern u. neuern Zeit f. die obern Klassen eines Gymnasiums. 3 Bde. gr. 8. Cöln. [Koblenz, Baedeker.] *

Bd. 1. Das Alterthum. 3. Aufl. (24 1/4 B.) 843. * 1 Thlr. u. 4., umgearb. Aufl. (26 1/4 B.) 847. * 25 Ngr.
- 2. Das Mittelalter. 2., umgearb. Aufl. (13 1/2 B. u. 1 Karte.) 844. * 17 1/2 Ngr.
- 3. Die neuere Zeit. 2., umgearb. Aufl. (17 5/8 B.) 845. * 17 1/2 Ngr.

— dass. 2. Bd. Das Mittelalter. 2. umgearb. Aufl. Mit 1 Karte. gr. 8. Ebend. 843. 7/12 ℛ

— Grundriss der Geographie u. Geschichte der alten, mittlern u. neueren Zeit für die obern Klassen höherer Lehranstalten. 1. Bd.: Das Alterthum. 4. umgearb. Aufl. gr. 8. (VI u. 418 S.) Ebd. 847. — 5. verb. Aufl. gr. 8. (VI u. 417 S.) Ebd. 850. — 6. verb. Aufl. gr. 8. (XII u. 426 S.) Ebd. 851. — 7. verb. u. verm. Aufl. gr. 8. (XII u. 433 S.) Ebd. 852. n. 5/6 ℛ

— dass. 2. Bd.: Das Mittelalter. 3. umgearb. Aufl. m. 2 (lith.) Karten (1 schw. in 4. u. 1 col. in Fol.), u. einer Uebersicht der Geschichte der deutschen Litteratur. gr. 8. (VIII u. 224 S.) Ebd. 848. — 4. verm. Aufl. gr. 8. (VI u. 249 S.) Ebd. 850. — 5. verb. Aufl. gr. 8. (VI u. 260 S.) Ebd. 851. n. 2/3 ℛ

— dass. 3. Bd.: Die neue Zeit. 3. umgearb. Aufl. m. einer Uebersicht der Geschichte der deutschen Litteratur. gr. 8. (308 S.) Ebd. 849. n. 2/3 ℛ (cmplt. n. 2 1/6 ℛ)

— **Grundriss der Geographie** und Geschichte der alten, **mittlern und neuern** Zeit für die obern Klassen höherer **Lehranstalten.** 3 Bde. Ebend. gr. 8. n. 2 ℛ. 5 ngr.

1. Bd.: Das Alterthum. 8. Aufl. 854. (X, 446 S.) — 9. umgearb. Aufl. 858. (X, 414 S.) n. 25 ngr.
2. Bd.: Das Mittelalter. Mit 2 (lith.) Karten (in Fol.) u. e. Uebersicht der Geschichte der deutschen Literatur. 6. Aufl. 854. (VI, 250 S.) — 7. umgearb. Aufl. 857. (VIII, 262 S.) n. 20 ngr.
3. Bd.: Die neuere Zeit. 6. verb. Aufl., mit einer Uebersicht der deutschen Literatur. 855. (IV, 315 S.) n. 20 ngr.

—— Grundriss der Geographie und Geschichte der alten, mittlern und neuern Zeit für die obern Klassen höherer Lehranstalten. 1. Bd.: Das Alterthum. 9., umgearb. Aufl. 1858. und 10., verb. Aufl. gr. 8. (VIII und 382 S.) Koblenz 860, Bädeker. *

—— dass. — 2. Bd.: Das Mittelalter. 7., umgearb. Aufl., mit 2 (lithogr.) Karten (wovon 1 ill. in qu. gr. 4. und qu. Fol.) und einer Uebersicht der Geschichte der deutschen Literatur. gr. 8. (VIII und 262 S.) Ebendas. 858. *

—— **Grundriss der Geographie und Geschichte der alten, mittlern und neuern Zeit für die obern Klassen höherer Lehranstalten. 3 Bde. gr. 8. Coblenz, Baedeker.** *

Inhalt:

Bd. 1. Das Alterthum. 11. Aufl. 1863. und 12., verb. Aufl. (VIII und 399 S.) 867. * 25 Ngr.
» 2. Das Mittelalter. 8.—11., umgearb. Aufl. (VI und 240 S. mit 1 lithogr. histor. Karte.) 860—68. * 20 Ngr.
» 3. Die neuere Zeit. 9.—11. Aufl. (II und 279 S. mit 1 chromolithogr. Karte von Deutschland nach seiner Eintheilung in 10 Kreise.) 863—69. * 20 Ngr.

—— dass. — für die oberen Klassen höherer Lehranstalten. 3 Bde. gr. 8. Ebendas. * 6 50

Inhalt:

Bd. 1. Das Alterthum. 13. Aufl. 1870, und 14. vielfach umgearb. Aufl. (VIII, 361 S.) 873. *ℳ 2,50.
» 2. Das Mittelalter. 12. umgearb. Aufl. (VI, 241 S.) 1873, und 13. vielfach verb. Aufl. (VI, 222 S. mit einer histor. lithogr. Karte in qu. Fol., Deutschland nach seinen Territorien im Mittelalter, nebst Angabe sämmtl. historisch merkwürdigen Orte.) 876. *ℳ 2.
» 3. Die neuere Zeit. 12., verb. und verm. Aufl. (IV, 295 S.) 1872, und 13. vielfach verb. Aufl. (IV, 282 S. mit einer chromolithogr. Karte in qu. Fol. von Deutschland nach seiner Eintheilung in zehn Kreise.) 875. *ℳ 2.

—— dass. — für die oberen Klassen höherer Lehranstalten. 3 Bde. gr. 8. Ebendas. *

Inhalt:

Bd. 1. Das Alterthum. 15., vielfach umgearb. Aufl. (VIII, 330 S.) 877. *ℳ 2,50.
Bd. 2. Das Mittelalter. 14. vielfach verb. Aufl. Hrsg. von H. Cremans. Mit 1 histor. (lithogr.) Karte in qu. Fol.: Deutschland nach seinen Territorien im Mittelalter, nebst Angabe sämmtl. histor. merkwürdigen Orte. (VI, 223 S.) 880. *ℳ 2.
» 3. Die neuere Zeit. 14. vielfach verb. Aufl. Hrsg. von H. Cremans. Mit 1 (lithogr. und color.) Karte von Deutschland nach seiner Eintheilung in 10 Kreise. (VI, 295 S.) 878. *ℳ 2.

— dasselbe. 2. Bd. Das Mittelalter. 14., vielfach verb. Aufl. Hrsg. von H. Cremans. Mit einer (lith.) historischen Karte (in gr. 4.). gr. 8. (VI, 228 S.) Ebend. 880. n. 2. —

— dasselbe. Ausg. B. (Ausg. für Bayern.) gr. 8. (VI, 223 S.) Ebend. 880. n. 2. —

—— dass. — für die oberen Klassen höherer Lehranstalten. Bearb. von H. Cremans. 3 Bde. gr. 8. Ebendas. *

Inhalt:

Bd. 1. Das Alterthum. 16. Aufl. (VIII, 340 S.) 881; 17. Aufl. (VIII, 316 S.) 884. *ℳ 2,50.
» 2. Das Mittelalter. 15. verb. Aufl. Mit 1 histor. (lithogr.) Karte in qu. Fol.: Deutschland nach seinen Territorien im Mittelalter, nebst Angabe sämmtlicher histor. merkwürdigen Orte. (VI, 210 S.) 883. *ℳ 2. — Ausg. B. (Ausg. für Baiern.) (VI, 223 S.) 880. *ℳ 2.
» 3. Die neuere Zeit. 15. verb. Aufl. Mit 1 (lithogr. und color.) Karte von Deutschland nach seiner Eintheilung in zehn Kreise. (VI, 263 S.) 882. *ℳ 2.

—— dass. — für die oberen Klassen höherer Lehranstalten. 3 Bde. gr. 8. Ebendas. 887. *

Inhalt:

Bd. 1. Das Altertum. 18. Aufl. Bearb. von H. Cremans. (VIII, 306 S.) *ℳ 2.50.
» 2. Cremans, H., das Mittelalter. 16. verb. Aufl. (VI, 209 S. mit 1 histor. Karte.) *ℳ 2.—.
» 3. —— die neuere Zeit. 16. Aufl. (VI, 256 S. mit 1 Karte von Deutschland nach seiner Einteilung in zehn Kreise.) *ℳ 2.—.

— dasselbe f. die oberen Klassen höherer Lehranstalten. 3 Bde. gr. 8. Ebd. n. 6. 50

1. Das Altertum. 19. Aufl. Bearb. v. H. Cremans. (VIII, 306 S.) 890. n. 2. 50
2. Das Mittelalter. 16., verb. Aufl. Hrsg. v. H. Cremans. Mit 1 histor. Karte. (VI, 209 S.) 887. n. 2. —
3. Die neuere Zeit. 16. Aufl. Hrsg. v. H. Cremans. Mit 1 Karte v. Deutschland nach seiner Einteilg. in 10 Kreise (VI, 256 S.) 887. n. 2. —

—— desgl. — f. die oberen Klassen höherer Lehranstalten. 3 Bde. Bearb. v. H. Cremans. gr. 8. Ebd. * 6 50

1. Das Altertum. 19. Aufl. (VIII, 300 S.) 891. * 2 50.
2. Das Mittelalter. (VI, 204 S. m. 1 Karte.) 892. * 2 —.
3. Die neuere Zeit. (VI, 253 S. m. 1 Karte.) 892. * 2 —.

— dasselbe f. die oberen Klassen höherer Lehranstalten. 2. u. 3. Bd. gr. 8. Ebd. à n. 2. —; geb. à n.n. 2. 25

2. Das Mittelalter. 17. Aufl. Hrsg. v. H. Cremans. Mit e. histor. Karte. (VI, 204 S.) 891.
3. Die neuere Zeit. 18., gänzlich umgearb. Aufl. Hrsg. v. H. Cremans. Mit e. histor. (farb.) Karte des preuss. Staates. (VII, 191 S.) 893.

— dasselbe f. d. oberen Klassen höh. Lehranstalten. 1. u. 2. Bd. gr. 8. Ebd. 894. à n. 2. —; Einbde. à n.n.n. — 25

1. Das Altertum. Griech. Geschichte. Röm. Geschichte bis z. J. 476 n. Chr. 20. Aufl. Gänzl. umgearb. v. H. Cremans. (Ausg. f. Preussen.) (VIII, 222 S.)
2. Das Mittelalter u. die Zeit der Reformation (476—1648). 18., umgearb. Aufl. v. H. Cremans. M. 2 histor. Karten. (VIII, 192 S.)

Pütz, Wilh., Grundriss der Geographie u. Geschichte der alten, mittlern u. neuern Zeit f. die oberen Klassen höh. Lehranstalten. 1. Bd.: Das Altertum. (Ausg. f. Süddeutschland.) 21. Aufl. Bearb. v. H. Cremans. gr. 8. (VIII, 296 S.) Leipzig 897. K. Baedeker. n. 2. —; Einbd. n.n.n. — 25

— dasselbe. Umgearb. v. H. Cremans. 2. Tl.: Das Mittelalter u. die Zeit der Reformation (476—1648). (Ausg. f. Preussen.) 19., unveränd. Aufl. Mit 2 histor. Karten. gr. 8. (VIII, 192 S.) Ebd. 901. n. 2. —; Einbd. n.n.n. — 25

— dasselbe. (Ausg. f. Süddeutschland.) 19. unveränd. Aufl. Mit 1 histor. Karte. gr. 8. (VI, 204 S.) Ebd. 900. n. 2. —; Einbd. n.n.n. — 25

— dasselbe. 3. Bd. Die neuere Zeit. 19., unveränd. Aufl. Bearb. v. H. Cremans. Mit e. histor. Karte des preuss. Staates. gr. 8. (VI, 191 S.) Ebd. 900. n. 2. —; Einbd. n.n.n. — 25

— Grundriß der deutschen Geschichte mit geograph. Uebersichten für die mittleren Klassen der Gymnasien u. höheren Bürgerschulen. 4. Aufl. der 2. u. 3. Abth. des Grundrisses der allg. Geographie u. Geschichte. Mit 2 (lith.) Karten (1 schw. in 4. u. 1 col. in Fol.) Ebd. 847. 7/12 ₰ — 5. verb. Aufl. gr. 8. (VIII u. 191 S.) Ebd. 852. 1/2 ₰

— Grundriß der deutschen Geschichte mit einer Uebersicht der Geschichte des preuß. Staates für die mittleren Klassen der Gymnasien u. höheren Bürgerschulen. 6. verb. Aufl. Mit 2 (lith.) Karten in Fol. Ebend. 858. gr. 8. (IV, 186 S.) 15 ngr.

— Grundriß der deutschen Geschichte mit einer Uebersicht der Geschichte des preußischen Staates für die mittleren Klassen höherer Lehranstalten. 7., verb. Aufl. Mit 2 histor. (lith.) Karten (in 4.). Ebend. 861. gr. 8. (IV, 195 S.) 15 ngr.

Grundriß der deutschen Geschichte für die mittleren Klassen höherer Lehranstalten. 9. Aufl. Ebend. 868. gr. 8. (IV, 169 S. mit 2 lith. histor. Karten.) 15 ngr.

— Grundriß der deutschen Geschichte f. die mittleren Klassen höherer Lehranstalten. 11., vielfach verb. Aufl. Mit 2 histor. (lith. u. color.) Karten (in qu. gr. 4.) (VI, 177 S.) Ebend. 876. 1. 50

— Grundriß der deutschen Geschichte für die mittleren Klassen höherer Lehranstalten. 12. vielfach verb. Aufl. Hrsg. von H. Cremans. Mit 2 histor. (lithogr.) Karten. gr. 8. (VI, 186 S.) Leipzig 878, Bädeker. 1 50

— Grundriß der deutschen Geschichte für die mittleren Klassen höherer Lehranstalten. Hrsg. von H. Cremans. Mit 2 lithogr. und chromolithogr. Karten. 13. verb. Aufl. (VI, 183 S.) 1881; 14. Aufl. gr. 8. (VI, 173 S.) Ebendas. 883.

— Grundriß der deutschen Geschichte für die mittleren Klassen höherer Lehranstalten. 15. Aufl. Hrsg. von H. Cremans. gr. 8. (VI, 172 S. mit 2 histor. Karten.) Ebendas. 886. 1 50

— Grundriß der deutschen Geschichte f. die mittleren Klassen höherer Lehranstalten. 16. Aufl. Hrsg. v. H. Cremans. Mit 2 histor. Karten. gr. 8. (VI, 169 S.) Ebd. 889. 1. 50

— Grundriß der deutschen Geschichte f. die mittleren Klassen höherer Lehranstalten. 17. Aufl. Hrsg. v. H. Cremans. Mit 2 (farb.) histor. Karten. gr. 8. (VI, 177 S.) Ebd. 892. 1. 50; geb. n.n. 1. 75

Pütz, Wilh., Grundriß der deutschen u. preußischen Geschichte f. d. Tertia u. Untersekunda höh. Lehranst. 18., umgearb. Aufl. Hrsg. v. H. Cremans. Mit 2 (1 farb.) histor. Karten. gr. 8. (VIII, 222 S.) Leipzig 895. K. Baedeker. n. 1. 50; Einbd. n.n.n. — 25

Pütz, Wilh., die Kartoffelkrankheit. Neuentdeckte, wahre Ursache u. Heilungsart dieser, in ihren Folgen so schreckl. Pflanzenseuche, oder Gift u. Gegengift. 12. (23 S.) Bonn 851, Sulzbach. 1 1/2 ngr

— Lehrbuch der vergleichenden Erdbeschreibung für die oberen und mittleren Klassen höherer Lehranstalten. gr. 8. (X und 389 S.) Freiburg im Br. 854, Herder'sche Vrlgsh. *

— Lehrbuch der vergleichenden Erdbeschreibung für die oberen Klassen höherer Lehranstalten und zum Selbstunterricht. 2—5., verb. Aufl. Freiburg im Br. 857—64. Herder. gr. 8. (VIII, 440 S.) n. 20 ngr.

— Lehrbuch der vergleichenden Erdbeschreibung für die oberen Klassen höherer Lehranstalten und zum Selbstunterricht. 5. Aufl. 1864. * 20 Ngr. und 6., vielfach verb. Aufl. gr. 8. (VIII und 412 S.) Freiburg im Br. 867, Herder'sche Verlagsh. * -
geb. * -

— Lehrbuch der vergleichenden Erdbeschreibung für die oberen Klassen höherer Lehranstalten und zum Selbstunterricht. 7. Aufl. 1870. *ℳ 2,25., und 8. umgearb. Aufl. gr. 8. (VIII, 423 S.) Freiburg i. Br. 873, Herder'sche Verlagsh. * 2 50

— Lehrbuch der vergleichenden Erdbeschreibung für die oberen Klassen höherer Lehranstalten und zum Selbstunterricht. 9. und 10. vielfach umgearb. Aufl. gr. 8. (VIII, 428 S.) Freiburg i. Br. 874,77, Herder'sche Verlagsh. * 2 50
geb. in Halbleinw. * 3 —

— Lehrbuch der vergleichenden Erdbeschreibung für die oberen Klassen höherer Lehranstalten und zum Selbstunterricht, bearb. von F. Behr. 11. verb. Aufl. (VIII, 360 S.) 1879. *ℳ 2,60., geb. *ℳ 3,20.; 12. verb. Aufl. (VIII, 375 S.) 1881; 13. verb. Aufl. gr. 8. (XII, 372 S.) Freiburg i. Br. 884, Herder'sche Verlagsh. *ℳ 2,80.; geb. *

— Lehrbuch der vergleichenden Erdbeschreibg. f. die oberen Klassen höherer Lehranstalten u. zum Selbstunterricht. 14., verb. Aufl., bearb. v. F. Behr. gr. 8. (XII, 375 S.) Freiburg i/Br. 888. Herder. n. 2. 80; geb. n.n. 3. 30

— Lehrbuch der vergleichenden Erdbeschreibung f. die oberen Klassen höherer Lehranstalten u. zum Selbstunterricht. 15., verb. Aufl., bearb. v. F. Behr. gr. 8. (XV, 380 S.) Freiburg i/B. 892. Herder. n. 2. 80; geb. in Halbldr. n.n. 3. 25

— Lehrbuch d. vergleich. Erdbeschreibung f. d. oberen Klassen höh. Lehranst. u. z. Selbstunterr. 16., verb. Aufl., bearb. v. F. Behr. gr. 8. (XVI, 380 S.) Freiburg i/B. 897. Herder. n. 2. 80; Einbd. in Halbldr. n.n.n. — 45

— Lehrbuch der vergleichenden Erdbeschreibung f. die oberen Klassen höh. Lehranstalten u. zum Selbstunterricht. 17. verb. Aufl., bearb. v. F. Behr. gr. 8. (XVI, 380 S.) Freiburg i/B. 901. Herder. n. 3. —; Einbd. in Halbldr. n.n.n. — 45

Pütz, Wilhelm. Lehrbuch der vergleichenden Erdbeschreibung für die oberen Klassen höherer Lehranstalten und zum Selbstunterricht. 18., verbesserte Aufl., bearb. von Dr Ludwig Neumann, Professor ... [zu] Freiburg i. Br. [Mit Figuren.] XVI + 392 S. 8. Freiburg im Breisgau, Herder, 1905. [M. 3.—, geb. 3.60]

—— Lehrbuch der österreichischen Vaterlandskunde zur genauern Kenntniss der wesentlichsten histor., geograph. und statist. Verhältnisse des österreich. Staates. gr. 8. (VIII und 236 S.) Koblenz 851, Bädeker.

Pütz, Wilh., Leitfaden bei dem Unterrichte in der vergleichenden Erdbeschreibung für die untern und mittlern Klassen höherer Lehranstalten. 855. (VIII, 182 S.) — 3., verb. Aufl. Freiburg im Br. 858. Herder. gr. 8. (VIII, 180 S.) n. 9 ngr.

— Leitfaden bei dem Unterrichte in der vergleichenden Erdbeschreibung für die untern und mittlern Klassen höherer Lehranstalten. 4—6., verb. Aufl. Ebend. 860—62. gr. 8. (VIII, 179 S.) n. 9 ngr.

— Leitfaden bei dem Unterrichte in der vergleichenden Erdbeschreibung für die unteren u. mittleren Klassen höherer Lehranstalten. 7—11. vielfach verb. Aufl. Ebend. 865—68. gr. 8. (VIII, 174 S.) n. 10 ngr.; geb. n. 13 ngr.

Pütz, Wilh., Leitfaden bei dem Unterrichte in der vergleichenden Erdbeschreibung für die unteren und mittleren Klassen höherer Lehranstalten. 11.—13. Aufl. 1869—71. *ℳ 1., und 14. vielfach verb. Aufl. gr. 8. (VIII, 175 S.) Ebendas. 872. * 1 20

—— Leitfaden bei dem Unterrichte in der vergleichenden Erdbeschreibung für die unteren und mittleren Klassen höherer Lehranstalten. 15. und 16. vielfach verb. Aufl. (VIII, 176 S.) 1875, 77; 17. vielfach verb. Aufl. gr. 8. (VIII, 189 S.) Ebendas. 878. * 1 20
geb. in Halbleinw. * 1 45

—— Leitfaden bei dem Unterrichte in der vergleichenden Erdbeschreibung für die unteren und mittleren Klassen höherer Lehranstalten, bearb. von F. Behr. 18. verb. Aufl. (VIII, 208 S.) 1881; 19. verb. Aufl. gr. 8. (VIII, 228 S. mit eingedr. Holzschn.) Ebendas. 883. *
geb. *

—— Leitfaden bei dem Unterrichte in der vergleichenden Erdbeschreibung für die unteren und mittleren Klassen höherer Lehranstalten. 20. und 21. verb. Aufl., bearb. von F. Behr. 8. (X, 240 S.) Ebendas. 885, 88. *ℳ 1.20.; geb. ** 1 55

Pütz, Prof. Wilhelm, Leitfaden bei dem Unterrichte in der vergleichenden Erdbeschreibung für die unteren und mittleren Classen höherer Lehranstalten. 22. verbesserte Auflage. Bearbeitet von F. Behr. 8. (VII, 235 S.) —.72
Freiburg: Herder 1890.

Pütz, Wilh., Leitfaden der vergleichenden Erdbeschreibung. 23. Aufl., umgearb. u. erweitert v. F. Behr. gr. 8. (XVI, 294 u. XXXIV S. m. Fig.) Freiburg i/B. 894. Herder. n. 1.60; geb. in Halbldr. n.n. 2. —

— Leitfaden der vergleich. Erdbeschreibung. 25., verb. Aufl., bearb. v. F. Behr. gr. 8. (XVI, 328 S.) Ebd. 898. n. 1.60; Einbd. in Halbldr. n.n.n. — 40

— Leitfaden der vergleichenden Erdbeschreibg. 26. Aufl., bearb. v. F. Behr. gr. 8. (XVI, 288 S.) Ebd. 902. n. 1.60; Einbd. in Halbldr. n.n.n. — 40

— Leitfaden der vergleichenden Erdbeschreibung (Erdkunde). 27. u. 28., völlig umgearb. Aufl., bearb. v. Ludw. Neumann. (XII, 260 S.) gr. 8. Ebd. 906. n. 2. —; geb. n. 2.50

— Leitfaden bei dem Unterrichte in der Geschichte des preußischen Staates. Ein Anh. zu des Verf. Grundriß der Geographie u. Geschichte. Mit 1 (lith. u. color.) histor. Karte des preuß. Staates (in Fol.). Koblenz 857. Bädeker. gr. 8. (61 S.) 7½ ngr.

— Leitfaden bei dem Unterrichte in der Geschichte des preußischen Staates. Ein Anhang zu des Verf. Grundriß der Geographie u. Geschichte. 2. umgearb. Aufl. 860. (63 S.) — 3., verb. Aufl., mit einer historischen (lith.) Karte des preußischen Staates (in Fol.). Koblenz 862. Bädeker. gr. 8. (67 S.) 7½ ngr.

— Leitfaden bei dem Unterrichte in der Geschichte des preußischen Staates. 4—6., vielfach verb. Aufl. Coblenz 865—68. Bädeker. gr. 8. (IV, 70 S. mit 1 histor. Karte des preuß. Staates in qu. Fol.) 7½ ngr.

—— Leitfaden bei dem Unterricht in der Geschichte des preußischen Staates. Mit 1 (chromolithogr.) Karte des preuß. Staates (in qu. 4.). 7. Aufl. 1871. 75 Pf., und 8. vielfach verb. Aufl. gr. 8. (80 S.) Coblenz [Leipzig] 874, Baedeker. * 1 —

—— Leitfaden bei dem Unterrichte in der Geschichte des preußischen Staates. Mit 1 histor. (lithogr. und color.) Karte des preuß. Staates (in qu. gr. 4.). 9. vielfach verb. Aufl. gr. 8. (VI, 82 S.) Leipzig 876, Bädeker. cart. * 1 —
—— dass. — 10. vielfach verb. Aufl. Hrsg. von H. Cremans. gr. 8. (VI, 82 S.) Ebendas. 879. cart. * 1 —

— Leitfaden bei dem Unterrichte in der Geschichte des preußischen Staates. Mit einer historischen (lith. u. color.) Karte des preußischen Staates. 11., vielfach verb. Aufl. Hrsg. von H. Cremans. gr. 8. (VI, 79 S.) Leipzig 882. Bädeker. cart. n. 1. —

— Leitfaden bei dem Unterrichte in der Geschichte d. preußischen Staates. Mit e. histor. (lith. u. color.) Karte d. preuß. Staates. 12. Aufl. Hrsg. v. H. Cremans. gr. 8. (IV, 79 S.) Leipzig 885. Bädeker. cart. n. 1. —

— Leitfaden bei dem Unterrichte in der Geschichte des preußischen Staates. Mit e. histor. Karte d. preußischen Staates. 13., verb. Aufl. Hrsg. v. H. Cremans. gr. 8. (V, 78 S.) Leipzig 889. Karl Baedeker. geb. n. 1. —

— Leitfaden bei dem Unterrichte in der Geschichte d. preußischen Staates. Mit 1 histor. Karte d. preuß. Staates (in Farbendr.). 14., verb. Aufl. Hrsg. v. H. Cremans. gr. 8. (VI, 85 S.) Leipzig 892. K. Baedeker. Geb. n. 1. —

— Leitfaden bei dem Unterrichte in der Geschichte des preuß. Staates. Mit e. histor. Karte des preußischen Staates. 16., unveränd. Aufl. Hrsg. v. H. Cremans. gr. 8. (VI, 92 S.) Leipzig 900. K. Baedeker. Kart. n. 1. —

—— altdeutsches Lesebuch mit Sprach- und Sach-Erklärungen für höhere Lehranstalten und zum Selbstunterricht. gr. 8. (VIII und 163 S.) Coblenz 855, Bädeker.

— altdeutsches Lesebuch mit Sprach- und Sach-Erklärungen. Für höhere Lehranstalten und zum Selbstunterricht herausg. 2., umgearb. Aufl. Ebend. 863. gr. 8. (VIII, 171 S.) 12 ngr.

— altdeutsches Lesebuch mit Sprach- u. Sach-Erklärungen. Für höhere Lehranstalten u. zum Selbstunterricht. 3., verb. Aufl. Ebend. 867. gr. 8. (VIII, 175 S.) 12 ngr.

—— altdeutsches Lesebuch mit Sprach- und Sach-Erklärungen für höhere Lehranstalten und zum Selbstunterricht. 4. verb. Aufl. gr. 8. (VI, 141 S.) Ebendas. 874. 1 20

—— altdeutsches Lesebuch mit Sprach- und Sach-Erklärungen. Für höhere Lehranstalten und zum Selbstunterricht. 5. Aufl., verb. und verm. von Conrads. gr. 8. (VIII, 184 S.) Ebendas. 878. * 1 80

— altdeutsches Lesebuch m. Sprach- u. Sach-Erklärungen f. höhere Lehranstalten u. zum Selbstunterricht. 6. Aufl. v. Conrads gr. 8. (VIII, 189 S.) Ebend. 886. n. 1. 80; Einbd. n.n. — 25

—— deutsches Lesebuch f. die mittleren Klassen höherer Lehranstalten mit Sacherklärungen u. Andeutungen zur ästhetischen Erläuterung poetischer Stücke. 1. Aufl. (21½ B.) Köln 842. u. 2., verm. Aufl. gr. 8. (23½ B.) Koblenz 846, Bädeker. * —

—— deutsches Lesebuch für die mittleren Klassen höherer Lehranstalten mit Sacherklärungen und Andeutungen zur ästhet. Erläuterung poet. Stücke. 3. Aufl. gr. 8. (XIV und 369 S.) Koblenz 853, Bädeker. * —

—— deutsches Lesebuch für die mittleren Klassen höherer Lehranstalten mit Sacherklärungen und Andeutungen zur ästhetischen Erläuterung poetischer Stücke. 4. Aufl. gr. 8. (XIV und 361 S.) Koblenz 858, Bädeker. * —

Pütz, Wilh., deutsches Lesebuch für die mittleren Klassen und die Secunda höherer Lehranstalten mit Sacherklärungen und Andeutungen zur ästhet. Erläuterung poet. Stücke. 5., verm. Aufl. gr. 8. (IV und 393 S.) Coblenz 865, Bädeker. *

— deutsches Lesebuch für die mittleren Klassen u. die Secunda höherer Lehranstalten mit Sacherklärungen u. Andeutungen zur ästhet. Erläuterung poet. Stücke. 5., verm. Aufl. Ebend. 865. gr. 8. (IV, 383 S.) n. 25 ngr.

— deutsches Lesebuch f. die mittleren Klassen u. die Secunda höherer Lehranstalten m. Sacherklärgn. u. Andeutgn. zur ästhet. Erläuterg. poet. Stücke. 6., verb. u. verm. Aufl. gr. 8. (XII, 404 S.) Ebend. 871. n. 2. 80

—— deutsches Lesebuch für die mittleren Klassen höherer Lehranstalten, mit Sacherklärungen und Andeutungen zur ästhet. Erläuterung poetischer Stücke. 7. verb. und verm. Aufl. gr. 8. (XII, 442 S.) Ebendas. 877. * 3 —

— u. H. J. Remacly, deutsches Lesebuch für die obern Klassen höherer Lehranstalten, mit den nothwendigen Erläuterungen u. einem biographisch-literar-historischen Anhange. gr. 8. Köln 841, Welter. 1⅓ ₰ — 2. verm. u. verb. Aufl. gr. 8. Koblenz 846, Bädeker. n. 1⅓ ₰

— s. a. Lesebuch, deutsches, für die oberen Klassen höherer Lehranstalten.

— mittelhochdeutsches Lesebuch mit Sprach- u. Sach-Erklärungen. Für höhere Lehranstalten u. zum Selbstunterricht. [Aus: Altdeutsches Lesebuch.] Ebend. 867. gr. 8. (141 S.) n. 10 ngr.

—— Plan zu Vortraegen üb. d. Röm. Geschichte in d. obern Klassen e. Gymnas. gr. 8. (6 B.) Köln 832, (Renard u. Dübyen.)
2., verm. Aufl., vgl. dess. „Grundr. d. Geographie u. Geschichte etc." 1. Bd. 3. Abthl.

Pütz, W.: Probe aus einem (demnächst erscheinenden) Lehrbuche der vergleichenden Erdbeschreibung. 34 S. – Köln kath., Progr. 1853.

—— Rudimenti di geografia e storia dell' evo antico, medio e moderno a seconda del manuale del (autore) con osservazioni prammatiche per uso delle classi ginnasiali superiori. Parte I.: Evo antico. gr. 8. (XVI und 460 S.) Wien 857, Gerold's Sohn.

—— dass. — Con ispeciale rilievo della storia austriaca. Parte II.: Evo medio. gr. 8. (VI und 454 S.) Ebendas. 857.

—— dass. — Parte III.: Evo moderno. gr. 8. (VIII und 644 S. mit 2 Tab. in qu. 4. und qu. Fol.) Ebendas. 858.

— historisch-geographische School-Atlas. 1. Afdeling: De oude Wereld. Met (16 S.) ophelderende Aanteekeningen. Uit het Hoogduitsch door E. Mehler. Met 16 gekleurde Kaarten op 8 Platen (in Stahlst.). Ebend. 858. qu. Fol. n. 21⅓ ngr.

— historisch-geographischer Schul-Atlas. 1. Abth.: Die alte Welt. Mit (16 S.) erläuterndem Texte u. 10 illum. Karten auf 8 Taf. (in Stahlst.). Regensburg 856. Manz. qu. Fol. n. 18⅔ ngr.

—— dass. — 2. Abthl.: Die mittlere und neuere Zeit. Mit erläuterndem Texte. qu. Fol. (21 S. mit 9 ill. Karten auf 8 in Stahl gest. Taf.) Ebendas. 859. *

—— historisch-geographischer Schul-Atlas. 1. Abthl.: Die alte Welt. Mit erläut. Texte. 2., verb. Aufl. qu. gr. 4. (16 S. Text mit 10 ill. Karten auf 8 Taf. in Stahlst.) Regensburg 861, Manz. * —

— historisch-geographischer Schulatlas, der alten, mittleren u. neueren Welt. Mit erläut. Texte. 2 Abthlgn. Regensburg 866—69. Manz. qu. gr. 4. n. 1 ₰ 12⅔ ngr.
1. Abthl. Die alte Welt. 3. u. 4. verb. Aufl. (8 Karten in Kpfrst. u. 16 S. Text.) n. 18⅔ ngr.
2. Abthl. Die mittlere u. neuere Zeit. 2., verb. Aufl. (9 Karten in Kpfrst. u. 21 S. Text.) n. 24 ngr.

— historisch-geographischer Schul-Atlas. 2 Abthlgn. Mit erläut. Text. qu. gr. 4. Regensburg 873. Manz. n. 4 57
1. Die alte Welt. 5. verb. Aufl. 10 illuminirte Karten auf 8 Taf. (16 S. Text.) n. 1. 87
2. Die mittlere u. neuere Zeit. 3. verm. Aufl. 10 illuminirte Karten auf 9 Taf. (22 S. Text.) n. 2. 70

Pütz, Wilh., historisch-geographischer Schul-Atlas. 2 Abthlgn. Mit erläut. Text. qu. Fol. Regensburg, Manz. *
Inhalt:
Abthl. 1. Die alte Welt. 6. und 7. verb. Aufl. 10 color. Karten in Kpfrst. auf 8 Taf. (16 S. Text.) 874,77. *ℳ 1,90.
» 2. Die mittlere und neuere Zeit. 4. verm. Aufl. 10 color. Karten in Kpfrst. auf 9 Taf. (20 S. Text.) 877. *ℳ 2,70.

— historisch-geographischer Schul-Atlas. 1. u. 2. Abth. qu. Fol. Regensburg 877. 82. Manz. n. 4. 60
1. Die alte Welt. Mit erläut. Texte. 8., verb. Aufl. (10 Karten [in Kpfrst. u. color.] auf 8 Taf. m. 16 S. Text.) n. 1. 90
2. Die mittlere u. neuere Zeit. Mit erläut. Texte. 4., verb. Aufl. 10 illum. Karten (in Kpfrst.) auf 9 Taf. (20 S.) n. 2. 70

—— Történelem-földrajzi iskolai atlas. I. Rész.: Azóvilág. 10 szinezett térképpel nyolc lapon. qu. Fol. (14 S. Text.) Regensburg 861, Manz. * —

—— dass. — II. Rész: Közép-s ujabb kor. 9 szinezett térképpel nyolc lapon. qu. Fol. (19 S. Text.) Ebendas. 861. *

Pütz, Wilh.: Die Ueberreste deutscher Dichtung aus der Zeit vor Einführung des Christenthums. 31 S. – Progr. Köln Kath. 1851.

Pütz, Wilh., Überreste deutscher Dichtung aus der Zeit vor Einführung des Christenthums: 1. Zaubersprüche; 2. über die Hildebrandssage. Köln am Rhein 1851. 4. [illegible]

— die Ueberreste deutscher Dichtung aus d. Zeit vor Einführung des Christenthums. Für den Schulgebrauch erläutert. gr. 4. (31 S.) Koblenz: Bädeker 1851.

Pütz, Wilh., chronolog.-tabellar. Uebersicht d. Geschichte der Staaten d. Alterthums f. Schulen. Zu jed. Handbuche d. Geschichte zu gebrauchen. gr. 4. (2 B.) Köln 834, Renard u. Dübyen. Thlr.

Pütz, W.: Uebersicht der Geographie des Mittelalters. Erste Abtheil. 28 S. – Progr. Köln Kath. 1858.

Pütz, W. Historisch-geogr. Uebersicht des römischen Reiches. 20 S. Düren, Progr. 1839

—— Uebersicht der Geschichte der deutschen Litteratur für höhere Lehranstalten. gr. 8. (IV und 79 S.) Coblenz 855, Bädeker.

—— Uebersicht der Geschichte der deutschen Literatur für höhere Lehranstalten. 2., verb. Aufl. gr. 8. (VI und 81 S.) Koblenz 860, Bädeker.

—— Uebersicht der Geschichte der deutschen Litteratur für höhere Lehranstalten. 3. Aufl. 1864. und 4., umgearb. Aufl. gr. 8. (IV und 98 S.) Coblenz 868, Bädeker.

—— Uebersicht der Geschichte der deutschen Literatur für höhere Lehranstalten. 5. umgearb. Aufl. (IV, 104 S.) 1873. 60 Pf., und 6. vielfach verb. Aufl. gr. 8. (IV, 100 S.) Ebendas. 875. cart. * — 80

—— Uebersicht der Geschichte der deutschen Litteratur für höhere Lehranstalten. 7. Aufl., berichtigt und überarb. von F. W. Conrads. gr. 8. (112 S.) Ebendas. 878. cart. * — 80

— Übersicht der Geschichte der deutschen Litteratur für höhere Lehranstalten. 8., verb. u. verm. Aufl. von F. W. Conrads. gr. 8. (IV, 112 S.) Leipzig 881. Bädeker. cart. n. — 80

— Übersicht der Geschichte der deutschen Litteratur f. höhere Lehranstalten. 9. Aufl. v. F. W. Conrads. gr. 8. (V, 118 S.) Ebend. 886. cart. n — 80

— Uebersicht der Geschichte der deutschen Litteratur f. höhere Lehranstalten. 10., verb. Aufl. von F. W. Conrads. gr. 8. (VI, 122 S.) Leipzig 891. K. Baedeker. Geb. n. — 80

— Übersicht d. Geschichte d. deutschen Litteratur f. höhere Lehranst. 11. verb., bis auf d. Gegenwart fortgef. Aufl. v. F. W. Conrads. gr. 8. (VI, 136 S.) Leipzig 898. K. Baedeker. Geb. n. — 80

Pütz, W. De Quinti Tull. Ciceronis vita et scriptis. 15 S. Düren, Progr. 1833

Putzar, Skizzen über die Behandlung von Krankheiten durch die Wasserheilmethode. gr. 8. (136 S.) Dresden 878, [Kaemmerer.] Bleyl und Kaemmerer. * 2 50

Putzar, Jul., vgl. Putzer, Jul.

Putzar, Jul., Aquarellen oder prakt. Mittheilungen aus der physiolog. Wasserheilkunde. Leipzig 857. Magazin f. Literatur. 8. (VIII, 164 S.) n. 16 ngr.

Putzar, Jul., Aquarellen oder praktische Mittheilungen aus der Wasserheilkunde. Neue Folge. Pirna 864. Diller & Sohn. 8. (VIII, 104 S.) n. 20 ngr.

Putzar, R., Zweck, Verhalten u. Anleitg. z. Gebrauche d. rationellen Wasserkur. 8. (42 S. m. 1 farb. Karte.) Dresden 893. (C. C. Meinhold & Söhne.) n. — 60

Putze, Gust., Touren-Verzeichnis des Teplitzer Gebirgsvereins, s.: Eyben, Ant.

Putze, G., s. Verzeichnis der vom Teplitzer Gebirgsverein markierten Wegstrecken rc.

Putze, Hub., d. kleine Dolmetscher od. d. beredte Pole. Einfache u. prakt. Methode, in kurzer Frist u. ohne Lehrer geläufig polnisch sprechen zu lernen. Ster.-Ausg. 12. (176 S.) Reutlingen 895. Enßlin & Laiblin. Kart. n. 1. 20

Putzek, Entgegnung auf die Broschüre des H. Radnizka: Die Militär-Verwaltung in Oesterreich mit ihren Gebrechen, nebst Vorschlägen zur Hebung derselben; wie ohne Reduzirung u. ohne Verkürzung des Heeres, jährlich wenigstens 6 Millionen Gulden zu ersparen sind rc. gr. 8. (48 S.) Wien 851. (Pfautsch & Voß.) 1/3 ₰

Putzel, Justin, zwei Ehen. Schauspiel in 3 Aufzügen. 8. (60 S.) Dresden 902. E. Pierson. n. 1. —

Putzer, Jul., vgl. Putzar, Jul.

Putzer, Jul., die Erweichung des Magens, Gastromalacia, und deren Behandlung mit reinem Wasser, nebst einer Skizze der Wasserheil- und Molken-Anstalt Königsbrunn. 8. (VIII und 24 S. mit 1 Stnt.) Leipzig 847, Arnoldische Buchh. *

—— Grundzüge einer naturgemäßen Heilmethode. gr. 8. (64 S.) Magdeburg 851, Heinrichshofen'sche Buchh.

Putzer, Priessnitz und Schroth. Ein Wort zur Verständigung über Wasserheilkunde. gr. 8. (27 S.) Magdeburg 852, Heinrichshofen'sche Buchh.

— neuere Wasserheilkunde. Ein Handbuch zum Selbstunterricht f. denkende Leser. gr. 8. (256 S.) Ebd. 850. 1 ₰

Putzer, Nik., O. P., s.: Dominicus-Kalender.

Putzer, Nic., O. Pr., die 5 Märtyrer des Dominicaner-Ordens in China, Petrus Martyr Sanz, Franciscus Serrano, Joachim Royo, Johannes Alkober u. Franciscus Diaz. (Feierlich) selig gesprochen am 14. Mai 1893.) [Aus: „Dominicus-Kalender 1894".] 8. (63 S. m. 4 Abb.) Graz 893. U. Moser. n. — 16

Putzer, Rob., ein Beitrag zum Tetanus rheumaticus. Inaugural-Dissertation. 8. (32 S. m. 1 Steintaf.) Königsberg 880. Hartung. n. 1. 50

Pützer, Friedrich: Ueber Denkmalskunst. 1900. 28 S. 8⁰

Pützer, Joseph [Dir.]: Berechtigungen *der Realschule mit Fachklassen. Aachen, 1893*; 31—33 S. 4.
Aachen, R m. Fachkl. '(frühere k. GwS)', OP 1893 (491)

Pützer, Joseph Die Einzugsfeier am 26. April 1892. 4 (S. VIII—XVI). Rsch. mit Fachklassen (frühere kgl. Gewerbesch.) *Aachen* 1893 (491). Progr.

Putzeys, Fel., Entwurf e. Liste der gewerblichen Gifte, s.: Sommerfeld, Th.

Putzeys, s.: Strassenhygiene in europ. Städten.

Putzger, Aug. Tugendreich, Sammlung von Versen als Stoff zum Anschauungsunterricht. Für die unterste Elementarclasse geordnet nach dem beigegebenen Entwurfe zum Anschauungsunterricht von Denzel. gr. 16. (68 S.) Grimma 848, Verlags-Comptoir. 3 ngr

Putzger, Erich, Ref. am Kgl. Amtsgericht Plauen i. V.: Die rechtliche Stellung des Empfängers im Landfrachtgeschäft hinsichtlich seiner Verfügungsbefugnis über das Gut nach dem geltenden Handelsrechte. Borna-Leipzig 1905: R. Noske. (VIII, 39 S.) 8° [F.]

Leipzig, Jur. Fak., Diss. v. 28. Nov. 1905

[Geb. 1. Jan. 81 Rochlitz i. S.; Wohnort: Plauen i. V.; Staatsangeh.: Sachsen; Vorbildung: Fürstenschule Grimma Reife O. 01; Studium: München 1, Leipzig 5 S.; Rig. 27. Juni 05.]

Putzger, Friedrich Wilhelm

Putzger, F. W., Lehrplan f. d. Religionsunterricht in d. 2-, 4- u. 6 klass. einfachen Volksschulen d. Inspektionsbez. Borna. gr. 8. (46 S.) Borna 897. R. Noske. n. — 70

Putzger, F. W., Lehrplan für den Religionsunterricht in 2-, 4- u. 6 klassigen Volksschulen. 2. durchgeseh. Aufl. gr. 8. (47 S.) Borna (900). R. Noske. n. — 75

— u. K. E. **Nasche,** deutsches Lesebuch f. einfache Volksschulen. Hrsg. in 2 Tln. Mit e. Vaterlandskunde v. L. Gäbler. 4.—8. Taus. gr. 8. Leipzig 897. Dürr'sche Buchh. n.n. 2. 15; geb. n.n. 2. 70

1. M. e. Vaterlandskunde fürs Königr. Sachsen. 2.—4. Schulj. (III, 230 S.) n.n. — 80; geb. n.n. 1. 10
2. 5.—8. Schulj. Mit ein. Abb. (VI, 448 S.) n.n. 1. 35; geb. n.n. 1. 60

— — dasselbe. Begleitwort. Zugl. e. Beitrag z. deutschen Sprachunterricht überhaupt. gr. 8. (48 S.) Ebd. 897. Unberechnet.

— u. K. E. **Nasche,** deutsches Lesebuch f. einfache Volksschulen. Hrsg. in 2 Tln. Mit e. Vaterlandskunde fürs Königr. Sachsen v. Gäbler. Ausg. A. gr. 8. Leipzig 903. Dürr'sche Buchh. n. 2. 15; geb. in Halbleinw. n.n. 2. 70

I. 2.—4. Schulj. 3., m. neuester Rechtschreibg. vers. Aufl. (13.—18. Taus.) (III, 240 S.) — 80; geb. 1. 10
II. 5.—8. Schulj. 2., m. neuester Rechtschreibg. vers. Aufl. 13.—18. Taus.) (VI, 448 S. m. Abb.) 1. 35; geb. 1. 60

u. K. E. **Nasche,** deutsches Lesebuch f. einfache Volksschulen. Hrsg. in 2 Tln. Mit e. Vaterlandskunde fürs Königr. Sachsen v. K. L. Gäbler. Ausg. A. I. Tl.: 2.— 4. Schulj. 4. Aufl. (VIII, 240 S. 8. Ebd. 908. — 80; geb. n 1. 10

— K. L. **Gäbler** u. K. E. **Nasche,** deutsches Lesebuch für gegliederte Volksschulen. Hrsg. in 3 Tln. Ausg. B. gr. 8. Leipzig, Dürr'sche Buchh. n. 3. 90; geb. n. 4. 50

I. 2.—4. Schulj. (XII, 279 S.) 903. n. 1. —; geb. n. 1. 30
II. 5. u. 6. Schulj. Mit 17 Abb. (X, 390 S.) 903. n. 1. 35; geb. n. 1. 50
III. 7. u. 8. Schulj. Mit 12 Abb. (XIV, 442 S.) 903. n. 1. 55; geb. n. 1. 70

Putzger, F. W., K. L. **Gäbler** u. K. E. **Nasche,** deutsches Lesebuch f. gegliederte Volksschulen. Hrsg. in 3 Tln. Ausg. B. I.—III. Tl. 8. Leipzig (909). Dürr'sche Buchh. 3.90; geb. 4.50

I. 2.—4. Schulj. Mit Abb. 4. Aufl. (XII, 279 S.) 1.—; geb. 1.30
II. 5. u. 6. Schulj. 4. Aufl. Mit 16 Abb. (X, 390 S.) 1.35; geb. 1.50
III. 7. u. 8. Schulj. Mit 12 Abb. 3. Aufl. (XIV, 442 S.) 1.55; geb. 1.70

— — — dasselbe. Hrsg. in 4 Tln. Ausg. C. 8. Ebd. Geb. 5. 70

I. 2. Schulj. (160 S. m. 18 Abb.) 909. Geb. — 80
II. 3. u. 4. Schulj. 2. Aufl. Mit 30 Abb. (292 S.) 909. Geb. 1. 30
III. 5. u. 6. Schulj. 2. Aufl. Mit 16 Abb. (424 S.) 910. Geb. 1. 70
IV. 7. u. 8. Schulj. Mit 18 Abb. (508 S.) 907. Geb. 1. 90

— — — Aus dem Reiche neuester Dichtung. Als Ergänzg. zum Volksschullesebuche ausgewählt. (VI, 90 S.) 8. Ebd. 910. — 50

Putzger's, F. W., historischer Schul-Atlas zur alten, mittleren u. neuen Geschichte in 27 Haupt- u. 48 Nebenkarten. Chromolith. qu. gr. 4. (26 Blatt.) Bielefeld 877. Velhagen & Klasing. n. 1. 50

F[riedr.] W[ilh.] **Putzgers** Historischer Schul-Atlas zur alten, mittleren und neuen Geschichte in 66 Haupt- u. 63 Nebenkt. Neu bearb. v. Alfred Baldamus. Ausgeführt in d. Geogr. Anst. v. Velhagen & Klasing in Leipzig. 20. Aufl. *Bielefeld & Leipzig: Velhagen & Klasing 1893.* (XII S., 36 Kt.) 1 Bd 4. 96. 6170

F[riedrich] W[ilhelm] **Putzgers** Historischer Schul-Atlas zur alten, mittleren und neueren Geschichte in 67 Haupt- u. 71 Nebenkarten. Hrsg. von Alfred Baldamus u. Ernst Schwabe. 23. Aufl. *Bielefeld & Leipzig: Velhagen & Klasing 1899.* (XII S., 37 Taf.) 4° [00. 2746 B

Putzger F. W.: Historischer Schul-Atlas z. alten, mittleren u. neuen Geschichte. Bearb. u. herausg. v. A. Baldamus u. E. Schwabe. Bielefeld u. Leipz. 1900. 12 S. 37 Kt. 4°.

F[riedrich] W[ilhelm] **Putzgers** Historischer Schul-Atlas zur alten, mittleren u. neuen Geschichte. In 234 Haupt- u. Nebenkarten. Bearb. u. hrsg. von Alfred Baldamus u. Ernst Schwabe. 25. verm. u. verb. Aufl. *Bielefeld & Leipzig: Velhagen & Klasing 1901.* (XVI S., 40 Kartenbl.) 4° [01. 9577

F[riedrich] W[ilhelm] **Putzgers** Historischer Schul-Atlas zur alten, mittleren u. neuen Geschichte. In 234 Haupt- u. Nebenkarten. Bearb. u. hrsg. von Alfred Baldamus u. Ernst Schwabe. Ausgef. in d. Geogr. Anstalt von Velhagen & Klasing in Leipzig. 26., mit d. verm. u. verb. 25. übereinstimmende Aufl. 1902. *Bielefeld & Leipzig: Velhagen & Klasing 1902.* (XVI S., 40 Kartenbl.) 4° [02. 4380

— dasselbe. Für die höheren u. mittleren Unterrichtsanstalten Oesterreich-Ungarns. 2., unverand. Aufl. qu. Fol. (26 chromolith. Taf.) Wien 881. Pichler's Wwe. & Sohn. n. 2. —

Putzger's, F. W., Historischer Schulatlas zur alten, mittleren und neuen Geschichte in 52 Haupt- und 61 Nebenkarten für die höheren u. mittleren Unterrichtsanstalten Oesterreich-Ungarns. 13. Aufl. Qu.-Fol. 1.30, geb. 1.50
Wien: Pichler's Witwe & Sohn 1891.

Putzger, F. W., Historischer Schulatlas zur alten, mittleren und neuen Geschichte in 52 Haupt- und 61 Nebenkarten. 14. Auflage. Wien 1892. A. Pichler's Witwe u. Sohn.

Putzger, F. W., Historischer Schulatlas zur alten, mittleren und neuen Geschichte in 52 Haupt- und 61 Nebenkarten. 16. Auflage. Wien 1894. A. Pichler's Witwe u. Sohn. (Min.-Erl. v. 29. Mai 1894, Z. 11171.) Geheftet 1.30, gebunden 1.50

Putzger, F. W., Historischer Schulatlas zur alten, mittleren und neuen Geschichte in 52 Haupt- und 61 Nebenkarten. 17. Aufl. Pichler's Witwe und Sohn. (Min.-Erl. v. 26. October 1895, Z. 23511.) Geh. 1.30, geb. 1895. 1.50

Putzger's, F. W., Historischer Schulatlas zur alten, mittleren und neuen Geschichte in 52 Haupt- und 61 Nebenkarten für die höheren und mittleren Unterrichtsanstalten. Oesterreich-Ungarns. 18. Aufl. Quer.-4. (VI. S. Text.) Geb. 1.50
Ebda. 1896.
- Dass. 19. u. 20. Aufl. Ebda. 1897. 1898.

F. W. Putzgers Historischer Schul-Atlas zur alten, mittleren und neuen Geschichte in 52 Haupt- und 61 Nebenkarten für die höheren und mittleren Unterrichtsanstalten Oesterreich-Ungarns. Herausgegeben von Alfred Baldamus und Ernst Schwabe. 21. Auflage. Unveränderter Abdruck des mit Erlass des hohen k. k. Ministeriums für Cultus und Unterricht vom 1. März 1897, Z. 4712, zum Lehrgebrauche an Mittelschulen allgemein zugelassenen 19. Auflage. Wien. 1899. Pichlers W. & S. Lex.-8°. 11 S. mit 31 Tafeln. Geb. fl. 1.80

F. W. Putzger's historischer Schul-Atlas zur alten, mittleren und neuen Geschichte in 52 Haupt- und 61 Nebenkarten für die höheren und mittleren Unterrichtsanstalten Oesterreich-Ungarns. Herausgegeben von Alfred Baldamus und Ernst Schwabe. 23. Auflage. Unveränderter Abdruck der mit Erlass des hohen k. k. Ministeriums für Cultus und Unterricht vom 1. März 1897, Z. 4712, zum Lehrgebrauche an Mittelschulen allgemein zugelassenen 19. Auflage. Wien. 1901. Pichler's W. & S. Lex.-8°. XI S. mit 31 Tafeln. Geb. K 3.60

Putzger, F. W., Historischer Schul-Atlas zur alten, mittleren und neuen Geschichte. 24. Aufl. 4°. (52 Haupt- und 61 Nebenkarten) geb. K 3.60
Wien: Pichler's Witwe & Sohn 1902.

Putzger, F. W., Historischer Schulatlas zur alten, mittleren und neuen Geschichte für die höheren und mittleren Unterrichtsanstalten Österreich-Ungarns. 25. Aufl. Lex.-8°. (52 Haupt- und 61 Nebenkarten) geb. K 3.60
Graz: Moser(Meyerhoff) 1903.

Putzger, F. W., Historischer Schulatlas zur alten, mittleren und neuen Geschichte. 26. Aufl. Lex.-8°. (52 Haupt- und 61 Nebenkarten) geb. K 3.60
Wien: Pichler's Witwe & Sohn 1904.

Putzger, F. W., Historischer Schulatlas zur alten, mittleren und neuen Geschichte in 52 Haupt- und 61 Nebenkarten. 27. Aufl. Gr.-8°. Ebda. 1905. geb. K 3.60

Putzger, F. W., Historischer Schulatlas zur alten, mittleren und neuen Geschichte. 28. Aufl. Lex.-8°. (52 Haupt- und 61 Nebenkarten) Ebda. 1907. geb K 3 60

Putzger, F. W., Historischer Schulatlas zur alten, mittleren und neuen Geschichte. 29. Aufl. Gr.-8°. (52 Haupt- und 61 Nebenkarten) Ebda. 1907. geb. K 3.60

Putzger, F. W., Historischer Schulatlas zur alten, mittleren und neueren Geschichte. 30. Aufl. Gr.-8°. (XI, 31 S.) geb. K 3.60
Ebda. 1908.

Putzger, F. W., Historischer Schulatlas zur alten, mittleren und neuen Geschichte in 52 Haupt- und 61 Nebenkarten. 31. Aufl. Gr.-8°. Ebda. 1909. geb. K 3.60

Putzger, F. W., Historischer Schulatlas zur alten, mittleren und neuen Geschichte in 52 Haupt- und 61 Nebenkarten. 32. Aufl. Gr.-8°. Ebda. 1910. geb. K 3.60

Putzger. F. W., und Pušek, L. J., Historický školní atlas k starým, středním a novým dějinám o 35 hlavních a 64 vedlejších mapách. Wien 1897. Pichler's Witwe & Sohn.

Putzger, Friedrich Wilhelm: Die Wohnstätten in der Amtshauptmannschaft Rochlitz und die Verschiebung ihrer Bevölkerung in der Zeit von 1871—1890. M. e. Kte u. mehr. Ktnskizzen ... Leipzig-Reudnitz, Druck v. O. Schmidt, 1892; 35 S., 3 Ktn, 2 Taf. 8.
Leipzig, Phil. Fak., Inaug.-Diss. v. [11. Juni] 1892

Kreis **Putzig** (in 5fachem Farbendr.). (Maßst. 1:100.000. Rev. von d. zuständ. Behörden. Lissa i/P.: F. Ebbecke [1906]; Kartogr. Anst. P. Baron, Liegnitz.) (1 Kartenbl. 37×34 cm mit Legende.) 8° [Kopft. lith.] [Umschlagt.:] Spezial-Karte v. Kreise Putzig. [06. 13300

Putzig u. Schnurrig. Ein Malbuch f. fröhl. Kinder. (20 z. Tl. farb. S. m. Text.) Lex.-8. Nürnberg (905). Th. Stroefer. n. 1. 20

Putzig [Schlagwort]

— s. a.: Danzig, Reg.-Bez.

Putzig. s.: Preussen. Messtischblätter.

Putzig, Kreis. Baron, Paul, Spezial-Karte vom Kreise Putzig in 5fachem Farbendr. Rev. von den zuständ Behörden. 1:100,000. 38,5×40,5 cm. Lissa (906). O. Eulitz. n. — 50; auf Leinw. in Taschenform. n. 1. —

Putzig. Karte des Kreises Putzig im Reg.-Bez. Danzig. 1:100,000. Hrsg. v. der kartograph. Abtheilg. der k. preuss. Landesaufnahme. Mit Nachträgen bis 1888. Lith. u. color. qu. gr. Fol. Berlin 888. (Eisenschmidt.) n.n. 2. —

Putzler, Jos., das angriffsweise Gefecht im Geiste der taktischen Vorschriften f. die k. u. k. österreichisch-ungarische Armee. Eine Reglementsstudie üb. moderne Gefechtsführg. u. Durchführg. (23 S.) gr. 8. Wien (904). L. W. Seidel & Sohn. n. 1. —

Putzler, (Johannes Nic.) Adolph. (geb. Baruth 30. 12. 1838): De aëris fluxionum vi ac velocitate metiendis. Berolini (1864). (23 S.) 4°
Berlin, Phil. Diss. v. 4. Aug. 1864

Putzler, *Adolf* Über Witwenkassen, speziell über die Görlitzer städt. Witwenkasse. (Umschlagtitel: Über Witwen-Pensionen.) 4 (32 S.). **Progr.** G. mit Realklassen *Görlitz* 1887 (174).

Die Überlastung des Reichsgerichts und die Abhilfevorschläge. Von Justizrat [Wilhelm] **Putzler.** Leipzig: Brockhaus 1910. VI, 49 S. 8° [10. 3397

Putzmacherin, die,. Operette v. Schepfel. 8. Bayreuth, Lübeck. 790.

PUTZMACHERIN, Die, oder Sieg d. Tugend über Vorurtheile. O. O. 1798. 8°. 118 S. (6 Mk. Adolf Weigel, 1906.)
Seltene, galante Erzählung.

- Ueber die Putzmacherinnen oder Marchandes de modes in Wien. Von *W. Ch. V.* Paris u. Wien 1781. 8°. (In Wien, Bibl. des Finanzministeriums.) Sehr selten!

Putzmacherkunst, die, s. Hyot.

Putzmacher- u. Nähtermädchen, die Leipziger. 8. Leipz. 789. (Grobloch). 10 gr

PUTZMACHER- und Nähtermädchen, Das Leipziger. Zur Belehrung und zum Nutzen ihrer Mitschwestern hrsg. von einem Leipziger Putzmacher- u. Nähtermädchen. Leipzig, Böhme, 1798. 8°. Sehr selten!
VIII—176 SS. Zahm. (1 Mk. 30 Pf., Leihbiblexpl., Kühl; jetzt theurer!)

— das wienerische, z. Belehr. u. z. Nutzen ihrer Mitschwestern, herausgg. v. einem Wiener Putzmacher- u. Nähtermädchen. 3e Aufl. 8. Wien 803. (Eurich in Linz). 9 gr

Putzmacher- u. Nähtermädchen, das Wiener. 4e Aufl. 8. Grätz 816. Kienreich. 1/3 rß

Putzrath, L., über Berechnung hydraulischer Hebevorrichtungen. gr. 8. (48 S. mit 8 eingedr. Holzschn.) Berlin 879, Polytechnische Buchh. * 1 25
Aus: Zeitschrift des Vereines deutscher Ingenieure, besonders abgedruckt.

Beantwortung der Preisfrage: Welches sind die besten ausführbaren Mittel wider den Kindermord? (von *Heinrich Dietrich Putzsch*). Lüneburg 1784. 8°. (l. c., nach Meusel.)

Putz-Tisch, der. Zeitung f. Damenschneider, Modehandlungen, Stickerinnen, Putzmacherinnen u. Schneidermamsells. 1—4. Jahrg. 1844—47. gr. 4. Weimar, Voigt. [1. J. 12 Nrn. (Bog.) Mit 12 ill. Modekpfrn. u. Zuschneidemustern. 2—4. J. à 24 Nrn. (½ Bog.) à 24 ill. Modekpfrn. u. 12 Bog. Zuschneidemustern.] à J. * 3 Thlr. *

Putztisch, der. Zeitung für Damenschneider, Modehandlungen rc. 5—7. Jahrg. 1848—50. à Jahrg. 24 Nrn. (½ Bog.) Mit 24 ill. Modekpfrn. und 12 lithogr. Bog. Muster. gr. 8. Weimar, Voigt. à Jahrg. *
1—3. Jahrg. 1845—47. Ebendas. à Jahrg. * 3 Thlr.

Der **Putz-Tisch.** Zeitung für Damenschneider, Modehandlungen, Stickerinnen ... 1. 3.—8. Jahrgang. 1844. 1846—1851. Weimar, bei Bernh. Friedr. Voigt.
Mit kol. Modekupfern. 4°.
Jg. 8: Technische Modenzeitung für Damen, Damenkleidermacher, Modehandlungen, Stickerinnen und Putzmacherinnen. 1851 Weimar, bei B. F. Voigt.
Mit kol. Modekupfern. 4°.
Mehr nicht erschienen.

Puukko, A. Filemon: Das Deuteronomium. Eine literarkrit. Untersuchung. Leipzig: Hinrichs 1910. VIII, 302 S. 8°
(Beiträge z. Wissenschaft v. Alten Testament. H. 5.)

Puurmann, Matthias Gottfried

s.: Purmann, Matthäus Gottfried

Puvis, J., über die Eindämmung fliessender Gewässer. Aus dem Franz. übers. von C. Müller. gr. 8. (IV u. 60 S.) Wien 847, Gerold. ½ ℔

Puvogel, Friedrich, Kammergerichtsreferendar: Begriff der fiduciarischen Rechtsübertraguug und deren Bedeutung. Wandsbeck 1905: Fr. Puvogel. (41 S.) 8°
Rostock, Jur. Fak., Ref. Bernhöft, Diss. v. 28. Febr. 1905
[Geb. 3. Dez. 76 Berlin; Wohnort: Berlin; Staatsangeh.: Preußen; Vorbildung: Askanisch. Gymn. Berlin Reife M. 97; Studium: Berlin 8 S.; Rig. 25. Febr. 04.]

Das von der Tann'sche Freicorps in Wandsbeck. Eine Erinnerung aus d. Erhebungszeit von 1848. Von Friedrich **Puvogel**. (Wandsbeck 1898: F. Puvogel.) (6 S.) 8° [F.]
Aus: Wandsbecker Bote v. 13. März 1898. [07. 3017

[F.] Wandsbecker Monographien v. Friedrich **Puvogel**. 1. Der Wandsb. Stadtbezirk Marienthal ... 2. Der Wandsb. Stadttheil Königsland ... 3. Der Ausruf Friedrichs d. Achten z. Herzog v. Schleswig-Holstein ... (M. Sondert.) *Wandsbeck: Geschäftsstelle d. 'Wandsb. Boten' (1894. 95).* (1 Bl., 54, 30, 12 S.) 1 Bd 8. [96. 5129

Der Stamm des ersten schleswig-holsteinischen Freicorps. Ein Gedenkblatt z. Erinnerung an d. Erhebung Schleswig-Holsteins am 24. März 1848. Von Friedrich **Puvogel**. (Wandsbeck 1896: F. Puvogel.) (9 S.) 8° [F.]
Aus: Wandsbecker Bote v. 29. Nov. 1896. [07. 3018

Wandsbeck in der zweiten Hälfte des neunzehnten Jahrhunderts. Ortsgeschichtl. Aufzeichnungen von Friedrich **Puvogel**. Wandsbeck: Wandsbecker Bote 1901. (VIII, 264 S.) 8° [F.]
Aus: Wandsbecker Bote. Jg. 1900. 1901. [07. 3019

PUX u. Lurian. Kasperle im Frack. 1847.
Weller. Lex. Ps. p. 463.

***Puy*, s. a. *Du Puy*.**

Puy, du, Instruction d'un père à sa fille, tirée de l'écriture sainte. gr. 12. Basle, Schweighäuser. 773.

— Instruction d'un père à son fils etc. gr. 12. ibid. 780.

— Pflichten eines jungen Frauenzimmers. 8. Ebendas. 771.

— Pflichten e. in die Welt eintret. Jünglings. 8. Augsb. Klett. 774.

— christl. Sittenlehre z. Unterweis. f. Töchter. 8. Halle, Kummel. 751.

Puy, Johann Ludwig du

— **De finibus privilegiorum regundis.** Diss. jur. Präs. Justus Henning Boehmer. Halle / Magdeburg (J. Fr. Grunert) März 1736. 69 S. (4.75) 27400
Widm. v.: Justus Henning Boehmer.

— **Dasselbe.** Halle / Magdeburg (J. Fr. Grunert) März 1736. 69 S. (4.75) 27401
Widm. v.: Justus Henning Boehmer, Peter Georgisch (dtsch.), Max von Leutrum (Oppon.), E. F. G. von Ellrichshausen (Oppon., dtsch.), Heinr. Conr. von Strombeck (Oppon., Hieronymus Hartwig Moller (Oppon., H. E. von Spilcker (dtsch.), Georg Ludwig Böhmer (dtsch.).

Puy, Johann Ludwig du (Cassel/Hessen), De publica laetitia ob presentiam imperantis summi. Diss. jur. Präs. Joh. Wilhelm Waldschmidt. Marburg/Hessen (Ph. C. Müller) Sept. 1731. 30 S. (4.25) 27399
Mit sehr schöner Vignette über der Widmung.

Puy-Fourcat, Gabr., le Français courant, s.: Handelshochschul-Bibliothek. 6. Bd.

Puy-Fourcat, Gabr., le français pratique, s.: Knörk, Otto.

Puy de la Serra, Jacques du

— l'Art des Lettres de Change, suivant l'usage des principales places de l'Europe. 12.
Basel: Schweighäuser 1782.

du Puy de Montbrun, E. H. J., Recherches bibliographiques sur quelques impressions Neêrlandaises du XVe et du XVIe siècle. Avec des Planches Xylographiques. gr. in-8. Leide 836. Luchtmans. (Leipzig, T. O. Weigel; Hannover 839. Helwing.) n. 1 7/12 ℔

Puy de Podio, L. du, die Brieftauben in der Kriegskunst, s.a. Zeit- u. Streitfragen, militärische.

Puy de Podio, L. du, Major. Die Brieftauben in der Kriegskunst. Autorisirte Uebersetzung aus dem: „Journal des sciences militaires" von Emil Poolmann. Mit einer Karte. („Militairische Zeit- und Streitfragen." Heft 10.) 8. Leipzig 1872.

Puy de Podio, L. du. Die Brieftauben in der Kriegskunst. Aut. übsg v. E. Poolman. A. d. Französ. Mit 1 Krt. Leipzig 1872. 73 S.

Puydt, P. E. de, theoretische und praktische Anleitung zur Kultur der Kalthaus-Pflanzen, [Orangerie- und temperirte Häuser der Gärtner,] nebst praktischen Bemerkungen über Pflanzen-Physiologie und Physik in Bezug auf Gärtnerei rc. Nach dem Französ. bearb. von einem praktischen Gärtner. Mit 18 Abbildgn. (Holzschn.) Hamburg 862. Kittler. gr. 8. (VI, 161 S.) n. 22½ ngr

C. **Puyo**. Der Ölfarben-Kopierprozeß nach Rawlins. Autor. Übers. von Dr. C. Stürenburg, nach der in d. Bibliothek d. Photo-Clubs zu Paris erschienenen Originalarbeit. Mit 6 Taf. nach Ölfarbenkopien. Berlin: G. Schmidt 1908. (VI, 71 S.) 8°
— **Bibliothek**, Photographische. Bd 24. [08. 17808

Puységur, Marquis de

—, Diss. de unica vera mortis causa. Tüb. 4°.

1786

Puységur, le bien faisant Juge. Comédie en 3 A. 8. Braunschw. 806. Pluchart. 6 gr

Puységur, Jacques F. de Chastenet, Marquis de

de **Puységur**. L'art de la guerre, extrait par le baron de Traverso. 12. Paris 1760. — (XX 102) 12. Francfort 1760.

Puysegur, **Marschall, extrait de l'art de la guerre. 12. Bâle 755. Thurneisen. 12 gr**

— Extraits de l'art de la guerre. Nouv. édit. Francfort s M. 1760. 142 S.

— Grundsätze u. Regeln der Kriegskunst; aus d. Französ. von G. R. Fäsch. 2 Thle. Mit 52 Kpf. 4. Leipz. 753. (Brockhaus). 5 ß

—. Des ... Marschalls von Puysegur Grundsätze und Regeln der Kriegs-Kunst, hrsg. von seinem Sohne Maréchal de Camp ... Aus dem Französischen übersetzet von George Rudolph Fäsch. Leipzig, in Johann Friedrich Gleditschens Handlung 1753.
Tit., 2 Bl., XX + 256 S., 34 Bl.; 37 + 14 Taf. in Kupferst. 4°.

Puzer, Jo. Casp. (Nordheim/Franken), Disput. metaphysica qua caussa Dei agitur in permittendo malo. Präs. Alb. Georg Walch. Schleusingen (Muller u. Bruckner) 11. IX. 1772. 10 S. (4.50) 27402
Oppon.: Jo. Fried. Helm. — Gymn. rite discess.: Christian Fried. Thyme, Ad. Christian Gastpari, Jo. Phil. Fuchs. — Gew.: Carl Friedrich Ernst von Lynker, Carl Christian von Herda, Johann Immanuel Boessel, Adolph Heinrich Heydenreich, Lüder Heinrich Bussenius, Christ. Wilhelm Heusinger.

Puzyrewsky, Alexander

Puzyrevskij, A. Desjat' lět nazad. Vojna 1877—1878 gg. St. Petersburg 1887. 4°. (Vor 10 Jahren. Der Krieg 1877/78.)
Dass. deutsch u. d. T.: Die russ. Garde im Kriege 1877/78, von A. Regenauer. Berlin 1888. 8°.

Puzyrewsky, Alex., der polnisch-russische Krieg 1831. Von der kais. russ. Akademie der Wissenschaften m. dem Makariew'schen Preise ausgezeichnet. Autoris. deutsche Bearbeitg. nach der 2., umgearb., verb. u. ergänzten Aufl. von Valerian Mikulicz. 1.—3. Bd. gr. 8. Wien, (L. W. Seidel & Sohn). n. 24. —
1. Mit 25 Karten u. Plänen. (VII, 387 S.) 892. n. 10. —
2. 3. Mit 23 Karten u. Plänen. (376 u. 315 S.) 893. n. 14. —

Puzzle

— the new chinese, od. neues chinesisches Räthselspiel. Hamb., Campe. 16 gr ill. 1 ß

— — dasselbe mit zehn Holzfiguren und schönen ill. Kupf. Wien, Müller. 2 Rthlr. 12 Gr. und 2 Rthlr. 20 Gr. und 16 Gr.

Puzzle, a new chinese, oder neues chinesisches Verlegenheitsspiel. 2te Ausg. 12. Braunschweig, Schenk. (Leipzig, Voß in Comm.) 818.

— the new chinese, od. neues chinesisches Verlegenheitsspiel. 1r Thl. mit 187 Figuren, Vorrede u. Anleit. zu diesem Spiele. 4. Braunschw. 818. Spehr. 20 gr 2r Thl. enthält 139 neue Originalfiguren, entworfen v. J. P. Spehr. Ebd. 818. 12 gr

Puzzle-Spiel

— od. chinesisches Verwandlungs- u. Grillenspiel, verb. u. verm. v. C. Robolsky. Magdeb., Creutz. 10 gr

— chinesisches, bestehend aus 107 Fig. u. 7 Holztäfelchen. Magdeb., Rubach. 12 gr

Puzzle-Spiel, d. sinnreiche chinesische. Neue vollständigere Ausgabe in 400 Figuren auf 31 Tafeln. Mit 7 Holztäfelchen in Etui. Leipz. 819. Brummer in Kopenh. 6 gr

Puzzle-Spiel, das sinnreiche chinesische. Neue vollständige Ausgabe in 400 Figuren auf 31 Tafeln. Mit 7 Holztäfelchen in Etui. Leipzig, (Hartmann.) 819.

Puzzolane, v. der, s. Faujas de St. Fond.

Puzzolane, v. der, s. Fond.

Pyat, Felix

Pyat, F., le chiffonnier de Paris, s.: Répertoire du théâtre Français, Nr. 349. — Théâtre Français publ. par Schütz. Série XI. 9. livr.

Pyat, Felix, Diogène, s. Répertoire du Théâtre franç. II. Série. No. 70. — Théâtre franç. p. Schütz. 7. Série. N. 7.

Pyat, Fel., Diogène, s. Théâtre français, 2. Série No. 70.

Pyat, F., Diogenes, s.: Sammlung d. besten französ. Bühnenstücke.

— der Lumpensammler von Paris, s.: Bühnen-Repertoir, Nr. 130.

Pyat, F., der Lumpensammler von Paris, s. Universal-Bibliothek Nr. 2017.

Pychlau, Eduard [aus Strasdenhof in Livland]: Beiträge zur Kenntnis der bromierten Nicotinsaeuren ... Freiburg i. B., Buchdr. v. Chr. Ströcker, 1891; 68 S., 1 Bl. 8.
Freiburg i. B., Phil. Fak., Inaug.-Diss. v. 1891

Pychlau, Ed., Beiträge zur Kenntnis der bromierten Nicotinsäuren. Diss. gr. 8. (68 S.) Freiburg i/B. 891. (Riga, A. Stieda.) n. 2. —

Pychlau, Henr. (geb. Riga 2. 3. 1824): De jodi effectu atque usu. Berolini (1848). (31 S.) 8°
Berlin. Med. Diss. v. 24. Mai 1848

Pychlau, Ed., zur Casuistik der scarlatina in puerperio. Inaugural-Dissertation. gr. 8. (49 S.) Dorpat 881, (Karow.) *

Pychlau, Constantin [aus Livland]: Beiträge zur Kenntniss der Chinaalkaloïde insbes. d. Cinchonidin's ... Freiburg i. B., Universitätsbuchdr. v. Ch. Lehmann, 1894; 63 S. 8.
Freiburg i. B., Phil. Fak., Inaug.-Diss. v. 1894

Pychlau, W. R. v., das Ideal einer Frau oder die Liebe im Lichte der „Harmonischen Philosophie". Novelle. 8. (VIII, 70 S.) Leipzig 880, Besser. *

Pychlau, B. R. v., Das Ideal e. Frau od. Die Liebe im Lichte der „harmon. Philosophie". Novelle. 8. (VIII, 70 S.) Leipzig 897. W. Besser. — 80

Pychlau, Waldemar: Ueber Blutungen nach Adnexoperationen (unter besonderer Berücksichtigung der sog. 'Pseudomenstruation'). Heidelberg 1910: Hörning. 52 S. 8°
Heidelberg, Med. Diss. v. 30. Juli 1910, Ref. Menge
[Geb. 7. Nov. 87 Riga; Wohnort: Riga; Staatsangeh.: Rußland; Vorbildung: Gymn. Moskau Reife O. 05; Studium: Jena 3, Heidelberg 7 S.; Rig. 28. Juni 10.] [U 10. 2085

Pygmäen-Briefe, ein satyrischer Roman. Gotha 1808. V: *Benzel-Sternau, Carl Christian Ernst Graf.* (HS) (MGT)

Pygmalion, oder die belebte Statue. [A. d. Franz.] Hamb. 1748. V: *Deslandes, André François Boureau.* (BGE) B: *Bodmer, Johann Jacob.* (vetter)

Pygmalion; eine Kantate. Berlin 1768. V: *Ramler, Carl Wilhelm.* (Ky) (MGT)

Pygmalion nach dem Französischen des H. J. J. Rousseau. Eine lyrische Vorstellung aufgeführet auf dem kk. privileg. Schaubühnen in Wien. [Wien] 1772. V: *Laudes, Joseph Gottwill von.* (WBL 14/214) (biblport) (GGr VI/656, Nr. 11/13)

Pygmalion, ein Lustspiel in Einem Aufzuge, nach d. Franz. [des Rousseau] . . . Dresden 1776. V: *Grossmann, Gust. Frdr. Wilh.* (JL) (Cat. d. Stadtbibl. Zürich. Zürich 1864—97.)

Pygmalion; Lstspl.; aus d. Französ. v. G. 8. Dresd. 776. Walther. 4 gr.

— s. auch J. J. Rousseau.

Pygmalion. Eine lyrische Handlung, m. K. 8. Mannheim, Schwan. 778.

— Eine lyrische Handlung a. dem Franz. des Herrn Rousseau übersetzt von Laudes. gr. 8. Wien, Kurzböck. 779.

— od. d. Reformation d. Liebe. Lyr. Drama von Herklots. gr. 8. Berlin, Maurer. 794.
Schweizerpap.
Velinpap.

Pygmalion, od. die Musen bei d. Prüfung. 8. Leipz. Weygand. 813. — 10

Pygmalion, oder die Musen bey der Prüfung . . . Wien 1817. V: *Gewey, Franz Carl.* (EB)

— oder die Musen bei der Prüfung. Parodie in 2 Aufz. in Knittelversen mit Arien u. Chören. 8. Wien 817. (Gerold). 12 gr. Hbg. Pr. 6 gr.

Pygmalion und Elise. Berlin 1749. V: *Bodmer, Johann Jacob.* (VLBS IV, 187) (Gleim-Uz, Briefwechsel. Tübingen 1899. S. 480.) (GGr) (JL) (ML) (Mn)

Pyl, Christoph

(Pylius, Chph.) Descriptio calamitatum quibus Pomeraniae terrae cum suis urbibus inque iis Tanglinum, per aliquot annorum decursum, vexatae antequam miserum oppidum direptioni exponeretur, confecta a Telemacho. (1½ pl.) 4. 1713.

Pyl, Christoph (Greifswald / Pommern), Omniscientiam exinanitae carnis Christi nihil ignorantem. Diss. theol. Präs. Jo. Fried. Mayer. Greifswald (G. H. Adolph) 5. X. 1702. Rec. 1707. 32 Seiten. (4.25) 27403
Widm. v.: Jo. Fried. Mayer.

Pyl, Johann Theodor (Hrsg.):

s. a. Aufsätze und Beobachtungen aus der gerichtlichen Arzneywissenschaft. Sammlung 1-8. Berlin: 1783-1793

Pyl, Jh. Thdr., († d. 27. Dec. 1794.) Aufsätze u. Beobachtt. aus d. gerichtl. Arzneiwissenschaft. 8 Sammll. gr. 8. Berl. 784—93. (1e, 2e, 5e, 6e Samml. 2e A. 803, 5, 12, 15,) Mylius. (à 18 gr) 6 ₰

Pyl, J. Theod., Aufsätze und Beobachtungen aus der gerichtl. Arzneywissensch. 8 Thle. gr. 8. Berlin, Mylius. 804 — 5. 784—91. (à 18 gr.)

Pyl, J. Th., Aufsätze u. Beobachtungen aus d. gerichtl. Arzneiwissenschaft. 5r Bd. 2te Aufl. gr. 8. Berlin, Mylius. 812.

Pyl, J. Th., Aufsätze und Beobachtungen aus der gerichtlichen Arzneywissenschaft. 6r Thl. 2te Aufl. gr. 8. Berlin, Mylius. 815.

Pyl, Johann Theodor, s. Magazin, Neues, f. die gerichtl. Arzneikunde.

— Repertorium für d. öffentl. u. gerichtl. Arzneiwissenschaft. 3 Bde. à 2 Stücke. gr. 8. Berl. 789—92. Vieweg in Braunschweig. 2 ₰ 21 gr

Pyl, Johann Theodor (Hrsg.):

s. a. Repertorium für die öffentliche und gerichtliche Arzneywissenschaft. Bd 1-3. Berlin: 1789-93

— s. Thunberg, K. P.: Abhandl.

Pyl, Johann Theodor (Übers.):

s.: Weigel, Christian Ehrenfried: Chemisch-mineralogische Beobachtungen. (Observationes chemicae et mineralogicae. Dt.) Th. 1-2. Breslau: 1779

Pyl, Karl Theodor, s. Pyl, Theodor.

Pyl, Paul Gf., Erörterung u. Frage, in wie weit die Veränderung d. Wohnorts od. des Standes d. Eheleute auf ihre sonstigen rechtl. Verhältnisse, besonders in Ansehung d. ehelichen Gütergemeinschaft Einfluß habe? 8. Greifsw. 804.

Pyl, Theodor

Pyl, Thdr., Album des Cisterzienserklosters Eldena. Mit 1 Photogr. und 6 lithogr. Abbild. gr. 8. Greifswald 882, Bindewald. *

Pyl, Theod., Diss. med. de auditu in genere et de illo qui fit per os in specie. Gryph. 4°.

1742

—— Schillers Bedeutung für unsere Zeit. gr. 8. (16 S.) Greifswald 859, (Koch's Verlagsbuchh.)

Pyl, Thdr., s.: Beiträge zur Geschichte der Stadt Greifswald.

Pyl, (Carl Thdr., mythologische Beiträge zu den neuesten wißenschaftlichen Forschungen über die Religionen des Alterthums mit Hülfe der vergleichenden Sprachforschung. 1. Thl.: Das polytheistische System der griech. Religion nebst einer literatur-histor. Einleitung. gr. 8. (IV und 218 S. mit 1 Tab. in qu. gr. Fol.) Greifswald 855(56,) Koch's Vrlgsb. Thlr. *

Pyl, Beiträge zur pommerschen Rechtsgeschichte. 1. Hft. gr. 8. (30 S.) Greifswald 884. (Bindewald.) n. — 80

— Beiträge zur pommerschen Rechtsgeschichte. 2. Hft. Die Verwaltg. u. die Gerichtsbarkeit d. Greifswalder Rathes, nach den urkundl. Quellen d. Gr. Archivs dargestellt. gr. 8. (VIII, 152 S.) Greifswald 891. (J. Bindewald.) n. 1. 60 (1 u. 2.: n. 2. 40)

— Raphaels Brautfahrt. Romantische Dichtg. gr. 8. (189 S.) Ebend. 876. n. 3. —

— über die symbolische Darstellung der Griechen. Greifswald 855. (Koch.) gr. 8. (26 S.) n. 6 ngr.

Pyl, (K.) Thdr., Albrecht Dürer. Schauspiel in 5 Aufzügen. Berlin 865. Schroeder's Verl. gr. 8. (III, 16 S. mit phot. Portr.) n. 1 ℛ

Pyl, Car. Theod. (geb. Greifswald 10. 11. 1826): De Medeae fabula. Particula II. Berolini (1850). (60 S.) 8° * [Ist erschien u. d. T.: „Der Sagenkreis der Medea" in der Zeitschrift für die Alterthumswissenschaft Jg. 12 u. 13. 1854 u. 1855.

Berlin, Phil. Diss. v. 30. Juli 1850

Pyl, Thdr., pommersche Genealogien. Nach urkundl. Quellen und den Sammlungen von A. Balthasar, J. A. Dinnies und C. Gesterding hrsg. 2. Bd. 1. und 2. Heft. gr. 8. Greifswald, (Bindewald.) [1. Heft. (IV, S. 1—80.) 868. *M 1,50.; 2. Heft. (S. 81—396 mit 2 Stnt.) 873. *M 4,50.] * 6 —

1. Bd. vgl.: Gesterding, A., Genealogien. 1842. **M 7.

Pyl, Thdr., pommersche Genealogien. 4. u. 5. Bd. gr. 8. Greifswald (J. Abel). n. 5. 20
(1., 2., 4. u. 5.: n. 18. 20)

4. Die Genealogien d. Greifswalder Rathsmitglieder v. 1250—1382, nach den Urkunden u. Stadtbüchern des Greifswalder Rathsarchivs hrsg. (XXIV, 180 S.) 895. n. 2. 40
5. Dasselbe v. 1382—1647, nach d. Rathsmatrikel v. 1382—1654 (Lib. Civ. XXI, f. 21—293) u. a. Stadtbüchern hrsg. Mit e. chronolog. Uebersicht der Greifswalder Rathsmitglieder v. 1648—1896 nach den Verzeichnissen v. A. G. Schwarz u. C. Gesterding u. d. Acten d. Rathsarchivs (S. 185—191), u. e. alphabet. Register d. R. H. v. 1250—1895. (XII u. S. 181—410.) 896. n. 2. 80

THEODOR PYL, Geschichte des Cistertienserklosters Eldena im Zusammenhange mit der Stadt und Universität Greifswald.

Theil 1. Innere Einrichtung des Convents, Beschreibung der Gebäude und Grabsteine, Uebersicht des Grundbesitzes und äussere Geschichte des Klosters, mit 6 Abbildungen der Ruine und der Grabsteine. Greifswald. 1880—81. Vereinsschrift der Rügisch-Pommerschen Abtheilung ... (C. V. v. J. Bindewald.) 8°.

Theil 2. Uebersicht der Quellen u. Hülfsmittel, Chronologische Reihenfolge der Aebte und Prioren, Regesten zur Geschichte des Klosters, sowie Orts- und Personen-Register. ib. 1882. — (--).

—— Geschichte des Cistertienserklosters Eldena im Zusammenhange mit der Stadt und der Universität Greifswald. 2 Thle. gr. 8. (XVIII, 823 S. mit 6 Stnt.) Ebendas. 880,82. *

— Nachtrag zur Geschichte d. Cist. Klosters Eldena u. d. Stadt Greifswald u. 41.—44. Jahresbericht d. rügisch-pommerschen Abtheilg. d. Gesellschaft f. pommersche Geschichte u. Alterthumskunde 1879—82. gr. 8. (95 S.) Ebd. 883. n. 2. — (kplt. m. Nachtrag: n. 14. —)

Pyl, Thdr., Geschichte der Stadt Greifswald und 40. Jahresbericht der rügisch-pommerschen Abtheilung der Gesellschaft für pommersche Geschichte und Alterthumskunde von 1877—1879. gr. 8. (91 S.) Greifswald 879, (Bindewald.) * 1 50

Geschichte der Greifswalder Kirchen und Kloster, sowie ihrer Denkmäler, nebst e. Einl. vom Ursprunge d. Stadt Greifswald. Hrsg. von Dr. Theodor **Pyl**, Prof. Th. 1–3 [nebst] Nachträge. H. 1–3. Greifswald: Gesellsch. f. Pomm. Geschichte u. Alterthumskunde 1885–1900. 8°

1. Vom Ursprung d. Stadt Greifswald. Geschichte d. Nikolai-, Marien- u. Jakobi-Kirche u. ihrer Denkmäler. 1885.
2. Geschichte d. Greifsw. Geistlichkeit u. Schule bis z. Reformation, Chronol. Übersicht d. Geistl. bis z. Gegenwart. 1886.
3. Geschichte d. Franziskaner- u. Dominikaner-Klosters, d. Hl. Geist- u. Georg-Hospitals, d. Gertrudenkirche u. d. Greifsw. Convente. 1887.

Pyl, Thdr., Geschichte der Greifswalder Kirchen und Klöster, sowie ihrer Denkmäler, nebst einer Einleitung vom Ursprunge der Stadt Greifswald. 3 Thle. [Vereinsschrift der Rügisch-Pommerschen Abtheilung der Gesellschaft für Pommersche Geschichte und Alterthumskunde in Stralsund und Greifswald.] gr. 8. (1527 S. mit 18 Taf.) Greifswald 885—87, (Bindewald.) * 24 —

— Geschichte der Greifswalder Kirchen. Nachträge. 1. u. 2. Hft., nach d. Kirchenrechngn. hrsg. gr. 8. (IV, 69 u. IV, 99 S.) Ebd. 898. 99. n. 3. —
(Hauptwerk m. Nachtrag 1. u. 2.: n. 27. —)
1. n. 1. 20. — 2. n. 1. 80.

NACHTRÄGE ZUR GESCHICHTE DER GREIFSWALDER KIRCHEN, nach den Kirchenrechnungen herausgegeben von THEODOR PYL.

Heft 1. Greifswald 1898. Vereinsschrift der Rügisch-Pommerschen Abtheilung der Gesellschaft für Pommersche Geschichte und Alterthumskunde. C. V. v. J. Bindewald, Akad. Buchh. 8°.

Heft 2. ib. 1899. Vereinsschrift der Rügisch-Pommerschen Abtheilung der Gesellschaft für Pommersche Geschichte und Alterthumskunde. Com.-Verl. von Julius Abel.

NACHTRÄGE ZUR GESCHICHTE DER GREIFSWALDER KIRCHEN UND KLÖSTER, herausgegeben von THEODOR PYL.

Heft 3. Geschichte des Georghospitals. ib. 1900. Vereinsschrift der Rügisch-Pommerschen Abtheilung der Gesellschaft für Pommersche Geschichte und Alterthumskunde. —

Pyl, Thdr., Geschichte der Greifswalder Kirchen u. Klöster. Nachträge. 3. Hft. Geschichte des Georgshospitals. gr. 8. (VIII, 125 S.) Greifswald 900. (J. Abel.) n. 2. 40;
(Hauptwerk m. 1.—3. Nachtrag n. 29. 40)

—— pommersche Geschichtsdenkmäler. Gesammelt und hrsg. 2. Bd. gr. 8. (XII und 217 S.) Greifswald 867, (Bindewald.) *

Vgl. Kosegarten, Joh. Gtfr. Ludw., pommersche und rügische Geschichtsdenkmäler. 1. Bd. Greifswald, Koch's Verlag. * 2 Thlr. 10 Ngr.

—— pommersche Geschichtsdenkmäler. Gesammelt und hrsg. 2.—5. Bd. gr. 8. (Ebendas.) * 11 50

Inhalt:

Bd. 2. (XII, 217 S.) 867. *M 3.
" 3. Dr. Heinrich Rubenows Leben und Geschichte seiner Vorfahren, mit urkundlichen Beilagen und einer Beschreibung der Stadt Greifswald im 15. Jahrh. (XXXII, 160 S. mit 2 Lithogr. und 4 Stammtaf. in 4.) 870. *M 4.
" 4. D. Focks Leben und Schriften nebst Nachträge zu Focks Rügisch-Pommerscher Geschichte und XXXVII. Jahresbericht der Rügisch-Pommer. Abthl. der Gesellschaft für Pommer. Geschichte. (XVI, 143 S.) 874. *M 3.
" 5. Dr. j. u. Augustin Balthasars, Prof. an der Universität Greifswald, gest. als Tribunals-Präs. in Wismar 1786, Leben und Schriften nach dessen Selbstbiographie und andern urkundl. Quellen als Ergänzung zu D. Focks Rügisch-Pommerscher Geschichte. (114 S.) 874. *M 1,50.

— pommersche Geschichtsdenkmäler. 6. Bd. gr. 8. Ebd. 889. n. 2. — (1—6.: n. 20. 50)
Der französische Krieg u. der Uebergang Altg.-Pommerns an Preußen, sowie 45.—50. Jahresbericht d. Altglsch-Pomm. Abth. der Gesellschaft f. Pomm. Geschichte u. Alterth. (162 S.)

— Pommersche Geschichtsdenkmäler. 7. Bd. gr. 8. Ebd. 894. n. 5. — (1—7.: n. 25. 50)
Die Entwicklung d. Pommerschen Wappens, im Zusammenhang m. Pommerschen Landestheilungen, nach den urkundlichen Quellen d. Greifswalder Raths- u. Univ.-Archivs dargestellt. Mit 4 Taf. lith. Abbildgn. der Wappen u. Siegel der Herzoge v. Pommern, der Fürsten v. Rügen u. Grafen v. Gützkow, u. chronolog. Übersicht v. deren Genealogien. (XVI, 229 S.)

— vom Hildagestade. Heimatsbilder. [Die Inselkönigin. Die Klostermühle.] gr. 8. (208 S.) Ebend. 876. n. 3. —

— die alte Kirche d. Heiligengeist-Hospitals u. die Heiligenkreuz-Capelle in Greifswald, s.: Beiträge zur rügisch-pommerschen Kunstgeschichte.

—— der Kunstgeschmack zur Zeit Hadrians und der Gegenwart, s. Sammlung kunstgewerblicher und kunsthistorischer Vorträge. 4.

Pyl, (C.) Th., Kunstwerke alter und neuer Zeit als Hülfsmittel für akadem. Vorlesungen erworben, geordnet und beschrieben. gr. 8. (152 S.) Greifswald 857, (Koch's Verlagsbuchh.) *

— Margareta von Ravenna. Pommersches Lebensbild aus dem 15. Jahrh. Zur Feier der 50jähr. Vereinigung Neuvorpommerns mit Preußen herzg. von der Gesellschaft für pommersche Geschichte u. Alterthumskunde. Greifswald 865. Scharff. gr. 8. (47 S.) n. 10 ngr.

—— Pontius Pilatus. Drama in 5 Aufzügen. gr. 8. (XX und 155 S.) Greifswald 854, Herwig. (Leipzig, Herbig.) *

— die Regelung der Lehrerlaufbahn, s.: Köhne, Otto.

— Heinrich Rubenow oder die Stiftung der Hochschule zu Greifswald. Vaterländisches Schauspiel in 5 Aufzügen zur Feier des 400jähr. Stiftungsfestes der Universität Greifswald im J. 1856. Greifswald 853. Koch in Comm. 8. (2 Bl., XX, 309 S.) n. 24 ngr.

—— Heinrich Rubenow oder die Stiftung der Hochschule zu Greifswald. Drama in 5 Aufzügen. 2., für die Bühne bearb. Ausg., mit Rubenows (lithogr.) Portr. und (lithogr.) Denkstein und histor. Beilagen zu den Abbild. gr. 8. (202 S.) Greifswald 864, Scharff.

— die Rubenow-Bibliothek. Die Handschriften u. Urkunden der von Heinr. Rubenow 1456 gestifteten Juristen- u. Artisten Bibliothek zu Greifswald, aus der Bibliothek der Nicolai-Kirche zu Greifswald herzg. Ebend. 865. gr. 8. (VIII, 196 S.) 1 ₰

— das Rubenowbild der Nikolaikirche zu Greifswald, Rubenows Denkstein in der Marienkirche, das Album, die Annalen u. Scepter der Universität, die Handschriften u. Urkunden der Bibliothek der Nikolaikirche zu Greifswald aus Rubenows Zeit beschrieben. Ebend. 863. gr. 8. (44 S. u. 1 lith. Taf.) 9 ngr.

—— die griechischen Rundbauten im Zusammenhange mit dem Götter- und Heroencultus erläutert. gr. 8. (VI und 122 S.) Greifswald 861, Koch's Verlagsbuchh. *

— die griechischen Rundbauten im Zusammenhange mit dem Götter- und Heroencultus erläutert. Greifswald 864. Koch. gr. 8. (VI, 122 S.) n. 1 ₰

— die Greifswalder Sammlungen vaterländischer Alterthümer u. die Kunstwerke des Mittelalters u. der Renaissance im Besitz der Universität, der Kirchen u. Behörden u. der Greifswalder Abth. der Gesellschaft für pommersche Geschichte u. Alterthumskunde. Greifswald 869. Bindewald. gr. 8. (III, 112 S.) n. 15 ngr.

Die Greifswalder Sammlungen Vaterländischer Alterthümer und die Kunstwerke des Mittelalters u. der Renaissance im Besitz der Universität, der Kirchen u. Behörden und der Greifswalder Abtheilung der Gesellschaft für Pommersche Geschichte und Alterthumskunde. Geordnet und beschrieben von THEODOR PYL. Greifswald. 1869. Vereinsschrift der Greifswalder Abtheilung der Gesellschaft für Pommersche Geschichte und Alterthumskunde. 8o.

— die Greifswalder Sammlungen vaterländ. Alterthümer im Besitz d. Universität u. d. Rüg. Pom. Abth. der Gesellschaft für Pom. Geschichte u. A. II. Hft., u. 55.—58. Jahresbericht d. Rüg. Pom. Abth. d. Ges. f. Pom. Gesch. u. A. v. 1893—1896. gr. 8. (VIII, 121 S.) Ebd. 897. n. 1. 50

— Theodor (Greifswald/Pommern), De teste clerico, seu vom Bezeugnis eines Predigers. Disput. jur. circul. Präs. Casp. Matth. Müller. Rostock (J. Weppling) 16. V. 1705. (4.50) 27404

—— der Zwölfgötterkreis im Louvre eine archaiologische Abhandlung. gr. 4. (8 S.) Greifswald 857, (Koch's Verlagsbuchh.) *

Pylades und Orestes,
s.a. Derschau, Christoph Friedrich von

Pylades u. Orestes, oder Denkmal d. Freundschaft. 8. Berl. 747. Rthlr.

Pylades und Orestes oder Denkmaal der Freundschaft. Ein Trauerspiel. Liegnitz 1747. V: *Derschau, Christoph Ferd. von.* (Mn)

Pylarinos, Ch. Th., dictionnaire, s.: Comment parle-t-on à Athènes.

Πυλάρινος, Διονύσιος [Ζακύνθιος]: Παραβολὴ Δίωνος τοῦ Χρυσοστόμου πρὸς Πλάτωνα Ξενοφῶντα Δημοσθένη καὶ Αἰσχίνην.... Γαλάζιον, τυπο-λιθογρ. „Παλασέσκου", 1887: 1 Bl. + 98 S. 8°
Erlangen. Phil. Fak., Inaug.-Diss. v. 1887

Pyle, Thomas

Pyle's, Th., Paraphrase über die Apostelgesch. und d. apost. Briefe des N. Test., aus dem Engl. 2 Thle. gr. 8. Hamb. Bohn. 778.

Pyle's, Thom., Paraphrase üb. die Apostelgeschichte u. d. apostol. Briefe. d. N. Testaments; aus d. Engl. (v. E. G. Küster). 2 Thle. gr. 8. Hamb. 778, 79. Bohn. 3 ₰

Pyle, Thomas. Paraphrase über die Apostelgeschichte und die apostolischen Briefe des Neuen Testaments; a. d. Engl. Hamburg 1778—79. Ü: *Küster, Elieser Gottlieb.* (Ky)

Pym, T., Bilder zum Coloriren f. unsere Kleinen. Mit Versen v. Helene Binder. 4. (32 Bl.) München 883. Stroefer. n. 1. 20

— kleine Blüten, kleine Blätter. Aus dem Engl. übers. u. ergänzt v. Helene Binder. qu. kl. 4. (36 Bl. m. farb. Illustr.) Ebend. 882. geb. n. 3. 50

— Fleiß bringt Fröhlichkeit u. Glück, Unart Trübsal, Mißgeschick. Bilder. Erzählungen nach dem Engl. v. E. Biller. kl. 4. (40 S. m. farb. Illustr.) Ebend. 882. geb. n. 3. –

Pyman, Frank Leo. Über O-Hydroxylaminobenzoësäure und ihre Ester und über Oxy-ψ-Anthranil. Diss. Phil. Basel. [Mit 6 Tabellen.] VIII + 92 S. 8. Zürich, F. Lohbauer, 1904.

Pynaert, Edm., die Frucht-Häuser. Eine vollständ. Abhandlg. üb. die Treib- u. die künstl. Cultur der Obstbäume u. der Beerensträucher unter Glasschutz. Aus dem Franz. übersetzt v. M. Lebl. Mit 65 (eingedr.) Holzschn. gr. 8. (XVI, 296 S.) Stuttgart 874. Schweizerbart. n. 4. —

Pyne, Thom., die Wunder des Lebensmagnetismus als Heilmittel. Frei nach dem Engl. von C. E. Lehrmann. Nebst einem Beitrage zur einfachen Lösung des vermeintlich räthselhaften Tischrückens und Geisterklopfens. 8. (VIII und 104 S.) Leipzig 853, Kollmann.

Pyne, Thom., die Wunder des Lebensmagnetismus, s. Lehrmann.

PYNYLO, Basilius: Exponatur doctrina s. Basilii M. de dominio bonorum materialium. — (1906) 74 Bl. 4° (Handschr.) Diss. 774
Diss. Wien, Univ.

Pyöng yang [Schlagwort]

Pyöng yang, s.: China. Karte.

Pypin, Alexander Nikolajewitsch

Pypin, A. N, die geistigen Bewegungen in Russland in der 1. Hälfte des XIX. Jahrh. 1. Bd. Die russ. Gesellschaft unter Alexander I. Aus dem Russ. übertr. v. Boris Minzes. Autoris. Übersetzg. der 2., verm. Aufl. gr. 8. (XXVI, 690 S.) Berlin 894. S. Cronbach. n. 12. —

—— und V. D. Spasovič, Geschichte der slavischen Literaturen. Nach der 2. Aufl. aus dem Russ. übertr. von Traug. Pech. Autoris. Ausg. 2 Bde. gr. 8.
Lpz.: Brockhaus. geb. *
Inhalt:
Bd. 1. (X, 586 S.) 880. *M 11.; geb. *M 12,50.
» 2. 1. Hälfte: Geschichte der polnischen Literatur. Mit einem Vorwort von A. N. Pypin. (XXVIII, 435 S.) 883. *M 9.; geb. *M 10,50. – 2. Hälfte: Čecho-Slovaken. Lausitzer. Serben. (VII, 509 S.) 884. *M 10.; geb. *M 11,50.

— u. V. D. **Spasović**, Geschichte der slavischen Literaturen. Nach der 2. Aufl. aus dem Russ. übertr. v. Traug. Pech. Autoris. Ausg. 2. Bd. Geschichte der poln. Literatur. Cecho-Slaven, Lausitzer, Serben. Mit e. Vorwort v. A. N. Pypin. gr. 8. (XXVIII, 435 und VII, 509 S.) Ebend. 883. n. 19. —; geb. n. 22. — (cplt.: n. 30. —; geb. n. 31. 50)

Als Ms. gedr. Quellen und Beiträge zur Geschichte der Freimaurerlogen Russlands. Autor. deutsche Uebers. mit nur wenigen und unwesentlichen Licenzen. Russisch von A[lex.] N[ikol.] **Pypin.** Riga 1896: Häcker. IV, 177 S. 8°
Auszug in: Z. 28 (1898) S. 67—68.
Recens: Bh. 40 (1897) S. 218 (C. Gotthold); Bbl. 11 (1897) S. 285—298 (A. W. Sellin); L. 20 (1897) S. 55—56.
cf. HL. 30 (1897) S. 2531—2532 (J. Moltmann); S. 4 (1897) S. 52—53 (J. G. Findel), Z. 27 (1897) S. 51—52; BZC. 27 (1895) S. 204—207 (W. Wald). 23. 25.

Pypin, A. N., das serbisch-wendische Schriftthum in der Ober- und Niederlausitz. Aus dem Russ. übertr., sowie mit Berichtigungen und Ergänzungen versehen von Traug. Pech. gr. 8. (64 S.) Leipzig 884, Brockhaus. *
Aus: Geschichte der slavischen Literaturen von A. N. Pypin und V. D. Spasović, besonders abgedruckt.

Pyra, Immanuel Jakob

Pyra, I. J., u. S. G. **Lange**, freundschaftliche Lieder, s. a. Litteraturdenkmale, deutsche, d. 18. u. 19. Jahrh.

THIRSIS (d. i. *Imman. Jac. Pyra*) u. **DAMON** (d. i. *Sam. Gotthold Lange*). — *Thirsis und Damons* Freundschaftliche Lieder. Herausgegeben von M. Samuel Gotthold Langen. (Vignette). Zweyte vielvermehrte Auflage. Halle, im Magdeburgischen. Verlegt von Carl Hermann Hemmerde, o. J. (1749). 8 Bl., 208 S. 8°.
Goedeke IV, 13, 7. Im Jahre 1745 waren die Lieder Pyra's und Lange's ohne L's Wissen von Bodmer herausgegeben worden (88 S.), so dass vorliegende Ausgabe Originalausgabe ist. — Über Pyra's Bedeutung vergl. Warick: Immanuel Pyra und sein Einfluß auf die deutsche Litteratur des 18. Jahrhunderts. Leipzig 1882.

Pyramide mit einem Kabalistikum auf den Tod der Kaiserin Königin ... V: *Haymerle, J. B.* (wrztg 1781, Nr. 7, Beil.) (J. S. u. M. A. Recensionen, Nr. 101, S. 32) (BiblPort)

Pyramiden

— für Radfahrer. I. u. II. Heft. kl. 8. Ebd. n. 2. 50
I. 16 Pyramiden f. 3—9 Radfahrer m. 1 bis 3 Rädern. (Von Liebers.) (8 S. m. Abb.) Probstheida (903). n. 1. —
II. 16 Pyramiden f. 8, 12 u. 16 Radfahrer m. 5 u. 6 Niederrädern unter Verwendung v. Flaggen u. Guirlanden. (16 S.) (905.) n. 1. 50

Pyramiden für Turner, entworfen von J. C. Lion, L. Puritz u. Anderen. 4 Hfte. qu. 8. (à 24 chromolith. Taf.) Hof 887—890. Lion. à n. 1. 20
1. 72 Pyramiden ohne Geräte, entworfen v. J. C. Lion.
2. 72 Pyramiden ohne Geräte u. m. Stäben, entworfen von J. C. Lion. 1886
3. 24 Leiter- u. Stuhl-Pyramiden, entworfen v. J. C. Lion u. L. Puritz. 1888.
4. 36 Pyramiden ohne u. m. Geräten, entworfen v. J. C. Lion, H. Ochs, H. Schlieder u. L. Schlützer. (24 chromolith. Taf.)

— dasselbe. 2. Aufl. 1.—3. Hft. gr. 8. (à 24 farb. Taf.) Ebd. 890. à n. 1. 20

Pyramiden f. Turner, entworfen von J. C. Lion, L. Puritz, J. G. Grotz u. Anderen. 1. u. 5.–7. Hft. qu. 8. (à 24 farb. Taf.) Hof, R. Lion. à n. 1.20
1. 72 Pyramiden ohne Geräte, entworfen v. J. C. Lion. 3. Aufl. 893.
5. 34 Pyramiden m. Leitern, entworfen v. J. C. Lion u. J. G. Grotz. 891.
6. 22 Taf. m. 16 Stemmergruppen u. 6 Gruppen am senkrechten Gegenbarren, entworfen v. J. G. Grotz. 2 Taf. m. 4 Pyramiden am gekreuzten Doppelbarren, nach Andeutgn. v. J. C. Lion entworfen v. J. G. Grotz. 1891.
7. 39 Pyramiden u. 56 Vorübungen f. Einzelne am eisernen Dreifuss, entworfen v. J. C. Lion u. L. Schützer. 891.

Pyramiden f. Turner, entworfen von J. C. Lion, L. Puritz u. A. 1., 3. u. 4. Hft. Hof, R. Lion. à n. 1.20
1. 72 Pyramiden ohne Geräte auf 21 (farb.) Taf. 4. Aufl. qu. 12. (897.)
3. 24 Leiter- u. Stuhl-Pyramiden auf 24 (farb.) Taf., entworfen v. J. C. Lion u. L. Puritz. 3. Aufl. qu. gr. 16. (1 Bl. Text.) 897.
4. Lion, J. C., H. Ochs, H. Schlieder u. L. Schützer, 36 Pyramiden ohne u. m. Geräten auf 24 (farb.) Taf. qu. 12. (895.)

Pyramiden f. Turner. Entworfen von J. C. Lion, L. Puritz u. A. 1., 2. u. 4. Hft. qu. 12. Hof, R. Lion. à n. 1.20
1. 72 Pyramiden ohne Geräte auf 24 (farb.) Taf., entworfen v. J. C. Lion. 5. Aufl. (901.)
2. 72 Pyramiden ohne Geräte u. m. Stäben auf 24 (farb.) Taf., entworfen v. J. C. Lion. 4. Aufl. (1 Bl. Text.) (900.)
4. 36 Pyramiden ohne u. m. Geräten auf 24 (farb.) Taf., entworfen v. J. C. Lion, H. Ochs, H. Schlieder u. L. Schützer. 4. Aufl. (901.)

— f. Turner. Entworfen v. J. C. Lion, L. Puritz u. A. I.—III., V. u. VI. Heft. qu. kl. 8. Hof, R. Lion. à n. 1.20
I. 72 Pyramiden ohne Geräte auf 24 (farb.) Taf. Von J. C. Lion. 6. Aufl. (905.)
II. 72 Pyramiden ohne Geräte u. m. Stäben auf 24 (farb.) Taf., entworfen v. J. C. Lion. 5. Aufl. (901.)
III. 24 Leiter- u. Stuhl-Pyramiden auf 24 (farb.) Taf., entworfen v. J. C. Lion u. L. Puritz. 4. Aufl. (904.)
V. 34 Pyramiden m. Leitern auf 24 (21 farb.) Taf., entworfen v. J. C. Lion u. J. G. Grotz. 2. Aufl. (901.)
VI. 22 (farb.) Taf. m. 16 Stemmergruppen u. 6 Gruppen am senkrechten Gegenbarren, entworfen v. J. G. Grotz. 2 (farb.) Taf. m. 4 Pyramiden am gekreuzten Doppelbarren, nach Andeutgn. v. J. C. Lion entworfen v. J. G. Grotz. 2. Aufl. (904.)

Pyramiden f. Turner, entworfen v. J. C. Lion, L. Puritz u. A. 1. u. 4. Heft. 10×17 cm. Hof, R. Lion. à 1.20
1. 72 Pyramiden ohne Geräte auf 24 (farb.) Taf., entworfen v. J. C. Lion. 7. Aufl. (910.)
4. 36 Pyramiden ohne u. m. Geräten auf 24 (farb.) Taf., entworfen v. J. C. Lion, H. Ochs, H. Schlieder u. L. Schützer. 5. Aufl. (909.) 1.20

Pyramiden, 40. (24 Blatt.) kl. 8. Leipzig (902.) Rauh & Pohle. n. 1.—

Die altaegyptischen **Pyramidentexte** nach den Papierabdrücken und Photographien des Berliner Museums neu hrsg. u. erl. von Kurt Sethe. Lfg 1. Leipzig: J. C. Hinrichs 1908. 4° [Text autogr.] [08. 2512]

Pyramus, s. Piramus.

Pyramus und Thisbe. Trauerspiel mit Musik in 2 A. [nach Cordolini]. Wien [1777]. V: *Zehnmark, Ludwig.* (GGr)

Pyramus und Thisbe. Ein musikalisches Duodrama. Halle 1787. V: *Bertrand, Frdr. Franz Anton.* (Ky) (GGr) »1788« (MGT)

Pyramus und Thisbe. Ein musikalisches Durdrama aufgeführt Wien 7. XII. 1794. Wien 1795. V (Musik): *Eberl, Anton.* (Chronolog. Verzeichniss aller Schauspiele. Wien 1807. S. 7) (BiblPort)

Pyrau, s. Duval-Pyrau.

Pyrau, D., Journal, s. Journal von ein. Reise.

Pyrau, Katechismus d. gesellschaftl. Menschen. 8. Frankf., Herrmann.

Pyrau, D., Catechismus des gesellschaftlichen Menschen. Aus dem Französ. 8°. Frankfurt 1776.

Pyrenäen-Halbinsel [Schlagwort]

— s. a.: Atlanten. Stieler.

Pyrenäen-Halbinsel, s.: Spanien.

Pyrenäen-Halbinsel. Bamberg's, Karl, Schulwandkarte der Pyrenäen-Halbinsel. 1 : 800,000. 5., rev. Aufl. 12 Blatt à 48 × 40,5 cm. Farbdr. Berlin 898. C. Chun. n. 10.—; auf Leinw. in Mappe n. 16.—; m. Stäben n. 17.50

Pyrenäen-Halbinsel. Bamberg's, Karl, Schulwandkarte der Pyrenäen-Halbinsel. 1 : 800,000. 5. rev. Aufl. (Ausg. m. rot markierten polit Grenzen.) 12 Blatt à 48×40,5 cm. Farbdr. Berlin 899. C. Chun 12.—; auf Leinw. in Mappe n. 16.—; m. Stäben n. 17.50

Pyrenäen-Halbinsel. Bamberg's, Karl, Schulwandkarte der Pyrenäen-Halbinsel. 1 : 800,000. 7. rev. Aufl. 12 Blatt à 48×40,5 cm. Farbdr. Berlin (905). C. Chun. n. 10.—; auf Leinw. in Mappe n. 16.—; m. Stäben n. 17.50

Pyrenäen-Halbinsel. Gaebler, Ed., Wandkarte der Pyrenäen-Halbinsel. 1 : 1,000,000. 4 Blatt à 57,5×78 cm. Farbendr. Leipzig 894, G. Lang. n. 12.—; auf Leinw. m. Stäben n. 20.—

— Gaebler, E., Wandkarte der Pyrenäen-Halbinsel. 1 : 1,000,000. 2. Aufl. 4 Blatt à 58 × 79 cm. Farbdr. u. kolor. Leipzig 897. G. Lang. n. 12.—; auf Leinw. m. Stäben od. in Mappe n. 18.—

— Gaebler, Eduard, Wandkarte der Pyrenäen-Halbinsel. 1 : 1,000,000. 2. verb. Aufl. 4 Blatt à 58×79 cm Farbdr. Leipzig (905). G. Lang. n. 12.—; auf Leinw. in Mappe oder m. Stäben n. 18.—

Pyrenäen-Halbinsel. Gaebler, Eduard, Wandkarte d. Pyrenäen-Halbinsel. 1 : 1,000,000. 3. Aufl. 4 Blatt à 57,5×78 cm. Farbdr. Leipzig (910). G. Lang. 13.—; auf Leinw. m. Stäben 18.—

Pyritus, E., bunte Bilder aus Niederländisch Indien. 8. (64, 30 S.) Borna 887, (Noske.) * 1 —

— das Glockenspiel v. Amsterdam od. der Soldatenaufruhr zu Samarang. (Ballade.) 8. (30 S.) Ebd. 887. n. —50

PYRKER, JOHANNES LADISLAUS: Bilder aus dem neuen heiligen Bunde und Legenden. 2. verb. Aufl. Wien 1847: W. Braumüller. 378 S. - 8°

PYRKER, JOHANN LADISLAUS: Bilder aus dem Leben Jesu und der Apostel. Mit 24 Stahlstichen. Leipzig 1842: B. G. Teubner. - gr. 4°
- Dass. Leipzig 1843: Teubner. 59, L S. 24 t. - 4°

Pyrker, Joh. Ladisl., Bilder aus d. Leben Jesu u. der Apostel. Mit 24 ausgewählten Stahlst. 2. (wohlf.) Ausg. 1—3. Lfg. gr. 4. (4 B. u. 6 Stahlst.) Leipzig 846, Teubner. Thlr. à *

Pyrker, Joh. Ladisl., († d. 2. Dec. 1847), Bilder aus d. Leben Jesu u. der Apostel. Mit 24 Stahlst. 2. wohlf. Ausg. 4—12. Lfg. gr. 4. (S. 29—59 m. Stahlst.) Leipzig 846, Teubner. à n. 1/3 ₰ (cmplt. n. 4 ₰)

—— Bilder aus dem Leben Jesu und der Apostel. 3. (Titel-) Aufl. gr. 4. (59 S. mit 24 Stahlst.) Leipzig 855(56,) Teubner.

— Legenden der Heiligen auf alle Sonn- u. Festtage des Jahres. In metrischer Form. Mit 70 Vignetten u. 11 Randverziergn. Lex.-8. Wien 842, Klang. (Leipzig, Herbig.) 4 ₰

PYRKER, JOHANNES LADISLAUS: Legenden der Heiligen auf alle Tage des Jahres. In metrischer Form. Mit 70 Vignetten und 11 Randverzierungen. Wien 1842: Ignaz Klang. 286 S. - gr. 8°
- Dass. Verb. Aufl. Wien 1844. 296 S. - 250 mm
- Dass. Wien 1845. 296 S. - 250 mm

—— Lieder der Sehnsucht nach den Alpen. (1. Ausg.) gr. 8. (5 B.) Stuttgart 845, Cotta'sche Buchh.

—— dass. 2., verm. Ausg., s. Lieder.

— Lieder der Sehnsucht nach den Alpen. gr. 8. Neue verm. Ausg. gr. 8. Ebend. 846. 1 ₰

PYRKER, JOH(ANN) LAD(ISLAUS): Perlen der heiligen Vorzeit. Gesammelt durch Johann Ladislaus Pyrker. Helias der Thesbit. Elisa. Die Makkabäer. Ofen 1821. Gedr. in der kön. ung. Universitäts-Buchdruckerey. 148 S. 1 t. - gr. 8°
- Dass. 2. vollständige Ausgabe. Wien 1826. Gedr. bei Anton Strauß. 255 S. - 8°
- Dass. Neue verbes. Ausgabe. Stuttgart-Tübingen 1834: Cotta. 282 S. - 230 mm
- Dass. Tübingen 1841: Cottaische Buchhandlung. 420 S. - 150 mm

Pyrker, Jh. Ladislav, Perlen d. heil. Vorzeit. Mit 1 Vign. gr. 8. Ofen 822. 2e Ausg. Lex.-8. Wien 826. Heubner; (a. Beck). 1 ₰ 20 gr

—Rudolph v. Habsburg. Ein Heldengedicht in 12 Gesängen Mit 1 Vign. gr. Lex.-Form. Wien 825. Beck. 1 ₰ 12 gr — Dass. neue vollendete Ausgabe. Mit d. Portr. d. Verfassers. gr. 8. Wien 826. Heubner. 2 ₰ 6 gr

Pyrker, Jh. Ladisl., historische Schauspiele. (Enth.: Die Korwinen; e. Trspl. in 5 Akt. — Karl d. Kleine, König v. Ungarn; ein Trspl. in 5 Akt. — Zrinis Tod; ein Trspl. in 5 Akt.) 8. Wien 810. (Schaumburg). 20 gr Schreibp. 1 ₰ 4 gr

PYRKER, JOHANN LADISLAWS: Tunisias. Ein Heldengedicht in 12 Gesängen. In: Arch. f. Geogr. Jg. 10. 1819
- Dass. SA Wien: Beck. 342 S. - 4°
- Dass. Wien 1820: Beck. 342 S. - gr. 8°
- Dass. Wien 1829: Beck. 6, 342 S. - gr. 8°

— Tunisias. Ein Heldengedicht in 12 Gesängen. 3e Ausg. gr. 8. Wien 826, Beck.

Pyrker's Joh. Ladisl., sämmtliche Werke, s. Classiker, deutsche.

Pyrker, Joh. Ladisl., sämmtl. Werke. Neue, durchaus verb. u. verm. Ausg. 1. Bd. — A. u. d. T.: Tunisias. Ein Heldengedicht in 12 Gesängen. (Mit Tlvign.) Lex.-8. (21¼ B.) Stuttgart 832, Cotta.

—— dass. 2. Bd. — A. u. d. T.: Rudolph v. Habsburg. Ein Heldengedicht in 12 Gesängen. Lex.-8. (21½ B. u. Tlvign.) Ebds. 833.

—— dass. 3. Bd. — A. u. d. T.: Perlen d. heil. Vorzeit. Lex.-8. (18 B. u. Tlvign.) Ebds. 834.

Pyrker, Joh. Ladisl., sämmtl. Werke in 1 Bde. Neue, durchaus verb. Ausg. gr. Lex.-8. (33⅛ B. u. Verf. Bildn.) Stuttgart u. Tübingen 839, Cotta'scher Verl.

— sämmtl. Werke. Neue, durchaus verb. Ausg. 3 Bde. 16. Stuttgart 843, auch 845, Cotta. 1⅓ ₰

[Lied] Zum 18. Mai 1873. [Von Ladis von Pyrker.] Breslau [1873]: Lindner. 1 Bl. 8°. [Kopftit.]
„Gross ist Jehovah, der Herr" ... 358a.

Pyrkosch, Carolus *(geb. Paruschowitz bei Rybnik in Oberschles. 16. 5. 1831)*: De uteri gravidi retroversione. Vratislaviae (1855). (35 S.) 8°
Breslau, Med. Diss. v. 14. Mai 1855

Pyrkosch [Reinhold], Dr.: Das Büschel von Kurven 4ter Ordnung mit 3 festen Doppelpunkten und 4 festen einfachen Punkten. Breslau 1907: Graß, Barth & Comp. (16 S.) 8°
Breslau, G u R z. heil. Geist P 1907 (226)

Pyrkosch, Reinhold: Über Poncelet'sche Dreiecke, bes. solche, welche confocalen Kegelschnitten ein- und umgeschrieben sind ... Breslau, Schles. Volkszeitg-Buchdr., 1897; 2 Bl., 63 S. 8.
Breslau, Phil. Fak., Inaug.-Diss. v. 18. Febr. 1897

Pyrkosch, Rhold., über Poncelet'sche Dreiecke, bes. solche, welche confocalen Kegelschnitten ein- u. umgeschrieben sind. Diss. gr. 8. (61 S. m. 4 Fig.) Breslau 897. (Schletter.) n. —80

Pyrlides, Sophokles K. [aus Caesarea '(Kleinasien)']: Ein recidivirendes Fibrom des Rückens ... Würzburg, P. Scheiner's Buchdr., 1891; 22 S., 1 Bl. 8.
Würzburg, Med. Fak., Inaug.-Diss. v. 1891

Pyrmont [Sachliches OW]

Pyrmont, ein Gedicht ... O. O. 1752. V: *Hille, Hermann Adolph.* (GGr) (ML) (Stri)

Bad **Pyrmont**. Hrsg. von Fürstl. Brunnendirektion. Hannover: König & Ebhardt [um 1908]. 122 S. 8° [illegible]

Pyrmont [Schlagwort]

Pyrmont, s.: Heimatskarten. — Waldeck.

Pyrmont s.: Herford.

Pyrmont, s.: Paderborn, Diöcese.

Topographisch-petrographische Karte des Fürstenthums Pyrmont und dessen Umgegend. Pyrmont. 1826. Ein Folioblatt

Pyrmont — Hydro - Oro - Chorographische General - Post- und Wegekarte des Königreichs Hannover, Herzogth. Braunschweig etc. und — v. Müller. Hannover 1841. S. Administrk. von Hannover. 1 : 400,000.

Pyrmont — Die Grafschaft — mit den umliegenden Hannöverischen Braunschweig, und Lippischen auch Paderbornischen Gränzländern, von dem Herrn Hauptmann Overheide gezeichnet und herausgegeben von Homännischen Erben Anno 1752. 1 : 45,000. 1 Bl.

Pyrmonts Merkwürdigkeiten, e. Skizze f. Reisende. 8. Lpz. Kohler. 800.

Pyrmonts Merkwürdigkeiten, eine Skizze f. Reisende, (von G. Käppel). 8. Leipz. 800. (Reimer in Berl.)

Pyrophilus. Ars tormentaria enucleata oder wohl-gegründete Büchsen-Meisterey-Kunst. Mit Kpf. Franckfurt 1703. 112 S.

Pyrophilus, Feuerwerkerkunst und Büchsenmeisterey, m. K. 8. Frkft. 703.

— Stein der Weisen, u. Bepl. und mathemat. Beweisth. 4. Hamb. 756.

Pyrotechnie, Die, oder theoretisch-praktische Anweisung zur Bereitung aller Arten Feuerwerke auf der Erde, in der Luft und auf dem Wasser. Leipzig 1807

Pyrotechnie, die, od. Anweis. z. Bereitung aller Arten Feuerwerke nach d. Vorschriften v. Claude Rugieri u. Thom. Morel bearb. Mit 22 Kpf. gr. 8. Lpz. 807. Kummer. 1 ß 12 gr

Pyroth, Heinrich, appr. Arzt, a. Sobernheim ⟨Rheinland⟩: Ein Beitrag zur Kasuistik der posttraumatischen Syringomyelie. Leipzig 1906: B. Georgi. (27 S.) 8°
Leipzig, Med. Fak., Ref. Curschmann, Diss. v. 29. Jan. 1906
[Geb. 20. Febr. 70 Sobernheim; Wohnort: Leipzig; Staatsangeh.: Preußen; Vorbildung: Gymn. Fulda Reife O. 90; Studium: Würzburg 4, Bonn 1, Leipzig 4 S.; Coll. 29. Jan. 06; Approb. 30. Nov. 99.]

Pyrrho u. Philalethes, s. a. Reinhard, F. W.

Pyrrho Philalethes, oder leitet die Skepsis zur Wahrheit und ruhigen Entscheidung? . . . Sulzbach 1812. 2. Aufl. 181?. 3. . . . Aufl. 1813. V: *Crell, Lorenz Florens Frdr. von.* (BrMm) (Ky) (MGT)

Pyrrho u. Philalethes, oder, leitet die Skepsis z. Wahrheit u. ruhiger Entscheidung? (v. L. L. F. v. Crell). Herausgg. v. Frz. W. Reinhard. 8. Sulzb. 812, 2e A. . . . 3e A. 813. v. Seidel. 20 gr

Pyrrhonisme, Le, raisonnable. Berlin 1755. V: *Beausobre, Louis de.* (Cat. der Stadtbibl. Zürich. Zürich 1864—97.)

Pyrrhonisme, le, raisonnable. 12. Berl. Klüter. 755.

Pyrrhus, fils d'Achille, les Aventures de, ouvrage posthume de feu de Fénelon, pour servir de suite aux Aventures de Télémaque. II Part. gr. 12. Basel, Schweighäuser. 772.

Pyrrhus, des Sohnes des Achilles Begebenheiten, als ein Anhang zu den Begebenheiten Telemachs, aus dem Franz. übersetzt von F. F. von Rosenthal, 8. Basel, 772. Schweighäuser. 10 ggl.

— König d. Epirer, Roms mächtiger Gegner. 2 Bde. m. K. (h. a. d. Tit.: histor. romant. Museum 3r 4r.) 8. Prag, Volt. (Joachim in Lpz.)

Pyszka, Hannes: Bergarbeiterbevölkerung und Fruchtbarkeit. Eine Studie der Bevölkerungsbewegung der deutschen Bergarbeiterbevölkerung. München 1911: Birk. 37 S., 9 Taf. 4°(8°) ¶(Im Buchh. ebd.)
München, Staatswirtsch. Diss. v. 20. Juli 1910, Ref. G. v. Mayr
[Geb. 27. Juni 83 Pforzheim; Wohnort: Konstanz; Staatsangeh.: Baden; Vorbildung: Gymn. Konstanz Reife Juli 02; Studium: Staatsw. München 2, Phil. Berlin 1, Staatsw. München 7 S.; Rig. 20. Juli 10.] [U 11. 3573

Pyszkowski, Johannes, Mikolaj Rej's „Wizerunek" und dessen Verhältnis zum „Zodiacus vitae" des Marcellus Palingenius. Krakau 1901. 62 S. 8°.
Freiburg i. Schw. Phil. Diss. 1900/1901.

Pythagoras [Sachliches OW]

Pythagoras oder Betrachtungen über die geheime Welt und Regierungskunst. Frankfurt u. Leipzig 1790. V: *Weishaupt, Adam.* (L. Engel, Geschichte des Illuminaten-Ordens. Berlin 1906. S. 34) (BiblPort) (GGr VI³/523, Nr. 22/16)

Pythagoras. Ein genealogisches Taschenbuch. 12. Freyberg, Craz und Gerlach. 817.

Pythagoras und die Pythagoräer, nebst einem Auszuge der goldnen Sprüche, dem Briefe an den Hiero . . . Halle u. Leipzig 1824. V: *Gutmann, Carl.* (Kl)

Pythagoras, Reise nach Aegypten, Indien, Sparta, Kreta rc. 2 Bde. Mit Kpf. 8. Gießen 801. (Ferber). 3 ß 8 gr

Brooklyn: Die ger.·. und vollk.·. St. Johannis □ **Pythagoras** No. 1. im Aufgang von New-York[-Brooklyn] an die geliebten Schwester ⧉ und Brüder unseres Bundes. New-York 1852: Teubner. 16 S. 8°
Abgedr. in: FZ. 6 (1852) S. 377—381, 385—388.
Bericht üb. das Fest der Konstituierung der Loge unter der Grloge von Hamburg, der Grundsteinlegung zur Halle des Pythagoras-Vereins u. der Einweihung des neuen Tempels. Bei letzterem Rede von H. Boker: Gesch. der Loge u. namentlich ihres Anschlusses an die Grloge von Hamburg.

— und seine Zeitgenossen, siehe: Reisen Pythagoras.

Pythagoras und seine Zeitgenossen; ein dramatisches Gemälde der grauen Vorwelt. Chemnitz 1801—2. V: *Venturini, Carl Heinrich Georg.* (Ky) »1801« (Kl) (LS)

Pythagoras u. seine Zeitgenossen; ein dramat. Gemälde der grauen Vorwelt, (von Karl H. G. Venturini). 2 Thle. Mit Kpf. 8. Chemn. 801, 802. Gieß. 801, 802. (Ferber). 3 rß 8 gr (Auch unt: folg. Titeln: 1) Reisen im Alterthume, Gegenstück zu Lafontaine's Sagen aus d. Alterthume. Ebd. 811. 2) Lafontaine's Sagen aus d. Alterthume, fortges. v. Prof. W***.)

Pythagoras, u. seine Zeitgenossen; e. dramat. Gemälde der grauen Vorwelt. (v. K. H. G. Venturini.) 2 Thle. m. K. h. a. n. folg. Tit.: 1) Reisen im Alterthume, Gegenstück zu Lafontaine's Sagen aus d. Alterthume. 2 Thle. 2) Lafontaine's Sagen a. d. Alterthume, fortges. v. Professor W***. 2 Thle.) 8. Gießen, Tasché. 801. 2.

Pythagoras [Verfasser]

Pythagoras. Carmen aureum, Graece et Latine . . . Dresdae 1720. Ü: *Amerbach*, *Veit.* (Hoff)

Pythagorae, *Aurea carmina.* Gr. et lat. cum analysi critica et othica studio Knauthii. Acc. Barlaei orationes et miscella quaedam. Dresd. et Lips. (Argent.) 720. 8. 8 gr.

— — — gr. et lat., Barlaei orationes etc. 8. Strasb. Beck. 720.

Pythagoras, carmen aureum gr. et lat. c. not. var. ed. I. A. Schier. 8. Lips. Crusius. 750.

Pythagorae, aurea carmina, gr. et lat. c. not. var. ed. J. A. Schier. 8. Leipz. 750. (W. Vogel). 5 gr

— carmina aurea, versibus latinis reddita a W. Rodde. 762. ...

Sententiosa vetustissimorum gnomic. poetar. opera. C. notis ed. Glandorf et Fortlage. Lips. 776. 2 Tom 8. 18 gr. (T. I. Pythagorae Carmen aureum. T. II. Solonis Fragm.) Weiter ist nichts erschienen.

— od. die goldnen Sprüche f. die Schüler d. obern Klasse der Gelehrten-Schulen, hrsgg. v. K. E. Günther. 8. Bresl. 816. (Graß, B. u. C.) 6 gr

— — goldene Sprüche rc. s. Günther, K. E.

Pythagoras, goldene Sprüche, s. Sammlung griechischer und römischer Classiker.

Pythagoras, goldene Sprüche, s.: Theognis, Elegieen.

Pythagoras, die goldenen Sprüche des, aus d. Griech. Nebst Anhang v. J. W. L. Gleim. 8. Halberst. 775. Neue Aufl. 786. Vogler. 12 gr

Pythagoras. Die goldenen Sprüche des Pythagoras, a. d. Griech. . . . Halberstadt 1786. Ü: *Gleim*, *Joh. Wilh. Ludw.* (DegG) (GGr) (Hoff) (Kl) (MGT) ›1775‹ (Ebert)

Pythagoras. Goldene Sprüche. Eine Uibersetzung. Bei Colmars Abschied. Altdorf 1780. Ü: ***Link***, ***Glieb Chn Carl.*** (DegG) (Ebert) (MGT) (ML) (will) (Ky)

Pythagoras u. Theognis, aus d. Griech. nach d. Versart d. Originale von Mutschler. 8. Eßlingen, Fischer und Kleinheinz. 815.

Pytheas

Pytheae Massiliensis fragmenta variis ex auctoribus colleg. et commentariii illustr. A. Arv. Arvedson. 4. Upsaliae 824, (Lips., Brockhaus.)

Pythia, od. Wissenschaft, sich d. Zukunft zu enthüllen. 8. Halle 797. Dreyßig. 4 gr

Pythia, oder: untrügliche Deutung aller u. jeder Träume. 12. (42 S.) Grünberg 847, Weiß. n. 2 ngr

Pythia. Freunden sinnreicher und heiterer Scherze gewidmet. Von W. v. G. 64 (IV und 272 S.) Cannstatt 857, Bosheuyer. geh. Thlr.

Pythia auf dem Dreifuß, oder die Kunst, den Ausgang aller Dinge vorher zu erfahren, u. den Schleier der Zukunft zu heben. Besonders dem schönen Geschlechte gewidmet. 8. Nürnberg 841, Winter. 1/8 rß

Pythia auf dem Dreifuß oder die Kunst, den Ausgang aller Dinge vorher zu erfahren und den Schleier der Zukunft zu heben. 2. Aufl. Nürnb. 841. 16.

— auf dem Dreifuß, oder Enthüllungen der Zukunft nach Motiven der Dlle. Lenormand, enthaltend 576 treffende Antworten auf 36 beliebig zu wählende Lebensfragen, mit beigefügter Zahlentabelle (in qu. Fol.). Von einem betagten Kenner u. Freunde der Chiromantie. 8. (50 S.) Kassel 847, Luckhardt in Comm. 1/4 rß

Pythia-Kalender. Politisch-social-artistische Wetterprophezeiungen für das gemeine Jahr 1882. Hrsg. von R. Schmidt-Cabanis. 8. (191 S.) Berlin, Freund & Jeckel. n. 1. —

Der Pythias Ritter: 1894–1912

Monthly. Published in English and German, 1900–12, as THE PYTHIAN KNIGHT. Organ of the I.O.K.o.P. (Independent Order of Knights of Pythias). Circulation: 1900, 5000 (est.); 1905, 6000; 1910, 6500. Edited & published by Henry Rosenthal, 1894–1912.
Evansville, IL

Pythicus und der Prinzessin Save, Geschichte, 8. Leipzig, 797. Beygang. 12 sgl.
Auch unter dem Titel:
Aline, oder Egyptische Mährchen, 5r Theil.

Python, Herr, u. die Universität Freiburg in der Schweiz. Replik der aus dem Verbande der Universität ausgeschiedenen reichsdeutsch. Professoren. gr. 8. (VIII, 132 S.) München 899. Academ. Verl. n. 1. 20

Pytho's Gründung, ein nomischer Hymnos, aus dem Homerischen Hymnos auf Apollon ausgeschieden u. übers. von Carl Frdr. Creuzer. gr. 4. (VIII u. 21 S.) Marburg 848, Bayrhoffer in Comm. n. 1/3 rß

Qādirī, Muḥammad, s. Nahšabī.

Qāḍī-zāda Ḥusain s. Qāḍī Mīr Ḥusain.

Kajyk ojunu [**Qajiq ujunu**]. Türkischer Text mit Anm. u. e. Einl. vers. von Dr. Georg Jacob. *Berlin: Mayer & Müller 1899.* (XV, 20 S.) 8°
= Karagöz-Komödien. II. 2. 10, 3857

Qalonymos s. Kalonymos.

Qara, Josef b. Simeon. in Hoseam commentarius . . . editus. Vratislaviae 1861.

Qaraǵadaǵî Muhaemmaed Gaeʿfaer, Neupersische Schauspiele. In persischen Texten mit wörtlicher deutscher Uebersetzung, Anmerkungen und vollständigem Wörterverzeichniss, zum Gebrauche der k. k. öffentlichen Lehranstalten für orientalische Sprachen. Herausgegeben von Prof. Dr. Adolf Wahrmund. Heft 1. Inh.: Monsieur Jourdan, der Pariser Botaniker, im Qarabâg. Neupersisches Lustspiel. 8. (VIII, 102 S.) 2.—
Wien: Hölder 1889.

Qaro, Josef ben Efraim

— — Der Schulchan aruch oder die 4 jüdischen Gesetz-Bücher in's Deutsche übertragen ... von Heinr. Georg F. Lowe, sen. ... 2 voll. Hamburg 1837–1840.

— — Šulchan-Arukh ... oder Das Ritual- und Gesetzbuch des Judenthums ... Zum ersten Male aus dem Original frei in's Deutsche übersetzt ... von Johannes A. F. E. L. V. von Pavly unter Mitwirkung hervorragendster Fachgelehrten. S. 1–320. Basel 1888.

al-Qazwīnī

— — ... Calendarium Syriacum auctore Cazwinio Arabice Latineque edidit et notis instruxit Guilielmus Volck. Lipsiae 1859.

— – Zakarija Ben Muhammed Ben Mahmud el-Cazwini's Kosmographie. Erster Theil. Kitab 'Ağa'ib al-mahluqat, ... Zweiter Theil. Kitab Ātār al-bilad, ... herausgegeben von Ferdinand Wüstenfeld. 2 voll. Göttingen 1849. 1848.

— — Zakarija ben Muhammed ben Mahmûd el-Kazwini's Kosmographie. Nach der Wüstenfeldschen Textausgabe, mit Benutzung und Beifügung der reichhaltigen Anmerkungen und Verbesserungen des Herrn Prof. Dr. Fleischer in Leipzig, aus dem Arabischen zum ersten Male vollständig übersetzt von Hermann Ethé. Die Wunder der Schöpfung. Erster Halbband. Leipzig 1868.

— — Das Steinbuch aus der Kosmographie des Zakarijâ ibn Muḥammad ibn Maḥmûd al-Ḳazwini übersetzt und mit Anmerkungen versehen von ... Julius Ruska. Beilage zum Jahresbericht 1895/96 der prov. Oberrealschule Heidelberg. [Kirchhain N.-L. [1896].

Qebeke, Fr.: De Q. Horatii Flacci prioribus sex libri tertii carminibus disputatio. Part. I. 14 S. – Aachen, Progr. 1856.

Qiddûschîn. Massechet — min Talmûd Bablî ... Wien 1833.

al-**Qifṭī**, 'Alī ibn Yūsuf, s. Ibn al-Qifṭī

Qimchi, David b. Josef

— — Comentar [so!] zur Genesis. ... herausgegeben durch A. Ginzburg. Pressburg 1842.

— — Sefer hasch-schoraschim ... Radicum liber sive Hebraeum Bibliorum Lexicon Cum animadversionibus Eliae Levitae ... ediderunt Io. H. R. Biesenthal et F. Lebrecht. Berolini 1847.

Arabische Beduinenerzählungen ([Arab.] Kitāb **qiṣaṣ** ʿan aḫbār al-ʿarab) von Enno Littmann. 1. 2. Strassburg: K. J. Trübner 1908. 4°
1. Arab. Text. 2. Übersetzung. Mit 16 Abb.
= **Schriften** d. Wissenschaftl. Gesellschaft in Straßburg. 2. 3. (08. 324

Mehmed Tschelebi ([Arab.] **Qiṣṣa** at-tağır al-firangi wa-Muḥammad Salabi). Ein ursprünglich türkisch verfaßter Schwank in neupers. Übers. Nach e. Hs. hrsg. u. ins Deutsche übertr. von Leopold Pekotsch. Nach d. türk. Vorlage u. e. arab. Version untersucht u. mit textkrit. Anm. versehen von Dr. Maximilian Bittner, Prof. Mit e. photolith. Reproduktion d. pers. Originalms. Wien: A. Hölder 1905. (Getr. Pag.) 4°
[Umschlagt.:] [Pers.] Muḥammad Čalabī. 05. 7870

Qiṣṣa-i-Ḥātim Ṭā'ī

ABENTHEUER Hatim Taïs. Eine morgenländische Erzählung aus d. Engl. von *x. (Gottfr. Wilh. Becker). 2 Bde. Leipzig 1831. 8°.
„Ein Roman, wie ihn nur die ausschweifende Phantasie der Morgenländer erzeugen kann." (4 Mk., etw. gebraucht. Expl., Alfr. Lorentz, Lpz., 1905.)

Qiṣṣat mār Ēlījā. ⟨Die Legende vom hl. Elias.⟩ Als Beitrag z. Kenntnis d. arab. Vulgär-Dialekte Mesopotamiens nach Fol. 1–18ᵃ Kod. Sachau 15 Kgl. Bibliothek Berlin hrsg., übers. u. mit e. Schriftlehre versehen von Hersch Ram. Leipzig: J. C. Hinrichs 1907. (VII, 40 S.) 8°
= **Studien**, Leipziger semitistische. 2, 3. (08. 260

Aus den Vorträgen eines türkischen Meddâh (**Qiz Aḥmad**) nach dem ... Original in armenischen Typen f. Vorlesungszwecke transcribiert von Georg Jacob. *Berlin: Mayer & Müller 1900.* (8 S.) 8° (01. 6326

Qôbeṣ 'al jād. ... Proben lexikalischen, synonymischen und grammatischen Inhalts aus verschiedenen Handschriften gesammelt, erläutert und herausgegeben von Leopold Dukes. 1. Heft. Esslingen am Neckar 1846.

Qôbeṣ wîkûchîm. [Umschlagtitel, enthält einen Brief des Prophiat Duran nebst Commentar des Josef b. Schoschet, einen Brief des Salomo Bonfed etc. Herausgeber: A. Geiger. Breslau 1844.]

Qôl, haq-. Die Stimme ... Zeitschrift für Politik, Wissenschaft und Unterhaltung. III. Jahrgang von M. L. Rodkinssohn. Königsberg 1878. 2°.

Qolasta oder Gesänge u. Lehren von der Taufe u. dem Ausgang der Seele als mandäischer Text mit sämmtlichen Varianten, nach Pariser u. Londoner Manuscripten, mit Unterstützung der deutschen morgenländ. Gesellschaft in Leipzig autographirt u. hersg. von J. Euting. Stuttgart 867. (Tübingen, Laupp'sche Buchh.) Fol. (153 S. mit 1 Chromolith. u. 1 Schrifttaf. in qu. gr. Fol.) n. 33 ₰ 10 ngr.

Quaas, Arth., Beitrag zur Kenntniss der Fauna der obersten Kreidebildungen in der libyschen Wüste (Overwegischichten u. Blätterthone), s. a. Palaeontographica. 30. Bd. II. Abt

Quaas, Arthur, aus Dresden: **Beitrag** zur Kenntniß der Fauna der obersten Kreidebildungen in der Libyschen Wüste. ⟨Overwegischichten u. Blätterthone.⟩ (Mit 14 Taf.) *Stuttgart: E. Schweizerbart 1902.* (S. 153—334.) 4° ¶ (Aus: Palaeontographica, Bd 30. — Ohne die Taf.)
München, Phil. Diss. v. 1901.

Die Fauna der Overwegischichten und der Blätterthone in der libyschen Wüste. (Beitrag z. Kenntniss d. Fauna d. obersten Kreidebildungen in d. libyschen Wüste) bearb. von A(rthur) Quaas. Mit 14 Taf. *(Stuttgart: E. Schweizerbart 1902.)* (S. 153–334.) 4°
= Palaeontographica. Bd 30, Abth. 2, Lfg 4. (02. 1307

Quaas, Benjamin Ferdinand (Mittweida/Meißen), De vesicatoriis recte utendis. Diss. inaug. Präs. Ernst Gottlob Bose. Leipzig (Langenheim) 19. IV. 1776. 30 S. (4.25) 27406
Gew.: Johann Gottlob Frenzel. — Widm. v.: Ernst Gottlob Bose.

Quaas, Curt, s. Quaas, Kurt

Quaas, E: **Materialien zur Organisirung eines neuen Gesetzes zum Schutze von** Werken der bildenden Künste. (o. O.) 1890

Quaas, E., eine evangelische Wallfahrt an Böhmens Grenze, s.: **Festschriften** f. Gustav-Adolf-Vereine. 47.

— dasselbe, s.: **Gut evangelisch allewege.** 5. Hft.

Quaas, Edm., Geschichte der inneren Mission im Herzogt. Sachsen-Altenburg. gr. 8. (VII, 159 S.) Altenburg 899. (Th. Körner.) n. 3. —; ermäß. Pr. n. 2. —
Sonderabdruck aus: „Kirchl. Jahrb. f. Sachsen-Altenburg".

Quaas, Felix Wilhelm, approb. Arzt aus Meerane: Ein **Beitrag** zur Kenntnis der Collummyome. *Leipzig 1904: B. Georgi.* (25 S.) 8°
Leipzig, Med. Diss. v. (30. Juli) 1904

Quaas, Johannes Zur Methodik des deutschen Unterrichts in Unterprima. 4 (22 S.). **Progr.** Rg. *Freiberg* 1887 (517).

Quaas, Kurt

Quaas, Curt, a. Dresden: William Wycherley als Mensch und Dichter. Ein Beitrag zur englischen Literaturgeschichte des Restaurationszeitalters. Rostock 1907: Adlers Erben. (231 S.) 8°
Rostock, Phil. Fak., Ref. Lindner, Diss. v. 26. Febr. 1907
[Geb. 30. März 82 Bröseu b. Groitzsch, Königr. Sachsen; Wohnort: Dresden; Staatsangeh.: Sachsen; Vorbildung: Realgymn. Dresden Reife O. 03; Studium: Leipzig 1, Berlin 3, Rostock 3 S.; Rig. 23. Febr. 07.]

Quaas, Luise, allgemeines deutsches Kochbuch, s.: Scheibler, Sophie Wilhelmine.

Quaas, Victor

Quaas [Hrsg.], s. Arbeiterversicherung, Die, im deutschen Reiche.

Quaas, Vict., die Erklärung d. Bischofs Ketteler vom 4. Aug. d. J. beleuchtet u. erläutert. gr. 8. (19 S.) Freiberg 875. Engelhardt. n. — 40

Quaas, Vict., Reden am Tage der Einweihung des neuerbauten Schulhauses zu Burkersdorf am 5. April 1875 gehalten. gr. 8. (8 S.) Freiberg 875, Engelhardt'sche Buchh. * — 20

Quaas, Vict., was thut unserm christlich-deutschen Handwerk u. Handel noth? Vortrag, im evangel. Meisterverein zu Hildesheim am 5. Febr. 1892. gr. 8. (14 S.) Hildesheim 892. (J. Gude.) n. — 25

Quaassdorf, *August Otto* Hugo [cand. med. aus Düben, Prov. Sachsen]: Fibromyoma uteri. Beitrag zu d. Verlagergn u. Drucksymptomen eingekeilter Fibromyome ... Greifswald, Druck v. J. Abel, 1894; 24 S. 8.
Greifswald, Med. Fak., Inaug.-Diss. v. 20. März 1894

Quaatz, Hermann: Wie sind die Figuren im Ostgiebel des Zeustempels zu Olympia anzuordnen? Berlin: Weidmann 1908. 16 S. 8°(4°)
Berlin, Luisenstädtisches G OP 1908 (75) [S 08. 361

Quaatz, Ioannes: De conscientiae apud Kantium notione. Halis (1867: Urban in Berlin). 31 S. 8°
Halle-Wittenberg, Phil. Diss. v. 22. Mai 1867
Geb. Berlin 30. 9. 1842. V.
In der Vita: „Redigan (nomine Quaatz)". — Im Buchhandel: Halle: Anton 1867.

Quaatz, Joa., de conscientiae apud Kantium notione. Dissertatio inauguralis. 8. (31 S.) Halle 867, (Anton.) *

Quaatz, Reinhold

Quaatz, R., Der preußische Eisenbahnetat. Berlin, 1910. 87 S.

Quaatz, Reinhold: Ein Kapitel preuss. Verkehrspolitik. Berlin 1909.

Quabbe, Georg, Gerichtsrefer.: Die völkerrechtliche Garantie. Breslau: Marcus 1910. VII, 34 S. 8° ¶ (Vollst. als: Abhandlungen aus d. Staats- und Verwaltungsrecht. H. 24.)
Breslau, Jur. Diss. v. 22. Okt. 1910, Ref. Brie, Gretener
[Geb. 20. März 87 Breslau; Wohnort: Breslau; Staatsangeh.: Preußen; Vorbildung: Realgymn. z. heil. Geist Breslau Reife O. 06; Studium: Breslau 3, Berlin 1, Breslau 3 S.; Rig. 14. Dez. 09.] [U 11. 640

Quabeck, A.: Massnahmen zur Liquiderhaltung der Einzel- und Zentralgenossenschaft. Darmstadt 1910.

Die Entwickelung des Genossenschaftswesens im Verbande ländlicher Genossenschaften der Provinz Westfalen. Festschrift z. Feier d. Einweihung d. Dienstgebäudes f. d. ländl. genossenschaftl. Zentralinstitute zu Münster i. W. von A[nton] **Quabeck**, Gen.-Sekr. Münster i. W. [1906]: Der Westfale. (32 S.) 8° [F.] [06. 8103 B

Handbuch für die Spar- und Darlehnskassen-Vereine im Verbande ländlicher Genossenschaften der Provinz Westfalen. Im Auftr. d. Verbandsvorst. bearb. von A[nton] **Quabeck**, Generalsekr. 2. neubearb. Aufl. Münster i. W.: Verband 1906. (VIII, 455 S.) 8° [F.]
1. Aufl. u. d. T.: Quabeck: Instructionsbuch ... 1898. [06. 8703 B

[F.] Instruktionsbuch für die Spar- und Dahrlehnskassen-Vereine im Verbande ländlicher Genossenschaften der Provinz Westfalen. Im Auftr. des Verbandsaussch. bearb. v. A. **Quabeck**, Generalsekret. des Verb. ländl. Genossensch. d. Prov. Westfalen. *Münster i. W.: Vrb. ländl. Genossensch. d. Prov. Westfalen 1898.* (VIII, 302 S.) 1 Bd 8. [98. 8409

Der Gewerbetreibende und Handwerker als Kaufmann. Enth.: Buchführung, Korrespondenz, Wechsellehre ... Hrsg. von Paul **Quabeck**, Handelslehrer. 1. Aufl. *Münster i. W.: F. Meyer (1904).* (59 S.) 8° [04. 11305

Quabeck, Paul, der Gewerbetreibende u. Handwerker als Kaufmann. Mit e. Geleitwort v. A. Schellen. 2., völlig umgearb. u. verm. Aufl. (IX, 94 S.) 8. Berlin (905). E. Eißelt. n. 1. —; geb. n. 1. 30

Quäbicker, Gustav, Referendar: Die Commenden des canonischen Rechts. Halle a. S. 1909: Kaemmerer. 73 S. 8°
Halle, Jur. Diss. v. 15. Mai 1909, Ref. Loening
[Geb. 29. Juli 86 Lüdenscheid; Wohnort: Pankow b. Berlin; Staatsangeh.: Preußen; Vorbildung: Lessing-Gymn. Berlin Reife M. 04; Studium: Berlin 1, Heidelberg 1, Berlin 5 S.; Rig. 5. März 09.] [U 09. 1595

Quäbicker, Laura, vaterländisches Festspiel, geeignet zur Aufführung von Töchterschulen, Instituten, Vereinen. Besonders auch am Geburtsfeste Sr. Maj. unseres erhabenen Kaisers. Dichtung von L. Qu. Musik zu den Liedern und Reigen der Elfen von P. Peiné. 2. Aufl. 8. (32 S.) [Iserlohn 887.] Leipzig, Jul. Baedeker Verlag. * — 80
Peines Musik zu den Liedern und Reigen. Siegen, Montanus. * M 1.50.

Quaebicker, Richardus: Lockii et Leibnitii de cognitione humana sententiarum inter se oppositarum disquisitio comparativa. Halis Saxonum (1868): Ploetz. 38 S. 8°
Halle-Wittenberg, Phil. Diss. v. 26. März 1868
Geb. Lüdenscheid [19. 12.] 1847. V.

Quäbicker, Rich.: Ueber Schleiermachers erkenntnißtheoretische Grundansicht. Ein Beitrag zur Kritik der Identitätsphilosophie. Breslau (1871). (31 S.) 8° [F.] *[Im Buchhandel 1871 bei Heimann in Berlin.]*
Breslau, Phil. Fak., Hab.-Schr. v. 16. Nov. 1871

Quäbicker, Rich., über Schleiermachers erkenntnißtheoretische Grundansicht. Ein Beitrag zur Kritik der Identitätsphilosophie. gr. 8. (31 S.) Berlin 871, Heimann. [Leipzig, Koschny.] * — 75

Quäbicker, Rich., Karl Rosenkranz. Eine Studie zur Geschichte der Hegel'schen Philosophie. gr. 8. (108 S.) Leipzig 879, Koschny. * 2 —

Quäbicker, Rich., Karl Rosenkranz. Eine Studie zur Geschichte der Hegel'schen Philosophie. gr. 8. (108 S.) Heidelberg 879. Weiß' Verl. n. 2. —

Quäbicker, Rich., kritisch-philosophische Untersuchgn. 1. Heft. Kant's u. Herbart's metaphysische Grundansichten über das Wesen der Seele. Berlin 870. Heimann. gr. 8. (117 S.) n. 20 ngr.

QUACET-FASLEM, G.: Die Bepflanzung von Chausseen, Landstraßen und Gemeindewegen mit Waldbäumen. - Linden-Hannover 1889. 54 S.

Quack, P. W., neues vollständiges holländ.-deutsches und deutsch-holländ. Wörterbuch, sammt allen gebräuchl. Bastard- oder fremd-technischen und Sprüch-Wörtern. Mit einem Vorworte von G. H. van Senden. 1—3. Heft. gr. 16. (S. 1—240.) Stuttgart 848, Rümelin.

Quack, P. Willem, s. v. Senden, G. H., Geschichte der Apologetik.

Quack, Pet. W., Katechismus e. Sozialisten. gr. 8. (20 S.) Stuttgart 890. Quack. n. — 60

Quack, Pet. W., üb. d. Wesen u. d. reinen Verstand, e. analytisch-synthet. Beweis v. Dasein Gottes u. d. Unsterblichkeit. gr. 8. (23 S.) Stuttgart 896. P. W. Quack Selbstverl. n. — 50

Quack, Rudolf

[F.] Abschiedspredigt v. R. **Quack**, Hülfsprediger d. reform. Gem. Barmen-Gemarke, üb. 1. Kor. 2, 2 geh. ... in d. Immanuels-Kirche ... Hrsg. u. verl. v. d. reform. Saalbauvereinigung f. Wichlinghausen. *Barmen: Dr. v. W. Backemeyer (1897).* (12 S.) 1 Bd 8. [58. 564

Zehn Predigten von einem Früh-Vollendeten: Rudolf **Quack**, weil. Pfarrer in Wermelskirchen-Hünger. Mit e. Lebensgang u. Vorw. (von E[mil] Schneider, Pastor in Barmen). Berlin: P. Quack (1903). (XII, 65 S.) 8° [F.] [05. 13154 II

Quack, Rud., zehn Predigten v. einem Früh-Vollendeten. Mit e. Lebensgang u. Vorwort. (XII, 65 S. m. Bildnis.) gr. 8. Berlin (904). P. Quack.
Geb. in Leinw. n. 1. 25

Quackbrünnla, Koborger. Tausend Stück lauter Schlumperliedla ... Hildburghausen 1857. V: *Hofmann, Fritz.* (Ky)

QUACKELEIEN und dummer Schnack .... (hrsg. von Joh. Heinr. Schäffer). Altona 1785.
Anon.-Lex. III. p. 325 (nach Archiv f. Litt. VIII, 212). — Sehr rar!

Quacksalber (Der rothe Doctor). Wider die Sozialdemokraten. 8°. M.-Gladbach, Riffarth, s. a. (4. Flugschrift des Volksvereins f. d. kathol. Deutschland; hrsg. vom Vorstande.)

Quacksalbereien seiner Mitbürger, zur Warnung und Beherzigung ... Rostock 1783. V: *Graumann, Peter Benedict Christian.* (Ky) (MGT)

Quacksalbereien seiner Mitbürger, zur Warnung u. Beherzigung (v. Pt. B. Chr. Graumann). Nr. 1 u. 2. 8. Rostock 783.

Quaedam de recentissima Lucae evangelii analysi critica, quam Schleiermacher proposuit. Gottingae 1819. V: *Lücke, Christ. Frdr.* (Hauptkat. d. Univ. Bibl. Tübingen. G. Nachtr. 15.)

Quaedam ex elementis matheseos lat. sermone explanata, in adjumentum juventutis. Adjecimus librum I. et II. Euclidis. 8maj. Brünn ... 2e A. 814. Gastl. 10 gl.

Quaedam ex elementis matheseos lat. sermone explanata, in adjumentum juventutis, adjecimus librum I et II. Euclidis. 8maj. Brunn, Gastl. 815.

Quaedam ex Elementis Matheseos, latino sermone explanata adjecimus libr. 1. 2. Euclidis. 8. Brunae, Gastl. 816. Ist der Preis

Quaedam, Selectae, e selectis Justi Lipsii Epistolis. Graecii 1710. V: *Staindl, Franz.* (Jes)

Quadbeck, Karl, Referendar in Dortmund: Die **Konzentration** der Gattungsschuld auf eine bestimmte Sache nach heutigem Reichsrechte unter Berücksichtigung des römischen und gemeinen Rechtes. *Borna-Leipzig 1904: R. Noske.* (IX, 97 S.) 8°
Leipzig, Jur. Diss. v. 1904

Quadbeck, Karl, die Konzentration der Gattungsschuld auf e. bestimmte Sache nach heutigem Reichsrechte unter Berücksicht. des römischen u. gemeinen Rechtes. Diss. (IX, 97 S.) 8. Borna 904. (Leipzig, Buchh. G. Fock.) n. 1. 50

Quade. 1866 und 1870. Königgrätz und der franz. Krieg. Berlin 1886. 8°.

Quade, Ferdinand Theodor [Oberl.]: Gemüt und Charakter. Rawitsch, Druck v. R. F. Frank, 1890; 36 S. 4°
Rawitsch, f. RG, OP 1890 (165)

Quade, Fritz, a. Stettin: Synthesen in der Phenanthren-Reihe. (Berlin 1906: G, Schade.) (35 S.) 8°
Berlin, Phil. Fak., Ref. Fischer, Diss. v. 16. Juni 1906
(Geb. 1. März 84 Stettin; Wohnort Berlin; Staatsangeh.: Preußen; Vorbildung: König Wilh.-Gymn. Stettin Reife O. 02; Studium: Berlin 4. München 1, Berlin 3 S.; Rig. 31. Mai 06.)

Quade, Gust., Album f. Liebe u. Freundschaft, s.: Aue, Alfr. v. der.

Quade, Gust., Album für Liebe und Freundschaft, s. Laue, Alfred v. der.

— Allemannia, s. Allemannia.

Quade, G., kurze Anleitung, wie Arbeiter sich zu dem Reichsgesetz betr. die Invaliditäts- u. Altersversicherung zu verhalten haben. 8. (14 S.) Rostock 890. Werther's Verl. n. — 10

Quade, Anleitung, wie Arbeiter sich zu dem Reichsgesetz betr. die Invaliditäts- u. Altersversicherung zu verhalten haben. Rostock 891.

— **Mecklenburgs Antheil am Kriege 1870/71.** 8 Lfgn. gr. 8. (VII, XVI, 384 S. m. 28 Bildertaf.) Ebd. 895. à n. — 50 (kplt. geb. in Leinw.: n. 5. —)

— Fürst Bismarck-Schönhausen und die nationale Bewegung des deutschen Volkes 1815—1871. gr. 8. (IV, 386 S. mit 1 Stahlst.) Anklam 871, Dietze. [Wriezen, Riemschneider.]

Quade, Gust., Chronik der Haupt- u. Residenzstadt Schwerin. Fortsetzg. d. L. Fromm'schen Chronik f. d. J. 1861—1891. 8. (V, 263 S. m. Titelbild.) Schwerin 892. Bärensprung'sche Hofbuchdr. Kart. n. 2. —

— d. Dom zu Schwerin. Festschrift zur Erbaug. d. neuen Thurms. M. Grundriß u. Abb. in Lichtdr. u. Zinkätzg. gr. 8. (44 S.) Ebd. 891. Kart. n. 2. —

— Führer durch Mecklenburg. 12. (214 S. m. 17 Lichtdrucken u. 2 Karten.) Wismar 897. Hinstorff's Verl. Kart. n. 2. 40

— deutsches Kaiserbuch mit besond. Berücksicht. des deutsch-französ. Krieges und der deutschen Kaiserkrönung. Fortsetzung des Werkes: „König Wilhelm und seine Zeit." 8. (VIII, 351 S.) Wriezen 873, Riemschneider.

— Lebensabriss des Geh. Hofraths, Bürgermeisters A. Haupt zu Wismar. (Gedenkblatt, geschrieben zum 26. März 1890, dem einjähr. Todestage Haupt's.) gr. 8. (16 S. m. Portr. in Lichtdr.) Wismar 890. (Hinstorff's Sort.) n. — 50

— die Ostseebäder u. s. w., s.: Jensen, Chrn.

— das Reichs-Gesetz betr. die Invaliditäts- u. Alters-Versicherung vom 22. Juni 1889. Mit Rücksicht auf den prakt. Gebrauch in Mecklenburg. gr. 8. (32 S.) Wismar 890. Hinstorff's Verl. n. — 40

Quade, G., das Reichs-Gesetz betr. die Invaliditäts- u. Altersversicherung vom 22. Juni 1889. Mit Rücksicht auf den prakt Gebrauch in Mecklenburg besprochen. 2., erheblich erweit. u. verb. Aufl., unter Anfügg. der neuesten gesetzl. Bestimmgn., betr.: I. Berechng. d. durchschnittl. Jahresarbeits-verdienstes der Versicherungspflichtigen, II. die vorüebergeh. Dienstleistgn., III. Accordverhältnisse, IV. Vertrieb der Marken u. deren Entwerthg. gr. 8. (39 S.) Wismar 891. Hinstorff's Verl. n. — 50

— die Sturmfluth vom 12. bis 13. November 1872 an der deutschen Ostseeküste. Gedenkbuch. 8. (VI, 71 S.) Wismar 872. Hinstorff. n. — 50

— mecklenburg. Vaterlandskunde, s.: Raabe, Wilh.

— König Wilhelm und seine Zeit. Dargestellt unter besond. Berücksicht. des schleswig-holstein. und des siebentäg. Krieges. gr. 8. (XV, 340 S. mit 2 Stahlst. und 2 lithogr. Karten.) Anklam 870, Dietze. [Wriezen, Riemschneider.]

— König Wilhelm u. seine Zeit. Dargestellt unter besond. Berücksichtigung des schleswig-holstein. u. des siebentäg. Krieges. Anklam 870. (Neuruppin, Riemschneider.) gr. 8. (XV, 340 S. mit 2 Stahlst. u. 2 lith. Karten.) n. 1 ℳ

Quade, Johannes (geb. Stettin 5. 10. 1846): Aetiologie der Cholera asiatica mit besonderer Berücksichtigung der praktischen Verwerthung. Berlin (1872). (32 S.) 8°
Berlin, Med. Diss. v. 8. Aug. 1872

Quade, M. F., de vita Judae apostoli. Gryph. 1711. 4.

Quade, Michael Friedrich, De Amico et Individuo Eruditionis juxta ac Pietatis nexu. Oratio Inaug. Stettin (J. Fr. Spiegel) (Jan.) 1720. 18 S. (4.25) 27407

Oratio Solemnis Qua Serenissimo Potentissimoque Regi Ac Domino, Dn. Friderico Secundo, Regni Prussici Monarchae Augustissimo, Marchioni Brandenburgico, Sacri Romani Imperii Archi-Camerario, nec non totius Silesiae Supremo Duci, reliqua, Armis victricibus summa cum gloria positis Paceque cum Serenissima Augustissimaque Hungariae ac Bohemiae Regina ex voto inita, In ipsis Hilariis Pacis Aquilam Silesiacam Aquilae Borusso-Brandenburgicae Faustis avibus adjunctam Publico Regii Ac Illustris Gymnasii, quod Sedini floret, nomine gratulatus Simul et Regem hunc Clementissimum, Heroëm in Sago pariter ac Toga Maximum et prorsus incomparabilem esse, devotissima mente testatus est Michael Fridericus Quadius, SS. Theol. et Philosoph. Doctor ejusdemque Prof. Publ. nec non dicti Gymnasii Rector. Sedini, typis Johannis Friderici Spiegelii, Regii Regiminis et Gymnasii Typographi.

Q. D. B. V. Sacrum Saeculare Secundum, Deo Optimo Maximo Supremo Clementissimoque omnium Scholarum Gymnasiorum et Academiarum Conditori, Moderatori, Conservatori et Amplificatori, Nec non Serenissimorum Piissimorumque Pomeraniae Principum Barnimi IX. et Philippi I. Ducalis olim Paedagogii Nunc vero Regii ac Illustris Gymnasii Academici, quod hodieque Sedini ad Viadrum floret, Primorum Munificentissimorumque Fundatorum gratae ac perennaturae memoriae dicatum, Ex gratiosissimo indultu Serenissimi, Potentissimique Principis ac Domini, Domini Friderici Secundi, Regis Porussiae Augustissimi, Marchionis Brandenburgici nec non Sacr. Rom. Imperii Archi-Camerarii et Electoris Domini Nutritii nostri longe Clementissimi, Futuro D. V. Barnimi Onomastico h. e. die IX. Mens. Junii Anno 1744. Finita in Aede S. Mariae Concione Jubilaea Hora Antemerid. in Auditorio Gymnasii Majori Oratione Saeculari Festo ac solenni ritu pie religioseque celebrandum indicit Simul et Omnes Omnium Ordinum Dignitatum Maecenates, Musarum Patronos, Fautores et Hospites, ut Actui huic Publico interesse dignentur, ea, qua fas est et cujusque dignitas capit, pietate, observantia atque humanitate rogat juxta et invitat Michael Fridericus Quadius, SS. Theol. et Philosoph. Doct. ejusdemque Professor Publ. Ordin. nec non dicti Gymnasii Academici Rector. Sedini, typis Johannis Friderici Spiegelii, Regii Regim. et Gymnasii Typographi.

Die mit Recht, Glück und Sieg Gekrönte Tapferkeit, des Allerdurchlauchtigsten Grossmächtigsten Monarchen Friderich des Zweiten, Glorwürdigsten Königes in Preussen, Marggrafen zu Brandenburg, des Heil. Röm. Reichs Ertz-Cämmerer und Churfürsten, wie auch Souverainen und Obersten Hertzogs in Nieder-Schlesien u. s. w. Wurde bey einer im Nahmen des Königl. Academischen Gymnasii zu alten Stettin in dessen grösserem Hörsaal den 19. Jul. 1742. über den jüngst publicirten Mit der Königin von Ungarn und Böhmen Majest. glücklich getroffenen Höchst erwünschten Frieden Von dem Rectore des gedachten Gymnasii D. Michael Friderich Quaden aus allerunterthänigster Pflicht gehaltenen Oeffentlichen Rede Zum Preiss des Allerhöchsten Und Ehre seines allergnädigsten Königes und Herrn in nachstehender Ode besungen. Stettin, gedruckt bey Johann Friderich Spiegeln, Königl. Regierungs- und Gymnasii-Buchdrucker.

Quade, Paul, Ansprachen u. Reden f. Schulfeierlichkeiten. Aus der Praxis entnommen. gr. 8. (72 S.) Leipzig 894. Siegismund & Volkening. n. 1. —; kart. n. 1. 20

— u. Gust. Donat, der Aufsatz als Ergebnis des Unterrichts in der Literatur u. den Realien. 240 Aufsätze in Gliederg. u. Ausführg. für die Oberstufe der Volks- u. Mittelschule, sowie f. Fortbildungsschulen. 1. u. 2. Aufl. gr. 8. (à VIII, 230 S.) Ebd. 901. 902. n. 2. 60

— u. Gust. Donat, der Aufsatz als Ergebnis des Unterrichts in der Literatur u. den Realien. 240 Aufsätze in Gliederg. u. Ausführg. f. die Oberstufe der Volks- u. Mittelschule, sowie f. Fortbildungschulen. 3. Aufl. (VIII, 226 S.) gr. 8. Langensalza 905. H. Beyer & Söhne. n. 2. 60

Quade, Paul, u. Gust. Donat, der Aufsatz als Ergebnis des Unterrichts in der Literatur u. den Realien. 240 Aufsätze in Gliederg. u. Ausführg. f. die Oberstufe d. Volks- u. Mittelschule, sowie f. Fortbildungsschulen. 4. Aufl. (VIII, 227 S.) gr. 8. Langensalza 908. H. Beyer & Söhne. 2. 60

Bilder aus Belzigs und Sandbergs Vergangenheit und Gegenwart von Paul **Quade**, Rektor. *(Belzig): Selbstverl. (1903).* (IV, 172 S.) 8° [F.] [03. 5507

Quade, Paul, Bilder aus Belzigs u. Sandbergs Vergangenheit u. Gegenwart. (IV, 172 S.) gr. 8. Berlin (908). (G. Nauck.) n.n. 3. —

Quade, Paul, die Huldigg. der Provinzen. Festspiel zur Feier des 18. I. 1901 in preuß. Volksschulen. gr. 8. (16 S.) Langensalza 901. H. Beyer & Söhne. n. — 25

Mit den Pommern vor Metz, Paris und im Jura. Ernste u. heitere Bilder aus d. Kriegsleben von 1870–71. Von Paul **Quade**. München: C. H. Beck 1910. 82 S. 8° [10. 10658 B

Quade, Theodor

Quade, Th.: Über den Cimonischen Frieden. 19 S.– Inowraclaw, Progr. 1870.

Quade, Theod. Die Geschichte in ihrem Verhältnis zur Statistik und Philosophie. 20 S. Progr. *Inowraclaw* 1878.

Quadflieg, F., s. Sammlung der in den Kön. Preuß. Provinzen rc. bestehenden Vorschriften rc.

[F. u. Ant.] Missa in honorem Sancti Antonii de Padua super Responsorio: Si quaeris miracula '(Opus 11.)' ad quinque voces inaequales comitante Organo composita. Auct. Jac. **Quadflieg** ... Op. 12b ... (Partitur u. 5 Stimmen.) *Paderborn: Junfermann [1897?].* (27; 6; 6; 6; 6; 6 S.) 6 Bde 4. [97. 7013

Quadflieg, Jacob: Fünf Orgelvorspiele zu der Choralmelodie 'Sacerdos et Pontifex'. Für d. feierl. Empfang d. Bischofes komp. v. J[acob] Quadflieg, Lehrer ... in Elberfeld, u. C[arl] Weber, Lehrer ... in Dortmund ... Vorr.: H[erm.] Müller, Diözesanpräses d. Caecilienver. Paderborn.) Paderborn: Junfermann 1896. (11 S.) 1 Bd. quer- 8°

Quadflieg, Joseph [aus Aachen]: Über die Luxation des sternalen Endes der Clavicula nach vorn mit spezieller Berücksichtigung der Aetiologie derselben . . Erlangen, Druck v. A. Vollrath's k. b. Hofbuchdr., *1891*; 27 S. 8°
Erlangen, Med. Fak., Inaug.-Diss. v. 1891

Quadflieg, Leonhard, Medizinalpraktikant a. Gangelt (Rheinprov.): Studien über die Wirkung der Einatmung von Dämpfen von Acetylentetrachlorid nebst Versuchen über die Verdunstungsgeschwindigkeit von Acetylentetrachlorid, Tetrachlorkohlenstoff, Schwefelkohlenstoff und Chloroform. Würzburg 1908: F. Staudenraus. (22 S., 2 Tab.) 8°
Würzburg, Med. Fak., Ref. Lehmann, Diss. v. 3. Aug. 1908
[Geb. 10. Nov. 80 Gangelt; Wohnort: Würzburg; Staatsangeh.: Preußen; Vorbildung: Altes Gymn. Würzburg Reife Juli 02; Studium: Würzburg 10 S.; Coll. 26. Febr. 08; Approb. 18. Jan. 08.]

Quadflieg, W., Anleitung zur Erteilung d. Schreibunterrichts, nebst Erläuterungen zu den „Mustertafeln" u. den „Elsaß-Lothringischen Schreibheften". qu. 4. (40 z. Tl. lith. S.) Gebweiler 894. J. Boltze. Kart. n. 1. 60

— Muster-Tafeln f. den Schreibunterricht. 12 (lith.) Taf. à 53,5×72 cm. Ebd. 894. Auf 6 Kartons. n.n. 10. —

— Elsaß-Lothringische Schreibhefte. Nr. 1—12. 4. Ebd. 894. à n. — 10
1. Schönschreibheft. Deutsche Schrift. (Mittelstufe, 1. Jahr.) (28 S.)
2. Aufsatzheft, Tagesheft. (28 S.)
3. Schönschreibheft. Deutsche Schrift. (Mittelstufe, 2. Jahr.) (28 S.)
4. Aufsatzheft, Tagesheft. (28 S.)
5. Schönschreibheft. Deutsche Schrift. (Oberstufe, 1. Jahr.) (28 S.)
6. — dasselbe. Lateinische Schrift. (28 S.)
7. Aufsatzheft, Tagesheft. (28 S.)
8. Schönschreibheft. Deutsche Schrift. (Oberstufe, 2. Jahr.) (32 S.)
9. — dasselbe. Lateinische Schrift. (28 S.)
10. Aufsatzheft, Tagesheft, Haushaltungsheft. (28 S.)
11. Schönschreibheft. Deutsche u. latein. Schrift. (Oberstufe, 3. u. 4. Jahr.) (28 S.)
12. Aufsatzheft, Tagesheft, Haushaltungsheft. (28 S.)

Quadflieg, W., elsaß-lothringische Schreibhefte. Nr. 1—12. (à 28 S. m. Liniaturen u. 2 S. Textschriften auf dem Umschlag.) 8. Gebweiler (907). F. Boltze. à — 10

Quadragesima Christo patienti sacra, quotidianis Considerationibus illustrata ... [Viennae] 1710. V: *Hevenesi, Gabriel.* (Jes)

Quadragesimale, oder Fastenpredigten. 4. Würzburg. (J. Wolf in Augsb.) 718.

Quadrat, Bernh., Anleitung zur qualitativen und quantitativen chemischen Analyse für Oberrealschulen und höhere Gewerbschulen. gr. 8. (VI und 136 S.) Brünn 855, Winiker's Buchh. *

— u. K. J. Bádal, Elemente der reinen u. angewandten Chemie für Unter-Realschulen. Mit 87 in den Text gedr. Abbildgn. (Holzschn.) Brünn 860. Winiker. gr. 8. (VIII, 165 S.) n. 20 ngr.

Quadrat, Bernh., und K. J. Bádal, Elemente der reinen und angewandten Chemie für Real-Gymnasien und Unter-Realschulen. 2. Aufl. (163 S. mit 87 in den Text gedr. Holzschn.-Abbild.) 1870. *ℳ 1,80.; 3. verb. Aufl. nach den neueren Theorien bearb. von Ant. Effenberger. gr. 8. (VIII, 160 S. mit 87 in den Text gedr. Holzschn.-Abbild.) Brünn 876, Winiker's Buchh. * 2 40

— Lehrbuch der Chemie für Oberrealschulen und technische Anstalten sowie zum Selbstunterrichte. 1. Aufl. (251 S.) 1853 und 2. Aufl. 1. Abthl.: Unorganische Chemie. gr. 8. (X und 270 S. mit 20 eingedr. Holzschn.) Brünn 855, Winiker's Buchh. *

Quadrat, Bernhard —. Lehrbuch der Chemie für Oberrealschulen und technische Anstalten so wie zum Selbstunterrichte. Von — —. 2. Abtheilung. Organische Chemie. Mit 5 Tafeln Abbildungen zur ersten Abtheilung. 8 (XVI, 202 S.) Brünn. Druck und Verlag von Karl Winiker. 1854.

Quadrat, Bernh., Lehrbuch der Chemie für Oberrealschulen und technische Anstalten sowie zum Selbst-Unterrichte. 2. Aufl. 2. Abthl.: Organische Chemie. gr. 8. (212 S. mit 20 eingedr. Holzschn.) Brünn 857, Winiker's Buchh. *
1. Abthl. 2. Aufl. Ebendas. 1855. * 1 Thlr.

Quadrat, Bernh., Lehrbuch der Chemie für Oberrealschulen u. technische Anstalten sowie zum Selbstunterrichte. 3. Aufl. 1. Abthlg. Unorganische Chemie. Mit 20 Holzschn. Brünn 859. Winiker. gr. 8. (IX, 265 S.) n. 1 ℛ

Quadrat, Bernh., Lehrbuch der Chemie für Oberrealschulen und technische Anstalten, sowie zum Selbstunterrichte. 2 Abthlgn. Brünn, Winiker.
Inhalt:
Abthl. 1. Unorganische Chemie. 4. Aufl. (286 S. mit 20 Holzschn.) 866. * 1 Thlr.
» 2. Organische Chemie. 3. Aufl. (Mit 19 Holzschn.) 867. * 1 Thlr.

—— **Lehrbuch** der technischen Chemie. Lex.-8. (V und 470 S. mit in den Text eingedr. Holzschn.) Wien (861)62, Gerold's Sohn. *

— — Lehrb. d. techn. Chemie 1882. 1.50

— Notizen über einige Bestandteile des Safrans *(Crocus sativus)*. S. 6. 543 . . . . —.10
Separatabdruck

Quadrat Bernhard: Über die einfachen Platincyan-Verbindungen. S. 3. 10 . . . . . . vgr.
Separatabdruck

— der **Verzehrungssteuer-Beamte** als Chemiker. Die Erzeugung des Bieres, der gebrannten geistigen Flüssigkeiten und des Zuckers vom technisch-chemischen u. steueramtlichen Standpunkte. Brünn 857. Buschak u. Irrgang. gr. 8. (4 Bl., 192 S.) n. 27 ngr

—— **Vorschule** der Färberei und des Zeuchdruckes. gr. 8. (VIII und 232 S.) Brünn 860, Karafiat.

— **Vorschule** der Färberei u. des Zeugdruckes. 2., billige Schul.-Ausg. (Titel-Aufl.) Brünn (860)67. Karafiat's Verlag. gr. 8. (VIII, 232 S.) 20 ngr

Quadratmeter, das, u. seine Einteilg. (Von G. Köpp.) (Neuer Abdr.) Wandtafel in 4 Blatt à 83×59,5 cm. Bensheim 897. Lehrmittelanstalt J. Ehrhard & Co. n. — 80; auf Leinw. m. Stäben n. 5. —

Quadratmeter-Tafel. 100×100 cm. Farbdr. Wien (899). A. Pichler's Wwe. & Sohn. Mit Stäben n. 2. 40

Quadrat-Tabellen für Maurer- u. Zimmermeister, Tischler, Schiff-, Mühlen- u. Maschinenbauer, Maler, Steinsetzer ɪc. gr. 4. (20 S.) Hamburg 850, Niemeyer. n. 1/3 ℛ

* QUADRATUM ALCHYMISTICUM : Das ist : Vier auserlesene rare Tractätgen vom Stein der Weisen ; Speculum Sapientiæ, in welchem sowol die Sonnenklahrheit von Jesu Christo, als auch die wahre Tinctur der Weisen gelehret wird. Centrum Naturæ concentratum, welches von dem wiedergebohrnen Saltze der Philosophorum handelt. Discursus de Universali, worin viel geheimnissvolle Excerpta von der Universal Tinctur, und Medicin gesammlet worden. Abyssus Alchymiæ Explorata, in welchem die Verwandlung der Metallen handgreiflich und leichte von Thoma de Vagan, abgehandelt wird. Zum Dienst der Kunst und Weissheit-liebenden Practicorum, itzo herausgegeben von einem Liebhaber verborgener Künste. Hamburg, Verlegts Christian Liebezeit, Druckts Philipp Ludwig Stromer, 1705.

Quadratur, Die, des Kreises und ihre Lösung. [Milano 1889.] V: *Hülss, Johann.* (EB)

Quadratur des Zirkelkreises . . . Salzburg 1818. V: *Hartmann, S. von.* (Hr)

Quadratura, O. V. E., Arithmetica communis Sectionum Conicarum, quae centrum habent . . . [Lipsiae 1791.] V: *Leibniz, Gottfried Wilhelm Baron v.* (Plas)

Quadrat- und Cubik-Wurzeln. Ein Leitfaden und Uebungsheft (mit mehr als 400 Aufgaben) für Gymnasien, Realschulen ɪc. und zum Selbstunterrichte. 1. Aufl. 5 Ngr. und 2. Aufl. gr. 8. (44 S.) Wiesbaden 850, Schellenberg'sche Hofbuchh.

Quadri, G., Annotazioni pratiche sulle malattie degli occhi. Libro I. con tav. in rame. 4. gr. Napoli. 818. (Vienna, Volke.)

— Annibal Caro e Cesare Arici nella traduzione dell' Eneide. Gel. 1884. 46 S.

Quadri, G., Publio Vergilio Marone e Alessandro Manzoni. S.-A. 1884. 29 S.

Quadrigari, M. Claudi, Annalium reliquiae disposuit recensuit praefatus est Herm. Peter. Specimen novae editionis reliquiarum quae ex annalibus historiisque romanis supersunt. gr. 4. (33 S.) Francofurti ad Viadrum 868. (Berlin, Calvary und Comp.) *

Quadrille à la cour. Erfurt (857.) Bartholomaeus. 64. (3 S.) 2 ngr

Quadrille à la cour. 16. (3 S.) Erfurt 895. F. Bartholomäus. — 15

— des enfans, méthode d'apprendre à lire les enfans av. fig. 8. Berne, Typ.

le Quadrille des enfans, ou système nouv. de lecture etc. 8. Dresd. 807. Walther. 12 gr

Quadrille-française, die, (Contredanse.) Nebst e. Musikbeilage u. einer Verdeutschungs-Tabelle der Fremdwörter. 12. (3/4 B. u. 3 Stnt.) Wien 844, [Jasper's Verl.] 7 1/2 Ngr. ohne Musikbeilage. *

Quadrille française und Lanciers. Nach den Bestimmungen der deutschen Akademie der Tanzlehrkunst für Privatzirkel eingerichtet. 2. verb. Aufl. 32. (16 Bl.) Aschersleben 881, [Schlegel's Verlag.] Siever. *

— **französische.** 16. (6 S.) Sternberg i/M. 895. A. R. Hitschfeld. n. — 20

Quadrille, Französische. 24. (6 S.) Gef. * —.06
25 Exemplare * 1.—
Salzburg: Hitschfeld 1895.

Quadrillen, die modernen wiener. In klarer u. ausführl. Beschreibung u. Zeichnung aller Touren, mit Musikbeilagen im Clavier-Auszuge, u. ein. Erklärungstabelle der Pas u. Fremdwörter. 2 Bdchn. 12. Wien, [Jasper's Verl.] *

Inhalt:

Bdchn. 1. Die Quadrille française, die Union-Quadrille, die Lance-Quadrille, die Slowanka. 3., verm. u. verb. Aufl. (2 1/2 B., 11 Figurentaf. 3 Musikbeil.) * 20 Ngr.

" 2. Die Salon-Quadrille, die Rococo-Quadrille u. der Kör-Tanz. (1 3/4 B., 9 Stnt. u. 3 Musikbeil.) 845. * 17 1/2 Ngr.

Quadrillen, die modernen Wiener. In klarer u. ausführlicher Beschreibung u. Zeichnung aller Touren, mit Musikbeilagen im Clavier-Auszuge, u. einer Erklärungstabelle der Pas u. Fremdwörter. II. Bdchn., enthaltend: Die Salon-Quadrille, die Rococo-Quadrille u. den Kör-Tanz. 12. (Mit 9 lith. Taf. u. 3 Musikbeil.) Ebend. 844. n. 7/12 ℛ

Quadrilles du carnaval à Berlin 1836. A. Asher Berlin . .
40 Taf. in Lithogr. (jede Taf. kol. u. unkol.); 1 Bl. Index gr 2°.
Die dargestellten Kostüme waren für einen Ball am 8. März 1836 im Kgl. Schauspielhaus in Anwesenheit der Kgl. Familie entworfen. Die sich wiederholenden Umrahmungen von Adolf Menzel gezeichnet

Quadrilles parées costumées, exécutées à la cour de Sa Majesté le Roi de Bavière, le 3 février 1835, représentant les divers pays des quatre parties du monde et les principaux personnages de *Quentin Durward* (roman de *Walter Scott*), d'après le croquis de MM (Jean-Chp.) *Fries* († vers 1860) et (Franç.-Xav.) *Nachtmann* (1799-1846). Dessinées en aquarelle par I(gnace) *Kurzinger*. (37 + 13 planches finement color., reliées en 2 vols.) Munich, lithogr. et impr. chez l'éditeur J. M. Hermann (1835). Imp.-Fol. Demi-sarsenet. *) Expl. très-bien conservé, absolument propre, seulement la couverture orig. (montée) un peu abimée.

Ouvrage très-rare et recherché, comme tous les travaux de ces artistes, célèbres peintres et costumiers à la cour royale de Munich.

* (Völcker, Frankf. a. M., Cat. 159, no. 3572) Dieses für die Kostümkunde so interess. Werk ist zugleich eine hübsche Portraitsammlung, da es die Bildnisse der fürstlichen u. adligen Persönlichkeiten, welche bei der Quadrille betheiligt waren, enthält.

Quadripartitum opus juris consuetudinarii Reg. Hung. 4. Zagrabiae. (Eggenberger, Pest.) 799.

Quadripartitus, e. engl. Rechtsbuch v. 1114, nachgewiesen u., soweit bisher ungedruckt, hrsg. v. F. Liebermann. gr. 8. (X, 168 S.) Halle a. S. 892, Niemeyer. * 4 40

Quadros, enchiridion, s. manuale hebraicum. 8. Rom. 735.

Quadrupani, Karl Jos., O. Barn., Anleitg. z. Beruhigung ängstl. Seelen in ihren Zweifeln. Aus d. Ital. übers. u. m. Zusätzen des Chevalier du Chambon de Mésilac vers. 32. (320 S.) Paderborn 895, Bonifacius-Druckerei. Geb. in Leinw. n. — 50

Quadrupani, Carl Jos., Anleitung zur Beruhigung furchtsamer Seelen in ihren Zweifeln, s.a. Bibliothek, ascetische.

Quadrupani, Karl Jos., Anleitung zur Beruhigung furchtsamer Seelen in ihren Zweifeln. Aus dem Ital. übers. u. m. Anmerkgn. versehen v. Ewald Bierbaum. 8. (VIII, 109 S.) Freiburg i/Br. 877. Herder. — 75

Quadrupani, Karl Jos., Anleitung für fromme Seelen zur Lösung der Zweifel im geistlichen Leben. Aus dem Italien. übers. und mit Anmerkungen versehen von Ewald Bierbaum. 2. verm. Aufl. 12. (XII, 148 S.) Freiburg i. Br. 881, Herder'sche Verlagsh.

Quadrupani, Karl Jos., Anleitung für fromme Seelen zur Lösung der Zweifel im geistlichen Leben. Aus dem Italien. übers. und mit Anmerkungen versehen von Ewald Bierbaum. 3. verm. Aufl. 12. (XI, 153 S.) Freiburg i. Br. 887, Herder'sche Verlagsh. 90 Pf.; geb. 1 50

Quadrupani, Karl Jos. Barnabit, Anleitung f. fromme Seelen zur Lösung der Zweifel im geistlichen Leben. Aus dem Ital. übers. u. m. Anmerkgn. versehen v. Ew. Bierbaum. 4. verm. Aufl. 12. (XI, 160 S.) Freib. i. Br. 891, Herder. 1 —; geb. * 1 60

— Anleitg. f. fromme Seelen zur Lösg. d. Zweifel im geistl. Leben. Aus d. Ital. übers. u. m. Anmerkgn. vers. v. Ewald Bierbaum. (Ascet. Bibliothek.) 5., verm. Aufl. 12. (XI, 165 S.) Freiburg i/B. 896. Herder. 1. —; geb. in Leinw. n. 1. 60

Quadrupani, Karl Jos., Barn., Anleitg. f. fromme Seelen zur Lösung der Zweifel im geistlichen Leben. Aus dem Ital. übers. u. m. Anmerkgn. versehen v. Ewald Bierbaum. (Ascetische Bibliothek.) 7. verm. Aufl. 12 (XI, 176 S.) Freiburg i/B. 902. Herder. n. 1. —; geb. in Leinw. n. 1. 50
6. Aufl. (X, 172 S.) Ebd. 899. n. 1. —; geb. n. 1. 50.

Quadrupani, Karl Jos., Barn, Anleitung f. fromme Seelen zur Lösung der Zweifel im geistlichen Leben Aus dem Ital. übers. u. m. Anmerkgn. versehen v. Ewald Bierbaum. (Aszetische Bibliothek.) 8., verm. Aufl. (XI, 183 S.) kl. 8. Freiburg i/B. 906. Herder. n. 1. 20; geb. in Leinw. n. 1. 70

Quadrupani, Karl Jos., Barn., Anleitg. f. fromme Seelen zur Lösung der Zweifel im geistlichen Leben. Deutsch bearb. u. m. Anmerkgn. versehen v. Ewald Bierbaum. (Aszetische Bibliothek.) 9. Aufl., hrsg. v. e. Priester des Franziskanerordens. (XI, 183 S.) kl. 8. Freiburg i/B. (910). Herder. 1.50; geb. in Kunstldr. 2. —

– Anweisung zur Beruhigung ängstlicher Seelen, s.a. Perlen katholischer Ascetik.

Quadrupani, Carl Jos., Anweisung zur Beruhigung ängstlicher Seelen in ihren Zweifeln. (1. Thl.) Aus dem Italien. und mit den Zusätzen des Chevalier du Chambon Mésilliac aus dem Französ. übers. von Joh. Bapt. Berger. 16. (XII und 180 S.) Schaffhausen 856, Hurter'sche Buchh.

—— dass. — (2. Thl.:) Praktische und moralische Anweisung zu einem christlichen Leben. Zur Richtschnur einer auf dem Wege der Vollkommenheit nach Anleitung verlangenden Seele. Mit Hinzufügung kurzer, tägl. Gebete. Aus dem Italien. übers. von Joh. Bapt. Berger. 16. (XIV und 122 S.) Ebds. 856.

— Anweisung zur Beruhigung ängstlicher Seelen. Aus dem Italien. übers. v. Joh. Bapt. Berger. 5., verb. Aufl. (VIII, 170 S.) kl. 8. Regensburg 904. Verlagsanstalt vormals G. J. Manz. n. — 80

— praktische und moralische Anweisung zu einem christlichen Leben. Zur Richtschnur einer auf dem Wege der Vollkommenheit nach Anleitung verlangenden Seele. Mit Hinzufügung kurzer, täglicher Gebete. 2. Thl. Aus dem Italien. übers. von Joh. Bapt. Berger. Ebend. 856. 16. (XIV, 122 S.) 7½ ngr.

Quadrupani, Karl Jos., Anweisung für fromme Seelen zur Aufklärung über ihre Zweifel u. zur Beruhigung in ihrer Bangigkeit. Nach d. Italien. Mit zahlreichen Meß-, wie auch Beicht-, Communion- u. a. Gebeten. 18. Frankfurt a/M. 842, Andreäische Buchh. ⅓ ₰ — dass. mit 4 Bildern in Farben- u. Golddruck u. auf Velinp. 5/12 ₰

—— Anweisung für fromme Seelen zur Aufklärung über ihre Zweifel und zur Beruhigung in ihrer Bangigkeit. Nach dem Italien. Mit zahlreichen, theils der französischen Bearbeitung entnommenen, theils nun erst hinzugekommenen Zusätzen, Meß-, wie auch Beicht-, Communion und anderen Gebeten. 3., verb. Aufl. 32. (X und 266 S. mit 1 Stahlst.) Münster 855, Coppenrath'sche Buchh.

Quadrupani, Karl Jos., Anweisung für fromme Seelen zur Aufklärung über ihre Zweifel u. zur Beruhigung in ihrer Bangigkeit. Nach dem Italienischen. Mit zahlreichen, theils der französ. Bearbeitung entnommenen, theils nun erst hinzugekommenen Zusätzen; Meß-, wie auch Beicht-Communion- u. anderen Gebeten. 4. verb. Aufl. Münster 862. Coppenrath. 32. (VIII, 232 S. u. 1 Stahlst.) 3¾ ngr.

—— Anweisung für fromme Seelen zur Aufklärung über ihre Zweifel und zur Beruhigung in ihrer Bangigkeit. Nach dem Italien. Mit zahlreichen Meß-, wie auch Beicht-, Communion- und anderen Gebeten. 7. verb. Aufl. 16. (216 S.) Münster 886, Coppenrath'sche Buchh. * — 40

Quadrupani, Carl Jos., geistliche Anweisungen. Aus dem Italien übers. von Joh. Bapt. Berger. 2., verb. Aufl. 16. (XV und 320 S.) Schaffhausen 861, Hurter'sche Buchh.

Quadrupani, Carl Jos., geistliche Anweisungen. Aus dem Italien. übersetzt von Joh. Bapt. Berger. 3. verb. Aufl. 16. (XV, 320 S.) Schaffhausen 870, Hurter'sche Verlagsh. [Regensburg, Manz.]

– Praktische u. moralische Anweisungen zu e. christlichen Leben, s. Perlen katholischer Ascetik.

—— Belehrungen zu einem christlichen Lebenswandel in der Welt. Nach dem Italien. 32. (172 S.) Münster 854, Coppenrath'sche Buchh.

Quadrupani, Carl Jos., geistl. Handleitung f. fromme Seelen, die in d. christl. Vollkommenheit sicher u. furchtlos fortzuschreiten wünschen. N. d. Ital. gr. 12. (4 B.) München 836. (Regensburg, Manz.)

— Light and peace. Instructions for devout souls to dispel their doubts and alley their fears. Translated from French. 12. (VII, 193 S.) Ebd. 898.
Geb. in Leinw. n. 2. 25

Quadrupani, Giuseppe. Unterricht zur Beruhigung bey Zweifeln. München 1835. Ü: *Hauber*, *Johann Mich.* (schmal)

—— Unterricht z. Beruhigung ängstl. Seelen in ihren Zweifeln. A. d. Italien. 1. u. 2. Aufl. gr. 12. (à 4½ B.) München 836. (Regensburg, Manz.) à

Quadrupani, Barbari P. D. C. Jos., Unterweisungen z. Beruhigung ängstlicher Seelen in ihren Zweifeln. Aus dem Italien. 16. Wien 832. Mechitar.-Congr.-B. 5 gl

Quadrupani, Karl Jos., Unterweisungen zur Beruhigung ängstl. Seelen in ihren Zweifeln. 3. Aufl. 12. Wien 841, Mechitaristen-Congreg.-Buchh. 6¼ ngl

— geistl. Wegweiser f. fromme Seelen, die in d. christl. Vollkommenheit sicher u. ohne Furcht fortzukommen wünschen. Aus d. Italien. 16. Wien 832. Mechitar.-Congr.-B. 4 gl

— geistl. Wegweiser für fromme Seelen, die in der christl. Vollkommenheit sicher u. ohne Furcht fortzukommen wünschen. Aus d. Ital. 3. Aufl. 12. Ebend. 841. 1/6 rf

Quadrupani, P., Worte zur Beruhigung, s.: Reinerding.

Quadrupèdes, en quatre-vingts planch représ. trois-cents espèces de variétés avec la nomenclature et fig. color. fol. Neuwied. (Levrault, Strasb.) (Sommer, Lpz.) 795.

les Quadrupèdes; en 80 Planches, représentantes 300 espèces et variétés, avec la nomenclature dans la plûpart des langues connues. Fol. Leipz. 812. (W. Nauck). 10 rf avec fig. colorées. 20 rf (Vergl. *Histoire* naturelle des animaux).

Der zwischen Ihro Römisch-Kayserl. Majestät, Ihro Kgl. Maj. v. Groß-Brittannien, Ihro Aller-Christlichst. Maj. von Franckreich u. I. Hochm. Hrn. Generalstaaten d. vereinigten Niederlande geschlossene **Quadrupel-Alliantz-Tractat**. Aus dem Engl. übers. — o. O. 1718. 4 Bl. 8° (4°)

Quadrupel-Mariage, d., e. neu erfundenes Gesellschaftsspiel mit Spielplan und einem Spiel kleiner Bilder. Leipz. Benj. Fleischer. 810.

Quadt, Julie Gräfin, Glück wider Willen. 2 Bde. 8. (348 u. 320 S.) Regensburg 898. Verlagsanst. vorm. G. J. Manz. n. 5.—; geb. n. 7.—

Quadt, Julie Gräfin, d'Loni u. andere Erzählungen, s.: Volksbibliothek, katholische. II, 22.

Stella. Von Julie Gräfin **Quadt**. Augsburg: M. Huttler 1902. (189 S.) 8° [F.]
[oct. 6864

Quadt, M. W., die Liturgie der Quatembertage erklärt. Aachen 869. Jacobi & Co. 8. (141 S.) n. 12 ngr.

Quadt-Wykradt-Isny, Friedr. Graf. Offener Brief in der Jesuiten-Frage an unbefangene Freunde der Wahrheit. 8. (20 S.) Kempten 891, Kösel. * — 25

Quaglia, Ideen u. Entwürfe zu Grabmälern u. Erb-Begräbnissen. Für Bild- u. Steinhauer, Stukkateurs, Eisengiessereien etc. Nach d. vorzügl. Monumenten auf d. Kirchhofe Pèrelachaise zu Paris, u. mit vielen neuen Ideen u. Entwürfen zu Grabmonumenten verm. 28 Bl. (Stndr.) gr. 4. Quedlinburg 834, Basse.

Quaglia: Weinbau-Statistik für die Regierungsbezirke Unterfranken und Aschaffenburg, Oberfranken und Mittelfranken pro 1887 und 1899, ... In: Fest-Schrift zum 18. Deutschen Weinbau-Kongress in Würzburg vom 16. bis 20. September 1899. Würzburg 1899, S. 46-57. -- 107*

Quaglia, R. Stroppa
s. Stroppa Quaglia.
Iop. 6393

Quaglio, Anton

—— Herzkönig. Roman. br. 8. (247 S. mit Illustr., 6 Holzschntaf.) Wien 865, Geitler. *

Quaglio, Ant. v., die wilde Jagd nach Gold und Glück, oder die Opfer des Börsenkrachs. Original-Roman aus Wiens jüngster Vergangenheit. 2 Bde. in 20 Lfgn. gr. 8. (425; 497 S.) München 874,75, Merhoff's Verlag. à Lfg. 40 Pf.

-- der Kampf um das tägliche Brod, s.a. Original-Bibliothek deutscher Volksromane.

Quaglio, Albert, Der Kampf um das tägliche Brod. Volksroman aus der Gegenwart. 4 Bde. 8°. Wien u. Leipzig, Zamarski u. Dittmarsch, s. a.

Quaglio, Ant., des Briganten Liebe. Orig.-Novelle. Brünn 865. Karafiat's Verlag. 8. (121 S.) 15 ngr.

Quaglio, Ant., die Pionniere der Freiheit. Tagesgeschichtlicher Roman. 1—20. Liefg. Brünn 864. Karafiat. 8. (1—3. Bd.: 1213 S.; 4. Bd.: S. 1—46.) Jede Liefg. 4 ngr.

— die Pionniere der Freiheit. Tagesgeschichtl. Roman. 21—24. Liefg. Brünn 865. Karafiat's Verlag. 8. (4. Bd. S. 47—243.) Jede Liefg. 4 ngr.

Quaglio, Dominik

— —, Abbildungen der vornehmsten Gebäude altdeutscher Bauart, gesammelt von A. Falger. 8 Hefte. München. 1829. à Heft 20 Sgr.

Quaglio, Dom. Abbildungen architektonischer Ueberreste des Mittelalters. (Tit. fehlt.) Fol. [23 Tfln.]

Quaglio, Dominik, Denkmale d. Baukunst des Mittelalters im Königr. Baiern. Fol. Münch. 816. (Leipz., Fr. Fleischer). 3 rf 16 gl

— Gebäude, merkwürd. deutsche, d. Mittelalters; nach d. Original. gezeichnet, nebst histor. Text v. A. Schreiber. Karlsr., Velten. 20 rf Text in Fol. apart 2 rf 6 gl

— —, merkwürdige Gebäude des teutschen Mittel-Alters. Text von Schreiber. 1r Bd. mit 21 Ansichten. 2r Bd. 1—3s Heft. 49⅓ Thlr.

— —, Sammlung malerischer Burgen und anderer geschichtlich merkwürdiger Baudenkmale der Bairischen Vorzeit. 2 Hefte. 1844. Fol. à Heft 2⅔ Thlr., einzelne Blätter 25 Sgr.

Quaglio, Dominik. Sammlung malerischer Burgen und anderer geschichtlich merkwürdiger Baudenkmale der Bayerischen Vorzeit. Nach der Natur gezeichnet von D. Quaglio. Lithographirt von Karl August Lebschée. München 1846. Fol.

Quaglio, Dominicus. Sammlung denkwürdiger Gebäude des Mittel-Alters in Deutschland. 6 Lieferungen. München. Fol.

Quaglio, Jh. Max., prakt. Anleit. z. Perspektive, mit Anwendung auf die Baukunst. gr. Fol. Münch. 818. (Leipz., Lauffer u. Fr. Fleischer). 4 ß 12 gl

Quaglio, J. M. Praktische Anleitung zur Perspektive. 2. A. München 1823. fol.

Quaglio, Jul., zur Atomtheorie, s.: Pettenkofer, Max v., als Chemiker.

Quaglio, Jul., Volkswirthschaftliche Bedingungen des gewerblichen Fortschrittes. s.: Vorträge, populäre.

Quaglio, J. Bericht über die Verhältnisse des Kohlenreviers im Zeilthale. Wien. 1881. 4

Quaglio, Jul., die erratischen Blöcke u. die Eiszeit, nach Prof. Otto Torell's Theorie. Mit einer (lith. u. color.) Karte der nördl. Eisfluth in Europa u. Amerika. gr. 8. (46 S.) Wiesbaden 881. Bergmann. n. 1. 80

—— Kapital u. Arbeitslohn. s.: Vorträge, populäre.

Quaglio, Jul., Katechismus der Gas-Industrie f. Gasingenieure, Gasmeister, Vorarbeiter ꝛc. Mit zahlreichen (eingedr.) Holzschn. u. 6 lith. Taf. (in qu. gr. 4., qu. Fol. u. qu. gr. Fol.) 8. (IV, 200 S.) Wien 876. Lehmann & Wentzel. n. 4. —

Quaglio, Jul., über feuerfeste Materialien. Vortrag, gehalten im Verein zur Beförderung des Gewerbfleisses zu Berlin am 1. März 1886. gr. 4. (12 S.) Berlin 886, (Polytechn. Buchhandlung.) * 1 —
Aus: Verhandlungen des Vereins, besonders abgedruckt.

— Wassergas als der Brennstoff der Zukunft. Strong's Patent zur Bereitung v. Heizgas in Verbindung mit Lowe's Verfahren f. Leuchtgas. Bericht. gr. 8. (III, 68 S.) Ebend. 880. n. 1. 60

[**Quaglio, Lorenz.** Oberbayrische Volkstrachten. Gezeichnet von Lorenz Quaglio. München um 1820.]
23 Taf. in Lithogr. 4°.
12 Taf. datiert 1812—19 und sign. Quaglio del.

Quaglio, M., s. Quaglio, Jh. Max.

QUAGLIO, Max (München): Ueber Verbrennung.- München: Deschler 1852. 22 S.
13.8.1852 - Urk (Titel: De combustionibus.); F 67
Diss. Ingolst.-Landsh.-Mchn.

Quai-Anlagen, die, in Zürich im Juli 1887. Totalansicht aus der Vogelschau. Nach der Natur u. den Ausführungsplänen gezeichnet und lithogr. von *Hofer & Burger*. In-fol., 38 : 60 cm. Zürich, Hofer & Burger. 1887

Quai-Anlagen Zürich. Vorlage der gemeinsamen Seequai-Kommission an den Stadtrath Zürich und die Gemeinderäthe Riesbach und Enge. Zürich 1878 und 1881. 4.

Quai-Anlagen Zürich. Vorlage der gemeinsamen Seequai-Commission an den Tit. Stadtrath Zürich und die Tit. Gemeinderäthe Riesbach und Enge. Mai 1881. In-4°, 100 S. Zürich, Druck von J. Ulrich. 1881

Quaibauten, Die, in Zürich 1881—88. Mit Tab., Taf. und 1 Plan. In-4°. IV, 176 S. Zürich, Cäsar Schmidt, 1889. 3 —

Quain-Hoffmann. Anatomie. 4. Aufl., s. Rauber, Aug. Lehrbuch der Anatomie d. Menschen.

Quain's Lehrbuch der Anatomie. Deutsche Orig.-Ausg. Nach der 7. von William Sharpey, Allen Thomson und John Cleland besorgten Aufl. des engl. Orig. bearb. von Carl Ernst Emil Hoffmann. In 2 Bdn. oder 4 Lfgn. gr. 8. Erlangen, Besold. *

Inhalt:

Lfg. 1. Knochen-, Baender- und Muskellehre. (S. 1—393 mit 237 eingedr. Holzschn.) 869. * ℳ 8.
" 2. Eingeweidelehre. (IX, S. 393—727 mit eingedr. Holzschn.) 870. * ℳ 7.
" 3. Gefässlehre. (S. 729—1024 mit 155 eingedr. Holzschn.) 870. * ℳ 6.
" 4. Die Lehre von dem Nervensystem und den Sinnenorganen. (VIII, S. 1025—1561 mit 267 eingedr. Holzschn.) 871. * ℳ 12.

Quain's Lehrbuch der Anatomie. Deutsch bearb. von C. E. E. Hoffmann. 2 Bde. gr. 8. Erlangen 869—71. Leipzig, Lorentz. (* ℳ 33.) *

Quaisser, Jos., Anleitung z. Kopf- u. Figuren-Zeichnen in 15 Orig.-Blätt. in Handzeichnungs-Manier, f. Eltern, Schul- u. Privat-Lehrer u. zum Selbstunterr. Nebst e. Vorw. u. erklär. Texte. 1—3. Lfg. qu. Fol. (3 B. Text.) Prag 831, Bohmanns Erben.

Quakenbach, Junker, Peter, s. a. Junker, Peter.

* **QUAKENBACH,** Junker Peter von. Eine (zahme) Klostergeschichte. Leipzig, 1816. bei Joh. Gottlob Taubert. 8°. 174 S. (incl. Titel).

Quakenbrück [Schlagwort]

Quakenbrück, s.: Preussen. Messtischblätter.

Quäkerstadt, die, u. ihre Geheimnisse. Amerikanische Nachtseiten. Nach dem hinterlass. Manuscripte des Hrn. K., Advokaten in Philadelphia. 4 Bde. 2. Aufl. 8. Leipzig 846, O. Wigand. (Eigenth. der Vereins-Verlagsbuchh.) 4 ß

Quäkerstadt, die, u. ihre Geheimnisse. Amerikanische Nachtseiten. Nach dem hinterlass. Mscr. des Hrn. K., Advokaten in Philadelphia (von George Lippard. Aus d. Engl.:) Von Frdr. Gerstäcker. 3. (Titel-)Aufl. 4 Bde. 8. (297. 262. 236 u. 250 S.) Leipzig (846) 847, Vereins-Verlagsbuchhandlung. 2 ß — 4. (Titel.) Aufl. 4 Bde. 8. Leipzig 851, Costenoble. n. 2 ß

v. Qualen, siehe v. Wangenheim v. Qualen.

Qualen, Josias von (Holstein. Adel), De jurisdictione prorogata. Diss. jur. Präs. Friedrich Gottlieb Struve. Jena (Gollner) März 1708. 42 S. (4.50) 27409

Quälgeister, die; Lstspl. 8. Wien 794. (Leipz., Liebeskind). 8 gl

Quälgeister, Die. Lustspiel in fünf Aufz. Frankf. 1802 [nach Shakespeare] . . . V: *Beck, Heinrich.* (BrMm) (GGr)

Quälgeister, die. Lustsp. in 5 A. v. H. Beck. 8. Frankf. Eßlinger. 803. Rthlr.
Schreibpap. mit Kupfern.
Velinpap. mit Kupfern.

Qualifikations-Vorschrift. München 1886. 1899.

Qualifikations-Vorschrift (f. Offiziere). gr. 8. (36 S.) München 899. (Th. Ackermann.) Kart. — 60

QUALM, Der Stralauer Fischzug. Eine Berliner Historie. Berlin, o. J. (1857). 8°. (1 Mk. 25 Pfg. G. Priewe.)

Qualm, Hans [Pseud.], s. Hopf, Albert [wirklicher Name]

Qualm, Nicol., die gerettete Weihnachtsfeier, s.: Aufführungen u. Vorträge f. Schule, Haus u. Verein. Nr. 2.

Quambusch, Hans, Referendar: Das Vorkaufsrecht der Miterben nach dem Bürgerlichen Gesetzbuche ⟨§§ 2034 ff.⟩. Remscheid 1909: Ziegler. VII, 70 S. 8°
Heidelberg, Jur. Diss. v. 11. Aug. 1909, Ref. Heinsheimer
[Geb. 7. Sept. 86 Düsseldorf; Wohnort: Düsseldorf; Staatsangeh.: Preußen; Vorbildung: Kgl. Gymn. Düsseldorf Reife O. 05; Studium: Tübingen 1, Berlin 1, Bonn 4 S.; Rig. 19. Mai 09.] [U 09. 1879

Quandel, Rud., evang. Gesellenvereine, s.a. Aus d. Verhandlgn. ꝛc. d. Evang. Bundes.

[F.] Evangelische Gesellen-Vereine. Vortrag geh. in d. Konferenz m. den Abgeordneten d. Haupt- u. Zweigvereine auf d. 9. Gen.-Vers. d. Ev. Bundes in Darmstadt ... v. Rud. **Quandel**, Redakt. ... in Bochum. *Leipzig: C. Braun (1896).* (11 S.) 8.
= **Flugschriften** d. Evangel. Bundes. [No] 132. (Reihe XI, 12.) 97·4473

Quandel, Rud., die Grundgedanken in Salzmanns Ameisenbüchlein u. ihr pädagogischer Wert, s.a. Lehrerprüfungs- u. Informations-Arbeiten.

Quandel, Rud., die Grundgedanken in Salzmanns Ameisenbüchlein und ihr pädagogischer Wert. Für Lehrer und Lehrerbildungsanstalten. gr. 8. (32 S.) Minden 887, Hufeland. * — 60

Die Grundgedanken in Salzmanns Ameisenbüchlein u. ihr pädagog. Wert. Für Lehrer ... von Rud. **Quandel**. 2. durchges. Aufl. Minden: Hufeland 1909. 32 S. 8°
(Lehrer-Prüfungs- u. Informations-Arbeiten. H. 37.) [11, 3660

Quandel, Rud. Das öffentliche Interesse f. die Volksschule, s. Tagesfragen, pädagogische.

Quander, Paul, deutscher Liederkranz f. Schulen. 2 Hfte. 8. Ratibor 880. Lindner. n. — 60
1. Für Unter- u. Mittelklassen. (III, 42 S.) n. — 25
2. Für Oberklassen. (III, 88 S.) n. — 35

Quander, W[ilhelm], Referendar aus Bernau: **Leistung** an Erfüllungsstatt. *Rostock 1903: C. Hinstorff.* (69 S.) 8°
Rostock, Jur. Diss. v. [27. Febr.] 1904

Quandt. Alte u. neue Heimath, s. In d. Königs Rock.

Quandt, C.

—— Gertrud v. Loden. Eine Erzählg. aus der Schwedenzeit. 2. u. 3. Aufl. 8. (VIII, 307 S.) Braunschw. 891, Goeritz, Verlag. * 3 60; geb. * 4 60
1. Aufl. anonym u. d. T.: Verschlossene Thüren. Berl. 1874.

—— die Polen in Danzig. Histor. Erzählung. gr. 8. (281 S.) Ebendas. 881. * ℳ 3,60.; geb. * 4 80

— die Polen in Danzig. Historische Erzählung. 2. Aufl. 8. (259 S.) Braunschweig 890. Grüneberg. n. 3. 60; geb. n. 4. 80

Quandt, C., die Polen in Danzig. Histor. Erzählg. 3. Aufl. Mit Abbildgn. v. W. Sturmhoefel. 8. (268 S.) Braunschweig 903. H. Wollermann. n. 3. 60; geb. in Leinw. n. 4. 80

Quandt, C., Johannes Knabes Selbsterkenntniß. Histor. Erzählung aus der Zeit der Reformation. 2 Thle. 8. (VI, 592 S.) Hamburg 880, Oemler. * 7 50
geb. in 1 Bd. * 9 —
—— dass. — 2. Aufl. 8. (VI, 514 S.) Ebendas. 882. * 4 80
geb. * 6 —

Quandt, C., Johannes Knabe's Selbsterkenntnis. Historische Erzählg. aus der Zeit der Reformation. 3. Aufl. gr. 8. (IV, 512 S.) Braunschweig 889. Grüneberg. n. 4. 80; geb. n. 6. —

Quandt, C., Johannes Knabes Selbsterkenntnis. Historische Erzählg. aus der Zeit der Reformation. 4. Aufl. 8. (IV, 512 S.) Braunschweig 892. H. Wollermann. n. 4. 80; geb. n. 6. —

Quandt, C., Johannes Knabes Selbsterkenntnis. Histor. Erzählung aus d. Zeit d. Reformation. 5. Aufl. Mit Abb. von W. Sturmhoefel. gr. 8. (IV, 500 S.) Braunschweig 899. H. Wollermann. n. 6. —; geb. in Leinw. n. 7. —

Quandt, C. F., der preußische Justiz-, Kassen- und Rechnungs-Beamte. Handbuch zum Selbststudium für angehende Justiz-Subaltern-Beamte und zum prakt. Gebrauch. 5 Hefte. gr. 4. Berlin 856. 57, (C. Heymann's Verlag.) *
Inhalt:
Heft 1. Das Etatswesen der Gerichte erster Instanz. (41 S.) * 7½ Ngr.
" 2. Instruktion zur Verwaltung der gerichtlichen Salarien-Kassen vom 10. November 1851. (138 S.) * 20 Ngr.
" 3. Die Geldstrafen und die bestehenden Grundsätze über die Berechtigung zu deren Erhebung sowie über deren Einziehung und Verrechnung. (29 S.) * 5 Ngr.
" 4. Instruktion zur Anfertigung der Jahres-Rechnungen und der Quartal-Abschlüsse der gerichtlichen Salarien-Kassen vom 1. März 1852. (106 S.) * 15 Ngr.
" 5. Die Deposital-Verwaltung. (VIII und 113 S.) * 27½ Ngr.

Quandt, C. W., de cinere in sacris Hebraeorum. Regiom. 1722. 4.

Quandt, Carl, s. Quandt, Karl

Quandt, Christlieb. — Des Herrnhuter Glaubensboten Christlieb Quandt Nachricht v. der arawackischen Sprache. Besonders u. unverändert hrsg. v. Jul. Platzmann. 8. (22 S.) Leipzig 900. [B. G. Teubner.] O. Harrassowitz. n.n. 1. —

Quandt, Chrstl., († d. 4. Febr. 1824.) s.a. Nachrichten v. Surinam.

(Quandt, C.): Nachricht von Suriname und seinen Einwohnern sonderl. der Arawacken, Warauen und Karaiben, von den nüzlichsten Gewächsen und Thieren des Landes, den Geschäften der dortigen Missionarien der Brüderunität ... — (Herrnhut: Selbstverl.); Lpg: Kummer in Komm. (1807). XIV, 316 S. mit 1 Kt. und 2 Kupfern.

Quandt, Clara, s. Quandt, Klara

Quandt, Dn. Glo.

— s. Theater-Anzeiger, deutscher. — Vermächtniß eines alten Komödianten.

Quandt, Dn. Glo., († d. 26. März 1815.) Versuch, durch ein psycholog.-ästhetisches Gemeinprincip f. wahre Menschen-Darstellung auf d. Bühne, d. Beruf zu ihr, aus ihren Forderungen herzuleiten. 8. Nürnb. 803. (Eichhorn i. a. Lauffer in Leipz.) 6 gr.

Quandt, D. G., Versuch für wahre Menschen-Darstellung auf der Bühne. 8. Nürnb. 813. Jetzt Eichhorn auch Lauffer in Leipzig.

Quandt, Emil

Quandt, E. (Hrsg.), s. Anzeiger, Evangelisch-kirchlicher, v. Berlin. Jge. 17.18.

Quandt, Emil, v. der grünen Aue. Neue Lieder. 16. (VII, 203 S.) Berlin 871. Schultze. n. 2. —; geb. m. Goldschn. n. 3. —

Quandt, E., die Berge der Bibel. Sieben Vorträge gehalten im Saale d. evangel. Vereins. Berlin 866. (E. Beck.) 8. (119 S.) cart. n. 7½ ngr.

Quandt, Em., die Berge der Bibel. 7 Betrachtungen. 2. Aufl. 8. (119 S.) Berlin 877. Hauptverein f. christl. Erbauungsschriften. cart. — 75

Quandt, Emil, d. Brief St. Pauli an d. Philipper, in 30 Predigten ausgelegt. gr. 8. (VII, 212 S.) Wittenberg 895. R. Herrosé. n. 2. 40

— das Buch von der Eitelkeit der Eitelkeiten. Eine Auslegung des Prediger Salomo. Berlin 868. (E. Beck. - W. Schultze.) 8. (141 S.) cart. n. 9 ngr.

—— die Dornenkrone. Sieben Vorträge gehalten im Saale des evangel. Vereins. 8. (132 S.) Berlin 867, (Beck.) cart. *

— die Dornenkrone. 7 Betrachtungen. 8. (128 S.) Berlin 880. Hauptverein f. christl. Erbauungsschriften. cart. — 75

— Erinnerungen an Verborgene. Eine Weihnachtsgabe. Berlin 867. (E. Beck.) 8. (IV, 76 S.) 5 ngr.

— — Neue (Titel-)Ausg. Ebend. 870. 8. (IV, 76 S.) cart. mit Goldschn. n. 10 ngr.

Quandt, Emil, Erinnerungen an Verborgene. Für christl. Freunde mitgetheilt. 2. Aufl. gr. 8. (IV, 76 S.) Berlin 883. Deutsche Evangel. Buch- u. Tractat-Gesellschaft. n. — 50

Quandt, Em., die Feier der Bauleute Gottes auf Erden. Predigt am Jahresfeste des Hauptvereins für christliche Erbauungsschriften gehalten in der Parochial-Kirche am Dienstag den 20. Octbr. 1863. Berlin 863. (Beck.) 8. (16 S.) n. 2 ngr.

Quandt, Emil, Festpredigten. Eine Sammlung von Predigten gläubiger Zeugen der Gegenwart über Perikopen und freie Texte. 3 Bde. gr. 8. Leipzig, Fr. Richter.
à Bd. *ℳ 3.—. * 9 —
geb. mit Goldschn. à Bd. *ℳ 4.— * 12 —

Inhalt:
Bd. 1. Ein evangelisches Weihnachtsbuch. (VIII, 215 S.) 886.
" 2. Ein evangelisches Osterbuch. (VIII, 213 S.) 887.
" 3. Ein evangelisches Pfingstbuch. (VIII, 232 S.) 887.

— Festpredigten. Eine Sammlg. v. Predigten gläub. Zeugen der Gegenwart üb. Perikopen u. freie Texte. 2. Bd. A. u. d. T.: E. evangel. Osterbuch. 2. Aufl. gr. 8. (VIII, 213 S.) Leipzig 895. F. Richter. n. 3. —; geb. n. 4. —

Quandt, Emil, Festpredigten. E. Sammlg. v. Predigten gläub. Zeugen der Gegenwart üb. Perikopen u. freie Texte. 3. Bd.: Ein evangel. Pfingstbuch. 2. Aufl. gr. 8. (VIII, 240 S.) Leipzig 896. F. Richter. n. 3. —; geb. m. Goldschn. n. 4. —

Quandt, Emil, Festpredigten. Eine Sammlg. v. Predigten gläub. Zeugen der Gegenwart üb. Perikopen und freie Texte. 1. Bd.: Ein evangel. Weihnachtsbuch. 2. Aufl. gr. 8. (VIII, 215 S.) Leipzig 900. Dresden, Fr. Richter. n. 3. —; geb. m. Goldschn. n. 4. —

(8) Quandt, E., Festpredigten. 900. (KVB 32.) Jetzt: Dresden, C. L. Ungelenk. I. Ersm. Pr. 2.50; geb. 3.50

— der Friede. Vier Vorträge gehalten im Saale des evangel. Vereins. Berlin 867. W. Schultze. 8. (94 S.) 10 ngr.

Quandt, E., Garben u. Halme. Neue Lieder. 12. (VIII, 144 S.) Berlin 888. Buchhandlg. der Berliner Stadtmission. n. 1. 20; geb. n. 2. —

— Gedächtnißpredigt auf den verewigten Superintendenten a. D. u. ersten Prediger der Sophiengemeinde Lic. Otto Strauß, geh. in der Sophienkirche am VI. p. Trin., den 4. Juli 1880. 8. (11 S.) Berlin 880. F. Schulze's Verl. n. — 30

— Gethsemane u. Golgatha. Ein Passionsbuch in Predigten. 8. (208 S.) Berlin 873. Rauh. n. 2. 40

—— Gethsemane und Golgatha. Ein Passionsbuch in Predigten. 2. Aufl. gr. 8. (VIII, 208 S.) Halle 883, Strien Verlag. ℳ 2,40.; geb. 3 40

— Gethsemane u. Golgatha. Ein Passionsbuch in Predigten. 3. Aufl. 8. (VII, 208 S.) Halle 889. Strien. n. 2. 40; geb. n. 3. 40

Quandt, Emil, Gethsemane u. Golgatha. Ein Passionsbuch. 4. Aufl. 8. (VIII, 208 S.) Halle a/S. 893. E. Strien. n. 2. 40; geb. in Leinw. n.n. 3. 40

— Gethsemane u. Golgatha. Ein Passionsbuch. 5. Aufl. gr. 8. (VIII, 208 S.) Halle 898. E. Strien. n. 2. 40; geb. in Leinw. n.n. 3. 40

— allein durch den Glauben. Ein Jahrg. Wittenberger Predigten üb. freie Texte. Festgabe zur Einweihg. der wiederhergestellten Schloßkirche am 31. Oktbr. 1892 dargeboten. 1. u. 2. Aufl. gr. 8. (VIII, 558 S.) Halle a/S. 893. R. Mühlmann's Verl. n. 6. —; geb. n. 7. —

— das apostolische Glaubensbekenntniß. Ein Erbauungsbuch in 21 kirchl. Betrachtgn. 8. (VII, 298 S.) Ebend. 875. n. 3. 50; geb. n. 4. 50

— Maria Grotius, s.: Frauenspiegel.

— Grüße u. Wünsche, s. a Grüße u. Wünsche.

—— Grüße und Wünsche. Ein Hülfsbüchlein für das Leben in der Liebe. 3. Aufl. 8. (VII, 174 S.) Berlin 882, Hauptverein für christl. Erbauungsschriften. cart. — 80

— Joel, der Pfingstprediger des alten Testamentes. Eine Auslegung des prophet. Buches Joel in sechs Bibelstunden. Berlin 867. (E. Beck.) 8. (110 S.) cart. 7½ ngr.

— Jonas, der Sohn Amithai. Eine Auslegung des prophet. Buches Jonä in sechs Bibelstunden. Berlin 866. (Matthies.) 8. (84 S.) cart. 6 ngr.

— „die Jungen ermahne als Brüder." Predigten für Jünglinge aus den J. 1865 bis 1867. Berlin 867. W. Schultze. gr. 8. (IV, 124 S.) n. 12 ngr.

— „die Jungen ermahne als die Brüder". Predigten f. Jünglinge aus d. J. 1865—1867. (Neue [Umschlag-] Ausg.) gr. 8. (IV, 124 S.) Berlin (867) 898. Buchh. d. Ostdeutschen Jünglingsbundes. Kart. n. 1. 20

— die Jünglinge der Bibel. 22 bibl. Betrachtungen, den Jünglingen des östl. Bundes gewidmet. Berlin 866. Matthies. 16. (64 S.) n. 2½ ngr.

— die Jünglinge der Bibel. Biblische Betrachtgn., frommen Jünglingen innerhalb u. außerhalb unserer evangel. Jünglingsvereine gewidmet. 2. Aufl. 8. (56 S.) Berlin 883. Hauptverein f. christl. Erbauungsschriften. cart. n. — 40

— s.: Jünglingsfest-Predigten.

—— evangelischer Catechismus für Confirmanden und Confirmirte, auf der Grundlage der heil. Schrift, des kleinen Catechismus Dr. Martin Luther's und der evangel. Kirchenlieder dargeboten. 8. (73 S.) Berlin 878, Chun. geb. — 60

— evangelischer Katechismus f. Konfirmanden u. Konfirmierte, auf Grundlage der heil. Schrift, d. kleinen Katechismus Dr. Mart. Luthers u. der evangel. Kirchenlieder dargeboten. 2., rev. Aufl. 8. (91 S.) Berlin 881. Chun. cart. — 60

—— evangelischer Katechismus für Konfirmanden und Konfirmierte, auf der Grundlage der heiligen Schrift, des kleinen Katechismus Dr. M. Luthers und der evangel. Kirchenlieder. 3. unveränd. Aufl. 8. (88 S.) Leipzig 887, Klinkhardt. geb. * — 60

— das heilige Kreuz. Sieben Vorträge gehalten im Saale des evangelischen Vereins. 1. u. 2. Aufl. Ebend. 866. 8. (128 S.) cart. n. 8 ngr.

—— das heilige Kreuz. Sieben Vorträge. 2. Aufl. 8. (128 S.) Berlin 869, (Beck.) cart. **

— das heilige Kreuz. 7 Betrachtungen. 3. Aufl. 8. (VI, 128 S.) Berlin 880. Hauptverein f. christl. Erbauungsschriften. cart. n.n. — 50

— Kaiser Friedrich's schönste Krone. Predigt, im Trauergottesdienst f. Se. Maj. weil. den deutschen Kaiser Friedrich am 4. Sonntag nach Trinitatis den 24. Juni 1888 in der Stadt- u. Pfarrkirche v. Wittenberg geh. gr. 8. (7 S.) Wittenberg 888. Wunschmann. — 30

— des Kindes Leben, hier zeitlich u. dort ewiglich. In 15 Gedichten u. einem Gedicht als Vorwort. Hrsg. zum Besten d. Vereins freier christl. Liebesthätigkeit zu Altwasser in Schlesien. A. Volks-Ausg. 2. Aufl. 16. (32 S.) Altwasser i/Schl. 878. (Leipzig, Buchh. d. Vereinshauses.) n. — 50

Quandt, Em., das Leben im Schatten der Kirche. 7 Predigten. Mit einem Anh.: Das Leben in der bibl. Beleuchtung. gr. 8. (V, 69 S.) Berlin 877. Chun. n. 1. 50

— die biblische Lehre vom heiligen Geist. Pfingstliche Betrachtgn. Berlin 867. E. Beck. 8. (124 S.) cart. n. 7½ ngr.

— große Liebe im kleinen Leben. Sechs Betrachtungen über die Epistel Pauli an Philemon. Berlin 869. (W. Schultze.) 8. (120 S.) cart. n.n. 6½ ngr.

—— die häusliche Liebe. Predigt am 6. Sonntag nach Epiphanias 1886 über Kolosser 3, 18—4, 1. 8. (12 S.) Berlin 886, Deutsche Evangel. Buch- und Tractat-Gesellschaft. * — 15

— Maleachi, der letzte Prophet d. alten Bundes. Eine Auslegg. d. prophet. Buches Maleachi f. die Erbaug. der Gemeinde. Hrsg. u. verlegt v. dem Haupt-Verein f. christl. Erbauungsschriften. 8. (80 S.) Berlin 871. (Matthies. — E. Beck.) — 60

— Micha, der Seher von Moreseth. Eine Auslegung des prophet. Buches Micha in sieben Bibelstunden. Berlin 867. (E. Beck.) 8. (112 S.) cart. n. 7½ ngr.

— u. Schultze, „aus zweier Zeugen Mund". Antrittspredigt v. E. Qu. bei seiner Einführung in das Wittenberger Pfarramt. — Synodalpredigt v. Sch. bei Einführung des Ersteren in das Wittenberger Ephoralamt 1888. gr. 8. (23 S.) Ebd. 888. n. — 50

—— Sacharja's Nachtgesichte und Morgenklänge. Eine Auslegung des prophet. Buches Sacharja's für die Erbauung der Gemeinde. 8. (246 S.) Berlin 870, (Beck.) cart. *

Quandt, Emil, Paulus in Athen. Acht bibl. Betrachtungen für sinn. Gemüther. 8. (139 S.) Berlin 870, (Matthies.) cart.

Quandt, Emil, die Reformation, gerechtfertigt durch ihre Kinder. Predigt üb. Evangelium Mathäi 11, 16 - 19. 8. (12 S.) Berlin 886. Deutsche Evangel. Buch u. Tractat-Gesellschaft. n. — 15

—— die Ruhestätten des Menschensohnes. Sieben bibl. Betrachtungen für sinnende Gemüther. 8. (132 S.) Berlin 868, (Beck. — W. Schultze.) cart. *

— die Ruhestätten des Menschensohnes. 7 bibl. Betrachtungen für sinnende Gemüther. Ebend. 870. 8. (132 S.) cart. n. 9 ngr.

—— die Schlagworte unserer Zeit im Lichte des Wortes Gottes. Vorträge über Fortschritt, Freiheit, Gleichheit 2c. gehalten im Saale des evangel. Vereins. 8. (152 S.) Berlin 867, Beck. cart. *

— die Schlagworte unserer Zeit im Lichte d. Wortes Gottes. Vorträge üb. Fortschritt, Freiheit, Gleichheit, Brüderlichkeit, Bildung, Duldsamkeit, Heiterkeit, geh. im Saale d. Evang. Vereins. 2. Aufl. 8. (VI, 152 S.) Berlin 886. Hauptverein f. christl. Erbauungsschriften. cart. — 90

— Anna Maria v. Schürmann, s.: Frauenspiegel.

— die sieben pastoralen Sendschreiben der Offenbarung Johannis. Für Amtsbrüder ausgelegt. gr. 8. (108 S.) Wittenberg 888. Herrosé Verl. n. 1. 80

— Sonn- u. Festtagspredigten. Eine Sammlg. von Predigten gläub. Zeugen der Gegenwart üb. Perikopen u. freie Texte. 1. u. 2. Bd. gr. 8. Leipzig, Fr. Richter. à n. 7. —; geb. m. Goldschn. à n. 8. 50

1. Die frohe Botschaft. Predigten üb. die altkirchl. Evangelien. (IX, 575 S.) 893
2. Die Erkenntnis d. Heils. Predigten üb. die altkirchl. Episteln. (IX, 531 S.) 894.

— Sonn- u. Festtagspredigten. E. Sammlung v. Predigten gläub. Zeugen d. Gegenwart üb. Perikopen u. freie Texte. 3. (Schluß-) Bd. A. u. d. T.: Der Weg d. Lebens. Predigten üb. freie Texte. gr. 8. (X, 576 S.) Leipzig 895. Fr. Richter. n. 7. —; geb. m. Goldschn. n. 8. 50 (kplt. n. 21. —; geb. 25. 50)

Quandt, E., die christliche Sonntagsschule. Worte zur Beherzigung für ihre Freunde u. ihre Gegner. Berlin 867. Prochnow's Selbstverlag. gr. 8. (32 S.) n. 5 ngr.

— — 2. Aufl. Berlin 868. (Matthies.) gr. 8. (32 S.) n. 5 ngr.

— Tropfen aus stillen Wassern. Hrsg. u. verlegt v. dem Haupt-Verein f. christl. Erbauungsschriften. 8. (61 S.) Berlin 871. (Matthies. — E. Beck.) — 60

— das heilige Vaterunser. Betrachtungen für sinnende Gemüther. 1. Aufl. 1866. u. 2. Aufl. Berlin 868. (E. Beck. 8. (146 S.) cart. n. 9 ngr.

—— Das heilige Vaterunser. Betrachtungen f. sinnende Gemüther. 4. Aufl. 8. (144 S.) Berl. 882, Hauptverein f. christl. Erbauungsschriften. cart. * — 60

—— die Verklärung der Krankenkammer. Predigt über Jesaias 38. gehalten am Jahresfeste des christl. Männer-Kranken-Vereins am 10. Septbr. 1866 in der Parochial-Kirche. gr. 8. (16 S.) Berlin 866, (Beck.) *

— die Wanderungen des Menschensohnes. Sieben bibl. Betrachtungen für sinnende Gemüther. Berlin 869. W. Schultze. 8. (139 S.) cart. n. 8 ngr.

—— Weihrauch und Myrrhen. Neue Lieder. 16. (228 S.) Berlin 867, (W. Schultze.) cart. *

— Weihrauch u. Myrrhen. Neue Lieder. 2. Aufl. 12. (222 S.) Berlin 880. Hauptverein f. christl. Erbauungsschriften. cart. 1. 20

— der Werth e. Menschenseele. Vortrag, geh. im Saale d. evangel. Vereins zu Berlin. 2. Aufl. gr. 16. (16 S.) Berlin 871. (E. Beck.) n. — 10

— wie wird das Herz fest?, s.: Predigt-Hausschatz, evangelischer.

—— Zionsblumen, s. Zionsblumen.

Quandt, Franz: Die Schlacht bei Lobositz ‹1. Oktober 1756›. (Charlottenburg: Pfeiffer 1909.) VI, 126 S. 8° ¶ (Ersch. auch selbst. als Buch.)
Berlin, Phil. Diss. v. 27. Febr. 1909, Ref. Delbrück
[Geb. 22. März 74 Rathenow; Wohnort: Charlottenburg; Staatsangeh.: Preußen; Vorbildung: Sophien-Realgymn. Berlin Reife M. 94; Studium: Berlin 8 S.; Rig. 17. Dez. 08.] [U 09. 254

Quandt, Frz., die Schlacht bei Lobositz (1. X. 1756.) (VI, 124 S. m. 1 Plan.) gr. 8. Charlottenburg 909. Schiller-Buchhdlg. 2. 50

Quandt, Frdr. K., die schlichte Sicherungshypothek nach neuem deutschen Reichsrecht. (Diss.) (187 S.) gr. 8. Berlin 904. Struppe & Winckler. n. 4. —

Quandt, G., die Novelle vom 1. VI. 1909 betr. G.B.G., Z.P.O., G.K.G. u. R.A.-Geb.O., in kurzen Leitsätzen nach praktischen Gesichtspunkten zusammengestellt. (Umschlag: 5.—6. Taus.) (32 S.) kl. 8. Rummelsburg (910). O. Hasert. — 40

Quandt, Georg *Friedrich August:* Die niederlausitzer Schafwollindustrie in ihrer Entwicklung zum Grossbetrieb und zur modernen Technik ... [Erschien vollst. als Heft 57 von: Staats- u. socialw. Forsch. hrsg. v. G. Schmoller.] Leipzig, Duncker & Humblot, 1895; 50 S., 1 Bl. 8.
Leipzig, Phil. Fak., Inaug.-Diss. v. [5. Okt.] 1895

Quandt, Geo., d. Niederlausitzer Schafwollindustrie in ihrer Entwickolg. zum Grossbetrieb u. zur mod. Technik, s. a. Forschungen, staats- u. socialwissenschaftl.

Quandt G. die niederlausitzer Schafwollindustrie. (298 S) (Forschungen, Staats- und sozialwissenschaftliche, herausgegeben von Schmoller XIII. 3) Leipzig 1895

Quandt, Georg, Versuch. d. ein psychologisch-ästhetisches Gemeinprincip f. wahre Menschen-Darstellung a. d. Bühne d. Beruf zu ihr a. ihren Forderungen herzuleiten. 8. Nürnb. Grattenauer. 803.

Quandt, J. G. v., kleines A-B-C-Buch f. Anfänger im Lesen u. Schreiben. — Synonymen u. Homonymen. gr. 12. (24½ B.) Leipzig 838, Brockhaus. Thlr.

Quandt, J. J., an epistola Pauli ad Ephesios a Paulo Ephesiis, an vero Laodicenis inscripta fuerit. Regiom. 1712. 4.

Quandt, J. J., divinitas Spiritus S. ex ἐπικλήσει in consecratione eucharistiae demonstrata. Regiom. 1743. 4.

Quandt, J. J., de doxologiis Paulinis. Regiom. 1716. 4.

Lysius, J. H., (Regiom. 1737. 4.) Quandt, J. J., (ibid. 1733. 4.) de relictis in sepulcro fasciis Christi.

Quandt, J. J., de gestis Christi quadragesimalibus resurrectionem inter et ascensionem. Regiom. 1715. 4.

Quandt, J. J., de sapientia Dei in determinando incarnationis Chr. tempore. Regiom. 1724. 4.

Quandt, Johann Gottfried

(—). — **Sollemnitatem duplicem alteram qua auditorium jureconsult. imagine Friderici Augusti primum exornatum conspicietur alteram qua summi in utroque jure honores candidato Johann Gottfried Quandt (Leipzig) tribuentur indicunt ordinarius senior et ceteri doctores facult. jur. Leipzig. (Leipzig (Saalbach)) 30. IV. 1789. 28 S. mit Biogr. v. Quandt (M.: Chr. R. Grasshof). (3.75) 27413**
Enthält: De disputatione super causis illustribus a privato auctore caute instituenda.

—— Ad doctrinam de jurejurando flores sparsi. Disput. jur. Präs. Carl Gottfr. von Winckler. Leipzig 30. IV. 1789. 94 S. (4.50) 27412

Quandt, Johann Gottfried (Leipzig), De juramento religionis. Diss. jur. Präs. Carl Gottfr. von Winckler. Leipzig (Jacobaeer) 10. IV. 1783. 68 S. (4.75) 27411
Widm. v.: Carl Gottfr. von Winckler.

Quandt, Joh. Gtlo. v., Andeutungen f. Beschauer d. histor. Museums. 12. (9 B.) Dresden 834, Walther.

Quandt, Joh. Glob. v., der Begleiter durch die Gemälde-Säle des königl. Museums zu Dresden. Mit 1 Titelkpfr. u. (lith.) Grundriss. 856. (194 S.) n. 20 ngr. — 2. Aufl. Mit 1 Titelkpfr., (lith.) Grundriss u. vollständ. Nummerverzeichniss. Dresden 856. Meinhold. 8. (22, 194 S.) n. 24 ngr.

Quandt, Joh. Gtlob. v., Beobachtungen u. Phantasieen üb. Menschen, Natur u. Kunst auf einer Reise in's mittägige Frankreich. gr. 8. (25½ B.) Leipzig 846, Hirschfeld.

v. Quandt, Joh. Gottl., Beobachtungen u. Phantasien über Menschen, Natur u. Kunst auf einer Reise durch Spanien. Mit 1 Kpfrplatte u. 7 Holzschn. gr. 8. (348 S.) Leipzig 850, Hirschfeld. 1½ ℛ

—— und Schulz, Beschreibung der im neuen Mittelgebäude des Pohlhofs befindl. Kunst-Gegenstände, mit einem Vorwort des Sammlers (Staatsministers v. Lindenau.) 2 Abthlgn. gr. 8. (X und 162 S. mit 2 Stnt.) Altenburg 848 — 51, (Schnuphase'sche Buchh.) * —

— u. (Heinr. Wilh.) **Schulz,** Beschreibung der im neuen Mittelgebäude des Pohlhofs befindlichen Kunst-Gegenstände, mit einem Vorwort des Sammlers (Staatsministers v. Lindenau). Nebst einer (lith.) Ansicht u. Grundriss des neuen Gebäudes. gr. 8. (X u. 66 S.) Altenburg 848. (Schnuphase.) n. ⅓ ℛ — 2. Abth. gr. 8. (96 S. m. 1 lith. Taf.) Ebd. 852. n. ¼ ℛ (cmplt. n. ⅓ ℛ)

—— Briefe aus dem mittägigen Frankreich über Menschen, Natur und Kunst. Neue (Titel-)Ausg. gr. 8. (IV und 404 S.) Leipzig 853, Hirschfeld.

—— Briefe aus Italien üb. d. Geheimnißvolle d. Schönheit u. die Kunst. (2 Abthln.) gr. 12. (22¼ B.) Gera 830, Heinsius.

— Briefe aus Spanien über Menschen, Natur und Kunst. Mit 1 Kupferplatte u. 7 Holzschn. (im Text.) Neue (Titel-)Ausg. Leipzig 853. Hirschfeld. 8. (2 Bl., 348 S.) 1 ₰.

— Entwurf zu einer Geschichte d. Kupferstecherkunst u. deren Wechselwirkungen mit and. zeichn. Künsten. Mit 2 Beill. 8. Leipz. 826. Brockhaus. 1 ₰ 12 gr

—— Erzählungen des Herrn Kauz. gr. 8. (212 S.) Dresden 854, Burdach. *

— Erzählungen des Herrn Kauz. Dresden 854. Kuntze. 8. (212 S.) n. 24 ngr.

— die Gemälde des Michel Wohlgemuth in der Frauenkirche zu Zwickau. Im Auftrage des Königl. Sächs. Alterthumsvereins herausgg. Mit 8 Steintafeln. gr. Fol. Leipzig 839. (Rud. Weigel.) n. 1½ ₰

— Glossen über Politik. gr. 8. (XX u. 367 S.) Leipzig 851, Brockhaus. 2 ₰

Quandt. Hinweisungen auf Kunstwerke aus der Vorzeit. Dresden 1831. 8°.

— Hinweisungen auf Kunstwerke aus d. Vorzeit. Den Alterthumsfreunden in Sachsen gewidmet. (Der Brutto-Ertrag ist für die Zwecke d. Alterthums-Vereins bestimmt). 8. Dresd. 832. (Walthersche Hofbuchh.) 12 gr

— s. L. Lanzi, Geschichte der Malerei.

—— Rippes von einer Reise nach Schweden. gr. 8. (19 B. u. 1 Kpfrt.) Leipzig 843, Hirschfeld.

—— und C. A. Böttiger, üb. Preisaufgaben f. bildende Künstler. 1. Lfg. 8. (3 B.) Dresden 829, Walther.

— s. Sachsens berühmte Männer u. Frauen.

— Streifereien im Gebiete d. Kunst auf einer Reise v. Leipzig nach Italien im Jahr 1813. 3 Thle. 8. Leipz. 818. Brockhaus. 3 ₰

Quandt, G. Streifereien im Gebiete der Kunst auf einer Reise von Leipzig nach Italien im Jahre 1813. 3 Theile. Leipzig 1819. 8°.

—— Verzeichniss meiner Kupferstichsammlung als Leitfaden zur Geschichte der Kupferstechkunst und Malerei. Lex.-8. (VIII und 320 S. mit 1 Kpfrt.) Leipzig 853, R. Weigel. *

—— Vorträge über Aesthetik für bildende Künstler in der k. Academie f. bildende Künste zu Dresden gehalten. gr. 8. (12 B.) Leipzig 844, Hirschfeld.

Quandt, J. G. v., Wissen u. Seyn. Eine realistische Abhandlung zur Ausgleichung des Spiritualismus u. Materialismus. Dresden 859. Burdach. gr. 8. (112 S.) n. 15 ngr.

—— über den Zustand der kgl. Gemäldegalerie zu Dresden. Für wahre Freunde der Kunst, nebst Belegen u. erläut. Anmerkungen. gr. 8. (4 B.) Leipzig 842, Rud. Weigel.

Quandt, Johann Jakob (Königsberg/Preußen), De approximatione spiritus sancti substandiali. Theorema theol. Präs. Johann Fecht. Rostock (N. Schwiegerov) Mai 1709. 36 S. (—.—) 27414

Quandt, Johannes, a. Leipzig: Bewußtseinsumfang für regelmäßig gegliederte Gesamtvorstellungen. Leipzig: W. Engelmann 1905. (36 S.) 8° ¶ (Aus: Wundt, Psychol. Studien Bd 1, H. 2.)

Leipzig, Phil. Fak., Ref. Wundt u. Volkelt, Diss. v. 27. Juni 1905

[Geb. 30. Nov. 77 Leipzig; Wohnort: Leipzig; Staatsangeh.: Sachsen; Vorbildung: Thomasgymn. Leipzig Reife O. 98; Studium: Leipzig 9 S.; Rig. 2. März 05.]

[G.] Dein Wort sei meine Speise. Predigten u. Ansprachen v. P. Joh(annes) Quandt, Pfarrer ... im Haag. *Berlin: Vaterländ. Verlags-Anst. 1896.* (4 Bl., 179 S.) 1 Bd 8. [96. 4492

Quandt, Joh., Herr Gott, dich loben wir! Andachten üb. Kirchenlieder. (194 S.) 8. Hamburg 908. G. Schloeßmann. Geb. 2. 60

Quandt, Joh., hier ist der Herr. Predigten üb. freie Texte aus dem Propheten Hesekiel. gr. 8. (VIII, 215 S.) Bremen 894. C. E. Müller. n. 2. 40; geb. m. Goldschn. n.n. 3. 20

Quandt, Joh., s.: Kindergottesdienst, der.

Wasser aus dem Heiligtum. Predigten von Johannes Quandt, Pastor in Bremen. Berlin: Berliner Stadtmission 1906. (120 S.) 8° [G] [06. 961

— Wasser aus dem Heiligtum. Predigten. (XII, 120 S.) 8. Berlin 906. Vaterländ. Verlags- u. Kunstanstalt. Geb. in Leinw. n. 2. 50

Quandt, Karl

Quandt, Carl, Formularien zum Gesetze üb. die Gesellschaften m. beschr. Haftung f. den notariellen Gebrauch (VII, 95 S.) gr. 8. Wien (906). (Manz). n. 1. 70

Quandt, Klara

Quandt, Clara, im alten Preußen. Eine histor. Erzählg. Hrsg. u. bevorwortet von M. v. Nathusius. 8. (IV, 102 S.) Quedlinburg 875. Leipzig, Buchh. d. Vereinsh. in Comm. n. 1. 50

Quandt, Kurt, approb. Arzt aus Posen: Über Frakturen des knöchernen Gehörganges durch Gewalteinwirkung auf den Unterkiefer. *Halle a. S. 1904: C. A. Kaemmerer & Co.* (24 S.) 8°

Halle, Med. Diss. v. 31. März 1904

Quandt, Ludw., chronologisch-geographische Beiträge zum Verständniß der heil. Schrift. I. Chronologische Beiträge. 2 Abthlgn. gr. 8. Gütersloh, Bertelsmann's Verlag. *

Inhalt:

Abthl. 1. Dieckmann, A., die Zeitordnung und die Zeitbestimmungen in den Evangelien. (XVI, 110 S.) 872. *ℳ 2.

2. —— israelitische Chronologie. (80 S.) 873. *ℳ 1,20.

—— dass. — II. Geographische Beiträge. 1. Abthl. gr. 8. Ebendas. 874. *

Inhalt:

Dieckmann, A., Judäa und die Nachbarschaft im Jahrhundert vor und nach der Geburt Christi. (XII, 223 S.)

Quandt, M., das Leben im Schatten der Kirche. gr. 8. Berlin 877, Klinkhardt. (*ℳ 1,50.) *

Quandter, Wilh., aus dem 15. Jahrh., s. Geschichten, westfälische.

Quante, Bernard., Caecilia. Sacri cantus quatuor paribus vocibus concinendi. gr. 4. (X und 78 S.) Münster 860, Coppenrath'sche Buchh. *

Quante, Bernh., zur Reform des Kirchengesanges. I. Das gregorianische System. Münster 867. Regensberg. gr. 8. (XX, 51 S.) n. 15 ngr.

Quante, F., Gedichte des Dreisängerbundes, s. Böcker, A.

Quante, Friedrich: Über ein Plattenepithel-Karzinom der Gallenblasse. Mit 1 Tafel. Giessen 1909: v. Münchow. 36 S. 8°
Gießen, Med. Diss. v. 4. Juni 1909, Ref. Bostroem
[Geb. 28. Febr. 78 Warendorf; Wohnort: Warendorf; Staatsangeb.: Preußen; Vorbildung: Gymn. Warendorf Reife O. 99; Studium: Bonn 10, Gießen 4 S.; Coll. 23. Juni 08; Approb. 11. Juni 08.] [U 09. 1117

Quante, Hugo, aus Annen in Westfalen: Die Ergebnisse der Viehstatistik in den wichtigsten europäischen Ländern mit besonderer Berücksichtigung der deutschen Staaten. *Halle a. S. 1899: H. John.* (63 S.) 8° ¶ (Soll vollst. erscheinen.)
Halle, Phil. Diss. v. 4. März 1899

Quante, Hugo, die Ergebnisse der Viehstatistik in den wichtigsten europäischen Ländern m. besond. Berücksicht. der deutschen Staaten. gr. 8. (III, 121 S.) Bonn 901. C. Georgi. n. 3. —

Quante, Hugo, die Grundlagen der Bodenbearbeitung. (63 S.) 8. Berlin 910. Trowitzsch & Sohn. — 70
Sonderabdruck aus: „Trowitzsch' landw. Notizkldr."

Die Hafer-Anbauversuche der deutschen Landwirtschafts-Gesellschaft, s.: Rodewald, H.

Quante, Otto, approb. Arzt aus Minden i. W.: Aus d. chirurg. Klinik zu Kiel. Zwei Fälle von Rückenmarkstumor. *Kiel 1899: H. Fiencke.* (28 S.) 8°
Kiel, Med. Diss. v. [13. Juni] 1899

Quante, Otto, lustiges Cirkusbuch. Bilder u. Reime. (32 S. m. farb. Bildern.) 29,5×23 cm. Berlin (909). Borussia. Geb. 3. —

Quanter, Rud., Bibliothek mittelalterlicher Rechtspflege. 20. Lfgn. gr. 8. Leipzig, Leipziger Verlag. à n 1. —
Die Leibes- u. Lebensstrafen. (470 S. m. Abbildgn.) (905. 906.) — Die Schand- u. Ehrenstrafen in der deutschen Rechtspflege. Eine kriminalist. Studie. Mit 10 Illustr. u. Taf. (IX, 211 S.) Dresden 901. — Die Folter in der deutschen Rechtspflege sonst u. jetzt. Ein Beitrag zur Geschichte des deutschen Strafrechts. Mit 12 Taf. (VIII, 268 S.) Dresden 900.

Quanter, Rud., die Folter in der deutschen Rechtspflege sonst u. jetzt. Ein Beitrag zur Geschichte des deutschen Strafrechts. gr. 8. (VIII, 268 S. m. 12 Taf.) Dresden 900. H. R. Dohrn. n. 6. 50

— — Wider das 3. Geschlecht. Ebd., o. J. (190*). 8°. (Mk. 1,50.) (90 Pfg. Hugo Streisand, Berlin, 1908.)

— wider das 3. Geschlecht. Ein Wort zur Aufklärg. üb. die konträre Sexualempfindg. u. die Abschaffg. des § 175 des R. St. G. B. nach Frau Marie Anderson. 2., gänzlich neubearb. Aufl. (VIII, 104 S.) gr. 8. Berlin (904). H. Bermühler. n. 1. 50

— Jesuiten-Ränke. 1. u. 2. Aufl. (31 S.) gr. 8. Dresden 903. (P. Dienemann Nachf.) n. — 50

— — Die Leibes- und Lebensstrafen bei allen Völkern und zu allen Zeiten. Eine kriminalhistor. Studie. 10 Lfrgn. Mit zahlreichen (Holzschnitt-) Illustr. (wobei viele Vollbilder). Dresden, Verlag von H. R. Dohrn (1901). Lex.-8°. In den illustr. Orig.-Umschl., unbeschn. (Mk. 12,50.) (9 Mk. Julius Neumann, Magdeb., 1908.)
Hauptwerk der modernen Litteratur über diesen Gegenstand!
467 (incl. Tit. u. 2 Bll. Vorr., dat. Dresden, im März 1901), 1 Bl. Inh. u. Verz. d. Illustr. — I. Die Lebensstrafen: 1. Die Steinigung. 2. Das Hinabstürzen von Felsen etc. 3. Die Kreuzigung. 4. Das Spießen u. Pfählen. 5. Der Giftbecher. 6. Das Schinden. 7. Die Zerstückelung. 8. Das Tödten durch Thiere. 9. Einmauern u. lebendig Begraben. 10. Das Rädern. 11. Der Feuertod. 12. Schmäuchen u. Sieden. 13. Das Hängen.

— — Die freie Liebe und ihre Bedeutung im Rechtsleben der Jahrhunderte. Eine kulturhistorische Studie. Mit Illustrationen (8 hübschen Vollbildern). Leipziger Verlag, G. m. b. H., o. J. (190*). Gr. 8°. Illustr. Umschl. (Mk. 6—.)
IV, 1 Bl. Inh., 278 S., 13 Bll. Verlag d. Firma.
Inh.: Vorw. — Die freie Liebe als Begriff. — Liebe u. Ehe. — Liebe ohne Ehe. — Die freie Liebe im Mittelalter. — Der Umschwang. — Die weitere Entwickelung. — Kirchliche Sittlichkeitsbestrebungen. — Schärfere Auffassungen. — Die freie Liebe im heutigen Recht.
Illustr.: 1. Das Steinigen der Ehebrecherin in altjüd. Zeit. 2. Schandstrafe einer Dirne 16. Jh. 3. Die Kirchenbuße als Strafe f. „freie Liebe". 17. Jh. 4. Die Landesverweisung wegen „freier Liebe". 17. Jh. 5. Die Hinrichtung eines Ehebrechers in Sachsen. 17. Jh. 6. Die öffentl. Ausstellung liederlicher Weiber. 16.—18. Jh. 7. Öffentliche Arbeiten als Strafe für Liederlichkeit. Wien. 18. Jh. 8. Ausstellen der Ehebrecherin. 18. Jh.

— die freie Liebe u. ihre Bedeutung im Rechtsleben der Jahrhunderte. Eine kulturhistor. Studie. (V, 278 S. m. 8 Taf.) gr. 8. Leipzig (906). Leipziger Verlag. n. 6. —

Quanter, Rud., das Liebesleben im alten Deutschland, s. a. Liebesleben, das, aller Zeiten u. Völker. 1. Bd.

— — Das Liebesleben im alten Deutschland. Ein Beitrag zur Kulturgeschichte des Deutschen Volkes. Ebd., o. J. (190*). 8°. (Mk. 10—.)

— — Die Schand- und Ehrenstrafen in der Deutschen Rechtspflege. Mit 10 Illustr. Dresden 1901. Gr. 8°. 220 S. (Mk. 5—.) (3 Mk. 75 Pfg. J. Taussig, Prag, 1904; 2 Mk. 25 Pfg. Edm. Meyer, Berlin, 1907; 5 Mk. M. Glogau jr., Hamburg, 1906.)
Eselreiten, Pranger, Staupenschlag, Wippgalgen, Halseisen, Doppelgeige, Stock, Schandmasken u. Schandsteine, Brandmal, Abschneiden d. Nase. Ohren, Zunge etc.

— — Sittlichkeit und Moral im heiligen römischen Reiche deutscher Nation. Bilder aus dem deutschen Kultur- und Rechtsleben. Mit vielen zeitgenöss. (Holzschn.-) Illustr. (oft 2theilige Vollbilder). Berlin, Hugo Bermühler('s) Verlag, o. J. (190*). Gr. 8°. (Mk. 10—; gebd. 11,50.) (10 Mk., br., Oskar Rauthe, Berlin, 1909.)
4 Bll., 408 S. (incl. S. 404ff. Verlag d. Firma).
Inhalt: Einleitg. — Vom Fehderecht zum Räuberwesen. — Probe-Eherechte. — Ehe und Verlobung. — Die Ehescheidung. — Kirchgang u. Kindtaufe. — Mischheirathen. — Mischehen. — Saure Wochen, frohe Feste. — Deutsche Badesitten. — Höfische Sitten. — Moral in der Gesetzgebung.

— Sittlichkeit u. Moral im hl. röm. Reiche deutscher Nation. Bilder aus dem deutschen Kultur- u. Rechtsleben. Mit vielen zeitgenöss. Illustr. (VII, 403 S.) gr. 8. Berlin (909). H. Bermühler. 10. —; geb. n 11. 50

QUANTER, Rud., Die Sittlichkeitsverbrechen im Laufe der Jahrhunderte und ihre strafrechtliche Beurteilung. Mit vielen Illustrationen v. Rich. Brundt . . . . (c. 1900). (Mk. 10—.) (6 Mk. Adolf Weigel, 1908.)

— die Sittlichkeitsverbrechen im Laufe der Jahrhunderte u. ihre strafrechtliche Beurteilung. Mit vielen Illustr. v. Rich. Brandt. (VII, 428 S.) gr. 8. Berlin 904. H. Bermühler. n. 10. —; geb. n. 11. 50

— Das Weib in den Religionen der Völker unter Berücksicht. der einzelnen Kulte. Mit vielen zeitgenöss. Illustr. (VIII, 432 S. m. 57 Taf.) gr. 8. Ebd. (910). 10. —

— deutsches Zuchthaus- u. Gefängniswesen von den ältesten Zeiten bis in die Gegenwart. Mit zahlreichen Illustr. u. Reformvorschlägen. (V, 455 S. m. Abbildgn. u. 10 Taf.) Lex.-8. Leipzig (904. 905). Leipziger Verlag. à n. 1. —

Quanter, W., Osnabrücks Gründung und Wittekind's Taufe, s. Geschichten, westfälische.

Quantität, Die, der Endsylben in der lateinischen Declination und Conjugation. Königsberg 1822. V: *Struve, Carl Ludwig.* (Ky)

Quantität, die, der Endsylben in d. latein. Declination u. Conjugation (von K. L. Struve). 8. Königsb. 822. Bornträger. 3 gr

Quantner, W., Osnabrücks Gründung u. Wittekind's Taufe, s.: Geschichten, westfälische.

Quantschnigg, Thom., Heimatkunde v. Kärnten f. die oberen Klassen der Volks-, f. Bürger- u. Fortbildungs-Schulen. Mit e. (chromolith.) Karte v. Kärnten (in qu. Fol.) 8. (88 S.) Klagenfurt 876. Leon. 1. 10

Quantum ad salutem nostram intersit, Jesum resurrexisse idque nos exploratum habere. Butzoviae 1770. V: *Mauritii, Friedrich Maximilian.* (MGT)

»Quantum est in rebus inane! Persius!« S. l. 1746. V: *Schlegel, Johann Adolph & Elias Schlegel.* (VLBS IV, 384)

Katalog über die alte Bibliothek der Kirche zu Harburg a. d. Elbe. Im Auftr. d. Kirchenvorst. aufgenommen nach d. Bestande am 1. April 1900 von A. **Quantz**. *Harburg 1900: G. Lühmann.* (47 S.) 8° [Umschlagt.] [00. 9036 7

Quantz, A., Predigt üb. 2. Cor. 6,3—10, geh. im Festgottesdienst in der Zionskirche zu Bethel bei Bielefeld anläßlich der Großlogensitzg. v. Deutschlands Großloge II des Guttemplerordens am 10. VII. 1910. (16 S.) 8. Hamburg 910. Deutschlands Großloge II. nn — 15

Quantz, Alb., Leben u. Werke d. Flötisten Johann Joachim Quantz, Lehrers Friedrichs d. Grossen. Nach den Quellen dargestellt. [Aus: „Musikal. Convers.-Lex."] 8. (IV, 56 S.) Berlin 877. Oppenheim. n. 1. —

Quantz, Albert. Die Musikwerke der kgl. Universitäts-Bibliothek in Göttingen. (Beilage zu den Monatsheften für Musikgeschichte.) (Berlin) 1879 und 1883.

Quantz, B., welche Bedeutung hat in unserer Zeit der Name Jesu f. das bürgerliche u. häusliche Leben? Predigt auf das Neujahrsfest 1874, m. Anmerkgn. üb. einige Zeitfragen, dem lieben luther. Christenvolke gewidmet. gr. 8. (14 S.) Hannover 874. Feesche. n. — 25

Quantz, J. B., s. Quantz, Jh. Chr.

Quantz, Johann Joachim

— essais d'une méthode pour apprendre à jouer la Flûte traversière. p. 14 tables. 4. Berl. 753. (Bres., J. F. Korn). 3 ℳ

Quanz, Jh. Joach., († d. 12. Juli 1773.) Versuch u. Anweis. die Flöte traversiere zu spielen. Mit 24 Kpft. 4. Berl. 752. 2e Aufl. 4. Bresl. 780. 3e A. 789. J. F. Korn. 2 ℳ

Johann Joachim **Quantz**. Versuch einer Anweisung die Flöte traversiere zu spielen. Kritisch rev. Neudr. nach d. Orig. Berlin 1752. Mit e. Vorw. u. erl. Anm. versehen von Dr. Arnold Schering. Leipzig: C. F. Kahnt Nachf. 1906. (Getr. Pag.) 4°(8°) [J.] [06. 7603

Quantz, Josef Joachim, s. Quantz, Johann Joachim

Quantz, L., Wasserkraftmaschinen. Ein Leitfaden zur Einführg. in Bau u. Berechng. moderner Wasserkraft-Maschinen u. -Anlagen. (VIII, 102 S. m. 130 Fig.) gr. 8. Berlin 907. J. Springer. Geb. in Leinw. 3. 60

Quantz, Otto, zur Geschichte der neuen chromatischen Klaviatur und Notenschrift. Nebst 2 (lithogr.) Beilagen. Lex.-8. (IV, 33 S.) Berlin 877, [Stilke.] Freund und Jeckel. * 1 —

Quantz, Wilhelm, a. Göttingen: Ueber den Aufschliessungsprozess holzhaltiger Futtermittel. Göttingen 1906: Dieterich. (64 S.) 8°

Göttingen, Phil. Fak., Ref. F. Lehmann, Diss. v. 8. Dez. 1906 [Geb. 6. Juni 73 Hary, Kr. Marienburg, Hann.; Wohnort: Göttingen; Staatsangeh.: Preußen; Vorbildung: Gymn. Göttingen Reife O. 94; Studium: Straßburg 1, Göttingen 10, Gießen 6, Göttingen 2 S.; Rig. 31. Juli 06.]

Quanz, Jh. Chr., Abhandl. üb. d. Eisen- u. Stahlmanipulation in d. Herrschaft Schmalkalden. Mit Kpf. gr. 8. Nürnb. 799. Bauer u. R. 14 gr

Quanz, J. C., Abhl. üb. d. Eisen- und Stahlmanipulation in d. Herrschaft Schmalkalden, mit Kpf. gr. 8. Nürnberg. Raspe. 799.

– s. Stünkel, C. H.: Tagebuch einer Reise ...

— s. Wilke, ..., Versuch.

Quanz, Johann Joachim, s. Quanz

Quapp, Adf., trigonometrische Analysis planimetrischer Aufgaben. 4. (19 S. m. e. Steintaf.) Minden 871. Leipzig, Siegismund & Volkening. n. — 80

Quapp: Über die krummen Flächen, welche ein System v. Krümmungslinien in parallelen Ebenen haben. 12 S. – Minden, Progr. 1864.

QUA QUA (ps.), Leben, Irrfahrten und Leiden der berühmten Jungfrau Academia. In zierlichen Reimen. O. J. Sehr selten!
Weller, Lex. Ps. p. 465.

Qaragadagi, Muhaemmaed 'Gao'faer, neupersische Schauspiele. 1. Hft. Monsieur Jourdan, der Pariser Botaniker, im Qarabag. Neupersisches Lustspiel. Persischer Text mit wörtl. deutscher Uebersetzung, Anmerkgn. u. vollständ. Wörterverzeichniss, zum Gebrauche d. k. k. öffentl. Lehranstalt f. oriental. Sprachen hrsg. v. A. Wahrmund. gr. 8. (VIII, 36; 34 u. 30 S.) Wien 889. Hölder. n. 4. —

Quaranta, B., Sulgran musaico. Gel. 1881. 12 S. 4°. —.75

Quarantaine-Verordng f. d. Herzogt. Schlesw. u. Holst. Glückstadt 1805. 4.

Quarantaine-Verordnung für die Herzogthümer Schleswig und Holstein, die Herrschaft Pinneberg, Graffchaft Ranzau und Stadt Altona. Kopenhagen, den 15. März 1805. Kopenhagen (1805). 60 S. 8.

Quarantäne, eine, im Irrenhause. Novelle aus d. Papieren ein. Mondsteiners. Hrsg. v. F. G. Kühne. 8. (21½ B.) Leipzig 835, Brockhaus.

Quarch, Edm. Wilh., zur Geschichte u. Entwickelung der organischen Methode der Sociologie, s. Studien, Berner, zur Philosophie. XXVIII.

Quarch, Edmund Wilh[elm]. Zur Geschichte und Entwickelung der organischen Methode der Sociologie. Diss. Phil. Bern. IV + 68 S. 8. Bern, C. Sturzenogger, 1901.

Quarch, Joh. Wilh., theoret.-pract. Anleitung z. Erlernung d. Algebra, Geometrie u. Trigonometrie. Nebst vielen Uebungsbeispielen. Zunächst f. den Gebr. d. öffentl. Handelsschule zu Leipzig. M. 3 Stnt. (qu. gr. Fol.) gr. 8. (23½ B.) Leipzig 833, Fr. Fleischer.

—— kaufmänn. Briefsteller, s. Wagner, A.

— das Ganze d. kaufmännischen Rechnenkunst, dargestellt in e. unerschöpfl. Menge zweckmäßig geordneter, nach ganz neuen Methoden u. d. jüngsten Cursen u. Waarenpreisen entworfenen Aufgaben. gr. 8. Leipz. 827, Lauffer.

— das Ganze d. kaufmänn. Rechenkunst. Dargestellt in einer unerschöpfl. Menge zweckmäßig geordneter, nach ganz neuen Methoden u. d. jüngsten Cursen u. Waarenpreißen entworf. Aufgaben. Ein Handbuch z. Gebrauch für alle Plätze. gr. 8. Leipz. 828. Lauffer. 21 Gr.

Quarch, Jh. Wilh., Grundriß d. Buchhaltens. Zum Gebrauch f. Handlungsschulen, die Privatlehre u. als Handbuch f. Geübtere. gr. 8. Leipz. 821. 2e A. 823. (W. Nauck). 10 Gr.

— allgemeine deutsche Handels-Correspondenz, od. die wahren Grundsätze d. kaufmänn. Briefschreibens ꝛc. A. u. d. T.: allgemeiner Leipziger Briefsteller. gr. 8. Leipz. 827. Lauffer. 1 Thlr. 8 Gr.

Quarch, (J. W.,) die Kunst des Buchhaltens. 2e bedeut. verm. Aufl. gr. 8. Leipz. 824, Sommer.

— Lehrbuch d. Rechenkunst. gr. 8. Lpz. 826. Engelmann. 20 Gr.

— Lehrb. d. Waaren-Rechnung. gr. 8. Leipz. 823. Brockhaus. 1 Thlr. 4 Gr.

— Lehrbuch d. Wechselrechnung, in 3 Abthlgen. gr. 8. Leipz. 822, Sommer.

— Lehrbuch d. Wechselrechnung, in 3 Abthll. gr. 8. Leipz. 823. (W. Nauck). 1 Thlr. 20 Gr.

Quarch, Joh. Wilh., Rechenbuch f. Schule u. Haus. I. Abthl. Erste Bildungsstufe: Zahlen zu lesen u. zu schreiben. 8. (3¾ B.) Leipzig 835, Lauffer.

— Rechentafeln f. Stadt- u. Landschulen. Ein Beitrag für Uebungen zu höhern Fertigkeiten ꝛc. Nach neuen Methoden bearb. gr. 4. Leipz. 831. Lauffer. 1 Thlr. 12 Gr.

—— Rechentafeln f. Stadt- u. Landschulen. Ein Beitr. f. Uebungen zu höhern Fertigkeiten, Erweckung d. Scharfsinnes u. Belebung d. Selbstthätigkeit. Nach neuen Methoden f. Aufgabenbildung bearb. u. berechnet. gr. 4. (20½ B.) Leipzig 832, Lauffer.

— 60 Rechnungsaufgaben mit mehr als 30,000 Auflösungen mit Beitrag z. Uebuug in d. Wechselrechnung. gr. 8. Leipz. 823. (W. Nauck). 6 Gr.

— 60 Rechnungsaufgaben mit mehr als 30,000 Auflösungen mit Beitrag zur Uebung in der Wechselrechnung. gr. 8. Lpz. 823, Sommer.

—— neues System d. prakt. Handelswissenschaften aus d. arithmet. u. merkantil. Standpunkte betrachtet u. dargest. Ein Lehrb. f. Handelsschulen, Lehrer d. Handelswissenschaften u. z. gründl. Selbstunterr. f. junge Kaufleute. 2 Abthln. gr. 8. (23 B.) Leipzig 834, (37,) Lauffer.

— üb. Theilbarkeit d. Zahlen u. üb. die darauf beruhend. Rechnungsproben. 8. Leipz. 822, Sommer.

— üb. Theilbarkeit d. Zahlen u. üb. die darauf beruhend. Rechnungsproben. 8. Leipz. 823. (W. Nauck). 8 Gr.

— s. Andr. Wagner, kaufmänn. Briefsteller.

Quarck (Hrsg.), s. Rodbertus - Jagetcow: Zwei verschollene staatswirthschaftliche Abhandlungen.

Quarck, Albert, Referendar: Die privatrechtliche Bedeutung des Reichsgesetzes über die privaten Versicherungsunternehmungen vom 12. Mai 1901. Coburg 1906: A. Roßteutscher. (58 S.) 8° [J.]

Göttingen, Jur. Fak., Ref. Ehrenberg, Diss. v. 8. Nov. 1906

[Geb. 10. Nov. 82 Coburg; Wohnort: Coburg; Staatsangeh.: Sachsen-Coburg; Vorbildung: Gymn. Coburg Reife O. 02; Studium: Lausanne 1, Heidelberg 3, Berlin 1, Göttingen 2 S.; Rig. 1. Aug. 06.]

Quarck, Max, die Arbeiterschutzgesetzgebung im Deutschen Reiche. Eine sozialpolit. Studie für die weitesten Kreise. 8. (89 S.) Stuttgart 886, Dietz. *

Quarck, Max, die Arbeiterverbrüderung 1848/49. Erinnerungen an die Klassenkämpfe der ersten deutschen Revolution. Hrsg. u. eingeleitet. gr. 8. (XVI, 144 S.) Frankfurt a/M. (Friedberger Landstr. 125), 900. W. Gerhold. n. — 70

Quarck, Max, die Arbeitsverhältnisse im Handelsgewerbe. Ergebnisse der Reichsenquete vom Septbr. u. Oktbr. 1892. gr. 8. (32 S.) Frankfurt a/M. 893. Mahlau & Waldschmidt. — 50

Quarck, Max. Die nächsten Aufgaben e. deutschen Arbeiterschutz-Reform. 8. (30 S.) Frankf. a. M. 890, (Baer u. Comp.). * 1 —
Aus: Frankfurter Zeitg., besonders abgedruckt.

Quarck, Dr. Max,

— Die deutsche Fabrikinspection im Jahre 1889. 8⁰. Tübingen 1889.

— Zur äusseren Geschichte der Fabrikinspektion in Deutschland. (S.-A. aus: „Berichte des Freien deutschen Hochstiftes".) 8ᵇ. Frankfurt a. M. 1889.

Quarck, Max, Die Gewerbeinspektion in Deutschland, England, Frankreich und Oesterreich, der Schweiz etc. Kritische Darstellung ihrer Geschichte und ihres gegenwärtigen Zustandes. 8⁰. Nürnberg, Woerlein u. Co., 1896.

— Handwerk, Zünftlertum und Socialdemokratie. Eine Agitationsschrift für Gesellen und Meister. 8⁰. Nürnberg. Wörlein u. Co., 1896.

Quarck, Max, die soziale Lage der Handlungsgehilfen u. ihre Verbesserung durch die kaufmännischen Vereine, s.: Dietrich, Bernh.

— Zur Naturgeschichte der Frankfurter Zeitung und der bürgerlichen „Demokratie“. Redactionserlebnisse. 8⁰. Frankfurt a. M., „Volksstimme“, 1896.

Quarck, Max, Kommunale Schulpolitik, s.a. Gemeindepolitik, sozialdemokratische, 3. Hft.

Kommunale Schulpolitik. Ein Führer durch d. Gemeindetätigkeit auf d. Geb. d. Volksschule. Von Max **Quarck**. Berlin: Vorwärts 1906. (79 S.) 8⁰ [F.]
— **Gemeindepolitik**, Sozialdemokratische. H. 3. [06. 4710

— die deutschen Straßenbahner u. ihre Arbeitsverhältnisse. Eine Vorarbeit f. die amtl. Arbeiter-Statistik. Unterstützt u. hrsg. vom Zentralverband der Handels-, Transport-, Verkehrsarbeiter u. -Arbeiterinnen Deutschlands. (282 S.) gr. 8. Berlin 906. Courier. n. 2. —

— s.: Zukunftsstaatsdebatten im französ. Parlament.

Quarell, ..., Reisen durch Deutschland u. Holland nach Surinam, herausgg. von G. E. Dippold. 8. Dessau 783. Gel. Handl. ...

Quarin, Joseph Freiherr v.

An den Herrn von ... Ghelen. Wien 1781. 82.

Quarin, Joseph (Freiherr von): Animadversiones practicae in diversos morbos. 338 S., gbd.

Viennae: Graeffer 1786

— animadvers. practicae in divers. morbos. 8maj. Wien 786. (Kummer in Leipz.) 20 Gr. Ed. auct. II Voll. 8maj. ibid. 814. Schaumburg. 4 fl.

— prakt. Bemerkk. üb. verschiedene Krankheiten; aus d. Latein. mit Zusätzen üb. die Wirkung des Astragalus. 8. Wien, Blumauer. 18 Gr.

Quarin, Joseph (Freiherr von): Praktische Bemerkungen über verschiedene Krankheiten. (Animadversiones practicae in diversos morbos. Dt.) 351 S., gbd.

Wien: Graeffer 1787

— Bemerk. üb. versch. Krankh. a. d. Lat. n. Zus. üb. d. Wirk. des Astragalus. 8. Wien, Gräffer. (Compt. für Litt. in Leipzig.)

Quarin, Joseph (Freiherr von): De curandis febribus et inflammationibus commentatio. 466 S., gbd.

Viennae: Graeffer 1781

Quarin, Joseph (Freiherr von): Heilmethode der Entzündungen. (Methodus medendarum inflammationum. Dt.) Übers. von Justus Zadig de Meza. 277 S., gbd.

Copenhagen u. Leipzig: Heineck & Faber 1776

— Heilmethode d. Entzündungen; aus d. Latein. v. J. Zadich de Meza. 8. Kopenh. 776. Faber. (Schubothe). 10 Gr.

— Heilmethode d. Fieber. 8. Copenh. Pelt. 777.

— Heilmethode d. Fieber; aus d. Latein. 8. Kopenh. 777. (Lpz., Wienbrack). 6 Gr.

— methodus medendarum febrium. 8. Wien 771. Ed. nov. 774 . . . . } N. Ausg.
— methodus medendi inflammationibus. 8. Wien 774. . . . . } N. Ausg.
beider unt. d. T.: Commentatio de curandis febribus et inflammationibus. 8maj. Wien 781. Blumauer. (Kummer in Leipz.) 1 fl.

Quarin, Joseph (Freiherr von): Methodus medendarum febrium. 158 S., gbd.

Vindobonae: Graeffer 1772

Quarin, Joseph (Freiherr von): Methodus medendarum inflammationum. 247 S., gbd.

Vindobonae: Graeffer 1773

Quarin, Joseph (Freiherr von): Methodus medendarum inflammationum. 247 S., gbd.

Vindobonae: Graeffer 1774

Josef [Frh.] von Quarin

Nachricht an das Publikum, über die Einrichtung des Hauptspitals in Wien. [Verf.: Josef Frh. von Quarin] ... Wien 1784: Trattner. 47 S. 8⁰

NACHRICHTEN, Historisch-kritische, von den durch die Briefe aus Wien .... über die österr. Reformation veranlaßten Streitschriften. Entworfen von österr. Patrioten aus der Provinz u. mit Anmerkgn. herausg. v. J. B. V. A. (Vf.: *Josef* Graf *v. Quarin.*) Breslau u. Leipzig 1786. 8⁰. (6 Kr. Gilhofer & Ranschburg. 1912.)

— tentamen de cicuta. 8. Wien 751. Trattner. 1½ Gr.

Quarin, Joseph (Freiherr von): Tentamina de cicuta. 40 S., gbd.

Vindobonae: Trattner 1761

Quarin, Pet., De structura organorum sensibus externis dicatorum. Vienn. 4⁰.

1734

Quarin, Petr., De temperamentis. Vienn. 4⁰.

1724

Quarin, Peter: Tractatus de theoria speciali in...Universitate Viennesi traditus. Auditus et conscriptus a Johann Nepomuk Anton Trier. 535 S., gbd. (Handschrift).

Wien: 1744

Quarin, Pet., De visu. Vienn. 4⁰. 17.5

Quaerite Dominum! Gebet- u. Gesangbuch f. d. Mittelschulen. Auf Anordng. Sr. fürsterzbischöfl. Gnaden d. hochwürdigsten Oberhirten der Erzdiöcese Olmütz Theodor. 12. (VIII, 320 S. m. 1 Stahlst.) Olmütz 896. F. Grosse. Geb. n. 1. 80

Quaerite Dominium! Gebet- u. Gesangbuch f. die Mittelschulen. 2., im wesentlichen unveränd. Aufl. (VIII, 318 S. m. 1 Stahlst.) kl. 8. Olmütz 904. Fr. Grosse. Geb. in Halbldr. n. 1. 60

Quaritsch, August[us]: Commentatio ad l. „Lecta" 40. Dig. de rebus creditis. Berolini (1862): Obst. 46 S. 8°
Halle-Wittenberg, Jur. Diss. v. 1. Nov. 1862
Geb. [Heiligenstadt 29. 5. 1829]

—— Institutionen und Rechtsgeschichte. Lehrbuch und Repetitorium des röm. Privatrechts und Civilprocesses. 2., völlig umgearb. Ausg. (IV, 352 S.) 1870. *M 6., und 3. veränd. und verm. Aufl. gr. 8. (VII, 388 S.) Berlin 875, Weber. *

— Institutionen u. Rechtsgeschichte. Compendium des röm. Privatrechts u. Civilprocesses. 4., veränd. u. verm. Aufl. gr. 8. (VI, 400 S.) Ebend. 878. n. 8. —

—— Institutionen und Rechtsgeschichte. Compendium des röm. Privatrechts und Civilprocesses. 5. neu bearb. Aufl. gr. 8. (VI, 415 S.) Ebendas. 882. * 9 —

— Institutionen u. Rechtsgeschichte. Compendium des röm. Privatrechts u. Civilprocesses. 6., neu bearb. Aufl. gr. 8. (VI, 468 S.) Ebd. 888. n. 10. —

[F.] Institutionen und Rechtsgeschichte. Compend. d. Röm. Privatrechts u. Civilprocesses. Von Dr. [August] Quaritsch. 7., neu bearb. Aufl. *Berlin: W. Weber 1896.* (3 Bl., 456 S.) 1 Bd 8. [56. 4493

Institutionen und Rechtsgeschichte. Kompendium d. Röm. Privatrechts u. Zivilprozesses. Von Dr. [August] Quaritsch. 8. Aufl. Neubearb. von Dr. C[arl] Goesch, Landger.R. a. D. Berlin: W. Weber 1904. (VIII, 515 S.) 8° [F.]
= [Sammlung jurist. Kompendien. 1.] [07. 14430

Quaritsch, Compendium der Nationalökonomie. 3. neu bearb. Aufl. gr. 8. (IV, 125 S.) Berlin 886, W. Weber's Verlag. *

Quaritsch, Compendium der Nationalökonomie. 4., veränd. Aufl. gr. 8. (IV, 123 S.) Berlin 891. W. Weber. n. 3. —

Quaritsch, Compendium d. Nationalökonomie. 5., veränd. u. ergänzte Aufl. gr. 8. (IV, 139 S.) Berlin 895. W. Weber. n. 3. —; geb. in Leinw. n. 4. —

Compendium der Nationalökonomie. Von Dr. [August] Quaritsch. 6., veränd. u. erg. Aufl. Berlin: W. Weber 1901. (148 S.) 8° [F.]
= [Sammlung jurist. Kompendien. 5.] [07. 144 8

Kompendium der Nationalökonomie von Dr. [August] Quaritsch. 7. Aufl. Erg. u. durchges. von Dr. jr. C[arl] Goesch. Berlin: W. Weber 1908. (157 S.) 8° [F.] [08. 3148

Quaritsch, Compendium des deutschen Strafprocesses. 4. völlig umgearb. Aufl. gr. 8. (IV, 148 S.) Berlin 881, Weber. * 3 —

—— Compendium des deutschen Strafprocesses. 5. veränd. und ergänzte Aufl. gr. 8. (IV, 146 S.) Ebendas. 886. *

Quaritsch, Compendium des deutschen Strafprocesses. 6., veränd. u. ergänzte Aufl. gr. 8. (146 S.) Berlin 890. W. Weber, Verl. n. 3. —

— Compendium d. deutschen Strafprocesses. 7., veränd. u. ergänzte Aufl., nebst Anh. üb. den Reichsgesetzentwurf zur Revision d. Strafprocesses. gr. 8. (167 S.) Ebd. 894. n. 3. —; geb. in Leinw. n. 4. —

Compendium des Deutschen Strafprocesses. Von Dr. [August] Quaritsch. 8. veränd. u. ergänzte Aufl. bes. v. Dr. jur. C. Goesch, Landgerichtsr. a. D. *Berlin: W. Weber 1898.* (1 Bl., 161 S.) 1 Bd 8. [98. 6634

Compendium des Deutschen Strafprocesses. Von Dr. [Aug.] Quaritsch. 9. Aufl. Erg. u. durchges. von Dr. jur. C. Goesch, Landger.R. a. D. *Berlin: W. Weber 1902.* (175 S.) 8° [F.] [01. 10882

Kompendium des Deutschen Strafprozesses. Von Dr. [August] Quaritsch. 10. Aufl. Erg. u. durchges. von Dr. C[arl] Goesch, Landger.R. a. D. Berlin: W. Weber 1904. (175 S.) 8° [F.]
= [Sammlung jurist. Kompendien. 3.] [07. 14460

— Kompendium des deutschen Strafprozesses. 11. Aufl. Ergänzt u. durchgesehen v. C. Goesch u. Wangemann. (173 S.) gr. 8. Ebd. 907. 3.—; geb. in Leinw. 4. —

Quaritsch, Compendium d. Strafprocesses nach gemeinem u. preußischem Recht. Lehrbuch u. Repetitorium. gr. 8. (31 S.) Berlin 872. Weber. n. 1. —

Quaritsch, Compendium des Strafprocesses nach gemeinem und Preußischem Recht und der Reichsstrafproceßordnung. 3. mit dem Reichsstrafproceßrecht verm. Aufl. gr. 8. (59 S.) Berlin 877, Weber. * 1 50

—— Compendium des deutschen Strafrechts. Lehrbuch und Repetitorium. 1. Ausg. 1872, und 2. Ausg. gr. 8. (IV, 99 S.) Ebendas. 874. *

— Compendium d. deutschen Strafrechts. 3., veränd. u. verm. Aufl. gr. 8. (IV, 108 S.) Ebend. 877. n. 2. 50

—— Compendium des deutschen Strafrechts. 4. veränd. und verm. Aufl. gr. 8. (IV, 116 S.) Ebendas. 880. * 3 —

—— Compendium des deutschen Strafrechts. 5. veränd. und ergänzte Aufl. gr. 8. (IV, 118 S.) Ebendas. 885. *

—— Compendium d. deutschen Strafrechts. 6. veränd. u. ergänzte Aufl. gr. 8. (IV, 117 S.) Ebd. 892. * 3 —, geb. * 4 —

— Compendium des deutschen Strafrechts. Ergänzt u. durchges. v. C. Goesch. 7. Aufl. gr. 8. (IV, 119 S.) Ebd. 897. n. 3. —; geb. in Leinw. n. 4. —

Quaritsch, Compendium des deutschen Strafrechts. Ergänzt u. durchgesehen v. Goesch. 8. Aufl. Berlin 899.

— Compendium des deutschen Strafrechts. 9. Aufl. Ergänzt u. durchgesehen v. C. Goesch. gr. 8. (128 S.) Ebd. 902. n. 3. —; geb. in Leinw. n. 4. —

Kompendium des Deutschen Strafrechts. Von Dr. [August] Quaritsch. 10. u. 11. Aufl. Erg. u. durchges. von Dr. C[arl] Goesch, Landger.R. a. D. Berlin: W. Weber 1906. (129 S.) 8° [F.]
— [Sammlung jurist. Kompendien. 2.] [07. 14450

— Compendium d. europäischen Völkerrechts. Lehrbuch u. Repetitorium. 2. völlig umgearb. Aufl. gr. 8. (81 S.) Berlin 875. Puttkammer & Mühlbrecht. n. 2. —

— Compendium d. europäischen Völkerrechts. 3., umgearb. Aufl. gr. 8. (IV, 116 S.) Ebend. 878. n. 3. —

—— Compendium des europäischen Völkerrechts. 4. veränd. und ergänzte und 5. neu bearb. Aufl. gr. 8. (IV, 123 S.) Ebendas. 885,89. *M 3.—; geb. *

— Compendium d. europäischen Völkerrechts. 6, neu bearb. Aufl. gr. 8. (IV, 148 S.) Ebd. 895. n. 3. —; geb. in Leinw. n. 4. —

Compendium des Europäischen Völkerrechts. Von Dr. [August] Quaritsch. 7. Aufl. Erg. u. durchges. von Dr. C[arl] Goesch, Landger.R. a. D. Berlin: W. Weber 1901. (165 S.) 8° [F.]
= [Sammlung jurist. Kompendien. 4.] [07. 1446]

Kompendium des europäischen Völkerrechts. 8. Aufl. Bearb. v. C. Goesch. (IV, 182 S.) gr. 8. Ebd. 908. 3. —; geb. in Leinw. 4. —

— s.: Sammlung juristischer Kompendien.

— geschichtliche Uebersicht u. Grundbegriffe der Nationalökonomie. Nebst Anh.: Ueber die Banken. Als Mscr. gedr. gr. 8. (16 S.) Ebend. 872. n. — 60

— geschichtliche Uebersicht u. Grundbegriffe der Nationalökonomie. 2., umgearb. Aufl. gr. 8. (IV, 70 S.) Ebend. 878. n. 1. 80

Quaeritur, utrum et quantum .. theologi recentiores ... a Lutheri mente .. defecerint. Königsb. 1817. V: *Krause, Joh. Frdr.* (Hallesche Litt.-Ztg. 1818. Nr. 35.)

Quarizius, C. G., die chemisch-künstliche Bereitung der moussirenden Weine überhaupt und insbesondere des französischen Champagners, ingleichen die durchaus nicht anstößige und sichere Nachbildung der heilsamsten u. gebräuchlichsten Mineralwässer, namentlich des Rakoczy-, Eger-, Pyrmonter-, Emser- rc. Wassers in solcher Vollkommenheit, daß sie hinsichtlich ihrer Constitution den natürlichen analog sind rc. Weimar 854. Voigt. gr. 8. (146 S.) 15 ngr.

Quarizius, C. G., die chemisch-künstliche Bereitung der moussirenden Weine überhaupt und insbesond. des französ. Champagners, ingleichen die durchaus nicht anstößige und sichere Nachbildung der heilsamsten und gebräuchlichsten Mineralwässer, namentlich des Rakoczy-, Eger-, Pyrmonter- rc. Wassers in solcher Vollkommenheit, daß sie hinsichtlich ihrer Konstitution den natürl. analog sind, ja in gewissen Fällen letztere an Heilkraft noch übertreffen. 2., verm. Aufl. gr. 8. (VI und 144 S.) Weimar 861, Voigt.

Quarizius, C. G., die verschiedenen Brennstoffe u. zweckmäßigsten Feuerungsapparate, oder Vorschläge, wodurch unsere Forsten auch ferner im Stande sein werden, der gesteigerten Holzconsumtion immer Genüge zu leisten rc. gr. 8. (IV u. 82 S.) Leipzig 848, Arnold. 1/3 ₰

Quarizius, C. G., die künstliche Darstellung aller gangbaren moussirenden Getränke, sowohl der Schaum-Weine, wie auch der verschied. Mineralwässer (Erfrischungs- u. medicin. Wasser), nebst circa 500 Analysen der berühmtesten Heilquellen Deutschlands u. der angrenz. Länder. 3. Aufl., durchaus neu nach dem gegenwärt. Standpunkte der Wissenschaft u. techn. Erfahrung bearb. von R. Graeger. Mit 43 Abbildgn. (auf 4 Kpfrtaff. in qu. Fol.) Weimar 870. B. F. Voigt. gr. 8. (VI, 203 S.) 1 ₰ 9 ngr.

— der thierische Dünger, seine Gewinnung, Aufbewahrung und Verwendung in der Landwirthschaft. Nach chemisch-technischen u. rationellen Principien. Nordhausen 859. Büchting. 12. (78 S.) 10 ngr.

— der thierische Dünger, seine Gewinnung, Aufbewahrung und Verwendung in der Landwirthschaft. Nach chemisch-techn. und rationellen Principien. 12. (78 S.) Nordhausen 859. [Leipzig, Wilfferodt.]

Quarizius, C. G., die Einkommensteuer, ihre Unzweckmäßigkeit, Schwierigkeiten und nachtheiligen Folgen für die Staatswohlfahrt und für die Staatsangehörigen. Den Ständen gewidmet. Weimar 853. Voigt. gr. 8. (VIII, 100 S.) 12½ ngr.

— Flachsbau u. Linnenbereitung oder Anleitung beides nach rationellen Grundsätzen zu betreiben. gr. 8. (VI u. 80 S.) Leipzig 852, Abel. n. 1/3 ₰

Quarizius, C. G., populaires Handbuch der anorganisch-technischen Chemie od. Anleitg., die Rohstoffe aus dem Gebiete der anorgan. Natur nach rationellen Grundsätzen zu bearbeiten. (5 Lfgn.) gr. 8. (41½ B.) Leipzig 846, Jurany.

—— dass. 2., wohlf. Ausg. (Mit e. vollständ. Inhaltsverzeichnisse.) gr. 8. (41½ B.) Ebds. 847.

—— populaires Handbuch der anorganisch-technischen Chemie, oder: Anleitung die Rohstoffe aus dem Gebiete der anorgan. Natur nach rationellen Grundsätzen zu bearbeiten. Zum Nachschlagen für Fabrikanten, Techniker, Kameralisten etc. nach den neuesten Quellen bearb. 2., wohlf. (Titel-)Ausg. gr. 8. (VIII und 654 S.) Schwäbisch Hall 851, Nitzschke.

— populaires Handbuch der anorganisch-technischen Chemie oder Anleitung die Rohstoffe aus dem Gebiete d. anorganischen Natur nach rationellen Grundsätzen zu bearbeiten. Zum Nachschlagen f. Fabrikanten, Techniker, Kameralisten etc. nach den neuesten Quellen bearb. 2. wohlf. (Titel-) Ausg. gr. 8. (654 S.) Leipzig 847, Jurany. 1½ ₰ — 2. wohlf. (Titel-) Ausg. gr. 8. (VIII u. 654 S.) Schwäb. Hall (846) 852, Nitzsche. 1½ ₰

—— populäres Handbuch der organisch-technischen Chemie; oder Anleitung, die Rohstoffe aus dem Gebiete der organischen Natur nach rationalen Grundsätzen zu verarbeiten. Zum Gebrauche f. Techniker, Cameralisten, Landwirthe u. bei Vorlesungen in polytechn. u. Gewerbschulen. Nach den neuesten Quellen bearb. gr. 8. (40¾ B.) Berlin 842, Amelang, Verl.

—— populäres Handbuch der organisch-technischen Chemie. Zum Gebrauche für Techniker, Cameralisten, Landwirthe und bei Vorlesungen in polytechn. und Gewerbschulen. Nach den neuesten Quellen bearb. 2. (Titel-)Ausg. gr. 8. (IV und 641 S.) Leipzig 851, Amelang'sche Vrlgsh.

Quarizius, C. G., pharmaceutische Rohwaarenkunde oder Lehrbuch über die officinellen Droguen, sowie über diejenigen Arzneimittel, welche von den Apothekern in ihren Laboratorien nicht selbst, sondern im Grossen fabrikmässig bereitet werden. Nebst Angabe von deren Abstammung, Vaterland, Beschreibung, etc. Zum Selbststudium für angehende Gehülfen und Lehrlinge. Nach dem neuesten Standpunkte der Wissenschaft in alphabet. Ordnung bearb. gr. 8. (VI und 574 S.) Weimar 858, Voigt. Thlr.

— der Runkelrüben-Bau und die Runkelrüben-Zuckerfabrikation. Für Landwirthe, Zuckerfabrikanten, Kameralisten, Gewerbe- u. Handelsschulen. Dessau 853. Katz. 8. (2 Bl., 76 S.) 12 ngr.

Quarizius, C. G., Theorie u. Praxis d. pharmaceut.-chem. Arbeiten, od. Anleit. z. zweckmäß. Bereitung d. wichtigsten u. neuesten chem.-pharmaceut. Präparate. Nach d. neuesten Erfahrn. bearb. 3 Bde. gr. 8. (72 B.) Leipzig 841, Fr. Fleischer.

— pharmaceutische Waarenkunde oder Lehrbuch über die officinellen Droguen, sowie über diejenigen Arzneimittel, welche von den Apothekern in ihren Laboratorien nicht selbst, sondern im Grossen fabrikmässig bereitet werden. Nebst Angabe von deren Abstammung, Vaterland, Beschreibung, Gewinnung etc. Zum Selbsstudium für angehende Gehülfen u. Lehrlinge. Nach dem neuesten Standpunkte der Wissenschaft in alphabet. Ordnung bearb. Weimar 858. Voigt. 8. (VI, 574 S.) 2 ₰. 15 ngr.

— populaires, chemisch-technisches Wörterbuch derjenigen Natur- und Kunstprodukte, bei deren Gewinnung chemische Agentien thätig und chemische Kenntnisse erforderlich sind. Für Cameralisten, Techniker, Gewerbtreibende, Fabrikanten, Landwirthe, Gewerbe- und Handelsschulen ec. gr. 8. (V und 376 S.) Berlin 856, Gebr. Scherk.

Quark, s. Quarck

Quarl, F., Boanerges und Barnabas Urtheil u. Gnade für angefochtene Seelen. 8. Wolfenb. Fept. 719.

— Selbstgespräch üb. die gemeinsten Laster d. Menschen. 8. Wolfenb. Meißner. 725.

Quarl, Philipp, Abenteuer, a. d. Engl. 8. Berl. Himburg. 790. Rthlr. -

Quarl's, Philipp, Abentheuer; aus d. Engl. Mit Titelkpf 8. Berl. 790. (Reimer). 20 gr

Quarll, Reisen durch Deutschland und Holland n. Surinam, herausg. v. Dippold. 8. Dessau, gel. Hdl. 783.

Quarnstubbe, J. N. N., auch ein Wort in Sachen Herrnhuts in Livland. Leipzig 861. Hirschfeld. gr. 8. (44 S.) 7½ ngr.

Quart, un, de siècle, ou mémoires d'un vicariat de vingt-cinq années dans la paroisse de Courrendlin, du 6 juin 1857 au 6 juin 1882. In-12°, 60 p., avec portrait. Fribourg, imprimerie catholique suisse. 1882

Quartal, hygienisches. Vierteljahrsschrift f. naturgemäße Lebens- u. Heilweise. Organ des Rednerverbandes für Gesundheitspflege. Schriftleitung: O. Rschommler. 2. Jahrgang März 1901—Febr. 1902. 4 Hfte. gr. 8. (à ca. 64 S.) Leipzig, O. Borggold. n. 3. —
Fortsetzung f.: Rataeber. hygienischer.

Quartalbericht Nr. 1—15 an d. eidgenöss. Post- u. Eisenbahndepartement üb. den Stand der Arbeiten d. Berner Alpenbahn (Frubigen-Brig). Hrsg. von der Berner Alpenbahn-Gesellschaft Bern-Lötschberg-Simplon. 35,5×22,5 cm. Bern, (A. Francke). à 1. —; französ. Ausg. à 1. —
1. Am 31. XII. 1906. (10 S.) 907. — 2. Am 31. III. 1907. (14 S.) 907. — 3. Am 30. VI. 1907. (16 S.) 907. — 4. Am 30. IX. 1907. (20 S.) 907. 08. — 5. Am 31. XII. 1907. (20 S.) 907. 08. — 6. Am 31. III. 1908. (21 S.) 908. — 7. Am 30. VI. 1908. (20 S.) 908. — 8. Am 30. IX. 1908. (23 S.) 909. — 9. Am 31. XII. 1908. (26 S.) 909. — 10. Am 31. III. 1909. (20 S.) 909. — 11. Am 30. VI. 1909. (23 S.) 909. — 12. Am 30. IX. 1909. (20 S.) 909. — 13. Am 31. XII. 1909. (33 S.) 909. — 14. Am 31. III. 1910. (23 S.) 910. — 15. Am 30. VI. 1910. (22 S.) 910.

QUARTALBERICHT DES VEREINS FÜR MEKLENBURG(I)SCHE GESCHICHTE UND ALTERTHUMSKUNDE.
I. 1-4 — XXV. 1-(4). 1835—1860. (Ohne bes. Titelblatt. Schwerin.) 8°.
XXVI. 1-4 — XLIX. 1-4. 1860**)—1884. (Ohne bes. Titelblatt.)

Quartalbericht des Vereins . . . , hrgg. v. Wilhelm Gottlieb Beyer u. s. w. Jg. 26—42.

Quartalbericht, Vierter, über d. schweizerische Schulwesen, October bis Dezember 1881.
*** Enthalten in: „Schweizerisches Schularchiv", 1882, N° 2.

Quartal-Berichte der chinesischen Stiftung. 1. und 2. Jahrg. Als Fortsetzung der Monats-Berichte der chinesischen Stiftung. (4. und 5. Jahrg.) à 4 Nrn. (à 3 Bog.) gr. 8. Cassel 850—51, (Hotop.) à Jahrg. *

Quartal-Berichte der chinesischen Stiftung. 3. und 4. Jahrg. 1853 und 1854. à Jahrg. 4 Lfgn. (à Lfg. 3 Bog.) gr. 8. Cassel, (Vollmann.) [3. Jahrg. * 10 Ngr., 4. Jahrg. * 12 Ngr.]
1. und 2. Jahrg. 1851 und 1852. Ebendas. à Jahrg. * 10 Ngr.

QUARTALBLAETTER DES HISTORISCHEN VEREINS FÜR DAS GROSSHERZOGTHUM HESSEN, später: Redigirt von dem Vereinssecretär.:
1861—1870. Darmstadt. G. Jonghaus. 8°.
1871—1878. Ausgegeben im Juli 1871 — im Mai 1878. (Mit 1 Tafel. — Ohne bes. Titelblatt.)
Redigirt von ARTHUR WYSS.:
1879. Ausgegeben im August 1880. (Ohne bes. Titelblatt.)
1880, Nr. 1—4. Mit einer Karte. Ausgegeben im April 1881. Darmstadt 1881. Im Selbstverlag des historischen Vereins für das Grossh. Hessen. (Comm. von A. Klingelhöffer.)

Quartalblätter des historischen Vereins für das Grossherzogth. Hessen. Redig. von Arth. Wyss. Jahrg. 1880—1884. gr. 8. (64; 60; 56; 64; 64 S. mit 1 lithogr. Karte.) Darmstadt, (Jonghaus'sche Hofbuchh.) à Jahrg. * 1 50

Quartalblätter des historischen Vereins für das Grossherzogt. Hessen. Redact.: Ernst Wörner. 1885—1888. à Jahrg. 4 Nrn. gr. 8. (194; . . . .; . . . .; . . . . S.) Darmstadt, (Klingelhoeffer.) à Jahrg. *

Quartalblätter d. historischen Vereins f. das Grossherzogt. Hessen. Redact.: Ernst Wörner. [10. u. 11.] Jahrg. 1889 u. 1890. à Jahrg. 4 Nrn. gr. 8. (à Nr. 1½—4 Bog.) Darmst., (Klingelhoeffer). à Jahrg. * 1 50

Quartalblätter des historischen Vereins f. das Grossherzogt. Hessen. Neue Folge. Hrsg.: Gust. Nick. Jahrg. 1891—1894. à 4 Nrn. (à ca. 2 Bog. m. Abbildgn. u. Taf.) gr. 8. Darmstadt, (A. Bergstraesser). à Jahrg. n. 2. —

Quartalblätter d. historischen Vereins f. d. Grossherzogt. Hessen. Neue Folge. Hrsg.: Gust. Nick. Jahrg. 1895—1897. à 4 Nrn. (à ca. 50 S.) gr. 8. Darmstadt (A. Bergsträsser Hofbh.) à Jahrg. n. 2. —

Quartalblätter des historischen Vereins f. das Grossherzogtum Hessen. Neue Folge. Hrsg.: Gust. Nick. Jahrg. 1898—1900. 2. Bd. Nr. 9—20. gr. 8. (à Nr. ca. 36 S.) Darmstadt (A. Bergsträsser). à Jahrg. n. 2. —

— dasselbe. Jahrg. 1901 u. 1902. 3. Bd. Hft. 1—8. gr. 8. (à Nr. ca. 36 S.) Ebd. à Jahrg. n. 2. —

Quartalblätter des historischen Vereins f. das Grossherzogt. Hessen. Neue Folge. Hrsg. Bernh. Müller. Jahrg. 1903—1905. 3. Bd. Nr. 9—20. (3. Bd. vollst. 630 S. m. Abbildgn., 17 Taf. u. 1 Karte.) gr. 8. Darmstadt, Histor. Verein f. das Grossherzogt. Hessen. (Nur direkt.) à Jhrg. n. 2. —

— dasselbe. Neue Folge. Hrsg.: Ludw. Voltz. Jahrg. 1906. 1. u. 2. Vierteljahrsheft. 4. Bd. Nr. 1 u. 2. (S. 1—36.) gr. 8. Ebd. f. d. Jhrg. n. 2. —

Quartalblätter des historischen Vereins f. das Grossherzogt. Hessen. Neue Folge. Hrsg.: Ludw. Voltz. Jahrg. 1907—1910. 4. Bd. Nr. 5—20. (Nr. 5—17 S. 125 bis 475 m. Abbildgn.) gr. 8. Darmstadt, Histor. Verein f. das Grossherzogt. Hessen. (Nur direkt.) à Jahrg. 2. —
Erscheinen nicht weiter.

Quartalblätter d. Vereins f. Literatur u. Kunst zu Mainz. 1r u. 2r Jahrg. 1830 u. 1831. à 4 Hefte. gr. 8. Mainz, Kupferberg. (à 1 ₰) 2 ₰

Quartalblätter f. Literatur u. Kunst in Mainz. 3r—5r Jahrg. 1832—1834. (3r u. 4r J. à 4 Hefte. 5r J. 2 Hefte.) gr. 8. Mainz, Kupferberg. (3r u. 4r J. à ¾ ₰ 5r J. ⅜ ₰) 1⅞ ₰

—— dass. — fünf politische, von Michaelis 1854 bis Neujahr 1856. gr. 8. (83 S.) Ebds. 855(56.) *

— fünf politische, von Neujahr bis Michaelis 1856. Berlin 857. Hertz. gr. 8. (70 S.) n. 12 ngr.

Quartal-Rundschauen, vier politische, von Michaelis 1853 bis dahin 1854. Berlin 855. Hertz. gr. 8. (104 S.) n. 12 ngr.

Quartal-Rundschauen, 4 politische, von Michaelis 1853[—57]. Berlin 1853[—58]. V: *Gerlach, Ernst Ludw. v.* (KA)

Quartal-Rundschauen, vier politische, von Neujahr bis Michaelis 1856 (hrsg. von v. Gerlach.) gr. 8. (70 S.) Berlin 857, Hertz.

— vier politische, von Neujahr bis Michaelis 1857. Berlin 858. Hertz. gr. 8. (67 S.) n. 10 ngr.

Quartalsblätter des Stenographen-Centralvereins München. Hrsg. v. der Vorstandschaft. Schriftleitung: Phpp. Kessler. Jahrg. 1899. 4 Nrn. gr. 8. (à ca. 4 S.) München (Pschorrbräubierhallen I). Stenotachygraphen-Centralverein. n. 1. —

Quartalschrift, biographische, für Jünglinge gebildeten Standes. Enthaltend: Jugend- u. Bildungsgeschichten berühmter Gelehrten, Künstler u. anderer ausgezeichneter Männer nebst übersichtl. Darstellung des spätern Lebens derselben. Nach den besten Quellen bearb. u. durch Zusätze erläutert von Hnr. Alberti. 1. Bd. 4 Hfte. 8. Leipzig 845, Pönicke u. S. n. 1 ℛ

— für Erziehung u. Unterricht, Beilage zum „Vereinsboten", Organ des kath. Volksschullehrervereins in Württemberg. Red. vom Vereinsvorstand, F. Ruf. 36. Jahrg. 4 Hfte. gr. 8. (à ca. 60 S.) Horb 901. (P. Christian.) n. 5.50

Quartalschrift f. kathol. Geistliche, s. Monatsschrift, theolog.-prakt., Linzer.

Quartalschrift f. kathol. Geistliche. (Als Fortsetzung d. theologisch-praktisch Linzer Monatsschrift.) I.–IV. Jahrg. 8° Linz: Haslinger. (Salzb. Mayr.) 1812-1815. (jed. Jahrg. 2 Rthlr. 12°)

Quartalschrift für kathol. Geistliche. 5r Jahrg., oder theol. Linzer Monatsschrift. 9r Jahrg. 8. Linz, Haslinger. 816.

Quartalschrift für katholische Geistliche, als Fortsetzung der Linzer (theol.-prakt.) Monatsschrift. Linz und Salzburg, Haslinger und Mayr, 1812—1816, 12 Bde.

Die „theol. prakt. Monatsschrift" und die „Quartalschr. f. kath. Geistliche" wurden ihres gediegenen und vielgelesenen Inhaltes wegen mehrmals aufgelegt; in 4. bzw. 3. Aufl. zu Prag bei Neureutter, 1827—1832, 15 Jahrgänge in 30 Bänden mit Registerband. Im Auszuge zu Ehingen bei Feger, 1838—1840, gr. 8°, 2 Abteilungen oder 8 Bände, 2. Aufl., 24 Mk. Als Fortsetzung der zuletzt genannten erscheint die:

Quartalschrift für katholische Geistliche. Salzburg u. Linz 1813—28. H: *Freindaller, Franz Seraph. Joseph.* (Ky)

— für Handwerker u. Gewerbtreibende aller Art. 1. Jahrg. 1841. 4 Hefte. Mit Ideen-Mappen (Zeichnungen). gr. 8. Leipzig, Expedition des Journals von Romberg. n. 2 ℛ

Quartalschrift, Jenaische. Jena 1787. H: *Mnioch, Johann Jacob & Andere.* (Ky)

Quartalschrift, Jenaische. 1r Jahrg. 1s Stck. 8. Jena, Akad. Bchhdl. 787. Rthlr.

— Jenaische, (v. J. J. Mnioch u. A.) 1r Jahrg. 1s Stck. 8. Jena. 787. (Hennings in Neisse). 12 gr.

Quartalschrift, Neue, zum Unterricht und zur Unterhaltung . . . Berlin 1786—91. H: *Schulz, Joachim Christoph Friedrich.* (ML) (Ky) (R-N)

— neue, aus den neuesten und besten Reisebeschr. gezogen. 12 Jahrg. zu 4 Hftn. gr. 8. Berl. Wever. (Sander.) 786–97. (Jahrg. à 1 Rthlr. 12 gr. einzeln aber der Heft 10 gr. von 786–91. auch unter dem Titel: Aufsätze zur Länder- und Völkerkunde u. v. 1792–97. d. Merkw. auf Reisebeschr.)

— — neue, für kathol. Geistliche. (Als Fortsetzung der theolog. prakt. Linzer Monatsschrift 10r 11r 12r Jahrg.) 6r 7r 8r Jahrg. 817 — 821. 8. Ebend. (Salzb., Mayr.) à Jahrg. von 4 Heften 2 Rthlr. 18 Gr.

— neue, katholisch-theologische, f. d. J. 1808 und 9. 8. Cöln, Rommerskirchen. (der Jahrgang von 4 Quartalen à 1 Rthlr. 12 gr.)

— pädagogische, f. Volksschullehrer u. Schulfreunde. Herausgg. v. e. Gesellschaft. 1r—4r Jahrg. 1829—32. à 4 Hefte. Mit lithogr. Abbildd. 8. Passau. (Krüll in Landsh.) (à Jahrg 1 ℛ) 4 ℛ

Quartalschrift, pädagog., f. Volks-Schullehrer u. Schulfreunde, mit e. Unterhaltungsbl. u. Musikbeiln. Hrsg. v. e. Gesellschaft v. Schulfreunden. 1 — 5. Jahrg. 1829 — 33. à 4 Hfte. 8. Passau. (Regensburg, Manz.) à J.

Quartal-Schrift, pädagogische, für Volks-Schullehrer u. Schulfreunde, mit e. Unterhaltungsblatte und Musikbeilagen. Herausg. von einer Gesellschaft von Schulfreunden, herausg. v. Aug. Engelbrecht. 5r u. 6r Jahrg. 1833 u. 1834. 4 Hefte. 8. Paßau; (Regensburg, Manz.) (à n. 1 ℛ) 2 ℛ

Quartalschrift, pädagog., rc. (mit d. Titländerung:) f. Lehrer u. Schulfreunde, mit Musikbeiln. Im Vereine mit mehren Schulmännern, hrsg. v. A. Engelbrecht. 6. Jahrg. 1834. 4 Hfte. 8. Passau. (Regensburg, Manz.) Thlr.

Quartalschrifft, Physikalisch – ökonomische. Jahrgang 1788 (= Quartal 1 - 4). Dresden, Leipzig: (Breitkopf) 1788.
Jahrgang 1789. Dazu: „ Alphabetischer Sachinhalt der ökonomischen Monaths- und Quartalsschrift von 1786 – 1788" , Leipzig 1790.
Früher u. d. T.: Physikalisch–ökonomische Monaths – und Quartal schrifft.
Fortsetzung: „ Vorläufiger ökonomischer Schwanen – gesang , oder letzte Lieferung seiner physikalisch– ökonomischen Zeitung".

— f. Prediger-Wissenschaften. Herausgg. von A. L. C. Heydenreich, s. Monatsschrift f. Predigerwissenschaften.

Quartalschrift f. Prediger-Wissenschaften. Herausgegen v. A. L. C. Heydenreich. Als Fortsetzung der v. Dr. Zimmermann u. mir herausgeg. Monatschr. 1r Bd. 1s u. 2s Hft. gr. 8. Wiesbaden 825 — 26, Schellenberg. à 20 gr.

— dessen Fortsetz., s. Zeitschrift.

— f. Religionslehrer, herausg. v. B. C. Natorp. 16–46. Duisb. Bädecker. 804.

Quartalschrift, römische, für christliche Alterthumskunde und für Kirchengeschichte. Unter Mitwirkung von Fachgenossen hrsg. von A. de Waal. 1. und 2. Jahrg. 1887 und 1888. à Jahrg. 4 Hefte. Lex.-8. (XII, 396 S. mit 10 Taf.; 407 S. mit 11 Taf.) Rom. (Freiburg i. Br., Herder'sche Verlagsh.) à Jahrg. *

Quartalschrift, römische, f. christliche Alterthumskunde u. f. Kirchengeschichte. Unter Mitwirkg. v. Fachgenossen hrsg. v. A. de Waal. 3.—5. Jahrg. 1889—1891. à Jahrg. 4 Hefte. gr. 8. (1889: XII, 396 S. m. 10 Taf. in Heliotypie u. 1 Taf. in Steindr.; 1890: XII, 388 S. m. 3 Textillustr. u. 12 Taf. in Heliotypie; 1891: XII, 384 S. m. 12 Taf.) Rom. (Freib. i. Br., Herder.) à Jahrg. * 16 —

Quartalschrift, römische, f. christliche Alterthumskunde u. f. Kirchengeschichte. Unter Mitwirkg. v. Fachgenossen hrsg. v. Ant. de Waal u. Heinr. Finke. 5.—8. Jahrg. 1891—1894. à 4 Hfte. gr. 8. (à Hft. ca. 120 S. m. Taf.) Rom. (Freiburg i/B., Herder.) à Jahrg. n. 16. —

Quartalschrift, römische, f. christliche Alterthumskunde u. f. Kirchengeschichte. Unter Mitwirkg. v. Fachgenossen hrsg. v. Ant. de Waal u. Heinr. Finke. 9.—12. Jahrg. 1895—1898. à 4 Hfte. (à ca. 100 S. m. Abb.) gr. 8. Rom. (Freiburg i/B., Herder.) à Jahrg. n. 16. —
Mitherausgeber war seit 1897 an Stelle von Finke Steph. Ehses.

Quartalschrift, römische, f. christliche Alterthumskunde u. f. Kirchengeschichte. Unter Mitwirkg. v. Fachgenossen hrsg. v. Ant. de Waal u. Steph. Ehses. 13.–16. Jahrg. 1899—1902. à 4 Hfte. gr. 8. (XII, 382; XII, 398; XII, 434 u. X, 436 S. m. Abbildgn. u. 11, bezw. 2, 3 u. 4 Taf.) Rom. (Freiburg i/B., Herder.) à Jahrg. n. 16. —

Quartalschrift, römische, f. christliche Altertumskunde u. f. Kirchengeschichte. Unter Mitwirkg. v. Fachgenossen hrsg. v. Ant. de Waal u. Steph. Ehses. 17.—20. Jahrg. 1903 – 1906. à 4 Hefte. (X, 424 S. m. 4 Abb. u. 1 Taf.; XII, 408 S. m. 3 Taf.; XII, 384 S. m. 10 Abb. u. XII, 448 S. m. 26 Abb. u. 6 Taf.) Lex.-8. Rom. (Freiburg i/B., Herder.) à Jhrg. n. 16. —

Quartalschrift, römische, f. christliche Altertumskunde u. f. Kirchengeschichte. Unter Mitwirkg. v. Fachgenossen hrsg. v. Ant. de Waal u. I. P. Kirsch. 21.—24. Jahrg. 1907—1910. à 4 Hefte. (XVI, 444; XVI, 444; XII, 480 u. VIII, 408 S. m. Abb. u. 4, 4, 1 u. 3 Taf.) Lex. 8. Rom. (Freiburg i/B., Herder.) à Jahrg. 16. —

— dasselbe 1.—3. Suppl.-Hft. gr. 8. Ebd. n. 14. 50
1. Die Entstehung der konziliaren Theorie. Zur Geschichte d. Schismas u. der kirchenpolit. Schriftsteller Konrad v. Gelnhausen († 1390) u. Heinrich v. Langenstein († 1397) v. Aug. Kneer. (145 S.) 893. n. 4. —
2. Zur Geschichte d. Kardinalates. Ein Traktat d. Bischofs v. Feltre u. Treviso Teodoro de' Lelli üb. das Verhältniss v. Primat u. Kardinalat. Hrsg. v. J. B. Sägmüller. (159 S.) 893. n. 4. 50
3. Die Apostelgruft ad Catacumbas an der Via Appia. Eine historisch-archaeolog. Untersuchg. auf Grund der neuesten Ausgrabgn. v. A. de Waal. (143 S. m. 3 Taf.) 894. n. 6. —

— dasselbe. 4.—8. Suppl.-Hft. gr. 8. Ebd. n. 21. — (1.—5.: n. 35. 50)
4. Die kirchenpolit. u. kirchl. Verhältnisse zu Ende d. Mittelalters nach d. Darstellg. K. Lamprechts. E. Kritik s. „Deutschen Geschichte" von H. Finke. (VII, 136 S.) 896. n. 4. —
5. Pio Franchi de' Cavalieri. La Passio SS. Perpetuae et Felicitatis (166 S. m. 2 Lichtdr.-Taf.) 896. n. 5. —
6. Die Apologie Justins, des Philosophen u. Märtyrers, in literarhistor. Beziehg. zum erstenmal untersucht. E. Vorstudie zur Kirchen- u. Philosophiegeschichte des II. Jahrh. Von Thom. M. Wehofer, O. Praed. (XIV, 141 S.) 897. n. 4. —
7. D. genetische Entwickelg. d. sog. Ordines minore in den drei ersten Jahrhunderten. Von Frz. Wieland. (XI, 179 S.) 897. n. 4. —
8. Pio Franchi de' Cavalieri. Gli atti dei SS. Montano, Lucio e compagni. Recensione del testo ed introduzione sulle sue relazioni con la Passio s. Perpetuae. (VII, 102 S.) 898. n 4. —

— dasselbe. 9.—14. Suppl.-Hft. gr. 8. Ebd. n. 5.—
9. Die griechische, griechisch-römische u. altchristlich-lateinische Musik. Ein Beitrag zur Geschichte des gregorian. Chorals. Von A. Möhler. (XXIII, 88 S.) 898. n. 5. —
10. S. Agnese nella tradizione e nella leggenda. Ed. Pio Franchi de' Cavalieri. (VII, 95 S.) 899. n. 4. —
11. Die Berichte üb. Rompilger aus dem Frankenreiche bis zum J. 800 Von Jos. Zettinger. (XI, 112 S.) 900. n. 4. —
12. Mittheilungen aus dem Archiv des deutschen Nationalhospizes S. Maria dell' Anima in Rom. Als Festgabe zu dessen 500jähr. Jubiläum dargeboten v. Frz. Nagl u. Alois Lang. (XXVIII, 156 S.) 899 n. 5. —
13. Die Fragmente der Libri VIII Miraculorum des Caesarius v. Heisterbach. Von Aloys Meister. (XLIII, 221 S.) 901. n. 7. —
14. Papst Damasus I. Quellenkritische Studien zu seiner Geschichte u. Charakteristik. Von Jos. Wittig. (XVI, 111 S.) 902. n. 4. —

Quartalschrift, römische, f. christliche Altertumskunde u. f. Kirchengeschichte. Unter Mitwirkg. v. Fachgenossen hrsg. v. Ant. de Waal u. Steph. Ehses. 15. Suppl.-Heft. Rom 906. (Freiburg i/B., Herder.) n. 15.—
Die altchristlichen Skulpturen im Museum der deutschen Nationalstiftung am Campo Santo in Rom. Untersucht u. veröffentlicht von Jos. Wittig. Festschrift zur Silberhochzeit des deutschen Kaiserpaares, hrsg. vom Priesterkollegium am Campo Santo. (143 S. m. Abb. u. 6 Taf.) Fol.

— dasselbe. 16. Suppl.-Heft. Ebd. 908. 5. —
Cartularium vetus Campi Sancti Teutonicorum de Urbe. Urkunden zur Geschichte des deutschen Gottesackers bei Sanct Peter in Rom. Gesammelt u. hrsg. v. Paul Maria Baumgarten. (XII, 138 S.) Lex. 8.

— für prakt. Schulwesen. Mit besond. Rücksicht auf das Königreich Bayern. Im Vereine mit mehr. Schulmännern und Schulfreunden herausg. von Frz. Ant. Heim u. Frz. Vogl. 1r—4r Jahrg. 1837—1840. à 4 Hefte. Mit lithogr. Abbildd. gr. 8. Augsburg, Kollmann. (à n. 1⅔ ₰) 6⅔ ₰

— für praktisches Schulwesen. Mit besonderer Rücksicht auf das Königreich Bayern. Im Vereine mit mehreren Schulmännern u. Schulfreunden herausgeg. von Frz. Ant. Heim u. Fr. Vogl. 5.—9. Jahrg. 1840—1845. à 4 Hefte. gr. 8. Augsburg, Kollmann'sche Buchh. à Jahrg. n. 1⅔ ₰

— dies. von Frz. Ant. u. Fr. Jos. Heim. 10. Jahrg. od. Neue Folge 1. Jahrg. 4 Hefte. 1846. gr. 8. Ebend. 1⅔ ₰

Quartalschrift f. prakt. Schulwesen. Mit besonderer Rücksicht auf das K. Bayern. Hrsg. von Fr. Ant. Heim u. Fr. Jos. Heim. 11. Jahrg. od. N. F. 2. Jahrg. 4 Hfte. gr. 8. Augsburg, Kollmann. n. 1¼ ₰

Quartalschrift, Siebenbürger. Red.: Heinr. Schmidt. Jahrg. 1859. Octbr.—Decbr. 7 Hefte. (à 2 Bgn.) Hermannstadt, Steinhaußen. Lex.-8. 25 ngr.

— — Jahrg. 1860. 26 Hefte. (à 2 Bgn.) Ebend. Lex.-8. 3 ₰ 10 ngr.

Quartalschrift, Siebenbürgische. Hermannstadt 1790—95. H: *Eder, Joseph Carl & Joh. Filtsch.* (ErschDL)

— Siebenburg. 4 Jahrgänge z. 4 Stck. 8. Herrmannstadt, (Mahler, Pr.) 790–95. (à 1 Rthlr. 8 gr.)

— Siebenbürgische, 4 Jahrgg. zu 4 Stck. 8. Hermannst. 790—95. (Schaumburg u. C. in Wien). 6 ß

— Siebenbürgische, historisch-geographische. 7 Bde. 8. Wien? ... v. Hochmeistersche Buchh. 7 ß

Quartalschrift für christliche Sozialreform
v. Monatsschrift für christliche Sozialreform.

Theologische Quartalschrift. In Verbindung mit mehreren Gelehrten herausgegeben von den Professoren der katholischen Theologie an der kgl. Universität Tübingen. Tübingen, Laupp, 1819 — 1894, 8°, jährlich 4 Hefte, 9 Mk. (Einzelne Hefte apart 2,80 Mk.)

Quartalschrift, theolog., hersgg. v. Alo. Gratz, J. S. Drey, J. G. Herbst, J. B. Hirscher u. A. B. Feilmoser u. Möhler. Jahrg. 1819—32. gr. 8. Tübing., Laupp. (à Jahrg. von 4 Heften. 2 ß 20 %) 31 ß 4 %

— theologische, in Verbindung mit mehr. Gelehrten herausg. von den Prof. Dr. v. Drey, Dr. Herbst, Dr. Hirscher und Dr. Möhler. Jahrg. 1833—1835, à 4 Quartalhefte. gr. 8. Tübingen, Laupp. à $2^5/_6$ ß — Jahrg. 1836 u. 1837. Herausg. von v. Drey, Hirscher u. Mack. à 4 Hefte. — Jahrg. 1838—1840. Herausg. von v. Drey, Mack, Kuhn u. Hefele. à 4 Hefte. gr. 8. Ebd. à J. n. $2^5/_6$ ß

— theologische, in Verbindung mit mehreren Gelehrten herausgegeben von Dr. v. Drey, Dr. Kuhn, Dr. Hefele u. B. Welte, Jahrg. 1841—1846, 23.—28. Jahrg. à 4 Hefte. gr. 8. Tübingen, Laupp'sche Buchh. à Jahrg. n. $2^5/_6$ ß

— theologische. In Verbindung mit mehreren Gelehrten hrsg. von v. Drey, Kuhn, Hefele u. Welte. 29 u. 30. Jahrg. 1847 u. 1848. — Hrsg. von denselben u. Zukrigl. 31 u 32. Jahrg. 1849 u. 1850. — Hrsg. v. denselben u. Aberle. 33 u. 34. Jahrg. 1851 u. 1852. à 4 Hfte. gr. 8. Tübingen, Laupp. à Jahrg. n. $2^5/_6$ ß

Quartalschrift, theologische. In Verbindung mit mehreren Gelehrten herausg. von v. Drey, v. Kuhn, Hefele, Welte, Zukrigl und Aberle. 35. Jahrg. 1853. 4 Hefte (à 10—12 Bgn.). Tübingen, Laupp. 8. n. 2 ß. 25 ngr.

— — herausg. von v. Kuhn, v. Hefele, Zukrigl, Aberle, Himpel und Kober. 40. Jahrg. 1858. 4 Hefte (à 10—12 Bgn.). Ebend. 8. n. 2 ß. 25 ngr.

— — herausg. von v. Kuhn, v. Hefele, Zukrigl, Aberle, Himpel und Kober. 40. Jahrg. 1858. 4 Hefte (à 10—12 Bgn.). Ebend. 8. n. 2 ß. 25 ngr.

— theologische. In Verbindung mit mehreren Gelehrten herausg. von v. Kuhn, v. Hefele, Zukrigl 2c. 41—46. Jahrg. 1859—64. à 4 Hefte. (à 10—12 Bgn.) Tübingen, Laupp. gr. 8. Jeder Jahrg. n. 2 ß 25 ngr.

Quartalschrift, theologische. In Verbindg. mit mehreren Gelehrten hersg. von v. Kuhn, v. Hefele, Zukrigl 2c. 47—52. Jahrg. 1865—70. à Jahrg. 4 Hefte. Tübingen, Laupp'sche Buchh. gr. 8. (à Heft ca. 180 S.) Jeder Jahrg. n. 2 ß 25 ngr.

Quartalschrift, theologische. In Verbindg. m. mehreren Gelehrten hrsg. von v. Kuhn, Zukrigl, v. Aberle, Himpel u. Kober. 53—57. Jahrg. 1871—1875 à 4 Hfte. gr. 8. (à Hft. ca. 179 S.) Tübingen, Laupp. à Jahrg. n. 8. 50

— dasselbe. 58. Jahrg. 1876. 4 Hfte. gr. 8. (1. Hft. 173 S.) Ebend. n. 9. —

Quartalschrift, theologische. In Verbindung m. mehreren Gelehrten hrsg. von v. Kuhn, v. Himpel, Kober, Linsenmann, Funk u. Schanz. 59—64. Jahrg. 1877—1882. à 4 Hfte. gr. 8. (à Hft. ca. 180 S.) Tübingen, Laupp. à Jahrg. n. 9. —

Quartalschrift, theologische. In Verbindg. m. mehreren Gelehrten hrsg. von v. Kuhn, v. Himpel, v. Kober, Linsemann, Funk, Schanz u. Keppler. 65—68. Jahrg. 1883—1886. à 4 Hfte. gr. 8. (à Hft. 176 S.) Tübingen, Laupp. à Jahrg. n. 9. —

— theologische. In Verbindg. m. mehreren Gelehrten hrsg. von v. Himpel, v. Kober, Funk, Schanz, Keppler u. Belser. 69.—72. Jahrg. 1887—1890. à 4 Hfte. gr. 8. (à Hft. ca. 176 S.) Tübingen, Laupp. à Jahrg. n. 9. —

— theologische. In Verbindg. m. mehreren Gelehrten hrsg. von v. Kober, v. Funk, Schanz, Keppler u. Belser. 73.—76. Jahrg. 1891—1893. à 4 Hfte. gr. 8. (à Hft. ca. 176 S.) Tübingen, H. Laupp. à Jahrg. n. 9. —

— theologische. In Verbindg. m. mehr. Gelehrten hrsg. von v. Kober, v. Funk, Schanz, Keppler, Belser u. Vetter. 76.—80. Jahrg. 1894—1898. à 4 Hfte. (à ca. 175 S.) gr. 8. Tübingen, H. Laupp. à Jahrg. n. 9. —

— theologische. In Verbindg. m. mehreren Gelehrten hrsg. von v. Funk, v. Schanz, Belser, Vetter, Koch, Sägmüller. 81.—84. Jahrg. 1899—1902. à 4 Hfte. gr. 8. (à ca. 160 S.) München, H. Kitz. à Jahrg. n. 9. —
Die Jahrgge. 81—83 erschienen noch in Ravensburg.

— dasselbe. 85. Jahrg. 1903. 4 Hfte. gr. 8. (à ca. 160 S.) Tübingen. (Buchdr. v. H. Laupp jr.) n. 9. —

— theologische. In Verbindg. m. mehreren Gelehrten hrsg. von v. Funk, v. Schanz, Belser, Vetter, Koch, Sägmüller. 86.—88. Jahrg. 1904—1906. à 4 Hefte. (VI, 656; VIII, 656 u. VII, 656 S.) gr. 8. Tübingen, H. Laupp jr. à Jhrg. n. 9. —

— theologische. In Verbindg. m. mehreren Gelehrten hrsg. von v. Belser, Koch, Sägmüller, Rießler. 89.—92. Jahrg. 1907—1910. à 4 Hefte. (à ca. 160 S.) 8. Tübingen, H. Laupp jr. à Jahrg. 9. —

Quartalschrift, theologische. Personen-, Orts- u. Sachregister zu Bd. I—LXXVI. In Verbindung m. mehr. Freunden bearb. u. hrsg. v. Jos. Schmid. gr. 8. (VIII, 195 S.) Stuttgart 895. J. Roth. n. 4. 20

Theologische Quartalschrift : Jahrgang 1—54, Jan. 1904—Oct. 1954 | .

Quarterly. Organ of the Allgemeine Evangelisch-Lutherische Synode von Wisconsin und anderen Staaten. Title varies: QUARTALSCHRIFT. THEOLOGICAL QUARTERLY, Jan. 1947—1954. Published wholly in German until 1925; at that time, about half of text appears in English, and the German decreases with each volume. Octavo, each issue 48—80 pages, paged continuously; title-page and contents, 4 pages, printed for each volume. Edited by the Fakultät des Evangelisch-Lutherischen Seminars zu Wauwatausa, to Jan. 1937; thereafter, at the Seminary at Thiensville. Managing editors: A. Pieper; Johannes Meyer; Hermann E. E. Meyer; Gustav Adolf Felix Theodor Hoenecke, 1904—? Published by Northwestern Publishing House, 1903—54.
Milwaukee, WI

Theologisch-praktische Quartalschrift. Herausgegeben von den Professoren der bischöfl. theolog. Lehranstalt. Redigiert von Joseph Schwarz und Matth. Hiptmair. Linz, Haslinger, gr. 8°, 1848—1894, 17 Jahrgänge, jeder 4 Hefte, 7 Mk.

— theologisch-praktische. Red. u. hrsg. v. Joh. Bapt. Schiedermayr u. Augustin Rechberger. 1 u. 2. Bd. Jahrg. 1848 u. 1849. à 4 Hfte. gr. 8. Linz, Haslinger in Comm. à Jahrg. n. 2 ß

— theologisch-practische. Redig. u. herausg. von Friedr. Baumgarten. 6—11. Jahrg. 1853—58. 4 Hefte (à 12 Bgn.). Linz, Haslinger in Comm. 8. Jeder Jahrg. 2 ℳ.

Quartalschrift, Theologisch-praktische —. (VII. Jahrgang.) Redakteur und Herausgeber Friedrich Baumgarten. Druck von Joh. Haas in Wels. In Kommission bei Quirin Haslinger. Auf Kosten der Redaktion. 8. In Heften zu 12 Bogen. 3 fl. und 3 fl. 40 kr. jährlich.

Quartalschrift, theologisch-praktische u. s. w. wie oben. 7. Jahrgang. 1854. Erstes und zweites Quartal. (384 S.) 8. Linz. ibd. ap. eund.

Quartalschrift, Theolog.-praktische —. Redigirt und herausgegeben von Friedrich Baumgarten. 7. Jahrgang 1854. 3. Quartal. (S. 387—576.) 8. Linz. In Kommission bei Quirin Haslinger. Wels. Druck von Johann Haas. 1854

Inhalt: Ein Versuch zu Considerationen bei Gelegenheit geistlicher Uebungen für Ordensleute. — Das Christenthum und die Gegenwart. Von J. T. M. Zetter. — Pfarrkonkursfragen. A. Aus der Pastoral-Theologie. B. Aus der Dogmatik. C. Aus der Moraltheologie. — Die Bleigewichte an der katholischen Journalistik. (Auch eine Studie.)

Quartalschrift, Theologisch-praktische —. Redigirt und herausgegeben von Friedrich Baumgarten. VII. Jahrgang. (Der Monatschrift V. Jahrgang.) IV. Quartal. (Oktober, November, Dezember.) Wels. 1854. Druck von Johann Haas. Linz, in Kommission bei Quirin Haslinger. Auf Kosten der Redaktion. (577—763 und 1 Bl. 8.)

Quartalschrift, Theologisch-praktische — Redigirt und herausgegeben von Friedrich Baumgarten, Kooperator an der Stadtpfarre zu Wels. VIII. Jahrgang. I Quartal. (Jänner, Februar, März.) Wels. 1855 Schnellpressendruck von Johann Haas. Linz, in Kommission bei Quirin Haslinger. Auf Kosten der Redaktion. Der Reinertrag zu wohlthätigen Zwecken. (S. 1—192. 8.)

Quartalschrift, theologisch-praktische. — Redigirt und herausgegeben von Friedr. Baumgarten. VIII. Jahrgang. II. Quartal. (April, Mai, Juni 1855.) Wels 1855. Schnellpressendruck von Johann Haas in Linz, in Kommission bei Quirin Haslinger. (S. 193—384 8.)

Quartalschrift Theologisch-praktische —. Redigirt und herausgegeben von Friedrich Baumgarten. VIII Jahrgang. III. Quartal. (Juli, August, September.) Wels, 1855. Schnellpressendruck von Johann Haas. Auf Kosten der Redaktion. Linz, in Kommission bei Quirin Haslinger. (S. 385—576. 8.)

Quartalschrift Theologisch-praktische —. Redigirt und herausgegeben von Friedrich Baumgarten. VIII. Jahrgang. IV Quartal (Oktober, November, Dezember.) Wels, 1855. Schnellpressendruck von Johann Haas. Auf Kosten der Redaktion. Linz, in Kommission bei Quirin Haslinger. (2 Bl. S. 577—768. 8.) Schluß des VIII. Jahrganges.

Quartalschrift, theologisch-praktische —. Redig. und herausgegeben von Friedr. Baumgarten. 9. Jahrgang. I. Quartal (Jänner, Februar, März.) Wels. 1856. Schnellpressendruck von Johann Haas. Linz. In Kommission bei Quirin Haslinger. (S. 1—192. 8.)

Quartalschrift Theologisch-praktische —. Redigirt und herausgegeben von Friedrich Baumgarten. 9. Jahrg. 2tes Quartal. (April, Mai, Juni.) Wels, 1856. Schnellpressendruck von Joh. Haas. Linz. In Kommission bei Quirin Haslinger. (S. 193—384. 8.)

Quartalschrift Theologischpraktische—. Redigirt und herausgegeben v. Friedrich Baumgarten. Neunter Jahrgang. III. Quartal. (Juli, August, September.) Wels 1856. Schnellpressendruck von Johann Haas. Linz in Kommission bei Quirin Haslinger. (S. 385—576. 8.)

Inhalt: I. »Katholicität und Protestantismus« ein wichtiges Zeitmoment für praktische Seelsorger. — II. Fastenpredigten. — III. Das Leben Jesu. — IV. Bilder aus der Reformationszeit. (Aus dem Werke Döllingers: Die Reformation, ihre innere Entwicklung und ihre Wirkung.) — V. Literatur —.

Quartalschrift, Theologisch-praktische —. Redigirt und herausgegeben von Friedr. Baumgartner. 9. Jahrg. 4. Quartal. (Oktober, November, Dezember.) (Der Monatschrift 7. Jahrg.) 1856. Auf Kosten der Redaktion. Der Reinertrag für wohlthätige Zwecke. In Kommission bei Quirin Haslinger in Linz. Schnellpressendruck von Johann Haas in Wels. (S. IV. und 577—768 8.)

Quartalschrift. Theologisch-praktische — Redigirt und herausgegeben von Friedrich Baumgartner. 10. Jahrg. 1. Quartal. Linz, 1857. Dr. von Johann Haas in Wels. Auf Kosten der Redaktion. Reinertrag zu wohlthätigen Zwecken. (192 S. 14 Bl. 8.)

Inhalt: Pfarrkonkursfragen. A. Aus der Pastoraltheologie. — Spezielle kirchliche Statistik des Kaiserthums Oesterreich. Kirchenprovinz Böhmen. — Ueber die schwierige Stelle in der Lectio der Homilie Descendens Jes. de monte im Commune plurim Martyr. Von P. Th. H. — Das Loos der Halben. — Betrachtungen für die Maiandacht. Vom J. 1855. — Verschiedene Fragen über die Durchführung der neuen Ehegesetze. Beantwortet von Dr. Franz Rieder, Domprobst.

Quartalschrift, Theologisch-praktische — —. Redigirt und herausgegeben von Friedrich Baumgarten, Stadtpfarrer zu Wels. Zehnter Jahrgang. II. Quartal (April—Juni). *Linz* 1857, in Commission bei *Quirin Haslinger*. Schnellpressendruck von *Joh. Haas* in *Wels*. (Auf Kosten der Redaktion. Reinertrag zu wohlthätigen Zwecken.) S. 193—400. 8°. Jahrg. 3 fl.

Quartalschrift, theologisch - praktische — Redigirt und herausgeg. von *Friedr. Baumgarten*, Stadtpfarrer zu Wels. X. Jahrg. III. Quartal (Juli — Sept.) *Wels* 1857. Druck von *J. Haas. Linz.* In Commission bei *Quirin Haslinger.* Auf Kosten der Redaktion. Reinertrag zu wohlthätigen Zwecken. S. 401, 576. 8°.
Jahrg. 3 fl. od. 3 fl. 36 kr. rhein.

INHALT. I. Fastenpredigten. — II. Wahrhafte Darstellung der im Jahre 1817 in der Ampfelwanger Pfarre ausgebrochenen Religionsschwärmerei der Pöschlianer. Aus echten Quellen verfasst von *Gabriel Kraft.* (Schluss.) III. Primat und Hierarchie dem Protestantismus gegenüber. Von *J. T. M. Zetter.* IV. Literatur.

Quartalschrift, theol.-prakt. Red. u. herausg. v. Friedr. Baumgarten, Stadtpfarrer zu Wels. *Linz* 1857. In Comm. bei *Quirin Haslinger.* Druck von *J. Haas* in Wels. X. Jahrg. IV. Quart. (Okt. bis Dezemb.). IV u. S. 577—768, 8°.
Der Jahrgang 3 fl.

INHALT. **4. Quart.** I. Fastenpredigten (Schluss). — II. Die grosse Bewegung im Protestantismus in Baiern im Jahre 1856. Erster Artikel. Von *J. T. Max Zetter.* — III. Specielle kirchliche Statistik des Kaiserthums Oesterreich. Kirchenprovinz Lemberg (Galizien). — IV. Ueber religiöse Erziehung. Nach d. Italienischen des Riccardi. — V. Literatur.

Quartalschrift, theolog.-prakt. Red. u. herausg. von Friedr. Baumgarten, Stadtpfarrer zu Wels. *Linz* 1858. In Comm. bei *Quirin Haslinger.* Druck v. *J. Haas.* XI. Jahrg. I. Quartal. Januar — März. 192 S., 8°.

INHALT. **XI. Jhrg. I. Quartal.** I. Pfarrkonkursfragen. (Aus der Dogmatik.) Von *G.* — II. Von dem Einflusse der apokryphischen Evangelien auf die christliche Kunst. Von *J. Hack.* — III. Das Märchen von der Päpstin Johanna. Von *J. Hack.* — IV. Conob. (Archäologie und Numismatik.) Von *J. Hack.* — V. Die grosse Bewegung im Protestantismus in Baiern im J. 1856. Aus Vorträgen des *J. T. M. Zetter.* — VI. Die Perikopen auf den fünften Sonntag in der Faste. Von Professor *Heinrich Engel.* — VII. Eine kurze Rundschau über die katholische Unterhaltungslectüre von einem katholischen Geistlichen der Diözese Regensburg. — VIII. Betrachtungen über das allerh. Altarssakrament. — IX. Fastenpredigten. — X. Literatur.

Quartalschrift, theol.-prakt. Redigirt und herausgegeben von Friedrich Baumgarten, Stadtpfarrer zu Wels. Eilfter Jahrgang. III. Quartal. (Juli, August, September.) Auf Kosten der Redaction. Der Reinertrag für wohlthätige Zwecke. *Linz* 1858. In Commission bei *Quirin Haslinger.* S. 385—576. 8°.
Preis eines Jahrganges (4 Hfte.) 3 fl. CM.

INHALT. Der Uebertritt des Landgrafen Ernst von Hessen-Rheinfels zur kathol. Religion. Von *J. Hack.* — Considerationen bei Priesterexercitien. Von *H.* — Ewigkeit der Höllenstrafen. (Moderne Ansichten darüber.) Von *H.* — Betrachtungen für die Maiandacht, Vom J. 1856. — Literatur.

— theologisch-praktische. Red. u. herausg. von Frdr. Baumgarten. 12. u. 13. Jahrg. 1859 u. 60. à 4 Hefte. (à 12 Bgn.) Linz, Haslinger in Comm. gr. 8. Jeder Jahrg. n. 2 ℳ

— — Herausg. von den Proff. der bischöflich theologischen Diözesan-Lehranstalt. Red.: Jak. Gasselsberger u. Mart. Hochhuber. 14—17. Jahrg. 1861—64. à 4 Hefte. (à 8 Bgn.) Ebend. gr. 8. Jeder Jahrg. n. 2 ℳ

— theologisch-praktische. HerSg. von den Proff. der bischöflichen theol. Diözesan-Lehranstalt. Red.: Jak. Gasselsberger u. Mart. Hochhuber. 18. Jahrg. 1865. 4 Hefte (à ca. 130 S.). gr. 8. Linz, (Haslinger.) n. 2 ℳ

— — Redact.: J. Plakolm u. J. Sprinzl. 19—23. Jahrg. 1866—70. à Jahrg. 4 Hefte (à ca. 130 S.) Ebend. Jeder Jahrg. n. 2 ℳ

— theologisch-praktische. Hrsg. v. den Proff. der bischöfl. theolog. Diöcesan-Lehranstalt. Red.: J. Plakolm u. J. Sprinzl. 24—29. Jahrg. 1871—1876. à 4 Hfte. gr. 8. (à Hft. 132 S.) Linz, Haslinger in Comm. à Jahrg. n. 6. —

— theologisch-praktische. Hrsg. v. den Professoren der bischöfl. theolog. Diöcesan-Lehranstalt. Red.: Jos. Schwarz. 30. Jahrg. 1877. 4 Hfte. gr. 8. (1. Hft. 176 S.) Linz, Haslinger in Comm. n. 6. —

— dasselbe. Red.: Jos. Schwarz u. Otto Schmid. 31—35. Jahrg. 1878—1882. à 4 Hfte. gr. 8. (à Hft. ca. 232 S.) Ebend. à Jahrg. n. 7. —

— theologisch-praktische. Hrsg. v. den Professoren der bischöfl. theol. Diöz.-Lehranstalt. Red.: Jos. Schwarz, Otto Schmid u. M. Hiptmaier. 36—39. Jahrg. 1883—1886. à 4 Hfte. gr. 8. (à Hft. 256 S.) Linz, Haslinger. à Jahrg. n. 7. —

— dasselbe. Ergänzungsheft zum Jahrg. 1885. gr. 8. Ebend. 885. n. 1. —

Franz Joseph Rudigier, Bischof v. Linz. Ein Bild seines großen Lebens u. erbaul. Sterbens. Hrsg. v. der Redaktion. (56 S.)

— theologisch-praktische. Hrsg. von den Professoren der bischöfl. theol. Diöz.-Lehranstalt. Red.: J. Schwarz u. M. Hiptmair. 40.—43. Jahrg. 1887—1890. à 4 Hfte. gr. 8. (à Hft. ca. 248 S.) Linz, (Haslinger). à Jahrg. n. 7. —

— theologisch-praktische. Hrsg. v. den Professoren der bischöfl. theol. Diöz.-Lehranstalt. Red.: Jos. Schwarz u. Mathias Hiptmair. 44.—46. Jahrg. 1891—1893. à 4 Hfte. gr. 8. (à Hft. ca. 250 S.) Linz, (Qu. Haslinger). à Jahrg. n. 7. —

— dasselbe. Red.: Mathias Hiptmair u. Mart. Fuchs. 47. Jahrg. 1894. 4 Hfte. gr. 8. (à Hft. ca. 250 S.) Ebd. 7. —

— theologisch-praktische. Hrsg. v. d. Professoren d. bischöfl. theol. Diöc.-Lehranstalt. Red.: Mathias Hiptmair u. Mart. Fuchs. 48.—52. Jahrg. 1895—1899. à 4 Hfte. (à ca. 250 S.) gr. 8. Linz (Qu. Haslinger). à Jahrg. n. 7. —

— theologisch-praktische. Hrsg. v. den Professoren der bischöfl. theol. Diöcesan-Lehranstalt. Red.: Mathias Hiptmair u. Mart. Fuchs. 54. u. 55. Jahrg. 1901 u. 1902. à 4 Hfte. gr. 8. (à ca. 244 S.) Linz. (Qu. Haslinger.) à Jahrg. n. 7. —

— theologisch-praktische. Hrsg. v. den Professoren der bischöfl. theol. Diöcesan-Lehranstalt. Red.: Mathias Hiptmair u. Mart. Fuchs. 56.—59. Jahrg. 1903—1906. à 4 Hefte. (999, 988, 979 u. 920 S.) gr. 8. Linz (Qu. Haslinger). à Jhrg. n. 7. —

— theologisch-praktische. Hrsg. v. den Professoren der bischöfl. theol. Diözesan-Lehranstalt. Red.: Mathias Hiptmair u. Mart. Fuchs. 60.—63. Jahrg. 1907—1910. à 4 Hefte. (à ca. 230 S.) 8. Linz, Qu. Haslinger. à Jahrg. 6. 48

— dasselbe. Generalregister od. Inhaltsverzeichnis sämmtl. Jahrgänge von 1848—1891 incl. Bearb. u. zusammengestellt v. Jos. Denk, hrsg. v. der Red. der Quartalschrift. gr. 8. (III, 410 S.) Ebd. 893. n. 4. —

Quartalversammlung, ordentliche und ausserordentliche, der Grossen Loge von Hamburg. 1864—1885. Fol. Hefte Nr. 104, 119, 121, 123—132, 134—220.

Quartbibel, große baseler, s. Bibel.

Quartenoud, J., siehe: *Monatrosen.*

Quartéry, de, et Gard, [Pierre-François]. Roger de Bons (1838–1886). Discours prononcé à la réunion de la Société Helvétique de Saint-Maurice par M. de Q'. Réponse de M. le chanoine G'.... E. 8. Fribourg 1888.

Hartmann, Karl Christian: [**Quartett.**] **Dem Br.** C. C. Hartmann zur Installations-Feier [der Loge zum Pelikan in Hamburg] gewidmet von seinen treuverbundenen Brüdern am 16ten März 1848. [Hamburg 1848.] 1 Bl. 8⁰ [Kopftit.]
Ohne Noten: „Ich liebe Dich!"

Quartett-Bibliothek, deutsche. **Eine ausgewählte Sammlung** älterer und neuer Gesänge für vier Männerstimmen. 1. Heft. (No. 1—25.) Partitur. Lex.-8. (42 S.) Leipzig 862, Ph. Reclam jun. *
Die Stimmen. (V und 124 S.) *

Quartettgesang zur Feier des Stiftungsfestes der Loge „Zur Unverbrüchlichen Einigkeit" am Dienstag, den 6. Febr. 1894. [**Unterz.:**] H. E. [Hamburg: 1894.] 2 Bl. 8⁰ [Umschlagtit.]
Rekt. Kneisner, Hamburg.

Quartett-Spiel, biblisches. 32. (123 Bl.) [Herisau 875, Meisel'sche Buchh.] Zürich, Schmidt. *

Quartiellers, s.: Castillo y Quartiellers.

Quartier, H., und C. Steuber, Zusammenstellung der zur Zeit gültigen Eisenbahn-Gütertarife der Station Hagen i. Westf. für Eisen und Stahl sowie Eisen- und Stahlwaaren. Ein Handbuch für Spediteure, Fabrikanten und Kaufleute, überhaupt für Alle, die mit der Bahn Güter versenden oder empfangen. kl. 8. (155 S.) Hagen 888, (Stracke.) **

Quartier, H., u. C. Steuber. **Zusammenstellung der zur Zeit gültigen Eisenbahn-Gütertarife der Station Hagen i. Westf., f. Eisen u. Stahl,** sowie Eisen- u. Stahlwaaren. **Nachtrag: Deutsch-italienischer Verkehr; Einstellung neu eröffneter Stationen u. Berichtigg.** besteh. Tarifsätze bis 1. Febr. 1889. 12. (138 S.) Hagen i. W. 889, Stracke. ** 2 —
Hauptwerk. Ebd. 1888. ** 3 —.

Quartier-Amt, das, Schauspiel von B. Lögler. 8. Augsburg, Jenisch-Stage. 817. -

Quartier-Anzeiger für den Länggaßbezirk
v. Quartier-Anzeiger für die Länggasse und das Brückfeld.

Quartier-Anzeiger für die Länggasse und das Brückfeld
② Quartier-Anzeiger für den Länggaßbezirk (1917 cont.) ③ Berner Abendblatt und Quartier-Blatt für die Länggasse und das Brückfeld ⑤ 1904 (cont.) ⑥ 2⁰ ⑦ Wochenblatt ⑧ Bern: J. Fischer-Lehmann (1904—1930—?), F. Graf-Lehmann (?—1932 cont.) ⑩ die Drucker ⑫ Inseratenblatt ⑭ Be: L (12. 11. 1909—1914; einzelne Nummern von 1916, 1928—1930).

Quartier-Anzeiger für Linde, Mattenhof, Sulgenbach und Weißenbühl
⑤ 3. 5. 1901—1902—? ⑥ 4⁰ ⑦ Wochenblatt ⑧ Bern ⑩ E. Gerber ⑫ Gratis-Inseratenblatt mit Feuilleton und Quartiermitteilungen ⑭ Be: L (1901—1902).

Quartier-Anzeiger für das Lorraine-, Breitenrain-, Spitalacker- und Wyler-Quartier
⑤ 15. 2. 1907—1912—? ⑥ 4⁰ ⑦ Wochenblatt ⑧ Bern: Blaser & Tschanz ⑫ Inseratenblatt mit Feuilleton und Kurztexten ⑭ Be: L (1907—1912).

Quartier-Anzeiger für die Bezirke Mattenhof, Sulgenbach, Weißenbühl und Schönegg
⑤ 1910 ⑦ Wochenblatt ⑧ Bern ⑬ BGSZ: 18.

Quartier-Blatt für die Länggaß und das Brückfeld
v. Quartier-Blatt für Länggaß-Brückfeld.

Quartier-Blatt für Länggaß-Brückfeld
② Quartier-Blatt für die Länggaß und das Brückfeld (vor 1903). Berner Abendblatt und Quartier-Blatt für die Länggaß und das Brückfeld (1903) ④ Quartier-Anzeiger für die Länggasse und das Brückfeld ⑤ 10. 3. 1900—1903 ⑥ 4⁰ ⑦ Wochenblatt ⑧ Bern: J. Fischer-Lehmann.

Quartiere

DURCH die Wiener Quartiere des Elends und Verbrechens. Ein Wanderbuch durch die Schlupfwinkel des Jammers und Verbrechens in Wien bei Nacht. Mit Illustrationen nach Originalphotographien von Gerichtssekretär Herm. Drawe. Herausgeber Emil Klager. (190*.) 8⁰. (Kr. 4,80.) (2 Kr. 40 H. L. Rosner, Wien, 1912.)

Du Quartier General de l'Armée du Roi en Boheme, à Semonitz, ce 17. de Septembre 1745.

Du Quartier General de l'Armée Royale **Prussienne à Königsbruck,** le 13. Decembr., 1745.

Du quartier géneral de S. A. R le Prince Henri à Pretschendorf, le I d'Août 1762. 1 Bl.

Du quartier géneral de S. A. R. le Prince Henri à Pretschendorf, le 24 Juil. 1762. 1 Bl.

Du quartier general du Roi à Bogendorf, ce 23 Juil. 1762. (**Enthält: Liste et noms des Officiers Autrichiens faits prisonniers** à l'affaire du 21 Juil. 1762. 3 Bl.

Du Quartier-Général du Roi à Dittmannsdorf le 19. Sept. 1760. (1 f.) 4. Magdeburg 23. Sept. 1760. — Deutsch. (2 Bl.) 4. ib.

Bericht ausgearbeitet vom Direktorium zu Händen der Logen der Alpina in Betreff Ausgabe eines neuen Mitgliederverzeichnisses des Logenbundes. [Unterz.:] Ed[u.] **Quartier-la-Tente.** P[aul E[mile] **Bonjour.** o. O. u. J. 8 S. 8⁰ [Kopftit.]
Betr. die Frage, ob es wünschenswert sei, ein Mitglverzeichn. zu veröffentlichen.

Bericht des Grossmeisters an den Verwaltungsrat der Alpina über die Frage, betr. das Internationale freim. Bureau, seit ihrer Entstehung. [Unterz.] Ed. Quartier-la-Tente. [Dat.:] Neuenburg, den 5. Nov. 1900. 18 S. 8⁰. [Kopftit.]

Das internationale Bureau für maurerische Beziehungen. Seine Geschichte 1889—1905. Bericht an die schweizerische Grossloge Alpina 25. Juni 1905. [Von Edu. **Quartier-la-Tente.**] Bern 1905: Büchler & Co. 48 S. 8⁰ [Umschlagtit.]
Abgedr. in: Schweizerische Grloge Alpina. 1905 S. 401—445.

[Dasselbe.] Seine Geschichte 1889 bis 1907. Bericht an die schweizerische Grossloge Alpina 30. Juni 1907. Bern 1907: Büchler & Co. 48 S. 8⁰
cf. f. 1889—1905: Bbl. 19 (1905) S. 710—711 (G. Diercks); Bbl. 20 (1906) S. 369—382 (R. Dahms); Auszug in: BrL. 24 (1906—1907) S. 21—24; vgl. ferner: R. 33 (1906) S. 24 (G. Schauerhammer); S. 13 (1906) S. 19—20 (J. G. Findel), S. 67—68 (F. Rackhorst). f. 1889—1907: S. 14 (1907) S. 93 (F. Rackhorst); Bifrøst. 3 (1908) S. 78 (A. J. Lange); 4 (1909) S. 60—68.

Quartierleistungsgesetz, d. deut. Aus d. Materialien erläut. Berlin 869.

Quartier-und Rangliste

—— —— allgemeine, für das VIII., IX. und X. Armeecorps, s. Rang- und Quartierliste.

Quartierliste der preußischen Armee für das Jahr 1863 nebst Hinzufügung sämmtlicher Commandeure u. der etatsmäßigen Stabsoffiziere. Als Anhang: die Uniformirungen u. Auszeichnungen der Regimenter. Berlin 863. Schlesier. Lex.-8. (30 S.) 7½ ngr.

Quartierliste der Königl. preußischen Armee mit namentl. Angabe sämmtl. Commandeure bis zum Bataillons-Commandeur incl., sowie der etatsmäß. Stabsoffiziere nebst den Prinzen des Königshauses in der Armee mit ihrem militär. Range, sämmtl. Gouverneuren u. Commandanten u. einem Anh., enthltd.: die Uniformirung der Regimenter. Nach amtl. Quellen zusammengestellt von v. K. Neue Ausg. Berlin 866. Schlesier. gr. 8. (24 S. mit Abbild. der preuß. Orden in eingedr. Holzschn.) 2⅔ ngr.

Quartierliste des norddeutschen Bundesheeres und der Marine in tabellarischer Uebersicht nebst Uniformirung, Eintheilung der Regimenter der verschied. Waffen, Angabe der Militär-Behörden und Bildungs-Anstalten. Nach amtl. Quellen bearb. von Hauptm. v. K. Neue Ausg. pro 1869 und 1870. gr. 8. (24 S.) Berlin 870, Schlesier. — 25

Quartier-Liste der Garnisonen u. Militärbehörden d. XVI. Armee-Korps. Nr. 3 [der ganzen Folge Nr. 27]. — Oktbr. 1890. Mit Angabe der Wohng. sämmtl. in Metz garnisonir. Offiziere u. Militärbeamten. gr. 8. (21 S.) Metz 890. Deutsche Buchhandlg. — 50

Quartier-Liste der Garnisonen u. Militärbehörden des XVI. Armee-Korps. Nr. 4 u. 5 [der ganzen Folge Nr. 28 u. 29]. — Jan. bezw. Apr. 1891. Mit Angabe der Wohng. sämmtl. in Metz garnisonir. Offiziere u. Militärbeamten u. m. Anh.: Garnison Dieuze. gr. 8. (à 21 S.) Metz 891. Deutsche Buchhandlg. à — 50

Quartier-Liste der Garnisonen u. Militärbehörden d. XVI. Armee-Korps. Nr. 1—5 [der ganzen Folge Nr. 25—29]. Mit Angabe der Wohng. sämmtl. in Metz garnisonir. Offiziere u. Militärbeamten. gr. 8. (à Nr. ca. 20 S.) Metz 891, Deutsche Buchh. à Nr. — 50
Erscheint jährlich im Mai u. November.

— der Garnisonen u. Militärbehörden in Lothringen. Nr. 7. April 1881. Mit Wohnungsangabe sämmtl. in Metz garnisonir. Offiziere u. Militärbeamten. gr. 8. (14 S.) Metz 881. G. Lang. n. — 50

— dasselbe. Nr. 8. Novbr. 1881. Mit Wohnungsangabe sämmtl. in Metz garnisonir. Offiziere u. Militärbeamten. gr. 8. (14 S.) Ebend. 881. n. — 60

— dasselbe. Nr. 9. April 1882. Mit Wohnungsangabe sämmtl. in Metz garnisonir. Offiziere u. Militärbeamten. gr. 8. (14 S.) Ebend. 882. n. — 50

— dasselbe. Nr. 10. Novbr. 1882. Mit Wohnungsangabe sämmtl. in Metz garnisonir. Offiziere u. Militärbeamten. gr. 8. (14 S.) Ebend. 882. n. — 50

—— der Garnisonen und Militärbehörden in Lothringen. Nr. 1—13. Mai 1884. [2. Abdr.] Mit Wohnungsangabe sämmtl. in Metz garnisonirenden Offiziere und Militärbeamten. gr. 8. (à Nr. 12—16 S.) Metz 884, Lang. à Nr. * — 50

Quartier-Liste der Garnisonen und Militärbehörden in Lothringen. Nr. 14—21. Novbr. 1884—April 1888. Mit Angabe der Wohnung sämmtl. in Metz garnisonirenden Offiziere und Militärbeamten. gr. 8. (à Nr. 12—13 S.) Metz, Lang. à Nr. *
Erscheint jährlich 2 mal; im April und November.

—— des deutschen Heeres, nebst den Militär-Behörden und Bildungs-Anstalten und einer Gesammt-Uebersicht des deutschen Heeres und dessen Kriegsstärke. Mit Hinzufügung der kaiserl. Marine. Unter Berücksicht. der Allerhöchst genehmigten Dislocationsveränderungen revid. bis zum 16. Novbr. 1878 von v. K. Ausg. für 1879. 20. Aufl. gr. 8. (24 S.) Berlin 878, Liebel'sche Buchh. *

—— dass. — revid. bis Mitte Oktbr. 1879 von v. K. Ausg. für 1880. 21. Aufl. gr. 8. (24 S.) Ebendas. 879. *

Quartierliste des deutschen Heeres. 22. Aufl. Berlin 1880. 48 S.

Quartierliste d. deutschen Heeres. Unter Berücksicht. der Allerhöchst genehmigten Dislokationsveränderungen. Nachgetragen bis 20. Oktbr. 1881. 23. Aufl. 4. Ausg. gr. 8. (47 S.) Berlin 881. Liebel. n. — 30

— dasselbe. Nachgetragen bis 1. Apr. 1882. 24. Aufl. gr. 8. (47 S.) Ebend. 882. n. — 40

Quartier-Liste des deutschen Heeres. Unter Berücksicht. der Allerhöchst genehmigten Dislokationsveränderungen. 21.—31. Aufl. gr. 8. (48 S.) Berlin 880—84, Liebel'sche Buchh. — 30

— des deutschen Heeres. Unter Berücksicht. der Allerhöchst genehmigten Dislokationsverändergn. Nachgetragen bis Ende Septbr. 1885. 32. Aufl. gr. 8. (48 S.) Berlin 885. Liebel. — 30

—— des deutschen Heeres. Unter Berücksicht. der Allerhöchst genehmigten Dislokationsveränderungen. 32.—34. Aufl. gr. 8. (48 S.) Berlin 885,86, Liebel'sche Buchh.
Die folgenden Auflagen u. d. T.: Eintheilung und Quartierliste (s. d.).

Quartier-Liste, die, v. München. Wohnungs-Verzeichnis d. sämtl. in München garnisonier. H. H. Offiziere, Aerzte u. Militärbeamten. (Nach d. Stande v. 31. Jan. 1895.) Uebersicht, nebst Unterkunft der Truppenteile u. Dienststellen. Rapport- bezw. Meldestunden bei d. oberen militär. Dienststellen. Anzugs-Bestimmgn. etc. Bearb. u. hrsg. v. Hans Zoeltsch. Nr. 1. Febr. 1895. 8. (80 S.) München 895. Schimon & Burger. n. — 50

— neue, der königl. preußischen Armee. Laut Cabinets-Ordre vom 11. April 1871. [Aus „Militär-Wochenblatt."] gr. 8. (15 S.) Berlin 874. Mittler & Sohn. n. — 30

Quartierliste, neue, des norddeutschen Bundesheeres und der Marine in tabellarischer Uebersicht nebst Uniformirung, Eintheilung der Regimenter der verschied. Waffen, Angabe der Militair-Behörden und Bildungs-Anstalten. Nach amtl. Quellen bearb. vom Hauptm. v. K. 1.—6., nach den neuesten Bestimmungen verb. Aufl. 4. (24 S.) Berlin 867,68, Schlesier.

— neue, des norddeutschen Bundesheeres u. der Marine in tabellarischer Uebersicht nebst Uniformirung, Eintheilg. der Regimenter der verschied. Waffen, Angabe der Militär-Behörden u. Bildungs-Anstalten. Nach amtl. Quellen bearb. vom Hauptmann v. K. Ebend. 870. gr. 8. (24 S.) 2⅓ ngr.

— neue, des gesammten deutschen Heeres in tabellar. Uebersicht nebst Eintheilung der Regimenter, Organisation und Stärke. Mit Hinzufügung der norddeutschen Flotte. Nach amtl. Quellen bearb. von Hauptm. v. K. 1.—3. Aufl. 4. (24 S.) Ebendas. 870. — 30

— dass. — nebst specieller Angabe der zur Occupations-Armee in Frankreich gehör. Truppen und einer Gesammt-Uebersicht der deutschen Armee und ihrer Kriegsstärke. Mit Hinzufügung der deutschen Flotte. Nach amtl. Quellen bearb. von Major v. K. Ausgaben von 1871—1873. gr. 8. (24 S.) Ebendas. — 30

— dass. — nebst den Militär-Behörden und Bildungs-Anstalten und einer Gesammt-Uebersicht der deutschen Armee und ihrer Kriegsstärke. Mit Hinzufügung der deutschen Flotte. Nach amtl. Quellen neu bearb. von Major v. K. Ausg. 1874, und Neue bericht. Ausg. pro 1875. gr. 8. (24 S.) Ebendas. — 30

Quartierliste, neue, des gesammten deutschen Heeres in tabellar. Uebersicht, nebst den Militair-Behörden und Bildungs-Anstalten und einer Gesammt-Uebersicht der deutschen Armee und ihrer Kriegsstärke. Mit Hinzufügung der deutschen Flotte. Nach amtl. Quellen neu bearb. von v. K. Ausg. 1876—1878. gr. 8. (à 24 S.) Berlin 875—77, Schlesier. à

— neueste, der königl. preußischen Armee, s. Eintheilung und Quartierliste. — Rang- und Quartier-Liste.

Quartier- und Rangliste der königl. preußischen Armee und Marine, s. Rang- und Quartierliste.

Quartiermachen, das, bei den Fusstruppen. 16. (32 S.) Metz 886, Scriba. *

— dass. — 2. und 3. Aufl. 16. (32 S.) Ebendas. 887,88. *

Quartiermachen, das, bei den Fusstruppen. 4. Aufl. 24. (36 S.) Metz 893. G. Scriba. n. — 50

Quartiermacher-Instruktion v. e. aktiven Offizier. gr. 16. (22 S.) Nürnberg 895. F. Büching. n. — 40

Quartier- u. Strassen-Plan d. Stadt Bern. 1 : 6,250. 2. Aufl. Chromolith. In-fol. Bern, Huber & Cie. 1884 1 50

Quartier- u. Strassen-Plan der Stadt Bern, 1 : 6250. 3. Aufl. Chromolith. In-fol. Bern, Huber & Cie. (Hans Körber). 1886. 1 80

Quartier- & Strassenplan der Stadt **Bern** 1901. Massstab 1:6250. *Bern: H. Körber (1901); Graph. Kunstanst. H. Kümmerly & Frey.* (1 Kartenbl. 59×49 cm. mit Legende.) 8° [kol.]
[Umschlagt.:] Plan d. Stadt Bern mit Strassenverz. u. Hausnummern. 8. Aufl. nach amtl. Quellen rev. v. Karl Mischler. [01. 1489

(Herzog Friedrichs IV.) Hoch-Fürstliche Schlesswig-Holsteinsche **Quartiers-Verordnung.** (Gottorff den 12. Octobris Anno 1701.) o. O. (1701.) 4° k.

Quartschen [Schlagwort]

Quartschen, s.: Geologische Karten. Karte (Preussen).

Völkerbund, nicht: Völkerkrieg. Ein Blick in d. pädagog. Anarchie d. Gegenwart zugl. als Beitrag z. nihilist. Weltanschauung (im Sinne Schopenhauers). Von **Quartus**. (Basel: Schweiz. Verl.-Dr. 1894.) 40 S. 8°

Quaschin [Schlagwort]

Quaschin, s: Geologische Karten. Preussen 124.

Quaschin, s.: Preussen. Messtischblätter.

Betrachtungen über den Wert des Odd-Fellowtums. I. O. O. F. Von Oskar Quasdorf. Leipzig: Grimm 1886. V, 23 S. 8°. [Umschlagtit.]

Quasdorf, Osc., Betrachtungen über den Wert des Oddfellowtums J. O. O. F. 8. (V, 23 S.) Leipzig 887, [Eug. Grimm.] Leibing. *

Quasebart, Karl: Vergasungsversuche mit dem Morgan-Generator. Halle: Knapp 1908. 26 S., 3 Taf. 4° ¶ Aus: Metallurgie. Jg. 5.
Aachen, Dr.-Ing.-Diss. v. 9. 6. 1908

Quasi sive mundus quasificatus d. i. die quasificirte Welt sub polis nisi et quasi . . . Quasi-Welt [Nürnberg] 1714. N. A. 1715. 1740. V: *Callenbach, Franz.* (AarK) (Jes) (ADB) (BrMm) (RH) (Wr)

Quasi vero, Der hinckende Bote hat sich wohl. Sive Novellae Politico-Morales, deren übelgegründte . . . Warheit ein . . . hinckender Bott . . . aufrichtig vorgelegt . . . [Nürnberg 1714. 1715.] V: *Callenbach, Franz.* (ADB) (AarK) (BrMm) (RH)

Quasi, Sophus, s. a. Orakel, Aberglauben u. Deutungen, allerlei.

Quasi, Sophus, Allerlei Orakel, Volksglauben und Deutungen. Erfurt [1894]. 8.. (0.)

Quasi-Mann, Der, eine komische Oper in zwei Aufz. München 1789. V: *Lambrecht, Matthias Georg.* (Ky) (Schr)

Quasi-Mann, der,. Eine komische Oper in 2 Akt. 8. München, Lindauer. 789.

Quaesitor, s.a. Zur Frage e. katholischen Universität in Österreich.

(F) **Quaesitor,** Zur Frage einer katholischen Universität in Österreich. 8°. (80 S.) K 1.:0
Linz: Marcis 1908.

Zur F r a g e einer katholischen Universität in Österreich. Von Quaesitor. Linz a. D.: Zentraldr. 1908. 84 S. 8°

Q u a s i u s, A., causae calumniarum, quas pagani in Christianos coniecerunt. Viteb. 1703. 4.

Q u a e s s e, A u g u s t, die Vorzüge der Macervenschen Operation gegenüber den früher angegebenen Methoden der Osteotomie. Diss. München 1887, A. Buchholz. 8°. VII, 34 S.

Quaßnigt, K. G., campana bilinguis. Schiller's Lied v. der Glocke deutsch u. lateinisch. gr. 8. (30 S.) Köslin 871. (Schulz.) n. — 60

Quassowski, William, Regierungsref.: Irrtum beim Erbschaftsantritt. *Tilsit 1900: J. Reyländer & Sohn.* (62 S.) 8° [J.] Königsberg, Jur. Diss. v. 7. Juli 1900

Quast, Alex. Ferd. v., die Basilika der Alten mit besond. Rücksicht auf diejenige Form derselben, welche der christl. Kirche zum Vorbilde diente. Lex.-8. (1½ B.) Berlin 845, Gropius'sche Buchh. *

v. **Quast,** Alex. Fd., die Basilika der Alten mit besond. Rücksicht auf diejenige Form derselben, welche der christl. Kirche zum Vorbilde diente. Lex.-8. Berlin 845, Reimarus. n. ⅓ ℛ

—— die alt-christlichen Bauwerke von Ravenna vom 5. bis zum 9. Jahrhundert historisch geordn. u. durch Abbildungen erläutert. gr. Fol. (14½ B. u. 10 Taf. wovon 3 in Farbendr.) Berlin 842, G. Reimer. *

v. Quast, Ferd., Denkmale der Baukunst in Preussen nach Provinzen geordnet. 1. Abth.: Königr. Preussen. (1. Hft.) gr. Fol. (11 S. m. 6 lith. Taf., wovon 2 lithochrom.) Berlin 852, Ernst & Korn in Comm. n. 2⅚ ℛ

Q u a s t, Ferd. v., Denkmale der Baukunst in Preussen nach Provinzen geordnet. 2. Abthl.: Königreich Preussen. (2. Heft.) gr. Fol. (S. 13 — 22 mit 6 Stnt., wovon 2 in Bunt- und 3 in Tondr.) Berlin 859, Ernst und Korn. *
1. Heft. Ebendas. 1852. * 2 Thlr. 25 Ngr.

—— dass. — Neue Ausg. Nach Provinzen geordnet. Heft I—III. gr. Fol. (16 Stnt., wovon 6 in Ton- und 7 in Buntdr. und 2 Kpfrt. mit Text S. 1—34.) Ebendas. 861. à Heft * 2 Thlr. 25 Ngr. *

Q u a s t, Ferd. v., Denkmale der Baukunst in Preussen. Nach Provinzen geordnet. Heft IV. gr. Fol. (4 Stnt., wovon 2 in Ton- und 2 in Buntdr., und 2 Kpfrt. mit Text S. 35—50.) Berlin 864, Ernst und Korn. In Mappe. *
1.—3. Heft. Ebendas. 1861. * 8 Thlr. 15 Ngr.

Quast, F. v., die Romanischen D o m e des Mittelrheins zu Mainz, Speier, Worms. Kritisch untersucht u. historisch festgestellt. Berlin 853. Ernst u. Korn. gr. 8. (2 Bl., 56 S. u. 6 lith. Taf.) n. 24 ngr.

—— die Entwicklung des christlichen Kirchenbaues. 2. und 3. Vorlesung. A. u. d. T.: Die Entwicklung der kirchlichen Baukunst des Mittelalters. Zwei Vorlesungen im evangel. Verein zu Berlin gehalten. gr. 8. (55 S. mit 1 lithogr. Kpfrt. in Fol.) Berlin 858, Ernst und Korn. *
Die 1. Vorlesung erschien Ebendas. 1853, unter dem Titel: Q u a s t, v., über Form, Einrichtung und Ausschmückung der ältesten christlichen Kirchen. * 15 Ngr.

v. Quast, Al. Ferd., das Erechtheion zu Athen, nebst mehreren, noch nicht bekannt gemachten Bruchstücken der Baukunst dieser Stadt und des übrigen Griechenlands. Nach dem Werke des H. W. Inwood mit Verbesserungen u. vielen Zusätzen herausg. 1e—8e Lfrg. Mit Steintaf. ½ Imp.-Fol. Berlin 834—40. Gropius. Subscr.-Pr. (à n. 1 ℛ) 8 ℛ

—— das Erechtheion zu Athen nebst mehren noch nicht bekannt gemachten Bruchstücken der Baukunst dieser Stadt u. des übrigen Griechenlands. Nach d. Werke des H. W. Inwood, mit Verbesserungen u. vielen Zusätzen hrsg. etc. Neue Ausg. Imp.-Fol. (41 Bl. u. 1 Bl. in Farbendr. nebst 12⅞ B. Text in gr. 8.) Potsdam 843, Riegel's Vrlgsh. *

—— über Form, Einrichtung und Ausschmückung der ältesten christlichen Kirchen. Ein Vortrag auf Veranstaltung des evangel. Vereins für kirchliche Zwecke gehalten. gr. 8. (40 S. mit 1 Kpfrt. in Fol.) Berlin 853, Ernst und Korn. *

Quast, F. v., die Gräber in der Schloßkirche zu Quedlinburg, s.: Hase, K. W.

—— Mittheilungen üb. Alt- u. Neu-Athen. M. 1 lith. Plane des v. Schinkel entworf. Kgl. Palastes auf d. Burg zu Athen (gr. 4.). gr. 8. (3 B.) Berlin 834, Gropius.

— s. S a m m l u n g von Denkmälern d. Architektur.

Quast, Ferd. v., Carl Friedrich Schinkel. Vortrag, gehalten in Schinkels Vaterstadt Neu-Ruppin. Neu-Ruppin 866. (Oehmigke & Riemschneider'sche Buchh.) gr. 8. (32 S.) n. 5 ngr.

— über Schloßcapellen als Ausdruck des Einflusses der weltlichen Macht auf die geistliche. Ein Vortrag auf Veranstaltung des Evangel. Vereins f. kirchl. Zwecke am 16. Febr. 1852 gehalten. gr. 8. (32 S.) Berlin 852, W. Schultze in Comm. 6 ngr.

– (Hrsg.), s. S c h u l z, Heinrich Wilhelm: Denkmäler der Kunst...

— s. Seroux d'Agincourt, Denkmäler der Architektur.

von Quast, F., und Otte, H. Zeitschrift für christliche Archäologie und Kunst. Mit Abbildungen. 1. und 2. Bd. Leipzig 1856—1858. 4°.

Quast, F. W. L. v., s. Q u a s t, W. F. L. v.

Quast, Ferdinand von, s. Q u a s t, Alexander Ferdinand von

Quast, Heinrich, pr. Arzt: Ruptur eines Aneurysma der Art. fossae Sylvii infolge Unfalltrauma. München 1910: Kastner & Callwey. 21 S. 8° ¶(Aus: Annalen d. städt. allg. Krankenhäuser zu München. Bd 14.)
München, Med. Diss. v. 8. Aug. 1910, Ref. v. Bauer
[Geb. 25. Juni 77 Leipzig; Wohnort: München; Staatsangeh.: Sachsen; Vorbildung: Thomassch. Leipzig Reife O. 97; Studium: Leipzig 2, München 1, Leipzig 1, München 13 S.; Coll. 8. Aug. 10; Approb. 21. Juli 05.] [U 11. 3711

Quast, Ludw., Kernworte der Hohenzollern u. 600 Denksprüche großer Männer, die Denksprüche alphabetisch geordnet. (43 S.) gr. 8. Potsdam (903). (E. Stein.) n. — 50

Quast, Ludw., die Nibelungenfresken am Marmorpalais bei Potsdam. (Mit Benutzung e. Riehl'schen Broschüre v. 1850.) 8. (32 S.) Potsdam 901. Riegel. n. — 50

— deutsche Rechtschreibung. Nach den f. Deutschland, Österreich u. die Schweiz seit 1902 gült. amtl. Regeln. 8. (IV, 23 S.) Ebd. (902). n. — 50

— Spaziergang durch Park Sanssouci bei Potsdam. Ein Führer f. jung u. alt. 8. (VII, 30 S.) Ebd. (901.) n. — 50

Quast, Otto, der Begriff des Belief bei David Hume, s. a. Abhandlungen zur Philosophie. 17. Hft.

Der Begriff des belief bei David Hume von Otto **Quast**. *Halle a. S.: M. Niemeyer 1903.* (VIII, 125 S.) 8°
= Abhandlungen z. Philosophie u. ihrer Geschichte. 17. (03. 14(8) 3

Quast, Otto, aus Essen a. d. Ruhr: Der belief in Hume's Kausalitätstheorie. *Halle a. d. S. 1903: E. Karras.* (70 S.) 8° ¶(T. 2 d. Schrift: Der Begriff des belief bei David Hume = Abhandl. zur Philos. u. ihrer Gesch., No 17.)
Bonn, Phil. Diss. v. 27. Mai 1903

— Dürfen wir noch an Wunder glauben? (35 S.) 8. Ebd. (907). — 40

Quast, Otto, kurze Geschichte d. englisch-amerikanischen Studentenmissionsbewegung. gr. 16. (IV, 23 S.) Halle 898. (J. Fricke's Sort.) n. — 10

— der Horizont der Bibel. Vortrag, geh. im christl. Verein junger Männer. (23 S.) kl. 8. Gelsenkirchen (906). Ev. Vereinsbuchh. n. — 15

Was ist Wahrheit? Von Dr. phil. O[tto] **Quast**, Essen-Ruhr. 2. Aufl. Essen-Ruhr: M. O. Hülsmann [1907]. (23 S.) 8° [F.] (08. 16032

Quast, Otto, Haeckel's Weltanschauung. Ein krit. Bericht. (100 S.) 8. Essen 900. M. O. Hülsmann. 1. —

Quast, W., die Salatiga-Mission in Mittel-Java. Ein kurz. Ueberblick üb. Beginn u. Fortgang der Neukirchener Java-Mission. Nach dem Holl. des Dr. Blom van Geel deutsch bearb. (46 S. m. Abb. u. 1 Karte.) 8. Neukirchen (910). Missions-Buchh. Stursberg & Co. — 40

Quast, W. F. L. v., die Reitkunst. Theoret. u. praktisch dargest. Nach d. Mspte. v. J. 1812 hrsg. M. 4 Kpfrt. gr. 8. (12½ B.) Crefeld 827, Funcke.

Quast, W. F. L. v., das Reitpferd, dargestellt in 23 K. gr. 8. Berlin, Maurer. 809.

— das Reitpferd, dargestellt u. durch 23 Kupfertaf. erläutert. gr. 8. Berl. 809. 2e A. 815. Rauck. 3 ₰

QVÆSTELII, CASP., Diss. acad. de pulvinari morientibus non subtrahendo, von Abziehung der Sterbenden Haupt-Küssen, ex moralibus, divinis, juris item ac artis medicæ principiis methodice proposita. Jenæ. 1718. 4.

Quaestio habetur, num Caesar bellum civile scripserit? Culmb. 1865. V: *Mosmer, Heinr.* (BSCE)

Quaestio habetur, num Caesar bellum civile scripserit? Culmbach 865. (Blumröder.) gr. 8. (8 S.) 4 ngr.

Quaestio juris et facti Historico-Polemica de conciliis S. R. Ecclesiae ... Oppaviae 1732. V: *Förschan, Johann.* (Jes)

Quaestiones annui concursus Mechliniensis, una cum responsionibus, ab anno 1745 usque ad annum 1797 inclus. Ed. nov. 12. Mechlin 828. (Müller in Mainz). 2 ₰

Quaestiones. Quaestionum cosmologicarum libri tres ... Oeniponte 1886. V: *Noldin, Hieronymus.* (Margr)

Quaestiones. Quaestionum dialecticarum libri tres ... Oeniponte 1891. V: *Noldin, Hieronymus* & *Josef Kern.* (Margr)

Quaestiones epistolicae de orthographicis quibusdam Graecis. [Berolini 1818.] V: *Wolf, Frdr. August.* (MGT)

Quaestionum geometricarum pars prior: De Magnitudine, ejusque speciebus. [o. O. u. J.]

Quaestiones Historico-Chronologico-Criticae ex Historia Ecclesiastica a Saeculo VII usque ad Saeculum XIII selectae. Graecii 1732. V: *Andrian, Carl.* (So)(Jes)

Quaestiones Historico-Chronologico-Criticae ex Historica Ecclesiastica Primorum sex Saeculorum Selectae. Graecii 1731. V: *Andrian, Carl.* (Jes)

Quaestiones iuris naturae septem ad amoliendas opiniones Recentiorum quorundam ... Dresdae 1756. V: *Thenius, Johann Gottlieb.* (Ky) (ML)

Quaestiones Juris publici ob des Herrn Churf. zu Brandenburg Durchl. ... der Titel eines Königs in Preussen beizulegen sey? O. O. [ca. 1710]. V: *Hochmann Freih. v. Hochenau, Hnr. Chph.* (Will)

Quaestiones. Quaestionum logicarum libri tres ... Oeniponte 1886. V: *Limbourg, Maximilian.* (Margr)

Quaestiones medicae Parisinae. Ex bibliotheca Georgii Friderici Sigwart. Tubingae 1759—60. H: *Sigwart, Georg Friedrich* & *Joh. Frdr. Closs.* (BrMm)

Quaestiones

Quaestiones medicae Parisiis agitatae. (2: Quaestiones medicae Parisinae.) Ex bibliotheca Georgii Friderici Sigwart. Fasc. [1.] 2. Tubingae: Cotta 1759-60. 8° 6

Quaestiones

[Quaestiones medicae Parisiis agitatae.] Dissertationes sive Quaestiones medicae Parisinae. Ex bibliotheca Georgii Friderici Sigwart. Ed. 2. T. 1. 2. Tubingae: Cotta 1767. 1 Bd 8°

Quaestiones

Quaestiones medicinae forensis. 6. 16. (Lipsiae 1798-1802: Klaubarth.) 8°

6: Facta violenta epilepticorum quamvis malefaciendi et ulciscendi consilio suscepta amentiae excusatione non carere. (1798.)
[Gedächtnisrede für Johanna Henrica Ludovica Bestucheff-Rumin vielm. Bestusev- Rjumin, 3. Juni 1798.]

16: Amentiae probandae argumenta vere ac falso suspecta. 2. De fatuitate dubia. (1802)
[Gedächtnisrede für Johanna Henrica Ludovica Bestucheff- Rumin vielm. Bestusev- Rjumin, 23. Juli 1802.]

Quaestiones. Quaestionum philologicarum specimina III de orationibus Catilinariis. Jenae 1837. V: *Eichstädt, Heinrich Carl Abraham.* (Gi)

Quaestionum philologicar. spec. III. de orationibus Catilinariis. 4maj. (2 B.) Ienae 837, libr. Bran.

Quaestiones de Praedestinatione et Reprobatione ... [Oppaviae] 1733. V: *Förschan, Johann.* (Jes)

Quaestiones. Quaestionum psychologicarum libri quinque ... Oeniponte 1886. V: *Noldin, Hieronymus.* (Margr)

Quaestiones quae in examine pro ordine proponuntur. Accedit descriptio ritus, quo sacerdotium et reliqui ordines conferuntur. Breslau 860. Aderholz. 8. (2 Bl., 75 S.) 5 *ngr.*

Quaestiones, quae in examine pro ordine proponuntur. Accedit descriptio ritus, quo ordines minores et majores conferuntur. Ed. II., posthuma. 8. (III, 72 S.) Breslau 887. Aderholz. n. — 60

QUAESTIONES SABBATHINAE: oder Curiose Juristische Fragen, Auf rare Casus eingerichtet, nebst Derer genauen Untersuchung und deutlicher Beantwortung herausgegeben von T. 4 Teile. Leipzig, C. Hülße 1703 -04. 3 Bll., 330 SS. — In 1 Pgt-Bd. der Zeit.

QUAESTIONES Sabbathinæ, oder curieuse Juristische Fragen auff rare casus eingerichtet. 3 Thle. Leipzig 1704. 8°. 16 Bogen. Selten!
Bibl. Ludovici (Bibliop.) continuatio. Vitemb. 1705.

Quaestionum sex super Flaviano de Jesu Christo testimonio auctarium tertium. 4. (1½ B.) Jenae 844, libr. Bran.

Quaestiones ab universitate litteraria Friderica Guilelma Berolinensi in annum 1842 propositae d. 3. Aug. 1841. [Berolini] (1841). (2 Bl.) 4° [Kopft.]

Quaestiones. Quaestionum ac Vindiciarum Didymiarum Particula I. Gotting. 1829. V: *Lücke, Gfr. Chn Frdr.* (Hoff)

Quaestiones de vitiis apostolorum et locis novi testamenti difficilioribus, praeside Jodoco Heringa, in academia Rheno-Trajectina, inde ab anno MDCCCXV ad annum MDCCCXXV, propositae. Lex.-8. (12 B.) Tielae 844. (Leipzig, Brockhaus et Avenarius.) *

Quaet-Faslem, Emanuel Friedrich (Nienburg), Commentatio de lege Anastasiana. Göttingen (Dieterich) 1836. 18 S. (3.50) 27408

QUAET-FASLEM, G.: Die Aufforstungsbestrebungen der Hannoverschen Provinzialverwaltung. - Hannover 1908. 22 S.

Quaet-Faslem, G. Die Bepflanzung v. Chausseen, Landstraßen u. Gemeindewegen m. Waldbäumen. gr. 8. (51 S.) Hannov. 889, Göhmann. * — 75

Quaet-Faslem, G., die Bepflanzung v. Chausseen, Landstraßen und Gemeindewegen mit Waldbäumen. gr. 8. (54 S.) Hannover 889. (Linden-Hannover, Manz.) n. — 75

Quaet-Faslem, Georg, approb. Arzt aus Hannover: **Das Offenbleiben des Ductus omphalo-mesentericus.** *Kiel 1899: P. Peters.* (35 S.) 8°
Kiel, Med. Diss. v. [10. Febr.] 1899

Quatelbach [Schlagwort]

Quatelbach. Übersichts-Plan der Hardtbewässerung einschl. der Wässerungen am Quatelbach u. Vaubankanal. 1:170,000. (Landwirtschaftl. Lehrbuch, III. Bd.) 24×32,5 cm. Farbdr. Gebweiler (909). J. Boltze. Auf Pappe 1.50

Quatember, die, Zeitschr. f. naturwissenschaftl., geschichtl., philolog., literär. u. gemischte Gegenstände. Im Vereine mit J. F. v. Eschscholtz, J. N. H. Lichtenstein, J. F. v. Recke, W. T. Hübner, G. Merkel, u. unt. Mitwirkung d. Kurländ. Gesellschaft f. Literatur u. Kunst, hrsg. v. E. Chr. v. Trautvetter. Bd. I. Hft. 1—4. (Jahrg. 1829.) 8. (23 B. u. 1 Stnt.) Mitau, Reyher.

Quatember, Andr., Anleitung jede Proporzions-Aufgabe auf eine einfachere, und auf das Rechnen ohne Ziffern anwendbare Weise aufzulösen. Troppau 857. Schüler. gr. 8. 27 S.) n. 7½ *ngr.*

Quaternus de excadenciis et revocatis capitinatae de mandato imperialis maiestatis Frederici II. Nunc primum excodice Casinensi cura et studio monachorum ordinis sancti Benedicti archicoenobii Montis Casini in lucem profertur. (XVII, 121 S. m. 2 Taf.) gr. 4. Mons Casinus 903. (Rom, F. Pustet.) n n. 12.—

Quatrefages, s. Race, la, prussienne.

Quatrefages de Breau, Jean Louis Armand

Quatrefages, A. de, das Menschengeschlecht, s. a. Bibliothek, internationale wissenschaftliche.

Quatrefages de Breau, Jean Louis Armand: Das Menschengeschlecht. Th. 1, 2. Leipzig 1878. 1 Bd. X, 338; VI. 278 S. 8°.

Quatrelles, der erste April, s.: Theater-Repertoir, Wiener.

Quatremère, Steph. M., s.: Thesaurus syriacus.

Denis Bernard Quatremère-Disjonval

[Teils.Deutsch.] [Denis Bernard] Quatremère-D'Jsjonvals [Quatremère-Disjonval] Vermischte chemische und physische Abhandlungen. Aus d. Franz. Th.1. Leipzig: Weygand 1785. 8°
Th.1: 1785.

— verm. chem. u. physikal. Abhandll. üb. Indigo, Kalk, Mergel u. verschied. Arten Baumwolle. 8. Lpz. 785. Weygand. 16 gl.

Quatremere-Disjonval, Arancologie, od. Naturgeschichte d. Spinnen; aus dem Französ. gr. 8. Frankf. 798. Varrentrapp. 10 gl.

Quatremère-Disjonval: Arancologie od. Naturgeschichte d. Spinnen ... vorzüglich in Rücks. auf die daraus hergeleitete Angabe atmosphärischer Veränderungen. Aus d. Franz. d. 2. Ausg. übers. Frankf. a. M. 1798. 122 S.

Quatremere Disjonval, d. sicherste Barometer, s. Bied, Fd.

— chem. Untersuchung u. Auflösung d. Indigo; aus d. Französ. u. mit e. Vorr. v. W. H. S. Bucholz. 8. Weimar 778. Hoffmann. 6 gl.

Quatremère de Quincy

— Essai sur l'idéal dans ses applications pratiques aux oeuvres de l'imitation propre des arts du dessin. 8. Paris 837. Brockhaus et Avenarius. (3 1/6 Rthl.) 2 Rthl.

Quatremère de Quincy, Geschichte d. berühmtesten Architekten u. ihrer Werke, vom 11. bis z. Ende d. 18. Jahrh., nebst d. Ansicht d. merkwürdigsten Gebäudes e. Jeden derselben. A. d. Franz. übers. v. Fr. Heldmann. 2 Bde. Lex.-8. (45 B. u. 47 Kpfrt.) Darmstadt 831, Leske.

— — Dasselbe. 2. Ausgabe. Mit 274 Holzschn. Leipzig 1869. 8°.

Quatremère de Quincy, Geschichte Raphael's u. seiner Werke. N. d. 2., verb. u. verm. französ. Orig.-Ausg. übers. gr. 8. (19 1/2 B. u. 1 Facsim.) Quedlinburg 835, Basse.

Quatremère de Quincy, Memoire sur la restitution du temple de Jupiter Olympien à Aprigante S.-A. 1815. 87 S. 4°. 1.20

— Recueil de dissertations archéologiques. 8. Paris 836. Brockhaus et Avenarius (4 Rthl.) 2 2/3 Rthl.

— — Die Ruinen Rom's. 2. verb. Aufl. Mit 37 lith. Abbild. in Tondruck, 7 Plänen, einem Stadtplan und 72 Holzschnitten. Leipzig 1879. 4°.

Quattermart von der Stessen, s. Hayn, Kasimir.

Der Freimaurer-Orden, vom christlichen Standpunkte aus beleuchtet von Paul Quattländer. [Newark, N. Y.: Selbstverl.] Cincinnati 1873: Hitchcock & Walden. 48 S. 8°
Gegnerschrift. Will die seelischen Gefahren zeigen, denen man sich durch die Zugehörigkeit zum Bunde aussetzt.

Quattrini, Piero. Über Rektalnarkose. Aus der chirurgischen Abteilung des Prof. Dr. C[arl] Arnd. Inselsspital zu Bern. Diss. Med. Bern. 31 S. 8. Leipzig, Bruno Georgi, 1910.

Quayzin, Henri, premiers essais. Lectures dédiées aux premières classes de français des écoles supérieures de jeunes filles avec un vocabulaire français-allemand. 8. (VIII, 128 S.) Stuttgart 888, Neff. cart. *

Quayzin, Henri, premiers essais. Lectures dédiées aux premières classes de français des écoles supérieures de jeunes filles, avec un vocabulaire français-allemand. 2. éd. 8. (XI, 128 S.) Stuttgart 893. P. Neff. Kart. n. 1. 20

Quayzin, Henry, premiers essais. Lectures dédiées aux premières classes de français des écoles supérieures de jeunes filles, avec un vocabulaire français-allemand. 3. éd. gr. 8. (XI, 104 S.) Stuttgart 901. A Bonz & Co. Kart. n. 1. 40

Quayzin, Henri. Premiers essais. Lectures dédiées aux premières classes de français des écoles supérieures de jeunes filles, avec un Vocabulaire français-allemand. 3e éd. XII + 104 p. 8. Stuttgart, Paul Neff, 1901. [relié M. 1. 40]

Quayzin, Henri, premiers essais. Lectures dédiées aux premières classes de français des écoles supérieures de jeunes filles, avec un vocabulaire français-allemand et un appendice. 4. éd. (13. et 14. mille.) (XI, 108 S.) 8. Stuttgart 908. A. Bonz & Co. Geb. 1.40

—— premières lectures dediées aux classes moyennes des écoles supérieures de jeunes filles avec un vocabulaire français-allemand et la table alphabétique des verbes irréguliers les plus usités. 8. (VIII, 247 S.) Ebendas. 886. * geb. *

Quayzin, Henri. Premières lectures dediées aux classes moyennes des écoles supérieures de jeunes filles avec un vocabulaire français-allemand et faisant suite aux „premiers essais". 2. édit. 8. (VII, 240 S.) Stuttg. 891, Neff. * 1 80; geb. * 2 —

— premières lectures à l'usage des écoles supérieures de jeunes filles. 3. éd. 8. (VIII, 252 S.) Stuttgart 898. [P. Neff.] A. Bonz & Co. n. 1. 80; geb. n. 2. —

Quayzin, Henri, Premières lectures à l'usage des écoles supérieures de jeunes filles, avec un vocabulaire français-allemand et faisant suite aux „Premiers essais" du même auteur. 3. éd. 8. (VIII, 252 S.) Stuttgart 898. P. Neff Verl. n. 1. 80; geb. n. 2. –

Quayzin, Henri, Premières lectures à l'usage des écoles supérieures de jeunes filles, avec un vocabulaire français-allemand et faisant suite aux „Premiers essais" du même auteur. 4. éd. (10.—12. mille.) (VIII, 204 S.) 8. Stuttgart 901. A. Bonz & Co. n. 1. 80; geb. in Leinw. n. 2. —

— Premières lectures à l'usage des écoles supérieures de jeunes filles, avec un vocabulaire français-allemand, faisant suite aux „peemières essais" du même auteur. 5. éd. revue et augmntée. (13.—15. mille.) (VII, 219 S.) 8. Ebd. 910. 1.80; geb. in Leinw. 2. —

Quayzin, H(enri). Au Seuil de la Littérature et de la Vie littéraire, faisant suite aux Premiers Essais et aux Premières Lectures du même auteur; à l'usage des Ecoles supérieures, des Gymnases, des Ecoles normales et des Cours de perfectionnement de jeunes filles; par H. Quayzin, Professeur ... à Stuttgart. (Une chrestomathie, [avec] Vocabulaire.) XVI + 256 p. 8. Stuttgart, Adolf Bonz & Comp., 1902. [relié M. 2. 70]

—— Au seuil de la vie des affaires. Choix de lectures dédiées aux écoles de commerce, aux écoles industrielles, aux écoles des arts et métiers, aux écoles de perfectionnement. 8. (VII, 150 S.) Stuttg. 892, Brettinger. * 1 20; geb. * 1 50

— dasselbe, s. a. Handbibliothek der gesamten Handelswissenschaften.

— Au seuil de la vie des affaires. Choix de lectures dédiées aux laécoles de commerce, aux écoles industrielles, aux écoles des arts et métiers, aux écoles de perfectionnement. 2. éd. (VII, 136 S.) kl. 8. Stuttgart. (901). W. Violet. 1.20; geb. 1.50

al-Qudūrī

— — Des Abul-Hassan Achmed Ben-Mohammed Koduri von Bagdad Moslemitisches Eherecht nach Hanifitischen Grundsätzen ... [in deutscher Übersetzung; herausgegeben von Georg Helmsdörfer. Frankfurt am Main 1832.

— — Institutiones juris Mohammedani circa bellum contra eos qui ab Islamo sunt alieni. E duobus al-Coduri codicibus nunc primum Arabice edidit, Latine vertit, glossarium adiecit Ern. Frid. Car. Rosenmüller. Lipsiae 1825.

Que

Qu'est-elle? Que veut-elle? ... L'Armée du Salut. Berne (1909) s. [Spiller, Else].

Que faut il boire? Société internationale contre l'usage des boissons alcooliques. (Von A. Pillichody.) (Neue Aufl.) 8. (11 S.) Basel (Spalenvorst. 14) (895). Schriftstelle d. Internat. Vereins zur Bekämpfg. des Alkoholgenusses. n.n. — 05

Que faut-il boire? (Société internationale contre l'usage des boissons alcooliques.) (Par A. Pillichody.) 8. (11 S.) Basel (902). Schriftstelle des Alkoholgegnerbundes (durch F. Reinhardt). n. — 04

Que faut-il désirer pour la Russie? [Von N. Tourgueneff.] (In russ. Sprache.) gr. 8. (XXXIV, 234 S.) Leipzig 868, (Brockhaus' Sortiment und Antiq.) * 4 —

Quéant, l'assurance et la religion, une question d'économie politique. Traduit de l'allemand. 8. (23 S.) Trier 894. H. Stephanus' Verl. n. — 40

*Quéant, Abbé. Versicherung und Religion. Metz 1882. 3. A. 1896.

Quéant, Abbé, Versicherung und Religion. Zur volkswirthschaftl. Frage. 2. Aufl. 8. (24 S.) Trier 887, Stephanus. *

Queck. 1910 [Pseud.]
s. Wunderlich, Hermann. (10. 11737

Festspiel v. Queck, Zum 50. Stiftungsf. d. Allg. T. V. Pfingsten 1910, Faust III., m. Abb., darin An eyner lustigen Geschicht gezeyget wird, wie Doctor Faustus newerlich wiederum gesehen worden usw. usw., m. Abb., Berlin 1910, 23 S., 8°.

Queck, G., De Madvigii emendationibus Livianis disp. Lib. I—III. Pr. 1861. 21 S. 4°. 1.20

Queck, G. A., de quadam gymnasiorum et literarum universitatum inter se necessitudine. Disputatio. gr. 4. (15 S.) Sondershausen 858, Eupel's Verlag.

Queck, Georg

Queck, G., Beiträge zur Quellenkunde Plutarchs (I. Abtheil.) Pr. 1875. 22 S. 4°.

Queck, Geo., de fontibus Plutarchi in vita Pelopidae. Dissertatio inauguralis. gr. 8. (30 S.) Dramburgi 876. (Jena, Deistung.) n. — 40

Queck, Gustav, De Martino Chemnitio theologo Brunsvicensi. Oratio quam ad memoriam Augustanae confessionis pie recolendam ex lege Beneficii Lynckeriani habuit. Jena (G. Schreiber) 30. V. 1845. 24 S. (3.50) 27415

Queck, Gust., Ferdinand Gotthelf Hand nach seinem Leben u. Wirken dargestellt. Nebst Auszügen aus Briefen von Heyne, Carus, Passow, G. Hermann u. A. u. der Grabrede des Geh. Kirchenraths Schwarz. gr. 8. (IV u. 100 S.) Jena 852, Doebereiner. n. 16 ngl

[F.] Queck, Gustav [Dir. Prof. Dr.]: Ausgeführter Lehrgang für den Geschichtsunterricht in den Klassen Sexta bis Unter-Sekunda. Dramburg, Druck v. W. Schade & C., 1892; 3—16 S. 4.
Dramburg, k. G., P 1892 (133)

— Schule u. Kirche. Antwort auf das Sendschreiben an Deutschlands protestantische Volksschullehrer, insonderheit Landvolksschullehrer, von Einem, welcher der Kirche u. der Schule gleich nahe steht. gr. 8. (19 S.) Sondershausen 849, Eupel. 3 ngl

Queck, Gust. Ad., de Euripidis Electra. Commentatio in certamine literario civium Academiae Jenensis die II. Sept. 1843 praemio primario publice ornata. 8maj. (6 B.) Jenae 844, (Hochhausen.)

Queck, Karl, Ref. in Leipzig: Das Verfahren bei Abnahme des prozessualen Offenbarungseides mit Beschränkung auf die Fälle der ZPO. Borna-Leipzig 1906: R. Noske. (x, 114 S.) 8°
Leipzig, Jur. Fak., Diss. v. 9. Febr. 1906
[Geb. 20. Febr. 79 Buchholz i. S.; Wohnort: Leipzig-Lindenau; Staatsangeh.: Sachsen; Vorbildung: Thomassch. Leipzig Reife O. 98; Studium: Freiburg i. B. 1, Leipzig 7 S.; Rig. 14. Febr. 02.]

Queckenstedt, Hans, Arzt aus Leipzig-Reudnitz: Über Karzinosarkome. *Leipzig 1904: F. Gröber.* (51 S.) 8°
Leipzig, Med. Diss. v. (9. Juni) 1904

Quecksilberwerk, das k. k., zu Idria in Krain. Zur Erinnerung an die Feier des 300jährigen ausschliesslich staatlichen Besitzes. Hrsg. von der k. k. Bergdirection zu Idria. Fol. (III, 68 S. m. 1 lith. Karte.) Idria 881. Wien, v. Waldheim. n. 3. 60

Quede, L. C., Gedanken von einer vernünftigen Einrichtung des Schulwesens u. d. Kinderzucht auf d. Lande. 8. Flensb. Korte. 759.

Quedefeld, Gust. Über Sigmund von Birken. 20 S.
Progr. *Freienwalde* 1878.

Quedenfeld, Carl, s Quedenfeld, Karl

Quedenfeld, Johann Christoph

Quedenfeld, J. C., Grundsätze der franz. Sprache. gr. 8. Lpz. Crusius. (F. C. W. Vogel.) 800.

Quedenfeld, J. Cph., († ...) Grundsätze d. französ. Sprache. Mit Anh. gr. 8. Lpz. 800. (W. Vogel). 1 ℛ 12 gl ohne Lesestücke. 1 ℛ Der Anhang apart unt. d. T.: angenehme u. korr. Lesestücke f. Anfänger d. französ. Sprache. gr. 8. Ebd. 800. 12 gl

HEILWERTH, Emanuel, eine (stellenweise etwas freie) Geschichte (von *Joh. Chp. Quedenfeld*). 4 Thle. Mit 1 Titelkpf. Leipzig, Crusius, 1787—88. 8⁰. (3 Mk. 50 Pfg. Beck, Nördlingen, 1888; jetzt theurer!)
1 Titelkpf., 4 Tit., Vorstücke, 344, 264, 352, 288 Seiten. — Cplt. rar!

– Dass., s.a. Heilwerth, Emanuel

— angenehme Lesest. f. Anf. d. französischen Sprache. gr. 8. Lpz. Crusius. (F. C. W. Vogel.) 800.

— vollständ. Syntax d. französ. Sprache, od. Anweis. zu einem ächt französ. Style 2c. gr. 8. Lemgo. 807. Meyer. 2 ℔ 4 ℞ Schreibp. 3 ℔

Quedenfeld, Karl

Quedenfeld, Carl [pr. Arzt]: Über einen Fall von Osteoidchondrom mit multiplen Metastasen. . . Königsberg i. Pr., Druck v. M. Liedtke, 1891; 27 S., 1 Bl. 8⁰
Königsberg, Med. Fak., Inaug.-Diss. v. 19. März 1891

Quedenfeld, Carl, üb. e. Fall v. Osteoidchondrom m. multiplen Metastasen. Diss. gr. 8. (26 S.) Königsberg i/Pr. 891. (Koch.) n. — 80

Quedenfeldt, Erwin *Theodor* [aus Essen]: Über symmetrisches Dibenzylhydrazin. '(Sym. Diphenylhydrazimethylen.)' ... Kiel, Druck v. Schmidt & Klaunig, 1896; 38 S., 1 Bl. 8.
Kiel, Phil. Fak., Inaug.-Diss. v. [22. Febr.] 1896

Quedenfeldt, Erwin, aus d. alten Düsseldorf. 40 maler. Ansichten nach Orig.-Gummidrucken. (40 Bl. m. 8 S. illustr. Text.) 43×31 cm. Düsseldorf 907. Schmitz & Olbertz. In Mappe 20.—; × Vorzugsausg. auf weissem Karton 30. —

Die Praxis d. Gummidruck-Verfahrens, s.a. Bücherschatz, photographischer.

Quedenfeldt, E: Dio Praxis des Gummidruok-Verfahrens. Leipzig 1909. (Liesegang's Photogr. Büchorsohatz Bd 11)

Quedenfeldt, G.: Beiträge zur Kenntniss der Koleopteren-Fauna von Central-Afrika nach den Ergebnissen der Lieutenant Wissmann'schen Kassai-Expedition 1883—1885. ([S.-A.] Berliner Entomologische Zeitschrift. Jahrg. 1888. Bd. 32. Heft 1. S 155—219.) Berlin 1888. 65 S. 8⁰.

Quedenfeldt, Gust., Godiohte e. Unmodernon. 8. (III, 49 S.) Dresden 898. E. Pierson. n. 1. 50; gob. n. 2. 50

Quedenfeldt, Gust., Künstlerleben. Eine Spaziergangserzählg. in Versen. 8. (81 S.) Dresden 899. E. Pierson. n. 1. 50; geb. n. 2. 50.

Quedenfeldt, Gust., Lumpenlies'l, s.a. Bloch's, Eduard, Theater-Korrespondenz. Nr. 341.

Lumpenlies'l. Singspiel in 1 Akt von Gustav **Quedenfeldt.** Mit Einlagen von Anna Maria Witte. Musik von Richard Meienreis. Berlin: E. Bloch [1905]. (21 S.) 8⁰ [F.]
= **Theater-Korrespondenz,** Ed. Blochs. No 341. 1o6. 9956

Quedenfeldt, Gustav [aus Essen]: Die Mysterien des heiligen Sebastian, ihre Quelle u. ihr Abhängigkeitsverhältnis... Berlin, C. Vogts Buchdr. ([übergeklebt:] Marburg. 1895); 58 S., 1 Bl. 8.
Marburg, Phil. Fak., Inaug.-Diss. v. [10. Juli] 1895

Quedenfeldt, Gust., die Mysterien d. hl. Sebastian, ihre Quelle u. ihr Abhängigkeitsverhältnis. Diss. gr. 8. (58 S.) Berlin 895. E. Ebering. n. 1. 40

Quedenfeldt, M.: Aberglaube und halbreligiöse Bruderschaften bei den Marokkanern. Vortrag, gehalten in der Gesellschaft für Anthropologie, Ethnologie und Urgeschichte zu Berlin am 20. November 1886. ([S.-A.] Zeitschrift für Ethnologie. (Verhandlungen der Berliner Gesellschaft für Anthropologie. Jahrg. 1886. S. 671 692.) Berlin 1886. 22 S., 1 Tf. 8⁰.

Quedenfeldt, M.: Eintheilung und Verbreitung der Berberbevölkerung in Marokko. (Zeitschrift für Ethnologie. Bd. 20. Jahrg. 1888. S. 98—140; 146—160; 181 210. Bd. 21. Jahrg 1889 S. 81- 108; 157 201.) Berlin 1888 u. 1889. 8⁰.

Quedenfeldt, M.: Die Corporationen der Uled Ssidi Hammed-u-Müssa und der Orma im südlichen Marokko. [Vortrag.] ([S.-A.] Verhandlungen der Berliner Anthropologischen Gesellschaft Sitzung vom 20. Juli 1889. S 572—586.) Berlin 1889. 15 S. 8⁰.

Quedenfeldt, M.: Mitteilungen aus Marokko und dem nordwestlichen Sahara-Gebiet. Vortrag gehalten in der Sitzung der Geographischen Gesellschaft zu Greifswald am 31. Januar 1888. ([S.-A.] 3. Jahresbericht der Geographischen Gesellschaft zu Greifswald. Th. 2. 1886--1889.) Greifswald 1888. 65 S., 1 Krt. 8⁰.

Quedenfeldt, M.: Nahrungs-, Reiz- und kosmetische Mittel bei den Marokkanern. Vortrag, gehalten in der Gesellschaft für Anthropologie, Ethnologie und Urgeschichte zu Berlin am 19. März 1887. ([S.-A.] Verhandlungen der Berliner Gesellschaft für Anthropologie. Jahrg 1887. S. 241—285.) Berlin 1887. 45 S., 1 Tf. 8⁰.

Quedenfeldt, M.: Pfeifsprache auf der Insel Gomera. (Verhandlungen der Berliner Anthropologischen Gesellschaft. Sitzung vom 17. December 1887. S. 731—741.) (Berlin 1887.) 11 S. 8⁰.

Quedenheld, Jh. Chph., s. Em. Heilwerth.

Quedenheld, Johann Christoph,
s. Quedenfeld, Johann Christoph

Quedensen, Christian Karl: Gesang in der Westerlandföhrer Mundart verfasst vor 130 (handschriftlich geändert in: 90) Jahren. v. M. Flor (handschriftlich geändert in: Christian Karl Quedensen.) Nieblum auf Föhr. 1847. 8⁰

Quedlinburg [Sachliches OW]

Quedlinburg u. seine Altertümer. 4., verm. Aufl. 8. (32 S. Quedlinburg 890. Huch. n. — 40

Quedlinburg [Schlagwort]

Quedlinburg, s.a. Harz.

— s. a.: **Preussen, Messtischblätter.**

Quedlinburg. Pharus-Plan Quedlinburg. 1:7000. 33,5×49,5 cm. Farbdr. Mit Strassenverzeichnis an der Seite. Berlin (909). (Quedlinburg, P. Deter.) — 50

Quedlinburg. Sommerlade, F., u. G. Peyer, Karte der preussisch- u. anhaltischen Kreise Quedlinburg, Aschersleben u. Ballenstedt. 1 : 120,000. 30,5×41 cm. Farbdr. Quedlinburg (904). P. Deter. n. — 30

— **Uebersichtsplan der Stadt Quedlinburg.** Aufgenommen u. gezeichnet durch das Vermessungsbureau v. Ad. Meyer. Abgeschlossen im J. 1902. 1 : 4000. Farbdr. Quedlinburg (903). H. Schwanecke. n. 1. 50

Quednau [Schlagwort]

Quednau, s.: **Deutschland. Kürschner-Pelp.**

Quednau [Verfasser]

Quednau, W., Gebühren-Ordnung f. Notare d. preuß. Monarchie v. 25. VI. 1895. M. Erläutergn. u. Tabellen hrsg. 3., verm. u. verb. Aufl. gr. 8. (XI, 104 S.) Berlin 897. (Struppe & Winckler.) Geb. in Leinw. n. 2.50

Quednau, W., Gebührenordnung f. Notare nebst den anwendbaren Teilen des preuß. Gerichtskostengesetzes. In der v. 1. X. 1910 ab gelt. Fassg. Vom 25. VII. 1910. Mit Erläutergn. aller Neuergn. u. Abändergn., Tabellen nach den neuen Gebührensätzen u. Sachregister. 5. Aufl. (Zugleich Suppl. zur 4. Aufl.) (VI, 94 S.) Lex.8. Berlin-Grunewald (910). W. Quednau. (Nur direkt.) 2. —

Quednau, W., Gesetz, enth. die landesgesetzlichen Vorschriften üb. die Gebühren der Rechtsanwälte u. der Gerichtsvollzieher. Vom 27. IX 1899. (In der Fassg. der Bekanntmachg. des Justizministers vom 6. X. 1899.) Anh: Die Reichs-Gebührenordng. f. Rechtsanwälte vom 7. VII. 1879, in der vom 1. I. 1900 geltenden Fassg. Mit Erläutergn., Tabellen u. Sachregister hrsg. 5., unveränd. Aufl. (IX, 62 S.) 8. Berlin-Charlottenburg (Kantstraße 98), 900. Selbstverlag. n. 1. 50

Quednau, W., Kommentar zur deutschen Gebührenordnung f. Rechtsanwälte. Vom 7. VII. 1879/20. V. 1898. Mit der am 1. IV 1910 in Kraft tret. Novelle u. unter Berücksicht. des Entwurfs e. neuen Strafprozessordng. Sonderinhalt: Der Wert des Streitgegenstandes. — Das gesamte neue Kostenfestsetzungsverfahren. (XXXVI, 663 S.) gr. 8. Berlin-Halensee, Quednau. (Nur direkt.) 1909 Geb. 7. 50.

— Kommentar zur deutschen Gebührenordnung f. Rechtsanwälte. Vom 7. VII. 1879/20. V. 1898. Mit der Novelle vom 1. VI. 1909. Sonderinhalt: der Wert d. Streitgegenstandes. — Das gesamte neue Kostenfestsetzungsverfahren. 2. Abdr. (XXXVI, 663 S.) Lex.8. Ebd. 910. Geb. in Leinw. 7. 50

Quednau, W., Kommentar z. Gebührenordnung f. Notare in d. Preuß. Monarchie nebst den in Bezug genommenen Teilen des preuß. Gerichtskostengesetzes. Vom 25. VI. 1895. In der Fassg. der Bekanntmachg. vom 6. X. 1899. 4., völlig umgearb. u. verm. Aufl. auf Grundlage des bürgerl. Gesetzbuchs, der Neben- u. Ausführungsgesetze u. d. neuen Reichs-Erbschaftssteuergesetzes. (XII, 149 S.) gr. 8. Berlin-Halensee 907. Berlin-Grunewald, W. Quednau. (Nur direkt.) Geb. in Leinw. 3. 50

— Kommentar zur Novelle des preuß. Stempelsteuergesetzes. Vom 26./30. VI. 1909. Mit den neuen Entscheidgn. u. Tabellen nach den neuen Steuersätzen. 2. rev. Abdr. unter Hinzufügg. der neuen Ausführungsbestimmgn. u. des neuen Reichsstempelgesetzes nebst den neuen Ausführungsbestimmgn. dazu. (CVIII, 109 S.) gr. 8. Ebd. 909. 3. 50

Kommentar zum Preussischen Stempelsteuergesetz nebst Tarif vom 31. Juli 1895. Mit d. gesamten ⟨erg. u. bericht.⟩ Ausführungsbestimmungen, Tabellen … u. e. Anh.: Das Preuß. Allgem. Landrecht u. d. Code civil in heutiger Gestalt, mit Erl. u. Hinweisen versehen. Von W. **Quednau.** [Nebst] Anh.: Darstellung d. Einwirkung d. Reichs-Erbschaftssteuergesetzes … Berlin-Charlottenburg: Selbstverl. 1902–[07]. 2 Bde 8° [F.] [Hauptwerk.] 11., gänzl. umgearb. Aufl. auf Grundlage d. BGB., seiner Nebengesetze u. d. Preuß. Ausführungsgesetze. 1902. Anh. [1907.] [07. 16883]

— Kommentar zum preussischen Stempelsteuergesetz nebst Tarif vom 31. VII. 1895. Anh. (22 S.) gr. 8. Berlin-Halensee, Selbstverlag. (Nur direkt.) 1907 —. 75.

— **Stempelsteuergesetz** v. 31. Juli 1895, nebst Ausführungsanweisgn. v. 13. u. 29. Febr. 1896 u. Anh.: Erbschaftssteuergesetz u. Reichsstempelgesetz. Unter Berücksicht. d. Gesetzesmaterialien sow. d. ergang. Entscheidgn. erläut. u. m. Tabellen u. Sachregister vers. 10. Aufl. gr. 8. (X, 258 u. 62 S.) Ebd. 896. Kart. n. 2. 70

Quednow, …, Maaß- u. Gewichts-Vergleichungs-Tabellen, s. H. L. Manger.

Quednow, A., das Ergänzungswesen im k. preuß. Heere, nach d. darüber besteh. Verordnn. Compendiarisch dargestellt. 8. (8¾ B.) Trier 839, Troschel.

—— das Ergänzungswesen im k. preuß. Heere nach den darüber bestehenden Verordnungen. Compendiarisch dargestellt. Mit Nachträgen u. Zusätzen bis z. J. 1843 vermehrt. 8. (10 B.) Trier 844, Troschel.

Quednow, A., Philippchen. Poetische Erzählung in 2 Gesängen. 16. Trier 835. Troschel. ½ ℛ

Quednow, A., Aus der Schule des Lebens. Roman in drei Büchern. gr. 8. (18¾ B.) Stuttgart 842. [Frankfurt a. M., Jos. Baer.] 1 Thlr. 18¾ Ngr. Hrbgesf. Pr. * –

Quednow, A., Aus der Schule des Lebens. Roman in drei Büchern. Stuttgart 842, Cast'sche Buchh. 1⅝ ℛ

Quednow, Karl Fr., Beschreib. d. Alterthümer in Trier u. dessen Umgebungen aus d. gallisch-belgischen u. röm. Periode. 2 Thle. Mit 28 Kpf. gr. 8. Trier 810. (Gall). 6 ℛ 12 gſ bei Linz das. 4 ℛ Schrbp. 5 ℛ

Quednow, C. F., Beschreibung der Alterthümer in Trier und dessen Umgebungen aus der gallisch-belgischen und römischen Periode. 2 Theile. mit 28 Kupf. gr. 8. Trier. (Bonn, Weber in Comm.) 820.

Quednow, Karl Fr., Panorama von Trier u. seinen Umgebungen. Lithogr. Tableau. Mit 42 Rand-Ansichten. Roy.-Fol. Trier, Lintz. n. 2 ℛ

Quednow, Mathilde, Blumenkäthchen, s. Volks-Bibliothek, christliche.

Quednow, M., Dorina. Roman. 8. (382 S.) Hagen 882. Risel & Co. n. 5. —; geb. n. 6. —

Quednow, Mathilde, Dornrose. Roman in vier Büchern. 4 Bde. Elberfeld 870. Friderichs. 8. (III, 191; 260; 282 u. 231 S.) 4 ℛ

Quednow, M., Heinrich und Gertrud, s. Volks-Bibliothek, christliche.

— Kämpfe und Siege. Ein Lebensbild aus der jüngsten Vergangenheit. 2 Thle. 8. (198 u. 171 S.) Bielefeld 873. Velhagen & Klasing. 4. 50

Quednow, M. Markgraf Otto m. dem Pfeil. Poetische Erzählg. 8. (IV, 90 S.) Gotha 891, F. A. Perthes. * 1 20

— Säen u. Ernten. Roman in 2 Abthlgn. 8. (III, 343 S.) Leipzig 890. Deichert Nachf. n. 4. —; geb. n. 5. —

Quednow, M., Filippo Strozzi. Historischer Roman. 8. (446 S. m. 1 genealog Tab.) Gotha 884. F. A. Perthes. n. 6. —

— am Ufer. Gesammelte Novellen. Münster 865. Brunn's Verlag. 16. (VII, 354 S.) 1 ℛ 7½ ngr; geb. mit Goldschn. 1 ℛ 24 ngr

—— Weihnachtsgeister. Dichtung und Wahrheit. 16. (77 S.) Münster 865, Brunn's Verlag. cart. mit Goldschn.

— harte Zeiten. Historische Erzählg. aus den Tagen d. großen Königs. gr. 8. (318 S.) Gotha 887. F. A. Perthes. n. 4. —

Queen, the, or the excellency of her sex, s. Materialien zur Kunde des älteren englischen Dramas. XIII.

The Queen or the Excellency of her Sex. (Mutmaßlicher Verf.: John Forde.) Nach der Quarto 1653 in Neudr. hrsg. von W[illy] Bang. Louvain: U. Uystpruyst; Leipzig: O. Harrassowitz 1906. (IX, 7, 60 S.) 4°
= Materialien z. Kunde d. älteren Engl. Dramas. Bd 13. [07. 9331

Queens County Freie Presse: 1884—? New York, NY

Queensland. 5.000,000. G. M. 1861.

Quehl, A., was man als Bürgermeister erlebt. 1. u. 2. Taus. (80 S.) 8. Halle 910. G. Moritz. 1.

Quehl, Alfred, a. Berlin: Untersuchungen über die Myxobakterien. Jena: G. Fischer 1906. (28 S.) 8°
Jena, Phil. Fak., Ref. Stahl, Diss. v. 29. März 1906

[Geb. 31. Juli 83 Berlin; Wohnort: Berlin; Staatsangeh.: Preußen; Vorbildung: Luisenstädt. Oberrealsch. Berlin Reife O. 02; Studium: Charlottenburg T.H. 3, Berlin 4 S.; Rig. 4. Nov. 05.]

Quehl, Benjamin August Friedrich, De feudo alternativo. Leipzig (Stoppfel) (Aug. 1746). 16 Seiten. (4.25) 27417
Gew.: Anton Friedrich von Beulwitz.

— — Dasselbe. Leipzig (Stoppfel) (Aug.) 1746. 16 S. (4.25) 27418
Gew.: Anton Friedrich von Beulwitz.

— — (Frankenhausen/Schwarzburg), De obligatione extincta iterum reviviscente. Diss. jur. Präs. Jo. Florent. Rivinus. Leipzig (Stopffel) 29. XII. 1746. 23 S. (4.50) 27419

Quehl, F., Lexicon der Bäder, Brunnen u. Kurorte in Deutschland, Oesterreich-Ungarn u. der Schweiz. gr. 8. (VI, 119 S.) Ems 882. Kirchberger. n. 3. —

Quehl, Fr. W., Anweisung zum Fechten auf Stoß u. Hieb mit einer Anleitung zum Unterricht größerer Abtheilungen im Fechten insbesond. in Turnvereinen. Erlangen 866. Besold. 16. (X, 126 S. mit 26 Tabb. in 16. u. 8.) cart. n. 28 ngr.

Quehl, Friedubertus (geb. Erfurt 8. 7. 1822): De palpitatione cordis. Berolini (1847). (29 S.) 8°
Berlin. Med. Diss. v. 10. Aug. 1847

Quehl, Georg

— s. Jh. Chr. Wilh. Augusti, Blüthendüfte.

Quehl, Geo., Unseres Königs Bild. Bei d. Feier d. Allerhöchsten Geburtsfestes Sr. Maj. d. Königs v. Preußen Friedrich Wilhelm III. vor d. k. Militair-Gemeinde zu Erfurt aufgestellt am 3. Aug. 1835 ꝛc. gr. 8. (1 B.) Erfurt, Otto.

Quehl, Geo., Christus, der Gesandte d. Vaters. Auch e. Wort z. Vorbereitung auf e. gesegnete Stadtverordneten-Wahl. gr. 8. (1¼ B.) Erfurt 834, Otto.

—— des Soldaten Eid. Pred., vor d. kgl. Militair-Gemeinde zu Erfurt, wenige Tage nach d. Eidesleistung neueingetret. Mannschaften gehalten. gr. 8. (1 B.) Erfurt 837, Otto.

Quehl, G., die guten Engel. Predigt am Michaelisfeste 1823. gr. 8. Keyser in Erfurt. 3 gr.

—— Preußens glorreiche Könige Friedrich Wilhelm III. u. Friedrich Wilhelm IV. an Geburts- u. Huldigungsfesten gefeiert. Lex.-8. (3 B.) Erfurt 840. [Leipzig, Hartung.]

— Preußens glorreiche Könige Friedrich Wilhelm III. und Friedrich Wilhelm IV. an Geburts- u. Huldigungsfesten gefeiert. Lex.-8. Erfurt 840. Hilsenberg. ¼ ℛ

—— Gastpredigt, geh. vor d. Kgl. Militair-Gemeinde zu Erfurt am 3. Nov. 1833. gr. 8. (1 B.) Erfurt 834, Otto.

—— die Hoffnung d. Wiedersehens. Ein Blumenkranz auf theure Gräber, in Rede u. Dichtung. 16. (2 B.) Erfurt 839. [Leipzig, Hartung.]

— die Hoffnung des Wiedersehens. Ein Blumenkranz auf theure Gräber, in Rede und Dichtung. 16. Erfurt 839. Hilsenberg. ¼ ℛ

— der evangelische Jubelherold. Ein Büchlein f. Schule u. Haus z. Vorbereitung auf die würdige Feier d. dritten Augsburg. Confessions-Jubiläums u. z. steten Rückerinnerung an dasselbe. gr. 8. Erfurt 830. (Kummer in Leipz.); (a. Stuhr in Berl.) 12 gr.

—— der christl. Krieger, der würdig seinen Beruf vollbringen will. Eine Feldpred. Lex.-8. (1 B.) Erfurt 838, Otto.

— die heilige Nacht. Zwei Predigten am 1sten u. 2n Weihnachtsfeiertage. gr. 8. 825, (Keyser in Erfurt.)

—— Predigten. 1. Thl. Vom 1. Advent b. Esto mihi. — A. u. d. T.: Jesus Christus in evangel. Bildern u. Gleichnissen, nach dess. eigenen Worten dargest. 2., verm. Aufl. gr. 8. (11 B.) Erfurt 833, Otto.

—— dass. 2. Thl. Vom Sonntage Invocavit bis z. 2. Ostertage. — A. u. d. T.: Die Liebe in himmlischer Verklärung. Fasten- u. Osterpredigten. 2. Aufl. gr. 8. (7 B.) Ebds. 833.

—— dass. 3. Thl. Vom Sonnt. Quasimodogeniti bis z. Trinitatis-Sonntage. — A. u. d. T.: Jesus, der Sohn Gottes, in seiner Gottes-Herrlichkeit. 2. Aufl. gr. 8. (8 B.) Ebds. 833.

—— dass. 4. Thl. Vom 1. bis z. 16. Sonntage nach Trinit. — A. u. d. T.: Der Herr u. seine Lieben zu Bethanien. Predigt u. Andachtsb. f. fromme Christenfamilien. 2. Aufl. gr. 8. (13½ B.) Ebds. 834.

—— die Religion der Thüringer. 1. Thl. Das Heidenthum d. Thüringer — den Eintritt u. d. erste Verbreitung d. Christenthums in Thüringen. — A. u. d. T.: Die Prediger-Kirche zu Erfurt. M. 9 lith. Abbild. gr. 8. (20½ B.) Erfurt 830. (Leipzig, Kummer.)

— die Religion d. Thüringer. 1r Thl. A. u. d. T.: die Predigerkirche zu Erfurt. Mit 4 lithograph. Abbildd. gr. 8. Erf. 830. (Kummer in Leipz.); (a. Stuhr in Berl.) 1 ℛ 12 gr.

Quehl, Georg, was die Zeit bewegt. Glaubens- u. Lebensansichten in 3 Predigten dargelegt. Inhalt: Die Sünde. Die Lebensfrage. Die Einladung zum Reiche Gottes. gr. 8. (64 S.) Danzig 847, Gerhard'sche Buchhandlung. 9 ngr.

Quehl, Georg, was die Zeit bewegt. Glaubens- und Lebensansichten in 3 Predigten dargelegt. Inhalt: Die Sünde. Die Lebensfrage. Die Einladung zum Reiche Gottes. gr. 8. (64 S.) Danzig 847. [Berlin, Grobe.]

Quehl, (G.) die Weihe zum höhern Leben. Zwei Confirmationshandlungen. gr. 8. Erfurt 824. (Keyser.)

Quehl, Geo., das Wort Gottes in Spruch und Lied der deutschen Jugend in christlichen Volksschulen und dem deutschen christlichen Volke in allen Gauen und Kirchen des Vaterlandes zugeführt. Berlin 853. Decker. gr. 8. (XVI, 653 S.) 1 ℛ 15 ngr; Velinp. 2 ℛ.

— **Gottlieb Christoph** (Barby/Sachsen), De utilitate jurisprudentiae naturalis ad theologiam. Diss. Präs. Johann Gotthelf Rosa. Jena (Nise) Jan. 1720. 42 S. (4.75) 27420
Widm. v.: Johann Gotthelf Rosa, Adam Friedrich von Stackelberg, Joh. Dav. Heumann.

Quehl, H., moderne Polster-Möbel v. e. Praotiker f. d. Praxis. 194 Zeichngn. ausführbaror u. ausgef. Möbel. 1. Thl. gr. 4. (30 Taf. m. 1 Bl. Toxt.) Berlin 895. Internat. Kunstverlag M. Bauer & Co. n. 5. —

Quehl, J., Hilfsbuch für den naturkundlichen Unterricht in der Volksschule. 1. Tl.: Pflanzenkunde. gr. 8. (IV, 189 S.) Zeitz 882. Huch. n. 1. 20

Quehl, J., Hilfsbuch f. den naturkundlichen Unterricht in der Volksschule. 2. Tl.: Tierkunde. gr. 8. (IV, 256 S.) Zeitz 883. Huch. n. 2. — (1. u. 2.: n. 3. 20)

Quehl, Jh. Fr., († d. 28. Juni 1784.) f. *Recueil* des plus jolies histoires.

Quehl, J(ulius), Seminar-Oberl. a. D.: Zum Gedächtnis des Fürsten Otto Viktor von Schönburg-Waldenburg, Stifters der Droyßiger Anstalten. *Breslau: F. Hirt 1902.* (S. 110—130.) 8° [F.]
Droyßig, k. ev. Lehrerinnen-Sm, Festschr. 1902**

Quehl, Ludw. Wilh., zwei Pfingstpredigten, zu Langensalza gehalten. 8. (1⅓ B.) Langensalza 846, Bürger.

Quehl, Max: Ueber die physiologischen Wirkungen des Apomorphins. Halle (1872): Plötz. 37 S. 8°
Halle-Wittenberg. Med. Diss. v. 7. Aug. 1872
Geb. Schwedt a. d. Oder (Prov. Brandenburg) 17. 7. 1845. V.
Verf. erlebte die Diplomerneuerung 1922 als Geheimer Sanitätsrat in Schwedt, vgl. Anh. Nr. 457.

Quehl, Otto, der Salzgraf v. Halle. Historisches Schauspiel in 4 Akten. (77 S.) 8. Ebd. 909. 1.—; geb. 1. 50

Quehl, Otto Iulius: De phlegmatiae albae dolentis pathologia. Halae (1838): Karl Grunert. 34 S. 8°
Halle-Wittenberg, Med. Diss. v. 27. Nov. 1838
Geb. Arneburg (Altmark) 14. 12. 1812. V.

Quehl, Otto Jul., e. Sang v. der Ruhr. 8. (136 S.) Mülheim a/R. 895. (J. Bagel.) n. 2. —; geb. in Leinw. m. Goldschn. n. 3. —

Quehl, R., Aus Dänemark. Bornholm und die Bornholmer. Sören Kierkegaard: Wider die dän. Staatskirche; mit einem Hinblick auf Preussen. gr. 8. (XXXI und 380 S. mit 3 lithogr. Abbildungen, wovon 2 ill. und 1 lithogr. Karte.) Berlin 856, Decker'sche geheime Ober-Hofbuchdruckerei.

Quehl, R., das preußische u. deutsche Consularwesen im Zusammenhange mit der innern u. äußern Politik. Berlin 863. Hempel. Lex.-8. (X, 354 S.) n. 2 ⅔

Quehl, d. preuss. u. deut. Consularwesen im Zusammenh. m. d. inneren u. äusseren Politik. Berlin 865.

Quehl, Ryno, Nordische Badereise. Skizzen, Erzählungen u. Gedichte. Eine Gabe f. liebensw. Frauen u. Jungfrauen zur Erinnerung an die Swinemünder Badesaison 1845. 8. (14½ B.) Berlin 846. [Danzig, Gerhard'sche Buchh.] *

Quehl, Ryno. Nordische Badereise. Skizzen, Erzählungen u. Gedichte. Eine Gabe für liebensw. Frauen u. Jungfrauen zur Erinnerung an die Swinemünder Badesaison 1845. 8. Berlin 846, Gumprecht. n. 1 ⅓

Quehl, Ryno, des Königs Sonett. Ein Liederkranz dem Sänger u. König Ludwig von Bayern gewunden u. dargebracht. gr. 8. (15 S.) Danzig 847, Gerhard'sche Buchh. n. 6 ngl

Quehl, Ryno, des Königs Sonett. Ein Liederkranz dem Sänger und König Ludwig von Bayern gewunden und dargebracht. gr. 8. (15 S.) Danzig 847. [Berlin, Grobe.] *

— **Sigismund Friedrich** (Ilmenau), De protestantionibus. Disput. jur. Präs. Johann Strauch. Jena (S. Krebs) 28. X. 1668. (5.—) 27422

Quehl, Wilh., Anleitung zur qualitativen Analyse der wichtigsten Mineralverbindungen. Zunächst zur Ergänzg. zu Waeber's Lehrbuch der Chemie hrsg. 8. (30 S.) Leipzig 881. F. Hirt & Sohn. n. — 40

Die Arbeit am rohen Stein. Rede zum Stiftungs-Fest der Loge „Vorwärts" [in München-Gladbach-Rheydt] am 25. Sept. 1898 gehalten von W[ilh.] **Quehl.** Berlin: Denter & Nicolas [1898]. 11 S. 8° [Umschlagtit.]

Quehl, Wilh., Naturkunde für Lehrerbildungsanstalten. 1. u. 2. Tl. gr. 8. Leipzig 898. Dürr'sche Buchh. Geb. n. 3. 90
1. F. d. Unterstufe d. Präparandenanstalten. Lebensformen u. Naturbilder der Heimat. Mit 36 Textabb. u. 1 farb. Taf. (131 S.) n. 1. 70
2. F. d. Mittelstufe d. Präparandenanstalten: Naturbilder der Heimat im Wechsel der Jahreszeiten. Mit 57 Textabb. u. 2 farb. Taf. (179 S.) n. 2. 20

Quehl, Wilh., Naturkunde f. Lehrerbildungsanstalten. 3. Tl. f. die Oberstufe der Präparandenanstalten: Erhaltung des Lebens auf der Erde. (195 S. m. 67 Abbild. u. 2 farb. Taf.) gr. 8. Leipzig 899. [Dürr'sche Buchh.] Berlin, Union Zweigniederlassg. 2.10; geb. 2. 20

— Verordnungen betr. höhere Mädchenschulen in Preußen, Lyzeen u. Studien-Anstalten. (IV, 159 S.) gr. 8. Düsseldorf 909. L. Schwann. 2.40; geb. in Leinw. 3. —

— Verordnungen, betr. Mittel-, Privat- u. Fortbildungsschulen. (V, 236 S.) gr. 8. Ebd. 910. 3.20; geb. in Leinw. 4. —

Verordnungen betr. das Volksschulwesen im Reg.-Bezirk Düsseldorf sowie die Mittel-, höheren Mädchen-, Fortbildungs- und Privatschulen. Neue Sammlung, im Anschluß an d. Werke von Altgelt, Giebe u. Hildebrandt sowie unter Benutzung amtl. Quellen bearb. von Dr. [Wilhelm] **Quehl**, Schulrat. T. 1. 2. Düsseldorf: A. Bagel 1905. 2 Bde 8° [F.]
1. Allgem. Vorschriften, Behörden u. Beamte. Äußere Einrichtungen u. Lehrkräfte d. Volksschulen.
2. Die Arbeit in d. Volksschule; Mittelschule, höh. Mädchenschulen, Fortbildungs- u. Privatschulen. [06. 16817]

— Verordnungen betr. das Volksschulwesen im Reg.-Bez. Düsseldorf. 1. Nachtrag f. die Zeit von 1905—1908. (XI, 306 S.) gr. 8. Düsseldorf 909. A. Bagel. 4.50; geb. in Halbfrz. 6. —
Hauptwerk. Ebd. 905. 18.—; geb. 22.—.

— Verordnungen, betr. das Volksschulwesen im Reg.-Bez. Cassel. (VI, 651 S.) gr. 8. Leipzig 910. Dürr'sche Buchh. 10.—; geb. 12. —

— Verordngn. betr. das Volksschulwesen in Preußen 1908—1910. Nachtrag zu Hildebrandt u. Quehl: „Verordnungen betr. das Volksschulwesen in Preußen". (VII, 456 S.) gr. 8. Ebd. 910. 4.80; geb. in Halbfrz. 6. —
Hauptwerk, s.: Hildebrandt u. Quehl.

Queiroz, s.: Eça de Queiroz.

Queiser, Adb., Geschichte d. Stadt Amstetten v. d. ältesten Zeiten bis auf d. Gegenwart. Nach histor. Quellen bearb. gr. 8. (VIII, 168 S. m. 4 Bildn. u. 8 Taf.) Amstetten 898. A. Queiser (durch H. Martin in Wien). n. 2. 60; geb. in Halbleinw. n. 3. —; in Leinw. n. 3. 60

— Wallsee an d. Donau. Geschichtl. Darstellg. v. Schloss u. Herrschaft Wallsee ältester u. neuester Zeit. 8. (IX, 72 S. m. 3 Abb.) Ebd. 895. Kart. 1. —

Queisner, A. Hugo

Queisner, A. H., Beitrag zur operativen Behandlung der Retroflexio uteri, s.c. Sammlung zwangloser Abhandlungen aus dem Gebiete der Frauenheilkunde u. Geburtshilfe. VII. 1 b.

Beitrag zur operativen Behandlung der Retroflexio uteri. Von A. H[ugo] **Queisner**, Bromberg. Halle a. S.: C. Marhold 1906. (14 S.) 8°
= **Sammlung** zwangloser Abhandlungen aus d. Geb. d. Frauenheilk. u. Geburtshilfe. Bd 7, H. 1 b. [16. 1596 3

Queisner, Hugo [aus Gr. Malsau in Westpreussen]: Zur Aetiologie und pathologischen Anatomie der Kinder-Pneumonie. . . . Leipzig, Druck v. B. G. Teubner, 1889; 20 S. 8°
München, Med. Fak., Inaug.-Diss. v. 1889

Queisner, R., s. Wild, R.

Queiss, die Pädagogen. Lustspiel in 5 Aufzügen. (171 S.) kl. 8. Leipzig 906. Verlag f. Literatur, Kunst u. Musik. 2.50; geb. n 3. 50

Queiss K.: Die Landteilungen zwischen den Römern und Germanen in den Reichen der Westgoten, Vandalen, Ostgoten und Langobarden. 29. Wien XX. R. 04.
Progr.

Queißer, Jul., der Geschichtsunterricht in der Volksschule unter Bezugnahme auf die Reformgedanken unsers Kaisers. Vortrag, geh. auf der amtl. Hauptkonferenz d. Schulinspektionsbez. Leipzig II. am 11. Septbr. 1891. gr. 8. (24 S.) Meißen 891. P. Häfer. n.n. — 35

Queisser, Jul., die Mädchen-Fortbildungsschule. Vortrag, geh. im Bezirkslehrerverein Schneeberg-Neustädtel u. Umgegend am 29. XI. 1902. (19 S.) gr. 8. Leipzig 903. E. Wunderlich. n. — 50

Segenswunsch der Schwestern zum 50jährigen Stiftungsfeste der Loge zur Verschwisterung der Menschheit gesprochen von der Schw. Böger bei Ueberreichung des Festgeschenkes. Glauchau, den 14. Nov. 1896. [Am Ende:] Gedicht von Jul. **Queisser.** Glauchau [1896]: Dulce. 2 Bl. 8° [Umschlagtit.] „50 Jahre — Kleinigkeit . . ."

Queisser. P. V., s.: Schiffahrts-Kalender, ostelbischer.

Queitsch, Ant. Phil., totius corporis medicinae archetypus, c. tab. fol. Frft. Conradi. 737.

— physikalische merkw. Nachr. v. d. Witterungen, m. K. 4. Ebend. 743.

Quekett, J., pract. Handbuch der Mikroskopie, s. a. Schauplatz, neuer, der Künste u. Handwerke. 160. Bd.

Quekett J.: Practisches Handbuch d. Mikroskopie . . . Deutsch bearb. v. C. Hartmann. 2., nach der 2. Aufl. d. englischen Orig.'s, um 4 Bogen u. 4 Tafeln verm. Aufl. Weimar 1854. 749 S. 29 Tvl.
(= Neuer Schauplatz d. Künste u. Handwerke. 180 Bd.).

Quelet, L., Clavis synoptica Hymenomycetum europaeorum, s. Cooke, M. C.

Queling, Thdr., dreistimmige Chöre, f. den Gesangunterricht an Lehrerinnen-Seminarien u. höheren Mädchenschulen methodisch geordnet u. hrsg. 8. (VIII, 190 S.) Paderborn (901). F. Esser. Geb. in Leinw. n. 1. 50

Queling, Thdr., dreistimmige Chöre f. den Gesangunterricht an Lehrerinnen-Seminarien u. höheren Mädchenschulen methodisch geordnet u. hrsg. 2. Aufl. (VIII, 190 S.) 8. Paderborn (908). J. Esser. Geb. 1. 50

Ein neues Kaiserlied. F. e. mittl. Singstimme oder ein- u. zweistimm. Chor m. Klavierbegleitg hrsg. v. Theodor **Queling**, Kgl. Seminar.- u. Musikl. . . . *Paderborn: J. Esser [1897?].* (3 S.) 1 Bd 8. [98. 401

Messe für vierstimmigen Männerchor komp. von Theodor **Queling**. Op. 5. *Paderborn: F. Schöningh [1893].* (15 S.) 4° [90. 3988 6

Weihnachts-Album. 24 d. beliebtesten Weihnachtslieder f. 1 oder 2 Singstimmen m. leichter Klavier- oder Harmoniumbegleitg hrsg. v. Theodor **Queling** . . . *Paderborn: J. Esser [1897?].* (41 S.) 1 Bd 8. [98. 402

— Weihnachts-Album. 24 der beliebtesten Weihnachtslieder f. 1 od. 2 Singstimmen m. leichter Klavier- od. Harmoniumbegleitg. Liedertexte. 8. Aufl. (16 S.) kl. 8. Ebd. (907). nn — 05

— Zweites Weihnachts-Album. 18 beliebte Weihnachtslieder f. 1 od. 2 Singstimmen m. leichter Klavier- od. Harmoniumbegleitg. Liedertexte. (14 S.) kl. 8. Ebd. (907). nn — 05

Quell. Aus frischem Q'. Lehr- und Lesebuch für die obern Klassen der Primar- und Mittelschulen. Hrg. vom Schweizer. Verein abstin[enter] Lehrer und Lehrerinnen. [Mit Illustrationen und 8 graphischen Tafeln.] VIII + 158 S. 8. Bern, Gustav Grunau, 1908. [geb. fr. 1. 20]

Quell, des Segens —. Andachtsbuch für Israeliten, vermehrt mit kurzgefassten deutschen Gebeten zur häuslichen Erbauung der israelit. Jugend. *Prag* 1858. Eigenthum und Verlag von *M. Schmelkes.* 7 Bl., 378 S., 8°. (Hebräisch und deutsch.)

Quell des Segens, Andachtsbuch für Israeliten, vermehrt mit kurzgefaßten deutschen Gebeten zur häuslichen Erbauung der israelitischen Jugend. 4. Aufl. Prag 860. (Leipzig, C. L. Fritzsche.) 8. (VIII, 414 S.) n. 16 ngr.

Quell, Der, der Wünsche. Zum Neuenjahr . . . Leipzig 1779. V: *Breitkopf, Johann Gottlob Immanuel.* (ML) (Cb)

Quell, C. F., der geschwinde Feldmesser ohne mathematische Kenntnisse. Ein Taschenbuch zum Feldmessen durch Schritte und mit der Meßkette, zum landwirthschaftl. Gebrauch. Mit 15 Tab. und 17 Kupfert. gr. 8. Leipzig, (liter. Central-Compt.) 819.

Quell, C. F., de excommunicationis origine in antiqua ecclesia. Lips. 1759. 4.

Quell, C. F., de persecutionibus universalibus. Dresd. 1762. 4.

Quell, Christian Friedrich

— — De carminibus bucolicis P. Lotichii secundi disserit simulque ad audiendas IV. oratiunculas in schola novae urbis ad Dresdam patronos et fautores invitat. Dresden (Harpeter) 26. V. 1767. 15 S. mit Namen. (3.75) 27427

— — De eo quod pulchrum est in carminibus elegiacis P. Lotichii secundi disserit simulque ad audiendas IV. oratiunculas in schola novae urbis ad Dresdam patronos et fautores invitat. Dresden-Friedrichstadt (Hagenmuller) 20. III. 1766. 23 S. mit Namen. (3.75) 27426

— — *ΠΕΡΙ 'ΕΡΑΝΟΥ* prolusio scholastica qua ad audiendas V. oratiunculas in schola novae urbis ad Dresdam patroni et fautores invitantur. Dresden-Friedrichstadt (Hagenmuller) 26. X. 1764. 16 Seiten mit Namen. (3.75) 27424

— — Ad memoriam sacramenti fidei et obsequii domino Friderico Augusto electori Saxoniae reliqua Dresdae praestiti in curia senatoria novae urbis ad Dresdam patronos et fautores scholarum praemissa prolusione de Hercule Musageta invitat. Dresden-Friedrichstadt (J. M. Lehmann) 6. IV. 1769. 16 S. mit Namen. (3.75) 27429

— — Prolusio grammatica de permutatione numeri apud Graecos praemissa declamationibus IV in schola novae urbis ad Dresdam ad quas audiendas patronos atque fautores scholae invitat. Dresden (Harpeter) 17. V. 1770. 15 S. mit Namen. (3.75) 27430

Quell, Christian Friedrich (Dresden), Prolusio de templo pacis a Vespasiano exstructo qua ad audiendas VII. orationes memoriae pacis restauratae consecratas in curia senatoria novae urbis ad Dresdam patronos et fautores invitat. Dresden-Friedrichstadt 15. IV. 1763. 16 S. mit Namen. (3.75) 27423

— — *ΠΕΡΙ ΘΡΕΠΤΗΡΙΩΝ* prolusio scholastica qua ad actum valedictorium in schola novae urbis ad Dresdam patroni et fautores invitantur. Dresden-Friedrichstadt (Hagenmuller) 4. IV. 1765. 19 S. mit Namen. (3.75) 27425

— — Prolusio de perverso compendiorum usu praemissa declamationibus IV. in schola novae urbis ad Dresdam ad quas audiendas quam humanissime invitat. Dresden-Friedrichstadt (Lehmann) 30. V. 1768. Mit Namen. (3.75) 27428

Quell, Vict., Bilder aus der Weltgeschichte. Für den ersten geschichtl. Unterricht in der Volksschule hrsg. Leipzig 866. Klinkhardt. gr. 8. (VI, 144 S.) 9 ngr.

Quell, Vict, Bilder aus der Weltgeschichte. Für den ersten geschichtl. Unterricht in der Volksschule. 2. Aufl. gr. 8. (IV, 173 S.) Leipzig 874. Klinkhardt. n. 1. 50

Quelle, die. *) Eigenth.: *Emerich Ernusst v. Gradovshák.* Verantw. Red.: *Gustav Lackenbach.* Druck u. Verlag v. *J. B. Wallishausser.*

Erscheint in Wien, jeden Sonntag, 1 Bog. gr. 4°. 3-spalt. **Pränum.-Pr.** ¼-jähr. 1 fl. Oesterr. Währ.; pr. Post 1 fl. 25 Nkr. **Einzelne Nummern 10 Nkr.**

*) **Wochenblatt für Politik**, Volkswirthschaft, Finanz, **sociale Zustände**, populäre Wissenschaft, Literatur **und Kunst.**

Quelle, die. Blätter für Unterhaltung u. Belehrung. 1—4. Bd. à 15 Hefte. Dresden 867—70. Lohse. hoch 4. Jedes Hft. (32 S. mit 1 Chromolith.) 3 ngr.

Quelle, die. Blätter f. Unterhaltg. u. Belehrg. 5. u. 6. Bd. à 15 Hfte. hoch 4. (à Hft. m. 1 Oelfarbendr.) Dresden 872—74. Lohse & Kabler. à Hft. — 40

Quelle, die. Hrsg. v. Mart. Gerlach. 1.—3. Mappe. gr. 4. Wien, M. Gerlach & Co. n. 47. —; erh. Pr. n. 90. —
1. **Allerlei Gedanken in Vignettenform. Von C. O. Czeschka.** (30 Bl.) (902.) n. 16. 80; erhöht. Pr. n. 30. —
2. **Buchschmuck u. Flächenmuster. Von Max Benirschke,** (30 Bl.) (902.) n. 10. —; erhöht. Pr. n. 20. —
3. **Flächenschmuck. Von Koloman Moser.** (30 Bl.) (902.) n. 20. 80; erhöht. Pr. n. 40. —

— dasselbe. IV. Mappe. 1. Lfg. Ebd. (902). n. 5. —
Das Thierleben in Schönbrunn. Naturaufnahmen. Von A. Karl Schuster. (In 10 Lfgn.) 1. Lfg. (6 Lichtdr.-Taf.) qu. gr. 4.

— dasselbe. V. Mappe. 1. Lfg. Ebd. (902). n. 5 —
Formenwelt aus dem Naturreiche. Von Mart. Gerlach. Photograph. Naturaufnahmen. Mikroskop. Vergrössergn. v. Hugo Hinterberger. (In 10 Lfg.) 1. Lfg. (5 Lichtdr.-Taf.) gr. 4.

Quelle, die. Hrsg. v. Mart. Gerlach. IV. Mappe 2. bis 11. Lfg.; V. Mappe 2.—12. Lfg; VI, VII. u. VIII. Mappe. Wien, Gerlach & Wiedling. n. 330. —
IV. **Das Thierleben in Schönbrunn. Naturaufnahmen von Mart. Gerlach.** 2.—11. Lfg. (50 Lichtdr.-Taf. m. VIII S. Text.) qu. gr. 4. (903. 904.) à Lfg. n. 5. —; Mappe dazu n.n. 1. 60 (vollst. in Mappe: n. 60. —)
V. **Formenwelt aus dem Naturreiche. Photographische Naturaufnahmen. Von Mart. Gerlach. Mikroskop. Vergrössergn. v. Hugo Hinterberger.** 2.—12. Lfg. (65 Lichtdruck-Taf. m. II S. Text.) gr. 4. (903. 904.) à Lfg. n. 5. —; Mappe dazu n.n. 1. 60 (vollst. in Mappe n. 60. —)
VI. **Volkstümliche Kunst. Ansichten v. alten heimatl. Bauformen, Land- u. Bauernhäusern, Höfen, Gärten, Wohnräumen, Hausrat etc. Photographisch aufgenommen. Von Mart. Gerlach. Vorwort v. Jos. Aug. Lux.** (137 S.) (904.) Geb. in Leinw. n. 40. —
VII. **Völkerschmuck m. besond. Berücksicht. des metallischen Schmuckes. Nebst Einführgn. u. Erläutergn. Von Mich. Haberlandt.** (109 Taf. m. 22 S. Text.) qu. gr. 4. (906.) In Leinw.-Mappe n. 120. —
VIII. **Alt-Nürnbergs Profanarchitektur. Ein Bild ihres geschichtl. Werdeganges. Mit Berücksicht. der Stadtbefestigg., Strassenbilder u. Brunnen. Von Fritz Traugott Schulz. In 51 Lichtdr.-Darstellgn. m. e. anleit. Text.** (32 S. m. Abb.) qu. gr. 4. (906.) In Leinw.-Mappe n. 65. —

Quelle, die, hrsg. v. Mart. Gerlach. IX—XI. Wien, Gerlach & Wiedling. In Leinw.-Mappe. 146. —
Gerlach, Mart., alte Grabmalkunst. 52 Lichtdr.-Taf. Eine Sammlg. künstler., charakterist. Grabmäler Deutschlands u. Österreichs aus der Zeit Anfang des 15. bis Anfang des 19. Jahrh. Photographische Naturaufnahmen. Mit e. Vorwort v. Jos. Dernjač. (V S. Text.) 26×30 cm. (909.) (XI.) In Leinw.-Mappe 36. —
Gerlach, Mart., Unterfranken. Eine Streife auf Volkskunst u. maler. Winkel in u. um Unterfranken. Nach photograph. Naturaufnahmen. Text v. O. Schwindrazheim. (179 S. Abbildgn. m. untergedr. Text.) 25,5×30 cm. (907.) (X.) Geb. in Leinw. 50. —
— Wald-, Baum- u. Vordergrund-Studien. 80 Lichtdr.-Taf. nach photograph. Naturaufnahmen. 25,5×30 cm. (907.) (IX.) In Leinw.-Mappe 60. —

Quelle, die. Zeitschrift f. volkstüml. Literatur. Hrsg.: Osk. v. Hubicki. Red.: Mich. Escuyer. 2. Jahrg. 1909. 12 Nrn. (208 S. m. Abb.) Lex. 8. Wien, (Wiener Volksbuchh.) 2. —

— die. Unsere Dichter in Wort u. Bild. Monatschrift f. volkstüml. Literatur. Hrsg. u. Schriftleiter: Rob. Reinhard. 3. Jahrg. Oktbr. 1909—Septbr. 1910. 12 Hefte. (à ca. 20 S.) Lex. 8. Ebd. 2. —

Quelle nützlicher Beschäftigungen der Jugend, siehe: Döring, C. W.

Quelle der Gnaden. Ein vollständ. Gebet- u. Andachtsbuch, gesammelt aus den Schriften der Heiligen. 24. (XVI, 448 S. m. Titelbild.) Frankfurt a/M. 894. A. Foesser Nachf. Geb. in Leinw. n. — 90; in Ldr. m. Goldschn. n. 1. 30; in Chagrin m. Goldschn. n. 2. —; in Sammet m. Goldschn. n. 3. —; in Kalbldr. n. 3. 60

— der Gnaden. Ein vollständ. Gebet- u. Andachtsbuch, gesammelt aus den Schriften der Heiligen. 16. (444 S. m. 1 Farbdr.) Frankfurt a/M. (901.) P. Kreuer. Geb. in Leinw. n. 1. 20

Quelle, die, des Heils. Eine Predigt v. Missionar Krückeberg aus Bengalen, gehalten in sein. Vaterstadt Münder am 11. Jan. 1846. gr. 8. (1 B.) Leipzig, [Dörffling u. Franke.]

Quelle, Die heisse, (Loge in Hirschberg.) O. O. 1858. V: *Pulvermacher.* (Tt)

Quelle, die, der meisten Krankheiten neuerer Zeit. Ein Wort über chron. Nervenleiden und das bewährteste Präservativ- und Heilmittel gegen alle davon ausstrahlenden Beschwerden. Mit einer Einleitung von Th. Fleischer. 12—15., umgearb. Aufl. der Schrift des Sanitäts-R. Dr. Cernow über Dr. Hilton's Nervenpillen. 8. (27 S.) Leipzig 851, Spamer. *

—— Auszug aus Obigem. 14., umgearb. Aufl. 12. (16 S.) Ebds. 851.

— die, der meisten Krankheiten neuerer Zeit. Ein Wort über chronische Nervenleiden u. das bewährteste Präservativ- u. Heilmittel gegen alle davon ausstrahlenden Beschwerden. Mit einer Einleitung von Th. Fleischer. 15. umgearb. Aufl. der Schrift des Sanitäts-R. Dr. Cernow üb. Dr. Hilton's Nervenpillen. 8. (27 S.) Leipzig 851, Spamer. — 17. umgearb. Aufl. 8. (24 S.) Ebd. 853. n. 1/6 ℳ

—— die, der meisten Krankheiten unserer Zeit. Ein Wort über chron. Nervenleiden, sowie über alle hiervon ausstrahlenden Beschwerden, und deren Hebung durch ein zuverlässiges Präservativ und das geeignetste Heilverfahren. Aufs neue hrsg. von Th. Fleischer. 17. Aufl. (24 S.) 1852. * 5 Ngr. und 19., umgearb. Aufl. der Schrift des Sanitäts-Raths Dr. Cernow „Dr. Hilton's Nervenpillen." 8. (40 S.) Leipzig 854, Spamer.

— die, der meisten Krankheiten unserer Zeit. Ein Wort über chronische Nervenleiden sowie über alle hiervon ausstrahlenden Beschwerden, und deren Hebung durch ein zuverlässiges Präservativ und das geeignetste Heilverfahren. Aufs neue herausg. von Th. Fleischer. 19. u. 20. umgearb. Aufl. der Schrift des Dr. Cernow „Dr. Hiltons Nervenpillen". Leipzig 854. Spamer. 8. (38 S.) 7½ ngr.

—— der angenehmsten u. nützlichsten Kunstbeschäftigungen. Ein Geschenk für die reifere Jugend. 16. (5¼ B.) Erfurt 840, Bartholomäus.

Quelle für die deutsche Lesewelt. Volks-Erzählungen in romantischem Gewande. 1. Bd. 40 Lfgn. gr. 4. Berlin 880. Schäfer. à — 35
Die Rache eines betrogenen Frauenherzens. Historisch-romantisches Sittenbild aus der Gegenwart von H. Waldau. (576 S.) — Unschuldig verurtheilt. Sensationsroman von L. Redcliffe. (191 S.) — Im Bann der Liebe. Erzählung aus unseren Tagen von John Cumming. (222 S.)

Quelle der Liebe! Katholisches Gebet- u. Andachtsbuch, enth. die hl. Messe, Vesper- u. Completandachten u. Litaneien. Lateinisch u. deutsch nach dem röm. Breviere. 32. (224 S. m. Titelbild.) Kevelaer 896. J. Thum. Geb. in Ldr. m. Goldschn. 1. —

Quelle der Liebe! Katholisches Gebet- u. Andachtsbuch, enth. d. hl. Messe, Vesper- u. Completandachten u. Litaneien. Lateinisch u. deutsch nach dem röm. Breviere. 2. Aufl. 32. (222 S. m. 1 Holzschn.) Ebd. 895. Geb. m. Goldschn. n. — 50

[F.]·Quelle der Liebe! Kathol. Gebet- u. Andachts-Buch ... Lat. u. deutsch nach d. röm. Breviere. [2. Aufl.] *Kevelaer: J. Thum [1895].* (220 S., 2 Bl.) 1 Bd 8. [96. 8₂₁]

Quelle, die Pfefferser; eine Samml. v. Liedern u. Gedichten, größtentheils aus d. Latein. übersetzt von J. G. Ph. Thiele. Mit e. Vorberichte v. J. G. Am-Stein. 8. Zizer 793.

Quelle, Die Preblauer, reinster alkalischer Alpensäuerling, Quellen-Ursprung 958 m ... [Wien 1890.] V: *Bancalari, Dominik.* (EB)

Quelle, Neue unversiegbare, des Wohlstandes der Völker des Russischen Reichs oder die Wichtigkeit der Mayskultur .... [Dorpat 1807.] V: *Hezel, Joh. Wilhelm Friedrich von.* (Ky) (MGT) (R-N)

— neue unversiegbare, des Wohlstandes f. alle Völker des russ. Reichs, od. die Wichtigkeit d. Mayskultur ꝛc. (v. J. W. F. Hezel). 8. Dorpat 807.

Quelle, Eine unbekannte, zur Geschichte des Teutschen Handels. [Leipzig 1797.] V: *Siebenkees, Joh. Chn.* (MGT)

—— des Vergnügens. Die sinnigsten Spiele, nützlichsten Beschäftigungen und angenehmsten Unterhaltungen zur Erholung des Körpers und Geistes. Im Verein mit Auguste Schmidt und Louise Otto Peters hrsg. von Karl Wilhelm. 1.—7. Heft. Lex.-8. (S. 1—216 mit erläut. Abbildungen in eingedr. Holzschn.) Leipzig 873—75, M. Schäfer. à Heft * 50 Pf. * 3 50

Quelle des Vergnügens. Die sinnigsten Spiele, nützlichsten Beschäftigungen und angenehmsten Unterhaltungen zur Erholung des Körpers und Geistes. Im Verein mit Auguste Schmidt und Louise Otto-Peters hrsg. von Karl Wilhelm. Mit erläut. Abbild. (in eingedr. Holzschn.). 8.—12. (Schluß-)Heft. Lex.-8. (S. 217—368.) Leipzig 877, M. Schäfer. à Heft * 50 Pf. *
1.—7. Heft. Ebendas. 1873—75. à * 50 Pf.; compl. * ℳ 4.

Bücher-Verzeichnis der Verlagsbuchhandlung Quelle & Meyer ... Leipzig: (Quelle & Meyer) 1909. 100, 104 S. 8° [09. 18₂₁₀ 3

Quelle, Ferdinand, aus Nordhausen: Göttingens Moosvegetation. *Nordhausen 1902: F. Eberhardt.* (163 S.) 8°
Göttingen, Phil. Diss. v. [29. Apr.] 1902

Quelle, Ferd., Göttingens Moosvegetation. Diss. gr. 8. (163 S.) Nordhausen 902. (Göttingen, Vandenhoeck & Ruprecht.) n. 3. —

Ⓑ **Quelle,** F., Göttingen's Moosvegetation. 902. (KBL 32.) Jetzt: Nordhausen. F. Eberhardt.

Quelle, Otto, a. Nordhausen am Harz: Beiträge zur Kenntnis der spanischen Sierra Nevada. (Berlin 1908: W. Pormetter.) (42 S.) 8° ¶ (Aus: Zeitschrift d. Gesellschaft f. Erdkunde zu Berlin Jg. 1908 No 5 u. 6.)
Berlin, Phil. Fak., Ref. Penck, Diss. v. 20. Juni 1908
[Geb. 23. Okt. 79 Nordhausen; Wohnort: Friedenau; Staatsangeh.: Preußen; Vorbildung: Gymn. Nordhausen Reife M. 02; Studium: Göttingen 4, Berlin 6 S.; Rig. 5. Dez. 07.]

Quellen. Bücher zur Freude u. zur Förderg. Hrsg. v. Heinr. Wolgast. 1.—20. Bd. kl. 8. München, Verlag der Jugendblätter. Kart. p à nn — 25
Adolf Friedrich, Herzog zu Mecklenburg, quer durch den Kongostaat. Aus dem Buche „Ins innerste Afrika". (80 S. m. 1 Kartenskizze.) (910.) (19. Bd.)
Andersen's Märchen. I. Auswahl: Märchen v. Kindern u. Dingen. 2. Aufl. (88 S.) (910.) (11. Bd.)
— Dasselbe. II. Auswahl: Märchen v. der Seele. (80 S.) (910.) (12. Bd.)
Goethe, Hermann u. Dorothea. (76 S.) (910.) (15. Bd.)
Goethe's Mutter, Briefe. Auswahl. (84 S.) (910.) (14. Bd.)
Grimm, Brüder, deutsche Sagen. Auswahl. (80 S.) (909.) (3. Bd.)
— Märchen. I. Auswahl: Märchen zum Lachen. (87 S.) (909.) (1. Bd.)
— dasselbe. II. Auswahl: Märchen zum Staunen. (85 S.) (909.) (2. Bd.)
Hauff's Märchen. I. Auswahl: Zaubermärchen. 1. Die Geschichte v. Kalif Storch. 2. Die Geschichte v. dem kleinen Muck. 3. Der Zwerg Nase. (72 S.) (909.) (6. Bd.)
— dasselbe. II. Auswahl: Sittenmärchen. 1. Das kalte Herz. 2. Der junge Engländer. (73 S.) (909.) (7. Bd.)
Hebel, J. P., drollige Geschichten. Auswahl aus Schatzkästlein u. Erzählgn. des rheinländ. Hausfreundes. (64 S.) (909.) (5. Bd.)
Humboldt, Alex. v., von Corunna nach Cumana. Eine Seereise u. Pik-Besteigg. Aus der Reise in die Aequinoktialgegenden des neuen Kontinents. In deutscher Bearbeitg. v. Herm. Hauff. (80 S. m. 1 Kartenskizze.) (910.) (18. Bd.)
Kleist, Heinr. v., Prinz Friedrich v. Homburg. Ein Schauspiel. (88 S.) (910.) (20. Bd.)
Müller, Frdr. v., Erinnerungen aus den Kriegszeiten von 1806—1813. 1. Abschn. u. je e. Stück aus dem 2. u. 5. Abschn. nebst verbind. Bericht. (80 S.) (909.) (9. Bd.)
Nibelungenlied, das. Bericht v. Ludw. Uhland u. 6 Abenteuer, übers. v. K. Simrock. (80 S.) (909.) (4. Bd.)
Rätselreime. (80 S.) (910.) (17. Bd.)
Schiller, Frdr. v., Wilhelm Tell. Schauspiel in 5 Aufzügen. (125 S.) (909.) (10. Bd.)
Schwab, Gust., die Schildbürger. Mit Bildern v. Harry Schultz. (55 S.) (909.) (8. Bd.)
Simrock, Karl, Till Eulenspiegel. Eine Reihe Streiche. (79 S.) (910.) (13. Bd.)
Tiergedichte f. die Kleinen. (80 S.) (910.) (16. Bd.)

— **u. Abhandlungen zur Geschichte der Abtei u. der Diözese Fulda.** Im Auftrage des histor. Vereins der Diözese Fulda hrsg. v. Greg. Richter. I u. II. gr. 8. Fulda, Fuldaer Actiendruckerei. n. 6. 50
I. Statuta maioris ecclesiae Fuldensis. Ungedruckte Quellen zur kirchl. Rechts- u. Verfassungsgeschichte der Benediktinerabtei Fulda. Hrsg. u. erläut. v. G. Richter. (L, 118 S.) 904. n. 3. —
II. Beiträge zur Geschichte der klösterlichen Niederlassgn. Eisenachs im Mittelalter. Von Jos Kremer. Mit 3 Abbildgn. Im Anh.: Chronica conventus ordinis fratrum minorum ad s. Elisabeth prope Isenacum. Hrsg. v. Mich. Bihl, O. F. M. (VIII, 191 S.) 905. n. 3.50

— u. **Abhandlungen** zur Geschichte der Abtei u. der Diözese Fulda. Im Auftrage des histor. Vereins der Diözese Fulda hrsg. v. Greg. Richter. III.—V. gr. 8. Fulda, Fuldaer Actiendruckerei. 7. 50
III. Geschichte des Franziskanerklosters Frauenberg zu Fulda 1623—1887. Nach meist ungedr. Quellen bearb. Von Mich. Bihl, O. F. M. (X, 232 S.) 907. 3. 80
IV. (Als Festgabe zur Konsekration des hochw. Hrn. Bischofs v. Fulda Dr. Joseph Damian Schmitt.) Aus der Vergangenheit der Pfarrei Hofbieben. Von Heinr. Pet. Noll. Johannes Haal, Pfarrer in Salmünster v. 1603—1609. Von Damasus Fuchs, O. F. M. Ein Reliquienverzeichnis der Fuldaer Stiftskirche aus dem XV. Jahrh. Von G. Richter. (64 S.) 907. 1.20
V. Kloster Kaufungen in Hessen. Von Herm. v. Roques. — Die Servitenklöster Mariengart u. Vacha. Von Jos. Kremer. — Kleinere Mitteilgn. Bruchstück e. Fuldaer Ordo missae aus dem frühen Mittelalter. Mit e. Einleitg. v. Alb. Schönfelder. — Predigt, e., u. e. Gedicht zur Vollendung des Fuldaer Domes (1712). Mitgeteilt v. G. Richter. — Inventar, e., der Fuldaer Domsakristei aus dem J. 1717. Von G. Richter. (X, 128 S.) 910. 2. 50
I. u. II. Ebd. 904.05. 6. 50

— **u. Aktenstücke zur deutschen Verfassungsgeschichte. Von der Gründung des deutschen Bundes bis zur Eröffnung des Erfurter Parlaments u. dem Vierkönigsbündnisse. Mit histor. Erläuterungen zusammengestellt v. Carl Weil. gr. 8. (VIII u. 258 S.) Berlin 850, G. Reimer. 3/4 ℔**

(Quellen. Die Q' im Allgemeinen und die Bäder von Saxon.) Njbl. s. [Escher, Gottfried von].

— **die ältesten, des orientalischen Kirchenrechts, s.: Texte u. Untersuchungen zur Geschichte der altchristl. Literatur.**

Quellen und Anlässe, Die, einiger dramatischer Dichtungen Goethes. Leipzig **1874. V: *Biedermann, Woldemar Freiherr von.* (stadtbiblBerlin IX, S. 38)**

Quellen, Die, der Armuth und des Verbrechens und die Mittel, welche dem Staate ... gegen dieselbe zu Gebote stehen ... Stuttgart 1841. V: *Riecke, Emil.* (CBH) (Stam) (Wa)

Quellen, die, der Armuth u. d. Verbrechens, u. d. Mittel, welche d. Staate im Vereine mit d. einzelnen Staatsbürgern geg. dies. zu Gebote stehen, v. C. R. (Riecke.) gr. 8. (7 1/4 B.) Stuttgart 841, F. F. Autenrieth. •

— ausgewählte, u. Tabellen zur Wirtschaftsgeschichte der Grafsch. Mark. Hrsg. v. A. Meister, s. Mark, die Grafsch.

Ausgewählte Quellen und Tabellen zur Wirtschaftsgeschichte der Grafschaft Mark. Hrsg. von A[lois] Meister. Dortmund: Ruhfus 1909. XXIII, 442 S. 4°
(Die Grafschaft Mark. Festschrift. Bd. 2.)

— u. **Beiträge** zur Geschichte der deutsch-evangelischen Militärseelsorge von 1564 bis 1814, hrsg. v. Kurd Schneider. (VII, 194 S. m. 2 Abbildgn.) gr. 8. Halle 906. Buchh. des Waisenhauses. n. 3. 50

Quellen des deutschen Bundesrechtes. 12. (85 S.) Mainz 858, v. Zabern.

Quellen u. Darstellungen z. Geschichte d. Burschenschaft u. der deutschen Einheitsbewegung. Im Auftrage der burschenschaftl. histor. Kommission in Gemeinschaft m. W. Hopf, H. Kaiser, F. Meinecke, O. Oppermann, hrsg. v. Herm. Haupt. I. Bd. 4 Hefte. (IV, 336 S.) gr. 8. Heidelberg 910. Carl Winter. 10.—

— u. **Darstellungen** zur Geschichte Niedersachsens. Hrsg. vom histor. Verein f. Niedersachsen. 1. Bd. gr. 8. Hannover 883. Hahn. n. 6. 40
Die älteren Zunfturkunden der Stadt Lüneburg. Bearb. v. Ed. Bodemann. (LXXIX, 276 S.)

— u. **Darstellungen** zur Geschichte Niedersachsens. Hrsg. vom histor. Verein für Niedersachsen. 2. Bd. gr. 8. Hannover 887. Hahn. n. 16. —
(1. u. 2.: n. 22. 40)
Urkundenbuch des Stiftes u. der Stadt Hameln bis zum J. 1407. Mit e. geschichtl. Einleitg. v. O. Meinardus. Mit 2 photolith. Taf. (VIII, LXXXVIII, 759 S.)

— u. **Darstellungen** zur Geschichte Niedersachsens. Hrsg. vom histor. Verein f. Niedersachsen. 3.—7. Bd. gr. 8. Hannover, Hahn. n. 33. 10

3. Antonius Corvinus Leben u. Schriften. Von Paul Tschackert. (VII, 237 S. m. 1 Bildnis.) 900 n. 4. 60
4. Briefwechsel. Von Antonius Corvinus. Nebst einigen Beilagen. Gesammelt u. hrsg. v. Paul Tschackert. (XIV, 318 S.) 900. n. 6. 50
5. Abriß e. Verwaltungsgeschichte des Reg.-Bez. Osnabrück. Von Max Bär. (XII, 211 S.) 901. n. 4. 50
6. Urkundenbuch d. Hochstifts Hildesheim u. seiner Bischöfe. Bearb. v. H. Hoogeweg. 2. Thl. 1221—1260. Mit 10 Siegeltaf. (X, 694 S.) 901. n. 14. —
   1. Thl. u. dem Titel: Publikationen aus den k. preuss. Staatsarchiven. 65. Bd. Leipzig 896. n. 22. —.
7. Die Geschichte d. Reformat. in Goslar, n. d. Berichte d. Akten im städt. Archive dargest. Von Hölscher. (V, 193 S.) 902. n. 3. 60
   1. u. 2. Bd. Ebd. 883. 887. n. 22. 40.

— u. **Darstellungen** zur Geschichte Niedersachsens. Hrsg. vom histor. Verein f. Niedersachsen. 8.—23. Bd. gr. 8. Hannover, Hahn. n. 133. 10

Annalen u. Akten der Brüder des gemeinsamen Lebens im Lüchtenhofe zu Hildesheim. Mit e. Einleitg. hrsg. v. Rich. Doebner. (XLVI, 446 S.) 903. (Bd. 9.) n. 10. —
Baasch, Ernst, der Kampf des Hauses Braunschweig-Lüneburg m. Hamburg um die Elbe vom 16.—18. Jahrh. Mit 1 Karte (VIII, 206 S.) 905. (Bd. 21.) n. 4. —
Briefwechsel zwischen Stüve u. Detmold in den J. 1848 bis 1850. Hrsg. v. Gust. Stüve m. Einleitg. v. Geo. Kaufmann. (XLIX, 600 S.) 903. (Bd. 13.) n. 10. —
Cordemann, die hannoversche Armee u. ihre Schicksale in u. nach der Katastrophe von 1866. Aufzeichnungen u. Akten des hannov. Generalstabschefs C. Hrsg. v. G. Wolfram. (XIV, 101 S.) 904. (Bd. 15.) n. 2. —
Kretzschmar, Joh., Gustav Adolfs Pläne u. Ziele in Deutschland u. die Herzöge zu Braunschweig u. Lüneburg. (VII, 526 S.) 904. (Bd. 17.) n. 10. —
Langenbeck, Wilh., die Politik des Hauses Braunschweig-Lüneburg in den J. 1640 u. 1641. (IX, 262 S.) 904. (Bd. 18.) n. 5. —
Lüneburgs ältestes Stadtbuch u. Verfestungsregister. Hrsg. v. Wilh. Reinecke. Mit 3 Taf. (IX, CI, 446 S.) 903. (Bd. 8.) n. 11. —
Maring, Johs., Diözesansynoden u. Domherrn-Generalkapitel des Stifts Hildesheim bis zum Anfange des XVII. Jahrh. Ein Beitrag zur geistl. Verfassungsgeschichte des Bist. Hildesheim. (XIII, 127 S.) 905. (Bd. 20.) n. 2. 60
Merkel, Johs., der Kampf des Fremdrechtes m. dem einheim. Rechte in Braunschweig-Lüneburg. Eine histor. Skizze. (XIV, 94 S.) 904. (Bd. 19.) n. 2. 40
Müller, Geo. Herm., das Lehns- u. Landesaufgebot unter Heinrich Julius v. Braunschweig-Wolfenbüttel. (XII, 619 S.) 905. (Bd. 23.) n. 12. —
Noack, Grh., das Stapel- u. Schiffahrtsrecht Mindens vom Beginn der preuß. Herrschaft 1648 bis zum Vergleiche m. Bremen 1769. Im Auftrage des histor. Vereins f. Niedersachsen bearb. (IX, 100 S.) 904. (Bd. 16.) n. 2. 40
Oehr, Gust., ländliche Verhältnisse im Herzogt. Braunschweig-Wolfenbüttel im 16. Jahrh. Nach Akten des herzogl. lüneburg. Landeshauptarchivs zu Wolfenbüttel u. des Stadtarchivs zu Braunschweig. (XI, 119 S.) 903. (Bd. 12.) n. 2. 50
Schütz v. Brandis, Übersicht der Geschichte der hannoverschen Armee von 1617—1866. Von e. hannoverschen Jäger, Sch. v. B. Im Auftrage des histor. Vereins f. Niedersachsen als Manuskriptauszug, umfassend die Zeit von 1617—1809, bearb. von J. Frhr. v. Reitzenstein. (XII, 362 S.) 903. (Bd. 14.) n. 6. —
Urkundenbuch des Stiftes u. der Stadt Hameln. 2. Tl. 1407—1576. Mit e. geschichtl. Einleitg. v. Erich Fink. (LX, 889 S.) 903. (Bd. 10.) n. 16. —
Urkundenbuch des Hochstifts Hildesheim u. seiner Bischöfe. Bearb. von H. Hoogeweg. 3. Tl. 1260—1310. Mit 9 Siegeltaf. (VII, 949 S.) 903. (Bd. 11.) n. 18. —
— dasselbe. 4. Tl. 1310—1340. Mit 6 Siegeltaf. (VII, 962 S.) 905. (Bd. 22.) n. 19. — (1.—4.: 73. —)
   Bd. 1—7. Ebd. 883—901. n. 55. 50.

— — zur Geschichte Niedersachsens. Hrsg. vom histor. Verein f. Niedersachsen. 24.—27. Bd. gr. 8. Hannover, Hahn. 44. 40

Deichert, H., Geschichte des Medizinalwesens im Gebiet des ehemaligen Königr. Hannover. Ein Beitrag zur vaterländ. Kulturgeschichte. (X, 356 S.) 908. (Bd. 26.) 7. —
Hatzig, Otto, Justus Möser als Staatsmann u. Publizist. (X, 200 S.) 909. (Bd. 27.) 5. 40
Statuten, Göttinger. Akten zur Geschichte der Verwaltg. u. des Gildewesens der Stadt Göttingen bis zum Ausgang des Mittelalters. Bearb. von Goswin Frhr. v. der Ropp. (XXXIX, 559 S.) 907. (Bd. 25.) 12. —
Urkundenbuch des Hochstifts Hildesheim u. seiner Bischöfe. Bearb. v. H. Hoogeweg. 5. Tl. 1341—1370. Mit 4 Siegeltaf. (VI, 974 S.) 907. (Bd. 24.) 20. — (1—5: 93. —)
   Bd. 1—23. Ebd. 883—906. 188. 60

— — aus der Geschichte des Reformationsjahrhunderts. Hrsg. v. Geo. Berbig. I. Bd. gr. 8. Halle [C. Nietschmann.] Leipzig, M. Heinsius Nachf. n. 11. —; Subskr.-Pr. n. 9. —

Georg Spalatin u. sein Verhältnis zu Martin Luther auf Grund ihres Briefwechsels bis z. J. 1525. Von Geo. Berbig. Mit 2 unveröffentl. Bildnissen Spalatins. (X, 316 S.) 906.

— — aus der Geschichte des Reformationsjahrhunderts. Hrsg. v. Geo. Berbig. 2.—16. Bd. 8. Leipzig, M. Heinsius Nachf. 87. 40

Acta Comiciorum Augustae ex litteris Philippi, Jonae et aliorum ad M. L. Aus dem Veit Dietrich-Kodex der Ratsbibliothek zu Nürnberg hrsg. v. Geo. Berbig. Mit e. Fksm. (VI, 58 S.) Halle 907. (Bd. II.) 3. 20; Subskr.-Pr. 2. 40
Albert, F. R., der Briefwechsel Heinrichs v. Einsiedel m. Luther, Melanchthon, Spalatin u. anderen. Aus Handschriften dargestellt. (VI, 124 S.) 908. (Bd. VII.) 4. —
Analecta Corviniana. Quellen zur Geschichte des niedersächs. Reformators Antonius Corvinus († 1553). Gesammelt, m. e. Einleitg. versehen u. hrsg. v. Paul Tschackert. (XXIV, 105 S.) 910. (Bd. XVI.) 4. —
Bugenhagen's, Joh., Katechismuspredigten, geh. 1525 u. 1532. Aus den Handschriften zum erstenmal hrsg. v. Geo. Buchwald. Mit Einleitg. versehen v. Otto Albrecht. (VII, 94 S.) 909. (Bd. IX.) 3. —
— ungedruckte Predigten aus den J. 1524—1529. Zumeist aus Handschriften der grossherzogl. Universitätsbibliothek zu Jena zum erstenmal veröffentlicht v. Geo. Buchwald. (XVIII, 350 S.) 910. (Bd. XIII.) 14. 50
Bugenhagiana. Quellen zur Lebensgeschichte des D. Joh. Bugenhagen. Gesammelt u. hrsg. v. Geo. Geisenhof. I. Bd. Bibliotheca Bugenhagiana. Bibliographie der Druckschriften des D. Joh. Bugenhagen. (XI, 472 S.) 908. (Bd. VI.) 15. —
Heep, J., Juan de Valdés, seine Religion, sein Werden, seine Bedeutung. Ein Beitrag zum Verständnis des span. Protestantismus im 16. Jahrh. (LXVI, 194 S.) 909. (Bd. XI.) 8. —
Isaak, Stephan. Ein Kölner Pfarrer u. hess. Superintendent im Reformationsjahrhundert. Sein Leben, von ihm selbst erzählt u. aus gleichzeit. Quellen ergänzt v. Wilh. Rotscheidt. (XIII, 178 S.) 910. (Bd. XIV.) 6. —
Körner, Emil, Erasmus Alber. Das Kämpferleben e. Gottesgelehrten aus Luthers Schule, nach den Quellen dargestellt. (VIII, 203 S.) 910. (Bd. XV.) 6. 50
Lepp, Frdr., Schlagwörter des Reformationszeitalters. (144 S.) 908. (Bd. VIII.) 4. 50
Neukirch, Alb., der niedersächsische Kreis u. die Kreisverfassung bis 1542. (XI, 228 S.) 909. (Bd. X.) 7. —
Richter, Max, Desiderius Erasmus u. seine Stellung zu Luther auf Grund ihrer Schriften. Mit dem Fksm. e. Briefes v. Erasmus. (VII, 69 S.) 907. (Bd. III.) 2. 50
Scherffig, Paul, Friedrich Mekum v. Lichtenfels. Ein Lebensbild aus dem Reformationszeitalter, nach den Quellen dargestellt. Mit 1 Fksm. v. Mekums Handschrift. (VIII, 167 S. m. 1 Taf.) 909. (Bd. XII.) 5. 50
Spalatiniana. I. Vita Georgii Spalatini ex ipsius *αὐτογράφῳ* descripta M. D. XXXIV. — II. Index brevissimus rerum illustrissimi principis, Dn. Johannis Ducis Saxoniae electoris, in electoratu inceptus colligi M. D. XXVI. III. Georgii Spalatini ephemerides inchoatae anno MCCCCLXXX. Anh.: Einige Lutherana u. Aktenstücke aus dem Nürnberger Veit Dietrich Kodex u. A. Hrsg. v. Geo. Berbig. (VII, 123 S.) 908. (Bd. V.) 4.
Theobald, Leonh., das Leben u. Wirken des Tendenzdramatikers der Reformationszeit Thomas Naogeorgus seit seiner Flucht aus Sachsen. (V, 106 S.) 908. (Bd. IV.) 3. 50
   1. Bd. Ebd. 906. 9. —

— — zur Geschichte Westpreussens. Hrsg. vom westpreuss. Geschichtsverein. I. u. II. Bd. gr. 8. Danzig [Th. Bertling.] L. Saunier. n.n. 8. —

I. Lengnich, des Syndicus der Stadt Danzig Gfr., ius publicum civitatis Gedanensis od. Der Stadt Danzig Verfassung u. Rechte. Nach der Orig.-Handschrift des Danziger Stadtarchivs hrsg. v. Otto Günther. Mit dem Portr. Lengnichs in autotyp. Druck. (XX, 607 S.) 900 n.n. 8. —
II. Geschichte der ländlichen Ortschaften u. der drei kleineren Städte des Kreises Thorn in seiner früheren Ausdehng. vor der Abzweigung des Kreises Briesen i. J. 1888. Von Hans Maercker. Mit 2 Karten u. 4 photograph. Zeichnungen. (Schriften des westpreuss. Geschichtsvereins.) (IX, 921 S.) 900. n.n. 14. —

Quellen u. Darstellungen zur Geschichte **Westpreussens.** Hrsg. vom westpreuss. Geschichtsverein. 3—5. Lex.-8. Danzig, L. Saunier. n. 15.—
3. Geschichte der Danziger Willkür. Von Paul Simson. (VIII, 207 S.) 904. n. 5.—
4. Geschichte der Stadt Deutsch Eylau. Von J. Kaufmann. (XII, 220 S. m. 2 farb. Plänen.) 905. n. 5.—
5. Totenbuch, das, des Prämonstratenserinnen-Klosters Zuckau bei Danzig. Hrsg. v. Max Perlbach. (VIII, 154 S.) 906. n. 5.—

BOCCACCIO. — Die Quellen des Dekameron. (Boccaccio's Decamerone.) Wien 1869. 8°. (6 Mk. H. Streisand, Berlin, 1907.)

— — Dasselbe. Zweite, sehr vermehrte und verbesserte Auflage. Stuttgart 1884. Gr. 8°. XVIII und 345 Seiten nebst zwei Uebersichtstafeln. (Mk. 6.—.) (4 Mk. J. Scheible, 1905; 3 Mk. 50 Pfg. B. Liebisch, 1907.)

Quellen u. Studien, deutsche. Hrsg. v. Wilh. Kosch. 1. 2. u. 6. Heft. gr. 8. Regensburg, J. Habbel. 14. 40
Häusle, Hugo, Eichendorff's Puppenspiel: Das Incognito. Eine politisch-literar. Satire aus dem Zeitalter Friedrich Wilhelms IV. Mit 1 Fksm. Eichendorffs. (66 u. 70 S.) 910. (6. Heft.) 3.—
Speyer, Marie, Raabes „Hollunderblüte". Eine Studie. (126 S.) 908. (1. Heft.) 2. 40
— Friedrich Wilhelm Weber u. die Romantik. Untersuchungen zur Geschichte des romant. Einflusses im 19. Jahrh. (476 S.) 910. (2. Heft.) 9.—
Heft 3—5 sind noch nicht erschienen.

— d. entdeckten, des Unglaubens gegenw. Zeit. 8. Nrnb. Grattenauer. 769.

—— und **Erörterungen** zur bayerischen und deutschen Geschichte. Hrsg. auf Befehl und Kosten Sr. Maj. des Königs Maximilian II. I. Bd. A. u. d. T.: Quellen zur bayerischen und deutschen Geschichte. I. Bd. Lex.-8. (XII und 566 S.) München 856, (Franz.) *

—— und Erörterungen zur bayerischen und deutschen Geschichte. Hrsg. auf Befehl und Kosten Sr. Maj. des Königs Maximilian II. 2. Bd. 1. Abthl., 3. Bd. 1 Abthl., 4—8. Bd. A. u. d. T.: Quellen zur bayerischen und deutschen Geschichte. 2. Bd. 1. Abthl., 3. Bd. 1. Abthl., 4—8. Bd. Lex.-8. München, (Franz.) [2. Bd. (S. 1—176.) 3. (S. 1—304.) 4. (XVI und 528 S.) 857., 5. (VII und 531 S.) 858., 6. (VII und 644 S.) 861., 7. (480 S.) 858., 8. (419 S.) 860. à Abthl. * 15 Ngr. à Bd. * 1 Thlr.] *
1. Bd. (Ebendas.) 1856. * 1 Thlr.

Quellen und Erörterungen zur bayerischen und deutschen Geschichte. Hrsg. auf Befehl und Kosten Sr. Maj. des Königs Maximilian II. 2. Bd. 2. Abthl., 3. Bd. 2. Abthl. und 9. Bd. A. u. d. T.: Quellen zur bayerischen und deutschen Geschichte. 2. Bd. 2. Abthl., 3. Bd. 2. Abthl. und 9. Bd. Lex.-8. München 862—64, (Franz'sche Buchh.) [2. Bd. 2. Abthl. (XIII und S. 145—499.) * 15 Ngr., 3. Bd. 2. Abthl. (VII und S. 305—390.) * 15 Ngr., 9. Bd. (LXXII und 1144 S.) * 2 Thlr.] *
1.—9. Bd. * 10 Thlr.

— u. **Erörterungen** zur bayerischen u. deutschen Geschichte. Neue Folge. I. Bd., II. Bd. 1. Abtlg. u. IV. Bd. Auf Veranlassg. u. m. Unterstützg. Sr. Maj. des Königs v. Bayern hrsg. durch die histor. Kommission bei der königl. Akademie der Wissenschaften. gr. 8. München, M. Rieger. n. 39.—
I. Andreas v. Regensburg, Sämtliche Werke. Hrsg. v. Geo. Leidinger. (CXX, 752 S.) 903. n. 16.—
II. 1. Ebran v. Wildenberg, des Ritters Hans, Chronik v. den Fürsten aus Bayern. Hrsg. von Frdr. Roth. (VII, LXXXVII, 200 S. m. 2 Stammtaf.) 905. n. 6.—
IV. Die Traditionen des Hochstifts Freising. Von Thdr. Bitterauf. 1. Bd. (744—926). Mit 1 Taf. (V, CVIII, 792 S.) 905. n. 17.—

Quellen u. **Erörterungen** zur bayerischen u. deutschen Geschichte. Neue Folge. II. Bd. 2. Abtlg. u. V. Bd. Auf Veranlassg. u. m. Unterstützg. Sr. Maj. des Königs v. Bayern hrsg. durch die histor. Kommission bei der königl. Akademie der Wissenschaften. gr. 8. München, M. Rieger. 28.—
II, 2. Bayerische Chronik. Von Ulr. Füetrer. Hrsg. v. Rhold. Spiller. Mit 1 Abbildg. (Taf.) (VII, LXXXV, 383 S. m. 1 Tab.) 909. 9.—
V. Die Traditionen des Hochstifts Freising. Von Thdr. Bitterauf. II. Bd. (926—1283.) (V, LXII, 914 S. m. 1 Taf.) 909. 19.—

Quellen u. Forschungen aus italienisch. Archiven u. Bibliotheken, hrsg. v. kgl. preuss. histor. Institut in Rom. 1. Bd. 2 Hfte. (à ca. 10 Bog.) Lex.-8. Rom 897. Loescher & Co. n.n. 10.—

— — aus italienischen Archiven u. Bibliotheken, hrsg. v. kgl. preuss. histor. Institut in Rom. 2.—5. Bd. à 2 Hfte. Lex.-8. (IV, 331; IV, 320; IV, 324 u. IV, 319 S.) Rom 898—902. Loescher & Co. à Bd. n.n. 10.—

Quellen u. Forschungen aus italienischen Archiven u. Bibliotheken, hrsg. vom königl. preuss. histor. Institut in Rom. 6.—9. Bd. à 2 Hefte. (IV, 445; IV, 875; V, 442 u. IV, 474 S.) Lex.-8. Rom 903—906. Loescher & Co. à Bd. n.n. 10.—

— — aus italienischen Archiven u. Bibliotheken, hrsg. vom königl. preuss. histor. Institut in Rom. 10.—13. Bd. à 2 Hefte. (à ca. 230 S.) Lex. 8. Rom 910. Loescher & Co. à Bd. nn 10.—

— — zur Erd- u. Kulturkunde. Hrsg. unter Mitwirkg. v. C. F. Andreas, W. Bacher, W. Barthold u. a. Fachgelehrten durch R. Stübe. 2.—4. Bd. Lex. 8. Ebd. 22. 20
Barthold, W., Nachrichten üb. den Aral-See u. den unteren Lauf des Amu-darja von den ältesten Zeiten bis zum XVII. Jahrh. Deutsche Ausg. m. Berichtggn. u. Ergänzgn. v. Verf. Nach dem russ. Orig. übers. v. H. v. Foth. (XV, 79 S. m. 1 Karte.) 910. (Bd. 2.) 5. 40
Schwarz, Paul, Iran im Mittelalter nach den arabischen Geographen. II. (VIII u. S. 43—109 m. 1 Karte.) 910. (Bd. 3.) 4.80 (I u. II: 6. 80)
Weller, E., August Petermann. Ein Beitrag zur Geschichte der geograph. Entdeckgn. u. der Kartographie im 19. Jahrh. Anh. I: Petermanns Schule. Anh. II: Bibliographie. (X, 284 S.) 911. (Bd. 4.) 12.—; geb. 15.—

— u. **Forschungen** aus dem Gebiete der Geschichte. In Verbindg. m. ihrem histor. Institut in Rom hrsg. v. der Görres-Gesellschaft. I. Bd. 1. Tl., II. u. III. Bd. Lex.-8. Paderborn, F. Schöningh. n. 37. 20
I. Bd. 1. Tl. Nuntiaturberichte Giovanni Morone's vom deutschen Königshofe 1539. 1540. Bearb. v. Frz. Dittrich. (IX, 243 S.) 892. n. 7. 40
II. Römische Dokumente zur Geschichte der Ehescheidung Heinrichs VIII. v. England. 1527—1534. Mit Erläutergn. hrsg. v. Steph. Ehses. (XLIV, 281 S.) 893. n. 9. 80
III. Die päpstlichen Kollektorien in Deutschland während d. XIV. Jahrh. Hrsg. v. Joh. Pet. Kirsch. (LXXVIII, 562 S.) 894. n. 20.—

— — aus d. Gebiete der Geschichte. In Verbindg. m. ihrem histor. Institut in Rom hrsg. v. d. Görres-Gesellschaft. IV.—VI. Bd. Lex.-8. Paderborn, F. Schöningh. n. 50.— (I.—VI.: n. 87. 20)
IV. Nuntiaturberichte aus Deutschland, nebst ergänz. Aktenstücken. 1585 (1584)—1590. 1. Abtlg. D. Kölner Nuntiatur. 1. Hälfte. Bonomi in Köln, Santonio in d. Schweiz, d. Strassburger Wirren. Hrsg. u. bearb. v. Steph. Ehses u. Aloys Meister. (LXXXV, 402 S) 895. n. 15.—
V. Die Nuntiatur-Korrespondenz Kaspar Groppers nebst verw. Aktenstücken (1573—1576). Von W. E. Schwarz. (CXX, 459 S.) 898. n. 21.—
VI. Die Rückkehr d. Päpste Urban V. u. Gregor XI. von Avignon nach Rom. Auszüge aus den Kameralarchiven d. vatikan. Archivs. Von Joh. Pet. Kirsch. (LXI, 329 S.) 898. n. 11.—

Quellen u. Forschungen aus dem Gebiete der Geschichte. In Verbindg. m. ihrem histor. Institut in Rom hrsg. v. der Görres-Gesellschaft. I. Bd. 2. Thl. u. VII. Bd. gr. 8. Paderborn, F. Schöningh. n. 31. —; (I—VII n. 118. 20)

I. 2. Die avignonesische Obedienz der Mendikanten-Orden, sowie der Orden der Mercedarier u. Trinitarier zur Zeit d. grossen Schismas. Beleuchtet durch d. v. Clemens VII. u. Benedikt XIII. an dieselben gerichteten Schreiben. Von Konr. Eubel, O. Min. Conv. (XX, 231 S.) 900. n. 9.—

VII. Nuntiaturberichte aus Deutschland, nebst ergänz. Aktenstücken. 1585. (1584)—1590. 1. Abtlg. Die Kölner Nuntiatur. 2. Hälfte. Ottavio Mirto Frangipani in Köln. 1587—1590. Hrsg. u. bearb. v. Steph. Ehses. (LXI, 541 S.) 899. n. 22.—

— — aus dem Gebiete der Geschichte. In Verbindg. m. ihrem histor. Institut in Rom hrsg. v. der Görres-Gesellschaft. VIII.—XII. Bd. Lex.-8. Paderborn, F. Schöningh. n. 94. —

VIII. Andrea Zamometić u. der Basler Konzilsversuch vom J. 1482. Von Jos. Schlecht. 1. Bd. (XII, 170 u. 163 S.) 903. n. 12. —

IX. Annaten, die päpstlichen, in Deutschland während des XIV. Jahrh. Hrsg. von Joh. Pet. Kirsch. 1. Bd.: Von Johann XXII. bis Innocenz VI. (LVI, 344 S.) 903. n. 13. —

X. Nuntiaturberichte aus Deutschland nebst ergänzenden Aktenstücken. 1585(1584)—1590. 2. Abtlg. Die Nuntiatur am Kaiserhofe. 1. Hälfte. Germanico Malaspina u. Filippo Sega. (Giovanni Andrea Caligari in Graz.) Bearb. u. hrsg. v. Rob. Reichenberger. (L, 482 S.) 905. n. 20. —

XI. Die Geheimschrift im Dienste der päpstlichen Kurie von ihren Anfängen bis zum Ende des XVI. Jahrh. Von Aloys Meister. Mit 5 kryptograph. Schrifttaf. (VIII, 450 S.) 906. n. 24. —

XII. Martin de Alpartil's chronica actitatorum temporibus Domini Benedicti XIII. Zum erstenmal veröffentlicht v. Frz. Ehrle, S. J. 1. Bd.: Einleitung, Text der Chronik, Anh. ungedr. Aktenstücke. (XLII, 616 S.) 906. n. 25. —

Quellen u. Forschungen aus dem Gebiete der Geschichte. In Verbindg. m. ihrem histor. Institut in Rom hrsg. v. der Görres-Gesellschaft. XIII. Bd. Lex. 8. Paderborn 910. F. Schöningh. 16.

Reformation u. Inquisition in Italien um die Mitte des XVI. Jahrh. Von Gottfr. Buschbell. (XXIII, 344 S.)

— u. Forschungen z. alten Geschichte u. Geogr., hrsg. v. W. Sieglin. 1. Hft. gr. 8. Leipzig, E. Avenarius. n. 1. 60

Die Beschreibg. Italiens in der Naturalis Historia des Plinius u. ihre Quellen. Von D. Detlefsen. (62 S.) 901.

— u. Forschungen zur alten Geschichte u. Geographie, hrsg. von W. Sieglin. 2.—4. Heft. gr. 8. Leipzig, E. Avenarius. n. 17. 30

Austria romana. Geographisches Lexikon aller zu Römerzeiten in Oestreich genannten Berge, Flüsse, Häfen, Inseln, Länder, Meere, Postorte, Seeen, Städte, Strassen, Völker. Von Fritz Pichler. I u. II. (443 S. m. 1 farb. Karte.) 903.

— — dasselbe. 5.—11. u. 13. Heft. Lex.-8. Berlin, Weidmann. n. 37. 60

Detlefsen, D., die Entdeckung des germanischen Nordens im Altertum. (66 S.) 904. (Hft. 8.) n. 2. 40

— Ursprung, Einrichtg. u. Bedeutg. der Erdkarte Agrippas. (VI, 118 S.) 906. (Hft 13.) n. 4. —

Geyer, Fritz, Topographie u. Geschichte der Insel Euboia. I. Bis zum peloponnes. Kriege. (VII, 121 S.) 903. (Hft. 6.) n. 4. —

Hölscher, Gust., Palästina in der persischen u. hellenistischen Zeit. Eine historisch-geograph. Untersuchung. (XII, 99 S.) 903. (Hft 5.) n. 3. —

Klotz, Alfr., Quaestiones Plinianae geographicae. (VII, 228 S.) 906. (Hft. 11.) n. 7. —

Plinius Secundus, C., die geographischen Bücher (II, 242—VI Schluss) der naturalis historia m. vollständ. krit. Apparat hrsg. v. D. Detlefsen. (XVII, 282 S.) 904. (Hft. 9.) n. 8. —

Schmidt, Ludw., Geschichte der deutschen Stämme bis zum Ausgange der Völkerwanderg. I. Abtlg. A. B., 1. Buch. (VII, 102 S.) 904. (Hft. 7.) n. 3. 60

— dasselbe. I. Abtlg. 2. u. 3. Buch. (V u. S. 103—231 m. 2 Karten.) 905 (Hft. 10.) n. 5. 60

Heft 12 ist noch nicht erschienen.

— — zur alten Geschichte u. Geographie. Hrsg. v. W. Sieglin. 8. Heft Nachtrag, 12., 14., 15., 17.—19., 22. u. 23. Heft. Lex. 8. Berlin, Weidmann. 34. 40

Bolchert, Paul, Aristoteles' Erdkunde v. Asien u. Libyen. (X, 102 S.) 908. (Heft 15.) 3. 60

Braun, Frz., die Entwicklung der span. Provinzialgrenzen in römischer Zeit. (139 S.) 909. (Heft 17.) 5. —

Detlefsen, D., die Anordng. der geograph. Bücher d. Plinius u. ihre Quellen. (VI, 171 S.) 909. (Heft 18.) 6. —

— Die Entdeckung des german. Nordens im Altertum. Nachtrag. Bemerkungen z. alten Geschichte d. cimbr. Halbinsel. (18 S.) 909. (Heft 8. Nachtrag.) — 60

Hauptwerk. Ebd. 904. 2.40.

— Die Geographie Afrikas bei Plinius u. Mela u. ihre Quellen. Die formulae provinciarum, e. Hauptquelle des Plinius. (V, 104 S.) 908. (Heft 14 3. 60

Feist, Sigm., Europa im Lichte der Vorgeschichte u. die Ergebnisse d. vergleichenden indogerman. Sprachwissenschaft. Ein Beitrag zur Frage nach d. Ursitzen der Indogermanen. (IX, 70 S.) 910. (Heft 19.) 2. 40

Kessler, Ernst, Plutarchs Leben des Lykurgos. (VIII, 132 S.) 910. (Heft 23.) 4. 40

Schmidt, Ludw., Geschichte d. deutschen Stämme bis zum Ausgange der Völkerwanderung. I. Abtlg.: 4., 5., 6. Buch. (I, 3.) (V u. S. 233—366.) 907. (Heft 12.) 4. 60 (1—6: 13. 80)

— dasselbe. I. Abtlg. 4. Heft. 7., 8. Buch. Anh. Nachträge. Register. (V u. S. 367—483.) 910. (Heft 22.) 4.20 (I. Abtlg. vollst. 18. —)

Heft 16, 20 u. 21 sind noch nicht erschienen.

— — zur braunschweigischen Geschichte. Hrsg. v. d. Geschichtsvereine f. das Herzogt. Braunschweig. 1. Bd. gr. 8. Wolfenbüttel 904. (J. Zwissler.) n. 3. —; geb. n. 4. —

Die Strassennamen der Stadt Braunschweig. Von Heinr. Meier. Mit e. Plane. (VII, 144 S.) 904.

Quellen und Forschungen zur Deutschen insbes. Hohenzollerischen Geschichte. (Neue Folge d. 'Hohenzollerischen Forschungen' 1.–7. Jg.) Hrsg. von Christian Meyer, [kgl. preuß. Archivar a. D.]. Jg. 1. *München: Selbstverl. 1903.* 8° [F.]

Anf. s. u. d. T.: Hohenzollerische Forschungen. [03. 15075

— — zur deutschen insbes. hohenzollerischen Geschichte. (Neue Folge d. „Hohenzoller. Forschungen" I—VII. Jahrg.) Hrsg. v. Christian Meyer. 2.—4. Jahrg. (II. Jahrg. IV, 480 S.) gr. 8. München (Fürstenfelderstraße 9) 904—906. Dr. Ch. Meyer. à Jhrg. 15. —

Erschien früher u. d. T.: Forschungen, hohenzoller.

— — u. Forschungen zur deutschen insbes. hohenzollerischen Geschichte. Neue Folge der „hohenzoller. Forschgn." (Jahrg. I—VII.) Hrsg. v. Christian Meyer. 5. u. 6. Jahrg. (6. Jahrg. 480 S.) gr. 8. München 908/10. (F. Klüber's Nachf.) à Jahrg. 15. —

zur Geschichte des Dominikanerordens in Deutschland. Hrsg. von Paulus v. Loë u. Bened. Maria Reichert. 1.—4. Heft. gr. 8. Leipzig, O. Harrassowitz. 16. 60

Loë, Frater Paulus v., O. Pr., Statistisches üb. die Ordensprov. Saxonia. (65 S.) 910. (Heft 4.) 2. 60

— dasselbe. Teutonia. (VIII, 55 S.) 907. (Heft 1.) 2. —

Meyer, Joa., O. Praed., Buch der Reformacio Predigerordens. I., II. u. III. Buch. Hrsg. v. Bened. Maria Reichert. (XXIII, 111 S.) 909. (Heft 2.) 5. —

— dasselbe. IV. u. V. Buch. Hrsg. v. Bened. Maria Reichert. (VI, 167 S.) 908. (Heft 3.) 7. —

zur Geschichte der Erdkunde. Hrsg. unter Mitwirkg. v. C. F. Andreas, W. Bacher, C. Brockelmann u. a. Fachgelehrten durch R. Stübe. 1. Bd. Lex. 8. Leipzig 909. O. Wigand. 3. —

Die Abbasiden-Residenz Samarra. Neue histor.-geograph. Untersuchgn. Von Paul Schwarz. (VII, 42 S.)

Fortsetzung u. d. T.: Quellen u. Forschungen zur Erd- und Kulturkunde.

— — zur Geschichte der Juden in Deutsch-Österreich. Hrsg. v. der histor. Kommission der israelit. Kultusgemeinde in Wien. I.—III. Bd. gr. 8. Wien, W. Braumüller. 17. —

I. Judenbuch, das, d. Scheffstrasse zu Wien (1389-1420). Hrsg. v. Art. Goldmann. Mit e. Schriftprobe. (XLII, 148 S.) 908. 5. —

II. Das Wiener Ghetto, seine Häuser u. seine Bewohner. I. Das Judenviertel in d. inneren Stadt bis zu seiner Aufhebg. im J. 1421. Nach den Eintraggn. d. Wiener städt. Grundbücher u. anderen archival. Quellen. — II. Die Judenstadt im unteren Werd. 1625—1670. Das Grundbuch d. Judenstadt (1632). — Urkundliche Nachrichten zur Geschichte der Judenhäuser. — Die auf Juden bezügl. Eintraggn. des städt. Totenprotokolls 1648—1690. Im Auftrage der histor. Kommission der israelit. Kultusgemeinde in Wien bearb. Von Ign. Schwarz. Mit 2 Plänen u. 7 Textabb. (XII, 314 S.) 909. 6.

III. Privatbriefe, jüdische, aus dem J. 1619. Nach den Originalen des k. u. k. Haus-, Hof- u. Staatsarchivs im Auftrage der histor. Kommission der israelit. Kultusgemeinde in Wien hrsg. v. Alfr. Landau u. Bernh. Wachstein. Mit 8 Schrifttaf. (XLIX, 133 u. 61 S.) 911. 6

Quellen u. Forschungen zur Geschichte, Litteratur u. Sprache Oesterreichs u. s. Kronländer. Durch d. Leo-Gesellschaft hrsg. v. J. Hirn u. J. E. Wackernell. I.—III. gr. 8. Graz, „Styria". n. 26. 90

I. Altdeutsche Passionsspiele aus Tirol. Mit Abhandlgn. üb. ihre Entwicklg., Composition, Quellen, Aufführgn. u. litterarhistor. Stellg. Von J. E. Wackernell. (VIII, CCCXIV, 531 S. m. 1 Skizze.) 897. n. 13. 50

II. Die ältesten Todtenbücher d. Cistercienser-Stiftes Wilhering in Oesterreich ob der Enns. Hrsg. v. Otto Grillnberger. (VIII, 283 S.) 896. n. 5. 40

III. Die deutsche Sprachinsel Gottschee. Geschichte u. Mundart, Lebensverhältnisse, Sitten u. Gebräuche, Sagen, Märchen u. Lieder. Von Adf. Hauffen. M. 4 Abb. u. 1 Sprachkarte. (XVI, 466 S.) 895. n. 8. —

— — **dasselbe.** IV. u. V. Bd. gr. 8. Innsbruck, Wagner. n. 15. —

IV. Tridentin. Urbare aus dem 13. Jahrh. M. e. Urkunde aus Judicarien von 1244—1247. Von Chrn. Schneller. (V, 283 S.) 897. n. 6. —

V. Kanzler Bienner u. s. Prozess. Von Jos. Hirn. (XX, 583 S.) 898. n. 9. —

— — zur Geschichte, Litteratur u. Sprache Österreichs u. seiner Kronländer. Durch die Leo-Gesellschaft hrsg. von J. Hirn u. J. E. Wackernell. VI.—VIII. Bd. gr. 8. Innsbruck, Wagner. n. 36. 10; (I—VIII n. 77. —)

VI. Deutsche Ortsnamen u. Lehnwörter des ungar. Sprachschatzes. Von Vikt. Lumtzer u. Joh. Melich. (X, 312 S.) 900. n. 7. 60

VII. Kaiser Franz I. v. Österreich u. die Stiftg. d. lombardo-venetianischen Königreichs. Im Zusammenhang m. den gleichzeit. allgemeinen Ereignissen u. Zuständen Italiens. Von Frhr. v. Helfert. Mit e. urkundl. Anh. (XXX, 643 S.) 901. n. 15. —

VIII. Das Ansiedlungswesen in der Bukowina seit der Besitzergreifg. durch Österreich. Mit besond. Berücksicht. der Ansiedlg. der Deutschen. Mit Benutzung der urkundl. Materialien aus dem Nachlasse v. F. A. Wickenhauser. Von Raim. Frdr. Kaindl. (XVI, 537 S. 902. n. 12. 50

— — zur Geschichte, Litteratur u. Sprache Oesterreichs u. seiner Kronländer. Durch die Leo-Gesellschaft hrsg. v. J. Hirn u. J. E. Wackernell. IX. u. X. Bd. gr. 8. Innsbruck, Wagner. n. 17. —

IX. Beda Weber 1798—1858 u. die tirolische Literatur 1800 bis 1846. Von J. E. Wackernell. (IX, 436 S.) 903. n. 8. —

X. Die deutsche Sprachinsel Lusern. Geschichte, Lebensverhältnisse, Sitten, Gebräuche, Volksglaube, Sagen, Märchen, Volkserzählgn. u. Schwänke, Mundart u. Wortbestand. Von Jos. Bacher. (XV, 440 S.) 905. n. 9. —

— — z. Geschichte, Literatur u. Sprache Österreichs u. seiner Kronländer. Durch die Leogesellschaft hrsg. v. J. Hirn u. J. E. Wackernell. XI. Bd. gr. 8. Wien, A. Opitz Nachf. 12. 50

XI. Geschichte der böhmischen Provinz der Gesellschaft Jesu. I. Geschichte der ersten Kollegien in Böhmen, Mähren u. Glatz von ihrer Gründg. bis zu ihrer Auflösg. durch die böhm. Stände 1556—1619. Nach den Quellen bearb. Von Alois Kroess, S. J. (XXVII, 1008 S.) 910.

— u. **Forschungen** zur Geschichte der Abtei Reichenau, hrsg. v. der badischen histor. Kommission. 1. Bd. gr. 4. Heidelberg 890. C. Winter. n.n. 12. —

Die Reichenauer Urkundenfälschungen, untersucht von Karl Brandl. (XVII, 132 S. m. 17 Lichtdr.-Taf.)

Quellen u. **Forschungen** zur Geschichte der Abtei Reichenau, hrsg. v. der bad. histor. Kommission. II. gr. 4. Heidelberg 893. C. Winter. n.n. 20. — (I u. II.: n.n. 32. —)

Die Chronik d. Gallus Öhem', bearb. v. Karl Brandl. (XXVIII, 216 S. m. 27 Taf.)

Quellen und Forschungen zur vaterländischen Geschichte, Literatur und Kunst. gr. 4. (V und 522 S. mit 7 Kunstbeilagen in 4. und Fol.) Wien 849, Braumüller. *

— — zur österreichischen Kirchengeschichte, hrsg. v. der österreich. Leo-Gesellschaft in Wien. I. Serie. Acta Salzburgo-Aquilejensia. Quellen zur Geschichte der ehemal. Kirchenprovinzen Salzburg u. Aquileja. I. Bd. 2 Abtlgn. Lex.-8. Graz, Styria. n. 22. —

1. Urkunden, die, über die Beziehungen der päpstlichen Kurie zur Prov. u. Diözese Salzburg (m. Gurk, Chiemsee, Seckau u. Lavant) in der Avignonischen Zeit: 1316 bis 1378. Gesammelt u. bearb. v. Alois Lang. Beilage: Karte der Salzburger Provinz im XV. Jahrh. 1. Abtlg.: 1316 bis 1352. (XCI, 377 S.) 903. n. 10. —
2. Dasselbe. 2. Abtlg.: 1352—1378. (VI u. S. 369—840.) 906. n. 12. —

— u. **Forschungen** zur Sprach- u. Culturgeschichte der germanischen Völker. Hrsg. v. Bernhard ten Brink u. Wilh. Scherer. I. Geistliche Poeten der deutschen Kaiserzeit. Studien v. Wilh. Scherer. 1—17. Hft. gr. 8. Strassburg 874. Trübner. n. 48. 90

1. Zu Genesis u. Exodus. (VIII, 77 S.) n. 2. —
2. Ungedruckte Briefe von u. an Joh. G. Jacobi m. e. Abriss seines Lebens u. seiner Dichtung hrsg. v. Ernst Martin. (VIII, 90 S.) n. 2. 40
3. Ueber die sanctgallischen Sprachdenkmäler bis zum Tode Karls d. Grossen. Von Rud. Henning. (XIII, 159 S.) n. 4. —
4. Reinmar v. Hagenau u. Heinrich v. Rugge. Eine litterarhistor. Untersuchg. v. Erich Schmidt. (122 S.) n. 3. 60
5. Die Vorreden Friedrichs d. Grossen zur Histoire de mon temps. Von Wilh. Wiegand. (86 S.) n. 2. —
6. Strassburgs Blüte u. die volkswirthschaftliche Revolution im XIII. Jahrh. Rede geh. bei Uebernahme d. Rectorates der Universität Strassburg am 31. Octbr. 1874. Von Gust. Schmoller. (35 S.) n. 1. —
7. Geistliche Poeten der deutschen Kaiserzeit. Studien v. Wilh. Scherer. 2. Hft. Drei Sammlgn. geistl. Gedichte. (90 S.) n. 2. 40
8. Ecbasis captivi, das älteste Thierepos d. Mittelalters. Hrsg. v. Ernst Voigt. (VIII, 150 S.) n. 4. —
9. Ueber Ulrich v. Lichtenstein. Historische u. litterar. Untersuchgn. v. Karl Knorr. (104 S.) n. 2. 40
10. Ueber den Stil der altgermanischen Poesie. Von Rich. Heinzel. (54 S.) n. 1. 60
11. Strassburg zur Zeit der Zunftkämpfe u. die Reform seiner Verfassung u. Verwaltung im 15. Jahrh. Rede, geh. zur Feier d. Stiftungsfestes der Universität Strassburg am 1. Mai 1875 v. Gust. Schmoller. Mit e. Anh.: Enth. die Reformation der Stadtordng. v. 1405 u. die Ordng. der Fünfzehner v. 1433. (IX, 164 S.) n. 3. —
12. Geschichte der deutschen Dichtung im 11. u. 12. Jahrh. Von Wilh. Scherer. (XIII, 140 S.) n. 3. 50
13. Die Nominalsuffixe a u. â in den germanischen Sprachen. Von Heinr. Zimmer. Eine v. der philosoph. Facultät der Universität Strassburg gekrönte Preisschrift. (XI, 316 S.) n. 7. —
14. Der Marner. Hrsg. v. Phpp. Strauch. (186 S.) n. 4. —
15. Ueber den Mönch v. Heilbronn. Von Albr. Wagner. (92 S.) n. 2. —
16. King Horn. Untersuchungen zur mittelenglischen Sprach- u. Litteraturgeschichte v. Thdr. Wissmann. (124 S.) n. 3. —
17. Karl Ruckstuhl. Ein Beitrag zur Goethe-Litteratur v. Ludw. Hirzel. (46 S.) n. 1. —

— u. **Forschungen** zur Sprach- u. Culturgeschichte der germanischen Völker. Hrsg. von Bernh. ten Brink, Wilh. Scherer, Elias Steinmeyer. 18—30., 32—49. Hft. gr. 8. Strassburg 876—82. Trübner. n. 108. 30 (1—30. 32—49: n. 157. 20)

18. Flandrijs. Fragmente eines mittelniederländischen Rittergedichtes. Zum ersten Male hrsg. v. Johs. Franck. (IX, 156 S.) n. 4. —
19. Eilhart von Oberge. Hrsg. v. Frz. Lichtenstein. (CCV, 475 S.) n. 14. —
20. Englische Alexiuslegenden aus dem XIV. u. XV. Jahrh. Hrsg. v. J. Schipper. 1. Hft.: Version I. (VII, 107 S.) n. 2. 50
21. Die Anfänge des deutschen Prosaromans u. Jörg Wickram von Colmar. Eine Kritik von Wilh. Scherer. (103 S.) n. 2. 50
22. Ludwig Philipp Hahn. Ein Beitrag zur Geschichte der Sturm- u. Drangzeit. Von Rich. Maria Werner. (X, 143 S.) n. 3. —
23. Leibniz u. Schottelius. Die unvorgreifl. Gedanken, untersucht u. hrsg. von Aug. Schmarsow. (VI, 92 S.) n. 2. —
24. Die Handschriften u. Quellen von Willirams deutscher Paraphrase des Hohen Liedes. Untersucht von Jos. Seemüller. (VIII, 118 S.) n. 2. 50
25. Kleinere lateinische Denkmäler der Thiersage aus dem 12. bis 14. Jahrh. Hrsg. von Ernst Voigt. (VII, 156 S. m. 4 S. Tab. in gr. 4.) n. 4. 50
26. Die Offenbarungen der Adelheid Langmann, Klosterfrau zu Engelthal. Hrsg. von Phpp. Strauch. (XLII, 119 S.) n. 4. —
27. Ueber einige Fälle des Conjunctivs im Mittelhochdeutschen. Ein Beitrag zur Syntax des zusammengesetzten Satzes von Ludw. Bock. (VIII, 74 S.) n. 1. 50
28. Willirams deutsche Paraphrase des hohen Liedes. Mit Einleitung u. Glossar hrsg. v. Jos. Seemüller. (XIV, 147 S.) n. 3. —
29. Die Quellen von Notkers Psalmen zusammengestellt v. Ernst Henrici. (358 S.) n. 8. —
30. Joachim Wilhelm v. Brawe, der Schüler Lessings. Von Aug. Sauer. (VIII, 148 S.) n. 3. —
32. Beiträge zur Geschichte der germanischen Conjugation. Von Frdr. Kluge. (XI, 166 S.) n. 4. —
33. Wolframs v. Eschenbach Bilder u. Wörter für Freude u. Leid. Von Ludw. Bock. (VIII, 74 S.) n. 1. 60
34. Aus Goethe's Frühzeit. Bruchstücke eines Commentares zum jungen Goethe v. Wilh. Scherer. Mit Beiträgen v. Jac. Minor, Max Posner, Erich Schmidt. (IX, 130 S.) n. 3. —
35. Wigamur. Eine litterarhistor. Untersuchung v. Gregor Sarazin. (VII, 33 S.) n. 1. —
36. Taulers Bekehrung. Kritisch untersucht von Heinr. Seuse Denifle. (VIII, 147 S.) n. 3. 50
37. Ueber den Einfluss des Reimes auf die Sprache Otfrids, besonders in Bezug auf Laut- u. Formenlehre. Von Thdr. Ingenbleek. Mit einem Reimlexikon zu Otfrid. (95 S.) n. 2. —
38. Heinrich von Morungen u. die Troubadours. Ein Beitrag zur Betrachtung des Verhältnisses zwischen deutschem u. provenzal. Minnesang. Von Ferd. Michel. (XI, 272 S.) n. 6. —
39. Beiträge zur Kenntniss der Klopstockschen Jugendlyrik, aus Drucken u. Handschriften nebst ungedruckten Oden Wielands, gesammelt von Erich Schmidt. (IX, 92 S.) n. 2. —
40. Das deutsche Ritterdrama des 18. Jahrhunderts. Studien über Jos. Aug. v. Törring, seine Vorgänger u. Nachfolger von Otto Brahm. (X, 236 S.) n. 5. —
41. Die Stellung von Subject u. Prädicatsverbum im Hêliand. Nebst einem Anh. metr. Excurse. Ein Beitrag zur german. Wortstellungslehre v. John Ries. (X, 129 S.) n. 3. —
42. Zur Gralsage. Untersuchungen v. Ernst Martin. (48 S.) n. 1. 20
43. Die Kindheit Jesu von Konr. v. Fussesbrunnen. Hrsg. von Karl Kochendörffer. (IX, 186 S.) n. 4. —
44. Das Anegenge. Eine literarhistor. Untersuchung von Eduard Schröder. (VIII, 96 S.) n. 2. —
45. Das Lied vom King Horn. Mit Einleitung, Anmerkungen u. Glossar hrsg. von Thdr. Wissmann. (XXII, 155 S.) n. 3. 50
46. Ueber die ältesten hochfränkischen Sprachdenkmäler. Ein Beitrag zur Grammatik des Althochdeutschen v. Gust. Rossinna. (XIII, 99 S.) n. 2. —
47. Das deutsche Haus in seiner historischen Entwickelung von Rud. Henning. Mit 64 (eingedr.) Holzschn. (XI, 183 S.) n. 5. —
48. Die Accente in Otfrieds Evangelienbuch. Eine metr. Untersuchung von Naphtali Sobel. (XII, 133 S.) n. 3. —
49. Ueber Georg Greflinger v. Regensburg als Dichter, Historiker u. Uebersetzer. Eine literarhistorische Untersuchung von Wolfg. v. Oettingen. (95 S.) n. 2. —

Das 31. Hft. erscheint später.

— u. **Forschungen** zur Sprach- u. Culturgeschichte der germanischen Völker. Hrsg. v. B. ten Brink, E. Martin, W. Scherer. 31., 50—59. Hft. gr. 8. Strassburg, Trübner. n. 43. 50

31. Nibelungenstudien v. Rud. Henning. (XI, 329 S.) 883. n. 6. —
50. Eraclius. Deutsches Gedicht d. 13. Jahrh. Hrsg. v. Harald Graef. (VII, 264 S.) 883. n. 5. —
51. Mythologische Forschungen aus dem Nachlasse v. Wilh. Mannhardt. Hrsg. v. Herm. Patzig. Mit Vorreden v. Karl Müllenhoff u. Wilh. Scherer. (XL, 382 S.) 884. n. 9. —
52. Laurence Minots Lieder, m. grammatisch-metr. Einleitg. hrsg. v. Wilh. Scholle. (XLVII, 45 S.) 884. n. 2. —
53. Der zusammengesetzte Satz bei Berthold v. Regensburg. Ein Beitrag zur mittelhochdeutschen Syntax v. Hub. Roettoken. (XI, 124 S.) 884. n. 2. 50
54. Konrads v. Würzburg Klage der Kunst v. Eug. Joseph. (X, 92 S.) 885. n. 2. —
55. I. Das friesische Bauernhaus in seiner Entwicklung während der letzten vier Jahrhunderte, vorzugsweise in der Küstengegend zwischen der Weser u. dem Dollart. Von Otto Lasius. Mit 38 Holzschn. (III, 34 S.) 885. n. 3. —
    II. Die deutschen Haustypen. Nachträgliche Bemerkungen v. Rud. Henning. (34 S.) 885. n. 1. —
56. Die galante Lyrik. Beiträge zu ihrer Geschichte u. Charakteristik von Max Frhrn. v. Waldberg. (XX, 152 S.) 885. n. 4. —
57. Die altdeutsche Exodus, m. Einleitg. u. Anmerkgn. hrsg. v. Ernst Kossmann. (VII, 149 S.) 886. n. 3. —
58. Grundlagen d. mittelhochdeutschen Strophenbaus v. Rich. M. Meyer. (XI, 136 S.) 886. n. 3. —
59. Über die Sprache der Wandalen. Ein Beitrag zur german. Namen- u. Dialektforschung v. Ferd. Wrede. (VI, 119 S.) 886. n. 3. —

— — zur Sprach- u. Culturgeschichte der germanischen Völker. Hrsg. v. B. ten Brink, E. Martin, E. Schmidt. 60.—66. u. 68. Hft. gr. 8. Strassburg, Trübner's Verl. n. 30. 50

60. Die Poetik Gottsched's u. der Schweizer, litterarhistorisch untersucht v. F. Servaes. (IX, 178 S.) 887. n. 3. 50
61. Der Vers in Shakspere's Dramen von G. König. (XI, 138 S.) 888. n. 3. 50
62. Beowulf. Untersuchungen v. B. ten Brink. (VIII, 248 S.) 888. n. 6. —
63. Geschichte der Ablaute der starken Zeitwörter innerhalb d. Südenglischen v. K. D. Bülbring. (140 S.) 889. n. 3. 50
64. Zur Lautlehre der griechischen, lateinischen und romanischen Lehnworte im Altenglischen von A. Pogatscher. (XIII, 220 S.) 888. n. 5. —
65. Neue Fragmente d. Gedichts van den Vos Reinaerde u. das Bruchstück van bere Wisselauwe, hrsg. v. E. Martin. (73 S.) 889. n. 2. —
66. Caspar Scheidt, der Lehrer Fischart's. Studien zur Geschichte der grobianischen Litteratur in Deutschland von A. Hauffen. (VIII, 186 S.) 889. n. 3. —
68. Über die Sprache der Ostgoten in Italien. Von Ferd. Wrede. (VII, 208 S.) 890. n. 4. —

Hft. 67 erscheint später.

— — zur Sprach- u. Culturgeschichte der germanischen Völker. Hrsg. v. B. ten Brink, E. Martin, E. Schmidt. 67., 69.—71. Hft. gr. 8. Strassburg i/E., K. J. Trübner, Verl. n. 12. 50

67. Ulrichs v. Hutten deutsche Schriften. Untersuchungen nebst e. Nachlese v. Siegfr. Szamatólski. (IX, 180 S.) 891. n. 4. —
69. Prothese u. Aphaerese d. H im Althochdeutschen. Von Herm. Garke. (X, 197 S.) 891. n. 3. —
70. Studien zur Geschichte der italienischen Novelle in der englischen Litteratur d. 16. Jahrh. v. Emil Koeppel. (VII, 100 S.) 892. n. 2. 50
71. Judith. Studies in metre, language and style, with a view to determining the date of the Oldenglish fragment and the home of its author. By T. Gregory Foster. (X, 103 S.) 892. n. 3. —

— — dasselbe. Hrsg. v. Alois Brandl, Ernst Martin, Erich Schmidt. 72.—74. Hft. gr. 8. Ebd. n. 29. 50

72. Der althochdeutsche Isidor. Facsimile-Ausg. des Pariser Codex, nebst crit. Texte der Pariser u. Monseer Bruchstücke. Mit Einleitg., grammat. Darstellg. u. e. ausführl. Glossar hrsg. v. George A. Hench. (XIX, 194 S. m. 22 Taf.) 893. n. 20. —
73. Zur Entwicklung der historischen Dichtung bei den Angelsachsen v. Daniel Abegg. (XII, 126 S.) 894. n. 3. —
74. Studien üb. das deutsche Volksbuch Lucidarius u. seine Bearbeitungen in fremden Sprachen v. Karl Schorbach. (XI, 276 S.) 894. n. 6. 50

— — zur Sprach- u. Culturgeschichte d. german. Völker. Hrsg. v. Alois Brandl, Ernst Martin, Erich Schmidt. 75.—83. Hft. gr. 8. Strassburg, K. J. Trübner, Verl. n. 59. —

75. Die Sprache der Langobarden v. Wilh. Bruckner. (XVI, 338 S.) 895. n. 8. —
76. Huchown's pistel of swete Susan. Kritische Ausg. v. Hans Köster. (IX, 93 S.) 895. n. 3. —
77. Studien üb. d. ältesten deutschen Fastnachtspiele. Von Vict. Michels. (XI, 248 S.) 896. n. 6. 50
78. Place names in the English Bede and the localisation of the Mss. By Thom. Miller. (80 S.) 896. n. 2. —
79. Die Frühzeit d. deutschen Minnesangs. Von Eug. Joseph. I. D. Lieder d. Kürenbergers. (VII, 87 S.) 896. n. 2. 50
80. Quellen d. weltl. Dramas in England vor Shakespeare. Ein Ergänzungsbd. zu Dodsley's old English plays. Von Alois Brandl. (CXXVI, 667 S) 898. n. 20. —
81. William Browne. His Britannia's pastorals and the pastoral poetry of the Elizabethan age. By Fred. W. Moorman. (X, 159 S.) 897. n. 4. 50
82. Quellen-Studien zu d. Dramen George Chapmans, Philip Massinger's u. John Ford's v. Emil Koeppel. (X, 229 S.) 897. n. 6. —
83. Lydgate's fabula duorum mercatorum. Aus d. Nachlasse von J. Zupitza, nach sämtl. Handschriften hrsg. v. Gust. Schleich. (VIII, XCI, 154 S.) 897. n. 6.50

— — zur Sprach- u. Culturgeschichte der germanischen Völker. Hrsg. v. Alois Brandl, Ernst Martin, Erich Schmidt. 84.—89., 91. u. 92. Hft. gr. 8. Strassburg, K. J. Trübner. n. 36. 50

84. Die litterarischen Bestrebungen v. Worcester in angelsächs. Zeit. Von Wolfg. Keller. (VIII, 104 S.) 900. n. 2. 50
85. Der Gral. Von Paul Hagen. (V, 124 S.) 900. n. 3. —
86. Arigo, der Übersetzer des Decamerone u. des Fiore di virtu. Eine Untersuchung. Von Karl Drescher. (VII, 225 S.) 900. n. 6. —
87. Die alt- u. neuschwedische Accentuierung unter Berücksicht. der anderen nordischen Sprachen. Von Axel Kock. (XII, 298 S.) 901. n. 7. 50
88. Studien zur Geschichte des Deminutivums im Deutschen. Von Alb. Polzin. (VII, 110 S.) 901. n. 3. —
89. Spelling-Pronunciations: Bemerkungen über den Einfluss des Schriftbildes auf den Laut im Englischen. Von Emil Koeppel. (VI, 71 S.) 901. n. 2. —
91. Der isländische Bauernhof u. sein Betrieb zur Sagazeit. Nach d. Quellen dargestellt. Von E. Dagob. Schönfeld. (XVI, 286 S.) 902. n. 8. —
92. Beiträge zur Kenntnis des Teuerdank. Von Otto Bürger. (IX, 174 S.) 902. n. 4. 50

Heft 90 erscheint später.

— — zur Sprach- u. Culturgeschichte der germanischen Völker. Hrsg. v. Alois Brandl, Ernst Martin, Erich Schmidt. 90 u. 93—98. Heft. gr. 8. Strassburg, K. J. Trübner. n. 37. 50

90. Gill's, Alex., logonomia anglica. Nach der Ausg. von 1621 diplomatisch hrsg. v. Otto L. Jiriczek. (LXX, 228 S.) 903. n. 7. 50
93. Die Verfasser der Epistolae obscurorum virorum. Von Walth. Brecht. (XXV, 383 S.) 904. n. 10. —
94. Die Sprache der Wiener Genesis. Eine grammat. Untersuchg. Von Vict. Dollmayr. (XIII, 109 S.) 903. n. 3. —
95. The interpretation of nature in English poetry from Beowulf to Shakespeare. By Frederic W. Moorman. (XIII, 244 S.) 905. n. 6. 50
96. Heinrich Steinhöwels Verdeutschung der Historia Hierosolymitana des Robertus Monachus. Eine literarhistor. Untersuchg. Von Frdr. Kraft. (XI, 200 S.) 905. n. 5. —
97. Die Begründung der ernsten Ballade durch G. A. Bürger. Von Valent. Beyer. (VII, 113 S.) 905. n. 3. —
98. Untersuchungen zur neuenglischen Lautgeschichte. Von Wilh. Horn. (V, 105 S.) 905. n. 2. 50

— — zur Sprach- u. Culturgeschichte der germanischen Völker. Hrsg. v. Alois Brandl, Erich Schmidt, Frz. Schultz. 99.—111. Heft. gr. 8. Strassburg, K. J. Trübner. 62. 40

Ausfeld, Frdr., die deutsche anakreontische Dichtg. des 18. Jahrh. Ihre Beziehgn. zur französ. u. zur antiken Lyrik. Materialien u. Studien. (VIII, 165 S.) 907. (Heft 101.) 4. —
Heinrichs, Karl, Studien üb. die Namengebung im Deutschen seit dem Anfang des 16. Jahrh. (XV, 510 S.) 908. (Heft 102.) 11. —
Kittelmann, Feod., einige Mischhandschriften von Wolframs Parzival. (VII, 87 S.) 910. (Heft 109.) 2. 50
Lauterbach, Mart., das Verhältnis der 2. zur 1. Ausgabe v. Werthers Leiden. (X, 128 S.) 910. (Heft 110.) 3. 50
Martin, Ernst, der Versbau des Heliand u. der altsächs. Genesis. (VIII, 80 S.) 907. (Heft 100.) 2. 40
Masing, Woldem., sprachl. Musik in Goethes Lyrik. (79 S.) 910. (Heft 108.) 2. —
Merker, Paul, Simon Lemnius. Ein Humanistenleben. (VII, 109 S.) 908. (Heft 104.) 3. —
Percy, Thomas, u. William Shenstone. Ein Briefwechsel aus der Entstehungszeit der Reliques of ancient English poetry. Hrsg. m. Einleitg. u. Anmerkgn. v. Hans Hecht. (XXXVI, 145 S.) 909. (Heft 103.) 5. —
Petersen, Jul., das Rittertum in der Darstellung des Johannes Rothe. (VII, 184 S.) 909. (Heft 106.) 5. —
Schmitz, Frdr. Wilh., metrische Untersuchungen zu Paul Flemings deutschen Gedichten. (V, 106 S.) 910. (Heft 111.) 3. —
Stadler, Ernst, Wielands Shakespeare. (VII, 133 S.) 910. (Heft 107.) 4. —
Zagajewski, Karl, Albrecht v. Hallers Dichtersprache. (IX, 269 S.) 909. (Heft 105.) 7. 50
Zinkernagel, Frz., die Entwicklungsgeschichte v. Hölderlins Hyperion. (XVI, 242 S.) 907. (Heft 99.) 6. 50

— — zur deutschen Volkskunde. Hrsg. v. E. K. Blümml. 1.—6. Bd. gr. 8. Wien, R. Ludwig. 33. 80

Blümml, Emil Karl, Beiträge zur deutschen Volksdichtung. (198 S.) 908. (Bd. 6.) 7. 20
Höfler, Max, volksmedizin. Botanik der Germanen. (125 S.) 908. (Bd. 5.) 4. 80
Kohl, Frz. Frdr., die Tiroler Bauernhochzeit. Sitten, Bräuche, Sprüche, Lieder u. Tänze m. Singweisen. (X, 282 S.) 908. (Bd. 3.) 9. —
— Heitere Volksgesänge aus Tirol (Tisch- u. Gesellschaftslieder). Mit Singweisen. Im Volke gesammelt u. zusammengestellt. (164 S.) 908. (Bd. 1.) 6. —
Kopp, Arth., Bremberger-Gedichte. Ein Beitrag zur Brembergersage. (63 S.) 908. (Bd. 2.) 2. —
Kralik, Rich. v., zur nordgerman. Sagengeschichte. (121 S.) 908. (Bd. 4.) 4. 80

Quellen zur Fortbildung der Jugend

① Unter Mitwirkung von Geistlichen und Lehrern herausgegeben (1. Jg.); von Geistlichen und Lehrern herausgegeben (2. Jg. und ff.) ② Quellen zur Fortbildung für Jung und Alt (Jahrestitel des 1. Jgs.); Bildungsquellen für Jung und Alt (1861—1866) ⑤ 1860—1866, Nr. 39 ⑥ 8° (24½ cm) ⑦ Monatsblatt (1860—1864); Wochenblatt (1865—1866) ⑧ Hauptwil: Jakob Feierabend, Lehrer; Kreuzlingen: Jakob Feierabend (1862—1866) ⑩ Jak. Feierabend ⑪ der Herausgeber; viele Mitarbeiter ⑫ literarisch, zur Förderung der Volksbildung ⑭ Lu: Z ⑮ Das Blatt enthält auch Biographien bedeutender Schweizer.

— frische. Schönwissenschaftliche Jahrbücher. Unter Mitwirkung vieler Literaturkräfte herausg. von Karl Beck. (1.) Jahrg. 1855. 10 Liefgn. (à 7—8 Bgn.). Pest 855. Edelmann in Comm. 4. n. 3 Thlr. 20 ngr.

Quellen, frische. Schönwissenschaftliche Jahrbücher. Unter Mitwirkung vieler Literaturkräfte hrsg. von Carl Beck. 1. Jahrg. 1855. 10 Lfgn. hoch 4. (1. Lfg. 60 S.) Pest, (Lauffer und Stolp.) *

— zur alten Geschichte d. Fürstenth. Bayreuth. Namens u. im Auftr. d. histor. Vereins von Oberfranken zu Bayreuth hrsg. v. Chrn. Meyer. 1. u. 2. Bd. gr. 8. (IV, 240, XII, 160 u. III, 320 S.) Bayreuth 895. 96. Histor. Verein f. Oberfranken. à 3. —

— zur Geschichte des Bauernkriegs in Deutschtirol 1525. Hrsg. v. Herm. Wopfner, s. a. Acta Tirolensia. III.

Quellen zur Geschichte des Bauernkriegs in Deutschtirol 1525. Hrsg. von Dr. Hermann Wopfner. T. 1. Innsbruck: Wagner 1908. 4°(8°)
-= **Acta** Tirolensia. Bd 3, T. 1. [08. 9376

Quellen zur Geschichte des Bauernkriegs in Oberschwaben. Hrsg. von Frz. Ludw. Baumann, s.a. Bibliothek des litterarischen Vereins in Stuttgart, Bd. 129.

Quellen zur Geschichte des Bauernkrieges in Ober-Schwaben.. Hrsg. von F. L. Baumann. 8⁰. Stuttgart, Litterar. Verl., 1876.

Quellen zur Geschichte des Bauernkriegs aus Rotenburg an der Tauber, s.a. Bibliothek des litterarischen Vereins in Stuttgart, Bd. 139.

Quellen zur Geschichte des Bauernkrieges aus Rotenburg a. d. Tauber. Hrsg. v. F. L. Baumann. 8⁰. Stuttgart, Litterar. Verl., 1878.

— die, zur Geschichte der Entstehung des Kirchenstaates v. Joh. Haller, s.: Quellensammlung zur deutschen Geschichte.

Quellen zur Geschichte der Feuerwaffen. Facsimilirte Nachbildgn. aller Originalzeichngn., Miniaturen, Holzschn. u. Kpfrst., nebst Aufnahmen aller Originalwaffen u. Modelle. Hrsg. vom german. Museum. 1—3. Lfg. Imp.-4. (S. 1—106 m. 140 lith. u. chromolith. Taf. in Imp.-4. u. gr. Fol.) Leipzig 872. 73. Brockhaus. à n. 15. —

Quellen zur Geschichte der Feuerwaffen. Facsimilierte Nachbildung alter Original-Zeichnungen, Miniaturen, Holzschnitte u. Kupferstiche, nebst Aufnahmen alter Orig.-Waffen u. Modelle. Hrsg. vom German. Museum. 4. Lfg. [Schluss.] Imp.-4. (S. 107—178 m. 61 Steintaf. in Imp.-4. u. qu. Fol.) Leipzig 877. Brockhaus' Sort. n. 20. — (cplt.: n. 80. —)
Der Subscr.-Pr. von 15. — für 1—3. Lfg. ist erloschen.

Quellen zur Geschichte der Feuerwaffen. Facsimilierte Nachbildungen . . . Leipzig 1877. V: *Essenwein, August Othmar v.* (Kat. d. Lipperheideschen Kostümbibl. Berlin 1896ff.)

Quellen zur Frankfurter Geschichte, hrsg. v. H. Grotefend. 1. Bd. Lex.-8. Frankfurt a/M. 884. Jügel's Verl. n. 10. —
Frankfurter Chroniken u. annalistische Aufzeichnungen d. Mittelalters, bearb. v. R. Froning. (XLIV, 492 S.)

— zur Frankfurter Geschichte, hrsg. v. H. Grotefend. 2. Bd. Lex.-8. Frankfurt a/M. 888. Jügel's Verl. n. 12. — (1. u. 2.: n. 22. —)
Frankfurter Chroniken u. annalistische Aufzeichnungen der Reformationszeit. Nebst e. Darstellg. der Frankfurter Belagerung v. 1552. Bearb. v. R. Jung. (XXXII, 730 S.)

Quellen z. Frankfurter Geschichte, hrsg. v. H. Grotefend. 2 Bde. Lex.-8. (XLIV, 492 u. XXXII, 730 S.) Frankfurt a/M. 884. 888. [Jügel's Verl.] K. Th. Voelcker. n. 22. —; ermäss. Pr. n. 12. —

—— zur Geschichte der Grafen v. Fürstenberg, s. Urkundenbuch, Fürstenbergisches.

— zur Geschichte v. Hamburgs Handel u. Schifffahrt im 17., 18. u. 19. Jahrh. Hrsg. m. Unterstützg. der hamburg. Handelskammer v. Ernst Baasch. (VII, 802 S.) gr. 8. Hamburg 908—10. L. Gräfe & Sillem. 27.50; auch in 5 Heften à 5.50

— zur Geschichte der kaiserl. Haussammlungen u. der Kunstbestrebungen des allerdurchlauchtigsten Erzhauses, s.: Jahrbuch der kunsthistor. Sammlungen des allerhöchsten Kaiserhauses. 22. VI.

Quellen zur Geschichte der kaiserlichen Haussammlungen und der Kunstbestrebungen des allerdurchlauchtigsten Erzhauses. Register zum 1. Teil. [Jahrbuch der kunsthistorischen Sammlungen des allerhöchsten Kaiserhauses. 23. Bd. 6. Heft.] 4°. K 24. —

Quellen zur Geschichte der kaiserl Haussammlungen u. der Kunstbestrebungen des Allerdurchlauchtigsten Erzhauses, hrsg. v. Rud. Beer, s.: Jahrbuch der kunsthistor. Sammlungen des allerhöchsten Kaiserhauses. 25. VI.

-- zur Geschichte der kaiserl. Haussammlungen u. der Kunstbestrebungen des allerdurchlauchtigsten Erzhauses; Aktenstücke zur Geschichte der Wiener Kunstkammer in der herzogl. Bibliothek zu Wolfenbüttel, hrsg. v. Wilh. Köhler, s.: Jahrbuch der kunsthistorischen Sammlungen des allerhöchsten Kaiserhauses. 26. VI.

Quellen zur Geschichte der Stadt Hof. Hrsg. v. Chrn. Meyer. gr. 8. Hof 894. R. Lion. Geb. in Leinw. n. 11. —
Einleitung. Enoch Widmann's Chronik der Stadt Hof. Jak. Schlemmer's Geschichte der Belagerung der Stadt Hof im J. 1553. Register. (XXX, 486 S. m. 3 Taf.)

— zur Geschichte d. Stadt Hof. Neue Folge. Hrsg. v. Chrn. Meyer. gr. 8. (III, 480 S. m. 1 Taf.) Hof 896. R. Lion. Geb. in Leinw. n. 11. —

— zur Geschichte der Juden in Deutschland. Hrsg. durch die histor. Commission f. Geschichte der Juden in Deutschland. 1. Bd. gr. 8. Berlin 888. Simion. n.n. 10. —
Das Judenschreinsbuch der Laurenspfarre zu Köln. Unter Mitwirkg. v. M. Stern hrsg. v. R. Hoeniger. (XXVIII, 261 S. m. 1 Lichtdr.-Taf.)

— zur Geschichte der Juden in Deutschland. Hrsg. durch die histor. Commission f. Geschichte der Juden in Deutschland. 2. Bd. gr. 8. Berlin 892. L. Simion. n.n 8. — (1 u. 2.: n.n. 18. —)
Hebräische Berichte üb. die Judenverfolgungen während der Kreuzzüge. Hrsg. v. A. Neubauer u. M. Stern, ins Deutsche übers. v. S. Baer. (XXIX, 224 S.)

— zur Geschichte d. Juden in Deutschland. Hrsg. durch d. histor. Commission f. Geschichte d. Juden in Deutschland. III. Bd. gr. 8. Berlin 898. L. Simion. n.n. 17. 50 (I.—III.: n.n. 35. 50)
Martyrologium, das, des Nürnberger Memorbuches. Hrsg. v. Siegm. Salfeld. (XXXIX, 520 S.)

⑧ — zur Geschichte d. Juden in Deutschland. 1—III. (KBl. 30.) Jetzt: Berlin, L. Lamm. Erm. Pr. 27. 50

Quellen zur Geschichte des Katechismus-Unterrichts. Bd 1. *Gütersloh: C. Bertelsmann 1904.* 8°
= **Quellen** z. Geschichte d. kirchl. Unterrichts in d. evang. Kirche Deutschlands zwischen 1530 u. 1600. T. 1. [04. 13044

—— zur Geschichte der Stadt Köln. Hrsg. von Leon. Ennen und Gfrd. Eckertz. 1. Bd. Lex.-8. (XLI und 643 S. mit 4 Stnt. in Tondr.) Köln 860, Du Mont-Schauberg'sche Buchh. *

—— zur Geschichte der Stadt Köln. Hrsg. von Leon. Ennen und Gfried. Eckertz. 2. Bd. Lex.-8. (XI und 671 S. mit 4 Stnt. in Tondr.) Köln 863, DuMont-Schauberg'sche Buchh. cart. *

Quellen zur Geschichte der Stadt Köln. 3. u. 4. Bd. Hersg. von Leon Ennen. Mit je 4 (chromolith.) Taff. Köln 867,70. Du Mont-Schauberg. gr. 8. (XVIII, 591 u. 706 S.) Jeder Bd. geb. n. 5 ₰ 20 ₰

—— zur Geschichte der Stadt Köln. 5. und 6. Bd. Hrsg. von Leon. Ennen. Lex.-8. (641; 648 S.) Köln 875,79, DuMont-Schauberg'sche Buchh. geb. à Bd. *
1.—4. Bd. Ebendas. 1860—70. à *ℳ 17.

Quellen zur Geschichte der Kriege von 1799 und 1800. Aus den Sammlungen des k. und k. Kriegsarchivs, des Haus-, Hof- und Staatsarchivs und des Archivs des Erzherzogs Albrecht in Wien. Hrg. von Hermann Hüffer. 2 Bände. 8. Leipzig, B. G. Teubner, 1900—1901. [zus. M. 44. —]
Band 1: Quellen zur Geschichte des Krieges von 1799. XVIII + 556 S. 1900. [M. 20. —]
Band 2: Quellen zur Geschichte des Krieges von 1800. Mit [1 Tabelle, 1 Planskizze im Text,] einer Karte der Umgebung von Genua und Plänen der Schlachtfelder von Marengo und Hohenlinden. (2 Hefte.) VI + XVIII + I + 589 S. (1900—)1901.
Heft 1 *u. d. T.:* Die Schlacht von Marengo und der italienische Feldzug des Jahres 1800. Neue Quellen, hrg. von H' H'. Heft 1 des Bandes 2 der Quellen zur Gesch' der Kriege von 1799 und 1800. Mit einer Karte der U' von Genua und einem Plan des Schlachtfeldes von Mar'. VI + 190 S. 1900. [M. 6. —]
(Heft 2. Mit [1 Tab', 1 Plansk' ... und] einem Plan des Schl' von Hoh'.) XVIII + I S. + S. 191—589. 1901. [M. 18. —]
Quellen zur Geschichte des Zeitalters der französischen Revolution. Hrg. von H' H'. Teil I: Qu' zur Gesch' der Kr' von 1799 und 1800 ...

Quellen zur Geschichte der Stadt Kronstadt in Siebenbürgen. Herausgegeben auf Kosten der Stadt Kronstadt von dem mit der Herausgabe betrauten Ausschuss. Rechnungen aus dem Archiv der Stadt Kronstadt I. Bd. 1503—1526. II. Bd. 1526—1540. III. Bd. (1475) 1541—1550 (1571). IV. Bd. Chroniken und Tagebücher. 1. Bd. (1143—1867). (4 Bde.)
gr. 8 Kronstadt 1886—1896 und Brassó 1903.

— zur Geschichte d. Stadt Kronstadt in Siebenbürgen. Hrsg. auf Kosten der Stadt Kronstadt v. dem m. d. Herausgabe betrauten Ausschuss. 1. u. 3. Bd. Lex.-8. Kronstadt. (H. Zeidner.) à n n. 6. —
1. Rechnungen aus d. Archiv d. Stadt Kronstadt aus 1503—1526. (XI, 769 S. m. 3 Taf.) 886.
3. Dasselbe aus 1541—1550. (X, 1124 S. m. 6 Taf.) 896.

— zur Geschichte der Stadt Kronstadt in Siebenbürgen. Hrsg. auf Kosten der Stadt Kronstadt v. dem mit der Herausgabe betrauten Ausschuss. II. Bd. Lex.-8. Kronstadt 889. (Albrecht & Zillich.) n.n. 6. —
Rechnungen aus dem Archiv der Stadt Kronstadt 1526—1540. (VI, 885 S.)

— zur Geschichte des geistigen Lebens in Deutschland während d. 17. Jahrh. Nach Handschriften hrsg. u. erläutert v. Alex. Reifferscheid. 1. Bd. gr. 8. Heilbronn 889. [Gebr. Henninger.] Leipzig, Reisland. n. 30. —
Briefe G. M. Lingelsheim's, M. Bernegger's und ihrer Freunde. Nach Handschriften der kgl. Bibliothek in Kopenhagen, der Reichsbibliothek in Stockholm, der Stadtbibliotheken in Bremen, Breslau, Hamburg u. Lübeck, der Universitätsbibliothek in Leiden, der Bibliothek der kgl. Ritterakademie in Liegnitz, der ständ. Landesbibliothek in Cassel, d. kgl. Staatsarchivs in Breslau, d. Stadtarchivs in Danzig u. d. Reichsarchivs in Stockholm hrsg. u. erläutert v. A. Reifferscheid. (XIX, 1048 S.)

— zur Geschichte d. geistigen Lebens in Deutschland während d. 17. Jahrh. Nach Handschriften hrsg. u. erläutert v. Alex. Reifferscheid. 1. Bd. Neue billige (Titel-)Ausg. gr. 8. Leipzig 891. O. R. Reisland. n. 18. —
Briefe G. M. Lingelsheims, M. Berneggers u. ihrer Freunde. Nach Handschriften der kgl. Bibliothek in Kopenhagen, der Reichsbibliothek in Stockholm, der Stadtbibliotheken in Bremen, Breslau, Hamburg u. Lübeck, der Universitätsbibliothek in Leiden, der Bibliothek der kgl. Ritterakademie in Liegnitz, der ständ. Landesbibliothek in Kassel, d. kgl. Staatsarchivs in Breslau, d. Stadtarchivs in Danzig u. d. Reichsarchivs in Stockholm hrsg. u. erläutert v. Alex. Reifferscheid. (XIX, 1048 S.)

— zur lothringischen Geschichte. — Documents de l'histoire de la Lorraine. Hrsg. v. der Gesellschaft f. lothring. Geschichte u. Altertumskunde. I. Bd. 4. Metz, G. Scriba. n. 10. —
Urkunden u. Regesten, vatikanische, zur Geschichte Lothringens. Gesammelt u. bearb. v. Heinr. Volbert Sauerland. 1. Abtlg.: Vom Anfange des Pontifikats Bonifaz VIII. bis zum Ende des Pontifikats Benedikts XII. (24. XII. 1294—25. IV. 1342.) (XII, 441 S.) 901.

— zur lothringischen Geschichte. — Documents de l'histoire de la Lorraine. Hrsg. v. der Gesellschaft f. lothring. Geschichte u. Altertumskunde. II. u. IV. Bd. Lex.-8. Metz, G. Scriba. n. 27. —
II. Urkunden u. Regesten, vatikanische, zur Geschichte Lothringens Gesammelt u. bearb. v. Heinr. Volbert Sauerland. 2. Abtlg Vom Anfange des Pontifikats Clemens VI. bis zum Ende des Pontifikats Urbans V. (20. V. 1342 bis 21. XII. 1370.) (XIV, 373 S.) 905. n. 12. —
(1 u. 2.: 22. —)
IV. Metzer Chronik üb. die Kaiser u. Könige aus d. Luxemburger Hause. Von Jaique Dex (Jacques D'Esch). Hrsg. v. Geo. Wolfram. (XCV, 534 S.) 906. n. 15. —
Der III. Bd. ist noch nicht erschienen.

— zur lothringischen Geschichte. — Documents de l'histoire de la Lorraine. Hrsg. v. der Gesellschaft f. lothring. Geschichte u. Altertumskunde. V. VI. IX. u. XII. Bd. Lex. 8. Leipzig, Quelle & Meyer. 88. 30
V. Bannrollen, die Metzer, des 13. Jahrh. 1. Tl. Hrsg. v. Karl Wichmann. (LXXXII, 441 S. m. 1 Tab.) Metz 908. 20. —
VI. dasselbe. 2. Tl. Hrsg. v. Karl Wichmann. (XVIII, 54 u. 579 S.) 910. 18. 30
IX. Cahiers de doléances des communautés en 1789. I. Bailliages de Boulay et de Bouzonville. Publiés par N. Dorvaux et P. Lesprand. (XV, 517 S. m. 2 farb. Karten.) Metz 908. 20. —
XII. Wörterbuch der deutsch-lothringischen Mundarten. Von Mich. Ferd. Follmann. (XVI, 571 S.) 909. 32. —

Quellen zur Geschichte Kaiser Ludwig des Baiern, s. a. Geschichtschreiber, die, d. deutschen Vorzeit, 81. Bd.

Quellen zur Geschichte Kaiser Ludwig's des Baiern. Uebersetzt von W[alter] Friedensburg. 2 Hälften. 8. Leipzig 1883—1887.
Die Geschichtschreiber der deutschen Vorzeit.... XIV. Jahrhundert. Band 3 u. 4.

Quellen zur Geschichte Ostfrieslands. Hrsg. v. Kgl. Staatsarchiv zu Aurich mit Unterst. d. Dir. d. Kgl. Preuß. Staatsarchive u. d. Ostfries. Landschaft. Bd 1. Aurich: A. H. F. Dunkmann 1908. 8° [08. 1334]

— zur pommerschen Geschichte. Hrsg. v. der Gesellschaft f. pommersche Geschichte u. Alterthumskunde. I. Lex.-8. Stettin 885. Saunier. n. 5. —
Das älteste Stadtbuch der Stadt Garz auf der Insel Rügen. Bearb. von G. v. Rosen. (XIII, 163 S.)

— zur pommerschen Geschichte. Hrsg. v. der Gesellschaft f. pomm. Geschichte u. Alterthumskunde. II. 4. Stettin 892. L. Saunier. n.n. 7. 50
(I u. II.: n.n. 12. 50)
Urkunden u. Copiar d. Klosters Neuenkamp im königl. Staatsarchiv zu Wetzlar. Bearb. v. F. Fabricius. (VIII, XV, 119 S.)

— zur pommerschen Geschichte. Hrsg. v. d. Gesellschaft f. pomm. Geschichte u. Alterthumskunde. III. 4. Stettin 896. L. Saunier. n. 10. —
(I.—III.: n.n. 22. 50)
Das rügische Landrecht d. Matthaeus Normann nach d. kürz. Handschriften. Bearb. v. Geo. Frommhold. (XII, 200 S.)

— zur pommerschen Geschichte. Hrsg. v. der Gesellschaft f. pommersche Geschichte u. Alterthumskunde. IV. 4. Stettin, L. Saunier. n. 10. —
Bugenhagen's, Johs., Pomerania. Hrsg. im Auftrage der Gesellschaft f. pommersche Geschichte u. Alterthumskunde m. Unterstützg. der königl. preuss. Archivverwaltg. v. Otto Heinemann. (LIX, 181 S.) 900.

— zur Geschichte des römisch-kanonischen Processes im Mittelalter. Hrsg. v. Ludw. Wahrmund. Mit Unterstützg. der kais. Akademie der Wissenschaften in Wien u. des k. k. Ministeriums f. Cultus u. Unterricht. I. Bd. 1.—7. Heft. Lex.-8. Innsbruck, Wagner. n. 18. —
1. Die Summa libellorum des Bernardus Dorna. (XXIV, 104 S.) 905. n. 4. —
2. 3. Die Summa minorum des Magister Arnulphus. — Der „Curialis". (XIX, 58 u. XI, 63 S.) 905. n. 5. —
4. 5. Die Rhetorica ecclesiastica. — Der Ordo judiciarius des Eilbert v. Bremen. (XXVI, 93 u. X, 13 S.) 906. n. 5. —
6. 7. Die Summa des Magister Aegidius. — Der Ordo iudiciorum des Martinus de Fano. (XIII, 27 u. XV, 26 S.) 906. n. 4. —

zur Geschichte des römisch-kanonischen Processes im Mittelalter. Hrsg. v. Ludw. Wahrmund. Mit Unterstützg. der kais. Akademie der Wissenschaften in Wien u. des k. k. Ministeriums f. Cultus u. Unterricht. I. Bd. 8. Heft. Das Formularium des Martinus de Fano. (XV, 136 S.) Lex. 8. Innsbruck 907. Wagner. 6. — (I. Bd. kplt. 24. —)

— zur Geschichte des Bist. Schleswig, hrsg. v. Reimer Hansen u. Willers Jessen, s. a. Quellensammlung der Gesellschaft f. schleswig-holstein. Geschichte. VI.

Quellen zur Geschichte des Bistums Schleswig. Hrsg. von Prof. Dr. Reimer Hansen, Oldesloe, u. Willers Jessen, Eckernförde. *Kiel: Univ.-Buchh. in Komm. 1901.* (446 S.) 8°
= Quellensammlung d. Gesellschaft f. Schleswig-Holsteinische Geschichte. Bd 6. (04. 1. 48)

— zur Schweizer Geschichte, hrsg. von der allgemeinen geschichtforschenden Gesellschaft der Schweiz. 1. u. 2. Bd., 3. Bd. 1. Abth. u. 4. u. 5. Bd. gr. 8. Basel 877—81. Schneider. n. 34. 60
1. Thüring Frickarts Twingherrenstreit. Bendicht Tschachtlans Berner Chronik. Nebst den Zusätzen des Diebold Schilling hrsg. von Glieb. Studer. — Johannis Gruyere descriptio belli annis 1447 et 1448 gesti, hrsg. von Nik. Raedle. (XXI, 346 S.) n. 7. 20
2. Les dépêches de Jean-Baptiste Padavino, secrétaire du conseil des dix, envoyé de la république de Venise, écrites pendant son séjour à Zurich 1607—1608. (VI, 322 S.) n. 6. 80
3, 1. Das Kloster Allerheiligen in Schaffhausen. Hrsg. von F. L. Baumann. (218 S.) n. 4. 20
4. Correspondenz der französischen Gesandtschaft in der Schweiz 1664—1671. Hrsg. v. P. Schweizer. (CLXII, 361 S.) n. 10. —
5. Méry de Vic et Padavino. Quelques pages de l'histoire diplomatique des ligues suisses et grises au commencement du XVIIme siècle. Étude historique d'après des documents inédits par Ed. Rott. (VI, 319 S. m. 1 lith. Grundriss.) n. 6. 40

— zur schweizer Geschichte. Hrsg. v. der allgemeinen geschichtforsch. Gesellschaft der Schweiz. 3. Bd. 2. Abth. u. 6. u. 7. Bd. gr. 8. Basel, Schneider. n. 21. 80 (I—VII: n. 56. 40)
III. Die ältesten Urkunden v. Allerheiligen in Schaffhausen, Rheinau u. Muri. Hrsg. v. F. L. Baumann, G. Meyer v. Knonau u. P. Mart. Kiem. Mit 3 (chromolith.) Karten. 2. Abth. (V, 98 u. 206 S.) 883. n. 6. —
VI. Conradi Türst de situ confoederatorum descriptio. Balci descriptio Helvetiae. Fratris Felicis Fabri descriptio Sueviae. Johs. Stumpf. Reisebericht v. 1544. (VII, 372 S. m. 1 chromolith. Fcsm.-Karte.) 884. n. 7. 20
VII. Ulrici Campelli Raetiae alpestris topographica descriptio. Hrsg. auf Veranstaltg. der schweizer. geschichtforsch. Gesellschaft v. C. J. Kind. (XVI, 448 S.) 885. n. 8. 60

— zur schweizer Geschichte. Hrsg. von der allgemeinen geschichtforsch. Gesellschaft der Schweiz. 8. u. 9. Bd. gr. 8. Basel, Geering. n. 29. 60 (1—9.: n. 86. —)
8. Ulrici Campelli historia raetica. Tom. I. Hrsg. von P. Plattner. (VI, 724 S.) 887. n. 13. 60
9. — dasselbe. Tom. II. (LXXX, 781 S.) 890. n. 16. —

— zur schweizer Geschichte. Hrsg. v. der allgemeinen geschichtforsch. Gesellschaft der Schweiz. 10.—14. Bd. gr. 8. Basel, A. Geering. n. 46. 40 (1—14.: n. 132. 40)
10. Rätische Urkunden aus dem Centralarchiv d. fürstl. Hauses Thurn u. Taxis in Regensburg. Mit e. Anh.: Bruchstücke e. rät. Schuldenverzeichnisses. Einkünfte d. Frhrn. v. Vaz. — Urkunden zur Geschichte d. Oberwallis. (XVI, 556 S.) 891. n. 10. 40
11. 12. Aus Phpp. Alb. Stapfer's Briefwechsel. Hrsg. v. Rud. Luginbühl. 2 Bde. (V, CXLII, 400 u. 522 S.) 891. n. 20. —
13. Albr. v. Bonstetten. Briefe u. ausgewählte Schriften. Hrsg. v. Alb. Büchi. (V, XI, 288 S.) 893. n. 6.
14. Das Habsburgische Urbar. Hrsg. v. Rud. Maag. 1. Bd. Das eigentl. Urbar üb. die Einkünfte u. Rechte. (IV, 536 S.) 891. n. 10.

Quellen zur schweizer Geschichte, hrsg. v. der allgem. geschichtforsch Gesellschaft der Schweiz. 15. Bd. 1. Tl. u. 18.—21. Bd. gr. 8. Basel, Basler Buch- u. Antiquariatshandlg. vorm. A. Geering. n. 67. 80; (1—15I u. 16—21 n. 218. 90)
15, I. Urbar, das habsburgische. Hrsg. v. Rud. Maag. Bd. II. 1. Pfand- Revokationsrödel zu König Albrechts Urbar, frühere u. spätere Urbaraufnahmen u. Lehenverzeichnisse der Laufenburger Linie. (II, 798 S.) 899. n. 16. —; (I u. II, 1 n. 26. —)
18. Chronik der Stadt Zürich. Mit Fortsetzgn. Hrsg. v. Johs. Dierauer. (XLVIII, 308 S.) 900. n. 7. 20
19. Relations, les, diplomatiques de la France et de la République Helvétique 1798—1803. Recueil de documents tirés des archives de Paris. Publié par Emile Dunant. (CXXXVI, 766 S.) 901. n. 16 —
20. Aktenstücke zur Geschichte des Schwabenkrieges, nebst e. Freiburger Chronik üb. die Ereignisse v. 1499. Hrsg. v. Alb. Büchi. (LXVI, 655 S.) 901. n. 13. 60
21. Bullen v. Breven aus italienischen Archiven 1116—1623. Hrsg. v. Caspar Wirz. (CXIII, 651 S.) 902. n. 15. —

— zur Schweizer Geschichte. Hrsg. v. d. allgem. geschichtsforsch. Gesellschaft der Schweiz. 16. u. 17. Bd. gr. 8. Basel, A. Geering. n. 18. 70 (1.—14., 16. u. 17.: n. 151. 10)
16. Akten üb. d. diplomat. Beziehgn. d. römischen Curie zu der Schweiz 1512—1552. Hrsg. v. Casp. Wirz. (LI, 532 S.) 895. n. 11. 20
17. Zeitgenöss. Darstellungen d. Unruhen in d. Landschaft Zürich 1794—1798. Von O. Hunziker. (XXIII, 358 S.) 897. n. 7. 50

— zur schweizer Geschichte, hrsg. v. der allgemeinen geschichtforsch. Gesellschaft der Schweiz. 15. Bd. II. Tl. u. 22.—24. Bd. gr. 8. Basel, Basler Buch- u. Antiquariatshandlg. vorm. A. Geering. n. 55. 60
15, II. Urbar, das habsburgische. Bd. II. 2. Register, Glossar, Wertangaben, Beschreibg., Geschichte u. Bedeutg. des Urbars. Von P. Schweizer u. W. Glättli. Mit 2 Karten u. 3 Fcsm.-Taf. (681 S.) 904. n. 14. 60 (vollst. 40. 60)
22. Akten, die, des Jetzerprozesses nebst dem Defensorium. Hrsg. v. Rud. Steck. (XL, 679 S.) 904. n. 14. —
23. Bullinger's Korrespondenz m. den Graubündnern. I. Tl. Jan. 1533—April 1557. Hrsg. v. Traug. Schiess. (XCI, 482 S.) 904. n. 11. —
24. Dasselbe. II. Tl. April 1557—Aug. 1566. Hrsg. v. Traug. Schiess. (LXXIV, 740 S.) 905. n. 16. —

— zur schweizer Geschichte, hrsg. v. der allgemeinen geschichtforsch. Gesellschaft der Schweiz. 25. Bd. gr. 8. Basel 906. Basler Buch- u. Antiquariatshandlg. vorm. A. Geering. 15. —
Bullinger's Korrespondenz m. den Graubündnern. III. Tl. Oktbr. 1566—Juni 1575. Hrsg. v. Traug. Schiess. (CXX, 641 S.)

— dasselbe. Neue Folge. I. Abtlg. Chroniken. 1. u. 2. Bd. gr. 8. Ebd. 26. 40
1. Brennwald's, Heinr., Schweizerchronik. 1. Bd. Hrsg. v. Rud. Luginbühl. (V, 503 S.) 908. 10. 40
2. dasselbe. 2. Bd. (778 S. m. 4 Fksms.) 910. 16. —

—— für serbische Geschichte. Aus türk. Urkunden im Originaltext redig. und in's Deutsche übertragen von Walt. F. A. Behrnauer. In das Serbische übers. und hrsg. von A. T. Berlić. 1. Heft. Lex.-8. (VIII und S. 1—90.) Wien 857, (Leo's Verlagsexpedition.) * *

— zur Geschichte Siebenbürgens aus sächsischen Archiven. Hrsg. vom Ausschuss des Vereins für siebenbürgische Landeskunde. 1. Bd. 1. Abth.: Rechnungen I. A. u. d. T.: Rechnungen aus dem Archiv der Stadt Hermannstadt u. der sächsischen Nation. Mit Mitteln der sächs. Universität hrsg. 1. Bd. von ca. 1380—1516. Lex.-8. (XX, 679 S. m. 9 Steintaf.) Hermannstadt 880. Michaelis in Comm. n. 6. —

— zur Geschichte des Strafrechts ausserhalb des Carolinakreises. In Verbindg. m. Anderen hrsg. u. erläutert v. Jos. Kohler. 8. Mannheim, J. Bensheimer's Verl.
Strafrecht, das Florentiner, des XIV. Jahrh. m. e. Anh. üb. den Strafprozess der italienischen Statuten, hrsg. v. Jos. Kohler u. G. degli Azzi. (III, 248 S.) (909.) 6.—
Zentgerichts-Reformation, die Würzburger, 1447. Hrsg. u. erläutert v. Herm. Knapp, eingeleitet v. Jos. Kohler. (XX, 93 S.) (907.) 3.—

— zur Geschichte des Pelagianischen Streites, hrsg. v. A. Bruckner, s: Sammlung ausgewählter kirchen- u. dogmengeschichtl Quellenschriften. II, 7.

Quellen zur Geschichte des biblischen Unterrichts. (Hrsg.: Johann Michael Reu.) Mit e. Anzahl Reproduktionen alter Holzschnitte. Gütersloh: C. Bertelsmann 1906. (CXXIV, 804 S.) 8°
— Quellen z. Geschichte d. kirchl. Unterrichts in d. evang. Kirche Deutschlands zw. 1530 u. 1600. T. 2. [illegible] 2

— zur Geschichte des kirchlichen Unterrichts in der evangelischen Kirche Deutschlands zwischen 1530 u. 1600. Eingeleitet, hrsg. u. zusammenfassend dargestellt v. Joh. Mich. Reu I. Tl.: Quellen zur Geschichte des Katechismus-Unterrichts. 1. Bd. Süddeutsche Katechismen. (XIV, 847 S.) gr. 8. Gütersloh 904. C. Bertelsmann. n. 16. —; geb. n. 18. —

— der westfälischen Geschichte, s. Seibertz.

—— der westfälischen Geschichte. Hrsg. von Joh. Suibert Seibertz. 1. und 2. Bd. à 3 Hefte. gr. 8. Arnsberg 857—60, Grote. [1. Bd. (VII und 483 S.) 2. (III und 480 S.)] à Heft * 20 Ngr. *

—— der westfälischen Geschichte. Hrsg. von Joh. Suibert Seibertz. 3. Bd. gr. 8. (III, 486 S.) Arnsberg 869, Grote. * 6 —
1. und 2. Bd. Ebendas. 1857—60. * ℳ 12.

— zur Geschichte d. Stadt Wien. Hrsg. m. Unterstützg. d. Gemeinderathes d. k. k. Reichshaupt- u. Residenzstadt v. Alterthums-Vereine zu Wien. Red. v. Ant. Mayer. 1. Abth. Regesten aus in- u. ausländ. Archiven m. Ausnahme d. Archives der Stadt Wien. 1.—3. Bd. gr. 4. (XI, 363; VIII, 388 u. VII, 402 S.) Wien 895—897. (C. Konegen.) à Bd. n. 20. —

— zur Geschichte der Stadt Wien. Hrsg. m. Unterstützg. des Gemeinderathes der k. k. Reichshaupt- u. Residenzstadt vom Alterthums-Vereine zu Wien. Red. v. Ant. Mayer. I. Abthl. Regesten aus in- u. ausländ. Archiven, m. Ausnahme des Archivs der Stadt Wien. 4. Bd. gr. 4. (XX, 393 S.) Wien 901. (C. Konegen.) n. 20. —; (I, 1—4. II, 1 u. 2 u. III, 1 n. 176. —)

— zur Geschichte der Stadt Wien. Hrsg. m. Unterstützg. des Gemeinderates der k. k. Reichshaupt- u. Residenzstadt vom Altertumsvereine zu Wien. Red v. Alb. Starzer. I. Abtlg.: Regesten aus in- u. ausländischen Archiven, m. Ausnahme des Archives der Stadt Wien. 5. Bd. Regesten No. 4732—6274. (VII, 469 S) gr. 4. Wien 906. (C. Konegen.) n. 20. —

— dasselbe. II. Abth. Regesten aus d. Archive der Stadt Wien. 1. Bd. gr. 4. Ebd. 898. n. 36. —
Verzeichnis d. Orig.-Urkunden des städtischen Archives. 1239—1411. Bearb. v. Karl Uhlirz. (XXI, 626 S.)

— dasselbe. II. Abthl. Regesten aus dem Archive der Stadt Wien. 2. Bd. gr. 4. Ebd. n. 36. —; (I, 1—8. II, 1 u. 2. u. III, 1 n. 156. —)
Verzeichnis der Orig.-Urkunden des städtischen Archives. 1412—1457. Bearb. v. Karl Uhlirz. (XI, 5?8 S.) 900.

Quellen zur Geschichte der Stadt Wien. Hrsg. m. Unterstützg. des Gemeinderates der k. k. Reichshaupt- u. Residenzstadt v. Altertumsvereine zu Wien. II. Abth. Regesten aus dem Archive der Stadt Wien. 3. Bd. Verzeichnis der Orig.-Urkunden des städt. Archives. 1458—1493. Bearb. v. Karl Uhlirz. (VIII, 650 S.) gr. 4. Wien 904. (C. Konegen.) n. 36. —

— dasselbe. III. Abth. 1. Bd. gr. 4. Ebd. 898. n. 24. — (I, 1—3, II, I. u. III., 1.: n. 120. —)
Grundbücher d. Stadt Wien. 1. Bd. D. ältesten Kaufbücher (1368—1388). Bearb. v. Frz. Staub. (LXXX, 458 S. m. 4 Taf.)

Quellen zur Geschichte der Stadt Worms, auf Veranlassg. u. m. Unterstützg. d. Hrn. C. W. Heyl, vormals Mitglied des Deutschen Reichstages, hrsg. durch H. Boos. 1. Thl. A. u. d. T.: Urkundenbuch der Stadt Worms. 1. Bd. 627—1300. Lex.-8. (XVI, 506 S.) Berlin 886. Weidmann. n. 16. —

— zur Geschichte der Stadt Worms, auf Veranlassg. und mit Unterstützg. d. Hrn. C. W. Frhrn. Heyl zu Herrnsheim, vormals Mitglied d. Deutschen Reichstages, hrsg. durch H. Boos. II. Thl. A. u. d. T.: Urkundenbuch der Stadt Worms. II. Bd. 1301—1400. Lex.-8. (XV, 948 S.) Berlin 890. Weidmann. n. 30. — (I. u. II.: n. 46. —)

— zur Geschichte der Stadt Worms, auf Veranlassg. u. m. Unterstützg. v. C. W. Frhrn. Heyl zu Herrnsheim hrsg. durch H. Boos. III. Tl. Lex.-8. Berlin 893. Weidmann. n. 25. — (I—III.: n. 71. —)
Monumenta Wormatensia. Annalen u. Chroniken. Hrsg. v. Heinr. Boos. Mit e. histor. Karte u. 6 Lichtdr.-Taf. (XLVIII, 726 S.)

— zur Geschichte des Zeitalters der französischen Revolution. Hrsg. v. Herm. Hüffer. I. Tl. 1. Bd. u. 2. Bd. 1. u. 2. Hft. gr. 8. Leipzig, B. G. Teubner. n. 44. —
I. Quellen zur Geschichte der Kriege v. 1799 u. 1800. Aus den Sammlgn. des k. u. k. Kriegsarchivs, des Haus-, Hof- u. Staatsarchivs u. des Archivs des Erzherzogs Albrecht in Wien. Hrsg. v. Herm. Hüffer. 1. Bd. Quellen zur Geschichte des Krieges v. 1799. (XVII, 556 S.) 900. n. 20.—
II. 1. Dasselbe. 2. Bd. Die Schlacht v. Marengo u. der italien. Feldzug des J. 1800. Neue Quellen. 1. Hft. Mit 1 Karte der Umgebg. v. Genua u. 1 Plan des Schlachtfeldes v. Marengo. (V, 190 S.) 900. n. 6. —
2. Dasselbe. 2. Bd. Quellen zur Geschichte des Krieges v. 1800. 2. Hft. Mit e. Plan des Schlachtfeldes v. Hohenlinden. (XVII u. S. 191—55?) m. 1 Tab.) 901. n. 18. —

— zur Geschichte des Zeitalters der französischen Revolution. Hrsg. im Auftrage v. Herm. Hüffer. II. Tl. Quellen zur Geschichte der diplomat. Verhandlgn. 1. Bd. Der Frieden v. Campoformio. Urkunden u. Aktenstücke zur Geschichte der Beziehgn. zwischen Österreich u. Frankreich in den J. 1795—1797. Gesammelt v. Herm. Hüffer. Ergänzt, hrsg. u. eingeleitet v. Frdr. Luckwaldt. (CC, 561 S.) Lex. 8. Innsbruck 907. Wagner. 18. —
I. Tl. 2 Bde. Leipzig 900. 01. 44. —.

—— kleinere, zur Geschichte Oesterreichs hrsg. von Th. G. v. Karajan. 1. Heft. gr. 8. (51 S.) Wien 859, Gerold's Sohn.

—— zur deutschen Kriegsgeschichte von 1793. Urkundlicher Beitrag zu Ludw. Häussers deutscher Geschichte vom Tode Friedrichs des Grossen bis zur Gründung des deutschen Bundes. Hrsg. von Carl Frhrn. v. Reitzenstein. gr. 8. (XV und 168 S.) Weimar 858. [Leipzig, Voigt und Günther.] *

Quellen der byzantinischen Kunst-Geschichte. Ausgewählte Texte über die Kirchen, Klöster, Paläste, Staatsgebäude und andere Bauten. Herausgegeben von Jean Paul Richter. (Sonderausgabe aus Eitelberger-Ilgs Quellenschriften.) Gr.-8. (LI, 432 S.) 5.—

Wien: Graeser 1898.

– üb. die, des wachsenden Mißvergnügens in Baiern, ein Nachtrag zu d. Abhandl. über den Werth u. Folgen d. ständischen Freiheiten (von J. N. v. Pelkhoven). 8. Münch. 799. Fleischmann. 16 gr.

Quellen, Muhammedanische, zur Geschichte der südl. Küstenländer des Kaspischen Meeres, hrsg., übers. u. erläut. v. Bern. Dorn. 1. Thl. A. u. d. T.: Sehir-Eddin's Geschichte von Tabaristan, Rujan u. Masanderan. Persischer Text. Lex. 8. (46 u. 647 S.) St. Petersburg 850. Leipzig, Voss. n. n. 5 ℛ

— muhammedanische, zur Geschichte der südlichen Küstenländer des Kaspischen Meeres, herausg., übers. u. erläutert von B. Dorn. 2—4. Thl. St. Petersburg 857, 58. (Leipzig, Voss.) Lex.-8. nn. 7 ℛ. 22 ngr.
2. Bd.: 'Aly Ben Schems-eddin's Chanisches Geschichtswerk oder Geschichte von Gilân in den J. 880 (= 1475) bis 920 (= 1514.) Persischer Text. (528 S.) nn. 2 ℛ. 7 ngr.
3. Bd.: 'Abdul-Fattâh Fûmeny's Geschichte von Gilân in den J. 923 (= 1517) bis 1038 (= 1628). Persischer Text. (323 S.) nn. 1 ℛ. 15 ngr.
4. Bd.: Auszüge aus muhammedanischen Schriftstellern, betr. die Geschichte u. Geographie der südlichen Küstenländer des kaspischen Meeres, nebst e. kurzen Geschichte der Chane von Scheki. Arabische, persische u. türkische Texte. (XLVII, 628 S.) nn. 4 ℛ.

Quellen d. Mysticismus, über die, mit besonderer Berücksichtigung unserer Zeit. gr. 8. Bremen 830. Heyse. 4 gr.

Quellen, Die naturwarmen, in Hintertux im Central-Alpenhochthale Tux. Innsbruck 1854. V: *Ehrharter.* (EB)

— neue, zur Geschichte des lateinischen Erzbist. Patras, gesammelt u. erläutert v. Ernst Gerland, s.a. Scriptores sacri et profani.

Neue Quellen zur Geschichte des lateinischen Erzbistums Patras. Ges. u. erl. von Dr. Ernst Gerland. *Leipzig: B.G. Teubner 1903.* (VIII, 291 S.) 8°
= Scriptores sacri et profani ... ed. Seminarii philol. Jenensis magistri. Fasc. 5.
(Bibliotheca script. graec. et rom. Teubneriana.) [03. 3440]

Neue Quellen zur Geschichte des Untergangs livländischer Selbständigkeit. Hrsg. von C[arl] Schirren. Bd. 1—3. — Reval: Kluge 1883—85. 8°
(Archiv f. d. Gesch. Liv-, Est- u. Curlands. N.F. Bd. 9—11.)

— zum internationalen Privatrecht. Hrsg. v. E. Zitelmann u. Th. Niemeyer. 1. Heft. Lex. 8. Leipzig 908. Duncker & Humblot. 2. 80
Artikel 7 bis 31 des Einführungsgesetzes zum bürgerlichen Gesetzbuch f. das Deutsche Reich. Nebst sämtl. Entwürfen. Von E. Zitelmann. (49 S.)

Quellen d. öffentl. Rechts d. deutschen Bundesstaaten; od. Samml. d. wichtigsten Urkunden, die z. Kenntniß d. allgem. deutschen Bundesstaatsrechts dienen. Verm. Aufl. (3 Bde.) (gr. 8.) (43 B., 5 Tab. Fol. u. 1 Tab. gr. 4.) Carlsruhe (821—) 833, Marx.
Der 3. Bd., als Nachtrag. gr. 8. (7 B.) 12 Gr.

-- zur Rechts- u. Wirtschaftsgeschichte der rheinischen Städte, s.a. Publikationen der Gesellschaft f. rheinische Geschichtskunde. XXIX.

Quellen zur Rechts- und Wirtschaftsgeschichte der rheinischen Städte. Bergische Städte. 1. Bonn: P. Hanstein 1907. 8°
= Publikationen d. Gesellschaft f. rhein. Geschichtskunde. 29. [07. 6487 3

— zur schweizerischen Reformationsgeschichte, hrsg. vom Zwingliverein in Zürich unter Leitung v. Emil Egli. I. gr. 8. Basel, Basler Buch- u. Antiquariatsh. vorm. A. Geering. n. 6. 20
Wyss, des Bernh., Chronik 1519—1530. Hrsg. v. Geo. Finsler. (XXV, 167 S.) 901.

— zur schweizer. Reformationsgeschichte, hrsg. vom Zwingliverein in Zürich unter Leitg. v. Emil Egli. II. u. III. gr. 8. Basel, Basler Buch- u. Antiquariatsh. vorm. A. Geering. n. 12. —
II. Bullinger's, Heinr., Diarium (Annales vitae) der J. 1504—1574. Zum 400. Geburtstag Bullingers am 18. VII. 1904 hrsg v. Emil Egli. (XV, 145 S.) 904. n. 4. —
III. Bosshart, Laurencius, v. Winterthur, Chronik 1185 bis 1532. Hrsg. v. Kasp. Hauser. (XXVIII, 403 S.) 905. Bd. I. Ebd. 901. n. 6. 20. n. 8. —

Quellen, römische, z. Konstanzer Bistumsgeschichte zur Zeit der Päpste in Avignon, s.a. Monumenta vaticana historiam episcopatus Constantiensis in Germania illustrantia.

Monumenta vaticana historiam episcopatus Constantiensis in Germania illustrantia. Römische Quellen zur Konstanzer Bistumsgeschichte zur Zeit der Päpste in Avignon, 1305—1378. Hrsg. von d. Badischen hist. Kommission. Bearb. von Karl Rieder. Innsbruck: Wagner 1908. (XC, 738 S.) 4° (8°) [08. 11898

Quellen, von, mit Rücksicht auf d. Harzgebirge u. d. Brocken, eine Zugabe zu den neuesten Theorien d. Quellen, u. eine Merkwürdigk. aus Braunkohlenlagern. (Von Franz Schulze). gr. 8. Halle 829. (Anton). 5 gr.

Quellen des Shakespeare, in Novellen, Mährchen u. Sagen, s. Bibliothek der Novellen, Mährchen u. Sagen.

— zur Sozial- u. Wirtschaftsgeschichte der Polesana im späten Mittelalter u. bei Beginn der Neuzeit. I.—III. gr. 8. Pola, (Schrinner). 2. 60
1. Rechnungsbücher, zwei, der Bischöfe v. Pola aus dem XIV. u. XV. Jahrh. Von Ant. Gnirs. Progr. (S. 7—66.) 906. 2. —
II. Fragmente e. Poleser Kalendarium defunctorum aus dem Mittelalter. III. Die Noten des Bischofs Dominicus de Luschis üb. die Lehenspflicht der Herren v. Walsee-Ens f. das Poleser Lehen am Quarnero. Von Ant. Gnirs. (S. 67—94 m. 1 Fksm.) 910. — 60

— -- die, des allgemeinen deutschen Staats- und Privatrechts. s. Grävell, M. C. F. W.

Quellen des Badischen Staatsrechts, zur Erläuter. und Ergänzung d. Verhandl. beyder Kammern d. Ständeversamml. gr. 8 Karlsruhe, Braun. 820.

Quellen des badischen Staatsrechts. Zur Erläuterung ... der landständischen Verhandlungen im Grossherzogthum Baden. Carlsruhe 1822. H: *Duttlinger, Johann Georg.* (Ky) (BaBb) (Wa) (Schletter, Handb. d. jurist. Litt. Grimma 1843. S. 259.)

— d. Badischen Staatsrechts, z. Erläuterung u. Ergänzung d. landständ. Verhandl. im Großherzogth. Baden, (von J. G. Duttlinger). Mit 1 Bildn. 1r Bd. gr. 8. Karlsr. 822. Braun. 1 ℛ 4 gr.

— die, des Revaler Stadtrechts, s. Sammlung d. Rechtsquellen ꝛc.

— u. **Studien** zur Geschichte d. Hexenprozesse, s.a. Beiträge zur Kulturgeschichte, Hft. 2.

QUELLEN und Studien zur Geschichte der Hexenprozesse. Weimar 1898. 8°. (1 Mk. E. Frensdorff, c. 1905.)

— u. **Studien** z. Verfassungsgeschichte des Deutschen Reiches in Mittelalter u. Neuzeit. Hrsg. v. Karl Zeumer. I. Bd. 1.—4. Heft. gr. 8. Weimar, H. Böhlau's Nachf. n. 13.40
1. Traktat über den Reichstag im 16. Jahrh. Eine offiziöse Darstellg. aus der kurmainz Kanzlei. Hrsg. u. erläutert v. Karl Rauch. (VIII, 122 S.) 905. n. 4.20; Subskr.-Pr. n. 3.40
2. Wahl u. Einsetzung des deutschen Königs im Verhältnis zu einander. Von Mario Krammer. (XIII, 112 S.) 905. Einzelpr. n. 4.—. Subskr.-Pr. n. 3.20
3. Die Domkapitel der geistlichen Kurfürsten in ihrer persönlichen Zusammensetzung im 14. u. 15. Jahrh. Gekrönte Preisschrift. Von Wilh. Kisky. (X, 197 S.) 906. n. 5.40; Subskr.-Pr. n. 4.40
4. Zur Erklärung des Wormser Konkordats. Von Herm. Rudorff. (VIII, XI, 66 S.) 906. n. 3.—; Subskr.-Pr. n. 2.40

— — zur Verfassungsgeschichte des Deutschen Reiches im Mittelalter u. Neuzeit. Hrsg. v. Karl Zeumer. II. Bd. 2 Hefte. III. Bd. 4 Hefte u. IV. Bd. Heft 1 u. 2. gr. 8. Weimar, H. Böhlau's Nachf. 43.80; Subskr.-Pr. 36.10
Eggers, Adf., der königliche Grundbesitz im 10. u. beginnenden 11. Jahrh. (XII, 149 S.) 909. (III. Bd. 2. Heft.) 5.40; Subskr.-Pr. 4.40
Kluckhohn, Paul, die Ministerialität in Südostdeutschland v. 10. bis zum Ende des 13. Jahrh. (XI, 248 S.) 910. (IV. Bd. 1. Heft.) 8.—; Subskr.-Pr. 6.60
Perels, Kurt, die allgem. Apellationsprivilegien f. Brandenburg-Preußen. (XIV, 153 S.) 908. (III. Bd. 1. Heft.) 5.40; Subskr.-Pr. 4.40
Severinus de Monzambano (Samuel v. Pufendorf), de statu imperi germanici. Nach dem ersten Druck m. Berücksicht. der Ausg. letzter Hand hrsg. v. Fritz Salomon. (VII, 172 u. III S.) 910. (III. Bd. 4. Heft.) 5.60; Subskr.-Pr. 4.60
Siemsen, Aug., Kur-Brandenburgs Anteil an den kaiserl. Wahl-Kapitulationen von 1689—1742. (XV, 126 S.) 909. (III. Bd. 3. Heft.) 4.60; Subskr.-Pr. 3.80
Zeumer, Karl, die goldene Bulle Kaiser Karls IV. 1. Tl.: Entstehung u. Bedeutg. der goldenen Bulle. (XV, 250 S.) 908. (II. Bd. 1. Heft.) 8.40; Subskr.-Pr. 7.—
— dasselbe. 2. Tl. Text der goldenen Bulle u. Urkunden zu ihrer Geschichte u. Erläuterg. (VIII, 135 S.) 908. (II. Bd. 2. Heft) 4.60; Subskr.-Pr. 3.80
— Heiliges römisches Reich deutscher Nation. Eine Studie üb. den Reichstitel. (VIII, 38 S.) 910. (IV. Bd. 2. Heft.) 1.80; Subskr.-Pr. 1.50

Quellen, unbeachtete, des Finanz-Gleichgewichtes in Oesterreich. Geschrieben von einem Ungar. 2 Thle. gr. 8. (96 S.) Preßburg 860, (Harms.)

— u. **Untersuchungen** zur Geschichte des Hauses Hohenzollern. Hrsg. unter Mitwirkg. namhafter Gelehrter v. Ernst Berner. I.—V. Bd. gr. 8. Berlin, A. Duncker. n. 45.—; geb. in Halbfrz. n. 55.—
I. Aus dem Briefwechsel König Friedrichs I. von Preußen u. seiner Familie. Gelegentlich der 200 jähr. Jubelfeier d. preuß. Königtums hrsg. v. Ernst Berner. (XXXIII, 452 S.) 901. n. 12.—; geb. n. 14.—
II. (2. Reihe: Biographien I.) Eine Schwester des Großen Kurfürsten Luise Charlotte, Markgräfin v. Brandenburg, Herzogin v. Kurland (1617—1676). Ein Lebensbild. Von Aug. Seraphim. (IX, 182 S.) 901. n. 4.—; geb. n. 6.—
III. Der Regierungs-Anfang des Prinz-Regenten v. Preußen u. seine Gemahlin. Von Ernst Berner. (VII, 191 S.) 902. n. 4.—; geb. n. 6.—
IV. Prinz Heinrich v. Preußen als Politiker. Von R. Krauel. (IX, 299 S.) 902. n. 10.—; geb. n. 12.—
V. Konrad v. Burgsdorff. Ein brandenburg. Kriegs- u. Staatsmann aus d. Zeit der Kurfürsten Georg Wilhelm u. Friedrich Wilhelm. Von Karl Spannagel. (XVIII, 458 S.) 903. n. 15.—; geb. n. 17.—

— u. **Untersuchungen** zur Geschichte des Hauses Hohenzollern. Hrsg. unter Mitwirkg. namhafter Gelehrter von Ernst Berner. VI.—VIII. Bd. gr. 8. Berlin, A. Duncker. n. 14.—; geb. in Halbfrz. n. 20.—
VI. Sans-Souci zur Zeit Friedrichs des Großen u. heute. Betrachtungen u. Forschgn. Von P. Höckendorf. (VIII, 164 S. m. 1 Plan.) 903. n. 5.—; geb. n. 7.—
VII. 3. Reihe: Einzelschriften V. Die Erinnerungen der Prinzessin Wilhelmine von Oranien an den Hof Friedrichs des Großen (1751—1767). Von Gust. Berth. Volz. (VII, 93 S. m. 2 Abbildgn.) 903. n. 3.—; geb. n. 5.—
VIII. 1. Reihe: Briefwechsel II. Briefwechsel zwischen Heinrich Prinz v. Preußen u. Katharina II. v. Rußland. Von R. Krauel. (VIII, 178 S.) 903. n. 6.—; geb. n. 8.—
Bd. I—V. Ebd. 901—903. n. 45.—; geb. n. 55.—.

— u. **Untersuchungen** zur Geschichte des Hauses Hohenzollern. Hrsg. unter Mitwirkg. namhafter Gelehrter v. Ernst Berner. IX. Bd. gr. 8. Berlin. Weimar, A. Duncker Verl. 16.—; geb. in Halbfrz. n 18.—
IX. 3. Reihe: Einzelschriften. VI. Aus der Zeit des siebenjähr. Krieges. Tagebuchblätter u. Briefe der Prinzessin Heinrich u. des königl. Hauses. Von Ernst Berner u. Gust. Berth. Volz. (XXXVIII, 511 S.) 908.

Quellen u. **Untersuchungen** zur Geschichte, Kultur u. Litteratur Westfalens. 1. Bd. Lex.-8. Paderborn 888. F. Schöningh. n. 8.—
Daniel v. Soest. Ein westfäl. Satiriker d. 16. Jahrh. Hrsg. u. erläutert v. F. Joest. (XII, 404 S.)

— — zur lateinischen Philologie des Mittelalters, hrsg. v. Ludw. Traube. I. Bd. 3 Hefte. Lex.-8. München, C. H. Beck. Subskr.-Pr. n. 15.—; Einzelpr. n. 21.60
1. Sedulius Scottus. I. Sedulius Scottus, Liber de rectoribus Christianis. II. Das Kollektaneum des Sedulius Scottus in dem Kodex Cusanus C 14 nunc 37. III. Sedulius u. Pelagius. Von S. Hellmann. (XV, 203 S.) 906. n. 8.60
2. Johannes Scottus. I. Der Kommentar des Johannes Scottus zu den Opuscula Sacra des Boethius. II. Der Kommentar des Remigius v. Auxerre zu den Opuscula Sacra des Boethius. Von Edward Kennard Rand. (XIV, 106 S.) 906. n. 6.—
3. Untersuchungen zur Ueberlieferungsgeschichte der ältesten latein. Möncharegeln. I. Die Regelbücher Benedikts v. Aniane. II. Die Regula S. Benedicti. Von Heribert Plenkers. Mit 2 Taf. in Lichtdr. (XI, 10? S.) 906. n. 7.—

— — zur lateinischen Philologie des Mittelalters, hrsg. v. Ludw. Traube. II. Bd. u. III. Bd. 1.—4. Heft. Lex. 8. München, C. H. Beck. Einzelpr. 40.50; Subskr.-Pr. f. den Bd. 15.—
Becher, Jos., Textgeschichte Liudprands v. Cremona. Mit 2 Taf. (VII, 46 S.) 908. (III. Bd. 2. Heft.) 2.50
Lehmann, Paul, Franciscus Modius als Handschriftenforscher. (XIII, 152 S.) 908. (III. Bd. 1. Heft.) 7.—
Loew, E. A., die ältesten Kalendarien aus Monte Cassino. Hrsg. u. untersucht. Mit 3 Taf. (XV, 84 S.) 908. (III. Bd. 3. Heft.) 6.—
Paulus Diaconus, des, Gedichte. Kritische u. erklär. Ausg. v. Karl Neff. Mit 1 Taf. (XX, 231 S.) 908. (III. Bd. 4. Heft.) 10.—
Traube, Ludw., nomina sacra. Versuch e. Geschichte der christl. Kürzg. (X, 295 u. XII S. m. Bildnis.) 907. (II. Bd.) 15.—

— vatikanische, zur Geschichte der päpstlichen Hof- u. Finanzverwaltung 1316—1378. In Verbindg. m. ihrem histor. Institut in Rom hrsg. v. der Görres-Gesellschaft. I. Bd. gr. 8. Paderborn, F. Schöningh. 34.—
Die Einnahmen der apostolischen Kammer unter Johann XXII. Von Emil Göller. I. Teil.: Darstellg. II. Teil: Quellen. (XVI, 134 u. 782 S.) 910.

Quellen zur Kieler Verfassungs- und Verwaltungsgeschichte von 1640–1728. Von Dr. Franz Gundlach. Kiel 1909: Jensen. 180 S. 8°
Aus: Mitteilungen d. Gesellschaft f. Kieler Stadtgeschichte. H. 25. 26. [09.10519

— d. Versöhnung. 8. Erlangen 826, Palm u. Enke.

Quellen zur Vorgeschichte des Bauernkriegs: Beschwerdeartikel aus den Jahren 1519–1525. Hrsg. von Dr. Hermann Wopfner. Innsbruck: Wagner 1908. (XXVII, 235 S.) 4°(8°)
= Quellen z. Geschichte d. Bauernkriegs in Deutschtirol 1525. T. 1.
= **Acta** Tirolensia. Bd 3, T. 1. [08.9377

— des **Wohlstandes** für intelligente Besitzer kleinerer Grundstücke namentlich für Lehrer auf dem Lande. 1.—4. Bd. 8. Langensalza, Schulbuchh. von Greßler. [1. Bd. (VII und 180 S. mit eingedr. Holzschn.) 862. 18 Ngr., 2. Bd. (164 S. mit eingedr. Holzschn.) 862. 15 Ngr., 3. Bd. (155 S. mit eingedr. Holzschn.) 864. 15 Ngr., 4. Bd. (140 S.) 865. 10 Ngr.]

Inhalt:

Bd. 1. 1) Rüger, A., Obstbaumzucht. 2. Aufl. 4 Ngr.
2) Gräß, Hermann v., Gartenbau. 2. Aufl. 5 Ngr.
3) — Bienenzucht. 4 Ngr.
4) — Seidenbau. 3 Ngr.
5) Gräbke, H., Handelsgewächse. 3 Ngr.
" 2. 1) — Tabak, nebst Zusatz von H. Profé. 3 Ngr.
2) Profé, H., Hopfen, und Montag, Kresse (Handelsgewächse 2. Artikel.) 3 Ngr.
3) Wirth, Bienenzucht, 2. Artikel. 2½ Ngr.
4) Profé, H., Ersparnisse im Haushalt. 2., sehr verm. Aufl. 10 Ngr.
" 3. 1) Mensch, Jul., die der Landwirthschaft schädlichen Insekten. 6 Ngr.
2) Hühnerzucht. 3 Ngr.
3) Der Anbau der schwarzen Malve. 2 Ngr.
4) Gräbke, H., der Gemüsebau. 6 Ngr.
" 4. 1) — das Beerenobst. 2½ Ngr.
2) Die landwirthschaftliche Samenzucht. 2½ Ngr.
3) Gräbke, H., Heilkräuter, zum Verkauf an Apotheker und Droguisten. 6 Ngr.

— des **Wohlstandes** für intelligente Besitzer kleinerer Grundstücke, namentlich für Lehrer auf dem Lande. 5. Bd. Nr. 1 und 2. 8. Mit zahlr. Illustr. Langensalza 867, Schulbuchh. von Greßler. — 85

Inhalt:

Nr. 1. Kaninchenzucht. 25 Pf.
" 2. Seidenbaulehre des M. Hussack, bearb. von F. C. Glatow. 60 Pf.

— des **Wohlstandes** für Lehrer auf dem Lande. Ebend. 862. 8. (XI, 150 S. mit Holzschn.) 15 ngr

Quellenbeiträge, arabische, zur Geschichte der Kreuzzüge, übers. u. hrsg. von E. P. Goergens unter Mitwirkung von Rhold. Röhricht. 1. Bd. Zur Geschichte Salâh ad-dîn's. gr. 8. (XXIII, 295 S.) Berlin 879. Weidmann. n. 8. —

Quellenbuch zur alten Geschichte. Für obere Gymnasialklassen. 1. Abthl.: Griechische Geschichte. 2 Hefte. 2. verb. Aufl. Bearb. von W. Herbst und A. Baumeister. gr. 8. Leipzig, Teubner. [1. Heft. (XI, 148 S.) 870. ℳ 1,50.; 2. Heft. (IV, 181 S.) 871. ℳ 1,80.] 3 30

— dass. — 2. Abthl.: Römische Geschichte. 3 Hefte. 2. verb. Aufl. Bearb. von A. Weidner. gr. 8. Ebendas. [1. Heft. (184 S.) 874. ℳ 1,80.; 2. Heft. (IV, 225 S. mit 1 lithogr. Plan von Carthago.) 875. ℳ 2,40.; 3. Heft. (VIII, 260 S.) 868. ℳ 2,70.] 6 90

Quellenbuch zur alten Geschichte für obere Gymnasialklassen. 1. Abtl.: Griechische Geschichte. Bearb. von W. Herbst und A. Baumeister. 2 Hefte. 3. verb. Aufl. gr. 8. Leipzig, Teubner. [1. Heft. (X, 150 S.) 880. ℳ 1,50.; 2. Heft. (IV, 183 S.) 882. ℳ 1,80.]

— dass. — 2. Abtl.: Römische Geschichte. Bearb. von A. Weidner. 3. Heft. 2. verb. Aufl. gr. 8. (IV, 259 S.) Ebendas. 882.
1. und 2. Heft. Ebendas. 1874,75. ℳ 4,20.

Quellenbuch zur Geschichte des Gymnasiums in Zittau, bearb. v. Thdr. Gärtner, s. a. Veröffentlichungen zur Geschichte des gelehrten Schulwesens im albertin. Sachsen. II. 1.

Quellenbuch zur Geschichte des Gymnasiums in Zittau. Bearb. von Dr. Theodor Gärtner, Prof., Zittau. H. 1. 2. Leipzig: Teubner 1905–11. 4°(8°)
(Urkundenbücher d. sächsischen Gymnasien. 1, H. 1. 2.)
(Veröffentlichungen z. Geschichte d. gelehrten Schulwesens im Albertinischen Sachsen. T. 2, 1, H. 1. 2.) [11. 13418

Quellenbuch zur Geschichte des Lyzeums in Löbau. Bearb. von E[rnst] A[lw.] Seeliger, Oberl. Leipzig: Teubner 1909. VII, 186 S. 4° (8°)
(Urkundenbücher d. sächs. Gymnasien. 2.)
(Veröffentlichungen z. Geschichte d. gelehrten Schulwesens im Albertinischen Sachsen. T. 3, H. 2.)

— zur Geschichte des deutschen Mittelalters, s. Fritsche, Ed.

Quellenbuch, historisches, zur alten Geschichte für obere Gymnasialklassen. 1. Abth.: Griechische Geschichte. 2 Hefte. Leipzig 866—70. Teubner. gr. 8. [1. Heft. Bearb. von W. Herbst u. A. Baumeister. (VIII, 148 S.) 15 ngr, 2. Heft. Bearb. von A. Baumeister. 1. u. 2. Aufl. (IV. 178 S.) 18 ngr] 1 ₰ 3 ngr

Quellenbuch, historisches, zur alten Geschichte f. obere Gymnasialklassen. 1. Abth. Griechische Geschichte. 2. Hft. Bearb. v. A. Bauermeister. 2. verb. Aufl. gr. 8. (IV, 181 S.) Leipzig 871. Teubner. 1. 80 (I. 1. u. 2.: 3. 20)

— — 2. Abth.: Römische Geschichte bearb. von A. Weidner. 3 Hefte. Ebend. 867,68. gr. 8. [1. Heft. (VI, 142 S.) 13½ ngr, 2. Heft. (IV, 214 S.) 18 ngr, 3. Heft. (VIII, 260 S.) 27 ngr] 1 ₰ 28½ ngr

— dasselbe. II. Abth. Römische Geschichte, bearb. v. A. Weidner. 1. u. 2. Hft. 2. verb. Aufl. gr. 8. (184 u. IV, 225 S.) Ebend. 874. 75. n. 4. 20

Quellenbuch zur Kunstgeschichte des abendländischen Mittelalters. Ausgew. Texte d. vierten bis fünfzehnten Jhs ges. v. Julius v. Schlosser. M. 4 Abb. im Text. *Wien: C. Graeser 1896.* (XXIV, 406 S., 1 Bl.) 1 Bd 8.
= Quellenschriften f. Kunstgeschichte ... d. Mittelalters u. d. Neuzeit. N. F. Bd VII. [96. 3446

Quellendorf [Schlagwort]

Quellendorf, s.: Preussen, Messtischblätter.

Quellenkunde der israelitischen und jüdischen Religionsgeschichte. T. 2. Halle a. S.: Gebauer-Schwetschke 1906. 8° [?.]
= **Volksbücher**, Religionsgeschichtliche. Reihe 2. H. 5. [06. 1483

Quellen-Material zur Alkoholfrage. Beiträge aus dem Reichs-Arbeitsblatt. Hrsg. vom kaiserl. statist. Amt in Berlin. 3., verm. Aufl. v. „Wein, Bier, Branntwein". (V, 131 S. m. Abb.) 8. Berlin 910. Mäßigkeits-Verl. 1.—

Quellen-Nachweisung über Bezug und Absatz der Handelsartikel mit besonderer Berücksichtigung der vaterländ. Industrie, als Handbuch und Rathgeber für Kaufleute, Fabrikanten und Gewerbtreibende. 4. (VIII, 306 und Eisenbahn- und Dampfschifffahrtpläne 44 S.) Leipzig 855, Literatur-Bureau.

— dass. — 2. Jahrg. 1856. 4. (VI, 227 und Eisenbahn- und Dampfschifffahrtpläne 44 S. mit 1 lithogr. Karte in Fol.) Ebds.

Quellensammlung zur deutschen Geschichte, hrsg. v. E. Brandenburg u. G. Seeliger. 8. Leipzig, B. G. Teubner.
Briefe u. Aktenstücke zur Geschichte der Gründung des Deutschen Reiches (1870–1871). Hrsg. v. Erich Brandenburg. 1. Heft. Vorverhandlungen (bis zur Eröffng. der Konferenzen in Versailles 23. X. 1870). (VI, 94 S.) 911. 1.80; 2. Heft. Hauptverhandlungen in Versailles. (147 S.) 911. 2.—
Quellen zur Geschichte des Investiturstreites, v. Ernst Bernheim. 1. Heft. Zur Geschichte Gregors VII. u. Heinrichs IV. (VI, 104 S.) 907. 1. 40
— die, zur Geschichte der Entstehung des Kirchenstaates, v. Johs. Haller. Mit 1 Karte v. Mittelitalien. (XVI, 260 S.) 907. 3. 60
Salomon, Fel., die deutschen Parteiprogramme. 1. Heft: Von 1844–1871. (VIII, 112 S.) 907. 1. 40
— dasselbe. 2. Heft: Von 1871–1900. (VI, 136 S.) 907. 1. 60
Zur Geschichte des Wormser Konkordates. (V, 88 S.) 907. (2.) 1. 20

Quellensammlung für fränkische Geschichte herausg. von dem histor. Vereine zu Bamberg. 1. Bd. A. u. d. T.: Denkwürdigkeiten brandenburgischer [hohenzollerischer] Fürsten v. Ritter Ludwig v. Eyb. Mit einem aus Archivalien der ehemal. brandenburg. geh. Haus- u. Staatsarchive verfaßten histor. Commentare hrsg. von Constant. Höfler. gr. 8. (VIII u. 151 S.) Bayreuth 849, Buchner. n. 24 ngr

— für fränkische Geschichte hrsg. von dem histor. Vereine zu Bamberg. 2. Bd. A. u. d. T.: Das kaiserliche Buch des Markgrafen Albrecht Achilles. Vorkurfürstliche Periode 1440—1470. Aus dem ehemals hohenzollerischen Archive der Plassenburg hrsg. von Constant. Höfler. Mit einem histor. Commentare. gr. 8. (XX und 219 S.) Bayreuth 850, Buchner'sche Buchh. *

— dass. — 3. Bd. A. u. d. T.: Friederich's v. Hohenlohe, Bischof's von Bamberg, Rechtsbuch. (1348.) Zum ersten Male hrsg. und mit einem Commentare begleitet von C. Höfler. gr. 8. (CVII und 360 S.) Ebds. 852. *
1. Bd. Ebendas. 1849. * 24 Ngr. Vgl.: Cyd, L. v.

Quellen-Sammlung für fränkische Geschichte herausg. von dem historischen Vereine zu Bamberg. 4. Bd. A. u. d. T.: Der hochberühmten Charitas Pirkheimer, Aebtissin von S. Clara zu Nürnberg Denkwürdigkeiten aus dem Reformationszeitalter. Aus den Originalhandschriften zum ersten Male herausg. u. mit einem urkundlichen Commentare versehen von C. Höfler. Bamberg 853. Buchner. 8. (CXII, 209 S.) n. 1 ℛ︀. 10 ngr.

Quellensammlung zur Geschichte des Hauses Hohenzollern hrsg. von C. A. H. Burkhardt. 1. Bd. A. u. d. T.: Das funfft merckisch Buech des Churfuersten Albrecht Achilles. gr. 8. (XII und 288 S.) Jena 857, Deistung. *

— zur Geschichte des Neutestamentlichen Canons bis auf Hieronymus, herausgeg. u. mit Anmerk. begl. von Johannes Kirchhofer. 3 Liefg. Lex.-8. Zürich 842, 44, Meyer u. Zeller. I. II. $1\frac{1}{2}$ ℛ︀ III. $1\frac{1}{4}$ ℛ︀ 1—3. $2\frac{3}{4}$ ℛ︀

Quellensammlung zur Geschichte der Deutschen Reichsverfassung in Mittelalter und Neuzeit. Bearb. von Dr. Karl Zeumer, Prof. in Berlin. *Leipzig: C. L. Hirschfeld 1904.* (XV, 485 S.) 8° [F.]
= Quellensammlungen z. Staats-, Verwaltungs- u. Völkerrecht. Bd 2. [04. 1555

Quellensammlung der Gesellschaft f. Schleswig-Holstein-Lauenburgische Geschichte. 4. Bd. Scriptores minores rerum Slesvico-Holtsatensium. 1. Hft. gr. 8. (395 S.) Kiel 874. Universitätsbuchh. n. 8. — (I—IV, 1.: n. 21. 75)

Quellensammlung der Gesellschaft f. schleswig-holsteinische Geschichte. V. Bd. gr. 8. Kiel (Universitäts-Buchh.). n. 6. —; (I—V n. 27. 75)
Petreus', Johs. († 1603), Schriften üb. Nordstrand. Nach den besten Handschriften hrsg. v. Reimer Hansen. Mit e. Fcsm. u. e. Karte. (VIII, 314 S.) 901.

— der Gesellschaft für schleswig-holsteinische Geschichte. VI. Bd. gr. 8. Kiel 904. (Universitäts-Buchh. n. 10. (I—VI.: 37. 75)
Quellen zur Geschichte des Bist. Schleswig. Hrsg. v. Reimer Hansen u. Willers Jessen. (X, 447 S. m. 1 Karte.)

Quellensammlung der Schleswig-Holstein-Lauenburgischen Gesellschaft für vaterländische Geschichte. 1.—3. Bd. gr. 8. Kiel 862—65, [G. v. Maack's Verlag.] * 4
Inhalt:
Bd. 1. Chronicon Holtzatiae auctore Presbytero Bremensi. Hrsg. von J. M. Lappenberg. (XXXII und 186 S.) * 1 Thlr. $7\frac{1}{2}$ Ngr.
» 2. Urkunden und andere Actenstücke zur Geschichte der Herzogth. Schleswig und Holstein unter dem Oldenburg. Hause. Gesammelt und hrsg. von G. Waitz. 2 Hefte. (X und 166 S., VI und 144 S.) à Heft * 1 Thlr.
» 3. Die Chronik der nordelbischen Sassen. Hrsg. von J. M. Lappenberg. (XXVI und 184 S.) * 1 Thlr. 10 Ngr.

— der badischen Landesgeschichte. Im Auftrage der Regierung hrsg. von F. J. Mone. 1. Bd. 1. u. 2. Lfg. Roy.-4. (36 B.) Karlsruhe 845, 46, Macklot'sche Vrlgsh. pro 1. Bd. (3 Lfgn.) *

Quellensammlung der badischen Landesgeschichte. Hrsg. von F. J. Mone. 1. Bd. 3. (letzte) Lfg. Roy.-4. (VIII, S. 33—98 und 369—564.) Karlsruhe 848, Macklot. pro 1. Bd. *
1. und 2. Lfg. Ebendas. 1845—46.

— der badischen Landesgeschichte. Im Auftrage der Regierung hrsg. von F. J. Mone. 2.—4. Bd. 1. Lfg. gr. 4. Karlsruhe, Macklot. [2. Bd. (IV und 640 S.) 850—54. * 5 Thlr., 3. Bd. (V und 728 S. mit 22 Stnt., wovon 3 in Buntdr., und 1 lithogr. Plane in qu. Fol., mit 5 S. Erläuterungen.) 860—863. * 5 Thlr., 4. Bd. 1. Lfg. (S. 1—192.) 867. * 1 Thlr. 20 Ngr.] *
1. Bd. Ebendas. 1845—46. * 5 Thlr.

— zum deutschen öffentl. Recht seit 1848. Hrsg. von Paul Roth und Heinr. Merck. I. und 2. Bd. (à 5 Hefte) gr. 8. Erlangen, Palm und Enke. [I. (XXII und 554 S.) 850—51., 2. (XV und 636 S.) 851—52. à Bd. * 2 Thlr. 20 Ngr.] *

Quellensammlung zum Preussischen Staatsrecht. Zsgest. u. bearb. von Walther *Schücking.* Leipzig 1906. 8°.
(Quellensammlung z. Staats-, Verwaltungs- u. Völkerrecht, hrsg. von Heinr. *Triepel.* Bd 4.)

Quellensammlung zu Schillers Wilhelm Tell. (Von Edm. v. Sallwürk.) (54 S.) kl. 8. Karlsruhe (904). F. Gutsch. n n. — 50

Quellensammlungen zum Staats-, Verwaltungs- u. Völkerrecht. In Verbindung m. Herm. Rehm, Karl Freih. v. Stengel, Walth. Schücking, Karl Zeumer vornehmlich zum akadem. Gebrauche hrsg. v. Heinr. Triepel. 1., 3. u. 6. Bd. gr. 8. Leipzig, C. L. Hirschfeld. n. 19. 90; geb. n. 22. 90
1. Quellensammlung zum deutschen Reichsstaatsrecht. Von Heinr. Triepel. (XVI, 343 S.) 901. n. 5. —; geb. n. 6. —
3. Quellensammlung zum Verwaltungsrecht d. Deutschen Reiches. Von Karl Frhr. v. Stengel. (X, 558 S.) 902. n. 8. 40; geb. n. 9. 40
6. Quellensammlung zum Staats- u. Verwaltungsrecht des Königr. Bayern. Von Herm. Rehm. (XIV, 382 S.) 903. n. 6. 50; geb. n. 7. 50

Quellensammlungen zum Staats-, Verwaltungs- u. Völkerrecht. In Verbindung mit Herm. Rehm, Karl Freih. v. Stengel, Walth. Schücking, Karl Zeumer vornehmlich zum akadem. Gebrauche hrsg. v. Heinr. Triepel. 2. Bd. 2 Thle. u. 4. Bd. gr. 8. Leipzig [L. C. Hirschfeld]. Tübingen, J. C. B. Mohr. n. 16. 20; geb. n. 18 20
2. Quellensammlung zur Geschichte der deutschen Reichsverfassung in Mittelalter u. Neuzeit. Von Karl Zeumer. 1. Thl. Von Heinrich IV. bis Friedrich III. (XVI, 224 S.) 904. n. 5. —; geb. n. 6. —. — 2. Tl. Von Maximilian I. bis 1806. Anh. (S. 225 - 485.) 904. n. 5. 60; geb. n. 6. 60; in 1 Bd., geb. n. 9. —; geb. n. 10. —.
4. Quellensammlung zum preußischen Staatsrecht. Zusammengestellt u. bearb. Von Walth. Schücking. (XIV, 417 S.) 906. n. 7. 20; geb. n. 8. 20
Bd. 1, 3 u. 6 jetzt Ebd. 901—903. n. 19. 90; geb. n. 22. 90. — Der 5. Bd. ist noch nicht erschienen.

Quellensammlungen zum Staats-, Verwaltungs- u. Völkerrecht. In Verbindg. m. Herm. Rehm, Karl Freih. v. Stengel, Walth. Schücking, Karl Zeumer vornehmlich z. akadem. Gebrauche hrsg. v. Heinr. Triepel. 1. u. Ergänzg. zum 6. Bd. Lex. 8. Tübingen, J. C. B. Mohr. 5. 50
Rehm, Herm., Quellensammlung zum Staats- u. Verwaltungsrecht des Königr. Bayern. Ergänzung. (III, 70 S.) 907. (6. Bd.) — 50 (Hauptwerk u. Ergänzungsbd.: 7. —)
Triepel, Heinr., Quellensammlung zum deutschen Reichsstaatsrecht. 2., bis zur Gegenwart fortgeführte Ausg. (XVIII, 378 S.) 907. (1. Bd.) 5.— ; geb. 6. —

Quellenschriften

— u. **Abhandlungen** zur Staats-, Kultur- u. Kunstgeschichte der Reichsstadt Nürnberg. I. gr. 8. Nürnberg 893. J. L. Schrag. n. 3. —
Die Fehde d. Götz v. Berlichingen m. der Reichsstadt Nürnberg u. dem Hochstifte Bamberg 1512—1514. Ein Beitrag zur Geschichte der öffentl. Zustände Frankens nach dem ewigen Landfrieden u. zur Charakteristik des Ritters m. der eisernen Hand v. Joh. Kamann. (VIII, 138 S.)

Quellenschriften zur hamburg. Dramaturgie, s. Literaturdenkmale, deutsche, des 18. u. 19. Jahrh. Nr. 130.

Quellenschriften zur Hamburgischen Dramaturgie. 1. *Berlin: B. Behr 1904.* 8°
= Literaturdenkmale, Deutsche, d. 18. u. 19. Jahrh. No 130. [04. 7304

Quellenschriften zur jüdischen Geschichte u. Literatur, hrsg. v. A. Berliner. I. 12. Frankfurt a/M. 896. J. Kauffmann. n. 1.50
Aus Joseph Snmbari's Chronik. (XI, 84 S.)

Quellen-Schriften zur Geschichte Mährens u. Österreich-Schlesiens. 1. Sekt.: Chroniken. 1. Theil. A. u. d. T.: Mährische u. schlesische Chroniken, herausg. im Namen der historisch-statistischen Sektion der k. k. mährisch-schlesischen Gesellschaft zur Beförderung des Ackerbaues, der Natur- u. Landeskunde von Chrn. d'Elvert. 1. Theil. Brünn 861. Nitsch in Comm. Lex.-8. (IV, 416 S.) n. 1 ℛ 25 ngr.

Mährisch-schlesische Gesellschaft

— — Quellen-Schriften zur Geschichte Mährens und Oesterr.-Schlesiens. I. Section: Chroniken und dergleichen. Monumenta rerum Bohemico-Moravicarum et Silesiacarum. Sectio I: Scriptores. 1. Th. Mährische und schlesische Chroniken, herausgegeben im Namen der historisch-statistischen Section der k. k. mährisch-schlesischen Gesellschaft zur Beförderung des Ackerbaues, der Natur- und Landeskunde von Christian d'Elvert, Sections-Vorstande. — Sectio II: Leges et statuta. Liber 2. Liber informationum et sententiarum, čili Naučení Brněnská, Hradišťské městské radě dávaná od r. 1447 až do r. 1509, s dodatky do roku 1540. Dle rukopisu Hradišťského vydal Ignác Tkač, c. k. professor, etc. Liber 3. Ueber das Olmützer Stadtbuch des Wenzel von Iglau. Von Wilhelm Saliger, k. k. Gymnasial-Professor in Olmütz, etc. (3 Bde.)
8. Brünn 1861—1882.

— zur Geschichte des Protestantismus. Zum Gebrauch in akadem. Uebgn. in Verbindg. m. anderen Fachgenossen hrsg. v. Joh. Kunze u. C. Stange. 1. bis 5. Heft. 8. Leipzig, A. Deichert Nachf. n. 11.80
1. Disputationen, die ältesten ethischen, Luthers. Hrsg. v. Carl Stange. (XV, 74 S.) 904. n. 1.60
2. Artikel, die Wittenberger, v. 1536. (Artikel der christl. Lehr, von welchen die Legatten aus Engelland m. dem Herrn Doctor Martino gehandelt anno 1536.) Lateinisch u. deutsch zum ersten Male hrsg. v. Geo. Mentz. (79 S.) 905. n. 1.60
3. Katechismus, der Heidelberger, u. vier verwandte Katechismen (Leo Jud's u. Micron's kleine Katechismen, sowie die zwei Vorarbeiten Ursins), m. e. historisch-theolog. Einleitg. hrsg. v. A. Lang. (VI, 218 S.) 90 . n. 6. —
4. Luthers sermo de poenitentia 1518. Hrsg. von Ernst Frdr. Fischer. (V, 37 S.) 906. n. — 80
5. Appellation u. Protestation, die, der evangelischen Stände auf dem Reichstage zu Speier 1529. Hrsg. v. Jul. Ney. (96 S. m. 1 Taf.) 906. n. 1.80

— zur Geschichte des Protestantismus. In Verbindg. m. anderen Fachgenossen hrsg. v. (Joh. Kunze) u. Carl Stange. 6.—11. Heft. gr. 8. Leipzig, A. Deichert Nachf. 15.30
Erasmus Rotterdamus, Desiderius, de libero arbitrio Διατριβή sive collatio. Hrsg. von Johs. v. Walter. (XXXIII, 92 S.) 910. (Heft 8.) 2.80
Hausleiter, Johs., Grundlinien der Theologie Joh. Christ. K. v. Hoffmanns in seiner eigenen Darstellung. Eine Jubiläumsgabe. (XII, 82 S.) 910. (Heft 11.) 1.60
Rhegius, Urbanus, wie man fürsichtiglich u. ohne Ärgerniss reden soll v. den fürnemsten Artikeln christl. Lehre. (Formulae quaedam caute et citra scandalum loquendi.) Nach der deutschen Ausg. v. 1536 nebst der Predigtanweisg. Herzog Ernst des Bekenners v. 1529 hrsg. v. Alfr. Uckeley. (96 S.) 908. (Heft 6.) 2. —
Schleiermacher's kurze Darstellung d. theologischen Studiums. 1. Aufl. 1811, 2. Aufl. 1830. Kritische Ausg., m. Einleitg. u. Register v. Heinr. Scholz. (XXXIX, 134 S.) 910. (Heft 10.) 2.50
— Glaubenslehre. Kritische Ausg. 1. Abtlg.: Einleitung, v. Carl Stange. (VIII, 226 S.) 910. (Heft 9.) 3.80
Theologia deutsch. Hrsg. v. Herm. Mandel. (XLVI, 114 S.) 908. (Heft 7.) 2.60

Quellenschriften, historische, z. Studium d. Anthropophyteia. Unter Mitwirkg. v. Ethnologen, Folkloristen u. Naturforschern hrsg. v. Frdr. S. Krauss. (Privatdruck. Nur f. Gelehrte bestimmt.) (I. Jahrg.) 4 Bde. 8. Leipzig, Deutsche Verlagsactiengesellschaft. Geb. 20. —
Dichtungen, volkstümliche, der Italiener. Deutsch, v. Jak. Ulrich. (XIX, 152 S.) 906. (Bd. 1.)
Schwankerzähler, deutsche, des XV.—XVII. Jahrh. Bebel's, Heinr., Facetien, hrsg v. Karl Amrain. (LV, 48 S.) 907. (Bd. 2.)
— dasselbe, Frey, Jac., Mich. Lindener u. Graf Froben v. Zimmern, hrsg. v. Karl Amrain. (VII, 149 S.) 907. (Bd. 3.)
— dasselbe. Wurmfeld, Adrian. v. Orsoy, Aug. Tünger u. Verschiedene, hrsg. v. Karl Amrain. (75 S.) 907. (Bd. 4.)

Quellenschriften d. elsässischen Kirchengeschichte. I. Bd. gr. 8. Strassburg i/E. 894. F. X. Le Roux & Co. n. 6. —
Urkundenbuch der Pfarrei Bergheim (Ober-Elsass), hrsg. v. Eug. Hans. [Archivalische Beilage des Strassburger Diöcesanblattes f. d. J. 1893.] (XII, 355 S.)

— d. elsässischen Kirchengeschichte. II.—V. Bd. gr. 8. Strassburg, F. X. Le Roux & Co. n. 80. —
II. D. Jahrbücher d. Jesuiten zu Schlettstadt u. Rufach 1615—1765. I. Bd. Annuae litterae collegii Selestadiensis et residentiae Rubeacensis 1615—1713, hrsg. v. Jos. Gény. (Archival. Beilage d. Strassburger Diöcesanblattes f. d. J. 1894. (XXVIII, 425 S.) 895. n. 0. —
III. IV. Dasselbe. II. Bd. Historia collegii Selestadiensis et residentiae Rubeacensis 1631—1765, hrsg. v. Jos. Gény. (Archival. Beilage d. Strassburger Diöcesanblattes f. d. J. 1895—1896.) (VI, 894 S.) 896. n. 12. —
V. Cartulaire de l'église S. George de Haguenau. Recueil de documents publiés par C. A. Hanauer. (Archival. Beilage d. Strassburger Diöcesanblattes f. d. J. 1897.) (XVI, 644 S.) 898. n. 12. —

— f. Kunstgeschichte u. Kunsttechnik d. Mittelalters u. der Neuzeit, m. Unterstützg. des österreich. k. k. Ministeriums f. Cultus u. Unterricht im Vereine m. Fachgenossen begründet von Rud. Eitelberger v. Edelberg, fortgesetzt v. Alb. Ilg. Neue Folge. 1.—3. Bd. gr. 8. Wien, Graeser. n. 22. —
1. Der Anonimo Morelliano [Marcanton Michiel's Notizia d'opere del disegno]. 1. Abth.: Text u. Übersetzung. Von Th. Frimmel. (XX, 126 S.) 888. n. 2. —
2. Fra Luca Pacioli, divina proportione: Die Lehre vom goldenen Schnitt. Nach der venezian. Ausg. vom J. 1509 neu hrsg., übers. u. erläut. v. C. Winterberg. (V, 367 S. m. Illustr.) 889. n. 6. —
3. Antonio Averlino Filarete's Tractat üb. die Baukunst nebst seinen Büchern v. der Zeichenkunst in den Bauten der Medici. Zum ersten Male hrsg. u. bearb. von W. v. Oettingen. (XII, 751 S.) 890. n. 14. —

— f. Kunstgeschichte u. Kunsttechnik des Mittelalters u. der Neuzeit. Mit Unterstützg. d. österreich. k. k. Ministeriums f. Cultus u. Unterricht im Vereine m. Fachgenossen begründet von Rud. Eitelberger v. Edelberg, fortgesetzt v. Alb. Ilg. Neue Folge. 4.—6. Bd. gr. 8. Wien, C. Graeser. n. 19. —
4. Schriftquellen zur Geschichte der karolingischen Kunst. Gesammelt u. erläutert von Jul. v. Schlosser. (XVI, 482 S.) 892. n. 9.
5. Beiträge zur Geschichte der Kunst u. der Kunsttechnik aus mittelhochdeutschen Dichtungen. Von Alb. Ilg. (XI, 187 S.) 892. n. 3. —
6. Des Augsburger Patriciers Philipp Hainhofer Beziehungen zum Herzog Philipp II. v. Pommern-Stettin. Correspondenzen aus den J. 1610—1619, im Auszuge mitgetheilt u. commentirt v. Osc. Doering. (XX, 362 S.) 894. n. 7. —

— f. Kunstgeschichte u. Kunsttechnik d. Mittelalters u. d. Neuzeit. Mit Unterstützg. d. österreich. k. k. Ministeriums f. Cultus u. Unterricht im Vereine mit Fachgenossen begründet von Rud. Eitelberger v. Edelberg, fortges. v. Alb. Ilg. Neue Folge. VII. u. VIII. Bd. gr. 8. Wien, C. Graeser. n. 15. —
(I.—VIII.: n. 56. —)
VII. Quellenbuch zur Kunstgeschichte d. abendländ. Mittelalters. Ausgew. Texte des 4. bis 15. Jahrh., gesammelt von Jul. v. Schlosser. (XXIV, 407 S. m. 4 Abb.) 896. n. 6. —
VIII. Quellen d. byzantin. Kunstgeschichte. Ausgew. Texte üb. d. Kirchen, Klöster, Paläste, Staatsgebäude u. and. Bauten v. Konstantinopel. Von Jean Paul Richter. (LIII, 432 S.) 897. n. 9. —

Quellenschriften f. Kunstgeschichte u. Kunsttechnik des Mittelalters u. der Neuzeit. Mit Unterstützg. des österreich. k. k. Ministeriums f. Cultus u. Unterricht im Vereine m. Fachgenossen begründet von Rud. Eitelberger v. Edelberg. Nach dem Tode Alb. Ilgs fortgesetzt v. Camillo List. Neue Folge. IX. u. X. Bd. gr. 8. Wien, C. Graeser & Co. n. 15. 20

IX. Vier Gespräche üb. die Malerei, geführt zu Rom 1538. Von Francisco de Hollanda. Orig.-Text m. Übersetzg., Einleitg., Beilagen u. Erläutergn. v. Joaquim de Vasancellos. (V, CLX, 240 S.) 899. n. 8. —

X. Des Augsburger Patriciers Philipp Hainhofers Reisen nach Innsbruck u. Dresden. Von Osc. Doering. (309 S. m. 1 Taf.) 901. n. 7. 20

— f. Kunstgeschichte u. Kunsttechnik des Mittelalters u. der Neuzeit. Mit Unterstützung des österreich. k. k. Ministeriums f. Kultus u. Unterricht im Vereine m. Fachgenossen begründet von Rud. Eitelberger v. Edelberg. Nach dem Tode Alb. Ilgs fortgesetzt v. Camillo List. Neue Folge. XI.—XIII. Bd. gr. 8. Wien, K. Graeser & Co. — Leipzig, B. G. Teubner. n. 41. —; (I.—XIII.: 119. 20)

XI. Nürnberger Ratsverlässe üb. Kunst u. Künstler im Zeitalter der Spätgotik u. Renaissance (1449) 1474—1618 (1633). Von Th. Hampe. I. Bd.: (1449) 1474—1570. (XXXIV, 618 S.) 904. n. 18. —

XII. Dasselbe. II. Bd.: 1571—1618 (1633). (541 S.) 904. n. 18. —

XIII. Dasselbe. III. Bd. Personen-, Orts- u. Sachregister. (VI, 137 S.) 904. n. 5. — (Vollst.: 41. —)

— f. Kunstgeschichte u. Kunsttechnik des Mittelalters u. der Neuzeit. Mit Unterstützg. d. österreich. k. k. Ministeriums f. Kultus u. Unterricht im Vereine m. Fachgenossen begründet von Rud. Eitelberger v. Edelberg. Nach dem Tode Alb. Ilgs fortgesetzt v. Camillo List. Neue Folge. XIV. u. XV. Bd. gr. 8. Wien, K. Graeser & Co. — Leipzig, B. G. Teubner. 19. —

Ertinger, des Bildhauergesellen Frz. Ferd., Reisebeschreibung durch Österreich u. Deutschland. Nach der Handschrift CGM. 3312 der kgl. Hof- u. Staatsbibliothek München hrsg. v. E. Tietze-Conrad. (XXV, 91 S.) 907. (XIV. Bd.) 4. —

Kallab, Wolfg., Vasaristudien. Mit e. Lebensbilde des Verf. aus dessen Nachlass hrsg. von Jul. v. Schlosser. (XLIII, 454 S.) 908. (XV. Bd.) 15. —

Quellenschriften f. Kunstgeschichte u. Kunsttechnik d. Mittelalters u. der Renaissance m. Unterstützg. d. k. k. österr. Ministeriums f. Kultus u. Unterricht, im Vereine m. Fachgenossen hrsg. von R. Eitelberger v. Edelberg. 1—10. Bd. gr. 8. Wien 871. 75. Braumüller. n. 35. 40

1. Das Buch v. der Kunst od. Tractat der Malerei d. Cennino Cennini da colle di Valdelsa. Uebersetzt, m. Einleitg., Noten u. Register verseh. v. Alb. Ilg. (XXIII, 188 S.) n. 2. 40
2. Aretino od. Dialog üb. Malerei v. Lodov. Dolce. Nach der Ausg. vom J. 1557 aus dem Italien. übers. v. Cajetan Cerri. Mit Einleitg., Noten u. Index versehen von R. Eitelberger v. Edelberg. (XII, 118 S.) n. 2. —
3. Dürer's Briefe, Tagebücher u. Reime nebst e. Anh. v. Zuschriften an u. f. Dürer übers. u. m. Einleitg., Anmerkgn. Personenverzeichniss u. e. Reisekarte versehen v. Mor. Thausing. (XX, 251 S. m. e. lith. Karte in qu. Fol.) n. 4. —
4. Heraclius, v. den Farben u. Künsten der Römer. Originaltext u. Uebersetzg. Mit Einleitg., Noten u. Excursen versehen v. Alb. Ilg. (XXIV, 190 S.) n. 3. —
5. Von der hochedlen Malerei. Tractat d. Michel Angelo Biondo. [Venedig 1549.] Uebersetzt, m. Einleitg. u. Noten versehen v. Alb. Ilg. (XIII, 66 S.) n. 1. 20
6. Das Leben d. Michelangelo Buonarroti geschrieben v. seinem Schüler Ascanio Condivi. Zum ersten Male in deutsche Sprache übersetzt durch Rud. Valdeck. Mit der Ergänzg. v. G. Ticciati u. Mittheilg. d. Wissenswürdigsten aus B. Varchi's Leichenrede übers. v. Alb. Ilg. Mit Noten u. e. chronolog. Uebersicht hrsg. von R. v. E. (VI, 158 S.) n. 2. 40
7. Schedula diversarum artium. Des Mönches Theophilus [Rugerus] 3 Bücher üb. Malerei, Glasmacherkunst u. Erzarbeit, sammt den Fragmenten aus den übr. Schriften desselben. Uebersetzt u. m. Einleitg. versehen v. Albert Ilg. 1. Thl. — Anonymus Bernensis üb. Bindemittel u. das Coloriren v. Initialen. Zum ersten male aus der Berner Handschrift hrsg. u. m. e. Uebersetzg. versehen v. Herm. Hagen. (XLVII, 400 S.) n. 7. —
8. Die Kunstbestrebungen am bayer. Hofe unter Herzog Albert V. und seinem Nachfolger Wilhelm V. Nach den im k. Reichsarchiv vorhand. Correspondenzacten zusammengestellt v. J. Stockbauer. (144 S.) n. 2. 40
9. Donatello, seine Zeit u. Schule. Eine Reihenfolge v. Abhandlgn. v. Hans Semper. Im Anh.: Das Leben d. Donatello v. Vasari, übers. v. Obigem. Der Tractat d. Francesco Bocchi üb. den S. Georg d. Donatello, übers. v. C. Cerri. Quellenangaben, Register der unbestimmten Werke Donatello's, Regesten, Documente, Personen- u. Sachregister. (III, 338 S.) n. 6. —
10. Des Johann Neudörfer, Schreib- u. Rechenmeisters zu Nürnberg, Nachrichten v. Künstlern u. Werkleuten daselbst aus dem J. 1547 nebst der Fortsetzg. d. Andr. Gulden, nach den Handschr. u. m. Anmerkgn. hrsg. v. G. W. K. Lochner. (XXI, 237 S.) n. 5. —

Quellenschriften für Kunstgeschichte u. Kunsttechnik des Mittelalters u. der Renaissance, mit Unterstützung d. k. k. österr. Ministeriums für Kultus u. Unterricht im Vereine mit Fachgenossen hrsg. von R. Eitelberger v. Edelberg. 11—18. Bd. gr. 8. Wien 876—82. Braumüller. n. 58. — (1—18.: n. 93. 50)

11. Leone Battista Alberti's kleinere kunsttheoretische Schriften. Im Origin.-Text hrsg., übers., erläutert, mit einer Einleitung u. Excursen versehen v. Hub. Janitschek. (VIII, 270 S.) n. 6. —
12. Quellen der byzantinischen Kunstgeschichte. Ausgezogen u. übersetzt von Frdr. Wilh. Unger. 1. Bd. Enth.: I—III. Buch. (XXXVI, 335 S.) n. 7. —
13. Das Buch der Malerzeche in Prag. Hrsg. von Matth. Pangerl. Mit Beiträgen von Alfr. Woltmann. (149 S.) n. 3. —
14. Arnold Houbraken's grosse Schouburgh der niederländischen Maler u. Malerinnen. Uebers. u. m. Einleitung, Anmerkungen u. Inhalts-Verzeichnissen versehen von Alfr. von Wurzbach. 1. Bd.: Uebersetzung des Textes, nebst drei Inhalts-Verzeichnissen. (XVI, 495 S.) n. 8. —

15—17. Lionardo da Vinci, das Buch von der Malerei. Nach dem Codex Vaticanus [Urbinas] 1270 hrsg., übers. u. erläut. von Heinr. Ludwig. 3 Bde. Mit 288 (eingedr.) Holzschn. u. 2 photolith. Taf. Carta 31 u. 39„ der Handschrift. (535, 408 u. 354 S.) n. 24. —

18. — dasselbe. Deutsche Ausg. Nach dem Codex Vaticanus 1270 übers. u. unter Beibehalt der Haupteintheilung übersichtlicher geordnet von Heinr. Ludwig. Mit 268 (eingedr.) Holzschn. (VI, 456 S.) n. 10. —

Quellenschriften f. Kunstgeschichte u. Kunsttechnik des Mittelalters und der Renaissance, hrsg. von R. Eitelberger v. Edelberg. Neue (Titel-)Ausg. 40 Lfgn. (= 18 Bde.) gr. 8. (à Lfg. ca. 8 B.) Wien 888. 889. Braumüller. à Lfg. n. 1. 70; cplt.: n. 68. —

Fortsetzung hierzu bilden:

Quellenschriften f. Kunstgeschichte u. Kunsttechnik des Mittelalters und der Neuzeit.

Quellenschriften zur neueren deutschen Litteratur, hrsg. v. Alex. Bieling. Nr. 1 u. 2. 8. Halle 886. Niemeyer. à n. 1. 60

1. Gottscheds Reineke Fuchs. Abdruck der hochdeutschen Prosa-Übersetzg. v. J. 1752. (VIII, 144 S.)
2. Lebensbeschreibung d. Herrn Gözens v. Berlichingen. Abdr. der Orig.-Ausg. v. Steigerwald, Nürnberg 1731. (X, 111 S.)

— zur neueren deutschen Litteratur, hrsg. v. Alex. Bieling. Nr. 3. 8. Halle 888. Niemeyer. n. 1. 60 (1—3.: n. 4. 80)

Picard, Médiocre et rampant ou le moyen de parvenir u. Encore des Ménechmes. Abdruck der ersten Separat-Ausgaben v. 1797 u. 1802. (122 S.)

— zur neueren deutschen Literatur- u. Geistesgeschichte. Hrsg. v. Alb. Leitzmann. I.—III. gr. 8. Berlin 894. Weimar, E. Felber. n. 11. —; geb. in Leinw. n. 14. —

I. Briefe von Wilh. v. Humboldt an Georg Heinrich Ludwig Nicolovius. Hrsg. v. R. Haym. Mit 2 Anhängen. (XI, 140 S.) n. 3. —; geb. n. 4. —
II. Briefwechsel zwischen Gleim u. Heinse. Hrsg. v. Karl Schüddekopf. 1. Hälfte. (XVI, 287 S.) n. 5. —; geb. n. 6. —
III. Tagebuch Wilhelm v. Humboldts v. seiner Reise nach Norddeutschland im J. 1796. Hrsg. v. Alb. Leitzmann. (X, 163 S.) n. 3. —; geb. n. 4. —

— zur neueren deutschen Literatur- u. Geistesgeschichte. Hrsg. von Alb. Leitzmann. IV. gr. 8. Weimar 895. Berlin, E. Felber. n. 5. — (I.—IV.: n. 16. —)

Briefwechsel zwischen Gleim u. Heinse. Hrsg. v. Karl Schüddekopf. 2. Hälfte. (VIII, 307 S.)

Quellenschriften, pädagogische. Zum Studium u. prakt. Gebrauche f. Lehrer. 1.—8. Bd. 8. Langensalza 897. Schulbuchhandlg. 15. —

1. Heinrich Pestalozzi. Neue Ausg. Von K. J. Blochmann. (X, 170 S.) 1. 80
2. Luthers Pädagogik. Von Frdr. Gedike. (VIII, 48 S.) — 60
3. Pestalozzi u. s. Anstalten. Neue Ausg. Von Johs. Ramsauer. (VII, 87 S.) — 90
4. Pestalozzis Leistungen im Erziehungsfach. Neue Ausg. Von A. Heußler. (V, 90 S.) — 90
5. Erfahrgn. u. Ansichten üb. Erziehg. u. Unterr. Von Türk. Neue Ausg. (XIV, 219 S.) 2. 30
6. Kleine Reden. 1. Tl. Von G. F. Dinter. Neue Ausg. (VI, 361 S.) 3. 50
7. Dasselbe. 2. Tl. Neue Ausg. (V, 253 S.) 2. 50
8. Dasselbe. 3. Tl. Neue Ausg. (VIII, 264 S.) 2. 50

— pädagogische. Hrsg. v. Herm. Walsemann. 1.—3. Tl. gr. 8. Hannover, C. Meyer. 7.80; geb. 9. 60

1. Comenius, Informatorium der Mutterschule. — Fénelon, über die Erziehung der Töchter. — Salzmann, Krebsbüchlein. Konrad Kiefer. — Fröbel, Menschenerziehung. (VIII, 248 S.) 909. 2.40; geb. n 3. —
2. Francke, von der Erziehung der Jugend. Kurzer u. einfältiger Unterricht usw. Ordnung f. die Waisenmägdlein. Instruktion f. die Präzeptoren der Waisenkinder. — Locke, Gedanken üb. Erziehung. — Rousseau, Emil. — Rochow, v., Versuch e. Schulbuchs. Kinderfreund. Vom Nationalcharakter durch Volksschulen. Handbuch in katechet. Form f. Lehrer. (VIII, 324 S.) 910. 2.40; geb. 3. —
3. (VIII, 408 S. m. 1 Fig.) 910. 3.—; geb. 3. 60

Quellenschriften zur nassauischen Rechts- u. Verfassungsgeschichte I., s.a. Veröffentlichungen der histor. Commission f. Nassau. II.

Quellenschriften zur Nassauischen Rechts- und Verfassungsgeschichte. 1. *Wiesbaden: I. F. Bergmann 1900.* 4°(8°)
– Veröffentlichungen der Histor. Commission f. Nassau. 2. [illegible]

— ungedruckte, zur Geschichte des 16. Jahrhunderts, hrsg. v. Nikol. Müller. I. Bd. 1. Heft. gr. 8. Leipzig 907. R. Haupt. 6. —

Fürst Georgs III., des Gottseligen, v. Anhalt schriftstellerische Tätigkeit in den J. 1530—1538 u. sein Bericht v. der Lehre u. Zeremonien, so zu Dessau gehalten worden vom J. 1534. Zum 400jähr. Geburtstage des Fürsten. Von Nikol. Müller. (102 S.)

Quellenschutzgesetz vom 14. Mai 1908 nebst d. Ausführungsbestimmungen u. d. Nassauischen Verordnung v. 7. Juli 1800. Mit Einl., Erl. u. Sachreg. bearb. von Carl Voelkel. Berlin: Guttentag 1909. 86 S. 8°
(Guttentag'sche Sammlung Preußischer Gesetze. Nr. 44.)

Das Preußische Quellenschutzgesetz vom 14. Mai 1908. Kommentar u. systemat. Einführung. Von Dr. Leo Vossen. Hannover: Helwing 1909. 87 S. 8°

Quellenstudien zur Holländischen Kunstgeschichte ... [hrsg.] von Dr. Corn[elis] Hofstede de Groot. [1.] *Haag: M. Nijhoff 1893.* 8°

Quellenstudien zur holländischen Kunstgeschichte. Hrsg. unter der Leitg. v. C. Hofstede de Groot. II u. III, u. 1 Suppl. zu III. gr. 8. Haag, M. Nijhoff. n.n. 18. 50

II. Greve, H. E. De bronnen van Carel van Mander voor „Het leven der doorluchtighe nederlandtsche en hoogduytsche Schilders". (X, 327 S.) 903. n.n. 6. 25
III. Urkunden, die, üb. Rembrandt (1575—1721). Neu hrsg. u. commentiert v. C. Hofstede de Groot. (VIII, 524 S. m. 4 Taf.) 906. n.n. 10. —
III. Suppl. Dasselbe. 1. Suppl. v. M. C. Visser. (VI, 16 S. m. 3 Taf.) 906 n.n. 2. 25

Quellenstudien aus dem historischen Seminar der Universität Innsbruck. Hrsg. v. Wilh. Erben. 1. u. 2. Heft. gr. 8. Innsbruck, Wagner. Subskr.-Pr. à 5.—; Einzelpr. à 6. —

1. Die Linzer Handschrift des deutschen Vegez. Von Jos. Karl Mayr. — Überlieferung u. Datierung der Grottkauer Einung. Von Ant. Philipp. (161 S.) 909.
2. Untersuchgn. üb. das registrum super negotio romani imperii. Von Ernst Tuček. — Die Verzeichnisse des Lyoner Kreuzzugzehnten aus der Erzdiözese Salzburg. Von Karl Kovač. — Die Akten der Gesandtschaften Ludwigs des Baiern an Benedikt XII. u. Klemens VI. Von Karl Rümler. 910.

Quellen-Verzeichnis zum Deutschen Wörterbuch. Ausgegeben von d. Centralsammelstelle d. Deutschen Wörterbuchs in Göttingen. Als ms. gedr. f. d. mitarbeiter am Deutschen Wörterbuch. Göttingen 1910: Huth. 142 S. 8° [illegible]

Quellenwerke der altindischen Lexikographie. Hrsg. im Auftrage der kais. Akademie der Wissenschaften in Wien. I. Bd. gr. 8. Wien 893. A. Hölder. n. 10. —

Der Anekarthasamgraha des Hemachandra. Mit Auszügen aus dem Commentare des Mahendra. Hrsg. v. Th. Zachariae. (XVIII, 132 u. 206 S.)
A. u. engl. Titel: Sources of Sanskrit lexicography. Vol. I.

Quellenwerke der altindischen Lexicographie. Hrsg. im Auftr. d. kais. Akademie d. Wissenschaften in Wien. II. Bd. gr. 8. Bombay 895. Wien, A. Hölder. n. 8. 70 (I. u. II.: n. 18. 70)

Das Unadiganasutra des Hemachandra m. d. selbstverf. Commentare des Autors. Hrsg. v. Joh. Kirste. Nebst e. Appendix, enth. den Index zum Anekārthasamgraha, v. Th. Zachariae. (55 u. 241 S.)

Quellenwerke der altindischen Lexicographie. Hrsg. im Auftrage der kais. Akademie der Wissenschaften in Wien. III. u. IV. Bd. gr. 8. Bombay. Wien, A. Hölder. n. 23. —; (kplt. n. 41. 70)

III. Maṅkhakoṣa, der, m. Auszügen aus dem Commentare u. drei Indices. Hrsg. v. Thdr. Zachariae. (7, 73 u. 160 S.) 897. n. 7. —
IV. Der Dhātupātha. Von Hemachandra. Mit dem selbstverfassten Commentare des Autors. Hrsg. v. Joh. Kirste. (10, 288, 122 u. 34 S.) 899. n. 16. —

Quellhorst, Friedrich: Zur Biegung geradliniger Flächen. *Emden 1898: C. Zorn.* (36 S.) 4°
Emden, k. Wilhelms-G, P 1898 (318)

Quellinus, Artus, Sculpturen im königl. Palais zu Amsterdam. Nach den Radirgn. v. Hub. Quellinus. gr. Fol. (37 Taf. m. 3 S. illustr. Text.) Berlin 892. E. Wasmuth. In Mappe. n. 20. —

Quellmal(t)z, Samuel Theodor, s. Quelmalz

Quellmalz, Gustav: Ein Fall von Scoliosis myopathica traumatica. *Aschaffenburg [1896]: Schippner.* (18 [vielm. 19] S.) 8°
Würzburg, Med. Diss. v. 1896

Quellner, C. G., der Insekten- u. Ungeziefer-Vertilger. Eine Sammlung von 150 der bewährt. Mittel zur Abwehrung u. Vertilgung aller lästigen u. schädl. Insekten 2c. 16. (2 B.) Bautzen 842, Reichel. *

Quellwasser. Erzählungen f. die Jugend v. Jos. Baierlein, Käte Dorn, Fr. Dornblüth u. a. (234 S. m. 10 Farbdr.) gr. 8. Leipzig (903). E. Kempe. Geb. in Leinw. 3. —

Quellwasser für's deutsche Haus. Red.: F. Strehle. 1. Jahrg. 1876/77. 52 Nrn. (à 1—1½ B. m. eingedr. Holzschn.) gr. 4. Hamburg, Demler. 4. 80

Quellwasser fürs deutsche Haus. Red.: F. Strehle. 2. Jahrg. Octbr. 1877 — Sptbr. 1878. 52 Nrn. (1½ B. mit eingedr. Holzschn.) gr. 8. Hamburg. Leipzig, Lehmann. 4. 80

— dasselbe. 3. u. 4. Jahrg. Octbr. 1878 — Sptbr. 1880. à 52 Nrn. (1½ B. mit eingedr. Holzschn.) gr. 4. Ebend. à Jahrg. n. 6. —

Quellwasser fürs deutsche Haus. Redact.: F. Strehle. 5.—8. Jahrg. Oktbr. 1880—Septbr. 1884. à Jahrg. 52 Nrn. (à Nr. 1½ Bog. mit eingedr. Holzschn.) gr. 4. [Hamburg, Oemler.] Leipzig, G. Wigand. 5. Jahrg. (M 6.) *
6. Jahrg. (M 6.) *
7. Jahrg. (M 6.) *
8. Jahrg. *

—— dass. — Redact.: Otto Schultze. 9. Jahrg. Oktbr. 1884—Septbr. 1885. 52 Nrn. oder 12 Hefte. (à Nr. 2 Bog. mit eingedr. Holzschn.) gr. 4. Leipzig, G. Wigand. *

Quellwasser fürs deutsche Haus. Redact.: Otto Schultze. 10.—13. Jahrg. Oktbr. 1885—Septbr. 1889. à Jahrg. 52 Nrn. oder 12 Hefte. (à Nr. 2 Bog. mit eingedr. Holzschn.) gr. 4. Leipzig, G. Wigand. à Jahrg. * 6 —

Quellwasser fürs deutsche Haus. Red.: O. Schultze. 12.—15. Jahrg. Octbr. 1887—Septbr. 1891. à 52 Nrn. (2 B. mit eingedr. Holzschn.) gr. 4. Leipzig, G. Wigand. à Jahrg. n. 6. —; in Monatsheften zu gleichem Preise.

Quellwasser fürs deutsche Haus. Red.: Otto Schultze. 16—19. Jahrg. Oktbr. 1891—Septbr. 1895. à 52 Nrn. (2 Bog. m. eingedr. Holzschn.) gr. 4. Leipzig, G. Wigand. à Jahrg. n. 6. —; in 17 Hftn. à — 40

Quellwasser fürs deutsche Haus. Red.: Otto Schultze. 20.—23. Jahrg. Oktbr. 1895—Septbr. 1899. à 52 Nrn. (à ca. 16 S. m. Abb.) gr. 4. Leipzig, G. Wigand. à Jahrg. n. 6. —
Kann auch vierteljährlich u. in je 17 Hftn. à — 40 bezogen werden.

Quellwasser fürs deutsche Haus. Red.: Otto Schultze. 24.—27. Jahrg. Oktbr. 1899—Septbr. 1903. à 52 Nrn. gr. 4. (à ca. 16 S. m. Abbildgn.) Leipzig, G. Wigand. à Jahrg. n. 6. —; auch in 17 Hftn. à — 40

— fürs deutsche Haus. Red.: Otto Schultze. 28.—31. Jahrg. Oktbr. 1903 - Septbr. 1907. à 52 Nrn. (à Jhrg. IV, 828 S. m. Abbildgn.) gr. 4. Leipzig, [G. Wigand]. Cassel, Pillardy & Augustin. 28. Jhrg. n. 6. —; 29.—31. Jhrg. à n. 7. 20

Quellwasser fürs deutsche Haus. 32.—35. Jahrg. Oktbr. 1907—Septbr. 1911. à 52 Nrn. (à ca. 16 S. m. Abb.) Lex. 8. Cassel, E. Pillardy. à Jahrg. 7.20; auch in 12 Heften à — 60

Quellwasser für das deutsche Volk. 8. (128 S.) Zwickau 860, Buchhandlung des Volksschriften-Vereins.

Quellwasser für das deutsche Volk. 2. Aufl. Erlangen 1860. V: *Schmid, Xaver.* (Hr)

—— dass. — 2., verb. und verm. Aufl. 16. (VIII und 215 S.) Erlangen 860, Blaesing. *

Quellwasser für das deutsche Volk. (1. Bdchn.) 3., umgearb. und verm. Aufl. 16. (XI und 242 S.) Erlangen 864, (Deichert.) cart. *

Quellwasser für das deutsche Volk. 2. Bdchn. Erlangen 865. Deichert. 16. (VII, 234 S.) cart. n. 12 ngr.

Quellwasser-Kalender für das J. 1897. Hrsg. von Otto Schultze. 8. (XL, 184 S. m. Abb.) Ebd. Geb. in Leinw. n. 1. —

Quellwasserleitung, die, der Stadt Salzburg, ausgeführt von der deutschen Wasserwerksgesellschaft zu Frankfurt a/M. (Separ.-Abdr. aus dem Journal für Gasbeleuchtung u. Wasserversorg.) 8 S. Text u. 8 Tfln. 8⁰. brosch.

Quellwasserversorgung der Stadt Bern. Übergabsbericht und technischer Rapport. Bern 1864.

Quelmaltz, Samuel Theodor

s.: Quelmalz, Samuel Theodor

Quelmalz, Samuel Theodor, Ad audiendam orationem de ΑΚΡΙΒΕΙΑ medica qua professionem physiologiae ordinariam invitat et de artis medicae complemento quaedam praefatur. Leipzig (Trog) 10. VII. 1737. (3.75) 27435

Quellmalz, S. T., Pr. de epidemica mentis alienatione praefatur. Lps. 4°. — Lps. 1752. 4°.
1742

(—). — Facultatis medicae in academia Lipsiensi pro-cancellarius **Samuel Theodor Quelmalz** panegyrin medicam indicens de epidemia mentis alienatione praefatur. (Leipzig (Langenheim)) 11. VIII. 1752. 16 S. mit Biogr. v. Leberecht Gottlob Rothe (Görlitz/Lausitz). (3.75) 27443

Quelmalz, Sam. Theod., Anw. z. e. d. Gesundh. dienl. Bewegung, m. K. 4. Leipzig, Crusius. (F. C. W. Vogel.) 735.

(—). — Facultatis medicae in academia Lipsiensi pro-cancellarius **Samuel Theodor Quelmalz** panegyrin medicam indicens de caecitate infantum fluoris albi materni eiusque virulenti pedissequa disserit. (Leipzig (Langenheim)) 14. VIII. 1750. 15 S. mit Biogr. v. Ruttger Gottlieb Hoernigk (Mansfeld/Sachsen) (M.: Chr. A. M. Schmid). (3.75) 27442

(—). — Facultatis medicae in academia Lipsiensi pro-cancellarius **Samuel Theodor Quelmalz** panegyrin medicam indicit deque delirio ex lactatu praefatur. (Leipzig (Langenheim)) 22. XI. 1754. 16 S. mit Biogr. v. Carl Wilhelm Poerner (Leipzig) (M.: Chr. Fr. Zsoch). (3.75) 27448

(—). — Ordinis medici decanus senior et caeteri doctores et professores memoriam viri Samuel Theodor Quellmalz oratione anniversaria indicunt. (Leipzig (Langenheim)) 10. II. 1759. 16 S. (3.75) 27431
Enthält: Eruditio medica placidae mortis adiumentum.

(—). — Facultatis medicae in academia Lipsiensi pro-cancellarius Samuel Theodor Quelmalz solemnia inaug. candidati Sam. Gotthelf Mirus (Sckesgen/Meißen) panegyrinque medicam indicit et de frictionibus abdominis praefatur. (Leipzig (Stopffel)) 24. X. 1749. 16 S. mit Biogr. v. Mirus. (3.75) 27439

Quellmalz, Samuel Theodor [Praes.], s. Hebenstreit, Johann Christian: De salubri morborum per crises exitu.

Quellmalz, Samuel Theodor [Praes.], s. Homeroch, Jo. Christoph: De pinguedine ejusque sede tam secundum quam praeter naturam constitutis.

Quellmaltz, Sam. Th., resp. J. G. **Walther,** De homine electrico. 16 pp. Lps. 4°. Commerc. lit. Nor. 1745. Hebd. 17 n. 2 S. 131—134. 1744

(—). — Facultatis medicae in academia Lipsiensi pro-cancellarius **Samuel Theodor Quelmaltz** solemnia inaug. Johann Gottlieb Walther (Leipzig) panegyrinque medicam indicit et hominem electricum expendit. (Leipzig (B. C. Breitkopf)) 3. VII. 1744. 16 S. mit Bemerkg. über Walther. (3.75) 27432

Quelmalz, Sam. Th., Homo electricus. Lps. 4°. 1745

(—). — Facultatis medicae in academia Lipsiensi pro-cancellarius **Samuel Theodor Quelmalz** solemnia inaug. candidati Georg Achat Gotthold Jentsch (Gera) panegyrinque medicam indicit deque ileo ex hernia, exque demum cum intestino suppurata praefatur. (Leipzig (Langenheim)) 16. I. 1750. 16 S. mit Biogr. v. Jentsch. (3.75) 27440

Quellmaltz, Sam. Th., resp. Go. Rud. **Boehmer,** Pr. de narium earumque septi incurvatione. 16 pp. Lps. 4°. *Haller,* Coll. disp. pr. I, 377—384. 1750

(—). — Facultatis medicae in academia Lipsiensi pro-cancellarius **Samuel Theodor Quelmaltz** panegyrin medicam indicit de infuso foliorum theae dissorens. (Leipzig (Langenheim)) 12. V. 1747. 16 S. mit Biogr. v. Johann Abraham Hein (Rochlitz). (3.75) 27434

(—). — Facultatis medicae in academia Lipsiensi pro-cancellarius **Samuel Theodor Quelmaltz** solemnia inaug. candidati Johann Georg Luther (Freiberg/Meißen) panegyrinque medicam indicit et infusum picis liquidae aquosum expendit. (Leipzig (G. I. Breitkopf)) 1. X. 1745. 16 S. mit Biogr. v. Luther. (3.75) 27433

Samuel Theodor Quellmaltz

Samuel Theodorus Quelmalzius [Quellmatz]: De Liene.[Resp.:] Iohannes Christophorus Janicke. Lipsiae (1748:) Langenheim. 36 S. 8°

Leipzig, Med. Diss. v. 28. Mai 1748

(—). — Facultatis medicae in academia Lipsiensi pro-cancellarius **Samuel Theodor Quelmalz** panegyrin medicam indicens de linctu oculorum, collyrio praefatur. (Leipzig (Langenheim)) 1. VI. 1753. 15 S. mit Biogr. v. Carl Christian Krause (Delitzsch) (M.: Chr. D. Kraus). (3.75) 27444

Quellmaltz, St., resp. J. F. **Crellius,** De magneto. Lps. 4°. 1723

M. *Samuelis Theodori Quelmalzen* & *Frid. Orellii* Differt. physica de magnete. Lipf. 4. 2 Bog. 1724.

(—). — Facultatis medicae in academia Lipsiensi pro-cancellarius **Samuel Theodor Quelmalz** solemnia inaug. candidati Johann Friedrich Hahn (Breslau) indicit deque maniacis hydropotis praefatur. (Leipzig (Langenheim)) 23. VIII. 1748. 16 S. mit Biogr. v. Hahn. (3.75) 27436

Samuel Theodor Quellmaltz

Samuel Theodorus Quelmalz [Quellmaltz]: De salis communis Necessitate. ([Leipzig] 1743.) XVI S. 8°

[Einladungsschrift zur Dr. med.- Promotion von Johann Ernst Stieff, Leipzig, 3. Mai 1743.]

Angeb. an: Stieff, Johann Ernst: De Morbis ex somno. Lipsiae 1743.

Samuel Theodor Quellmaltz

Samuel Theodorus Quelmalz [Quellmaltz]: De Obturatione meatus auditorii inpr. a polypo. (Lipsiae 1752: Langenheim.) XVI S. 8°

[Einladungsschrift zur Dr. med.- Promotion von Johann Georg Rother, Leipzig 1752.]

(—). — Facultatis medicae in academia Lipsiensi pro-cancellarius **Samuel Theodor Quelmalz** panegyrin medicam indicens de oleo palmae, materia injectionibus anatomicis aptissima disserit. (Leipzig) 26. VI. 1750. 15 S. mit Biogr. v. Jo. Philipp Schnizlein (Pappenheim). (3.75) 27441

(—). — Facultatis medicae in academia Lipsiensi pro-cancellarius **Samuel Theodor Quelmalz** panegyrin medicam indicens de pane succedaneo, corticeque tiliae interiori disserit. (Leipzig (Langenheim)) 2. IV. 1757. 16 S. mit Biogr. v. Johann Christian Ludwig (Poetschkendorf/Schlesien) (M.: J. E. Berger). (3.75) 27450

(—). — Facultatis medicae in academia Lipsiensi pro-cancellarius **Samuel Theodor Quelmalz** panegyrin medicam indicens de musculorum capitis extensorum paralysi disserit. (Leipzig (Langenheim)) 20. XII. 1754. 16 S. mit Biogr. v. Johann Christian Reiche (Meißen) (M.: R. Claus). (3.75) 27449

Quellmalz, S. Th.: Novum sanitatis praesidium ex equitatione, machinae beneficio instituenda oder Anweisung zu einer der Gesundheit dienlichen neuerfundenen Art der Bewegung. Leipzig 1735. 52 S. m. Abb.

Samuel Theodor Quellmaltz

Samuel Theodorus Quelmalzius [Quellmaltz]: De Prosopos copia medica. [Resp.:] Fridericus Ackermann [1748]. Lipsiae (1748:) Langenheim. 40 S. 8°

Leipzig, Med. Diss. v. 28. Juni 1748

(—). — Facultatis medicae in academia Lipsiensi pro-cancellarius **Samuel Theodor Quelmalz** panegyrin medicam indicens ptyalismum febrilem expendit. (Leipzig (Langenheim)) 22. XI. 1748. 16 S. mit Biogr. v. Jo. Bened. Gottfr. Oehme (Zerbst). (3.75) 27438

Sam. Theod. Quellmalz progr. quare operationes chirurgicae apud nos non sint ita frequentes quam penes exteros. Lips. 1726. 4.

Quelmalz, Samuel Theodor (Hrsg.):

s.: Roth, Gottfried: Gründliche Anleitung zur Chymie. 6.Aufl. Leipzig: 1745

Samuel Theodor Quellmaltz

Samuel Theodorus Quelmalz [Quellmaltz]: De uteri Ruptura. (Lipsiae 1756: Langenheim.) XVI S. 8°

[Einladungsschrift zur Dr. med.- Promotion von Christian Friedrich Michaelis, 1727-1804, Leipzig, 20. Febr. 1756.]

Quellmalz, Samuel Theodor [Praes.], s. Schwertner, Karl Friedrich: De venis absorbentibus.

(—). — Facultatis medicae in academia Lipsiensi pro-cancellarius **Samuel Theodor Quelmalz** panegyrin medicam indicens de exhalationum putridarum ex cadaveribus bello trucidatorum suppressione praefatur. (Leipzig (Langenheim)) 5. VIII. 1757. 16 S. mit Biogr. v. Jo. Christoph Elhard (Oedenburg / Ungarn) (M.: A. M. Kraus). (3.75) 27451

Quelmalz, Samuel Theodor.
Utrum arsenicum sit primum principium metallorum. Lipsiae, 1755. 4to.

(—). — Facultatis medicae in academia Lipsiensi pro-cancellarius Samuel Theodor Quelmalz panegyrin medicam indicens vasa Aenea coquinae famulantia expendit. (Leipzig (Langenheim)) 21. XII. 1753. 16 S. mit Biogr. v. Johann Gottfried Sonnenkalb (Hamburg). (3.75) 27447

Samuel Theodor Quellmaltz

Samuel Theodorus Quellmalz [Quellmaltz]: De Venis absorbentibus. [Resp.:] Carolus Fridricus Schwertnerus. Lipsiae (1732:) Trogius. 23 [viełm.32] S. 8°

Leipzig, Med. Diss. v. 17. Okt. 1732

(—). — Facultatis medicae in academia Lipsiensi pro-cancellarius Samuel Theodor Quelmalz panegyrin medicam indicens de vinis mangonizatis disserit. (Leipzig (Langenheim)) 21. IX. 1753. 23 S. mit Biogr. v. Jo. Erdfried Moritz Gilbert (Erlbach/Chemnitz) (M.: Steinheiser). (3.75) 27116

(—). — Facultatis medicae in academia Lipsiensi pro-cancellarius Samuel Theodor Quelmalz panegyrin medicam indicens hydrargyri vires a sulphure in C. H. suspensas expendit. (Leipzig (Langenheim)) 20. IX. 1748. 16 S. mit Bemerkg. über Carl Sigismund Kazowski (Breslau). (3.75) 27437

(—). — Facultatis medicae in academia Lipsiensi pro-cancellarius Samuel Theodor Quelmalz panegyrin medicam indicens de viribus electricis medicis praefatur. (Leipzig (Langenheim)) 8. VI. 1753. 16 S. mit Biogr. v. Sigismund Friedrich Haussleutner (Pleß/Schlesien) (M.: E. Loevius). (3.75) 27415

Quemper de Lanascol, M. Gräfin de, Uebungsbüchlein zur Erlernung der französischen Sprache. 1. Tl. 8. (208 S.) Kempten 899. (J. Kösel.) n. 1.—

Quendt, Joh., cis- und transatlantische Skizzen, s. Taschen-Bibliothek der Reise-, Zeit- und Lebensbilder.

Queng, Johannes, hinterlassene Homilien über die sonn- u. festtägl. Evangelien des ganzen kathol. Kirchenjahres Herausg. v. Victor Jos. Dewora. (Wintertheil.) 8. Coblenz 834. Hergt. ¾ ₰ — dies. Frühlingstheil. 8. Ebd. 836. 1 ₰ — dies. Sommertheil. 8. Ebd. 840. ...

Queng, Johs., hinterlassene Homilien über die sonn- u. festtägl. Evangelien des ganzen kath. Kirchenjahres. Hrsg. v. W. J. Dewora. Sommertheil. 8. (30½ B.) Coblenz 843, Hergt. Thlr. —— dass. Herbsttheil. 8. (19½ B.) Ebds. 843.
Frühlings- u. Wintertheil. Ebendas. 1834, 36. 1 Thlr. 22½ Ngr.

de Quengsy, Pellier, Samml. v. Aufsätzen u. Wahrnehmungen üb. die Fehler der Augen, als die Theile, die sie umgeben, u. die Mittel, sie zu heben; aus d. Französ. (v. W. F. Cappel). 2 Thle. Mit Kpf. gr. 8. Leipz. 789. (Brockhaus). 1 ₰ 4 ₰

Quengsy, Pellier de, Samml. v. Auss. u. Betracht. üb. d. Fehler d. Augen rc. a. d. Franz. m. Anm. 2 Thle. gr. 8. Lpz. Junius. (Gleditsch.) 789.

Quenneville, N., Dialogues françois et allemands sur l'emploi des temps des verbes françois. IV Livrs. — Französ. u. deutsche Gespräche üb. d. Anwendung der Zeiten d. franz. Zeitwörter. 4 Lfgn. gr. 8. (9 B.) Dresden 829, (Walther.)

— Virgile à J. Delille ou dialogue des morts, sur la traduction des six premiers livres de l'Enéide. gr. 8. Dresd. 805. (Arnold). 1 ₰

Quenot, A. J. — Um Mitternacht. Ein gereimtes dramatisch-tragisches Gedicht in 4 Aufzügen von — —. Als Manuskript gedruckt. Grätz, 1857. Dr. und Papier von Josef A. Kienreich. (64 S. 8.)

Quenot, A J. Opascule de Poésies diverses par — —. 8. (30 S.) Gratz, imprim. A. Leykam héretiers. 1853

Quenot, H., Entretiens sur les animaux venimeux et sur les végétaux nuisibles, s. Maître Pierre. No. 31.

Quénot, J. A., italienische Sprachlehre, nach einer kurzen und faßlichen Methode bearb. 1. Thl. Lex.-8. (IV und 206 S.) Grätz 850, (Dirnböck und Mühlfeith.)

Quensel, Conrad, s. Quensel, Konrad

Quensel, F[riedrich], Dr. med., n. Arzt der Klinik: Aus der psychiatrischen und Nervenklinik der Universität Leipzig. (Direktor: Geh. Rat Prof. Flechsig.) Beiträge zur Kenntnis der Grosshirnfaserung. (Degenerationspathologische Untersuchungen bei Herderkrankungen im sensorischen Sprachgebiet.) Mit 18 Tafeln. Berlin: S. Karger 1906. (105 S. mit Taf.) 8° ¶ (Aus: Monatsschrift für Psychiatrie und Neurologie Bd 20.)
Leipzig, Med. Fak., Hab.-Schr. v. 1906
(Nicht für den Austausch, lag nicht vor.)

Quensel, Friedrich Wilhelm [app. Arzt aus Magdeburg]: Ein Beitrag zur Auffassung der sensorischen Aphasieen ... Leipzig, Druck v. Metzger & Wittig, 1896; 38 S., 1 Bl. 8.
Leipzig, Med. Fak., Inaug.-Diss. v. [20. Juni] 1896

Quensel, Heinr., der Alkohol u. seine Gefahren, zugleich e. Beitrag zur Bekämpfung der Alkoholsucht als Volkskrankheit. Kurz u. gemeinverständl. dargestellt. 12. (52 S. m. Abb. u. 1 Taf.) Köln 900. (K. Geerling.) Kart. n. — 60

Quensel, Reg.-Rat, Heinrich. Der Alkohol und seine Gefahren. 5. Aufl. Köln 1900. 56 S. 8° mit Abb. Mk. 10.–.

Der Alkohol und seine Gefahren, zugleich e. Beitrag z. Bekämpfung d. Alkoholsucht als Volkskrankheit. Kurz u. gemeinverständl. dargest. von Heinrich Quensel. 9., durchges. u. erg. Aufl. *Köln a. Rh.: Greven & Bechtold in Komm. 1901.* (56 S.) 8° [F.]
= Schriften d. Verbandes Rhein.-Westfäl. Bildungsvereine. H. 5. (01.3036)

Quensel, Heinr., der Alkohol u. seine Gefahren. Gemeinverständlich dargestellt. (Hrsg. vom deutschen Verein gegen den Mißbrauch geist. Getränke) 30. Aufl. (186.—190. Taus.) (48 S.) kl. 8. Berlin 907. Mäßigkeits-Verlag. n. — 20

(Deutscher Verein gegen d. Missbrauch geistiger Getränke.) Der Alkohol und seine Gefahren. Gemeinverständl. dargest. von Heinrich Quensel. (32. Aufl.) Berlin: Mäßigkeits-Verl. (1907). (48 S.) 8° [F.] 08. 888

Quensel, Heinr., der Alkohol u. seine Gefahren. Gemeinverständlich dargestellt. 36. Aufl. 216.—220. Taus. Hrsg. vom deutschen Verein gegen den Mißbrauch geist. Getränke. (48 S. m. Abbildgn.) kl. 8. Berlin (910). Mäßigkeits-Verlag. p — 20

— Die Alkoholfrage in ihrer Bedeutung für die Schule. Bericht üben den VIII. internat. Kongr. gegen d. Alkoholismus, abgehalten in Wien, 9.–14. April 1901. Gr. 8°. 1 Bd. 417–421. F. Deuticke. Leipzig und Wien. 1902.

— geht es aufwärts? Eine ideal-philosoph. Hypothese zur Entwicklg. der menschl. Psyche auf naturwissenschaftl. Grundlage. (188 S.) gr. 8. Cöln 904. (J. G. Schmitz.) n. 4. —

— Grundzüge des städtischen Etatwesens nach Inhalt, System u. Technik. (VII, 104 S.) Lex. 8. Berlin 910. F. Vahlen. Geb. in Leinw. 5. —

— Missbrauch der geistigen Getränke u. der student. Trinkzwang. Vortrag, geh. im auditorium maximum der königl. Universität zu Bonn. 8. (15 S.) Leipzig 901. F. Leineweber. n. — 50
Sonderabdruck aus: „Gesundheit".

– Die Psychologie der Reichsfinanzreform, s.a. Schriften des deutschen volkswirtschaftlichen Verbandes. III, 3.

Die Psychologie der Reichsfinanzreform. Vortrag von Heinrich Quensel, Reg.R. Nebst Diskussion. Berlin: Heymann 1909. 40 S. 8°
(Volkswirtschaftliche Streitfragen. Reihe 1, H. 3.)
(Schriften d. Deutschen Volkswirtschaftlichen Verbandes. Bd 3, H. 3.) [10. 7081

Wie können wir der Lungen-Schwindsucht als Volkskrankheit vorbeugen? Von Heinrich Quensel, Reg.R. 5. Aufl. *Köln a. Rh. 1901: Greven & Bechtold.* (41 S.) 8° [J.]
= Schriften, Volkstümliche, d. Verbandes Rhein.-Westfäl. Bildungsvereine. H. 4. [01. 1312 5

Quensel, Konrad

Quensel, Conrad (Schänis/Schweiz), De caussis, cur Deus insecta creaverit. Diss. Philos. Präs. Matthaeus Fremling. Lund (Berling) 10. VI. 1786. 13 S. (4.25) 27452

Quensel, Konr., († d. 22. Aug. 1806.) computus cyclicus verus. 4. Gedani. 4 gl.

UEBER den Luxus.... (von *Konrad Quensel*) ....
So ohne weitere Angabe bei Meusel VI, 195. — Auch in: Weimar. Magazin. Bd. II (? = Weim. Magaz. auf das Jahr 1786. Mit Kpf. Weimar, Hoffmann. 8⁰. — Oder vielleicht nur dort u. nicht separat ersch.? (Privatmittheilung.)

Quensel, Paul

Quensel, P., s.: Bildersaal deutscher Geschichte.

Quensel, P., Dornröschen, s.: Goepfart, O.

Quensel, Paul, das Alter. Eine Kleinstadt-Komödie in 3 Aufzügen. (III, 136 S.) 8. Stuttgart 903. Greiner & Pfeiffer. n. 2. —; geb. n. 3. —

— Meisterbilder u. Schule. Anregungen zu prakt. Versuchen. Hrsg. vom Kunstwart. (49 S.) Lex.-8. München 905. G. D. W. Callwey. n. — 75

Quensel, Paul, Menschenleid. Skizzen u. Dichtgn. 8. (IV, 140 S.) Stuttgart 899. Greiner & Pfeiffer. n. 2. —; geb. in Leinw. n. 3. —

Quensel, Paul, Wiedersehen. Drama in 1 Aufzuge. 8. (36 S.) Dresden 894. E. Pierson. n. — 75

Quensel P, Zeichenschule. Abt. 1-5 m. Textheft. 2. Aufl. Imp. u 8° Weimar 1904

Quensel, Paul, Zeichenschule. 2. Aufl. 5 Abtlgn. (à 30 farb. Taf. in Mappe.) Nebst Text. (64 S.) 8. Weimar 906. Dietsch & Brückner. (Nur direkt.) nn 15. —

Quensell, C. G. L., die Abstammung, Züchtung u. Arbeit d. Schweißhundes, f. hirschgerechte Jäger u. solche, die es werden wollen, zusammengestellt. 2. Aufl. der „Anleitg. zur Arbeit d. Schweißhundes". 8. (VII, 44 S.) Blasewitz-Dresden 884. Wolff. — 75

Quensell, C. G. L., Abstammung, Züchtung u. Arbeit des Schweißhundes f. hirschgerechte Jäger, 3. Aufl. v. Rich. Genthner, s.a. Bibliothek, kynologische.

Quensell (C. G. L.). Abstammung, Züchtung u. Arbeit d. Schweisshundes f. hirschgerechte Jäger u. solche, die es werden wollen. 3. Aufl. Bearb. v. R. Geuthner. (72 S.) Wien. 1908. M. 1.25

QUENSELL, C. G. L.: Anleitung zur Arbeit des Schweisshundes, rationell aus der Praxis dargestellt. - Celle 1880. 42 S.

Quensell, C. G. L., Anleitung zur Arbeit des Schweißhundes, rationell aus der Praxis dargestellt. 12. (40 S.) Celle 881. André. n. — 50

Quensell, C. G. L., Anleitung zur Weinbereitung aus Obst, Beeren- und Birkensaft, sowie zur Herstellung verschiedener Fruchtsäfte. Ein Beitrag zur Obstbenutzung für Landleute, Obstzüchter, Gartenbesitzer 2c. gr. 8. (VII, 40 S.) Dresden 888, Friese und v. Puttkamer. * 1 —

Quensell, C. G. L. Anleitung zur Weinbereitung aus Obst, Beeren u. Birkensaft, sowie zur Herstellung verschiedener Fruchtsäfte. Ein Beitrag zur Obstbenutzg. f. Landleute, Obstzüchter, Gartenbesitzer 2c. 2. Aufl. gr. 8. (VIII, 40 S.) Dresd. 889, Friese u. v. Puttkamer. * 1 —

QUENSELL, C. G. L.: Anleitung zur Züchtung, Erziehung und Arbeit des Gebrauchshundes zur Jagd. Aus eigner Erfahrung unter Benutzung der neuesten Werke von Oswald, Hegewald und Anderen dargestellt. - Berlin 1883. 62 S. - 2. Aufl. ebd. 1884. 62 S.

— Anleitung zur Züchtung, Erziehung u. Arbeit d. Gebrauchshundes zur Jagd. Aus eigener Erfahrg. unter Benutzg. der neuesten Werke v. Oswald, Hegewald u. A. dargestellt. 2. Aufl. 8. (X, 62 S.) Berlin 884. Baensch. 1. —

— **Erziehung, Behandlung und Pflege der Kern- und Steinobstbäume.** Mit 17 Text-Abbildgn. 8. (VIII, 97 S.) Ebd. 889. n. 1. —

— **lebendige Hecken als Befriedigung v. Grundstücken.** Mit Illustr. gr. 8. (83 S.) Ebd. 888. n.n. — 75

— der kranke Hund. Anleitung zur Erkenng., Behandlg. u. Heilg. der Hundekrankheiten unter Angabe der bewährtesten Heilmittel. Nach der Erfahrg. bearb. 8. (79 S.) Dresden 888. G. Schönfeld's Verl. n. 1. —

Quensell, L., Der kranke Hund. Anleitung zur Erkennung und Heilung der Hundekrankheiten. Dresden 88. Jul. Wolff. M. 1.

Quensell, L., der kranke Hund. Anleitung zur Erkenng., Behandlg. u. Heilg. der Hundekrankheiten unter Angabe der bewährtesten Heilmittel. Nach der Erfahrg. bearb. 2. [Titel-]Aufl. 8. (79 S.) Leipzig [888.] 903. R. C. Schmidt & Co. Geb. in Leinw. n. 1. —

(B) — Der kranke Hund. 903. (KBL 32.) Jetzt: Hannover, M. & H. Schaper.

— die Hüttenjagd auf Raubzeug. Für die Jägerpraxis nach der Erfahrg. zusammengestellt. Mit 5 Fig. 8. (32 S.) Dresden-Blasewitz 885. Wolff. — 75

—— der Jagdschutz. Ein Hilfsbuch für Jagdbesitzer, Jagdverwalter und Jagdschutzbeamte. gr. 8. (VII, 36 S.) Blasewitz 886, Wolff. — 60

— Rathgeber bei Anpflanzung nutzbarer Bäume im Einzelnen, in Gruppen, Alleen, kleineren Forstanlagen und Parks 2c. f. Landwirthe, Grundbesitzer und Gemeinden. Mit 10 Taf. Abbildgn. 8. (XIV, 162 S.) Dresden 889. Friese & v. Puttkamer. n. 3. —

Quensell, Hermann: Ueber Glycerinester der Stearolsäure und Behenolsäure. [1909.] 70 S. 8° ¶ Vgl. Berichte d. Deutschen Chem. Gesellschaft. Jg. 42.
Berlin, Dr.-Ing.-Diss. v. 25. 6. 1909

[F.] **Quensell,** H*ugo* [wiss. Lehrer]: Über die Methodik des fremdsprachlichen Unterrichts auf der höheren Mädchenschule. Essen, Druck v. G. D. Bädeker, 1894; 3—9 S. 4.
Essen a. d. R., vereinigte st. HT, P 1894**

Quensell, L., s. Quensell, C. G. L.

Quensen, Carl, s. Quensen, Karl

Quensen, Johann Konrad

* Der allezeit fertige Rechenmeister in allem, was im gemeinen Leben es sey was vor einem Stande, Amte, Handlung oder Profession es wolle auszurechnen fürfället auf eine sonderbahre geschwinde Manier ohne grosse Bemühung gleich ausgerechnet zu finden, nebst ausführlicher Resolvirung derer Reichsthaler zu Meissnischen Gülden, alten und neuen Schocken, schlesischen Thalern, Kayser- und holländischen Gulden, französischen, venetianischen und englischen Pfunden, auch diese wiederum zu Reichsthalern Ingleichen einige Interesse-Tabellen und Anhange von dem Valor und Werth aller Müntzen in ganz Europa, aller Maasse, Gewichte, Zahlen, wie auch einer Cassir-Rechnung und vielerley so curieusen als nützlichen Dingen von *Johann Conrad Quensen.* Leipz. in Verlegung Joh. Grossens Erb. 12. 1721

Johann Conrad Quensen's Geschwinder Rechenmeister. Quedlinb. 1713
— Eissleben. 1717
— Quedlinb. 17 Bog. 12. 1718

Quensen, Johann Conrad: „Der geschwinde Rechen-Meister / (1.) In Multipliciren / (2.) In Geld resolviren / . . . . (3.) In Wurff zehlen biss auff 100. Würffe. (4.) In wöchentlich monatlich und jährlich Zinss oder Interesse nehmen auf 5. und 6. Pro-Cent. (5.) In Frucht- oder Korn kauffen und verkauffen zu Scheffeln / . . .", Quedlinburg 1717.

Quensen, Karl

Quensen, Carl, analytische Betrachtungen über die Raumformen, in welchen das Kongruenzaxiom gilt. Inaugural-Dissertation. gr. 8. (47 S.) Gandersheim 884. (Braunschweig, Goerlitz und zu Putlitz.) *

Quenser, s. Quensen, Johann Konrad

Quenstedt, A., s. Quenstedt, Friedrich August

Quenstedt, Augustus Frid. Ferd. (geb. Halberstadt 10. 7. 1812): De viribus motum sanguinis efficientibus. Berolini (1839). (27 S.) 8°
Berlin, Med. Diss. v. 20. März 1839

Quenstedt, Ernst [aus Tübingen, appr. Arzt]: Zur Aetiologie der Rheumarthritis acuta . . . . Stuttgart, E. Schweizerbart'sche Verlagsh. (E. Koch), 1886; 26 S. 8° u. 2 Tab. fol.
Tübingen, Med. Fak., Inaug.-Diss. v. 1886.

Quenstedt, Franz, approb. Arzt aus Tübingen: **Über Venenthrombose** bei Chlorose. *Tübingen: F. Pietzeker 1902.* (31 S.) 8°
Tübingen, Med. Diss. v. 1902

Quenstedt, Friedrich August

Quenstedt, A. Ueber die Afterkrystalle des Serpentins. (Aus Poggend. Annal. Vol. 36.) Leipzig. 1835. 8.

Quenstedt, Friedr. Aug., die **Ammoniten** des schwäbischen Jura. (In ca. 10—12 Heften.) 1.—5. Heft. Mit je einem Atlas von 6 (lithogr.) Taf. in Fol. und Taf.-Erklärungen. gr. 8. (S. 1—240 mit eingedr. Holzschn.) Stuttgart 883,84, Schweizerbart'sche Verlagsh. à Heft *ℳ 10. *

Quenstedt, Friedr. Aug., die Ammoniten des schwäbischen Jura. 6.—21. (Schluss-)Heft. gr. 8. (S. 241—1140 mit je 1 Atlas von 6 lithogr. Taf. in Fol. und 6 Bl. Erläuterungen.) Stuttgart 885—88, Schweizerbart'sche Verlagsh.
à Heft *ℳ 10.—. * 160 —

Inhalt des vollständigen Werkes, in 3 Bdn.:
Bd. 1. (1.—9. Lfg.) Der schwarze Jura [Lias]. (S. 1—440 mit 1 Atlas von 54 Taf. in Fol.) 883—85. *ℳ 90.—.
» 2. (10.—15. Lfg.) Der braune Jura. (S. 441—815 mit 1 Atlas von 36 Taf. in Fol.) 886,87. *ℳ 60.—.
» 3. (16.—21. Lfg.) Der weisse Jura. (S. 817—1140 mit 1 Atlas von 36 Taf. in Fol.) 887,88. *ℳ 60.—.
1.—5. Lfg. Ebendas. 1883,84. à *ℳ 10.—.

Quenstedt, Fr. Aug., geologische Ausflüge in Schwaben. Nebst Holzschn. u. (5 lith. u. color.) Profiltaf. Tübingen 864. Laupp. gr. 8. (IV, 377 S.) n. 2 ℛ

—— geologische Ausflüge in Schwaben mit besond. Berücksicht. von Tübingens Umgebung. 2. (Titel-)Ausg. gr. 8. (IV, 377 S. mit Holzschn. und 5 color. Taf.) Tübingen 884, Laupp'sche Buchh. geb. *

Quenstedt, F. A. Beiträge zur rechnenden Krystallographie. Tübingen. 1848.

Quenstedt. F. A. Darstellung und Entwicklung der Krystallverhältnisse vermittelst einer Projectionsmethode. (Aus Poggendorff's Annalen. Vol. 34.) Leipzig. 1835. 8.

Quenstedt. A. Entwickelung und Berechnung des Datolithes, als erläuterndes Beispiel zu der in Vol. XXXIV gegebenen Projectionsmethode. (Aus Poggendorf's Ann. Vol. 36.) Leipzig. 1835. 8.

———— Epochen der Natur. Tübingen 1860. 8.

Quenstedt, Friedr. Aug., Epochen der Natur. Lex.-8. (VI und 853 S. mit zahlreichen eingedr. Holzschn.) Tübingen 861, Laupp'sche Buchh. *

Quenstedt, Fr. Aug., das Flözgebirge Würtembergs. Mit besond. Rücksicht auf den Jura. gr. 8. (35¼ B.) Tübingen 843, Laupp'sche Buchh. *

Quenstedt, Friedr. Aug., das Flözgebirge Würtembergs. Mit besond. Rücksicht auf den Jura. 2., mit Register und einigen Verbesserungen verm. Ausg. gr. 8. (VIII und 580 S.) Tübingen 851, Laupp'sche Buchh. *

Quenstedt, Fr. Aug., Grundriß der bestimmenden und rechnenden Krystallographie nebst e. hist. Einleitg. Mit in den Text gedr. Holzschn. u. 8 (lith.) Taf. (in 4.) gr. 8. (443 S.) Tübingen 873. Laupp. n. 11. —

Quenstedt, Friedr. Aug., Handbuch der Mineralogie. Mit vielen Holzschn. (im Text.) Tübingen 854. Laupp. Lex.-8. (VIII, 728 S.) n. 4 ℛ. 16 ngr.

— Handbuch der Mineralogie. 2. verb. Aufl. Mit vielen Holzschn. Ebend. 863. Lex.-8. (VIII, 816 S.) n. 4 ℛ 20 ngr.

Quenstedt, Friedr. Aug., Handbuch der Mineralogie. 3. verm. und verb. Aufl. 2 Abthlgn. mit eingedr. Holzschn. gr. 8. Tübingen 877, Laupp'sche Buchh. [1. Abthl. (S. 1—480.) *ℳ 8.; 2. Abthl. (X, S. 481—997.) *ℳ 10.] * 18 —

—— Handbuch der Petrefaktenkunde. (3 Lfgn.) Lex.-8. (VII und 792 S. mit 61 Stnt. und 61 Bl. Erklärung.) Tübingen 851—52, Laupp'sche Buchh. *

Quenstedt, Fr. Aug., Handbuch der Petrefactenkunde. 2., umgearb. u. verm. Aufl. 3 Liefgn. Tübingen 865—67. Laupp'sche Buchh. Lex.-8. (VIII, 982 S. mit 86 Steintaff. u. 185 eingedr. Holzschn. nebst deren Erklärung.) Subscr.-Pr. Jede Liefg. n. 2 ℛ 20 ngr.; complet. Ladenpr. n. 9 ℛ 10 ngr.

— Handbuch der Petrefaktenkunde. 3., umgearb. u. bedeutend verm. Aufl. Mit zahlreichen in den Text eingedr. Holzschn. u. einem Atlas von 100 (lith.) Taf. mit Erklärung. Nebst vollständ. Register. (In ca. 25 Lfgn.) 1—5. Lfg. Lex. 8. (S. 1—288 m. je 4 Steintaf. u. 4 Bl. Erklärungen.) Tübingen 882. Laupp. à n. 2. —

— Handbuch der Petrefaktenkunde. 3. umgearb. u. verm. Aufl. Mit zahlreichen in den Text eingedr. Holzschn. u. e. Atlas v. 100 (lith.) Taf. m. Erklärg. Nebst vollständ. Register. 6—25. (Schluss-)Lfg Lex.-8. (VIII, S. 289—1239 m. je 4 Steintaf. u. 4 Bl. Taf.-Erklärgn.) Ebend. 883—85. à n. 2. — (cplt : n. 54. —)

—— der Jura. Mit in den Text gedr. Holzschn. und 1 Atlas von 96 Taf. 1. und 2. Lfg. Lex.-8. (S. 1—368 mit 49 Stnt.) Tübingen 856, Laupp'sche Buchh. à Lfg. * 2 Thlr. 8 Ngr. *

Quenstedt, Friedr. Aug., der Jura. Mit 3 Uebersichtstaf., 42 (eingedr.) Holzschn. und 1 Atlas von 100 Taf. 3. und 4. (Schluß-)Lfg. Lex.-8. (VI und S. 369—842 mit 51 Stnt., wovon 2 ill., in qu. gr. 4.) Tübingen 857. 58, Laupp'sche Buchh. Subscr.-Pr. Thlr. *

1. und 2. Lfg. Ebendas. 1856. * 4 Thlr. 16 Ngr.

Das vollständige Werk kostet im Ladenpreise * 12 Thlr.

Quenstedt, Frdr. Aug., der Jura. Mit 3 Uebersichtstaf., 42 Holzschn. u. e. Atlas v. 100 Tab. (Anastat. Neudr.) (VI, 842 S.) gr. 8. Tübingen (907). H. Laupp. 25. —

— klar u. wahr. Neue Reihe populärer Vorträge üb. Geologie. Mit zahlreichen (eingedr.) Holzschn. u. 1 lith. Taf. gr. 8. (VIII, 322 S.) Ebend. 871. n. 5. 50

— über Lepidotus im Lias *E* Württembergs. Mit 2 (lith.) Taf. (in qu. Fol.) gr. 4. (26 S.) Tübingen 847, Fues. 18 ngr

—— die Mastodonsaurier im grünen Keupersandsteine Württemberg's sind Batrachier. Imp.-4. (34 S. und 4 Kpfrt.) Tübingen 850, Laupp'sche Buchh. *

—— Schwabens Medusenhaupt. Eine Monographie der subangularen Pentacriniten. gr. 8. (78 S. mit 1 grossen Tableau in 4 lithogr. Blättern in Fol.) Tübingen 868, Laupp'sche Buchh. *

Quenstedt, Fr. Aug., Methode d. Krystallographie. Ein Lehrb. f. Anfänger u. Geübte. gr. 8. (26¾ B. u. 7 Stnt.) Tübingen 840, [Osiander'sche Buchh.]

Quenstedt, Frid. Aug. (geb. Eisleben Juli 1809) De notis Nautilearum primariis. Berolini (1836). (34 S.) 8°

Berlin Phil. Diss. v. 13. Apr. 1836

Quenstedt, F. A. Ueber Pentacrinites colligatus. (Aus würtemb. naturw. Jahresheften.) Stuttgart 1856. 8

— Petrefaktenkunde Deutschlands. Mit besond. Rücksicht auf Würtemberg. 1. 2. Heft. gr. 8. (Mit à 6 lithogr. Tafeln nebst 3 Blatt Text.) Tübingen 846, Fues. à n. $1\frac{2}{3}$ ₰

— Petrefaktenkunde Deutschlands. Mit besonderer Rücksicht auf Würtemberg. 3—5. Hft. gr. 8. (S. 185—472 u. Atlas 18 lith. Taf. u. 18 Bl. Text in Fol.) Tübingen 847. 48, Fues. à n. $1\frac{2}{3}$ ₰ (cmplt. n. $8\frac{1}{3}$ ₰)

— Petrefactenkunde Deutschlands. Der 1. Abth. 2. Bd. Brachiopoden. 1—3. Heft. Mit 16 in den Text gedr. Holzschn. Leipzig 868, 69. Fues. gr. 8. (464 S. nebst Atlas: 15 Steintaf. in Tondr. u. 7 Blatt Text in Fol.) n. 9 ₰ 10 ngr

— Petrefactenkunde v. Deutschland. Der 1. Abth. 2. Bd. Brachiopoden. 4. Hft. gr. 8. (IV u. S. 465—748 nebst Atlas m. Steintaf. in Tondr. u. 6 Bl. Text in Fol.) Leipzig 870. Fues. 32. —

— dasselbe. 1. Abth. 3. Bd. Echinodermen. 6 Hfte. Hierzu e. Atlas in Fol. m. 28 Taf. in Tondr. gr. 8. (VIII, 720 S. u. 24 S. Tafelerklärgn.) Ebend. 873. 74. n. 70. —

— dasselbe. 1. Abth. 4. Bd. (1—6. Lfg.) Echinodermen [Asteriden u. Encriniden]. 7—12. Hft. Hierzu e. Atlas in Fol. m. 25 Taf. in Tondr. gr. 8. (VIII, 712 u. 25 S. Tafelerklärgn. in Fol.) Ebend. 875. 76. n. 64. — (I, 1— IV: n. 194. —)

Quenstedt, Friedr. Aug., Petrefactenkunde Deutschlands. Der 1. Abthl. 5. Bd.: Korallen [Schwämme]. Mit 1 Atlas von 28 (lithogr.) Taf. in Fol. mit ca. 1000 Abbild. gr. 8. (VIII, 612 S.) Leipzig 878, Fues's Verlag. * 70 —

—— dass. — Der 1. Abthl. 6. Bd. 1. und 2. Heft: [Korallen (Röhrenkorallen). 6. und 7. Heft]. Hierzu je 1 Atlas in Fol. mit 6 Taf. in Tondr. gr. 8. (S. 1—336.) Ebendas. 879. à Heft * ℳ 15. * 30 —

—— Petrefactenkunde Deutschlands. Der 1. Abthl. 6. Bd. 3.—7. (Schluss-)Heft. [Korallen (Sternkorallen). 8.—12. Heft.] Hierzu je ein Atlas in Fol. mit 6 Taf. in Tondr. gr. 8. Leipzig, Fues's Verlag. [3.—6. Heft. (S. 337—912.) 880. à * ℳ 16.; 7. Heft. (X, S. 913—1093.) 881. * ℳ 18.] *

—— dass. — Der 1. Abthl. 7. Bd. 6 Hefte: Gasteropoden. gr. 8. Ebendas. [1.—5. Heft. (S. 1—736 mit je einem Atlas in Fol. mit 6 Taf. in Tondr.) 881—84. à * ℳ 16.; 6. Heft. (VIII, S. 737—867 mit 4 Taf. in Tondr.) 884. * ℳ 13.] *

Quenstedt. F. A. Ueber Pterodactylus suevicus im lithograph. Schiefer Würtemberg's Tübingen. 1855. 4.

—— die Schöpfung der Erde und ihre Bewohner. 1. und 2. unveränd. Aufl. gr. 8. (59 S. mit 22 eingedr. Holzschn.-Illustr.) Stuttgart 882, Wildt's Verlag. *

Quenstedt FA, die Schöpfung der Erde und ihre Bewohner. Stuttgart 1883

—— Sonst und Jetzt. Populäre Vorträge über Geologie. gr. 8. (VIII und 288 S. mit 46 eingedr. Holzschn. und 1 lithochrom. Karte in qu. gr. 4.) Tübingen 855(56,) Laupp'sche Buchh. *

—— drei Uebersichtstafeln zum Jura. Lithogr. und ill. gr. 4. Tübingen 858(61), Laupp'sche Buchh. In gr. 8.-Carton. *

— populäre Vorträge üb. Geologie. Mit vielen Holzschn. u. 1 lith. Taf. 2. Ausg. gr. 8. (VIII, 288 S. m. eingedr. Holzschn. u. 1 color. Steintaf.) Tübingen 884. Laupp. cart. n. 2. —

— dasselbe. Neue Reihe. Mit zahlreichen Holzschn. u. 1 lith. Taf. 2. Ausg. gr. 8. (VIII, 322 S.) Ebend. 884. cart. n. 2. —

Quenstedt, Herbert: Die Jagdvergehen des § 292 St.G.B. Berlin 1910: Düringshofen. 54 S. 8°

Heidelberg, Jur. Diss. v. 14. Febr. 1910, Ref. v. Lilienthal

[Geb. 16. Aug. 85 Gr.-Beuchow; Wohnort: Kottbus; Staatsangeh.: Preußen; Vorbildung: Gymn. Kottbus Reife O. 04; Studium: Leipzig 2, Erlangen 1, Leipzig 2, Berlin 4 S.; Rig. 18. Dez. 09.] [U 10. 1980

Quenstedt, I. Andr., ethica pastorum et instructio cathedralis. 8. Vitb. Ludwig. 708.

— theologia didactico-polemica, s. systema theologiae. fol. Lps. Fritsch. 715.

Quenstedt, Karl, († . . .) Procenttabelle, od. tabellar. Berechnung d. Betrags von 1—12 Procent von 1 Centime bis 500 Franken. gr. 8. Hannov. 812. Hahn. 4 gGr

— Reductionstabelle d. französ. Münzen gegen Kassen-Münze, Conventions-Münze rc. 8. Hannov. 812. Hahn. 4 gGr

— Vergleichungstabellen der nach d. Decrete v. 11. Dec. 1811 herabgesetzten Münzsorten, als d. Hessen-Albus, Conventions- u. Kassen- ein u. zwei Marien- u. gute Groschen, u. d. preuß. zwei gute Groschen rc. (Anhang zu Wässermeyers Tabellen). gr. 8. Hannov. 812. Hahn. 4 gGr

Quenstedt, M., die neuen deutschen Münzen. Entstehung', Text u. Erläuterg. d. Gesetzes betr. die Ausprägg. v. Reichsgoldmünzen unter Berücksicht. ihres Verhältnisses zu den bisher. deutschen u. den Münzen der wichtigsten anderen Länder. 8. (IV, 114 S.) Berlin 872. Springer's Verl. n. 2. 50

Quenstedt, Mathias Heinr., d. deutsche Gestaltg. d. Civilprozesses. Ein noch nicht abgeschloss. Stück Rechtsgeschichte. gr. 8. (XI, 67 S.) Marburg 896. N. G. Elwert's Verl. n. 1. 60

Quenstedt, Mathias Heinr., zur Reform d. Civilprozesses in Deutschland f. das rechtsuch. Publikum u. Juristen. gr. 8. (29 S.) Berlin 894. H. Steinitz' Verl. n. 1. —

Quenstedt, Walter, Referendar: Der Notstand des § 904 des Bürgerlichen Gesetzbuchs. *Borna-Leipzig 1902: R. Noske.* (VIII, 40 S.) 8° [F.]
Leipzig, Jur. Diss. v. 1902

Quental, A. de, ausgewählte Sonette, aus dem Portugies. verdeutscht v. W. Storck. 8. (126 S.) Paderborn 887. F. Schöningh. n. 1. 60

Quentel, E., Sammlung der die Verfassung u. Verwaltung d. Bezirksverbandes d. Reg.-Bez. Wiesbaden betr. Gesetze, Verordnungen, Statuten, Reglements u. sonstigen Bestimmungen. gr. 8. (XII, 489 S.) Wiesbaden 894. Ch. Limbarth. Geb. in Halbfrz. n. 7. 50

Quentel, E., Sammlung der die Verfassung u. Verwaltung des Bezirksverbandes des Reg.-Bez. Wiesbaden betr. Gesetze, Verordnungen, Statuten, Reglements u. sonstigen Bestimmungen. 2., neubearb. Aufl. (XII, 608 S.) gr. 8. Wiesbaden 905. H. Staadt.
Geb. in Leinw. n n. 8. 50

Quentel, Jh. Hnr., s. Lucians Göttergespräche.

Quentel, Peter, Musterbuch für Ornamente u. Stickmuster. [1527—1529.] Vorlagen für Kunsthandwerker u. weibliche Handarbeiten, hrsg. vom Leipziger Kunstgewerbe-Museum. 80 Taf. in Lichtdr.-Reproduction. 4. (1 S. Text.) Leipzig 882. A. M. Götze. In Mappe. 6. —

Quentell, August v., 1. Beschreibung des ehemaligen adeligen Damenstiftes St. Veit in Oberbayern. Leipzig 1841

Quentell, Fr., neue Wandtafeln f. d. Unterricht in d. Naturgeschichte, s.: Jung, Heinr.

Quentell, Gust. Lebens-Stadien e. Pferdes. Nach Zeichngn., durch Lichtdr. vervielfältigt. gr. Fol. (10 Taf. m. 1 Bl. Text.) Detmold 891, (Hinrichs). In Leinw.-Mappe * 25 —

Quentin, G., ein Wort zur Zeit der Arbeiter-Koalitionen. 8. Düsseldorf 841, Schreiner. 1/12 rß

Quentin's, C. F., Eisenbahn-Reise-Führer für Deutschland u. Schweiz. Nach officiellen Mittheilungen der Eisenbahn-Directionen herausg. Jahrg. 1863 u. 64. à 6 Nrn. (à 4½ Bgn.) Frankfurt a. M., Quentin. gr. 16. Jede Nr. 5 ngr
Vgl.: Eisenbahn-Reise-Manual.

Quentin, C. F., Eisenbahn-Reise-Manual, s. Eisenbahn-Reise-Manual.

Quentin's, C. F., deutsches Fahrplan-Buch für den innern Eisenbahn- u. Dampfschiffs-Verkehr. (Eisenbahn-Reise-Führer in Deutschland u. Schweiz.) Nach den offiziellen Mittheilungen der Eisenbahn-Directionen hersg. 18—23. Jahrg. 1864—69. à Jahrg. 6 Nrn. Frankfurt a. M., Quentin. br. 8. Jede Nr. 5 ngr

Quentin's deutsches Fahrplan-Buch für den inneren Eisenbahn- und Dampfschiffs-Verkehr. [Eisenbahn-Reise-Führer in Deutschland und Schweiz.] Nach den officiellen Mittheilungen der Eisenbahn-Directionen hrsg. 22.—28. Jahrg. 1868—1874. à Jahrg. 8 Nrn. (à ca. 55—80 S.) br. 8. Frankfurt a. M., Quentin. à Jahrg. *
à Nr. einzeln *

Quentin's, C. F., Deutsches Fahrplan-Buch für den inneren Eisenbahn- und Dampfschiffs-Verkehr [Eisenbahn-Reise-Führer in Deutschland und Schweiz.] Nach den officiellen Mittheilungen der Eisenbahn-Directionen hrsg. 29.—33. Jahrg. 1875—1879. à Jahrg. 6—8 Nrn. br. 8. (à Nr. ca. 136 S.) Frankfurt a. M., Quentin. à Jahrg. * 5 25
Einzelne Nrn. * 1 —

Quentin's, C. F., deutsches Fahrplan-Buch für den inneren Eisenbahn- und Dampfschiffs-Verkehr. [Eisenbahn-Reise-Führer in Deutschland und Schweiz.] Nach den officiellen Mittheilungen der Eisenbahn-Directionen hrsg. 34. Jahrg. 1880. 6 Nrn. 8. (à Nr. 150 S.) Frankfurt a. M., Quentin. * 5 25
Einzelne Nrn. * 1 —

Quentin. Fahrplanbuch für Deutschland, Holland, Oesterreich und die Schweiz. N° 7, Winter 1882/83. In-8°. Frankfurt, Mahlau & Waldschmidt. 1882 1 35

Quentin's Fahrplanbuch für Deutschland, Holland, Oesterreich und die Schweiz. Sommer 1883. In-8°. Frankfurt a. M., Mahlau & Waldschmidt. 1883 1 35

Quentin's Fahrplanbuch für Deutschl., Oesterr., Holland u. d. Schweiz. Nr. 3. Sommer 1884. In-8°. Frankfurt a. M., Mahlau & Waldschmidt. 1884 1 35

—— Fahrplanbuch für den Eisenbahn- und Dampfschiff-Verkehr in Deutschland, Holland, Oesterreich und der Schweiz, mit allen Anschlüssen an Stationen in Frankreich, Italien, England, Oesterreich-Ungarn, Belgien etc. Mit 1 (lithogr.) Eisenbahnkärtchen. Nach amtl. Quellen bearb. 35.—38. Jahrg. 1881—1884. à Jahrg. 8 Nrn. gr. 8. (à Nr. ca. 350 S.) Frankfurt a. M., Mahlau und Waldschmidt. à Jahrg. 6 —
Einzelne Nrn. à * 1 —

Quentin's, C. F., Fahrplanbuch für den Eisenbahn- und Dampfschiff-Verkehr in Deutschland, Holland, Oesterreich und der Schweiz, mit allen Anschlüssen an Stationen in Frankreich, Italien, England, Oesterreich-Ungarn, Belgien etc. Mit 1 lithogr. Eisenbahnkarte. Nach amtl. Quellen bearb. 39.—41. Jahrg. 1885—1887. à Jahrg. 8 Nrn. gr. 8. (à Nr. XXXII, 430—470 S.) Frankfurt a. M., Mahlau und Waldschmidt. à Jahrg. 6 —
Einzeln à Nr. * 1 —

—— dass. — 42. Jahrg. 1888. 8 Nrn. gr. 8. (à Nr. XXXII und ca. 470 S.) Ebendas. à Nr. * 1 50

Quentin's, C. F., **Fahrplanbuch** f. den Eisenbahn- und Dampfschiff-Verkehr in Deutschland, Holland, Oesterreich u. der Schweiz, m. allen Anschlüssen an Stationen in Frankreich, Italien, England, Oesterreich-Ungarn, Belgien etc. Mit e. (lith.) Uebersichtskarte. Nach amtl. Quellen bearb. 45. Jahrg. 1890. 5 Nrn. à 2 Thle. gr. 8. (à 506 u. 94 S.) Frankfurt a/M. 890. Mahlau & Waldschmidt. à n. 1. 50

Quentin's, C. F., Fahrplanbuch f. den Eisenbahn- u. Dampfschiff-Verkehr in Deutschland, Holland, Oesterreich u. der Schweiz, m. allen Anschlüssen an Stationen in Frankreich, Italien, England, Oesterreich-Ungarn, Belgien etc. 47. Jahrg. 1892. 5 Nrn 8. (à Nr. ca. 550 S. m. Karte.) Frankf. a. M., Mahlau u. Waldschmidt. à Nr. * 1 —

Quentin's, C. F., **Fahrplanbuch** f. den Eisenbahn- u. Dampfschiff-Verkehr in Deutschland, Holland, Oesterreich u. der Schweiz, m. allen Anschlüssen an Stationen in Frankreich, Italien, England, Oesterreich-Ungarn, Belgien etc. Nach amtl. Quellen bearb. 49. Jahrg. 1894. 5 Nrn. (à ca. 37 u. 521 S. m. 1 Karte.) 12. Frankfurt a/M., Mahlau & Waldschmidt. à Nr. n. 1. —

Quentin's Fahrplanbuch f. d. Eisenbahn- u. Dampfschiff-Verkehr in Deutschland, Holland, Oesterreich u. d. Schweiz, m. allen Anschlüssen an Stationen in Frankreich, Italien, England, Oesterreich-Ungarn, Belgien etc. M. e. (lith.) Uebersichtskarte m. aufgedr. Routen-Nummern. N. amtl. Quellen bearb. 52. Jahrg. 1898. 6 Nrn. (à Nr. ca. 36 u. 509 S.) 12. Frankfurt a/M., Mahlau & Waldschmidt. à Nr. 1 —

Quentin's Fahrplanbuch f. den Eisenbahn- u. Dampfschiff-Verkehr in Deutschland, Holland, Oesterreich u. der Schweiz, m. allen Anschlüssen an Stationen in Frankreich, Italien, England, Oesterreich-Ungarn, Belgien etc. Mit e. (lith.) Uebersichts-Karte. Nach amtl. Quellen bearb. 53. Jahrg. Nr. 1. Winterdienst 1898/99. 12. (36 u. 508 S.) Frankfurt a/M., Mahlau & Waldschmidt. 1. —

Quentin-Mahlau's Fahrplanbuch f. den Eisenbahn- u. Dampfschiff-Verkehr in Deutschland, Holland, Oesterreich u. der Schweiz, m. allen Anschlüssen an Stationen in Frankreich, Italien, England, Oesterreich-Ungarn, Belgien etc. Mit e. (lith.) Uebersichts-Karte m. aufgedr. Routen-Nummern. Nach amtl. Quellen bearb. 55. Jahrg. Nr. 1. Winterdienst 1900/1901. 12. (552 S.) Frankfurt a/M., Mahlau & Waldschmidt. 1. —
Erscheint nicht mehr.

—— süddeutsches Fahrplan-Buch. br. 8. Ebendas. 874. à Nr.

Quentin's süddeutsches Fahrplanbuch, enthaltend die Eisenbahnen von Bayern, Württemberg, Baden, der Pfalz und der Schweiz, sowie die Dampfschifffahrten auf dem Bodensee und den Schweizerseen. Sommer-Dienst 1881. In-12. Mit 1 Eisenbahnkärtchen. Frankfurt a. M., Mahlau & Wahlschmidt. 1881

— süddeutsches **Fahrplanbuch** m. Schweiz f. den Eisenbahn- u. Dampfschiff-Verkehr in Baden, Bayern, Hessen, Württemberg, der Pfalz u. der Schweiz. Mit e. m. Nummern versehenen (lith.) Routenkarte. (Auszug aus Quentin's Fahrplanbuch grosse Ausg.) Nach amtl. Quellen bearb. Nr. 3. Winterdienst 1894/95. 12. (206 S.) Ebd. n. — 40

Quentin-Mahlau's süddeutsches Fahrplanbuch m. Schweiz f. den Eisenbahn- u. Dampfschiff-Verkehr in Baden, Bayern, Hessen, Württemberg, der Pfalz u. der Schweiz. M. e. m. Nummern verseh. (lith.) Routenkarte. Winterdienst 1898/99. Nr. 1. 12. (214 S.) Ebd. — 40

— **süddeutsches Fahrplanbuch** m. Schweiz f. den Eisenbahn- u. Dampfschiff-Verkehr in Baden, Bayern, Hessen, Württemberg, der Pfalz u. der Schweiz. Nebst e. m. Nummern versehenen (lith.) Routenkarte. Winterdienst 1900/1901. 12. (224 S.) Ebd. — 40
Erscheint nicht mehr.

Quentin's Fahrplanbuch für Süddeutschland u. die Schweiz, 1880, N° 6, October. In-8°. Frankfurt a./M., Mahlau & Waldschmidt. 1880 — 55

Quentin's Fahrplanbuch für Süd-Deutschland und die Schweiz. Winterdienst 1882—83. In-8°. Frankfurt, Mahlau & Waldschmidt. 1883 — 50

— **Taschen-Fahrplan** für Hessen u. Nassau mit Frankfurt a/M. als Mittelpunkt. Winterdienst 1880/81. 8. (40 S.) Ebend. 881. n. — 20

—— **Taschen-Fahrplan** für Hessen und Nassau mit Frankfurt a. M. als Mittelpunkt. 1880—1881. (Erscheinen unregelmässig.) 8. (à Nr. 40 S.) Ebendas.
1880—1882 à Nr. * — 20
1883 und 1884 à Nr. * — 25

—— Taschen-Fahrplan für Hessen-Nassau, Hessen-Darmstadt, den Rhein, die Pfalz etc. mit Frankfurt a. M. als Mittelpunkt. 1885—1888. à Jahrg. 2 Hefte. [Sommerdienst und Winterdienst.] 8. (à Heft 75—80 S.) Ebendas. à Heft ** — 25

— **Taschen-Fahrplan** f. Hessen-Nassau, Hessen-Darmstadt, den Rhein, die Pfalz etc. m. Frankfurt a/M. als Mittelpunkt. Winterdienst 1886. 8. (80 S.) Ebend. n. — 20

— **Taschen-Fahrplan** für Hessen-Nassau, Hessen-Darmstadt, den Rhein, die Pfalz etc. m. Frankfurt a. M. als Mittelpunkt. Sommerdienst 1890. 8. (84 S.) Ebd. 890. n.n. — 25

— **Taschen-Fahrplan** f. Hessen-Nassau, Hessen-Darmstadt, den Rhein, die Pfalz etc. mit Frankfurt a M. als Mittelpunkt. Winterdienst 1894/95. 12. (VII, 87 S. m. 1 Karte.) Ebd. — 25

— **Taschen-Fahrplan** für Hessen-Nassau, Hessen-Darmstadt, d. Rhein, d. Pfalz etc. m. Frankfurt a/M. als Mittelpunkt. Sommerdienst 1898. 12. (VI, 88 S.) Ebd. 898. — 25

— **Taschen-Fahrplan** f. Hessen-Nassau, Hessen-Darmstadt, den Rhein, die Pfalz etc. m. Frankfurt a. M. als Mittelpunkt. Winter 1902/03. 12. (107 S. m. 1 Karte.) Ebd. — 25

Quentin-Mahlau's Taschen-Fahrplan f. Hessen-Nassau, Hessen-Darmstadt, den Rhein, die Pfalz etc. m. Frankfurt a. M. als Mittelpunkt. Sommer, bezw. Winter 1906. (à 108 S. m. 1 Karte.) kl. 8. Frankfurt a/M., Mahlau & Waldschmidt. n. — 25

Quentin-Mahlau's Taschen-Fahrplan f. Hessen-Nassau, Hessen-Darmstadt, den Rhein, die Pfalz etc. m. Frankfurt a. M. als Mittelpunkt. Sommer 1910, bezw. Winter 1910. (à 109 S. m. 1 Karte.) kl. 8. Frankfurt a. M., Mahlau & Waldschmidt. à — 25

Quentin, Emil, Anleitungen zum Ordnen der Werthpapiere u. zum Eintragen derselben in das vorliegende Uebersichtsbuch. qu. gr. 8. (XII S. u. 6 u. 110 Doppels.) Elberfeld 899. 8. Lucas. Geb. n. 4. —

Quentin, *Georg Eduard Engelbert* [app. Arzt aus Neuenhaus in Hannover]: Ueber Synchisis scintillans des menschlichen Glaskoerpers ... Leipzig, G. Fock, *1889;* 20 S., 1 Bl. 8.
Leipzig, Med. Fak., Inaug.-Diss. v. 30. Nov. 1889

Quentin, Ernst, Referendar in Verden: Darstellung und Kritik der Lehre vom error in persona vel objecto und der aberratio ictus unter besonderer Berücksichtigung der Gedanken des dolus indirectus und eventualis. Borna-Leipzig 1907: R. Noske. (x, 77 S.) 8° [F.]
Heidelberg, Jur. Fak., Ref. v. Lilienthal, Diss. v. 1907
[Geb. 9. Nov. 83 Posen; Wohnort: Verden (Aller); Staatsangeh.: Preußen; Vorbildung: Gymn. Posen, Detmold Reife O. 02; Studium: Heidelberg 3, Berlin 1, Göttingen 2 S.; Rig. 15. Nov. 07.]

Quentin, Frdr. Wilh., aus ganzer Seele. (38 S.) 8. Herford 909. H. Wolff. — 60

Heinrich Friedrich Quentin

De Divisionibus herniarum inguinalium et causis earum rationis vitae vitiis obortis. Annexa sunt quaedam in bracherium e celeberrimi Weissenbornii inventione animadversa, ... Gottingae (1795:) Barmeier. 60 S. 8°
Göttingen, Med. Diss. v. 28. Juli 1795

Quentin, Jh. Ludolf

— einiger Beitrag z. gelehrten Geschichte v. Münden. 4. Münden 771.

— Berichtigung e. Abrisses v. d. Schiffsfahrt auf d. Weser. 4. Münden 788.

— Beschreib. d. ersten Kirchenordnung d. Herzogin Elisabeth v. Braunschweig. Gedruckt zu Erfurt in d. Arche Noa 1542 in 4. 4. Münden. 789.

Quentin, Jh. Ldlf., († d. 16. April 1797.) commentatio de lege Hortensia. 4. Götting. 753.

Quentin. Jo. Ludolf: Commentatio de lege Hortensia. (Goettingae) 1754.

— diplomat. Nachrr. von d. Kalandsbrüderschaft zu Münden an d. Werra; aus Originalien rc. 4. Münden 779. (Vandenhöck u. R. in Götting.) 6 gr

Quentin, Karl, Reisebilder u. Studien aus dem Norden der Vereinigten Staaten von Amerika. 2 Thle. in 1 Bd. [Ost.— West.] gr. 8. (XXII u. 361 S.) Arnsberg 851, Grote. 1⅓ ₰

Quentin-Mahlau, s. Quentin, C. F.

Quensel, Paul: Die Zwillingsgeburten der Hallenser Universitäts-Klinik und Poliklinik von 1887—1897. *Halle a. S. 1898: C. A. Kaemmerer & C.* (41 S.) 8°
Halle, Med. Diss. v. 21. März 1898

Quenzer, Johann Adam (Nürnberg), Recentiores quasdam ab obitu Caroli VI. Gl. mem. obortas aureae bullae controversias. Diss. jur. publ. Altdorf (J. G. Meyer) 25. VI. 1751. 55 S. (4.75) 27455

— Johann Gottfried Christian (Nürnberg). De nemesi provinciali Norica praesertim Altorfina. Diss. jur. Altdorf (J. A. Hessel) 23. VIII. 1779. 24 S. (4.25) 27456

Quenzer, Phpp., Gedichte. 12. (VIII, 233 S.) Heidelberg 887, C. Winter's Universitäts-Buchh. * 3 —
geb. mit Goldschn. * 4 —

Quenzer, Phpp., Meilensteine am Wege eines Christenlebens. Religiöse Reden u. Betrachtungen. gr. 8. (VIII, 340 S.) Leipzig 882. Barth. n. 3. —; geb. n. 4. —

Quenzer, Phpp., Silber u. Myrte. Dichtung in 7 Gesängen. Mit 2 (Lichtdr.-)Illustr. v. E. Meyer. 8. (123 S.) Stuttgart 884. Metzler's Verl. geb. n. 2. 40

Quer durch Österreich. Zweistimmiges Liederspiel (meist Volksweisen) mit verbindenden Deklamationen ... Wien 1904. V: *Jahn*, *Victorin*. (EB)

Joseph Quer

[Disertacion physico botanica sobre la passion nephritica. Deutsch:] Physicalisch- botanische Abhandlung von dem Nierenstein u. dem zuverläßig besonders eigenen Mittel darwider, der Bären - Traube ‹uva ursi›. Von Joseph Quer. Aus d. Franz. übers. Nürnberg: Schwarzkopf [1771?]. 68 S. 8°
[Titelbl. unten beschnitten.]

— Abhandl. v. d. Nierenstein, u. zuverlässige Mittel darwider u. die Bärentraube; aus dem Französ. Mit Kpf. 8. Nürnb. 771. Stein. 5 gr

Quer, B. J., Diss. sur le mal néphrétique et le raisin d'ours, son véritable spécifique, trad. de l'Espagnol. 8. Strassb. 768. Treuttel u. W. 8 gr

Querrino, A., das Goldstück, s.: Familienbibliothek.

Quereau, Edmund C. [aus Aurora, Illinois (U. S. A.)]: Die Klippenregion von Iberg im Osten des Vierwaldstätter-Sees. Die exotische Schichtenfolge ... Bern, Buchdr. K. Stämpfli & C., 1893; 3 Bl., 54 S. 4.
Freiburg i. B., Phil. Fak., Inaug.-Diss. v. 1893

Quereau, Edm. C., d. Klippenregion v. Iberg (Sihlthal), s. a. Beiträge zur geolog. Karte d. Schweiz, 33. Lfg.

Die Klippenregion von Iberg (Sihlthal) (mit 1 geol. Karte, 4 Profiltaf. u. 13 Zinkogr.) von Dr. Edmund C. Quereau aus Aurora, Ill., U. S. A. *Bern: Schmid, Francke & Co. in Komm. 1893.* (XI, 158 S.) 4°
— Beiträge z. geolog. Karte d. Schweiz. Lfg 33. [N. F. 3.] (94. 640)

Querelles, les, des deux frères, ou la famille Bretonne, Comédie en 5 Actes, par Collan d'Harleville, gr. 8. Rudolstadt, Hofbuchh. 811.

Querfurt [Schlagwort]

Querfurt, s. a. Deutschland. Grundkarte. Karte (Abt. Preussen).

Querfurt, Kreis, s.a. Merseburg.

Querfurt, s.a. Preussen. Messtischblätter.

Querfurt. Helldorf-Zingst, v., Karte des Kreises Querfurt unter besond. Berücksicht. der Wegeverhältnisse, nach amtl. Material entworfen u. gezeichnet. 1 : 100,000. 39×47,5 cm. Farbendr. Querfurt 893. (W. Schneider.) n.n. 1. 25

– Straube, C., der Kreis Querfurt. Ein Begleitblatt zur Karte des Kreises, Neuer Abdr. gr. 8. (17 S.) Querfurt 894. F. Hartmann. Kart. — 50; m. Karte 1. 50; Karte allein 1. —

Querfurt [Verfasser]

Querfurt, Heinrich: Die Einwirkung der Winde auf die Strömungen im Skagerrak und Kattegat mit besonderer Berücksichtigung der am Leuchtschiff Skagens Riff angestellten Beobachtungen während der Jahre 1903—1905. Berlin 1909: Mittler. 49 S. 4°(8°) ¶(Aus: Annalen d. Hydrogr. u. marit. Meteorol. Jg. 37. H. 3—5.)
Münster, Phil. Diss. v. 15. Mai 1909, Ref. Meinardus
[Geb. 16. Jan. 84 Dortmund; Wohnort: Münster i. W.; Staatsangeh.: Preußen; Vorbildung: Realgymn. Dortmund Reife O. 04; Studium: Marburg 2, Münster 6 S.; Rig. 28. Nov. 08.] [U 09. 3011

Querfurt, T., s.a. Handbuch f. d. Maler.

Querfurt, T., Handbuch f. d. Maler, od. Ausz. a. Lairessens Malerbuch. 8. Prag, Mangold. 797.

Querfurth, G., s. Weisbach's Ingenieur.

Querfurth, Karl: Die rechtliche Stellung der Mitglieder des Bundesrates. Kiel 1908: Krause. 42 S. 8°
Göttingen, Jur. Diss. v. 30. Nov. 1908, Ref. Frensdorff
[Geb. 31. Jan. 82 Braunschweig; Wohnort: Braunschweig; Staatsangeh.: Braunschweig; Vorbildung: Neues Gymn. Braunschweig Reife M. 00; Studium: Leipzig 2, Berlin 1, Heidelberg 1, Kiel 2 S.; Rig. 29. Mai 08.] [U 09. 1280

Querfurth, Kurt Oswald v.

Querfurth, Curt Oswald v., s.a. Curt Oswald von Querfurth.

Querfurth, Curt O. v., kritisches Wörterbuch der heraldischen Terminologie m. 322 in den Text gedr. Abbildgn. gr. 8. (IV, 190 S.) Nördlingen 872. Beck. n. 4. —

Queri, Geo., s. a.: Pfanzelter, Egidius.

— Der Christus-Lang. (47 S. m. 3 Fksms. u. 4 Taf.) kl. 8. München 910. Verlagsgesellschaft München. 2.— ; erm. Pr. 1. —

— Die weltlichen Gesänge des Pfanzelter Gidi v. Polykarpszell. 1.—3. Aufl. (à 55 S.) 8. Ebd. 909. 1. 50

— Anton Lang: Christ. The English by A. Alb. Noelte. (48 S. m. 3 Fksms. u. 4 Taf.) 8. Ebd. 910. 2.—; erm. Pr. 1. —

Queri, Georg (Hrsg.), s. Passionsspiel. – Der älteste Text des Oberammergauer Passionsspieles.

— Die Schnurren des Rochus Mang, Baders, Meßners u. Leichenbeschauers zu Fröttmannsau. Nacherzählt. (XI, 91 S. m. Abbildgn.) 8. Ebd. 910. 2.50; geb. 3. 50

Querkeby, Charles, Hovmesteren. Original Fortælling. 8. (241 S.) Kopenhagen 847. Bing. 1 ℬ

Querkopf, Reinhard, s.a. Metamorphosen u. Ehestandserfahrungen.

Querkopfs, Reinhard, Metamorphosen rc. 8. Leipz. Bruder u. H. (Büschler in Elberfeld.)

Querkopf, Reinhard, Metamorphosen u. Ehestandserfahrungen; e. Gemälde a. d. wirkl. Welt. 8. Leipzig, Schödel. (Bruder u. Hoffmann.) 806.

Querl, Ferdin. Moritz August (Königsberg/Preußen), De febre puerperali. Diss. med. Präs. Ernst Heinr. Weber. Leipzig (F. C. G. Vogel) 18. XI. 1825. 32 S. (3.25) **27457**
Gew.: Friedrich Carl Querl, Jo. Chr. Aug. Heinroth.

Querl, Geo. Chr., d. Gewissenhafte, od. Betracht. d. Menschen, wie ders. s. Ausführ. in Gedanken, Worten und Werken einrichte. 8. Nordh. Köler. 756.

Querner, Carl, s. Querner, Karl

Querner, Emil, Anleitung zur Pflege u. Heilung der Kranken. Behandlung v. Schwangerschaft, Geburt, Wochenbett u. erste Pflege der Kinder. 2. Aufl. gr. 8. (IX, 171 S.) Philadelphia 875. Schäfer & Koradi. geb. 3. —

Querner, Emil. Wilde Blumen: Gedichte. 2 Aufl. Philadelphia, 1874. GSP

Querner, Emil, wilde Blüthen. Gedichte. 2. Aufl. gr. 8. (85 S. m. Photogr. d. Verf.) Philadelphia 874. Schäfer & Koradi. geb. m. Goldschn. n. 2. —

Querner, Emil, die Cholera, ihre Anzeichen, Ursachen, Verhütung u. Heilung. Philadelphia 866. (Schäfer & Koradi.) 8. (61 S.) geb. 15 ngr.

Querner, Emil, der Selbstarzt oder Doctor und Apotheker im eigenen Hause. Eine zuverläss. Anweisung, sich vor Krankheiten zu schützen und durch Selbstbereitung der vorzüglichsten Mittel von ihnen zu befreien, auch bei unheilbaren und chron. Krankheiten sich wenigstens möglichst Erleichterung zu verschaffen. Medizinisch-chirurgisches Handbuch für das Volk. 2. Aufl. 1865. und 3. Aufl. gr. 8. (192 S. mit erläut. Abbild. in eingedr. Holzschn.) Philadelphia 868, Schäfer und Koradi. geb.

—— der Selbstarzt oder Doctor und Apotheker im eigenen Hause. Eine zuverläss. Anweisung, sich vor Krankheiten zu schützen und durch Selbstbereitung der vorzüglichsten Mittel von ihnen zu befreien, auch bei unheilbaren und chron. Krankheiten sich wenigstens möglichst Erleichterung zu verschaffen. Medizinisch-chirurg. Handbuch für das Volk. 3. Aufl. gr. 8. (192 S. mit erläut. Abbildungen.) Philadelphia 873, Schäfer und Koradi. geb.

Querner, Emil, der Selbstarzt od. Doctor u. Apotheker im eigenen Hause. Eine zuverläss. Anweisg., sich vor Krankheiten zu schützen u. durch Selbstbereitg. der vorzüglichsten Mittel v. ihnen zu befreien, auch bei unheilbaren u. chron. Krankheiten sich wenigstens möglichst Erleichterg. zu verschaffen. Medizinisch-chirurg. Handbuch f. das Volk. Mit erläut. Abbildgn. 5. Aufl. gr. 8. (192 S.) Philadelphia 890. Schäfer & Koradi. geb. n. 4. —

Querner, Erich, appr. Arzt: Aus d. Univ.-Frauenklinik, Greifswald. Zwei Fälle von primärem Karcinom der Vagina. Greifswald (1910): Adler. 31 S. 8°
Greifswald, Med. Diss. v. 8. Dez. 1910, Ref. Henkel
[Geb. 7. Febr. 86 Braunschweig; Wohnort: Braunschweig; Staatsangeh.: Preußen; Vorbildung: Gymn. Wernigerode Reife O. 04; Studium: Tübingen 3, Greifswald 2, Tübingen 1, München 1, Greifswald 3 S.; Coll. 13. Juli 09; Approb. 1. Okt. 10.] [U 11. 1651

Querner, Er., Ideen zu e. Vereinigung des Landsturms mit der Feuerlöschung. gr. 8. Weimar 816.

Querner, Godofr., weltliche Geschichtsschule, od.= histor. Denkwürdigkeiten u. unterhalt. Erzählungen aus d. Welt= u. Menschengeschichte d. Vorzeit, in bunter Reihe dargest. gr. 8. (15 B.) Neustadt a. d. O. 828, Wagner.

—— Goldkörner auf d. Felde d. Geschichte gewonnen. Zur Belehrung u. Unterhalt. Größtentheils aus handschriftl. Nachrichten, archival. Mittheilungen u. älteren Druckschriften zusammengest. 2 Bde. 8. (38 B.) Greiz 832, Henning.

— — Papierblumen der Vorzeit, oder romantische Erzählungen, Mährchen, Poesien, historische und andere unterhaltende Aufsätze aus den verflossenen Jahrhunderten. Leipzig, bei C. H. F. Hartmann. 1826. 8°. 291 S. (3 Mk. der Vorige.)
Die Rachsucht einer Amme. — Die große Pest. — Der gräßliche Mord eines schönen Weibes. — Der Raubmörder Gnipperdinga. — Ein Graf Wernigerode wird gehangen. — Ein Goldmacher wird enthauptet. — Die schauderhafte Rache. — Eine gehangene Frau gebiert Zwillinge.

— Papierblumen aus d. Vorzeit, od. romant. Erzähll., Mährchen, Poesien, histor. u. andere Aufsätze aus Chroniken. 8. Leipz. 826. Lehnhold. 1 ß

Querner, Godofr., Volksmährchen. 3 Bände. 8. Weimar 833. Gräbner; (jetzt Hennings u. Hopf in Erfurt.) (à 2/3 ß) 2 ß

Querner, Johannes (geb. Saalsdorf in Braunschw. 3. 5. 1853): Ueber Exostosis subungualis. Berlin (1884). (31 S.) 8°
Berlin, Med. Diss. v. 26. Jan. 1884

Querner, Karl

Querner, Carl, zur Frage nach der Glaubwürdigkeit Lamberts v. Hersfeld. Inaugural-Dissertation. gr. 8. (45 S.) Bern 878. Jenni in Comm. n. 1. 50

— die piemontesische Herrschaft auf Sicilien. gr. 8. (XII, 243 S.) Bern 879. Haller. n. 3. 50

Querolus sive Aulularia, incerti auctoris comoedia togata. Rec. et illustr. S. C. Klinkhamer. 8 maj. (15½ B.) Amstelodami 829, Gartman. (Lipsiae, Weidmann.)

Querpfeifer, Jeremias, musikalische Parade, s. Parade.

Querpfeiffer, Th. O., die Conferenz zu London. — Der Landtag ist vorbei, siehe: Er Er Er.

Quervain, Alfred de

Quervain, A. de, u. A. Stolberg, durch Grönlands Eiswüste. Reise der deutsch-schweizer. Grönlandexpedition 1909 auf das Inlandeis. Mit 8 Vollbildern in Lichtdr., 26 Textbildern u. 1 (farb.) Karte. (XII, 180 S.) 8. Straßburg 911. J. Singer. Geb. in Leinw. 4. —

Quervain, Alfred de. Die Hebung der atmosphärischen Isothermen in den Schweizer Alpen und ihre Beziehung zu den Höhengrenzen. (Mit zwei Kartentafeln.) VIII + 53 S. 8. Leipzig, Wilhelm Engelmann, 1903.
Ausg. A: Diss. Phil. Bern. (*Umschlag:* ⟨Sonderabdruck — — 4.⟩
Ausg. B: ⟨Sonderabdruck aus Gerlands Beiträgen zur Geophysik Bd. 6, Heft 4.⟩

Quervain, A[lfred] de. Aus dem Leben der Wolken. Vortrag, gehalten im Oberrheinischen Vereine für Luftschiffahrt. Separatabdruck aus «Das Wetter», Nr. 6, 1905. II + 9 S. 8. Berlin, Otto Salle, 1905.

Quervain, A. de, Tafeln zur barometrischen Höhenberechnung, s. Angot, A.

Quervain, A[lfred] de. Tafeln zur barometrischen Höhenberechnung nach A[lfred] Angot (= Tables pour le calcul barométrique des hauteurs). Separat-Abdruck aus Band 1, Heft 2 [der] Beiträge zur Physik der freien Atmosphäre.... II S. + S. 68—89. 4. Strassburg, Karl J. Trübner, 1904.

Quervain, A[lfred] de. Über die synoptischen Wolkenbeobachtungen der internationalen Kommission für wissenschaftliche Luftschiffahrt. ([Mit 1 Figur. Sep.-Abdr. aus:] Meteorologische Zeitschrift. [Band 21, Heft] 7. Juli 1904.) S. 316—323. 4. [Wien, E. Hölzel.]

Quervain, [Friedrich] de. Zur Erinnerung an den Herrn Grafen [Carl] F[riedrich] von Pourtalès. Leichenrede, gehalten ... zu Muri an seinem Begräbnisstage 8. Juni 1882. 8. Bern 1882.

Quervain, F[ritz] de. Zur Aetiologie der Pneumococcenperitonitis. Separatabdruck aus dem Correspondenz-Blatt für Schweizer Aerzte, 1902, Nr. 15. 10 S. gr.-8. [Basel, Schweighauser.]

Quervain, F[ritz] de. Ueber den seitlichen Bauchbruch. ⟨Mit 2 Figuren im Text.⟩ Sonder-Abdruck aus dem Archiv für klin(ische) Chirurgie. Bd. 65. Heft 1. II + 15 S. 8. [Berlin, A. Hirschwald, 1901.]

Quervain, de. D. Bedeutg d. Halsrippen f. d. Militärtauglichkeit. (S.-A.) 1896.

Quervain, F[ritz] de. Die Sociale Bedeutung der Sittlichkeit. Referat an der 5. christlichen Studentenkonferenz in Aarau am 16. März 1901 gehalten von Dr. F. de Q' in La Chaux-de-Fonds. 15 S. 8. Aarau, H. R. Sauerländer & Co., [1901].

Quervain, F[ritz] de. Beitrag zur Kenntniss der combinirten Fracturen und Luxationen der Handwurzelknochen. Von Dr. F. de Q', ... Chaux-de-Fonds. ⟨Mit 11 Abbildungen.⟩ Separatabdruck aus der Monatsschrift für Unfallheilkunde und Invalidenwesen, Jahrg. 9 Nr. 3. II + 14 S. 8. Leipzig, F. C. W. Vogel, 1902.

Quervain, F[ritz] de. Die Chirurgie des Halses. [Mit Abbildungen.] Aus dem Lehrbuch der Chirurgie von Prof. [Ludwig] Wullstein ... und Prof. [Max] Wilms, Basel. III S. + S. 334—411. 8. Jena, Gustav Fischer, 1908.

Quervain, F[ritz] de. Spezielle chirurgische Diagnostik für Studierende und Ärzte. Bearb. von Prof. Dr. F. de Q'... in La Chaux-de-Fonds. Mit 245 Abbildungen im Text und 3 Tafeln. XVI + 608 S. gr.-8. Leipzig, F. C. W. Vogel, 1907. [M. 15. —, geb. 17. —]

Quervain, F[ritz] de. Spezielle chirurgische Diagnostik für Studierende und Ärzte. Bearb. von Prof. Dr. F. de Q'.... Mit 392 Abbildungen im Text und 3 Tafeln. 2., vervollständigte und zum Teil umgearbeitete Aufl. XX + 656 S. gr.-8. Leipzig, F. C. W. Vogel, 1909. [M. 15. —, geb. 17. —]

Quervain, F[ritz] de. Spezielle chirurgische Diagnostik für Studierende und Ärzte. Bearb. von Dr. F. de Q'.... Mit 462 Abbildungen im Text und 4 Tafeln. 3., vervollständigte Aufl. XX + 736 S. gr.-8. Leipzig, F. C. W. Vogel, 1911. [M. 16. —, geb. 18. —]

Quervain, F. de, s.: Encyklopädie der ges. Chirurgie.

Quervain, F[ritz] de. Zur Frage der retroduodenalen Choledochotomie. Von Dr. F. de Q'... in Chaux-de-Fonds. Sonder-Abdruck aus Nr. 40, 1903 [des] Zentralblatt für Chirurgie.... Jahrg. 30. 4 S. 8. [Leipzig, Breitkopf & Härtel.]

Quervain, F[ritz] de. Einiges über Frakturbehandlung. [Mit Figuren.] Sep.-Abdr. aus dem Schweizer. Medicinal-Kalender, Jahrg. 1909. II + 50 S. 8. Basel, Schweighauser, 1909.

Quervain, Fritz de. Chirurgische Klinik v. Prof. Dr. Kocher zu Bern, s. Lanz, Otto.

Quervain, F[ritz] de. Ueber subcutane intraperitoneale Nierenverletzung. Von Dr. F. de Q', ... Chaux-de-Fonds. Separatabdruck aus der Deutschen Zeitschrift für Chirurgie. (1901.) Bd. 62. (Heft 1./2.) III S. + S. 58—81. 8. [Leipzig, F. C. W. Vogel.]

Quervain, F[ritz] de. Ueber Rechtslagerung des ganzen Dickdarms und partiellen Situs inversus. Von Dr. F. de Q', ... La Chaux-de-Fonds. [Mit 4 Figuren.] Sonder-Abdruck aus dem Archiv für klin. Chirurgie. Bd. 65. Heft 2. II + 10 S. 8. [Berlin, A. Hirschwald, 1901.]

Quervain, F[ritz] de. Über partielle seitliche Rhinoplastik. Von Dr. F. de Q', ... Chaux-de-Fonds. [Mit 3 Figuren.] ⟨Sonder-Abdruck aus dem Centralblatt für Chirurgie [Jahrg 29,] 1902. No. 11.⟩ 5 S. 8. [Leipzig, Breitkopf & Härtel.]

Quervain, F[ritz] de. Ueber acute, nicht eiterige Thyreoiditis. (Vorgetragen am 4. Sitzungstage des 31. Congresses der Deutschen Gesellschaft für Chirurgie zu Berlin, 5. April 1902.) Von Dr. F. de Q', ... Chaux-de-Fonds. Sonder-Abdruck aus dem Archiv für klin. Chirurgie. Bd. 67. Heft 3. 10 S. 8. [Berlin, A. Hirschwald, 1902.]

— die akute, nicht eiterige Thyreoiditis u. die Beteiligung der Schilddrüse an akuten Intoxikationen u. Infektionen überhaupt, s.d. Mitteilungen aus den Grenzgebieten der Medizin u. Chirurgie. 2. Suppl .Bd.

Quervain, F[ritz] de. Die akute, nicht eiterige Thyreoiditis und die Beteiligung der Schilddrüse an akuten Intoxikationen und Infektionen überhaupt, von Dr. F. de Q'... in Chaux-de-Fonds. Mit 6 photographischen Tafeln. VI + 166 S. gr.-8. Jena, Gustav Fischer, 1904. [M. 8. —]
Mitteilungen aus den Grenzgebieten der Medizin und Chirurgie.... 2. Supplementband....

Quervain, F. de. Über die Veränderung des Centralnervensystems bei experimenteller kachexia thyreopriva der Thiere. M. 1 Taf. In-8⁰. 74 S. Bern. These. 1894

Quervain, F[ritz] de. Ueber subcutane Verlagerung und Einklemmung des Leistenhodens. Von Dr. F. de Q', Chaux-de-Fonds. ⟨Mit 8 Abbildungen.⟩ (Sonderabdruck [aus:] Deutsche Zeitschrift für Chirurgie. [1901.] Bd. 61.) II S. + S. 271—289. 8. [Leipzig, F. C. W. Vogel.]

Quervain, Theodor de. Kirchliche und soziale Zustände in Bern unmittelbar nach der Einführung der Reformation ⟨1528—1536⟩. ([Mit Handschriften-Facsimiles und Quellen-]Beilagen.) 8. Bern, Gustav Grunau, 1906.
Ausg. A: Diss. Phil. Bern. XVI + 288 S.
Ausg. B, sep. XIV + 288 S. [fr. 4.—]

Quervain, Th[eophil] de. James Garfield, oder Vom Kanalbootjungen bis zum Präsidenten. [Illustriert.] 56 S. 8. Lengerich i. W., Bischof & Klein, [1905]. [M. —. 30]

Quervain, Theophil de, vom Farmknecht empor zum Staatsoberhaupt! Abraham Lincoln 1809—1865, Präsident der Vereinigten Staaten. (79 S. m. 1 Bildnis.) 8. Zürich 910. Buchh. der ev. Gesellschaft. nn — 65

Querzug, über den, der Lichtritter in seiner religiösen u. histor. Bedeutung. 3 Reden des .... gr. 8. Liegnitz 846. (Berlin, Wohlgemuth.) 1/2 ß

Quesada, Ernesto, Juan R. **Mantilla** u. Alfredo **Persiani,** das Handelsrecht, Wechselrecht, Konkursrecht u. Seerecht der Republik Argentinien, s. Handelsgesetze, die, des Erdballs.

El derecho mercantil, de cambio, de quiebra y maritimo de la Republica Argentina. Das Handelsrecht, Wechselrecht, Konkursrecht u. Seerecht d. Republik Argentinien. Dargest. u. erl. von Ernesto Quesada unter Mitarbeit von Dr. Juan R. Mantilla u. Dr. Alfredo Persiani. Übers. von Heinrich Hillebrand u. Dr. jur. Georg Schaps. (1.) Berlin: v. Decker [1909]. 4⁰ (8⁰)
(Die Handelsgesetze d. Erdballs. Ausg. D. Bd. 4, [1.])

François Quesnay

Herrn Ritter von Quesnay [François Quesnay]Chirurgische Abhandlungen über die Eiterung und den heissen Brand von Johann Herrmann Pfingsten. Bdch.1.2. Berlin: Lange 1786-87. 8⁰
Darin 1: Quesnay: [Traité de la suppuration. Deutsch:] Von der Eiterung. 1786.
Darin 2: Quesnay: [Traité de la gangrène.Deutsch:] Von dem Brand. 1787.

Quesnay, R., über die Eiterung. A. d. Franz. 2 Bdchn. gr. 8. Berlin. 786. Jetzt Reimer.

Quesnay, Ritter, Flor u. Verfall d. Länder, als natürl. Folge d. Begünstigung od. Bedrückung d. Landwirthschaft; nach d. Französ. v. Chr. A. Wichmann. 8, Züllichau 798. Darnmann. (Serig in Leipz.) 9 gr

Quesnay, François: „Allgemeine Gründe der ökonomischen Wissenschaften, vornehmlich des Ackerbaues, des Handels und des Cameralwesens", Frankfurt a. M. und Leipzig 1770 bis 1771. 3 Teile.

Quesnay, François: „Allgemeine Grundsätze der wirthschaftlichen Regierung eines ackerbautreibenden Reiches; übersetzt von V. Dorn und eingeleitet von H. Waentig", Jena 1921 (= „Sammlung sozialwissenschaftlicher Meister", Band I, Teil 2).

Quesnay, F., fondateur du système physiocratique, oeuvres économiques et philosophiques, accompagnées des éloges et d'autres travaux biographiques sur Quesnay par différents auteurs, publ. avec une introd. et des notes par A. Oncken. gr. 8. (XXVII, 814 S.) Frankfurt a/M. 888. Baer & Co. n. 20. —

Quesnay, Système naturel et politique des Etats. 8. Berne, Typ. 791. Rthlr.

Quesnay, Frz. Vide: Neurath W.: Franz Quesnay als Socialphilosoph.

Quesne, s. *Duquesne.*

Quesnel, Louis, Etudes sur les populations rurales de l'Allemagne, s.: Blondel, Geo.

Quesnel, Pasquier

Quesnel, P. S., Asylum innocentiae. 4. Stuttgart. 718.

— Betr. üb. Geheimn. d. Leidens Christi, a. d. Franz. 8. Züll. Hebold. 738.

— Betracht. d. Glückseligkeit d. christlichen Todes. 12. Lpz. Fritsch. 720.

(–) Quesnel, Pasquier: Das Neue Testament unsers Herrn Jesu Christi. Mit erbaulichen Betrachtungen über ieden Vers, damit es im Lesen desto nützlicher gebrauchet, und ihm desto leichter und heilsamer nachgesonnen werden möge; Verfertiget von Paschasio Quesnel, und gedruckt Auf Befehl des damaligen Hrn. Bischoffs und Grafen von Chalons, anitzo Ertzbischoffen von Paris und Cardinals, Hertzogs von Noailles, Pairs von Franckreich, Nebst einer Historischen Vorrede, welche die Päbstliche Constitution wider die 101. verdammten Lehr-Sätze, derer Frantzösischen Ertz- und Bischöffe an den Pabst und Concilium gethane Appellationes, und einen gründlichen und aufrichtigen Bericht, was zwischen dem Römischen Stuhl und der Quesnellischen Parthey bißanitzo vorgegangen, in sich hält (Von Johann Andreas Grammlich). Mit Erlaubniß der Obern. – Franckfurt am Mayn: Weidmann 1718. 1640 S. (*Vorrede von 45 ungez. Bll.*)

Quesnel, Paschasius. Neues Testament; a. d. Franz. . . . Frankfurt 1718.
Ü: *Tittel, August.* (ML)

Quesneville, M. Geo, neue Methoden zur Bestimmung der Bestandtheile der Milch und ihrer Verfälschungen. Deutsch von Vict. Griessmayer. gr. 8. (VIII, 128 S. mit 4 Holzschn.) Neuburg a. D. 885, Griessmayer. * 3 —

(Quesnot de la Chesnée, J. Jacq.) Parallèle de Philippe II. et de Louis XIV. Par M. J. G. Q. 12. Cologne 1709.

Quesnoy, M. F., allgemeine Übersicht u. Betrachtungen über die in den französischen Ambulancen der Krimm beobachteten Krankheiten. Aus dem Werke: „Souvenirs historiques" in's Deutsche übersetzt von J. J. Gut. Zürich 859. (Orell, Füßli & Co.) gr. 8. (86 S.) 12 ngr.

Quesnoy, R., s. Quesnay, Francois

Quesse, der Keuchhusten, seine Verhütung u. Heilung. Ein Ratgeber f. Mütter. 12. (26 S.) Bremerhaven 893. L. v. Vangerow. — 50

Quesse, August [pract. Arzt aus Oldenburg i/Gr.]: Die Vorzüge der Macewenschen Operation gegenüber den früher angegebenen Methoden der Osteotomie .... Oldenburg, Druck v. Ad. Littmann, 1887; 2 Bl. + VII + 34 S. 8°.
München, Med. Fak., Inaug.-Diss. v. 1887.

Quessel, die Influenza. Ein Ratgeber für Gesunde u. Kranke. 8. (31 S.) Bremerhaven 894. L. v. Vangerow. — 50

Quessel, Ludwig. François Quesnay's System der politischen Ökonomie. Darstellung und Kritik. (Buch 2.) Diss. Staatsw. Univ. Zürich. VI + 136 S. 8. Zürich, Kirsten & Zeisberg, 1903.
(Teil eines grössern, in der nächsten Zeit erschein. Werkes.)

Quessel-Lukin, Ludmilla. Das Vorkommen der »Schaumorgane« im Kindesalter. Aus dem Züricher Kinderspital. Diss. Med. Univ. Zürich. 32 S. 8. Darmstadt, Genossenschafts-Buchdr., 1910.

Quest, W. L., das Reitpf. d dargestellt u. durch 23 K. erläutert. 2te Aufl. gr. 8. Berl. Nauck. 815.

Questel, Kaspar

Questel, Caspar (Breslau), De pulvinari morientibus non subtrahendo. Von Abziehung der Sterbenden Hauptküssen / Ex Moralibus, Divinis, Juris item ac Artis Medicae Principiis methodice proposita, et exemplis rarioribus illustrata. Annexo Indice duplici. Diss. acad. Jena (J. Gollner) (Febr.) 1678. 54 S. u. Index I mit Namen u. II. (5.25) 27462
Titel rot und schwarz. — Widm. v.: Joh. Schilter.

— — Dasselbe. Editio altera Variis Accessionibus utilissimis auctior. Jena (J. Gollner) 1683. 53 S. u. Index I mit Namen u. II. (5.25) 27463
Titel rot u. schwarz. — Widm. v. Joh Schilter.

— — Dasselbe. Editio tertia secunda in quibusdam auctior. Jena (J. Gollner) 1698. 53 S. u. Index I mit Namen u. II. (5.25) 27464
Titel rot und schwarz. — Widm. v.: Joh. Schilter.

— — Dasselbe. Von Abziehung der Sterbenden Haupt-Küssen, ex moralibus, divinis, juris item ac artis medicae principiis methodice proposita, et exemplis rarioribus illustratas. Jena (P. Ehrich) 1718. 51 S. u. Index mit Namen. (5.25) 27465
Widm. v.: Joh. Schilter.

QUESTEL, Rudolf: Die Stellungnahme des hl. Anselms von Canterbury im englischen Investiturstreite auf Grund seiner Briefe. — (1905) 92 Bl. 4° (Handschr.) Diss. 628
Diss. Wien, Univ.

Questenberg, Konr., Glück, das, aus Unglück.

QUESTENBERG, Conrad, Glück aus Unglück (der verlorne Sohn) oder Liebe, Freundschaft und Edelmuth. Ein romantisches Gemälde. 2 Thle. Lemgo, Meyer, 1808. 8°. (1⅓ Rthl.) Selten!

Question. La q' de l'assurance obligatoire contre l'incendie en Suisse. 13 p. 8. ([Bâle, Franz Wittmer,] 1909.)

Question des ateliers (*2:* centraux de réparations) du Nord-Est (*2:* à Zurich — **3:* Ateliers du Nord-est suisse). 8. [Berne, C.-J. Wyss.]
[1.] Rapport du Conseil fédéral concernant le recours du Conseil d'Etat et du Conseil municipal de Zurich, des 5 et 6 décembre 1900, relatif au compromis intervenu. ⟨Du 28 mars 1901.⟩ 20 p. 1901.
[2.] Rapport supplémentaire du Conseil fédéral sur le recours des autorités zurichoises contre le compromis intervenu. ⟨Du 24 juin 1901.⟩ 11 p. 1901.
[3.] Arrêté fédéral concernant le recours des autorités de Zurich. ⟨Du 23 juin 1902.⟩ 3 p.

The Danisch-German and Scandinavian **Question.** (Berlin nach 1852.) 4°.

La Question du droit de patente proposé en Suisse. In-8°, 96 p. Bâle et Genève, H. Georg. 1 50
1893

La Question électorale dans le canton du Tessin. D'après les données du Bureau fédéral de statistique. In-4°. 22 p. Berne, Impr. Staempfli.
1893

Question, la, du jour en Russie éclaircie par des faits historiques par L. P. N. Y. Berlin 861. F. Schneider. gr. 8. (14 S.) n. 5 ngr.

Question de l'irrigation par les eaux d'égout à Genève. Mai 1888. In-8°, 31 p. Genève et Bâle H. Georg. 1888 1 —

Question, la, italienne et les partis en Angleterre. Lex.-8. (XII und 59 S.) Leipzig 856(57,) Geibel. *

Question italienne résolue. Projet peut-être réalisable, par S... (Décembre, 1862.) Livré à la publicité sans aucun changement en 1866. Leipzig 866. Kasprowicz. gr. 8. (14 S.) n. 4 ngr.

QUESTION DE LA LÉGISLATION DES CÉRÉALES. Extrait du registre des délibérations de la Société des sciences, agriculture et arts du Bas-Rhin. (Ohne bes. Titelblatt. Strasbourg 1859. Imprimerie de F. C. Heitz.) 8°.

Question, la, d'Orient et la défense de Constantinople. (Avec 2 croquis.) [Aus: „Internat Revue üb. die gesammten Armeen u. Flotten".] gr. 8. (19 S.) Dresden 894. Friese & v. Puttkamer. n. 1. —

Question, la, de la participation de la Confédération à l'assurance contre la grêle. In-8°, 43 p. Bern, Max Fiala's Buchhandlung. 1886 — 70

Question. La question des Réformes dans la Turquie d'Europe. Exposé documentaire par un non-diplomate. 110 p. 8. Paris, A. Chevalier-Marescq & Cie; Leipzig, Breitkopf & Hærtel; Neuchâtel, Attinger Frères, 1903. [fr. 3. 50]

Question des Roumains du Royaume Maghyar présentée au Congrès de paix et d'arbitrage de Berne par les étudiants universitaires roumains. 22 Août 1892. 8. Berne 1892.

Question. La q' de Savoie au sein du Grand-Conseil du Canton de Berne. E. 8. Berne 1860.

Questione. Sulla q' dell'Assicurazione obbligatoria contra l'incendio nella Svizzera. 14 p. 8. ([Basilea, Franz Wittmer,] 1909.)

Fragen der Elementargeometrie (**Questioni** riguardanti la geometria elementare). Aufsätze von ... gesammelt u. zsgest. von Federigo Enriques, Prof., Bologna. Deutsche Ausg. von Dr. Hermann Fleischer. T. 2. Leipzig: B. G. Teubner 1907. 8° [07. 12437

Questionnaire

— de géometrie élémentaire, à l'usage de l'école primaire de la Toussaint. gr. in-12. le même 839. 1/12 ₰

— de Musique, à l'usage de l'école primaire de la Toussaint. Mit 3 Notentaf. gr. in-12. le même 839. 1/12 ₰

Questionnaire de syntaxe latine, à l'usage de l'instruction de la Toussaint. gr. in-12. Strasbourg 839. Levrault. 5 ngr

Questionnaire et Tableau de grammaire française, à l'usage des Institutions de la Toussaint. 2. édit. gr. in-8. Strasbourg 840, Levrault. geb. 3/8 ₰

Questionnaire de Zoologie élémentaire, à l'usage de l'école primaire de la Toussaint. 12. (2 B.) Strasbourg 843, libr. Levrault. *

Questions sur l'Encyclopédie, p. les amateurs. 9 Vol. gr. 8. Basle, Flick. 779.

QUESTIONS SUR LA GÉOGRAPHIE DU DÉPARTEMENT DE LA SARRE, proposées par la Société des recherches utiles du dit Département à ses membres correspondans. — Fragen in Bezug auf die Erdbeschreibung des Saar-Departements, von der Gesellschaft nützlicher Untersuchungen dieses Departements, ihren correspondirenden Mitgliedern vorgelegt. Trier. s. a. Bei Hetzrodt. 8°.

Questions morales. In-12°. Neuchâtel, Delachaux & Niestlé. 1897
I. La force du Roi. 14 p. — 15
II. Le droit de Dieu. 23 p. — 25

Questions politiques. 8. Leipz. 779. (W. Vogel). 8 gr.

Questions, quarante, adressées par les docteurs juifs au prophète Mahomet. Le texte Turc avec un glossaire Turc-Français publié sous les auspices de la société orientale d'Allemagne par J. Th. Zenker. Lex. 8. (IV u. 159 S.) Vienne 850. Leipzig, Dyk. n. 2 ₰ 6 ngr

Questions, Les, de Zapata. Traduites ... Leipsik 1766. V: *Voltaire, François Marie Arouet de.* (BrMm)

Quétant, Antoine Francois

Quétant, A. F. Hans, der Schuhflicker. Singspiel; a. d. Franz. Frankfurt 1772. Ü: *Faber, Joh. Heinrich.* (Ky)

— Hans, der Schuhflicker. Sgspl.; aus d. Französ. (v. J. H. Faber). 8. Frankf. 772. Andreä. 6 gr

Quétant, Maréchal ferrand. Op. com. en 1 A. 8. Berlin, Rottmann. 6 gr

Quétant, Antoine François. Der Schlosser. Singspiel ... a. d. Franz. Frankf. u. Leipzig 1772. Ü: *Faber, Johann Heinrich.* (GGr) (Ky)

— der Schlosser. Singspl.; aus d. Französ. (v. J. H. Faber). 8. Frankf. 772. Andreä. 6 gr

Quetelet, Adolf

Quetelet, A., Annuaire de l'Observatoire royal. 13. Année 1846. 16. Brüssel 845, Muquardt. 3/4 ₰

Quetelet, A., annuaire de l'observatoire royal de Bruxelles. 1847—1849. 14—16. année. 18. (348. 364 u. 386 S.) Bruxelles. (Muquardt.) à n. 2/3 ₰

— Linster et Fritsch, C., Sur les époques comparées de la feuillaison et de la floraison à Bruxelles, à Stettin et à Vienne.

Quetelet, A., über den Menschen u. d. Entwicklung seiner Fähigkeiten, od. Versuch einer Physik d. Gesellschaft. Deutsche Ausg. im Einverständniss mit d. Verf. besorgt u. mit Anmerkn. vers. v. V. A. Riecke. Nebst e. Anh., enth. d. Zusätze d. Verf. zu dieser Ausg. gr. 8. (42½ B. u. 7 Stnt.) Stuttgart 838, Schweizerbart'sche Buchh.

Quételet, Ad., zur Naturgeschichte der Gesellschaft. Deutsch u. mit Literaturnachweisen herausg. von Karl Adler. Hamburg 856. Hoffmann u. Campe. 8. (XX, 314 S. u. 1 Tab. in 4.) 1 ₰ 7½ ngr

Quetsch, Carl H., s. Quetsch, Karl H.

Die Entwickelung des Zeitungswesens seit der Mitte des 15. bis z. Ausgang d. 19. Jahrhunderts von Franz H. **Quetsch**. Mit 5 Abb. *Mainz: Mainzer Verlagsanst. 1901.* (77 S.) 8° [F.] [01. 7700 3

Quetsch, Frz. H., Geschichte d. Verkehrswesens am Mittelrhein. Von den ältesten Zeiten bis zum Ausgang d. 18. Jahrh. Nach den Quellen bearb. gr. 8. (IX, 416 u. IX S m. 42 Abbildgn.) Freiburg i/B. 891. Herder. n. 7. —

Quetsch, Frz. H., das Verkehrswesen am Mittelrhein im Alterthum. gr. 8. (45 S. mit 1 Taf.) Mainz 887, (Wilckens.) *

Quetsch, Gustav [approb. Arzt aus Strassburg i. E.]: Beiträge zur Gastrostomie.... Strassburg, Buchdr. R. Schultz & Comp., 1886; 60 S. 8°. Strassburg, Med. Fak., Inaug.-Diss. v. 1886.

Quetsch, Karl H.

Quetsch, Carl H (Giessen)
Die Pyosalpinx und deren operative Entfernung. Ein casuistischer Beitrag zur Kenntniss und Therapie der Bauchtumoren.
Mainz: J. Falk III. 1883.
Diss. med. Giessen 4.4.1884. vorh. 26. 7. la.

Die deutschen Brüder (v. A. Queva). o. O. [Berlin?] u. J. (1864.) 1 Bl. 8°

Queva & Comp., H. (in Erfurt), Turbinen-Bau. 46 (eingedr. Holzschn.-)Abbildungen. 4., verm. Ausg. 4. (36 S.) Erfurt 879. (Berlin, Gaertner.) n. 1. —

Queva & Cie. Turbinen-Bau. Prospect. Erfurt, 1883.

Queva, H: Turbinen-Bau. 5. Ausg. Erfurt (1882?)
Queva, H: Turbinen-Bau. Jubiläums- (6.) Ausg. Breslau (1883?)

Queva und Comp., H., Turbinen-Bau. 5. verm. Ausg. hoch 4. (27 S. mit 66 Abbild.) Erfurt 885. (Berlin, Gaertner's Verlag.) *

Queva, H., & Co., Turbinen-Bau v. H. Qu. & Co. in Erfurt, Maschinenfabrik u. Eisengiesserei. Jubiläums- [6.]Ausg. gr. 4. (27 S. m. 83 Abbildgn.) Berlin 892. (R. Gaertner.) n. 1. —

Quevedo y Villegas, Don Francisco Gomez de

— Geschichte eines Kraftgenies. 8. Hamb. 789. Campe. 14 gr.

Quevedo, Don Francisco Gomez de, Geschichte u. Leben des großen Spitzbuben Paul v. Segovia, s. Liebhaber-Bibliothek, kulturhistorische, 14. Bd.

Geschichte und Leben des großen Spitzbuben Paul von Segovia [Historia de la vida del Buscon llamado Don Pablos] von Don Francisco Gomez de **Quevedo** [y Villégas]. Nach d. Übers. von Johann Georg Keil hrsg. u. eingel. von Dr. Karl Biesendahl. Berlin & Leipzig: J. Hegner [1904]. (XXVI, 239 S.) 8° [F.]
= **Liebhaberbibliothek**, Kulturhistorische. Bd 14. [05. 3737

Quevedo, Franc. Gomez de, der Glücksritter, s. Bibliothek d. Belletristiker 1. u. 2. Bdchn.

— dass., s. auch: Bibliothek der vorzügl. Belletristiker des Auslandes, 1. Bdchn.

Quevedo, Don Francisco Gomez de, der Glücksritter. Span. Sittengemälde. Mit Erläutern. versehene deutsche Bearbeit. v. B. F. Guttenstein. 2 Bdchn. 8. (18 B.) Karlsruhe 841, Macklot.

— Gran Tacanno, od. Leben u. Thaten eines Erzschelms; kom. Roman; frei nach d. Spanisch. von A. Schoppe; geb. Weise. 2 Thle. 8. Leipz. 826. (Krappe). 2 ß

Quevedo, Gran Tacanno, oder Leben u. Thaten eines Erzschelms. Komischer Roman, frei nach d. Span. von A. Schoppe, geb. Weise. 2 Thle. 8. Leipz. 825, Taubert.

— dass. aus d. Span. v. J. G. Keil 2c., s. Bibliothek, class. Romane. 10r Bd.

de Quevedo, Villegas, der Nachtwandler. 8. Wien 792. Schalbacher. 9 gr.

Quevedo Villegas, Fr. de, obras, s. Biblioteca de autores españoles.

Quevedo, Frz. de, Reisen, s. Reisen in die andere Welt.

Quevedo, Frz., Reisen in die andere Welt, od. über- u. unterirdische Visionen u. Phantasien verschied. Geisterseher; aus d. Span. 8. Leipz. 787. Weygand. 14 gr.

— lustige und sinnreiche Schriften. 8. Kopenhagen, Pauli. 704.

—— Schwänke, Fahrten u. Abenteuer des Pedrillo Pablo de Molina. Nach d. Span. v. B. F. Guttenstein. 8. (19¼ B.) Heilbronn 842, Drechsler'sche Buchh. *

Quevedo Villegas, Francisco de. Der Zauberer in der Flasche; a. d. Span. Göttingen 1781. Ü: *Vezin, Heinrich August.* (MGT)

— der Zauberer in d. Flasche; aus d. Span. v. H. A. Vezin. 1e Unterredung. 8. (Götting.) 781.

Queyrat, Fr., das Denken beim Kinde u. seine Pflege. Nach der 2. Aufl. des Originals übers., m. Vorwort u. Anmerkgn. versehen v. **Paul Krause**. (VIII, 84 S.) gr. 8. Leipzig 907. E. Wunderlich. 1.20; geb. in Leinw. 1.60

Qui a imprimé la première lettre de Cristophe Colomb? gr. 8. (20 S.) Lpz. 892, Harrassowitz. * 2 —
Aus: Centralbl. f. Bibliothekswesen, besonders abgedruckt.

Qui pro quo oder der Mann, der alles weiss. Lustspiel in einem Akt. Wien 1803. V: *Guttenberg, Andr. Jos. von.* (Ky)

Qui pro quo, oder der Mann, der alles weiß. Lstspl. in 1 A. (von A. J. v. Guttenberg). 8. Wien 803. Wallishausser. 6 gr.

Qui resistit potestati, Dei ordinationi resistit. Wer sich gegen seine Regierung auflehnet, sträubet sich gegen die Anordnung Gottes. Brixen 1807. V: *Hofstetten, Johann Theodor.* (margr)

Qui voit tout mauvais, est rempli de malice, L'oeil qui voit tout jaune, est attient de jaunisse. ([An den Verfasser der Schrift:] An mein liebes Vatterland.) 4. [Zürich 1763.]

Quibell, J. E., Excavations at Saqqara. (Service des antiquités de l'Égypte.) Vol. I—III. 34,5×28 cm. Le Caire. (Leipzig, K. W. Hiersemann.) nn 181. 20
I. (1905—1906.) (V, 25 S. m. z. Tl. farb. Taf.) 907. nn 36. —
II. (1906—1907.) With a selection on the religious texts by P. Lacau. (II, 85 S. m. 64 z. Tl. farb. Taf.) 908. nn 72. 60
III. (1907—1908.) With selections by Sir Herb. Thompson, Bart., and W. Spiegelberg. (VI, 121 S. m. 67 [1 farb.] Taf.) 909. nn 72. 60

Excavations at Saqqara (1905—1906) by J. E. Quibell. Le Caire 1907: Inst. franç. d'archéol. orient.; (Leipzig: K. W. Hiersemann in Komm.). (V, 34 S., 40 Taf.) 4°
(Service des antiquités de l'Égypte.) [c8. 13116 7]

— Tomb of Yuaa and Thuïu, s.: Catalogue général des antiquités égyptiennes du musée du Caire. 43.

Quibell, M., Archaic objects, s.: Catalogue général des antiquités égyptiennes du musée du Caire. XXIII.

Quichote de la Manche, s. Don Quichote.

Quichotte, s.a. Quixotte

QUICHOTTE, Don, Der Französische, in Böhmen. Fontainebleau 1743. 8°. $1^1/_2$ Bogen. Sehr selten!
In Versen. — Cat. Meissner III. p. 533; Haydinger's Bibl. I. 2. (Wien 1876), no. 711, Beibd.

Quick, F. Befreiung von sämmtlichen Abgaben durch hypothecirtes Papiergeld. 8°. Marburg 1873.

Quick, Walter Jakob [aus d. Ver. Staaten, Amerika]: Untersuchung über den Einfluss der Samen der gemeinen Futterwicke '(Vicia sativa L.)' auf die Milch-Secretion ... Halle a/S., Plötz'sche Buchdr., 1890; 44 S., 1 Bl. 8.
Halle, Phil. Fak., Inaug.-Diss. v. [5. Sept.] 1890

Quickborn. Monatsschrift für häusliche Erziehung. Unter Mitwirkung bewährter u. namhafter Pädagogen, Aerzte u. Litteraten hrsg. v. P. Ch. Martens. 1. Jahrg. Oktbr. 1881—Septbr. 1882. 12 Nrn. (2 B.) Nebst Beilage: Unsern Kleinen. (½ B.) 8. Hannover. Leipzig, Heitmann in Comm. n. 5. —; Beilage ap. n. 1. —

Quickborn. Monatsschrift für häusl. Erziehung. Unter Mitwirkung bewährter und namhafter Pädagogen, Aerzte und Litteraten hrsg. von P. Ch. Martens. 1. Jahrg. 1881. Nr. 1 und 2. (à Nr. 2 Bog.) Nebst Beilage: Unsern Kleinen. (½ Bog.) 8. Hannover. (Leipzig, Heitmann.) — —
Nicht weiter erschienen.

Quickborn. Hrsg. v. Will. Bauer. Red.: Emil Schering. 1. Jahrg. Oktbr. 1898—Septbr. 1899. 12 Hfte. (à 24 S. m. z. Tl. farb. Abb.) hoch 4. Berlin, deutscher Kunst-Verlag. 10. —; einz. Hfte. n. 1. —
Kann auch halbjährlich bezogen werden.

Quickborn. Mitteilungen aus d. „Quickborn, Vereinigg. v. Freunden der niederdeutschen Sprache u. Literatur" in Hamburg. Hrsg. v. Vorstand der „Vereinigg. Quickborn" in Hamburg. Schriftleitg.: Paul Wriede. 1. Jahrg. Oktbr. 1907—Juli 1908. 7 Nrn. (114 S. m. Abb.) 8. Hamburg. (Leipzig, C. Beck.) 2. 40
Fortsetzung s.: Mitteilungen aus dem Quickborn.

Quickborn. Mitteilungen aus d. 'Quickborn, Vereinigung von Freunden d. niederdeutschen Sprache u. Literatur' in Hamburg. Jg. 1, Nr. 1/2. Hamburg 1907: (Hartung & Co.). 8° [Z.] [07. 17774 9]

Quickborn der Lebensweisheit. Bausteine zur Diätetik der Seele ... Leipzig 1859. V: *Findel, Jos. Gabr.* (Ky)

Quickborn der Lebensweisheit. Bausteine zur Diätetik der Seele. Von G. F. v. L. (J. G. Findel). 16. Leipzig 859. Luppe. (Förster & Findel.) 16. (VIII, 127 S.) n. 18 ngr.

Quickborn. Für die Jugend ausgewählt v. Adf. Klinger. 1. Bd. kl. 8. Reichenberg 908. H. Richter's Söhne. — 35; geb. in Leinw. — 60
Das Stuttgarter Hutzelmännlein. Märchen. Von Eduard Mörike. Bilder u. Buchschmuck v. Rud. Strnad. (67 S.)

Quicken, Kurmittel d. Bades Lippspringe u. ihre Anwendg. insbesondere bei Lungenschwindsucht. 3. Aufl. 8. (60 S.) Paderborn 871. Schöningh. n. — 60

Quicken, Herm. Rud. Philipp. (geb. Büren in Westf. 30. 11. 1834):
De talipedibus. Berolini (1859). (32 S.) 8°
Berlin, Med. Diss. v. 18. Aug. 1850

Quicken, Wilhelm: Zur Genese der Hemicephalie. (Hierzu 1 Taf.) Halle a. S. 1885: Plötz. 30 S., 1 Taf. 8°
Halle-Wittenberg, Med. Diss. v. 11. [vielmehr: 21.] Aug. 1885
Geb. Büren (Westf.) 3. 11. 1859. V.
Dieser Titel wird hier nachgeholt, da er im Jahresverzeichnis der an den Deutschen Universitäten erschienenen Schriften, 1. 15. 8. 1885 bis 14. 8. 1886, Berlin 1887, fehlt.

Quickert, Karl

Quickert, Carl. Gedenkblätter z Besiedelung von Wash Co, Wis. West Bend, 1907.

Quickert, Wigand, a. Traben-Trarbach (Mosel): (Aus d. pathol. Institut zu Bonn.) Über ein papilläres Fibrom der Pulmonalklappe. Bonn 1905: C. Georgi. (46 S.) 8°
Bonn, Med. Fak., Ref. Ribbert, Diss. v. 8. Juni 1905
[Geb. 4. Dez. 76 Argenthal b. Simmern; Heimatsort: Argenthal; Staatsangeh.: Preußen; Vorbildung: Gymn. Trarbach Reife O. 97; Studium: München 2, Marburg 6, Bonn 1 S.; Coll. 8. Juni 05; Approb. 1. August 03.]

Quickmann, D. F.: „Ordnung oder Sammlung derer in dem Königlich Preussischen Herzogthum Pommern und Fürstenthum Camin bis zu Ende des 1747. Jahres publicirten Edicten, Mandaten und Rescripten in Justiz-, Policey-, Militair-, Lehn-, Forst-, Post-, Zoll-, Accise-, Steuer-, Manufactur- und Oeconomie-Sachen ....", Frankfurt a. d. O. 1750.

Quicks, Fr., Zeichenhefte. Nr. 1—6. qu. 4. (à 16 lith. S.) Warburg 878. Quick. à n. — 15

Quid erit? Die österreichischen Reichsrathswahlen im Jahre 1891 und die conservativen Parteien. 8. (19 S.) —.25
Wien: „Austria", Drescher 1890.

Quid est Papa? Refutatio irrefutabilis libri german. sub eod. titulo contra Austr. novatur etc. directa ab Frz. Mor. Xav. Indagine, (a Glo. N. Fischer). 8. Dessau 782. (Maurer in Berl.) 6 gr.

Quid est Papa? Refutatio irrefutabilis libri Germanici sub eodem titulo contra propositiones Austriacas ... Romae et Dessaviae [Berlin] 1782. V: *Fischer, Gottlob Nathanael.* (ML) (WF)

Quid est veritas? Eine religiöse Entwickelung in Gedichten von Alethes. 12. (80 S.) Dresden 881. v. Grumbkow. n. 1. —

Quid faciamus nos? (Von Konst. Franz.) 1. u. 2. Aufl. (2 Bl., 106 S.) — 3. Aufl. Mit einem Nachwort über die Neutralitätspolitik. Berlin 858. F. Schneider. gr. 8. (2 Bl., 151 S.) n. 15 ngr.

Quid pro quo, s. Theatre, the modern english comic. III. Serie.

Quid religio moralis ad formandos juvenum animos faciat? Erfurti 1796. V: *Dominikus, Jacob.* (MGT)

Quida [Pseud.]
s.a.La Ramée, Louisa de [Wirkl. Name]

B e b é e . Roman. Die schöne Favette. Eine Rokokoskizze. Von Quida [d. i. Louise de La Ramée]. Deutsch von A[rthur] Roehl. Mit Ill. von A. Lewin. Berlin, Eisenach, Leipzig: H. Hillger [1904]. (111 S.) 8°
= Bücherschatz, Kürschners. No. 415.

Quida. Politisches und sociales Elend in Italien. Kl. 8°. 51 S. Zürich, Caesar Schmidt. — 60
1899

(F) **Quida,** Farnmor. Aus dem Englischen. [Klassische Erzählungen der Weltliteratur. Bd. 3. Sammlung Prochaska.] 8°. (168 S.) geb. K 1.—
Teschen: Prochaska 1904.

Don Gesualdo. Erzählg v. Quida. Autoris. Übs. v. Arthur Roehl. *Berlin: R. Eckstein Nachf. [1897].* (72 S.) 1 Bd 8.
= 50 Pfennig-Bibliothek, Eckstein s. No 25. [98. 6645

Quida—G. Schulze, ein Beichtgeheimnis. Kriminalroman. (164 S.) 8. Gera (906). P. Stößner. 1.—

Quidam [Pseud.], s.a. S t i n d e , Julius

Quidam, s.a. A u s t r i a , felix.

Quidam, Felix Austria. 8°. (16 S.) K —.50
Wien: Manz 1907.

Quidam, s.a. D e u t s c h l a n d am Scheidewege.

Quidam (Verfasser der Europäischen Gefahren). Deutschland am Scheidewege. Eine Studie der heutigen europäischen Lage vom Standpunkte der Rassenfrage aus. Gr. in-8°. Zürich, Cäsar Schmidt. 1897 3 —

Quidam, s.: G o t t , der alte, u. das XX. Jahrhundert.

Quidam, s.: Haupt- u. Nebengeleise.

Quidam, H. H., s.a. Contra Caligula.

Contra Caligula. E. Studie üb. Deutschen Volkswahnsinn v. H. H. Quidam [d. i. Hermann Heinrich **Rothe**] ... *Leipzig: Comm.-Verl. v. E. Rust; (Dr. v. C. Kirchner in Nordhausen) 1894.* (1 Bl., 17 S.) 1 Bd 8. [96. 580

Quidam, J. [Pseud.], s.a. B a s s e , Heinrich

Quidam, J., s.a. K a m p f u. S t a u b , der große, in Dresden.

Quidam, J., Der grosse Kampf und Staub in Dresden. Randglossen über den socialdemokratischen Parteitag im roten Sachsenlande. 8°. München, Münchener Volksschriften-Verl., 1903.

— s.: Pilgerfahrt, e. profane.

Quidde, A. Das Malfattische Problem. Beweis der Steinerschen Auflösung. 18 S. u. 4 Figurent. . . .
Herford, Progr. 1849

Quidde, A. Sätze aus der Lehre der Proportionalität der Linien und Ähnlichkeit der Figuren. 17 S. Figurent. . . .
Herford, Progr. 1848

Quidde, Ad.: Zwei kleinere mathematische Abhandlungen. -- 22 S. — Stargard. — G. -- (113).

Quidde, Adolf 1. Attraktion von geraden Linien und Punkten. 2. Kurven gleicher Steilheit auf Flächen zweiten Grades. 22 S.
Progr. *Stargard Po.* 1879.

Quidde, Adolf Analytisch-geometrische Aufgaben. 15 S. Rg. *Erfurt* 1881.
Progr.

[**Quidde,** Adolphus]: •De quadam superficie superficiem secundi ordinis tangente. 13 Bl. 2°
Halle-Wittenberg, Phil. Diss. v. 30. Okt. 1866
Geb. [Dörnten (Kr. Goslar) 9. 1. 1838]

Quidde, Ludwig (Mitarb.), s. A b h a n d l u n g e n , Zwei historische, Herrn Justizrat Dr. Ludwig Heinrich Euler z. 50. Jahrestage seiner Doctorpromotion.

Bedürfniss, das, nach Reformen an der Hof- u. Staatsbibliothek in München. Beobachtungen e. Besuchers, zugleich als Motivirg. f. e. Nachtragsetat. gr. 8. (29 S.) München 894. Th. Ackermann. n. — 40

Quidde, L., Caligula. Eine Studie üb. röm. Cäsarenwahnsinn. [Aus: „Die Gesellschaft".] 1.—26. Aufl. gr. 8. (20 S.) Leipzig 894. W. Friedrich. n. — 50

QUIDDE, Ludw. (Prof. Dr., in München, geb. 23. März 1858 in Bremen), C a l i g u l a. 1.—30. Auflage. 1894 ff. (1 Mk. 20 Pfg., 12. Aufl., O. Rauthe, 1909.)
Kürschner's Lit.-Kal. f. 1909, Sp.-S. 1296.

— dasselbe. Ergänzg., s.: G r a y , James, Caligula's Leben u. Grausamkeiten.

Quidde, Ludw., die E n t s t e h u n g d. Kurfürstencollegiums. Eine verfassungsgeschichtl. Untersuchg. gr. 8. (119 S.) Frankfurt a/M. 884. Jügel's Verl. n. 2. 80

Der Militarismus im heutigen deutschen Reich. Eine Anklageschrift. Von e. deutschen Historiker. [Verf.: Ludwig **Quidde,** Prof.] Stuttgart: Lutz 1893. 61 S. 8° [11. 4120

Quidde, L., König Sigmund u. das Deutsche Reich von 1410 bis 1419. [I. Die Wahl Sigmunds.] Inaugural-Dissertation. gr. 8. (54 S.) Göttingen 881. (Vandenhoeck & Ruprecht.) n. 1. 40

— der schwäbisch-rheinische S t ä d t e b u n d im J. 1384 bis zum Abschluss der Heidelberger Stallung. gr. 8. (V, 237 S.) Stuttgart 884. Cotta. n. 6. —

Quidde, L., die bayerische Steuerreform. (VIII, 192 S.) gr. 8. München 909. J. Schweitzer Verl. 2. —

Quidde, Ludw., Studien zur deutschen Verfassungs- und Wirthschaftsgeschichte. 1. Heft: Studien zur Geschichte des rhein. Landfriedensbundes von 1524. gr. 8. (X, 54 S.) Frankfurt a. M. 885, Jügel's Verlag. *

— u. M. G. **Conrad**, Wetterleuchten der Reaction. Zwei Betrachtgn. üb. d. Umsturzvorlage. M. e. Bericht üb. d. Münchener Volksversammlg. vom 4. Jan. 1895. 1.—4. Taus. gr. 8. (52 S.) München 895. Staegmeyr. n. — 70

Quidde, L., s.: Zeitschrift, deutsche f. Geschichtswissenschaft.

Quidde, Walter, a. Braunschweig: Über Gauss'sche Kreise auf Rotationsflächen. Kiel 1905: Schmidt & Klaunig. (85 S.) 8°

Kiel, Phil. Fak., Ref. Stäckel, Diss. v. 11. Febr. 1905

[Geb. 21. Sept. 80 Braunschweig; Wohnort: Braunschweig; Staatsangeh.: Braunschweig; Vorbildung: Gymn. Martino-Katharineum Braunschweig Reife O. 99; Studium: Göttingen 3, Berlin 2, Göttingen 2, Kiel 4 S.; Rig. 26. Nov. 04.]

QVID Pro Quo, Das, der ehelichen Zärtlichkeit, oder die Unschuld bei kirchen- und blutschänderischer Liebe. Eine Geschichte, von ihrem Helden selbst erzählt. Leipzig, Kummer, 1799. 8°. (3 Mk. Scheible, 1872; jetzt theurer!)

Nur dem Titel nach erotisch. Scheint Uebersetzung aus d. Französ. Der Held ist aus Toulouse gebürtig. 152 SS. Der Stoff vielleicht derselbe wie in d. 30. Erz. des Heptamerons der Kön. Marguerite. — Zu vergl. wäre die Ausg. von Leroux de Lincy für die Soc. des Bibliophiles Franç. Paris, Labure, 1853—54. III. 8°. Nouv. éd. . . . par Anat. de Montaiglon. Paris, A. Eudes. 1880. IV. 8°, wo die Quellen u. Nachahmungen. (Privatbericht.)

Quiehl, Karl, französische Aussprache u. Sprachfertigkeit. Phonetik, sowie mündl. u. schriftl. Übgn. im Klassenunterrichte. Auf Grund v. Unterrichtsversuchen dargestellt. 2., umgearb. u. verm. Aufl. (der Einführg. in die französische Aussprache). gr. 8. (VIII, 154 S.) Marburg i/H. 893. N. G. Elwert's Verl. n. 2. 70

Quiehl, Karl, französische Aussprache u. Sprachfertigkeit. Phonetik, sow. mündl. u. schriftl. Übgn im Klassenunterrichte. Auf Grund von Unterrichtsversuchen dargest. 3. Aufl. gr. 8. (VIII, 188 S.) Marburg 899. N. G. Elwert's Verl. n. 3. 20; geb. n. 3. 80

Quiehl, Karl, französische Aussprache u. Sprachfertigkeit. Ein Hilfsbuch zur Einführg. in die Phonetik u. Methodik des Französischen. 4., umgearb. Aufl. (VIII, 332 S.) gr. 8. Marburg 906. N. G. Elwert's Verl. n. 5. —; geb. in Leinw. n. 5. 80

Quiehl, *Karl* [Dir. Dr.]: *Bericht über seine Einführung als Direktor der Anstalt.* Cassel, Druck v. L. Döll, 1896; 19—20 S. 4.
Cassel, OR, P 1896 (422)

Quiehl, Karl [Oberl. Dr.]: Die Einführung in die französische Aussprache. Lautliche Schulung, Lautschrift und Sprechübungen im Klassenunterricht. Cassel, Druck v. L. Döll, 1889; S. 1–49; 4°
Cassel, st. R, OP 1889 (375)

Quiehl, K., die Einführung in die französische Aussprache. Lautliche Schulg., Lautschrift u. Sprechübgn. im Klassenunterrichte. Auf Grund v. Unterrichtsversuchen dargestellt. gr. 4. (IV, 49 S.) Marburg 889. Elwert's Verl. n. 1. 20

Quiehl, Karl, der Gebrauch des Konjunktivs in den ältesten französischen Sprachdenkmälern bis zum Rolandsliede einschliesslich. Inaugural-Dissertation. gr. 8. (42 S.) Kiel 881. (v. Maack.) n. 1. 20

Quierner, Karl Samuel

Quierner, Carl Samuel (Löbau / Lausitz), Specimen continens caput jur. controversum de donatione nascituro facta. Präs. Christian Heinr. Breuning. Leipzig (Langenheim) 4. V. 1768. 11 S. (3.50) 27470

Quieta movere! Ein ernstes Wort in ernstem Augenblick. 1.—4. Aufl. gr. 8. (22 S.) Berlin 891. Rosenbaum & Hart. n. — 50

Quietmeyer, E., Fibel, s.: Gölitz, G.

Quietmeyer, E., Kinderheimat, s.: Gölitz, G.

— Kinderheimath, s. Kinderheimath.

— u. L. **Münkel**, Kinderheimath, siehe: Münkel, L.

—— erstes Lesebuch, s. Kinderheimat.

— L. **Münkel** und G. **Gölitz**, Schreib-Lese-Fibel. Hannover 854. Helwing. 8. (72 S. m. Holzschn. im Text.) nn. 2½ ngr.

Quietmeyer, E., Schul- u. Hausfreund. Deutsches Lesebuch f. Volksschulen. 12. (XII u. 324 S.) Hannover 850, Helwing. — 2. Aufl. gr. 12. (XII u. 324 S.) Ebd. 852. — 4. Aufl. gr. 12. (XII u. 324 S.) Ebd. 852. n. 6¼ ngr.

Quietmeyer, E., der Schul- und Hausfreund. I. Deutsches Lesebuch für Volksschulen. 5—11. Aufl. 853—58. n. 6¼ ngr. — 12. Aufl. Hannover 859. Helwing. 12. (XII, 324 S.) n. 8½ ngr.

— — II. Deutsches Lesebuch für Oberklassen der Volksschulen u. Mittelklassen höherer Schulen. 853. — 2. Aufl. 858. 12. (VIII, 664 S.) n. 12½ ngr.

Quietmeyer, E., Schul- u. Hausfreund. 1. u. 2. Theil. Hannover. 859—64. Helwing. n. 18¾ ngr.
I. Deutsches Lesebuch für Volksschulen. 13—20. Aufl. (X, 324 S.) u. 6¼ ngr.
II. Deutsches Lesebuch für Oberklassen der Volksschulen u. Mittelklassen höherer Schulen. 3. u. 4. Aufl. (VIII, 664 S.) n. 12½ ngr.

— Schul- u. Hausfreund I. Deutsches Lesebuch für Volksschulen. 21—25. Aufl. Hannover 865—69. Helwing. gr. 8. (XII, 324 S.) n. 6½ ngr.

Quietmeyer, E., Schul- und Hausfreund. I. Deutsches Lesebuch für Volksschulen. 22.—29. Aufl. gr. 8. (XII, 324 S.) Hannover 868—72, Helwing's Verlag. *

—— dass. — Deutsches Lesebuch. 30. Aufl. Mit Rücksicht auf die allgemeinen Bestimmungen vom 15. Octbr. 1872 vollständig umgearb. I. und II. gr. 8. Ebendas. 873. *
Inhalt:
I. Vorschule. (VIII, 160 S. mit eingedr. Holzschn.) * 50 Pf.
II. Lesebuch. (VIII, 432 S.) * M 1,25.

—— Schul- und Hausfreund. Deutsches Lesebuch. Mit Rücksicht auf die allgemeinen Bestimmungen vom 15. Octbr. 1872 vollständig neu bearb. von Menke und Bergmann. 31.—33. verb. Aufl. 2 Thle. gr. 8. Hannover 874—76, Helwing'sche Verlagsh. * 1 90
Inhalt:
Thl. 1. Vorschule. (VIII, 158 S. mit eingedr. Holzschn.) * 60 Pf.
„ 2. Lesebuch. (XII, 426 S.) * M 1,30.

Quietmeyer, E., G. Gölitz und L. Münkel, Wandfibel, s. Gölitz.

Quietmeyer, F., s. Quietmeyer, E.

Quietmeyer, Friedrich, Reg.-Baumeister a. D.: Zur Geschichte der Erfindung des Portlandzementes. Berlin: Tonindustrie-Zeitung 1911. XX, 188 S. 8° ¶ Buchausg. 1912.
Hannover, Dr.-Ing.-Diss. v. 4. 7. 1910

Quietmeyer, K. H., Franz Wilhelm Metz, Vorkämpfer f. alle Leibesübungen, Bahnbrecher u. Organisator des Turnwesens in der Prov. Hannover. Mit 2 Abbildgn.: Fr. Wilh. Metz als Rollschuhläufer u. Metz' Grabdenkmal. gr. 8. (IV, 59 S.) Hannover 902. Hahn. n. 1. —

Quietmeyer, K. H., Turnübungen f. mehrklassige Knabenschulen. Im Auftrage d. Hannoverschen Orts-Turnlehrer-Vereins bearb. 16. (X, 146 S.) Hannover 890. Norddeutsche Verlagsanstalt. geb. n. 1. 20

Quiggin, Edmund Crosby, B.A., (late Scholar of Gonville and Caius College, Cambridge): Die lautliche **Geltung** der vortonigen Wörter und Silben in der Book of Leinster Version der Tāin bō Cualnge. *Greifswald 1900: J. Abel.* (60 S.) 8°
Greifswald, Phil. Diss. v. 18. Aug. 1900

Nordische Lehnwörter im Lappischen v. **J. K. Quigstad.** Christiania 1893. (Christiania Videnskabs-Selskabs Forhandlinger for 1893. Nr. 1.) 8°

Quiguerez, A.: Carte archéologique ..., s. Bonstetten

Quilindaña [Schlagwort]

Quilindaña, s.: **Vulkanberge.**

Quilling, Fritz, Penelope-Aidos. Eine archäolog. Hypothese. gr. 8. (58 S. m. 1 farb. Abbildg.) Frankfurt a/M. 898. (J. Baer & Co.) n. 3. —

Quilisch, Heinrich

Quilisch, H., Heimatskunde der Prov. Brandenburg. Für die Hand der Schüler anschaulich-ausführlich dargestellt. gr. 8. (I, 70 S. m. 27 Abbildgn.) Freienwalde (899). (Leipzig, O. Maier.) n. — 60

Heimatkunde der Provinz Brandenburg. Für d. Hand d. Schüler dargest. von H[einrich] **Quilisch,** Rektor in Freienwalde a. O. Mit Bild. 2. verm. u. verb. Aufl. *Freienwalde: Selbstverl. (1900).* (70 S.) 8° [F.]
[w. 9533

Quilisch, H., Heimatkunde der Prov. Brandenburg. 3. verm. u. verb. Aufl. (72 S. m. Abbildgn. u. 1 Karte.) 8. Leipzig (907). (O. Maier.) — 60; geb. n — 80

— Raumlehre f. Volksschulen. Anleitung aus der Praxis f. die Praxis. 1. Tl. (77 S. m. Fig.) 8. Ebd. 908. 1. 30

— Schülerheft zur Raumlehre. 1. Heft. (30 S. m. Fig.) 8. Ebd. (910). nn — 25

Quilitz, Waldemar, appr. Arzt a. Landsberg a. W.: Die Entwicklung und der heutige Stand der Lehre von der Tetaniekatarakt. Rostock 1908: Winterberg. 40 S. 8°
Rostock, Med. Diss. v. 10. Sept. 1908, Ref. Peters
[Geb. 16. Juni 70 Kursk; Wohnort: Rostock; Staatsangeh.: Preußen; Vorbildung: Gymn. Landsberg Reife O. 98; Studium: Göttingen 5, Leipzig 1, Breslau 2, Leipzig 1, Bonn 2 S.; Coll. 29. Mai 07; Approb. 26. Aug. 04.]
[U 09. 3723

Quilitz, Wilhelm, Referendar: Die Aufrechnung gegen fehlerhafte Schulden. Greifswald 1909: Adler. 89 S. 8°
Erlangen, Jur. Diss. v. 12. März 1909, Ref. Oertmann
[Geb. 28. Aug. 86 Landsberg a. W.; Wohnort: Bentschen; Staatsangeh.: Preußen; Vorbildung: Luisen-Gymn. Berlin Reife O. 04; Studium: München 4, Berlin 2 S.; Rig. 12. Dez. 08.] [U 09. 728

QUILLENSPRODER, A. C. W. von (ps.), Die Begierde. Lustspiel von —. Berlin 1809. 8°.
Bibl. Arcana. London, George Redway, 1885, no. 513: „A comedy foundet on the history of Sardanapalus and introducing scenes of riotous debauchery. A few years ago, a pseudonymous writer in the „Leipziger Buchhändler" caused some stir in literary Germany by attributing this play to Goethe. Thereupon it was reprinted by a Stuttgart publisher, who, doubtless, profited largy by the hoax."

Quiller-Couch, Arthur Thomas

Quiller-Couch, A. T., the adventures of Harry Revel, s.a. Collection of British authors.

The Adventures of Harry Revel. By A[rthur] T[homas] Quiller-**Couch**. Copyright ed. Leipzig: Tauchnitz 1903. 280 S. 8°
(Collection of British authors. Tauchnitz Ed. Vol. 3681.) [11. 8517

— Fort Amity, s.a. Collection of British authors.

Fort amity. By A[rthur] T[homas] Quiller-Couch. Leipzig: B. Tauchnitz 1904. (280 S.) 8°
(Collection of British authors. Tauchnitz Ed. Vol. 3759.) [05. 8985 10

— s.a. Shakespeare's christmas.

Shakespeare's Christmas, and other stories. By 'Q' (A[rthur] T[homas] Quiller-**Couch**). Copyright ed. Leipzig: Tauchnitz 1906. 279 S. 8°
(Collection of British authors. Tauchnitz Ed. Vol. 3860.) [11. 8643

I saw three ships, and other tales. By Q [d. i. Arthur Thomas Quiller-Couch]. Copyright ed. Leipzig: Tauchnitz 1892. 269 S. 8°
(Collection of British authors. Tauchnitz Ed. Vol. 2849.) [11. 7910

Ja, and other tales. By Q [d. i. Arthur Thomas Quiller-**Couch**]. Copyright ed. Leipzig: Tauchnitz 1896. 269 S. 8°
(Collection of British authors. Tauchnitz Ed. Vol. 3157.) [11. 8130

— s.a. Mayor, the, of Troy.

The Mayor of Troy. Written by 'Q' (A[rthur] T[homas] Quiller-**Couch**). Copyright ed. Leipzig: Tauchnitz 1906. 288 S. 8°
(Collection of British authors. Tauchnitz Ed. Vol. 3901.) [11. 8674

Quiller-Couch. A. T., s.a. **Merry-Garden** and other stories.

Merry-Garden, and other stories. By 'Q' (A[rthur] T[homas] Quiller-**Couch**). Copyright ed. Leipzig: Tauchnitz 1907. 279 S. 8°
(Collection of British authors. Tauchnitz Ed. Vol. 3966.) [11. 8732

Dead man's Rock. A romance. By Q. [d. i. Arthur Thomas Quiller-**Couch**]. Copyright ed. Leipzig: Tauchnitz 1893. 310 S. 8°
(Collection of British authors. Tauchnitz Ed. Vol. 2894.) [11. 7943

Quiller-Couch, A. T., s.a. **Ship, the, of stars.**

The Ship of stars. By Q [d. i. Arthur Thomas Quiller-Couch]. Copyright ed. Leipzig: Tauchnitz 1900.
(Collection of British authors. Tauchnitz Ed. Vol. 3406.) [11. 8310

Quilletus, C. Callipaedia seu de pulchrae prolis habendae ratione poëma didacticon. Lipsiae 1886.

von Quillfeldt, Franz: Ueber Syphilis hereditaria tarda (mit 1 Tafel) .... Breslau, Druck v. Th. Schatzky, 1888; 60 S. + 2 Bl. u. 1 Taf. 8°
Breslau, Med. Fak., Inaug.-Diss. v. 7. Jun. 1888

Quillfeldt, Frz. v., über Syphilis hereditaria tarda. Inaugural-Dissertation. gr. 8. (90 S. mit 1 Taf.) Breslau 888, (Köhler.) *

Quillfeldt, W[ilhelm] von: Altrömisches Landwirtschaftsrecht. (Landeshut: Richter & Goebel [1909].) 45 S. 8°
Heidelberg, Jur. Diss. v. 22. Juli 1909. Ref. Endemann
[Geb. 14. Mai 82 Eberswalde; Wohnort: Eberswalde; Staatsangeh.: Preußen; Vorbildung: Gymn. Eberswalde Reife O. 02; Studium: Göttingen 3, Breslau 2, Berlin 7 S.; Rig. 11. Dez. 08.] [U 09. 1880

Quillinan, Ed., Liebe u. Krieg, oder: die Romantik des Soldatenlebens. Aus dem Engl. übersetzt von Amalie Winter. 3 Thle. kl. 8. Leipzig 842, Kollmann. 3 ß

Quilling, F., Mittel gegen Hochwasserschäden u. Wassermangel. gr. 8. (13 S.) Frankfurt a/M. 887. Jaeger. n. — 50

Quilling, Friedrich (Hrsg.), s. Sammlungen, Die, des Städtischen Historischen Museums zu Frankfurt a. M.

Bücher und Vorlagen-Sammlung der Kgl. Zeichen-Akademie. Hanau 1894–1905. (Bearb. von Dr. [Fritz] Quilling.) (Hanau 1905: Döring & Huning.) (279 S.) 8° [Umschlagt.] [06. 6868 [illegible]

Drucksachen-Ausstellung. Ausstellung von Erzeugnissen der vervielfältigenden Künste Hanau 1903. Kgl. Zeichenakademie. Katalog. Im Auftr. d. Preß-Ausschusses verf. von Dr. F[ritz] Quilling. *Hanau 1903: Döring & Huning.* (35 Bl.) 8° [04. 6055 4

Die Nauheimer Funde der Hallstatt- und Latène-Periode in den Museen zu Frankfurt a. M. und Darmstadt. Ausgrabungs-Bericht auf Grund d. Dieffenbach'schen Protokolle verf. von Dr. F(ritz) Quilling. (Vorr.: Prof. Dr. A[lexander] Riese.) Hrsg. aus Anlaß d. 25jähr. Bestehens d. städt. hist. Museums 1903 von d. städt. Behörden in Frankfurt a. M. *Frankfurt a. M.: Schirmer & Mahlau in Komm. 1903.* (102 S.) 4° [03. 14684

— Katalog der Drucksachen-Ausstellung (Ausstellung v. Erzeugnissen der vervielfält. Künste) Hanau 1903, kgl. Zeichenakademie. Im Auftrage des Preß-Ausschusses verf. (84 u. 85 S.) schmal gr. 8. Hanau 903. (Clauß & Feddersen.) n. 1. 40

Quilling, Jac., Rechenbuch f. d. gem. Leben, besonders f. die Landjugend d. Badischen Lande. 8. Mannh. Bender. 810.

Quilling, Paul, humoristisches Allerlei aus Sachsenhausen, m. e. Anh.: Sagen aus Sachsenhausen. 4. Aufl. (112 S.) Frankfurt a/M. (F. B. Auffarth). n. 1. —

Humoristisches Allerlei aus Sachsenhausen mit e. Anh.: Sagen aus Sachsenhausen von Paul Quilling. 5. Aufl. *Frankfurt a. M.: Selbstverl.* [übergekl.: *F. B. Auffarth*] *[1904].* (112 S.) 8° [F.]
= Quilling: Humoresken. [1.] [04. 19612

— Humoresken. (Humoristisches Allerlei aus Sachsenhausen. 5. Aufl. — Schrulle un Flauße. 4. Aufl. — Lustiges Sammelsurium aus Frankfurt, Sachsenhausen u. drum herum. 2. Aufl. — Kunterbunt. 2. Aufl. — Schnick-Schnack. — Militärische Humoresken. — Verloren u. Gefunden.) (112, 104, 102, 96, 82, 80 u. 135 S.) kl. 8. Ebd. Geb. n. 6. —

Militärische Humoresken von Paul Quilling. Frankfurt a. M.: Selbstverl. [1904]. (79 S.) 8°
= Quilling' Humoresken. [6.]

— Krethi u. Plethi. Heiteres aus dem Frankfurter u. Sachsenhäuser Leben. (87 S.) kl. 8. Ebd. n. 1. —

Quilling, Paul, Kunterbunt. Altes u. Neues aus Frankfurt u. Sachsenhausen. 12. (96 S.) Frankfurt a/M. (11 Johanniterstr.) 895. Selbstverlag. n. 1. —

Kunterbunt. Altes u. Neues aus Frankfurt u. Sachsenhausen. Von Paul Quilling. 2. Aufl. *Frankfurt a. M.: Selbstverl. [1904].* (96 S.) 8° [F.]
= Quilling: Humoresken. [4.] [04. 19615

Quilling, Paul, Sagen u. humoristisches Allerlei aus Sachsenhausen. 2. Aufl. 12. (112 S.) Frankfurt a/M. 883. Wallstr. 24, P. Quilling's Selbstverl. n. 1. —

— lustiges Sammelsurium aus Frankfurt, Sachsenhausen u. drum herum. 12. (V, 102 S.) Ebd. 892. n. 1. 20

Lustiges Sammelsurium aus Frankfurt, Sachsenhausen und drum herum von Paul Quilling. 2. Aufl. *Frankfurt a. M.: Selbstverl. [1904].* (V, 102 S.) 8° [F.]
= Quilling: Humoresken. [3.] [04. 19614

— lustiges Sammelsurium aus Frankfurt, Sachsenhausen u. drum herum. 8. Aufl. (VII, 124 S.) kl. 8. Ebd. (904). n. 1. 20

Schnick-Schnack. Altes u. Neues aus Frankfurt u. Sachsenhausen von Paul Quilling. *Frankfurt a. M.: Selbstverl. [1901].* (82 S.) 8° [F.]
= Quilling: Humoresken. [5.] [04. 19616

— Schrulle u. Flause v. hiwwe, driwwe u. drauße. 12 (VIII, 136 S.) Ebd. 884. n. 1. —

Schrulle un Flause von hiwwe, driwwe un drauße. Von Paul Quilling. 4. Aufl. *Frankfurt a. M.: Selbstverl. [1904].* (104 S.) 8° [F.]
= Quilling: Humoresken. [2.] [04. 19613

Quilling, Paul, Verloren u. Gefunden. Eine Erzählg. 8. (135 S.) Frankfurt a/M. 893. Wallstr. 24, P. Quilling's Selbstverl. n. 2. —

Verloren und Gefunden. Eine Erzählung von Paul Quilling. *Frankfurt a. M.: Selbstverl. [1901].* (135 S.) 8° [F.]
= Quilling: Humoresken. [7.] [04. 19618

Quin, Carl Wilhelm, s. Quin, Karl Wilhelm

Quin, Friedrich Foster

Quin, Fr. Foster, die homöopath. Behandlung d. Cholera. A. d. Franz. d. Pariser Orig. übers. v. E. G. v. Brunnow. gr. 8. (4 B.) Dresden 832, Arnold.

Quin, Friedr. Foster, die homöopathische Behandlung der Cholera. Aus dem Französ. von Ernst Geo. v. Brunnow. (Neue Titelausg.) gr. 8. (56 S.) Leipzig 848, Arnoldische Buchh.

Quin, Karl Wilhelm

Quin, K. W., Abhl. üb. die Gehirnwassersucht, a. d. Engl. v. C. F. Michaelis. gr. 8. Lpz. Fritsch. 792.

Quin, Karl Wilh., Abhandl. üb. die Gehirnwassersucht; aus d. Engl. v. Chr. Fr. Michaelis ll. gr. 8. Lpz. 792. (Hahn). 10 gr

Quin, Michael J.

Quin, M. J., Besuch in Spanien in d. Jahren 1822 u. 23. Aus dem Engl. von G. Lotz. 8. Braunschw. 824. Meyer. 1 ß 4 gr

Quin, Mich. J., Dampfbootfahrt auf d. Donau u. Skizzen aus Oesterreich, Ungarn, d. Wallachei, Serbien, d. Türkei, Griechenland rc. A. d. Engl. 2 Bde. 8. (32¾ B.) Leipzig 836, [Schreck.]

— Denkwürdigkk. Ferdinand VII., s. a. Denkwürdigkeiten der Zeitgenossen VI.

(Quin, M. J.) Denkwürdigkeiten aus dem Leben Ferdinands VII., Königs von Spanien. Dtsch. von Frz. Ritter. 8. Stuttgart 1824. 4,50.

Quinault, Oeuvres choisies. 2 vol. in-18. (Didot.) (Leips., Fr. Fleischer.)
(Papier fin, 1 Rthlr. pap. vélin, 2 Rthlr. format in-12. pap. vél. 2 Rthlr. 16 Gr.)

Quinault, Ph., Armide, s.: Mode's Opern-Text-Bibliothek.

Quinby, zahnärztliche Praxis. Deutsch bearb. v. L. Hollaender. Mit 87 Abbildgn. gr. 8. (V, 165 S.) Leipzig 884. Felix. n. 4. 50; geb. n. 5. —

Quincey, Thomas de

Quincey, Th. de, Bekenntnisse e. Opiumessers. Deutsch v. L. Ottmann. 8. (XII, 161 S.) Stuttgart 886. Lutz. n. 2. 40

Quincey, Th. de, Bekenntnisse e. Opiumessers. Deutsch v. L. Ottmann. 2., durch den Lebensabriß d. Verf. erweit. Aufl. 12. (XXIX, 160 S.) Stuttgart 888. Lutz. n. 2. —

Bekenntnisse eines Opiumessers (Confessions of an English opium eater). Thomas de Quincey. (Übertr. u. hrsg. von Hedda u. Arthur Moeller-Bruck.) *Berlin: J. Bard 1902.* (231 S.) 8°
= [Sammlung merkwürdiger Bücher d. Weltlitteratur. 2.] (24. 0371

Quincey, Thom. de, Bekenntnisse e. Opiumessers. Aus dem Engl. übers. v. Hedda u. Arth. Möller-Bruck. 12. (231 S.) Berlin 902. J. Bard. Kart. n. 3. —

Quincey, Thom. de, Confessions of an English opiumeater, s.: Collection of British authors.

Quincke. Z. Reform d. mediz. Unterrichts u. d. Prüfungsordnung. Leipzig 1891. — Ders. Krit. Bemerkung. z. ärztl. Prüfungsordnung. 1890. —

Quincke, Friedrich [aus Heidelberg]: Zur Geschichte des Acenaphtens .... Berlin, Buchdr. v. Max Bading, 1888; 2 Bl. + 45 + 1 S. + 1 Bl. 8°
Berlin, Phil. Fak., Inaug.-Diss. v. 4. Jun. 1888

Quincke, Georg

— Ueber eine neue Art elektrischer Ströme. I, II. (Aus Poggendorff's Ann., Bd. CVII, CX.)

Quincke, G., über die Bestimmung des Brechungsexponenten mit totaler Reflexion. [Aus: „Festschrift d. naturforsch. Gesellsch. zu Halle".] gr. 4. (8 S.) Halle 879. Niemeyer. n. — 40

— Ueber Bewegung materieller Theilchen durch strömende Elektricität. (Auszug aus dem Monatsber. der Kön. Akad. des Wissensch. zu Berlin. Gesammtsitzung vom 11. April 1861.)

— Ueber den Brechungs-Exponenten der Metalle. (Vorgetr. in der physical. Ges. zu Berlin, den 27. Nov. 1863.)

Quincke, G., Doppelbrechung der Gallerte beim Aufquellen u. Schrumpfen. (8 S.) gr. 8. Berlin 904. (G. Reimer.) n. — 50
Sonderabdruck aus: „Sitzungsber. d. preuss. Akad d. Wiss."

Quincke, G., über elektrische und magnetische Druckkräfte. [Vorgetragen und durch Versuche erläut. in der Sitzung vom 2. Mai 1884.] gr. 8. (7 S.) Heidelberg 884, C. Winter's Universitäts-Buchh. * — 40
Aus: Verhandlungen des naturhistorisch-medicinischen Vereins zu Heidelberg, besonders abgedruckt.

— Ueber die optischen Eigenschaften der Metalle. (Ausz. aus dem Monatsber. der kgl. Akad. der Wissensch. zu Berlin. Sitzung der physikal.-mathem. Kl. vom 16. März 1863.)

— Ueber das Eindringen des total reflectirten Lichtes in das dünnere Medium. (Auszug aus dem Monatsber. der kgl. Akad. der Wissensch. zu Berlin, 22. Juni 1865.)

— Optische Experimental-Untersuchungen. (Aus Poggend. Ann., Bd. CXXXII.)

Quincke, G., üb. unsichtbare Flüssigkeitsschichten u. die Oberflächenspannung flüssiger Niederschläge bei Niederschlagmembranen, Zellen, Colloiden u. Gallerten. gr. 8. (17 S.) Berlin 901. (G. Reimer.) n. 1. —

— Ueber die Fortführung von Flüssigkeiten durch Elektricität. (Auszug aus dem Monatsber. der Königl. Akad. der Wissensch. zu Berlin, 10. Jan. 1861.)

— Ueber die Fortführung materieller Theilchen durch strömende Elektricitat. (Aus Poggendorff's Annal., Bd. CXIII.)

Quincke, Georg [ord. Prof. d. Physik, d. z. Prorektor]: Geschichte des physikalischen Instituts der Universität Heidelberg. Akad. Rede zur Feier d. Geburtsf. d. hochstsel. Grossh. Karl Friedrich am 21. Nov. 1885 bei Vortrag des Jahresberichts und Verkündigung der akadem. Preise .... Heidelberg, Druck v. J. Hörning, 1885; 47 S. 4°.

— Ueber Interferenz-Apparate für Schallwellen. (Aus Poggendorff's Annal., Bd. CXXVIII.) Berlin 1866.

— Ueber Capillaritats-Erscheinungen an der gemeinschaftlichen Oberfläche zweier Flüssigkeiten. (Aus Poggendorff's Ann., Bd. CXXXIX.)

— Ueber die Capillaritats-Constanten fester Korper. (Auszug aus dem Monatsbericht der kgl. Akad. der Wissensch. zu Berlin. Gesammtsitzung vom 27. Februar, bezw. 28. Mai 1868.) 2 Abhandlungen.

Quincke, G., Ueber die Capillaritäts-Constanten des Quecksilbers. (Aus: Poggendorff's Ann., Bd. CV.)

— Ueber die Lage der Schwingungen der Aethertheilchen in einem geradlinig polarisirten Lichtstrahle. (Auszug aus dem Monatsber. der kgl. Akad. der Wissensch. zu Berlin, 18. Decbr. 1862.)

— Dr., Experimentelle Untersuchung der optischen Strahlenbundel. (Ausz. aus dem Monatsber. der kgl. Akad. der W. zu Berlin, 17. Juli 1862.)

— Experimentelle Untersuchungen über Kummer'sche Strahlenbundel. (Auszug aus dem Monatsber. der kgl. Akad. der Wissensch. zu Berlin, Juli 1862; nebst einem Zusatz.)

Quincke, G., Ueber die Verbreitung eines elektrischen Stromes in Metallplatten. (Aus Poggendorff's Annal., Bd. XCVII.)

— Ueber die Verdichtung von Gasen und Dämpfen auf der Oberfläche fester Körper. (Aus Poggendorff's Ann., Bd. CVIII.)

— über Volumenänderungen durch magnet. Kräfte. gr. 8. (5 S.) Ebd. (900). n. — 50
Sonderabdruck aus: „Sitzungsber. d. preuss. Akad. d. Wiss."

Quincke, Georg. Armin. (geb. Frankfurt a. O. 19. 11. 1834): De constantibus mercurii capillaribus. Berolini (1858). (28 S.) 4°
Berlin, Phil. Diss. v. 7. Aug. 1858

Quincke, Gustav, a. Altena: Studie über die Säuren und den Alkohol im Wein und ihre quantitative Bestimmung. München 1907: Bickels Söhne. (61 S.) 8°
München, Phil. Fak., Ref. Th. Paul, Diss. v. 24. Juli 1907
[Geb. 16. April 77 Altena (Westf.); Wohnort: Altena; Staatsangeh.: Preußen; Vorbildung: Progymn. Altena Berechtigung z. Einj.-Freiw.-Dienst O. 94, pharmazeut. Staatsexamen Juni 02; Studium: München 4, Erlangen 2, München 7 S.; Rig. 24. Juli 07.]

Quincke, Heinrich

Quincke, H., üb. perniciöse Anämie, s.: Sammlung klinischer Vorträge.

Quincke, Henr. (Irenaeus) (geb. Frankfurt a. O. 26. 8. 1842): De acidi malici effectu in animalibus observato. Berolini (1863). (33 S.) 8°
Berlin, Med. Diss. v. 5. Okt. 1863

Quincke, H[einr.], Der Einfluss der sozialen Gesetze auf den Charakter. Breslau 1905. 8°.
Aus: Schlesische Zeitung.

Quincke, H., üb. Eisentherapie, s.: Sammlung klin. Vorträge.

Quincke, Heinrich s. Festschrift dem Andenken Albrechts von Haller dargebracht von den Aerzten der Schweiz.... Bern 1877.

Quincke, H., Grundriss der Lungenchirurgie, s.: Garrè, C.

— **Handbuch der Krankheiten d. Circulations-Apparates, s.: Handbuch der speciellen Pathologie u. Therapie.**

— u. G. **Hoppe-Seyler,** d. Krankheiten d. Leber, s. Pathologie u. Therapie, specielle.

Die Krankheiten der Leber. Von Prof. Dr. H. Quincke und Prof. Dr. G. Hoppe-Seyler in Kiel. Wien. 1899. Hölder. Gr.-8°. VIII, 680 S. fl. 3.—

Quincke, H., üb. Meningitis serosa, s.: Sammlung klinischer Vorträge.

Quincke, H., Schema der Krankenuntersuchung f. die Praktikanten der medicinischen Klinik zu Kiel. gr. 8. (16 S.) Leipzig 885. F. C. W. Vogel. n.n. —50

Quincke, H., die Stellung der Medicin zu den anderen Universitätswissenschaften. Rede, beim Antritt des Rektorates der königl. Christian-Albrechts-Universität zu Kiel am 30. IV. 1900 geh. gr. 8. (18 S.) Kiel 900. Universitäts-Buchh. n. 1. 40

— **balneologische Tafeln. Graphische Darstellg. der Zusammensetzg. u. Temperatur der wichtigsten Heilquellen. 11 Taf. in Buntdr. (in qu. gr. 4.) gr. 8. (27 S.) Berlin 872. Hirschwald. n. 5. 60**

— **die Technik der Lumbalpunction. gr. 8. (15 S. m. Abbildgn.) Wien 902. Urban & Schwarzenberg. n. —50**

Quincke, Hermann (Letmathe/Westfalen), De morbis infantium in genere. Diss. med. Berlin (A. Petsch) 31. VIII. 1829. 30 S. mit Biogr. (M.: Chr. Pilgrim.) (3.25) 27471
Oppon.: F. Haver, J. Wegeler, C. Weber.

Quincke, J. Über die Anwendung des Ferridcyankaliums in der Gasometrie. Wiesbaden 1891.

[J.] ... **Fastnachtsfreuden.** E. Erzählg v. Joseph **Quincke.** M. e. Schlussworte vers. v. e. Ordensgeistlichen ... *Münster i. W.: Alphonsus-Buchh. (1895).* (26 S.) 1 Bd 8. [96. 1790

Quincke, Jos., Fastnachtsfreuden. E. Erzählg. M. e. Schlußworte vers. von e. Ordensgeistlichen. II. Aufl. 32. (26 S.) Münster 897. Alphonsus-Buchh. n. — 10

[Ant. u. J.] Um eine Handbreit. Erzählg v. J[oseph] **Quincke.** *Heiligenstadt: F. W. Cordier 1897.* (93 S.) 1 Bd 8.
= **Volks-Bibliothek,** Cordiers illustrierte. Bd 1. [97. 1981

Quincke, Jos., s.: Hyleanus, J.

Quincke, Julius. Gasvolumetrische Alkalimetrie. Ueber die Anwendung des Ferridcyankaliums in der Gasometrie. (Basel) Wiesbaden, 1891.

Quincke, Wolfg., Handbuch d. Kostümkunde. 2., verb. u. verm. Aufl. M. 459 Kostümfig. in 152 Abb. 12. (XVIII, 282 S.) Leipzig 895. J. J. Weber.
Geb in Leinw. n. 4. 50

Quincke, Wolfg., Handbuch der Kostümkunde. 3., verb. u. verm. Aufl. m. 459 Kostümfig. in 152 Abb. (X, 255 S.) Lex. 8. Leipzig 908. J. J. Weber. Geb. in Leinw. 7. 50

Quincke, W., Katechismus der Kostümkunde. Mit 453 Kostümfig. in 150 Abbildgn. 8. (XVI, 270 S.) Leipzig 889. J. J. Weber. geb. n. 4. —

Quincke, Wolfg. Kostümkunde, s. Weber's, J. J., illustr. Katechismen. Nr. 124.

Quinctilianus, s. Quintilianus.

de Quincy, Marq., Auszug d. Kriegsgeschichte Ludwigs XIV, aus d. Französ. von G. A. Clair. 2 Thle. Mit Kpf. gr. 4. Berl. 771. Rottmann. 4 ß

de Quincy. Auszug der im vorigen u. jetzigen Sekulo angegriffenen und vertheidigten Städte. A. d. Franz. von Clair. 2 Thle. 4. Berlin 1770. 71.

v. Quincy. Militairische Geschichte der Regierung Ludwigs XIV. Deutsch im Auszuge. 2 Bde. 8. m. K. Berlin 1771.

Quincy, Marquis de. Histoire militaire du règne de Louis le Grand. Bd 1—8. Paris 1726. 4°. — 8 u. d. T.: Maximes et instructions sur l'art militaire.
Dass. Auszug; deutsch von G. A. v. Clair. 1. 2. Berlin 1771. 4°.

Quincy, marquis de,
Ausführliche und in Fünff Theilen abgehandelte Kriegs-Kunst in sich enthaltend nothwendige Unterweisungen und Grund-Regeln, vor einen jeden Kriegs-Mann, vom Gemeinen bis zum commandirenden General etz., sowohl bey Belagerungen und Feld-Schlachten, als auch auf Märschen und überhaupts bey allen Kriegerischen Verrichtungen, wohl zu gebrauchen; nebst einer Beschreibung den Artillerie-Dienst Minir-Wissenschaft etz., wie auch die Angriffe und Vertheidigung derer Vestungen betreffend; und einen kurzen Begriff vom Seewesen und dahin einschlagender Kunstwörter aus dem Französischen übersetzt von Georg Christoph Jägern, weiland Kayserl. Majest. Hauptm. 8. Nürnberg 1745.

— ausführl., in 5 Theilen abgeh. Kriegskunst u. kurz. Bericht v. Seewesen, m. K. 8. Nürnberg, Grattenauer. (Stage, Augsb.) 745.

(Quincy, Marquis de.) Maximes et instructions sur l'art militaire. Paris 1726. 4°.
Dass. u. d. T.: L'art de la guerre. N. Ausg. Bd 2. Haag 1745. 8°.
Dass. deutsch u. d. T.: Ausführliche Kriegskunst, von Ch. Jäger. Nürnberg 1745.

Quincy, Mémoires sur la Vie du Comte de Marsigli. 4 Part. 8. Zürich, Orell. 741.

de Quincy, C. H. D. Mémoires sur la vie du général Mr. le Comte Louis F. de Marsigli, fondateur de l'institut de Boulogne. 2 v. 12. Zuric 1741.

Quincy, John. Merkwürdigkeiten des gemeinen Wassers; a. d. Engl. Frankf. u. Leipzig 1784. Ü: *Birkholz, Adam Michael.* (MGT) (KY)

— Merkwürdigkk. d. gemeinen Waſſers; aus d. Engl. (von Ad. Mch. Birkholz). 8. Frankf. u. Leipz. 784.

Quincy, J., Pharmacopoeia officinalis, et extemporanea, oder vollständiges englisches Apothekerbuch; a. d. Engl. . . . Leipzig 1784. Ü: *Birkholz, Adam Michael.* (KY) (MGT)

Quincy, J., Pharmacopoeia officinalis; od. vollſtänd. engl. Apothekerbuch, theoret.-prakt.; aus d. Engl. mit Anmerkk. (v. Ad. Mch. Birkholz). 8. Frkf. a. M. 784. (Schwickert in Leipz). 2 ℛ 20 𝔤𝔯

Quincy Beobachter: May? 1845 – Mar.?, 1846.

Weekly. Continued from ILLINOIS BEOBACHTER (Belleville, Ill.). Continued as DER STERN DES WESTENS. Edited & published by Bartholomäus Hauck.

Quincy, IL

Quincy Demokrat: 1865?–?

Weekly. Continued as QUINCY VOLKSBLATT. Edited & published by Georg Linz & Robert Vöth.

Quincy, IL

Quincy Post: 1889?–1891?

Independent weekly. Circulation: 1890, 1250. Edited & published by A. Rost, 1889; by A. Wulff, 1890; by A. Wulff & A. Herbst, 1891.

Quincy, IL

Quincy Tribüne: Aug.? 1852–Nov. 1874.

Weekly, 1852—55; daily, evening except Sunday, 1855?–1874. Whig, 1852–56; Republican, 1856—74. Title derived from Greeley's TRIBÜNE. Title varies: QUINCY JOURNAL, Aug. 15, 1855—1856; DIE TÄGLICHE QUINCY UNION, 1861–65. For weekly edition, see QUINCY WÖCHENTLICHE TRIBÜNE. Circulation: 1870, 400. Edited by Gustav Adolph Rösler von Oels, 1852—55; by Eduard C. Winter & Wilhelm H. Pieper, 1855–57; by Eduard C. Winter, 1857—58; by Eduard C. Winter & Ernst Schierenberg, 1858–61; by Karl Rotteck, 1861–65; by Karl Petri, June 24, 1865–Dec. 3, 1866; by Louis Korth, 1870–74. Published by an "Aktiengesellschaft", 1852–55; by T. M. Rogers, Dec. 1866–74; edited & published by C. H. Henrici, 1874.

Quincy, IL

Quincy Volksblatt: 1866?–? Quincy, IL

Weekly. Continued from QUINCY DEMOKRAT. Edited & published by Georg Linz.

Quincy Wochenblatt: Apr. 1850—1853.

Democratic weekly. Continued as ILLINOIS COURIER. Edited & published by Georg Linz [edited by Willfried Illisch, 1852–53].

Quincy, IL

Quincy Wöchentliche Tribüne: 1861?—Nov. 1874. Quincy, IL

Weekly edition of QUINCY TRIBÜNE. Circulation: 1870, 800.

Quinet, Edgar, Ahasverus. Frei aus d. Franz. (4 Tage; Abtheilungen: Die Schöpfung. — Die Leidenszeit. — Der Tod. — Das letzte Gericht.) 8. Ludwigsburg 834. (Leipzig, Herbig.) 2 ℛ

Quinet, Edgar, Ahasverus. Frei a. d. Franz. (4 Tage od. Abthln.: Die Schöpfung. — Die Leidenszeit. — Der Tod. — Das letzte Gericht.) 8. (25 B.) Ludwigsburg 834, Naſt.

— ſ. Aula der ſchönen Literatur.

— über Deutſchland u. d. Revolution. A. d. Franz. gr. 8. (2 B.) Stuttgart 832, Metzler.
Aus der „Stuttgarter allgem. Zeitung" beſond. abgedruckt.

Quinet, Edgar, die Expedition von Mexiko. Aus dem Franzöſ. Caſſel 862. Freyſchmidt. gr. 8. (38 S.) n. 8 𝔫𝔤𝔯

— meine Ferien in Spanien, ſiehe: Bibliothek, Europäiſche, 154 u. 155. Bd.

— Frankreich und die heilige Allianz bei dem letzten Aufſtande in Portugal, aus dem Franzöſ. übertr. von W. gr. 16. (56 S.) Grimma 847. [Wurzen,] Verlags-Comptoir.

Quinet, Edgar. France et Italie. 8. (Fribourg [1867].)

— Geſchichte des Feldzugs von 1815 nach neuen Aktenſtücken. Aus dem Franzöſ. von einem deutſchen Officier. gr. 8. (IV und 231 S. mit 1 lithogr. Ueberſichtskarte in qu. Fol.) Caſſel 862, Freyſchmidt. *

Quinet, Edgar, die Jeſuiten, ſ. Michelet, J.

— Kreuzzug der Oeſterreicher, Spanier, Franzoſen u. Neapolitaner gegen die römiſche Republik. Deutſch v. Glob. Fink. gr. 8. (43 S.) St. Gallen 849, Scheitlin & Zollikofer. ¼ ℛ

Quinet, Edgar, über d. Leben Jeſu v. Doktor Strauß. A. d. Franz. v. Geo. Kleine. 8. (7 B.) Holzminden 839, Erdmann u. Müller.

— die Reformation. Zwei Vorleſungen. Aus d. Franz. nach der 2. Aufl. überſetzt. gr. 8. (2 B.) Leipzig 845, Brauns.

Quinet, Edgar, die Schöpfung. Deutſche, autoriſirte Ausg. Durchgeſehen u. eingeführt v. Bernh. v. Cotta. Mit dem Portrait d. Verf. in Stahl geſt. v. A. Neumann. 2 Bde. 8. (XX, 321 u. 387 S.) Leipzig 871. Weber. n. 9. —

— der Ultramontanismus od. die römiſche Kirche u. die neuere Geſellſchaft. Aus d. Franz. v. Sigism. Ed. Pföhner. gr. 8. (10 B.) Leipzig 845, Geuther.

Quinger, Kurt

Quinger, Curt, approb. Arzt aus Riesa: Ein **Beitrag zur Casuistik der chronischen Leukämie mit besonderer Berücksichtigung der Temperatur und Pulszahl.** *Leipzig 1903: O. Fürstenau.* (24 S.) 8°
Leipzig, Med. Diss. v. (19. Nov.) 1903

Quinke, J., die Hexe vom Elſenbruch. E. Erzählg. aus der Ritterzeit. 8. (221 S.) Regensburg 899. Verlagsanſtalt vorm. G. J. Manz. n. 1. 50; geb. n. 2. —

Quinke, J.: Der Landwirth als Waldbesitzer. E. Beitr. z. Waldschutzfrage v. J. Quinke, Oberförsterkand. ... Münster i. W.: Dr. d. A.-G. 'Der Westjale' (1898). (39 S.) 1 Bd. 8°

Quinke, J., das verlorene Paradies. Ein Märchen. 8. (147 S.) Regensburg 900. Verlagsanſtalt vorm. G. J. Manz. n. 1. 20; geb. in Leinw. n. 1. 80

Quinquagena, Psalterii Graeci, prima a Paulo de Lagarde . . . edita. Gottingae 1892. V: *David.* H: *Rahlfs, Alfred.* (Berl)

Quinquagena symbolorum heroica in praecipua capita et dogmata s. regulae s. . . . Benedicti . . . Augustae et Lincii 1741. V: *Hanthaler, Chrysostomus.* (EB)

Quinque, Ernst, Umrechnungs-Tabellen wie d. Währung e. Münzsorte durch e. and. zu zahlen ist, in Bezug auf d. neue Münzgesetz v. 20. Juli 1840. Mit e. Anh. 7 Zoll hoch u. 2 Zoll breit. (48 Seit.) Meißen 841, Klinkicht u. Sohn.

Quinquerez, A., s. Quiquerez, Ate

Quinquertium camerale. [Giessen] 1705. V: *Krebs, Philipp Helfrich.* (EB)

Quint, Carl, s. Quint, Karl

Quint, G. Fr. W., der Geist macht lebendig! — Eine Samml. v. Festpredigten nebst Liedern, nach d. Form d. neuen preuß. Agende gehalt. Mit e. Vorw. v. L. Wachler. 8. (15½ B. u. 1 Musikbeil.) Breslau 831, Aderholz.

Quint, H., das Fachzeichnen an Fortbildungs- u. Gewerbeschulen f. Tischler. 1.—3. Heft. qu. 8. Leipzig 906. G. Schlemminger. n. 3. 75; in Mappe n. 5. —
1. Einführung. (12 Taf. m. III S. Text) n. 1. —
2. Der Möbeltischler (12 Taf. m. V S Text.) n. 1. 25
3. Der Bautischler. (15 Taf m V S Text) n. 1. 50

Quint, Karl

Quint, Carl [aus St. Wendel (Rheinprovinz)]: Über phthisische Lungenhautfisteln . . Würzburg, Becker's Univ.-Buchdr., 1888 28 S. 8°
Würzburg, Med. Fak., Inaug.-Diss. v. 1888

Quint, Petr. Jurrianus Gouda, Disputatio exegetico-historica de Jesu Christo ἀναμαρτήτῳ. gr. 8. (XII und 140 S.) Utrecht 861, Kemink und Sohn. *

Quintana, Don Manuel Jos., Lebensbeschreibungen berühmter Spanier, übers. durch Wolf Grafen v. Baudissin. Berlin 857. G. Reimer. gr. 8. (3 Bl., 734 S.) 3 ₰.

Quintana, Manuel José, Obras completas, siehe: Biblioteca de autores Espanoles, tomo XIX.

Quintana, M. J., vida del Gran Capitan, s.: Bibliothok spanischer Schriftsteller.

Quintana, Manuel José, vida de las Casas, obispo que fue de Chiapa, s.: Bibliothek, spanische.

Quintana, vida del Cid y de Cervantos, s.: Bibliothek, spanische.

Quintar, Joseph [pr. Arzt]: Operative Behandlung der Carcinome des Dickdarmes m. bes. Berücks. d. Darmresektion … Königsberg i. Pr., Druck v. M. Liedtke, 1892; 2 Bl., 42 S., 1 Bl. 8.
Königsberg. Med. Fak., Inaug.-Diss. v. 3. Juni 1892

Quintar, Jos., operative Behandlung der Carcinome d. Dickdarmes m. besond. Berücksicht. der Darmresektion. Diss. gr. 8. (42 S.) Königsberg i/Pr. 892. (W. Koch.) n. — 80

Quintescu, Nicol. Chiriacus

Quintescu, Nicol. Ch., de deminutivis linguae rumanicae vulgo walachicae nominatae. Dissertatio inauguralis philologica. Berlin 867. (Mitscher & Röstell.) gr. 8. (57 S.) n. 7½ ngr.

Quintessence anecdotique pour désopiler la rate et donner de l'esprit à ceux qui n'en ont pas; à l'usage des bons vivants; par un gros réjoui. 16. (3 B.) Stouttgart 839, Hallberger.

Quintessenz, die, aller Anekdoten. 16. (144 S.) Zeitz 852, Garcke. ⅙ ₰ — 2. Aufl. 16. (144 S.) Ebd. 852. 6 ngr

Quintessenz, die, aller Anekdoten. 3. verm. (Titel-)Aufl. Leipzig 854. Hebenstreit. 32. (144 S.) 6 ngr

— die, der launigsten u. wichtigsten Anekdoten u. Gedichte. 3 Thle. 8. Bresl. 804—6. Barth. (Holäufer). 2 ₰

Quintessenz aus Anfang, Mitte und Ende der Wundercurversuche, welche . . . durch Martin Michel . . . unternommen worden sind. Leipzig 1822. V: *Paulus, Heinrich Eberhard Gottlob.* (ABJP) (BrVV)

— aus Anfang, Mitte u. Ende d. Wunderkurversuche, welche zu Würzburg u. Bamberg durch Martin Michel, Bauer von Wittichhausen u. durch Se. Hochw. u. Durchl. rc. d. Fürsten Alex. v. Hohenlohe Schillingsfürst unternommen worden sind. Mit Beleuchtung des Wunderbaren u. des Wunderbeweises überhaupt u. Hohenlohes Bildn. gr. 8. Leipz. 822. Brockhaus. 1 ₰ 12 gr

— die, der neuesten Druckschriften, Deutschlands Erlösung betreffend, ein Gegenstück zur Leichenrede auf Napoleon Bonaparte. (v. Sam. Eph. Wagener). 8. Stendal 815. Franzen u. G. 12 gr

Quintessenz, Die, der ächten Freimaurerey . . . O. O. 1746. V: *Steinheil, Philipp Friedrich.* (SJL) (Kl)

— die, d. launigsten und witzigsten Histörchen. 8. Wien, Gerold. 808.

Quintessenz, die, d. modernen Jesuitismus. Von Cajus Fannius. gr. 8. (IV, 114 S.) Zürich 892. Verlags-Magazin. n. 2. 40

QUINTESSENZ, Die, für Liebhaber muntern Scherzes. Enthält: Tausend der besten u. witzigsten Anekdoten u. Histörchen, welche sich bey verschiedenen Gelegenheiten in Gesellschaft sehr passend anbringen lassen, um selbe angenehm zu unterhalten, oder zum lachen zu bringen. Mit TKpf. (Schmid fec.). Zweyte Auflage. Frankfurt u. Leipzig (Wien), bey Joseph Gerold. 1798. 8°.
2 Bll. u. 490 S., nebst 5 Bll. Reg. Enth. 1000 Nrn., stellenw. derb u. frei. — Zuerst gedr. ib. 179*; rep. ib. 1808. 8°.

— die, für Liebhaber muntern Scherzes. 4e Aufl. 8. Wien 812. Gerold. 16 gr

Quintessenz, Die, des Socialismus . . . Gotha 1875. V: *Schäffle, Alb. Friedrich Eberhard.* (Kat. d. Bibl. d. dtsch. Reichstages. Berl. 1882.) (stams) (Bibl. d. stat. Bureaus Dresden 1890.) (Lager-Kat. Joseph Baer & Co. Frankf. a. M. Nr. 152, S. 243.) (Schäffle, Aus meinem Leben. Berlin 1905.)

Quintessenz, die, d. Socialismus. Von e. Volkswirth. [Aus: „Deutsche Blätter."] gr. 8. (IV, 68 S.) Gotha 875. F. A. Perthes. n. 1. 20

Quintessenz des Tabakmonopols. Von einem Nationalökonomen. Hof o. J. V: *Beck, Otto.* (Russell XVI, II, 1, 842)

Quintessenz aus Abrahams a Sancta Clara Werken; ein Specificum fürs Zwerchfell. Berlin 1795. H: *Stengel, Chn Ludw.* (MGT) »Frankf. u. Leipzig 1795-98« (EE) (Ky)

— a. A. a. St. Clara Werken. (a. u. d. Titel; Altdeutscher Schimpf und Ernst.) 1e und 2e Gabe. 8. Berlin, Bellz. 795. 97. (1e 12 gr. 2e 8 gr.)

Quintessenz aus Abrah. a St. Clara Werken. (A. u. d. T.: Altdeutscher Schimpf u. Ernst (v. C. L. Stengel).) 1e u. 2e Gabe. 8. Frankf. u. Leipz. (Berl.) 795—98. 2e Aufl. . . . 3e Aufl. Auch mit d. (Umschlag-) Tit.: Altdeutscher Schimpf u. Ernst, 2 Gaben. 8. Ebd. 822, 23. Rauck. 18 gr

— alles Wissenswerthen u. Nützlichen. (Von C. B. Feistel). 4. Pleß 810. Feistel.

Quintilian. Freie Blätter für Erziehung, Unterricht und Politik. Redact.: J. Heinrich. Jahrg. 1873. 24 Nrn. (Bog.) hoch 4. Prag, (Hunger.)

Quintilian. Freie Blätter f. Erziehung, Unterricht u. Politik. Red.: J. Heinrich. Jahrg. 1873. 24 Nrn. (B.) hoch 4. Prag 873. (Koßmack & Neugebauer.) n.n. 6. —

Quintilian. Freie Blätter für Erziehung, Unterricht und Politik. Hrsgbr.: Jos. Heinrich, Redact.: A. Somolik. 2.—5. Jahrg. 1874—1877. à Jahrg. 24 Nrn. (Bog.) gr. 4. Prag, (Calve'sche Universitäts-Buchh.) à Jahrg. * 6 —
Die Fortsetzung erschien u. d. T.: Allgemeine österreichische Lehrerzeitung.

Quintilian, s. Otto.

Quintilianus, Marcus Fabius

Quintilianus, M. F., 12 Bücher Anleitung zur Beredtsamkeit, s. a. Prosaiker, römische.

M. Fabius Quintilianus. Zwölf Bücher Anleitung zur Beredtsamkeit, übersetzt von Christian Bossler und F. F. Baur. 2 Bde. Stuttgart 1865. 8°.

Quintilian, des M. Fabius, Anleitung zur Redekunst. 10. Buch. Lateinisch und deutsch mit krit. Noten und erläuternden Anmerkungen von C. Alberti. 8. (114 S.) Leipzig 858, Engelmann. *

Quintilianus, Marcus Fabius. Anweisung zur Beredsamkeit. 10. Buch. Copenh. 1776. Ü: *Moltke, J. G.* (Collin, Anonymer. Kiobenh. 1869.)

— Anweis. zur Beredsamkeit. 10s Buch. gr. 8. Kopenh. 776 Mit n. Tit. 788. (Brummer). 6 gr

— — dies. od. dess. 10s B. gr. 8. Kopenhagen. (Dyk in Lpz.) 776.

— Anweisung zur Beredsamkeit. 8. Leipzig, Hilscher. 776.

— — dies. 10s Buch. gr. 8. Kopenh. Proft. 788.

— Anweis. z. Beredsamkeit, 1s—10s Buch, latein. u. deutsch. Nebst Einleit. u. e. Apparat v. den vorzügl. Lesarten von K. Gutmann. gr. 8. Frankf. 827. (Gebhard in Grimma). 18 gr

— Anweis. z. Beredsamkeit, 1s—10s Buch, latein. u. deutsch. Nebst Einleit. u. e. Apparat v. den vorzügl. Lesarten von K. Gutmann. gr. 8. Frankf. 827, H. Wilmanns. — 18

— zehntes Buch, übersetzt, nebst krit. u. grammat. Bemerkk v. Chr. G. Herzog. gr. 8. Leipz. 829. Köhler. 1 ß

— das 10e Buch vom Lehrgebäude der Redekunst; aus dem römisch. Original zum erstenmal vollständig ins Deutsche übertragen von Fr. Reuscher. gr. 8. Leipz. 822, Hartmann.

— Dialog. de caussis corruptae eloquentiae, illustr. a C. A. Heumann. 8. Gott. (Weidmann, Lps.) 719.

— — Denuo rec. var. lect. adjecit et alior. suisq. annotatt. illustr. J. H. A. Schulze. Lips. 788. 8.

Quintilianus, M. F. Charakteristik der besten griechischen und römischen Schriftsteller . . . Nördlingen 1776. Ü: *Prescher, Joh. Phil. Heinrich.* (Degen)

— Charakteristik d. besten griech. u. röm. Schriftsteller, hrsgg v. J. P. H. Prescher. Mit d. latein. Urschrift. 8. Nördl. 776 Beck. 5 gr

— s. auch Chrestomathia Quinctiliana.

Chrestomathia Quintiliana. Notas variorum et suas adjecit Bonav. Andres. Wirceb. (Bamb.) 782. 8. 1 rthlr. 4 gr.
— — Notis varior. et suis dilucidav. Laur. Blaſs. Wirceb. 793. 8.

Quintiliani, M. Fabii, declamationes quae supersunt CXLV. Rec. Const. Ritter. 8. (XXXII, 524 S.) Leipzig 884. Teubner. 4. 80

[Marci Fabii] **Quintiliani** quae feruntur declamationes XIX maiores ed. Georgius Lehnert. Lipsiae: B. G. Teubner 1905. (XXXI, 490 S.) 8°
(Bibliotheca script. graec. et rom. Teubneriana.) (05. 1890

— Gespräch von den Rednern. Übers. mit Einleitung und Anmerkungen von J. J. H. Nast. Halle 787. 8. 18 gr.

– Institutio oratoria.

—— Institutionis oratoriae libri XII. Ad fid. Cod. Msptor. rec. Car. Timoth. Zumptius. Adjecta est variet. scriptur. Spaldingianae et brevis annotat. crit. 8 maj. (39½ B.) Lipsiae 831, Vogel.

Quintiliani, M. Fabii, Institut. orator. lib. X. Mit kurzen Anmerkn. u. e. Wortregister v. G. A. Herbst. 8. (6 B.) Halae 834, Gebauer. Thlr.

—— Institutionis oratoriae liber X. Recogn. et explicavit Geo. Aug. Herbst. 8 maj. (13 B.) Halae 834, Gebauer.

Quintiliani, M. Fabii, institutionis oratoriae lib. decimus. C. Corn. Taciti dialogus de oratoribus. C. Plinii Secundi panegyricus Trajano dictus. L. Annaei Senecae de ira libri III. 8 maj. Monachii 841. (Regensburg, Manz.) n. ½ ß

Quintiliani, M. Fabii, institutionis oratoriae liber X. Erklärt v. E. Bonnell. (Sammlung Griechischer u. Latein. Schriftsteller mit Deutschen Anmerkungen.) gr. 8. (XVI u. 66 S.) Leipzig 851, Weidmann. 6 ngr

— institutionis oratoriae libri XII. Ad fidem codd. mss. recens. Ed. Bonnell. 2 voll. Lipsiae 854. Teubner. 8. (XXII, 285; XVIII, 315 S.) Jeder Bd. 9 ngr.; Velinp. 13½ ngr.

Quintiliani, M. Fabii, institutionis oratoriae liber X. Erklärt von Ed. Bonnell. 2. Aufl. Berlin 855. Weidmann. 8. (79 S.) 6 ngr.

Quintiliani, M. Fabii, institutionis oratoriae liber X. Für den Schulgebrauch erklärt von G. T. A. Krüger. gr. 8. (X und 76 S.) Leipzig 861, Teubner.

— institutionis oratoriae liber X. Erklärt von E. Bonnell. 3. Aufl. Berlin 863. Weidmann. 8. (79 S.) 6 ngr.

—— institutionis oratoriae liber X. Erklärt von E. Bonnell. 3. Aufl. gr. 8. (79 S.) Berlin 864, Weidmann'sche Buchh.

— institutionis oratoriae libri XII. Recensuit Carol. Halm. 2 Partes. Leipzig 868,69. Teubner. gr. 8. (X, 338 S. u. 421 S.) n. 5 ₰ 12 ngr.

— institutionis oratoriae liber decimus rec. Carol. Halm. Ebend. 869. 8. (48 S.) 3 ngr.

Quintiliani, M. Fabii, Institutionis oratoriae libri duodecim. Rec. Ed. Bonnell. 2 vol. gr. 8. (XXII, 285; XIII, 315 S.) Leipzig 874,72, Teubner. à Vol. ℳ 1,20.

Quintiliani, M. Fabii, institutionis oratoriae liber X. Erklärt. v. E. Bonnell. 4. Aufl. gr. 8. (86 S.) Berlin 873. Weidmann. — 75

— institutionis oratoriae liber decimus. Für den Schulgebrauch erklärt v. G. T. A. Krüger. 2. auf Grundlage d. Halm'schen Textes verb. Aufl. gr. 8. (XVI, 78 S.) Leipzig 874. Teubner. — 75

— institutionis oratoria libri XII. Ed. Ford. Meister. Vol. I. Liber I—IV. 8. (XI, 289 S.) Prag 886. Tempsky. — Leipzig, Freytag. n. 1. 20

Quintiliani, M. F., institutionis oratoriae libri XII. Ed. Ferd. Meister. 2 vol. 8. Prag, Tempsky. — Leipzig, Freytag. n. 2. 70
I. Liber I—VI. (XI, 289 S.) 886. n. 1. 20
II. Liber VII—XII. (V, 363 S.) 887. n. 1. 50

—— institutionis oratoriae liber X. Ed. Ferd. Meister. 8. (XIII, 45 S.) Prag 887, Tempsky. — Leipzig, Freytag. *

— dasselbe, liber X. Für den Schulgebrauch erklärt v. G. T. A. Krüger. 3., umgearb. u. durch e. krit. Anh. erweit. Aufl. Besorgt. v. G. Krüger. gr. 8. (XIV, 112 S.) Leipzig 888. Teubner. n. 1. —

M. Fabii Quintiliani Institutionis oratoriae liber decimus. Rec. Carolus Halm. Ed. ster. Lipsiae: Teubner 1906. 48 S. 8°
(Bibliotheca scriptorum Graec. et Rom. Teubneriana.) A 12.6615 II

Quintilianus, Marcus Fabius, Institutionis oratoriae libri XII, ed. Ludov. Radermacher. Pars I, libros I—VI continens. (XIV, 359 S.) kl. 8. Leipzig 907. B. G. Teubner. 3.—; geb. in Leinw. 3. 50

M[arci] Fabi Quintiliani institutionis oratoriae libri XII ed. Ludovicus Radermacher. P. 1. Lipsiae: B. G. Teubner 1907. 8°
(Bibliotheca script. graec. et rom. Teubneriana.) [07. 9110 9]

— Institution oratoire.

— par E. Chatelain et J. le Coultre, s.: Recueil de traveaux originaux.

— De institutione oratoria.

—— s. a. Freund's Schüler-Bibliothek.

— — libri XII. c. Matth. Gesner. 4. Gottingae, Vandenhök et R. 738.

Quintilianus, M. F. De institutione oratoria liber decimus in usum lectionum editus. Leipzig 1769. H: *Ernesti, August Wilhelm.* (ErschDL) (Ky)

— de institutione oratoria libri XII. in IV Tom. 8. maj. Zweybrück. 784.

— de institutione oratoria libri XII. Ad cod. veter. fidem recens. G. L. Spalding. IV Voll. (Vol. IV. ed. Ph. K. Buttmann). 8maj. Lpz. 798—816. (W. Vogel). 9 ₰ 16 gr. Schrbp. 16 ₰ 16 gr. Vol. V. Supplementa annotationis et indicem cont. cur. C. T. Zumptius. 8maj. Leipz. 829. W. Vogel. 2 ₰ 8 gr. Velinp. 4 ₰

— de institutione oratoria liber X. In usum lectionum editus. ... Leipz. 801. Schönemann. 4 gr.

Quintilianus, M. F. De institutione oratoria libri XII ad codicem veterem recensuit . . . G. L. Spalding . . . Lips. 1816 [1815]. H: *Buttmann, Philipp Carl.* (MGT)

— de institutione orator. libri XII, ex recens. Spaldingii. Edit. ad usum schol. accom. Subiectae sunt textui notae exeget. partim novae, in fine additi indices, curante Gf. Aug. Bdkt. Wolff. II Voll. 8maj. Lpz. 816—21. W. Vogel, 3 ₰ 16 gr.

— — de institutione oratoria libri XII ex Spaldingii recensione. Editio ad schol. usum accommodata curante C. A. B. Wolff. Volum. Ilum cont. libros VII — XII. 8maj. Ibid. 820.

— de institutione oratoria libri XII, in usum studiosae juvent. typis exscripti. II Voll. 8maj. Bresl. 822. J. F. Korn. 2 ₰ Schreibp. 2 ₰ 12 gr. Hbg. Pr. 1 ₰ 8 gr. Schreibp. 1 ₰ 18 gr.

— de instit. oratoria liber X. Ex G. L. Spaldingii recens. et sel. diversar. lection. notat. in us. scholar. ed. Nik. Gf. Eichhoff. 8. Giesen 823. Heyer. 6 gr. Ed. IIda emend. ibid. 830. 6 gr.

— de instit. oratori liber X. cum lect. variet. in us. schol. H. Ph. C. Henke. Editio secunda. 8. Helmst. 823, Fleckeisen.

— de institutione oratoria libri XII, ad opt. edit. fid. schol. in usum curavit G. H. Lünemann. II Tom. 8maj. Hannov. 826. Hahn. 20 gr.

Quintiliani, M. Fabii, de institutione oratoria libri XII. Ad fidem opt. libror. accurate editi. II Ti. Edit. stereot. 16. (43 B.) Lipsiae 828, Tauchnitz. 20 Gr., hrbgs. Pr. 12 Gr., f. Pap.

— de institutione oratoria libri XII, ad fidem opt. libror. accurate editi. II Tom. Ed. stereotypa. 16. Leipz. 828 u. 831. Tauchnitz. 20 gr. Hbg. Pr. 12 gr. Fein Pap. 1 ₰ 4 gr.

—— de institut. orator. libri XII. Edit. Spaldingianae. Vol. V et VI. 8maj. Lipsiae, Vogel. 6 Thlr. 20 Gr., Vlnp.
Vol. V. Supplementa annotationis et indicem cont. cur. C. T. Zumptius. (32 B.) 829. 2 Thlr. 8 Gr., Vlnp. 4 Thlr.
VI. Lexicon et indices cont. cur. E. Bonnellus. — E. s. t.: Lexicon Quintilianeum. (70½ B.) 834. 4 Thlr. 12 Gr., Vlnp. 6 Thlr.
Vol. I—IV. Ebendas. 1798—1816. 9 Thlr. 16 Gr., Vlnp. 16 Thlr. 16 Gr.

—— (c) de institutione oratoria libri X. Ex Spaldingii rec. cum selecta diversar. lect. notat. in us. scholar. edid. N. G. Eichhoff. Edit. II. emend. 8. (6 B.) Gissae 830, [Heyer Pater.]

—— de institut. orat. lib. XII. Notas max. partem crit. adjec. A. G. Gernhard. II Vol. 8 maj. . . . Lipsiae 830. Teubner. 1 Thlr. 12 Gr., Engl. Pap.

— de institutione oratoria libri XII. Editionis Spaldingianae Vol VI. Lexicon et indices cont. cur. Ed. Bonnellus. Et. s. tit.: Lexicon Quinctilianeum. 8maj. Lipsiae 834. W. Vogel. $4^1/_2$ ℛ (Vol. I—V. Ebd. 798—829, kosten 12 ℛ)

Quintiliani, M. Fabii, de institutione oratoria libri XII. Ad fidem optimorum librorum accurate editi. 2 Tomi. Editionis ster. C. Tauchnitianae nova impressio. Leipzig 866. Holtze. 16. (684 S.) 15 ngr.

—— de institutione oratoria libri XII. Ad optimorum librorum fidem accurate editi. Editionis stereot. C. Tauchnitianae nova impressio. 2 vol. 16. (684 S.) Leipzig 871, Holtze. à Vol. 90 Pf.

— institutionum oratoriarum liber Xus, in usum scholar. editus (cur. A. W. Ernesti). 8. Leipz. 769. Langenheim. 6 gℛ Ed. nova c. J. C. G. Ernesti. 8. ibid. 801—5. Ed. n. (c. K. G. Rose). ibid. 815. Joachim. 6 gℛ

Quinctiliani, M. Fab., institutionum oratoriarum libri XII. ad usum scholar. accommodati, recisis, quae minus necessaria visa sunt, et brevibus notis illustr. a C. Rollin; emendat., editi, addita lect. var. a J. Chr. Harles. II Tom. 8. Altenb. 773. Richter. 1 ℛ 8 gℛ

— ejusd. lib. liber X, c. lect. var. in us. scholar. suar. ed. II. P. K. Henke. 8. Helmst. 778. Ed. II. 823. Fleckeisen. 5 gℛ

— institutionum oratoriarum lib. XII. ad usum scholarum accommodati, recisis, quae minus necessaria visa sunt et brevibus notis illustrati a C. Rollin emend. addita lectionis varietate Th. Chr. Harles. II Tmi. 8. Altenburg, Richter. 783.

— — — rec. G. L. Spalding. Vol. I-III. 8. maj. Lps. Crusius. (F. C. W. Vogel.) 798 - 808. (à 2 Rthlr. 8 gr.) Schreibp. (à 4 Rthlr.)

— — c. I. C. T. Ernesti. 8. Lps. Ioachim. 805.

— — cura C. Rollin et T. C. Harles. II Tmi. 8. Würzburg, Stahel. 810.

Quinctiliani, (M. Fabii,) Institutionum oratoriarum libri X. Ex recens. et cum comment. C. H. Frotscheri. Acced. praeter indices necessarios Dionysii Halicarn. quae fertur de veteribus scriptoribus censura cum adnotat. interpret. 8 maj. Lips. 826, Hartmann.

— id. lib. ex recens. C. H. Frotscheri sec. curis emend. Acced. divers. lect. Spaldingianae et indices duo. 8. Ibidem 826.

— institutionum oratoriarum libri X. Ex recens. et cum comment. C. H. Frotscheri. Acced. praeter indices necessarios Dionysii Halicarn. quae fertur de veteribus scriptoribus censura cum adnotat. interpret. 8maj. Leipz. 826. Lehnhold. 1 ℛ 8 gℛ

— id. lib. ex recens. C. H. Frotscheri sec. curis emend. Acced. divers. lect. Spaldingianae et indices duo. 8. ibid. 828. 8 gℛ

Quinctiliani, M. Fab., institutionum oratoriarum liber X Denuo recogn. et annotat. crit. et grammat. instruxit Chr. G. Herzog. 8maj. Leipz. 830. Köhler. 12 gℛ Ed. II 833. ibid. 8 gℛ

—— Institutionum oratoriarum liber X. Commentar. perpet. scholar. in us. instr. Fr. Guil. Augusti. 8. (6 B.) Helmstadii 831, Fleckeisen.

— institutiones oratoriae, libri XII. Ad fidem Cod. manuscriptorum recens. Car. Timoth. Zumptius. Adjecta est varietas scripturae Spaldingianae et brevis annotatio critica. 8maj. Leipz. 831. W. Vogel. 2 ℛ

—— ad Victoriam Marcellum institution. oratoriar. libri XII. Ad cod. Lassbergiani Turicensis Ambrosiani fid. rec. et illustr. Henr. Meyerus. Vol. I. 8 maj. (30 B.) Lipsiae 833, [Böhme.] 2 Thlr., Velin.

—— (c) Institutionum oratoriarum liber X. Denuo recogn. et annotat. crit. et grammat. instr. a Chr. G. Herzog. Edit. I. 830. 12 Gr., E. II. (à $10^1/_2$ B.) 8 maj. Lipsiae 833, Köhler.

Quintiliani, M. Fab., Institutiones oratoriae liber X. C. Cornelii Taciti Dialogus de Oratoribus. C. Plinii Secundi Panegyricus Traiano dictus. L. Aennei Senecae de ira liber III. 8 maj. (19 B.) Monachii 841, libr. scholarum regia. (Regensburg, Manz.) *

Quintiliani, M. Fabii, institutiones oratoriae liber X. Erklärt von E. Bonnell. 5. Aufl. von F. Meister. gr. 8. (90 S.) Berlin 882, Weidmann'sche Buchh. — 75

— Lehrbuch der schönen Wissenschaften in Prosa. Aus d. Latein. v. H. Ph. K. Henke. Mit Anmerkk. u. Vorrede v. G. W. v Schirach. 3 Thle. 8. Helmst. 775, 76. Fleckeisen. 1 ℛ 12 gℛ Neu überarb., bericht. u. mit Bemerkk. bereich. v. J. Billerbeck. 3 Thle. 8. Ebd. 825. 2 ℛ 12 gℛ

— Lehrgebäude d. Redekunst, od. das 10e Buch. Zum erstenmale vollständig ins Deutsche übertragen von Fr. Reuscher gr. 8. Leipz. 822. Lehnhold. 16 gℛ

— opera. Ad opt. editt. collata. IV Voll. 8maj. Biponti 784. (Treuttel u. W. in Strassb.) 2 ℛ 6 gℛ Schrbp. 2 ℛ 18 gℛ

Quinctiliani, M. Fab., opera ex recensione Spaldingii ad usum schol. accom. subiectae sunt textui notae exeget. partim novae in fine additi indices curante G. A. B. Wolff. Vol. I. 8maj. Lipsiae, Vogel. 816.

— Pädagogik und Didaktik, m. Anm. v. Andres. gr. 8. Würzb. (Göbhard in Bamb.) 783.

— Pädagogik u. Didaktik, v. J. Bon. Andres. gr. 8. Würzb. 783. (Wesché in Frankf. a. M.) 20 gℛ

— de classicis Graecorum et Romanorum scriptoribus locus ex libro X. de Instit. orat. descriptus etc. ed. Karl Morgenstern. 8. Dorpat 803. (Kummer in Leipz.) 5 gℛ

Quintilianus, M. Fabius, Unterricht in der Beredsamkeit, s.: Universal-Bibliothek.

Quintilianus, Marcus Fabius: Unterweisung in der Beredsamkeit, s.a. Bibliothek, Langenscheidtsche.

— — s.a. Bibliothek der Übersetzungen sämtlicher griechischer und römischer Klassiker.

— Unterweisung in der Beredsamkeit. s.a. Sammlung griech. u. röm. Classiker.

Quintilianus, Marcus Fabius: Unterweisung in der Beredsamkeit, s.a. Universal-Bibliothek.

— Unterweisung in der Beredsamkeit. 10. Buch. Übers. v. H. Bender. 2. Aufl. 2 Lfgn. 8. (75 S.) Berlin 890. Langenscheidt. à n. — 35

— Unterweisung in der Beredsamkeit. 10. Buch. Übers. v. Herm. Bender. 1. Lfg. 3. Aufl. u. 2. Lfg. (S. 1—75.) kl. 8. Berlin-Schöneberg (907). Langenscheidt's Verl. à — 35

—— rednerische Unterweisungen, s. Klassiker, pädagogische.

—Versuch e. Uebersetzung e. Deklamatt. d. Quinctil. v. J. H. Steffens. (Mit latein. Texte). 8. Zelle 767. Schulze....

Quintilien, s. Quintilianus, Marcus Fabius

Quintin, Graf St., siehe: Unserer Armee.

Quintin, Julius ‹geb. am 10 Juli 1857 in Aachen›: Beitrag zur Lehre von den Brüchen des Olecranon. '(Infractionen. — Behandlung der Pseudarthrose mit der Malgaigne'schen Klammer.)' ... Bonn, Univ.-Buchdr. v. C. Georgi 1881. 29 S. 8.
Bonn, Med. Fak., Diss. v. 17 Juni 1881

Quinto Fabio Rutiliano, Dramma serio in 2 Atti. 8. Vienna, Wallishauser. 811. •

Quinton, John Allan, des Himmels Gegengift wider den Fluch der Arbeit, oder die irdischen Segnungen d. Sonntags für die arbeitenden Classen. Gekrönte Preisschrift. Aus dem Engl. übers. von Frdr. Kayser. Nebst einer Lebenskizze des Verf. u. den Engl. Orig.-Holzschn. 8. (104 S.) Basel 850. Leipzig, Gebhardt & Reisland in Comm. n. 6 ngr

Quinton, M. A., Aurelia, oder: die Juden der Porta Capena. Aus dem Französ. Autoris. Uebersetzung. 2 Bde. Münster 867. Aschendorff'sche Buchh. 8. (VII, 631 S.) 1 ß 10 ngr

Quinton, M. A., Aurelia. 2 Bde. 2. Aufl. Aus dem Franz. Autoris. Uebersetzg. 8. (VII, 292 u. 339 S.) Münster 872. Aschendorff. 3. —

Quintus Smyrnaeus

—XIV Canti o sia del supplemento alla Iliade tradotti dal testo greco.in ottava rima dall' Abate P. Tarenghi. II Tom. 8. Wilna 809. Ed. nov. 812. Zawadzky. 2 ß

Quinto Calabro XIV. Canti o sia del supplemento alla Iliade tradotti dal testo greco in ottava rima dall' Abate P. Tarenghi. II Tomi. 8. Vilna. (Leipz. Gleditsch in Comm.) 812.

Quinti Smyrnaei, Tryphiodori, Joann. Tzeizae et Coluchi Carmina de rebus Trojanis, ad opt. libror. fidem exhibita. Edit. stereot. 16. Lipsiae 825, Tauchnitz. 18 gr. Velinp.

– Die Fortsetzung der Ilias, s. Bibliothek der Übersetzungen sämtlicher griechischer und römischer Klassiker.

Quintus v. Smyrna, die Fortsetzung der Ilias, s. Sammlung griech. u. röm. Classiker. — Volks-Bibliothek, deutsche, der griechischen u. römischen Classiker.

Quintus v. Smyrna, die Fortsetzung der Ilias. Deutsch in der Versart der Urschrift v. J. J. C. Donner. 1.—4. Lfg. 2. Aufl. (1. Bd. S. 1—71 u. 2. Bd. S. 1—61.) kl. 8. Berlin-Schöneberg (908.10). Langenscheidt's Verl. à — 35

Quintus, **Smyrn., s. Calaber. Posthomericorum libr. XIV; nunc primum ad libror. Msciptor. fidem, viror. doctor. conject. recens., restituit et supplevit Th. C. Tychsen. Accesserunt observationes Chr. Glo. Heyne. Smaj. Biponti 807. (Treuttel u. W. in Strassb.) 3 ß 8 gr Schreibpap. 5 ß 12 gr**

Quinti Smyrnaei Posthomericorum libri XIV., ed. A. Koechly, s. Corpus poetarum epicorum Graecorum.

Quinti Smyrnaei posthomericorum libri XIV. Recensuit prolegomenis et adnotatione critica instruxit Arminius Koechly. gr. 8. (CXXXII u. 604 S. m. 1 Holzschntaf. in 4.) Lipsiae 850, Weidmann. n. 4⅔ ß

Quinti Smyrnaei posthomericorum libri XIV. Recognovit et selecta lectionis varietate instruxit Alb. Zimmermann. 8. (XXVII, 404 S.) Leipzig 891. B. G. Teubner. 3. 60

Quintus, übers. von Donner, s. Bibliothek, Langenscheidt'sche, sämmtl. griech. und röm. Klassiker.

— übers. von Platz, s. Dichter, griechische, in neuen metr. Uebersetzungen.

Quintus von Smyrna, übersetzt von C. F. Platz. Stuttgart 1857. 8°.

Quintus, s.: Rahel, die Seherin.

Quintus Icilius, G. v., Dr., Ueber die Abhängigkeit des Strahlungsvermögens der Korper von der Natur der umgebenden Mittel. (Auszugl. in der Section für Mathematik und Physik der 40. Versammlung deutscher Naturforscher und Aerzte mitgetheilt.) (Aus Poggendorff's Annalen, Bd. CXXVII.)

Quintus Icilius, G. v., Abriss der Experimental-Physik. Hannover 863. Schmorl & v. Seefeld. gr. 8. (VI, 190 S. mit Holzschn.) n. 1 ß

Quintus Icilius, G. v., Experimental-Physik. Ein Leitfaden bei Vorträgen. 3 Hefte. Lex.-8. (VIII und 704 S.) Hannover 855, Schmorl und v. Seefeld. *

Quintus Jcilius, G. v., Experimental-Physik. Ein Leitfaden bei Vorträgen. 2., unveränd. (Titel-)Aufl. Lex.-8. (IV und 705 S.) Hannover (855)61, Schmorl und v. Seefeld. *

Quintus Icilius (G. v.). Experimental-Physik. 2. Aufl. Hannover 1868. 8.

Quintus-Icilius. G. v., Der magnetische Zustand der Erde nach den von der Deutschen Seewarte herausgegebenen magnetischen Karten für 1880,0. (Aus dem Archiv der D. Seewarte, 1881, No. 2.) Hamburg 1881.

**Quinzaine: La Quinzaine
v. Le Fribourgeois.**

Quinzaine à Londres et ses Environs, par le Chevalier Mayer. gr. 12. Wien, Sammer. 800. -

Quinzio, C. Malattie ed epidemie più frequenti negli eserciti. Firenze 1892.

Quiqueroz, Ate

Quinquerez, A., Combat de St. Jaques sur la Birse. 26 Aout 1444. gr. in-8. Basel 844, Schweighauser. n. 5/12 ß

Quiquerez, Ate, Jean de Vienne, ou l'Echévé de Bale au XIVme siècle, gr. in-8. (Bern et Coire 837. Dalp.) n. 1 7/12 ß

Quiquerez, A., monuments de l'ancien évêché de Bâle. Ville et château de Porrentruy. Avec 3 grandes planches (lith.) par M. H. Hammann (in Fol. u. qu. Fol.) Hoch 4. (267 S.) Delémont 870. (Basel, Schneider.) n. 7. 50

— notice sur les forges primitives dans le Jura Bernois, s.: Mittheilungen der antiquar. Ges. in Zürich.

Quiquerez, A[uguste]. Essai sur l'histoire des comtes de Sogren. ‹Publié par la Société d'histoire du Canton de Berne.› [Avec 1 planche.] 8. Berne 1863.

Quiquerez, A[uguste]. Notice sur les forges primitives dans le Jura. [E.] *Epreuve*. 4. [Zürich 1871.]

Quiquerez, A[uguste]. Notice sur les forges primitives dans le Jura bernois. [Avec 1 figure et 4 planches.] (Mittheil. Ant. Ges. Zürich. Band 17, Heft 4.) 4. Zürich 1871.

Quiquerez, [Auguste]. Notice historique sur quelques Monumens de l'ancien Évêché de Bâle. [Avec 2 planches.] 4. (Zürich 1843.) P[a]
Ed. A. (Mittheil. Ant. Ges. Zürich. Band 2, Heft 12.)
Ed. B. (Zeitschr. für vaterl. Alterthumsk. Zürich. [Jahrg. 2,] Heft 3.) — *Anonyme.*

Quiquerez, A[uguste]. Notice historique sur les rôles ou constitutions paroissiales de l'ancien Evêché de Bâle. [E.] 8. [Zürich 1856.]

Quiquerez, A[uguste]. Notice historique et statistique sur les mines, les forêts et les forges de l'ancien évêché de Bâle. [Avec 2 tableaux.] ⟨E.⟩ 8. Berne, Paris, Leipzig [1855].

Quiquerez, A[uguste]. Rapport sur la question d'épuisement des mines de fer du Jura Bernois à la fin de l'année 1863 comparativement aux prévisions de la commission spéciale des mines en 1854, soit après une période de dix ans. [Avec 3 planches.] (N. Denkschr. Schweizer. Ges. für Naturwiss. Band 21.) 4. (Zürich 1865.)

Quiquerez, A[uguste]. Recueil d'observations sur le terrain sidérolitique dans le Jura bernois et particulièrement dans les vallées de Delémont et de Moutier. [Avec 7 planches.] (N. Denkschr. Schweizer. Ges. für Naturwiss. Band 12.) 4. (Zürich 1852.)

Quiquerez, Hermann, Unser neues Geld „Krone und Heller“. 8. (34 S.) —.15
Währing: Stock 1892.

Quiquerez, Herm., das österreichische Militärtaxgesetz mit Bezug auf die daraus erwachsenden ämtlichen Manipulationen der Gemeinden, k. k. Steuerämter, polit. Landes- und Bezirksbehörden mit Citirung aller Verordnungen und Erlässe bis inclusive Jänner 1885. I. Bemessung. II. Einhebung. III. Verrechnung. Mit einem alphabet. geordneten Nachschlage-Verzeichniß. gr. 8. (95 S.) Wien 885, Neidl. *

QUIQUEREZ, Johann: I. Über die Quellen zur Geschichte des römischen Kaisers Nero. II. Lebens- und Charakterbild Neros auf Grundlage der Quellen. — 1852. XXI, 75 S. Diss. Graz, Univ.

Quiquerez, Ivan [k. Prof. aus Agram]: Quellenstudien zu Schillers Jungfrau von Orleans. E. litterarhistor. Untersuchg ... Leipzig-R., Druck v. O. Schmidt, 1893; 81 S., 1 Bl. 8.
Leipzig, Phil. Fak., Inaug.-Diss. v. [5. Juli] 1893

Quirin, F. A., das Abendmahl, s.: Schriften d. protestantischen liberalen Vereins in Elsaß-Lothringen.

Quirin, F. A., die Hexe von Weitbruch. Geschichtliches Zeit- u. Sittengemälde aus dem Elsaß, für das Volk bearb. 8. (96 S.) Straßburg 879. Schmidt. cart. n. — 80

Quring, Carl Wilhelm Ferdinand,
s. Quiring, Karl Wilhelm Ferdinand

Quiring, Herm. (geb. Grunau in Westpr. 30. 5. 1852): Zwei Fälle von Anus praeternaturalis. Berlin (1877). (29 S.) 8°
Berlin, Med. Diss. v. 14. Aug. 1877

— **Hermann** (Grunau/Westpreußen), Zwei Fälle von **Anus praeternaturalis.** Diss. med. u. chir. Berlin (G. Schade) 14. VIII. 1877. 29 S. u. Biogr. (2.75) 27474
Oppon.: Blümel, Müller, Wiegand. — Seinen Eltern gew.

Quiring, Karl Wilhelm Ferdinand

Quiring, Carl Wilhelm Ferdinand (Weichselburg / Westpreußen), De balneis arte parandis. Diss. med.-pharmacol. Berlin (Nietack) 10. VII. 1837. 80 S. mit Biogr. (M.: E. Hildebrand). (3.50) 27473
Oppon.: A. Mueller, G. Gross, G. Adam. — Gew.: J. G. Zitterland.

Quiring, Car. Guil. Ferd. (geb. Weichselburg 2. 7. 1811): De balneis arte parandis. Berolini (1837). (80 S.) 8°
Berlin, Med. Diss. v. 10. Juli 1837

Quiring, Walther, appr. Arzt a. Landsberg a. Warthe: Aus d. pharmakolog. Institut d. Univ. München. Weitere Untersuchungen über die Wirkung fluoreszierender Stoffe auf Labferment. München 1905: C. Wolf & Sohn. (22 S.) 8°
München, Med. Fak., Ref. v. Tappeiner, Diss. v. 19. Mai 1905
[Geb. 14. Apr. 82 Sandau a. E.; Wohnort: Landsberg a. W.; Staatsangeh.: Preußen; Vorbildung: Gymn. Landsberg a. W. Reife O. 00; Studium: Würzburg 3, Berlin 5, München 1 S.; Coll. 8. März 05; Approb. 25. Jan. 05.]

Quirini, Angelo Maria. Zwei Briefe. Augsb. [u. Freib.] 1754. H: *Leutner, Coelestin* [?]. (Lindner)

Quirini, A. M. Card., Liber de optimor. scriptor. editt. quae Romae primum prodierunt. Rec. et c. annot. ed. Schelhorn. Lindav. 761. 4. 1 rthl. 8 gr.

Quirinus, Aug. Mar., liber singularis de optimorum scriptor. edit. J. G. Schelhorn l. 8. Lind. 761. Otto. 1 ₰ 8 g.

Quirinus, Aug. Mar., Card., Flora. Zürich. 751.

(—). — Ad eminentissimum principem, **Angelum Mariam Quirinum,** de poena ignis in tabularum sacrarum versiones a Romanensibus constituta, insigni scripturae sacrae contemptus teste, epistola (V. Johann Rudolph Kiesling (Leipzig)). (Jena (Schill) 10. XI. 1749). 32 S. (—.—) 27476

Quirinus, s.a. Briefe, Römische, vom Konzil.

Quirinus, römische Briefe vom Concil. 4 Lfgn. 8. (XVIII, 710 S.) München 870, Oldenbourg.
1.—3. Lfg. à *ℳ 1,60.; 4. Lfg. *ℳ 2,20. *

Quirinus a S. Trinit., deutsch vorgest. spanische Felder. 5 Thle. 4. München, Remy. 714.

Quirini a. St. Trinitate, spanische Helden deutsch vorgestellt, d. i. siegreiches Leben rc. 2e Aufl. 4. Regensburg 762. (M. Rieger in Augsburg.) 1 ₰

— Leben der heiligen Mutter Theresia a Jos. 4. Ebend. 714.

Quirinus a S. Augustino, Elogium P. Paulini a S. Josepho. 754. 4.

Quirini a St. Augustino, († ...) s. 1) Alex. *Politi*, orationes XII. 2) B. *Guielmini*, sermonum.

Quirinus-Jubiläums-Büchlein, siehe: Sanct-Quirinus.

Nutzen (Der) und Schaden der Monopolien, sammt den Einschränkungen, unter welchen sie unschädlich sein können, gezeigt in 2 Abth., welchen die hessen-casselsche Gesellschaft des Ackerbaues und der Künste 1778 den Preis zuerkannt hat (von J. S. Quirl und P. E. Klippstein), hrsg. von J. F. Runde. 8°. Cassel 1778.

Quirll, Wilh. [aus Osnabrück]: Experimentelle Untersuchungen über die Wirkung des Extractum filicis maris. . . . Berlin, Buchdr. v. Gustav Schade (Otto Francke) (1888): 30 S. + 1 Bl. 8°
Berlin, Med. Fak., Inaug.-Diss. v. 17. Aug. 1888

Quirmbach, Joseph, Dr.: Die Lehre des hl. Paulus von der natürlichen Gotteserkenntnis und dem natürlichen Sittengesetz. Eine biblisch-dogmatische Studie. Freiburg i. B.: Herder 1906. (x, 93 S.) 8° ¶ = Straßburger theol. Studien Bd VII, H. 4.
München, Theol. Fak., Ref. Bardenhewer, Diss. v. 5. Mai 1900
[Geb. 7. April 73 Wirges; Wohnort: Wirges; Staatsangeh.: Preußen; Vorbildung: Gymn. Montabaur Reife O. 93; Studium: Fulda 3, München 4 S.; Rig. 5. Mai 00.]
(Nur in beschränkter Zahl für den Austausch)

Quirmbach, Jos., die Lehre des hl. Paulus v. der natürlichen Gotteserkenntnis u dem natürlichen Sittengesetz, s. a. Studien, Strassburger theologische. VII, 4.

Die Lehre des Hl. Paulus von der natürlichen Gotteserkenntnis und dem natürlichen Sittengesetz. Eine biblisch-dogmat. Studie von Dr. Joseph **Quirmbach.** Freiburg i. Br.: Herder 1906. (X, 93 S.) 8°
= **Studien,** Straßburger theologische. Bd 7, H. 4. (o6. 2184

Q u i r ó s , C. Bernaldo de, u. J. M. B. A g u i l a n i d o , V e r b r e c h e n u n d P r o s t i t u t i o n i n M a d r i d. Mit einem Vorwort von Professor Cesare L o m b r o s o , autorisierte Uebersetzung. Berlin, Louis Marcus, 1910. 8°. XIX—340 S. (Mk. 5— eleg. gebd.) (2 Mk. 50 Pfg., Lipsius & Tischer, Kiel, 1912.)
Sexualwissenschaftl. Bibliothek. Hersg. von Dr. med. Iwan B l o c h. Bd. III. — O r i g.: „La mala vita en Madrid."

Quirós, C. Bernaldo de, u. J. M. L. **Aguilaniedo,** Verbrechertum u. Prostitution in Madrid, s.a. Bibliothek, sexualpsychologische. I, 3.

C. Bernaldo de Quirós und J. M. L(lanas) A g u i l a n i e d o. Verbrechertum und Prostitution in Madrid. Mit e. Vorw. von Prof. Cesare L o m b r o s o. Autor. Uebers. 1.–5. Aufl. Berlin: L. Marcus (1909). XIX, 340 S. 8°
(Sexualpsychologische Bibliothek. Serie 1, Bd 3.) (10. 14037

Quiroz, E. de, Eine wie Tausend, s.: A l b e r t i , E.

Quiroz, Leon, Colmena espanola, oder: Spanisches Lesebuch. Eine Sammlung leichter Lesestücke, Anekdoten, Erzählungen ꝛc. Nebst einem Compendio de la lengua castellana zur praktischen Erlernung der spanischen Sprache. Hamburg 854. Bernhardt. gr. 8. (2 Bl., 248 S. u. 1 Tab. in Fol.) n. 1 ℳ.

Q u i r o z , Leon, praktische Grammatik der spanischen Sprache, wie solche jetzt gesprochen wird, nebst Lesebuch. 2. Tausend. (2. Titel-Aufl.) gr. 8. (IV und 248 S. mit 1 Tab. in qu. Fol.) Hamburg (854)58, Meyer.

Quirsfeld, Johann

Q u i r s f e l d , J., <u>Buß</u>- und Beicht<u>herz</u>, oder C o m m u n i o n - b u c h. 12. Lpz. Müller. 740.

— gottgefällige F e s t s t u n d e n. 8. Leipzig, Gesner. 740.

Quirsfeld, J., himml. Gartengesellschaft. 2 Thle. Mit Kpf. 12. Frankf. 761. (W. Nauck in Leipz.) 10 ℊ

— himmlische G a r t e n g e s e l l s c h a f t. 2 Thle. m. K. 12. Frft. (Sommer, Lpz.) 761.

— — dies. grob. Druck. 8. Ebend. 737–741.

— neu vermehrte himmlische Gartengesellschaft, in 50 geistl. Gespräche ꝛc. 2 Thle. Mit Kpf. 8. Frankf. a. M. ... N. Aufl. 761. Brönner. 1 ℛ 12 ℊ

— — dies. 12. Ebend. 737. (1r 8 gr. 2r 12 gr.)

— besuchtes G o l g a t h a , oder geistliche Wallfahrt ꝛc. 8. Lpz. Müller. 737.

— evangelischer Herzensschatz, od. Erklärung d. Sonn- u. Fest-tags-Evangelien mit Passionsandachten. Fol. Lpz. 768. Sommer. 2 ℛ 4 ℊ

— geistliche Hochzeit des Lammes ꝛc. mit Kpf. Leipzig, Gesner. 738.

— J e s u s t r o s t e. weltverdrossenen Seele, m. K. 8. Leipzig, Müller, 736.

QUIRSFELD, JOH. Geistlicher Myrrhen-Garten, versetzt Mit funfftzig traurigen Cypressen, worunter Die geängstete Seele, In allerhand Creutz und Widerwärtigkeit, Mit Christo Ihr tröstlich Gespräch hält. Als eine Geistliche Creutz-Schule, So an statt des andern Theils der himmlischen Garten-Gesellschafft kan gebraucht werden. O. O. [Leipzig?] Gedruckt im Jahr 1708. Kl. 8°. 6 Bl. 760 S. 5 Bl., 5 Bl. 72 S. *Mit 24 Kupfertafeln (inkl. Frontispiz).* Leicht beschäd. HLdbd. von ca. 1800 mit rotem Rsch. u. dem Nummernschild 2).
G. III. 188. 153:3. u. Maltzahn II. 1044 zitieren frühere Ausgaben. Nicht bei Praz, obwohl die Kupfer emblematisch-allegorischen Charakters sind.

— geistl. M y r r h e n g a r t e n , als d. Gartengesellsch. 2r Thl. m. K. 12. Leipzig, Sommer. 742.

— geistl. Myrrhengarten ꝛc. in grober Schrift. 8. Leipz. 770. (W. Nauck). 16 ℊ

— geistl. P a s s i o n s s c h u l e , od. Hist. d. Leidens ꝛc. in Gespr. 12. Lpz. Gesner. 737.

* — — H i s t o r i s c h e r R o s e n g a r t e n , bestehend in 300 Außerlesenen .... Historien u. Discursen .... von *J. C. B.* Franckfurt und Leipzig 1710. 8°. (In Berlin: Ag 7314; auch in Breslau, Kgl. u. Univ.-Bibl.: Hist. univ. IV. 8° 838 b.)

— des m. Jesu verlobten Frauenzimmers S e e l e n s c h m u c k , m. K. 12. Lpz. Müller. 741.

— S i n g - u. Betaltar. 12. Lpz. Gesner. 724.

— geistl. W a s s e r q u e l l e a. Jesu ꝛc. m. K. 12. Frft. u. Lpz. Gesner. 737.

Quis? Jeanne d'Arc e. Heilige? Sceptische Studien gelegentlich des Canonisationsprocesses. gr. 8. (VIII, 147 S.) München 893. Münchner Handelsdruckerei u. Verlagsanstalt M. Poessl. 3. —

Quis est Petrus? Seu qualis Petri primatus? . . . Ratisbonae 1790. V: *Frölich, Wolfgang.* (Barbier) (Ky) (MGT) »1791« (Th) (AarK)

Quis est Petrus? seu qualis Petri primatus? (a W. Frölich). 4. Regensb. 790. Haas fil. in Cöln. 1 ℛ 16 ℊ Schreibp. 2 ℛ Neue Aufl. unt. d. T.: Jura SS. sedis romanae in S.S. litteris fundata, documentis antiquis illustrata ac canonicis sanctionibus stabilita. 4. Cöln 797. Fabricius. 1 ℛ 16 ℊ

Q u i s e s t P e t r u s ? 4. Colon. Haas fil. (Fabricius.) 791. Schreibp.

Quis est Petrus? seu qualis Petri primatus? Ed. 2. Ratisbonae 1791.

„Quisisana". Jahrbuch der schles. Bäder, Heil-, Pflege- u. Kuranstalten, m. Anschluss an Österreich-Schlesien u. Böhmen. Ausg. 1907. (IV, 80 S. m. Abbildgn.) gr. 8. Berlin, A. Pulvermacher & Co. Kart. 1. —
Fortsetzg., s.: J a h r b u c h der schlesischen Bäder.

Quispiam, F., Steinkunst. 2 Tle. 19×25 cm. Leipzig (908). R. Voigtländer. In Karton 1. 40
I. Betrachtungen üb. R. Voigtländers Künstlersteinzeichnungen. (73 S. m. Abb.) — II. (Bilder.) Bericht üb. die Bestrebungen der Firma R. Voigtländer's Verlag in Leipzig. (IV, 36 S. m. z. Tl. farb. Abb.)

Quisquam, die F o l g e n des außerehelichen Geschlechtsverkehrs nach dem in Hamburg geltenden Recht. Gemeinfaßlich dargestellt. gr. 8. (29 S.) Cassel 894. Th. G. Fisher & Co. n. — 80

— V e r l ö b n i ß u. Ehe (sowie deren Aufhebung) nach Hamburger Recht Gemeinfaßlich dargestellt. gr. 8. (34 S.) Ebd. 894. n. — 80

Quistgaard, Ivar.: Index chronolog., sistens foedera pacis, navigationis, commerciorum, subsidiorum et alia a regib. Daniae et Norvegiae ac comitib. Holsatiae inita cum gentib. intra et extra Europam, nec non capitulatt. literas et mercaturae privilegia ab ao. 1200 usque 1789. *Gottingae,* Dieterich. 792. 8. (8 Gr.)

Quistgaard, Ivar: „Index chron. sist. foedera pacis, defensionis, navigat., commerc., subsid. et alia a regibus Dan. et Norwegiae ac comitibus Holsatiae inita c. gentibus intra et extra Europam.; nec non capitulat. literas et mercaturae privilegia ab a. 1300 usq. 1789", Göttingen 1792 (Dieterich).

Quistorp, B. F., an Christianis die dominico magis liceat profana curare negotia quam olim Judaeis sabbato. Gryph. 1724. 4.

Quistorp, B. F., de sanctorum angelorum festis. Gryph. 1770. 4.

Quistorp, Barthold v., der Ausfall aus Paris am 30. Septbr. 1870. gr. 8. (32 S. mit 1 lithogr. Karte in gr. Fol.) Berlin 875, Schneider und Comp. *
Aus: Jahrbücher für die deutsche Armee und Marine, besonders abgedruckt.

Quistorp, Barthold v., zur Beurteilg. kriegsgeschichtl. Darstellg., s.a. Beiheft z. Militär-Wochenblatt 1897.

Quistorp, v. Zur Beurteilung kriegsgeschichtlicher Darstellung. Berlin 1897. 8°. (Aus: Bh. z. M. W. B.)

Quistorp, Barthold v., Geschichte der Nord-Armee im J. 1813. 3 Bde. gr. 8. (XII, 552; VIII, 488 u. VI, 329 S. m. 22 Plänen u. 6 Skizzen.) Berlin 894. E. S. Mittler & Sohn n. 30. —; geb. in 3 Halbfrzbde. m. 1 Kartenmappe n.n. 36. —

Quistorp, Barthold v., Geschichte der Familie Quistorp. Mittlere Hauptlinie seit 1718; abgeschlossen am 8. III. 1882. gr. 8. (V, 443 S. m. 1 Bildnis u. 2 Taf.) Berlin 901. E. S. Mittler & Sohn. n. 12. —

Quistorp, Barthold v., Grundzüge der Taktik mit Beziehung auf die Preußischen Armee-Verhältnisse. Mit 2 lith. Taf. (in Fol.) Potsdam 860. (Berlin,) Schlesier. gr. 16. (VI, 91 S.) n. 12½ ngr.

Quistorp, Barthold v., der grosse Kavallerie-Kampf bei Střesetitz in der Schlacht von Königgrätz am 3. Juli 1866. Mit 5 (lith. u.) color. Plänen (in gr. Fol.). Neisse 870. Graveur. gr. 8. (86 S.) n. 25 ngr.

-- der grosse Cavallerie-Kampf bei Střesetitz in d. Schlacht v. Königgrätz am 3. VII. 1866. 2. Aufl., m. 5 Plänen u. 1 Übersichtsblatt. gr. 8. (96 S.) Neisse 897. J. Graveur. n. 2. 50

—— die kaiserlich russisch-deutsche Legion. Ein Beitrag zur preuß. Armee-Geschichte. gr. 8. (XX und 343 S. mit 1 lithogr. Karte in gr. Fol. und 2 lithogr. und ill. Plänen in qu. gr. 4. und gr. Fol.) Berlin 860, E. Heymann's Verlag.

Quistorp, B. v., der Überfall des Leutnants Hellwig bei Eisenach am 17. X. 1806, s.a. Beiträge zur Geschichte Eisenachs. XV.

Der Überfall des Leutnants Hellwig bei Eisenach, am 17. Okt. 1806. Von B[arthold] v. **Quistorp**, Gen.Lt. z. D. Mit 1 Pl. Eisenach: H. Kahle 1906. (14 S.) 8° [F.]
= **Beiträge** z. Geschichte Eisenachs. 15. (07. 340)

Quistorp, Bhrd. Fr., († d. 4. Jan. 1788.) s. Jh. Chr. *Burgmann*, institutiones.

Quistorp, H. Fluss- und Strom-Charte über den Ryck und die damit in Verbindung stehenden Gewässer von Greifswald bis zu seiner Ausmündung bei Wyck. Greifswald 1827. 1 Bl. c. Hz.

Quistorp, J.N.: De agapis. – Rost.1711.

Quistorp, Johann (Rostock), Quaestio Symposiaca, utrum sine laesione conscientiae pro salute, seu in sanitatem aliorum bibere liceat? Jam ob Materiae jucunditatem denuo recusa. Rostock 1711. (4.25) 27477

— — Dasselbe. Jam ob Materiae jucunditatem denuo recusa. Rostock (J. Richel) o. J. (4.25) 27478

— — Dasselbe. Jam ob Materiae jucunditatem denuo recusa. Rostock 1714. (4.25) 27479
Widm. v.: Ge. Ph. zum Dam (dtsch.

QUISTORP Jo., Quaestio symposiaca: Utrum sine laesione conscientiae pro salute, seu in sanitatem aliorum bibere liceat? Oder: Ob ein Christ mit gutem Gewissen Gesundheiten trinken könne? Jenae 1743. 4°. 23 pp. (2 Mk. Frdr. Klüber, München, 1905; 2 Mk. 40 Pfg. J. Halle, München, 1906.)
Vorher ebd. 1731. 4°. 23 pp. (1 Mk. 50 Pfg. Oswald Weigel, Lpz., 1904.)

Quistorp, Jo. Bern.. praes. Ge. **Detharding,** De anaesthesia. Rost. 4°. 1718

Quistorp, J. Bern., De anaesthesia, von dem unempfindlich seyn. 23 l. Rost. 4°.
1745

Jo. Bernhart Quistorp progr. in quo paucis exponit veterum philosophorum et astrologorum de annis clinactericis opinionem. Rostoch. 1743. 4.

Quistorp, Johann Christian

— Abhandl. v. d. Strafe derjenigen, welche wider die dem Landesherrn nachgeordnete Obrigkeit ungehorsam handeln. 4. Rost. 771.

v. Quistorp, Jh. Chr., († d. 15. März 1795.) Beitrr. z. Erläuter. verschied., mehrentheils unentschiedener Rechtsmaterien. 4 Stücke. 8. Rost. 777—80. (unt. d. Haupttitel. 1r Bd. 780.) (Stiller). 1 ₰ 16 gr

— Beyträge z. Erläut. verschied. rc. Rechtsmaterien. 2 Thle. 8. Rostock, Koppe. (Stiller.) 787.

— rechtl. Bemerkk. aus allen Theilen d. Rechtsgelehrsamkeit, nach d. Verfassers Tode hrsgg. v. G. Wiese. 2 Bde. 4. Leipz. 793—98. Fr. Fleischer. 3 ₰ 16 gr Holl. Pap. 5 ₰

— Bestimm. d. Verhältn. d. gem. in Deutschl. übl. Strafen gegen einander. 8. Rostock, Koppe. (Stiller.) 778.

— de consensu juris naturalis praesumto. 8. Rost. Koppe. (Stiller.) 755.

— — s.a. Quistorp, Johann Jakob

— Entw. z. e. Gesetzbuch in peinl. und Strafsachen. gr. 8. Rostock, Koppe. 782.

— ausführl. Entwurf zu e. Gesetzbuch in peinl. u. Strafsachen. gr. 8. Rost. 782. (Stiller). 1 ₰ 8 gr

— Entwurf v. d. Nutzen d. alten deutschen Gewohnheiten in peinl. Fällen rc. 4. Wism. 768. Bödner. 2 gr

QUISTORP, J. Ch.: Rechtl. Erachten, wie in Ermang. e. vollständ. Beweises wider e. Angeschuld. bei vorhand. genugs. Verdacht zu verfahren sei. *Bresl.*, Koppe. 774. 4. (2 Gr.)

— rechtl. Erachten, wie in Ermangelung e. vollständ. Beweises wider e. Angeschuldigten bei vorhandenem genugsamen Verdacht zu verfahren sei. rc. 4. Rost. 775. Koppe. 2 gr

QUISTORP, J. C.: De femina mercatrice, ad Tit. VIII. I. juris Hamburgensis. *Bützow*. 4.

QUISTORP, J. Ch.: Grundsätze d. deutsch. peinl. Rechts. *Rost.*, Stiller. (1—5e A. 770—89.); 6e A. nach d. Vfs. Tode aufs neue herausg. m. vielen Berichtigg. u. Zuss. v. E. Fd. KLEIN. 1r Bd. 1—2e Abth. 809—10. 2r Bd. v. Ch. Gli. KONOPACK. 812. 3r Bd. v. Ch. ROSS. 820—21. gr. 8. (7 Thl.) 4r Bd. Nachträge zur 6ten rechtmäss. Ausg. Von Ch. Ross. *Ebend.* 828. gr. 8. (1⅓ Thl.) (Nachdruck mit Zusätzen u. Bemerkk., welche auch einzeln zu haben sind. 2 Bde. *Würzb.*, Rienner. 796. gr. 8. (5 fl. 36 kr.)

— Grundsätze d. deutschen peinl. Rechts. 2 Thle. gr. 8. Rostock 770. 2e Ausg. 776. 3e A. 783. 4e A. 789. 5e A. 794. 6e Aufl. hrsgg. v. G. F. Klein u. fortges. von C. G. Konopak 810. 12. u. 3r Bd. 2 Abtheill. von C. G. Konopak 821. 4r Bd, Nachtrr. z. 6n rechten Aufl. hrsgg. v. Chr. Roß. gr. 8. Ebd. 828. Stiller. Alle 4 Bde in 6 Abtheill. 8 ℛ 12 ℊ

v. Quistorp, (J. C.,) Grundsätze d. deutsch. peinl. Rechts. Supplement z. 6ten Aufl. Herausgeg. v. C. Roß. gr. 8. Rostock 827, Stiller. Mehls-

— — Principiorum jurisprudentiae ecclesiasticae Germanicae fundamentalium specimen quintum. Rostock (Müller) Mai 1768. 32 S. (4.25) 27481
Gew.: Joachim Hartmann.

Quistorp, J. Chr.: Principia jurisprud. eccles. Germ. maxime Protest.: olim in ns. auditor. delin. nunc rev. emend. *Rost.*, Koppe. 771. 8. (6 Gr.)

— principia jurisprudentiae eccles. germ., max. protestantium. 8. Rost. 771. Koppe. (Stiller). 6 ℊ

Quistorp, Joh. Chr.: Kleinere Juristische Schriften. Sammlung 1. [einz.] Bützow u. Wismar 1772.
[Inhalt:]
1. Von der Einlassung auf die Klage, oder der sog. Kriegsbefestigung.
2. Von der Strafe dererjenigen, welche wider die. dem Landesherrn nachgeordnete Obrigkeit ungehorsam handeln.
3. Von den Gerechtsamen des schönen Geschlechts, nach gemeinen bürgerlichen, u. bes. nach Mecklenburgischen Lehnsgesetzen u. Gewohnheiten.
4. Gedanken über die Frage: Welches sind die vornehmsten Grundsätze, worauf es bey der Bestimmung der Fälle, da Privilegien aufhören können, haupts. ankommt.
5. Eine kurze Nachricht von der Geschichte der Scharfrichter u. ihren Gerechtsamen.
6. In wiefern sind die Handlungen eines Minderjährigen rechtsbeständig?

— kleinere juristische Schriften. 1r Thl. 8. Rost. 772. Bödner. 5 ℊ

— **Johann Christian** (Rostock), Utrum unus testis faciat torturae locum. Comment. jur. Präs. Ernst Jo. Fried. Mantzel. Rostock (Adler) 30. VIII. 1759. 32 S. (—.—) 27480
Widm. v.: Ernst Jo. Fried. Mantzel.

Eb.: Vers. e. Anweis. f. Richter b. Verfahren in Criminal- u. Strafsachen wider solche, welche d. Wahrheit nicht gestehen wollen, in Ländern, wo d. Tortur abgeschafft worden. *Lpz.*, Fleischer. 789. 8. (8 Gr.)

. Quistorp, J. Ch.: Versuch einer richtigen Bestimmung des Verhältnisses der gemeinen in Deutschland üblichen Strafen gegen einander. *Rostock.* 768. 8.

— Versuch e. Bestimmung d. Verhältnisses d. gem. in Deutschland übl. Strafen gegen einander. 8. Rostock 778. Koppe, (Stiller). 3 ℊ

Quistorp, Joh. Chr.: Versuch einer richtigen Bestimmung des Verhältnisses der gemeinen in Deutschland üblichen Strafen gegen einander. 2. Aufl. Rostock u. Leipzig 1780.

— wie in Ermang. e. vollst. Bew. ꝛc. bey genugs. Verdacht z. verfahren sey. 4. Rostock, Koppe. 775.

— **Johann Georg** (Rostock), De dispensatione legis naturalis inter impossibilia Deo referenda ac simul de praecepto Dei Israelitis dato exod. XI. 2 coll. 35. 36. Diss. Präs. Jakob Wilhelm Blaufus. Jena (Tennemann) (10.) April 1754. 34 S. (4.25) 27482
Gew.: Johann Bernhard Quistorp. — Widm. v.: Joachim Georg Darjes, Jakob Wilhelm Blaufus.

Quistorp, Johann Jacob

Quistorpius. Jo. Jac.: De consensu iuris naturalis praesumto libellus. Rostochii et Lipsiae 1755.

— de consensu juris naturalis praesumto Libellus. 8. Rost. 755. Koppe. (Stiller). 4 ℊ

— — s.a. Quistorp, Johann Christian

— Grundlehren d. christl. Religion. 12. Hamb. 765. Hertel. 4 ℊ

Quistorp, Jh. Jak., († 1766.) Predigten üb. d. Sonn- u. Festtags-Episteln auf das ganze Jahr. 4. Rostock 754. Stiller. 3 ℛ 8 ℊ

— Predigten üb. die Sonn- u. Festtags-Evangelien. 2 Bde. 4. Rostock 757. Stiller. 3 ℛ 8 ℊ

— — über verschiedene Texte der heiligen Schrift. 4 Thle. 8. Hamb. Hertel. 747.

— zwo Predigten bei Veränderung seines Amts. 8. Rost. 755.

— Reden üb. verschied. Texte d. heil. Schrift, z. Unterricht u. Erbauung. 4 Thle. 8. Hamb. 748—52.

SPOTTREDEN eines Mitgliedes der deutschen Gesellschaft in Jena *(Joh. Jacob Quistorp).* Hrsg. von einem Mitgliede der kgl. deutschen Gesellschaft in Göttingen. Leipzig und Rostock 1753. 8°. (2 Mk. G. Fritzsche, Hamburg, 1897; jetzt theurer!)
U. a.: Das Amourmachem der sicherste Weg zu den Vortheilen, die man auf Akademien suchet. — Selten! Anon.-Lex. IV. p. (nach Meusel).

Quistorp, Johann Nikolaus [Praes.], s. Falck, Nathanael Gottfried: Thesium pontificiarum a plagiario anonymo 1697 vulgatarum, per antitheses orthodoxas, rejectarum quaternarius.

Quistorp, Johann Nikolaus [Praes.], s. Monrad, Georg: De vindicta vitanda, Ex Rom. XII. v. 19.

Quistorp, Johann Theodor [Praes.], s. Weber, Joachim Friedrich: De effectu litis a iudice in contumaciam pro contestata habitae intuitu rei exceptionum disquisitio practica.

Quistorp, Johs., der Kern der Arbeiterfrage. Vortrag geh. am 6. März 1872 in der Aula d. Johanneums in Hamburg. gr. 8. (23 S.) Stettin 872. Brandner. n. — 10

Quistorp, Irmengard v., zu Wasser u. im Sattel durch die westindischen Inseln. (48 S.) 8. Eisenach 907. Hofbuchdruckerei Eisenach H. Kahle. nn — 60

Quistorp, Theod. I., ecclesia graeca lutheran. 8. Lubec. 723.

— **Theodor Jo.,** De origine indole ac nonusu distinctionis votorum electionis in maiora et saniora meditatio ecclesiastico historica. Rostock (Adler, prostat in offic. Fritsch) 1745. 38 S. (—.—) 27483

Quistorp, Wilhelm

Quistorp, W., Israels Abfall, e. Bußspiegel f. unser Volk. Predigt am Landesbuß- u. Bettage 1872 in der Kirche zu Ducherow geh. u. allen deutschen Christen u. Juden zugeeignet. 8. (15 S.) Ducherow 872. (Berlin, E. Beck.) n. — 30

Quistorp, W., ein Besuch im Zellengefängniß zu Moabit nebst einem Blick auf die gegenwärtige Lage der Gefangenenfrage in Pommern. Ein Vortrag. Stettin 857. Müller in Comm. gr. 8. (16 S.) n. 3 ngr.

Quistorp, W., ein Besuch im Zellengefängniß zu Moabit nebst einem Blick auf die gegenwärtige Lage der Gefangenenfrage in Pommern. Ein Vortrag. gr. 8. (16 S.) Stettin 857, (von der Nahmer.) Thlr. *

Quistorp, W., zur Frage von der Harmlosigkeit des Protestanten-Vereins, in specie in Sachen Quistorp contra Schiffmann u. Hanne. Offener Brief zur Verständigung an die Unterzeichner der Stettiner Adresse vom 16. Novbr., sowie ausführl. u. wahrheitsgetreuer Bericht über das Rencontre im „evangelisch-protestant. Verein" zu Greifswald. Nebst e. Reihe von Actenstücken pro et contra ꝛc. Ducherow 868. (Berlin, E. Beck.) gr 8. (44 S.) n. 5 ngr.

— der Herr der Herrlichkeit in Knechtsgestalt u. Kreuzesschmuck. Ein Sträußlein von diesjähr. Passionspredigten der Basler Mission, der gottgesegneten u. zur Zeit kreuzbegnadigten, in ihrem Jubeljahre 1865 als Festgabe dargeboten. Berlin 865. (E. Beck.) 8. (132 S.) n. 10 ngr.

— hie Schwert des Herrn, s. Hie Schwert des Herrn ꝛc.

— Jesus die alleinige Hilfe aller Aussätzigen. Predigt am 3. Sonntage nach Epiphanias 1866 über Evang. Matth. 8, 1—13. Stralsund 866. (Berlin, E. Beck.) gr. 8. (8 S.) 1½ ngr.

— Kaisergeburtstag im Lichte der Frühlingssonne und der heiligen Passion. Predigt am Sonntag Judica 1874 gehalten. 8. (12 S.) Berlin 874, Beck. ** — 25

Quistorp, W., die soziale Not der ländlichen Arbeiter u. ihre Abhilfe, s. a. Zeitfragen, evangelisch-soziale.

Quistorp, W., Die soziale Not der ländlichen Arbeiter u. ihre Abhilfe. (Evangelisch-soz. Zeitfragen, Ser. 1, Heft 10.) gr. 8°. Leipzig, Grunow, 1891.

Quistorp, W., die Offenbarung Jesu Christi im tausendjährigen Reich. Eine Zeitpredigt, am 23. p. Trin. 1871. [Aus: „deutsche Wacht."] 8. (18 S.) Ducherow 871. (Berlin, E. Beck.) n. — 25

Quistorp, W., die Organisation der Heiden-Missionsarbeit in der heimatlichen Gemeinde m. besond. Berücksicht. der Berliner Missionsgesellschaften. gr. 8. (28 S.) Berlin 902. Wiegandt & Grieben. n. — 30

Quistorp, W., s.: Rundschau, lutherische.

— die Sonntagssache in ihrer Bedeutung für die kirchliche und sociale Krisis der Gegenwart und für die Zukunft der christl. Staaten und Nationen. Vortrag auf der luther. Conferenz zu Cammin. 8. (15 S.) Berlin 874, Beck. * — 10

— Vertheidigungsrede gegen die Anklage auf Majestätsbeleidigung u. Vergehen gegen die öffentliche Ordnung, vor dem Collegio d. königl. Kreis-Gerichts zu Anklam am 14. Novbr. 1876. 8. (26 S.) Ducherow 876. (Halle, Fricke.) n. — 40

— die Zukunft der evangelischen Kirchen in Deutschland. Ein Beitrag zur Lösg. der wichtigsten Frage der Gegenwart. (98 S.) gr. 8. Anklam 903. F. Krüger. n. 1. 80

Quit, Sigm., drei Predigten gehalten am 27. Febr., am Charfreitage u. Osterfeste des Jahres 1859 vor der freireligiösen Gemeinde zu Danzig. Danzig 863. Doubberck in Comm. 8. (23 S.) n. 5 ngr.

Quitmann, Ernst, a. Lünen a. d. Lippe: Über Minimallagen in ebenen Gebieten. Borna-Leipzig 1905: R. Noske. (45 S.) 8°

Münster, Phil. Fak., Ref. Killing, Diss. v. 21. Juli 1905

[Geb. 14. Okt. 82 Lünen a. d. Lippe; Wohnort: Lünen; Staatsangeh.: Preußen; Vorbildung: Gymn. Höxter Reife O. 01; Studium: Göttingen 4, Münster 3 S.; Rig. 12. Mai 05.]

Quitmann, Eugen: Über die Spaltungsprodukte des Hämatoporphyrins, welche bei der Reduktion mit Zinn und Salzsäure erhalten werden. Erlangen 1910: Jacob. VIII, 60 S. 8°

München, Phil. Diss. v. 13. Juli 1910, Ref. v. Baeyer

[Geb. 9. Juli 84 Berlin; Wohnort: Charlottenburg; Staatsangeh.: Preußen; Vorbildung: Städt. Realgymn. Charlottenburg Reife M. 04; Studium: Berlin 2, München 10 S.; Rig. 13. Juli 10.] [U 11. 3832

Quitschvergnügt, Lude, s. a. Zwiebelduft, Aujuste.

Aujuste Zwiebelduft. Eine ulkige Verhörs-Scene f. 3 Herren von Lude Quitschvergnügt. Mühlhausen i. Th.: G. Danner [1906]. (16 S.) 8° [J.]
— Theater f. Herrenabende. No 8. [07. 6719 3

Quitt, Theodor, oder Geschichte eines durch Lord Exmouth befreyten algier. Sclaven, von Jul. v. Voß. 2 Theile. 8. Berlin, Schmidts Wtbe u. Sohn. 817. Rthlr.

QUITT, Johann: Eine Apologie des Dyophysitismus in Mosaik aus dem 6. Jahrhunderte. Um 1900. — 115 S. Diss. Graz, Univ.

Quitt, Jos., Ursprung u. Sieg der altbyzantinischen Kunst, s.: Dies, Ernst.

Quitte, Caligula, s.: Vermächtnis, das, des Tacitus.

Quitteck, kurzer Auszug aus der Experimentalphysik, s.: Pfeiffer.

Quittel, e. Anlangen bei der Frage: Enthält od. ist die Bibel Gottes Wort? 8. (19 S.) Berlin 892. Deutsche Evangel. Buch- u. Traktat-Gesellschaft. n. — 25

— Freiheit der Willensbestimmung? 8. (31 S.) Ebd. 891. n. — 40

— scheinbare Irrthümer der Bibel. 8. (27 S.) Ebd. 893. n. — 25

— der Schatz in irdenen Gefäßen. 8. (16 S.) Ebd. 892. n. — 20

Vergriffen.

— die Thür d. Glaubens. gr. 8. (40 S.) Ebd. 891. n. — 40

Quitten, die. Akademische Humoreske v. F. Idus. 8. (48 S.) Gießen 883. Roth. n. — 60

Quittenbaum, Alex. Frdr., Eierstockskrankheiten, ihre anatomisch-patholog. Verhältnisse, Diagnose u. Heilung. Inaugural-Dissertation. Nebst Beschreibung einer mit vollkommen glücklichem Erfolge gekrönten totalen Exstirpation des rechten, stark verwachs. hydrop. Eierstocks, von Carl Frdr. Quittenbaum. Mit 3 Taf. in Steindr. (in Fol.) gr. 4. (32 S.) Rostock 850. (Leopold.) n. 1 ₰

Quittenbaum, C. F., de memorabili quodam maxillae inferioris fungo scrofuloso; cui tab. aen. II accedunt. Fol. Hannov. 818. Hahn. 1 ₰ Schrbp. 1 ₰ 8 gr.

Quittenbaum, Carl Friedrich,
s. Quittenbaum, Karl Friedrich

Quittenbaum, Johann Heinrich Friedrich [Pseud.],
s.a. Hippel, Theodor Gottlieb v.

— Freymüthige Anmerkungen über des Ritters von Zimmermann Fragmente über Friedrich den Grossen. Von einigen Brandenburg. Patrioten. (Mit Registern.) Abtheilung 1. 2. Berlin und Stettin 1791. 1792. 8.

— Briefe eines preussischen Feldpredigers verschiedene Characterzüge Friedrichs des Einzigen betreffend. Mit Rücksicht auf die Briefe eines alten Preuss. Officiers über eben diesen Gegenstand. Potsdam 1791 8.

— Schreiben eines alten preussischen Officiers an seinen Freund. Zur Erläuterung über die Glaubwürdigkeit seiner Nachrichten von Friedrich II gegen einen Feldprediger, der sie hat bestreiten wollen Hohenzollern 1792. 8.

— Schreiben eines Preussen an den Ritter von Zimmermann in Hannover über das 31. Capitel seiner Fragmente über Friedrich den Grossen, und die Quelle der Zimmermannischen Rechtgläubigkeit. Frankfurt und Leipzig 1790. 8.

Quittenbaum, Johann Heinrich Friedrich, (pseud. für: Theod. Gottl. Hippel) Zimermann I, und Friedrich II. London, gedruckt in der Einsamkeit 1790. 8

Quittenbaum, J. H. F., (Th. Gtl. v. Hippel,) Zimmermann I. u. Friedrich II. in ritterlicher Assistenz e. Leipziger Magisters. 8. London (Berl.) 790. Lagarde. (Köchly). 14 gr.

Quittenbaum, Karl Friedrich

Quittenbaum, Carl Friedrich (Rostock), Commentatio de ovarii hypertrophia et historia exstirpationis ovarii hydropici et hyperthrophici prospero cum successu factae. Accedunt tabulae II. lapidi incisae. Rostock (Adler) 1835. 36 S. (—.—) 27484
Gew.: Conrad Johann Martin Langenbeck.

Quittenbaum, Car. Frid., Commentatio de ovarii hypertrophia et historia exstirpationis ovarii hydropici et hypertrophici prospero c. successu factae. 4maj. (4½ B. u. 2 Stnt.) Rostochii 835. (Oeberg.) *

—— Commentatio de splenis hypertrophia et historia exstirpationis splenis hypertrophici c. fortuna adversa in femina viva factae. 4maj. (3 B. u. 2 Stnt.) Rostochii 836, (Stiller'sche Hofbuchh.) *

Quittner, Em., u. Bernard **Stampfer**, die Spruchpraxis d. Obersten Gerichtshofes u. Verwaltungs-Gerichtshofes auf dem Gebiete d. Sparkassen- u. Genossenschaftswesens m. e. Anh.: Ministerial-Erlässe. I. gr. 8. (IV, 78 S.) Wien 892. (L. Weiß.) n. 1. 70

Quittner, Victor: Sur les propriétés magnétiques de la magnétite cristallisée. [Avec 26 figures dans le texte.] Genève 1908. 112 p. 8°. Extrait des Archives des Sciences physiques et naturelles Période. 4. t. 26. Octobre. novembre et décembre 1908. [5. II. 09.]
Zürich. Phil Diss II S 1908/09

Quittungs-Buch üb. bezahlte Hausmiethe, nebst den wicht. Bestimmgn. üb. Miethsrecht nach dem bürgerl. Gesetzbuche. 12. (16 S.) Dessau (900). C. Dünnhaupt. n.n. — 25

Quitzmann, Ernst Anton

—— quaedam circa morbi historiam. Dissert. 4maj. (3½ B.) Monachii 838, (Franz.) *

Quitzmann, E. Ant., Abstammung, Ursitz und älteste Geschichte der Baiwaren. Festgabe zur 7. Säkularfeier der Gründung der Haupt- u. Residenzstadt München München 857. Franz. gr. 8. (112 S.) 18 ngr.

Quitzmann, Ernst Ant., Deutsche Briefe üb. den Orient. gr. 8. (VIII u. 576 S.) Stuttgart 848, Müller. 2 Thlr 24 ngr Herabges. Pr. n. ⅔ Thlr

Quitzmann, Ernst Anton, geschichtl. Entwicklung der Parasiten-Theorie u. ihrer Bedeutung für die Ausbildung der Pathogenie. Besond. Abdruck. gr. 8. (8½ B.) Heidelberg 843, (Groos.) *

Quitzmann, Ernst Ant., die Entwicklungs-Geschichte d. Erde nach ihren Lebensaltern. gr. 8. (2½ B.) München 838, Franz. *

Quitzmann, A., die älteste Geschichte der Baiern bis zum J. 911. Mit e. (lith.) Geschichtskarte u. e. Stammtafel der Agilulfinger (in 4.) gr. 8. (VIII, 400 S.) Braunschweig 873. Wreden. n. 8. —

— urkundliche Geschichte v. Flinsbach im Bezirksamte Rosenheim. [Aus: „Oberbayer. Archiv". Lex.-8. (146 S.) München 872. (Franz.) n. 2. —

Quitzmann, E. A., Götterwanderungen u. Götterdämmerung. 1—3. Abth. à 2 Bde. 8. Leipzig 874. Schlicke. à Abth. n. 7. 50
1. Isomara, die Priesterin der Eisa. Culturgeschichtlicher Roman. 2 Bde. (210 u. 207 S.)
2. Das Opfer der Hekate. Culturgeschichtlicher Roman. 2 Bde. (218 u. 192 S.)
3. Der Hain der Nornen. Culturgeschichtliche Erzählg. aus dem 8. Jahrh. (VII, 188 u. 188 S.)

—— der Körper des Menschen rc., s. a. Bürgerbibliothek, 8. u. 9. Bd

— der Körper des Menschen, siehe a. Naturkunde, volksthümliche, 1. Bd.

Quitzmann, Ernst Anton, Der Körper des Menschen nach seinem Bau und seinen Verrichtungen als Grundlage einer volkstümlichen Menschenkunde, Karlsruhe 1844, XVI u. 288 S., 8°.

Quitzmann, Er. Ant., der Körper des Menschen nach seinem Bau u. seinen Verrichtungen, als Grundlage einer volksthüml. Menschenkunde. 8. Stuttg. 846, Müllers Verl. 24 ngr

Quitzmann, Ernst Ant., und M. Perty, Naturgeschichte des Menschen als Individium und als Race, s. Volks-Naturgeschichte.

— s. Naturkunde, volksthümliche.

Quitzmann, Dr. E. A. Die Reform der Militär-Sanität nach den Anforderungen der Gegenwart. Erlangen 1849. 50 S.

Quitzmann, Ant., die älteste Rechtsverfassung der Baiwaren. Als fact. Beweis für die Abstammung des baier. Volksstammes. Nürnberg 866. Stein's Buchh. gr. 8. (VIII, 419 S.) n. 2 Thlr 10 ngr.

— Reisebriefe aus Ungarn, dem Banat, Siebenbürgen, den Donaufürstenthümern, der Europäischen Türkei u. Griechenland. Neue (Titel-) Ausg. (der Deutschen Briefe über den Orient.) 8. (VIII u. 576 S.) Ebd. (848) 850. 1 Thlr 24 ngr.

Quitzmann, Ernst Ant., die heidnische Religion der Baiwaren. Erster faktischer Beweis für die Abstammung dieses Volkes. Leipzig, 860. C. F. Winter. gr. 8. (XXIII, 316 S.) n. 1 Thlr 15 ngr.

— über Sanitätscompagnien u. militärische Krankentransporte. Nebst einem vollständigen Krankenträger-Unterrichte u. einer Instruktion für Krankentransporte auf Eisenbahnen. Nürnberg 864. Stein. 16. (VIII, 109 S.) n. 12 ngr.

QUITZMANN, Ernst Anton (Freising): Von den medizinischen Systemen und ihrer geschichtlichen Entwicklung.- München: Franz 1837. 3 Bl., 48 S.
22.12.1836 - Urk (Titel: De medicinae systematibus eorumque historica evolutione.); F 63
Diss. Ingolst.-Landsh.-Mchn.

—— Volkslieder zu den geschichtl. Fresken in d. Arkaden d. kgl. Hofgartens zu München. 16. (5½ B.) München 838, Franz.

— Vorstudien zu einer philosoph. Geschichte der Medizin, als der sichersten Grundlage für die gegenwärt. Form dieser Wissenschaft. 1. Thl. — A. u. d. T.: Geschichte der Medizin in ihrem gegenwärt. Zustand histor.-kritisch dargestellt. 1. Abthl. Subjektiver Theil. 2. Abthl. Objektiver Theil. gr. 8. Karlsruhe 843, 44, Macklot. pro 2 Abth. 3⅔ ₰

Quitzow, Johann [aus Leck (Prov. Schlesw.-Holst.)]: Ein Fall von Monoplegie mit Anästhesie des Tastsinnes. . . . Würzburg, Druck d. Etlinger'schen Buchdr., 1891; 19 S. 8°
Würzburg, Med. Fak., Inaug.-Diss. v. 1891

Quitzow, Wilhelm, aus Seehausen (Altmark): **Die Wische, insbesondere deren Bodenbau und Bewässerung.** Nebst 1 Karte. *Halle a. S. 1902: Waisenhaus.* (28 S.) 8° ¶[Aus: Archiv f. Landeskunde d. Prov. Sachsen, 12.]
Halle, Phil. Diss. v. 1902

Quitzow, Wilh. Adph., Anweisung zum systematischen Unterricht im Rechnen u. Auflösungen zu dem „Praktischen Rechenbuche." Güstrow 860. Opitz & Co. in Comm. gr. 8. (202 S.) n. 1 ₰

Quitzow, Wilh. Adf., Anweisung zum systemat. Unterricht im Rechnen u. Auflösg. zu dem prakt. Rechenbuch. 2. Aufl. 8. (IV, 213 S.) Güstrow 873. Opitz & Co. n. 3. —

— Meckelnbörger Geschichten. Vertellt för Jung un Olt. 1. u. 2. Bd. Leipzig 876. 77. C. A. Koch. n. 4. 40; geb. n. 6. 20
1. As Wisme wedder meckelnborgsch würd. 2. Aufl. (IV, 160 S.) n. 2. —; geb. n. 3. —
2. Hanne Möller un sin Mudder. (247 S.) n. 2. 40; geb. n. 3. 20

Quitzow, Wilh. Adph., Mekelnbörger Geschichten. Vertellt för Jung un Olt. 3. Bd. A. u. d. T.: Hanne Möller un sin Mudder. 2. Thl. 8. (242 S.) Leipzig 878. C. A. Koch. n. 2. 40; geb. n. 3. 20 (1—3.: n. 6. 80; geb. n. 9. 40)

Quitzow, Wilh. Adph., Olaf Hellichius. Historischer Roman aus dem 18 Jahrh. 3 Bde. 8. (262, 305 u. 300 S.) Breslau 891. Schles. Verlags-Anstalt. n. 10. 50; geb. n. 13. 50

Quitzow, Wilh. Adf., das Kopfrechnen in systematischer Stufenfolge. gr. 8. (VI, 250 S.) Leipzig 883. Teubner. n. 3. —

Quitzow, Wilh. Adph., das neue Maß u. Gewicht. Praktisches Rechenbuch für Schüler, welche die vier Species mit ganzen Zahlen rechnen können. Im Auftrage bearb. Güstrow 870. Opitz & Co. in Comm. 8. (35 S.) n. 3 ngr.

Quitzow, Wilh. Adph., praktisches Rechenbuch für Schulen in systematischer Stufenfolge. 1. Thl. enthltd. die vier Species mit ganzen, unbenannten u. benannten Zahlen. Güstrow (853.) Opitz u. Co. in Comm. (VIII, 104 S.) 6 ngr.

— — 2. Thl. enthltd. die Bruchrechnung. Ebend. 853. 8. (63 S.) 5 ngr.

— — Antworten dazu. 2. Thl. Ebend. (853.) 8. (15 S.) 2½ ngr.

— praktisches Rechenbuch für Schulen u. zum Selbstgebrauch. In systemat. Stufenfolge enthltd. die höheren, im pract. Leben vorkommenden Rechnungsarten. 3. Thl. Ebend. (853.) 8. (XVI, 288 S. u. Antworten 60 S.) n. 20 ngr.

—— praktisches Rechenbuch für Schulen in systematischer Stufenfolge. 2. Thl., enthaltend die Bruchrechnung. 3. Aufl. 8. (64 S.) Güstrow 859, (Opitz und Comp.) *
1. Thl. Ebendas. 1858. 6 Ngr.

— praktisches Rechenbuch für Schulen in systematischer Stufenfolge. 1—4. Thl. Ebend. 869,70. 8. n. 1 ₰ 1 ngr.
1. Die vier Species mit ganzen, unbenannten u. benannten Zahlen. 7., nach dem neuen Maß u. Gewicht bearb. Aufl. (96 S.) n. 6 ngr.; Auflösungen dazu (32 S.) n.n. 2½ ngr.
2. Die Bruchrechnung. [Gewöhnliche u. Decimalbrüche.] 6., nach dem neuen Maß u. Gewicht bearb. Aufl. (72 S.) n. 5 ngr.; Auflösungen dazu (23 S.) n.n. 2½ ngr.
3. [3. Thl. 1. Abthl.] 6., nach dem neuen Maß u. Gewicht bearb. Aufl. (158 S.) n. 10 ngr.
4. [3. Thl. 2. Abthl.] 6., nach dem neuen Maß u. Gewicht bearb. Aufl. (128 S. mit 2 Tabb. in qu. 4.) n. 10 ngr.

— praktisches Rechenbuch f. Schulen in systematischer Stufenfolge. Nach dem hunderttheil. Münz-, Maß- u. Gewichtssystem bearb. 1—5. Bd. 8. Güstrow 872. 73. Opitz & Co. in Comm. n. 3. 65
1. 9. Aufl. (96 S.) n. — 50. — 2. 8. Aufl. (79 S.) n. — 50. — 3. [3. Thl. 1. Abth.] 8. Aufl. (126 S.) n. 1. 10. — 4. 7. Aufl. (120 S.) n. — 80. — 5. [3. Thl. 3. Abth.] 7. Aufl. (88 S.) n. — 75.

— dasselbe. Antworten dazu. 1—4. Bd. 8. Ebend. 872. 73. n. 1. 10
1. 9. Aufl. (31 S.) n. — 25. — 2. 8. Aufl. (24 S.) n. — 25. — 3. 8. Aufl. (24 S.) n. — 35. — 4. (20 S.) n. — 25.

—— praktisches Rechenbuch für Schulen in systematischer Stufenfolge. 5 Thle. 8. Güstrow 875—79, (Opitz und Comp.) * 4 35
Inhalt:
Thl. 1. Die vier Species mit ganzen, unbenannten und benannten Zahlen. 10.—14. Aufl. (96 S.) * 50 Pf. — Auch in 3 Heften zu beziehen: 1. Heft. (S. 1—32.) * 15 Pf.; 2. Heft. (S. 33—64.) * 20 Pf., 3. Heft. (S. 65—96.) * 25 Pf. — Antworten. (31 S.) * 25 Pf.
Thl. 2. Die Bruchrechnung mit unbenannten und benannten Zahlen. Die Anwendung der Decimal- und gemeinen Brüche. 9.—11. Aufl. (72 S.) * 50 Pf. — Antworten. (24 S.) * 25 Pf.
" 3. Verhältnisse, Proportionen und die Anwendung derselben auf Preis-, Zins-, Rabatt-, Theilungs-, Gesellschafts- und Mischungsrechnung. 9.—11. Aufl. (120 S.) * 80 Pf. — Antworten. (24 S.) * 25 Pf.
" 4. (3. Thl. 2. Abthl.) Die Kettenregel und die Anwendung derselben auf Maß-, Gewichts- und Münzreductionen, sowie auf combinirte Preis- und Wechselrechnungen; ferner die Flächen- und Körperrechnung mit umfassender Anwendung. 8. und 9. Aufl. (111 S.) * 80 Pf. — Antworten. (19 S.) * 25 Pf.
" 5. (3. Thl. 3. Abthl.) Aufgaben aus der Physik, der Mechanik und der Geographie, einige Conti-Corrente und Calculationen. Mit Antworten. 7. Aufl. (74, 12 S.) * 75 Pf.
Anweisung und Auflösungen zu allen Theilen. 2. Aufl. * M 3.

—— praktisches Rechenbuch für Schulen in systematischer Stufenfolge. 1.—4. Thl. 8. Lübeck, Quitzow. * 2 60
Inhalt:
Thl. 1. Die vier Spezies mit ganzen Zahlen. 15.—22. Aufl. (96 S.) 880—85. * 50 Pf.
" 2. Die vier Species mit Brüchen. 12.—18. Aufl. (72 S.) 880—86. * 50 Pf.
" 3. Schlußrechnung, Proportionen direkt und indirekt wirkender Verhältnisse. Zins-, Rabatt- und Zinseszinsrechnung. Theilungs- und Mischungsrechnung. 12. und 13. Aufl. (120 S.) 880,84. * 80 Pf.
" 4. Münz-, Maß- und Gewichtsreduktionen, Preisberechnung nach der Kettenregel, Aufgaben zur Wiederholung, Flächen- und Körperrechnung. 10. und 11. Aufl. (112 S.) 880,86. * 80 Pf.
5. Thl. Ebendas. 1872. * 75 Pf.

—— dass. — 1.—4. Heft. 8. (32; 20; 24; 20 S.) Ebendas. 880—81. à Heft * 25 Pf. * 1 —

Quitzow, Wilh. Adf., praktisches Rechenbuch für Schulen in systematischer Stufenfolge. 1.—3. Thl. 8. Lübeck 885—88, Quitzow. *
Inhalt:
Thl. 1. Die vier Spezies mit ganzen Zahlen. 23.—25. Aufl. (96 S.) * 50 Pf.
" 2. Die vier Spezies mit Brüchen. 19. und 20. Aufl. (72 S.) * 50 Pf.
" 3. Schlußrechnung, Proportionen direkt und indirekt wirkender Verhältnisse. Zins-, Rabatt- und Zinseszinsrechnung. Theilungs- und Mischungsrechnung. 14. Aufl. (112 S., Antworten 24 S.) * M 1.—; ohne Antworten * 80 Pf.
4. und 5. Thl. Ebendas. 1872,86. * M 1.55.

—- Praktisches Rechenbuch f. Schulen in systematischer Stufenfolge. 1.—3. Tl. 8. Lübeck, Quitzow. [1. Tl. 28. Aufl. (96 S.) 891. * — 50; 2. Tl. 22. Aufl. (72 S.) 890. * — 50; 3. Tl. 15. Aufl. (120 S.) 888. * — 80; m. Antworten. (120, 24 S.) * 1 —.] * 1 80
4. u. 5. Tl. Ebd. 1872,86. * 1 75.

— praktisches Rechenbuch f. Schulen in systematischer Stufenfolge. 1.—3. Tl. 8. Lübeck, Quitzow. n. 1. 80
1. 31. Aufl. (96 S.) 896. n. — 50. — 2. 22. Aufl. (72 S.) 890. n. — 50. — 3. 15. Aufl. (120 S.) 888. n. — 80; m. Antworten. (120 u. 24 S.) n. 1. —.

Quitzow, Wilh. Adph., Prakt. Rechenbuch f. Schulen in systemat. Stufenfolge. 1. Tl. 39. Aufl. 8. (96 S.) Lübeck 897. R. Quitzow. n. — 50

— dasselbe. Neue Ausg., bearb. v. Thdr. Wilke. 1. Tl. Hft. a—c. 8. Ebd. 897. n. — 80
a. Zahlraum v. 1—20. (II, 48 S. m. Fig.) n. — 20
b. Zahlraum v. 1—100. (II, 54 S.) n. — 25
c. D. unbegrenzte Zahlraum. (II. 70 S.) n. — 35

— dasselbe. Antworten zum 1. Tl., Hft. b. 8. (16 S.) Ebd. 897. n. — 25

— dasselbe. Antworten zu Tl. 1 c. Zahlraum von 1—1000. 8. (24 S.) Ebd. 898. n. — 30

— dasselbe. 2. Tl. Gemeine Brüche u. Decimalbrüche, nebst Anh. 25. Aufl. Neue Ausg., bearb. v. Thdr. Wilke. 8. (III, 60 S.) Ebd. 898. n. — 40

Quitzow, W. A., Rechenbuch f. Schulen. 2. Tl. Gemeine Brüche u. Decimalbrüche, nebst Anh. Neue Ausg. v. Th. Wilke. Antworten. 8. (18 S.) Lübeck 899. R. Quitzow. n. — 25

— dasselbe. 3. Tl. Die bürgerl. Rechnungsarten. Neue Ausg. (17. Aufl.) bearb. v. Thdr. Wilke. 8. (56 S.) Ebd. (900). n. — 40; Antworten. (12 S.) n. — 25

Quitzow, Wilh. Adph., Reductions-Tabellen der alten Maße und Gewichte auf neue metrische und diese zurück auf alte. Berechnet nach dem Bundesgesetz vom 17. Aug. 1868. 8. (52 S.) Güstrow 869, (Opitz und Comp.) * — 75

—— die Reform im Rechenunterricht. 8. (19 S.) Güstrow 879, Opitz und Comp. *

Quivogne, F . Les mille chevaux de Berne. Rapport. 8. Berne 1871.

Quix', Christian, Leben u. Werke, s. Wacker, C.

Quix u. Brouwer, Beitrag zur Anatomie der kongenitalen Taubstummheit, s.. Anatomie, die, der Taubstummheit. 7. Lfg.

Quix, Christian, Aachen und dessen Umgebungen. Mit 1 Kupf. gr. 8. Frankfurt a. M., Herrmann. 818.

Quix, Christ., Beiträge zur Geschichte der Stadt und des Reichs von Aachen. Aus dem Aachener Wochenblatt besond. abgedr. u. mit 48 Urkunden versehen. Mit 1 Lithograph. gr. 12. Aachen 837, 38. Mayer. n. 1 2/3 Thlr.

Quix, Chrstn., Beiträge z. Geschichte d. Stadt Aachen u. ihrer Umgebungen. 3 Bdchn. gr. 12. Aachen, (Mayer.) [1. Mit 22 Urkunden. (6½ B. u. 1 Stnt.) 837. * ⅔ Thlr., 2. u. 3. Mit 26 Urkunden u. den Annales Aquenses. (14½ B.) 838. * 1 Thlr.] *
Aus dem: Aachener Wochenblatt, besond. abgedruckt.

—— Beiträge zu e. histor.-topograph. Beschreib. d. Kreises Eupen, nebst e. Anh.: Die ehem. Herrschaft Mesch. gr. 12. (14¾ B.) Aachen 837, (Mayer.) *
Aus dem: Aachener Wochenblatt, mit 35 Urkunden verm., besond. abgedruckt.

—— Schloß u. Kapelle Bernsberg, geschichtl. dargest., nebst Nachträgen zu den 2 Schriften: „Die Frankenburg" u.: „Die Kgl. Kapelle auf d. Salvatorsberge." M. (6) lith. Siegel-Abbild. u. 48 Urkunden. 8. (12 B.) Aachen 831, Mayer.

Quix, Chrst., histor.-topograph. Beschreibung d. Stadt Aachen u. ihrer Umgebungen. M. 1 lith. Abbild. d. Elisenbrunnens. 8. (13 B.) Köln 829, DuMont-Schauberg.

—— histor.-topograph. Beschreibung d. Stadt Burtscheid. M. 61 Urkunden. gr. 8. (20½ B.) Aachen 832, Mayer.

— histor. Beschreib. d. Münsterkirche u. d. Heiligthumsfahrt in Aachen, nebst d. Geschichte d. Johannisherren. Mit 3 Abbildb. u. 40 Urkunden. gr. 8. Aachen 825. (Mayer). 1 Thlr.

— historische Beschreibung der Münsterkirche u. der Heiligthumsfahrt in Aachen, nebst d. Geschichte der Johannisherren. Mit 3 Abbildb. u. 40 Urkunden. gr. 8. Aachen 825, (Bonn, Weber.)

Quix, Chrstn., Biographie des Ritters Gerard Chorus, Erbauers des Rathhauses u. des Chors an der Marien- oder Münsterkirche. Mit Belegen. gr. 12. (3 B.) Aachen 842, [Fagot.]

—— das ehemal. Dominikaner-Kloster u. d. Pfarre zum heil. Paul in Aachen. Aus den Rhein. „Provinzial-Blättern" abgedr. u. mit 31 Urkunden belegt. 8. (6½ B.) Aachen 833, (Mayer.)

—— die Frankenburg, insgemein Frankenberg gen., u. die Vogtei üb. Burtscheid. Geschichtl. dargest. Mit lith. Abbild. d. Burg, 1 Charte u. 48 Urkunden. gr. 8. (15½ B. incl. d. Urkunden.) Aachen 829, (Mayer.)

—— Geschichte d. Stadt Aachen, nach Quellen bearb. Mit e. Codex Diplomaticus Aquensis. 2 Bde. gr. 4. Aachen, (Hensen u. Comp.) [1. (23 B.) 840. * 2 Thlr.) 2. (35 B.) 841. * 3 Thlr.] *

— Geschichte der ehemaligen Reichs-Abtei Burtscheid, von ihrer Gründung im 7. Jahrhunderte bis 1400. Nebst Urgeschichte der Stadt Aachen, des Fleckens Stolberg, des Städtchens Gangelt und einer Uebersicht der Länder zwischen Ruhr und Maas bis auf Karl d. G. Mit 192 Urkunden. 8. Aachen 834. Mayer. n. 1½ Thlr.

—— Geschichte d. Karmeliten-Klosters d. Villa Harna, d. Gelehrtenschulen in Aachen vor Einführung d. Jesuiten-Gymnasiums, der vormal. Herrschaft Eilendorf rc. Mit 60 Urkunden. 8. (14 B.) Aachen 835, (Mayer.) *

Quix, Chrstn., Geschichte d. S. Peter-Pfarrkirche, d. Spitals z. heil. Martin, d. ehemal. Regulirherren-Kanonie, d. St. Anna-Klosters u. d. Synodal-Gerichts. Nebst Notizen üb. d. Schlösser Kalkofen u. Margraten, d. Landgüter Kuckesrath, Baelser-Neuhof u. Hanbruch. Mit 40 Urkunden. 8. (10½ B. u. 1 Stnt.) Aachen 836, (Mayer.) Thlr. *

—— Geschichte d. Schlösser Schonau u. Uersfeld nebst d. Dorfe Berlautenheid. Mit 8 Urkunden. gr. 12. (2¼ B. u. 1 Stnt.) Aachen 837, (Mayer.) *
Aus dem: Aachener Wochenblatt, besond. abgedruckt.

Quix, Chr., Die Grafen von Hengebach. Aachen 1839. 8.

—— die Kapelle zu Melaten. — Das Landhaus Husen. — Ausgaben der Stadt bei Anwesenheit von Kaiserinnen u. bei der Krönung Wenzeslaus zum römischen Könige. 12. (3 B. u. 1 Stnt.) Aachen 843, (Fagot.) *

— die Kapelle zu Melaten. (Mit 1 Lithogr.) — Das Landhaus Husen. — Ausgaben der Stadt bei Anwesenheit von Kaiserinnen u. bei der Krönung Wenzeslaus zum römischen Könige. 12. Aachen 843. (Roschütz'sche Buchh.) n. ⅓ Thlr.

—— die Kgl. Kapelle u. d. ehemal. adelige Nonnenkloster auf d. Salvators-Berge, nebst Notizen üb. d. vormal. Weinberge bei d. Stadt Aachen. Geschichtl. dargest. Nebst 1 lith. Abbild. d. Kapelle u. 29 Urkunden. gr. 8. (7½ B.) Aachen 829, (Mayer.)

— s. Kinderbibliothek, neue Rheinische.

— Naturbeschreib. d. Feldmäuse u. d. Hamsters, nebst Mitteln zu ihrer Vertilgung. 8. Aachen 822. (Bonn, Weber). 4 Gr.

Christian Quix

Naturbeschreibung der Thiere, oder Zoologie. Nach d. Handbuche der Zoologie des G.A. Goldfuß. Von Christian Quix. Bdch. 1. Aachen: Urlichs 1823. 8°

Bdch. 1, Abth. 1: Quix: Naturbeschreibung der Ur- und Pflanzenthiere. 1823.

— Naturbeschreibung d. Thiere, od. Zoologie nach d. Handbuche d. Dr. G. A. Goldfuß. 1s Bdchn. 1e Abtheil. A. u. d. T.: Naturbeschreib. d. Ur- u. Pflanzenthiere, d. Würmer, Strahlenthiere, Spinnen, Scorpionen u. Krebse. 8. Aachen 824. (Köln, Du-Mont-Schauberg). 4 gl 1s Bdchen. 2e Abtheil. A. u. d. T.: Naturbeschreib. der ungeflügelten Kerfe, Halbdeckflügler, Haut-, Grad- u. Netzflügler. 8. Ebd. 824. 8 gl 2s Bdchen. 1e Abtheil. Auch u. d. T.: Naturbeschreibung d. Schmetterlinge u. Conchylien. 8. Ebd. 825. 4 gl 3s Bdchn. 1e Abtheil. Naturbeschreib. d. Vögel. 8. Ebd. 10 gl

Christian Quix

Naturbeschreibung der Ur-und Pflanzenthiere, der Würmer, Strahlenthiere, Spinnen, Scorpionen und Krebse. Nach d. Handbuche d. Zoologie des G.A. Goldfuß. Von Christian Quix. Aachen: Urlichs 1823. 92 S. 8°

(= Quix: Naturbeschreibung der Thiere. Bdch. 1., Abth. 1.)

—— Necrologium ecclesiae B. M. V. Aquensis. Angeh. ist: Liber censuum ejusdem ecclesiae de ao. 1320. Mit einigen Erläuterungen vers. gr. 4. (10½ B.) Aachen 830, Mayer.

—— die Pfarre zum h. Kreuz u. d. ehemal. Kanonie d. Kreuzherren in Aachen. Geschichtl. dargest. M. 21 Urkunden. Zum Andenken d. 200jähr. Jubelfeier d. St. Sebastians Bruderschaft. gr. 8. (4½ B.) Aachen 829, (Mayer.)

—— Schloss u. ehemal. Herrschaft Rimburg, die Besitzer derselben, vorzügl. d. Grafen u. Freiherren Von Gronsfeld, nebst d. umlieg. Dörfern. Mit 49 Urkunden. 8. (16 B.) Aachen 835, (Mayer.)

Quix, C., Die Reichsgrafen von Schäsberg, die Freiherren von Schäsberg zu Streithagen und die Freiherren Judenkopf von Streithagen etc. Aachen 1841. 4.

—— das ehemal. Stift z. h. Jacob, nachher. Klarissen-Kloster. Das Sepulchrinen-Kloster zu St. Leonard, u. d. Kanonie z. heil. Kreuz in d. Grafschaft Daelheim. Nebst Notizen üb. Glasmalerei, Glasmaler, Spiegelfabriken u. d. Glaserzunft. Mit 9 Urkunden. 8. (4 B.) Aachen 836, (Mayer.)

Quixote, s. Quixotte

Quixotte, s.a. Quichotte

Quixotte, Ritter,. Oper in 2 Aufz. v. Hensler. 8. Ebend. 802.

Quixotte, Don, übers. von L. Tiek. 4 Thle. 8. Berlin, Reimer. 810—15.

Quixotte, Don, Berliner, hrsgg. v. Ad. Glaßbrenner. Erster Jahrg. 4 Quartale. 4. Berl. 832. Bechtold u. H. (à 1 ℔ 6 gl) 5 ℔

Quixote, Don, Berliner Redakt. Ad. Glasbrenner. 2r Jahrg. 1833. 208 Numm. Mit Portraits. gr. 4. Berlin, Bechtold u. Hartje. 5 ℔

— der deutsche, od. Bearbeitungen des Grafen v. Bellamonte. 8. Bresl. ... (Gosohorsky). 6 gl

— Don, d. deutsche, od. Begebenh. d. Markgrafen v. Bellamonte. 8. Bresl. Meyer. 753.

— Don, d. deutsche, od. Junker Heinz v. Knauster. Rittergeschichte d. 18ten Jahrh. 8. Cassel, Griesbach. 799.

— der deutsche, od. Junker Hans v. Knauster. Rittergeschichte des 18n Jahrh. 8. (Leipz.) 799. Centr.-Cpt. 8 gl — Dass. 8. Cassel 799. (Luckhardt). 8 gl

— Don, d. deutsche, od. einer d. 12.; e. Gesch. neuen Inhalts. 8. (Lpz. Gräff.) 806.

— der deutsche, oder einer der Zwölfe, (v. K. F. Benkowitz). 8. Leipz. 806. Wienbrack. 20 gl

— Don, der deutsche, von Jul. v. Voß. 8. Berlin, Schmidts Wtbe u. Sohn. 819.

QUIXOTE, Don, und Eulenspiegel. Ein Taschenbuch für jedermann, zur angenehmen und humoristischen Unterhaltung. Hrsg. von Fr. Franz. 3 Hfte. (soviel ersch.?). Sangerhausen 1839. 12°. (60 Pfg., nur Heft 2—3. Frdr. Klüber, München, 1905.)

Quixotte, Don, der geistliche, oder Gottfried Wildgoosens den Sommer über angestellte Wanderschaft, ein komischer Roman, aus dem Engl. 3 Theile, mit Kupf. 8. Leipzig, 773. Weidmanns. 2 Rthl. 10 sgl.

Quixote, Don, der geistl., od. G. Wildgorsens Wanderschaften; aus d. Engl. (von Jh. Gf. Gellius). 3 Thle. 8. Leipz. 773. Weidmann. 2 ℔ 8 gl

— Don, Histoire de, av. fig. 6 Vol. 12. Frft. 751.

— Don, d. irrende, unserer Zeit od. Beytrag zu Sulzers literarischen Reisen. 8. Mannh. Häfner. 783.

— Don, v. Mancha, vornehmste Begebenh. 4 Thle. m. K. 8. Lpz. Fritsch. 767.

Die Kupfer hierzu.

— Don, von La Mancha des weisen Junkers Leben und Thaten, nebst des Avellaneda neuen Erzählungen, aus dem Spanischen, übersetzt von F. J. Bertuch, 6 Theile, zweyte vermehrte Aufl. 8. Daselbst, 780 81. Fritsch. Schreibp. mit 30 Kupfern, von Chodowiecki gezeichnet und Berger gestochen. 10 Rthl.
Dasselbe Buch, 6 Theile. Druckpapier, ohne Kupfer. 3 Rthl.
Die Kupfer zu diesem Buche 30 Octav-Blätter, von Chodowiecki gezeichnet, und von Berger gestochen. 5 Rthl.

— — dass., übers. v. Ludwig Tiek. 4 Bde. 8. Berl. Schade. 799—801. (à 1 Rthlr. 12 gr.)

— — dass., m. e. geograph. Charte u. 6 englischen Holzschnitten, übers. v. D. W. Soltau. 6 Bde. 8. Königsb. Nicolovius. 800. 801. (I. 1 Rthlr. 16 gr. II. III. à 1 Rthlr. 8 gr. IV. 1 Rthlr. 16 gr. V. 1 Rthlr. 12 gr. VI. 2 Rthlr. 12 gr.)

— — dass. auf Velinp. 6 Bde. gr. 8. Ebend. 800. 801.

— Don, de la Manche, trad. de l'Espagnol de Michel de Cervantes, par M. de Florian, av. fig. 3 Vol. 8. Lpz. Gerh. Fleischer. 800.

— — le même. 12. Paris. Leipz. Hinrichs.

— Don, de la Mancha, el ingenioso hidalgo, por Miguel Cervantes Saavedra. 6 Vol. Auf fein Schreibpap. m. einer geograph. Charte u. d. Portrait d. Cervantes. gr. 8. Berl. Frölich. (Dunker et H.) 804. 105.
Der 5te u. 6te Band auch einzeln unter d. Titel:
Ideler, L., notas al ingenioso hidalgo Don Quixote de la Mancha; precede la vida de Mig. Cervantes Saavedra escritta por D. J. Ant. Pellicer. 2 Vol. auf Druckp.

— Don, de la Manche, p. Cervantes, trad. p. Dubournial. 8 Vol. 8. Schweinfurt, Riedel. 806.

Quixote, Don, de la Mancha, el ingenioso hidalgo, compuesto por Miguel Cervantes Saavedra. Nueva edicion, arreglada á la tercera de la Real Academia Espanola. 7 Vols. con estampas. 16. Lpz. Sommer. 807. 1

Quixote, Don, v. la Mancha, Leben u. Thaten, v. Mich. Cervantes Saavedra. Uebersetzt v. Ludw. Tieck. 4 Bde. neue Aufl. (1r 1 Rthlr. 12 gr. 2r 2 Rthlr. 3r 1 Rthlr. 20 gr. 4r 1 Rthlr. 12 gr.) gr. 8. Berl. Realschulbuchhandl. 810—15.

Quixote, Don, de la Mancha. Compuesta por M. Cervantes Saavedra. Nueva edicion. 7 Vols. in 16. Leips. Sommer. 821.

Quixotte, Don, von Mancia, s. K. F. Hensler.

— Don, von Mancia. Lustiges Singsp. in 2 Aufz. 8. Ebend.

— im Reifrocke, oder die Geschichte der Arabelle; aus d. Engl. (von H. A. Pistorius). 8. Hamb. 754. Holle. 14 ſſ

Quixote, Don, u. Sancho Pansa, od: die Hochzeit des Camacho. Dramat. Spiel mit Gesang in 5 Aufz. v. Aug. Klingemann. 8. Leipz. u. Altenb. Brockhaus. 815.

— Don, der Zweite. Kom. Singsp. 8. Oels. (Gebr. Br.) 795.

Quizot, über die politischen Schlagworte unserer Zeit, d. i. Kalte Aufschläge auf brennende Fragen. Aus dem Französ. von Th. H. (IV und 234 S.) Grimma 850. [Wurzen,] Verlags-Comptoir.

Quo vadis Germania? Ein Jubiläumsblatt zum 100. Jahrestage deutscher Schande. (69 S.) 8. Straßburg (907). Frankfurt a/M., H. Ehrentraut. 1.20

Quodbach, Albert, a. Neubrandenburg: Aus der chirurgischen Klinik der Universität Rostock. Über die Verletzung der Arteria vertebralis dicht unterhalb des Hinterhauptes. Rostock 1905: C. Hinstorff. (15 S.) 8°
Rostock, Med. Fak., Ref. Müller, Diss. v. 15. Aug. 1905
[Geb. 79 Nieder-Mützkow, Reg.-Bez. Stralsund; Wohnort: Schwerin i. M.; Staatsangeh.: Preußen; Vorbildung: Gymn. Neubrandenburg Reife M. 99; Studium: Jena 1, München 2, Rostock 6 S.; Coll. 20. Dez. 04; Approb. 31. Juli 05.]

QUODLIBET oder Ernst und Scherz. 3 Bdchn. Pesth 1811. 8°. Selten!

Quodlibet oder Allerlei für allerlei Leser. Anagrammen, Apokalipsen u. Notizen über Napoleon Bonaparte 1814. 8°. Sehr rar!

§ **QUODLIBET**. Ein Monatjournal. Bd. 1. Heft 1. Frkft. 1805. 8°. (In München: Per. 171 i.) Rar!

Quodlibet, gesammelte Schriften aus unserer Zeit für unsere Zeit. 8. Frankfurt a. M., Döring. 819.

§ **QUODLIBET**. Ein Neujahrs-Geschenk. München 1830. 8°. (In München: L. eleg. m. 850, 38.) Selten!

—— das, oder das Sechsunddreißiger-Spiel; das complicirteste Spiel mit deutscher Karte. Hrsg. v. Procop Számmer, gr. 16. (1¼ B.) Schneeberg 843, [Gärtner.]

— das, oder das Sechsunddreißiger-Spiel; das complicirteste Spiel mit deutscher Karte. Herausgeg. von Procop Számmer. gr. 16. Schneeberg 843, Rentzsch. ¼ ß

Quodlibet. 8. (11½ B.) Lipcse 845, Otto Wigand. *

Quodlibet. Nr. 25. 8. Basel (909). Koehler. —25
Altwe, d', in St. Louis od. Seppele schlo ne Roulement. Humoristischer Vortrag in elsässer Mundart. (5 S.)

— Berlinisches, satyrisch-komischen Inhalts. 8. Berl. 796. Schöne. 4 ſſ

Quodlibet, das blaue. 1s—4s Heft. 8. Wittenb. 789. Kühne. 16 ſſ

Quodlibet, Herr,. Lustsp. von Wetzel. 8. Leipz. Dyk. 786.

Quodlibet, humorist., e. Quintessenz v. Scherz, Witz u. Satyre. 5 Thle. in 1 Bde. 2. Ausg. (von: Humorist. Perlenschnur. — Kom. Briefe u. Zeitungs-Anzeigen. — Epigramme u. Satyren. 1836.) 16. (39½ B. u. 1 Ttlbild.) Stuttgart 840, Köhler.

Quodlibet, humoristisches, oder Quintessenz der ergötzlichsten Schnurren und Schwänke, arrangirt u. vorgetragen von H. Wurst 2c. 2. (Titel-)Aufl. Anclam 854. Dietze. 12. (215 S.) 10 ngr.

Quodlibet, humoristisches, bestehend aus den neuesten und besten Anekdoten, Späßen, Kalauern und Eulenspiegeleien. 8. (48 S.) [Elberfeld 879.] Köln, Püttmann.

Quodlibet der Laune, v. Perrin Parnajon. 8. Cassel u. Marb. Krieger. 814.

— kleines, lustige Erzählungen 2c., s. a. Auswahl nützl. u. unterhalt. Erzählungen.

— kleines, lust. Erzählungen u. witziger Einfälle, vorzüglich a. d. Frz., Engl. 2c. (a. unter d. Tit.: Auswahl nützlicher und unterhaltender Erzählungen 2c. 2r Thl.) 8. Quedlinb. Ernst. 803.

Quodlibet, magisches, in e. Futteral. 8. Ulm, Jakob Ebner. 815.

Quodlibet. Musikalisches Q'. Für höhere Schulen. [Mit illustriertem Umschlag.] 1768. 8. Einsiedeln, [Verlag der Lehr- und Erziehungs-Anstalt]. [geb. fr. —. 80]
5. Aufl. 1901. | 6. Aufl. 1906.

— neumodisches, od. eine gereimte Burleske gegen die häufigen Feiertage in kathol. Ländern. Mit Vorschlägen philosophischer Träume 2c. (v. Andr. Petz). 8. Landshut 804.

Quodlibet, poetisches, enthalt. deutsche Endreime, Ringelgedichte, schwergereimte u. metrischgereimte Oden, Halbverse, burleske Sonette, Triolette 2c. Herausgg. v. Hortensio; 1e Gabe. gr. 12. Essen 822, Bädecker.

QUODLIBET, Poetisches, enthaltend (zahme) deutsche Endreime, Ringelgedichte, schwergereimte, metrisch gereimte Oden, Halbverse, burleske Sonette, Triolette u. andere Spiele. Hrsg. v. Hortensio (d. i. Chrn. Friedr. Rassmann). Essen 1825. 8°. (12 Mk., br., unbeschn., Gust. Fock, 1905:)
Enthält u. a. Gedichte von J. N. Götz, Silvio Romano (Goethes Freund Riemer), Ernst Schulze, Haug, Weckherlin, Goethe.

Quodlibet, poetisches, vom Verf. des Schriftchens: „Laune u. Satyre in Reimen." Bischofszell 865. (Amriswcil, Häberlin.) 16. (34 S.) n. 4 ngr.

Quodlibet, politisches, s. a. G. Harrys.

Quodlibet, Politisches, oder musikalische Probecharte ... Hanover 1814. Amsterdam 1814. V: *Harrys*, *Joh. Georg Carl.* (NN) GGr) (MGT)

Quodlibet, politisches, oder musikalische Probecharte. Schwank in 5 Akten; (v. G. Harrys) mit 37 Holzschnitt. gr. 8. Hannov. Hellwing. 814.

QUODLIBET von Schatten u. Licht in XV Nummern. 6 Hefte (in bunten Umschlägen, jedes mit Haupttitel und Titelkpfr.). Historisch-romantisch-theatralisch-poetisch-philosophisch- u. satyrischen Inhalts, hrsg. von mehrern (!) Genannten u. Ungenannten, u. a. vom Verf. des Romando. Mit Kupfern (u. Titelvign. bei Heft 1). Breslau u. Leipzig, bei Ernst Wilhelm Buchheister, o. J. (1802). 8°. (8 Mk. E. Frensdorff, 1903.)

Nur Heft 1—4 lag vor, mit nur 1 Titelkpf. (Brand der 4 Thürme in Breslau, hübsche Radirung, sign. F. E.). 4 Bll., 240 S. — Nrn.-Titel: „Tag u. Nacht, Licht u. Schatten". (Jahrzahl nennt Kayser.) Vieles in Versen. Handelt auch über das Theater in Breslau.

Quodlibet, theatralisches, oder sämmtliche dramatische Beyträge für die Leopoldstädter Schaubühne, von C. Meisl. 6 Bände. 1r Bd. enthält: Die Prinzessin Europa. — Der Kirchtag in Petersdorf. — Elisabeth. — Altdeutsch und Neumodisch. — 2r Bd.: Orpheus und Euridice. — Der Flügelmann. — 3r Bd.: Amor und Psyche. — Das Gespenst auf der Bastey. — Die alte Ordnung kehrt zurück. — Die Schwabenwanderung. — 4r Bd.: Die travestirte Zauberflöte. — Die Damenhüte im Theater. — Odiosa, der kleine Teufel. — Die Frau Ahndel, Parodie der Ahnfrau. — 5r Bd.: die Arbeiten d. Herkules. — Der lustige Fritz. — Marie Szetsy. — die Buschmenschen in Krähwinkel. — 6r Bd.: der Esel des Simeon. — die Generalprobe auf d. Theater. — die Geschichte d. echten Shawls. — Der österr. Grenadier. — die Heirath durch die Güterlotterie. gr. 8. Pesth, Hartleben. 820. 821. (1r 2r 2 Rthlr. 3r 4r 2 Rthlr. 5r 6r 2 Rthlr.)

QUODLIBET, Theatralisches, für Schauspieler und Schauspielliebhaber. Gesammlet und herausgegeben von G** F** L** (d. i. Gottlieb Friedr. Lorenz, deutscher Schauspieler, geb. ca. 1750). Theil 2. (vom Novbr 1782—April 1783). Warschau, bey Peter Dufour, königl. Buchdrucker, 1782—83. Gr. 8°.

Nur dieser für sich selbständige 2. Theil lag im Orig.-Umschl vor. 296 fortl. pag. Seiten (incl. Tit. u. 1 Bl. Inh.). Seltener Warschauer deutscher Druck. — Darin auch Gedichte und moralisch-satyrische Aufsätze, u. a.: Tagebuch der Frauenzimmer; von den Vorzügen des schönen Geschlechts die 4 Stufen in dem Alter des schönen Geschlechts; Ursachen warum so viele Mädchens keine Männer bekommen; höchst nöthige Vorsicht im Heyrathen. — S. 142—144 ein „Lied eines schwoben Mädchen", in 11 vierzeil. Stroph. (vielleicht Erstlingsprodukt von Elise Hahn, der berüchtigten 3ten Frau Bürger's).

QUODLIBET vor und nach dem Faschingsball geniessbar. In spasshaften Erzählungen, Karikaturen, Anekdoten, Impromtu (!) und einer Litaney fürs ganze Leben. O. O. 1800. 8°. 40 S. Rar! (3 Mk. O. Rauthe, Friedenau-Berlin, 1908.)

Quodlibetarius, od. d. Erzähler an d. Pleiße, eine interessante Wochenschrift 1s u. 2s Quartal. 4. Leipzig, Bauer. 812. (à 16 gr.)

Quos ego! Fehdebriefe wider den Grafen Paul Hoensbroech, v. Pilatus. (VIII, 497 S.) gr. 8. Regensburg 908. Verlagsanstalt vorm. G. J. Manz. n. 6.—

Quos, Herm. Jul., s.: Auskunftsertheiler, prakt., üb. Capital-Amortisationen.

Quos, Matthias (geb. am 22 Sept. 1860 in Linnich Kr. Jülich): '(Aus d. Klinik f. Syph. u. Hautkrankh. zu Bonn.)' — Die Behandlung des Lupus Willani ... Cöln, Buchdr. v. Th. Quos 1884. 40 S., 2 Bl. 8.
Bonn, Med. Fak., Diss. v. 18 Aug. 1884

Quosig, Karl, prakt. *Arzt aus Landau (Pfalz)*: Ueber Gastrostomieen. *Strassburg i. E. 1898: Ch. Müh & Co.* (51 S.) 8°
Heidelberg, Med. Diss. v. [29. Juli] 1898

Quosque, s. Quousque

Quossdorff, Karl Gottlieb

Quossdorff, Carl Gottlieb (Bautzen), Recognitionem et litis contestationem simul in libello plerumque cum iactura temporis et expensarum nonnunquam tamen sine damno peti. Präs. Ernst Gottfried Christian Klügel. Wittenberg (C. Chr. Dürr) 12. V. 1769. 16 S. (3.75) 27488

Quossek, Carl, s. Quossek, Karl

Quossek, Johannes

Quossek, J., prakt. Anleitung z. Erlernung d. griech. Formenlehre. Für d. Schüler d. Quarta bearb. gr. 8. (11¼ B.) Köln 839, (Renard. ?) *

Quossek, J., praktische Anleitung zur Erlernung der griechischen Sprachelemente. Für die Schüler der Quarta und Tertia bearb. 2., verb. Aufl. gr. 8. (VI und 270 S.) Köln und Neuß 858, Schwann'sche Verlagsh. *

—— alphabetisch geordnete Taxordnung in Strafsachen für das Königreich Sachsen über Gebührensätze der Gerichtsbehörden, Staatsanwälte, Aerzte, Chemiker, Pharmaceuten, Hebammen und Frohne. gr. 8. (IV und 52 S.) Dresden 856, Meinhold und Söhne. *

Quossek, Joh., chronologische Uebersicht der Geschichte. Köln 863. Schwann. 8. (IV, 118 S.) 10 ngr.

Quossek, Joh., chronologische Uebersicht der Geschichte. 2. bis auf die neueste Zeit fortgeführte Aufl. gr. 8. (127 S.) Köln & Neuß 872. Schwann. n. 1. —

Quossek, Joh., chronologische Uebersicht der Geschichte m. besond. Berücksicht. der Geschichte unserer Tage. 3., bis auf die neueste Zeit fortgeführte Aufl. 8. (157 S.) Düsseldorf 879. Schwann. n. 1. 25

— Uebungsbuch der griechischen Sprachelemente. 1. Theil: Für Quarta. — 2. Theil: Für Tertia. Paderborn 861. Schöningh. gr. 8. (VII, 132 S.; 118 S.) Jeder Theil n. 12 ngr.

—— Uebungsbuch der griechischen Sprachelemente. 1. Thl. Für Quarta. 2. sehr verb. Aufl. (142 S.) 1868. *ℳ 1.; und 3. verb. Aufl. gr. 8. (151 S.) Paderborn 873, Schöningh. * 1 20
—— dass. — 2. Thl.: Für Tertia. 2. verb. Aufl. gr. 8. (126 S.) Ebendas. 869. * 1 —

Quossek: Ein Versuch, den Umfang des römischen Lagers Novesium in dem gegenwärtigen Neuss nachzuweisen. 14 S. u. ein Plan. – Neuss, Progr. 1870.

Quossek, Karl

Quossek, C. Sidney's Defence of Poesy und die Poetik des Aristoteles. Crefeld, R., 1880. 38 S. 4. Progr.

Quossek, *Karl* Der Lehrplan der Anstalt. 4 (S. 3—36).
Progr. Rsch. *Crefeld* 1887 (443).

Quossek, [Karl], Dir.: **Lehrplan der Oberrealschule zu Krefeld.** *Krefeld (1902): J. B. Klein.* (S. 3 31.) 4°
Krefeld, OR, P 1902 (558)

Quousque tandem? Die Organisation des Raubes im alten Rom und die rothe Republik der heutigen Tage. Berlin, G. Walter 1849. 32 S. 8.

Quousque tandem! 1. Bd. 1. Heft: Der jesuitische Versucher. Eine Schrift- und Zeitbetrachtung beim Ende des Kulturkampfes. Allen deutschen Patrioten zur Beherzigung vorgelegt von einem preuß. Theologen. gr. 8. (III, 27 S.) Leipzig 886, [Lehmann.] Fr. Richter. [* 50 Pf.] *
Nicht weiter erschienen.

Quousque tandem? Ein Weckruf an die Gebildeten der Gemeinde. Von Sorgenvoll Wohlgemuth. 8. (V, 97 S.) Bremen 893. C. Ed. Müller. n. 1. 20

Quousque tandem?! Ein Wort an d. evang. Geistlichen. Von *.*. gr. 8. (32 S.) Eisenach 895. M. Wilckens. n. — 50

® **Quosque tandem? Ein Wort an d. ev. Geistlichkeit.** 895. (KBL 30.) Jetzt: Leipzig, O. Himly.

ail-Qurʾān

— s.a. K o r a n .

— Mohammedis filii Abdallae pseudo-prophetae fides Islamitica, i. e. Al-Coranus ex idiomate Arabico ... Latine versus per Ludovicum Marraccium ... et ex ejusdem animadversionibus ... illustratus ... praemissa brevi introductione ... opera Christiani Reineccii. Lipsiae 1721.

— Excerptum Alcoranicum de peregrinatione sacra hoc est caput vigesimum secundum Alcorani ... illustratum a I. C. Clodio ... Ceu supplementum grammaticae Arabicae. Lipsiae 1730.

— Der Koran, Oder insgemein so genannte Alcoran des Mohammeds ... in das Englische übersetzt ... Von George Sale ... ins Teutsche verdollmetschet Von Theodor Arnold. Lemgo 1746.

— Nova versio partis Surae II. Corani, cum illustrationibus subiectis: specimen novae versionis totius Corani. Praeside Ioanne Davide Michaelis ... examini subiiciet Olaus Domey. Gottingae 1751.

— Die türkische Bibel, oder des Korans allererste teutsche Uebersetzung aus der Arabischen Urschrift selbst verfertiget ... von David Friederich Megerlin. Franckfurt am Mayn 1772.

— Corani textus Arabicus ... recensuit ... Gustavus Fluegel. Editio stereotypa secundis curis emendata. Lipsiae 1841.

— -- Editio stereotypa ... tertium emendata. Nova impressio. Lipsiae 1869.

— Der Koran. Im Auszuge übersetzt von Friedrich Rückert, herausgegeben von August Müller. Frankfurt a. M. 1888.

— Die fünfzig ältesten Suren des Korans in gereimter deutscher Übersetzung von Martin Klamroth. Hamburg 1890.

(**Qureille.** chev. de.) Projet d'un établissement militaire utile à la société en général et à chaque état en particulier. Altona 1771. 8°.

Qurin, Alexander [app. Arzt aus Köln a. Rh.]: Zur Differentialdiagnose zwischen Typhus abdominalis und septischer Infection ... Tübingen, F. Pietzcker, 1896; 32 S., 1 Taf. 8.
Tübingen, Med. Fak., Inaug.-Diss. v. 1896

Qurin, Alex., zur Differentialdiagnose zwischen Typhus abdominalis u. septischer Infection. Diss. gr. 8. (32 S. m. 2 Kurven.) Tübingen 896. F. Pietzcker. n.n. — 70

Qurin, Theophil, die Feuerleitern, s. a. Jung's deutsche Feuerwehrbücher.

Qurin, Theophil: Die F e u e r l e i t e r n . München 1907. (Jungs Deutsche Feuerwehrbücher. H. 5/6)

Quṭb ad-Dīn an-Nahrawālī al-Makkī al-Ḥanafī. Geschichte der Stadt Mekka und ihres Tempels von Cuṭb ed-Dīn Muhammed Ben Ahmed el-Nahrawāli ... herausgegeben von Ferdinand Wüstenfeld. Leipzig 1857.

Quṭrub. De Quṭrubo antiquissimo Arabum lexicographo commentatio adjecta carminis de vocibus tergeminis quod ad illum auctorem refertur ... editi parte priori. Dissertatio inauguralis, quam ... obtulit Eduardus Vilmar. Marpurgi Cattorum 1856.

— — Carmen de vocibus tergeminis Arabicis ad Quṭrubum auctorem relatum ... edidit et explicavit Eduard Vilmar. Marburgi Cattorum 1857.

Qvenzel, G.

Qvenzel, die Forstverwaltung im Königr. Sachsen, enth. die in das Fach einschlagenden Gesetze und Verordnungen einschließlich sämmtl. an die Forstbeamten erlassenen Generalverordnungen des k. Finanz-Ministeriums. Mit ausführl. Sachregister. 8. (218 S.) Pirna 888, (Diller und Sohn.) *

QUENZEL: Rechtskunde für Forstbeamte im Königreich Sachsen. Mit ausführlichem Sachregister. Dresden o. J. 404 S. - Nachträge zur Rechtskunde für Forstbeamte im Königreiche Sachsen. ebd. 1877. 159 S.

Qvenzel, Rechtskunde für Forstbeamte im Königr. Sachsen. Mit ausführl. Sachregister. Dresden 869. Meinhold & Söhne. 8. (XII, 404 S.) n. 1 *rℬ* 10 *ngr.*

Qvenzel, Rechtskunde für Forstbeamte im Königr. Sachsen. Nachträge. Mit ausführl. Sachregister. 8. (VII, 159 S.) Dresden 877, Meinhold und Söhne. *
Hauptwerk. Ebendas. 1869. * *M* 4.

Qvenzel, G., ausführliches Sachregister zu dem Strafgesetzbuch und der Strafproceßordnung für das Königreich Sachsen, mit Rücksicht auf das Forststrafgesetz, das Gesetz, die Beschädigung von Eisenbahnen ꝛc. betreffend ꝛc. nebst Angabe sämmtlicher Strafmaaße u. einem alphabet. Verzeichnisse der vor den Einzelrichter gehörigen Verbrechen u. Vergehen. Dresden 856. Meinhold. 8. (2 Bl., 152 S. u. Verordnung die Ausführung des Gesetzes vom 11. Aug. 1855 ꝛc. betr.; vom 30. Sept. 1856. 16 S.) n. 20 *ngr.*

— alphabetisch geordnete Taxordnung in Strafsachen für das Königreich Sachsen über Gebührensätze der Gerichtsbehörden, Staatsanwälte, Aerzte, Chemiker, Pharmaceuten, Hebammen u. Frohne. Ebend. 856. gr. 8. (IV, 52 S.) n. 5 *ngr.*

— Wegweiser durch die Gesetzgebung d. Königr. Sachsen u. d. Deutschen Reichs f. Bürgermeister, Gemeinde-Vorstände, Ortsgerichtspersonen, sowie zum Handgebrauche f. Verwaltungsbeamte überhaupt. 3., verm. Aufl. 8. (296 S.) Pirna 888. (Diller & Sohn.) n. 1. 50

Qvenzel, Wegweiser durch die königl. sächsische Gesetzgebung f. Ortsrichter u. Gemeindevorstände u. zum Handgebrauch f. Verwaltungsbeamte. br. 8. (IV, 180 S.) Pirna 871. Verlags-Contor. n. 1. 25

Qvichotte, s. Q u i x o t t e .

Qvigstad, K., die Arbeiterversicherung in Norwegen: Kranken- u. Unfallversicherung, s.: Zacher, die Arbeiter-Versicherung im Auslande.

Qvigstad, Just

Qvigstad, J., u. K. B. **Wiklund,** Bibliographie der lappischen Litteratur, s.a. Mémoires de la société finno-ougrienne. XIII.

Bibliographie der lappischen Litteratur von J[ust] Qvigstad und K[arl] B[ernh.] Wiklund. *Helsingfors: Finn. Litter. Gesellsch. 1899.* (162 S.) 8°
— Toimituksia, Suomalais-ugrilaisen seuran. 13.

Qvigstad, J. K., nordische Lehnwörter im Lappischen. [Aus: „Christiania Videnskabs-Selskabs Forhandlinger".] gr. 8. (VIII, 365 S.) Christiania 893. (J. Dybwad.) n. 6. —

QVIST, P[T.] D[IEDR.] W[ILH.], De cancro mammarum diss. inaug. Kiliæ. 1829. 4. P.

R*, Die Gräfin von,** geschildert von einem Liebhaber Gellertischer Schriften. 2. Auflage. Amsterdam 1762. V: *Kritzinger, Friedr. Adolph.* (BGE II[8], 657)

R**, Karl v., e. Gesch. a. d. 18ten Jahrh., eben so interess. als lehrreich. 3 Thle. 8. Hildburgh. Hanisch. 794. 95. (1 ß 2ß 18 gl. 3ß gr.)

R*, Emilie

Ada oder Die Pietisten. Roman. Aus dem Schwed. übertr. von August Kretzschmar. Bd 1.2.3.4.
Wurzen: Verl.-Comptoir 1865.

(Europäische Bibliothek der neuen belletristischen Literatur. Bd 1237-40.)

R***s, ehemal. berühmten Sachsen-Weimar. Scharfrichters, Geheimnisse. Zu allgem. insbesond. aber des Bürgers u. Landmanns Nutzen enthüllt v. Joh. Fr. Georg. 2. Aufl. 8. (79 S.) Ronneburg 847, Hofmeister. n. ⅓ ₰

Raab [Schlagwort]

Raab (Györ), s.a. Woerl's Reisehandbücher.

Raab — Grundriss der Christlichen Grenz- und Haupt-Vestung — in Ungarn. Johann Hoffmann Excud. I. A. Bäner sc. O. M. 1 : 2,800 circa. 1 Bl.

Raab [Verfasser]

Raab, de, Catalogue méthodique et raisonnée de la collect. des fossiles par de Bonton. Vien. Camesina.

Raab, das hessische Gesetz üb. die Wertzuwachssteuer u. das Gießener Ortsstatut. (Anlage: Text des Gesetzes u. Ortsstatuts.) (2. Aufl.) (29 S.) 8. Gießen (Bahnhofstr. 42) 908. Rechtsanwalt Raab. — 40

— s.: Jahrbuch des Vereins der Hausbesitzer in Gießen.

Raab, Reichstagsrede zur Reichsfinanzreform u. zur Börsen-Kotierungs-Steuer, geh. am 18. VI. 1909. (Nach dem amtl. Stenogramm.) (8 S.) 81×23,5 cm. Hamburg (909). Reichsverband der deutschsozialen Partei. p — 05

Raab, Alfred, appr. Arzt a. Marnheim ⟨Rheinpfalz⟩: Über Huntington'sche Chorea. ⟨Aus d. Privatklinik d. Herrn Prof. Dr. J. Müller.⟩ Kaiserslautern 1908: Thieme. (38 S.) 8°

Würzburg, Med. Fak., Ref. v. Leube, Diss. v. 22. Juni 1908

[Geb. 14. Dez. 79 Marnheim; Wohnort: Dillingen; Staatsangeh.: Bayern; Vorbildung: Gymn. Zweibrücken Reife Juli 00; Studium: München 2, Erlangen 4, Heidelberg 1, Würzburg 3 S.; Coll. 6. Mai 08; Approb. 4. Juli 06.]

Raab, Alf., Untersuchungen über Derivate des Cuminaldehyds u. Cuminalkohols. Inaugural-Dissertation. gr. 8. (43 S.) Berlin 876. (Göttingen, Vandenhoeck & Ruprecht.) n. — 80

Raab, Andreas

— s. Versuche, poetische.

Raab, Andr., († d. 18. Juli 1783.) Von d. Wohlstand d. hiesigen Stadt (Neustadt) in d. ältern Zeiten. 4. Nürnb. 750.

— von d. Zustande e. hiesigen Stadt (Neustadt) in d. verschied. Kriegen d. ehemal. Zeit. 8. Nürnb. 751.

Die Verluste am Nationalvermögen durch Feuer und ein Mittel zur Abwehr. (Verf.: B. **Raab**. Als Ms. gedr. Berlin: Minimax-Apparate-Bau-Ges. 1907.) (4 Bl.) 8° [Umschlagt.] (c8. 1792 8

Raab, C., s. Raab, Karl

Raab, C., s. Raab, Kurt

Raab, C. F.: Eisenbahnkarte ..., s. Raab, G. F.

Raab, C. J. Carl, Führer durch die Parkanlagen von Wilhelmshöhe. Nebst (lith.) Höhenkarte (in 4.) u. (lith. u. color.) Situationsplan mit Ansichten (in Fol.). Göttingen 861. Wigand. gr. 16. (VIII, 40 S.) n. 1 ₰

Raab, C. J. Carl, Lohn-Tabelle für die Zeit von ¼ Tag bis 15 Tagen, von ¼ Tag zu ¼ Tag und für den tägl. Lohn von 1 Heller bis 1 Thlr. à 30 Sgr. à 12 Hlr. Imp.-Fol. Cassel 863, (Württemberger.)

Raab, C. J. C., Special-Karte der Eisenbahn-, Post- und Dampfschiff-Verbindungen Mittel-Europas mit Angabe aller Eisenbahn-, Post- und Dampfschiff-Stationen, Speditionsorte, Zoll- und Steuerämter, Bäder, Mineralquellen und der Grenzen des Zollvereins. Glogau, Flemming, 1856. Imp.-Fol. Lith. u. kolor. . . . (Br. Mus. z. T.)
—, — 3.—16. Aufl. vollst. neu gez. u. umgearb. von H. Müller. Ebenda 1857—79.

Raab, C. J. C., Special-Karte der Eisenbahnen Mittel-Europa's mit Angabe aller Eisenbahn-, Post- und Dampfschiff-Stationen, Speditionsorte, Zoll- und Steuerämter, Bäder und Mineralquellen. 10.—14. Aufl. vollständ. umgearb. und neu gezeichnet von H. Müller. Die Eisenbahnlinien revid. von A. Koch. Fol. Mit Text: Ortweiser zu Raab's Special-Karte der Eisenbahnen. 8. (32 S.) Glogau 868—75, Flemming. In Umschlag * aufgez. * M 8,10.; mit Holzrollen * : Ohne Ortweiser M 4,80.; aufgez.

Raab, C. J. C., Specialkarte der Eisenbahnen Mitteleuropa's mit Angabe aller Eisenbahn-, Post- und Dampfschiffstationen, Speditionsorte, Zoll- und Steuerämter, Bäder und Mineralquellen. 15. Aufl. Glogau 1878. Fol. Auf Leinewand. Mit Ortsweiser. 8°. (Die Anschlussblätter vide unter Koch.)

—, — 17.—26. Aufl. Ebda. 1885—92. 4 Bll. Lith. u. kolor. (M. 4,80.) Mit Ortsweiser in 8. (M. 5,10.)
—, — Mit östl. Anschlussblättern, enth. das osteurop. Eisenbahnnetz. Revid. von A. Koch. Ausg. 1880—92. Ebda. Imp.-Fol. 6 Bll. Lith. u. kolor. Mit Ortsweiser. (M. 8.)

— dass. — Mit östl. Anschlussblättern, enth. das osteurop. Eisenbahnnetz. 26. Aufl. Farbendr. 122×213 cm. 6 Blatt. Mit e. Ortweiser. 8. (51, 11 S.) Ebd. 892. * 8 —
Auf Leinw. in Mappe * 15 —; m. Stäben * 18 —
Mit polirten Stäben * 21 —; Anschlussblätter, 2 Blatt, allein 122×69 cm. * 3 —; auf Leinw. in Mappe * 6 —
Mit Stäben 7 50; m. polirten Stäben 9 —
Vorstehende 2 Karten erscheinen alljährlich in neuen Aufl.

Raab, C. J. C. Special-Karte d. Eisenbahn-, Post- u. Dampfschiff-Verbindungen Mittel-Europa's m. Angabe aller Eisenbahn-, Post- und Dampfschiff-Stationen, Speditionsorte, Zoll- u. Steuerämter, Bäder und Mineralquellen. 1 : 1,250,000. 26. Aufl. Farbendruck. 122×144 cm. 4 Blatt. Mit Ortweiser. 8. (51 S., Glogau 892, Flemming. 5 10; auf Leinw. * 9 —
Mit Stäben * 11 50; m. polirten Stäben * 12 50

Special-Karte der Eisenbahn-, Post- u. Dampfschiff-Verbindungen Mittel-Europa's mit Angabe aller Eisenbahn-, Post- u. Dampfschiffstationen, Speditionsorte, Bäder u. Mineralquellen. Hrsg. von d. Eisenbahntechn. C. J. C. **Raab**. Bearb. u. erg. im kartogr. Inst. d. Verlagshandl. (Große Ausg. mit d. östl. Anschlußblättern. 38. Aufl. Mit e. Ortsverzeichn.) Verhältn. 1 : 1,250,000. [Mit 2 Nebenkarten.] *Glogau: C. Flemming (1904).* (1 Kartenbl. 198×114 cm, 11, 61 S.) quer-2° [kol.] [illegible]

Special-Karte der Eisenbahn-, Post- und Dampfschiff-Verbindungen Mittel-Europa's mit Angabe aller Eisenbahn-, Post- u. Dampfschiffstationen, Speditionsorte, Bäder u. Mineralquellen. Hrsg. von d. Eisenbahntechniker C. J. C. **Raab**. Bearb. u. erg. im kartogr. Inst. d. Verlagsbuchh. (Ausg. mit Ortsverzeichnis.) [Nebst] Östliche Anschlussblätter [&] Ortsweiser f. d. östl. Anschlussblätter. Maßst. 1 : 1,250,000. Glogau: C. Flemming (1907). (1 Kartenbl. 133×114 cm, 64 S. 8°; 1 Kartenbl. 66×114 cm, 12 S. 8°) 2° [lith.] [kol.]
Special-Karte. 41. Aufl. Östl. Anschlussblätter. 28. Aufl. [Mit 2 Nebenkarten.] (07. 7474

Raab, Carl, s. Raab, Karl

Raab, Ch., Deutschlands Giftpflanzen, s. Giftpflanzen.

Raab, Curt, s. Raab, Kurt

Der See-Geist. Volksstück in 4 Aufz. von E. **Raab**, Kammervirtuos, Bayern. Tegernsee: A. Bömmel [1894]. (115 S.) 8° [F.] (c6. 11687

RAAB, Eduard (Dinkelsbühl): De blennorrhoea respiratoriae membranae pituitariae chronica. (Titel nach der Urkunde)
31.1.1880 - Urk; Chr 1879/80,14
Diss. Ingolst.-Landsh.-Mchn.

Raab, Ed., die Stoerk'sche Blennorrhoe der Respirationsschleimhaut. gr. 8. (30 S.) Stuttgart 880. Enke. n. — 80

Raab, Ernst [aus Brandenburg a. H.]: Ueber Derivate der Meta-Nitranilinsulfonsäure .... Greifswald, Druck v. F. W. Kunike (1886); 4 + 34 S. 8°.
Greifswald, Phil. Fak., Inaug.-Diss. v. 12. Mai 1886.

Raab, Ernst, über Derivate der Meta-Nitranilinsulfonsäure. Diss. Greifswald 1886, Jul. Bindewald. 8°. 34 S.

Raab, Ernst: Sachliche, grammatische und metrische Erläuterungen zu den Canzonen Petrarcas. *Leipzig: Kommv. d. Dürr'schen Buchh. 1898.* (40 S.) 4°
Leipzig, Nicolai-G, OP 1898 (505)

Raab, Ernst [aus Oschatz]: Studien zur poetischen Technik Petrarcas. . . . Leipzig-Reudnitz, Druck v. Max Hoffmann, 1890; 69 S. + 1 Bl. 8°
Leipzig, Phil. Fak., Inaug.-Diss. v. 12. Jul. 1890

Raab, E., Studien zur poetischen Technik Petrarca's. Inaug.-Diss. gr. 8. (69 S.) Leipzig-Reudnitz 890. (Leipzig, Fock.) n. 1.20

Raab, Eugen: Bemerkungen zum ersten Teil in Platos Parmenides. *Schweinfurt 1899: F. J. Reichardt.* (43 S.) 8°
Schweinfurt, k. G, P 1899*

Raab, Eugen Die zenonischen Beweise. 50 S. 8. *Schweinfurt* 1880.
Progr.

Raab, F., Leonardo da Vinci als Naturforscher, s.a. Sammlung gemeinverständl. wissenschaftl. Vorträge.

Raab F. Leonardo da Vinci als Naturforscher. (Slg wiss. Vortr. 350) Berlin 1880

Raab, F., Station Triest, s.: Theater-Repertoir, Wiener.

Raab, F. A.

—Trost d. Durchl. Kaiserl. Hauses bei der höchsten Versamml. in Wien im Herbstmonate 1770 besungen. gr. 4. Wien, Trattner. 5 ℛ

Raab, F. A. v., über Verwandl. d. böhmischen Domainen in Bauerngüter. 4. Wien, Trattner. (Tendler.) 777.

Raab, F. C., die Abendglocke. Ein Kranz gemüthlicher u. belehrender Erzählungen f. das mittlere Jugendalter. Mit 8 Kpfrn. gr. 16. (103 S.) Erfurt 849, Bartholomäus. 2/3 ℛ

Raab, F. Ch., Frauenspiegel, oder kurze Lebensbeschreibungen berühmter Frauen aus d. ältern u. neuern Zeit. gr. 8. (12½ B. u. 3 Portr.) Leipzig 845, Orthaus.

Raab, F. Ch., popul. Kalenderkunde. Mit e. Vorw. v. Fleischhauer. 2., sorgf. verb. Aufl. 8. (11¼ B., 4 Stnt. u. 1 Sternkarte.) Gotha 840, Müller.

—— heiliges Lebensbrot f. unsere lieben Kinder in bibl. Glaubens- u. Sittensprüchen mit Liederversen begleitet u. nach den 4 Classen der Volksschule geordnet. 2 Abthlgn. 8. (15 B.) Gotha 843, Müller.

—— die Naturlehre als Hinleitung z. relig. Naturbetrachtung, z. Gebr. f. Volksschulen; unt. Mitwirk. e. Lehrervereins hrsg. 1. u. 2., unveränd. Aufl. 8. (à 8 B. u. 6 Stnt.) Gotha 838, 39, (Gläser.) à

—— die Naturlehre als Hinleitung zur religiösen Naturbetrachtung, zum Gebrauche für Volksschulen sowie für Freunde der Natur überhaupt. 3., verb. u. verm. Aufl. 8. (8¼ B. u. 8 Taf. Abbild.) Gotha 845, Gläser.

Raab, Ferdinand

Raab, F., Joh. Jos. Felix von Kurz, genannt Bernardon. Ein Beitrag zur Geschichte des deutschen Theaters im XVIII. Jahrhundert. Mit 2 Abbild., 1 Wappentafel u. 1. Theaterzettel. Frankf. 1899. 8°. (Mk. 5,50.) (2 Mk. 50 Pfg., Orig.-Hfz., fast neu, Max Jaeckel, Potsdam, 1911; 4 Kr. Gilhofer u. Ranschburg, 1912.)
Weiteres bei Goedeke V. p. 303.

Raab, Ferd., Johann Joseph Felix v. Kurz, genannt Bernardon. E. Beitrag zur Geschichte d. deutschen Theaters im XVIII. Jahrh. Aus d. Nachlass hrsg. v. Fritz Raab. M. 2 Abb., 1 (farb.) Wappentaf. u. 1 nach d. Original verklein. Theaterzettel. gr. 8. (V, 192 S.) Frankfurt a/M. 899. Literar. Anstalt. n. 4. —

Johann Joseph Felix von Kurz genannt Bernardon. E. Beitr. z. Gesch. d. Deutschen Theaters im XVIII. Jh. v. Ferdinand Raab. Aus d. Nachl. hrsg. v. Fritz Raab. M. 2 Abb., 1 Wappentaf. u. 1 nach d. Orig. verkleinerten Theaterzettel. *Frankfurt a. M.: Rütten & Loening 1899.* (IV S., 1 Bl., 192 S., 1 Portr., 3 Taf.) 1 Bd 8. (98. 8898

Raab, Franz

Raab, Frz. Das induktive und ursachliche Denken. 86 S. 8.
Progr. G. VIII. Bez. *Wien* 1882.

Raab, Frz., das inductive u. ursachliche Denken. gr. 8. (86 S.) Wien 882. Konegen. n. 1. 60

Raab, Frz., Gemeinde-Verzeichnis v. Bayern m. Angabe der Zugehörigkeit zu den betr. Bezirksämtern u. Gendarmerie-Stationen. (162 S.) 8. Ingolstadt 908. (C. Schröder.) 1.50

Raab Dr. F.: Grund u. Ursache. Versuch einer empirischen Darstellung der Denkvorgänge. (59.) Wien VIII. 75.
Progr.

Raab, Fr.: Die ethischen Grundideen. Philosophische Skizze. S. 15 bis 67. 8° – Triest, d. OG., Progr. 1870.

Raab, Frz., die ethischen Grundideen. Triest 870. Schimpff. gr. 8. (55 S.) n. 12 ngr

Raab, Frz., ein Maitag. Ein Gedicht zur Feier des 600. Geburtstages Dante's. Lex.-8. (23 S.) Triest 865, Schimpff. *

Raab, Franz Professor Johann Michael Singer. (Umschlagtitel: . . . . Nekrolog.) 8 (S. 47—49.) Staatsg. im VIII. Bezirk *Wien* 1889.
Progr.

Raab, Frz., aus Vindobona. Gedichte in antiker Weise. gr. 16. (49 S.) Wien 876. Hölder in Comm. n. 1. 20

Raab, Franz, Ein Wendenfürst. Trauerspiel in fünf Aufzügen. 8. (146 S.) Wien, lit.-art. Anstalt von C. Dittmarsch. 1867 2 fl.

Raab, Franz Wesen und Systematik der Schlufsformen. Logische Untersuchung. 8 (S. 3—50).
Progr. K. k. Staatsg. im VIII. Bezirke *Wien* 1891.

Raab, Frz., Wesen u. Systematik der Schlussformen. Logische Untersuchg. Lex.-8. (52 S.) Wien 891. (C. Konegen.) n. 1. 60

Raab, Frz. Worte über Schiller gesprochen am 10. Nov. 1877 bei der Verteilung der vom Schillerverein in Wien gespendeten Prämien. S. 34—42. 8. Progr. G. VIII. Bez. *Wien* 1878.

Raab, Frdr., die Nothflagge weht! Die Tiefladelinie der Seeschiffe u. die Seeberufsgenossenschaft. gr. 8. (VII, 88 S.) Berlin 900. Herm. Walther. n. 1. --

Raabe, Frdr. Hnr. Wilh., Allgemeines plattdeutsches Volksbuch. Sammlung von Dichtungen, Sagen, Mährchen, Schwänken, Volks- und Kinderreimen . . . Wismar 1854. 16.

Raab, G., die neuesten Bestimmungen üb. die Beitreibung u. Sicherung der Gemeindeausstände m. Erläuterungen u. Zusätzen nebst e. Anh. üb. die Beitreibung der Beiträge zur Arbeiterversicherung. (69 S.) kl. 8. Ettlingen 903. (Karlsruhe, M. Schöber) Kart. n. — 80

Raab, G. F.

Eisenbahnkarte von Russland. (Entworfen u. gezeichnet von C. (vielm. G.) F. Raab. Neueste rev. Ausg. Rev. u. erg. im kartogr. Inst. d. Verlagsbuchh. Maßst. 1:4.800.000. [Mit 2 Nebenkarten.] Glogau: C. Flemming [1906].) (1 Kartenbl. 48×63 cm.) 8° [Kopst. lith.] [kol.] (c6. 843

Raab, G. F., Karte der Eisenbahnen Russlands. Nach den neuesten Materialien entworfen. 1:4,750,000. 8. Aufl. 1869, und Ausg. 1875. Fol. Glogau, Flemming. *

Raab, H.

Raab: Aus der Schule (Bemerkungen über Methode und Unterricht des Lat. Griech.Deutschen u.s.w.) 24 S.– Bayreuth, Progr. 1867.

Raab, Hans, Ratgeber in Militär-Angelegenheiten. (108 u. VIII S.) kl. 8. Budweis (908). Verlagsanstalt „Moldavia". Kart. 1. —

Raab, Herm., Bade-Diätetik, s. Eberführer, Emrich, Stadt und Bezirk Baden in Nieder-Oesterreich.

Raab, Hugo, die Apothekenfrage im Deutschen Reiche. Kritische Studien üb. das Wesen der Apothekenfrage u. Vorschläge zum Entwurfe e. Apothekenreform. (71 S.) gr. 8. München 904. Verlagsanstalt vorm. G. J. Manz. n. 1. —

Raab, J. Adam, Weg durch d. enge Kreuzpforte zu Jesu. 12. Nrnb. 705.

Raab, Ignaz

Raab, J., meine Gedanken über e. Schätzungsordn. gr. 8. Trattner. (Tendler.) 802.

— Untersuchung d. Frage: Ob im Wege d. Exekution oder bei Ganthandll, die gerichtl. Veräußerung d. Güter d. Schuldners auch unter d. Schätzungswerthe vorgenommen werden solle. gr. 8. Wien 799. Trattner. 3 ƒ

Raab, Joh., l'Alliance. Erfunden u. beschrieben. Mit 6 (lith.) Taf. Abbildgn. Wien (856.) Sallmayer u. Co. 16. (21 S.) 10 ngr.

—— der Cotillon. In 20 neuen Figuren. Mit faßl., genauer und ausführl. Beschreibung und Zeichnung aller Touren für Tänzer und Nichttänzer. 16. (26 S. mit 21 Stnt.) Wien 856, Sallmayer und Comp.

— — Der Cotillon. In 20 neuen Figuren. Mit fasslicher, genauer und ausführlicher Beschreibung und Zeichnung aller Touren für Tänzer und Nichttänzer. Mit 21 Steintafeln. Ebd. 1857. 16°. 26 S.
Alle 3 Werkchen citirt Bartholomäus p. 19.

—— Mazur-Quadrille. Erfunden und beschrieben. Mit 6 (lithogr.) Abbildungen. 16. (24 S.) Wien 856, Sallmayer und Comp.

Raab, Joh., die Slowanka. 12. (7/12 B., 5 Taf. Abbild. u. 1 Musikbeil.) Wien 844, [Jasper's Verl.] *

Raab, Jh. Geo., († d. 1. Jan. 1817.) üb. d. genauen Zusammenhang der Erziehung mit der innern Beschaffenheit eines Staates. 2 Abtheill. 8. Nürnb. 803—5.

Raab, Jos. Ritter v., Ansichten üb. die Ausbildung der Truppenoffiziere in der Taktik. gr. 8. (72 S.) Wien 873. Seidel & Sohn in Comm. n. 1. 50

Raab, Joseph Ritter v., k. k. Major, Generalstabsoffizier. Beiträge zur Lösung der Fragen: Offiziers-Nachwuchs, Beförderungs-Normen, Generalstab. 8. Wien 1873.

Raab, Josef [Dr. med., pract. Arzt aus Zweibrücken]: Ueber Brüche der Todtenlade . . . . Landau, Druck d. J. Meixner'schen Buchdr., 1887; 29 S. 8°
Würzburg, Med. Fak., Inaug.-Diss. v. 1887

Raab, Josef, über Brüche der Todtenlade. Diss. Würzburg 1887, Stahelsche Univ.-Buchh. 8°. 29 S.

Raab, Josef, *Gesangslehrer a. d. steierm.-std. Oberrealsch.* Gesangsschule zum Gebrauche an Gymnasial- und Realschulen, für Lehramts-Candidaten und auch zum Selbstunterrichte. *Graz* 1858. Selbstverlag des Verfassers. In Commission bei *Ludewig & Wohlfarth. Wien.* Druck v. *A. Schweiger.* I. Heft. IV. u. 95 S. 8°.

(**Raab,** Joseph Ritter v., Major im k. k. L.-Inft.-Reg. Nr. 76.) Der Officier der neuen Aera. Zeitgemässe und praktische Andeutungen für Officiere und Jene, die es werden wollen. Von einem österr. Troupier. 8. Wien 1869.

Raab, Joseph, Unter-Lieut. des löbl. kaiserl. königl. Bombardier-Corps. Praktischer Unterricht für einen Artilleristen im Laboratorio aus verlässlichen Schriften zusammengesetzt. (Manuscript.) kl. 4. (Wien 1800?)

(**Raab,** Joseph Ritter v., Major im k. k. L.-Inft.-Reg. Nr. 76.) Unser Civil- und Militär-Unterrichtswesen mit besonderer Rücksicht auf die Lehrmethode. Von einem Truppenofficier. 8. Wien 1870.

Raab, Karl [Josef]: Studien zu Wielands Romane „Peregrinus Proteus". S. 3—32. 8.
Staats-Gymn. mit deutscher Unterrichtssprache *Prag-Altstadt* 1909. Progr.

Raab, Karl [Josef]: Zum Unterrichte im Deutschen auf der Oberstufe. S. 3—23. 8. Progr. K. k. Staats-Obergymn. *Landskron i. Bö.* 1907.

Raab, Karl Richard

Raab, Karl: Plutarchs Agesilaus, nach Aufbau und Darstellung betrachtet. Stadtamhof (1910): Mayr. 56 S. 8°
Regensburg, k. altes G P 1910* [S 10. 348

Raab, Karl Richard [Dr.]: Beiträge zur Geschichte der Reichsstadt Schweinfurt am Ausgang des Mittelalters. Schweinfurt, Druck v. F. J. Reichardt, 1897; 44 S. 8.
Schweinfurt, k. G, P 1897*

Raab, Karl Rich., Beiträge zur Geschichte d. Reichsstadt Schweinfurt am Ausgang d. Mittelalters. Progr. gr. 8. (44 S.) Schweinfurt 897. (E. Stoer.) n. — 80

Raab, Carl, Choralmelodien. Für Schulen eingerichtet. 8. (1¼ B.) Brandenburg 843, Müller. Thlr. *

Raab, Carolus: De Flavii Josephi elocutione quaestiones criticae et observationes grammaticae. . . . Erlangae, typ. F. Junge, typogr. aulae reg. bav., 1890; 48 S. 8°
Erlangen, Phil. Fak., Inaug.-Diss. v. 1890

Raab, Carol., de Flavii Josephi elocutione quaestiones criticae et observationes grammaticae. Diss. gr. 8. (48 S.) Erlangae 890. (Leipzig, G. Fock.) n. 1. —

RAAB, Karl: Über die Entwicklung der mittelhochdeutschen allegorischen Poesie des XIII. und XIV. Jahrhunderts. —.1881. 104 S. Diss. Graz, Univ.

Raab, Carl, dreißig zweistimm. Lieder, f. d. Jugend comp. 1. u. 2. Hft. (Schullieder. Op. 1. u. 2.) qu. 8. (à 3½ B.) Brandenburg 840, 41, Müller. à

—— 30 zweistimmige Lieder f. die Jugend. 1. Hft. 2., verb. Aufl. qu. 8. (3 B.) Brandenburg 844, Müller.

Raab, Carl, 30 zweistimmige Lieder für die Jugend. 3. Heft. qu. 8. (III und 48 S.) Brandenburg 849, Müller.
1. und 2. Heft. Ebendas. 1841—44. à Heft 7½ Ngr.

Raab, Karl, u. Jos. Ludwig, moderne Motive f. Schmuckwaaren, gezeichnet u. hrsg. 1. Jahrg. 12 Hfte. (2 Farbendr.) gr. 4. Gablonz 890. (Rössler.) à n. 2. —

Raab Dr. K.: Über 4 allegorische Motive in der lat. und deutschen Literatur des Mittelalters. (36.) Leoben 85.
Progr.

Raab, Karl Rich., Hans v. Raumer. Ein biograph. Versuch. gr. 8. (X, 138 S. m. Bildnis.) Erlangen 893. M. Mencke. n. 1. 60

Raab, Kurt

Ein Beitrag zur Geschichte der Staatsforsten im Vogtlande bis Ende des 16. Jhs v. C. v. Raab. *Plauen i. V.: Druck. Neupert 1896.* (1 Bl., 147 S.) 1 Bd8.
= **Mitteilungen** d. Altertumsvereins zu Plauen i. V. Jahresschr. 12.
[98. 3533

Raab, C. v., das Amt Pausa bis zur Erwerbung durch Kurfürst August v. Sachsen im J. 1569 u. das Erbbuch vom J. 1506, bearb. u. hrsg. (Beilage zu den Mitteilgn. des Altertumsvereins zu Plauen i. V. 16. Jahresschrift auf die J. 1903/04.) (V, 116 S.) gr. 8. Plauen 903. (R. Neupert jr.) n. 2. 40

Raab, C. v., das Amt Plauen im Anfang des 16. Jahrh. u. das Erbbuch vom J. 1506. Bearb. u. hrsg. Beilage zu den Mittheilgn. des Alterthumsvereins zu Plauen i. V., 15. Jahresschrift. gr. 8. (V, 332 S.) Plauen 902. (R. Neupert jr.) n. 6. —

Raab, C. v., **Regesten zur Orts- u. Familiengeschichte** des Vogtlandes. I. Bd. 1350—1485. [Aus: „Mitteilgn. d. Altertums-Vereins zu Plauen".] gr. 8. (X, 310 S.) Plauen 893. F. E. Neupert's Verl. n. 7. 50

Raab, C. v., **Regesten z. Orts- u. Familiengeschichte** d. Vogtlandes. II. Bd. 1485—1563. [Aus: „Mitteilgn. d. Altertumsvereins zu Plauen", 13. Jahresschrift.] gr. 8. (VII, 423 S.) Plauen 898. R. Neupert jun. n. 8. — (I. u. II.: n. 15. 50)

Raab, C. v., Schloss u. **Amt Vogtsberg bis Mitte des 16.** Jahrh. u. das Erbbuch **vom J. 1542, s.a. Mitteilungen** des Altertumsvereins zu Plauen i. V.

Schloss und Amt Vogtsberg bis Mitte des 16. Jahrhunderts u. d. Erbbuch v. J. 1542. Bearb. u. hrsg. von Dr. C(urt) v. **Raab.** Plauen i. V. 1907: Neupert. (527 S.) 8°
= **Mitteilungen** d. Altertumsvereins zu Plauen i. V. 18. [07. 3817 9

Raab, L., Herz- u. Nervenkrankheiten u. ihre moderne Behandlung. 3. Aufl. (102 S.) 8. München 910. Verlag der ärztl. Rundschau. 1. 50

Raab, Leopold, Universal-Kalender für die julianische, gregorianische und jüdische, jüdisch-julianische und jüdisch-gregorianische Zeitrechnung. 4. (VIII, 648 S.) Budapest 887, Druck von S. Markus. (Komorn, Selbstverlag.)
Nicht im Handel.

Raab, L., Universal-Kalender f. die julianische, gregorianische u. jüdische, jüdisch-julianische u. jüdisch-gregorianische Zeitrechnung. hoch 4. (VIII, 648 S.) Budapest 887. (Singer & Wolfner.) n. 14. —

Raab, Ludwig Dr. „Die Bedeutung des Stickstoffs und der Phosphorsäure für Kulturgewächse". Ein Vortrag. pg. 3—11. 8°. Cl. Attenkofer.
Straubing, Progr. 1895/96

RAAB, Ludwig (Eichstätt): Beitrag zur Casuistik der doppelseitigen Tuberkulose des Warzenfortsatzes. (1 Fall combinirt mit Otitischem Hirnabscess.)- München: Fuller 1891. 23 S.
15.7.1890 - Chr 1890/91,18; Jv 1890/91,234 (Prom.-Datum: 1891)
Diss. Ingolst.-Landsh.-**Mchn.**

Raab, Ludwig Dr. „Die Blütenpflanzen von Straubing und Umgebung". pg. 3—64. 8°. Cl. Attenkofer'sche B.
Straubing, Progr. 1899/1900

Raab, Ludwig Dr. „Der Boden, seine Veränderlichkeit und Beziehung zur Pflanzenwelt". Eine naturwissenschaftliche Skizze. pg. 3—17. 8°. A. Lechner'sche B.
Straubing, Progr. 1881/82

Raab, Ludwig Dr. „Flora Straubingensis". Verzeichnis der um Straubing wild wachsenden Gefäss-Pflanzen. pg. 73—113. 8°. Cl. Attenkofersche Buchdr.
Straubing, Progr. 1886/87

Raab, Ludwig, a. Großkarlbach: I. Über zwei stereoisomere Oxime des Benzalacetophenons. II. Über Versuche mit frisch geflossener Vesuvlava. Erlangen 1907: E. Th. Jacob. (27 S.) 8°
Erlangen, Phil. Fak., Ref. Fischer, Diss. v. 29. April 1907
[Geb. 30. Aug. 76 Großkarlbach (Rheinpfalz); Wohnort: Erlangen; Staatsangeb.: Bayern; Vorbildung: Gymn. Speyer Reife 96; Studium: T.H. München 4, Univ. Erlangen 16 S.; Rig. 9. März 07.]

Raab, Ludw., Schul-Naturgeschichte. Botanik, mit besond. Berücksicht. der Flora Bayerns. Für Realschulen, Seminarien, Präparanden- und landwirthschaftl. Schulen bearb. gr. 8. (VII, 274 S.) Regensburg 884, Manz. * 2 80

Raab, Ludw., Schul-Naturgeschichte. Botanik, m. besond. Berücksicht. der Flora Bayerns. Für Realschulen, Seminarien, Präparanden- u. landwirthschaftl. Schulen bearb. gr. 8. (VII, 274 S.) Regensburg 884. Verlags-Anstalt. n. 2. 80

Raab, Ludw., Schul-Naturgeschichte. Botanik, m. besond. Berücksicht. der Flora Bayerns. Neue illustr. Ausg. gr. 8. (VII, 274 S.) Regensburg 891. Nationale Verlags-Anstalt. Kart. n. 2. —

Raab, Martin. Der 109. Psalm Davids ein Siegeslied des wahren Glaubens zur Beschämung des Freigeistes, zur Beleuchtung der Juden, zur Zierde u. Freude der echten Kinder Israels in einem Gespräche zwischen einem kathol. Pfarrherrn und zween jüd. Rabbinern Pinhi und Schmul u. s. w. Köln, 1787, 8°.

Raab, Mich., praktischer Unterricht in der Vaterlandsgeschichte Bayerns für deutsche Volksschulen im Sinne der allerhöchsten Verordnung des königl. Staats-Ministeriums des Innern für Kirchen- u. Schul-Angelegenheiten vom 13. Januar 1851 bearb. 2. verb. u. verm. Aufl. Augsburg 861. Schlosser. 8. (VIII, 82 S.) 3¾ ngr.

Raab, Nicolaus Matthias (Präs.) (Greifswald) u. (Respond.) **Wilhelm Aug. Wöldike** (Pommern), De officiis Parentum erga liberos. Diss. Greifswald (J. H. Eckhardt) 28. X. 1809. 12 S. (3.50) 27489

Raab, Oscar, approb. Arzt: Ueber die **Wirkung fluorescirender** Stoffe auf Infusorien. *München 1900: R. Oldenbourg.* (27 S.) 8° ¶ [Aus: Zeitschrift f. Biologie, Bd 39.]
München, Med. Diss. v. 1900

Raab, Ph., Merkblatt f. Lotteriespieler. (6 S.) kl. 8. Mannheim (Pfalz) 910. Ph. Raab. (Nur direkt.) 100 Expl. 1. —

Raab, Philipp, was man wissen muss, ehe man sich bei e. Serienlosgesellschaft beteiligt. (8 S.) gr. 8. Kirchheimbolanden 903. Mannheim, Selbstverl. n. — 80

Raab, R.: Beitrag zur Kenntnis des p.-Tolylhydrazins.... Rostock, Univ.-Buchdr. v. Adler's Erben, 1890; 30 S. + 1 Bl. 8°
Rostock, Phil. Fak., Inaug.-Diss. v. 30. Apr. 1890

Raab, R., Bilder aus dem Reiche der geistigen Getränke. 2. Aufl. gr. 8. (VIII, 216 S.) Leipzig 883, (Keßler.) * 2 50
1. Aufl. erschien im Selbstverlage des Verfassers.

Raab, R., der alte u. der neue Kongostaat, s.a. Sammlung gemeinverständlicher wissenschaftlicher Vorträge.

Raab R. der alte und der neue Kongostaat. (Slg wiss. Vortr. N F 149-50) Hamburg 1892

Raab, R., die **Schreibmaterialien u. die gesammte Papier-Industrie. Eine Studie. Mit e.** Vorwort v. D. Sanders. 8. (XIII, 335 S.) **Hamburg** 888. **Verlags-Anstalt u. Druckerei, A.-G.** n. 3. 60; geb. n. 4. 60

Raab, Robert, Die Förderung des Turnbetriebes im allgemeinen, Vortr., Crimmitschau, 8 S., 8°.

Raab, Robert, Die neue Turnhalle des M.T.V. Crimmitschau, erbaut 1909/10, m. Abb., 20 S., 4°.

Raab, Sam., Tractat. anzeigend die Irrthümer d. Juden ꝛc. 8. Prag. 790. Eggenberger. 9 gr

Raab, W., s. *Pharmacopoea* borussica.

RAAB, Wilhelm (Creussen): Ueber das Meckel'sche Darmdivertikel in seiner Beziehung zur Einklemmung des Darms.- München: Ernst 1885. 34 S.
22.7.1885 - Urk; Chr 1885/86,16
Diss. Ingolst.-Landsh.-Mchn.

Raabe

— s. a **Rabe.**

Raabe, A., hannoverischer neuester und gemeinnützlicher Briefsteller, zugleich Handbuch der notbwendigsten Kenntnisse für junge Leute und Ungelehrte. 3te verm. und verb. Aufl. 8. Hannover, Gebr. Hahn. 818.

Raabe, A., Deutschlands spielende Jugend, s.: Jakob, F. A. L.

Raabe, A. H., Geschichte und Bild von Nero. Nach den Quellen bearb. 2 Hälften. gr. 8. (VIII, 466 S.) Utrecht 872,73, Kemink und Sohn. * 9 —

Raabe, Abraham Gottlieb

— animadversiones ad Platonis Critonem. III Ptes. 4. Leipz. u. Wittenb. 791—810.

— **Abraham Theophil,** Animadversionum ad Platonis critonem pars II. Wittenberg (Chr. H. Graessler) Juni 1805. 20 S. (3.50) 27492

Raabe, Abrah. Gli., Aphorismen zu Vorlesungen über die allgemeine Literargeschichte: älteste Geschichte bis auf Aristoteles. gr. 8. Leipz. 805. Schwickert. 16 gr

— Progr. Interpretat. odarii Sapphici in Venerem. 4. Leipz. 794. (List in Berl.) 4 gr

Raabe, Abraham Gottlieb, Interpretatio odarii Sapphici in venerem. Leipzig (Sommer) 13. XII. 1794. 15 S. (3.50) 27490

— — (Bernstadt/Lausitz) u. (Soc.) **Christoph Gottfried Samuel Koenig** (Meffersdorf/Lausitz), Specimen interpretandi Platonis dialogi qui crito inscribitur. Leipzig (Pezold) 21. IX. 1791. 40 S. (3.75) **27491**

Raabe, Alexander: Die Abwanderungsbewegung in den östlichen Provinzen Preussens. Einleitung u. T. 1. Die Provinz Ost-Preussen. Berlin-Wilmersdorf 1910: Wilmersdorfer Zeitung. 49 S. 8° ¶(Ersch. vollst. in zusammengedrängter Form als Anh. zu e. Referat Serings über Grundbesitzverteilung u. Abwanderung, in: Verhandlungen d. Kgl. Landesökonomie-Kollegiums.)
Berlin, Phil. Diss. v. 13. Juli 1910, Ref. Sering
[Geb. 26. Febr. 83 Kalk b. Cöln; Wohnort: Schmargendorf; Staatsangeh.: Preußen; Vorbildung: Marien-Gymn. Posen Reife O. 04; Studium: Berlin 10 S.; Rig. 13. Mai 09.] [U 10. 231

Raabe, Andr., Erforschung des ursprünglichsten, elementarischen, tiefsten Verständnisses der alten Sprachen. Grundlegung. Berlin 869. Academ. Buchh. in Comm. gr. 8. (X, 270 S.) 2 ₰

Raabe, Andreas, gemeinschaftliche Grammatik der arischen und der semitischen Sprachen. Voran eine Darlegg. der Entstehg. d. Alfabets. gr. 8. (VII, 132 S.) Leipzig 874. Klinkhardt. n. 3. —

Raabe, Andr., die Klagelieder des Jeremias u. der Prediger des Salomon. Im Urtext. Nach neuester Kenntniss der Sprache behandelt, [erstere metrisch] übers. Mit Anmerkungen u. einem Glossar versehen. Neuer Gesichtspunkt für hebr. Versmaass eröffnet. gr. 8. (VI, 224 S.) Leipzig 880. Fernau. n. 6. —

Raabe Andreas: Lösung algebraischer Gleichungen von beliebig hohem Grade, auch mit komplexen Koeffizienten, mit Hilfe des Gaußschen Schemas für komplexe Größen (mit 6 Holzschnitten). S. 63. II. 73 . . . . vgr.
Separatabdruck

— **Lösung** algebraischer Gleichungen v. beliebig hohem Grade, auch m. complexen Coëfficienten, m. Hilfe d. Gauss'schen Schema's f. complexe Grössen. [Mit 6 (eingedr.) Holzschn.] [Aus „Sitzungsber. der k. Akad. d. Wiss."] Lex.-8. (27 S.) Wien 871. (Gerold's Sohn.) n. — 50

Raabe, Andr., das Buch Ruth und das Hohe Lied, im Urtext nach neuester Kenntniss der Sprache behandelt, übers., mit Anmerkungen und einem Glossar versehen. gr. 8. (157 S.) Leipzig 879, (Fernau.) *

Raabe, Arth., Eilbotenlaufen, s. a. Volks-Turnbücher, deutsche.

Raabe (A.). Eilbotenlaufen. 1910. Leipzig. 8°. S. 52. m. Fig. geb. M. 3.60

Raabe, Aug., s. **Morgen, attische.**

Gedichte von Berthold **Raabe**. Aus d. literar. Nachlaß d. Verf. nach s. letztwilligen Verfügung zsgest. Mit 1 Jugendbildn. d. Verf. o. O. [1908]. (VI, 70 S.) 8° [F.] [08. 14130 3

Raabe, Berthold, Gudrun. Schausp. in 1 Aufz. gr. 8. (23 S.) Ludwigslust 897. Hinstorff. n. 1. —

Raabe, Berthold, Kaiser-Lieder. 12. (28 S.) Berlin 884. Issleib. n. — 60

Raabe, C., Rechen-Aufgaben im steten Anschluß an die A. Böhme'sche Rechentafel Nr. 13 nebst den dazu gehör. Auflösgn. Ein Hülfsmittel f. Alle, welche Kindern e. anzieh. u. förderl. Uebg. in den Anfängen d. Elementar-Rechnens bieten wollen. 8. (32 S.) Potsdam 874. Rentel. n. — 60

— **Christoph** (Königsberg/Preußen), De testamento a persona surda et muta confecto, valido. Königsberg (Reusner) 15. IX. 1733. 20 S. (4.—) 27497
Gew.: Friedrich von Bulow, Johann Christian Uhde, August Hermann Lucano, Conrad Joachim Krause, Wilhelm Ludwig von Unfriedt.

Raabe, E., Anleitung zur Buchführung u. Preisberechnung f. Handwerker. Für die Hand der Schüler gewerbl. Lehranstalten u. zum Selbstunterricht hrsg. gr. 8. (48 S. m. 3 Fig.) Essen 902. G. D. Baedeker. n. 1. 20

Raabe, E., Beispiele u. Aufgaben zum bautechnischen Rechnen. Für den Unterricht in den Baugewerkschulen u. den Fachklassen der gewerbl. Fortbildungs- u. Handwerkerschulen zusammengestellt. 1.—3. Tl. 8. Essen, G. D. Baedeker. 3. 80
1. Die Grundrechnungsarten m. ganzen u. gebrochenen Zahlen u. ihre Anwendung auf das Baugewerbe. (79 S. m. 3 Abb.) 908. 1. 20
2. Die bürgerlichen Rechnungsarten u. ihre Anwendung auf baugewerbliche Aufgaben. (86 S.) 909. 1. 40
3. Anwendungen der bürgerlichen Rechnungsarten auf bautechnische Aufgaben. Kostenberechnungen. Das Tabellenrechnen. (61 S.) 910. 1. 20

--- dasselbe. Lösungen zum 1. u. 2. Tl. (122 u. 48 S.) 8. Ebd. 909. 2. —
Zum 3. Tl. sind Lösungen nicht erschienen.

Raabe, E., das Fachzeichnen f. Klempner. 1. u. 2. Tl. (Lehrbücher f. das Fachzeichnen an gewerbl. Fortbildungs- u. Handwerkerschulen unter Berücksicht. der neuen Gesellenprüfungs-Ordng. hrsg. v. O. Spetzler gemeinsam m. Fachlehrern an der staatl. Fortbildungs- u. Gewerkschule in Posen u. and. Fachmännern.) qu. gr. 4. Wittenberg, R. Herrosé. n. 3. 40
1. Allgemeines. (19 S. m. 10 Taf.) 903. n. 1. 60
2. Bauarbeiten. (28 S. m. 98 Fig. u. 8 Taf.) 904. n. 1. 80

— 25 Jahre im Gewerbeschuldienst. Rückblick auf die Tätigkeit des Hrn. Regierungs- u. Gewerbeschulrats Oskar Spetzler zu Posen. (29 S.) 8. Posen 904. Merzbach. n. — 60

— Leitfaden f. den Fachunterricht der Schlosser. Für die Hand der Schüler der Schlosserfachklassen u. zum Selbstunterricht hrsg. I. Tl.: Gewerbekunde m. 120 Fig. im Text. II. Tl.: Fachzeichnen m. 8 Taf. Anh.: Materialientabellen u. Preisberechng. m. 1 Fig. (VI, 57 S.) gr. 8. Essen 903. G. D. Baedeker. n. 1. 50

— Leitfaden f. den Fachunterricht der Schlosser. Für die Hand der Schüler der Schlosserfachklassen u. zum Selbstunterricht hrsg. I. Tl.: Gewerbekunde m. 135 Abb. im Text. II. Tl.: Fachzeichnen m. 20 Taf. u. 2 Abb. im Text. Anh.: Materientabellen u. Preisberechnung m. 1 Abb. 2., bedeutend erweit. Aufl. (VI, 98 S.) gr. 8. Ebd. 907. Geb. in Leinw. 1. 80

— des Handwerkers Ratgeber in allen wichtigen Geschäftsangelegenheiten. Handbuch f. die Schreibstube, Hilfsbuch f. den Unterricht in Fortbildungs-, Baugewerk-, Maschinenbau- u. anderen gewerbl. Schulen, sowie Anleitg. zur Vorbereitg. auf die Meisterprüfg. u. zur Abnahme derselben. (VIII, 124 S.) gr. 8. Essen 903. G. D. Baedeker. Geb. in Leinw. n. 1. 80

— Des Handwerkers Ratgeber in allen wichtigen Geschäftsangelegenheiten. Handbuch f. die Schreibstube, Hilfsbuch f. den Unterricht in Fortbildungs-, Baugewerk-, Maschinenbau- u. anderen gewerbl. Schulen, sowie Anleitg. zur Vorbereitg. auf die Meisterprüfg. u. zu deren Abnahme. 2., bedeutend verm. Aufl. (X, 232 S.) gr. 8. Ebd. 909. Geb. in Leinw. 2. 80

Raabe, E., u. A. Söhner, aktuelles Welt-Notiz-Rechenbuch „Summablitz". (6 S. u. S. 81—304.) kl. 8. Berlin (910). „Summablitz"-Verlag. Geb. in Leinw. 2. —

— gebundenes Zeichnen. Zirkelzeichnen u. geometr. Darstellen v. Körpern zum Gebrauche in Handwerkerschulen, gewerbl. Fortbildungsschulen, Innungsfachschulen u. den oberen Klassen v. Volks- u. Bürgerschulen. qu. 4. (8 Bl. m. 8 S. Text.) Leipzig 901. J. Klinkhardt. Kart. n. — 80

Raabe, Eduard

Raabe, E., der Fischer von Lübeck, s.a. Für den Feierabend.

Raabe, Ed., der Fischer von Lübeck. Eine wahre Lebensgeschichte. Dem Volke erzählt. 12. (VIII u. 246 S.) Hamburg 850, Agentur des Rauhen Hauses. 12 ngr

Raabe, E., der Fischer v. Lübeck. Eine wahre Lebensgeschichte. Dem Volke erzählt. 2. Aufl. 8. (180 S.) Hamburg 873. Agentur d. rauhen Hauses. n. 1. 20

Raabe, Eduard, Geschichte van diär Stadt Hamm. Pläsierlik vertallt. 2 Deile. (VI, 196 u. III, 278 S. m. Abbildgn.) 8. Leipzig (903. 904). O. Lenz. à n. 3. —; geb. à n. 4. —

— Gloria in excelsis Deo! Die würd. Weihnachtsfeier in der christl. Familie, in Schulen, Pensionaten u. religiös. Vereinen. Dichtung f. Deklamation u. Gesang. Im Anh. Texte v. bekannten Weihnachtsliedern. (48 S.) kl. 8. Hamm (904). Breer & Thiemann. n. — 50

Gloria in excelsis Deo! Die würdige Weihnachtsfeier in d. christl. Familie ... Dichtung f. Deklamation u. Gesang von Eduard Raabe. Hamm i. W.: Breer & Thiemann [1905]. (48 S.) 8° [06. 11689 B

Raabe, Eduard, der Krugwirt v. Burgthal, s.a. Theater, kleines.

Der Krugwirt von Burgthal. Rheinisches Lustspiel in 3 Akten von Eduard Raabe. *Paderborn: B. Kleine [1902].* (31 S.) 8° [F.]
— Theater, Kleines. H. 325. [03. 9060

Lachendes Leben bei den Borussen in Dünkelheim. Humorist. Roman von Ed[uard] Raabe. Hamm ⟨Westf.⟩: Reimann 1910. 353 S. 8° [11. 1473

Raabe, Ed., im Reiche d. Gnomen, s.a. Festspielhalle, deutsche. Hft. 28.

Im Reiche der Gnomen. Dramat. Märchenspiel zu Sylvester oder Neujahr mit gesanglicher Mitwirkung sämtlicher Festteilnehmer nach bekannten Kommerslieder-Melodieen für Gesellschaften u. Vereine von Eduard Raabe. *Berlin: E. Bloch (1898).* (19 S.) 8° [F.]
— Festspielhalle, Deutsche. H. 28. [99. 8390

Raabe, Ed., [S. G. B.] od. de Reise in't Suerland. Eine wahre Leiwesgeschichte. 8. (115 S.) Hamm 893. E. Griebsch. n. 1. 25

—— ein Weihnachtsbüchlein. Allen kleinen und großen Kindern, die gern ein fröhliches Weihnachtsfest feiern wollen, gewidmet. 16. (137 S. und 3 Stnt.) Hamburg 848, Agentur des Rauhen Hauses.

Raabe, Ed., ein Weihnachtsbüchlein. Allen kleinen u. großen Kindern, die gern ein fröhlich Weihnachtsfest feiern wollen, gewidmet. Mit 3 lith. Bildern. 2. Aufl. Hamburg 854. Agentur des Rauhen Hauses. 16. (2 Bl., 128 S.) 9 ngr

Raabe, Felix, Assist. am chem. Labor. d. Univ.: Über Pseudoapokodein und seine Beziehungen zum Apomorphin. Weida i. Th. 1910: Thomas & Hubert. 36 S. 8°
Jena, Phil. Diss. v. 3. Juni 1910, Ref. Knorr
[Geb. 18. Okt. 77 Königsberg i. P.; Wohnort: Jena; Staatsangeh.: Preußen; Vorbildung: Friedrichs-Koll. Königsberg bis 97, Disp. v. 7. Dez. 09; Studium: Jena 10 S.; Rig. 17. Dez. 09.] [U 10. 2361

Raabe, Ferd., Königsbergs Jubeltage währ. d. Huldigungsfeier Sr. Maj. d. Königs Friedrich Wilhelm IV. Eine Erinnerungsgabe. gr. 8. (7½ B. u. 1 Abbild.) Königsberg 840, Theile.

Raabe, Fr. Wlh., († d. 9. Oct. 1802.) Anleit., wie ein junger Artillerie-Officier in seinem Fache sich zu verhalten hat. 8. Freiberg 785.

— d. Artilleriedienst im Felde. 8. Freiberg 786.

Raabe, Gustav, Assist. am chem. Universitäts-Laboratorium: Beiträge zur Kenntnis der Zersetzung der zweifach gebromten Bernsteinsäuren durch Basen. *Königsberg i. Pr. (1899): E. Quatz.* (54 S.) 8°
Königsberg, Phil. Diss. v. 18. März 1899

Raabe, H. F. W.

— s. Gesetzsammlung f. d. Mecklenb.-Schwerin. Lande. — Mecklenburg. Ein Jahrbuch rc.

—— Meklenburg u. der deutsche Zollverein. Ein Beitrag zur Würdigung ihres gegenseitigen Verhältnisses. Lex.-8. (2 B.) Parchim u. Ludwigslust 842, Hinstorff'sche Hofbuchh.

Raabe, H. F. W., systemat. Repertorium zu d. mecklenb.-schwerinschen offic. Wochenblatte d. J. 1838 u. 39. 4. (à 2½ B.) Parchim 839, 40, Hinstorff'sche Hofbuchh.

—— vollständiges Sachregister zu d. mecklenb.-schwerinschen offic. Wochenblatte d. J. 1837. 4. (2½ B.) Parchim 838, Hinstorff'sche Hofbuchh.

—— systemat.-chronolog. Verzeichniß aller mecklenb.-schwerinschen Gesetze u. Verordnungen, so wie der nicht allgem. publicirten, aber durch Privat-Gesetzsammlungen veröffentlichten Reziminalrescripte u. Circularverordn. v. Anfange d. gesetzgeberischen Thätigkeit bis z. Schlusse d. J. 1838. gr. 8. (16 B.) Parchim 840, Hinstorff'sche Hofbuchh.

— systematisch-chronologisches Verzeichniß aller bis z. Schlusse des Jahres 1839 ergang. Mecklenburg-Schwerin'schen Gesetze, Verordnungen und Regiminalrescripte. — Beilage. gr. 8. Ebend. 842. $4^1/_4$ ngl

Raabe, H. F. W., allgemeines plattdeutsches Volksbuch, s. Volksbuch, allgemeines plattdeutsches.

Raabe, H. F. W., allgemeines plattdeutsches Volksbuch. Sammlung von Dichtungen, Sagen, Märchen, Schwänken, Volks- u. Kinderreimen, Sprichwörtern, Räthseln u. s. w. Wismar 854. Hinstorff. 16. (XIV, 242 S.) n. 10 ngr.

—— einige Worte üb. d. Modus d. ordentl. Contribution d. Landstädte, so wie üb. d. Landzölle im Großhrzgth. Mecklenburg-Schwerin, nebst Vorschlägen in Bezug auf dieselben. gr. 8. ($1^1/_2$ B.) Parchim 840, Hinstorff'sche Hofbuchh.

Raabe, Hans, pract. Arzt: Aus d. Kgl. pathol.-anat. Universitäts-Institut zu Königsberg i. Pr. Ueber fibrinöse **Exsudation** bei der Lobulärpneumonie und der Tuberculose der Lunge. *Königsberg i. Pr. 1900: H. Jaeger.* (60 S.) 8°
Königsberg, Med. Diss. v. 21. Juli 1900

Raabe, Hans, für Weib u. Ehre, s. a. Binder, Heinr., aus dem Tagebuche e. Seemanns.

Für Weib und Ehre. Seine erste Verteidigungsrede. Zwei Bilder aus d. Gerichtssaal von Hans **Raabe.** Berlin: Sarganek [1907]. 31 S. 8° [Umschlagt.]
(Für Hütte u. Schloss. Nr 6.) [11. 10793

Raabe, Heinrich [pr. Arzt]: Beiträge zur pathologischen Anatomie der äusseren Augenerkrankungen ... Marburg, Buchdr. v. J. Hamel, 1893; 2 Bl., 76 S., 1 Bl. 8.
Marburg, Med. Fak., Inaug.-Diss. v. [10. Febr.] 1893

Raabe, Hnr. Aug., Beitrr. z. Vertheidigung d. guten Sache d. Religion am Ende d. 18. Jahrhund. 8. Braunschw. 792. Schröder. 6 gl.

– s. Briefe f. Kinder.

— Hannöv. Briefsteller, zugleich Handbuch der nothwendigsten Kenntnisse f. junge Leute u. Ungelehrte. 8. Hannov. 1e u. 2e Aufl. 8. Ebd. 808. Hahn. 18 gl. 3e Aufl. Ebd. 818. 20 gl.

— s.a. Handbuch d. ersten u. nothwendigsten Kenntnisse f. Kinder.

— Handbuch d. ersten und nothwend. Kenntnisse für Kinder aller Stände, enthalt. Anleitung zum Lesen, Schreiben ꝛc. 8. Ebend. 810.

– s. Leitfaden z. Weltgeschichte.

— histor.-statist. Nachrr. v. d. Republik Holland, mit Anmerkk. u. 1 Stammtafel des Hauses Oranien ꝛc. 8. Holzminden 788.

– s. Postgeheimnisse.

– s. Stammtafel d. Braunschw.-Lüneburg. Hauses.

Raabe, Hermann, Gerichtsref. aus Garding: Ueber die Bedeutung der Verkaufsfaktura als Beweismittel und Verpflichtungsgrund im kaufmännischen Verkehr. *Rheinbach 1898: Raabe.* (66 S.) 8°
Erlangen, Jur. Diss. v. 23. Apr. 1898

Raabé, J. C. J. Vide: Hornisse (Die).

Raabé, J. C. J., republikanische Lieder und Gedichte, s. Lieder und Gedichte.

Raabe, J. L. Anwendung der imaginären Zahl zur Darstellung des Satzes des Parallelogramms. 1856.

Raabe, J. L. Ueber die Anzahl und die Form der Bedingungsgleichungen, unter welchen eine gewöhnliche Differentialgleichung etc. etc. 1844. 4.

Raabe, J. L. Bemerkungen über Directrix- und Fusspunctenlinien. 1854. 4.

Raabe, J. L., Die fortschreitende Bewegung des Schwerpunktes der Planeten unseres Sonnensystems. Zürich, Polytechnikum 1858.
Progr.

Raabe, J. L., über die fortschreitende Bewegung der Schwerpunkte der Planeten unseres Sonnensystems, mit Bezugnahme auf ihre gegenseitigen, dem Gravitationsgesetze gemässen Masseneinwirkungen. gr. 4. (V und 29 S.) Zürich 858, Orell, Füssli nnd Comp. *

Raabe, J. L. Ueber die gegenseitigen Beziehungen zwischen einer Curve und ihren Directrix- und Fusspunctenlinien. 1852. 4.

Raabe, J. L. Über die Darstellung einer Function zweier Variablen Z, Z' nach aufsteigenden Potenzen anderer zwei Variabeln y, y'. 1847.

Raabe, J. L., die Differenzial- u. Integralrechnung mit Functionen e. Variabeln. — Der Differenzial- u. Integralrechnung 1. Thl. Breit gr. 8. ($31^1/_2$ B.) Zürich 839, Orell, Füßli u. Cp.

Raabe, J. L., die Differenzial- u. Integralrechnung mit Functionen mehrerer Variabeln. Der Differenzial- u. Integralrechnung 2. Thl. 2 Abthlgn. gr. 8. ($74^3/_4$ B.) Zürich 843, Orell, Füßli u. Comp.
1. Thl. Ebendas. 1839. 3 Thlr. 10 Ngr.

— die Differenzial- u. Integralrechnung mit Gleichungen zweier u. mehrerer Variabeln. Die Differenzial- u. Integralrechnung 2. Thls. 2. u. letzte Abth. gr. 8. (XVI u. 618 S.) Ebd. 847. $3^1/_3$ ßf (I. II. 1. 2.: 10 ßf)

Raabe, J. L. Discussion über krumme Flächen in Beziehung auf Directrix- und Fusspunctenflächen. 1854. 4.

Raabe, J. L. Über die Factorielle $\binom{m}{k}$ mit der complexen Basis m. 1846. 4.

Raabe, J. L., die Jacob Bernoullische Function. 4. (51 S.) Zürich 848, Orell, Füssli & Co. $^5/_6$ ßf

Raabe, J. L. Ueber den richtigen Gebrauch vieldeutiger Functionen bei der Ermittlung bestimmter Integrale. 1847. 4.

Raabe, J. L. Über einen Hülfssatz zur Ausmittlung der Werthe bestimmter Integrale.

Raabe, J. L. Über singuläre Integralauflösungen einer Differenzialgleichung. 1848.

— über die Integration zweier simultan bestehenden linearen Differenzialgleichungen zwischen n Variabeln. Zürich 856. Meyer u. Zeller. gr. 8. (8 S.) n. 4 ngr.

Raabe, J. L. Über einige ohne Integrationsverrichtung gewonnene Integralergebnisse.

—— mathematische Mittheilungen. 1. und 2. Heft. gr. 8. (III und 80 S., IV und S. 81—160.) Zürich 857. 58, Meyer und Zeller's Verlag. à Heft * 20 Ngr. *

Raabe, J. L. Über Produkte und Potenzen bestimmter einfacher Integralausdrücke durch mehrfache dargestellt. 1847.

— Was ist der Gegenstand der Mathematik? s. Vorträge, akademische, ꝛc.

Raabe, J. L. Was ist Gegenstand der Mathematik? Ein Vortrag. Zürich 1853.

Raabe, J. L. Werthung der Factorielle $\binom{m}{k}$ beim unendlichen Zunehmen von k, wenn m irgend eine reelle oder imaginäre Zahl ist. 1853. 4.

Raabe, J. L. Zurückführung einiger Summen und bestimmten Integrale auf die Jacob-Bernoullische Function. 1851. 4.

Raabe, J. L. Zurückführung der Wurzelform einer algebraischen Gleichung auf die Integration linearer Differenzialgleichungen. 1850.

Raabe, J. L. Über den gegenseitigen Zusammenhang einiger Functionen.

Raabe, Joseph: Summation einer theilweis periodischen Reihe. Zür. Orell Füssli Cie Dr. 1848. 16 S. 4°.
Programm der zürcher. Kantonsschule 1848.

Raabe, Jul., Ansichten vom Harz, nach der Natur gezeichnet, gestochen und colorirt. 1e u. 2e Suite. à 6 Blätter. qu. gr. 4. Magdeburg 834, Mazzucchi. (à n. $1^1/_2$ ßf) 3 ßf

Raabe, Jul., bunte Bilder aus Deutschlands grosser Zeit, s.a. Bloch's, Ludw., Gallerie lebender Bilder. Lfg. 28.

Bunte Bilder aus Deutschlands grosser Zeit. Festspiel in 5 lebenden Bildern mit Prolog u. verbindendem Text von Julius Raabe. *Berlin: E. Bloch (1896).* (18 S.) 8° [F.]
— Gallerie. Ludwig Blochs, lebender Bilder. Lfg 28. [01. 10089

Raabe, Jul., frisch, fromm, fröhlich, frei, s.a. Festspiele.

Raabe, Julius, Frisch, fromm, fröhlich, frei, Festsp. z. gold. Jubiläum d. Allg. T. V. zu Schönefeld, Schönefeld 1907, 8°.

Raabe, Jul., der Gemeindewaisenrat. Einige Reformvorschläge aus der Praxis. (30 S.) gr. 8. Leipzig (903). [Ch Steffen.] L. A. Klepzig. n. — 40

— spielend gewonnen, s.a. Album f. Liebhaber-Bühnen.

[F.] Spielend gewonnen. Posse in 1 Aufz. v. Julius Raabe. *Berlin: Kühling & Güttner [1894].* (24 S.) 1 Bd 8.
— Album f. Liebhaber-Bühnen. No 293. [98. 10561

— „hoch die deutsche Industrie". Scen. Prolog m. Apotheose z. Aufführg. bei Festen industr. Etablissements u. Vereiniggn., Gewerbe- u. Gewerkvereinen, Meisterverbänden, techn. Schulen u. s. w. 8. (10 S.) Leipzig 897. O. Weber. n. 1.50; Textbuch (18 S.) n. — 50

Raabe, Jul., das Kreuz im Kriege. Ein Festspiel in 3 leb. Bildern m. Prolog u. Textbegleitg. Zur Aufführg. an vaterländ. Gedenktagen f. Militär-, Gesang- u. Turnvereine, sowie f. höhere Lehranstalten. 8. (16 S.) Leipzig 891. E. Wunderlich. n. — 50

Raabe, Jul., in der Loge, s.: Fastnachts-Bühne. 90.

Raabe, Jul., Magdeburg vom Werder aus. Radirt u. color. Imp.-Fol. Magdeburg, Mazzucchi. 4 ℳ — dass. in kl. 4. radirt u. color. Ebd. 1/4 ℳ

— die Post, s.a. Bloch's, Ludw., Gallerie lebender Bilder.

Die Post. Reihenfolge lebender Bilder mit Prolog u. begleit. Worten von Julius Raabe. *Berlin: E. Bloch [1884].* (21 S.) 8° [F.]
— Gallerie. Ludwig Blochs, lebender Bilder. Lief. 15. [00. 19539

— die Schwägerin in Vertretung, s.a. Geschichten, intime.

Die Schwägerin in Vertretung. Ein Familienbild von Julius Raabe. Berlin: Berliner Roman-Verl. [1904]. (48 S.) 8° [F.]
— Geschichten, Intime. 45. [05. 7507

— Soldatenleben im Kriege, s.a. Bloch's, Ludw., Gallerie lebender Bilder, Lfg. 23.

— dasselbe, s.a. Sedanfeier 1895.

Soldatenleben im Kriege. Festspiel in 5 lebenden Bildern mit Prolog u. verbind. Text von Julius Raabe. *Berlin: E. Bloch (1895).* (18 S.) 8° [F.]
— Gallerie, Ludwig Blochs, lebender Bilder. Lief. 23. [00. 19547

Raabe, Jul., die erste deutsche Tiefseeexpedition. Nach den vorhandenen Quellen in gemeinverständl. Weise bearb. gr. 8. (42 S. m. 2 Taf.) Leipzig (899). Verlag moderner Belletristik. n. — 60

Raabe, Karl August, Predigt am Dankfeste für die Wiederherstellung der ungarischen Verfassung gehalten in der evangelischen Kirche zu Preßburg am 10. März 1867. 8. (12 S.) Preßburg, Wigand. 1867 8 kr.

Raabe, Karl August — Predigt am festlichen Gedächtnißtage des 250jährigen Bestehens der evangel. Gemeinde in Preßburg. Gehalten am ersten Adventsonntage 1856 von — —. Gedr. auf Verlangen der Gemeinde. Preßburg, 1856. Schnellpressendruck von Karl Friedrich Wigand. (20 S. 8.)

Raabe, Ludovicus Christianus: De laesionibus colli in foro recte diiudicandis. Halae (1824): Grunert. 39 S. 8°
Halle-Wittenberg, Med. Diss., nachgeliefert von dem am 4. Okt. 1824 auf Thesen [Praes.: Christianus Henricus Theodorus Schreger] promovierten Verf.
Geb. Parchim (Mecklenb.) [28. 2. 1795]. [V. in Schreger's Progr., vgl. Nr. 722]

Raabe, Martin Friedrich, s.a. Rabe, Martin Friedrich

Raabe, Mart. Friedr., Jaczo v. Copnic, Eroberer der Feste Brandenburg, kein Slavenhäuptling in der Mark Brandenburg, sondern ein polnischer Heerführer. Historische Forschung. Mit 3 darauf bezüglichen Beilagen. Mit Abbildungen der Jaczo-Brakteaten. gr. 8. (IV und 268 S. mit 1 Stnt.) Berlin 856, Nicolai'sche Buchh. *

— der Püstrich zu Sondershausen, kein Götzenbild. Untersuchung über dessen ursprüngl. Bestimmung. gr. 8. (VI und 234 S. mit 1 lithogr. Abbildung.) Berlin 852, Ernst und Korn. *

Raabe, Mathilde, Leitfaden für den Unterricht im Wäschezuschneiden. 8. (29 S. mit 1 Taf.) Bielefeld 881, Helmich. * 1 —

Raabe, Max, Referendar in Pinneberg: Die Anerkennung des § 208 B.G.B. im Gegensatze zum Anerkenntnisse. Pinneberg 1907: A. Beig. (64 S.) 8° [F.]
Leipzig, Jur. Fak., Diss. v. 16. Jan. 1907
[Geb. 31. Jan. 83 Pinneberg; Wohnort: Pinneberg; Staatsangeh.: Preußen; Vorbildung: Kgl. Christianeum Altona Reife M. 02; Studium: Göttingen 2, Berlin 1, München 1, Kiel 2 S.; Rig. 20. Jan. 06.]

Raabe, Pet., s.a. Opernführer.

Festschrift zum Jubiläum des 50jährigen Bestehens der Abonnementkonzerte der Großherzogl. Hofkapelle in Weimar ⟨1859–1909⟩. Von Peter Raabe, Hofkapellm. Hrsg. von d. Großherzogl. Generalintendanz ... (Weimar 1909: Uschmann.) 24 S. 8° [11. 19046

Margarethe. Grosse Oper in 5 Akten. Dichtung nach Goethe's 'Faust' von Carré u. Barbier. Musik von Charles Gounod. Textlich u. musikalisch erl. von Peter Raabe. Leipzig: H. Seemann Nachf. [1900]. (32 S.) 8° [F.]
— Opernführer. No 17. [02. 14254

Mignon. Oper in 3 Akten ⟨nach Goethe's 'Wilhelm Meister'⟩ von Ambroise Thomas. ⟨Dichtung von Carré u. Barbier.⟩ Textlich u. musikalisch erl. von Peter Raabe. *Leipzig: H. Seemann Nachf. [1900].* (32 S.) 8° [F.]
— Opernführer. No 18. [02. 14255

Samson und Dalila. Oper in 3 Akten u. 4 Bildern von Ferdinand Lemaire. Musik von Camille Saint-Saëns. Textl. u. musikal. erl. von Peter Raabe. *Leipzig: H. Seemann Nachf. [1901].* (29 S.) 8° [F.]
— Opernführer. No 45. [03. 5140

Raabe, Rich., die Apologie d. Aristides, s.: Texte u. Untersuchungen zur Geschichte der altchristlichen Literatur.

Raabe, Richard (Hrsg.), s. Callisthenes.

— die Geschichte des Dominus Mâri, e. Apostels des Orients. Aus dem Syr. übers. u. untersucht. gr. 8. (63 S.) Leipzig 893. J. C. Hinrichs' Verl. n. 2. —

Raabe, Rich., ἱστορία Ἀλεξάνδρου. D. armen. Uebersetzg. d. sagenhaften Alexander-Biographie ('Pseudo-Callisthenes') auf ihre mutmassl. Grundlage zurückgeführt. gr. 8. (VIII, 107 S.) Leipzig 896. J. C. Hinrichs' Verl. n. 6. —

— Petrus der Iberer. E. Charakterbild zur Kirchen- u. Sittengeschichte d. 5. Jahrh. Syrische Uebersetzg. e. um d. J. 500 verfassten griech. Biographie. Hrsg. u. übers. v. R. gr. 8. (VII, 132 u. 146 S.) Ebd. 895. n. 15. —

Raabe, Richardus Henricus: * (Theologiae atque ethices interiorem connexum qualem probet qualem rejiciat Kantius exponitur et disputatur.) 30 S. 4° (2°)
Halle-Wittenberg, Phil. Diss. v. 29. Mai 1872
Geb. [Gössitz (Kr. Ziegenrück) 11. 2. 1843]

Raabe, Theodor

Raabe, s.: Kempin, Th., neuester illustr. Führer durch Bad Kolberg.

Raabe, Wilhelm [Wirkl. Name],
s.a. Corvinus, Jakob [Pseud.]

†Raabe, Wilh. [Jak. Corvinus], deutscher Adel. Eine Erzählung. 8. (198 S.) Braunschweig 880, Westermann. * 3 60

— d. Akten d. Vogelsangs. 8. (320 S.) Ebd. 896. n 6.—; geb. n. 7 25

Raabe, Wilh., die Akten des Vogelsangs. 2. Aufl. 8. (230 S.) Berlin 899. O. Janke. n. 3. —; geb. n. 4. —

Raabe, Wilh., die Akten des Vogelsangs. 3. Aufl. (230 S.) 8. Berlin 904. O. Janke. n. 3. —

Raabe, Wilh., die Akten des Vogelsangs. 4. Aufl. (230 S.) 8. Berlin 907. O. Janke. 3. —

Raabe, Wilh., Meister Autor, od. die Geschichten vom versunkenen Garten. 8. (256 S.) Leipzig 874. E. J. Günther. 4. 50

Raabe, Wilh., (Jak. Corvinus), der heilige Born, s.a. Hausbibliothek deutscher Novellen.

Raabe, Wilh., der heilige Born. Blätter aus dem Bilderbuche d. 16. Jahrh. 2. Aufl. 8. (VIII, 311 S.) Berlin 891. O. Janke. n. 4. —

Raabe, Wilh., der heilige Born. Blätter aus dem Bilderbuche d. 16. Jahrh. 3. Aufl. (VIII, 295 S.) 8. Berlin 906. O. Janke. 3. —

– Die Chronik der Sperlingsgasse

— s.a. Hausschatz deutscher Erzählung.

— dasselbe, s.a. Sammlung, Grote'sche, v. Werken zeitgenössischer Schriftsteller.

— die Chronik der Sperlingsgasse. Neue durchgeseh. und verb. Aufl. gr. 16. (252 S.) Berlin 864, Schotte und Comp. [Stuttgart, Vogler und Beinhauer.]

— die Chronik der Sperlingsgasse. 4. (Titel-)Aufl. 8. (256 S.) Stuttgart (864)70, Moser. [Berlin, Grote'sche Verlagsh.] *ℳ 2.; geb. * 3 —

— die Chronik der Sperlingsgasse. 4. (Titel-)Aufl. Stuttgart (864) 870. Vogler & Beinhauer. 8. (256 S.) 20 ngr.

†Raabe, Wilh. [Jak. Corvinus], die Chronik der Sperlingsgasse. Neue Ausg. mit Illustr. von E. Bosch, in Holz geschn. von G. Treibmann. 8. (193 S.) Berlin 877, Grote'sche Verlagsh. cart. *ℳ 3.; geb. *

— die Chronik der Sperlingsgasse. Neue Ausg., mit Illustr. von E. Bosch, in Holz geschnitten von G. Treibmann. 4. unveränd. Aufl. 8. (193 S.) Berlin 883, Grote'sche Verlagsh. cart. * 3 —

— d. Chronik d. Sperlingsgasse. Neue Ausg., m. Illustr. v. E. Bosch, in Holz geschnitten v. G. Treibmann u. e. Bild d. Dichters v. H. Fechner. 13., unveränd. Aufl. 12. (193 S.) Berlin 897. G. Grote. Geb. in Leinw. n. 4. —

Die Chronik der Sperlingsgasse. Von **Wilhelm Raabe**. Neue Ausg. 17. unveränd. Aufl. *Berlin: G. Grote 1900.* (193 S.) 8° [F.]
—Sammlung, Grote'sche, v. Werken zeitg. Schriftsteller. Bd 9. [01. 13060 II

— die Chronik der Sperlingsgasse. Neue Ausg., mit Illustr. v. E. Bosch, in Holz geschn. v. G. Treibmann, u. e. Bildnis des Dichters v. H. Fechner. 23. unveränd. Aufl. 8. (193 S.) Berlin 902. G. Grote. n. 3. —; geb. in Leinw. n. 4. —

— die Chronik der Sperlingsgasse. Neue Ausg. Mit Illustr. v. Ernst Bosch u. einem Bildnis des Dichters. 41. Aufl. (VIII, 228 S.) 8. Berlin 905. G. Grote. n. 3. —; geb. n. 4. —

— Die Chronik der Sperlingsgasse. Neue Ausg. Mit Illustr. v. Ernst Bosch u. e. Bildnis d. Dichters. 51. Aufl. (VIII, 228 S.) 8. Berlin 908. G. Grote. 3.—; geb. 4. —

Die Chronik der Sperlingsgasse von Wilhelm **Raabe**. Neue Ausg. Mit Ill. von Ernst Bosch ... 52. Aufl. (Der Reihe nach 50. Aufl.) Berlin: Grote 1908. VIII, 228 S. 8°
(Grote'sche Sammlung von Werken zeitgenöss. Schriftsteller. Bd 9.) [10. 2310 II

Die Chronik der Sperlingsgasse. Von Wilhelm **Raabe**. Neue Ausg. Mit Ill. 53. Aufl. (Der Reihe nach: 59. Aufl.) Berlin: Grote 1908 VIII, 228 S. 8°
(Grote'sche Sammlung von Werken zeitgenöss. Schriftsteller. Bd 9.) A 12. 1233:10

— der Dräumling. 8. (308 S.) Berlin 872. Janke. 5. —

— der Dräumling. 2. Aufl. 8. (VI, 168 S.) Ebd. 893. n. 2. —

— der Dräumling. 3. Aufl. (VI, 209 S.) 8. Berlin 905. O. Janke. n. 3. —

Der Dräumling. Von Wilhelm **Raabe**. 4. Aufl. Berlin: Janke 1910. 209 S. 8° [11. 9980 II

Raabe, W., im alten Eisen. Eine Erzählg. 1. u. 2. Aufl. 8. (244 S.) Berlin 887. Grote. cart. n. 3. —; geb. n. 4. —

— im alten Eisen. Eine Erzählung. 3. Aufl. 8. (244 S.) Ebd. 901. n. 3. —; geb. n. 4. —

— Im alten Eisen. Eine Erzählg. 5. Aufl. (244 S.) kl. 8. Berlin 907. G. Grote. 3. —

Im alten Eisen. Eine Erzählung von Wilhelm **Raabe**. 6. Aufl. Berlin: Grote 1907. 244 S. 8°
(Grote'sche Sammlung von Werken zeitgenöss. Schriftsteller. Bd 29.) A 12. 1233:10

— Erzählungen, s.: Sammlung deutscher u. ausländischer Dichtungen in Gabelsberger'scher Stenographie. 5.

[F.] Gesammelte Erzählungen. Von Wilhelm **Raabe**. Bd 1—3. *Berlin: O. Janke 1896. 97.* 3 Bde 8.
1. 1896. (4 Bl., 304 S.) 2. 1896. (2 Bl., 406 S., 1 Bl.)
3. 1897. (2 Bl., 402 S., 1 Bl.) [97. 2454

Raabe, Wilh., gesammelte Erzählungen. 3 Bde. 8. (VII, 804; 407 u. 402 S.) Berlin 896. 97. O. Janke. à n. 4. —; geb. à n. 5. —

— gesammelte Erzählungen. 4 Bde. 8. Berlin, O. Janke. à n. 4. —; geb. à n. 5. —
1. 2. Aufl. (VII, 304 S.) 901. — 2. 2. Aufl. (407 S.) 901. 3. 2. Aufl. (403 S.) 901. — 4. (VII, 414 S.) (900).

— gesammelte Erzählungen. 1. u. 2. Bd. 3. Aufl. u. 4. Bd. 2. Aufl. (VII, 312; 407 u. VII, 414 S.) 8. Berlin 903. 905. O. Janke. à n. 4. —

— Gesammelte Erzählungen. III. Bd. 3. Aufl. (403 S.) 8. Berlin 907. O. Janke. 4. —

Gesammelte Erzählungen. Von Wilhelm **Raabe**. 4. Aufl. Bd 1. 2. Berlin: Janke 1910–11. 8°
1. 1911. 2. 1910. A 12. 3216 9

-- Eulenpfingsten, s.a. Hesse's, Max, Volksbücherei.

Eulenpfingsten. Von Wilhelm Raabe. [Stenogr.] Berlin: Steffenhagen [1909]. 112 S. 8°
(Auf Höhenpfaden neuerer Literatur. Bd 4.) A 12. 1430

— Fabian u. Sebastian. Eine Erzählung. 8. (235 S.) Braunschweig 882. Westermann. n. 5. —

Fabian und Sebastian. Eine Erzählung von Wilhelm Raabe. 2. Aufl. *Berlin: O. Janke 1903 (1902).* (228 S.) 8° [F.] [04. 4603

— drei Federn. Berlin 865. Janke. 8. (281 S.) 1 Thlr 15 ngr.

— drei Federn. 2. Aufl. 8. (VII, 196 S.) Berlin 895. O. Janke. n. 3. —

— Drei Federn. 3. Aufl. (Neue Ausg.) (VII, 226 S.) 8. Berlin 909. O. Janke. 3. —

— Prinzessin Fisch. Eine Erzählg. 8. (288 S.) Braunschweig 883. Westermann. n. 5. —

Prinzessin Fisch. Eine Erzählung von Wilhelm Raabe. 2. Aufl. *Berlin: O. Janke 1903.* (217 S.) 8° [F.] [04. 4604

Raabe, Wilhelm
Ein Frühling. Roman. Berlin 1871.
In: Roman-Zeitung, Deutsche. Bd 3.4.

— ein Frühling. 3. Aufl. 8. (VIII, 224 S.) Ebd. 893. n. 3. —

Ein Frühling. Von Wilhelm Raabe. 4. Aufl. *Berlin: O. Janke 1903.* (VIII, 224 S.) 8° [F.] [04. 4605 11

— die schwarze Galeere, s.a. Volksbücher, Wiesbadener.

Die schwarze Galeere. Von Wilhelm Raabe. [Stenogr.] Berlin: Steffenhagen [1909]. 70 S. 8°
(Auf Höhenpfaden neuerer Literatur. Bd 3.) A 12. 1415

Die Gänse von Bützow. Eine Historia von Wilhelm Raabe. Berlin: O. Janke 1906. (138 S.) 8° [F.]
(Kollektion Otto Janke.) [06. 13309

-- unruhige Gäste. Ein Roman aus dem Saekulum. 8. (200 S.) Berlin 886. Grote. cart. n. 3. —; geb. n. 4. —

— unruhige Gäste. Ein Roman aus dem Saeculum. 3. Aufl. 8. (200 S.) Berlin 900. G. Grote. n. 3. —

— unruhige Gäste. Ein Roman aus dem Saeculum. 5. Aufl. (200 S.) kl. 8. Berlin 906. G. Grote. n. 3. —; geb. n. 4. —

Raabe, Wilhelm: Unruhige Gäste. Ein Roman aus d. Saekulum von —. 6. Aufl. Berlin: Grote 1906. 200 S. 8°
(Grote'sche Sammlung von Werken zeitgenöss. Schriftsteller. Bd. 24.)

— Krähenfelder Geschichten. 3 Bde. 8. (VII, 240; 233; 231 S.) Braunschweig 878, Westermann. *

— Hastenbeck. E. Erzählg. 8. (354 S.) Ebd. 899. n. 6. —; geb. n. 7. 25

— Hastenbeck. Eine Erzählg. 2. durchgeseh. Aufl. 8. (216 S.) Berlin 902. O. Janke. n. 3. —; geb. n. 4. —

Hastenbeck. Eine Erzählung von Wilhelm Raabe. 3. Aufl. Berlin: Janke 1909. 231 S. 8° [10. 14775

— Horacker, s.a. Sammlung, Grote'sche, v. Werken zeitgenössischer Schriftsteller.

— Horacker. Mit (eingedr. Holzschn.) Illustr. v. P. Grot Johann. In Holz geschn. v. H. Käseberg u. H. Thiele. 2. Aufl. 8. (200 S. m. Titelbild in Holzschn.) Berlin 876. Grote. cart. n. 3. —; geb. n. 4. —

— Horacker. Mit Illustr. v. P. Grot Johann, in Holz geschn. v. H. Kaeseberg u. H. Thiele. 4. Aufl. 8. (200 S.) Berlin 891. G. Grote. Kart. n. 3. —; geb. n. 4. —

— Horacker. Mit Illustr. v. P. Grot Johann, in Holz geschn. v. H. Kaeseberg u. H. Thiele. 5.—7. Aufl. 8. (à 200 S.) Berlin 899—902. G. Grote. n. 3. —; geb. n. 4. —

— Horacker. Mit Illustr. v. P. Grot Johann, in Holz geschnitten v. H. Kaeseberg u. H. Thiele. 8.—11. Aufl. (200 S.) kl. 8. Berlin 902—906. G. Grote. n. 3. —; geb. n. 4. —

Horacker. Von Wilhelm Raabe. Mit Zeichn. von P. Grot Johann. 14. Aufl. Berlin: Grote 1908. 200 S. 8° [11. 2456 5

Horacker von Wilhelm Raabe. Mit Holzschn. von P. Grot Johann. 15. Aufl. Berlin: Grote 1910. 200 S. 8°
(Grote'sche Sammlung von Werken zeitgenössischer Schriftsteller. Bd 4.) A 12. 2914 9

— das Horn von Wanza. Eine Erzählung. 8. (224 S.) Ebend. 881. n. 5. —

Das Horn von Wanza. Eine Erzählung von Wilhelm Raabe. 2. Aufl. *Berlin: O. Janke 1901.* (218 S.) 8° [F.] [02. 4273

— das Horn v. Wanza. Eine Erzählung. 3. Aufl. (V, 218 S.) 8. Berlin 903. O. Janke. n. 3. —

— Das Horn v. Wanza. Eine Erzählg. 4. Aufl. (V, 218 S.) 8. Berlin 908. O. Janke. 3. —

Raabe, Wilhelm
Der Hungerpastor. Roman. Berlin 1864.
In: Roman-Zeitung, Deutsche. Bd 1.

— der Hungerpastor. Ein Roman in 3 Bdn. Berlin 864. Janke. 8. (776 S.) 3 Thlr

— der Hungerpastor. Ein Roman in 3 Bdn. 2. Aufl. Ebend. 867. gr. 16. (502 S.) n. 1 Thlr; geb. n. 1 Thlr 10 ngr.

— der Hungerpastor. 3., durchgeseh. Aufl. (Pracht-Ausg.) 8. (495 S. m. Portr. des Verf. in Holzschn.) Berlin 877. Janke. n. 3. —

-- der Hungerpastor. 4. durchgeseh. Aufl. 8. (396 S.) Berlin 886. Janke. n. 4. —

—— Der Hungerpastor. 5. durchgeseh. Aufl. 8. (397 S.) Berl. 892, Janke. * 4 —; geb. * 5 —

— der Hungerpastor. 6., durchgeseh. Aufl. 8. (397 S.) Berlin 894. O. Janke. n. 4. —; geb. n. 5. —

— der Hungerpastor. 8., durchgeseh. Aufl. 8. (397 S.) Berlin 898. O. Janke. n. 4. —

— der Hungerpastor. 9.—16. durchgeseh. Aufl. 8. (à 397 S.) Ebd. 899—902. n. 4. —; geb. n. 5. —

Der Hungerpastor. Von Wilhelm Raabe. 13. durchges. Aufl. *Berlin: O. Janke 1901.* (397 S.) 8° [F.] [02. 410

— der Hungerpastor. 17.—25. Aufl. (397 S.) 8. Ebd. 903—906. n. 4. —; geb. n. 5. —

Der Hungerpastor. Von Wilhelm Raabe. 20. Aufl. *Berlin: O. Janke 1903.* (397 S.) 8° [F.] [04. 3473 11

— Der Hungerpastor. 30. Aufl. (397 S.) 8. Ebd. 908. 4. —

—— unseres Herrgotts Canzlei. Eine Erzählung in 2 Thln. 8. (504 S.) Braunschweig 862, Westermann. *

— unseres Herrgotts Kanzlei. Eine Erzählg. 2., durchgeseh. Aufl. 8. (VIII, 417 S.) Magdeburg 889. Creutz. n. 5. —; geb. n. 6. —

— unseres Herrgotts Canzlei. E. Erzählg. 3., durchgeseh. Aufl. 8. (398 S.) Magdeburg 897. Creutz. n. 5. —; geb. in Leinw. n. 6. —

— unseres Herrgotts Kanzlei. Eine Erzählg. 4. durchgeseh. Aufl. 8. (396 S.) Magdeburg 901. Creutz. n. 5. —; geb. n. 6. —

— unseres Herrgotts Kanzlei. Eine Erzählung. 5. Aufl. (396 S.) 8. Magdeburg 904. Creutz. n. 5. —; geb. n. 6. —

— Unseres Herrgotts Kanzlei. Eine Erzählg. 6. Aufl. (VII, 396 S.) 8. Magdeburg 907. Creutz. 5.—; geb. 6. —

Unseres Herrgotts Kanzlei. Eine Erzählung von Wilhelm Raabe. 7. Aufl. Magdeburg: Creutz 1910. 390 S. 8° [10. 2384

– Die Kinder von Finkenrode, s.a. Corvinius, Jakob

— die Kinder von Finkenrode. 2. durchges. Aufl. Stuttgart 870. Vogler & Beinhauer. 8. (261 S.) n. 22½ ngr.

Die Kinder von Finkenrode. Von Wilhelm Raabe. 3., durchges. Aufl. *Berlin: G. Grote 1903.* (290 S.) 8° [F.]
— Sammlung, Grote'sche, von Werken zeitgenöss. Schriftsteller. Bd 79. [03. 16130

Die Kinder von Finkenrode. Von Wilhelm Raabe. 6. Aufl. Berlin: Grote 1908. 290 S. 8°
(Grote'sche Sammlung von Werken zeitgenöss. Schriftsteller. Bd 79.) A 12.1.10 10

— Nach dem großen Kriege. Eine Geschichte in 12 Briefen. Berlin 861. Schotte & Co. 16. (228 S.) n. 25 ngr.
Vgl.: Corvinus, J.

Nach dem Grossen Kriege. Eine Geschichte in 12 Briefen von Wilhelm Raabe. 2. Aufl. *Berlin: G. Grote 1902.* (180 S.) 8° [F.]
— Sammlung, Grote'sche, von Werken zeitgenöss. Schriftsteller. Bd 75. [03. 2061 11

Nach dem Grossen Kriege. Eine Gesch. in 12 Briefen von Wilhelm Raabe. 3. Aufl. *Berlin: G. Grote 1902.* (180 S.) 8° [F.]
— Sammlung. Grote'sche, von Werken zeitgenöss. Schriftsteller. Bd 75. [09. 71-3

— Des Reiches Krone. Erzählung. In vereinfachter deutscher Stenographie, System Stolze-Schrey. (72 S.) 8. Berlin 907. Frz. Schulze. Geb. in Leinw. 1. 25

Raabe, W., die Landesuniversität zu Rostock. (Abdruck aus des Vers. meklenb. Vaterlandskunde.) Wismar 860. Hinstorff. 8. (16 S.) 3 ngr.

— der Lar. Eine Oster-, Pfingst-, Weihnachts- u. Neujahrsgeschichte. 1. u. 2. Aufl. 8. (255 S.) Braunschweig 889. 890. Westermann. n. 6. —; geb. n.n. 7. —

— der Lar. Eine Oster-, Pfingst-, Weihnachts- u. Neujahrsgeschichte. 3. Aufl. (224 S.) 8. Berlin 903 O. Janke. n. 3. —

—— verworrenes Leben. Novellen und Skizzen. 8. (III und 263 S.) Glogau 862, Flemming.

—— die Leute aus dem Walde, ihre Sterne, Wege und Schicksale. Ein Roman. 3 Thle. 8. (884 S.) Braunschweig 863, Westermann. *

— die Leute aus dem Walde, ihre Sterne, Wege u. Schicksale. Ein Roman. 2., durchgeseh. Aufl. in 2 Bdn. gr. 8. (VIII, 308 u. VIII, 304 S.) Ebd. 890. n. 6. —; geb. n.n. 7. —

— die Leute aus dem Walde, ihre Sterne, Wege und Schicksale. 3. durchgeseh. Aufl. 2 Bde. 8. (VIII, 308 u. VIII, 304 S. m. Bildnis.) Braunschweig 901. G. Westermann. n. 6. —; geb. n. 8. —

— dasselbe. Ein Roman. 4. Aufl. 8. (VIII, 363 S.) Berlin, O. Janke. n. 4. —; geb. n. 5. —

Die Leute aus dem Walde, ihre Sterne, Wege u. Schicksale. Ein Roman von Wilhelm Raabe. 5. Aufl. Berlin: O. Janke 1903. (VIII, 363 S.) 8° [F.] [06. 7606 11

— Die Leute aus dem Walde, ihre Sterne, Wege u. Schicksale. Ein Roman. 6. Aufl. (VIII, 363 S.) 8. Berlin 906. O. Janke. 4. —

Die Leute aus dem Walde, ihre Sterne, Wege u. Schicksale. Ein Roman von Wilhelm Raabe. 7. Aufl. Berlin: Janke 1910. VIII, 363 S. 8° [11. 11. 12 5

— Kloster Lugau. 8. (309 S.) Ebd. 894. n. 6. —; geb. n. 7. 25

Kloster Lugau. Von Wilhelm Raabe. 2. Aufl. *Berlin: O. Janke 1902.* (210 S.) 8° [F.] [04. 4607

Zum wilden Mann, s. Reclam's Novellen-Bibliothek.

—— zum wilden Mann, s. Universal-Bibliothek Nr. 2000.

Raabe, Wilh., Halb Mähr! halb mehr, } s.a. Corvinus, Jak.

— halb Mähr, halb mehr. 2 Erzählgn. Jubiläums-Ausg. m. Illustr. v. Carl Röhling. 2.—6. Taus. 12. (à V, 126 S.) Berlin 901. 902. G. Grote. Kart. n. 1. 50; geb. n. 2. 20

— halb Mähr, halb mehr. 2 Erzählgn. Jubiläums-Ausg. m. Illustr. v. Carl Röhling. 10. Taus. (V, 126 S.) kl. 8. Berlin 905. G. Grote. Kart. n. 1. 50; geb. n. 2. 20

Halb Mär, halb mehr. Erzählungen, Skizzen u. Reime von Wilhelm Raabe. 2. Aufl. (Neue vollst. Ausg.) Berlin: G. Grote 1907. (191 S.) 8° [F.]
— Sammlung, Grote'sche, v. Werken zeitgenöss. Schriftsteller. Bd 90. [08. 2524

— dasselbe. 2 Erzählgn. Jubiläums-Ausg. m. Illustr. v. Carl Röhling. 12. Taus. (VII, 126 S.) kl. 8. Ebd. 910. Kart. 1.50; geb. 2. 20

— deutscher Mondschein. Vier Erzählgn. 2. Aufl. gr. 8. (III, 261 S.) Stuttgart 875. Hallberger. 4. —

†Raabe, Wilh. [Jak. Corvinus], Pfister's Mühle. Ein Sommerferienheft. 8. (277 S.) Leipzig 884, Grunow. *
geb. in Leinw. ** ℳ 5,25.; in Halbfrz. **

— Pfisters Mühle. Ein Sommerferienheft. 2. Aufl. 8. (191 S.) Ebd. 894. n. 3. —

Pfisters Mühle. Ein Sommerferienheft. Von Wilhelm Raabe. 3. Aufl. *Berlin: O. Janke 1903.* (204 S.) 8° [F.] [04. 4608

— alte Nester. Zwei Bücher Lebensgeschichten. 8. (340 S.) Ebend. 880. n. 6. —

[F.] Alte Nester. Zwei Bücher Lebensgeschichten. Von Wilhelm Raabe ... 2. Aufl. *Berlin: O. Janke 1897.* (2 Bl., 294 S.) 1 Bd 8. [97. 7011

— alte Nester. Zwei Bücher Lebensgeschichten. 3. Aufl. 8. (294 S.) Berlin 903. O. Janke. n. 4. —

— alte Nester. Zwei Bücher Lebensgeschichten. 4. Aufl. (319 S.) 8. Berlin 905. O. Janke. n. 4. —

Alte Nester. 2 Bücher Lebensgeschichten. Von Wilhelm Raabe. 5. Aufl. Berlin: Janke 1910. 319 S. 8° A 12.23789

— deutsche Not u. deutsches Ringen. Aus R.'s Werken ausgewählt vom Prüfungsausschuß f. Jugendschriften zu Braunschweig. 8. (III, IV, 113 S.) Braunschweig 902. A. Hafferburg. Geb. in Leinw. n. — 90

— das Odfeld. Eine Erzählg. 2. Aufl. gr. 8. (300 S.) Leipzig 888. Elischer Nachf. n. 5. —; geb. n. 6. —

[F.] Das Odfeld. E. Erzählg v. Wilhelm Raabe ... 3. durchges. Aufl. ... *Berlin: O. Janke 1897.* (2 Bl., 224 S.) 1 Bd 8. [96. 5149

Das Odfeld. Eine Erzählung von Wilhelm Raabe. 4. durchges. Aufl. Berlin: Janke 1904. 224 S. 8° A 12.1234:10

— Christoph Pechlin. Eine internationale Liebesgeschichte 2 Bde. 8. (199 u. 220 S.) Leipzig 873. E. J. Günther 8. —

— Christoph Pechlin. Eine internationale Liebesgeschichte. 2. Aufl. 8. (VI, 227 S.) Berlin 890. Janke. n. 3. —

— Christoph Pechlin. Eine internationale Liebesgeschichte. 3. Aufl. (IV, 226 S.) 8. Berlin 906. O. Janke. 3. —

Raabenweisheit. Zum 70. Geburtstage d. Dichters aus d. Werken Wilhelm Raabe's ausgew., zsgest. u. hrsg. durch Hans v. Wolzogen. *Berlin: O. Janke 1901.* (174 S.) 8° [F.] [02. 4474

— Das letzte Recht, s.: Volksbücher, Wiesbadener.

—— der Regenbogen. Sieben Erzählungen. 1. Aufl. 1869, und 2. Aufl. 2 Bde. gr. 8. (III, 258; III, 256 S.) Stuttgart 871, Hallberger.

— Gutmanns Reisen. 8. (299 S.) Ebd. 892. n. 6. —

Gutmanns Reisen. Von Wilhelm Raabe. 2. Aufl. Berlin: Janke 1909. 270 S. 8° [10. 14776

— Frau Salome, s.: Hesse's, Max, Volksbücherei.

Raabe, Wilh., Villa Schönow. Eine Erzählg. 8. (276 S.) Braunschweig 884. Westermann. n. 6. —; Einbd. n.n. 1. 20

Villa Schönow. Eine Erzählung von Wilhelm Raabe. 2. Aufl. *Berlin: O. Janke 1903.* (205 S.) 8° [F.] [04. 4609

— der Schüdderump. 3 Bde. Braunschweig 870. Westermann. 8. (238, 275 u. 276 S.) n. 5 Thlr

— der Schüdderump. 2. Aufl. 8. (III, 334 S.) Ebd. 894. n. 4. —; geb. n. 5. —

Der Schüdderump. Von Wilhelm Raabe. 3. Aufl. *Berlin: O. Janke 1901.* (334 S.) 8° [F.] [02. 2082 11

— der Schüdderump. 4. u. 5. Aufl. (V, 334 S.) 8. Ebd. 903. 905. n. 4. —

— Der Schüdderump. 6. u. 7. Aufl. (V, 337 S.) 8. Berlin 907. 09. O. Janke. 4. —; geb. n 5. —

Der Schüdderump. Von Wilhelm Raabe. 8. Aufl. Berlin: Janke 1910. 337 S. 8° [11. 5597 11

— ferne Stimmen. Erzählungen. Berlin 865. Janke. 8. (III, 306 S.) 1 Thlr 22½ ngr

— Stopfkuchen. Eine See- u. Mordgeschichte. 8. (284 S.) Ebd. 891. n. 6. —

— Stopfkuchen. Eine See- u. Mordgeschichte. 2. Aufl. (236 S.) 8. Ebd. 905. n. 3. —

Stopfkuchen. Eine See- u. Mordgeschichte von Wilhelm Raabe. 3. Aufl. Berlin: Janke 1909. 230 S. 8° [10. 14777

— Else v. der Tanne. Im Siegeskranze, s.: Ecksteine der neueren Literatur. 2. Bd.

Else von der Tanne. Im Siegeskranze. 2 Erzählungen von Wilhelm Raabe. Berlin: Gerdes & Hödel 1903. (96 S.) 8° [Text stenogr.]
Aus: Raabe: Gesammelte Erzählungen.
— Ecksteine d. neueren Literatur. Bd 2. [07. 16060

Raabe, Wilh., (Jak. Corvinus), Abu Telfan oder die Heimkehr vom Mondgebirge. Ein Roman in 3 Thln. 1. u. 2. (Titel-)Aufl. Stuttgart 867,70. E. Hallberger. gr. 8. (IV, 207; 215 u. 214 S.) 3 Thlr

—— Abu Telfan oder die Heimkehr vom Mondgebirge. Ein Roman. 3 Thle. 8. (IV und 636 S.) Stuttgart 868, E. Hallberger.

Raabe, Wilh. [Jakob Corvinus]. Abu Telfan od. die Heimkehr vom Mondgebirge. Roman. 3. durchgeseh. Aufl. 8. (V, 327 S.) Berl. 890, Janke. * 4 —

Abu Telfan oder die Heimkehr vom Mondgebirge. Roman von Wilhelm Raabe. 4. durchges. Aufl. *Berlin: O. Janke 1901.* (327 S.) 8° [F.] [02. 2039 11

— Abu Telfan oder die Heimkehr vom Mondgebirge. Roman. 5. Aufl. (V, 327 S.) 8. Ebd. 904. n. 4. —

Abu Telfan oder die Heimkehr vom Mondgebirge. Roman von Wilhelm Raabe. 6. Aufl. Berlin: Janke 1908. 327 S. 8° [09. 347

Raabe, W., Advocat. Meklenburgische Vaterlandskunde. 2. durchaus verbesserte und vervollständigte, wohlfeile Ausgabe von Hempel's: graphisch-statistisch-historischem Handbuch des meklenburgischen Landes. 1. Th. Specielle Ortskunde beider Grossherzogthümer Meklenburg nebst Ortsregister und 3 Städteplänen. 2. Th. Specielle Landes- und Volkskunde beider Grossherzogthümer. 3. Th. Specielle Staatskunde beider Grossherzogthümer Meklenburg. (3 Bde.)
8. Wismar und Ludwigslust 1857—1863.

—— meklenburgische Vaterlandskunde. 1—12. und 15. Lfg. 1. Bd. 7 Lfgn., 2. Bd. 1—5. Lfg. und 3. Bd. 1. Lfg. 8. Wismar 857—62, Hinstorff'sche Hofbuchh. [1. Bd. (1092 S.) 2. Bd. (S. 1—768.) 3. Bd. (S. 1—199.)] à Lfg. * 10 Ngr. *
Die 13. und 14. Lfg. erscheinen später.

Raabe, W., mecklenburgische Vaterlandskunde. 2., durchaus verb. und vervollständ., wohlfeile Ausg. von Hempel's „geographisch-statistisch-histor. Handbuch des mecklenburger Landes". 13. und 14. (Schluß-)Lfg. 8. (2. Thl.: Specielle Landes- und Volkskunde beider Großherzogth. XVI und S. 769—1183.) Wismar 863, Hinstorff'sche Hofbuchh. à Lfg. * 10 Ngr. *
1.—12. und 15. Lfg. Ebendas. 1857—63. * 4 Thlr. 10 Ngr.

Raabe, Wilh. Mecklenburgische Vaterlandskunde. 2. Aufl., gänzlich umgearb. u. bis zur Gegenwart verb. u. vervollständigt v. Gust. Quade. (In etwa 30 Lfgn.) 1.—13. Lfg. od. 1. Bd. 8. (XVI, 1510 S. m. 5 farb. Plänen.) Wismar 892, Hinstorff's Verlag. à Lfg. * 1 — * 13 —; geb. in Hlbfrz. * 16 —

Raabe, Wilh., mecklenburgische Vaterlandskunde. 2. Aufl., gänzlich umgearb. u. bis zur Gegenwart verb. u. vervollständigt v. Gust. Quade. 1.—20. Lfg. 12. (1. Bd. VI, 1509 S. m. 5 farb. Plänen, 2. Bd. VI, 746 S. u. 3. Bd. S. 1—32.) Wismar 893—895. Hinstorff's Verl. à Lfg. n. 1. —

Raabe, Wilh., mecklenburgische Vaterlandskunde. 2. Aufl., gänzl. umgearb. u. bis z. Gegenwart verb. u. vervollst. v. Gust. Quade. 21.—28. Lfg. 12. (3. Bd. XII u. S. 33—915.) Wismar 895. Hinstorff's Verl. à Lfg. n. 1.— (3. Bd. kplt. n. 8.—; geb. in Halbfrz. n. 11.—)

— **wie Markus Horn heimkehrt u. zu Hause empfangen wird, s.a. Jacht's, O., Stenographen-Bibliothek. V.**

Wie Markus Horn heimkehrt und zu Hause empfangen wird. Erzählung von Wilhelm **Raabe.** Berlin: F. Schulze [1905]. (46 S.) 8° [Text stenogr.] = **Stenographen-Bibliothek,** Lehrer Jachts. Bd 5. [06. 3651

Raabe, W., zu Mecklenburgs Wiedergeburt. gr. 8. (24 S.) Lübeck 848. (Parchim, Hinstorff.) 3 ngr

—— Wunnigel. Eine Erzählung. 8. (208 S.) Braunschweig 878, Westermann. *

— Wunnigel. Eine Erzählung. 8. (208 S.) Ebend. 879. n. 4. —

Raaben, Eug. (Eug. Brandy), Venus Anadyomene. E. Capriccio. 12. (72 S.) Dresden 896. E. Pierson. n. 1. 50; geb. in Leinw. m. Goldschn. n. 2. 50

Raaben, Eug. (Eug. Brandy), im Banne der Wahrheit. Wiener Roman. 8. (142 S.) Zürich 900. Th. Schröter. n. 2. —

Raaben, Eug., kleine Geschichten (Das Glücksmännle. Die Maschinenbraut. Das Annenheim), s.: National-Bibliothek, deutsch-österreichische.

Raaben, Eug. (Eug. Brandy), zwisch'n Gut u. Bös. Volksstück in 3 Aufzügen. (Nach Ludw. Anzengrubers Erzählg. „Der Hoisel-Loisel".) (III, 123 S.) 8. Dresden 903. E. Pierson. n. 1. 50

Raaben, Eug. (Eug. Brandy), Halbwitwen. 3 Einakter. (III, 114 S.) 8. Dresden (908). E. Pierson. 1. 50

Raaben, Eug. (Eug. Brandy), die Kuenringer. Ein Drama aus Oesterreichs Geschichte in 5 Aufzügen. (IV, 211 S.) 8. Dresden 904. E. Pierson. n. 1. 50

— Die Kuenringer. Ein Drama aus Österreichs Geschichte in 5 Aufzügen. 2. Aufl. (IV, 164 S.) 8. Ebd. (907). 1. 50

— Carola Steinz. Schauspiel in 4 Aufzügen. 8. (III, 87 S.) Dresden 902. E. Pierson. n. 1. 50

— Voltaire u. Lessing. Lustspiel in 5 Aufzügen. 8. (116 S.) Wien 892. C. Konegen. n. 1. 60

Raabs a. d. Thaya, Sommerfrische, und Umgebung. Raabs 1901. V: *Koudelka, August.* (EB)

Raabs an der Thaya, Sommerfrische, u. Umgebung. 8. (IV, 206 S. m. Abbildgn. u. Taf.) Raabs 901. (Wien, Kubasta & Voigt.) n. 2.—

Raabski, Rob. (Henr.) (geb. Posen): De arteriarum torsione. Berolini (1847). (31 S.) 8°.
Berlin, Med. Diss. v. 20. Aug. 1847

Raack, G., Epistel-Büchlein. Die Episteln d. Schuljahres, zum Gebrauch f. Präparanden, Seminaristen u. Lehrer erklärt. gr. 8. (VIII, 156 S.) Dresden 892. G. Kühtmann. n. 2. —; geb. n. 2. 50

Raacke, C., s.a. Raake, C.

(Raacke,) Waaren-Verzeichniß zum Zoll-Tarif, s. Waaren-Verzeichniß.

—— Waaren-Verzeichniß mit den Abgaben u. Tarasätzen zum Zoll-Tarif f. die Jahre 1846, 1847, 1848, nebst Ausz. aus dem Zollgesetz u. den sonst. Bestimmungen über die in den Zollvereinsstaaten bestehenden Einrichtungen u. Anstalten. 4. (30 B.) Minden 846. (Magdeburg, Fabricius u. Schäfer.) *

Raacke, John, Referendar in Hamburg: Die Deichlast im hamburgischen Staatsgebiet. Borna-Leipzig 1908: R. Noske. (VI, 105 S.) 8° [J.]
Leipzig, Jur. Fak., Diss. v. 20. Juni 1908
[Geb. 14. März 83 Hamburg; Wohnort: Hamburg; Staatsangeh.: Hamburg; Vorbildung: Gelehrtensch. d. Johanneums Hamburg Reife O. 03; Studium: Marburg 2, Leipzig 6 S.; Rig. 25. Febr. 07.]

Raadhuustorvet i Altona. o. O. u. J. (vor 1850). Lithogr. 1 Bl. 4° k.

Raadt, Petrus de: Dissertatio sistens comparationem principiorum educationis apud Romanos et recentiores artis paedagogicae auctores. Halae (1819): Grunert. 92 S. 8°
Halle-Wittenberg, Phil. Diss. v. 7. [vielmehr: 15.] März 1819
Geb. [Antwerpen 1796]
Datum der Widmung: 16. März 1819.

Raaf, Bernhard [aus Menden]: Zur Therapie des Asthma bronchiale von der Nase ausgelöst .... Bonn, Hauptmann'sche Buchdr., 1886; 27 S. 8°.
Bonn, Med. Fak., Inaug.-Diss. v. 13. März 1886.

Raaf, Bernhard, zur Therapie des Asthma bronchiale von der Nase ausgelöst. Diss. Bonn 1886, Emil Strauss. 8°. 27 S.

Raaf, Emil, zwei Jünger Aesculap's. Tendenz-Lustspiel in 2 Akten. E. Beitrag zur Förderg. d. Zweckes d. Vereine f. Gesundheitspflege u. naturgemäße Heilweise (Naturheilvereine). 12. (43 S.) Komotau 897. (A. Stumpf.) n. — 60

Raaf, H. de, die Elemente d. Psychologie. Anschaulich entwickelt u. auf d. Pädagogik angewandt. Autor. Uebersetzg. aus d. Holl. v. W. Rheinen. gr. 8. (VI, 118 S.) Langensalza 897. H. Beyer & Söhne. n. 1 60

Raaf, H. de, die Elemente der Psychologie. Anschaulich entwickelt u. auf die Pädagogik angewandt. Aus dem Holl. übers. v. W. Rheinen. 2., verb. Aufl. gr. 8. (VIII, 132 S.) Langensalza 901. H. Beyer & Söhne. n. 1. 60

Raaf, H. de, die Elemente der Psychologie. Anschaulich entwickelt u. auf die Pädagogik angewandt. Aus dem Holl. übers. v. W. Rheinen. 3., verb. u. um e. „Wegweiser in die psycholog. Literatur" verm. Aufl. (VIII, 155 S.) gr. 8. Langensalza 908. H. Beyer & Söhne. 2. —

Ausgangspunkte für wissenschaftliche Erwägungen bei der Behandlung von Arbeiterfragen. Von C. G. W. **Rääf,** Ing. [Nebst] Forts. Stockholm 1903–05: Haeggström. 8° A 13. 12596

Raaflaub, J., hundert Jahre einer Familie. br. 8. (III und 319 S.) Bern (861)62, (Blom.) *

Raaf, s.: Fragen des modernen Geisteslebens.

Raake, C., s.a. Raacke, C.

Raake, C., Leitfaden für den Chausseegeld-Empfänger in Beziehung seiner Dienstverrichtungen u. Obliegenheiten. Nebst Tafeln. Lex.-8. (7½ B.) Münster 845, Wundermann'sche Buchh.

Raake, Karl [aus Lüneburg]: Ein Beitrag zur Lehre vom Hermaphroditismus spurius masculinus internus ... Würzburg, Becker's Univ.-Buchdr., 1896; 40 S., 1 Bl., 1 Taf. 8.
Würzburg, Med. Fak., Inaug.-Diss. v. 1896

Raake, K., Beitrag zur Lehre v. Hermaphroditismus spurius masculinus internus. [Aus: „Verhandlgn. d. physikal.-med. Gesellsch. zu Würzburg".] gr. 8. (16 S. m. 1 Taf.) Würzburg 896. Stahel'sche Verlagsanstalt. n. — 80

Raal, S., der Tageslauf d. Christen, geheiligt durch Gebet u. Betrachtung. N. d. Franz. u. mit vielen Zusätzen. 18. (... u. Titlbild.) Münster 840, Deiters. Thlr.

Raamot, Johann, a. Fickel ⟨Wigala⟩, Estland: Beitrag zur Bakterienflora des Edamer-Käses. Jurjew-Dorpat 1906: Hermann. (84 S.) 8°
Königsberg, Phil. Fak., Ref. Albert, Stutzer, Diss. v. 30. Juli 1906
[Geb. 28. Juli 73 Fickel, Estland; Wohnort: Oberpahlen, Livland; Staatsangeb.: Rußland; Vorbildung: Landw. Hochsch. Mustiala Finland Reife M. 99; Studium: Königsberg 5, Leipzig 1 S.; Rig. 15. Nov. 05.]

Raamot, J., Untersuchung der Milch verschiedener Tierarten. (56 S.) gr. 8. Jurjew (Dorpat) 902. (Königsberg, Gräfe & Unzer, Buchh.) n. 1. —

Untersuchung der Milch verschiedener Tierarten. Cand. agr. J. **Raamot**. *Jurjew (Dorpat) 1902: 'Postimees'.* (56 S.) 8° [04-3474

Raape, Leo., Besitzerwerb ohne Besitzwillen nach dem bürgerlichen Gesetzbuch. gr. 8. (88 S.) Bonn 901. C. Georgi. n. 1. 50

Raape, Leo, das gesetzliche Veräußerungsverbot des bürgerlichen Gesetzbuchs. (XIV, 210 S.) gr. 8. Berlin 908. J. Guttentag. 5. —

Raasch, Fritz, Referendar: Das Surrogationsprinzip bei der Erbschaftsklage. Nach gemeinem u. bürgerl. Recht. *Greifswald 1903: J. Abel.* (69 S.) 8°
Greifswald, Jur. Diss. v. [15. Okt.] 1903

Raasch, J[ohannes], Kgl. Katasterkontrolleur in Labes i. P.: Die Veränderung der Tonhöhe gespannter Darmsaiten bei Änderung des Feuchtigkeitsgehalts der atmosphärischen Luft. Rostock 1905: Adler. (79 S.) 8°
Rostock, Phil. Fak., Ref. Wachsmuth, Diss. v. 1. Juli 1905
[Geb. 7. Sept. 70 Redlin, Kr. Belgard; Wohnort: Labes, Pommern; Staatsangeb.: Preußen; Vorbildung: Gymn. Belgard Prima-Reife Weihnachten 89; Rig. 29. Juni 05.]

Raasch, Max, Referendar: Das rechtsgeschäftliche Veräußerungsverbot nach gemeinem Rechte und dem BGB. *Rostock 1903: C. Hinstorff.* (100 S.) 8°
Rostock, Jur. Diss. v. [24. Dez.] 1903

Raase, Hans, aus Rostock: Ein Beitrag zur Darstellung der Schlacht bei Salamis. *Rostock 1904: C. Hinstorff.* (56 S.) 8°
Rostock, Phil. Diss. v. [12. Apr.] 1904

Raase, Hans, die Schlacht bei Salamis. (53 S. m. 1 farb. Karte.) 8. Rostock 904. H. Warkentien. n. 1. 50

Raasløff, Harald Ives Andreas

Raasløff, H. J. A., Aphorismen. gr. 8. (26 S.) Kopenhagen 889. (Leipzig, Brockhaus' Sort.) n.n. — 80

Raasløff, H. J. A. Aphorismen. gr. 8. (26 S.) Kopenh. 889, Gyldendal. ** — 80

Raaslöff, H. J. A., meine Erwiderung. Aus dem Dänischen. Altona 861. Wendeborn. gr. 8. (22 S.) n. 5 ngr.

— die Deutschen Forderungen u. die Dänische Monarchie. Kopenhagen 859. Gyldendal. gr. 8. (XVI, 100 S.) 18 ngr.

— ma réplique. Traduit du danois. Hamburg 861. Rudolphi. gr. 8. (19 S.) n. 10 ngr.

Die Schleswigsche Sprachsache betrachtet vom Standpunkte der Gesetzgebung und Politik. Von Theophilus [d. i.: Harald Iver Andreas Raaslöff.] Kopenhagen. 1858. 8°.

Raaslöff, H. J. A., die Verfassungs-Zustände der Dänischen Monarchie und der Deutsch-Dänische Conflict. Dargestellt u. erörtert. Kopenhagen 858. Gyldendal. gr. 8. (2 Bl., 100 S.) n. 18 ngr.

Raaslöff, W. v., Rückblick auf die militair. u. polit. Verhältnisse der Algerie in den Jahren 1840 u. 1841, nebst ein. geschichtl. Einleitung. Lex.-8. (29¼ B. u. 7 Kpfr., wovon 4 ill.) Altona 845, Hammerich. *

v. Raasløff, W., Skildring af de politiske og militaire Forhold i Algérie i Aarene 1840 og 1841. (Bearb. af Forfatteren efter den tydske Original.) 2 Afdelingen, med 2 Staalstik. Lex. 8. (403 u. XVI S.) Kjøbenhavn 846. 47, Reitzel. (1: n. 1 ₰ 13 ngr. 2: n. 1 ₰) n. 2 ₰ 13 ngr.

Raatz, Frz., Entwurf e. Gesetzes betr. die Sicherung der Baugläubiger. (32 S.) gr. 8. Berlin 903. (Deutscher Verlag.) n. — 75

Raatz, Frz., s.: **Hausbesitzer, der.**

Raatz, Frz., die Miethe v. Räumen nach dem bürgerl. Gesetzbuch. E. Beitrag z. Einführg. in d. bürgerl. Gesetzbuch. 3. Aufl. gr. 8. (67 S.) Berlin 898. Deutscher Verlag. — 75

Die Miethe von Räumen nach dem Bürgerlichen Gesetzbuch. Ein Beitrag z. Einführung in d. Bürgerl. Gesetzbuch. Von Dr. jur. Franz **Raatz**, Rechtsanw., Berlin. 3. Aufl. *Berlin: Deutscher Verl. 1899.* (67 S.) 8° [99-9676 11

Raatz, Gust., Wahrheit u. Dichtung in Fritz Reuter's Werken. Urbilder bekannter Reuter-Gestalten. Mit Portraits, Skizzen, Ansichten ꝛc., zum Thl. nach Originalen v. Reuter's Hand. 8. (XIII, 169 S.) Wismar 895. Hinstorff's Verl. n 3. —; geb. in Leinw. n. 4. —

Raatz, Joseph (geb. Posen 7. 10. 1837): Axiomata de curvis parallelis quae Ill. Steiner in Crellii annalibus vol. XXXII proposuit, analytice demonstrantur et amplificantur. Berolini (1861). (16 S.) 4°
Berlin, Phil. Diss. v. 13. Aug. 1861

Die theosophische Bedeutung der Geburt Jesu. Von Paul **Raatz**. *Berlin: P. Raatz [1902].* (16 S.) 8°
— **Strahlen**, Theosophische. No 12. [03-3334

Allgemeine Bruderschaft. Von Paul **Raatz**. *Berlin: P. Raatz [1901].* (15 S.) 8°
— **Strahlen**, Theosophische. No 5. [03-3528

Raatz, Paul, die esoterische Erklärung des Gleichnisses vom verlorenen Sohn, s.: **Strahlen, theosophische.** Nr. 17. 18.

Das Gleichniß vom verlorenen Sohn. Von Paul **Raatz**. Berlin: P. Raatz [1904]. (20 S.) 8°
— **Strahlen**, Theosophische. No 17. 18. [05-6044

Die Karma-Lehre und ihre praktische Anwendung. Von Paul **Raatz**. *Berlin: P. Raatz [1901].* (16 S.) 8°
— **Strahlen**, Theosophische. No 9. [03-3531

Die siebenfache Konstitution des Menschen. Von Paul **Raatz**. *Berlin: P. Raatz [1901].* (32 S.) 8°
— **Strahlen**, Theosophische. No 3. 4. [03-3507

Raatz, Paul, s.: **Leben, theosophisches.**

— s.: **Strahlen, theosophische.**

Raatz, Wilhelm [aus Chorin i. d. Mark]: Die Stabbildungen im secundären Holzkörper unserer Bäume und die Initialentheorie. ... Berlin, Buchdr. Knoll & Wölbling, *1891*; 32 S., 1 Bl. 8°
Berlin, Phil. Fak., Inaug.-Diss. v. 31. Jul. 1891

Raaz, A. J., Sammlung v. dreihundert achtzig neun Sätzen, meistens moral. Inhalts u. verschied. lehrr. Stücken als Uebungen im Diktandoschreiben. Zum Gebr. beim Unterr. d. Jugend. gr. 8. ... Prag 824, (Kronberger u. Weber.)

—— deutsche Sprachkunde, z. Gebr. f. Lehrer u. Schüler. 3 Bde. 8. ... Prag 828, (Kronberger u. Weber.)

Raaz, C., Asien. Photolithogr. nach einem Relief. 1:8,000,000. Fol. Weimar [Leipzig] 871, Photolithogr. Institut. *
aufgez. in Mappe *M 15.; mit Stäben *

Raaz C, Deutschland. Wandkarte nach einem Relief. 1:1034500. auf Leinwand mit Stäben. Berlin und Weimar

Raaz, C., Deutschland. M. 1:1034500. Photolith. nach einem Relief. Weimar, Kellner & Co., 1871. Imp.-Fol. . . . . (Br. Mus.)

—— **Palästina.** 1:857,140. Fol. Ebendas. 871. *

Raaz, C., Palästina. 1:318,332. Photolithogr. nach einem Relief. 5 Bl. Fol. Weimar [Leipzig] 871, Photolithogr. Institut. *
aufgez. in Mappe *M 11.; mit Stäben *

Raaz, C., der Rhein von Freiburg bis Wesel. Photolithogr. nach einem Relief. Fol. Weimar [Leipzig] 870, Photolithogr. Institut. *

Raaz, C., Schul-Atlas über alle Theile der Erde nach Reliefs. Fol. (22 photolithogr. Karten und 2 S. Text.) Weimar [Leipzig] 868, Photolithogr. Institut. (*M 4,50.) *
geb. *

Raaz, C., Schul-Atlas über alle Theile der Erde nach Reliefs. qu. gr. Fol. (22 photolith. Karten u. 2 S. Text.) Weimar 871. Kellner & Co. n. 4. 50

Raaz C, Südamerika. Wandk. n. einem Relief. 1:8060000. a. Lwd m St. Weimar

Raaz C, Wandkarte von Asien nach einem Relief. auf Lwd. mit Stäben. Berlin

Raaz C, Wandkarte von Palästina nach einem Relief. 1:313332. 1. und 4. Auflage auf Leinwand mit Stäben. Weimar

Rab, Cornelis Jan [Tierarzt in Jjsselstein, Holland]: Untersuchungen über die Muskulatur des trächtigen Rinderuterus. (Mit 4 Tafeln.) Utrecht 1903. 80 + 1 S. 8°.
Bern. Vet.-med. Diss. 1902/1903.

Rab, Cornelis Jan. Untersuchungen über die Muskulatur des trächtigen Rinderuterus. Diss. Vet.-Med. Bern. [Mit Figuren und 4 Tafeln.] 81 S. 8. Utrecht, «Snoek's Stoomdrukkerij», 1903.

Rab, W. E., die galvanische Vergoldung u. Versilberung. Handbuch für Juweliere, Gold- u. Silberarbeiter, Bijouterie- u. Neusilberwaarenfabrikanten 2c. Nach den bewährtesten Quellen sowie mit Zugrundelegung eigener Erfahrungen zusammengestellt. Mit 38 in den Text gedr. Abbildgn. (Holzschn.) Leipzig 862. Abel. 8. (VIII, 184 S.) n. 1 ₰

Rabacher, Carl Friedrich (Dresden), De novorum militum exploratione medica. Diss. med. Leipzig (Staritz) 15. VIII. 1834. 31 S. (3.50) 27493
Gew.: Carl August Kuhl, Johann Andreas Damm.

Raban, die Belagerung v. Antwerpen, od. Liebe, Krieg u. Narrheit. Roman. A. d. Franz. 2 Bde. 16. (23 B.) Quedlinburg 834, Basse.

—— Julius der Rothe. Launig. Roman. A. d. Franz. übers. v. Fr. A. Menadier. 2 Thle. 8. (27 B.) Quedlinburg 833, Basse.

Raeban, O., de la concordance entre les différentes parties le l'Écriture considérée sous les rapports de l'histoire, de la chronologie et de la généalogie de notre Seigneur, avec un examen des différents systèmes, notamment de celui du pasteur Hervey, sur les généalogies dominicales. Lex.-8. (357 S.) Wien 862, (Mechitharisten-Congregations-Buchh.) * 4

—— sur la vie de Jésus par E. Renan. Considérations. gr. 8. (XII und 61 S.) Wien 864, (Mechitharisten-Congregations-Buchh.) *

Rabanus Maurus, die sieben freien Künste, s.: Auslese aus den Werken berühmter Lehrer u. Pädagogen des Mittelalters.

Rabanus Maurus, de institutione clericorum libri tres, s.: Veröffentlichungen aus dem kirchenhistor. Seminar München. Nr. 5.

Rabatt-Berechner f. Buchhändler. Ausweis der sich nach Abzug von 10 bis 75 Procenten ergeb. Beträge der Ordinär-Preise von 10 Pfennigen bis 30 Mark u. zwar f. 1 bis 50 Exemplare. Lex.-8. (30 S.) Weimar 874. Weißbach. n.n. — 75

Rabatt-Berechner f. Buchhändler. Ausweis der sich nach Abzug von 10 bis 75 Procenten ergeb. Beträge der Ordinär-Preise von 10 Pfennigen bis 30 Mark u. zwar f. 1 bis 50 Exemplare. (23 autogr. S.) gr. 8. Leipzig (903). K. F. Pfau. n.n.n. — 75

Rabatt-Berechner f. Buchhändler. Ausweis der sich nach Abzug von 10—75 Procenten ergeb. Beträge der Ordinär-Preise von 10 Pfennigen—30 Mark u. zwar f. 1—50 Exemplare. (23 S.) gr. 8. Leipzig (907). (Stuttgart, E. Leupoldt.) nnn — 75

Wirtschaftsverband der Beamten zu Königsberg i. Pr. E. G. m. b. H. (Rabattbuch.) *(Königsberg i. Pr. 1903: Ostpr. Dr.)* (24 S.) 8° [Umschlagt. F.] [04. 1360 10

Die **Rabattfrage** im deutschen Buchhandel. Eine Denkschrift vom Vorstand d. Verbandes d. Kreis- u. Ortsvereine im deutschen Buchhandel. Köln [1902]: Bachem. 8 S. 8° [11. 10961 5

Rabattsparvereins-Zeitung, Deutsche. Mitteilungen d. Verbandes d. Rabattsparver. Deutschlands, Organ f. d. Interessen d. gemeinnütz. Rabattsparvereinsbeweg. Jg. 1. 1908. Hannover 1908. 4°.

Rabatt-Tabellen, von 20—32 Procent. 8. Hamb. 821. Nestler. 3 gr

Rabattabellen zur leichten Berechnung des Rabats ins Hundert von 1 bis 50 Procent, von Michelsen berechnet, v. J. H. S. Bauer. 8. Berl. Akad. Hdl. 790.

Rabaud, Camille, et Ed. Rabaud, le repos hebdomadaire. Ouvrage couronné. gr. 8. (VIII, 249 S.) Basel 870. Georg. n. 2. 40

Rabaud, Eduard, der heidnische Ursprung des kathol. Kultus. Deutsch v. G. Lüttgert. (79 S.) 8. Gütersloh 903. C. Bertelsmann. n. — 80

Altheidnische Wurzeln im katholischen Kultus [Origines païennes du culte catholique] von P. Eduard **Rabaud**, Montauban. Deutsch von G. L[üttgert]. 2. Aufl. Gütersloh: C. Bertelsmann 1906. (80 S.) 8° [F.]
1. Aufl. u. d. T.: Der heidn. Ursprung d. kath. Kultus von Rabaud. [06. 3304

Rabaud de St. Etienne, Griechenlands ursprüngl. Geschichte, gegründet auf Sternkunde u. Götterlehre. In Briefen an Bailly. Nach d. Französ. v. M. A. Thiesing. gr. 8. Wien 827. Ludwig. 1 ₰

— histor. Taschenbuch d. Revolution d. J. 1793. 18. Straßb., Treuttel u. W. 12 gr Mit 6 Kpf. 1 ₰ 4 gr Schrbp. mit 6 Kpf. 1 ₰ 8 gr

Rabaut, Paul, der Prediger der Wüste oder Treue bis in den Tod. Herausg. u. verlegt von dem Haupt-Verein für christliche Erbauungsschriften in den Preuß. Staaten. Berlin 860. (Bed.) 8. (232 S.) n. 15 ngr

Rabaut, Paul, der Prediger der Wüste oder Treue bis in den Tod. 2. Aufl. Berlin 867. (C. Beck.) 8. (237 S.) cart. n. 12½ ngr

Rabaut, Paul, der Prediger der Wüste oder Treue bis in den Tod. 8. Aufl. 8. (237 S.) Berlin 878. Hauptverein für christliche Erbauungsschriften. cart. n. 1. —

Rabaut de St. Etienne, s.a. R a b a u d de St. Etienne

Rabaut-Saint-Etienne, Jean Paul. In der Nationalversammlung zu Paris geäusserte Meynung über folgenden ... Vorschlag: dass niemand ... in seiner Religionsübung gestört werden dürfe; a. d. Franz. ... O. O. 1790. Ü: *Gumpelzhaimer, Christian Gottlob.* (MGT)

R a b a u t, J. P., Précis historique de la revolution française, Assemblée constituante. 7 Edit. 18. Strasbourg et Paris, Treuttel et W. 819.
Velinpap.

R a b a u t, J. P., Réflexions politiques sur les circonstances présentes. 18. Strasb. Treuttel et W. 793.

Rabba, Chr., Kurzschrift. 1. Tl. 4. (8 autogr. S.) Bremen 898. Rühle & Schlenker. n. — 40

Rabbe, Alph., die Geschichte Spaniens, 3 Bdchen. Frei bearb. v. Belmont. 8. Dresd. 826. Hilscher. 1 ℛ 4 ℊ (Auch d. histor. Taschenbibliothek 6r—8r Thl.)

Rabbe, Jh. Hnr., Betrachtt. üb. Tod u. Leben. Trost f. diejenigen, welche d. Tod fürchten od. üb. ihre Todten trauern. 8. Braunschw. 820. Schulbuchh. 12 ℊ

J. H. **Rabbe:** Unsterblichk. u. Wiedersehen, od. d. höh. Welt in uns u. üb. uns; Reden an Gebildete. *Braunschw.*, Schulbuchhandl. 827. 8° 12 ℊ

Rabben, Ernst, die Gaunersprache (chochum loschen). Gesammelt u. zusammengestellt aus der Praxis — f. die Praxis. (167 S.) kl. 8. Hamm 906. Breer & Thiemann. Geb. n. 2. —

R a b b e n, J., de praecipuis caussis mali scrofulosi ejusque remediis efficacissimis Commentatio. 8. Lundae. (Havniae, Ludewig in comm.) 818.

Rabben, J., Observationes in syphilidem ejusque curationem, ubi novae quoque proponuntur curandi rationes. 8. Lond.-Goth. 822. (Kopenh., Schubothe). 4 ℊ

Rabbeno, Ugo, und **Conigliani,** C. A., Ueber das Hausiergewerbe in Italien. Deutsch von Ilse Leskien. Schriften d. Vereins f. Sozialpol., Bd. 83. gr. 8°. Leipzig 1899.

Rabbertz, H[ubert] (geb. am 22 Nov. 1851 in Wollersheim Kr. Düren): Ueber die künstliche Frühgeburt ... Bonn, Druck v. J. F. Carthaus (1876). 29 S., 1 Bl. 8.
Bonn, Med. Fak., Diss. v. 27 Juli 1876

Rabbethge, Oscar, aus Einbeck: Stereochemische Studien in der Zimmtsäurereihe. Strassburg i. E. 1904. 61 S. 8°.
Basel. Phil. Diss. 1904/1905.

Rabbethge, Oscar. Stereochemische Studien in der Zimmtsäurereihe. Diss. Phil. Basel. 61 S. 8. Strassburg i. E., C. Müh & Cie., 1904.

Rabbi David, neue Aufl., s.: Welser, Karl.

Rabbinatsfrage, die berliner. Besprochen von einer Stimme außerhalb d. Gemeinde. Lex.-8. (2½ B.) Berlin 844, (Hermes.)*

Rabbinen, zwei bekehrte. Ein Proselytenbild, als Mahnruf f. Christen u. Juden neu dargestellt v. Fr. St(olle). [Aus: „Missionsbl. d. rhein.-westf. Ver. f. Israel".] 12. (32 S.) Köln 891. (Römke & Co.) n. — 15

Rabbinenwahl, über die, in Breslau. 8. Goldberg 845. (Leipzig, C. L. Fritzsche.) n. ⅙ ℛ

Der Rabbiner. Dresden 1742. 8°
Hrsgeg.: Christian Schoettgen.

Rabbiner, Zwei bekehrte. Ein Proselytenbild, als Mahnruf für Christen und Juden neu dargestellt von Fr. St. Köln 1891. V: *Stolle, Fr.* (Russell XVI, II, 1, 1288)

Rabbiner, Zemach: Beitraege zur hebraeischen Synonymik in Talmud und Midrasch. Die in d. Talmuden u. Midraschim zerstreuten Erklärungen über bibl. Synonyma zum ersten Male vollst. gesammelt u. geordnet. T. 1: Synonyme Nomina. *Berlin 1899: H. Itzkowski.* (XXVIII, 65 S.) 8°
Heidelberg, Phil. Diss. v. [7. Aug.] 1898

Rabbiner, Zemach, Beiträge zur hebräischen Synonymik in Talmud u. Midrasch. Die in den Talmuden u. Midraschim zerstreuten Erklärgn. üb. bibl. Synonyma zum ersten Male vollst. gesammelt u. geordnet. 1. Tl.: Synonyme Nomina. gr. 8. (XXVIII, 72 S.) Berlin 899. (Frankfurt a/M., J. Kauffmann.) n. 3. -

Das Rabbiner-Seminar zu B e r l i n. Bericht üb. d. ersten fünfundzwanzig Jahre s. Bestehens '(1873-1898).'
Berlin: Dr. v. H. Itzkowski 1898. (57 S.) 1 Bd. 4° (8°)

Rabbinismus oder Sammlung talmudischer Thorheiten. Amsterdam [Prag] 1789. V: *Wünsch, Chn Ernst.* (Wr)

R a b b i n o v i c z, R. N., kritische Uebersicht der Gesammt- und Einzelausgaben des Babylonischen Talmud seit 1484. gr. 8. (132 S.) München 877, (Rosenthal's Antiquariat.) *

Rabbinovicz, Raph., variae lectiones in Mischnam et in Talmud babylonicum quum ex aliis libris antiquissimis et scriptis et impressis tum e codice Monacensi praestantissimo collectae, annotationibus instructae. Pars I—III. Monachi. Berlin 868—70. Benzian. gr. 8. n.n. 5 ℛ 10 ngr.
Pars I. Tract. Berachoth et totus ordo Seraim. (518 S.) n.n. 2 ℛ
Pars II. Tract. Bezah Chagiga et Moëd Katan. (351 S.) n.n. 1 ℛ 10 ngr.
Pars III. Tract. Sukah et Taanith. (XII, 386 S.) n.n. 2 ℛ

Rabbinowicz, Raph., variae lectiones in Mischnam et in Talmud babylonicum quum ex aliis libris antiquissimis et scriptis et impressis tum e codice Monacensi praestantissimo collectae, annotationibus instructae. Pars IV—VII. gr. 8. München 871—75. Rosenthal. n. 27. — (I—VII.: n. 40. 50)
IV. Tract. Rosch Haschanah et Joma. (390 S.) n. 6. —
V. Tract. Erubin. (389 S.) n. 7. 50
VI. Tract. Psachim. (419 S.) n. 7. 50
VII. Tract. Sabath. (IV, 387 S.) n. 6. —

Rabbinovicz, Raph., variae lectiones in Mischnam et in Talmud babylonicum, quum ex aliis libris antiquissimis et scriptis et impressis tum e codice Monacensi praestantissimo collectae, annotationibus instructae. Pars VIII—XII. gr. 8. München 877—82. (Rosenthal). n. 30. — (I—XII.: n. 71. 50)
VIII. Tractat Megillah et Schekalim. Adjecta est synopsis critica omnium editionum Talmudis babylonici inde ab a. 1484 vulgatarum. (XVI, 379 S.) n. 6. —
IX. Tractat Synhedrin. (VI, 368 S.) n. 6. —
X. Tractat Abodah Sarah, Makkoth, Schebvoth, Horajoth et Idioth. (VIII, 369 S.) n. 4. —
XI. Tractat Baba Bathra. (517 S.) n. 8. —
XII. Tractat Raba Kama. (VIII, 312 S.) n. 6. —

Rabbinovicz, Raph., variae lectiones in Mischnam et in Talmud babylonicum, quum ex aliis libris antiquissimis et scriptis et impressis tum e codice Monacensi praestantissimo collectae, annotationibus instructae. Pars 13 et 14. gr. 8. München, (Rosenthal). n. 11. — (1—XIV.: n. 82. 50)
13. Tractat Baba Mezia. (VIII, 312 S.) 883. n. 6. —
14. Tractat Sebachim. (VIII, 256 S.) 881. n. 5. —

Rabbinovicz, Raph., variae lectiones in Mischnam et Talmud babylonicum, quum ex aliis libris antiquissimis et scriptis et impressis tum e codice Monacensi praestantissimo collectae, annotationibus instructae. Pars XV. Tract. Menachot. (In hebr. Sprache.) gr. 8. (274 S.) München 896. (L. Rosenthal.) n. 5. —

Rabbinovicz, Raph., variae lectiones in Mischnam et Talmud babylonicum, quum ex aliis libris antiquissimis et scriptis et impressis tum e codice Monacensis praestantissimo collectae, annotationibus, instructae. (Opus auctoris morte interruptum ad finem perduxit) Henr. Ehrentreu. Pars. XVI. Tract. Chulin. Sumptibus societatis Ohel Jakob Monaconsis. (In hebr. Sprache.) gr. 8. (VIII, 413 S.) Przemyśl 897. (München, Dr. E. Merzbacher.) n. 6. —; Ausg. auf Royalpap. n. 8. —

[Hebr.] Sēfer Tōrat ḥajjim le-tō'elet hal-lōmedim be-bēt hā-ēbel ... mēēt Ḥajjim Ben-Abrāhām Rabbinowicz. We-nilweh: Ṣijjūnē maṣṣēbōt ba-ḥarūzim. [Ant.] *Frankfurt a. M.: J. Kauffmann 1902.* (59 S.) 8°
[Nebent.:] Torath Chajim. Hebr. Vorträge f. d. Trauerhaus, von H. Rabbinowicz, Lehrer. Nebst Anh.: Hebr. Grabinschriften.

Rabbinowicz, H., Torath Chajim. Hebräische Vorträge f. das Trauerhaus. Nebst Anh.: Hebräische Grabinschriften. Mit deutscher Uebersetzg. (VI, 59 u. III, 74 S.) gr. 8. Frankfurt a/M. 902. 903. J. Kauffmann. n. 2. —

Rabbinowicz, J., Fall u. Erhebung. Roman aus dem russ. Volksleben. (III, 172 S.) 8. Dresden (906). E. Pierson. n. 2. —; geb. n. 3. —

Rabbinowicz, J., ein namenloses Kind. Trauerspiel in 3 Aufzügen. (VII, 72 S.) 8. Dresden (907). E. Pierson. 2. —

— der Mörder. Eine Erzählg. aus dem russ. Dorfleben. (137 S.) 8. Ebd. 906. n. 2. —; geb. n. 3. —

— Die Osotschniks. Trauerspiel in 3 Aufzügen. (VII, 55 S.) 8. Ebd. (908). 1. 50

Rabbinowicz, J.: Der Todtenkultus bei den Juden. . . . Frankfurt a. M., J. Kauffmann, 1889; 4 Bl. + 66 S. + 1 Bl. 8°
Marburg, Phil. Fak., Inaug.-Diss. v. [16. Sept.] 1889

— Ein Vermächtnis. Volksstück in 3 Aufzügen m. 1 Vorspiel. (V, 114 S.) 8. Ebd. (907). 2. 50

Rabbinowicz, Jakob: Ein Versuch, den Charakter Alexanders des Großen nach der jüdischen Sage darzustellen. S. 3—17. 8.
Progr. K. k. Staatsgymn. *Mähr.-Weißkirchen* 1904.

Rabbinowicz, Isaac., Nidwot Pi. Homilien u. halachische Erörterungen. (In hebr. Sprache.) 1. Thl. Berlin 863. (Asher & Co.) gr. 8. (X, 147 S.) n. 20 *ngr.*

Rabbinowicz, Israel Michel, Einleitung in die Gesetzgebung u. die Medicin d. Thalmuds. Aus dem Franz. übers. v. Sigm. Meyer. gr. 8. (XXIII, 272 S.) Leipzig 883. O. Schulze. n 5. —

Rabbinowicz, Israel Mich., Hebräische Grammatik nach neuen, sehr vereinfachten Regeln u. Grundsätzen mit polemischen Anmerkungen, wie auch mit Beispielen zur Uebung versehen. 8. (XVI u. 282 S.) Grünberg 851, Levysohn. n. 1 ½ ₰

Rabbinowicz, Raph., s. Rabbinovicz, Raph.

Rabbinowitz, S., s.: Aleichem, Schalom.

Rabbow, Frz., schon wieder e. Ostmarken-Broschüre. (26 S. u. 1. Nachtrag 1 Bl.) 8. Loncz-Mühle bei Posen 909. Mühlengutsbesitzer Rabbow. — 50

Rabbow, Paul (Hrsg.), s. Bios.

Rabbow, Paulus: De Donati commento in Terentium specimen observationum primum. *Bonnae 1897: C. Georgi.* (2 Bl.) 8° ¶[Nur Titelblatt, Vita und Thesen. — Vgl. die folgende Nummer.]
Bonn, Phil. Diss. v. 16. Dez. 1897

Rabbow, Paulus: De Donati commento in Terentium specimen observationum primum. *Lipsiae 1897: B. G. Teubner.* (305—342 S.) 8° ¶(Aus: Neue Jahrbücher für Philologie und Paedagogik, Bd 155.) [Vgl. die vorhergehende Nummer.]
Bonn, Phil. Diss. v. [16. Dez.] 1897

RABCSEK, ANDREAS: Löbliche Bruderschaft welche unter dem mächtigen Schutz der heiligen Anna, und des Blut-Zeugen Julii, zu Groß-Emökretz, des Königreichs Ungarn im Neutrischen Comitat liegend, in der Kirchen deren heiligen Aposteln Petri und Pauli, im Jahre 1749 . . . aufgerichtet. Tyrnau 1750. Gedruckt in der Academischen Buchdruckerey Soc. Jesu. 32 S. - 160 mm

„Rabe". Lebensgeschichte e. Pferdes, s.: Erlebnisse zweier Hausfreunde.

Rabe, der,. Dramat. Mährchen, v. K. Gozzi, a. d. Ital. v. A. G. Wagner. 8. Leipz. Breitkopf u. H. 804.

Rabe, der künstliche schwarze, oder das zauberische Blendwerk. 2 Thle. 8. Leipzig, Paul Vogel. 795.

Rabe, der schwarze, oder: Neuestes Wunderbuch der Geheimnisse. Die Erforschung der Zukunft; das Auffinden von Schätzen gestohlener oder verlorener Sachen; das Geheimniß, in allen Glücksspielen zu gewinnen ꝛc. Bearb. nach den ältesten und berühmtesten Quellen von Apomazor d. J. gr. 16. (X und 210 S.) Grimma 851(52.) [Wurzen,] Verlags-Comptoir.

Rabe, der schwarze, oder mehr als 99 enthüllte Sympathiemittel aus den Geheimnissen der Natur u. des Magnetismus. Der Oeffentlichkeit übergeben vom alten Schäfer Thomas. Dresden 868. Tittel. 16. (160 S.) 10 *ngr.*

Rabe, der, auf der Windfahne des Franziskaner-Bäckerhauses in München, oder: Rosa, die fromme Gärtnerstochter. Eine wahre u. rührende Geschichte für Jung u. Alt. München, Buchbinder Kanzenel, 1856. 40 S. Cart. 8°

Rabe

Artilleriedienst im Felde für den Hauptmann u. Subalternoffizier. (Von Rabe, kurfürstlich sächs. Major.) Freyberg 1786. 186 S.

Rabe, offner Brief an das Abgeordnetenhaus. Die Notwendigk. der Findelhäuser in Deutschland. Berlin 889/90.

Rabe: De causa Harpalica comm. 10 S.–Oels, Progr. 1863

Rabe: Die Entwicklung und der derzeitige Stand des ländlichen Genossenschaftswesens in der Provinz Sachsen. Halle a.S. 1902.

Rabe, von General-Landschaftsdirektor für Westpreußen. Zur Grundsteuerfrage. Marienwerder 1862. 31 S. 8.

Rabe, A., Dietrich, und F. W. Lange, Lieder für die deutsche Volksschule. Im Auftrage des hessischen Volksschullehrer-Vereins geordnet und in 3 Heften hrsg. 8. Kassel 879, [Junemann und Comp.] Baier und Comp. [1. Heft. (40 S.) * 20 Pf.; 2. Heft. (56 S.) * 30 Pf.; 3. Heft. (80 S.) * 50 Pf.] *

Rabe, A. Die Verzierungs-Manieren .... in Beethovens Clavier-Sonaten. Schoenebeck a/Elbe.

[F.] Von Vendôme bis Laval. Erinnergn e. Kriegsfreiwilligen v. A. Rabe, Pastor in Obernjesa '(Hannover)'. *Rathenow: M. Babenzien 1896.* (44 S.) 1 Bd 8. [97. 3296

Rabe, A., die Wohlfahrtsgesetzgebung u. d. deutschen Aerzte. Winke f. Gesetzgeber u. Arbeitgeber. gr. 8. (23 S.) Berlin 898. E. Ebering. n. — 60

Rabe, Albert [Dr.]: Platos Apologie und Kriton log.-rhetor. analysiert. M. e. Vorwort über d. Kritik beider Schriften. Tl 1. Einl. u. Apologie K. 1—10. Berlin, Druck v. W. Pormetter, 1897; 21 S. 4.
Berlin, k. Luisen-G, OP 1897 (62)

Rabe, Albert: Platos Apologie und Kriton logisch-rhetorisch analysiert. Mit einem Vorwort über die Kritik beider Schriften. T. 2. Apologie K. 10—33 und Kriton. *Berlin 1898: W. Pormetter.* (18 S.) 4° • [Fortsetzung d. P-Beilage 1897.]
Berlin, k. Luisen-G, OP 1898 (62)

— die Redaktion der Demosthenischen Kranzrede. gr. 8. (65 S.) Göttingen 892. Dieterich's Verl. n. 1. 20

Rabe, Alb., die Redaktion der Aeschineischen Rede gegen Ktesiphon. gr. 8. (45 S.) Berlin 891. Mayer & Müller. n. 1. —

Rabe, Albert Alexander (Breslau), Nonnulla de temperamentis. Diss. med. Halle (Scharre) 11. X. 1834. 30 S. u. Biogr. (M : Fr. Milch). (3.—) 27494
Oppon.: H. Büttner, G. Wolff, G. Jacobsthal. — Seinem Vater gew. (M. Rabe .

Rabe, Alex., vollständiges Adressbuch der deutschen u. österreichischen Hüttenwerke, s. Adressbuch.

Rabe, Alex , die modernen Fiebertheorien. Gekrönte Preisschrift. gr. 8. (IV, 64 S.) Berlin 893. A. Hirschwald. n. 2. —

Rabe, Alexander [aus Berlin]: Die Fiebertheorieen bis Joh. Müller ... Berlin, C. Vogt's Buchdr., *1893;* 30 S., 1 Bl. 8.
Berlin, Med. Fak., Inaug.-Diss. v. 28. Juli 1893

— vollständiges Handbuch der Leistungsfähigkeit der deutschen u. österreichischen chemischen Fabrik-Industrie. Zuverlässiges Adressbuch u. Preislisten-Sammlung aller chemischen Fabriken u. verwandten Fabrikzweige. 2 Liefgn. Berlin 866. Schotte & Co. 4. (XII, 58 S.) 15 ngr.

— die Schmiermittel u. Schmiervorrichtungen der Dampfmaschinen u. mechanischen Getriebe nebst e. Anh.: die gebräuchlichsten Achslager-Compositionen. Mit 41 (eingedr.) Holzschn. Kattowitz 868. Techn. Verlagsbuchh. 8. (VI, 161 S.) n. 1 ℳ

Rabe A, die Schmiermittel und Schmiervorrichtungen. Liegnitz 1870

Rabe, Alex., ärztliche Wirtschaftskunde m. besond. Rücksicht auf Buchführung, Gebührenwesen u. soziale Gesetzgebung. (XIV, 361 S.) Lex. 8. Leipzig 907, Dr. W. Klinkhardt. 6.—; geb. 7. —

[F.] Die Wohlfahrtsgesetzgebung und die deutschen Ärzte. Winke f. Gesetzgeber u. Arbeitgeber v. Dr. A[lexander] Rabe, Arzt in Berlin. *Berlin: E. Ebering 1898.* (23 S.) 1 Bd 8. [98. 8603

Rabe, Aug., s. a.: Ludwig, Aug.

— Schnaken, der Schnurren 2. Tl. Heitere Geschichten in Thüringer Mundart. (VII, 56 S.) kl. 8. Weimar (904). L. Thelemann. — 50

— Schnärzchen. Heitere Geschichten in Thüringer Mundart. (Umschlag: 3. Aufl.) (VI, 56 S.) 12. Erfurt (902). [F. Bartholomäus.] Weimar, L. Thelemann. n. — 50

— Schnozeln, der Schnaken 2. Tl. Heitere Geschichten in Thüringer Mundart. (VIII, 56 S. m. Bildnis.) kl. 8. Weimar (905). L. Thelemann. n. — 50;
(4 Tle. in 1 Bd. geb. n. 3. —)

Schnurren. Heitere Geschichten in Thüringer Mundart von August Rabe. T. [1.] 2. *Weimar: L. Thelemann [1904].* 2 Bde 8° [F.]
[1.] 3. Aufl. 1904.
2. Schnaken, der Schnurren 2. T. von A. Rabe. 1. Aufl. 1904. [04. 10363

— Schnurren, der Schnärzchen 2. Tl. Heitere Geschichten in Thüringer Mundart. (1. u. 2. [Umschlag-]Aufl.) (à VI, 56 S.) 12. Ebd. (902). n. — 50

— humoristische Schriften. 2. u. 5. Bd. kl. 8. Ebd. 906. à n. — 50
2. Schnurren, der „Schnärzchen" 2. Tl. Heitere Geschichten in thüringer Mundart. (Umschlag: 5. Tausend.) (VIII, 56 S.)
5. Schnozelborn. Thüringer Dorfleben in 4 Bildern. (Umschlag: 1.—4. Taus.) (à 62 S.)

— Humoristische Schriften. 1., 6.—8. Bd. kl. 8. Weimar, L. Thelemann. à — 50
1. Schnärzchen. Heitere Geschichten in Thüringer Mundart. (7. Taus.) (VIII, 56 S.) (908.)
6. Schnozelborn II. Thüringer Dorfleben in 4 Bildern. Daheim u. draußen. (Neue Aufl.) (VIII, 64 S.) (908.)
7. Schnitzer, der „Schnärzchen" 5. Tl. Heitere Geschichten in Thüringer Mundart. (VIII, 55 S.) (908.)
8. Schnippchen, der „Schnärzchen" 6. Tl. Heitere Geschichten in Thüringer Mundart. (1. u. 2. Taus.) (VIII, 56 S.) (910.)

Rabe, C., zur pathologischen Anatomie u. Histologie der Rotzkrankheit. [Aus: „9., 12. u. 13. Jahresbericht der k. Thierarzneischule zu Hannover".] gr. 8. (95 S.) Hannover 881. Schmorl & v. Seefeld. n. 2. —

Rabe, C., zur pathologischen Anatomie u. Histologie der Rotzkrankheit. [Aus: „Jahresber. d. Thierarzneischule zu Hannover".] gr. 8. (95 S. m. 2 [1 farb.] Taf.) Berlin 889. R. Schoetz. n. 2. —

— zur Naturgeschichte d. Streptococcus der Druse. [Aus: „Berliner thierärztl. Wochenschr."] gr. 4. (12 S. m. 2 Taf.) Ebd. 891. n. 2. —

— — Zur Naturgeschichte des Streptococcus der Druse. S.-A. Mit 2 Taf. gr. 4°. (12 S.) Berlin 91. Schoetz. M. 2.—

Rabe, C.: Der Pferdemagen. Beiträge z. vergleichenden Anatomie u. Histologie dieses Organes. Berlin 1874. 24 S., 1 Taf.
Rostock, Phil. Diss. v. 1874.

Rabe, C., jurisjurandi verus ac legitimus usus. 4. Duisb. 729.

Rabe, C. A., warum giebt es noch immer einen Papst? gr. 8. Leipzig 825. jetzt Bade in Berlin. 1/6 ℳ

Rabe, C. A., warum giebt es noch immer e. Papst? Beantwortet. Beigegeben ist e. Erörterung dessen, was geschehen muß, wenn unsere oft so leeren Gotteshäuser wieder zahlreich besucht werden sollen. gr. 8. (2½ B.) Leipzig 831, Glück.

Rabe, C. L. H., s. Rabe, Karl Ludwig Heinrich

Rabe, Carl Emil Ferdinand, s. Rabe, Karl Emil Ferdinand

Rabe, Carl Ludwig Friedrich, s. Rabe, Karl Ludwig Friedrich

Rabe, E., Gewerbeordnung f. das Deutsche Reich. Mit den f. Elsaß-Lothringen erlassenen Ausführungsbestimmgn. u. Vollzugsvorschriften, erläutert u. hrsg. 8. (XII, 297 S.) Gebweiler 892. J. Boltze. Kart. n. 3. 50

Rabe, E., Gewerbeordnung f. d. Deutsche Reich. M. d. f. Elsaß-Lothringen erlass. Ausführungsbestimmgn. u. Vollzugsvorschriften. Erläut. u. hrsg. 3., völlig umgearb. Aufl. 12. (XVI, 521 S.) Gebweiler 895. J. Boltze. Kart. n. 6. —

Rabe, E., Gewerbeordnung f. das Deutsche Reich. Mit den f. Elsaß-Lothringen erlassenen Ausführungsbestimmungen u. Vollzugsvorschriften. Erläutert u. hrsg. 4., umgearb. u. verm. Aufl. 12. (XVIII, 648 S.) Gebweiler 900. J. Boltze. Geb. in Leinw. n. 8. —

Rabe, E., Gewerbeordnung f. das Deutsche Reich. Mit den f. Elsaß-Lothringen erlassenen Ausführungsbestimmgn. u. Vollzugsvorschriften. Erläutert u. hrsg. 5., umgearb. u. verm. Aufl. (XIX, 700 S.) 12. Gebweiler 903. J. Boltze. Geb. in Leinw. n. 10. —

Rabe, Edm., und **Ludw. Burger**, **die brandenburgisch-preussische Armee in historischer Darstellung. Ihre Uniformirung und Bewaffnung vom Grossen Kurfürsten bis auf Kaiser Wilhelm. 200 color. maler. Einzelfiguren auf 20 (lithogr.) Querfol.-Taf. mit Titel und Index. 5 Lfgn. qu. Fol. Berlin 884,85, Meidinger. à Lfg. * In Leinw.-Mappe ***

Rabe, Edm., Uniformen des preuss. Heeres. In ihren Hauptveränderungen bis auf die Gegenwart. qu. Fol. (12 lith. u. color. Bl.) Berlin 847, Sachse & Co. n. 8 ₰

— — Neue Aufl. 1850. 18 farb. Taf. 2⁰

Rabe, Ernst, warum Wörishofen? (30 S. m. Abbildgn.) 8. Wörishofen 904. Buchdruckerei u. Verlags-Anstalt Wörishofen. n. — 30

Rabe, Fr. Leop. Chr., Diss. de dolore gravidarum, parturientium, puerperarum. 30 pp. Jen. 4°.

1795

Rabe, Franz: Über die Austrocknungsfähigkeit gekeimter Samen und Sporen. München 1905: V. Höfling. (76 S.) 8° ¶Aus: Flora, Ergänzbd 1905, H. 2.
Leipzig, Phil. Fak., Ref. Pfeffer, Chun, Diss. v. 16. Jan. 1906
[Geb. 20. März 77 Neuhaldensleben; Wohnort: Neuhaldensleben; Staatsangeh.: Preußen; Vorbildung: Gymn. Neuhaldensleben Dez. 95; Studium: Leipzig 9 S.; Rig. 21. Juli 05.]

Rabe, Frdr. v., Begriffsversuche im Unbegreiflichen. gr. 8. (IV, 135 S. m. Fig.) Wien 891. C. Konegen. n. 2. —

Rabe, Frdr. v., Hahnkrähen am Charfreitagsmorgen. Eine Teufelsgeschichte. (15 S.) 8. Lorch 908. K. Rohm. — 20

— Pontius Pilatus' Neffe. Erzählung aus der Apostelzeit. (88 S.) 8. Ebd. 908. 1.50; geb. 2. —

Rabe, Frdr. v., Selbsttaufe. (IV, 99 S. m. 1 Fig.) 8. Lorch 905. K. Rohm. n. 1. —

— philosophischer Unterbau des Gottgedankens. (29 S.) 8. Ebd. 906. n. — 30

— Pontius Pilatus' Urenkel. Zeitschilderung um das erste Concil v. Nicaea. (115 S.) 8. Ebd. 909. 1.50; geb. 2.—; m.: Pontius Pilatus' Neffe in 1 Bd. geb. 3. 70

Rabe, Frdr., der Wert der Odd-Fellow-Tage, s.: Weiss, Aug., ideales u. praktisches Odd-Fellowtum.

Rabe, Frid. Car. Osw. (geb. Berlin 2. 6. 1829): De lithiasi. Berolini (1853). (45 S.) 8°
Berlin, Med. Diss. v. 22. Sept. 1853

Rabe, Fritz: Aus d. chir. Klin. d. Univ. Heidelberg. Ein Fall von Hernia inguinalis uteri bei einem männlichen Scheinzwitter. Heidelberg 1909: Pfeffer. 27 S. 8°
Heidelberg, Med. Diss. v. 6. Aug. 1909, Ref. Narath
[Geb. 18. Sept. 84 Magdeburg; Wohnort: Magdeburg; Staatsangeh.: Preußen; Vorbildung: König-Wilhelms-Gymn. Magdeburg Reife O. 03; Studium: Tübingen 5, Berlin 1, Kiel 1, Berlin 1, Heidelberg 2 S.; Coll. 2. M Approb. 30. Juli 09.] [U 09 . .

Rabe, Geo. Edw., s. Lunadoro.

RABE, H., Der Ehespiegel, oder die Kunst eine glückliche Ehe zu führen etc. Altona, o. J. (185*?). 8⁰.
Einiges etwas frei. (8 Sgr. Fischhaber, c. 1875.)

Allgemeines plattdeutsches Volksbuch. Sammlung von Dichtungen, Sagen, Märchen, Schwänken, Volks- und Kinderreimen etc. etc. Hrgg. v. **H. F. W. Rabe.** Wismar und Ludwigslust. 1855. 8⁰.

Rabe, H. W., Mahnung u. Trost am Kranken- u. Sterbebette. 12. (III, 66 S.) Warschau 900. (Zwickau, Schriften-Verein.) Kart. n. 1. —

Rabe, Heinrich: Die Inversion des Subjekts im Französischen des XIX. Jahrhunderts. Tübingen: Heckenhauer in Komm. 1910. X, 107 S. 8°
Tübingen, Phil. Diss. v. 1. April 1910, Ref. Voretzsch
[Geb. 31. Jan. 79 Ulm a. D.; Wohnort: Stuttgart; Staatsangeh.: Württemberg; Vorbildung: Eberhard-Ludwigs-Gymn. Stuttgart Reife Juli 97; Studium: Stuttgart Techn. Hochsch. 2, Tübingen 4, Berlin 1, Tübingen 3 S.; Coll. 3. Febr. 10.] [U 10. 4191

Rabe, Heinr., über das Verhalten von Anilin, Benzanilid, Paranitroanilin u. Metanitroanilin zu Jodcyan. Inaugural-Dissertation. 8. (32 S.) Göttingen 877. (Vandenhoeck & Ruprecht.) n. — 60

Rabe, Hermann [aus Freienwalde a. O.]: Ein Beitrag zur Kenntnis der β-Oxynaphtoësäure. . . . Berlin, Druck v. Emil Pilger in Pankow, 1889; 2 Bl. + 48 S. + 1 Bl. 8°
Berlin, Phil. Fak., Inaug.-Diss. v. 30. Jul. 1889

Rabe, Hugo, s.: Commentaria in Aristotelem graeca, XXI, 2.

Rabe, Hugo [Hannoveranus]: De Theophrasti libris περὶ λέξεως . . . Bonnae, typ. Caroli Georgi univ. typogr., 1890; 48 S. 8°
Bonn, Phil. Fak., Inaug.-Diss. v. 9. Aug. 1890

Rabe, H., de Theophrasti libris περὶ λέξεως. Diss. philol. gr. 8. (48 S.) Bonnae 890. (Leipzig, Fock.) n. 1. 50

Rabe, Hugo, s.: Scholia in Lucianum.

Rabe, H., Die Ueberlieferung der Lukianscholien. S.-A 1902. 19 S.

Rabe, J. E. Eine Erholungsfahrt nach Texas u Mexiko. Tagebuchblätter mit Initialen v A. C. Bargum. Hamburg. 1892.

Rabe, J. J., de calendario medii aevi. 735. 8.

Rabe, J. L., s. Raabe, J. L.

— Johann August Heinrich (Eisleben / Mansfeld), Quaestio jur. Saxonici an marito ususfructus et administratio in bonis uxoris minorennis competat? Präs. August Friedrich Schott. Leipzig (Langenheim u. Klauberth) 10. XII. 1779. 16 S. (4.—) 27498

Johann Christian Rabe

Vorläuffige Beschreibung des mineralischen Wassers zu Stadthagen in der Grafschaft Schaumburg... Entworffen von Johann Christian Rabe. 2.Aufl. [Nebst] Forts.1.Lemgo 1737: J.H.Meyer. 1 Bd 8°

[Hauptw.:] 1737.

Forts.1 [u.d.T.]: Rabe: Der vorläuffigen Beschreibung des Mineral-Wassers zu Stadthagen...1.Forts. 1737.

Beigeb.: Rabe: Fons medicatus Hagae Schaumburgicae Stadthagen in der Grafschaft Schaumburg exili pressoque sermone descriptus. Lemgoviae 1740.

Rabe, Johann Christian [Praes.], s. Busse, Friedrich August: Hippocratem barbaris operam negantem.

Johann Christian Rabe

Fons medicatus Hagae Schaumburgicae Stadthagen in der Grafschaft Schaumburg exili pressoque sermone descriptus. Auctore Joh[anne] Christiano Rabe. Lemgoviae 1740: Meyer. 30 S. 8°

Angeb.an: Rabe: Vorläuffige Beschreibung des mineralischen Wassers zu Stadthagen in der Grafschaft Schaumburg. 1737.

Rabe, Joh. E., e. Erholungsfahrt nach Texas u. Mexico. Tagebuchblätter. Mit Initialen v. A. T. Bargum. gr. 8. (III, 284 S.) Hamburg 893. L. Voss. n. 5. —; geb. n. 6. —

Rabe, Jh. Geo., († d. 26. Jan. 1802.) meteorolog. Beobachtt. J. f. d. 1770. 4. Ansb. 771. Haueisen. 6 ℳ

Rabe, Jh. Jak., († d. 12. Febr. 1798.) s.a. Brachoth.

Rabe, J. J., der talmudische Tractat Brachoth von d. Lobsprüchen ꝛc. gr. 4. Halle, Gebauer. 778.

– s. Mischnah.

– s. Peah, v. d. Ackerwinkel ꝛc.

– s. Salomo, der Prediger.

Rabe, K. L. A.: Darstell. d. Wesens d. Pfandbriefe in d. königl. preuss. Staaten u. der daraus entspring. Rechte u. Verbindlichk. *Halle*, Waisenhb. 818. 2 Bde. 8. (4 Thl. 12. Gr.)

Rabe, Karl, 100 Briefe, betr. mannichfache Verhältnisse des Lebens, nebst einigen Andeutungen über den Gebrauch derselben, wie über das Briefschreiben im allgemeinen. Für Volksschulen, sowie auch zum Privatgebrauche. 8. (XII, 87 S.) Potsdam 880. Stein. n. — 60

Rabe, Carolus *(geb. Breslau [14. 10.] 1814)*: De Calidasae Sacuntala. Vratislaviae 1845. (32 S.) 8°
Breslau, Phil. Diss. v. 19. Juli 1845

Verzeichnis der Büchersammlung der ger.·. und vollk.·. St. Johannis-Loge Friedrich zur deutschen Treue Or. Cassel. Nach dem Stande vom April 1909. [Zsgest. von Karl **Rabe.**] Cassel: Selbstverl. d. Loge [1909]. III, 45 S. 8°
cf. Bbl. 23 (1909) S. 651 (G. Diercks).

Rabe, Karl Emil Ferdinand

— **Carl Emil Ferdinand** (Berlin), De hydrocephalo ventriculorum cerebri acuto. Diss. med. Berlin (Brüschcke) 13. III 1824. 35 S. mit Biogr. (M.: Topff). (3.—) 27495
Oppon.: J. Rauch, I. Bauer, T. Wolfert. — Gew.: Carl von Roehl, C. Rabe.

Rabe, Karl Ludwig Friedrich

— s.a. Anleit. e. Freimaurerbibl.

Anleitung, eine deutsche Freimåurerbibliothek zu sammlen. [Von Karl Ludw. Friedr. Rabe.] Stůck 1. 2. Stendal: Franzen & Grosse 1783—1788. 8°

1. 44 S. 1783. 2. 68 S. 1788.
Recens: Archiv f. Frmr. u. Rosenkreuzer. 2 (1783) S. 363.
Kl. 3. Aufzähl. deutsch. frmr. Schriften. Systemat. geordnet.

Die angenommene Freimaurerei, oder Die Freimaurerei der Damen. [Von Karl Ludw. Friedr. **Rabe.**] Germanien [Stendal: Franzen & Grosse] 1780. IV, 5—86 S. 8°

[Dasselbe.] Ebendas. 1789. IV, 5—86 S. 8°
Kl. 2121. Für Grad 1—3.

— s.a. Freimaurerin.

FREIMAURERIN, Die angenommene, oder die Freimaurerei der Damen (von *Carl Ludw. Friedr. Rabe*). Germanien (Franzen und G. in Stendal). 1789.
Weller, fing. Dr.; Anon.-Lex. II. p. 121 (nach Weller, Kayser, Meusel).

Gedanken und Urtheile über philosophische, moralische und politische Gegenstånde. Aus guten Schriften gezogen alphab. geordn. u. hrsg. von C[arl] L[udw.] F[riedr.] Rabe. [Stůck 1.] 2. Stendal: Franzen & Grosse 1789—1790. 8°

1. 66 S. 1789; 2. 56 S. 1790.
(Rabe, K. L. F.: Nahrung f. Verstand u. Herz. 5. 6.)

— s.a. Nahrung f. Verstand u. Herz.

Nahrung fůr Verstand und Herz, von einem Br. Freymåurer [d. i. Karl Ludw. Friedr. Rabe] hrsg. [T. 1]—6. Stendal: Franzen & Grosse 1783—1789. 8°

[T. 5. 6. mit d. Nebentit.:] Gedanken u. Urtheile ůb. philos., moral. und polit. Gegenstånde. Aus guten Schriften gezogen, alphab. geordnet und hrsg. von C. L. F. Rabe. [Stück 1.] 2. 1789 bis 1790.

1. 150 S. 1783; 2. 99 S. 1784; 3. 108 S. 1785; 4. 112 S. 1787; 5. 66 S. 1789; 6. 56 S. 1789.
Recens: Archiv f. Frmr. u. Rosenkreuzer. 2 (1785) S. 362; WJ. 1, 4 (1784) S. 218; 2, 4 (1785) S. 226.
Kl. 450. Selten. Ohne eigentl. Beziehung auf d. Frmrbund. Auszüge aus Schriften üb. Philos., Moral, Politik u. Kritik.

– s. Samml. v. Liedern f. Freimaurer.

— s.a. Unterhalt, zum, u. Nachdenken.

Zum Unterhalt [Nachtr.:] Zur Unterhaltung und Nachdenken für Freimaurer. [Hrsg. von Karl Ludw. Friedr. Rabe.] [Nebst] Nachtr. Stendal: Franzen & Grosse 1783—1787. 32 S. 8⁰
Nachtr. 32 S. 1787.
[Dasselbe.] [Neue Bearb.] Ebendas. 36 S. 8⁰
Recens: Archiv f. Frmr. u. Rosenkreuzer. 2 (1785) S. 362.
Kl. 451. Selten. Samml. kurzer Auszüge aus Schriften für u. wider d. Frmrei.

Darstellung des Wesens der Pfandbriefe in den Königlich Preussischen Staaten und der daraus entspringenden Rechte und Verbindlichkeiten, v. Carl Ludwig Heinrich **Rabe.** 8⁰.
Th. 1. Halle und Berlin. 1818.
Th. 2, nebst sämmtlichen Credit-Reglements. und landschaftlichen Taxprincipien, auch sonstigen, die Pfandbriefe betroffenden Verordnungen. ebd. 1818.

Rabe, Karl Ldw. Hnr., Darstell. d. Wesens d. Pfandbriefe in d. Kön. Preuß. Staaten u. d. daraus entspringend. Rechte u. Verbindlichkeiten. 2 Bde. gr. 8. Halle 819. Waisenhaus-B. 5 Rthlr

Rabe, Karl Ldw. Hnr., Hülfsbuch f. prakt. Juristen in d. königl. preuß. Staaten, beim Gebrauche des allgem. Landrechts. 8. Berl. 815. Expedit. d. Jahrbücher. 1 Rthlr

Rabe, K. L. H.: Hülfsbuch f. prakt. Juristen in d. königl. preuss. Staaten beym Gebrauche d. allg. Landr. dessen ersten Anhanges, d. allgem. Gerichts-, Deposital-, Hypotheken-, Gerichtssportul-, Criminal- u. Städte-Ordn., u. d. General-Juden-Reglements f. d. preuss. Staaten, enthaltend die Allegate d. abgedruckt. Verordnn., Privatabhandll., Präjudizen u. Parallelstellen, durch welche die gedachten Gesetze abgeändert, od. näher erläutert werden. *Berl.* u. *Halle*, Waisenh. B. 815. 8. (3 Thl. 18 Gr.)

— neues Hülfsbuch f. prakt. Juristen in d. Königl. preuß. Staaten beim Gebrauch d. allgem. Landrechts 2c., od. 3faches Repertorium preuß. Gesetze u. Verordnn. z. schnellen u. sichern Auffindung d. gesetzl. Bestimmungen 2c. 3 Thle. 2e verm. Aufl. gr. 8. Berl. 825—27. Rauck in Leipz. 10 Rthlr Engl. Druckp. 14 Rthlr Schrbp. 16 Rthlr 16 Gr

Rabe, C. L. H., Sammlung Preußischer Gesetze und Verordnungen. s.a. Sammlung Preuß. Gesetze 2c.

Rabe, Carl Ludw. Heinr.: Sammlung Preußischer Gesetze u. Verordnungen, welche auf die allgemeine Deposital-, Hypotheken-, Gerichts-, Criminal- u. Städte-Ordnung, auf das ALR. . . . Bez. haben, nach der Zeitfolge geordnet. Halle u. Berlin. 19 Bde
Bd 1, Abth. 1. 1425—1725. Abth. 2. 1726—63. Abth. 3. 1764—69. Abth. 4. 1770—72. Abth. 5. 1773. Abth. 6. 1774—81. Abth. 7. 1782—89. 1820—23.
„ 2. 1790—94 u. e. histor.-litterar. Einl. in das allgem. Preuß. Recht. 1816.
„ 3. 1795—96. 1817.
„ 4. 1797 u. e. Darstellung der vor d. J. 1808 in den Preuß. Staaten bestandenen öffentl. Verwaltungs-Behörden. 1817.
„ 5. 1798 u. 99. 1817. Bd 6. 1800—01. 1818.
„ 7. 1802—03. 1818. „ 8. 1804—06. 1818.
„ 9. 1807—08. 1819. „ 10. 1809—12. 1819.
„ 11—12. Enth. die Verordnungen, welche die Pfandbriefe betr., von 1769—?. 1823. [Nebentit.:] Darstellung des Wesens der Pfandbriefe in den Königl. Preuß. Staaten u. der daraus entspringenden Rechte u. Verbindlichkeiten. Th. 1. 2. 1818.
„ 13. Enth. die in den früheren Bden ausgelassenen Verordnungen d. J. 1587—1812. 1825.

Rabe, Ludwig: Die Lüneburger Heide und die Bewirtschaftung der Heidhöfe. *Jena 1900: A. Kämpfe.* (86 S.) 8° [J.]
Jena, Phil. Diss. v. (4. März) 1899

Rabe, Mart., offener Brief an alle, welche Gesangunterricht in den Schulen zu erteilen haben. gr. 8. (14 S.) Berlin 883. Mewes Nachf. n. — 30

Rabe, M., offener Brief an das Hohe Haus der Abgeordneten: Die Notwendigkeit der Findelhäuser in Deutschland. gr. 8. (87 S.) Berlin 889/90. Breitkreuz. n. — 50

— 82 Choralmelodieen f. die Schulen der Prov. Brandenburg. Auf Grund der speziellen Vorschriften d. Provinzial-Schulkollegiums vom 6. Mai 1889 „Die Verändergn. der Melodieen u. Texte betr." bearb. u. hrsg. 1.—4. Tausend. gr. 8. (16 S.) Berlin 890. Frantz. n. — 15

— eine brennende Frage in dem Leben der Kinder. Die Krankheitserscheingn. im kindl. Hörvermögen. Ein Wort der Belehrg. u. der dringendsten Mahng. f. Eltern u. Lehrer, sowie f. alle, denen das leibl. u. geist. Wohl d. Jugend anvertraut ist. gr. 8. (41 S.) Berlin 890. C. Duncker. n. 1. 20

— Führer durch den Gesangunterricht in Stadtschulen, gehobenen Landschulen u. höheren Lehranstalten. 2., umgearb. Aufl. gr. 8. (48 S.) Berlin 888. Habel. n. — 60

— kleine Gesanglehre f. städt. Elementarschulen, gehobene Landschulen u. höhere Lehranstalten. 2., verb. Aufl. gr. 8. (XVI, 152 S.) Ebd. 888. n. 2. —; geb. n.n. 2. 30

— der Gesanglehrer. Handbuch der Stimmbildungslehre u. der damit verwandten Disciplinen f. Gesanglehrer an Schulen u. höheren Lehranstalten. Mit 7 Abbildgn. gr. 8. (55 S.) Quedlinburg 887. Vieweg. 1. 50

Rabe, M., Handbuch f. den Gesang-Unterricht im ersten Schuljahre in sechsklassigen Volks- u. Bürgerschulen. Auf Grund der neuesten Forschgn. u. Entdeckgn. auf dem Gebiete der Stimmentwicklg. sechs- bis siebenjähr. Kinder verf. gr. 8. (33 S.) Berlin 890. C. Duncker. n. — 50

— die Heroen der deutschen Tonkunst. Für die musikstudier. Jugend, sowie f. alle Freunde der Tonkunst dargestellt. gr. 8. (XV, 208 S. m. 7 Abbildgn.) Leipzig 890. G. Wigand. n. 5. —; geb. n. 6. —

Rabe, Mart., Hülfsbuch f. die Violintechnik im Gesang-Unterricht. Eine Sammlg. der gebräuchlichsten Choräle m. mehrstimm. Begleitg., nebst Uebgn. in den Applikaturen m. genauester Finger-Bezeichng. f. den Unterricht an öffentl. Lehr-Anstalten, den Privat- u. Selbst-Unterricht [namentlich f. Präparanden, Seminaristen u. Gesanglehrer]. gr. 4. (III, 59 S.) Berlin 891. C. Habel. n. 2. —

—— Liederfreund. Auswahl der schönsten Volkslieder, systemat. in 3 Stufen und 1 Vorstufe für die Berliner Gemeinde-Schulen zusammengestellt. Vorstufe und 1.—5. Heft. 8. Berlin 882, Rosenzweig'sche Buchh. *

Inhalt:
Vorstufe. (12 S.) * 10 Pf.
Heft 1. Unterstufe. (16 S.) * 10 Pf.
" 2. Mittelstufe. Vierte Klasse. (23 S.) * 15 Pf.
" 3. —— dass. — Dritte Klasse. (25 S.) * 15 Pf.
" 4. Oberstufe. Zweite Klasse. (27 S.) * 20 Pf.
" 5. —— dass. — Erste Klasse. (40 S.) * 25 Pf.

— der Stimmbildner. Leichte Chor-Ubgn. zur Bildg. der Männerstimmen (Tenöre u. Bässe) f. Männergesangvereine, Seminare 2c. Lex.-8. (24 S.) Leipzig 889. C. F. W. Siegel. n. — 60

— Stimmbildungs-Übungen f. den Chorgesang-Unterricht in städtischen Elementarschulen, gehobenen Landschulen u. höheren Lehranstalten. gr. 8. (64 S.) Berlin 888. Habel. cart. n. 1. 40

— das deutsche Volkslied. Eine Auswahl der schönsten deutschen Volkslieder, in 6 Stufen methodisch geordnet, nebst e. Auswahl der Choräle m. den v. der Provinzial-Synode vom Jahre 1884 vorgeschriebenen Verändergn. f. städt. Elementarschulen, gehobene Landschulen u. höhere Lehranstalten. 6 Hfte. 8. Ebd. 889. n.n. 4. 70

1. Sechste Klasse. Enth. 80 einstimmige Lieder u. 8 Choräle. (VIII, 52 S.) n.n. — 50
2. Fünfte Klasse. Enth. 80 einstimmige Lieder u. 8 Choräle. (VIII, 62 S.) n.n. — 60
3. Vierte Klasse. Enth. 101 zweistimmige Lieder u. 10 Choräle. (VIII, 86 S.) n.n. — 80
4. Dritte Klasse. Enth. 100 zweistimmige Lieder u. 12 Choräle. (VIII, 109 S.) n.n. — 90
5. Zweite Klasse. Enth. 80 zwei- u. dreistimmige Lieder u. 13 Choräle. (VIII, 106 S.) n.n. — 90
6. Erste Klasse. Enth. 70 zwei-, drei- u. vierstimmige Lieder u. 13 Choräle. (VIII, 131 S.) n.n. 1. —

Rabe, Martin Friedrich, s.a. R a a b e , Martin Friedrich

Rabe, M. F., Forschungen im Gebiete der Vorzeit. I. Hft. — A. u. d. Ttl.: Das Grabmal des Kurfürsten Johannes Cicero von Brandenburg in der Domkirche zu Berlin, ein Kunstwerk v. Peter Vischer dem Aelteren in Nürnberg, beendigt v. sein. Sohne Johns. Vischer. gr. 4. (5½ B. u. 4 Kpfr.) Berlin 843, Lüderitz'sche Vrlgsh.

Rabe, M. F. Das Grabdenkmal des Kurfürsten Johannes Cicero von Brandenburg in der Domkirche zu Berlin, ein Kunstwerk von Peter Vischer dem Aelteren in Nürnberg, beendigt von seinem Sohne Johannes Vischer. Mit 4 Kupfern. Berlin 1843. 4°.

Rabe, Mart. Frdr., die eiserne Jungfrau u. das heimliche Gericht im königl. Schlosse zu Berlin. Mit 2 Steindr. gr. 8. (VI u. 98 S.) Berlin 847, Haude u. Spener. ½ ₰

Betäubungsapparate für Kleinvieh. Ergebnisse d. Bolzaschen Preisausschreibens z. Prüfung u. Prämiirung von Betäubungsapparaten f. Kleinvieh. Veröff. im Auftr. d. Prüfungscomm. durch Max Rabe. *Leipzig 1902: (Leipz. Tageblatt).* (33 S.) 8° [Umschlagt.] [02. 7190 3

Betäubungsapparate für Kleinvieh. Ergebnisse d. Bolzaschen Preisausschreibens z. Prüfung u. Prämiirung von Betäubungsapparaten f. Kleinvieh. Veröffentl. durch Max Rabe, Ober-Sekr. in Leipzig. 2. Aufl. *Leipzig 1903: (Tageblatt).* (30 S.) 8° [03. 4808 9

Rabe, Otto [aus St. Ulrich, Prov. Sachsen]: Die volkswirtschaftliche Bedeutung der Pacht. . . . Halle a. d. S., (Druck v. H. Beyer & Söhne in Langensalza), 1890; 3 Bl., 92 S., 1 Bl. 8°
Halle, Phil. Fak., Inaug.-Diss. v. 18. Dez. 1890

Rabe, Otto, die volkswirtschaftliche Bedeutung der Pacht. gr. 8. (VII, 92 S.) Berlin 891. P. Parey. n. 2. —

Rabe, Otto, 40 Jahre Brotgetreidebau. Ein Beitrag aus der Praxis zur Frage der Kornzölle. gr. 8. (52 S. m. graph. Darstellgn.) Berlin 901. P. Parey. n. 1. 20

Rabe, Otto, Fleischkost u. Pflanzenkost in ihrem Einfluß auf Gesundheit u. Kultur. 8. (15 S.) Berlin 883. Bohne. n.n. — 5

Die Kornhaus-Genossenschaft, e. G. m. b. H. zu Halle a. S. von Dr. O[tto] Rabe. *(Berlin: P. Parey 1901.)* (35 S.) 8° [F.] [02. 1324

Rabe, Otto (Red.), s. R u n d s c h a u, Vegetarische.

— die Thierschutzfrage im Lichte der vegetarischen Weltanschauung. Oeffentlicher Vortrag, gehalten am 13. Oktbr. 1881 im Saale der Arminhallen in Berlin. gr. 8. (19 S.) Berlin 882. (F. Lobeck.) — 30

Rabe, Paul, Dr.: Ueber isomere Benzylidenbisacetessigester. *Jena 1900: G. Neuenhahn.* (81 S.) 8°
Jena, Phil. Hab.-Schr. v. 1900

Rabe, Paul, cursus philosophicus. 8. Königsb. Boie. 703.

Rabe, Paul: Ueber die Constitution des 1-Phenyl-3-methyl-5-pyrazolons. *Jena 1897: A. Kämpfe.* (60 S.) 8°
Jena, Phil. Diss. v. [10. Febr.] 1895

— rhetorica civilis. 8. ibid. 704.

Rabe, Frau Pauline, Leitfaden f. den Unterricht im Wäschezuschneiden f. Schule u. Haus. gr. 8. (29 S. m. 1 Musterbog.) Bielefeld 881. (Velhagen & Klasing.) n. 1. —

Rabe, Rud., Deutschland voran!, s.a. Bücherei, burschenschaftliche. I. 1.

Rudolf Rabe. Deutschland voran! *Berlin: C. Heymann [1900].* (IX, 37 S.) 8° [F.]
Aus: Burschenschaftliche Blätter. W.-S. 1899/1900.
— Bücherei, Burschenschaftliche. Bd 1, H. 1. [03. 4964

Rabe, Sigm., Haupt-Register, s.: Braun, Ludw.

Rabe, Sigm., Haupt-Register, s.: Finanz-Ministerialblatt f. das Königr. Bayern.

Rabe, Thdr., aus dem heiligen Lande. Original-Aufnahmen auf Stein gez. u. in Farben ausgeführt. Mit Einleitung u. Erläuterungen von Const. Tischendorf. 1. Liefg. Berlin 867. Schlawitz. Imp.-Fol. (3 Chromolith. u. 1 Blatt Text.) n. 6 ₰

Rabe, W.: Commentatio de vita Hyperidis oratoris Attici. 14 S.— Oels, Progr. 1854.

Rabe, W. Vorschlag das Französische auf den Gymnasien unter Verstärkung der Stundenzahl in der Secunda abzuschliessen. Oels. G., 1871. 6 S. 4. Progr.

Rabe, Wilhelm, Assistenzarzt aus Bremerhafen [!]: Ueber die therapeutische Verwendung des Aspirin ⟨Acetylsalicylsäure⟩. *Leipzig 1901: B. Georgi.* (36 S.) 8°
Leipzig, Med. Diss. v. (19. Okt.) 1901

Rabe, Wilhelm Otto, aus Ballenstedt a. H.: Der Übergang von zweiwertigem in vierwertigen Schwefel. *München 1899: V. Höfling.* (40 S.) 8°
München, Phil. Diss. v. 1899

Rabe v. Pappenheim, s.: Pappenheim.

Rabe vom Zobten [Pseud.], s.a. K l a u t s c h k e , Robert

Rabe vom Zobten, der Dorfpfarrer. (204 S.) kl. 8. Breslau (908). (Görlich & Coch.) Geb. in Leinw. 3.20

Rabehl, Walther, Stettinensis: De Sermone Defixionum Atticarum. (Berlin 1906: M. Driesner.) (47 S.) 8°
Berlin, Phil. Fak., Ref. Diels, Diss. v. 8. Dez. 1906
[Geb. 10. Aug. 82 Stettin; Wohnort: Berlin; Staatsangeh.: Preußen; Vorbildung: Gymn. z. Grauen Kloster Berlin Reife O. 02; Studium: Berlin 6 S.; Rig. 5. Juli 06.]

Rabelnl, *Nathan aus Rom.* Rabbinisch-aramäisch-deutsches Wörterbuch zur Kenntniss der Erklärung von Fremdwörtern in den Talmuden, den Midraschim und dem Sohar, nach alfabet. Ordnung sowie Erläuterungen schwieriger Stellen. Neue verbesserte Auflage von *H. Sperling.* I. u. II. Theil. *Lemberg* 1857. Gedruckt bei *M. F. Poremba.* 350 S. gr. 8°.

Rabel, Erzählungen für Schule u. Haus. Reutlingen 862. Kurtz. 16. (IV, 171 S. u. 1 color. Holzschn.) n. 10 *ngr.*

Rabel, Adam, die Lance-Quadrille. 2. Aufl. mit 4 Taf. Abbild. u. einer neuen Musik von Fux. 12. (1 B. u. 1 Musikbeil.) Wien 844, Jasper's Verl. *

Rabel, Albert, prakt. Arzt in Eichendorf: Ueber Frakturen des Fersenbeines. *München 1903: C. Wolf & Sohn.* (31 S.) 8°
München, Med. Diss. v. 1903

Rabel, Ernst, die Haftpflicht des Arztes. Ein Gutachten. (VIII, 87 S.) gr. 8. Leipzig 904. Veit & Co. n. 2. 40

Rabel, Ernst, d. Haftung d. Verkäufers wegen Mangels im Rechte. 1. Tl. Geschichtliche Studien üb. den Haftungserfolg. gr. 8. (XVI, 355 S.) Leipzig 902. Veit & Co. n. 10. —

Rabel, Ernst. Elterliche Teilung. Aus der Festschrift zur 49. Versammlung Deutscher Philologen und Schulmänner. Basel 1907. II S. + S. 521—538. 8. [Basel, Buchdr. Emil Birkhäuser;] —*Aufdruck:* Leipzig, Carl Beck, Verlag —, [1907]. [M. —. 60]

— Unmöglichkeit der Leistung, s.a. Aus römischem u. bürgerlichem Recht.

Rabel, Ernst. Unmöglichkeit der Leistung. Eine kritische Studie zum Bürgerlichen Gesetzbuch. Von E' R' [Professor in Basel]. (Sonderdruck aus der E[rnst] I[mmanuel] Bekker zum 16. August 1907 gewidmeten Festschrift: «Aus Römischem und Bürgerlichem Recht».) II + 67 S. 8. Weimar, Hermann Böhlaus Nachfolger, 1907. [M. 2.20]

— **Die Verfügungsbeschränkungen des Verpfänders besonders in den Papyri. Mit e. Anh.: Eine unveröffentlichte Basler Papyrusurkunde. (Festgabe, zur Fünfhundertjahrfeier der Universität Leipzig dargebracht v. der Universität Basel.) (XI, 116 S.) gr. 8. Leipzig 909. Veit & Co. 4. —**

— s.: Zeitschrift, rheinische, f. Zivil- u. Prozessrecht.

Raebel, C. T., erstes Lesebüchlein. Mit 31 Illustr. (Holzschn. im Text), gez. von O. Pletsch, geschn. von R. Schwertführer. Berlin 858. F. Schneider. gr. 8. (19 Bl., 50 S.) n. 10 *ngr.*

— Stimmen aus der Natur für Kinder und kindliche Seelen. Berlin 855. Literatur- u. Kunst-Comptoir. (Streerath u. Co.) gr. 8. (V, 86 S.) n. 27½ *ngr.*

Räbel, Hans, K. Gymnasiallehrer (am K. Progymnasium Forchheim): Die Restitution der ehemaligen Benediktiner-Adelsabtei Weissenohe im Zusammenhang mit der Wiedererrichtung der übrigen oberpfälzischen Klöster (1669). (Forchheim 1905: J. A. Streit.) (VI, 80 S.) 8° [F.]
München, Phil. Fak., Ref. v. Riezler, Diss. v. 12. Juli 1905
[Geb. 3. Juni 72 Weissenohe; Wohnort: Forchheim; Staatsangeh.: Bayern; Vorbildung: Neues Gymn. Bamberg Reife Juli 91; Studium: Lyzeum Bamberg 1, München 7 S.; Rig. 2. Dez. 04.]

Raebel, Karl, aus Tschernow (Brandenb.): Massinger's Drama 'The Maid of Honour' in seinem Verhältnis zu Painter's 'Palace of Pleasure' Tome II Novelle 32 unter Berücksichtigung der übrigen Quellen. *Halle a. S. 1901: H. John.* (65 S.) 8°
Halle, Phil. Diss. v. 1901

Raebel, Otto (geb. Zerbst 17. 7. 1831): De pulmonum emphysemate vesiculari. Berolini (1853). (26 S.) 8°
Berlin, Med. Diss. v. 7. Juni 1853

Raebel, O[tto], Direktor Dr.: Zur Geschichte der Anstalt. Finsterwalde 1906: R. Espenhahn. (S. 3—19.) 4° [F.]
Finsterwalde, R P 1906 (153)

Raebel, Otto: De usu adnominationis apud Romanorum poetas comicos. Halis Saxonum (1882): o. Dr. 66 S. 8°
Halle-Wittenberg, Phil. Diss. v. 27. Mai 1882
Geb. Brandenburg 9. 9. 1853. V.
Verf. erlebte die Diplomerneuerung 1932 als Geheimer Studienrat, Oberstudiendirektor a. D. in Finsterwalde, vgl. Anh. Nr. 746.

Raebel, T., die Freiheitskriege 1813—1815. In Liedern. Berlin 865. Peiser. gr. 8. (IV, 56 S.) n. 3 *ngr.*

— neue Lieder für deutsche Turner. Anh. zu den Liederbüchern für deutsche Turner. 32. (48 S.) Berlin 862, M. Hirsch. [Grote'sche Verlagsh.]

Raebel, Th., Kinder-Garten-Fibel. Illustriert von Osc. Pletsch. gr. 8. (60 S. mit eingedr. Holzschn.) Berlin 880. Oehmigke's Verl. cart. n. 1. —

Raebel, Thdr., Triumph der Blumenkönigin in Liedern. Mit 12 Initialien und Arabesken (in Farbendr.) v. Alwine Schröbter. Imp.-4. (50 S.) Düsseldorf 871. Breidenbach & Co. geb. m. Goldschn. n. 15. —

Rabelais, Franç., s. Arnstädt, Friedr. Aug.

Rabelais, s. Orlopp, Walther.

Rabelais, François. Berlin 1894. V: *Morf, Hnr.* (Cat. d. Stadtbibl. Zürich. Zürich 1864—97.)

Rabelais, François, Gargantua. Verdeutscht v. Engelb. Hegaur u. Owlglaß. 1. u. 2. Tausend. (Je 200 S.) 8. München 905. 906. A. Langen. n. 3. 50; geb. n. 4. 50

Rabelais, François, Gargantua u. Pantagruel, s. a. Bücher der Weisheit u. Schönheit.

Rabelais u. Fischart, Gargantua u. Pantagruel; nach d. Französ. umgearb. u. zusammengeschmolzen v. Eckstein; (Chr. Fr. Sander). 3 Thle. 8. Hamb. 785—87, (Campe). 2 ß 14 gl

— — Gargantua u. Pantagruel, umgearb. nach *Rabelais* u. *Fischart* von Dr. Eckstein (d. i. Chrn. Laevin Sander). Titel lautet: Abendtheuerliche Geschichtsklitterung von den Thaten u. Rathen der lang-, dick- und wohlbeleibten Helden u. Herren Grossmaul, Gargantua u. Pantagruel, Sultane von Wurstwelt . . . zuerst französisch entworfen von M. *Frz. Rabelais,* darauf . . . lustig in ein deutsches Modell gegossen von *Johann Fischard* (sic!) genannt Mainzer; und nun endlich dem heurigen, feinern Menschengeschlechte zu Liebe, nach bestem Vermögen von etwaigen Schlacken gereinigt, von Doctor Eckstein. Vita verecunda est, Musa jocosa mihi. 3 Thle. Hamburg, bey B. G. Hoffmann, 1785—86. 8°. 14 Bll., 228, 305 SS. u. 3 SS. Druckfehler. (17 Mk. 50 Pfg., schönes Expl. J. Ricker, Giessen, 1911; 25 Mk. B. Liebisch, Lpz., 1910.)
Seltene u. gesuchte Uebersetzung, fehlt bei Goedeke. Bd. I ist Gleim u. Wieland, Bd. II „Den Verfassern der Allgemeinen Litteraturzeitung" gewidmet. Mit hochinteressantem *Anhang* (S. 227—302): „Klausens comisches Gedicht in vier Gesängen, genannt: Die Lustfahrt der Schatten oder der Thurm zu Babel u. Elbin." Es ist eine scharfe u. wichtige Satyre auf Friedrich d. Gr. (Herzog Gänserich) u. die beiden Kirchen auf dem Gendarmenmarkt zu Elbin (Berlin).
Am Schluss des 3. Bandes: Flögel über Franz Rahelais u. Flögel über Johann Fischart zur Beherzigung für Joh. Chr. Adelung. Als *Anhang Rahelais'* ewiger Kalender nach *Fischarts* Bearbeitung.

— — Meister *Franz Rabelais* der Arzeney Doctoren Gargantua und Pantagruel aus dem Französischen verdeutscht mit Einleitung und Anmerkungen, den Varianten des zweiten Buchs von 1533, auch einem noch unbekannten Gargantua, herausgegeben durch Gottlob Regis. 3 Theile. Mit des Authors (!) Bildniss. Leipzig, 1832—41. Gr. 8°. Verlag von Johann Ambr. Barth. 8°. (60 Mk., Bd. 1 etw. stockfl., Adolf Weigel, 1910.)
Sehr seltene Originalausgabe der berühmten Regis'schen Übersetzung.

— — Dieselbe Übersetzung. Neu herausgegeben und mit einer Einleitung versehen von Wilhelm Weigand. Nebst einem Lebensabriß des Übersetzers und einer Bibliographie von Georg Pfeffer, mit Faksimiles und Bildbeilage. 2 Bände. München und Leipzig, Georg Müller, 1906. (60 Mk. Original-Pergamentbände, der Vorige.)
Vergriffene bibliophile Neuausgabe der Regis'schen Übersetzung, nur in 555 Exemplaren hergestellt.

Rabelais, Frz., Gargantua u. Pantagruel a. d. Französ. verdeutscht, mit Einleit. u. Anmerkn., den Varianten d. 2. Buchs v. 1533, auch ein. noch unbekannten Gargantua hrsg. durch Gtlo. Regis. 2. Thl. — Anmerkungen. 2 Abthln. gr. 8. Leipzig, Barth. [1. (74½ B. u. 1 Kärtchen.) 839. 6½ Thlr., 2. (38 B.) 841. 3¼ Thlr.]
1. Thl. Text. Ebendas. 1832. 5 Thlr. 6 Gr.

Rabelai's, F., Gargantua u. Pantagruel. Aus dem Französischen von F. A. Gelbcke. 2 Bde. 8. (495 u. 428 S.) Leipzig 880. Bibliographisches Institut. geb. n. 6. 50

— Gargantua u. Pantagruel, aus dem Franz. verdeutscht durch Glob. Regis. (Neu hrsg. u. m. e. Einleitg. versehen v. Wilh. Weigand. Nebst e. Lebensabriß des Uebersetzers u. e. Bibliographie v. Geo. Pfeffer.) 2 Bde. (LXX, 916 S. m. Bildnis u. 3 Beilagen.) 8. München 906. G. Müller. Geb. in Perg. n. 33. —; Luxusausg. auf van Geldern n. 65. —

— Gedanken über Erziehung u. Unterricht aus seinem „Gargantua u. Pantagruel", s.: Bibliothek, pädagogische.

Rabelais, oeuvres. Collationées pour le première fois sur les éditions originales accompagnées d'un commentaire nouveau par Burgaud des Marets et Rathery. 2. éd. Revue et augmentée. Tome 2. 8. (638 S.) Paris 873. Didot & Co. n. 4. —

Rabelais, François, Pantagruel. 1. Bd. Verdeutscht v. Engelb. Hegaur u. Owlglaß. (189 S) 8. München 907. A. Langen. n. 2. 50; geb. n. 3. 50

— Pantagruel. 2.—4. Buch. 8. München, A. Langen. 9.50; geb. 12. 50
2. Verdeutscht v. Owlglaß. (236 S.) 907. 3.50; geb. 4. 50
3. Verdeutscht v. Owlglaß. (273 S.) 908. 3.50; geb. 4. 50
4. Verdeutscht v. Engelb. Hegaur u. Owlglaß. (180 S.) 909. 2.50; geb. 3. 50

Rabelais, R[éné] s. [Désastre, Jean].

Rabelais, Titus Petronicus, Frau Anna. Litt. Psychologische Studien. Buchschmuck v. César Klein. (67 S.) 8. Berlin (905). Gose & Tetzlaff. n. 2. 50; geb. n. 3. 60

Raben, die sieben. Ein deutsches Volksmärchen. Mit 6 Bildern in Oelfarbendruck. 8. (5 S.) Leipzig 873. Hartknoch. n. — 50

Raben, die sieben. Zaubermärchen in 4 Acten u. 1 Vorspiel. (52 S.) 8. Berlin 904. H. Steinitz. n. — 30

Raben, Emil, aus Hadersleben: **Beiträge zur Kenntniss der Acetalisirung bei den Aldehyden und Ketonen.** *Kiel 1902: H. Fiencke.* (58 S.) 8°
Kiel, Phil. Diss. v. [22. Febr.] 1902

Wittstedt in Wort und Bild. Ein Führer für Touristen v. J. **Raben.** Christiansfeld. 1905. 8°.

Raben, Jürgen [app. Arzt aus Hadersleben]: Ueber einen Fall von Divertikelblase ... Leipzig, Druck v. A. Edelmann, Univ.-Buchdr., *1895;* 17 S., 1 Bl. 8.
Leipzig, Med. Fak., Inaug.-Diss. v. 30. Juli 1895

Rabenald, Fridericus: Quaestionum Solinianarum capita tria. Halis Sax. 1909: Wischan & Burkhardt. 137 S. 8°
Halle, Phil. Diss. v. 23. März 1909, Ref. Wissowa
[Geb. 18. Sept. 85 Osterwieck; Wohnort: Seehausen i. A.; Staatsangeh.: Preußen; Vorbildung: Gymn. Andreanum Hildesheim Reife O. 04; Studium: Halle 9 S.; Rig. 28. Jan. 09.] [U 09. 1689

Rabenau, v. Das 1. Batl. des 1. Hanseat. Inf.-Rgts Nr. 75 im Kriege gegen Frankreich 1870/71. Bremen 1875. 80 S.

Rabenau, v., das I. Bataillon königlich preußischen 1. Hans. Infanterie-Regiments Nr. 75 im Kriege gegen Frankreich 1870/71. Feldzugserinnerungen. 8. (80 S.) Bremen 881. Schünemann. n. 1. 20

Rabenau, v., **Dienstunterricht f. den bayerischen Pionier, nach v. Rabenau, Dienstunterricht des deutschen Pioniers u. Menzel- v. Wurmb, Dienstunterricht des deutschen Infanteristen bearb.** (XXXII, 200 S. m. Abbildgn., 2 [1 farb.] Bildnissen u. 2 farb. Taf.) 8. Berlin 909. R. Eisenschmidt. Kart. p nn — 70

— dasselbe des deutschen Pioniers, nach Menzel v. Wurmb, Dienstunterricht des deutschen Infanteristen bearb. 3. Aufl. (XXXII, 206 S. m. Abbildgn., 1 Bildnis u. 3 farb. Taf.) 8. Ebd. 910. p — 60

— dasselbe f. den sächsischen Pionier, nach v. Rabenau, Dienstunterricht des deutschen Pioniers u. Menzel v. Wurmb, Dienstunterricht des deutschen Infanteristen bearb. (XX, 200 S. m. Abbildgn., 2 [1 farb.] Bildnissen u. 2 farb. Taf.) 8. Ebd. 909. Kart. p nn — 70

Rabenau, v., die naturforschende Gesellschaft zu Görlitz, } s. **Abhandlungen** der naturforschenden Gesellschaft zu Görlitz.

Rabenau, Prem.-Lieut. v., die Kriegs-Marine des deutschen Reiches. 8. (35 S. mit eingedr. Holzschn. und 1 Stnt.) Bremen 880, Schünemann. *

Rabenau, v., Leitfaden für einen systematischen, rationellen Betrieb der Militair-Gymnastik, unter besond. Hinweis auf den anatom. Bau des menschl. Körpers, nebst kurzer Entwicklungsgeschichte der Gymnastik. gr. 16. (63 S. mit 9 eingedr. Holzschn.) Bremen 876, Schünemann's Verlag. *

Rabenau, v.: Leitfaden für einen systematisch-rationellen Betrieb der Militär-Gymnastik im Anschluß an die offiziellen Vorschriften v. 1876. 2. Aufl. Bremen 1878. 56 S. m. Abb.

—— **Vegetations-Skizzen vom unteren Laufe des Hudson,**
s. Abhandlungen der naturforschenden Gesellschaft zu Görlitz.

Rabenau, A. v., der Kammerjäger oder die Kunst, alles Ungeziefer zu vertilgen. Anleitung zum Selbstunterricht für angehende Kammerjäger, sowie ein unentbehrlicher Rathgeber für Haus-, Fabrik- u. Gutsbesitzer zur sicheren Beseitigung von Ratten, Mäusen, Schwaben etc. 8. (23 S.) Quedlinburg 880. Ernst. — 50

Rabenau, A. v., d. Kammerjäger od. d. Kunst, alles Ungeziefer zu vertilgen. Anleitg. z. Selbstunterr. f. angeh. Kammerjäger, sow. e. unentbehrl. Ratgeber f. Haus-, Fabrik- u. Gutsbesitzer z. sicheren Beseitigg. v. Ratten, Mäusen, Schwaben etc., Ungeziefer aller Bäume u. Pflanzen, sow. allerhand Raubzeug, als Marder, Wiesel, Iltis, Maulwurf, Hamster etc. 2., verm. u. verb. Aufl. 8. (23 S.) Quedlinburg 895. Leipzig, Ernst. — 50

Rabenau, A. v., Leitfaden für Kavalleristen u. Pferdebesitzer. Ein Rathgeber in der praktischen Pferdekenntniß, so wie Anleitung, alle vorkommenden Krankheitsfälle des Pferdes, wo thierärztliche Hülfe im Augenblick nicht zu erlangen, selbst zu heilen. Zusammengestellt u. bearbeitet nach den Vorträgen auf der Königl. Thierarzneischule zu Berlin. Berlin 861. Mittler's Sortbdlg. (Bath.) 16. (VIII, 123 S.) n. 7½ ngr.

Rabenau, A. v., Leitfaden für Kavalleristen u. Pferdebesitzer. Ein Rathgeber in der prakt. Pferdekenntniß, sowie Anleitung, alle vorkommenden Krankheitsfälle des Pferdes, wo thierärztl. Hülfe im Augenblick nicht zu erlangen, selbst zu heilen. Zusammengestellt u. bearb. nach den Vorträgen auf der königl. Thierarzneischule zu Berlin. 2. (Titel-)Ausg. Berlin (859) 865. Bath. 16. (VIII, 123 S.) n. 7½ ngr.

Rabenau, A., die Vertilgung v. Ungeziefer, Schädlingen u. Raubzeug aller Art durch erprobte Mittel u. Verfahren. 3. verm. u. verb. Aufl. (32 S.) 8. Leipzig (908). Ernst. — 50

Rabenau, Carl, s. Rabenau, Karl

v. Rabenau, Friedr. (geb. Essen 7. 9. 1847): Ueber die Sensibilitätsstörungen bei Hysterischen. Berlin (1869). (35 S.) 8°
Berlin, Med. Diss. v. 10. Juli 1869

Rabenau, G. L., alphabet. geord. Verzeichniß sämmtlicher zu d. Großh. Hessen gehör. Städte, Flecken, Dörfer ꝛc., desgl. Zusammenstellung d. Kreis- u. Landrathsbezirke, d. Dekanate, Baubezirke, Stadt- u. Landgerichte, Kantone u. Friedensgerichte ꝛc. gr. 8. (21 B.) Darmstadt 833, (Diehl.)

Rabenau, G. L., alphabet. geord. Verzeichniß sämmtl. zu d. Großh. Hessen gehörigen Städte, Flecken, Dörfer ꝛc. 3. Aufl. gr. 4. (. . .) Darmstadt 840, (Jonghaus.) *

Rabenau, G. L., alphabetisch geordnetes Verzeichniß sämmtl. zu dem Großherzogth. Hessen gehör. Städte, Flecken, Dörfer ꝛc. unter Angabe deren Seelenzahl, so wie zu welcher Provinz, Bürgermeisterei, Kreis-Bezirk u. s. w. sie gehören; ferner: Summarische Zusammenstellung der Seelenzahl u. der verschied. Confessionisten jeden Kreises, nach dem Ergebniß der neuesten Volkszählung. 4. Aufl. Fol. (28½ B.) Darmstadt 846, Jonghaus.

Rabenau's G. L., alphabetisch-geordnetes Verzeichniß sämmtlicher zu dem Großherzogth. Hessen gehörigen Städte, Flecken, Dörfer ꝛc. unter Angabe deren Seelenzahl, sowie zu welcher Provinz, Bürgermeisterei, Kreis ꝛc. solche gehören; ferner: Summarische Zusammenstellung der Seelenzahl und der verschiedenen Confessionisten ꝛc. nach dem Ergebniß der neuesten Volkszählung. Aufgestellt von P. Klöß. 5. Aufl. Fol. (IV und 92 S.) Darmstadt 854, Jonghaus'sche Hofbuchh. Thlr. *

—— alphabet. geord. Verzeichniß sämmtl. zu d. Provinz Rheinhessen gehörigen Städte, Flecken u. Dörfer ꝛc. nach d. neuesten Organisation. 4. (. . .) Darmstadt . . ., Diehl.

Rabenau, Georg (Darmstadt)
Beiträge zur Unterscheidung geheilter intrakapsuläre Schenkelhalsbrüche von Malum coxae senile.
Giessen: Ottmann 1865. 15 S. u. 2 Taf. 4°
Diss. med. 15.5.1865. vorh. 26. 7.
"Thesen" in Δ

Rabenau, H. v., die Gefässkryptogamen, Gymnospermen u. monocotyledonischen Angiospermen d. königl. preuss. Markgrafenth. Ober-Lausitz. gr. 8. (100 S.) Halle 874. (Görlitz, Tzschaschel.) n. 1. 50

Rabenau, Freifrau J. v., Briefe u. Bilder aus Guatemala, gesammelt u. hrsg. von v. R. 8. (96 S. m. 4 Lichtdr.) Breslau 895. M. Tietzen. n. 1. —

Rabenau, K. v. Frankreichs Festungen und die Grundsätze ihrer Verteidigung. Mit Abb. Berlin 1910. 78 S.

Rabenau, Karl

Rabenau, Carl v., wissenschaftliche Darstellung des Rechts. 1. Theil. Enthaltend die Grundsätze von Sache u. Handlung, Willenserklärung, Besitz u. Eigenthum, Verjährung, Vertrag u. unerlaubter Handlung. Essen 861. Bädeker in Comm. gr. 8. (VIII, 158 S.) n. 1 ₰

Rabenau, Karl: Das bayerische Knappschaftswesen. Mit Berücks. d. Arbeiterfürsorge d. Staates als Bergwerks-, Hütten- und Salinen-Besitzer bis zum Erlass d. Berggesetzes v. 20. März 1869. Coburg 1909: Roßteutscher. 119 S. 8°
Jena, Phil. Diss. v. 6. Juli 1909, Ref. Pierstorff
[Geb. 14. Nov. 83 Alsfeld; Wohnort: Alsfeld; Staatsangeh.: Preußen; Vorbildung: Oberrealsch. Offenbach a. M. Reife O. 02; Studium: Darmstadt Techn. Hochsch. 2, Gießen 2, Göttingen 3, Jena 2 S.; Rig. 30. Mai 08.] [U 09. 3215

Chronik Derer v. Rabenau. Nach urkundl. Material bearb. von Kurt v. **Rabenau.** (Magdeburg: Familie v. Rabenau 1893.) (XX, 278 S.) 4° [Text autogr.] [06. 10018

Rabenau, v., die deutsche Land- u. Seemacht u. die Berufspflichten des Offiziers, s. a. Handbibliothek des Offiziers. 8. Bd.

Die deutsche Land- und Seemacht und die Berufspflichten des Offiziers. Ein Handbuch f. Offiziere, Reserveoffiziere u. Kriegsschüler über d. Einrichtungen d. Heeres u. d. Marine … Von [Kurt] v. **Rabenau,** Hauptm. Mit 1 Titelbild, 3 Abb. u. 22 Übersichtsskizzen. Berlin: E. S. Mittler & Sohn 1906. (XXIV, 431 S.) 8° [F.]
= **Handbibliothek** d. Offiziers. Bd 8. [06. 7439

Rabenau, Kurt: Die deutsche Land- und Seemacht und die Berufspflichten des Offiziers. Ein Handbuch f. Offiziere ... Von [Kurt] v. Rabenau, Major. 2. Aufl. Mit zahlr. Abb. Berlin: Mittler 1909. XXIII, 481 S. 8°
(Handbibliothek d. Offiziers. Bd. 8.)

Rabenburg, Edda von, eine Geschichte aus der Vorwelt, mit 1 Kupf. 8. Wittenberg 791. Kühne. 25 sgl.

Rabener, Friedrich

Rabener, Fr., Erzählungen u. Anekdoten, s. a. Erzählungen.

RABENER, Friedr. (ps.), Erzaehlungen und Anekdoten. 1840.

Rabener, Fr., Knallerbsen, oder Du sollst u. mußt lachen. 256 interessante Anekdoten u. 39 Räthsel u. Charaden. 4—8., verm. u. verb. Aufl. 16. (9½ B.) Quedlinburg 842—46, Ernst'sche Bh. à

Rabener, Fr., Knallerbsen, oder: Du sollst und mußt lachen. Ein Gesellschafter unserer Zeit, in 256 interessanten Anekdoten ꝛc. 8. Aufl. (IV und 140 S.) 1849. und 9., umgearb. Aufl. gr. 16. (IV und 132 S.) Quedlinburg 850, Ernst'sche Buchh.

Rabener, Fr., Knallerbsen, oder Du sollst und mußt lachen. Ein Gesellschafter unserer Zeit, in 256 interessanten Anekdoten aus dem Leben unserer Fürsten, Künstler u. s. w.; nebst Räthsel u. Charaden. Zur Unterhaltung auf Reisen, bei Tafel und in geselligen Kreisen. 10—12. (13.) umgearb. Aufl. Quedlinburg 853—58. Ernst. 8. (IV, 140 S.) 10 ngr.

Rabener, Fr., Knallerbsen, oder Du sollst u. mußt lachen. Enth. 256 Anekdoten, Schwänke u. Räthsel. Zur Unterhaltung auf Reisen, bei Tafel u. in geselligen Kreisen. Nebst einer kleinen dänischen Kriegschronik. 13—16. umgearb. Aufl. Quedlinburg 859—64. Ernst. 8. (IV, 156 S.) n. 10 ngr.

Rabener, Fr., Knallerbsen, oder du sollst und mußt lachen. Enth. 268 Anekdoten, Schwänke und Räthsel. Zur Unterhaltung auf Reisen, bei Tafel und in gesell. Kreisen. Nebst einer kleinen preußisch-österreich. Kriegschronik. 17., umgearb. Aufl. 8. (IV und 160 S.) Quedlinburg 867, Ernst'sche Buchh. *

Rabener, Fr., Knallerbsen, oder du sollst und mußt lachen. Enth. 268 Anekdoten, Schwänke und Räthsel. Zur Unterhaltung auf Reisen, bei Tafel und in Gesellschaften. Nebst Scenen aus dem preußisch-österreich. Kriege. 18. verb. Aufl. 8. (IV, 160 S.) Quedlinburg 870, Ernst'sche Buchh. *

—— dass. — Enth. 268 Anekdoten, Schwänke und Räthsel von Künstlern, Gelehrten, Fürsten v. Bismarck, Friedrich dem Großen und Kaiser Wilhelm. Zur Unterhaltung auf Reisen, bei Tafel und in Gesellschaften. Nebst Scenen aus dem französ. Kriege von 1870. 19. Aufl. 1872, und 20. verb. Aufl. 8. (156 S.) Ebendas. 874.

Rabener, Fr., Knallerbsen od. Du sollst u. mußt lachen. Enth. 268 Anekdoten, Schwänke u. Räthsel v. Künstlern, Gelehrten, Fürsten v. Bismarck, Friedrich dem Großen u. dem Kaiser Wilhelm. Zur Unterhaltg. auf Reisen, bei Tafel und in Gesellschaften. Nebst Scenen aus dem französ. Kriege v. 1870. 21. verb. Aufl. 8. (IV, 154 S.) Quedlinburg 876. Ernst. n. 1. —

—— dass. — Enth. 268 Anekdoten von Künstlern, Gelehrten, Fürsten Bismarck, Friedrich dem Großen und dem Kaiser Wilhelm. Zur Unterhaltung auf Reisen, bei Tafeln und in Gesellschaften. Nebst 13 kom. Vorträgen. 22. verb. Aufl. 8. (IV, 156 S.) Ebendas. 879. *

Rabener, Fr., Knallerbsen oder Du sollst u. mußt lachen. Enthaltend 268 Anekdoten von Künstlern, Gelehrten, Fürst Bismarck, Friedrich dem Großen u. dem Kaiser Wilhelm. Zur Unterhaltung auf Reisen, bei Tafel u. in Gesellschaften. Nebst 16 komischen Vorträgen. 23., verb. Aufl. 8. (IV, 172 S.) Quedlinburg 882. Ernst. n. 1. —

Rabener, Fr., Knallerbsen, od. Du sollst u. mußt lachen. Enth. 268 Anekdoten v. Künstlern, Gelehrten, Fürst Bismarck, Friedrich dem Großen u. dem Kaiser Wilhelm. Zur Unterhaltg. auf Reisen, bei Tafel u. in Gesellschaften. Nebst 16 kom. Vorträgen. 24. Aufl. 8. (180 S.) Quedlinburg 885. Ernst. n. 1. —

Rabener, F., Knallerbsen, od. Du sollst u. mußt lachen. Enth. 273 Anekdoten v. Künstlern, Gelehrten, Fürst Bismarck, Friedrich dem Großen u. dem Kaiser Wilhelm I. Zur Unterhaltg. auf Reisen, bei Tafel u. in Gesellschaften. Nebst 17 kom. Vorträgen. 25., verb. Aufl. 12. (179 S.) Halberstadt 891. Ernst. n. 1. —

Rabener, Fr., Knallerbsen, od. Du sollst u. mußt lachen. Enth. 273 Anekdoten v. Künstlern, Gelehrten, Fürst Bismarck, Friedrich d. Großen u. d. Kaiser Wilhelm I. Zur Unterhaltg. auf Reisen, bei Tafel u. in Gesellschaften. Nebst 17 kom. Vorträgen. 26., verb. Aufl. 8. (IV, 179 S.) Halberstadt 895. Leipzig, Ernst. n. 1. —

Rabener, Fr., Knallerbsen od. Du sollst u. mußt lachen. Eine Sammlg. v. Anekdoten u. Schwänken zur Unterhaltg. auf Reisen, bei Tafel u. in gesell. Kreisen. Nebst e. Auswahl v. kom. Vorträgen. 27. verb. Aufl. 8. (IV, 166 S.) Leipzig (900). Ernst. 1. —

Rabener, Fr., Knallerbsen od. Du sollst u. mußt lachen. Eine Sammlg. v. Anekdoten u. Schwänken zur Unterhaltg. auf Reisen, bei Tafel u. in gesell. Kreisen. Nebst e. Auswahl von kom. Vorträgen. 28. neu bearb. Aufl. (III, 156 S.) 8. Leipzig (904). Ernst. 1. —

Rabener, Fr., Knallerbsen, od. Du sollst u. mußt lachen! Eine Auswahl zünd. Witze u. laun. Anekdoten v. seltener Komik u. gepfeffertem Humor. Nebst kom. Vorträgen v. erprobter Wirksamkeit u. unausbleibl. Lacherfolg. 29. neu bearb. Aufl. (III, 156 S.) 8. Ebd. (908). 1. —

– s. Unterhaltungsbuch, das wahre, für Jung u. Alt.

— — Das wahre Unterhaltungsbuch für Jung und Alt. 1841.
Alle 3 Werkchen citirt Weller's Lex. Ps. p. 467.

— das wahre Unterhaltungsbuch, für Leser jeden Standes. Enth. histor. Begebenheiten merkw. Geschichten u. Anekdoten. 8. Ebend. 841. 2/3 ℛ

Rabener, Gebhard Friedrich, De temperamentis scriptorum novi testamenti. Diss. prior. Präs. Friedrich Quirin Gregorius. Leipzig (A. M. Schede) 9. VII. 1710. 1717. 39 S. (4.25) 27503

Rabener, Gottlieb Wilhelm

— Briefe, von ihm selbst gesammelt und nach seinem Tode nebst einer Nachricht von seinem Leben und Schrifften herausgegeben von C. F. Weiße. [Leipzig]. Gedruckt auf Kosten einer Gesellschaft und Liebhaber der Rabenerischen Schriften, 1772. 8°. LXXXII & 276 S. *Mit hübschem Frontispiz (nach Mechau oder Oeser von Geyser).* Marmor. Pbd. d. Z. (etwas gelockert).
Dieser Druck geht höchstwahrscheinlich dem von Goed. IV¹, 41, 4 angegebenen voraus und ist als Erstausgabe anzusprechen. Wichtig auch als erste ausführl. Biographie Rabeners.

Rabener, Gll. W., Briefe, herausg. v. Weiße. gr. 8. Lpz. Dyk. 772.

— — [Dasselbe Werk]. Karlsruhe, Schmieder, 1777. 8°. LXXX & 304 S. Etwas berieb. HLdbd. d. Z.
Mit dem Schmiederschen Sammeltitel: „Sammlung der besten deutschen Schriftsteller . . 15. Theil".

Rabener, Gottl(ieb) Wilh(elm). Gottl. Wilh. Rabeners freundschaftliche Briefe, von ihm selbst gesammlet und nach seinem Tode, nebst einer Nachricht von seinem Leben und Schriften, hrg. von C[hristian] F[elix] Weiße. 8. Biel 1772.

— sechs Briefe, s. Chr. F. Gellert.

Rabener, Gli. Wlh., († d. 22. März 1771.) das Mährchen vom 1. April; aus d. Holländ. in d. Hochdeutsche übers. 12. Leipz. ... 2e A. 756. Dyck. 6 ℊ

— Gottlieb Wilhelm (Wach./Leipzig), De mitiganda furti poena ob restitutionem rei ablatae. Diss. jur. Präs. Ferdinand August Hommel. Leipzig (Langenheim) 1. X. 1737. 34 S. (4.25) 27504
Widm. v.: Ferdinand August Hommel.

— — Dasselbe. Leipzig (Langenheim) 1. X. 1737. 34 S. (4.25) 27505
Gew.: Jo. Christoph Thomas. — Widm. v.: Ferdinand August Hommel.

— — Dasselbe. Leipzig (Langenheim) 1. X. 1737. Editio secunda. 1751. 41 S. (4.25) 27506
Widm. v.: Ferdinand August Hommel.

Rabener, G. W. Satiren. 2. A. Leipzig 1755. 2 Thle.

Rabener, Gottlieb Wilhelm. Satiren. Neunte Auflage. [4 Teile in 1 Bde.]. Leipzig, Dyckische Buchhandlung, 1766. 8°. 175, 172 S. 1 Bl., 240 S. 3 Bl.; 374 S. 1 Bl. Leicht berieb. schöner Ldbd. d. Z. m. Rv. und Rsch., Rücken unbedeutend lädiert.
G. IV¹, 41, 3. Vollständige Ausgabe, der erste Teil war erstmals 1751 erschienen. Enth. auch das „Märgen vom Ersten Aprile".

— Satyren. 4 Thle. m. K. gr. 8. Ebend. 771.

Rabener's [Gottl. Wilh.], ausgewählte Satyren, s. Bücher-Schätze.

— ausgewählte Satyren. 16. (65 S.) Leipzig 888. Fock. geb. 1. —

— sämmtliche Schriften n. dessen Leben. 6 Thle. 8. Leipz. Dyk. 777.
Fein Schreibp.

— sämmtl. satyrische Schriften. 4 Thle. Mit Vign. gr. 8. Leipz. 751—55. N. Aufl. unt. d. T.: sämmtl. Schriften. 6 Thle. Mit d. Verf. Leben, v. Chr. Fel. Weiße. 8. Ebd. 777. Druck. 3 ℛ Einzeln in größerm Drucke: 1) Satyren. 4 Thle. Mit Vign. gr. 8. Ebd. 7e Aufl. 763. 2 ℛ Schrbp. 2 ℛ 12 ℊ 2) Briefe, nebst dessen Lebensbeschreib. nach sm. Tode gesammelt u. hrsgg. von Chr. Fel. Weiße. gr. 8. Ebd. 772. 16 ℊ

Rabener's, Gottl. W., Werke, Auswahl, s.: Bibliothek der Gesamt-Litteratur d. In- u. Auslandes.

Rabener, Gtli. Wilh., sämmtl. Werke. Mit e. Vorw. u. d. Lebensbeschreib. d. Verf. neu hrsg. v. Ernst Ortlepp. 4 Bde. 8. (...) Stuttgart 839, [Scheible, Rieger u. Sattler.]

Rabener's, G. W., sämmtl. Werke. Mit e. Vorwort u. d. Lebensbeschreibung des Verfassers, neu herausg. v. E. Ortlepp. 4 Bde. 8. Stuttgart 839. Schweizerbart. 2 Thlr.

Rabener, Just. Gtf., Diss. I et II philol. de daemonibus. Lps. 4°. 1706

Rabener, Just. Gfr., Denkmal seiner Verdienste. 4. Leipz. 752.

- - , (der Jüngere). Leben // Petri des Ersten // und Grossen, // Czaars von Rußland. // Leipzig, // Verlegts Joh. Friedr. Gleditschens seel. Sohn /// Anno 1725. - 3 Blatt (nicht paginiert) Titelblatt und Vorrede. - 794 S.
Auf dem Vorblatt steht die Widmung:
Der
Löbl. Deutschen Gesellschaft
Büchervorrathe
wiedmet
dieses
Joh. Christoph Gottsched P. P. O.
E. S. T. 8°.549.

(Rabener, Just. Gottfr.) Leben Petri des Ersten und Grossen, Czaars von Russland. (794) 8. Leipzig 1725.

* Methodum serierum infinitarum indultu superiorum praeside M. *Christiano Wolfio*, die XXIII. Dec. placidae eruditorum disquisitioni submittet *Justus Gotthardus Rabenerus*, Lipsiensis. Lipsiae literis Christiani Goezi. 4. 4 Bog. 1705.

Rabener, M. S. (Übers.), s. Canticum canticorum.

Rabener, M. S. — Israels Freudentag. Ein Wort zur Feier des hochbeglückenden Geburtsfestes Sr. k. k. apostolischen Majestät unseres allergnädigsten Kaisers und Herrn Franz Josef I. am 18. August 1855, gesprochen bei dem feierlichen Gottesdienste in der Synagoge zu Narajow, in Anwesenheit der k. k. Militär- und Civil-Honoratioren von — —. Wien, 1855. Gedr. bei J. Holzwarth. Auf Kosten des Verfassers und ist der Reinertrag dem Wohltbätigkeitszwecke, den Armen ohne Unterschied der Confession gewidmet. (15 S. 8.)

— — Sonetten-Kranz zur Feier der hochbeglückenden Anwesenheit Franz Joseph I. in ... Lemberg. [Lemberg] 1855.

Rabener's Schatten, an, s. C. G. v. Murr.

Rabenfeder, die, e. Geschichte z. Ostergeschenk f. Kinder. (Von Chr. Gtl. Barth) 12. (3⅓ B.) Basel 832, Schneider.

Rabenfeder, die, e. Gesch. zum Ostergeschenk f. Kinder. (Von Chr. Gtl. Barth.) 2. Aufl. 12. (3⅓ B.) Basel 835, Schneider.

Rabenfeder, die. Eine Geschichte zu einem Festgeschenk f. Kinder. Von dem Verf. d. Altväter. (Christ. Glob. Barth) 3. Aufl. 16. (4½ B.) Basel 845, Schneider.

Rabenfeder, die. Eine Geschichte für Kinder. Von dem Verf. der „Altväter" (C. G. Barth). 4. Aufl. Stuttgart 868. J. F. Steinkopf. 16. (78 S.) 4 ngr.

Rabenhorst, Ludwig

—— und G. v. Martens, Algae marinae siccatae, s. Algae.

— die Algen Europa's. Fortsetzung der Algen Sachsens, resp. Mittel-Europa's. Unter Mitwirkung von Auerswald, Bulnheim, Gennaro, Hantzsch rc. gesammelt u. herausg. Decade 1—63. [resp. 101—163.] Ebend. 861—64. gr. 8. Jede Decade (à 10 Bl. mit getrockneten u. aufgeklebten Pflanzen) nn. 25 ngr.

Rabenhorst, L., die Algen Europa's. (Fortsetzung der Algen Sachsens resp. Mittel-Europa's.) Decade 41—106. (resp. 141—206.) gr. 8. (à 10 Blatt mit aufgeklebten Pflanzen.) Dresden 862—68, (am Ende.) cart. à Decade * * 25 Ngr. * *
Dec. 1—40. Ebendas. 1861,62. ** 33 Thlr. 10 Ngr. — Vgl. XIII. Bd. 2. Abthl. S. 234.

Rabenhorst, L., die Algen Europa's, mit Berücksicht. des ganzen Erdballs. Unter Mitwirkung von M. Anzi, de Cesati, Fr. Elfving etc. gesammelt und hrsg. Dec. 207—250. gr. 8. (à 10 Bl. mit aufgeklebten Pflanzen.) Dresden 868—76, (Kaufmann's Sortiment.) à Decade ** M 2,50. **

Rabenhorst, L., die Algen Europa's, mit Berücksicht. des ganzen Erdballs. Dec. 251—259. gr. 8. (à 10 Bl. mit aufgeklebten Pflanzen.) Dresden 877—79, (Kaufmann's Sortiment.) à Decade ** M 2,50. **

Rabenhorst, Ludw., die Algen Sachsens, resp. Mittel-Europas. Unter Mitwirkung der H. H. Bleisch, Bulnheim, Dalbini rc. gesammelt u. herausg. 1—86. Decade. Dresden 848—59. (am Ende.) gr. 8. Jede Decade (à 10 Bl. mit getrockneten u. aufgeklebten Pflanzen) nn. 25 ngr.

Rabenhorst, Ludw., die Algen Sachsens, resp. Mittel-Europa's. Unter Mitwirkung von Ardissone, de Bary, Bulnheim rc. gesammelt u. herausg. Decade 87—100. (Mit: Alphabet. Verzeichniss 16 S.) Dresden 859, 60. (am Ende.) gr. 8. Jede Decade (à 10 Bl. mit getrockneten u. aufgeklebten Pflanzen) nn. 25 ngr.

— Beiträge zur näheren Kenntniss u. Verbreitung der Algen, s. Beiträge.

Rabenhorst (L.). Beitraege zur naeheren Kenntn. und Verbreitung der Algen. Leipzig, 1863–5. 4°.

Rabenhorst, Ldw., populär-prakt. Botanik, oder Anleitung die in Deutschland häufig wildwachs. u. gezogenen Gewächse kennen zu lernen; nebst einer Uebersicht des Gewächsreiches nach seiner organogenetischen Entwickelung. Mit 1 Tab. 8. Leipzig 843, Kummer. 1 11/12 Thlr.

—— Bryotheca europaea. Die Laubmoose Europa's unter Mitwirkung mehrerer Freunde der Botanik gesammelt und hrsg. Fasc. 1--10. gr. 4. (308 Blatt mit aufgeklebten Pflanzen und 8 S. Text.) Dresden 858—62, am Ende. à Fasc. ** 4 Thlr. **

—— Bryotheca europaea. Die Laubmoose Europa's unter Mitwirkung mehrerer Freunde der Botanik gesammelt und hrsg. Fasc. 11—21. 4. (à ca. 50 Blatt mit aufgeklebten Pflanzen.) Dresden 862—68, am Ende. à Fasc. * 4 Thlr. *
Fasc. 1—10. (Ebendas.) 1858—62. * 40 Thlr.

—— Bryotheca europaea. Die Laubmoose Europa's unter Mitwirkung mehrerer Freunde der Botanik gesammelt und hrsg. Fasc. 22—27. (à ca. 50 Bl. mit aufgeklebten Pflanzen.) 4. (Ebendas.) 869—76. cart. à Fasc. * M 12. *
Fasc. 1—21. Ebendas. 1858—68. * M 252.

Rabenhorst, L., Bryotheca europaea et extraeuropaea. Die Laubmoose Europa's [und anderer Erdtheile], unter Mitwirkung mehrerer Freunde der Botanik gesammelt und hrsg. von G. Winter. Fasc. 28 und 29. Nr. 1351—1450. gr. 4. (1 Bl. Text.) Dresden 884, (Kaufmann's Sortiment.) cart. à Fasc. * M 12. *
Fasc. 1—27. (Ebendas.) 1858—76. à * M 12.

— s. Centralblatt, botanisches.

—— Characeae europeae exsiccatae, s. Braun, A.

— die Characeen Europa's, s.: Braun, A.

—— Cladoniae europaeae. Die Cladonien Europa's. Unter Mitwirkung mehrerer Freunde der Botanik gesammelt und hrsg. Fol. (12 S. und 39 Blatt mit aufgeklebten Pflanzen.) Dresden 860, am Ende. In Carton. * *

—— Cladoniae europaeae. Die Cladonien Europa's in getrockneten Exemplaren. Unter Mitwirkung mehrerer Freunde der Botanik gesammelt und hrsg. Suppl. I. Fol. (11 Blatt mit aufgeklebten Pflanzen.) Dresden 863, (am Ende.) In Carton. *
Das Hauptwerk Ebendas. 1860. * * 25 Thlr. — Vgl. XIII. Bd. 2. Abthl. S. 234.

—— Cryptogamae vasculares europaeae. Die Gefäß-Kryptogamen Europa's unter Mitwirkung mehrerer Freunde der Botanik gesammelt und hrsg. Fasc. 1—3. gr. Fol. (86 Blatt mit aufgeklebten Pflanzen.) Dresden 858—60, (am Ende.) à Fasc. * * 4 Thlr. * *

—— Cryptogamae vasculares europaeae. Die Gefäß-Kryptogamen Europa's unter Mitwirkung mehrerer Freunde der Botanik gesammelt und hrsg. Fasc. 4. gr. Fol. (32 Blatt mit aufgeklebten Pflanzen.) Dresden 863, (am Ende.) cart. *
Fasc. 1.—3. (Ebendas.) 1858—60. * 12 Thlr.

—— und W. O. Helmert, Elementarcursus der Kryptogamenkunde, s. Helmert, W. O.

—— Flora europaea Algarum aquae dulcis et submarinae. 3 Sect. gr. 8. Leipzig, Kummer. *

Inhalt:

Sectio 1. Algas diatomaceas complectens. Cum figuris generum omnium xylographice impressis. (359 S.) 864. * 2 Thlr.
» 2. Algas phycochromaceas complectens. Cum figuris generum omnium xylographice impressis. (319 S.) 865. * 2 Thlr. 10 Ngr.
» 3. Algas chlorophyllophyceas, melanophyceas et rhodophyceas complectens (plagulae 1—20). Fasc. 1. Cum figuris generum omnium xylographice impressis. (S. 1—320.) 868. * 2 Thlr. 10 Ngr.
» 3. —— dass. — Fasc. 2. (XX und S. 321—461 mit Portr. in Stahlst.) 868. * 1 Thlr.

Rabenhorst, L., Flora Lusatica, od. Verzeichn. u. Beschreib. der in d. Ober- u. Niederlausitz wildwachs. u. häufig cultivirten Pflanzen. 2 Bde. gr. 8. Leipzig, Kummer.
Bd. 1. Phanerogamen. (25½ B.) 839. 2 Thlr. 4 Gr.
- 2. Kryptogamen. (33⅛ B.) 840. 2 Thlr. 18 Gr.

— Flora des Königreichs Sachsen. Nebst Schlüssel zu dem Linné'schen Sexualsysteme u. dem zu Grunde gelegten natürlichen Systeme. Phanerogamen u. kryptogamische Gefäßpflanzen. Dresden 859. (Leipzig, C. F. Fleischer.) 8. (LXVIII, 346 S.) n. 1 Thlr. 15 ngr

— Fungi europaei exsiccati. Klotzschii herbarii vivi mycologici continuatio. Editio nova. Series I. — Ser. II. Centuria I—III. Dresden 860, 61. (am Ende.) gr. 4. (213 Bl. mit getrockneten u. aufgeklebten Pflanzen.) Jede Centurie n. 8 Thlr.

—— Fungi europaei exsiccati. Klotzschii herbarii vivi mycologici continuatio. Editio nova. Series II. Centuria 1—3. gr. 4. (Centuria 1 und 2. à 66 Blatt, Centuria 3. 77 Blatt mit aufgeklebten Pflanzen.) Dresden 860. 61, am Ende. à Centuria * * 8 Thlr. * *

—— Fungi europaei exsiccati. Klotzschii herbarii vivi mycologici continuatio. Editio nova. Series II. Centuria 4—12. gr. 4. (Mit aufgeklebten Pflanzen.) Dresden 862—68, am Ende. à Centuria * 8 Thlr. *

—— Fungi europaei exsiccati. Klotzschii herbarii vivi mycologici continuatio. Centuria 13—20. gr. 4. (Mit aufgeklebten Pflanzen.) Ebendas. 869—75.
à Centuria * ℳ 24. *
Centuria 1—12. Ebendas. 1860—68. * ℳ 288.

—— Fungi europaei exsiccati. Klotzschii herbarii vivi mycologici continuatio. Edit. nova. Series II. Centuria 1—6. gr. 4. (Mit aufgeklebten Pflanzen.) (Ebendas.) 876—80.
à Centuria * ℳ 24. *
Series I. Centuria 1—20. (Ebendas.) 1860—75. * ℳ 480.

—— Fungi europaei et extraeuropaei exsiccati. Klotzschii herbarii vivi mycologici continuatio. Edit. nova. Series II. Centurio 7—12 [resp. Cent. 27—32]. Cura G. Winter. 4. (à Cent. 1 Bl. Text.) (Ebendas.) 881—84.
cart. à Cent. * ℳ 24. *

Rabenhorst, L., fungi europaei et extraeuropaei exsiccati. Klotzschii herbarii vivi mycologici continuatio. Edit. nova. Series II. Centurio 13—16 [resp. Cent. 33—36]. Cura G. Winter. gr. 4. (Mit je 1 Bl. Text.) Dresden 885—87, (Kaufmann's Sortiment.) cart. à Cent. * ℳ 24.—. * 96 —

—— et G. Winteri fungi europaei et extraeuropaei exsiccati. Klotzschii herbarii vivi mycologici continuatio. Ed. nova. Series II. Centuria 17 [resp. Cent. 37]. Cura O. Pazschke. gr. 4. (Mit 1 Bl. Text.) Lpz. 890. (Dresd., Kaufmann's Sort.) cart. ** 24 —

— et G. Winteri fungi europaei et extraeuropaei exsiccati. Klotzschii herbarii vivi mycologici continuatio. Ed. nova. Series II. Centuria 18 et 19 [resp. Cent. 38 et 39]. Cura O. Pazschke. gr. 4. (Mit je 1 Bl. Text.) Leipzig 893. (Dresden, G. A. Kaufmann's Sort.) Kart.
à n.n. 24. —

Rabenhorst, L., s. Hedwigia.

RABENHORST (L.). Hedwigia, 1852, etc. 8°.→
Devoted to Cryptogams.

—— Hepaticae europaeae. Die Lebermoose Europa's unter Mitwirkung mehrerer namhafter Botaniker gesammelt und hrsg. Decas 1—18. gr. 8. (83 Blatt mit aufgeklebten Pflanzen.) Dresden 855—61, am Ende. à Decade geb. * * 20 Ngr. * *

—— und Gottsche, Hepaticae europaeae. Die Lebermoose Europa's unter Mitwirkung namhafter Botaniker gesammelt und hrsg. Decade 19—33. gr. 8. (à ca. 10 Blatt mit aufgeklebten Pflanzen.) Dresden 862—65, (am Ende.) cart. à Decade * * 25 Ngr. * *
1.—18. Decade. (Ebendas.) 1855—61. * * 15 Thlr.

—— und Gottsche, Hepaticae europaeae. Die Lebermoose Europa's, unter Mitwirkung mehrerer namhaften Botaniker gesammelt und hrsg. Decade 34—61. gr. 8. (à ca. 10 Bl. mit aufgeklebten Pflanzen.) Dresden 869—75, (Kaufmann's Sortiment.) à Decade * ℳ 3. *
1.—33. Decade. Ebendas. 1855—65. * ℳ 99.

—— Hepaticae europaeae. Die Lebermoose Europa's, unter Mitwirkung mehrerer namhaften Botaniker gesammelt und hrsg. Decade 62—66. gr. 8. (à ca. 10 Bl. mit aufgeklebten Pflanzen.) (Ebendas.) 876—79.
à Decade * ℳ 6. *
Decade 1—61. (Ebendas.) 1855—75. * ℳ 183.

—— Klotzschii herbarium vivum mycologicum, s. Klotzschii herbarium.

—— Deutschlands Kryptogamen-Flora, oder Handbuch zur Bestimmung der kryptogam. Gewächse Deutschlands, der Schweiz, des lombardisch-venetianischen Königreichs u. Istriens. 1. u. 2. Bd. gr. 8. Leipzig, Kummer.
Bd. 1. Pilze. (39¾ B.) 844. 3 Thlr. 10 Ngr.
» 2. Abthl. 1. Die Lichenen Deutschlands. (9 B.) 845. 25 Ngr.
» 2. Die Algen Deutschlands, m. Berücksichtig. der Schweiz u. d. südlich angrenzenden Länder. (14¾ B.) 847. 1 Thlr. 10 Ngr.

— Deutschlands Kryptogamen-Flora, oder Handbuch zur Bestimmung d. kryptogam. Gewächse Deutschlands, d. Schweiz, des Lombardisch-Venetianischen Königreichs und Istriens. 1. Bd. Pilze. gr. 8. Leipzig 844, Kummer. 3⅓ Thlr — 2. Bd. 1. Abthl. Die Lichenen Deutschlands. gr. 8. Ebend. 845. ⅚ Thlr — 2. Bd. 2. Abthl. Die Algen Deutschlands, mit Berücksicht. d. Schweiz 2c. gr. 8. Ebd. 847, (846,) 1⅓ Thlr

Rabenhorst, L., Deutschlands Kryptogamen-Flora, oder: Handbuch zur Bestimmung der kryptogam. Gewächse Deutschlands, der Schweiz, des lombard.-venetian. Königreichs und Istriens. 2. Bd. 3. (letzte) Abthl.: Moose, Leber-, Laubmoose und Farren. 2 Lfgn. gr. 8. (XVI und 352 S.) Leipzig 848, Kummer.
1. Bd. und 2. Bd. 1. und 2. Abthl. Ebendas. 1844—47. 5 Thlr. 15 Ngr

Rabenhorst, L. (Dr.). Kryptogamen-Flora v. Deutschland, Oesterreich und der *Schweiz*. I. Bd.: Pilze. Von Dr. G. Winter. 1. Lieferung. In-8°, 80 S. Leipzig, Eduard Kummer. 1881. 3 20
*** Der erste Band erscheint in circa 10 Lieferungen mit zahlreichen Abbildungen.

—— Kryptogamen-Flora von Deutschland, Oesterreich und der Schweiz. 2. Aufl., vollständig neu bearb. von A. Grunow, F. Hauck, G. Limpricht, Ch. Luerssen, P. Richter, G. Winter u. A. 1. Bd.: Pilze von G. Winter. 1.—16. Lfg. gr. 8. (1. Abthl. VIII, 922 S.; 2. Abthl. S. 1—192 mit eingedr. Holzschn.) Leipzig 881—84, Kummer.
à Lfg. * ℳ 2,40. *

—— dass. — 2. Aufl. 2. Bd.: Die Meeresalgen von Ferd. Hauck. 10 Lfgn, gr. 8. (XXIV, 576 S. mit 583 eingedr. Fig. und 5 Lichtdr.-Taf.) Ebendas. 882—85.
à Lfg. * ℳ 2,80. *

— Kryptogamen-Flora v. Deutschland, Oesterreich u. der Schweiz 2. Aufl. 1. Bd.: Pilze v. G. Winter. 10—26. Lfg. gr. 8. (1. Abtl. VIII u. S. 625—922 u. 2. Abthl. S. 1—864 m. eingedr. Holzschn.) Leipzig 883—86. Kummer. à n. 2. 40 (1. Bd. 1. Abtl. cplt.: n. 31. 20)

— Kryptogamen-Flora von Deutschland, Oesterreich und der Schweiz. 3. Bd. Die Farnpflanzen oder Gefässbündelkryptogamen (Pteridophyta), von Ch. Luersen. 1. Lfrg. In-8°. Leipzig, E. Kummer. 1884. 3 20

— — 2. Aufl. vollst. neu bearb. ... Bd. 1—6. Leipz. Fig.

1. Bd. Die Pilze: 1. Abt.: Schizomyceten, Saccharomyceten u. Basidiomyceten. 1884.
2. — : Ascomyceten: Gymnoasceen u. Pyrenomyceten. 1887.
3. — : — : Hysteriaceen u. Discomyceten. 1896.
4. — : Phycomycetes. 1892.
5. — : Ascomyceten: Tuberaceen u. Hemiaceen. 1897.
6. — : Fungi imperfecti: Hyalin-sporige Sphaerioideen. 1901.
7. — : Fungi imperfecti: Gefärbt-sporige Sphaerioideen, sowie Nectroideen, Leptostromaceen, Excipalaceen u. Familien d. Ordnung d. Melanconieen m. Haupt-Reg. d. Abt. 6. u. 7. 1903.
8. — : Fungi imperfecti: Hyphomycetes (erste Hälfte), Mucedinaceae, Dematiaceae (Phaeosporae u. Phaeodidymae). 1907.
9. — : Fungi imperfecti: Hyphomycetes (zweite Hälfte), Dematiaceae (Phaeophragmiae bis Phaeostaurosporae), Stilbaceae, Tuberculariaceae, sowie Nachträge, Nährpflanzenverzeichnis u. Register. 1910.
10. — : Myxogasteres. Lief. 121—124. 1912—15.

2. Bd. Die Meeresalgen. Von F. Hauck. 1885.
3. Bd. Die Farnpflanzen o. Gefässbündelkryptogamen. (Pteridophyta). Von C. Luerssen. 1889.
4. Bd. Die Laubmoose. Von G. Limprecht.
1. Abt.: Sphagnaceae, Andreaeaceae, Archidiaceae, Bryineae [I]. 1890.
2. — : Bryineae [II]. 1895.
3. — : Hypnaceae u. Nachträge, Synonymen-Reg. u. Litteratur-Verzeichniss. 1904.
5. Bd. Die Characeen. Von W. Migula. 1897.
6. Bd. Die Lebermoose. Von K. Müller. 2 Abt. 1906—16.

— dasselbe. (2. Aufl.) 3. Bd.: Die Farnpflanzen od. Gefässbündelkryptogamen [Pteridophyta] v. Chr. Luerssen. 1—8. Lfg. gr. 8. (S. 1—512 m. eingedr. Holzschn.) Ebend. 884—86. à n. 2. 40

—— Kryptogamen-Flora von Deutschland, Oesterreich und der Schweiz. 2. Aufl., vollständig neu bearb. von A. Grunow, F. Hauck, G. Limpricht, Chr. Luerssen, P. Richter, G. Winter u. A. Mit zahlreichen in den Text eingedr. Abbild. 1. Bd.: Pilze. Unter Mitwirkung von A. de Bary und H. Rehm bearb. von Geo. Winter. 17.—30. Lfg. gr. 8. (2. Abthl. VIII, S. 193—928; 3. Abthl. S. 1—208.) Leipzig 885—88, Kummer. à Lfg. *ℳ 2.40. * 33 60

—— dass. — 2. Aufl. 1. Bd.: Pilze von G. Winter. Register der 1. Abthl. [1.—13. Lfg.] Bearb. von G. Oertel. gr. 8. (II, 63 S.) Ebendas. 885. * 2 40

—— dass. — Register zur 2. Abthl. [14.—27. Lfg.] Bearb. von G. Winter. gr. 8. (48 S.) Ebendas. 887. * 2 40

—— dass. — 3. Bd.: Die Farnpflanzen oder Gefässbündelkryptogamen [Pteridophyta] von Chr. Luerssen. 4.—11. Lfg. gr. 8. (S. 193—704 mit eingedr. Fig.) Ebendas. 885—88. à Lfg. *ℳ 2.40. * 19 20

—— dass. — 4. Bd.: Die Laubmoose von K. Gust. Limpricht. 1.—9. Lfg. gr. 8. (S. 1—576 mit zahlreichen in den Text eingedr. Abbild.) Ebendas. 885—88. à Lfg. *ℳ 2.40. * 21 60

Rabenhorst, L., Kryptogamen-Flora v. Deutschland, Oesterreich u. der Schweiz. 2. Aufl., vollständig neu bearb. v. A. Grunow, F. Hauck, G. Limpricht, Chr. Luerssen, P. Richter, G. Winter u. A. Mit zahlr. in den Text eingedr. Abbildgn. 1. Bd. 27.—32. Lfg. gr. 8. Leipzig 887—890. Kummer. à Lfg. n. 2. 40

Pilze. Unter Mitwirkg. v. A. de Bary u. H. Rehm bearb. v. Geo. Winter. 27.—32. Lfg. (2. Abth. VIII u. S. 865—928; 3. Abth. S. 1—336.)

— dasselbe. Register zur 2. Abth. [14.—27. Lfg.] gr. 8. (48 S.) Ebd. 887. n. 2. 40

— dasselbe. 3. Bd. 9.—14. Lfg. gr. 8. Ebd. 887—889. à Lfg. n. 2. 40

Die Farnpflanzen od. Gefässbündelkryptogamen [Pteridophyta] v. Chr. Luerssen. 9.—14. Lfg. (XII u. S. 513—906.)

— dasselbe. 4. Bd. 1. Abth. 6.—13. Lfg. gr. 8. Ebd. 887—890. à Lfg. n. 2. 40

Die Laubmoose. Bearb. v. K. Gust. Limpricht. Mit 533 Einzelabbildgn. 1. Abth. Sphagnaceae, Andreaeaceae, Archidiaceae, Bryineae [Cleistocarpae, Stegocarpae (Acrocarpae)]. 6.—13. (Schluss-)Lfg. (X u. S. 321—836.) (4. Bd. 1. Abth. cplt.: n. 31. 20.)

Rabenhorst's, L., Kryptogamen-Flora v. Deutschland, Oesterreich u. der Schweiz. (2. Aufl.) 1. Bd.: Pilze. 31.—38., 45.—52. Lfg. gr. 8. (Mit eingedr. Abbildgn.) Lpz. 889—92, Kummer. à Lfg. * 2 40; * 38 40

31.—38. Lfg. Discomycetes. [Pezizaceae bearb. v. H. Rehm]. (3. Abthl. S. 209—720.) 45.—52. Lfg. Phycomycetes, bearb. v. Alfr. Fischer. (4. Abthl. XIV, 505 S.) Lfg. 39—44, Forts. u. Schluss der „Discomyceten", m. Einschluss der Tuberaceen, ist noch nicht erschienen.

—— dass. — 3. Bd.: Die Farnpflanzen od. Gefässbündelkryptogamen [Pteridophyta] v. Chr. Luerssen. 12.—14. (Schluss-)Lfg. gr. 8. (XII u. S. 705—906 m. eingedr. Abbildgn.) Ebd. 889. à Lfg. * 2 40; * 7 20

Rabenhorst's, L., Kryptogamen-Flora v. Deutschland, Oesterreich u. der Schweiz. (2. Aufl.) 4. Bd.: Die Laubmoose von K. Gust. Limpricht. 10.—19. Lfg. gr. 8. Lpz., Kummer. [10.—13. Lfg., 1. Abthl. (IX, S. 577—836) 889,90; 14.—19. Lfg., 2. Abthl. (S. 1—384) 891,92.] à Lfg. * 2 40; * 24 —

1. Abthl. compl. in 13 Lfgn. * 31 20.

— dasselbe. 4. Bd. 2. Abth. Die Laubmoose v. K. Gust. Limpricht. 14. u. 15. Lfg. Orthotrichaceae, Encalyptaceae, Georgieceae. gr. 8. (S. 1—128 m. Abbildgn.) Ebd. 891. à Lfg. n. 2. 40

— dasselbe. 4. Bd. 16.—24. Lfg. gr. 8. Ebd. 891—894. à Lfg. n. 2. 40

Die Laubmoose v. K. Gust. Limpricht. 16.—24. Lfg. Georgieceae, Schistostegaceae, Splachnaceae, Disceliaceae, Funariaceae, Boyaceae, Bryaceae. (2. Abth. S. 129—704 m. Abbildgn.)

— dasselbe. 5. Bd. 1. u. 2. Lfg. gr. 8. Ebd. 889. 890. à Lfg. n. 2. 40

Die Characeen v. W. Migula. (In 10—12 Lfgn.) 1. u. 2. Lfg. (S. 1—128 m. Abbildgn.)

— dasselbe. 5. Bd. 3.—9. Lfg. gr. 8. Ebd. 891—894. à Lfg. n. 2. 40

Die Characeen v. W. Migula. 3.—9. Lfg. (S. 129—576 m. Abbildgn.)

Rabenhorst's, L., Kryptogamen-Flora v. Deutschland, Oesterreich u. der Schweiz. 2. Aufl. Vollständ. neu bearb. v. A. Fischer, F. Hauck, G. Limpricht u. A. 1. Bd. Pilze. 44. u. 53.—63. Lfg. gr. 8. Leipzig, E Kummer. à Lfg. n. 2. 40

44. 53. Discomycetes (Pezizaceae, Helvellaceae), bearb. v. H. Rehm. (3. Abth. S. 1041—1168 m. Abb.) 895.
54. 55. Dasselbe. (Helvellaceae), Nachträge. (3. Abth. VIII u. S. 1169—1275 m. Abb.) 895. 96.
56. Register d. 3. Abth. (Lfg. 28—44, sodann 53—55.) Bearb. v. O. Pazschke. (S. 113—169.) 896.
57. 58. 5. Abth. Ascomyceten: Tuberaceae u. Hemiasceen. Bearb. v. Ed. Fischer. (5. Abth. V, 131 S. m. Abb.) 896. 97.
59.—63. Fungi imperfecti. Bearb. v. Andr. Allescher. (VI. Abth. S. 1—320 m. Abb.) 898.

— dasselbe. 4. Bd. 25.—33. Lfg. gr. 8. Ebd. à Lfg. n. 2. 40

25. 26. D. Laubmoose Deutschlands, Oesterreichs u. d. Schweiz. Bearb. v. K. Gust. Limpricht. 25. 26. Lfg. [2. Abth.: Bryineae (Stegocarpae [Acrocarpae, Pleurocarpae excl. Hypnaceae]).] (VII u. S. 705—853 m. Abb.) 895.
27.—33. Dasselbe. 27.—33. Lfg. (3. Abth.: Hypnaceae. (S. 1—448 m. Abb.) 896—898.

— dasselbe. 5. Bd. 10.—12. (Schluss-) Lfg. gr. 8. Ebd. 895—897. à Lfg. n. 2. 40

D. Characeen. Unt. Berücksicht. aller Arten Europas. Von W. Migula. M. zahlr. in d. Text gedr. auf alle Species bezieh. Abb. (VII u. S. 577—765.)

Rabenhorst's, L., Kryptogamen-Flora v. Deutschland, Oesterreich u. der Schweiz. 2. Aufl. Vollständig neu bearb. von Andr. Allescher, A. Fischer, E. Fischer, F. Hauck, G. Limpricht u. A. 1. Bd. Pilze. 64.—87. Lfg. gr. 8. Leipzig 899—903. E. Kummer. à n. 2. 40

Fungi imperfecti. Von Andr. Allescher. (VI. Abth. VIII u. S. 321—1016 u. VII. Abth. S. 1—832 m. Abbildgn.)

— dasselbe. 4. Bd. 34.—37. Lfg. gr. 8. Ebd. 899—902. à n. 2. 40

Die Laubmoose. Von K. G. Limpricht. 34.—37. Lfg. (3. Abth.: Hypnaceae u. Nachträge S. 449—704 m. Abbildgn.)

— Kryptogamen-Flora v. Deutschland, Oesterreich u. der Schweiz. 2. Aufl., vollständig neu bearb. v. Andr. Allescher, A. Fischer, E. Fischer u. A. 1. Bd. Pilze. 88.—103 Lfg. gr. 8. Leipzig. E Kummer. à n. 2. 40
88.—91. Fungi imperfecti: Gefärbt-spor. Sphaerioideen, sowie Nectrioideen, Leptostromaceen, Excipulaceen u. Familien der Ordng. der Melanconieen, m Hauptregister der VI. u. VII. Abth. Von Andr. Allescher. Mit e. Begleitworte von Frhr. v. Tubeuf. (VII. Abth. VIII u. S. 833—1072 m. Abbildgn.) 903.
92.—103. Fungi imperfecti. (Hyphomycetes) Von G. Lindau. (VIII. Abtlg. S. 1—752 m. Abbildgn.) 904—906.

— dasselbe. 4. Bd. 38.—41. (Schluss-)Lfg. gr. 8. Ebd. à n. 2 40
Die Laubmoose Deutschlands, Oesterreichs u. der Schweiz. Unter Berücksicht. der übr. Länder Europas u. Sibiriens. Von K. Gust. Limpricht. 38.—41. Lfg. III. Abth. Hypnaceae u Nachträge, Synonymen-Register u. Litteratur-Verzeichniss. Abschluss der Nachträge u. darauf Folgendes v. W. Limpricht fil. (VIII u. S. 705—864 u. 79 S. m. Abbildgn.) 903.904.

— dasselbe. 6. Bd. (In 15—18 Lfgn.) 1. u. 2. Lfg. gr. 8. Ebd. à n. 2. 40
Die Lebermoose (Musci hepatici) (unter Berücksicht. der übrigen Länder Europas.) Von Karl Müller. (S. 1—128 m. Abbildgn.) 906.

— Kryptogamen-Flora v. Deutschland, Oesterreich u. der Schweiz. 2. Aufl., vollständig neu bearb. v. Andr. Allescher, A. Fischer, E. Fischer u. A. 1. Bd. Pilze. 104.—119. Lfg. gr. 8. Leipzig, E. Kummer. à 2. 40
104—119. Fungi imperfecti (Hyphomycetes). Von G. Lindau. (VIII. Abtlg. VIII u. S. 753—852 u. IX. Abtlg. S. 1—944 m. Abbildgn.) 907—10.

— — dasselbe. I. Bd. VIII. Abtlg. gr. 8. Ebd. 31.20; geb. n 34.50
VIII. Fungi imperfecti: Hyphomycetes (1. Hälfte), Mucedinaceae, Dematiaceae (Phaeosporae u. Phaeodidymae). Von G. Lindau. (VIII, 852 S. m. Abb.) 907. 31.20; geb. n 34.50

— — dasselbe. 6. Bd. 3.—12. Lfg. gr. 8. Ebd. à 2. 40
3—12. Die Lebermoose (Musci hepatici) (unter Berücksicht. der übrigen Länder Europas). Von Karl Müller. 3.—12. Lfg. (S. 129—768 m. Abb.) 907—10.

— Kryptogamen-Flora von Sachsen, der Ober-Lausitz, Thüringen u. Nordböhmen, mit Berücksichtigung der benachbarten Länder. 1. Abthlg. Algen im weitesten Sinne, Leber- u. Laubmoose. Mit über 200 Illustr. (Holzschn.), sämmtliche Algengattungen bildlich darstellend. Leipzig 863. Kummer. 8. (XX, 653 S.) n. 3 ₰ 6 ngr.

—— Kryptogamen-Flora von Sachsen, der Ober-Lausitz, Thüringen und Nordböhmen mit Berücksicht. der benachbarten Länder. 2. Abthl.: Die Flechten. Mit zahlreichen Illustr. (in Holzschn.), sämmtliche Flechtengattungen darstellend. 8. (XI, 406 S.) Leipzig 870, Kummer. *
1. Abthl. Ebendas. 1863. *M 9,60.

—— Cryptogamen-Sammlung für Schule und Haus. Fol. (72 Blatt mit aufgeklebten Pflanzen.) Dresden 859. (am Ende.) In Mappe. **

— Cryptogamen-Sammlung für Schule u. Haus. 8. (72 Bl.) n. 9 ₰ 10 ngr. — (Neue Ausg.) Dresden 861. (am Ende.) Fol. (71 Bl. mit getrockneten u. aufgeklebten Pflanzen.) n. 12 ₰

—— Cryptogamen-Sammlung. Eine systematische Uebersicht über das Reich der sog. Cryptogamen mit Illustr., welche den in Kürze gehaltenen Text klar veranschaulichen. 1. Sect.: Pilze. gr. 4. (64 Bl. mit getrockneten Pflanzen und 35 S. Text mit eingedr. Holzschn.) Dresden 876, (Kaufmann's Sortiment.) In Mappe *

—— Lichenes europaei exsiccati. Die Flechten Europa's unter Mitwirkung mehrerer namhafter Botaniker gesammelt und hrsg. Fasc. 1—22. gr. 8. (513 Blatt mit aufgeklebten Pflanzen.) Dresden 855—61, (am Ende.) **

—— Lichenes europaei exsiccati. Die Flechten Europa's unter Mitwirkung mehrerer namhafter Botaniker gesammelt und hrsg. Fasc. 23—30. 8. (à ca. 25 Blatt mit aufgeklebten Pflanzen.) Dresden 862—68, (am Ende.) cart. à Fasc. * 3 Thlr. 10 Ngr. *
Fasc. 1—22. (Ebendas.) 1855—61. ** 58 Thlr.

—— Lichenes europaei exsiccati. Die Flechten Europa's unter Mitwirkung mehrerer namhafter Botaniker zusammengestellt und hrsg. Fasc. 31—35. gr. 8. (à ca. 25 Blatt mit aufgekl. Pflanzen.) Dresden 869—75, (Kaufmann's Sortiment.) cart. à Fasc. *M 10. *
Fasc. 1—30. Ebendas. 1855—68. *M 254.

— Lichenes europaei exsiccati. Die Flechten Europa's. Fasc. 32—36. gr. 8. (à ca. 25 Bl.) Dresden 870—79. Kaufmann's Sort. à n. 10. —

—— Mycologia europaea, s. Gonnermann, W.

— die Süsswasser-Diatomaceen. (Bacillarien.) Für Freunde der Mikroskopie bearb. Mit 10 lith. Taf. Leipzig 853. Kummer. gr. 4. (XII, 72 S. u. 5 Bl. Erklärg.) n. 2 ₰.

—— Synonymenregister zu Deutschlands Kryptogamen-Flora. gr. 8. (144 S.) Leipzig 853, Kummer.
Das Hauptwerk 2 Bde. Ebendas. 1844—47. 5 Thlr. 15 Ngr.

Rabenhorst (L.). Botanisches Centralblatt fuer Deutschland. Leipzig, 1846. 8°.

Rabenhorst, Max, der ältere Plinius als Epitomator des Verrius Flaccus. Eine Quellenanalyse d. 7. Buches der Naturgeschichte. (VI, 132 S.) 8. Berlin 907. G. Reimer. 3. —

Rabenhorst, Max, a. Berlin: Quellenstudien zur naturalis historia des Plinius. T. 1: Die Zeitangaben varronischer und capitolinischer Aera in der naturalis historia. (Berlin 1905: E. Ebering.) (70 S.) 8° ¶ (Nur Teil 1 der eingereichten Arbeit.)
Berlin, Phil. Fak., Ref. Hirschfeld, Ed. Meyer, Diss. v. 4. März 1905
[Geb. 27. Nov. 79 Berlin; Heimatsort: Berlin; Staatsangeh.: Preußen; Vorbildung: Prinz Heinrichs-Gymn. Schöneberg Reife O. 98; Studium: Berlin 12 S.; Rig. 15. Dez. 04.]

Rabenhorst, Walter, aus Kottbus: Die Wanderung des Kalkoxalats in der Pflanze. *Siegen 1898: H. Grimm Nachf.* (56 S.) 8°
Erlangen, Phil. Diss. v. 29. Okt. 1897

Rabenlechner, Mich., die Gebührenbemessung der Ausgedingsverträge und überhaupt der Gutsabtretungen mit Vorbehalten, im Sinne der Belehrung des hohen k. k. Finanzministeriums vom 17. Octbr. 1855, Z. 152 55—1143, beispielsweise angewendet. 2. verm. Aufl. Wien 856. Sommer. (F. Klemm.) Lex.-8. (2 Bl., 36 S.) n. 4 ngr.

—— Leitfaden zur Anwendung der provisorischen Gesetze vom 9. Febr. und 2. Aug. 1850 und der nachträglich erflossenen Verordnungen über die Gebührenbemessung der seit der Wirksamkeit dieser Gesetze geschlossenen gebührenpflicht. Rechtsgeschäfte und Amtshandlungen. Zur Benützung für Finanz- und Steuerbeamte 2c. Lex.-8. (IV und 100 S.) Wien 856. (Leipzig, Steinacker.) *

Rabenlechner, Mich. Maria, der Bauernkrieg in Steiermark (1525), s. a. Erläuterungen u. Ergänzungen zu Janssens Geschichte d. deutschen Volkes. II. 5.

Der Bauernkrieg in Steiermark (1525). Eine hist. Studie. Von Dr. Michael Maria Rabenlechner. *Freiburg i. Br.: Herder 1901.* (VIII, 56 S.) 8° [F.]
— Erläuterungen u. Ergänzungen zu Janssens Geschichte d. deutschen Volkes. Bd 2, H. 5.

— F. W. Webers „Dreizehnlinden". gr. 8. (22 S.) Wien 891. Drescher & Co. n. — 40

— Oscar v. Redwitz' religiöser Entwicklungsgang, s.a. Broschüren, Frankfurter zeitgem., XVIII, 1.

[F.] Oscar von Redwitz' religiöser Entwicklungsgang. Von Dr. Michael Maria Rabenlechner. *Frankfurt a. M.: P. Kreuer 1897.* (31 S.) 8.
— Broschüren, Frankfurter zeitgemässe. N. F. Bd 18. H. 1. [97. 2841]

Rabenlechner, Michael Maria, Illustr. Führer durch und um Mariazell. Oesterreichs Loreto. 2. vermehrte Auflage. 24. (78 S.) —.36
Wien: Drescher 1892

— Hamerling, s.a. Litteraturbilder der Gegenwart.

Rabenlechner, Mich. Maria, Hamerling. S. Leben u. s. Werke. M. Benutzg. ungedr. Materials. 1. Bd. 8. Hamburg 896. Verlagsanstalt u. Druckerei. n. 5. —; geb. n. 7. —
Hamerling's Jugend. Nach d. nächsten Quellen u. unter Mittheilg. v. zahlr. bisher unveröffentl. Dichtgn., Tagebuchblättern u. Briefen Rob. Hamerling's. M. d. Abbildg. v. Hamerling's Geburtshaus u. 1 Fksm. (XIV, 432 S.)

Rabenlechner, Michael Maria: Das mexikanische Kaisertum und sein Held. Aus Anlaß des vierzigsten Jahrestages der Katastrophe (19. Juni 1867). S. 3—24. 8.
K. k. Carl Ludwig-Gymn. im XII. Bezirke *Wien* (*Unter-Meidling*) 1907.
Progr.

Rabenlechner, Mich. Maria, Lorbeerblüthen, s.: Eichinger, Geo.

— Mariazell, Oesterreichs Loreto. Mit e. Vorwort v. Monsign. Alois Freudhofmeier. 16. (77 S. m. 7 Abbildgn.) Wien 891. Drescher & Co. Kart. n. — 72

— Rosegger, der Didaktiker, s.: Litteraturbilder fin de siècle. V.

Rabenlechner, Mich. Maria, mystische Rosen. Mit Bildern nach Orig.-Zeichngn. v. Patriz Meidler. 12. (83 S.) Würzburg 893. Wien, B. Herder. n. 1. 70; kart. m. Goldschn. n. 2. —; geb. in Leinw. m. Goldschn. n. 2. 40

— ein Sealsfield-Mythos, s.: Litteraturbilder fin de siècle.

—: Eine historische Seminararbeit Hamerlings: „Mohammeds Leben und Lehre". Mitteilung von M. M. R. S. 3—30. 8.
K. k. Carl Ludwig-Gymn. im XII. Bezirke *Wien* (*Unter-Meidling*) 1909.
Progr.

Rabenlechner, Michael Maria: Hamerlings Tragödie „Danton und Robespierre" und die Geschichte. Eine Studie. S. 3—24. 8.
K. k. Carl Ludwig-Gymn. im XII. Bezirke *Wien* (*Untermeidling*) 1906.
Progr.

— der Traum in der Sylvesternacht. Eine dramat. Scene. Mit e. Musikbeilage v. Aug. Weirich. gr. 8. (23 S.) Wien 893. (H. Kirsch.) n. — 60

Rabenlechner, Michael Maria: Verschollenes und Vergilbtes aus Hamerlings Wirken. Des Dichters Triester Programmaufsätze. Eine Studie unter Benutzung von Hamerlings bezüglichen Nachlaßpapieren. 8 (S. 3—37).
Progr. K. k. Staats-G. *Triest* 1900.

Rabenlechner, Mich., d. ersten poet. Versuche Hamerlings, s.a. Sammlung gemeinverständl. wissenschaftl. Vorträge.

[F.] Die ersten poetischen Versuche Hamerlings. Z. Gesch. s. Zwettler Aufenthalts. Von Dr. Michael Maria Rabenlechner in Wien. *Hamburg: Verlagsanst. u. Dr. A.-G. 1896.* (32 S.) 8.
— Sammlung gemeinverständl. wiss. Vorträge. N. F. Ser. 11. H. 245. [96. 4738]

Rabenlechner, Michael Maria: Vorlauff-Rampersdorffer-Rock. Ein Epitaph. S. 3—14. 8.
K. k. Carl Ludwig-Gymn. im XII. Bezirke *Wien* (*Unter-Meidling*) 1910.
Progr.

— das Weibliche im literar. Wien, s. Litteraturbilder fin de siècle

Rabenschlacht, s. Heldenbuch, deutsches.

(Rabenstein, C. A.,) Anweisung z. Bau d. Dorn'schen Lehmdächer, s.a. Anweisung.

Rabenstein, C. A.: Anweisung zum Bau der Dorn'schen Dächer. Chemnitz. 1839. 8°

Rabenstein, Curt, s. Rabenstein, Kurt

Rabenstein, Hnr. Polyk., († d. 22. Juli 1804.) aufrichtige Beitr. zur Entthronung des Aberglaubens. 8. Chemn. 786. Stößel. 3 gr.

Rabenstein, Kurt

Rabenstein, Curt Frhr. v., im Kasino, s.: Eckstein's humoristische Bibliothek.

Rabenstein, Curt Frhr. v., deutsche Soldatengeschichten, s.: Eckstein's Reisebibliothek.

Rabensteinensis, Joh., dialogus. Hrsg. v. Adf. Bachmann. [Aus: „Archiv f. österr. Gesch."] Lex.-8. (52 S.) Wien 876. Gerold's Sohn in Comm. n.n. — 70

Rabensteiner, Augustin, P. Prior. Das Stift und der Markt Lambach während der französischen Einfälle in den Jahren 1800, 1805 und 1809. Zur Erinnerung an das fünfzigjährige Regierungsjubiläum Sr. k. u. k. Apostolischen Majestät Kaiser Franz Josef I. Herausgegeben für den Militär-Veteranenverein Lambach von dessen Feldpater. kl. 8. Wels 1898.

Rabensteiner, Ed., neue Wiener Tanzschule. Anleitung zur Erlerng. der Tanzkunst f. Anfänger u. Geübtere. 8. (VII, 100 S. m. Fig.) Berlin (901). Neufeld & Henius. 1. 25

Rabensteiner, Eduard, neue Wiener Tanzschule. Anleitung zur Erlerng. der Tanzkunst f. Anfänger u. Geübtere. Mit zahlr. Fig. 2. Aufl. (V, 100 S.) 8. Berlin (905). Neufeld & Henius. 1. 25

Rabensteiner, Eduard, neue Wiener Tanzschule. Anleitung zur Erlerng. der Tanzkunst f. Anfänger und Geübtere. 3. Aufl. (VII, 100 S. m. Fig.) 8. Berlin (909). Neufeld & Henius. 1. 20

Rabenstein, H. Phil., aufrichtige Beyträge z. Entthronung des Aberglaubens. 8. Chemnitz, Stößel. 786.

v. Rabenswalde, s.a. Kunigunde.

Rabenswalde, Kunigunde von,
s.a. Reichenbach, Joh. Fr. Jakob

Rabenswalde, Kunigunde v., e. Scene a. d. 12ten Jahrh. 8. Lpz. Weygang. 790.

Rabenswalde, Kunigunde von,. Schausp. von Nüssel. 8. Augsburg, Stage. 791.

Raber, Selbstvertheidigung, s. Selbstvertheidigung.

RABER, Vigilius, Elf Fastnachts-Spiele aus den Jahr. 1512—35. Wien 1886. 8⁰. (Mk. 4—.) (2 Mk. 20 Pfg. Rossberg, Lpz., 1910.)

— — Fünfzehn Fastnachts-Spiele a. d. Jahren 1510 u. 1511. Ibid. eod. a. 8⁰. (Mk. 4—.) (2 Mk. 20 Pfg., unbeschn.; der Vorige.)
Gehört zu der Folge der Wiener Neudrucke.

Raber, V., Sterzinger Spiele, s.a. Neudrucke, Wiener.

Raber, Vigil. Sterzinger Spiele, herausgeg. v. Dr. Oswald Zingerle. I—II. Bändchen. (Wiener Neudrucke, 9. u. 11. Heft.) 8. (I. Bdch. XII u. 296 S., II. Bdch. 363 S.) Wien, Carl Konegen. 4 fl. 1885

Räber, Alois, Himmelwärts! Gebet- u. Gesangbüchlein f. kathol. Christen. 16. (VII, 192 S.) Luzern 901. (Räber & Co.) Geb. in Leinw. n. — 80

Räber, A. Karwochenbüchlein f. die Jugend u. das katholische Volk. Gr. in-16⁰. 119 S. Luzern, Räber & Co. 1895 — 50

Räber, Aloys. Karwochenbüchlein für die Jugend und das kathol. Volk. 2. u. 3. Aufl. In-32⁰. 126 S. Luzern. Räber & Cie. 1896 — 50

Räber, Al. Karwochenbüchlein für die Jugend u. das kathol. Volk. 4. Aufl. In-16⁰. 128 S. Luzern, Räber & Cie. 1897 — 50

Räber, Alois, Karwochenbüchlein f. d. Jugend u. d. kathol. Volk. 5. Aufl. gr. 16. (128 S.) Luzern 898. Räber & Co. n. — 55

— Karwochenbüchlein f. die Jugend u. das katholische Volk. 6.—8. Aufl. gr. 16. (à 144 S.) Ebd. 901. 902. — 60; geb. in Leinw. n. — 95

Räber, J., Die schweizerische Armenpolizei. 8⁰. Bern 1899.

Räber, J., die gewerbliche Reklame. Vom Verein junger Kaufleute in Luzern m. dem 1. Preise ausgezeichnet. 2. Aufl. gr. 8. (80 S.) Luzern 887. (Bern, Jenni.) n. 1. —

Räber, Jos., Ultra montes. Erinnerungen an die Schweizer Romfahrt im April 1902. (158 S. m. Abbildgn.) 8. Luzern (903). Räber & Co. n. 2. 20

Raeber, Siegf(ried). Die Entdeckung der Polarisationserscheinungen des Lichtes, in historischer Darstellung von Dr. Siegfr. R'. [Mit 1 Figur.] 45 S. 4.
Bericht der Realschule zu Basel 1905—1906. Beilage... Basel, Emil Birkhäuser, 1906.

Räber, Siegfr., die Konstante der inneren Reibung des Ricinusöls, s.a. Kahlbaum, Geo. W. A.

Räber, Siegfried, aus Basel: Die Konstante der inneren Reibung des Ricinusöls und das Gesetz ihrer Abhängigkeit von der Temperatur. Mit 6 Tafeln. Halle a. d. S. 1905. 107 S. 4⁰. S.-A. aus d. Nova Acta der K. Leop. Carol. Akad. Bd. 84.
Basel. Phil. Diss. 1904/1905.

Räber, Siegfried, Die Konstante der inneren Reibung des Ricinusöls und das Gesetz ihrer Abhängigkeit von der Temperatur. Diss. Phil. Basel. Mit [Figuren und] 6 Tafeln. (Sonderabdruck aus: Nova Acta der Kaiserlichen Leop.-Carol. Deutschen Akademie der Naturforscher. Bd. 84.) II + 107 S. 4. Halle a. d. S., Ehrhardt Karras, 1905.
Ausg. A. — Ausg. B s. Kahlbaum, Georg W[ilhelm] A[ugust], und Räber, Siegfr[ied].

Raberau, K., Das bayerische Knappschaftswesen. Mit Berücksichtigung der Arbeiterfürsorge des Staates als Berg-werks-, Hütten- und Salinen-Besitzer bis zum Erlass des Berggesetzes. Diss. 8⁰. Jena 1909.

Rabert, Fritz, prakt. Arzt aus Beeskow (Kr. Beeskow-Storkow): Zur Ätiologie von Chorea minor im Kindesalter. *Berlin (1901): G. Schade.* (31 S.) 8°
Berlin, Med. Diss. v. 15. Nov. 1901

Rabert, Paula, die Lehren der Liebe, s.: Lebens- u. Gesellschaftsfragen. I.

Raberti, Rubert, Immaculata. Roman aus dem röm. Leben d. Gegenwart. 2 Bde. 8. (V, 324 u. 351 S.) Stuttgart 899. J. G. Cotta Nachf. n. 8. —; geb. n. 10. —

Raberti, Rubert, Kunst. Romandichtung. (278 S.) gr. 8. Breslau 903. Berlin, S. Schottlaender's schles. Verlagsanstalt. n. 3. —; geb. n. 4. —

Rabes, O., u. E. **Löwenhardt**, Leitfaden der Biologie f. die Oberklassen höh. Lehranstalten. (X, 248 S. m. Abb. u. 5 farb. Taf.) 8. Leipzig 910. Quelle & Meyer. Geb. in Leinw. 3. —

Rabes, Otto, aus Klein-Osterhausen: Transplantationsversuche an Lumbriciden. Histologie u. Physiologie d. Transplantationen. *Marburg 1901: (Breitkopf & Härtel in Leipzig).* (27 S.) 8° ¶(Erscheint vollst. in: Archiv f. Entwickelungsmechanik d. Organismen, Bd 13, 1901.)
Marburg, Phil. Diss. v. [1. Aug.] 1901

Rabetge, Henr. Ferd. August. (geb. Haynau in Schles. 4. 9. 1841): De rheumatismo articulorum acuto. Berolini (1866). (32 S.) 8°
Berlin, Med. Diss. v. 27. März 1866

Rabh tôbh lᵉbhêth jiśrâ'êl oder Sendschreiben an die Rabbinen von Triest in Sachen der Angriffe auf das Büchlein »dibhᵉrê šālôm we'emeth«. Berlin 1782. V: *Wessely, Naftali Herz.* (Ky)

Rabi, Pet., s. *Erasmus*, Des., colloquia.

Rabich, E.

Seiner Hoheit dem regierenden Herzoge Ernst II. von Sachsen-Coburg-Gotha serenissimo fratri zur Feier des fünfundzwanzigjährigen Jubiläums als hammerführender Mstr. v. St. der St. Johannis-Freimaurerloge Ernst zum Compass im Or. von Gotha in tiefster Ehrfurcht gewidmet. Festgruss. Gedicht von O. Welcker Für vierstimmigen Männerchor comp. von E. **Rabich.** Langensalza [1882]: Beyer & S. 3 S. 2⁰ [Umschlagtit.]
Mit Noten: „Festblumen binden wir zum Strauss . . ."

Rabich, Ernst, s.: Blätter f. Haus- u. Kirchenmusik.

Rabich, E., üb. den Gesang in der Volksschule. gr. 8. (19 S.) Gotha 883. Thienemann. n. — 80

— Der evangelische Kirchenmusikstil, s.a. Magazin, musikalisches.

Der evangelische Kirchenmusikstil. Von Ernst **Rabich**. Langensalza: Beyer 1909. 18 S. 8°
(Musikalisches Magazin. H. 26.) 1909. 7473 8

— Thüringer Liederkranz. Sammlung v. Männer- u. gemischten Chören, sow. Lieder u. Arien f. e. Singstimme m. Begleitg. d. Klaviers od. Orchesters. Op. 31. 1. Bd. 65 volkstüml. 4stimm. Männerchöre ohne Begleitg. gr. 8. (VI, 82 S.) Langensalza 897. H. Beyer & Söhne. n. 1. —; geb. n. 1. 50

— s.: Magazin, musikalisches.

— leicht ausführbare Motetten u. geistliche Lieder f. gemischten Chor, s.a. Psalter u. Harfe. 4. Hft.

[F.] Leicht ausführbare Motetten und geistliche Lieder f. gem. Chor. Zsgest. u. z. Teil bearb. v. Ernst **Rabich**. 3., unveränd. Aufl. *Langensalza: H. Beyer & Söhne 1897.* (VIII, 73 S.) 1 Bd 8.
= Psalter u. Harfe. Geistl. Gesänge aus alter u. neuer Zeit. H. 1.
[illegible]

Leicht ausführbare Motetten u. geistliche Lieder für gemischten Chor. Zsgest. u. z. T. bearb. von Ernst **Rabich**. 2. Aufl. *Langensalza: H. Beyer & S. 1900.* (VIII, 100 S.) 8° [F.]
— Psalter u. Harfe. 4. [01. 5474 3]

Motetten, Geistliche Lieder und Gesänge für dreistimmigen Chor (Frauen- [Knaben-] oder Männerstimmen) bearb. u. hrsg. von Ernst **Rabich**. *Langensalza: H. Beyer & Söhne 1894.* (75 S.) 8° [F.]
— Psalter u. Harfe. H. 5. [illegible]

— s.: Psalter u. Harfe.

— Ton- u. Stimmbildungs-Übungen zum Gebrauche in höheren Mädchen- u. Knabenschulen, Kirchenchören 2c. Op. 27. Ausg. A. gr. 8. (7 S.) Langensalza 894. H. Beyer & Söhne. n. — 20; Ausg. B. (Für den Lehrer) (7 S.) n. — 20

— u. G. Unbehaun, 200 Vorspiele zu den gebräuchlichsten Chorälen. qu. gr. 4. (III, 88 S.) Gotha 899. E. F. Thienemann. n. 6. —; geb. n. 7. —

Rabich, R., wie ernähren wir die Seele unserer Kinder, s.: Möller's, Wilh., Bibliothek f. Gesundheitspflege u. Volksaufklärung.

Rabiger, Hubert, appr. Arzt a. Alt-Lomnitz, Kr. Habelschwerdt: Unterarzt beim 4. Oberschlesischen Inf.-Reg. No 63: Über die Ätiologie der Keratitis parenchymatosa. Berlin (1906): G. Schade. (30 S.) 8°
Berlin, Med. Fak., Ref. Hildebrand, Diss. v. 20. April 1906
[Geb. 28. Dez. 79 Alt-Lomnitz; Wohnort: Oppeln; Staatsangeh.: Preußen; Vorbildung: Gymn. Strehlen Reife O. 00; Studium: Berlin Kaiser Wilh.-Akad. 10 S.; Coll. 19. Apr. 06; Approb. 14. Apr. 06.]

Räbiger, üb. die Bekenntnißfrage. Rede auf dem 6. deutschen Protestantentage zu Osnabrück. geh. 8. (36 S.) Berlin 873. Leipzig, Barth. n. — 50

— über die päpstliche Unfehlbarkeit. Vortrag geh. auf dem 8. schles. Protestantentag am 28. Mai. gr. 8. (20 S.) Breslau 871. Maruschke & Berendt. n. — 50

Raebiger, Adalbert: Die Anwendung der Zange in der Kgl. Universitäts-Frauenklinik zu Greifswald in den Jahren 1887—1896. *Greifswald 1898: J. Abel.* (33 S.) 8°
Greifswald, Med. Diss. v. 8. März 1898

Räbiger, Ch. O., die Heilsgeschichte nach ihren Hauptmomenten übersichtlich dargestellt. Sechs Vorträge im Anfang des J. 1865 gehalten. Dresden 867. Bach. gr. 8. (V, 127 S.) n. 15 ngr.

Räbiger, Fr. Wlh., Wilhelmine v. Hardenstein. Schspl. 8. Halle 792. Gebauer. 9 gr.

Räbiger, Fr. Wlh., s. Mirabeau, Jugendgeschichte.

— s. Remplacant, der, 2c.

— Verbrechen aus Edelmuth. Schspl. in 4 A. 8. Berl. 791. Schöne. 6 gr.

Räbiger, Hans

Raebiger, H., über das Verbot der Impfungen gegen die Lungenseuche der Rinder, s.a. Arbeiten der Landwirtschaftskammer für die Prov. Sachsen. 5. Hft.

Raebiger, Hans, aus Görlitz: Ueber das Verbot der Impfungen gegen die Lungenseuche der Rinder. *Halle a. S.: Landwirtschaftskammer für die Provinz Sachsen 1904.* (34 S.) 8° [Umschlagt.], [F.] ¶ Aus: Arbeiten d. Landwirtschaftskammer f. d. Provinz Sachsen 1904, H. 5.
Leipzig, Phil. Diss. v. 1904

Raebiger, Julius Ferdinandus: De christologia Paulina contra Baurium commentationis p. 1. Vratislaviae (1852). (41 S.) 8° *[Vollst. 1852 bei Graß, Barth & Ko. in Breslau.]*
Breslau, Ev.-theol. Fak., Antr.-Progr. als außerord. Prof. v. 20. März 1852

Räbiger, Jul. Ferd., de christologia Paulina contra Baurium commentatio. gr. 8. (94 S.) Vratislaviae 852, Grass, Barth & soc. (Verl.) n. 12 ngr.

Raebiger, Jul., die Entwickelung der Theologie zur Wissenschaft. Breslau 869. Hirt. gr. 8. (31 S.) 6 ngr.

Raebiger, J. F., zur theologischen Encyklopädie. Kritische Betrachtungen. gr. 8. (82 S.) Breslau 882. Morgenstern. 1. 50

Raebiger, Jul. Ferd. *(geb. Lohsa in d. Lausitz 20. 4. 1811)*: Ethice librorum apocryphorum veteris testamenti. P. 1. Vratislaviae (1836). (38 S.) 8° *[P. 2 ist Breslauer ev.-theol. Liz.-Diss. v. 17. 2. 1838, vgl. Nr 531; vollst. Buchausg. 1838 bei Hirt in Breslau. — Verf. erlebte die Diplomerneuerung 1886 als Prof. in Breslau vgl. Anh. Nr 316.]*
Breslau, Phil. Diss. v. 17. [vielmehr 18.] Nov. 1836

Raebiger, Jul. Ferd. *[geb. Lohsa in d. Lausitz 20. 4. 1811]*: Ethice librorum apocryphorum veteris testamenti. P. 2. Vratislaviae (1838). (S. 39—117) 8° *[P. 1 ist Breslauer phil. Diss. v. 18. 11. 1836, vgl. Nr 1855; vollst. Buchausg. 1838 bei Hirt in Breslau.]*
Breslau, Ev.-theol. Liz.-Diss. v. 14. [vielmehr 17.] Febr. 1838

Raebiger, Jul. Ferd., Ethice libror. apocryphor. vet. testamenti. 8maj. ($7^3/_4$ B.) Vratislaviae 838, [Hirt's Verl.] •

Räbiger, J., die allgemeine Kirche. Ein Wort an die Protestirenden unter Katholiken u. Protestanten. gr. 8. ($3^5/_8$ B.) Breslau 845, Graß, Barth u. Comp., Verl.

Räbiger, J., Lehrfreiheit u. Widerlegung der krit. Principien Br. Bauers. Zugleich eine Auseinandersetzung mit Dr. Gruppe. gr. 8. Breslau 843, Gosohorsky. 5/6 ß

—— Lehrfreiheit u. Widerlegung der krit. Prinzipien Br. Bauers. Zugleich eine Auseinandersetzung mit Dr. Gruppe. gr. 8. ($11^3/_4$ B.) Breslau 845, Gosohorsky's Buchh.

Raebiger, J[ulius] F[erd.]: De libri Jobi sententia primaria. Vratislaviae 1860. (32 S.) 4° *[Im Buchhandel 1860 bei Hirt in Breslau; dem Verf. wurden für diese Schrift die Habilitationsleistungen als ord. Prof. erlassen.]*
Breslau, Glückwunsch d. ev.-theol. Fak. z. 50-jähr. Dr.-Jubil. v. Hinrich Middeldorpf am 2. Apr. 1860

— Theologik oder Encyklopädie der Theologie. gr. 8. (VIII, 554 S.) Leipzig 880. Fues. n. 7. —

Raebiger, Julius Ferdinandus: Theses theologicae ... pro venia theologiam docendi rite petenda. Vratislaviae (1838). (2 Bl.) 4°
Breslau, Ev.-theol. Fak., Hab.-Thesen v. 17. März 1838

— kritische Untersuchungen über den Inhalt der beiden Briefe des Apostels Paulus an die Korinthische Gemeinde mit Rücksicht auf die in ihr herrschenden Streitigkeiten. Ein Beitrag zur Erklärung der beiden Briefe. gr. 8. (VIII u. 232 S.) Breslau 847, Frdr. Aderholz. n. 1 ₰

Räbiger, J. F., kritische Untersuchungen üb. den Inhalt der beiden Briefe d. Apostols Paulus an die korinthische Gemeinde m. Rücksicht auf die in ihr herrschenden Streitigkeiten. 2. nach den neuesten Forschgn. vervollständ. Ausg. gr. 8. (VIII, 319 S.) Breslau 886. Morgenstern Verl. n. 5. —

Raebiger, Karl: Geschichte der Stadt und der evangelischen Kirchengemeinde Herrnstadt, Kreis Guhrau. Festschrift z. Einweihung d. erneuerten Matthiaskirche hrsg. von —. Herrnstadt: Drache 1908. 120 S. 8⁰

Raebiger, Karl, die Wegnahme der evangelischen Kirchen im Fürstentum Wohlau 1680—1706 u. die Konvention v. Alt-Ranstädt 1707, s.a. Flugschriften des evangelischen Bundes.

Die Wegnahme der evangelischen Kirchen im Fürstenthum Wohlau 1680–1706 und die Konvention von Alt-Ranstädt 1707. Von Karl **Raebiger,** Pastor. Leipzig: C. Braun in Komm. 1907. (36 S.) 8° [J.]
— Flugschriften d. Evang. Bundes. 251. [07. 1010]

Rabin, Marcus [aus Kowno, Russland]: Ueber die halbe Entschwefelung aromatischer monosubstituierter Thioharnstoffe. Synthese des β-Methyl-α-Naphtochromons. Bern 1903. 79 S. 8⁰. (M. e. Tabelle.) [9. VII. 03.]
Bern. Phil. Diss. 1903/1904.

Rabin, Marcus. [1.] Ueber die halbe Entschwefelung aromatischer monosubstituierter Thioharnstoffe; [2.] Synthese des β-Methyl-α-Naphtochromons. Diss. Phil. Bern. [Mit 1 Tabelle.] 79 S. 8. Bern, W. Wälchli, 1903.

Rabiner, Jos. Alex., Verein der Mosaischen Gesetze mit dem Talmud. 8. Regensb. 788. Montag u. W. 4 gl.

Rabinerson, Ignacy [aus Warschau]: Ueber einige aromatische Verbindungen mit anorganischen Radicalen. . . . Rostock, Univ.-Buchdr. v. Adler's Erben, **1891**; 48 S. 8⁰
Rostock, Phil Fak., Inaug.-Diss. v. [13. Febr.] 1891

Rabinismus oder Sammlung talmudischer Thorheiten. Amsterdam [Prag] 1789. V: nicht: *Wünsch, Chr. E.* (Euph 20, 421) (Zeitschr. f. Büch. N. F. 15, 1923, S. 119) (Auct. Perl, Febr. 1908, Nr. 702) (BiblPort)

Rabinismus, od. Samml. Talmud'scher Thorheiten. 8. Amsterd. 789. Schönfeld. 16 gl.

[Aut. u. Russ.] Ausgewählte Novellen von Schalom (auf dem Umschl.: Scholom) Aleichem [d. i. Šālōm **Rabinovič**]. Šolom Alejchem. Izbrannye razskazy. Berlin: Ladyschnikow [1910]. 219 S. 8° [10.10032]

[Hebr.] Šālōm-ʿalekem's [d. i. Šālōm **Rabinovič**] alle Werk. Übergearbeit. u. recht ausgebessert u. d. 1. Mal arausgegeben (mit'n Bild u. Biografie vun'm meḥabbēr). Bd 1. (Schalem Aleichem. Sämmtl. Werke mit Biographie u. Bild d. Verf.) Warschau: Volksbildung 663 (1903). 8° [09. 4348

Rabinovicz, John [pr. Arzt]: Über Ascites chylosus und adiposus . . . . Freiburg i. B., Univ.-Buchdr. v. Chr. Lehmann, 1887; 42 S. + 1 Bl. 8⁰
Freiburg i. B., Med. Fak., Inaug.-Diss. v. 1887

Rabinovicz, John, die Kopfnerven v. Salamandra maculata im vorgerückten Embryonalstadium, s.: Plessen, Baron Jos v.

Rabinowicz, J.: Zur Frage der Lebensdauer und des Gewichtes der Akkumulatoren. Berlin 1900

Rabinowicz, Julia. Über Gesichts- und Stirnlagen an der Frauenklinik und Poliklinik in Zürich 1888—1907. Diss. Med. Univ. Zürich. *Kopftitel:* Aus der Frauenklinik der Universität Zürich. Direktor: Prof. Dr. Th[eodor] Wyder. 37 S. 8. Zürich, Gebr. Leemann & Co., 1908.

Rabinowitsch, Alexis, aus Odessa (Rußl.): **Ueber die Entwickelung des häutigen Labyrinthes von Emys Europaea (Eutraria).** *Berlin (1903): W. Büxenstein.* (27 S.) 4°
Berlin, Med. Diss. v. 20. Febr. 1903

Rabinowitsch, Calman, a. Pensa (Rußland): Aus der Experimentell-Biologischen Abteilung des Kgl. pathologischen Instituts der Universität Berlin. Experimentelle Untersuchung über den Einfluss der Gewürze auf die Magensaftbildung. Berlin 1907: E. Ebering. (45 S.) 8°
Gießen, Med. Fak., Ref. Frank, Diss. v. 12. Juni 1907
[Geb. 8. März 82 Pensa (Rußl.); Wohnort: Gießen; Staatsangeh.: Rußland; Vorbildung: Gymn. Pensa Reife M. 01; Studium: Halle 1, Heidelberg 1, Zürich 2, Heidelberg 2, Berlin 3, Gießen 2 S.; Rig. 8. Febr. 07.]

Rabinowitsch, Chaja, von Minsk (Russland): Ueber Re[f]raktionsfehler. Bern 1906. II + 14 S. 8⁰. [22. VII. 04.]
Bern. Med. Diss. 1905/1906.

Rabinowitsch, Chaja. Ueber Re(f)raktionsfehler. Diss. Med. Bern. II + 14 S. 8. Bern, Rutishauser & Ludwig, 1906.

Rabinowitsch, Chascha, aus Russisch-Polen: (Aus dem Institut für medizinische Chemie und Pharmakologie der Universität Bern.) Ueber die Diffusion wasserlöslicher Substanzen aus verschiedenen Salbengrundlagen. Bern 1906. 20 S. 8⁰. [13. VI. 06.]
Bern. Med. Diss. 1905/1906.

Rabinowitsch, Chascha. Ueber die Diffusion wasserlöslicher Substanzen aus verschiedenen Salbengrundlagen. Diss. Med. Bern. 20 S. 8. Bern, H. v. Kamp-Berger, 1906.

Rabinowitsch, Elisabeth [aus Simferopol, Russland]: Aus der psychiatrischen Klinik Zürich. (Direktor: Herr Professor Dr. Bleuler.) Ueber periodischen Wahnsinn. Karlsruhe i. B. 1903. 31 S. 8⁰.
Zürich. Med. Diss. 1902/1903.

Rabinowitsch, Elisabeth. Über periodischen Wahnsinn. Diss. Med. Univ. Zürich. *Kopftitel:* Aus der psychiatrischen Klinik Zürich (Direktor: Herr Prof. Dr. [Eugen] Bleuler). 31 S. 8. Karlsruhe i. B., Burger & Goldschagg, 1903.

Rabinowitsch, Genia, aus Rostoff am Don: Bestehen in der Schweiz Beziehungen zwischen der Orts-Höhenlage und der Enteritis Sterblichkeit der Säuglinge? Zürich 1908. 20 S. 8⁰. [18. VIII. 1908.]
Zürich. Med. Diss. 1907/08.

Rabinowitsch, Genia. Bestehen in der Schweiz Beziehungen zwischen der Orts-Höhenlage und der Enteritis-Sterblichkeit der Säuglinge? Diss. Med. Univ. Zürich. 20 S. 8. Zürich, Gebr. Leemann & Co., 1908.

Rabinowitsch geb. Belinka, **Gitel:** Aetiologische Beziehungen der Epilepsie zur Paranoia chronica. Berlin (1909): Ebering. 36 S. 8°
Berlin, Med. Diss. v. 5. Jan. 1909, Ref. Ziehen
[Geb. 18. Okt. 81 Nikolajeff; Wohnort: Charlottenburg; Staatsangeh.: Rußland; Vorbildung: Gymn. Nikolajeff Reife O. 99; Studium: Genf 9, Berlin 9 S.; Rig. 5. Jan. 09.] [U 09. 86

Rabinowitsch, Grigory, aus Simferopol i. Russl.: **Ueber den Verlauf der Geburt bei Vorderhauptslagen auf Grund der Fälle aus der Kgl. Charité.** *Berlin 1901: L. Schumacher.* (31 S.) 8°
Berlin, Med. Diss. v. 2. Aug. 1901

Rabinowitsch, Hirsch, aus Schaulen (Gouv. Kowna, Russland): **Beitrag zur Kenntniss des Gelenkrheumatismus mit Knötchenbildung (Rheumatismus der Sehnenscheiden).** *Berlin (1899): E. Ebering.* (33 S.) 8°
Berlin, Med. Diss. v. 21. Febr. 1899

Rabinowitsch, Joseph

Rabinowitsch, J., zwei Predigten, s.: Schriften d. Institutum Judaicum in Leipzig.

Rabinowitsch, Jos., Rede, geh. am Karfreitag den 7. Apr. 1889 im Bethause „Bethlehem" der Israeliten d. neuen Bundes in Kischinew. Aus dem Hebr. v. A. B. 16. (19 S.) Breslau 889. (Dülfer.) n. — 10

Rabinowitsch, Jos., Selbstbiographie u. Predigten, s.: Schriften d. Institutum Judaicum in Leipzig.

Rabinowitsch, L. Beiträge zur Entwicklungsgeschichte der Fruchtkörper einiger Gastromyceten. M. Abb. u. 1 Taf. In-8°. 38 S. Bern. These. 1895.

— — und **Kempner,** Bemerkungen zu Prof. Ostertags Arbeit: „Über die Virulenz der Milch von Kühen, welche lediglich auf Tuberkulin reagierten, klinische Erscheinungen der Tuberkulose aber nicht zeigten", sowie Erwiderung auf seine unseren diesbezüglichen Untersuchungen gegenüber gemachten Einwände. S.-A. Jena 99. Fischer.

Rabinowitsch, L[ewin]: Beiträge zur Therapie der Eklampsie ⟨mit besonderer Berücksichtigung der Nierendekapsulation⟩. Emmendingen: Dölter 1909. 45 S. 8°
Freiburg i. B., Med. Diss. v. 1909, Ref. Krönig
[Geb. 18. Juli 80 Riga; Wohnort: Freiburg i. B.; Staatsangeh.: Rußland; Vorbildung: Handels- u. Lateinschule Riga Reife 02; Studium: Berlin 5, Jena 1, Straßburg 3, Freiburg i. B. 1 S.; Rig. 15. Jan. 09.] [U 09. 965

Rabinowitsch, Lydia, s.: Arbeiten üb. Infektionskrankheiten.

— s.: Tuberkulosestudien.

Rabinowitsch, Lydia, Untersuchungen üb. die Beziehungen zwischen der Tuberkulose des Menschen u. der Tiere. (74 S.) Lex.-8. Berlin 906. A. Hirschwald. n. 2. —
Sonderabdr. a.: „Arbeiten a. d. patholog. Institut zu Berlin".

Rabinowitsch, Marcus, s.: Arbeiten üb. Infektionskrankheiten.

— Zur Frage üb. den Erreger der echten u. Schutz-Pocken. (Aus dem Alexander-Krankenhaus zu Kiew.) (26 S. m. 6 Taf. u. 1 Bl. Bemerkgn.) Lex. 8. Wiesbaden 910. J. F. Bergmann. 2. 40

Rabinowitsch, Marcus, a. Kiew ⟨Rußland⟩: Aus dem Königlichen Hygienisch. Institut der Universität Berlin. Direktor: Geheimrat Prof. Dr. M. Rubner. Experimentelle Untersuchungen über die Wirkung der Tetanusbazillen und ihrer Gifte vom Magendarmtraktus aus. Berlin (1906): E. Ebering. (72 S.) 8°
Berlin, Med. Fak., Ref. Rubner, Diss. v. 27. Okt. 1906
[Geb. 8. März 74 Kiew; Wohnort: Kiew; Staatsangeh.: Rußland; Vorbildung: Gymn. Bachmut Reife O. 01; Studium: Berlin 10 S.; Rig. 20. Okt. 06.]

Rabinowitsch geb. Taubmann, **Marta:** Kongenitale Anomalien der Niere und ihre Beziehung zur Gynäkologie. Freiburg i. B.: Hammerschlag & Kahle 1909. 25 S. 8°
Freiburg i. B., Med. Diss. v. 1910, Ref. Krönig
[Geb. 17. April 81 Wladislawow; Wohnort: Suwalki; Staatsangeh.: Rußland; Vorbildung: Gymn. Witebsk Reife 04; Studium: Bern 10, Freiburg i. B. 1 S.; [U 10. 993

Rabinowitsch, Nikolaus, cand. med.: Über den künstlichen Abortus bei Tuberkulose. Heidelberg 1909: Geisendörfer. 67 S. 8°
Heidelberg, Med. Diss. v. 1909, Ref. Menge
[Geb. 27. Jan. 83 Odessa; Wohnort: Heidelberg; Staatsangeh.: Rußland; Vorbildung: Gymn. Odessa Reife O. 00; Studium: Odessa 3, Wien 1, Berlin 2, Heidelberg 3, Berlin 1, Heidelberg 1 S.; Rig. 22. Dez. 08.] [U 09. 1077

Rabinowitsch, Sara, zur Lage der jüdischen Bevölkerung in Galizien, s.: Pappenheim, Bertha.

— die Organisationen d. jüd. Proletariats in Russland, s. a. Abhandlungen, volkswirtschaftl., der bad. Hochschulen, VII. 2.

Die Organisationen des Jüdischen Proletariats in Russland von Sara Rabinowitsch. *Karlsruhe: G. Braun 1903.* (VIII, 162 S.) 8°
— Abhandlungen, Volkswirtschaftliche, d. Badischen Hochschulen. Bd 7, Erg. Bd 2. [03. 2308

Rabinowitsch, Sarah, a. Pensa ⟨Rußland⟩: Aus der Experimentell-Biologischen Abteilung des Kgl. pathologischen Instituts d. Univ. Berlin. Untersuchungen zur internen Behandlung des Ulcus ventriculi. Berlin (1907): E. Ebering. (44 S.) 8°
Berlin, Med. Fak., Ref. Orth, Diss. v. 28. Mai 1907
[Geb. 29. März 80 Pensa, Rußland; Wohnort: Pensa; Staatsangeh.: Rußland; Vorbildung: Gymn. Pensa Reife M. 96; Studium: Halle 1, Heidelberg 1, Zürich 4, Berlin 5 S.; Rig. 22. Mai 07.]

Rabinowitsch, S[elmann]: Aus d. chir. Univ.-Klinik zu Königsberg i. P. Ein nach Schoemaker operierter Fall von Sphinkterzerreissung nebst Bemerkungen über die Verwendbarkeit dieser Methode. Königsberg i. P. 1910: Jaeger. 27 S. 8°
Königsberg, Med. Diss. v. 30. Juli 1910, Ref. Lexer
[Geb. 1. Nov. 80 Sarata; Wohnort: Odessa; Staatsangeh.: Rußland; Vorbildung: Gymn. Kischinew Reife; Studium: Königsberg 12 S.; Rig. 28. Juli 10.] [U 10. 2583

Rabinowitsch, Simon [aus Krementschug (Russland)]: Ueber die Einwirkung von Chlor auf Resorcin. . . . Marburg, Buchdr. F. Sömmering, 1890; 68 S., 1 Bl. 8°
Marburg, Phil. Fak., Inaug.-Diss. v. [15. Dez.] 1890

Rabinowitsch, Sophie Sossia, a. Moskau ⟨Rußland⟩: Ueber den Gang der Schwellenempfindlichkeit bei Dunkeladaptation und seine Abhängigkeit von der vorausgegangenen Belichtung. Berlin: S. Karger 1908. (25 S.) 8° ¶ (Aus: Zeitschrift für Augenheilkunde Bd 19.)
Berlin, Med. Fak., Ref. Engelmann, Diss. v. 10. März 1908
[Geb. 16. Juni 74 Wilno; Wohnort: Moskau; Staatsangeh.: Rußland; Vorbildung: Knaben-Gymn. Moskau Reife M. 02; Studium: Freiburg i. B. 6, Heidelberg 1, Berlin 3 S.; Rig. 1. Febr. 08.]

Rabinowitsch-Tonkonogowa, Sarah [aus Jenisseisk, Russland]: Aus der Medicinischen Klinik des Herrn Prof. Dr. Eichhorst in Zürich. Ueber das Vorkommen der Pocken im Kanton Zürich im XIX. Jahrhundert. Karlsruhe i. B. 1903. 58 + 1 S. 8°.
Zürich. Med. Diss. 1902/1903.

Rabinowitsch-Tonkonogowa, Sarah. Über das Vorkommen der Pocken im Kanton Zürich im XIX. Jahrhundert. Diss. Med. Univ. Zürich. *Kopftitel:* Aus der Medicinischen Klinik des Herrn Prof. Dr. [Hermann] Eichhorst in Zürich. — [Mit 2 graphischen Tabellen.] 59 S. 8. Karlsruhe i. B., Burger & Goldschagg, 1903.

Rabinowitz, H. M.

Bibliothek der gesammten Naturwissenschaften. Buch der Chemie auf einfache Experimente gegründet, in populärer Darstellung, zur Selbstbelehrung für Jedermann. Methodisch bearbeitet. Mit 185 in den Text eingedruckten Abbildungen. [Vilna, 1876.] pp. 306, 8vo. Illustrated.

Rabinowitz. Hermann, aus Tomaszow (Russ.-Polen): Synthese des 3. 4-Dioxy-4'-Isopropylflavonols. Berlin 1909. 31 S. 8°. [31. I. 09.]
Bern. Phil. Diss. 1909/10.

Rabinowitz, Hermann. Synthese des 3. 4-Dioxy-4'-Isopropylflavonols. Diss. Phil. Bern. 31 S. 8. Berlin, A. W. Schade, 1909.

Rabinowitz, L. A., ein Fall von Papilloma clitoridis u. spitzen Condylomen bei einem 6jährigen leukorrhoischen Kinde u. ein Fall von Papilloma vulvae gravidarum. Inaugural-Dissertation. gr. 8. (21 S.) Jena 878. (Neuenhahn.) — 60

Rabinowitz, Leop., Blutdruck-Bestimmungen an unverletzten Gefässen der Menschen u. der Thiere. Inaugural-Dissertation. gr. 8. (35 S.) Königsberg 881. (Beyer.) n. 1. —

Rabinowitz, Sally: Guillaume Bouchet. Ein Beitr. z. Geschichte d. französ. Novelle. Weida i. Th. 1910: Thomas & Hubert. 70 S. 8°
Leipzig, Phil. Diss. v. 4. Aug. 1910, Ref. Birch-Hirschfeld, Seeliger
[Geb. 22. Juli 89 Leipzig; Wohnort: Leipzig; Staatsangeh.: Preußen; Vorbildung: Zürich Reife M. 07; Studium: Leipzig 6 S.; Rig. 31. Mai 10.] [U 10. 3212

Rabiosus, Theodorus, über den Schweitzerischen Freystaat Solothurn. [Kempten 1785.] V: *Lüthy, Joseph.* (MGT) (Kn)

Rabiosus, Anselmus [Pseud.], s.a. Bellotti, Franz Xaver

– s.a. Rebmann, Andreas Georg

– s.a. Wekhrlin, Wilhelm Ludwig

– s.a. Zapf, Georg Wilhelm

Rabiosus, Anselmus, Fresko-Bilder

§ — — Fresko-Bilder aus dem Leben des genialen Gabriel Hippeltanz, Direktors einer herumstreichenden Komödianten-Bande, von dem reisenden Kosmopoliten —. Mit 1 (unsign.) Titelkpf. (vielmehr Steindruck: die reisenden Komödianten darstellend). München, 1834. Bey E. A. Fleischmann. 8°.
In Versen. 54 S. (incl. Tit.). — U. a.: S. 41 ff. „Lustige Probe des Trauerspiels „Hamlet" u. merkw. Kritik derselben von dem originellen Director Hippeltanz." — Zähm.

Rabiosus, Anselmus, (Psdn.), Carrikaturen u. Anekdoten zur Erbauung u. zum Nasenrümpfen. 3 Thle. 8. Leipz. 801—4. (Lauffer). 1 Rthlr. 12 Gr.

RABIOSUS, Anselmus, d. Jüng. (nicht Rebmann), Caricaturen, Neue, u. Anekdoten zur Erbauung und zum Nasenrümpfen. Hrsg. v. —. Bdch. (1) 2. 3. (soviel ersch.). Berlin (o. Adresse). 8°. 1802, 3, 4. 8°. So cplt. selten!
1: Tit., 1 Bl. Vorw., 196 S. — Enth. auch längere Erzählgn. wobei Pikanterien in den Nrn. 7: Der Ehekontract (einer lüsternen 40 jähr. Gerbers-Wittwe mit ihrem 20 jähr. Gesellen); 8: Methode, ein Eheverlöbniß aufzuheben. — Scandalosa in Nr. 11: Marat.
2: Tit., 1 Bl. Inh., 140 S. — Anstößig Nr. 9: Das Wochenbette. — Stellenw. erotisch Nr. 10: Der Staatsminister.
3: Tit., 1 Bl. Inh., 172 S. — U. a.: Nr. 21: Dr. Bahrdt (S. 110—13); Nr. 30: Venerische Seife.
In allen 3 Thln. (24, 28, 36 Nrn.) viel über Studenten u. Professoren.

RABIOSUS, Der reisende Kosmopolit Anselmus (ps.), Noth- und Hülfsbüchlein für Künstler, Kunstfreunde und Kunsthändler in dem Monde. Mit lehrreichen Anmerkungen von Ambrosius Hasenschwänzlein. 1833.
Weller, Lex. p. 467.

Rabiosus, Anselmus, Reise nach dem Kürbislande im Jahre 1779 u. 1780. Nebst einer Predigt an die Freygeisterey und Religionsprediger. 2 Thle. 8°. s. l. 1782—83.

Rabiosus, Anselmus, Reise n. d. Kürbislande. 4 Thle. 8. Regensb. Montag. 782. 83. Rthlr.

— Reise n d. Kürbißlande rc. 2 Theilchen. 8. Wien, Gerold. 782–83.

Rabiosus, Anselm., (Frz. Xav. Bellotti), Reise nach d. Kirbißlande im J. 1779—81. 3 Thle. Kammerstätten u. Leipz. 783. Barth. (Wien, Gerold). 12 Gr.

Rabiosus, Anselmus, (Wlh. Ldw. Weckhrlin), Reise durch Oberdeutschland. 8. Salzb. u. (Nördling.) 778. 3e A. ... Brck. 8 Gr. (Gebhard u. K. in Frankf. a. M.) 9 Gr. Nachgedruckt in Nürnb., Wien u. a. O.

Rabiosus, Anselmus, der Jüngere (= Georg Friedrich Rebmann.) Der Leipziger Student vor hundert Jahren. Neudruck . . . Leipz. 1897. H: *Wustmann, Gg.* (Berl)

Rabiosus d. Jüng., (A. G. F. v. Rebmann), Wanderungen u. Kreuzzüge durch e. Theil Deutschlands. 2 Thle. 8. Altona 795, 96. Verlagsgesellsch. 2e A. 796. Ebd. 1 Rthlr. 2 Gr.

Rabis, Karl

Rabis, Carl, s.: **Radlerei!**

Rabis, Karl, Wiener Vortrags-Album. Neueste Auswahl der besten Vorträge ernsten u. heiteren Inhaltes. 8. 1. Heft. (S. 1—32.) Wien, *A. Cerny. 80 kr. 1884.

Rabitsch, Ignaz. Gott- u. Weltschau. Villach, Hoffmann, (1853.) 11 S.

Rabitsch, Mich. Compendium der elektromagnetischen Telegrafie f. Eisenbahn-Telegrafisten. (2. Aufl.) gr. 8. (X, 142 S. m. 17 Taf.) St. Johann i. P. 889. G. A. Bibus. * 3 60

Rabitsch, M., Compendium der elektromagnetischen Telegrafie f. Eisenbahn-Telegrafisten. Auszüge aus bewährten Autoren in diesen Fächern, Schellen, Pfeifer u. a. m., m. Benützg. prakt. Andeutgn. u. Belehrgn. v. G. Metz u. J. Sigmund. (2. Aufl.) gr. 8. (X, 142 S. m. 17 Taf.) St. Johann i/P. 889. (Wien, Spielhagen & Schurich.) n. 3. 60

Rabitsch Victor: Die Genealogie des österreichischen Kaiserhauses. 2. Aussig 98.
Progr.

Rabitsch Victor: Se k. und k. Hoheit Erzherzog Karl Ludwig. (2). Aussig 96.
Progr.

Rabitsch-Bey, Irma, die Gemütsverwandtschaften. Roman. (260 S.) 8. Dresden 904. E. Pierson. n. 3. —; geb. n. 4. —

Rabitsch Bey, J., Monira. Schauspiel in 5 Aufzügen. (130 S.) 8. Strassburg 910. J. Singer. 2. 50

Rabitz, E., Ergebnisse des Katechismus-Unterrichts auf Grund eingehender Verwertung des biblischen Memorierstoffes f. die evangelischen Schulen des Königr. Sachsen. gr. 8. (48 S.) Dresden 894. A. Huhle. n. — 70

Rabitz, Hans

Rabitz, H., Uferbefestigungen an Flüssen u. Kanälen, s. a. **Verbands-Schriften des deutsch-österr.-ungar. Verbandes f. Binnenschiffahrt. N. F. 3.**

Uferbefestigungen an Flüssen und Kanälen. Von H[ans] Rabitz, Baumeister, Berlin. Mit 3 Zeichn. *Berlin: A. Troschel 1901.* (9 S.) 8°
= Deutsch-Oesterr.-Ung. Verband f. Binnenschiffahrt. Verbands-Schriften. N. F. No 3. [c2. 1153]

Rabitz, Konr. (geb. Stettin 15. 11. 1851): Ueber die Pneumonie der Kinder. Berlin (1874). (35 S.) 8°
Berlin, Med. Diss. v. 4. Aug. 1874

Rabius, Wilh., kritische Betrachtungen zur voraussichtlichen Lösung der Stickstoff-Frage. (III, 44 S.) gr. 8. Jena 907. G. Fischer. 1. —

Rabius, Wilhelm, a. Hildesheim: Die Entstehung und Entwicklung des Aachener Hütten-Aktien-Vereins in Rote Erde. Jena: G. Fischer 1906. (V, 145 S.) 8° ¶ [Erscheint vollst. u. d. T.: „Der Aachener Hütten-Aktien-Verein in Rote Erde 1846—1906" als: Volkswirtsch. u. wirtschaftsgesch. Abhandlungen H. 8.]

Leipzig, Phil. Fak., Ref. Stieda-Zirkel, Diss. v. 12. Okt. 1906

[Geb. 26. Febr. 78 Hildesheim; Wohnort: Hildesheim; Staatsangeh.: Preußen; Vorbildung: Realgymn. Hildesheim Reife O. 00; Studium: Univ. Göttingen 2, Handelshochsch. Leipzig 3, Univ. 3 S.; Rig. 3. Mai 06.]

Rabius, Wilh., das Gesetz. Ein Drama in 5 Aufzügen. (III, 90 S.) 8. Dresden 905. E. Pierson. n. 2.—

Rabius, Wilh., der Aachener Hütten-Aktien-Verein in Rote Erde 1846–1906, s.a. Abhandlungen, volkswirtschaftliche u. wirtschaftsgeschichtliche. N. F. 8. Heft.

Der Aachener Hütten-Aktien-Verein in Rote Erde, 1846–1906. Die Entstehung u. Entwicklung e. rhein. Hüttenwerks. Von Dr. Wilhelm **Rabius.** Mit 5 Kurven. Jena: G. Fischer 1906. (VII, 145 S.) 8°
= **Abhandlungen,** Volkswirtschaftl. u. wirtschaftsgesch. N.F. 11.8. [+6. 13739

Rabl, Carl, s. Rabl, Karl

RABL, Fritz (Münchshöfen): Ueber die selteneren Luxationsformen des Oberschenkels.- München: Gradinger 1882. 40 S.
26.10.1882 - Urk (Titel: De singularibus femoris luxationum formis.); Chr 1882/83,17
Diss. Ingolst.-Landsh.-Mchn.

RABL, Hans
Ueber Bau und Entwicklung der Chromatophoren der Cephalopoden, nebst allgemeinen Bemerkungen über die Haut dieser Thiere von Dr. Hans Rabl. (Mit 4 Tafeln.) (Aus den Sitzungsberichten der kaiserl. Akademie der Wissenschaften in Wien. Mathem.-naturw. Classe; Bd. CIX. Abth. III. Juli 1900.) Wien. 1900. In Comm. Gerold's Sohn. Gr.-8°. 64 S. K 2.90

— Über orceinophiles Bindegewebe (mit 1 Taf.). S. 110. III. 33 . . . . —.50
Separatabdruck

Rabl, Hans, über orceïnophiles Bindegewebe. gr. 8. (10 S. m. 1 Taf.) Ebd. 901. n. — 50

— Zur Kenntnis der Richtungsspindeln in degenerierenden Säugetiereiern (mit 1 Taf.). S. 106. III. 85 . . . . —.50
Separatabdruck

Rabl, Hans, zur Konntniss d. Richtungsspindeln in degenerirenden Säugethiereiern. [Aus: „Sitzungsber. d. k. Akad. d. Wiss."] gr. 8. (12 S. m. 1 Taf.) Wien 897. (C. Gorold's Sohn.) n. — 50

Rabl Hans, Dr.: Über geschichtete Niederschläge bei Behandlung der Gewebe mit *Argentum nitricum* (mit 1 Taf.). S. 102. III. 32 . . . . —.80
Separatabdruck

Rabl, Hans, üb. geschichtete Niederschläge bei Behandlung der Gewebe m. Argentum nitricum. [Aus: „Sitzungsber. d. k. Akad. d. Wiss."] Lex.-8. (17 S. m. 1 Taf.) Wien 893. (F. Tempsky.) n. — 80

Rabl, Hans, das thyreo-thymische System des Maulwurfs u. der Spitzmaus, s.: Schaffer, Jos.

— Die ersten Wachstumserscheinungen in den Eiern von Säugetieren. Vorläufige Mitteilung. S. 106. III. 107 . . . . —.20
Separatabdruck

— d. ersten Wachsthumserscheinungen in den Eiern v. Säugethieren. (Vorläufige Mittheilg.) [Aus: „Sitzungsbericht d. k. Akad. d. Wiss."] gr. 8. (6 S.) Ebd. 897. n. — 20

RABL, Heinrich (Münchshöfen): Beitrag zur Diphtherie und deren Behandlung auf der I. med. Abtheilung.- München: Wolf 1881. 28 S.
15.2.1881 - Urk (Titel: De diphtheria.); Chr 1880/81,15
Diss. Ingolst.-Landsh.-Mchn.

Rabl, Hermann: Aus d. chir. Univ.-Poliklinik München. Uber geschwulstartige Varicen im Gebiet der Vena saphena. München 1909: Wolf. 19 S. 8°

München, Med. Diss. v. 8. Juli 1910, Ref. v. Angerer

[Geb. 2. Juli 83 Einhausen; Wohnort: München; Staatsangeh.: Bayern; Vorbildung: Gymn. Rosenheim Reife Juli 02; Studium: München 4, Erlangen 2, München 8 S.; Coll. 8. Juli 10; Approb. 21. Juni 10.] [U 10. 3566

Rabl, J., zur conservativen Behandlung der tuberculosen Knochen- u. Gelenksleiden. gr. 8. (91 S.) Wien 896. F. Deuticke. n. 2. 50

Rabl, J., üb. Lues congenita tarda. gr. 8. (III, 116 S.) Wien 887. Toeplitz & Deuticke. n. 3. —

Rabl, J., s.: Tuberculose, die.

Rabl, Jos., Abbazia, s.: Touristen-Führer. Hrsg. vom österreich. Touristen-Club.

Rabl, Jos., Curort Abbazia. Mit 2 Beilagen (1 photochem. Ansicht u. 1. chromolith. Plan). gr. 8. (28 S. m. 5 Grundrissen) Wien 886. (Bretzner & Co.) — 90

— u. A. **Silberhuber,** Wintercurort u. Seebad Abbazia, s. a. Touristen-Führer.

Rabl, Jos., Abbazia als Winterkurort u. Seebad, s. a. Wanderbilder, europäische.

Rabl, Josef. Abbazia als Winterkurort und Seebad. Mit 16 Illustrationen und einer Karte. (Europäische Wanderbilder. № 243. 244.) 8. Zürich ([18]95).

Rabl, Jos., Alpenführer, s.: Amthor, Ed.

—— **600 Wiener Ausflüge von 3 Stunden bis zu 2 Tagen. Eine Auswahl der lohnendsten Ausflüge, welche von Wien mit Benützung der verschiedenen Verkehrsmittel ausgeführt werden können. 12. (VIII, 112 S. mit 1 Karte.) Wien 888, Hartleben. geb. ***

— **600 Wiener Ausflüge von 3 Stunden bis zu 2 Tagen. Eine Auswahl der lohnendsten Ausflüge, welche v. Wien m. Benützg. der verschiedenen Verkehrsmittel ausgeführt werden können. 2., verb. Aufl. 12. (VIII, 120 S. m. 1 Karte.) Wien 890. Hartleben. geb. n. 1. 50**

— **600 Wiener Ausflüge von 3 Stunden bis zu 2 Tagen.** E. Auswahl d. lohnendsten Ausflüge, welche v. Wien m. Benützung d. verschied. Verkehrsmittel ausgeführt werden können. Mit Angabe der Wegmarkirungsfarben. 3., verb. Aufl. 12. (VIII, 119 S. m. 1 Karte.) Wien 896. A. Hartleben. Geb. in Leinw. n. 1. 50

— **600 Wiener Ausflüge von 3 Stunden bis zu 2 Tagen. Eine Auswahl der lohnendsten Ausflüge, welche von Wien m. Benutzg. der verschied. Verkehrsmittel ausgeführt werden können. 4. verb. u. verm. Aufl. (VII, 125 S. m. 1 Karte.) kl. 8. Wien 904. A. Hartleben. Geb. in Leinw. n. 1. 80**

Rabl, Jos., 100 Ausflugziele v. 1 Tag bis zu 3 Tagen. Für Wiener Naturfreunde u. Touristen zusammengestellt. 12. (96 S.) Wien 890. Hartleben. n. 1. 20

— zur Behandlung der skrophulösen Leiden, s.: Klinik, Wiener.

— der Bergsteiger, s.: Meurer, Jul.

— die Entwicklung der Hochtouristik in den österreichischen Alpen, s.: Gröger, G.

Rabl, Jos., illustrierte Führer, s.: Hartleben's, A., illustr. Führer.

— illustrierter Führer an der nördlichen Adria, s.a. Hartleben's, A., illustrierter Führer. Nr. 58.

Rabl, J., Illustrierter Führer an der nördlichen Adria und ihren Zugangslinien von München und von Wien, nebst einem Anhange. 8°. (ill. VI, 286 S. mit 4 Karten) geb. K 5.50
Wien: Hartleben 1906.

Rabl, Josef. Illustrierter Führer auf den Alpenbahnen in Nordtirol, Salzburg und Oberösterreich, in Niederösterreich und Obersteiermark, sowie im Bayerischen Hochlande. Mit einem Anhange: «Von Linz in den Böhmerwald». Mit 51 Illustrationen [Tafeln] und 19 Karten. VIII + 328 [+ 8] S. 8. Wien und Leipzig, A. Hartleben, 1907. [geb. M. 8. —]
(Hartleben's Illustrierter Führer Nr. 59.)
Darin S. 60/8. 71f. 77/103: Innsbruck-Bregenz, Landeck-Meran, Ins Paznauntal, Ins Montafontal, Bregenz-Bezau *etc. (mit 4 Tafeln und 2 Karten).*

— illustrirter Führer durch Böhmen. Neuester Fremdenführer f. den Böhmerwald u. das Riesengebirge, f. die Städte Prag, Pilsen, Budweis, Reichenberg u. a., sowie f. die böhm. Curorte u. Bäder. Mit 40 Illustr. u. 4 Karten. 12. (XVI, 272 S.) Wien 887. Hartleben. geb. n. 3. 60

Rabl, Jos., Illustrierter Führer an der neuen Dolomitenstrasse und durch die gesamten Dolomiten. Wien u. Leipzig 1909. 8°.
(Hartlebens ill. Führer. Nr 61.)

— illustrirter Führer durch Kärnten m. besond. Berücksicht. der Städte Klagenfurt u. Villach, sowie der kärntnerischen Seen u. ihrer Umgebungen. Mit 50 Illustr. u. 1 (chromolith.) Karte. 8. (XVI, 279 S.) Wien 884. Hartleben. geb. n. 3. 60

— illustr. Führer durch Kärnten m. bes. Berücksicht. d. Städte Klagenfurt u. Villach sowie der kärntner. Seen u. ihrer Umgebungen. M. 48 Illustr., 2 Panoramen u. 3 Karten. 2., verb. u. bedeut. verm. Aufl. 12. (VIII, 287 S.) Wien 898. A. Hartleben. Geb. in Leinw. n. 3. 60

Rabl, J., Illustrierter Führer durch Kärnten mit besonderer Berücksichtigung der Städte Klagenfurt und Villach sowie der kärntnerischen Seen und ihrer Umgebungen. 3. Aufl. [A. Hartleben's illustr. Führer. Nr. 19.] 8°. (ill. VIII, 277 S.) K 5.—
Wien: Hartleben 1908.

Rabl, Jos., illustrirter Führer durch Nieder-Oesterreich mit besonderer Berücksichtigung des Wiener Waldes u. der Alpengegenden im Bereiche der Südbahn u. nieder-österreichischen Staatsbahnen, der Rudolf-Bahn u. der Eisenbahn Wien-Aspang. Mit 65 (Holzschn.-)Illustr. u. einer grossen (chromolith.) Touristenkarte von Nieder-Oesterreich. 12. (XII, 292 S.) Wien 883. Hartleben. geb. 3. 60

— illustr. Führer durch Nieder-Österreich m. bes. Berücksicht. d. Wiener-Waldes u. d. Alpengegenden. M. 48 Illustr. u. e. grossen Touristenkarte v. Nieder-Österreich. 2., verm. Aufl. 12. (VIII, 341 S) Ebd. 898. Geb. in Leinw. n. 3. 60

— illustrirter Führer durch Ober-Österreich u. die angrenzenden Theile d. Böhmerwaldes, Bayerns u. Salzburgs. Neuester Fremdenführer f. die Städte Linz, Steyr, Wels u. a., sowie f. die klimat. Curorte, Bäder u. Sommerfrischen Ischl, Bad Hall, Gmunden, Hallstatt, Mondsee, St. Wolfgang etc. Mit 50 Illustr. u. 6 Karten. 8. (XIV, 269 S.) Ebend. 886. geb. n. 3. 60

— illustrirter Führer durch das Pusterthal u. die Dolomiten, mit Ausflügen in die Glockner-, Venediger, Rieserferner- u. Zillerthaler-Gruppe u. einem Anh.: Das Eisackthal, Bozen, die Bozen-Meraner Bahn u. Meran. Mit 50 (Holzschn.-Illustr.) u. einer (chromolith.) Karte. 12. (XV, 448 S.) Ebend. 882. geb. 5. 40

— illustrierter Führer durch Salzburg u. das Salzkammergut, s.a. Hartleben's, A.. illustr. Führer. Nr. 15.

— illustrirter Führer durch Salzburg, das Salzkammergut u. Berchtesgadner-Land, m. besond. Berücksicht. der Umgebgn. v. Salzburg, Ischl, Berchtesgaden, der Salzkammergut-Seen u. d. Gebiets der Hohen Tauern. Mit 50 (Holzschn.-) Illustr. u. 1 (chromolith.) Karte. 12. (VII, 304 S.) Ebend. 883. geb. 3. 60

— illustrirter Führer durch Salzburg, das Salzkammergut u. Berchtesgadner-Land, m. besonderer Berücksicht. der Umgebg. v. Salzburg, Ischl, Berchtesgaden, der Salzkammergut-Seen u. d. Gebietes der Hohen Tauern. Mit 62 Illustr., 2 Panoramen u. 7 Karten. 2., verm. Aufl. 12. (XIV, 277 S.) Ebd. 887. geb. n. 3. 30

-- illustr. Führer durch Salzburg u. d. Salzkammergut. M. bes Berücksicht. d. Umgebgn. v. Salzburg, Ischl. d. Salzkammergut-Seen, d. Gebietes d. Hohen Tauern u. der Nachbargebiete v. Aussee, Schladming u. Berchtesgaden. M. 70 Illustr., 3 Panoramen u. 7 Karten. 3., verb. Aufl. 12. (VIII, 271 S.) Ebd. 896. Geb. n. 3. 60

Rabl, J., Illustrierter Führer durch Salzburg und das Salzkammergut. 4. Aufl. [A. Hartleben's illustr. Führer. Nr. 15.] 8°. (ill. VIII, 304 S. mit 3 Panoramen und 7 Karten) geb. K 6.—
Wien: Hartleben 1904.

— s.: Führer, illustrirter, auf den k. k. österr. Staatsbahnen.

— illustrirter Führer durch Steiermark u. Krain m. besond. Berücksicht. der Alpengebiete v. Obersteiermark u. Oberkrain. Mit 50 Illustr. u. 2 Karten. 8. (XXX, 285 S.) Wien 885. Hartleben. geb. n. 3. 60

Rabl, Josef, Illustrirter Führer durch Steiermark und Krain. Mit besonderer Berücksichtigung der Alpengebiete von Obersteiermark und Oberkrain. Mit 48 Illusrationen, einem Panorama und einer Karte. Zweite, vermehrte und verbesserte Auflage. 8. (VIII, 372 S.) [A. Hartleben's Illustrirter Führer Nr. 20, 2. Auflage.] Bädeker-Einband 2.—
Wien: Hartleben 1898

— illustrierter Führer auf der Tauernbahn, s.a. Hartleben's, A., illustr. Führer. Nr. 57.

Rabl, J., Illustrierter Führer auf der Tauernbahn und ihren Zugangslinien. 8°. (ill. XIV, 280 S. mit 6 Karten) geb. K 6.—
Wien: Hartleben 1905.

— Führer durch das Kampthal, s.: Touristen-Führer. Hrsg. vom österreich. Touristen-Club.

Rabl, J., Kleiner illustrierter Führer auf der Tauernbahn. [Hartlebens ill. Führer. Nr. 63.] 8°. (VII, 152 S. und 23 Tafeln) geb. K 3.30
Wien: Hartleben 1910.

— Führer auf den Semmering u. seine Umgebung, s.: Silberhuber, A.

— Führer durch Tirol, s.: Amthor, Ed.

Rabl, Jos., illustrirter Glockner-Führer. Eine Darstellung der Glockner-Gruppe und aller in ihrem Gebiete auszuführenden Touren. Auf Grund eigener Anschauung und mit Benützung der vorhandenen Literatur bearb. Mit 23 eingedr. (Holzschn.-)Illustr. und 2 (chromolithogr.) Karten. 12. (VIII, 270 S.) Wien 881, Hartleben's Verlag. geb.

— illustrirter Glockner-Führer. Eine Darstellung der Glockner-Gruppe u. aller in ihrem Gebiete auszuführenden Touren. Auf Grund eigener Anschauung u. mit Benützung der vorhandenen Literatur bearb. Mit 23 (eingedr. Holzschn.-)Illustr. u. 2 (chromolith.) Karten. 12. (VIII, 270 S.) Ebend. 882. geb. 3. 60

Rabl, J., Bad Hall in Oberösterreich. Ärztliche Beobachtungen und Erfahrungen. 8. (VI und 90 S. mit 1 lithogr. Karte der Umgebung von Hall in 4.) Wien 864, Braumüller. *

— Bad Hall in Ober-Oesterreich. Aerztliche Beobachtungen u. Erfahrungen. Nebst einer (chromolith.) Karte der Umgebung von Bad Hall. 2., umgearb. u. verm. Aufl. 8. (VIII, 100 S.) Wien 879. Braumüller. n. 1. 60

— Bad Hall in Oberösterreich. Ärztliche Beobachtgn. u. Erfahrgn. gr. 8. (IV, 79 S.) Wien 891. F. Deuticke. n. 2. —

— Hall-les-Bains Haut-Autriche. 8. (27 S.) Ebend. 878. n. — 80

— Niederdorf im Pusterthale als Sommerfrische, Höhen- u. Terrain-Curort u. als Touristenstation. Hrsg. vom Niederdorfer Verschönerungs-Verein. 12. (56 S. m. 8 Abbildgn.) Wien 890. (Lechner's Sort.) n. — 80

— Ötscher-Führer, s.: Biedermann, Carl.

— die Raxalpe, s.a. Touristen-Führer.

— die Raxalpe. Mit 1 (lithogr.) Distanzkarte und Anhang: Das Karl-Ludwig-Haus auf der Raxalpe, sammt (lithogr.) Plan. Hrsg. vom „Oesterreich. Touristen-Club". 8. (VIII, 103 S.) Wien 877, (Hölder.) cart. *

— illustr. Salzkammergutführer. gr. 8. (85 S. m. 21 Illustr. u. 1 farb. Karte.) Wien 894. Marxergasse 22, Verl. Luksch. n. — 30

Rabl, Jos., Steuerbrevier. Ein Dutzend Zeitblüten. gr. 8. (89 S.) Wien 881. Rosner. n. 1. —

— das Traisenthal u. das Pielachthal, s.: Touristen-Führer.

— das Triestingthal, s.: Touristen-Führer, Wiener.

— Wachau-Führer, s.a. Touristen-Führer.

Rabl, Josef, Wachau-Führer. Ein Führer im Donauthale zwischen Krems und Melk und in den anschliessenden Theilen des Waldviertels, mit besonderer Berücksichtigung der Orte: Gföhl, Krems, Mautern, Melk, Ottenschlag, Pöggstall, Rossatz, Spitz, Stein und ihrer Umgebungen. Hrsg. v. österreichischen Touristen-Club. Mit 28 Illustrationen und 2 Plänen. 8. (XV, 346 S.) Geb. 2.60
Wien: Lechner 1890.

— Wien-St. Pölten, s.: Führer, illustr., auf den k. k. österr. Staatsbahnen, Nr. 1.

— Zwettl und das Kampthal, s. Touristen-Führer.

Rabl, Karl

Rabl, Carl, über den Bau u. die Entwicklg. der Linse. gr. 8. (VII, 324 S. m. 132 Fig. u. 14 lith. Taf.) Leipzig 900. W. Engelmann. n. 15. —
Sonderabdruck aus: „Zeitschr. f. wiss. Zoologie".

Rabl, Carl, Bausteine zu e. Theorie der Extremitäten der Wirbeltiere. 1. Tl. (XLV, 290 S. m. 49 Fig. u. 11 Taf.) Lex. 8. Leipzig 910. W. Engelmann. 24. -

Rabl, Carl, Beiträge zur Entwicklungsgeschichte der Prosobranchier. [Mit 2 (lith.) Taf.] Lex.-8. (16 S.) Wien 883. (Gerold's Sohn.) n. 1. --

Rabl, Carl, üb. die Entdeckungsgeschichte der Malermuschel. Eine Anwendg. der Keimblätter-Theorie auf die Lamellibranchiaten. Mit 3 lith. Taf. (in qu. Fol.) u. 2 (eingedr.) Holzschn. [Aus: „Jen. Zeitschr. f. Naturwiss."] gr. 8. (86 S.) Jena 876. Dufft. n. 3. —

— die Entwicklung des Gesichtes. Tafeln zur Entwicklungsgeschichte der äusseren Körperform der Wirbelthiere. Hrsg. m. Unterstützg. der kaiserl. Akademie der Wissenschaften in Wien aus dem Legat Wedl. 1. Hft. Fol. Ebd. In Mappe n. 12. —
Das Gesicht d. Säugethiere. I. (Kaninchen, Schwein, Mensch.) (8 Taf. m. VI, 21 S. Text.) 902.

— Geschichte der Anatomie an der Universität Leipzig, s.a. Studien zur Geschichte der Medizin. 7. Heft.

Geschichte der Anatomie an der Universität Leipzig von Prof. Dr. Carl Rabl. Mit 10 Taf. Leipzig: Barth 1909. IV, 126 S. 4°
(Studien z. Geschichte d. Medizin. H. 7.) (09. 968)

— über die Grundbedingung des Fortschrittes in der organischen Natur. Vortrag, geh. in der feierl. Sitzg. der kaiserl. Akademie der Wissenschaften am 30. V. 1900. 8. (29 S.) Wien 900. (C. Gerold's Sohn.) n. — 60

Rabl, Carl, über „organbildende Substanzen" u. ihre Bedeutung f. die Vererbung. Nach seiner am 21. VI. 1906 in der Aula der Universität Leipzig geh. Antrittsvorlesung. (80 S.) gr. 8. Leipzig 906. W. Engelmann. n. 1. 20

Rabl, Carl, Theorie des Mesoderms. 1. Bd. [Aus: „Morpholog. Jahrb."] gr. 8. (XXXI, 262 S. m. 47 Fig. u. 15 Taf.) Leipzig 897. W. Engelmann. n. 20. —; geb. n.n. 22. 40

Rabl, Carl, über die züchtende Wirkung functioneller Reize. Rektoratsrede, geh. in d. Aula d. k. k. deutschen Karl Ferdinands-Universität in Prag am 18. XI. 1903. (44 S.) gr. 8. Leipzig 904. W. Engelmann. n. — 80

Rabl, Marie, geb. Virchow, s.: Virchow, Rud., Briefe an seine Eltern.

RABL, Walter: Einleitung und Revisionsbericht zur Ausgabe von Heinrich Issac's Choralis Constantinus Tom. I. in den Denkmälern der Tonkunst in Österreich
Phil. Diss., Prag 1896/97

Es waren zwei Königskinder. Symphon. Dichtung von Fritz Volbach. Kleiner Konzertführer von Dr. Walter Rabl. Leipzig: Breitkopf & Härtel [1898]. (7 S.) 8° [F.]
— Musikbücher, Breitkopf & Härtels. Abt. 2. No 605. (08. 4693)

— Plane, s.: Ernst, Wilh. Eberh.

Rabl-Rückhard, H.

Rabl-Rückhard. Auszug aus d. statist. Bericht üb. Krankbt u. Sterblichkt i. d. Heere der Verein. Staaten, umfassend 16 Jahre (v. 1839 bis Ende 1854). (Handschr.) 1861. 4.

Rabl-Rückhard, H., das anthropolog. Material der Universität zu Berlin, s.: Sammlungen, die anthropologischen, Deutschlands.

Rabl-Rueckhard, Joan. Joseph. Herm. (geb. Potsdam 1. 9. 1839): De aurium cartilagine reticulata. Berolini (1862). (32 S.) 8°
Berlin, Med. Diss. v. 6. Okt. 1862

Räbner, Malvida v., neuester Briefsteller u. Rechtskonsulent f. Frauen u. Mädchen, s.: Müller, Otto.

Rabnow, O., die Geldnoth oder die Goldwährung und das Münzgesetz. 8. (47 S.) Osnabrück 880, Webberg.
2. Aufl. vgl.: Bar, O. v., die Goldwährung.

Rabond, G., Gottfried Jost, d. Schläfer v. Dorlisheim. gr. 8. (27 S. m. Bildn. u. 2 Abb.) Straßburg 896. Leipzig, H. Adler. n. — 50

Rabory, J., Leben der heil. Franziska Romana, s.: Stelzer, Ch.

Rabot, Charles

Rabot Ch. Les variations de longueur des glaciers dans les régions arctiques et boréales. Ire partie. In-8°. 86 p. Genève, Georg & Co. 1897. 1 50
*** Extrait des *Archives des sciences physiques et naturelles.*

Rabot, Charles: Les variations de longueur des glaciers dans les régions arctiques et boréales. Publié sous les auspices du Ministere de l'Instruction Publique de France. ([S.-A.] Archives des Sciences physiques et naturelles. Années 1899 et 1900.) Genève et Bale 1900. 250 S. 8°.

Rabou, Charles, la forêt de Bondy. Epoque de la régence. 12 Vols. (Bibliothèque choisie. Vol. 748—757. 778 et 779.) Naumburg 865. Pätz. 16. (1930 S.) 4 ₰

— das schwarze Kabinet. Roman. Aus dem Franz. übers. 6 Bde. 8. Leipzig 849, Kollmann. (à 1/2 ₰) 3 ₰

Rabou, Ch., der Graf v. Sallenauve, s. Balzac, Heinr. v.

Rabou's, Charles, Werke. 1. u. 2. Bd. A. u. d. T.: Die Seiltänzer Ludwigs XV. Aus d. Französ. von Louis Fort. 2 Bde. 8. Leipzig 847, (846,) Literar. Museum. à 1/2 ₰

Rabou's, Charles, Werke. 3. u. 4. Bd. A. u. d. T.: Der Bettler von Montlhery. Eine Criminalgeschichte. — Eine Courtisane. Aus d. Französ. von Louis Fort. 8. Leipzig 847, (846,) Literar. Museum. à 1/2 ₰

Rabou's, (Charles), Werke. 5. u. 6. Bd. A. u. d. T.: Ein Familiengeheimniß. [Capitain Lambert.] Aus dem Franz. von Louis Fort. 2 Bde. 8. (174 u. 159 S.) Leipzig 847, Literarisches Museum. à 1/2 ₰ (1—6: 3 ₰)

— die Wittwenallee, s. Aula d. schönen Literatur, 77.—81. B.

—— die Wittwenallee. Nach d. Franz. deutsch v. A. Schraishuon. 5 Bdchn. in 2 Thln. 8. (28 7/8 B.) Stuttgart 846, Hallberger'sche Vrlgsh.

Raboud, Leonie, s. Blume, e., f. den Himmel.

Raboud, Leonie Eine Blume f. den Himmel. Frei aus dem Franz. übers. 3. Aufl. 8. (64 S. m. Holzschn.-Bild.) Freiburg i/Schw. 886. (Donauwörth, Auer.) n. — 40

Raboud, Léonie. Une fleur pour le ciel. 2e édition. In-8°, XIII et 63 p. Fribourg, impr. catholique suisse, 1883.

Rabow, Siegfried

Rabow, S., die neuesten Arzneimittel u. Specialitäten, zugleich als 2. Aufl. der „Therapeut. Neuheiten des letzten Vierteljahrhunderts". Ergänzungen zu „Rabow's Arzneiverordngn." (XXIV, 184 S.) kl. 8. Strassburg 910. L. Beust. Geb. in Leinw. 3. —

Rabow, S., die gebräuchlichsten Arzneiverordnungen der medicinischen Klinik u. Poliklinik zu Strassburg. gr. 16. (VI, 41 S.) Strassburg 874. Schmidt. n. 1. 60

Rabow, S., die gebräuchlichsten Arzneiverordnungen der medicinischen Klinik und Poliklinik zu Strassburg. 2. verm. und verb. Aufl. gr. 16. (VI, 47 S.) Strassburg 876, Schmidt's Universitäts-Buchh. geb. und durchsch. *

—— Arzneiverordnungen zum Gebrauche für Klinicisten und angehende Aerzte. 4. verm. und verb. Aufl. gr. 16. (VIII, 52 S.) Ebendas. 879. geb. und durchsch. *

Rabow, S., Arzneiverordnungen zum Gebrauche für Klinicisten und angehende Aerzte. 5. verm. und verb. Aufl. (58 S.) 1880; 6. verm. und verb. Aufl. 16. (VI, 66 S.) Strassburg 882, Schmidt's Universitäts-Buchh. geb. und durchsch. *
—— dass. — 7. verm. und verb. Aufl. (VII, 79 S.) 1883; 8. verm. und verb. Aufl. 12. (VII, 81 S.) Ebendas. 884. geb. und mit Schreibpap. durchsch. *

Rabow, S., Arzneiverordnungen zum Gebrauche für Klinicisten und angehende Aerzte. 9. verm. und verb. Aufl. (VII, 83 S.) 1885; 10. und 11. verm. und verb. Aufl. (VII, 92 S.) 1886; 12. und 13. verm. und verb. Aufl. (VII, 100 S.) 887; 14. verm. und verb. Aufl. 12. (VII, 104 S.) Strassburg 888, Schmidt's Universitäts-Buchh. geb. und durchsch. *

Rabow, S. Arzneiverordnungen zum Gebrauche f. Klinicisten u. practische Aerzte. 15.—20. verm. u. verb. Aufl. 12. (VII, 105—107 S. m. 1 farb. Taf. zur 20. Aufl.) Strassb. i. E. 889—92, Bull. geb. u. m. Schreibpap. durchsch. * 2 40

Rabow, S., Arzneiverordnungen zum Gebrauche f. Klinicisten u. practische Aerzte. 22., verm. u. verb. Aufl. 12. (VII, 108 S. m. 1 farb. Taf.) Strassburg 894. F. Bull. Geb. in Leinw. u. m. Schreibpap. durchsch. n. 2. 40

Rabow, S., Arzneiverordnungen zum Gebrauche f. Klinicisten u. pract. Aerzte. 28., verm. u. verb. Aufl. 12. (VI, 117 S. m. 1 Farbdr. u. 1 Bildnis.) Strassburg 899. F. Bull. Geb. in Leinw. u. durchsch. n. 2. 40

Rabow, S., Arzneiverordnungen zum Gebrauche f. Klinicisten u. practische Aerzte. 30., verb. u. verm. Aufl. 12. (VI, 118 S. m. 1 Farbdr. u. 1 Bildnis.) Strassburg 900. F. Bull. Geb. in Leinw. u. durchsch. n. 2.40

Rabow, S[iegfried]. Arzneiverordnungen zum Gebrauche für Klinicisten und practische Aerzte. Zusammengestellt von Dr. S. R', Professor ... [in] Lausanne. 34., vermehrte und verbesserte Aufl. [Mit 2 Tafeln.] VI + 123 [+ *Anzeigen* 25] S. 8. Strassburg, Friedrich Bull, 1903. [geb. M. 2. 40]
Durchschossen.

Rabow, S[iegfried]. Arzneiverordnungen zum Gebrauche für Klinicisten und practische Aerzte. ... 35., vermehrte und verbesserte [Titel-] Aufl. [Mit 2 Tafeln.] VI + 123 [+ *Anzeigen* 25] S. 8. Strassburg, Friedrich Bull, 1904. [geb. M. 2. 40] — *Durchschossen.*

Rabow, S[iegfried]. Arzneiverordnungen zum Gebrauche für Klinicisten und practische Aerzte. Zusammengestellt von Dr. S. R', Professor ... [in] Lausanne. [Mit 2 Tafeln.] — *Durchschossen*. 8. Strassburg, Friedrich Bull. [geb. M. 2. 40]

36., vermehrte und verbesserte Aufl. VI + 124 [+ *Anzeigen* 29] S. 1905.

37., verm' und verb' Aufl. VI + 154 [+ 4] S. 1906. — *Text: S. 1—124, wenig verändert.*

38., verm' und verb' Aufl. VI + 168 [+ 8] S. 1907. — *Text: S. 1—126.*

— **Arzneiverordnungen** zum Gebrauche f. Klinicisten u. practische Aerzte. 41. verm. u. verb. Aufl. (VIII, 134 S. m. 1 Bildnis u. 1 farb. Taf.) kl. 8. Strassburg 910. F. Bull. Geb. in Leinw. u. durchsch. 2. 40

— u. E. **Wilczek**, die officinellen Drogen u. ihre Präparate. Ein Führer f. Studirende, Aerzte, Apotheker u. Drogisten unter Mitwirkg. von R. A. Reiss. Mit Verzeichniss der Abbildgn., der Haupt-Artikel, Anh., Maximaldosen u. alphabet. Register. (In deutscher u. französ. Sprache.) Lex.-8. (XII, 234 S. m. 43 Lichtdruck-Taf.) Strassburg 900. L. Beust. Geb. in Leinw. n. 10. —

Drogen. Die officinellen Drogen und ihre Präparate. Ein Führer für Studirende, Aerzte, Apotheker und Drogisten von Dr. S[iegfried] Rabow, Professor ... [zu] Lausanne, und Dr. E[rnest] Wilczek, Professor ... [zu] Lausanne, unter Mitwirkung von Dr. R[udolf] A[rchibald] Reiss ... zu Lausanne. Mit Verzeichniss der Abbildungen, der Haupt-Artikel, Anhang, Maximaldosen und alphabetischem Register. Mit 43 Lichtdrucktafeln. XII + 234 S. 8. Strassburg (Elsass), Ludolf Beust, 1903. [geb. M. 10. —]

Rabow, S., u. L. Bourget, Handbuch der **Arzneimittellehre.** Zum Gebrauche f. Studir. u. Ärzte bearb. gr. 8. (XI, 862 S. m. 20 Fig. u. 1 Taf.) Berlin 897. J. Springer. Geb. in Leinw. n. 16. —

— s.: **Monatshefte, therapeutische.**

— therapeutische **Neuheiten** des letzten Vierteljahrhunderts. Ergänzungen zu „Rabow's Arzneiverordngn.". (VI, 257 S.) kl. 8. Strassburg 904. L. Beust. Geb. in Leinw. n. 3. 60

Rabow, Siegfried [aus Carthaus]: Ueber die Wirkung des Alkohol auf die Körpertemperatur und den Puls. Strassburg, J. H. Ed. Heitz, Univ.-Buchdr., 1872. 8. 30 S.

Rabrebe, Appe, s. Appe

Rabs, Gustav, Referendar in Glatz: Der Einfluß des Irrtums in den Beweggründen auf letztwillige Verfügungen. Nach gemeinem u. bürgerl. Recht. *Borna-Leipzig 1904: R. Noske.* (xII, 71 S.) 8° [S.]
Leipzig, Jur. Diss. v. 1904

Rabs, Vikt., Hilfsbuch f. das Apothekenlabor., s.: **Prescher, Joh.**

Rabs, Vikt., bakteriologisch-chem. Praktikum, s.: Prescher, Joh.

Rabski, Daniel: * De trilogia et Ajace Sophoclis. 58 S. 2°
Halle-Wittenberg, Phil. Diss. v. 8. Aug. 1850
Geb. [Lwówek = Neustadt (Posen) 1820]

Rabski, Siegmund, Referendar: Die Aufhebung eines Ehescheidungsurteils infolge einer Restitutionsklage, insbesondere im Falle der anderweitigen Verheiratung des Geschiedenen. Borna-Leipzig 1908: Noske. 75 S. 8°
Breslau, Jur. Diss. v. 3. Dez. 1908, Ref. Fischer-Brie
[Geb. 18. Dez. 85 Miloslaw; Wohnort: Ahlden; Staatsangeh.: Preußen; Vorbildung: Mariengymn. Posen Reife O. 04; Studium: Breslau 2, München 1, Breslau 3 S.; Rig. 23. Juli 08.] [U 09. 514

von Rabski, Wladislaw: Über die Satiren des Christoph Opaliński ... Berlin, Druck v. A. Wolff, *1892;* 1 Bl., 65 S. 8.
Berlin, Phil. Fak., Inaug.-Diss. v. 15. März 1892

Raeburn, Meisterbilder, s. a. Weicher's Kunstbücher.

Die Meisterbilder von [Henry] **Raeburn.** Eine Auswahl von 60 Reprod. nach T. & R. Aunan & Sons' Orig.-Aufnahmen. Berlin: Weicher 1909. 65 S. 8°
(Weichers Kunstbücher. Nr 15.) [10. 17658

— 12 photogravures after the original paintings and a portrait of the artist by himself. (Mit 1 Bl. Text.) 70 ×51,5 cm. London (910). Berlin, Photograph. Gesellschaft. In Halbleinw.-Mappe 200. —

Rabus, A., Schema zum Einzeichnen f. chirurgische Operations-Curse u. topographische Anatomie, nach Angabe v. H. Maas u. Ph. Stöhr gezeichnet. Lith. gr. Fol. Würzburg 884. Staudinger. n. — 40

Rabus, Alb., sechs und vierzig Muster-Tabellen, ein Hilfsbuch zum Unterricht in der französ. Sprache, zunächst im Convicte zu Totis. A. u. d. T.: Quarante-six tableaux demonstratifs pour servir à montrer la grammaire française. gr. 8. Pesth 834. (Heckenast.) n. 2/3 ℛ

Christoph Rabus gewesenen Hochfürstl. Bamberg. Landrichters in Kärnthen, dann wirklichen Hofraths und Cammer - Consulenten etc. wohleingerichtetes Rechenbuch, worinnen alle Rechnungsarten durch die sogenannten Species in ganzen und gebrochenen Zahlen, nebst praktischen Prüfung, dann durch die Regel de tri, und ihrer mannigfaltigen Anwendung auf eine sehr deutliche, zum Theil noch nie gezeigte Lehrart vorgetragen werden. Erster Theil, mit allergnädigstem kaiserl. Privilegio. Bamberg und Würzburg, bey Tobias Goebhardt. 354 Seit. 8. 1778. *

— 2ter Theil. ibid. 396 Seit. 8. 1778.

Rabus, Frz. Ph. Hnr., Abschiedsrede am 24. Sonnt. nach Trinitatis; als d. 16. Nov. 1817. 8. Kempt., Dannheimer. 1 ℊ

— Altarrede u. Segensgebet bei d. Fahnenweihe des Bürgermilitärs der Kreishauptstadt Kempten, als 22s Bataillon d. k. baier. Landwehr. gr. 8. Kempt. 815. Dannheimer. 2 ℊ

— s. Archiv, gemeinnütz., f. Prediger u. Schullehrer, u. setze hinzu (von F. P. H. Rabus).

— freimüth. Beantwort. u. unpartheiische Würdigung d. Frage u. Bitte an die gesammte protestant. Geistlichkeit in Deutschland, ausgesprochen von L. Pflaum rc. In besond. Beziehung auf Baiern geschrieben. gr. 8. Kempt. 816. Dannheimer. 3 ℊ

— Denkmal des 3n Reformationsjubelfestes f. die evangel. Gemeinde zu Kempten. Eine kurze Geschichte des Festes nebst den dabei gehaltenen öffentl. Vorträgen enthaltend. 8. Kempt. 817. Dannheimer. 3 ℊ

— Predigten bei festl. Veranlassungen gehalten. gr. 8. Kempt. 814. (Halle, Schwetschke u. S.) 8 ℊ

Rabus, Heinrich [aus Speyer, app. Arzt]: Zur Kenntnis der sogenannten Seelenblindheit ... Erlangen, k. b. Hof- u. Univ.-Buchdr. v. F. Junge, 1895; 40 S. 8.
Erlangen, Med. Fak., Inaug.-Diss. v. [26.] Juli 1894

Rabus, Joh., Dankpredigt nach glücklich erfolgter Genesung d. Fürsten Friedrich Kraft Heinrich v. Oettingen-Oettingen, Oettingen-Wallerstein rc. gr. 8. (1 B.) Nördlingen 840, Beck'sche Bh.

Dissertatio de dea Hertha. Scrips. Joan. Mich. Rabus, G. P. — 1842. Ibid. — S. 3—12.
Progr. Augsburg

Observationes in Tibulli Carmina. Scrips. Joan. Mich. Rabus, G. P. — 1837. Ibid. — S. 3—16.
Progr. Augsburg

Dissertatio de ornamentis triumphalibus. Scrips. Joan. Mich. Rabus, G. P. — 1850. Ibid. — S. 1—12.
Progr. Augsburg

Rabus, Leonhard

Rabus, L., die neuesten Bestrebungen auf dem Gebiete der Logik bei den Deutschen u. die logische Frage. gr. 8. (VIII, 204 S.) Erlangen 880. Deichert. n. 3. —

Rabus, v. der Freiheit der Wissenschaft. [Aus: „Neue kirchl. Zeitschr."] gr. 8. (30 S.) Leipzig 893. A. Deichert Nachf. n. — 60

Rabus, L., Grundriss der Geschichte der Philosophie. Ein Leitfaden zum Studium der Geschichte der Philosophie u. zur Rekapitulation. gr. 8. (XVI, 224 S.) Leipzig 887. Deichert Nachf. n. 4. —

— Johann Jakob Wagner's Leben, Lehre und Bedeutung. Ein Beitrag zur Geschichte des deutschen Geistes. gr. 8. (VII und 143 S.) Nürnberg 862, Recknagel. *

Rabus, L., Lehrbuch zur Einleitg. in d. Philosophie. 2. Bd. gr. 8. Leipzig 895. A. Deichert Nachf. n. 6. — (1. u. 2.: n. 10. —)
Logik u. System d. Wissenschaften. (XII, 300 S.) Der 1. Bd. erschien 1887 u. d. T.: R., Grundriss d. Geschichte d. Philosophie, ist jedoch vergriffen.

Rabus, Leonh., Lehrbuch der Logik in neuer Darstellung. Zugleich als Einleitung in das Studium der Philosophie überhaupt u. in das der wissenschaftlichen Methode insbesondere. Erlangen 863. Deichert. gr. 8. (172 S.) n. 24 ngr.

Rabus, Leonh., Logik u. Metaphysik. 1. Thl. Erkenntnisslehre, Geschichte der Logik, System der Logik, nebst einer chronologisch gehaltenen Uebersicht über die log. Literatur u. einem alphabet. Sachregister. Erlangen 868. Deichert. gr. 8. (XVI, 528 S.) n. 2 Thlr

Philosophie und Theologie. — Von Dr. Leonhard Rabus, L. P. — 1876. Speier, L. Gilardone. — S. 5—69[a].
Progr. Speier, K. Lyceum

Rabus, Leonh., Philosophie u. Theologie. gr. 8. (69 S.) Erlangen 876. Deichert. n. 1. 20

— das monarchische Princip. Eine wissenschaftliche Untersuchung. Zugleich ein Beitrag zur Begründung des Staatsrechts u. der Politik. Nürnberg 862. Recknagel. gr. 8. (VI, 164 S.) n. 28 ngr.

Die Ursachen der modernen Reformversuche auf dem Gebiete der Logik. — Von Dr. Leonhard Rabus, L. P. — 1880, Speier, L. Gilardone. — S 5—30[a]. (Herrn Hofrat Dr. L. Urlichs, k. o. Professor der klassischen Philologie und der Aesthetik, Mitglied des obersten Schulrates, beglückwünscht zur 25jährigen Jubelfeier segensreichen Wirkens an der k. b. Universität Würzburg in dankbarer Verehrung das Collegium der Studienanstalt Speier.)
Progr. Speier, K. Lyceum

Rabus, Leonh.: Ueber das Wesen der Philosophie und ihre Stellung zu den anderen Wissenschaften. 19 S. 4° – Speier, Progr. 1871.

Rabus, P., s. *Ovidii*, P. N., metamorph. Libr. XV.

Rabus, Th. A., 100 Hausmittel u. Bauerregeln f. alle Jahreszeiten, Stände, Verhältnisse 2c. 8. Ulm 825. Ebner. 5 gr

Rabus, (Thdr.), Ansprache an die Gemeinde auf Veranlassung der am 29. Oct. 1850 erfolgten Hinrichtung des Raubmörders Andr. Ballheimer am 1. Novbr. gehalten. gr. 8. (14 S.) Ansbach 850, Gummi. *

— Ansprache an die Gemeinde auf Veranlassung der am 14. Febr. erfolgten Hinrichtung der Raubmörderin Christine Hilpert. Nebst einem Anhange, enth.: 3 Gebete einer reumüthigen Sünderin. gr. 8. (16 S.) Ansbach 851, Gummi. *

Rabus, Theod., leide dich als guter Streiter Jesu Christi. 2. Tim. 2, 3. Predigt bei der Synode der Diözese Mkt. Einersheim zu Gnötzheim gehalten. gr. 8. (3¼ B.) Ansbach 844, Gummi.

— Rede nach der Hinrichtung des Raubmörders Andr. Ballheimer am 29. Octbr. 1850 auf dem Blutgerüste gesprochen. gr. 8. (8 S.) Ansbach 850, Gummi. *

— Rede nach der Hinrichtung der Raubmörderin Christine Hilpert am 14. Febr. 1851 auf dem Blutgerüste gesprochen. 8. (8 S.) Ansbach 851, Gummi. *

— über die Volksschule u. deren Verhältniß zur Kirche. gr. 8. (30 S.) Nürnberg 848, Recknagel. ⅛ Thlr

Rabuske, Julius (Henr. Thaddaeus) (geb. Berlin 7. 2. 1837): De rariore quadam stenosis oesophagi forma. Berolini (1860). (30 S.) 8°
Berlin, Med. Diss. v. 20. März 1860

Rabusson, Henry, Modern, s. a. Kürschner's, Jos., Bücherschatz.

Modern. Roman von Henry Rabusson. Autor. Uebers. aus d. Franz. von E. Müller. Mit Ill. von W. Roegge. *Berlin, Eisenach, Leipzig: H. Hillger [1901].* (128 S.) 8° [ℌ.]
— Bücherschatz, Kürschners. No 254. [02. 14406

Rabusson, Henry, der Roman des Staatsanwalts, s.: Engelhorn's Roman- u. Novellenschatz.

Rabusson, Henry, Salonidylle, s.: Engelhorn's allgemeine Roman-Bibliothek.

Rabut, François s. Dufour, Auguste, et Rabut, François.

Rabutin, Roger de

— s.a.: de Bussy.

Rabutin, Roger de, Graf von Bussy, nützlicher Gebrauch der Widerwärtigkeiten in d. Historie einiger großer Männer. 8. Bremen, Grimm. 720.

de Rabutin, Roger, Comte de Bussi, les plus belles lettres, Nouv. édition augmentée de courtes notes, pour l'intelligence des lieux les plus difficiles, par D. E. Chollin. 8. Halle 764. Waisenhaus-B. 8 gr

Raby, Rich., select readings in english prose a. verse adapted for the use of the higher classes in schools a. for private tuition. gr. 8. (X, 409 S.) Freiburg i. B. 871. Herder. n. 3. 60.

Raby v. Raba, Justizmord u. Regierungstyrannei in Ungarn u. Oestreich, od. aktenmäß. Geschichte seiner Verfolgung 2c. 2 Thle. 8. Hamb. 797. Hoffmann. 3 Thlr

Raby von Raba und Mura. Justizmord und Regierungsgräuel in Ungarn und Oesterreich. 2 Thle. Strassburg (Campe in Hamburg) 1797.
— — Dasselbe. Amsterdam (fing.) 1797.
Beide Drucke sehr rar! — Weller, fing. Dr.

Racari. Vide: Process der Juni-Insurgenten.

[Raccaud, Jean-Pierre.] Le Tocsin fribourgeois ..., Poëme avec des notes et des réflexions historiques, politiques et satyriques, en prose, Contre les secrets, Par un Citoyen inspiré par la patrie. [Avec 1 planche.] 8. Fribourg, en Suisse, 1783.

Raccoglitore (il) ossia Archivi di Viaggi, di filosofia, d'Istoria, di Eloquenza, di Poesia, di Critica, di Archeologia, di Novelle, di belle Arti, di Teatri e feste, di Bibliogr. et di Miscellanee etc. 24 fasc. per annata. 8. gr. Milano. 819 et 820. Rthlr.

Raccolta di Autori classici italiani. Poeti. Jena 1805—24. H: *Fernow, Carl Ludwig.* (BrMm)

Raccolta di autori classici, italiani Poeti da K. S. Fernow. XII Tomi. gr. 12. Jena 806—810. Frommann. 13 ℔ 6 gr. Velp. 21 ℔ 4 gr. Hbg. Pr. Drckp. 5 ℔ Schrbp. 8 ℔ (f. auch 1) *Ariosto* Orlando. 2) *Dante* Commed. 3) *Petrarca* rime. 4) *Tasso* Gerusalemme.)

Raccolta di Autori class. Italiani Poeti. T. I et 2.: Torq. Tasso, la Gerusalemma liberata. Data in luce da C. L. Fernow. 2e Aufl. 2 Tom. gr. 12. Jena 824, Frommann.

— di vari Conti e Storietta da Ridere, publ. da L. C. Teuchero. 8. Lps. Sommer. 811.

Raccolta di vari Conti e Storiette da ridere. 16. Leipz. 816. (Nauck). 10 gr.

Raccolta di vari Conti e Storiette da *ridere.* 16. Leipz. Sommer. 816.

— di vari Conti e Storietta da Ridere, publ. da L. H. Teuchero. 8. Leipz. 811. N. A. 818. (W. Nauck). 8 gr.

— — di vari conti e storiette da ridere. Nuova edizione. 16. in Lipsia, Sommer. 818.

* Raccolta delle piu insigni fabbriche di Roma antica e. sue adjacenze misurate novamente e. dichiarate dall' Archit. G. Valadier illustr. con osserv. antiq. da F. A. Visconti et incise da V. Feoli. I. Tempio di Antonio e. Faustina. Fol. Rom. (Leipz. J. A. G. Weigel in Comm.) 810.
II. Tempio detto della Sibilla in Tivoli.

Raccolta delle leggi ed ordinanze contro l'invasione o la diffusione del pidocchio delle viti [phylloxera vastatrix] dogli anni 1875 inclus. 1885 in ordine cronologico. Pubblicata por incarico dell' i. r. Ministero d'agricoltura dalla i. r. Luogotenenza pel Tirolo e Vorarlberg. 12. (VI, 73 S.) Innsbruck 886. Wagner. n. — 80

Raccolta di leggi ed ordinanze della monarchia austriaca. Vol. I. 5—9. 12. 13 u. 16. gr. 16. Innsbruck 869—76. Wagner.

I. Ed. 2., quale comprende, sia nel contesto, sia in corrispondenti note, le disposizione tutte sin qui emanate, intorno alla leggi fondamentali dello stato. (287 S.) n. 2. —
V. (IV, 220 S.) n. 1. 20
VI. (IV, 340 S.) n. 2. 10
VII. (IV, 312 S.) n. 1. 50
VIII. IX. Codice civile con tutte le leggi ed ordinanzi posteriori e le decisioni plenari dell' i. r. suprema corte digiustisia. 2 parte. (362 u. 384 S.) n. 6. 40
XII. (IV, 203 S.) n. 1. 50
XIII. (156 S.) n. 1. 20
XVI. Manuale della procedura civile contensiosa, cioè la norma di giurisdizione civile, il regolamento giudiziario galiziano, e tutte le varie altre leggi sopra procedure particolari posteriormente emanate colle declaratorie ed ordinanze relative, arrichito da copiose note desunte da importanti casi pratici, oppure dalle decisioni della corte suprema di giustisia. Compilato di Giov. Waller. (XV, 582 S.) n. 5. —

—— dass. — Vol. II—IX, 1. 2., XII, XIII. gr. 16. Ebendas. [Vol. II. (VIII, 170 S.) 869. *M 1,10.; Vol. III. (IV, 223 S.) 869. *M 2.; Vol. IV. (IV, 240 S.) 869. *M 1,50.; Vol. V. (IV, 200 S.) 869. *M 1,20.; Vol. VI. (IV, 340 S.) 872. *M 2,10.; Vol. VII. (IV, 312 S.) 871. *M 1,50.; Vol. VIII, Codice civile, Fasc. 1—4. (362 S.) 872. à Fasc. * 80 Pf.; Vol. IX. Fasc. 1 und 2. (192 S.) 873,74. à Fasc. * 80 Pf.; Vol. XII. (IV, 203 S.) 872. *M 1,50.; Vol. XIII. (156 S.) 873. *M 1,20.] +

Raccolta di leggi ed ordinanze della monarchia Austriaca. Vol. I. Ediz. 2a la quale comprende, sia nel contesto, sia in corrispondenti note, le disposizione tutte sin quì emanate, intorno allo leggi fondamentali dello stato. 16. (287 S.) Innsbruck 874, Wagner'sche Universitäts-Buchh. +

Raccolta di leggi ed ordinanze della monarchia Austriaca. Vol. 9. Fasc. 3—5., Vol. 10. Dispensa 1 e 2., Vol. 11. Dispensa 1 e 2., Vol. 14—17. 16. Innsbruck 876—80. Wagner. n. 26. 20

IX. Codice civile. Parte II. Fasc. 3—5. (193—427.) n. 2. —
X. Dasselbe. Parte III. Disp. 1 e 2. (487 S.) à n. 2. —
XI. Dasselbe. Parte IV. Disp. 1 e 2. (476 S.) à n. 2. —
XIV. Codice di commercio generale, con note di E. A. Peek. (351 S.) n. 3. 20
XV. Legge generale di cambio per gli i. r. stati austriaci, decisioni di varie autorita supreme, e formulari di E. Untersteiner. (202 S.) n. 2. 40
XVI. Manuale delle procedura civile contenziosa, cioè la norma di giurisdizione civile, il regolamento giudiziario galiziano e tutte le varie altre leggi sopra procedure particolari posteriormente emanate colle declaratorie od ordinanze relative, arrichito da copiose note desunte da importanti casi pratici, oppure delle decisioni della corte suprema di giustizia. Compilato di G. Waller. (582 S.) n. 5. 80
XVII. Manuale della procedura civile non contenziosa, cioè la patente imperiale 9 Agosto 1851 Nr. 208 B. L. J. e le varie altre leggi, instruzioni e regolamenti sopra procedure particolari che costituiscono la giurisdizione onoraria, con note illustrative, importanti casi pratici, decisioni supreme, declaratorie ministeriala ecc. compilato da Aggiunto Glov. Waller. (VIII, 521 S.) n. 4. 80

Raccolta di leggi ed ordinanze della monarchia austriaca. Vol. 7 e 17—23. 12. Innsbruck, Wagner'sche Universitäts-Buchh.

Inhalt:

Vol. 7. Manuale delle leggi, ordinanze e regolamenti sulle scuole popolari generali e civiche vigenti nei regni e paesi rappresentati al consiglio dell' impero, compilato da Giovanni Waller. Ediz. IIa, che abbraccia tutte le disposizioni generali e provinciali sin qui emanate, compresavi la novella scolastica 2 Maggio 1883 e la corrispondente ordinanza esecutiva 8 successivo Giugno. (XX, 728 S.) 883. *M 3,20.
» 17. Manuale della procedura civile non contenziosa, cioè la patente imperiale 9 Agosto 1851 No. 208 B. L. J. e le varie altre leggi, instruzioni e regolamenti sopra procedure particolari che costituiscono la giurisdizione onoraria, con note illustrative, importanti casi pratici, decisioni supreme, declaratorie ministeriali ecc. compilato da Giovanni Waller. (VIII, 521 S.) 880. *M 4,80.
» 18. Manuale illustrativo dell' ordinamento notarile austriaco di Vladimiro Pappafava. (IX, 844 S.) 883. *M 8,80.
» 19. Manuale del codice penale generale austriaco del 27 Maggio 1852 corredato di tutte le leggi ed ordinanze sin qui emanate, al medesimo attinenti, relative ad azioni punibili demandate alla competenza dei giudizi penali. Compilato per cura di Matteo Boscarolli. (XX, 638 S.) 883. *M 5,60.
» 20. Regolamento di procedura penale (del 23 Maggio 1873), con note di Basilio Giannella. 2 vol. (XXV, 861; 417 S.) 885. *M 10,40.
» 21. Leggi sulle epizoozie colle corrispondenti ordinanze ed istruzioni dirette a prevenire e distruggere le malattie contagiose degli animali, coordinatamente esposte per l' uso pratico, aggiuntavi l'istruzione di servizio pei veterinari distrettuali governativi. (XII, 193 S.) 883. *M 1,60.
Vol. 22. La legislazione delle acque in Austria secondo la legge dell'impero 30 Maggio 1869 e quella provinciale del Tirolo 28 Agosto 1870. Con appendice per l'applicabilità alle leggi provinziali del Litorale austro-illirico e della Dalmazia. Per cura di Guilio Rizzoli. (XV, 486 S.) 884. *M 4,80.
» 23. Il regolamento sull' industria esposto con riguardo alle modificazioni e reintegrazioni introdottevi nel 1883, e corredato di tutte le leggi, ordinanze ed istruzioni al medesimo attinenti, per cura di Giovanni Waller. (XI, 318 S.) 884. *M 2,40.

— di leggi ed ordinanze della monarchia austriaca. Vol. 7. 12. 14. 16. 18—24. 12. Innsbruck 883—85. Wagner. n. 60. 40

7. Manuale delle leggi, ordinanze e regolamenti sulle scuole popolari generali e civiche vigenti nei regni e paesi rappresentati al consiglio dell' impero, compilato da Gio. Waller. Ed. II, che abbraccia tutte le disposizioni generali e provinciali sin qui emanate, compresavi la novella scolastica 2 Maggio 1883 e la corrispondente ordinanza esecutiva 8 successivo Giugno. (XX, 728 S.) n. 3. 20
12. Manuale delle leggi e regolamenti communali e provinciali nonchè delle varie altre leggi ed ordinanze al medesimi attinenti valevoli per la contea principesca di Gorizia e Gradisca e pel margraviato d'Istria. Elaborato da Giovanni Waller. (XXIX, 529 S.) 886. n. 4. 80

14. Codice di Commercio generale con note di Edm. Ant. Peck. 2. ed. per cura de Basilio Giannella. (XVI, 751 S.) n. 5. 60
16. Manuale delle procedura civile contenziosa. 2 parti. 2. ed. 12. (XII, 1226 S.) n. 9. 60
18. Manuale illustrativo dell' ordinamento notarile austriaco di Vladimiro Pappafava. (IX, 844 S.) n. 8. 80
19. Manuale del codice penale generale austriaco del 27 Maggio 1852 corredato di tutte le leggi ed ordinanze sin qui emanate, al medesimo attinenti, relative ad azioni punibili demandate alla competenza dei giudizi penali. Compilato per cura di sostituto procuratore di stato Matteo Boscarolli. (XX, 638 S.) n. 5. 60
20. Regolamento di procedura penale [del 23 Maggio 1873, N. 119 b. l. i.] Con note del Basilio Giannella. 2 parti. (XXV, 861 u. 417 S.) n. 10. 40
21. Leggi sulle epizoozie colle corrispondenti ordinanze ed istruzioni dirette a prevenire e distruggere le malattie contagiose degli animali, coordinatamente esposte per l'uso pratico, aggiuntavi l'istruzione di servizio pei veterinari distrettuali governativi. (XII, 193 S.) n. 1. 60
22. La legislazione delle acque in Austria secondo la legge dell' Impero 30 Maggio 1869 e quella provinciale del Tirolo 28 Agosto 1870. Con appendice per l'applicabilità alle leggi provinziali del Litorale austro-illirico e della Dalmazia. Per cura di Commiss. distrett. Giulio Rizzoli. (XV, 486 S.) n. 4. 80
23. Il Regolamento sull' industria esposto con riguardo alle modificazioni e reintegrazioni introdottevi nel 1883, e corredato di tutte le leggi, ordinanze ed istruzioni al medesimo attinenti, per cura di Giovanni Waller. (XI, 410 S.) n. 3. 20
24. Commentario delle leggi del 16 marzo 1884 N, 35 e 36 B. L. I. sulla impugnazione di atti guiridici riguardanti la sostanza di un debitore insolvente e sulla modificazione di alcune disposizioni del regolamento concursuale e della procedura esecutiva del Emilio Steinbach. Versione dal tedesco di Matteo Boscarolli. (VIII, 318 S.) n. 2. 80

—— dass. — Supplemente al vol. 23: Leggi ed ordinanze emanate a completamento del regolamento sull' industria negli anni 1884 e 1885. 12. (S. 319—410.) Ebendas. 885. *

—— di leggi ed ordinanze della monarchia austriaca. Vol. 12, 14—16, 24 und 25. 12. Ebendas. *

Inhalt:

Vol. 12. Manuale delle leggi e regolamenti comunali, distrettuali e provinciali nonchè delle varie altre leggi ed ordinanze ai medesimi attinenti valevoli per la Contea Principesca del Tirolo. Compilato da Giovanni Waller. (XXV, 635 S.) 886. * ℳ 4.80.
» 14. Codice di commercio generale con note di Edm. Ant. Peck. 2a ediz. per cura de Basilio Gianella. (XVI, 754 S.) 885. * ℳ 5.60.
» 15. Legge generale de cambio per gli JJ. RR. Stati Austriaci, elaborata de Ercole Untersteiner. 2a ediz. essenzialmente perfezionata. (VIII, 273 S.) 887. * ℳ 2.80.
» 16. Manuale delle procedura civile contenziosa. 2a parti. 2a ediz. (XII, 1226 S.) 885. * ℳ 9.60.
» 24. Commentario delle leggi del 16 marzo 1884 N, 35 e 36 B. L. I. sulla impugnazione diatti guiridici riguardanti la sostanza di un debitore insolvente e sulla modificazione di alcune disposizioni del regolamento concursuale e della procedura esecutiva del Emilio Steinbach. Versione dal tedesco di Matteo Boscarolli, Sostituto procuratore di Stato. (VIII, 318 S.) 885. * ℳ 2.80.
» 25. La legge del 10 Giugno 1887 B. L. I. N. 74 concernente la modificazione, rispettivamente il completamento di alcune disposizioni della procedura in materia d'esecuzione per l'esazione di crediti pecuniarii. Commentario del Emilio Steinbach. Libera versione dal tedesco autorizzata dall' autore di Procuratore di Stato Matteo Boscarolli, aggiuntevi alcune note, l'ordinanza ministeriale e quella del Presidio d'Appello in Innsbruck sulla esecuzione della legge. (114 S.) 887. * ℳ 1.20.

Raccolta di leggi ed ordinanze della monarchia austriaca. Vol. 12, 15, 19, 25. 12. Innsbruck, Wagner. n. 14. 80
12. Manuale delle leggi e regolamenti comunali, distrettuali e provinciali nonchè delle varie altre leggi ed ordinanze ai medesimi attinenti valevoli per la Contea Principesca del Tirolo. Compilato da Giovanni Waller. (XXV, 635 S.) 886. n. 4. 80
15. Legge generale de cambio per gli II. RR. Stati Austriaci, elaborata de Consigliere aulico Ercole Untersteiner. 2. ed. essenzialmente perfezionata. (VIII, 273 S.) 887. n. 2. 80
19. Il codice penale generale del 27 Maggio 1852 b. l. i. n. 117, corredato di tutte le leggi ed ordinanze relative alla giurisdizione in affari penali. Compilato per cura di Procurat. Matteo Boscarolli. Ed. II. (XXXV, 734 S.) 889. n. 6. —
25. La legge del 10 Giugno 1887 B. L. I. N. 74 concernente la modificazione, rispettivamente il completamento di alcune disposizioni della procedura in materia d'esecuzione per l'esazione di crediti pecuniarii. Commentario del Consigliere ministeriale Emilio Steinbach. Libera versione dal tedesco autorizzata dall' autore di Procuratore di Stato Matteo Boscarolli, aggiuntevi alcune note, l'ordinanza ministeriale e quella del Presidio d'Appello in Innsbruck sulla esecuzione della legge. (114 S.) 887. n. 1. 20

Raccolta di leggi ed ordinanze della Monarchia Austriaca. Vol. XVI. Parte 1—3. 12. Innsbruck, Wagner. n. 18. —
1. Regolamento di procedura civile, norma di giurisdizione e relative leggi d'introduzione (del 1° Agosto 1895) assieme alle leggi ed ordinanze rimaste in vigore, con schiarimenti desunti dai materiali en richiami a norme connesse del Ugo Schauer. Versione italiana per cura di Cesare Stocchetti. Parte 1. (XVIII, 379 S.) 896. n. 3. 20
2. Dasselbe. Parte 2. (XX u. S. 381—1056.) 897. n. 5. 60
3. Regolamento esecutivo e relativa legge d'introduzione (del 27. V. 1896) assieme alle leggi ed ordinanze rimaste in vigore, con schiarimenti desunti dai materiali e richiami a norme connesse del Ugo Schauer. Versione italiana per cura di Cesare Stocchetti. (XLIII, 1124 S.) 898. n. 9. 20

Raccolta di leggi ed ordinanze della monarchia Austriaca. Vol. V, VIII u. XXVI. 12. Innsbruck, Wagner. n. 20. 20
V. Leggi in materia di stampa, sul diritto di autore di opere letterarie, artistiche e fotografiche, sulla tutela delle marche, e sulle patenti, con aggiuntevi altre disposizioni di legge riferibili all' esercizio della giudicatura penale. Ed. nuova. (XVI, 293 S.) 900. n. 3. 20
VIII. Manuale del codice civile generale austriaco, contenente il testo ufficiale, le leggi ed ordinanze pubblicate a completamento o modificazione di esso e riferibili a materie in esso contemplate e l'indice ufficiale secondo l'ordine dei paragrafi. Ed. nuova. (XV, 498 u. 259 S.) 902. n. 7. —
XXVI. Le leggi ed ordinanze in materia di culto, coll' aggiunta dei motivi delle principali leggi, della giurisprudenza, ecc. Ed. Andrea Galante. (XXV, 1043 S.) n. 10. —; geb. n. 10. 80

Raccolta di leggi ed ordinanze della monarchia Austriaca. Vol. VI. e XIX. 12. Innsbruck, Wagner. n. 12. 80; geb. in Leinw. n. 14. 80
VI. I. Regolamento sul notariato. — II. Esecutorietà di transazioni stipulate davanti agli uffici comunali di conciliazione. — III. Tribunali industriali. — IV. Procedimento concorsuale. 2. ed. (VIII, 478 S.) 903. n. 4. 80; geb. n. 5. 80
XIX. Boscarolli, il codice penale generale del 27. V. 1852 b. l. i. n. 117, corredato di tutte le leggi ed ordinanze relative alla giurisdizione in affari penali. Ed. III, intieramente rifusa con speciale riguardo alla pratica forense da segr. giudiz. Carlo Isotti. (XXXVII, 925 S.) 907. n. 8. —; geb. n. 9. —

Raccolta di leggi ed ordinanze della monarchia austriaca. Vol. I, IX e XX, parte 1 e 2. kl. 8. Innsbruck, Wagner. 3. 20
Isotti, Carlo, regolamento di procedura penale de 23. V. 1873 B. L. I. No. 119, corredato di tutte le leggi ed ordinanze relative e di decisioni e conchiusi della corte di cassazione. 2. ed. Vol. 1 e 2. (XIV, 829 u. XIII, 696 S.) (Vol. XX, 1. 2.) 908. à 7. —; geb. in Leinw. à 8. —
Marzadro, O. Enrico, Legge 6. III. 1906, B. L. J. No. 58, sulle società a garancia limitata e legge 3. IV. 1906, B. L. J. No. 84, sull' assegno bancario (check) colle relative ordinance. Compilazione per cura del M. (X, 212 S.) 910. (Vol. IX.) 3. 20
— Leggi fondamentali dello stato e leggi ad esso relative. Parte I. Leggi relative al regni e paesi rappresentati nel consiglio dell' impero. Ed. III. Riveduta ed ampliata. (XII, 476 S.) 908. (Vol. I.) 7. —

Raccolta delle leggi provinciali pel Tirolo e Vorarlberg per l'anno 1842—44. Vol. XXIX—XXXI. A. u. d. Ttl.: Provinzial-Gesetzsammlung von Tyrol u. Vorarlberg f. d. J. 1842—44. 29—31. Bd. gr. 8. Innspruck, (Wagner'sche Buchh.) [29. (59½ B.) 845. * 2 Thlr. 10 Ngr., 30. (62 B.) 46. * 2 Thlr. 15 Ngr., 31. (48⅛ B.) 47. * 2 Thlr. 6 Ngr.] *
Vol. 1—XXVIII. ??

Racolta, nuova, di Componimenti teatrali de' migliori Autori italiani ed esteri. VI Tomi in 12. Livorno. 817 e 818. (Vienna, Volke.)

— nuova, delle megliori Vedute antiche e moderne di Roma da Giov. Cassini, c. st. Querfol. Ulm, Stettin. 779.

— di varie affettuosi orazioni, contiene un essercizio quotidiano, il modo di assistere alla santa messa etc. con rami. 18. Mainz (Frkf. a. M.) 767. Streng. 6 gr.

— di pezzi teatrali tedeschi proposta per la traduzione agli studiosi della lingua italiana. Nr. 1. Dresden 869. Ehlermann. 8. n. 7½ ngr.
Minna von Barnhelm oder das Soldatenglück. Ein Lustspiel in 5 Aufzügen von Ghold. Ephr. Lessing. Zum Uebersetzen aus dem Deutschen in das Italien. bearb. von Aug. Fogolari. (98 S.)

Raccolta di pezzi teatrali tedeschi proposta per la traduzione agli studiosi della lingua italiana. No. 2—5. 8. Dresden 873. 76. Ehlermann. n. 1 —
2. Der Neffe als Onkel. Lustspiel in 3 Aufzügen. Aus dem Franz. d. Picard von Frdr. v. Schiller. Zum Uebersetzen in das Italien. m. Anmerkgn. u. Wörterbuch hrsg. v. Angelo de Fogolari. (VI, 98 S.) n. — 75
3. Der Parasit oder die Kunst sein Glück zu machen. Lustspiel in 5 Aufzügen von Fr. v. Schiller. Zum Uebersetzen aus dem Deutschen in's Italien. bearb. v. Angelo de Fogolari. (87 S.) n. — 75
4. Die Hochzeitsreise. Lustspiel in 2 Aufzügen v. R. Benedix. Zum Uebersetzen aus dem Deutschen in das Italienische bearb. v. Angelo de Fogolari. (48 S.) n. — 80
5. Die Anna-Lise. Schauspiel in 5 Akten v. Herm. Hersch. Zum Uebersetzen aus dem Deutschen in das Italienische bearb. v. Angelo de Fogolari. (78 S.) n. — 80

— di pezzi teatrali tedeschi proposta per la traduzione agli studiosi della lingua italiana. Nr. 2. e 6. 8. Dresden 876. 81. Ehlermann. cart. à n. — 80 (1—6.: n. 4. 65)
2. Der Neffe als Onkel. Lustspiel in 3 Aufzügen. Aus dem Franz. des Picard von Frdr. v. Schiller. Mit Anmerkungen u. Wörterbuch hrsg. von Angelo de Fogolari. (2. Aufl.) (62 S.)
6. Doctor Wespe. Lustspiel in 5 Aufzügen von R. Benedix. Bearb. von Angelo de Fogolari. (101 S.)

Raccolta di prose et poesie da Ganganelli. gr. 8. Hamb. 811. A. Campe. 1 ₰ 3 gr Velinp. 1 ₰ 18 gr

— di scritti dei parocchi di Parigi e di altre citta della Francia etc. 8. Lausanne, Pott. 759.

Raccolta degli scrittori moderni d'Italia. Vol. I—III. — A. u. d. T.: Margherita Pusterla, Racconto di Cesare Cantù. III Vol. 16. (16½, 13⅝ u. 13⅞ B.) Monaco 840, Franz. a *

— di storie morali all' uso di quei che bramano esercitare nella lingua italiana. (Samml. moral. Erzählungen rc.) gr. 8. Manh. 807. (Löffler). 1 ₰ 8 gr

— — di Tragedie classiche italiane, Autori antichi e moderni. 14 Tomi in 16. Venezia. 819. (Ibid.)

— di tutti cio ch'uscito alle stampe fino algiorno d'oggi sulla controversia di Cammachio. fol. Frankfurt, Andreä. 713.

— ufficiale delle leggi d'Ungheria. Anno 1907—1909. Traduzione autentica. Edizione del r. ung. ministero dell' interno. (Redazione dell' „Országos Törvénytár".) gr. 8. Ebd. 41. 50
1907. 3 Bde. (VII, VII, XI, 953 S.) (908.) 12. 60
1908. 4 Fascc. (XII, 1764 S.) 22. 50
1909. 2 Fascc. (Fasc. 1.390 S.) (910.) 6. 40

— ufficiale delle ordinanze ministeriali. Vol. I—III. Edizione del vol. IV: Publicazione per cura del r. ung. ministero dell' interno. (Redazione della Raccolta ufficiale delle leggi del regno.) Vol. I—V. gr. 8. Budapest, L. Toldi. 49. 10
I. Presidenza dei ministri. Ministero dei culti e dell' istruzione publica. (V, 276 S.) 904. 3. 60
II. Ministero della difesa nazionale. (IV, 344 S.) 905. 4. 70
III. Ministero d'agricoltura. (IX, 850 S.) 906. 10. 80
IV. Ministero dell'internio. Edizione ufficiale. (XV, 821 S.) 907. 10. —
V. Ministero del commercio Ed. ufficiale. (XXXI, 1447 S. m. 6 Formularen.) 907. 20. —

Racconti per gli adolescenti. gr. 8. (134 S. mit 8 Stnt.) Triest 857, Direction des österreichischen Lloyd. geb. *

Racconti istruttivi e dilettevoli per la gioventù giusta le norme dettate dal più insigni educatori Carrer, Thouar, Puoti ecc. Illustrati da 4 tav. litogr. 2. ediz. Triest 864. Coen. 8. (128 S.) n. 15 ngr.

Racconti, tre, tradotti dal francese alla italiana favella da Luigi de Carbonnel. Con alcune poesie dello stesso Professore. 2. ediz. considerevolmente accresciuta e corretta. Amburgo (851.) (Berlin, Asher u. Co.) 8. (XIV, 292 S. u. 1 Holzschn.) n. 1 ₰.

Race, s.a. Rasse

Race, la, prussienne par Quatrefages. Von A. B. [Aus „Zeitschrift f. Ethnologie."] Lex.-8. (20 S.) Berlin 872. Wiegandt, Hempel & Parey. n.n. — 75

Rach, Karl

Rach, Carl [aus Höchst a. M.]: Über die Einwirkung von nascirender Blausäure auf den Acetbernsteinsäureester . . . . Würzburg, Becker's Univ.-Buchdr., 1885; 39 S. 8°.
Würzburg, Phil. Fak., Inaug.-Diss. v. 1885.

Rach, Carl, über die Einwirkung von nascirender Blausäure auf den Acetbernsteinsäureester. Diss. Würzburg 1885, Stahelsche Univ.-Buchh. 8°. 39 S.

Rachbauer, Ed., neuestes Servir-Buch, um in kürzester Zeit ohne Lehrer das französische Hotel-Service zu erlernen. Enthaltend: kurze Grammatik mit Uebungsstücken, reiche Wörtersammlung u. Gespräche mit Aussprache. Als Anhang: Eine große Speise-Karte. 8. (III, 112 S.) Salzburg 878. (Wien, Wenedikt.) 1. 70

Rachberger, Otto, „Christus ist mein Leben" [Phil. 1, 21] od. Erklärung der Litanei zum heiligsten Namen Jesus. Eine Weihegabe zum göttlichen Herzen Jesu. 8. (494 S.) Passau 881. Waldbauer. 3. —

— die lauretanische Litanei od. Mariens Lob im Munde der Kirche. Mit einem Anh., enth.: Meß-, Beicht- u. Communiongebete nebst andern Andachtsübungen. Mit einem Stahlst. 8. (426 S.) Regensburg 878. Manz. 3. —

Rache, Die, oder der Herzog von Montmorency; ein Trauerspiel in drei Aufz. Breslau 1780. V: *Bonin, Christian Friedrich von.* (Ky) (MGT)

Rache, Die. Ein Lustspiel in zwey Aufzügen . . . Dresden 1785. V: *Brühl, Alois Friedrich Graf von.* (BrMm)

Rache, Die. Ein Trauerspiel nach Young. O. O. 1794. V: *Blümner, Heinrich.* (GGr) (NN) (Ky)

Rache, die, Trauersp. nach Young. 8. Leipz. Griesshammer. 794.

Rache, Die, Albert des Dritten, Herzogs in Baiern. Ein Pendant zu Agnes Bernauerin [von Törring-Cronsfeld] in fünf Handlungen . . . Augsburg 1804. V: *Destouches, Joseph Antoine.* (MGT) (BrMm) (GGr)

— Albrechts, s. Albrecht.

Assas **Rache**. Eine Geschichte aus d. Sklavenzeit Amerikas. Mit 4 Bild. Elberfeld: R. Brockhaus 1906. (59 S.) 8° [F.] 07. 13/7

Rache, die, des Banditen. Kriminal-Roman. — Das Drama v. Breas-Costel, Kriminal-Fall. — Am Hochzeitstage, Kriminal-Novelle. Einer wahren Begebenheit nacherzählt. (96 S.) 8. Neuweißensee (905). E. Bartels. 1. —

RACHE einer Buhlerin. Eine (stellenw. etwas freie) Erzählung f. gefühlvolle Herzen von d. Verfasser d. Romans: „Liebe, Rache u. Versöhnung". Nordhausen. gedr. in d. Crusen'schen Buchdr. 1831. 8°. 196 S. (2 Mk. 50 Pfg., Franz Teubner, Bonn, c. 1895.)

Rache ein. Buhlerin. Eine Erzähl. f. gefühlvolle Herzen v. dem Verf. d. Romans: „Liebe, Rache u. Versöhnung." 8. (12¼ B.) Nordhausen 831. (Sondershausen, Eupel.)

Rache, Chriemhilden, und Die Klage. Zwey Helden-Gedichte. Aus dem schwäbischen Zeitpunkte . . . Zyrich 1757. H: *Bodmer, Johann Jacob.* (Ebert) (GGr) (JL) (Bächtold, Litt. d. Schweiz. Frauenf. 1892. S. 188.)

— die, der Diana; anacreontisches Divertissement in 2 Aufz. Wien 807. Wallishausser. 2 fl.

Rache, des Edlen, oder ein katholischer Pfarrer. Erzählung. Aachen 860. Cremer. 12. (189 S.) 12½ ngr

Rache, d. Edlen, od. e. kathol. Pfarrer. Erzählung. Hrsg. v. Frz. Thalhaus. 2. Aufl. 8. (183 S.) Aachen 870. Cremer. 1. 50

RACHE, Die, des Eunuchen, oder ein Cancan im Harem. Berlin, Sauernheimer's Verlag.
Verboten vom L.-G. Lemberg, 3. October 1889. § 516.

RACHE des Eunuchen oder eine kniffliche Haremsgeschichte. Mit 30 Bildern von O. Wagner. Berlin, o. J. Gr. 8°. (1 Mk. 50 Pfg., A. Bielefeld, Carlsruhe, 1892.)

Rache, Sanct Florian's. Leipzig 1858. V: *Pinder, Marie geb. Jachmann.* (BrVV)

Die Rache des Franktireurs. (Dresden: Dresdner Roman-Verl. [1900].) 32 S. 8° [Umschlagt.]
(Der Krieg. Bd 12.) [09. 18609

Rache und Hülfe der Freimaurer. Nach ihren eigenen Geständnissen. Paderborn: Junfermann 1880. 76 S. 8°
Tt. 1741, TB. 388. Erzählungen.

Rache, die, eine Idylle. 8. Berl. 782. Rottmann. 4 gr.

Rache, die, des Indianers. Eine Sage aus Nord-Mexiko. Für die reifere Jugend bearb. u. m. (3) farb. Illustr. versehen. gr. 8. (121 S.) Berlin 902. Globus-Verlag. Geb. — 60

Rache gekränkter Liebe, s. Geliebten, die getrennten.

Rache getäuschter Liebe, eine Novelle, von C. A. Seidel, 8. Bayreuth, 793. Lübecks. 15 sgl.

— getäuschter Liebe; eine Novelle, v. K. A. Seidel. N. Aufl. 8. Leipz. Hinrichs. 813. -

— die, des Mormonen, s. a. Geschichten, intime. Nr. 6.

Die Rache des Mormonen. (*Berlin: Berliner Roman-Verl. [1904].*) (48 S.) 8° [Umschlagt. F.]
= Geschichten, Intime. 6. [04. 7583

Rache, Der Mosel, im Jahre des Heils 1898. [Düsseldorf 1808.] V: *Kögel, Fritz.* (Berl)

Rache u. andere Novellen, s. a. Dito u. Idem.

Rache und andere Novellen. Von Dito und Idem (Carmen Sylva [Königin Elisabeth von Rumänien] und Mite Kremnitz.) 8. (336 S.) Bonn 888, Strauß' Verlag. *
geb. *

Rache u. andere Novellen v. Dito u. Idem. 2. Aufl. 8. (336 S.) Bonn 889, Strauß. * 5 —; geb. * 6 —

— u. andere Novellen v. Dito u. Idem (Königin Elisabeth v. Rumänien [Carmen Sylva] u. Mite Kremnitz). 3. Aufl. (3. Taus.) 8. (III, 336 S.) Bonn 890. Stuttgart, E. Strauß. n. 5. —; geb. in Leinw. n. 6. —

— die, des Prinzen von Monterano. Trauersp. 8. Augsburg, Klett. 771. -

— für Rache. Lustsp. von Wezel. 8. Leipz. Dyk. 778. -

— römische. Die Excommunication. Leipzig 860. O. Wigand. gr. 8. (30 S.) n. 5 ngr

Die | schauderhafte Rache | des scheußlichen Räubers | Rudolph Spinori, | oder: | Trauriges Ende | der | gräflichen Familie Don Luguio | auf ihrem Wohnsitze unweit Madrid. | (Fig.: *Todessymbole*, 42 × 62) | 1857.
Kol.: Druck von J. F. Rohr in Vegesack.
8 S., 187 × 112.
LBO Bänkelsängerlit. I, 13

Rache, Die väterliche, oder Liebe für Liebe. Lustspiel in vier Akten; nach Congreve . . . Wien 1783. V: *Meyer, Friedrich Ludwig Wilhelm* & *Frdr. Ludw. Schröder.* (MGT) (LS) »1784« (Ky)

— die väterliche; od. Liebe für Liebe. Lustsp. 8. Wien, Kurzbock. 784. -

Rache, die, der Verschmähten. Volks-Erzählung nach Ernst Maifeld von B. Ovm. 8. (47 S.) Urfahr-Linz 878. Kraußlich. — 20

— für Weiberraub. Trauersp. von Zigler. 8. Wien, Wallishäußer. (a. Köhler in Leipz.) -

Hennie Raché. Das Gasthaus zum deutschen Michel. Roman. Berlin & Leipzig: Schuster & Loeffler 1905. (209 S.) 8° [F.] [05. 11299

Raché, Hennie, Liebe, s.: Eckstein's Miniaturbibliothek.

— Nocturno. Pathologische Liebesgeschichten. 12. (156 S.) Berlin 902. Schuster & Loeffler. 2. —

Hennie Raché. Die Scham. Geschichte zweier Ehen. *Berlin & Leipzig: Schuster & Loeffler 1903.* (215 S.) 8° [F.] [04. 2306

Raché, Hennie, töff-töff, s.: Bloch's, Ludw., Sammlung v. Zwie- u. Dreigesprächen. 39. Heft.

Raché, Paul, Plebejerblut. Moderner Roman. 2. Aufl. 8. (205 S.) Dresden 893. E. Pierson. n. 2. —

(B) Rache, P., Plebejerblut. 898. (KVL 28.) Jetzt: Berlin, Verlag Berlin-Wien.

Raché, Paul, was thut Deutschland f. seinen Aussenhandel? Ein Beitrag zur Frage der Errichtg. e. deutschen Reichs-Handelsmuseums. gr. 8. (48 S.) Berlin 899. J. Guttentag. n. 1. —

Raché, Paul Bernhard [aus Berlin]: Die deutsche Schulkomödie und die Dramen vom Schul- und Knabenspiegel. . . . *Liebertwolkwitz, Druck v. F. Zeugner, 1891*; 79 S. 8°
Leipzig, Phil. Fak., Inaug.-Diss. v. [16. Jun.] 1891

Raché, Paul Bernh., die deutsche Schulkomödie u. die Dramen vom Schul- u. Knabenspiegel. gr. 8. (78 S.) Leipzig 891. Ed. Baldamus. n. 2. —

Rachebund, der; od. die eiserne Jungfrau, v. Alburg. 8. Augsburg, Bolling. (Heigl.) 805.

Rachel. Eine wahre Geschichte aus d. Leben e. jüd. Familie zu Anfang d. 19. Jahrh. (A. d. Franz. d. Zeitschr. le Semeur, Jahrg. 1834. Von J. Aug. Hausmeister.) 1. Aufl. gr. 8. (3 B.) 840., 2. Aufl. 16. (4 B.) Basel 841, (Schneider.)

Rachel. Scènes de la vie domestique d'une famille juive au commencement du 19. siècle. Histoire véritable, tirée de l'anglais. 12. (3¼ B.) Strasbourg 842, libr. Levrault.

Rachel. Eine wahre Begebenheit aus dem Leben einer jüdischen Familie zu Anfang des 19. Jahrhunderts. Pest 858. (Osterlamm.) 16. (71 S.) n. 4 ngr.

Rachel. Eine biographische Novelle von der Verfasserin der »Zwei Schwestern«. Leipzig 1859. V: *Meyer, Rachel geb. Weiss.* (Allgem. Zeitung Judenth. 42, 1878, Nr. 41. S. 651.)

Rachel. Eine biographische Novelle von der Verf. der „Zwei Schwestern." Berlin 859. Adolf u. Co. 8. (2 Bll., 224 S.) n. 1 *℔* 10 ngr.

Rachel, Mademoiselle. Souvenir d'un Contemporain. Berlin 1892. V: *Georg, Prinz von Preussen.* (stadtBiblBerlin XIII, S. 134)

Rachel, Beiträge z. Anwendung d. analytisch. Geometrie. Siegb. 4. 19 *p.*
Schul-/Univ.-Schrift 1864.

Rachel, (Clem.) August. (Maximil.) (geb. Wettringen in Westf. 4. 2. 1843): Quam vim fodinae carbonum fossilium in valetudinem et vitam operariorum exserant. Berolini (1867). (47 S.) 8°
Berlin, Med. Diss. v. 14. Mai 1867

RACHEL, CHR. LUDEW., Rede den 20. Nov. 1765 bey der Eröfnung des Hollstein. Landgerichts gehalten. U. St. 1766. 4. P.

Rachel, G., Rechenbuch für Volksschulen. Mit eingehendster Berücksicht. des dezimalen Münz-, Maß- und Gewichtssystems bearb. 1. Tl.: Für die Mittelstufe. 1. und 2. Aufl. 8. (IV, 96 S.) Saarlouis 884, Hausen. geb. **

Rachel, G., Rechenbuch für Volksschulen. Antworten zum 1. u. 2. Tl. 8. Saarlouis 887. Hausen. n.n. — 90
1. [Zur 5. Aufl.] (27 S.) n.n. — 40. — 2. (33 S.) n.n. — 50.

Rachel, G., Rechenbuch f. Volksschulen. Mit eingehendster Berücksicht. d. dezimalen Münz-, Maß- u. Gewichtssystems bearb. 1. Tl., f. die Mittelklassen der mehrklass. u. den ganzen Kursus der einklass. Schule. 1. Hft. 7. Aufl. 8. (IV, 56 S.) Saarlouis 892. M. Hausen. n. — 30; geb. n.n. — 40

Rachel, G., Rechenbuch für Volksschulen, Mittelschulen, Fortbildungsschulen etc. Mit eingehendster Berücksicht. des dezimalen Münz-, Maß- und Gewichtssystems bearb. 2 Tle. 8. Saarlouis, Hausen. geb. **
Inhalt:
Tl. 1. Für die Mittelstufe der mehrklassigen und den ganzen Kursus der einklassigen Schule. 3. Aufl. (IV, 96 S.) 885. * 50 Pf.; geb. ** 60 Pf.
—— dass. — 4. und 5. Aufl. in 2 Heften. (II, 120 S.) 886,87. geb. à Heft ** 40 Pf.; in 1 Bd. geb. ** 70 Pf.
„ 2. Für die Oberstufe, enthaltend die Bruchrechnung, die bürgerl. Rechnungsarten und die Raumrechnung nebst Wurzelausziehen. 1.–3. Aufl. (IV, 160 S.) 885,86. geb. ** 90 Pf.

— Rechenfibel. Vorstufe zum Rechenbuch f. Volksschulen. 8. (62 S.) Ebend. 886. geb. n.n. — 40

— Rechenfibel. Vorstufe zum Rechenbuch f. Volksschulen. 2. Aufl. 8. (62 S.) Ebd. 887. n. — 30; geb. n.n. — 40

— **Rechenfibel.** Vorstufe zum Rechenbuch f. Volksschulen. 4. Aufl. 8. (62 S.) Ebd. 891. n. — 30; geb. n.n. — 40

Rachel, Georg Matthias (Augsburg), De exsilio speciatim relegatione tam simplici, quam cum fustigatione coniuncta, earundemque poenarum indole atque effectibus. Diss. jur. Präs. Augustin von Leyser. Wittenberg (E. G. Eichsfeld) 22. II. 1742. 38 S. (4.50) 27509

Rachel, Hugo, a. Berlin: Der Große Kurfürst und die ostpreußischen Stände ⟨1640—1688⟩. ⟨Buch 1, T. 2.⟩ (Leipzig: Duncker u. Humblot 1904.) (VII, 48 S.) 8° ¶(Erschien vollst. 1905 als: Staats- u. sozialwiss. Forschungen, Bd 24, H. 1.)
Berlin, Phil. Fak., Ref. Hintze, Schaefer, Diss. v. 3. Dez. 1904
[Geb. 7. Febr. 72 Siegburg; Heimatsort: Wilmersdorf; Staatsangeh.: Preußen; Vorbildung: Gymn. Saarbrücken Reife O. 90; Studium Berlin 6 S.; Rig. 25. Juli 04.]

Rachel, Hugo, der Grosse Kurfürst u. die ostpreuss. Stände 1640 bis 1688, s.a. Forschungen, staats- u. sozialwiss. XXIV. 1.

Der Große Kurfürst und die ostpreußischen Stände 1640–1688. Von Dr. Hugo **Rachel**. Leipzig: Duncker & Humblot 1905. (XIV, 345 S.) 8° — **Forschungen**, Staats- u. sozialwissenschaftl. Bd 24, H. 1. [05. 7779

Rachel, J., die Pensionsinstitute der Eisenbahn-Gesellschaften. gr. 8. (69 S.) Berlin 878. Hermann. n. 2. —

Rachel, Joachim

Rachel, J., deutsche satyr. Gedichte. Neu verbess., u. mit d. Leben d. Dichters, erklär. Anmerkn. u. e. kleinen Glossar verm. Ausg. v. H. Schröder. 8. (16 B.) Altona 828, [Aue.]

§ — — Dasselbe, tit.: *Joachim Rachels* aus Lunden . . . . Deutsche Satyrische Gedichte. Neue verbesserte . . . . Ausgabe von H. Schröder . . . . Altona, bei K. Busch, 1828. 8⁰. (Enth. nur 1—8.) (Auch in Breslau, Kgl. u. Univ.-Bibl.: Lit. Teut. II. 8⁰ 590.)
Die meisten Ausgaben in Berlin.

Joachimi Rachelii Londinensis, Neu-verbesserte Teutsche X. Satyrische Gedichte Deme beygefüget, *Laurembergii* Schertz Gedichte. Samt einem *Anhange* etlicher in dieser Zeit neu herausgekommener Nieder-Sächsischen Teutschen Versen. Vor die Liebhaber der edlen Poësie, von neuen wiederum auffgeleget und gedrucket. 2 Thle. BREMEN, Bey Johann Wesseln, E. E. Hochw. Raths Buchdruckern. 1700. 12⁰. (Auch in Wolfenbüttel.) (20 Mk. Adolf Weigel, 1905:)
168 S. für *Rachel* u. Titel u. S. 1—105 für Lauremberg. — Die beiden folgenden Drucke von 1707 u. 1709 nur neue Titel-Ausgaben (nach Sach p. 63). — S. 106—144 „*Anhang* Etlicher in dieser Zeit herausgekommener Nieder-Sächsischen Teutschen Versen. II: Joh. Laurembergs Satyren (144 S.) unter d. besond. Titel: De veer olde berömede Schertz Gedichte . . . . Met eenen Anhange van etlicken in düssen Tyden nyen ingeschlekenen Missbrücken. Gedrücket im Jahr 1700.

— — Dasselbe. Ibid. 1707. 12⁰.
Citirt Weller, ebenso die folgenden Drucke. Die Ausg. 1707 von E. Müller beschrieben in s. Progr.: Zu Joh. Lauremberg. Cöthen 1870. 4⁰.

— — Dasselbe. Ibid. 1709. 12⁰.

— — Dasselbe. Hamburg 1718. 8⁰.

— — Dasselbe. Ebd. 1742. 8⁰.

— — Dasselbe (hrsg. von Jac. Frdr. Lamprecht, geb. 1707, † 1744), titulo: *Joachimi Rachelii* Londinensis, Neu-Verbesserte Teutsche X. Satyrische Gedichte: Als: I. Das Poëtische Frauenzimmer (od. Böse Sieben). II. Der vortheilige Mangel. III. Die gewünschte Hauss-Mutter. IV. Die Kinder-Zucht. V. Das Gebeth (sic!). VI. Das Gute u. Böse. VII. Der Freund. VIII. Der Poët. IX. Die Jungfern-Anatomie. X. Jungfern-Lob. Von neuem wieder auffgelegt, und vor die Liebhaber der edlen Poësie gedruckt zu Freyburg, im Hopffen-Sack (Berlin), o. J. (c. 1742). 8⁰. (Hamburg, Stadtbibl.; in Kopenhagen; in Marburg, Univbibl.: XVI. C. 542, mit 1 Beibd.) (4 Mk. Völcker, Frf. a. M. 1883; 6 Mk. 50 Pfg. Max Harrwitz, 1895.)
144 SS. (incl. Tit. u. 1 Bl. Vorr.). — Die derb pikanten No. IX u. X sowie das angehängte Gedicht (S. 138—144); Probe einer bösen Sieben (Verkehrtes Weiber-Lob) sind (nach Lappenber's Meinung) nicht von Rachel.
Sach reiht diese Ausgabe irrig vor 1722 ein, da Lamprecht im J. 1720 erst 13 Jahre alt war.
Eine 2. u. 3. Ausgabe ist bisher unbekannt.

* — — Dasselbe. Zum vierten mahl auffgelegt, und vor die Liebhaber der edlen Poësie Gedruckt zu Freyburg im Hopfen-Sack (Berlin oder Hamburg), o. J. (1742). 8⁰. 2 Bll. u. 146 S. (Auch in Wolfenbüttel, Göttingen u. Bonn.)
„S. 132—137: Verkehrtes Weiberlob, 137—141: Probe einer bösen Sieben, 142—44: Schertz-Gedicht, 144: Eine Frau ein nohtwendig (sic!) Ubel, S. 146: Weiber-Zank, ib.: Weiber-Zorn. Alle diese Stücke auch bei der Ausgabe von Lamprecht, und wahrscheinlich bei allen Ausgaben mit dem falsch. Dr.-Orte Freyburg; ebenso finden sich *Laurembergs* Schertzgedichte daran mit separ. Pagination." (Carl Wallstein.)

* — — Dasselbe. Zum fünfften mahl aufgelegt, und vor die Liebhaber der edlen Poesie Gedruckt zu Freyburg im Hopfen-Sack (Berlin), o. J. (c. 1742). Gr. 8⁰. (In Marburg, Univbibl.: XVI. C. 542 b, mit 1 Beibd.)
144 S. (incl. roth u. schwarz gedr. Tit. u. 2 Bll. Vorr.) Darin auch die erot. unächten Stücke.

Rachel's, Joach., satirische Gedichte, s. a. Neudrucke deutscher Litteraturwerke des XVI. u. XVII. Jahrh. Nr. 200—202.

Joachim **Rachels** Satyrische Gedichte. Nach den Ausg. von 1664 u. 1667 hrsg. von Karl Drescher. *Halle a. S.: M. Niemeyer 1903.* (XL, 147 S.) 8°
— Neudrucke deutscher Litteraturwerke d. 16. u. 17. Jhs. No. 200—202.
[03. 12259 6

Rachel, Joach., sehr verbesserte deutsche satyrische Gedichte. gr. 8. Hamb. Hertel. 742.

§ — — Dasselbe, tit.: *Joachim Rachel's* aus Lunden nach Originale verbesserte u. mit einem neuen Vorberichte begleitete teutsche satyrische Gedichte (hrsg. von Joh. Jak. Wippel). BERLIN, gedruckt bei Chr. L. Kunst, 1743. 8⁰.
8 Bll. Vorst. u. 93 SS. Enth. nur 1—8. (8 Mk. Kühl.)

- - , JOACHIMI RACHELII // LONDINENSIS, // Christlicher // Glaubens-Unterricht // oder // Gespräch // zwischen // Vater und Sohn. // Meistentheils aus dem // Lateinischen // Hugonis Grotii, // BREMEN. // Gedruckt und zu bekommen bey Johan // Wesseln / E. E. Hochw. Rahts Buchd. 1707. - 30 Blatt (nicht paginiert).
Wohl nach dem Baptizatus puer des Grotius.
Goedeke 3², Seite 237, nr. 14, 5 führt zwei frühere Ausgaben an, diese nicht.
B. S. T. 12⁰.124.

Rachel, Jul., die Realcreditfrage. Leipzig 868. Teubner. gr. 8. (50 S.) n. 10 ngr.

Rachel, J. Die Sparbank als Grundlage der Versicherungen. 1866.

Rachel, Klemens August Maximilian, s. Rachel, August

Rachel, Louis, neuestes Adreß- und Handbuch über alle Staatsstellen, Beamten und Industriellen des Königr. Württemberg und der Hohenzollern'schen Lande. Nach den neuesten Staats-Handbüchern des Königr. Württemberg und des Königr. Preußen bearb. und mit 70 Specialkarten (eingedr. und Taf.) versehen. (In 4 Thln.) 1. Thl. gr. 4. (III, 84 S.) Stuttgart 879, (Metzler'sche Sortimentsh.) **

Rachel L. illustrierter Atlas des Königreichs Württemberg. qufol Stuttgart 1872

— Handatlas mit Spezialkarten der 64 Oberämter nebst Ubersichtskarte des Königreichs Württemberg und Hohenzollern. 2. Auflage. 4° Stuttgart (1891)

Rachel, Louis, neuestes Handels-Adreßbuch des Königr. Württemberg und Hohenzollern. Zugleich Industrie-Atlas. 2. Aufl. Nach den neuesten Materialien bearb. und mit (lithogr., zum Theil color.) Spezialkarten versehen. 4. (236 S.) Stuttgart 881, (Metzler'sche Sortimentsh.) cart. *
Ohne Karten

Rachel, L., neuestes Handels-Adressbuch des Königr. Württemberg und Hohenzollern. Zugleich Industrie-Atlas. 4. Aufl. Nach den neuesten Materialien bearb. u. m. (64) Spezialkarten versehen. 4. (442 S.) Stuttgart 889. (Metzler's Sort.) cart. n.n. 10. —;
ohne Karten n.n. 8. —

Rachel, Louis. Neuestes Handels-Adressbuch d. Königr. Württemberg u. Hohenzollern. Zugleich Industrie-Atlas. 4. Aufl. Nach den neuesten Materialien bearb. u. m. (64) Spezialkarten versehen. 4. (442 S.) Stuttg. 890, (Metzler's Sort.).
cart. [*,* 10 —; ohne Karten *,* 8 —] *,* 8 —; ohne Karten *,* 6 —

Rachel, L., Karte von Württemberg, Baden und Hohenzollern mit sämmtl. Eisenbahnen nach den neuesten Materialien bearb. 1 : 450,000. 5.—7. Aufl. 1872—74. 90 Pf., und 8. Aufl. Fol. Stuttgart 875, A. Müller. *
aufges. in Carton *

Rachel, L., Karte von Württemberg, Baden und Hohenzollern nach den neuesten Materialien bearb. 1 : 450,000. 8. und 9. Aufl. Lithogr. und color. Imp.-Fol. Stuttgart 875,76, A. Müller. *

Rachel L. württembergische Landesgeschichte. Stuttgart 1877

— Neueste Post- und Reisekarte von Württemberg. Stuttgart 1880

Rachel L, Wandkarte v. Stuttgart u Umgebung. 1 : 18750. a. Lwd m St. Stuttgart 1878

Rachel, *Max* Über die Freiberger Bibelhandschrift nebst Beiträgen zur Geschichte der vorlutherischen Bibelübersetzung. 4 (S. 3—22). **Progr.** G. Albertinum *Freiberg* 1886 (495).

Rachel, M., üb. die Freiberger Bibelhandschrift, nebst Beiträgen zur Geschichte der vorluther. Bibelübersetzg. Beigefügt sind Proben aus dem neuangelegten Handschriftenkatalog der Freiberger Gymnasialbibliothek. Von Rhardt. Kade. gr. 4. (31 S.) Freiberg 886. (Engelhardt.) n. 1. 25

Rachel, M., Bilder aus Freibergs Vergangenheit, s.: Leuteritz, O.

Rachel, Max, Reimbrechung u. Dreireim im Drama des Hans Sachs u. andrer gleichzeitiger Dramatiker. Freiberg 870. (Engelhardt.) 4. (30 S.) n. 8 ngr.

Rachel, (Max), die Toleranz des Ultramontanismus im Lichte der Borromäus-Enzyklika. Vortrag, geh. im Ausschuß des nationalen Vereins am 14. VI. 1910. (25 S.) 8. Essen 910. M. O. Hülsmann. — 30

— s.: Volks-Kalender, altkatholischer.

Rachel, Paul, Gedichte aus alter u. neuer Zeit. Für Handels-, Real- u. Mittelschulen zusammengestellt. (VIII, 166 S.) gr. 8. Leipzig 905. Dieterich. Geb. n. 1. 40

Rachel, Paul, die Geschichtsschreibung über den Krieg Karls V. gegen die Stadt Mahedia od. Afrika [1550]. Inaugural-Dissertation. gr. 8. (65 S.) Dresden 879. (Burdach.) n. 1. —

— die Dresdner Handelsinnung 1654—1904. Festschrift der Dresdner Kaufmannschaft zum 250jähr. Jubiläum der Dresdner Handelsinng. (196 S.) gr. 8. Dresden 904. (H. Burdach.) Geb. in Leinw. n. 4. —

— s.: Lippe, Fürstin Pauline, u. Herzog Friedrich Christian v. Augustenburg.

Rachel, Paul, s.: Recke, Elisa v. der.

Rachel, Samuel [Praes.], s. L i n c k, Tob. Friedr.: De comitiis electoralibus quae dic. Churfürsten-Täge, Collegial-Täge.

— **Samuel** (Kiel), Schediasma de capitulatione regni Germanici vulgo Kayserl. Capitulation. Frankfurt u. Leipzig 1725. 71 S. (5.25) 27510

Rachel, Walth., Lernbuch f. den Geschichtsunterricht, s.: Dahn, Ernst.

Rachel, Walther, aus Altenburg: **Verwaltungsorganisation und Ämterwesen der Stadt Leipzig bis 1627.** *Leipzig 1902: B. G. Teubner.* (38 S.) 8° ¶ [Erschien vollst. 1902 als: Leipziger Studien aus d. Geb. d. Gesch., Bd 8, H. 4.]
Leipzig, Phil. Diss. v. [23. Dez.] 1901

Rachel, Walth., Verwaltungsorganisation u. Ämterwesen d. Stadt Leipzig bis 1627, s.a. Studien, Leipziger, aus dem Gebiet der Geschichte. VIII. 4.

Verwaltungsorganisation und Ämterwesen der Stadt Leipzig bis 1627. Von Walther **Rachel**, Dr. phil. *Leipzig: B. G. Teubner* **1902**. (XIII, 225 S.) 8°
= **Studien**, Leipziger, aus d. Geb. d. Geschichte. Bd 8, H. 4. [illegible]

Rachelsklag. Die unnöthige und mißgebrauchte R'-K', Oder X. Erforderliche... Anmerkungen Uber Ein seltzame... die Lobliche Statt Chur, das Adeliche Menhartische Hauß, und Particular-Hochehrende Personen antastende Klag- und Protestations-Schrift, Welche sub dato 10. Jun. 1709 auß Rodtels. unter dem namen der <Tit.> Fr. Haubtmänin Anna Dorothea Menhartin ... in truck herauß ... kommen. (Jul. A. 1709.) 4. *o. O.*

Die Rächenden, oder Das Vehmgericht des 18. Jahrhunderts. Bd 1. 2. Leipzig: Voss 1802—1803. 8°
cf. °Müller-Fraureuth: Ritter- u. Räuberromane. 1894 S. 72.
Das Ziel des Verf. ist, zu zeigen, dass geheime Gesellschaften und ihre blinden Werkzeuge nur Unheil stiften.

RACHENDEN, Die, oder die schwarzen Gemächer des Inquisitionskerkers zu Toledo. 2 Thle. Quedlinburg und Leipzig, Basse (182*). 8°. (2 1/3 Rthl.)
Anzeige d. Verlegers, ohne Jahrzahl.

Rächenden, die, oder die schwarzen Gemächer des Inquisitionskerkers zu Toledo. Vom Verf. d. Paulowna. 2 Thle. 8. Quedlinburg, Basse. 821.

Rächer, Die. Ein Trauerspiel in fünf Akten. Hamburg 1799. Grätz 1799. N. A. Leipzig 1812. V: *Schmieder, Heinrich Gottlieb.* (GGr) (Euph I, 182)

Rächer, die, ein Trauersp. in 5 Akten. v. Schmieder. N. Aufl. 8. Leipz. Hinrichs. 812.

— —. dasselbe. 8. Jena. Voigt.

Rächer, der. (In russ. Sprache.) (31 S.) 8. Berlin (906.) H. Steinitz. n. 1. —

Rächer, die nächtlichen, und die unsichtbare Regierung. Scenen und Skizzen aus den Geheimnissen der jüngsten poln. Revolution. Von F. W. J. 2 Bde. in 16 Lfgn. gr. 8. (274 S., VIII und 232 S., mit 16 ill. Stnt.) Oederan 863,64, Schlesinger'sche Buchh. à Lfg. 3 Ngr.
Für Sachsen à Lfg. 2 1/2 Ngr.

Rächer, Der, im Todtenhain. Leipzig 1800. V: *Maurer, August Salomo.* (GGr V, 536, 32, 3) (BGE VI², 348)

Rächer, Die, im Todtenhayn. Leipzig 1800. V: *Maurer, Frdr.* (Ky)

Rächer, die, im Todtenhayn, (v. Fr. Maurer). 8. Leipz. 800. Schiegg. (Enobloch). 1 ℳ

Rächer, die, d. h. heil. Vehme. Ein Sittengemälde aus den finstern Zeiten des Mittelalters. Vom Verf. des Gevatter Tod u. s. w. 12. (7 2/3 B.) Leipzig 846, (Literarisches Museum.)

Rachfahl, Fel., Deutschland, König Friedrich Wilhelm IV. u. die Berliner Märzrevolution. gr. 8. (IV, 319 S.) Halle 901. M. Niemeyer. n. 7. —

Rachfahl, ((Carl) Felix [aus Schömberg, Kr. Landeshut i. Schl.]: Der Stettiner Erbfolgestreit (1464—1472.) (Ein Beitrag zur brandenburgisch-pommerschen Geschichte des fünfzehnten Jahrhunderts. Einleitung: Zur Kritik der Quellenberichte über den Stettiner Erbfolgestreit. .. (Vollst. ersch. 1890; XII, 299 S.) Breslau, W. Koebner, 1890; 2 Bl., 40 S., 1 Bl. 8°
Breslau, Phil. Fak., Inaug.-Diss. v. 8. Okt. 1890

Rachfahl, Fel., der Stettiner Erbfolgestreit [1464—1472]. Ein Beitrag zur brandenburgisch-pommerschen Geschichte d. 15. Jahrh. gr. 8. (XII, 299 S.) Breslau 890. Koebner. n. 8. —

Rachfahl, F. Zur Geschichte des Bergregals in Schlesien. 8°. Leipzig, Duncker und Humblot, 1900. (Forschungen zur brandenburg. u. preuss. Geschichte, XIII, 1.)

Rachfahl, Fel., Margarethe v. Parma, Statthalterin der Niederlande, s. a. Bibliothek, histor., Bd. 5.

[F.] Margaretha von Parma, Statthalterin der Niederlande '(1559—1567)'. Von Felix **Rachfahl**. *München & Leipzig: R. Oldenbourg 1898.* (VI S., 1 Bl., 275 S.) 1 Bd 8.
= **Bibliothek**, Historische. Bd 5. (98. 6115

Rachfahl, Fel., die Organisation der Gesamtstaatsverwaltung Schlesiens vor dem 30jährigen Kriege, s. a. Forschungen, staats- u. socialwissenschaftliche.

Rachfahl, Dr. Felix, Privatdocent an der Universität Kiel. Die Organisation der Gesammtstaatsverwaltung Schlesiens vor dem dreissigjährigen Kriege. XIII. Bd. 1. Heft aus: „Staats- und socialwissenschaftliche Forschungen herausgegeben von Gustav Schmoller". 8. Leipzig 1894.

Schleswig-Holstein in der deutschen Agrargeschichte v. [Felix] **Rachfahl.** Abdruck aus den Conradschen Jahrbüchern für Nationalökonomie und Statistik. 3. Folge, Bd. 38 <93 der ganzen Reihe>. Jena. 1909. 8°

Rachfahl, Fel., Wilhelm v. Oranien u. der niederländische Aufstand. 1. Bd. (XV, 642 S. m. 1 Karte.) gr. 8. Halle 906. M. Niemeyer. n. 16. —

Rachfahl, Fel., Wilhelm v. Oranien u. der niederländ. Aufstand. II. Bd. 2 Abtlgn. (VII, IV, III, 901 u. 95 S.) gr. 8. Halle 907. 08. M. Niemeyer. à 12.— ; geb. in Halbfrz. à n 14. —
I. Bd. Ebd. 906. 16.—; geb. 18. —

Rachfahl, Karl Felix, s. Rachfahl, Felix

Rachinger, Dav., Festschrift zur 50jähr. Gründungsfeier ꝛc. d. Turnvereins Augsburg, s.: Burkhardt, F.

Rachis im Kloster. Schausp. 8. Berlin, Rüdiger. 759.

Rachlin, Leiba, a. Rußland: Ueber die operative Behandlung der Nephrolithiasis. Berlin (1908): E. Ebering. (60 S.) 8°
Berlin, Med. Fak., Ref. Hildebrand, Diss. v. 14. Aug. 1908
[Geb. 30. Dez. 80 Berezin (Rußl.); Wohnort: Berezin; Staatsangeh.: Rußland; Vorbildung: Gymn. Odessa Reife M. 02; Studium: Berlin 11 S.; Rig. 12. Aug. 08.]

Rachlitz, Andreas Gotthelf (Bautzen/Lausitz), Observationes de indole actionis publicianae. Präs. Georg Friedrich Kraus. Wittenberg (Schlomach) 19. VII. 1749. 46 S. (4.75) 27511
Widm. v.: Georg Friedrich Kraus.

Rachmi, Hüssein, der liebeskranke Bey, s.a. „Aus fremden Zungen". Bibliothek. 1. Bd

RACHMI, Husseïn, Der liebeskranke Bey. Ein Roman aus dem türkischen Haremsleben. Uebersetzung aus dem Türkischen von Muhsiné Hanim. (190*.) 15 Bogen. (Br. Mk. 2,50; gebd. 3,50.) (2 Mk. 50 Pfg., br., Rauthe, Berlin, 1909, ohne nähere Angabe.)

Rachmi, Hüsseïn, (in Konstantinopel, berühmter jungtürkischer Schriftsteller), Der liebeskranke Bey. Roman aus dem Haremsleben. Aus dem Türkischen übersetzt von Muheini Hanim (ps.). Mit einem Portrait (Rachmi's). Berlin 1907, Dr. Franz Ledermann. Kl. 8⁰. 8 S. (unpag. incl. Doppeltitel) u. 232 S. — 2—3 Tausend ebda.

Rachmilewitsch, Esfira, a. Wolkowysk (Gouv. Grodno, Rußl.): 100 Fälle von abdominaler Exstirpation des carcinomatösen Uterus mit Beckenausräumung. Berlin (1907): E. Ebering. (70 S.) 8°
Berlin, Med. Fak., Ref. Bumm, Diss. v. 28. Mai 1907
[Geb. 25. Sept. 80 Wolkowysk, Rußland; Wohnort: Wolkowysk; Staatsangeh.: Rußland; Vorbildung: Mädchen-Gymn. Kiew, Latein als Externa Kiew Reife M. 04; Studium: Bern 0, Berlin 5 S.; Rig. 22. Mai 07.]

Rachmilewitz, Nachmon, Wolkowysk, Gouv. Grodno, Russl.: Ueber einige Derivate der Benzhydroxamsäure. *Königsberg i. Pr. 1900: H. Jaeger.* (43 S.) 8°
Königsberg, Phil. Diss. v. 13. Dez. 1900

Rachsucht ohne Gränzen; Schspl. 8. Bresl. 791. (Gosohorsky). 6 gr

RACHSUCHT ohne Grenzen, oder die verheyratheten Geschwister. Breslau, Meyer, 1791. 8⁰. Rar!
Geschichts- u. Romanen-Litt. (Cat.) Breslau, Korn, 1798. — Nicht bev Kayser.

Rachwalsky, Theodor, approb. Arzt aus Berlin: Zur Lehre von den Mastdarmfisteln. *Leipzig 1903: B. Georgi.* (34 S.) 8°
Leipzig, Med. Diss. v. (21. Juli) 1903

Raciborski, A., neues vollständ. Handbuch d. Auscultation u. Percussion, od. Anwend. d. Akustik z. Unterscheid. d. Krankheiten. Teutsch bearb. etc. v. H. A. Hecker. gr. 12. (11½ B., 2 Stnt. u. 1 Tab.) Leipzig 836, Engelmann.

Raciborski, Alex., die naturwissenschaftlichen Grundlagen uns. ästhet. Urtheile. Aus dem Poln. m. Genehmigg. d. Verf. übers. v. M. Zetterbaum. 8. (124 S. m. 1 lith. u. 1 farb. Taf.) Lemberg 893. (Seyfarth & Czajkowski.) n. 1. 20

Raciborski, Marian

Parasitische Algen und Pilze Java's. Von Dr. M[aryan] **Raciborski.** Hrsg. vom Bot. Inst. zu Buitenzorg. T. 1–3. Batavia 1900: Staatsdr. 4⁰(8⁰) [11. 1238

Raciborski, Marian [aus Brzostowa '(Polen)']: Die Morphologie der Cabombeen und Nymphaeaceen ... (Aus: Flora oder allg. Bot. Zeitg, 1894 Heft 3.) München, Druck v. V. Höfling, 1894; 38 S. 8.
München, Phil. Fak., Inaug.-Diss. v. 1894

Raciborski, M., d. Pteridophyten d. Flora v. Buitenzorg, s.a. Flore de Buitenzorg.

Die Pteridophyten der Flora von Buitenzorg bearb. v. M. **Raciborski.** *Leiden: E. J. Brill 1898.* (xII, 255 S.) 1 Bd 8.
= Flore de Buitenzorg. P. I. [98. 5010

Raciborski M.: Ueber die javanischen Schleimpilze. 1898. [Rostr. Saml.].

Racine, s. Kühne, Otto.
Schwalb, R.

Racine, Dictionnaire, d'après celui d'Adelung, à l'us. des Etrangers p. Reichel. II Vol. 8. Lps. Weidmann. 794.

Racine's, nouv. Dictionnaire, d'après celui d'Adelung, à l'usage des étrangers par Chr. H. Reiche. II Vols. 8. Leipz. 794. Weidmann. 1 ₰ 16 gr

Racine, Bonaventure

— allgem. Kirchengeschichte; aus d. Französ. 20 Thle. 8. Wien 784—89. Hörling. 20 ₰ 12 gr

Racine, Bonaventure. Kirchengeschichte a. d. Franz. ... Wien 1790—96. Ü: *Lichtensteiner, Meinrad.* (WBL) »1784—89« (MGT)

Racine, Hugo (geb. Paderborn 22. 5. 1855): Ein Beitrag zur Lehre von der Aphasie. Berlin (1876). (32 S.) 8°
Berlin, Med. Diss. v. 5. Aug. 1876

Racine, Jean Baptiste

Racine, J., Alexandre le Grand, s.: Adelmann, J., u. G. Zeiss, Schulausgaben französischer Classiker.

—— Andromache. Uebers. von Thdr. Wegener, s. Universal-Bibliothek Nr. 1137.

— Andromache, — Bajazet — und Iphigenia in Aulis. 3 Trsple., übers. von C. v. Ayrenhoff. 8. Presb. 804. Belnay. 12 gr

— dass. gr. 8. Chemnitz 805. Maucke. 16 gr

Racine, J., Andromaque, s. Chefs d'oeuvre des Classiques franç., — Répertoire du Théâtre franç. à Berlin, — Théâtre français, par Schütz.

Racine, J., Andromaque, hrsg. von Geo. Stern, s.a. Théâtre français.

— Andromaque, mit deutschem Commentar u. Einleitung von Adf. Laun. gr. 8. (IV, 86 S.) Leipzig 877. Teubner. n. 1. —

Andromaque, tragédie en 5 actes. Par (Jean) Racine. Mit Anm. z. Schulgebr. hrsg. v. Studienrat Dr. Georg Stern. [Nebst] Anh. Bielefeld & Leipzig: Velhagen & Klasing 1904. 2 Bde 8°
= Sammlung, Velhagen & Klasings, französ. u. engl. Schulausgaben. Théâtre franç. Ausg. B. Lfg 48. ⟨Doppelausg.⟩ [06. 1095, 6

– Athalia

— dasselbe, s.a. Bibliotheca romanica 11. Bd.

— Athalia, s.a. Bibliothek der Gesamtliteratur.

— dasselbe, s.a. Hartmann's, K. A. Mart., Schulausgaben.

— Athalia, s.a. Meyer's Volksbücher.

— dasselbe, hrsg. v. Hummel, s.a. Schulbibliothek, französische u. englische. B. 6.

Racine, J., Athalia, hrsg. von v. Jarochowski, s.a. Théâtre français.

—— Athalia, s.a. Universal-Bibliothek.

Racine, Jean Baptiste.
Athalia; Trauerspiel mit Chören. A. d. Franz. St. Gallen 1786. Ü: *Cramer, Carl Friedrich.* (Ky)

— Athalia; Trspl. mit Chören. Aus d. Französ. (v. K. F. Cramer). 8. St. Gallen 786. N. A. 790 Huber u. C. 8 K

— Athalia, übers. v. L. H. v. Nicolay. gr. 8. Leipzig 816. Kummer. 2/3 ß

— dass., metrisch übers. v. Franz von Maltitz. 8. Karlsruhe 817. Marx. 12 K

——, Athalja, s.a. Dielitz, J. G. L. K.

— dass., metrisch bearb. v. J. G. L. K. Dielitz. 8. Berl. 819. Nicolai. 15 K

Racine, (J.,) Athalia, ein Drama. Metrisch übers. von A. W. 8. Nürnb. 824, Riegel u. W.

Racine, Jean, Athalja, Trauersp. Nach d. heil. Schrift bearb. Uebers. v. Jul. Frh. Ecker v. Eckhoffen. 16. (7½ B.) Augsburg 832, (v. Jenisch u. Stage'sche Buchh.)

– Athalja. Ein Trauerspiel aus der heiligen Schrift gezogen. Frei nach dem Französ. von Joh. Benninghoven. Elberfeld 853. Hassel. 16. (XI, 74 S.) n. 8 ngr

Athalia [Athalie]. Trauerspiel in 5 Akten von J(ean) Racine. Mit e. Vorbemerkung u. d. Bilde d. Dichters. Halle a. S.: O. Hendel [1906]. (60 S.) 8° [F.]
(Bibliothek d. Gesammtliteratur d. In- u. Auslandes. No 1971.) [07. 1693

Racine, Athalie, s.a. Bibliothek französischer Werke

— dasselbe, s.a. Bibliothek gediegener u. interessanter französ. Werke.

— dasselbe, ed. par Rahn et Henri Guillod, s.a. Bibliothèque française, einsprachige (Reform-)Ausg.

— dasselbe. s.a. Breitkopf & Härtel's Textbibliothek.

— Athalie, s.a. Chefs d'oeuvre des classiques français.

Racine, Athalie, s.a. Collection d'auteurs français.

– s.a. Élite des Classiques franç.,

– s.a. France, la, dramatique.

— dasselbe, s.a. Graeser's Sammlung französischer u. englischer Schriftsteller f. den Schulgebrauch.

— Athalie, s.a. Hartmann's Mart., Schulausgaben französischer Schriftsteller.

– s.a. Lecture et conversation.

Racine, Jean, Athalie. Comédie, herausg. v. Kißling, s.a. Melpomene. 2s Heft.

—— le même. — hrsg. v. Kößling, s.a. Melpomene.

—— dass. — s.a. Museum.

— dasselbe, hrsg. v. Ign. Harczyk, s.a. Perthes' Schulausgaben englischer u. französ. Schriftsteller, Nr. 9.

—— Athalie, Tragédie, s.a. Repertoire du Théâtre fr.

-- dasselbe, hrsg. v. O. Glöde, s.a. Schriftsteller, englische u. französische, der neueren Zeit.

— dasselbe, hrsg. v. Frz. Hummel, s.a. Schulbibliothek, französ. u. englische.

-- dasselbe, hrsg. v. A. Mühlau, s.a. Schülerbibliothek, französische.

— dasselbe, s.a. Schullektüre, französ. u. englische.

— Athalie, s.a. Theaterstücke, französische.

— dasselbe, s.a. Théâtre français.

Racine, J., Athalie, hrsg. v. Alb. Benecke, s.a. Théâtre français. Velhagen & Klasing.

— dasselbe, hrsg. v. Henri Guérin, s.a. Théâtre français. Friedberg & Mode.

—— Athalie, s.a. Théâtre franç. 5. Série., No. 30, et Théâtre franç. en vers par Schütz. 1. Série, No. 5.

— dasselbe, s.a. Universal-Bibliothek.

— Athalie, Tragédie tirée de l'écriture sainte. gr. 16. Zweibr. ... Ritter. 4 K

— Athalie. Mit Einleitg. u. deutschem Commentar v. Adf. Laun. gr. 8. (IV, 96 S.) Leipzig 876. Teubner. 1. 20

— dasselbe. Trauerspiel in 5 Aufzügen. Wortgetreu aus dem Französischen in deutsche Prosa übersetzt nach H. R. Mecklenburg's Grundsätzen von Herm. Dill. 2 Hfte. 32. (158 S.) Berlin 879. H. R. Mecklenburg. à n. — 25

— Athalie. Mit einer literarhistor. Einleitung u. einem Commentar versehen von Otto Schaumann. gr. 8. (108 S.) Hamburg 879. O. Meissner. 1. 20

— Athalie. Mit e. literarhistor. Einleitg. u. e. Commentar versehen v. C. Schaumann. 2. (Titel-)Ausg. 8. (108 S.) Hamburg 889. O. Meissner's Verl. n. — 60

Athalie, tragédie tirée de l'Écriture sainte (1691). Par J[ean] Racine. Mit Anm. z. Schulgebr. neu hrsg. von Prof. [Adalbert] v: Jarochowski. Einl. von René Riegel. [Nebst] Anh. Bielefeld & Leipzig: Velhagen & Klasing 1905. 2 Bde 8°
= Sammlung, Velhagen & Klasings, französ. u. engl. Schulausgaben. Théâtre franç. Ausg. B. Lfg 60. (Doppelausg.)

Racine, Jean, Athalie. Tragédie. Hrsg. v. K. Rudolph. (105 u. 26 S.) 8. Berlin 908. Weidmann. Geb. u. geh. 1. 40

— Auswahl aus dessen dramat. Werken, nebst dessen Leben. 3 Bdchen. Frei bearb. v. Dr. Gräfenhahn. (Enth.: Phaedra. — Alexander der Große. — Bajazet.) 12. Gotha 832. (Reichenbach in Leipz.) 12 ℛ

—— Bajazet, s. Répertoire du Théâtre franç. 2. Série, No. 38

— Bajazet, bearb. von Dr. Gräfenheim, f. class. Theater.

— Bajazet, f. Universal-Bibliothek.

—— Bajazet. Uebers. von Malwine Gräfin Maltzan, f. Universal-Bibliothek Nr. 839.

— Berenice, f. Bibliothek der Gesamt-Litteratur des In- u. Auslandes.

— Bérénice, siehe: Répertoire du théâtre Français, Nr. 339.

Racine, J. B. Briefe; a. d. Franz. Wien 1776. Ü: *Retzer, Joseph Felix von.* (Ky)

Racine, J., Briefe, a. d. Franz. 8. Wien, Kurzböck. (Camesina.) 776. Rthlr.

— Briefe; aus d. Französ. (v. F. J. v. Retzer). 8. Wien 776. 2e Aufl. 788. Kurzböck. (Heubner). 1 ₰

— Britannicus

— dasselbe. s.a.Chefs-d'oeuvre des classiques français.

— Britannicus, s.a.Hartmann's, Mart., Schulausgaben (französischer Schriftsteller).

— Britannicus, s.a.Meyer's Volksbücher.

— Britannicus, hrsg. von Ign. Harczyk, s.a.Perthes' Schulausgaben engl. u. französ. Schriftsteller.

—— Britannicus, Tragédie, s.a.Repertoire du Théâtre fr.

— dasselbe, hrsg. v. B. Lengnick, s.a.Schulbibliothek, französische u. englische. B. 3.

— dasselbe, s.a.Théâtre français.

— dasselbe, hrsg. v. Wilh. Scheffler, s.a.Théâtre français.

— s.a. Théâtre français, par Schütz.

—— Britannicus, s.a.Universal-Bibliothek Nr. 1293.

Racine, J. B. Britannicus. A. d. Franz. . . . Wien 1754. Ü: *Stüven, Peter.* (Waniek, Gottsched. Leipzig 1897. S. 204.)

— Britannicus; ein Trspl. nach d. Französ. v. Frhr. Fr. Karl v. Erlach. 8. Frankf. 804. (Schäfer). 14 ℛ

— Britannicus, Mythridate, 8. Leipz. 813. Hinrichs. 12 ℛ

— Britanicus, eine Tragödie metrisch verdeutscht von L. Hengers. 8. Bonn 825, Habicht.

— Britanikus. Ein Trauerspiel. Metrisch verdeutscht von E. Ph. Conz. 8. Tüb. 825, Osiander.

—— dass. — Tragédie. Hrsg. von E. Franke. gr. 8. (XIV, 92 S.) Berlin 872, Weidmann'sche Buchh.

Racine. Mit deutschem Commentar u. Einleitgn. hrsg. v. Adf. Laun. I. Britannicus. gr. 8. (XXVI, 115 S.) Strassburg 874. Trübner. n. 2. —

— Britannicus. Tragédie. Hrsg. von E. Franke. gr. 8. (XIV, 92 S.) Berlin 877. Weidmann. 1. 20

Britannicus, tragédie en 5 actes. Par (Jean) Racine. Mit Anm. z. Schulgebr. hrsg. von Dr. Wilhelm Scheffler, Prof. [Nebst] Anh. Bielefeld & Leipzig: Velhagen & Klasing 1902. 2 Bde 8°
= Sammlung, Velhagen & Klasings, französ. u. engl. Schulausgaben. Théâtre franç. Ausg. B. Lfg 42. (Doppelausg.)

Britannicus. Tragédie par (Jean) Racine. Hrsg. von Dr. E. Franke. 2., umgearb. Aufl. von Dr. A[dolf] Gundlach, Prof. [Text.] Anm. Berlin: Weidmann 1906. 2 Bde 8°
(Weidmannsche Sammlung franz. u. engl. Schriftsteller mit deutschen Anm.)

— s. a. Choix de lecture française.

Racine, J., Choix de lecture française, contenant Britannicus et Mithridate, tragédies. 8. Leips. Hinrichs. 813.

— s. Collection des auteurs classiques.

— Esther, s.a.Chefs-d'oeuvre des classiques français.

— dasselbe, s.a.Collection d'auteurs français.

— s.a.Esther, Tragédie.

— Esther, s.a.Franco, la dramatique.

— s.a. Répertoire du théâtre franç., à Berlin, — Théâtre français, par Schütz.

— Esther, hrsg. v. Wilh. Scheffler, s.a.Théâtre français.

—— dass. — Uebers. von C. Th. Gaedertz, s.a.Universal-Bibliothek Nr. 789.

Racine, J. B. Esther in Versen übersetzt. [Hamburg 1786.] Ü: *Eschenburg, Johann Joachim.* (MGT) (Schr)

— Esther. Biblisches Drama in 3 A. Frei nach d. Französ. v. C. M. Kneisel. gr. 8. Mainz 820. Kupferberg. 1 ₰

—— dass. — Im Versmasse des Orig. in's Deutsche übertr. von Otto Kamp. Mit gegenüberstehendem französ. Texte. gr. 8. (VIII, 119 S.) Frankfurt a. M. 879, Mahlau und Waldschmidt. *

— dasselbe. Trauerspiel in 3 Aufzügen. Wortgetreu aus dem Franz. in deutsche Prosa übers. nach H. R. Mecklenburg's Grundsätzen v. Herm. Dill. 1. Hft. 32. (64 S.) Berlin 880. H. R. Mecklenburg. n. — 25

— **Esther.** Tragédie en 3 actes et en vers, tirée de l'écriture sainte. Mit einer Einleitung, metr. Bemerkungen u. erklär. Anmerkungen v. Otto Dickmann. gr. 8. (XXVI, 71 S.) Gotha 881, Schloessmann. n. 1. 20

— Esther. Trauerspiel in 3 Aufzügen. Wortgetreu aus dem Franz. in deutsche Prosa übers. nach H. R. Mecklenburg's Grundsätzen v. Herm. Dill. 2. (Schluß-)Hft. 32. (S. 65—110.) Berlin 885. H. R. Mecklenburg. n. — 25 (1. u. 2.: n. — 50)

— Esther. Im Versmasse d. Originals ins Deutsche übertr. v. Otto Kamp. Mit gegenüberstoh. französ. Texte. Neue Ausg. gr. 8. (VIII, 119 S.) Frankfurt a/M. 886. Mahlau & Waldschmidt. n. 1. —

Esther, tragédie en 3 actes. Par (Jean) **Racine.** Mit Anm. z. Schulgebr. hrsg. von Dr. phil. Wilhelm Scheffler, Prof. in Dresden. [Nebst] Anh. Bielefeld & Leipzig: Velhagen & Klasing 1904. 2 Bde 8° [F.]
— **Sammlung,** Velhagen & Klasings, französ. u. engl. Schulausgaben. Théâtre franç. Ausg. B. Lfg 45. ⟨Doppelausg.⟩ [o6. 1995 6

—— die Gerichtsfexen. [Die Proceßsüchtigen.] Lustspiel in 3 Acten. Uebers. von Dora v. Gagern. gr. 8. (VII, 56 S.) Wien 886, Manz'sche Hof-Verlags- und Universitäts-Buchh. *

— **Iphigénie,** s.a. **Chefs-d'oeuvre des classiques français.**

– s.a. **Élite des Classiques franç.,**

Racine, Iphigénie, verdeutscht durch J. Ch. Gottsched, Leipzig (1734)
s.a. Johann Christoph Gottsched.

—— **Iphigénie,** s.a. **Théâtre français.**

— s.a. **Théâtre franç., par Schütz.**

— **Iphigénie, hrsg. v. Geo. Stern, s.a. Théâtre français.**

Iphigénie, hrsg. v. Aug. Sturmfels, s.a. Théâtre français.

——, Iphigénie, Tragédie en 5 actes. gr. in-8. (3¼ B.) Berlin 834, Schlesinger.

— **Iphigénie.** Tragédie. Hrsg. v. Ed. Doehler. gr. 8. (114 S.) Berlin 877. Weidmann. 1. 20

—— dass. — Trauerspiel in 5 Aufzügen. Wortgetreu in deutsche Prosa übers. nach H. R. Mecklenburg's Grundsätzen von R. L. 2 Hefte. 32. (132 S.) Berlin 878, H. R. Mecklenburg. à Heft * 25 Pf. *

—— dass. — Tragédie. Hrsg. von Ed. Doehler. gr. 8. (114 S.) Berlin 879, Weidmann'sche Buchh.

— **Iphigénie.** Tragédie en 5 actes. Für den Schulgebrauch hrsg. v. Herm. Berni. I. Tl.: Einleitg. u. Text. II. Tl.: Anmerkungen u. Wörterverzeichnis. 8. (XXX, 168 S.) Leipzig 896. G. Freytag. Geb. in Leinw. n. 1. 40; Ausg. f. Mädchenschulen n. 1. 40

Racine, Iphigenie. Tragédie en cinq actes. Für den Schulgebrauch herausgegeben von Hermann Berni. I. Theil: Einleitung und Text. (II. Theil: Anmerkungen und Wörterverzeichniss. 8. (I. Theil: XXX u. S. 1—75, II. Theil: S. 76—163) Gebunden —.90
Prag: Tempsky 1896.

Iphigénie, tragédie en 5 actes. Par (Jean) **Racine.** Mit Anm. z. Schulgebr. hrsg. von Dr. Georg Stern. [Nebst] Anh. Bielefeld & Leipzig: Velhagen & Klasing 1903. 2 Bde 8°
= **Sammlung,** Velhagen & Klasings, französ. u. engl. Schulausgaben. Théâtre franç. Ausg. B. Lfg 41. ⟨Doppelausg.⟩ [o6. 13740 6

—— **Iphigénie en Aulide,** s.a. **France, la, dramatique.**

— Iphigénie en Aulide. Texte collationné sur les éditions originales, avec les variantes et accompagné de remarques par Adph. Braeutigam. Leipzig 867. Lissner. 8. (68 S.) n. 5 ngr

—— Iphigenie in Aulis, s. Universal-Bibliothek Nr. 1618.

—— **Mithridate,** s.a. **Répertoire du Théâtre franç.** 2. Série, No. 58.

—— **Mithridate,** s.a. **Théâtre français.**

— **Mithridate, hrsg. v. Geo. Stern, s.a. Théâtre français.**

—— **Mithridate,** mit deutschem Commentar und Einleitung von Adf. Laun. gr. 8. (IV, 83 S.) Leipzig 878, Teubner. *

—— Mithridate. Tragédie. Erklärt von Ed. Doehler. gr. 8. (154 S.) Berlin 882, Weidmann'sche Buchh.

Mithridate, tragédie en 5 actes. Par (Jean) **Racine.** Mit Anm. z. Schulgebr. hrsg. von Dr. Georg Stern, Studienrat. [Nebst] Anh. Bielefeld & Leipzig: Velhagen & Klasing 1903. 2 Bde 8°
= **Sammlung,** Velhagen & Klasings, französ. u. engl. Schulausgaben. Théâtre franç. Ausg. B. Lfg 54. ⟨Doppelausg.⟩ [o6. 13339 6

Racine, J. B. Mithridates, Trauerspiel a. d. Franz. Strassb. 1735. Ü: *Witter, Joh. Jac.* (Waniek, Gottsched. Leipz. 1897. S. 201.)

Racine, Jean, († d. 22. Apr. 1699), oeuvres, s. a. : **Bibliothèque, petite, 1. série.**

— **Oeuvres,** s.a. **Bibliothèque, petite, choisie de la littérature.**

— **Oeuvres,** VI. Tom. 12. Berl. Maurer. 797. 788.

Racine's, Jean, **Oeuvres,** précédé d'une notice sur sa vie et ses ouvrages. Nouv. édit., ornée de douze vignettes et du portrait de l'auteur. IV Tomes. 12. Nancy 836. (Braunschweig, Leibrock.) n. 1⅛ ₰

Racine, Oeuvres compl. 5 vol. in-18. (Didot) (Leips., Barth et Fr. Fleischer.)
(Papier fin, 2 Rthlr. 12 Gr. papier vélin, 5 Rtlr. format in 12. pap. vél. 6 Rthlr. 16 Gr.)

Racine, Jean, **Oeuvres dramatiques,** s.a. **France.**

— Oeuvres dramatiques. 6 Tom. 12. Berl. 787, 88. Maurers Buchh. 3 ₰

— **Oeuvres** dramatiques. 2 Vols. 8. Leipzig 846, B. Tauchnitz jun. (à 12 ngr) 24 ngr

— **Phädra,** s.a. **Bücher-Schätze.**

— Phädra, übers. v. Schiller, s.a. **Graeser's** Schulausgaben klass. Werke.

—— dass. — s.a. **Haus-Bibliothek.**

— dasselbe, s.a. Meyer's Volksbücher.

—— dass. — s.a. Museum.

—— Phädra, s.a. Theater-Bibliothek. — Universal-Bibliothek.

Racine, Phädra. Uebersetzt v. Schiller. Taschenbuch a. d. J. . . . . .
1805. 1 Bl., 215 S. u. 4 Bl.
Tübingen. Goed. V, 234, 14.

— Phädra; bearb. v. Fr. v. Schiller. 18. Tübing. 805. v. Cotta. 12 gr. geb. 1 ℛ 8 gr.

— Phädra deutsch von Adf. Böttger. Leipzig 853. Brockhaus. 16. (4 Bl., 83 S.) n. 16 ngr.

— Phädra. Trauerspiel. Uebers. von Schiller. (Mit gegenüberstehendem französ. Texte.) Stuttgart 856. Cotta. 8. (161 S.) 15 ngr.

— Phaedra. Trauerspiel in 5 Aufzügen. Wortgetreu aus dem Franz. in deutsche Prosa übers. nach H. R. Mecklenburg's Grundsätzen v. Herm. Dill. 1. u. 2. Hft. 32. (128 S.) Berlin 879. 81. H. R. Mecklenburg. à n. — 25

Racine, J. B. Phädra und Hippolytus. Trauerspiel a. d. Franz. Wien 1756. Ü: *Stüven, Peter.* (Waniek, Gottsched. Leipz. 1897. S. 204.)

— Phèdre, s.a. Chefs d'oeuvre des classiques français.

— Phèdre, hrsg. v. A. Kressner, s.a. Schulbibliothek, französische u. englische. B. 14.

— dasselbe, s.a. Théâtre français.

— Phèdre, bearb. v. P. Fittig, s.a. Simion, Leonh., Nf.'s Sammlg. französ. Schulausgaben.

—— Phèdre, s.a. Théâtre français.

— Phèdre, hrsg. v. Charles Ansorg, s.a. Théâtre français. Friedberg & Mode.

— Phèdre, hrsg. v. Chr. Rauch, s.a. Théâtre français.

——, Phedre. Tragédie. Mit e. kleinen Abhandl. üb. d. franz. Versbau; mit grammat., geograph., mytholog. u. geschichtl. Bemerkn. u. vielen Synonymen, nebst e. vollständ. Wort-Register bearb. v. Geo. Kissling. gr. 8. (9¾ B.) Heilbronn 832, Drechsler.

—— dass. Mit einer kleinen Abhandlung üb. d. französ. Versbau, Bemerkungen u. vielen Synonymen, nebst vollständ. Wortregister, bearb. v. Geo. Kissling. (1832.) 8. (9 B.) Heilbronn 846, Drechsler, Vrlgsh.

—— Phèdre. Tragédie en 5 actes. 2. édition. 8. (4⅜ B.) Leipzig 846, Herm. Fritzsche.

— dasselbe. Erklärt v. H. Kirchstein. gr. 8. (94 S.) Ebend. 880. — 90

— Phèdre. Tragédie. Erklärt v. Ed. Doehler. gr. 8. (168 S.) Berlin 881. Weidmann. 1. 50

— dasselbe, hrsg. von v. Jarochowski, s.a. Théâtre français.

Phèdre, tragédie en 5 actes et en vers. Par J[ean] Racine. Mit Anm. z. Schulgebr. neu hrsg. von Prof. A[dalbert] v. Jarochowski, Oberl. zu Breslau. Einl. von René Riegel. [Nebst] Anh. Bielefeld & Leipzig: Velhagen & Klasing 1905. 2 Bde 8°
= Sammlung, Velhagen & Klasings, französ. u. engl. Schulausgaben. Théâtre franç. Ausg. B. Lfg 24. (Doppelausg.) [illegible]

— les plaideurs, s. Chefs d'oeuvre des classiques français.

— les plaideurs, s.: Répertoire du théâtre Français, Nr. 338.

— les plaideurs, s.: Théâtre français.

— les plaideurs, hrsg. v. D. Rohde, s.: Théâtre francais.

— les plaideurs, s. Théâtre français, par Schütz.

Racine u. Corneille; im Auszuge f. Schulen v. C. C. Trapp. gr. 12. Braunschw. 792. Schulbuchh. 16 gr.

Racine und Gresset, Uebers. einiger Trauerspiele aus dem Franz. 8. Leipz. Vogel. 735.

— réflexions philosoph. et litér. sur le Poëme de la réligion naturelle. 8. Lausanne 756. Pott u. C. 9 gr.

— sämmtl. Schauspiele; s. Theater des Auslandes.

— sämmtliche Schauspiele, siehe: Theater, classisches, des Auslandes. 3. Bdchn.

— theatral. Schriften, a. d. Frz. 2 Thle. 8. Braunschw. Schröder. 766. (1r 14 gr. 2r 18 gr.)

— Théatre, s.a. Bibliothèque des Classiques français.

—— Théâtre: Esther. Iphigénie. 16. (5 B.) Francfort s. l. M. 836. [Leipzig, Kersten.]

— Théâtre: Esther. Iphigénie. 16. Francfort s. M. 836 Schmerber. ¼ ℛ

— théâtre complet, s.a. Bibliothèque des Classiques franç.

— Théâtre complet et oeuvres diverses envers, nouv. Edit. IV. Vol. 8. Brunsv. Pluchart. 811.

— ausgewählte Tragödien, s.a. Bibliothek ausländischer Klassiker.

— ausgewählte Tragödien. Aus dem Franz. v. Adf. Laun. 8. (320 S.) Leipzig 886. Bibliograph. Institut. geb. n. 1. —

Racine, Jean Baptiste. Versuch einer Uebersetzung der Athalia. St. Petersburg 1812. Ü: *Nicolay, Ludwig Heinrich.* (GGr IV, 231, 9)

— Versuch einer Uebersetzung der Athalia. gr. 8. Petersburg 812. (Leibrock.) ½ ℛ

—— Werke, s. Collection Spemann.

Racine's, (J.), Werke, zum ersten Male vollständig übersetzt von Heinr. Viehoff. 4 Bde. in 12 Lfgn. gr. 16. Berlin 870, Habel. à Lfg. * 40 Pf. *
à Bd. *

Inhalt:
Bd. 1. Iphigenia in Aulis; Berenice; Phädra. (VIII, 240 S.)
» 2. Athalia; Bajazet; Britannicus. (272 S.)
» 3. Alexander; Esther; die feindlichen Brüder. (222 S.)
» 4. Mithridat; Andromache; die Processkrämer. (243 S. mit Portr. in Kpfrst.)

Racine, (Jean,) sämmtl. Werke, z. ersten Male übers. v. Heinr. Viehoff. 1. u. 2. Bd. 16. Emmerich, Romen. à
Bd. 1. Iphigenia in Aulis. Berinice. Phädra. (15 B.) 840.
- 2. Athalia. Bajazet. Britanicus. (18 B.) 842.

—— sämmtliche Werke, zum ersten Male vollständig übers. v. Heinr. Viehoff. 3. u. 4. Bd. A. u. d. Ttl.: Racine's Theater. 3. u. 4. Bdchn. 16. Emmerich, Romen. (Leipzig, Hermann.) à
Inhalt:
Bdchn. 3. Alexander. Esther. Die feindl. Brüder. (14 B.) 843.
4. Mithridat. Andromache. Die Processkrämer. (15½ B. u. R's. Bildn.) 846.
1. u. 2. Bd. Ebendas. 1840, 42. à * 12½ Ngr.

Racine's sämtliche dramatische Werke, s. a. Bibliothek, Cotta'sche, der Weltlitteratur.

Racine's sämtliche dramatische Werke in 4 Bdn. Uebers. v. ***. Mit e. biographisch-litterarhistor. Einleitg. v. Heinr. Welti. 8. (214, 196, 240 u. 208 S. m. Bildnis.) Stuttgart 893. J. G. Cotta Nachf. In 2 Leinwbdn. n. 4. —

Racine, Louis. Die Gnade; ein Gedicht a. d. Franz. . . . Frankf. a. M. 1747. Ü: *Consbruch, Florens Arnold.* (ML)

Racine, Louis. Die Gnade, Ein Gedicht aus dem Französischen . . . übersetzt und mit einigen Anmerkungen versehen. Frankfurt a. M., J. F. Fleischer, 1747. 8°. *Frontispiz gestochen von J. M. Eben*, 12 Bl. 112 (falsch gez. 114) S. *und 4 je zweimal gedruckte hübsche Kupfer im Text (von Eben?)*. Etwas berieb. und benutzter Ldbd. d. Z.

Erste deutsche Ausgabe des Erstlingswerkes des Sohnes des großen Racine, zugleich das poet. Erstlingswerk des Übersetzers (1729—1784), der als Justizrat in Bielefeld starb und auch einige eigene Dichtungen veröffentlichte (cf. G. IV[1]. 30, 12). — Mit dem französ. Paralleltext.

Racine, Louis. Die Religion, entworffen von Herrn Racine . . . In das Teutsche übersetzt [von F. A. Consbruch] und mit einigen Anmerkungen vermehrt. Frankfurt a. M., J. F. Fleischer, 1744. Kl.8°. *Titelkupfer von J. M. Eben*, 11 Bl. 302 S. *mit 6 hübschen Kopfvignetten (in doppeltem Abdruck) und 1 fünfmal wiederholten Schlußvignette.* HLd. d. Z.

FdF. 1825. Fromm V. 21221. Erste deutsche Ausgabe dieses seinerzeit viel gelesenen Gedichtes in 6 Gesängen vom Sohne des großen Racine (1692—1763). Mit Paralleldruck des französ. Textes zur deutschen, ebenfalls in Alexandrinern abgefaßten Übersetzung. Der Übersetzer Consbruch (1729—84) war Justizrat in Bielefeld. Die guten dt. Anmerkungen stammen von *Joh. Mich. von Loen* (1694—1776). Am Schluß deutsche Übersetzungen der lobenden Urteile J. B. Rousseaus, Ramsays und Popes über Racines Gedicht. Am Anfang jedes Gesanges die gleiche Vignette über dem dt. und französ. Text.

Racine, Louis. Die Religion. In das Teutsche übersetzt. Franckfurt am Mayn 1744. Ü: *Consbruch, Florens Arnold* (?). (GGr)

— Religion u. Gnade; a. d. Französ. v. F. A. Consbruch, mit Anmerkk. des Hrn. v. Loen. 8. Frkf. 747. 2e A. 752. Fleischer. 1 ℔

— Dass. prosaisch übers. (von Schäfer). 8. Bresl. 755. W. G. Korn. 20 gr

Racine, Rudolf [aus Paderborn]: Zur Kenntnis der Blütenentwicklung und des Gefässbündelverlaufs der Loasaceen. . . . Rostock, Carl Boldt'sche Hof-Buchdr., 1889; 46 S. + 1 Bl. u. 1 Taf. 8°
Rostock, Phil. Fak., Inaug.-Diss. v. 1. März 1889

Racine Banner: 1880—1881? Racine, WI
Weekly. Edited by George P. Rothe.

Racine Correspondent: 1883?—1918?
Independent weekly. For supplement, see Erholungs-Stunden. Circulation: 1890, 1254; 1900, 1100; 1910, 800; 1915, 800. Edited & published by William F. Weber, 1883—86; by Charles Schaupann, 1887—88; by A. J. Falbe, 1889—92; by Franz Markus & Co., 1893—94; by Emil Wittzack, 1895—98; by Henry Bonn, 1899—1918.
Racine, WI

Racine Herold: 1870?—1872? Racine, WI
Republican weekly. Edited & published by W. W. Coleman.

Racine Omnibus: 1862—1870?
Weekly. Circulation: 1870, ca. 300. Edited & published by Henry Bonn.
Racine, WI

Racine Post: 1876—1877. Racine, WI
Weekly. Edited by Ludwig Schramm.

Racine Volksblatt: 1855—1858? Racine, WI
Weekly. Edited by Erdmann, 1855—56; Henry F. Hilgard, 1856—57; Samuel Richie, 1857—58.

Racine Volksfreund: 1860—1863.
Roman Catholic weekly. Edited by W. Schirmacher, 1860—Jan. 1861; J. B. Warling, Jan. 1861—1863.
Racine, WI

Racinet, Auguste

Racinet, A., le costume historique. Cinq cent planches, trois cents en couleur, or et argent, deux cents en camaïeu. Avec des notices explicatives et une étude historique. 1—4. Livr. 4. (à 12 color. u. 12 schwarze Taf. m. Text.) Paris 876—78. Didot & Co. à n. 10. —; Pracht-Ausg. à n. 20. —

Racinet, A., Geschichte d. Costüms in 500 Taf. in Gold-, Silber- u. Farbendr. Mit erläut. Text. Deutsche Ausg., bearb. v. Adf. Rosenberg. 1. u. 2. Bd. 4. (à 100 Taf. m. 100 Bl. Text.) Berlin 883. 85. Wasmuth. à n. 40. —; Mappe dazu à n. 2. —

Racinet, A., Geschichte des Costüms in 500 Taf. in Gold-, Silber- u. Farbendr. Mit erläut. Text. Deutsche Ausg., bearb. v. A. Rosenberg. 3.—5. Bd. 4. Berlin, Wasmuth. à Bd. n. 40. —; Mappe dazu à n. 2. —; auch in 10 Lfgn. à n. 4. —; geb. in Hlbfrz. à n. 50. —
3. (100 Chromolith. m. 97 Bl. Text.) 887. — 4. (100 Chromolith. m. 96 Bl. Text.) 887. — 5. (100 Chromolith. m. 100 Bl. Text, nebst Register, 64 S. m. 12 Taf.) 888.

Racinet, M. A., das polychrome Ornament. 100 Taf. in Gold-, Silber- u. Farbendr. etwa 2000 Motive aller Stilarten enth.: antike u. oriental. Kunst, Mittelalter, Renaissance, XVII. u. XVIII. Jahrh. Eine histor. u. prakt. Sammlg. Mit erklär. Beschreibgn. u. e. allgemeinen Einleitg. Deutsche Ausg. v. R. Reinhardt. Unter Mitwirkg. v. A. Mecklenburg. 2. Aufl. (In 50 Lfgn.) 1. Lfg. Fol. (2 Chromolith. m. 2. Bl. Text.) Stuttgart 875. Neff. n. 2. 40

Racinet, A., das polychrome Ornament. 100 Tafeln in Gold-, Silber- u. Farbendr., etwa 2000 Motive aller Stilarten enth., antike u. oriental. Kunst, Mittelalter, Renaissance, XVII. u. XVIII. Jahrh. Eine historisch-prakt. Sammlung m. erklär. Beschreibungen u. einer allgemeinen Einleitung. Deutsche Ausg. v. R. Reinhardt. 3. Aufl. 50 Lfgn. Fol. (100 Chromolith. m. Text IV, 60 S. u. zu 100 Bl. Taf.-Erklärungen.) Stuttgart 880. 81. Neff. à n. 2. 50

— das polychrome Ornament. 1. Serie. 100 Taf. in Gold-, Silber- u. Farbendr., 2000 Motive aller Stilarten enth., antike u. oriental. Kunst, Mittelalter, Renaissance, XVII. u. XVIII. Jahrh. Deutsche Ausg. v. R. Reinhardt. 4. Aufl. 50 Lfgn. Fol. (à 2 Taf. m. Text.) Stuttgart 889. 890. Neff. à n. 2. 50; cplt. in losen Blättern in Carton-Mappe n. 127. 50; geb. in Orig.-Prachtbd. n. 140. —

— dasselbe. 2. Serie. 120 Taf. in Gold-, Silber- u. Farbendr. Antike u. asiatische Kunst, Mittelalter — Renaissance, XVI. u. XVII. Jahrh. Historisch-prakt. Sammlg. m. erklär. Text. Deutsche Ausg. von Carl Vogel. 32.—40. (Schluss-)Lfg. Fol. (à 3 Taf. m. Text.) Stuttgart 887. Neff. à n. 4. —; cplt. in losen Blättern in Carton-Mappe n. 165. —; geb. in Orig.-Prachtbd. n. 180. —

Rack, Geo., über Orthochlor-, Orthochlormetanitro- u. Orthochlormetachlor-Benzoësäure. Inaugural-Dissertation. gr. 8. (44 S.) Göttingen 880. (Vandenhoeck & Ruprecht.) n. 1. 20

Rack, Heinrich Grundzüge der Organisation der k. k. Theresianischen Akademie. Mit einer einleitenden geschichtlichen Übersicht. Im Auftrage der Akademie-Direction verfasst. 8 (61 S.).
G. der k. k. Theresianischen Akademie *Wien* 1893.
Progr.

Rack, Johs., am 31. März. Roman. (V, 175 S.) 8. Dresden 908. E. Pierson. 2.—; geb. n 3.

Rack, Julius Franz (in d. Vita: Franz Julius), aus Frankfurt a. M.: Zum Reim- und Strophenbau bei Mistral nebst einer Übersicht über seine Rhythmik. *Marburg 1902: (E. Erichsen, Elberfeld).* (59 S.) 8° ¶(Forts. d. Marb. phil. Diss. v. 1901 von Arthur Buchenau: Zum Versbau Mistrals.)
Marburg, Phil. Diss. v. [15. Jan.] 1903

Rack, L., Wandersport. Prakt. u. hygien. Vademecum f. Wanderer u. Radfahrer. 8. (VIII, 66 S.) Berlin 897. [Hesse.] Leipzig, G. Thieme. n. 1.

Raeck, Hans: Der Begriff des Wirklichen. Eine psychologische Untersuchung. *Breslau 1898: Dr. R. Galle.* (50 S.) 8° ¶(Soll vollständig erscheinen.)
Breslau, Phil. Diss. v. 29. März 1898

Raeck, Hans, der Begriff des Wirklichen. Eine psycholog. Untersuchg. gr. 8. (V, 89 S.) Halle 900. M. Niemeyer. n. 2. —

Racke, Carl, s. Racke, Karl

Racke, Heinrich: Umsetzungsgeschwindigkeit der α-Monobrombuttersäure mit Wasser und mit gelösten Alkalien. Worms 1910: Hoffmann. 35 S. 8°
Gießen, Phil. Diss. v. 27. Juli 1910, Ref. Naumann
[Geb. 7. Juni 87 Worms; Wohnort: Gießen; Staatsangeh.: Hessen; Vorbildung: Oberrealsch. Worms Reife O. 05; Studium: Gießen 3, Tübingen 3, Gießen 2 S.; Rig. 17. Juni 09.] [U 10. 1298

Racke, Karl, S. J., d. Bildg. d. jungen Predigers,
— Grundzüge d. Beredsamkeit,
— Muster d. Predigers,
} s.: Schleiniger, Nik.

Racke, Carl, die Verwaltung d. Predigtamtes m. Berücksicht. der gegenwärtigen Zeitverhältnisse. 8. (VII, 146 S.) Freiburg i/B. 892. Herder. n. 1.—

Racke, Nicola, Festrede zur Feier des Jubiläums der unbefleckten Empfängnis Mariä gelegentlich der Generalversammlung des kathol. Studentenvereins für das Großherzogt. Hessen. (18 S.) gr. 8. Mainz 905. Druckerei Lehrlingshaus. n. — 25

— „In Treue fest f. Kirche u. Vaterland!" s.: Lügenkampf, der, gegen die Kirche.

Racke, Nicola, Katholiken wacht auf! Rede, geh. auf der Katholiken-Versammlg. in Köln am Ostermontag 1901 zur Abwehr der neuesten Angriffe auf die kathol. Kirche. 21.—30. Taus. gr. 8. (16 S.) Mainz (901). (München, H. Kitz.) n. — 10

— dasselbe. gr. 16. (32 S.) Warnsdorf (901). A. Opitz. n. — 08

Racke, Nicola, Katholiken zur Wehr! Hoch unsere Fahne! Drei Reden zur Abwehr der neuesten Angriffe auf die kath. Kirche. Als Anhang: Text des Urteils des Nürnberger Landgerichts in Sachen Robert Graßmann u. Blütenlese aus den Werken des großen Gelehrten von Stettin. Kevelaer, Butzon u. Bercker, 1900, 8°, 128 S., 75 Pf.
Die Broschüre gilt bei der Verteidigung des von Graßmann geschmähten Bußsakr. u. des kath. Priesterstandes.

— Katholiken zur Wehr! Hoch unsere Fahne! 3 Reden zur Abwehr der neuesten Angriffe auf die kathol. Kirche. Als Anh.: Text des Urteils des Nürnberger Landgerichts in Sachen Robert Graßmann u. Blütenlese aus den Werken des großen Gelehrten v. Stettin. 8. (117 S.) Kevelaer 901. Butzon & Bercker. — 75

Racke, Nicola, das Papstthum. Seine göttl. Mission u. seine Bedeutg. als Centrum der Einheit u. Hort des socialen Friedens. 2 Festreden zur Feier des 50jähr. Bischofsjubiläums Sr. Heil. Papst Leo XIII. Geh. in Freiburg u. Erfurt. 12. (71 S.) Mainz 893. F. Kirchheim. — 75

Die Behandlung nervöser Schulkinder. Vortrag, geb. ... Kiel 1910. Von Prof. Dr. [Julius] **Raecke**. Langensalza: Beyer 1910. 13 S. 8°
(Pädagogisches Magazin. H. 422.) [11. 9557

Raecke, [Julius], Dr. med., approb. Arzt, 1. Assistenzarzt d. psychiatr. u. Nerven-Klinik in Kiel: **Die transitorischen Bewußtseinsstörungen der Epileptiker.** *Halle a. S.: C. Marhold 1903.* (178 S.) 8°
Kiel, Med. Hab.-Schr. v. [2. März] 1903
(Nicht für den Austausch)

Die transitorischen **Bewußtseinstörungen** der Epileptiker. Von Dr. med. [Julius] **Raecke**, Assist.Arzt in Kiel. *Halle a. S.: C. Marhold 1903.* (178 S.) 8° [03. 13947 3

Grundriss der psychiatrischen **Diagnostik** nebst e. Anh. enth. die f. d. Psychiater wichtigsten Gesetzesbestimmungen ... Von Prof. Dr. [Julius] **Raecke**. Mit 11 Textfig. (Vorr.: E[rnst] Siemerling.) **Berlin: A.** Hirschwald 1908. (VIII, 140 S.) 8° [08. 14711

Raecke, Grundriss d. psychiatrischen Diagnostik, nebst e. Anh., enth. die f. den Psychiater wichtigsten Gesetzesbestimmgn. u. e. Übersicht d. gebräuchlichsten Schlafmittel. 2. verm. u. verb. Aufl. (VIII, 182 S. m. 14 Fig.) 8. Berlin 910. A. Hirschwald. Geb. in Leinw. 3.—
1. Aufl. (VIII, 146 S. m. 11 Fig.) 908. Geb. 3.—

Raecke, Julius [app. Arzt aus London]: **Ueber Primäres** Melanocarcinom des Rectum ... Freiburg i. B., Buchdr. E. Kuttruff, 1895; 36 S. 8.
Freiburg i. B., Med. Fak., Inaug.-Diss. v. 1895

Rackebrandt, A., gründl. Anweisung, das Platin zu reinigen u. zu verarb., sowie Mannheimer Gold (Semilor) u. engl. Cementstahl zu fabriziren. 8. ($2^1/_2$ B. u. 4 Taf. Abbild.) Quedlinburg 838, Basse.

— der Metallarbeiter. 8. ($3^1/_2$ B. u. 4 Stnt.) Quedlinburg 838, Basse.

Rackebrandt, Louis, Abbildung u. Beschreibung d. engl. Nagelmaschine. Od.: Gründl. Anweis., alle gewöhnl. Sorten Nägel durch e. Maschinenwerk zu verfertigen, ohne sie zu schmieden. M. 8 Taf. Abbild. 8. Quedlinburg 839, Basse. Verklebt.

— prakt. Anweisung z. zweckmäß. Verfertig. aller Sorten eiserner Wagenachsen, nebst Belehrn. üb. d. vortheilhaften Ankauf u. d. richtigen Gebr. derselben. 8. ($2^3/_4$ B. u. 7 Taf. Abbild.) Quedlinburg 839, Basse.

Rackebrandt, Louis, die Kunst feine Schmelze u. feine verschiedenfarb. Emaillen zu Verzierungen auf Gold-, Silber- u. Platinarbeiten, vorzügl. auf Ritterorden zuzubereiten, aufzutragen u. einzubrennen, nebst Beschreib. d. vornehmsten europä. Ritterorden. 8. ($3^1/_4$ B. u. 4 Stnt.) Quedlinburg 838, Basse. Thlr.

Rackel, Ludewig Ehrenfried von

(—). — Sr. Hochwohlgeboren Herrn **Ludewig** Ehrenfried **von Rackel** des Kgl. Sächs. Appellationsgerichts Beysitzer bey dessen Einführung als Oberhofrichter gewidmet. Leipzig (K. Tauchnitz) 11. III. 1816. Mit Namen. (3.50) 27512

Räckel, die ländliche Freude. 8 Leipz. 802. Andrä. 4 gr.

Rackham, Arth., Rip von Winkle, s.: Irving, Washington.

Bericht, betreffend die eingegangenen Gutachten über die besonderen Aufgaben maurerischer Volksbildungsarbeit. Von F[riedr.] **Rackhorst.** Leipzig 1909: Zechel. 12 S. 8° [Umschlagtit.]
Aus: MitthVdF. 1909—1910 S. 60—69.

Logenkarte von Deutschland. Entworfen und gezeichnet von Fr[iedr.] **Rackhorst.** 1 : 1 280 000. [Mit einer Beil.] Leipzig: Findel 1900. 75×90 cm. 4° [Lithogr., kol.]
Beil. [u. d. Tit.]: Verzeichnis sämtlicher Logen und Kränzchen Deutschlands. 22 S.
Recens: Bh. 43 (1900) S. 192 (C. Gotthold); Bbl. 14 (1900) S. 329 (G. Diercks); FZ. 54 (1900) S. 207—208 (K. Pilz); L. 23 (1900) S. 96; BZC. 29 (1900) S. 310; BayrBbl. 2 (1901—1902) S. 190—191.

Rackhorst, Friedrich August [app. Arzt aus Düren]: Das Verhalten des Muskelgleichgewichts bei seitlichem Blick ... Leipzig, Druck v. J. G. Findel, 1896; 33 S., 1 Bl. 8.
Leipzig, Med. Fak., Inaug.-Diss. v. 18. Mai 1896

Ansprache an einen neuaufgenommenen Br. Meister gehalten in der Receptionsloge am 18. 11. 03 von Fr[itz] **Rackhorst.** [Bayreuth 1903: Mühl.] 6 S. 8°. [Kopftit.]
aus: BayrBbl. 1903, Nr. 6.

Referat über den „Alumnatverein" erstattet auf der Jahresversammlung des Vereins deutscher Freimaurer zu Chemnitz am 3. Sept. 1910 von Fritz **Rackhorst.** Leipzig 1910: Zechel. 12 S. 8° [Umschlagtit.]

Rački, Franz

Rački, F., s.: Acta conjurationem Bani Petri a Zrinio et Com. Fr. Frangepani illustrantia.

Rački, Franjo, Assemanoy ili vatikanski evangelistar. U Zagrebu 865. (Wien, Braumüller.) Lex.-8. (CXIX, 216 S. mit 1 Steintaf. in Tondr.) n.n. 2 ℳ 20 ngr.

RACKI, Franz: Ebed Jahwe — Messias? — (1909) 117 S. 4° (Handschr.) Diss. 68
Diss. Wien, Univ.

Rački, Franz. Fiume gegenüber von Croatien. A. d. Croatischen ... Agram 1869. Ü: *Uhlíř, Frz.* (Mitth. d. Verlagsbuchh.)

— Fiume gegenüber von Kroatien. Aus dem Kroat. übers. von X. Y. Agram 869. Suppan. gr. 8. (VII, 220 S.) n. 28 ngr.

RAČKI, Franciscus Xaverius: De immaculato B. V. Mariae Conceptu. — (1855) 46 S. 4° (Handschr.) Diss. 116
Diss. Wien, Univ.

Rackl, Jos., u. Ed. **Ebner,** deutsche Literatur-Geschichte f. höh. Schulen u. zum Selbstunterricht. 3. Aufl. 6.—9 Taus. (VIII, 226 S.) 8. Nürnberg 911. C. Koch.
Geb. in Leinw. 2. —

Der Nürnberger Buchhändler Johann Philipp Palm, ein Opfer napoleonischer Willkür. Zu dessen 100. Todesjahre quellenmäßig bearb. von Prof. Dr. J[osef] Rackl. Mit 14 Bild. Nürnberg: C. Koch (1906). (176 S.) 8° [F.] 05. 15945

Rackl, Joseph, aus Altmannstein: **Die Reisen des Venetianers Alvise da Cà da Mosto an der Westküste Afrikas** ⟨1455 u. 1456⟩. *Nürnberg 1898: G. P. J. Bieling-Dietz.* (88 S.) 8°
Erlangen, Phil. Diss. v. 22. Juli 1898

Racknitz, Gallus Maxim. von, Flores ex themidis hortis collectos in Augustanam confessionem sparget. Präs. Augustin Leyser. Wittenberg (Gerdes) 29. VI. 1730. 102 S. (5.50) 27514

Racknitz, Johann von: Kurze und getreue Belehrung für dt. und schweizerische Auswanderer, welche an der Begründung der Colonie Johann von Racknitz, im mexicanischen Freistaate Tamaulipas gelegen, Theil nehmen wollen ... Stg.: Imle & Krauß 1836. XVI, 78 S. mit 1 Kt.

v. Racknitz, ..., kurze u. getreue Belehrung f. deutsche u. schweizerische Auswanderer, welche an d. Begründung der Colonie v. Racknitz, im Mexikan. Freistaate Tamaulipas gelegen, Theil nehmen wollen ꝛc. Mit 1 Karte. gr. 8. Stuttgart ... Liesching. 4½ ℳ

Racknitz, Joseph Friedrich, Freiherr zu

Beschreibung der zum Andenken des verstorbenen Brs Jac. Heinr. v. Born von den Mitgliedern der Loge zu den drey Schwerdtern, in Dresden, am 19. April 1782 gehaltenen Trauerloge. [Hrsg. von Jos. Friedr. Frh. **zu Racknitz.** Dresden 1782]: Meinhold. 20 S. 1 Bl. Noten. 1 Kpfr. 8°
Kl. 1356, Tt. 1958. Ansprache von J. F. zu Racknitz: Dank an den Herzog von Kurland für dessen Anwesenheit, Gedächtnisrede von F. W. v. Ferber, Lied mit Noten.

— s. Briefe üb. d. Karlsbad.

zu Racknitz, Frhrr. Jos. Fr., († d. 10. April 1818.) Briefe üb. d. Kunst, an eine Freundin. Mit 13 Kpft. gr. 4. Dresd. 792. u. Leipz. 795. Göschen. 2 ℳ

— Darstell. u. Gesch. d. Geschmacks d. vorzügl. Völker in Bez. a. d. innere Auszier. d. Zimmer u. a. d. Baukunst. 4 Hefte. mit Kupfern. gr. Fol. Leipzig. Göschen. 796. 99. (à 64 Rthlr.)

Die Freude des Maurers bey Gelegenheit des Johannisfestes, und der Einweihung des neuverzierten Logen-Saals, gehalten in der ger. und vollk. Loge zu den drey Schwerdtern, zu Dresden, von dem [Br. Jos. Friedr.] Frh. zu R[acknitz] den 8. Sept. 5781. [Dresden] 1781. 8 Bl. 8° [Umschlagt.]
Kl. 1040. Selten. Gelegenheitsworte. Nebst Beschreibung des Logensaals.

— Geschichte u. Darstell. des Geschmacks der vorzügl. Völker in Beziehung auf die innere Auszierung d. Zimmer u. auf die Baukunst. 4 Hfte. Mit 40 Kpf. gr. Fol. Leipz. 796, 99. Göschen. (à 64 ₰) 256 ₰

Dzierzanowsky, M. L. v.: Rede am Johannisfeste bey der Aufnahme des Br. v. D[zierzanowsky] gehalten in den vereinigten Logen zu den 3 Schwerdtern und zu den wahren Freunden zu Dresden von dem B[r. Jos. Friedr. Frh.] v. R[acknitz] den 30. Junii 1780. [Dresden 1780.] 4 Bl. 8⁰ [Umschlagtit.]
Kl. 1026, Tt. 2169.
Gelegenheitsworte.

Rede, gehalten am Johannis-Feste 1783 in der g. u. v. L. zu den drey Schwerdtern zu Dresden von J[os.] F[riedr.] B. zu R[acknitz]. [Dresden 1783.] 4 Bl. 8⁰ [Umschlagtit.]
Üb. die Pflichten eines Mrs.

Rede am Johannisfeste 1787, gehalten von dem Mstr v. St. [d. i. Jos. Friedr. Frh. zu Racknitz] in der g. und v. Loge zu den drey Schwerdtern [in Dresden]. [Dresden 1787.] 8 S. 8⁰ [Umschlagtit.]
Kl. 1073. Mahnung zur Pflichterfüllung.

— s.a. Schachspieler des Hrn. v. Kempelen.

Ueber den Schachspieler des Hrn. v. *Kempelen* und dessen Nachbildung; gewidmet dem Freyh. von Dalberg (von Jos. E. Freyh. v. *Racknitz*). Leipzig u. Dresden, Breitkopf. gr. 8. 48 S. m. 7 Kpft. 1789.

Racknitz, Jos. F. v., Schreiben an einen Freund über d. Basalt. 8. Dresd. Richter. (auch Feind in Lpz.) 790.

— s.a. Skizze e. Geschichte d. Künste.

Racknitz, v., Skizze e. Geschichte d. Künste, besond. d. Malerei in Sachsen. gr. 8. Dresd. Wallber. 812.

— s. Steine, über die aus d. Luft auf d. Erde gefallenen.

— s.a. Versuch z. Beurtheilung e. Gemälde.

— Versuch z. Beurtheilung einiger Gemälde d. königl. sächs. Gemäldensammlung u. deren Meister, mit K. gr. 8. Ebend. 811.

Grundriß für kaufmännische Rechtskunde. Für d. prakt. Gebrauch im kaufmänn. Unterr. dargest. von A. **Rackow**, Handelsschul-Dir., Hannover, [&] Dr. [Hermann] Limburg, Assist. Hannover: Selbstverl. 1906. (VIII, 93 S.) 8° [F.] [07. 18747

Rackow, Henry, Vor und nach der Schlacht. Vortrag. 8⁰. London, Detloff, 1888.

Rackow, Herm., tropische Agricultur. Prakt. Anleitg. zur Beschaffg. u. Anwendg. der Gebrauchsgegenstände f. den trop. Ackerbau. gr. 8. (VIII, 68 S. m. 56 Abbildgn.) Berlin 900. Deutscher Kolonial-Verl. n. 2.—

Rackow, Herm., der Kolonial-Interessent. Ratschläge f. die Übersiedlg. in d. überseeische Deutschland u. den dauernden Aufenthalt daselbst. (105 S.) 8. Berlin (910). Deutscher Kolonial-Verlag. 1.

— Der Kolonialspiegel. Der deutschen Nation vorgehalten in ihrer Eigenschaft als Kolonialmacht. (79 S.) 8. Schwerin 908. (Leipzig, A. Haase.) 1. 20

Rackow, M., Übungen an einem Barren mit ungleich hohen Holmen, Bremen 1869, 4 S., 8⁰.

Rackreut, Schloß; e. Erzähl. a. d. Jahrbüchern Irlands v. d. Union, v. Georg Cooper, a. d. Engl. (aus d. kl. Gesch. u. Romanen, od. liebenswürd. Scenen rc. besond. abgedruckt.) 8. Erf. Kavier. 802.

[F.] Bücher-Verzeichniss der Bibliothek des Vereins für die Geschichte der Neumark. (Vf.: [Arthur] **Rackwitz,** Pfarrer.) *Landsberg a. W.: In Komm. bei F. Schaeffer & C.; (Dr. v. R. Schneider & Sohn) 1897.* (1 Bl., 21 S.) 1 Bd 8. [97. 8678

Bücher-Verzeichnis der Bibliothek des Vereins für Geschichte der Neumark. Abgeschlossen am 31. Dez. 1903. (Verf.: [Arthur] **Rackwitz,** Pfarrer.) *Landsberg a. W. 1904: Dermietzel & Schmidt.* (38 S.) 8° [F.] [04. 10304 3

Rackwitz, Arth., die Kirchenbaupflicht d. brandenburgischen Konsistorial-Ordnung v. 1573. (35 S.) 8. Landsberg a/W. 907. (F. Schaeffer & Co.) — 60
Sonderabdruck aus: „Schriften d. Ver. f. Gesch. d. Neumark"

Rackwitz, Carl, s. Rackwitz, Karl

Rackwitz, Friedrich Richard, s. Rackwitz, Richard

Rackwitz, Heinrich, appr. Apotheker aus Nordhausen: Über westafrikanische Copale, speziell über den Angola-Copal (rot) und über den Kamerun-Copal. Halle a. S. 1907. 64 S. 8⁰. [26. VI. 07.]
Bern Phil. Diss. 1906/1907.

Rackwitz, Heinrich. Über westafrikanische Copale, speziell über den Angola-Copal ⟨rot⟩ und über den Kamerun-Copal. Diss. Phil. Bern. 64 S. 8. Halle a. S., (C. A. Kaemmerer & Co.,) 1907.

Rackwitz, Hermannus [Saxoborussus]: De genetivi usu Sophocleo. Pars prima .... Halae, typ. Ploetzianis (R. Nietschmann), 1887; 51 + 1 S. 8⁰.
Halle, Phil. Fak., Inaug.-Diss. v. [16. Jul.] 1887.

Rackwitz, Hugo, appr. Arzt u. Zahnarzt a. Lohnsdorf, Prov. Sachsen: Beiträge zur Therapie der Extrauterin-Gravidität. Halle a. S. 1905: C. A. Kaemmerer & Co. (28 S.) 8°
Halle, Med. Fak., Ref. Veit, Diss. v. 29. März 1905
[Geb. 21. Nov. 78 Lohnsdorf; Wohnort: Lohnsdorf; Staatsangeh.: Preußen; Vorbildung: Gymn. Halle Reife M. 98; Studium: Halle 6, Berlin 1, Halle 3 S.; Coll. 24. März 05; Approb. 5. Apr. 04.]

Rackwitz, Karl

Rackwitz, Carl, approb. Arzt aus Regenwalde: Aus d. Kgl. chirurg. Universitäts-Klinik zu Kiel. Vier Fälle von Angina Ludovici. *Kiel 1904: K. Jansen.* (18 S.) 8°
Kiel, Med. Diss. v. [25. Jan.] 1904

Rackwitz, Max, Hegels Ansicht üb. die Apriorität v. Zeit u. Raum u. die Kanteschen Kategorien. Eine philosoph. Kritik nach Hegels „Phänomenologie d. Geistes". gr. 8. (V, 82 S.) Leipzig 891. C. E. M. Pfeffer. n. 1. 50

Rackwitz. Max: Philipp II., Bischof von Speier. T. 1. bis zum Jahre 1518. Berlin: Weidmann 1904. (24 S.) 4°
Berlin, Charlottenschule OP 1904**

Rackwitz, Max: Studien über Causalität und Identität als Grundprincipien des Spinozismus. Ein kritischer Versuch. Halle 1884: Karras. 34 S. 8°
Halle-Wittenberg, Phil. Diss. v. [26. Sept.] 1884
Geb. Löbejün (Saalkr.) 19. 5. 1858. V.

Rackwitz, R., s.: Bericht üb. den X. Blindenlehrer-Kongress in Breslau.

Rackwitz, Richard

—— zwei Festspiele zu Kaisers-Geburtstag für höhere Schulen, Vereine und Familienkreise, darstellbar ohne jegl. scen. Aufwand. gr. 8. (24 S.) [Nordhausen 881, Greiner.] Leipzig, J. Naumann.

Rackwitz, Rich., zwei Festspiele zum Sedantag für höhere Schulen, Vereine und Familienkreise, darstellbar ohne jeglichen scen. Aufwand. gr. 8. (23 S.) [Nordhausen 879.] Leipzig, Eigendorf.

Rackwitz, Rich., zwei Festspiele zum Sedantag für höhere Schulen, Vereine und Familienkreise. gr. 8. Nordhausen 879. Merseburg, Steffenhagen.

Rackwitz, Richard [Dr.]: Geschichte und Urkunden des Nonnenklosters Bischoferode St. Nicolai bis zur Übersiedelung desselben nach Nordhausen. Nordhausen, Druck v. C. Kirchners Buchdr. (Inh.: F. C. Schmülling), 1889; S. 1—16, 1 Taf. 4°
Nordhausen, RG, OP 1889 (254)

— vorläufige Mittheilungen über die St. Blasiibibliothek zu Nordhausen, m. Anh. über einige Kunstgegenstände in der St. Blasiikirche. gr. 8. (39 S.) Nordhausen 879. Greiner. n. — 75

Rackwitz, R., im neuen Reich. Vaterländische Dichtgn. 8. (VII, 134 S.) Nordhausen 887. Eberhardt. n. 2. 50

Rackwitz, Rich., im Neuen Reich. Zehn vaterländ. Festspiele f. Kaisers-Geburtstag u. Sedan, darstellbar ohne scen. Aufwand, nebst e. Anh. v. 43 Gedichten zur Feier vaterländ. Gedenktage. 3. Aufl. (XVI, 200 S.) gr. 8. Nordhausen 890. F. Eberhardt. n. 4. —

Rackwitz, *Friedrich* Richard Verbindender Text zu den von Sr. Hoheit dem Erbprinzen Bernhard von Sachsen-Meiningen komponierten Chorgesaengen aus „Den Persern des Aeschylus". 8 (9 S.)
In: Festschrift zur Erinnerung an d. 50jähr. Jubil. Rg. *Nordhausen* 1885.
Nicht im Tauschverkehr.
Progr.

Rackwitz, Rich. Urkunden des Servitenklosters Himmelgarten bei Nordhausen. 2 Teile. VI, 28, 26 SS. Rg. *Nordhausen* 1881. 1882.
Progr.

Rackwitz, R., zur Volkskunde v. Thüringen, insbesondere d. Helmegaus. [Mit e. (lith.) Kartenbeilage v. K. Meyer.] gr. 8. (26 S.) Halle 884. Tausch & Grosse. n. 1. 20

— aus großer Zeit. Festspiele zu patriot. Gedenktagen. 8. (VIII, 103 S.) Nordhausen 881. Eigendorf. n. 1. 60

Raclawic, Grzegorz z. pod, wieczory pod Lipa, czyli historyja Norodu polskiego opowiadana. 8. (26½ B.) Poznan 845. (Leipzig, Brockhaus et Avenarius.)

Racolta, s. Raccolta

Racovec, Alexis, die Schwefeltherme Toplice bei Varasdin in Croatien. (Varasdiner Töplitz.) Wien 863. Braumüller. 8. (X, 175 S. mit 1 Tab. in qu. Fol.) n. 24 ngr.

Racowitza, Helene v. (Frau v. Schewitsch), von Anderen u. mir. Erinnergn. aller Art. Mit 2 Bildern in Lichtdr. 2. Aufl. (VII, 311 S.) gr. 8. Berlin 909. Gebr. Paetel. 7.—; geb. in Leinw. 8. —

Racowitza, Helene v., geb. v. Dönniges, meine Beziehungen zu Ferdinand Lassalle. 1—3. unveränd. Aufl. 8. (188 S.) Breslau 879. Schottländer. n. 3. —; geb. n. 4. —

RACOWITZA-Schewitsch, Helene v., geb. *v. Dönniges*, geschied. *Friedmann*, Geliebte Lasalle's (geb. in München 21. März 1845, Schriftstellerin, früher Schauspielerin, trat zum 1. Male 16. Octob. 1871 im Wiener Hofburgtheater als Susanne in V. Sardou's „letztem Brief" auf. — Portr. in d. Allg. Moden-Zeitg. 1874. no. 38.) — Meine Beziehungen zu Ferdinand Lasalle (s. d.). 5. unveränderte Aufl. Breslau, S. Schottländer, 1879. 12°. (Mk. 3—.)
2 Bll., 188 S. — Aufl. 1—9 sämmtl. 1879; 10. unveränd. Aufl. mit d. Portr. d. Verf. 1880. (Mittheilung des Verlegers.)

Racowitza, Helene v., geb. v. Dönniges, meine Beziehungen zu Ferdinand Lassalle. 4.—11. unveränd. Aufl. Mit dem (Lichtdr.-)Portr. und Facs. der Verf. 8. (188 S.) Breslau 880—83, Schottländer.

Racowitza, H. v. Ererbtes Blut, s. Bibliothek, realistische.

Racowitza, Helene v., ererbtes Blut. Roman in 2 Büchern. 2 Bde. 8. (346 u. 278 S.) Berlin 892. H. Steinitz' Verl. n. 10. —; geb. n. 12. —

— dasselbe. 2 Bde. Wohlf. (Titel-)Ausg. gr. 8. (346 u. 278 S.) Ebd. 894. n. 5. —; geb. n. 7. 50

— In majorem Dei gloriam. Die Geschichte e. Lebens. (358 S.) 8. Berlin 911. H. Bermühler. 4. —

— Gräfin Vera. Roman in 3 Thln. 2 Bde. 8. (212 u. 242 S. m. Portr. der Verf. in Lichtdr.) München 882. Pollner. 5. —; geb. n. 6. —

Racquet, F. W., moderne englische Spiele. Zum Zweck der Einführung in Deutschland beschrieben. 12. (VIII, 56 S. mit eingedr. Fig.) Göttingen 882, [Peppmüller.] Vandenhoeck und Ruprecht's Verlag.

v. Racß, Karl, Bruchstücke zur Theorie des Straßenbaues. Mit 2 Kpft. 8. Leutschau 825. (Wigand in Preßb.) 16 gr.

Racyński, s. Raczynski, Edward Graf

Raczeck, s. Raczek, F. W. von

Raczek, F. W. v., Geschichte der freiherrl. Familie von Tschammer. Mit 10 Portr. u. Tfl. Breslau 1868. 8.

Raczeck Lobspruch der Stadt Gross-Glogau. Glogau.
Schul-/Univ.-Schrift 1865

Raczek, F.W.v.: Salomo III., Bischof von Konstanz und Abt von St. Gallen. Ein Beitrag zur deutschen Geschichte am Ende des neunten und im Anfange des zehnten Jahrhunderts. Erster Theil. 20 S. – Progr. Glogau Kath. 1858.

Raczynski, Athanas., Dictionnaire d'artistes, pour servir à l'histoire de l'art moderne en Allemagne. Précédé d'un Résumé de cet ouvrage, suivi d'une Table des matières et de la Table des gravures qui se trouvent dans le texte ou dans les cahiers; ainsi qu'un Errata général pour les trois volumes. Lex.-8. (15¼ B.) Berlin 842. (Leipzig, Brockhaus u. Avenarius.) Thlr.

Raczynski, Athanas. Graf, Geschichte d. neueren deutschen Kunst. A. d. Franz. übers. v. Friedr. Heinr. v. d. Hagen. gr. 4. Berlin. (Leipzig, Brockhaus u. Avenarius.)

Bd. 1. Düsseldorf u. das Rheinland. Mit e. Anh.: Ausflug nach Paris. (54 B., 4 Stndr. u. ca. 70 Holzschn., nebst 1 Atlas m. 11 Kpfrst., ½ Imp.-Fol.) 836. * 26 Thlr. 16 Gr.

- 2. München, Stuttgart, Nürnberg, Augsburg, Karlsruhe, Prag u. Wien. Mit e. Anh.: Ausflug nach Italien. (96¼ B., 107 Vign., Stndr. u. Kpfrst., nebst 1 Atlas m. 13 Taf. incl. 1 in Farbendr., Imp.-Fol.) 840. * 33 Thlr. 8 Gr.

- 3. Berlin, Dresden, Hamburg, Mecklenburg, Weimar, Halberstadt u. Göttingen. Mit e. Anh.: Ausflüge nach Holland, Belgien, England, Schweiz, Polen, Russland, Schweden, Dänemark u. Nord-Amerika. (80¾ B., 61 Holzschn., Stndr. u. Kpfrst., nebst 1 Atlas m. 14 Kpfrst. u. Stndr., Imp.-Fol.) 841. * 17 Thlr.

Die französ. Originalausgabe Ebendas. zu gleichem Preise.

—— Künstler-Wörterbuch zur Geschichte der neueren Deutschen Kunst. Voran eine gedrängte Uebersicht dies. Werkes; darauf folgend ein Inhaltsverzeichniss u. ein Register der Abbildungen, welche im Text u. in den dazu gehörigen Mappen enthalten sind. (Den Schluss macht ein allgemeines Errata f. alle 3 Bde.) Lex.-8. (15¾ B.) Berlin 842. (Leipzig, Brockhaus u. Avenarius.)

Raczyński, Edw. Hr. Graf, Cabinet Médalów Polskich. — A. s. l. t.: Le Médailler de Pologne, ou Collection de Médailles ayant rapport à l'histoire de ce pays depuis les plus anciennes jusqu'à celles, qui ont été frappées sous le règne du Roi Jean III. (1513—1696.) Trad. du Polonais par M. M***. (Poln. u. Französ.) II Ts. gr. in-4. (100 B. u. 177 Taf. Abbild.) Breslau 838. (Berlin, Asher et Comp.)

Raczynski, Ed., Codex diplomaticus Lithuaniae, s. Codex.

Raczynski, Ed., s. Codex diplomaticus Lithuaniae. Dabrowski, J. H., Feldzug nach Großpolen.

—— Denkwürdigkeiten des Joh. Chrysost. Passek, s. Denkwürdigkeiten.

— Dzieła tadeusza czackiego zebrane i wydane. Tom. I. et II. 4. (Mit 14 lith. Taf. u. 5 Tab.) Poznan 843. (Leipzig, Brockhaus et Avenarius.) pro 3 Thle. n. 13⅓ ₰

—— Feldzug des Generals Joh. Heinr. Dabrowski, s.a. Feldzug.

Racyński Grf. Feldzug des Generals Johann Heinrich Dąbrowski nach Grosspolen. Als ein Beitrag zur Geschichte der polnischen Revolution im Jahre 1794. Nebst einer Karte von Grosspolen. Aus dem Polnischen ins Deutsche übersetzt von Erckert I. 8. Berlin 1845.

—— Gabinet Medalow Polskich oraz tych ktore sie dziejow Polski tycza poczawszy od najdawniejszych az do konca panowania Jana III. (1513—1696.) A. s. l. t.: Le Médailler de Pologne ou collection de médailles ayant rapport à l'histoire de ce pays depuis les plus anciennes jusqu'à celles, qui ont été frappées sous le règne du roi Jean III. (1513—1696.) Traduit du Polonais par M. M*** 2 Vol. gr. in-4 (114½ B. u. 145 Kpfrt.) Berlin 845, Asher et Comp.

— s. Pamietniki Albrychta Stanislawa X.

Raczynski, (Graf E.,) malerische Reise in einigen Provinzen des Osmanischen Reichs. Aus d. Poln. von Fr. H. von der Hagen. Mit 80 Kupfertaf. u. vielen Vignetten. gr. Fol. Breslau 824. (Leipz., Fr. Fleischer.) 80 Rthl. — bei Arnold in Dresden.

— malerische Reise in einigen Provinzen des Osmanischen Reichs. Aus dem Poln. übersetzt. Herausgeg. von Fr. H. von der Hagen. Mit 2 Kupfern u. 2 Steindr. gr. Lexicon 8. Breslau 825, Groß, Barth u. Comp.

Raczynski, Ed. Graf, malerische Reise in einigen Provinzen d. Osman. Reichs. A. d. Poln. übers. Hrsg. v. Fr. H. van der Hagen. M. 2 Kpfr. u. 3 Stndr. Neue, unveränd. (u. wohlf.) Aufl. Lex.-8. (19 B. u. 1 Holzschn.: Namenszug d. Grossherrn Mahmuds IV.) Breslau 828, Grass, Barth u. Comp.

Raczynski, R., le marquis Wielopolski, s. Mémoires sur la Pologne.

Raczynski, Roger, Wer hat die Freiheit verrathen, Slaven oder Germanen? Schreiben an Arnold Ruge. Dresden u. Leipzig, Arnoldi, 1848. 36 S. 8⁰.

Raczyński, Roger, wer hat die Freiheit verrathen? Slawen oder Germanen? Schreiben an Hrn. Arn. Ruge. gr. 8. (48 S.) Berlin 849, Schneider & Co. n. ⅓ ₰

Rad, das. Centralblatt für Wagenbau, Hufbeschlag, Sattlerei, Lackirerei u. verwandte Gewerbebetriebe. Organ für Pferdebahn- u. öffentl. Fuhrwesen. Red.: Adph. Schulz. 1. Jahrg. 1881. 24 Nrn. (à 1—1½ B. m. Illustr. u. techn. Beilagen.) Fol. Berlin, Fleischmann. n. 10. —

Rad, das. Centralblatt für Wagenbau, Hufbeschlag, Sattlerei, Lackirerei und verwandte Gewerbebetriebe. Organ für Pferdebahn- und öffentl. Fuhrwesen. Redact.: Adph. Schulz. 1. Jahrg. 1881. 24 Nrn. (à Nr. 1—1½ Bog. mit Illustr. und techn. Beilagen.) Fol. Berlin, Taeye.

—— dass. — 2. Jahrg. 1882. (à Nr. 2 Bog. mit Illustr. und techn. Beilagen.) Ebendas.
Nur wenige Nummern erschienen.

Rad u. Auto. Illustrierte Zeitschrift f. Automobil- u. Radfahrwesen. Amtliches Organ der Gaue 20 (Berlin) u. 27 (Stettin) deutscher Radfahrer-Bund. Chef-Red.: Osk. Kilian. Verantwortlich f. den techn. Tl.: Otto Lüders. 13. Jahrg. 1907. 52 Nrn. (à ca. 12 S.) 31×23,5 cm. Berlin, Rad u. Auto. 3. —

Rad u. Motor. Illustr. Wochenschrift f. moderne Verkehrsmittel. Fachblatt f. die Gesamtinteressen der Fahrrad-, Motorfahrzeug- u. Luftschiffindustrie u. deren Hilfs- u. Nebenbranchen. Hrsg. u. Red.: Otto Wenzel. 1. Jahrg. 1901. 33 Nrn. hoch 4. (à ca. 12 S.) Dresden (Oschatz, H. Hackarath). n. 3. 75
Weiter nicht erschienen.

Rad, das, d. Schicksals, od. d. Gesch. Tschoan-gsees, v. S. v. Seckendorf. 1r Thl. 8. Dessau. (Gräff in Lpz.) 794.

Rad, C. von, s. Rad, Karl von

Rad, Jakob Christoph

Rad, J. C., Adressen der Rübenzucker-Fabriken des Kaiserth. Russland, Oesterreichs, des Zoll-Vereines, Belgiens, Frankreichs, Hollands und der Raffinerien Englands, sowohl nach ihren Standorten als nach ihren Firmen geordnet, nebst den Zuckerzöllen und Steuern dieser Länder. Lex.-8. (106 S.) Wien 865, Gerold's Sohn.

—— Adressen- und Jahrbuch der österreichisch-ungarischen Rübenzucker-Fabriken und Raffinerien, ferner der protokollirten Firmen der Spiritusbrennereien, Brauereien und Spodium-Fabriken. 5. Ausg. des Adressenbuchs. 12. Ebendas. 871.

—— Adressenbuch der Rübenzucker-Fabriken und Colonialzucker-Raffinerien aller Länder Europa's und Nordamerika's mit Angabe der gegenwärtig in diesen Ländern besteh. Zuckerzölle und Steuern nebst 8 (chromolithogr.) Karten, welche die Standorte der Fabriken in der österreich. Monarchie enthalten. 3. Ausg. Lex.-8. (184 S.) Wien 868, (Gerold's Sohn.)

Rad, J. C., Adressenbuch der Rübenzucker-Fabriken und Raffinerien der österreichisch-ungarischen Monarchie 1870. Lex.-8. (40 S. mit 1 Tab. in qu. gr. Fol.) Wien 870, (Gerold's Sohn.) **

Rad, J. C., Colonial- oder Rübenzucker, welcher von beiden verdient in Oesterreich einen größeren Schutz? Wien 859. (Prag, Credner.) gr. 8. (31 S.) n. 4 ngr.

—— Colonial- oder Rübenzucker, welcher von beiden verdient in Oesterreich einen grösseren Schutz? gr. 8. (31 S.) Wien 862. (Prag, Credner.)

Rad, Jac. Chrph., der Rübenzucker in national-ökonom., finanzieller, industrieller u. landwirthschaftlicher Beziehung mit besonderer Rücksicht auf die österreich. Staaten u. Deutschland. gr. 8. (64 S.) Wien 848, Gerold in Comm. n. 8 ngr

—— sind Freihäfen in Oesterreich noch zeitgemäss? gr. 8. (142 S.) Wien 863, Typographisch-literarisch-artistische Anstalt.

—— Zucker-Production, Einfuhr und Consumtion in Europa. Verfasst im Auftrage des Vereins für Rübenzucker-Industrie gelegentlich der land- und forstwirthschaftl. Ausstellung in Wien. Lex.-8. (33 S. mit 1 Tab. in gr. Fol.) Wien 866, (Gerold's Sohn.)

Rad, Karl von

von Rad, Carl [app. Arzt aus Augsburg]: Über einen Fall von angeborener Pulmonalstenose mit einem Defect in der Ventrikelscheidewand ... Tübingen, F. Pietzcker, 1895; 33 S. 8.
Tübingen, Med. Fak., Inaug.-Diss. v. 1895

Rad, Carl v., üb. e. Fall v. angeborener Pulmonalstenose mit e. Defect in der Ventrikelscheidewand. Diss. gr. 8. (32 S. m. 2 eingedr. Kurven.) Tübingen 895. F. Pietzcker. n.n. — 80

Rad, C. v., s.: Sitzungsbericht d. ärztl. Vereins Nürnberg.

RADA, Stephanus: De Paulo Samosateno, ejus vita doctrina et secta. — (1882) 137 S. 4° (Handschr.) Diss. 386
Diss. Wien, Univ.

Radaelli, Luigi, s.: Novellen der italien. Renaissance.

Radakoff, B., Hand-Atlas der geographischen Ausbreitung der im europäischen Russland nistenden Vögel. 1. Lfg. qu. gr. Fol. (4 chromolith. Karten.) Moskau 876. (Lang.) n. 6. —

Radakoff, B., Hand-Atlas der geographischen Ausbreitung der im europäischen Russland nistenden Vögel. 2—5. Lfg. qu. gr. Fol. (15 chromolith. Karten.) Moskau 877. (Lang.) à n. 6. —

Radaković, Michael

RADAKOVIĆ, M.
Bemerkungen zur Theorie des ballistischen Pendels von Dr. M. Radoković. (Aus den Sitzungsberichten der kaiserl. Akademie der Wissenschaften in Wien. Mathem.-naturw. Classe; Bd. CX. Abth. II a. Mai 1901.) Wien. 1901. In Comm. Gerold's Sohn. Gr.-8°. 8 S. K —.20

RADAKOVIĆ, Michael: Berechnung des Höhenwinkels unter Berücksichtigung der sphäroiden Gestalt der Erde. — 1866. 26 Bl. Diss. Graz, Univ.

— Über die Berechnung der erzwungenen Schwingungen eines materiellen Systems. S. 114. II a. 877 . . . . . . —.40
Separatabdruck

Radaković, M., über die Berechnung der erzwungenen Schwingungen e. materiellen Systems. (17 S.) gr. 8. Wien 905. (A. Hölder). n. — 40
Sonderabdruck aus: „Sitzungsber. d. k. Akad. d. Wiss."

RADAKOVIĆ, M.
Über die Bewegung einer Saite unter der Einwirkung einer Kraft mit wanderndem Angriffspunkt von Dr. M. Radaković. (Mit 7 Textfiguren) (Aus den Sitzungsberichten der kaiserl. Akademie der Wissenschaften in Wien. Mathem.-naturw. Classe; Bd. CVIII. Abth. II.a. Mai 1899.) Wien. 1899. In Comm. Gerold's Sohn. Gr.-8°. 36 S. fl. —.40

Radaković, M. u. **Geitler,** J. v.: Denkschrift über die Ausgestaltung der philosophischen Fakultät in Czernowitz. (Czernowitz: Eckhardt 1908.)

RADAKOVIĆ, Michael
Über eine neue Methode zur Bestimmung von Geschossgeschwindigkeiten von Dr. Michael Radaković. (Mit 1 Textfigur.) (Aus den Sitzungsberichten der kaiserl. Akademie der Wissenschaften in Wien. Mathem.-naturw. Classe; Bd. CIX. Abth. II. a. April 1900.) Wien. 1900. In Comm. Gerold's Sohn. Gr.-8°. 8 S. K —.20

RADAKOVIĆ, M.
Ueber den Verlauf der Geschwindigkeit eines Projectils in der Nähe der Gewehrmündung von Dr. M. Radaković. (Mit 1 Textfigur.) (Aus den Sitzungsberichten der kaiserl. Akademie der Wissenschaften in Wien. Mathem.-naturw. Classe; Bd. CIX. Abth. II. a. Juli 1900.) Wien. 1900. In Comm. Gerold's Sohn. Gr.-8°. 18. S. K —.40

Radakovich Johann — Album der Ritterorden und Ehrenzeichen in Original-Größe und Farben und im Hochdruck. Sämmtlich nach Original-Dekorationen gezeichnet, mit deutschem und französischem Text versehen, und unter den Auspicien Sr. k. k. apostol. Majestät herausgegeben von — —. Abtheilung: Oesterreich. 2. Lief. Militär-Maria-Theresien-Orden. Wien, 1856. Aus der k. k. Hof- und Staatsdr. (1 Bl. mit Abbild. und 10 S. Text. Fol.)

Radakovich, Joh., die europäischen Orden und Ehrenzeichen in Original-Grösse ausgeführt in Hochdruck. In 38 Sectionen. Wien 858. Typograph.-literar.-artist. Anstalt. gr. Fol. Jede Liefg. mit 1 Taf. u. 4 S. Text Subscr.-Pr. nn. 2 ₰.;
einzelne Hefte nn. 2 ₰. 20 ngr.
(1. Liefg.) 20. Sect.: Österreich. (In 10 Liefgn.) Der Leopold-Orden.

Radakovich, Johann, *k. k. österr. Hauptm. a. D. etc.* Die europäischen Orden u. Ehrenzeichen in Original-Grösse ausgeführt in Hochdruck mit Gold, Silber und Farben und unter den Auspicien Sr. k. k. apost. Majestät. In XXXVIII Sectionen. *Wien* 1858. Druck u. Verl. der typ.-lit.-art. Anst. *(L. C. Zamarski, C. Dittmarsch & C.)* Sect. XX.: Oesterreich. 1. Lief.: Der Leopold-Ord. (Des ganzen Werkes 1. Lief.) 4 S. Text u. 1 Bl. Farbendruck, die Insignien des Leopold-Ordens darstellend; gr. Fol.
1 Lief. 3 fl. mit Prän. auf 10 Lief.
Einzeln 4 fl. — pr. Post 5 fl.

Radakovich, Johann, *k. k. öst. Hauptm. a. D. etc.* Die europäischen Orden und Ehrenzeichen in Originalgrösse, ausgeführt in Hochdr. mit Gold, Silber und Farben, und unter den Auspicien Sr. k. k. ap. Majestät. In XXXVIII Sectionen. *Wien* 1858. Druck und Verl. der typ.-lit.art. Anst. *(L. Ç. Zamarski, C. Dittmarsch & C.)* Section XX: Oesterreich. 2. Lief. Der Orden d. eisernen Krone. 3. Lief. Der Milit. Maria-Theresien-Orden. (Des ganzen Werkes 2. u. 3. Lief.) 7 u. 10 S. Text mit 2 Bl. Farbendruck, die Insignien der Orden darstellend, gr. Fol.
1 Lief. 3 fl. mit Prän. auf 10 Lief.
Einzeln 4 fl., pr. Post 5 fl.

Radakovich, Johann, *k. k. österr. Hauptm. a. D. etc.* Die europäischen Orden und Ehrenzeichen in Original-Grösse ausgeführt in Hochdruck mit Gold, Silber und Farben und unter den Auspicien Sr. k. k. apost. Majestät. In XXXVIII Sectionen. *Wien* 1858. Typ.-lit.-art. Anst. *(L. C. Zamarski, C. Dittmarsch & C.)* Sect. XX.: Oesterreich. 4. Lief.: Franz-Joseph-Orden (des ganzen Werkes 4. Lief.) 2 S. Text mit 1 Blatte, die Insignien des Franz Joseph-Ordens darstellend, gr. Fol.
1 Lief. bei Prän. auf 10 Lief. 3 fl.
Einzeln 4 fl., pr. Post 5 fl.

Radakovits, Johann

Radakovits Johann: Ionisierung der Gase durch galvanisch glühende Drähte (mit 15 Textfiguren). S. 114. IIa. 759 . . . . —.90
Separatabdruck

Radakovits, J., Ionisierung der Gase durch galvanisch glühende Drähte. [Aus: Sitzungsber. d. k. Akad. der Wiss., mathem.-naturw. Klasse.] Gr. 8°. (ill. 25 S.) † K —.90
Wien: Carl Gerold's Sohn 1905.

Radakovits, Johann: Ein beweglicher Punkt wird von einer ruhenden Masse angezogen. S. 36—37. 8. K. k. Staatsgymn. *Leoben* 1909.
Progr.

Radakowitsch, Nikolaus

Radakowitsch, N., zur Erkenntnis der Idee des Menschen. gr. 8. (XII, 581 S.) Göttingen 887. Dieterich's Verl. n. 10. —

Radakowitsch, Nikol., über den **Kreisprocess** der mechanischen Wärmetheorie u. die Constanz der specif. Wärmen der Gase. Göttingen 870. Dietrich. gr. 8. (X, 123 S.) n. 16 ngr.

Radakowitsch, Nikol., zur Wärmelehre. Vom Standpunkte der Emanationstheorie. gr. 8. (XII und 372 S. mit eingedr. Holzschn.) Göttingen 867, Dieterich'sche Buchh.

[J.] Die deutsche Volkserhebung 1848/49. Von Hans Radandt. *Leipzig: W. Friedrich (1898).* (221 S., 1 Bl.) 1 Bd 8. 1898-2454

Radandt, Hans, die deutsche Volkserhebung 1848/49. gr. 8. (221 S.) Leipzig 899. [W. Friedrich.] M. Altmann.
n. 3. —; geb. n. 4. —

Radány, Desider, über die einheitliche Pflege der Hydrographie der Verbandsländer, s.: **Lauda, Ernst.**

Radányi, J., die Rotation der Himmelskörper od. das Gesetz der Axendrehung u. Bahnbewegung. 4. (24 S.) Kronstadt 889. (Zeidner.) n. — 70

Radasewsky, Max, üb. die Muskelerkrankungen der Vorhöfe des Herzens. Diss. gr. 8. (106 S.) Jurjew (Dorpat) 894. (E. J. Karow.) n. 2. 40

Radatović Vinko: Peter Hektorović und das geistliche Schauspiel vom heiligen Märtyrer Laurentius.
1905 PN 1833 **Diss.** Wien, Univ. 2704

Radau, Carl, s. Radau, Karl

Radau, Emilie, Kinderfreund u. Leid. Eine Erzählung für die liebe Jugend. Mit 4 Bildern in lith. Farbendr. v. Louise Thalheim. gr. 8. (VIII, 198 S.) Breslau 877. Trewendt. geb. 3. 75

Radau, Hugo, letters to Cassite kings from the temple archives of Nippur, s.: **Expedition,** the Babylonian, of the university of Pennsylvania. XVII, 1.

— Nin-Ib. The determiner of fates according to the great Sumerian epic Lugal-e ug Me-lám-bi Ner-gál from the temple library of Nippur, s.: **Expedition,** the Babylonian, of the university of Pennsylvania. V, 2.

Radau, Karl

Radau, Carl [aus Königsberg]: Beitrag zur Kenntniss vanadinsaurer Salze . . . . Königsberg, Hartungsche Buchdr. (1888); 2 Bl. + 62 S. + 1 Bl. 8°
Berlin, Phil. Fak., Inaug.-Diss. v. 6. Jul. 1888

Radau, Mich., orator extemporaneus. 12. Colon. 706.

Radau, R., die Lehre vom Schall, s. **Naturkräfte, die.**

Radau, R., Die Lehre vom Schall. Gemeinfassliche Darstellung der Akustik. München 1869.

Radau- und Bierlieder,

— die neuesten u. schönsten. 3. Aufl. 16. (36 S.) Ebd. 888. In Leinw. cart. n. — 50

Radau- u. Bier-Lieder, 20 bekannte. Bei jeder fröhl. Zusammenkunft zu singen. 16. (20 S.) Kaiserslautern 887. A. Gotthold's Verl. n. — 20

Radausflug, e., in die Dübener Heide. Seinen Freunden gewidmet v. Radolar. (34 S. m. Abb.) 8. Leipzig (907). (G. Brauns.) — 60

Raduver, Joh. Carl (Stuttgart) u. **Christian Valentin Harpprecht** (Calvens.), Disput. exeget.-dogmat. sive fundamina theologiae ex veteri testamento quoad naturam creatam et gubernatam specialim Angelicam. Präs. Joh. Christian Klemm. Tübingen (Schramm) Sept. 1750. 30 S. (—.—) 27515

Radbert, K., die reichen **Fundgrübner.** Dramat. Darstellg. aus der vaterländ. Geschichte, zum Wettiner-Jubiläum Sachsens Jünglingsvereinen dargeboten. 12. (8 S.) Dresden 889. (Leipzig, Buchhandlg. d. Vereinshauses.)
n.n. — 20

— — Soldatengespräche. Ein kleines Festspiel vom großen Kriege 1870/71, deutschen Männern u. Jünglingen zur Aufführg. gewidmet. 8. (71 S.) (Ebd.) 891. 1 50

Radbert, K., **Soldatengespräche.** Ein kleines Festspiel vom großen Kriege 1870/71. 5 Scenen. 8. Dresden 893. (O. Hackebeil.) à n. — 30
1. In der Bauernstube zu Fröschweiler. (18 S.) — 2. Im Lazareth v. Gravelotte. (S. 19—30.) — 3. Vor Sedan am 2. Septbr. 1870. (S. 31—46.) — 4. In Versailles am 18. Jan. 1871. (S. 47—62.) — 5. Auf dem Bahnhofe zu Diedenhofen. (S. 63—71.)

Radbert, K., Soldatengespräche. Ein kleines Festspiel vom großen Kriege 1870/71, deutschen Männern u. Jünglingen zur Aufführg. gewidmet. 2. Aufl. 1.—5. Scene. 8. Dresden (904). Verbandsbuchh (E. Zacharias.) à — 30
1. In der Bauernstube zu Fröschweiler. (12 S.) — 2. Im Lazarett v. Gravelotte. (10 S.) — 3. Vor Sedan am 2. IX. 1870. (12 S.) — 4. In Versailles am 18. I. 1871. (12 S.) 5. Auf dem Bahnhofe zu Diedenhofen. (8 S.)

— **Abraham Teller.** Eine erzgebirg. Sage, dramatisch bearb. 12. (16 S.) Ebd. 893. n. — 30

— das Vogelschießen zu Zwickau. Dramat. Darstellg. aus d. vaterländ. Geschichte. Sachsens Jünglingsvereinen zum Wettiner-Jubiläum dargeboten. 12. (8 S.) Ebd. 889. n.n. — 20

Radbert's [Paschasius Radbertus] Epitaphium Arsenii. Hrsg. von Ernst Dümmler. Mit 1 Taf. *Berlin: K. Akad. d. Wiss. 1900.* (98 S.) 8°
Aus: Abhandlungen d. K. Preuss. Akad. d. Wiss. zu Berlin v. J. 1900. [03. 3309

Radbod. Stenograph. Protokoll d. Prozesses gegen d. Bergarbeiter-Zeitung vor d. Landgericht Bochum v. 19.–28. Oktober 1910. Hrsg. v. Verband d. Bergarbeiter Deutschlands. (Berlin 1910: Vorwärts.) 295 S. 8° [11. 4044

Radbruch, Gust., Einführung in die Rechtswissenschaft, s. a. Wissenschaft u. Bildung.

Einführung in die Rechtswissenschaft. Von Dr. Gustav Radbruch, Privatd. Mit 2 Bildn. Leipzig: Quelle & Meyer 1910. 135 S. 8°
(Wissenschaft u. Bildung. 70.) [10. 1329

— Erfolghaftung, s.: Darstellung, vergleichende, d. deutschen u. ausländ. Strafrechts. II.

Radbruch, Gust., Geburtshülfe u. Strafrecht. (V, 34 S.) gr. 8. Jena 907. G. Fischer. n. — 80

Radbruch, Gustav, Dr.: Der Handlungsbegriff in seiner Bedeutung für das Strafrechtssystem. Zugleich ein Beitrag zur Lehre von d. rechtswiss. Systematik. *Berlin: J. Guttentag 1903.* (147 S.) 8°
Heidelberg, Jur. Hab.-Schr. v. 1903

— der Handlungsbegriff in seiner Bedeutung für das Strafrechtssystem. Zugleich e. Beitrag zur Lehre v. der rechtswissenschaftl. Systematik. (147 S.) gr. 8. Berlin 904. J. Guttentag. n. 3. —

Radbruch, Gustav, Referendar in Lübeck: Die Lehre von der adäquaten Verursachung. *Berlin (1902): G. Reimer.* (84 S.) 8° ¶ [Erschien auch als: Abhandl. d. kriminalist. Seminars an d. Univ. Berlin, N. F. Bd 1, H. 3.]
Berlin, Jur. Diss. v. 27. Mai 1902

Radbruch, Gust., die Lehre von der adäquaten Verursachung, s. a. Abhandlungen des kriminalist. Seminars an der Universität Berlin. I. 3.

Die Lehre von der adäquaten Verursachung. Von Gustav Radbruch. *Berlin: J. Guttentag 1902.* (S. 325–408.) 8°
= Abhandlungen d. kriminalist. Seminars an d. Univ. Berlin. N. F. Bd 1, H. 3. [02. 5113

— Strafzumessung, s.: Darstellung, vergleichende, des deutschen u. ausländ. Strafrechts. III.

— Verbrechen u. Vergehen wider d. Leben usw., s.: Liszt, Frz. v.

Radcke, Anna, Hilfsbuch für den französ. Unterricht, s.: Kuhr, Emma.

Radcliff, Anna (Anne)

— die Abtei v. Grasville. 3 Thle. 8. Prag ... Polt. (Joachim in Leipz.) 2 ß

Radcliffe, Anne. Adeline oder das Abentheuer im Walde; a. d. Engl. Leipzig 1793. Ü: *Liebeskind, Dorothea Margarethe verw. Forkel geb. Wedekind.* (EE) (GGr) (Schl) (MGT) (Ky)

Radcliff, Miß Anna, Adeline, od. d. Abentheuer im Walde; aus d. Engl. (v. D. M. Liebeskind). 3 Bde. 8. Leipz. 793. (Cnobloch). 2 ß 12 gr

Radcliff, Anna, Angelina, od. die Abentheuer im Walde v. Montalbano. A. d. Engl. 4 Thle. 8. (73 B.) Braunschweig 828, G. C. E. Meyer.

— die Einsiedlerin am Vesuv. 8. Leipz. 801. Joachim. 12 gr

— Ellena, die Italienerin, od. die Warnungen in d. Ruinen v. Paluzzio. 8. Prag 802. Polt. (Leipz., Joachim). 1 ß

— der Eremit am schwarzen Grabmale; aus d. Engl. 2 Bde. Mit Kpf. 8. Wien 817. K. Haas. 1 ß 8 gr

Radcliffe, Anna, nächtliche Erscheinungen im Schlosse Mozzini, oder der wandelnde Geist. Eine Geister- und Rittergeschichte. Mit 1 Titelkupfer. 8. Wien 841, Singer u. Goering. 5/6 ß

Radcliff, Anna. Die Erscheinungen im Schlosse der Pyrenäen. Frey nach dem Engl. vom Verf. des Admirals, der Abtey von St. Columba usw. Braunschweig 1818 bis 1820. IV. Ü: *Brancaglio, Joh. Ernst.* (DARP)

— die Erscheinung im Schlosse d. Pyrenäen; aus d. Engl. (v. Brancaglio). 4 Thle. 8. Braunschw. 818—20. Meyer. 6 ß

Radcliffe, A. Gaston de Blondeville, oder die Hofhaltung Heinrichs III. im Ardenner Walde. A. d. Engl. . . . Leipzig 1827. V: *Becker, Gfr. Wilh.* (MGT)

Radcliffe, (Anna,) Gaston von Blondeville, oder die Hofhaltung Heinrichs des Dritten im Ardennerwalde. Aus d. Engl. von *r. 2 Thle. 8. Leipz. 827, Wienbrack.

——, Gaston v. Blondeville, od. die Hofhaltung Heinrichs III. im Ardennerwalde. A. d. Engl. v. *r. (G. W. Becker.) 2 Thle. Wohlf. Ausg. 8. (30½ B.) Leipzig 830, Wienbrack.

Radcliffe, A. Udolphos Geheimnisse; a. d. Engl. Riga 1795—97. Ü: *Liebeskind, Dorothea Margarethe verw. Forkel geb. Wedekind.* (Ky) (GGr) (Schl)

— Udolpho's Geheimnisse; aus d. Engl. (v. Dor. Marg. Liebeskind). 4 Thle. 8. Leipz. 795—97. Hartknoch. 3 ß

— das Grab; übers. v. Fr. v. Oertel. 8. Berl. 800. Reimer. 1 ß 12 gr

ITALIENERIN, Die, oder der Beichtstuhl der schwarzen Büssenden. (Zahmer Roman aus d. Engl. der Miss *Anna Radcliffe* übers. von Dorothea Margarethe Liebeskind, geb. Wedekind, geschied. Forkel.) 3 Bde. Königsberg 1797. 8°. (5/6 Rthl. Schmidt, Halle, c. 1870.)
Anon.-Lex. II. p. 340 (nach Goedeke).

— die Italienerin, od. d. Beichtstuhl der schwarzen Büßenden; aus d. Engl. (v. Dor. Marg. Liebeskind). 3 Thle. 8. Königsb. 797—99. Nicolovius. 2 ß 4 gr

Radcliff, Miß Anna, die Italienerin, oder der Beichtstuhl der schwarzen Büßenden. Aus d. Engl. 3 Thle. Wohlf. Ausg. 8. Meißen 834. Goedsche. 1 ß

—— die Italienerin, od. der Beichtstuhl d. schwarzen Büßenden. A. d. Engl. 3 Thle. Wohlf. Ausg. 8. (59 B.) Meißen 834. [Leipzig, Rostosky.]

— Julia; ou les souterrains de Mazzini, av. fig. II Vols. 12. Münst., Coppenrath. 1 ℛ

—— Novellen. Aus d. nachgelass. Papieren d. Verfin. 8. (17 B.) Braunschweig 829, G. C. E. Meyer.
Inh.: Der Thurm v Rosta, od. Großmuth im Tode. — Das schwarze Schloß, od. der Sturm d. Leidenschaften.

— die Priorin; frei nach d. Engl. (v. .. Brancaglio). 3 Thle. 8. Braunschw. 824. Meyer. 3 ℛ. (A. u. d. T.: Maddalena Rosa, od. d. Tribunal d. Inquisition zu Florenz. 3 Thle. 8. Ebd. 818. 3 ℛ 12 gℛ

— die Todeswette; frei nach Engl. (v. L. v. Alvensleben). 2 Thle. 8. Meißen 830. Goedsche. 2 ℛ 12 gℛ

—— die Todes-Wette. Frei nach d. Engl. bearb. v. L. v. Alvensleben. 2 Thle. 8. (31 B.) Meißen 830. [Leipzig, Rostosky.]

Radcliff, J., s. Radcliffe, John

Radcliff, William (Glasgow)
Untersuchung der Oxydationsproducte des Wallraths durch Salpetersäure.
[In: Annalen d. Chemie u. Pharmacie, Bd 43 (1842) 349.]
Dr. phil. Giessen 23.7.1842.

Radcliffe, John

Radcliff, J., praecripta, oder Recepte, n. e. engl. Medici nützlichen Anmerkungen. 8. Leipzig, Weidmann. 720.

Radcliffe, John: Praescripta oder Recepte, nebst eines Englischen Medici nützlichen Anmerckungen, anlangend besagter Praescriptorum Eigenschaft und Gebrauch in allerhand innerlichen und äußerlichen Gebrechen und Kranckheiten. (Practical Disquisitions containing a complete body of prescriptions... Dt.) 312 S., gbd.

Leipzig: Weidmann 1721
(Englisches Artzney-Büchlein... Übers.von C(hristian) Ludovici. 6.Ed. Th.3)

JB 1.334/3

Radcliffe, J., Reise durch Schweden. gr. 8. Nürnb. 790. Schneider u. W. 20 gℛ (Auch der 16e Bd. d. Bibliothek d. Reisebeschreibb.)

— Reise durch Schweden. gr. 8. Nrnb. Weigel. 790.

Radczwill, Minna, Reigen-Sammlung. (V, 81 S. m. Abb.) 16×21,5 cm. Leipzig 908. B. G. Teubner. Kart. 2. 40

— Schönheit u. Gymnastik, s.: Schmidt, F. A.

— Singspiele, s. a. Schriften, kleine, d. Zentralausschusses z. Förderg. der Volks- u. Jugendspiele in Deutschland.

Singspiele. Im Auftr. d. Ausschusses f. Volksfeste verf. von Minna Radczwill. Mit 28 Abb. Leipzig & Berlin: B. G. Teubner 1908. (VIII, 139 S.) 8° [F.]
= Schriften, Kleine, d. Zentralausschusses f. Volks- u. Jugendspiele in Deutschland. Bd 5. los. 1193c

Radda, Bohumil, ein Beitrag zur Schilderung d. Ileo-Typhus. Inaugural-Dissertation. 8. (20 S.) Jena 874. Neuenhahn. n. — 50

Radda, J. F., Sinnbilder aus d. Pflanzenwelt. 16. Wien 824. Beck. Fein P. 12 gℛ ord. Pap. 9 gℛ

Radda, Karl Beiträge zur Geschichte der Stadt Teschen. 39 S. 8. Progr. Rsch. *Teschen* 1878.

Radda, Karl Urkundliche Beiträge zur Geschichte des Protestantismus im Herzogtum Teschen bis zum Toleranzpatent. [I: Beiträge zur Geschichte der Stadt Teschen 1878.] 39 S. 8. — Materialien zur Geschichte des Protestantismus im Herzogtum Teschen. 42 S. 8. Progr. Rsch. *Teschen* 1882. 1885.

Radda, Karl Der bayrische Erbfolgekrieg und der Friede zu Teschen. 53 S. 8. Progr. Rsch. *Teschen* 1879.

Radda, Karl, der bairische Erbfolgekrieg u. der Friede zu Teschen. Denkschrift zum hundertjähr. Jubiläum. gr. 8. (53 S.) Teschen 879. Schroeder. 1. —

Radda, Karl Katalog der Realschulbibliothek. S. 9—34. 8. Progr. Rsch. *Teschen* 1880.

Radda, K., Materialien zur Geschichte d. Protestantismus im Herzogth. Teschen. gr. 8. (42 S.) Teschen 885. (Wien, Pichler's Wwe. & Sohn.) n. 1. 20

Radda, K.: Kritische Untersuchung über die Einsetzung des Consulates und der Dictatur. 30 S. 8°
—Teschen, UR., Progr. 1871-73.

Radda-manthus II. Nadelstiche e. Post- u. Eisenbahn-Sclaven. gr. 8. (31 S.) Leipzig 875. Krüger & Roskoschny. n. 1.

Raddatz, die deutsch-evangelische Sache in Westpreußen u. Posen. Vortrag, geh. bei der 21. Generalversammlg. des Evangel. Bundes in Braunschweig am 6. X. 1908. (22 S.) 8. Leipzig (908). Halle, Verlag des Evangel. Bundes. nn — 10

dasselbe, s. a. Sache, die deutsch-evangel., in den Ostmarken.

Raddatz, Ern. Julius (geb. Bialostock 15. 1. 1805): De cyclopia. Berolini (1829). (24 S.) 4°
Berlin, Med. Diss. v. 4. Mai 1829

Raddatz, Eugen

Raddatz, der technische Telegraphendienst bei den vereinigten Verkehrsanstalten d. Reichs-Post- u. Telegraphen-Gebiets. Mit 58 erläut. Abbildgn. im Text. gr. 8. (IV, 101 S.) Frankfurt a/O. 885. Trowitzsch & Sohn. cart. 2. 25

Raddatz, der technische Telegraphendienst bei den vereinigten Verkehrsanstalten des Reichs-Post- und Telegraphen-Gebiets. (IV, 101 S. mit 58 erläut. Abbild. im Text.) 885; 2. Aufl. gr. 8. (IV, 103 S. mit 59 erläut. Abbild. im Text.) Frankfurt a. O. 887, Trowitzsch und Sohn. cart.
3. Aufl. u. d. T.:

—— der technische Telegraphendienst mit spezieller Berücksichtigung des Fernsprechwesens bei den vereinigten Verkehrsanstalten des Reichs-Post- und Telegraphen-Gebiets. 3. Aufl. gr. 8. (VIII, 119 S. mit 67 erläut. Abbild. im Text.) Ebendas. 888. cart.

Raddatz, der technische Telegraphendienst m. spezieller Berücksicht. d. Fernsprechwesens bei den vereinigten Verkehrsanstalten d. Reichs-Post- u. Telegraphen-Gebiets. Mit 67 erläut. Abbildgn. im Text. 4., verm. u. verb. Aufl. gr. 8. (121 S.) Frankfurt a/O. 890. Trowitzsch & Sohn. cart. 2. 25

Raddatz, der technische Telegraphendienst m. specieller Berücksicht. d. Fernsprechwesens bei den vereinigten Verkehrsanstalten d. Reichs-Post- u. Telegraphen-Gebiets. Mit 67 erläut. Abbildgn. im Text. 5. Aufl. gr. 8. (VIII, 121 S.) Frankfurt a/O. 893. Trowitzsch & Sohn. Kart. 2. 25

Raddatz, der technische Telegraphendienst mit spezieller Berücksichtigung des Fernsprechwesens des Reichspostgebietes. 6. Auflage. (130 S) Frankfurt a. O. 1897

Der Technische Telegraphendienst, mit spezieller Berücks. d. Fernsprechwesens bei d. vereinigten Verkehrsanst. d. Reichspost- u. Telegraphengebiets. Von [Eugen] **Raddatz**, Telegr.Dir. Mit 106 Abb. 8. verm. u. verb. Aufl. ⟨Bearb. u. hrsg. von W[ilhelm] Frank, Ober-Telegr.Sekr.⟩ Frankfurt a. O.: Trowitzsch & Sohn 1906. (VIII, 196 S.) 8° [F.] (07. 13457

Raddatz, Ferd. Guil. (geb. Schievelbein 1789): Commentatio critica de testium ex abdomine in scrotum descensu. Berolini (1817). (26 S.) 8°
Berlin, Med. Diss. v. 15. Apr. 1817

Raddatz, Georgius: De Promethei fabula Hesiodea et de compositione Operum. Gryphiae 1909: Abel. 58 S. 8°
Greifswald, Phil. Diss. v. 10. Sept. 1909, Ref. Gercke
[Geb. 30. Okt. 85 Rummelsburg i. P.; Wohnort: Neustettin; Staatsangeh.: Preußen; Vorbildung: Gymn. Neustettin Reife O. 06; Studium: Jena 2, Berlin 2, Greifswald 2 S.; Rig. 17. Juli 09.] [U 10. 1634

Raddatz, H. Vendôme u. d. Feldzug in Flandern 1708. Schwerin 1878.

Raddatz, Hugo, die Suahili-Sprache, enth. Grammatik, Gespräche, Dialekte aus dem Innern u. Wörterverzeichnisse, m. e. Anh.: Sudan-Arabisch u. e. Einführg. in die Bantusprachen. 8. (XIV, 176 S.) Leipzig 892. Dresden, C. A. Koch. n. 3. —

Raddatz, Hugo, die Suahili-Sprache, m. e. Anh.: Sansibar-Arabisch, sowie Wörterverzeichnissen der Sprachen von Usambara, Bondeï, Unyamwezi u. des Yao. 2. Aufl. v. A. Seidel, s.: Koch's Sprachführer. 22. Bd.

Raddatz, Rudolphus: Nonnulla de psoriasi. Halis Saxonum (1861): Ploetz. 31 S. 8°
Halle-Wittenberg, Med. Diss. v. 14. Nov. 1861
Geb. Kallies (Kr. Dramburg, Pomm.) 17. 4. 1835. V.

Radde, A. G., die Champignon-Zucht. Eine Beschreibg. d. Champignons sowie ausführl. Anweisg. d. Kulturverfahrens. 8. (45 S. m. Abb.) Berlin 901. P. Parey. n. — 75

Radde, A. G., die Champignon-Zucht. Eine Beschreibg. d. Champignons sowie ausführl. Anweisg. des Kulturverfahrens. 2. Aufl. (44 S. m. 9 Abb.) 8. Berlin 909. P. Parey. — 80

Radde, Gust., zum Andenken an Maximilian Noska, s.: Noska, Max., zwei monograph. Studien.

Radde, Gust., Berichte über Reisen im Süden von Ost-Sibirien, s. Beiträge zur Kenntniss des Russischen Reiches.

Radde, Gust., Berichte über die biologisch-geograph. Untersuchungen in den Kaukasusländern. 1. Jahrg. Reisen im Mingrelischen Hochgebirge u. in seinen drei Längenhochthälern. (Rion, Tskenis-Tsqali u. Jngur.) Hierzu 3 (chromolith.) Karten (auf 1 Taf. in qu. 4.) u. 9 Taff. in Ton- u. Schwarzdr. Tiflis 866. (Leipzig, C. F. Winter.) gr. 4. (XVI, 225 S.) n. 3 ₰

Radde, Gust., die Chews'uren u. ihr Land [ein monograph. Versuch], untersucht im Sommer 1876. Mit 13 (lith. u. chromolith.) Taf., Abbildungen, vielen (eingedr.) Holzschn. u. 1 (chromolith.) Karte (in gr. Fol.). gr.8. (VIII, 357 S.) Kassel 878. Fischer. n. 12. —

Radde, Gust., wissenschaftl. Ergebnisse der im J. 1886 Allerhöchst befohl. Expedition nach Transkaspien u. Nord-Chorassan, s.a. Petermann's, A., Mitteilungen. 126. Ergänzungsheft.

Wissenschaftliche Ergebnisse der im Jahre 1886 Allerhöchst befohlenen Expedition nach Transkaspien und Nord-Chorassan. Von Dr. G[ustav] **Radde**. M. 1 Kt. *Gotha: J. Perthes 1898.* (V S., 1 Bl., 195 S., 1 Kt.) 1 Bd 8.
= **Mitteilungen**, Petermanns, aus J. Perthes' Geogr. Anstalt. Ergzgsh. No 126. [98. 10469

Radde, Gustav: Zwei Fahrten in das Mittelmeer in den Jahren 1895 und 1897 auf den Kaiserl. russischen Yachten „Polarstern" und „Sarniza". (Deutsche Rundschau für Geographie und Statistik. Jahrg. 20. Heft 1. October 1897.) Wien 1898. 89 S. 8°.

Radde, Gust., die **Fauna** u. **Flora** d. südwestlichen Caspi-Gebietes. **Wissenschaftliche Beiträge** zu den Reisen an der persisch-russ. Grenze, unter Mitwirkg. v. O. Böttger, E. Reitter, Eppelsheim, A. Chevrolat, L. Ganglbauer, G. Kraatz, Hans Leder, Hugo Christoph u. G. v. Horvath. Mit 3 Taf. gr. 8. (IX, 425 S.) Leipzig 886. Brockhaus. n. 15. —; geb. n. 17. —

Radde, Gustav: Kurze Geschichte der Entwickelung des Kaukasischen Museums während der ersten 25 Jahre seines Bestehens. 1. Januar 1867 bis 1. Januar 1892. Tiflis 1891. 65 S. 8°.

— Grundzüge der Pflanzenverbreitg. in den Kaukasusländern, s.a. **Vegetation, die, der Erde. III.**

Grundzüge der Pflanzenverbreitung in den Kaukasusländern von der unteren Wolga über den Manytsch-Scheider bis zur Scheitelfläche Hocharmeniens v. Dr. Gustav **Radde**, Dir. d. kaukas. Mus. . . . in Tiflis. M. 13 Textfig., 7 Heliogr. u. 3 Kt. *Leipzig: W. Engelmann 1899.* (XII, 500 S., 7 Taf., 3 Kt.) 1 Bd 4.(8.)
= **Vegetation**, Die, d. Erde. [Bd] III. [99. 1871

Radde, G., aus den Dagestanischen Hochalpen, s.a. Petermann's, A., Mitteilungen aus J. Perthes' geographischer Anstalt.

Radde, Gustav: Aus den Dagestanischen Hochalpen, vom Schah-dagh zum Dulty und Bogos. Reisen, ausgeführt im Sommer 1885. Mit zwei Karten und einer Tafel mit Ansichten. Gotha 1887. IV, 64 S.
= Ergänzungsheft zu Petermann's Geographischen Mittheilungen. No. 85. 8°.

Radde, Gust. Kurabagh, s.a. **Petermann's, A., Mitteilungen.**

Radde, Gustav: Karabagh. Bericht über die im Sommer 1890 im russischen Karabagh von Dr. Gustav Radde und Dr. Jean Valentin ausgeführte Reise. Mit Karte. Gotha 1890. (II), 56 S.
= Ergänzungsheft zu Petermann's Geographischen Mittheilungen. No. 100. 8°.

— u. E. Koenig, d. Nordfuss d. Dagestan u. d. vorlagernde Tiefland bis zur Kuma, s.a. Petermann's, A., Mitteilgn., Ergänzungshft. 117.

Der Nordfuss des Dagestan und das vorlagernde Tiefland bis zur Kuma. Vorläuf. Ber. üb. d. im Sommer 1894 ausgef. Reisen. Von Dr. G(ustav) **Radde** u. E[ugen] König. M. 2 Kt. *Gotha: J. Perthes 1895.* (IV, 65 S., 2 Kt.) 4.
= **Mitteilungen**, Dr. A. Petermanns, aus J. Perthes' Geogr. Anstalt. Ergänzgsh. No 117. [97. 32..

— Ornis caucasica. (In 20 Lfgn.) 1. Lfg. hoch 4. (32 S. m. 4 Chromolith.) Kassel 884. Fischer. Subscr.-Pr. n. 2. —; Ladenpr. n. 3. —; Subscr.-Pr. pro cplt. n. 40. —; Ladenpr. pro cplt. n. 60. —

Radde, Gust.,
— u. E. Koenig, das Ostufer des Pontus u. seine kulturelle Entwickelung im Verlaufe der letzten 80 Jahre, } **s.a. Petermann's, A., Mitteilungen aus Justus Perthes' geographischer Anstalt.**

Radde, Gustav, und E. **König**: Das Ostufer des Pontus und seine kulturelle Entwickelung im Verlaufe der letzten dreissig Jahre. Vorläufiger Bericht über die Reisen im kolchischen Tieflande, Adsharien, am Ostufer des Schwarzen Meeres, am Unterlaufe des Kuban und über die Durchquerung der Hauptkette von Psebai nach Sotschi im Sommer 1893. Mit zwei Karten. Gotha 1894. IV, 126 S.
= Ergänzungsheft zu Petermann's Geographischen Mittheilungen. No. 112. 8°.

— Reisen an der persisch-russischen Grenze. Talysch u. seine Bewohner. Mit 12 Abbildgn., 4 Taf. u. 1 Karte. gr. 8. (XVIII, 450 S.) Leipzig 886. Brockhaus. n. 15. —; geb. n. 17. —

— Reisen im Süden von Ost-Sibirien in den J. 1855—1859 incl. Im Auftrage der kaiserl. geograph. Gesellschaft ausgeführt. 2 Bde. St. Petersburg 862, 63. (Leipzig, Voss.) gr. 4. Jeder Bd. nn. 7 ₰ 10 ngr.
1. Bd.: Die Säugethierfauna. Hierzu 14 chromolith. Taf. u. 4 (lith.) Karten (in 4. u. Fol.). (LV, 328 S.)
2. Bd.: Die Festlands-Ornis des südöstlichen Sibiriens. Hierzu 15 chromolith. Taf. (VI, 392 S.)

— s.: Sammlungen, die, d. kaukas. Museums (in Tiflis).

— Tiger- u. Leoparden-Jagd in Maissur in den Dshongeln am Kabbani-Flusse bis nach Haidarabad. Deutsche Uebersetzg. v. II. Bd., 2. Kapitel, d. üb. d. Reise Ihrer kaiserl. Hoheiten d. Grossfürsten Alexander u. Sergei Michaïlowitsch in d. südasiat. Tropen u. d. Besuch des ind. Reiches in russ. Sprache erschien. Prachtwerkes. M. 2 Abb. nach photograph. Orig.-Aufnahmen. Lex.-8. (22 S. m. 2 Fig.) Dresden-Blasewitz 897. P. Wolff. 1. 25

— in d. asiatischen Tropen. Reise Ihrer kais. Hoheiten d. Grossfürsten Alexander u. Sergei Michaïlowitsch auf d. Yacht „Tamara" im J. 1890/91. [Aus: „25. Jahresbericht d. Vereins f. Erdkunde zu Dresden".] gr. 8. (III, 112 S.) Dresden 896. (A. Huhle.) n. 1.—

Radde, G. Vier Vorträge über den Kaukasus.
s.a Petermann, A. Mittheilungen aus Justus Perthes geogr. Anstalt

Radde, Gustav: Vier Vorträge über den Kaukasus. Gehalten im Winter 1873/4 in den grosseren Städten Deutschlands. Mit 3 Karten von A. Petermann. Gotha 1874. VI, 72 S., 2 Krt.
= Ergänzungsheft zu Petermann's Geographischen Mittheilungen. No. 36. 8°

Radde, J., die Hauptregeln d. Carstairs'schen Schreib-Methode nebst einigen Winken f. Eltern, Lehrer u. Erzieher in Bezug auf die Erhaltung der Gesundheit der Jugend während des Schreibens. gr. 8. (2 B.) Danzig 815, Homann.

Radde, O., Beschreibung der meteorologisch-statistischen Orientirungs-Säule. Nebst Abbildung. Berlin. Fol.

Radde, Wilhelm. Der große amische Dolmetscher. NY, 1876.

Radder, J. L., De usuris. 4°. Traj. 1731.

Raddi, Gius., Jungermanniografia etrusca. Memorie di matemat. e di fisica della Societa ital. delle scienze residente in Modena. Tomo XVIII. Pag. 14—56. 4maj. (4 B. u. 7 Stnt.) Bonna 841, Henry e Cohen.

Rade, C. A. von, s. Rade, Karl August von

Rade, E., Charles Darwin und seine deutschen Anhänger im J. 1876. Eine Geschichte der deutschen Ehrengabe zu Darwin's 69. Geburtstage. gr. 8. (54 S.) Strassburg 877, Schneider.

Rade, E., Katechismus f. freie Menschen. Allen, denen e. freie aber sittl. Erziehg. der Menschen am Herzen liegt, gewidmet. 8. (26 S.) Straßburg 877. Schneider. — 30

Rade, E., s.: Volksbühne, niederdeutsche

v. Rade, Karl Aug., Amynt, od. etliche Winke zum Trost derer, die sich dem Predigerstande gewidmet haben. 8. Zittau 797. Schöps. 8 gr.

— Auswahl vorzügl. Stellen aus den berühmt. Schriftstellern des In- u. Auslandes. Mit Anmerkk. u. e. Abhandl.: Ueber d. Kunst, Excerpte zu machen. 8. Leipz. ... (W. Rauck). 10 gr.

— Auswahl, vorzüglicher Stücke aus neuern Schriftst., siehe Auswahl.

— s. a. England in seiner tiefsten Erniedrigung.

Rade, K. A. v., England in seiner tiefsten Erniedrigung. 8. Posen, Kühn. 808.

— d. Erziehung des Menschen z. Staatsbürger. 8. Hof Grau. 803.

— meine Flucht nach u. aus Frankreich, nebst der darauf folgenden 3monatl. Verhaftung. 8. Leipz. 816. Kummer. 1 ⁄ 8 gr.

— s. Robespierre, über die Lage.

— s. Romane, die, angeklagt u. vertheidigt.

— d. Schützling d. Thiere. gr. 8. Lpz. Rein. 804.

— — ders. gr. 8. Andernach, Lassaulx. 804.

Rade, (Carl Aug.) Vermächtniß an mein Vaterland, vermischten Inhalts. 1s 2s Heft. 8. 822. (190 Seiten, ohne Druckort.)

Rade, M., zur Apokalypse Dürer's und Cranach's, s. Studien, gesammelte, zur Kunstgeschichte.

Rade, M., Auswahl v. Ornamenten d. königl. historischen Museums zu Dresden. Zum prakt. Gebrauch hrsg. Fol. (100 Lichtdr.-Taf. m. 4 Bl. Text.) Dresden 883. Römmler & Jonas. n. 60. —

— dasselbe. 2. Bd. 6 Lfgn. Fol. (à 10 Lichtdr.-Taf.) Ebend. 884. à n. 6. —

Rade M, Figuren in Rokoko-Kostüm. (4 T) fol [VS] Leipzig 1889

Rade M, Putten und Amoretten. (4 T) fol [VS] Leipzig 1891

Rade, Mart. [†Paul Martin], der Ablaßhandel der römischen Kirche zur Zeit Luthers, s. Für die Feste und Freunde des Gustav-Adolf-Vereins.

Rade, Mart., Bedarf Luther wider Janssen der Verteidigung? Vortrag, auf der Konferenz sächs. Geistlichen zu Meißen am 20. Juni 1883 gehalten. gr. 8. (36 S.) Leipzig 883, Hinrichs'sche Buchh.

Rade, Mart., s.: Briefwechsel zwischen dem Bischof von Rochester u. dem Hrsg. der Christl. Welt.

Rade, Mart., unbewusstes Christentum, s.a. Hefte zur Christlichen Welt. 53

Unbewußtes Christentum. Von Martin Rade. Tübingen: J.C.B. Mohr 1905. (23 S.) 8° [F.]
= Hefte z. Christlichen Welt. H. 53. [05. 5989

Rade, Mart., Damasus, Bischof v. Rom. Ein Beitrag zur Geschichte der Anfänge des röm. Primats. gr. 8. (VIII, 164 S.) Freiburg i/Br. 882. Mohr. n. 4. 80

— d. religiös-sittliche Gedankenwelt uns. Industriearbeiter. Vortrag, auf d. 9. evang.-sozialen Kongreß in Berlin am 3. VI. 1898 geh. [Aus: „Verhandlgn. des etc. Kongresses".] gr. 8. (70 S.) Göttingen 898. Vandenhoeck & Ruprecht. n. 1. 40

Rade, Mart., der rechte evangelische Glaube, s.: Hefte zur „Christlichen Welt".

Rade, Mart., s.: Hefte zur christlichen Welt.

— Ulrich v. Hutten u. Franz v. Sickingen in ihrem Anteil an der Reformation. 12. (76 S.) Barmen 887. Klein. n. 1. —

— dasselbe, s. a. Familien-Bibliothek fürs deutsche Volk.

— dasselbe, s. a. Für die Feste u. Freunde d. Gustav-Adolf-Vereins.

G) — Ulrich v. Hutten u. Franz v. Sickingen. 887. (ADB. 26.) Jetzt: Basel, E. Finckh. — 20

— die Konfessionen u. die soziale Frage, s.a. Flugschrift d. sächsischen Landesvereins d. Evangel. Bundes.

Rade, Pfr. Martin, Die Konfessionen und die sociale Frage. (Flugschriften des sächs. Landesvereins des Evangelischen Bundes, Nr. 7.) Leipzig 1891.

— unsre Landgemeinden u. das Gemeindeideal, s.a. Zeitfragen, evangelisch-soziale.

Rade M, unsere Landgemeind. u d. Gemeindeideal. (Ztfr. Ev.-soz. II, 1) Leipzig 1891

— Doktor Martin Luthers Leben, Thaten u. Meinungen, auf Grund reichl. Mitteilungen aus seinen Briefen u. Schriften dem Volke erzählt. 3 Bde. (Neue [Titel-]Ausg.) gr. 8. (V, II, 772; IV, 746 u. VI, 770 S.) Tübingen [883.] 901. J. C. B. Mohr. n. 13. 50; geb. n.n. 18.—

— reine Lehre, e. Forderung des Glaubens u. nicht des Rechts, s.a. Hefte zur „Christl. Welt". Nr. 43.

Reine Lehre, eine Forderung des Glaubens und nicht des Rechts. Von Martin Rade. *Tübingen, Freiburg i. B. & Leipzig: J. C. B. Mohr 1900.* (48 S.) 8° [F.]
= Hefte zur 'Christlichen Welt'. No 43. [00. 6176

— die Leitsätze der 1. u. der 2. Aufl. v. Schleiermachers Glaubenslehre nebeneinandergestellt, s.a. Sammlung ausgewählter kirchen- u. dogmengeschicht. Quellenschriften. II 5.

Die Leitsätze der ersten und der zweiten Auflage von [Friedrich] Schleiermachers Glaubenslehre (Der christliche Glaube, [Ausz.]). nebeneinandergestellt. Von D. Martin Rade. *Tübingen & Leipzig: J. C. B. Mohr 1904.* (70 S.) 8° [F.]
= Sammlung ausgewählter kirchen- u. dogmengesch. Quellenschriften. Reihe 2, H. 5. [03. 15449

— Macht, Rechtsstaat, Kulturstaat, s.: Friedens-Kongreß, der deutsche, in Jena.

— Mahnwort an alle nüchternen Leute. Schönbach i. S. 1885. 2 S. Mk. —.10.

Nordschleswig und Christliche Welt v. Martin Rade. (Marburg. 1910.) 4° Ausschnitt aus: Die Christliche Welt. Jg. 24, Nr. 49. Bei: Grenzmarken-Korrespondenz.

— Guter Rat für solche die den Branntwein lieb haben. Schönbach i. S. 1885. 2 S. Mk. —.10.

— drei Reden üb. die Trunksucht, geh. am 12., 19. u. 31. Octbr. 1884 im Kretscham zu Schönbach. Hrsg. v. dem Dresdener Bezirksverein gegen den Mißbrauch geistiger Getränke. gr. 8. (VIII, 61 S.) Dresden 885. Minden. n.n. — 30

— die Religion im modernen Geistesleben. M. e. Anh. üb. d. Märchen v. d. drei Ringen in Lessings Nathan. gr. 8. (VII, 123 S.) Freiburg i/B. 898. Tübingen, J. C. B. Mohr. n. 1. 40; geb. n. 2. —

— Die Religion im Leben der Gegenwart, s.: Sell, Karl.

— Religion u. Moral, s.a. Vorträge der theolog. Konferenz zu Gießen.

[F.] Religion und Moral. Streitsätze f. Theologen v. D. Martin Rade, Pfarrer in Frankfurt a/M. *Giessen: J. Ricker 1898.* (27 S.) 1 Bd 8.
= Vorträge d. theol. Konferenz zu Giessen. Folge 13. [98. 4547

— s.: Robertson, Christenworte an Reich u. Arm.

— Schleiermacher als Politiker, s.: Schleiermacher, der Philosoph des Glaubens.

— Spener in Frankfurt. gr. 8. (32 S. m. 1 Lichtdr.) Frankfurt a/M. 893. (K. Brechert.) 1.—

— Die Stellung des Christentums zum Geschlechtsleben, s.: Volksbücher, religionsgeschichtliche. V, 7. 8.

Verein zum Schutze der deutschen Ehre in der deutschen Nordmark v. [Martin] Rade. (Marburg i. H. 1910.) 4° Ausschnitt aus: Die Christliche Welt. Jg. 24, Nr. 36.
Bei: Grenzmarken-Korrespondenz.

— Wahlpredigt u. Antrittspredigt, geh. in der Paulskirche zu Frankfurt am Main. 8. (19 S.) Frankfurt a/M. 892. Evangel. Buchh. Elsiepen & Lange. n. — 30

— die Wahrheit der christlichen Religion. gr. 8. (VII, 80 S.) Tübingen 900. J. C. B. Mohr. n. 1. —

— s.: Welt, die christliche.

— Das religiöse Wunder u. anderes, s.a. Sammlung gemeinverständlicher Vorträge u. Schriften aus dem Gebiet der Theologie u. Religionsgeschichte. 56.

Das religiöse Wunder und anderes. 3 Vorträge von D. Martin Rade ... Tübingen: Mohr 1909. VII, 87 S. 8°
(Sammlung gemeinverständl. Vorträge u. Schriften aus d. Geb. d. Theol. u. Religionsgeschichte. 56.) [09. 3273

— s.: Zeitschrift f. Theologie u. Kirche.

Rade, Mart., Zu Christus hin. Religiöse Geleitworte. 8. (VIII, 197 S.) Freiburg i/B. 897. Tübingen, J. C. B. Mohr. n. 2. —

Rade, Otto, die psychologischen Grundzüge des Unterrichts in der Muttersprache. Eine psychologisch-pädagog. Skizze. gr. 8. (39 S.) Zschopau 880. Raschke. n. — 80

(B) Rade, Otto: Die psycholog. Grundzüge d. Unterrichts in d. Muttersprache. 1880. (R 22.) Jetzt: Annaberg, Graser'sche Buchh. Erh. Pr. 1.20

Rade, Otto, Höhenschichtenkarte von Deutschland für den Volksschulunterricht. 1 : 3,7000,000. Chromolithogr. qu. gr. Fol. Zschopau 876, Raschke. *

Rade, Otto, Lehrgang des Unterrichts in der Geographie von Deutschland. In zwei concentr. Cursen für niedere und mittlere Volksschulen bearb. Nebst einer (chromolithogr.) Höhenschichtenkarte (in qu. gr. Fol.) und einer method. Anleitung zur Benutzung der Höhenschichtenkarten im Volksschulunterrichte. gr. 8. (VIII, 200 S.) Zschopau 879, Raschke.

Rade O, Lehrgang d. Unterrichts in d. Geographie v. Deutschland. Zschopau 1889

Rade, Otto, das Königr. Sachsen. Höhenschichtenkarte für den Volksschulunterricht. Ausg. A. für die untere Unterrichtsstufe mit drei Höhenschichten. 1 : 592,000. Lithogr. qu. gr. Fol. Nebst Begleitwort. gr. 8. (15 S.) Zschopau 875, Raschke. *
Karte allein * 15 Pf.: Text allein *

Raede, Carl Martin Theodor, s. Raede, Martin

Raede, Martin

Raede, *Carl* Martin *Theodor* [pr. Arzt aus Muskau in Schles.]: Über Extrauteringravidität. . . . Berlin, Buchdr. v. G. Schade, *1890;* 30 S., 1 Bl. 8°
Berlin, Med. Fak., Inaug.-Diss. v. 18. Dez. 1890

Radeberg [Schlagwort]

— s. auch Bad, das Radeberger.

Radeberg, s.a. Sachsen. Karte.

Radeberg, s.a. Sachsen. Messtischblätter.

Radeberger Bad, das, mit K. 8. Leipz. Sommer. 807. Rtblr.

Radeberg [Sachliches OW]

Radeberg u. seine heilsamen Quellen; nebst e. Wegweiser in d. Seifersdorfer Thal rc. 12. Pirna 805. Friese. 6 gr.

Radebold. Das platon. Staatsideal im Zusammenh. mit s. wissenschaftl. Voraussetzungen. Pr. 1877. 31 S. 2.—

Radeboldt, Walther, aus Rathenow: Über Einwirkung von Röntgenstrahlen auf Flußspat. *Rostock 1903: C. Boldt.* (30 S.) 8°
Rostock, Phil. Diss. v. [11. Nov.] 1903

Radeburg [Schlagwort]

Radeburg, s.: Sachsen. Karte.

Radeburg, s.: Sachsen. Messtischblätter.

Radeck, *Julius Ansprache bei der Preisverteilung 11. August.* 4 (S. 27—28 der Schuln.).
Progr. Lyceum II. *Hannover* 1889 (294).

[F.] Radeck, J. [Prof., Dir.]: Einweihung des neuen Schulgebäudes am 30. Okt. 1890. Hannover, Druck v. A. Grimpe, 1891: S. V–XII; 4°
Hannover, st. G. I. II. an d. Goethestr., OP 1891 (299)

Radeck, J.: De Ranis Aristophanis Fabula commentatio. 10 S. 4° – Lüneburg Joh., Progr. 1871.

Radeck, Otto, d. Behandlg. d. Wäsche nach den neuesten Erfahrgn. E. prakt. Ratgeber zur Reinigg. u. Erhaltg. aller im Haushalt vorkomm. Wäschegegenstände. 8. (66 S. m. 10 Abb.) Polsnitz 896. (Freiburg i/Schl., H. Heiber.) Geb. n. 2. —

[F.] Die Behandlung der Wäsche nach den neuesten Erfahrungen. E. prakt. Ratgeber z. Reinigung u. Erhaltg aller im Haushalt vorkommenden Wäschegegenstände. M. 10 Abb. Vf. v. Otto Radeck, fr. Dirigent d. Kgl. Musterbleiche zu Sohlingen (Hannover). 3. verb. Aufl. . . . *Polsnitz b. Freiburg i. Schl.: Selbstv.; (H. Heiber's Buchdr., Freiburg i. Schl.) 1897.* (70 S.) 1 Bd 8. [90. 406

Radeck, Otto, die Behandlung der Wäsche nach den neuesten Erfahrungen. Ein prakt. Ratgeber zur Reinigg. u. Erhaltung aller im Haushalt vorkomm. Wäschegegenstände. 4. verb. Aufl. 8. (80 S. m. 10 Abbildgn.) Polsnitz 898. (Freiburg i/Schl., H. Heiber.) Geb. in Leinw. n. 2.—

Radeck, Otto, die Behandlung d. Wäsche nach den neuesten Erfahrungen. Ein prakt. Ratgeber zur Reinigg. u. Erhaltg. aller im Haushalt vorkomm. Wäschegegenstände. 5. verb. Aufl. (71 S. m. 11 Abbildgn.) 8. Polsnitz 905. (Freiburg i/Schl., H. Heiber.) Geb. in Leinw. n. 2.—

Radeck, Otto, die Behandlung der Wäsche nach den neuesten Erfahrungen. 7. verb. Aufl. (71 S. m. 8 Abb.) 8. Freiburg i/Schl. 910. H. Heiber. Geb. in Leinw. 2.

Radeck, Reinhart. 1910 [Pseud.]
s.a. Strähler, Georg. [10. 16763

Der Altenteiler. Bäuerl. Tragödie in 4 Akten von Reinhart Radeck [d. i. Georg Strähler]. Berlin-Friedenau: Bureau Fischer [1910]. 72 S. 8° [10. 16762

Radeck, Reinhart, Jotham u. seine Söhne. Schauspiel aus der Zeit der Propheten (750 v. Chr.) in 4 Akten. (III, 85 S.) 8. Stuttgart 905. Strecker & Schröder. n. 1.50

Radeck v. Radecki, Konr. Rud., Diss. inaug. de delirio tremente. 8maj. Dorpat. 824.

Radecke, *Ludwig* Adolf *Petrus Johannes* [app. Arzt aus Gross-Salze]: Ueber den heutigen Stand der Erysipel-Frage. . . . Halle a. S., Hofbuchdr. v. C. A. Kaemmerer & Co., 1891; 37 S., 1 Bl. 8°
Halle, Med. Fak., Inaug.-Diss. v. 6. Aug. 1891

Radecke, Ernst, e. Hundert Aphorismen, s.: Eschmann, J. C.

— Ludwig van Beethoven's Sinfonia eroica, No. 3. Es-dur, Op. 15, s.a. Musikführer, der.

Ludwig van Beethoven, Sinfonia eroica, composta p. festeggiare il sovvenire di un grand' uomo. No 3. Es-dur, Op. 55. Erläut. v. Dr. Ernst Radecke. *Frankfurt a/M.: H. Bechhold [1896].* (28 S.) 1 Bd 8.
= Musikführer, Der. No 51. [97. 993

Radecke, s.: Beethoven's Symphonien.

Robert Kahn von Ernst Radecke. Leipzig: Leuckart 1894. 24 S. 8°

Radecke, Ernst *Ludwig Sigismund* [aus Berlin]: Das deutsche weltliche Lied in der Lautenmusik des 16. Jahrhunderts. . . . Leipzig, Druck v. Breitkopf & Härtel, 1891; 2 Bl., 59 S., 1 Bl. 8°
Berlin, Phil. Fak., Inaug.-Diss. v. 2. Jul. 1891

Radecke, Ludwig Adolf Petrus Johannes,
s. Radecke, Adolf

[F. u. Ant.] Radecke, R. [Rekt., Dr.]: In wieweit kann der pädagogische Satz: „Aller Unterricht muss von der Anschauung ausgehen", auf den fremdsprachlichen Unterricht an höheren Schulen Anwendung finden? (Umschl.-Tit.: In wieweit kann d. Prinzip d. Anschauung auf den . . .) Simmern, Druck v. E. Peltz, 1891; S. 3–15; 4°
Simmern, h. Stadt-S, OP 1891 ••

Radecke, Richard: Ueber die Rotation ebener Curven, auf denen unter dem Einfluss des Newton'schen Gesetzes ein schwerer materieller Punkt beweglich ist, um eine in ihrer Ebene liegende verticale Achse. Halle a. S. 1882: Plötz. 42 S. 8°
Halle-Wittenberg, Phil. Diss. v. 10. März 1882
Geb. Leimbach (Gebirgskr. Mansfeld) 20. 1. 1860. V.

Radecke, Waldemar, Kand. d. Theol. in Bonn: Der Rechtfertigungsbegriff in Johann Gerhards Loci Theologici. *Bonn 1900: C. Georgi.* (35 S.) 8° ¶(T. 2 u. 3 erscheint als besondere Studie.)
Bonn, Ev.-theol. Diss. v. 28. Juli 1900

Radecke, Walther [aus Berlin]: Ueber einen Fall von Abknickung der Flexura sigmoidea ohne Volvulus . . . Berlin, C. Vogts Buchdr., *1896;* 28 S., 2 Bl. 8.
Berlin, Med. Fak., Inaug.-Diss. v. 21. Febr. 1896

Radecki, Ernst v., e. Beitrag zur schärferen Begriffsbestimmung der Manie. gr. 8. (104 S.) Dorpat 885. (Karow.) n. 2.—

Radecki, M., Das neue Exerzierreglement der italienischen Infanterie. [Sonderabdruck aus „Streffleurs österr. militär. Zeitschrift". 1906. 1. Bd. 3. und 5. Heft.] Gr.-8°. (46 S.) K 1.20
Wien: Seidel 1906.

Radecki, Rudolf Friedrich, Rigenser, Die Cantharidinvergiftung. Diss. Dorpat. 8°. 114 pp. mit einer Tabelle. 1866.

Radefeld, A., Beiträge zur Geschichte des Seminarwesens im Herzogth. S. Meiningen. Gratulationsschrift ꝛc. Hildburghausen 855. (Meiningen, Brückner u. Renner.) 4. (25 S.) n. 6 ngr.

— Geschichten aus der Geschichte des thüringischen Volks, ein historisches Lesebuch für das Volk, gesammelt u. bearb. Meiningen 855. Brückner u. Renner. gr. 8. (4 Bl., 288 S.) n. 20 ngr.

Radefeld, Thüringen, s.: Anding.

Radefeld, A., und M. Anding, Wegweiser und Führer durch den Thüringer Wald, s. Anding, M.

Radefeld, Wegweiser durch Thüringen, s.: Meyer's Reisebücher.

Radefeld, Johann Karl Siegfried

Radefeld, Johann Carl Siegfried (Hildburghausen / Franken), Stoicorum dogmata de Deo. Partis prioris caput. II. Diss. histor. philos. Präs. Johann Michael Kern. Göttingen (J. A. Barmeier) 29. V. 1765. S. 21—42. (4.25) 27516

Radefeld, Jh. Karl Siegfr., († d. 22. Mai 1799.) über der specif. Unterschied d. Christenthums u. Naturalismus. gr. 8. Helmst. 794. Fleckeisen. 4 gr.

Radefeldt, Fritz, approb. Arzt aus Memel: Ein Fall von Fraktur der Halswirbelsäule und Hernia duodenojejunalis. *Greifswald 1901: H. Adler.* (29 S.) 8°
Greifswald, Med. Diss. v. 7. Sept. 1901

Radegg's, Rud. v., Gedicht „Capella Heremitarum", s.a. Wirth, Leo, e. Vorspiel der Morgartenschlacht.

Ein Vorspiel der Morgartenschlacht. Der Marchenstreit in d. Urschweiz. Rudolf v. **Radegg**'s Gedicht 'Capella Heremitarum' in der (Franz) Uhr'schen Übers. mit hist. Einl. u. Anm. hrsg. von Leo Wirth. Aarau: Sauerländer 1909. VIII, 114 S. 8° [illegible]

Radegund von Thüringen; Trauerspiel in fünf Aufz. . . . Berlin 1792. V: *Voigt, Christian Friedrich Traugott.* (Ky) (OL) (MGT) (GGr) (BrMm)

Radegund von Thüringen. Trauersp. 8. Berlin, Maurer, 792.

Radein, Curanstalt Sauerbrunn Bad, seine Heilmittel und ihre Verwendung. Radein 1899. V: *Rogner-Gusenthal, v.* (JoanStyrA)

Radeke, Alb, des Technikers Ratgeber in Geschäfts- u. Rechtsfragen. E. Hilfs- u. Handbuch f. d. Unterr. an techn. Lehranst. f. Maschinenbau sow. z. Selbstgebrauch. Enthält alle Arten v. Scheinen, Geschäftsbriefen u. Verträgen; Kostenanschläge; zahlr. Beispiele f. Bewerbungsgesuche; Eingaben in Steuer-, Militär-, Gerichtsangelegenheiten ꝛc.; Gewerberecht; Gewerbegerichte; Kranken-, Unfall-, Invaliditäts- u. Altersversicherg. der Arbeiter. 2., verm. u. verb. Aufl. gr. 8. (VII, 226 S.) Mittweida 898. Polytechn. Buchh. n. 2.50; kart. n. 3.—

— des Technikers Ratgeber in Geschäfts- u. einfach. Rechtsfragen. Ein Hülfs- u. Handbuch f. den Unterricht an techn. Lehranstalten f. Maschinenbau sowie zum Selbstgebrauch. Enth. alle Arten v. Geschäftsaufsätzen u. -briefen. Kostenanschläge. Zahlreiche Beispiele f. Bewerbungsgesuche. Eingaben in Steuer-, Militär-, Gerichtsangelegenheiten etc. Gewerberecht. Gewerbegerichte. Vom Wechsel. Kranken-, Unfall- u. Invaliditätsversicherg. der Arbeiter. 3. Aufl. gr. 8. (VIII, 224 S.) Mittweida 902. Polytechn. Buchh. Kart. n. 3.—

Radeke, Alb., des Technikers Ratgeber in Geschäfts- u. einfachen Rechtsfragen. Ein Handbuch f. d. Unterricht an techn. Lehranstalten f. Maschinenbau, sowie zum Gebrauch in der Praxis. Enth.: Alle Arten v. Geschäftsaufsätzen u. -briefen. Kostenanschläge. Eingaben in Steuer-, Militär-, Gerichtsangelegenheiten. Bewerbungsgesuche. Gewerberecht. Gewerbegerichte. Vom Wechsel. Arbeiterversicherg. Konkursordnung. Gesetz zur Bekämpfg. des unlauteren Wettbewerbs. .. Aufl. (VIII, 248 S.) 8. Mittweida 907. Polytechn. Buchh. Kart. 3.—; erh. Pr. 3.50

Radeke, Alb., Taschenbuch des Bautechnikers. Ratgeber f. den schriftl. Geschäftsverkehr u. in einfachen Rechtsfragen. Ein Hilfs- u. Handbuch für den Unterricht an Baugewerkschulen, sowie zum Selbstgebrauch für Baugewerktreibende. Enth.: Geschäftsbriefe, Verträge, Eingaben, Berichte. Allgemeine Bestimmgn. des Baurechts u. der Baupolizei. Bestimmungen der Gewerbeordng., d. Arbeiterversicherungsgesetze u. der Wechselordng. Baugeschäftliche Buchführg. gr. 8. (VIII, 268 S.) Leipzig 900. J. M. Gebhardt. n. 3.60; geb. n.n. 4.20

Radeke, Gust. (geb. Hamm bei Hamburg 30. 10. 1842): Ueber die Verlängerung des Scheidentheils. Berlin (1868). (32 S.) 8°
Berlin, Med. Diss. v. 23. Juli 1868

Radeke, Max C., s.: Jahrbuch Deutschlands Bergwerke u. Hütten.

Radeke, Paul [aus Pommern]: Über die Behandlung chronischer Conjuntivitis [sic!] granulosa mit starker Sublimatlösung. . . . Greifswald, Druck v. Julius Abel, 1888; 35 S. 8°
Greifswald, Med. Fak., Inaug.-Diss. v 14. Dez. 1888

Radel, Frieda

Radel F, das Frauenstimmrecht und die Alkoholfrage. (16 S) (Kultur und Fortschritt 360) Gautzsch 1911

Radel, Frieda, warum fordern wir das Frauenstimmrecht?, s.a. Kultur u. Fortschritt.

Radel, Frieda: Warum fordern wir das Frauenstimmrecht? Gautzsch b. Leipzig 1910. 8° *[Umschlagtit.]*

Radel-Friedmann, Mme **[Julie]. Contribution à l'étude de la hernie traumatique dans les Accidents du Travail. Thèse Méd. Lausanne par Madame R'-F'. 46 p. 8. Lausanne, Pache-Varidel & C**ie**, 1904.**

Rädel [Schlagwort]

Rädel, s.: Mark.

Raedell, Karl

Raedell, Carl, vollständige Anweisung die Lebensfähigkeit von Versicherungs-Anstalten in Bezug auf das menschliche Leben und Sterben zu untersuchen. Im Auftrage des Central-Vereins für das Wohl der arbeitenden Klassen allgemein verständlich vorgetragen. Lex.-8. (XIV und 427 S. mit 2 Tab. in Fol.) Berlin 856(57,) Janke.

Rädell, Carl, die Vielfachen der Aufzinsungs- und Abzinsungs-Faktoren. Tabellen zum zuverlässigern u. schnellern Rechnen nach Zinseszinsen, für Sterbekassen, Wittwenkassen, Lebensversicherungs-Anstalten, Renten-Institute u. s. w. Berlin 859. Gaertner. 4. (44 S.) n. 15 *ngr.*

Radelli, C. A., praktische französische Grammatik zum Gebrauch für Schulen, wie zum Privat- und Selbstunterricht. gr. 8. (X und 499 S.) Merseburg 847. [Leipzig, Hebenstreit.]

Radelli, C. A., praktische französische Grammatik zum Gebrauch für Schulen, wie zum Privat- u. Selbstunterricht. Nach den neuesten Forschungen u. Verbesserungen und nach einer höchst faßlichen Methode bearb. 2. verb. Aufl. Leipzig 853. Hebenstreit. gr. 8. (X, 400 S.) n. 20 *ngr.*

— Französisches Lesebuch. gr. 8. (VI u. 448 S.) Merseburg 849, Garcke (jetzt: Leipzig, Hebenstreit). 5/6 *ß*

Radelli, C. A., grammatikalisches Lese- und Aufgabenbuch der französischen Sprache, auch Schlüssel zu Radelli's Grammatik. Leipzig 859. Wengler. 16. (IV, 116 S.) n. 10 *ngr.*

—— kleine französische Sprachlehre nach einer neuen praktischen Methode. Für Schulen, sowie zum Privat- und Selbstunterricht. 8. (V und 178 S.) Leipzig 860. [Wittenberg, Reichenbach'sche Buchh.]

Gnade und Natur. Ihre innere Harmonie im Weltlauf u. Menschheitsleben. Eine apologet. Studie von Dr. A[nton] **Rademacher**, Dir. in Bonn. M.Gladbach: Volksver.-Verl. 1908. (130 S.) 8° [F.]
= **Tagesfragen**, Apologetische. No 7. .08. 13793

vgl. Rademacher, Arnold

Rademacher, Arnold

Rademacher, A., Gnade u. Natur, s.a. Tagesfragen, apologetische. Nr. 7.

Gnade und Natur. Ihre innere Harmonie im Weltlauf und Menschheitsleben. Eine apologet. Studie von Dr. A[rnold] **Rademacher**, Dir. in Bonn. M.-Gladbach. Volksver.-Verl. 1908. (130 S.) 8° [F.]
= **Tagesfragen**, Apologetische. No 7. [08. 17274

vgl. Rademacher, Anton

Rademacher, Arnold, die übernatürliche Lebensordnung nach der paulinischen u johanneischen Theologie, s.a Studien, Strassburger theologische. VI. 1. 2.

Die übernatürliche Lebensordnung nach der Paulinischen und Johanneischen Theologie. Eine dogmat.-bibl. Studie von Dr. theol. **Arnold Rademacher**, Repet., Bonn. *Freiburg i. Br.: Herder 1903.* (VIII, 256 S.) 8°
= **Studien**, Straßburger theologische. Bd 6, H. 1. 2. [03. 14304

Rademacher, Bodo, Medizinalpraktikant an d. Chirurg. Universitätsklinik zu Jena: Das primäre Sarkom des Dünndarms. Kasuistik von 140 Fällen nebst Mitteilung eines weiteren in d. Chirurg. Universitätsklinik zu Jena beobachteten Falles. Berlin 1908: G. Schade. (48 S.) 8°

Jena, Med. Fak., Ref. Röpke, Diss. v. 6. Juni 1908

[Geb. 19. Okt. 80 Oldisleben; Wohnort: Jena; Staatsangeh.: Sachsen-Weimar; Vorbildung: Gymn. Wetzlar Reife O. 02; Studium: München 3, Jena 3, Leipzig 1, Freiburg i. B. 1, Jena 3 S.; Coll. 30. Jan. 08; Approb. 31. Mai 08.]

Rademacher, C., s. Rademacher, Karl

Rademacher, Edmund, a. Burg b. Magdeburg, appr. Arzt in Halle a. S.: Hodenretention und Abdominaltumoren. Halle a. S. 1904: Wischan & Burkhardt. (34 S.) 8°

Halle, Med. Fak., Ref. Eberth, Diss. v. 29. Okt. 1904

[Geb. 17. Sept. 76 Burg b. Magdeburg; Wohnort: Halle a. S.; Staatsangeh.: Preußen; Vorbildung: Gymn. Quedlinburg a. H. Reife M. 96; Studium: Philol. Straßburg 4, Berlin 2, Med. Berlin 3, Halle 5 S.; Rig. 22. Okt. 04; Approb. 25. Apr. 04.]

Rademacher, Erich: Aus d. Augenklinik d. Univ. Jena. Über einige seltene Fremdkörperverletzungen im vorderen Augenabschnitt. Jena 1908: Kämpfe. 37 S. 8°

Jena, Med. Diss. v. 23. Juli 1909, Ref. Wagenmann

[Geb. 28. Mai 82 Potsdam; Wohnort: Jena; Staatsangeh.: Preußen; Vorbildung: Gymn. Potsdam Reife O. 03; Studium: Tübingen 1, Jena 4, Berlin 2, Halle 1, Jena 2 S.; Coll. 12. Nov. 08; Approb. 23. Juli 09.] [U 09. 2145

Rademacher, Eug., Quaestiones de trilogia tragica Graecorum. Dissertatio inauguralis philologica. Königsberg 867. Akadem. Buchh. von Schubert & Seidel. gr. 8. (55 S.) n. 8 *ngr.*

Geschichte der Loge Borussia im Or. zu Schneidemühl. Zum 75jährigen Stiftungsfeste den Brrn gewidmet von [Friedr.] **Rademacher.** Schneidemühl [1895: Eichstädt]. 40 S. 8°

Recens: Bbl. 9 (1895) S. 338 (A. W. Sellin). Nebst statistischer Übersicht üb. den Personalbestand der Loge.

[Lied.] Den lieben besuchenden Brüdern zur 70jährigen Stiftungsfeier der □ Borussia gewidmet von [Friedr.] **Rademacher.** Schneidemühl, im Mai 1890. Schneidemühl [1890]: Eichstädt. 2 Bl. 8° [Umschlagtit.]

Ohne Noten: „Ihr Brüder seid von Herzen uns willkommen, . . ."

Vortrag, gehalten in der Loge Borussia im Or. Schneidemühl, am 31. Dec. 1888, vom Br Fr[iedr.] **Rademacher.** [Schneidemühl]: Eichstädt [1889]. 4 Bl. 8°

Aus: Bh. 82 (1889) S. 59—61.

Üb. die Quellen des Unheils: Schicksal u. Herz.

Rademacher, Geo., Elementar-Lesebuch zum Gebrauch in Schulen u. beim Privat-Unterrichte. Bearb. nach der Buchstabir-, Lautir- u. Schreiblesemethode. 8. (48 S.) Harburg 848. (Danckwerts.) n. 2 *ngr*

Rademacher, H. J., kleiner evangelischer Liederschatz für Schule u. Haus. 1. u. 2. Hft. gr. 16. Aurich 878. 79. Reents. à n. — 40

1. 56 Lieder mit 2- u. 3stimm. Melodien. (62 S.)
2. 60 Lieder mit 2- u. 3stimm. Melodien. (67 S.)

Rademacher, Hermann Matthias (Hamburg), De injustitia vocationis factae ad clamorem populi. Disput. jur. eccles. Präs. Justus Henning Böhmer. Halle/Magdeburg (Chr. Henckel) (12.) März 1703. 40 S. (5.—) 27520

Widm. v.: E. A. V. S. P. M. (dtsch.).

— — Dasselbe. Halle/Magdeburg (J. Chr. Hendel) (12.) März 1703. 40 S. (5.—) 27521

Widm. v.: E. A. V. S. P. M. (dtsch.).

— — Dasselbe. Halle/Magdeburg (J. Grunert) März 1703. Rec. 1725. 40 S. (5.—) 27522

— — Dasselbe. Halle/Magdeburg (J. Chr. Grunert) März 1703. Rec. 1736. 42 S. (4.50) 27523

— — Meditatio academica, de Jure circa correctionem disciplinarem. Diss. inaug. Hamburg (G. Fr. Schulte) 10. VI. 1711. 150 S. (6.—) 27524

Auswahl von Gedichten und volkstümlichen Liedern für höhere Mädchenschulen. Nach den minist. Bestimmungen vom 31. Mai 1894 zsgest. von Dr. H[ugo] Rademacher, Dir. in Bromberg. 2. verb. Aufl. *Hannover, Berlin: C. Meyer 1900.* (XX, 297 S.) 8° [F.] [00. 68]

Rademacher, H., Auswahl v. Gedichten u. volkstüml. Liedern f. höh. Mädchenschulen. Nach den minister. Bestimmgn. vom 31. V. 1894 zusammengestellt. 3. Aufl. (XX, 312 S.) 8. Hannover 907. C. Meyer. n. 1. 80; geb. n. 2. 25

Rademacher, H., Auswahl volkstümlicher Lieder u. Gedichte f. höhere Lehranstalten u. Mittelschulen. 8. (XI, 295 S.) Hannover 893. C. Meyer. n. 1. 60

Rademacher, Hugo [Dr., Rekt.]: Gesundheitspflege in Haus und Schule. Gumbinnen, Druck v. W. Krauseneck (1890); S. 3–9; 4°
Gumbinnen, st. HT, P 1890

Rademacher, Hugo: Das volkstümliche L i e d und seine Bedeutung für die Schule, s. Beilage zum J a h r e s b e r i c h t der Städtischen Höheren Mädchenschule in Bromberg 1903.

Rademacher, die höhere Mädchenschule in d. kleinen Mittelstadt. gr. 4. (8 S.) Gumbinnen 888. Sterzel. n.n. — 50

Rademacher, Joh., der Weltuntergang, s.: G l a u b e u. W i s s e n.

— Unser Wissen v. den Kometen. Der Halleysche Komet. Kometen u. Weltuntergang. (89 S. m. Abbildgn.) gr. 8. Wien 910. A. Opitz Nachf. — 50

Rademacher, Johann Gottfried

— Beschreib. einer neuen Heilart des Nervenfiebers. 8. Berl. 803. (Reimer). 20 gr

Johann Gottfried Rademacher

Beschreibung einer neuen Heilart der Nervenfieber. Von J[ohann] G[ottfried] Rademacher. Berlin: Unger 1803. 256 S. 8°

Rademacher, Jh. Gf., Briefe f. Aerzte u. Nichtärzte über d. Aftermedicin u. deren Nothwendigkeit im Staat? gr. 8. Cöln 804. Keil. (Rein, Leipz.) 1 rß

— libellus de dysenteria. 8maj. Cöln 806. Keil. 1 rß 16 gr

— Erfahrungsheillehre u. die Anhänger der reinen Empirie, s.: G o b b i n, C.

— s. L a t h a m, Uebersicht der Vögel u. Register.

Rademacher, Joh. Gottfr., Rechtfertigung der von den Gelehrten misskannten, verstandesrechten Erfahrungsheillehre der alten scheidekünstigen Geheimärzte u. treue Mittheil. d. Ergebnisses einer 25jähr. Erprobung dieser Lehre am Krankenbette. gr. 8. (83 B.) Berlin 843, G. Reimer.

— — dass. 2. Ausg. Bde. gr. 8. Ebds. [1. (56½ B.) 846., 2. (51½ B.) 47. à 3 Thlr. 7½ Ngr.]

Rademacher, Joh. Gottfr., Rechtfertigung der von den Gelehrten misskannten, verstandesrechten Erfahrungsheillehre der alten scheidekünstigen Geheimärzte und treue Mittheilung des Ergebnisses einer 25jähr. Erprobung dieser Lehre am Krankenbette. 3. Ausg. 1848. und 4. Ausg. 2 Bde. gr. 8. Berlin, G. Reimer. [1. (XXVI und 873 S. mit R's. Bildn. in Stahlst.) 851., 2. (XIV und 809 S.) 852. à Bd. 3 Thlr. 7½ Ngr.]

— Johann Gottfr. Wilhelm (Marca-Westfalen), Quaestionem utrum differat rheumatismus ab arthritide. Diss. semiol. Jena (Fiedler) 18. IV. 1791. 48 S. (4.75) 27527

Rademacher, Julius

Rademacher, J., Geschichte der evangelischen Kirchgemeinde Aslau, Kreis Bunzlau. Auf Grund der zugängl. Quellen zusammengestellt. gr. 8. (78 S. m. 1 Lichtdr.-Taf.) Diesdorf bei Gäbersdorf 891. (Bunzlau, Kreuschmer.) n. — 80

Rademacher, Julius: G e s c h i c h t e der evangelischen Kirchgemeinde Stroppen, Diöz. Trebnitz. Auf Grund d. zugängl. Quellen zsgest. von –. (Diesdorf 1901: Schreiberhau-Diesdorfer Rettungsanst.) 174 S. 8°

Die Treuen im Lande. Dramat. Bilder aus d. Kirchgemeinde Stroppen z. Zeit d. 30jähr. Krieges. Von J[ulius] Rademacher, Pastor zu Stroppen. (Stroppen): Selbstverl. (1910). 93 S. 8° [11. 10510

Rademacher, [Justus]: [Gymnasialdirektor Friedrich Back † 3. Oktober 1901.] S. 10. 4.
Progr. Großh. Gymn. mit Realabteilung *Birkenfeld* 1902 (146).

Rademacher, *Justus* Die griechische Syntax in Obertertia. 4° (S. 3 16). Progr. G. mit Realabteilg. *Birkenfeld* 1886 (608).

Rademacher, Justus Joan. Ferd. (geb. Wetzlar 2. 3. 1843): De Lysiae oratoris aetate. Berolini (1865). (55 S. 8°
Berlin, Phil. Diss. v. 26. Apr. 1865

Rademacher, Just. Joa. Ferd., de Lysiae oratoris aetate. Dissertatio inauguralis Berlin 865. (Calvary & Co.) gr. 8. (56 S.) n. 15 ngr.

Rademacher, Karl

Rademacher, C. (Hrsg.), s. A b h a n d l u n g e n, Pädagogische.

Rademacher, C., als ich klein war, s.a. V o l k s b ü c h e r für Jung u. Alt. I.

Als ich klein war. Von C[arl] Rademacher. *Cöln: Westdeutsch. Verl. 1902.* (63 S.) 8° [F.]
= Volksbücher f. Jung u. Alt. Bd 1, T. 1. [01. 13168 5

Rademacher, Kath., Agnes Bernauer, der Engel v. Augsburg, s.: D i l e t t a n t e n b ü h n e, katholische, 180. Heft.

Bilder aus der Geschichte der Stadt Köln. Von C[arl] Rademacher u. Th[eodor] Scheve. Mit 20 Vollbild. *Köln a. Rh.: P. Neubner (1900).* (VI, 426 S.) 8° [F.] [01. 390 7

— Erziehg. zur Selbstthätigkeit durch anschauliches Erkennen, der Hauptgrundsatz Pestalozzis, s.a. A b h a n d l u n g e n, Pädagogische.

Erziehung zur Selbstthätigkeit durch anschauliches Erkennen, der Hauptgrundsatz Pestalozzis. Von C[arl] Rademacher. *Bielefeld: A. Helmich [1901].* (17 S.) 8° [F.]
= Abhandlungen, Pädagogische. H. 50. [03. 15158

Rademacher, C., Staatsminister D. Dr. Falk u. d. Volksschullehrer, s.a A b h a n d l u n g e n, pädagog. N. F. I.

[F.] Staatsminister D Dr. Falk und die Volksschullehrer. Z. goldenen Amtsjubiläum d. Oberlandesgerichtspräs. Staatsministers D Dr. Paul Ludwig Adalbert Falk am 30. März 1897. Von C[arl] Rademacher, Lehrer in Köln ... *Bielefeld: A. Helmich [1897].* (16 S.) 8.
= Abhandlungen, Pädagogische. N. F. Bd 1, H. 2. [98. 2010

Rademacher, C., s.: F e i e r s t u n d e n.

— F l i e h e die Versuchung!, s. W i g a n d 's, Geo.: Neue Volks- u. Jugendbibliothek.

Rademacher, K., auf Bethlehems Fluren, s.a Dilettanten Theater, neue Folge.

Auf Bethlehems Fluren. Ein Weihnachtsspiel in 3 Aufz. Hrsg. von K. Rademacher. Paderborn: F. Schöningh [1907]. (17 S.) 8° [F.]
= Dilettanten-Theater. N. F. H. 16. [03. 9141

– Das Geheimnis der Heideburg, s.a. Hausschatz, Deutscher.

[F.] Das Geheimnis der Heideburg. E. Erzählg. Von C[arl] Rademacher. *Bielefeld: A. Helmich [1895].* (68 S.) 1 Bd 8.
= Hausschatz, Deutscher. [No] V. [96. 1108

Rademacher, C., die Gottesbraut v. Babylon. 8. (64 S.) Bielefeld 893. A. Helmich. n. — 75; geb. n. 1. —

Rademacher, Karl, Die hellenische Gymnastik und das deutsche Turnen in ihrer kultur-historischen Entwicklung und sittlich-nationalen Bedeutung. E. Festg. z. Friesenfeier, Magdeburg 1885, 64 S., 8°.

– Auf der Hallig, s.a. Hausschatz, Deutscher.

[F.] Auf der Hallig. E. Erzählg v. C[arl] Rademacher. *Bielefeld: A. Helmich [1895].* (69 S.) 1 Bd 8.
= Hausschatz, Deutscher. [No] VI. [96. 1109

— in welcher Richtung u. in welchem Umfange wird die Jugenderziehg. durch gewerbl. u. landwirtschaftl. Kinderarbeit geschädigt, s.a Abhandlungen, pädagog. N. F. II.

[F.] In welcher Richtung und in welchem Umfange wird die Jugenderziehung durch gewerbliche und landwirtschaftliche Kinderarbeit geschädigt? Von C[arl] Rademacher, Lehrer in Köln ... *Bielefeld: A. Helmich [1897].* (27 S.) 8.
= Abhandlungen, Pädagogische. N. F. Bd II. H. 1. [98. 2018

– Durch ein Kind, s.a. Hausschatz, Deutscher.

[F.] Durch ein Kind. E. Erzählg aus d. Volksleben d. Gegenwart v. C[arl] Rademacher. *Bielefeld: A. Helmich [1895].* (64 S.) 1 Bd 8.
= Hausschatz, Deutscher. [No] VII. [96. 1110

— die gewerbliche, haus- u. landwirtschaftl. Kinderarbeit i. d. Rheinprov., s.a Abhandlungen, pädagogische.

Die gewerbliche, haus- u. landwirtschaftliche Kinderarbeit in der Rheinprovinz. Ergebnis d. Statistik d. Rhein. Provinzial-Lehrer-Verbandes. Von C[arl] Rademacher. *Bielefeld: A. Helmich [1901].* (60 S.) 8° [F.]
= Abhandlungen, Pädagogische. H. 52. [02. 1860

— der Knüppelgeneral, s.: Hausschatz, deutscher.

— auf d. Landstraße, s.: Wigand's, Geo., neue Volks- u. Jugendbibliothek.

— Lehrerschaft u. Volkskunde, s.: Sammlung pädagogischer Vorträge.

— Malerfranz, s.: Hausschatz, deutscher.

– Der Schatz am Eigelstein, s.a. Hausschatz, Deutscher.

[F.] Der Schatz am Eigelstein. E. Erzählg aus Köln. Von C[arl] Rademacher. *Bielefeld: A. Helmich [1895].* (69 S.) 1 Bd 8.
= Hausschatz, Deutscher. [No] IV. [96. 1111

– Die Sühne, s. Hausschatz, Deutscher.

[Umschlagt.:] [F.] Der Thalburgherr u. Der wilde Michel. Erzählgn v. C[arl] Rademacher. *Bielefeld: A. Helmich [1897?].* (75 S.) 1 Bd 8.
= Hausschatz, Deutscher. [No] IX. [97. 1951

— Roland v. Uroth, der schwedische Hauptmann. Ein Blatt aus der Vorzeit Siegburgs. (Aus Deutschlands Vergangenheit IX u. X.) 8. (109 S.) Bielefeld 894. A. Helmich. n. — 75; kart. n. 1. —; geb. n. 1.25

Rademacher, Karl, aus Deutschlands Urzeit u. Vorzeit. Aus der Zeit der Völkerwanderung, s.a. Bilder aus Deutschlands Werdezeit.

Aus Deutschlands Urzeit und Vorzeit. Von Karl Rademacher. Mit 8 Bildern. *Gütersloh: C. Bertelsmann 1904.* (135 S.) 8° [F.]
= Bilder aus Deutschlands Werdezeit. Bdch. 1.
= Jugendbibliothek, G. Nieritz'. No 246. [04. 6560

— vor d. Tode bewahrt, s.a Hausschatz, deutscher.

[F.] Vor dem Tode bewahrt. E. Erzählg aus d. Volksleben d. Gegenwart. Von C[arl] Rademacher. *Bielefeld: A. Helmich [1895].* (77 S.) 1 Bd 8.
= Hausschatz, Deutscher. [No] VIII. [96. 1112

– u. Th. Scheve,

— — germanische Vorzeit, s.a. Bilder aus Deutschlands Werdegang. I.

Germanische Vorzeit von C[arl] Rademacher u. Th[eodor] Scheve. *Köln: Westdeutsch. Verl. 1902.* (71 S.) 8° [F.]
= Bilder aus Deutschlands Werdegang. Bd 1. [03. 12916 5

Aus der Zeit der Völkerwanderung. Von Karl Rademacher. Mit 4 Abb. *Gütersloh: C. Bertelsmann 1904.* (125 S.) 8° [F.]
= Bilder aus Deutschlands Werdezeit. Bdch. 2.
= Jugendbibliothek, G. Nieritz'. No 247. [04. 656

— die körperliche Züchtigung v. Schulkindern, s.a. Abhandlungen, Pädagogische.

Die körperliche Züchtigung von Schulkindern. Im Anschluss an d. preuss. Ministerial-Erlass vom 1. Mai 1899. Von C[arl] Rademacher. *Bielefeld: A. Helmich [1899].* (17 S.) 8° [F.]
= Abhandlungen, Pädagogische. H. 48. [99. 9185

Rademacher, Max [aus Nieschen]: Ein Beitrag zu den Beobachtungen der carcinomatösen Degeneration des Fibromyoma uteri ... Greifswald, Druck v. J. Abel, 1895; 29 S., 1 Taf. 8.
Greifswald, Med. Fak., Inaug.-Diss. v. 9. Aug. 1895

Rademacher, Otto

Rademacher, O., s.a. Bischofschronik, der Merseburger.

Rademacher, O[tto], (Prof. Dr.): Die Merseburger Bischofschronik. Übers. u. m. Anm. vers. T. 1 ⟨bis 1136⟩. *Merseburg 1903: F. Stollberg.* (74 S.) 8°
Merseburg, Dom-G, OP 1903 (282)

Rademacher, O[tto, Prof.]: Die Merseburger Bischofschronik. Übersetzt und mit Anmerkungen versehen. T. 2 ⟨1136 bis 1341⟩. Merseburg 1907: F. Stollberg. (37 S.) 8° ¶ [Forts. d. P-Beil. 1905.]
Merseburg, Dom-G OP 1907 (298)

.Rademacher, Otto: Die Merseburger Bischofschronik. Übers. u. m. Anm. vers. T. 3 ⟨1341 bis 1431⟩. T. 4. ⟨1431 bis 1514⟩. Merseburg 1908: Stollberg. 59 S. 8° ¶ [Forts. d. P-Beil. 1905. 07.]
Merseburg, k. Dom-G OP 1908 (315) [S 08. 362

Rademacher, Otto, aus Hamburg: Über das Bis-Thiopyrin und das Thio-Antipyrin. *Rostock 1903: C. Hinstorff.* (36 S.) 8°
Rostock, Phil. Diss. v. [3. Okt.] 1903

Rademacher, Otto Die ungarische Chronik als Quelle deutscher Geschichte. 4 (16 S.). **Progr.** Dom-G. *Merseburg* 1887 (225).

— Der Dom zu Merseburg. Nach geschichtl. Quellen bearb. Mit Vorwort v. Bithorn. (VIII, 108 S. m. Abb.) 8. Merseburg 909. F. Stollberg. 1.50

— Führer durch die Stadt Merseburg m. geschichtlichen Rückblicken. (III, 48 S. m. Titelbild.) 8. Ebd. (910). — 50

Rademacher, [Otto]: Die urbs Mersburg im x. Jahrhundert. *Merseburg 1898: F. Stollberg.* (31 S.) 8°
Merseburg, Dom-G, OP 1898 (250)

Rademacher, die urbs Mersburg im X. Jahrh. gr. 8. (32 S. m. 1 eingedr. Plan.) Merseburg 898. (F. Stollberg.) n.n. — 60

Rademacher, O[tto]: *Qua ratione Virgilius in componenda Aeneide imitatus sit Homerum. 50 S. 4° (2°)
Halle-Wittenberg, Phil. Diss. v. 6. März 1873
Geb. [Kalbe a. d. S. 13. 3. 1847]

Das Kloster St. Petri in Merseburg. Von Prof. Dr. O. RADEMACHER. Festschrift zur Einweihung der restaurierten Klosterräume und des Heimatmuseums am 30. April 1913, herausgegeben vom Verein für Heimatkunde. Merseburg 1913. Druck von Friedrich Stollberg. 8°.

Rademacher, Otto Ungarn und das deutsche Reich unter Heinrich IV. 31 S. **Progr.** *Merseburg* 1885.

Rademacher, R., der Zeichenunterricht in den preußischen Lehrerseminaren u. Volksschulen. Beleuchtung der gleichnam. Schrift v. E. Menard. gr. 8. (88 S.) Essen 883. Bädeker. n. 1. 20

Rademacher R, d. Zeichenunterr. i. d. preuss. Lehrerseminaren u Volkssch. Essen 1885

Rademacher, R. Fr., Beleuchtung der allgemeinen Lebensversicherungs-Anstalt f. das Königreich Hannover. gr. 8. (40 S.) Hamburg 852, Meißner & Schirges. ¼ ℛ

Rademacher, R. Fr., Nachlese zur Beleuchtung der Allgemeinen Lebensversicherungs-Anstalt für das Königreich Hannover. Hamburg 853. O. Meißner. gr. 8. (32 S.) 5 *ngr.*

— **Reinhard Theodor** (Marcano-Westfalen), De praescriptione feudali. Diss. jur. Präs. Johann Wilhelm Dietmar. Jena (Werther) (1.) Okt. 1712. 30 S. (5.—) 27528
Widm. v.: Johann Wilhelm Dietmar.

Rademacher, Wilhelm, aus Ahrweiler (Rheinpreussen): **Ein Fall** von Endothelioma cervicis uteri. *Ahrweiler & Neuenahr 1895: P. Plachner.* (25 S.) 8°
Würzburg, Med. Diss. v. 1895

Rademächers, Gerh., Orgelbegleitung zum graduale romanum für die Erzdiözese Cöln. Regensburg 860. Manz. qu. gr. 4. n. 3 ℛ 14 *ngr.*

Rademächers, Gerh., Orgelbegleitung zum Graduale romanum für die Erzdiözese Cöln. 1. Bd. und 2. Bd. 3 Abthlgn. qu. gr. 4. Regensburg, Manz. [1. Bd. (S. 1—236.) 869. *ℳ 10,40.; 2. Bd. 3 Abthlgn. (IV, S. 237—338; 132 S.) 873. *ℳ 11,20.]

Rademaker, Franz, a. Bonn (Preußen): **Kants Lehre vom innern Sinn in der „Kritik der reinen Vernunft".** Marburg 1908 (Halle a. S.: C. A. Kaemmerer). (45 S.) 8°
¶ (Erschien als: Kantstudien Jg. 13 Ergh.)
Marburg, Phil. Fak., Ref. Cohen-Natorp, Diss. v. 25. März 1908
[Geb. 23. Febr. 80 Viersen (Rheinprovinz); Wohnort: Bonn; Staatsangeh.: Preußen; Vorbildung: Gymn. Crefeld Reife O. 99; Studium: Freiburg i. B. 1, Bonn 8 S.; Rig. 27. Juni 07.]

Rademaker, Frz., Kants Lehre vom innern Sinn in der „Kritik der reinen Vernunft", s. a. Kantstudien. 9.

Kants Lehre vom innern Sinn in der 'Kritik der reinen Vernunft'. Von Franz **Rademaker**. Berlin: Reuther & Reichard 1908. (45 S.) 8° = **Kantstudien.** Erg.H. No 9. [08. 8339 2

Rademaker, Ioan. Guil. (geb. am 27 März 1811 in Asperden bei Kleve): De formae corporis humani vitiis externis, quae sicubi interna organa morbose destructa aut sedibus suis commota fuerunt, sequi solent ... Bonnae, typ. C. Georgii (1836). VI, 34 S. 8.
Bonn, Med. Fak., Diss. v. 24 [nach d. Akten v. 31] Dez. 1836 [223

Rademaker, Ludwig

Rademaker, s.: Aix-la-Chapelle as a health resort.

— l'arthrite déformante. [Aus: „Aix-la-Chapelle".] gr. 8. (16 S.) Aachen 891. R. Barth's Verl. n. 1. -

Rademaker, über Arthritis nodosa u. ihre Behandlung an den Aachener Thermen. [Aus: „Aachen als Kurort".] gr. 8. (11 S.) Aachen 889. C. Mayer's Verlag. n. 1. —

Rademaker, Lvdovicvs (geb. 1829 in Haldern bei Rees): De nonnvllis conivnctivae palpebrarvm morbis ... Bonnae, form. H. B. Koenig 1862. 28 S., 2 Bl. 8.
Bonn, Med. Fak., Diss. v. 16 Aug. 1862

Rademann, A., Die doppelte Buchführung (italien. System) u. deren Handhabung nach e. ganz neu erfund. Methode. Wien, Selbstverl., nun Carl Pohan's Nachfolger. 2 fl. 20 kr. Hbg. Pr. 75 kr. netto baar. 1885.

[Umschlagt.:] **Rademann,** Adolf [Prof.]: Adnotationum ad Sophoclis Oedipi tyranni v. 863—910 specimen. Kottbus, A. Heine, *1897;* 3—14 S. 4.
Kottbus, k. Friedrich-Wilhelms-G, OP 1897 (70)

Rademann, deutsch-lateinisches Übungsbuch f. Quarta, s.: Reßler.

— **Übungsstücke zum Übersetzen aus dem Deutschen ins Lateinische im Anschluss an Ciceros Rede für Sulla.** gr. 8. (IV, 56 S.) Glogau (901). C. Flemming. Kart. n. 1. 20

Rademann, Adf., Übungsstücke zum Übersetzen ins Lateinische im Anschluß an Ciceros erste u. vierte philippische Rede. gr. 8. (IV, 24 S.) Dresden 899. L. Ehlermann. Kart. n. — 90

[J.] 25 Vorlagen zum Übersetzen ins Lateinische bei der Abschlussprüfung auf dem Gymnasium. Von Prof. **Adolf Rademann**, Oberl. ... in Kottbus. *Berlin: Weidmann 1896.* (45 S., 1 Bl.) 1 Bd 8. [96. 5663

— 25 Vorlagen zum Übersetzen ins Lateinische f. die Sekunda des Gymnasiums. 2. Aufl. (48 S.) 8. Ebd. 910. — 80

Vorlagen zu lateinischen Stilübungen im Anschluß an Ciceros Tuskulanen, Buch 1, 2 u. 5. Von Prof. Adolf **Rademann**. Berlin: Weidmann 1907. (68 S.) 8° [J.] [07. 14097

Rademann, Joach., Handelsmann u. Buchhalter. Fol. Hamb. Felginer. 714.

Rademann, J.: „Der werthgeschätzte Handels-Mann, anweisend, wie eine dreijährige Generalhandlung, welche sowohl innals ausserhalb, zu Wasser und zu Lande, Proper, in Commission und Compagnie geführet worden, in ein richtiges Memorial zu beschreiben, aus solchem ins Journal, Haupt-Buch und andere Nebenbücher einzutragen, zu stylisieren, einzurichten, zu saldiren und zu balantziren sey", Hamburg 1714. fol. — Vorh.: Com. Bibl. Hamburg. (= Nachtrag zu lfd. Nr. 404, S. 28).

Rademann, J.: „Neues zur itzigen Kauf- und Handlung sehr nützliches und dienliches Buchhaltens Werk . . . ." Hamburg 1682, erweiterte Auflage 1714. — Vorh.: Hamburg.

— blühender Wechselbaum. 4. Hamburg, Autor. 728.

Joach. Rademann hamburgischer Wechselbaum. Hamburg. 4. 1717.

Rademann, Joachim: **„Der Stadt Hamburg stets blühender Wechsel-Baum, Von allerhand Ein- und Ausländischen Wechsel-Bluhmen, Deren sich nicht so wohl Hohe Königl. Chur- und Fürstliche Höfe, als insonderheit alle und jede Kauff- und Handelstädte, nach Belieben, mit Nutzen bedienen können", Hamburg 1698. — Vorh.: Com. Bibl. Hamburg. — 2. Auflage, „nach dem itzigen Cours der Gelder und Müntzen, wie auch Usancen der Ausländischen Wechseln und nöthigen Nachricht von alten und schweren Geldern vermehrt und aufgelegt, sammt der höchstnützlichen Interesse- und Rabatt-Rechnung", Hamburg 1724, vorh.: Büch. der Industrie- und Handelskammer Leipzig. — 3. Auflage, Hamburg 1728, vorh.: Com. Bibl. Hamburg.**

Rademann, Otto, wie nährt sich der Arbeiter? Eine krit. Betrachtg. d. Lebensweise d. Arbeiterfamilien auf Grund der Angaben der Broschüre der volkswirtschaftl. Sektion d. Freien Deutschen Hochstiftes: „Frankfurter Arbeiterbudgets". gr. 8. (23 S.) Frankfurt a/M. 890. Gebr. Knauer. n. — 75

Rademann, Otto, wie nährt sich der Arbeiter? Eine krit. Betrachtg. der Lebensweise der Arbeiterfamilien auf Grund der Angaben der Broschüre der volkswirtschaftl. Sektion d. Freien Deutschen Hochstiftes: „Frankfurter Arbeiterbudgets". 2. Aufl. gr. 8. (25 S.) Frankfurt a/M. 891. Gebr. Knauer. n. — 75

Rademechers, Karl

Rademechers [stellvertret. Rekt.]: Festrede zur Feier des Geburtstages Sr. Majestät des Kaisers und Königs. — Schule und Vaterland. Saarlouis, Druck v. F. Stein Nachf., 1890; S. 3—13; 4°
Saarlouis, PG, OP 1890

Rademechers, Karl Ein populäres Wort über den Geschichtsunterricht an den höheren Lehranstalten in Verbindung mit dem Lektionsplan desselben für das hiesige Realprogymnasium. 22 S. **Progr.** *Saarlouis* 1883.

Rademin, **J. G., de functione cutis in statu sano aeque ac morboso. 8maj. Götting. 809. Brosc. 4 gr**

Raden s. Kaden.

Raden, C. A. v., s. Rade, Karl August von

Radenberg, Wilhelm, Referendar: Die Höchstbetragshypothek des Bürgerlichen Gesetzbuches. Düsseldorf 1908: Jesinghaus. 79 S. 8°
Rostock, Jur. Diss. v. 30. Sept. 1908, Ref. Bernhöft
[Geb. 12. März 77 Scheipenbroich; Wohnort: Düsseldorf; Staatsangeh.: Preußen; Vorbildung: Gymn. Düsseldorf Reife O. 97; Studium: Phil. Marburg, Berlin, München, Jura Bonn 6 S.; Rig. 8. April 08.] [U 09. 3684

Radenhausen, C., die echte Bibel u. die falsche. gr. 8. (166 S.) Hamburg 885. O. Meissner's Verl. 1. 50

Radenhausen, C., die Bibel wider den Glauben. Hamburg 865. O. Meissner. gr. 8. (135 S. mit 1 lith. Karte.) 18 ngr.

Radenhausen, C., Christenthum ist Heidenthum, nicht Jesu Lehre. gr. 8. (III, 395 S.) Hamburg 881. O. Meißner. 4. 50

— Christenthum ist Heidenthum, nicht Jesu Lehre. 2. Ausg. gr. 8. (III, 395 S.) Ebend. 886. 1. 50

Radenhausen, C.. Esther. Die *semitische Unmoral* im Kampfe wider Staat u. Kirche. Leipzig, E. Thiele, 1887. Gr. 8°. Eleg. Hchgrbd.*)
VIII—253 S. 1. Allgemeines. 2. Juden u. Schulchan Aruch. 3. Eigenheiten des Semitenthumes. 4. Grundwesen der Race. 5. Jüdische Erziehung. 6. Jüdische Vorzüge u. Vortheile. 7. Moralisch verwerflich, aber rechtlich unanfechtbar! 8. Arbeitsscheu und Genusssucht des heiligen Volkes. 9. Verderbliches Walten. 10. Böses Gewissen. 11. Gegenseitigkeit der Emanzipation. 12. Erörterung jüdischer Einreden. 13. Aussöhnung mit Israel.

— dasselbe. 2. Aufl. gr. 8. (VIII, 258 S.) Ebd. 888. n. 2. 50

Radenhausen, C., zum neuen Glauben. Einleitung und Uebersicht zum Osiris. gr. 8. (110 S.) Hamburg 877, O. Meissner.

—— Isis, s. Isis.

— Isis. Der Mensch u. die Welt. 2. Aufl. (In 8 Halbbdn.) 1. Halbbd. Ebend. 870. 8. (240 S.) n. 15 ngr.
Erscheint auch in 24 Liefgn. à n. 5 ngr.

Radenhausen, C., Isis der Mensch u. die Welt. 2. Aufl. 2—8. Halbbd. 8. (1. Bd. S. 241—448, 2. Bd. 458, 3. Bd. 592, 4. Bd. 517 S.) Hamburg. 871. 72. O. Meißner. à n. 1. 50

Radenhausen, C., Isis. Der Mensch und die Welt. 3. (Titel-) Ausg. 4 Bde. gr. 8. (448; 458; 592; 517 S.) Hamburg (871/72)886, O. Meißner's Verlag.

—— Deutschlands Machtgröße in schwebenden Fragen. 8. (120 S.) Hamburg 865, O. Meißner.

—— Osiris. Weltgesetze in der Erdgeschichte. 1. Bd. 2 Hälften und 2. Bd. gr. 8. Ebendas. 874,75. [1. Bd. 1. Hälfte. (S. 1—368.) M 4,50.; 2. Hälfte. (II, S. 369—800.) M 6.; 2. Bd. (IV, 816 S.) M 10,50.]

—— Osiris. Weltgesetze in der Erdgeschichte. 3. (Schluss-) Bd. A. u. d. T.: Mikrokosmos. Der Mensch als Welt im Kleinen. gr. 8. (794 S.) Ebendas. 876.
1. und 2. Bd. Ebendas. 1874,75. à M 10,50.

—— Osiris. Weltgesetze in der Erdgeschichte. 3 Bde. 2. (Titel-)Ausg. gr. 8. (II, 800; IV, 816; III, 794 S.) Ebendas. (875/76)886.

— die Sozialdemokratie. Ihre Wahrheiten u. ihre Irrtümer. gr. 8. (240 S.) Hamburg 885. Hoffmann & Campe Verl. n. 2. 50

Radenhausen, H., Katalog der deutschen Privat-Post-Werthzeichen. gr. 8. (33 S.) Mähr.-Ostrau 888. Prokisch. n. 1. —; cart. n. 1. 25

RADENHAUSEN, P.
Beiträge zur Geschichte und Formulirung der Indigkörper. Berlin, 1879. 8vo.

Radenhausen, Rudolf *Florentin* [aus Rumohr]: Ueber Acidylamidosäurehydrazide. Kiel, Druck v. C. Blunck [!] Nachf., 1893; 38 S., 2 Bl 8°
Kiel, Phil. Fak., Inaug.-Diss. v. [22. Aug.] 1893

Rader, P. H., Janmichels Jörgens Hannes vor dem Friedensrichter, s. a. Dilettanten-Theater. 75. Hft.

Janmichels Jörgens Hannes vor dem Friedensrichter. Eine Gerichtsszene aus d. guten alten Zeit. Für d. Vereins-Theater bearb. von P. H. **Rader**. Paderborn: F. Schöningh [1906]. (12 S.) 8° [F.]
— Dilettanten-Theater. H. 75. [07. 14269

Raeder, Propst Reinhold. Ein Lebensbild, gezeichnet v. e. Amtsbruder u. Freunde. 12. (44 S.) Leipzig 892. A. Neumann's Verl. n.n. — 65

Räder, Alwill, 50 Jahre deutscher Bühnen-Geschichte 1836—1886. [Mit besond. Zugrundelegg. d. deutschen Bühnen-Almanachs.] 8. (VI, 234 S.) Berlin 886. Freund & Jeckel. n. 2. —

Raeder, Alwill, Kroll. Ein Beitrag zur Berliner Cultur- u. Theater-Geschichte. Denkschrift zu dem 50jähr. Bestehen des Hauses. 1844—1894. 8. (Bog. 1—24.) Berlin 894. H. Steinitz' Verl. n. 5. —

Raeder, Alwill, der Circus Renz in Berlin. E. Denkschrift. M. vielen Portraits, Illustr. u. Beilagen. Zur Jubiläums-Saison 1896/97. gr. 8. (XI, 300 S.) Berlin 897. (Ullstein & Co.) n. 7. —; geb. n. 8. —

Raeder, Carl, s. Raeder, Karl

Raeder, Clemens, s. Raeder, Klemens

Antiquarische Karte von Bornhöved. Aufgenommen im Jahre **1825 v. F. von Raeder. Kiel. 1861.** Lithogr. 1 Bl. 4°. 27.4 22 cm. Aufgez. a. Leinen.
Aus: Jahrbücher für die Landeskunde der Herzogthümer Schleswig, Holstein und Lauenburg, bd. 4. Kiel. 1861.

Raeder, Frdr., Louis Harms, sein Leben u. sein Wirken. Ein Gedenkbüchlein zu seinem 100. Geburtstage am 5. V. 1908. Dem Christenvolk dargeboten. (50 S. m. 9 Taf.) 8. Hermannsburg 908. Missionshandlg. — 40

Raeder, F., die evangelische Mission, s.: Gundert, H.

Der Bauernfreund. Nützl. Lehren über alle Zweige u. alle Fälle d. Landwirtschaft u. Viehzucht ... Im Selbstverl. von Fritz **Räder**, Königsberg i. Pr. *Königsberg Pr.: Ostpr. Dr. u. Verlagsanst.* (VII, 127 S.) 8° [F.] [...10

Ein Blumenstrauss aus Gottes Garten. Gedichte von F. R. v. **Wagenburg** [d. i. Fritz Räder]. *Königsberg i. Pr.: Selbstverl. 1902.* 48 S. 8° [F.] [03. 1879] 10

Raeder, G., Wollheim da Fonseca. Eine biographische Skizze. gr. 8. (23 S.) Berlin 880. Hempel. n. — 50

Raeder, Gust., Aladin od. Die Wunderlampe, s. a. Universal-Bibliothek.

Raeder, Gust., Aladin, oder die Wunderlampe. Zaubermärchen mit Gesängen und Tänzen in 3 Akten. 3. Aufl. 8. (91 S.) Dresden (861)62, Bock's Verlag.

— **der artesische Brunnen,** s.a. Universal - Bibliothek.

—— der artesische Brunnen. Zauberposse mit Gesangen und Tänzen in 3 Abtheilungen und 4 Akten. 4. Aufl. 8. (98 S.) Dresden (861)62, Bock's Verlag.

Raeder, Gust., komische Couplets für eine Singstimme mit Pianoforte-Begleitung. 1. Heft. 2. u. 3. Aufl., 2. u. 3. Heft. 1. u. 2. Aufl. Dresden 862—70. Bock's Verl. br. 8. (240 S.) Jedes Heft n. 10 ngr.

Raeder, Gust., komische Couplets. Für eine Singstimme mit Pianoforte-Begleitung. 4. und 5. Heft. br. 8. (S. 147—240.) Dresden 869,70, Bock's Verlag. à Heft M 1.
1.—3. Heft. Ebendas. 1862—67. *M 3.

Raeder, Gust., Flick u. Flock, s. a. Bibliothek der Gesamtliteratur.

— dasselbe, s. a. Universal-Bibliothek.

—— **Flick und Flock. Zauberposse mit Gesang und Tanz in 4 Akten und 5 Bildern. 2. Aufl. 8. (68 S.) Dresden 868, Bock's Verlag.**

Flick und Flock. Zauberposse mit Gesang u. Tanz in 4 Akten u. 5 Bild. von Gustav **Raeder**. Mit e. Vorbemerkung u. d. Bilde d. Verf. Halle a. S.: O. Hendel [1906]. (67 S.) 8° [F.]
(Bibliothek d. Gesammtliteratur d. In- u. Auslandes. No 1987.) [07. 1699

— Der Hochzeitsbraten. Ländliche Scene mit Liedern von Frz. Schubert. — Fuchs u. Luchs, oder: die Chambregarnisten. Posse mit Gesang in 1 Akt. (Den Bühnen gegenüber Mscr.) Dresden 867. Bock's Verl. 8. (233 S.) n. 1 Thlr

Räder, Gust., Komus. Cyclus beliebter Possen. 1. Bd.: Der Weltumsegler wider Willen. Der artesische Brunnen. 8. (278 S. und 1 Stnt.) Leipzig 847, Koffka.

Räder, Gust., Komus. Cyclus beliebter Possen. 1. Bd. Der Weltumsegler wider Willen. Der artesische Brunnen. 8. (278 S. m. 1 Lith.) Leipzig 852, Koffka. n. 1 1/3 Thlr

—— **Purzel in Spanien. Posse mit Gesang in 3 Acten. 2. Aufl. 8. (65 S.) Dresden 868, Bock's Verlag.**

—— Robert und Bertram oder die lustigen Vagabonden. Posse mit Gesängen und Tänzen in 4 Abtheilungen. 3. Aufl. 8. (111 S.) Dresden (861)62, Bock's Verlag.

Raeder, Gust., Robert u. Bertram od. die lust. Vagabunden. Posse m. Gesängen u. Tänzen in 4 Abtlgn. 4. Aufl. 8. (110 S.) Dresden 895. Hannover, Lehne & Komp. n. 1. —

Raeder, Gust., Robert u. Bertram oder Die lustigen Vagabunden, s. a. Bibliothek der Gesamtlitteratur.

Robert und Bertram oder Die lustigen Vagabunden. Posse m. Gesängen u. Tänzen in 4 Abt. von Gustav **Raeder**. Für d. Bühnengebr. eingerichtet von Demetrius Schrutz. *Halle a. d. S.: O. Hendel (1899).* (80 S.) 8° [F.]
— Bibliothek d. Gesamtlitteratur d. In- u. Auslandes. No 1251. [99. 14718

– Dasselbe, s.a. Universal - Bibliothek.

—— **Singspiele für kleine Bühnen. 3 Hefte. 8. Dresden 868, Bock's Verlag. à Heft 7 1/2 Ngr.**
Inhalt:
Heft 1. Der Hochzeitsbraten. Ländliche Scene mit Liedern von Frz. Schubert. 2. Aufl. (20 S.)

Raeder, Gust., Singspiele für kleine Bühnen etc.
Heft 2. Fuchs und Luchs, oder: die Chambregarnisten. Posse mit Gesang in 1 Act. 2. Aufl. (37 S.)
3. Das Stelldichein, oder: Alle fürchten sich. Posse mit Gesang in 1 Act. (44 S.)

—— gesammelte komische Theaterstücke. 1—3. Bd. (Den Bühnen gegenüber als Mscr. gedr.) 8. Leipzig 859. 60. [Dresden,] Bock's Verlag. à Bd. * 1 Thlr.
Inhalt:
Bd. 1. Robert und Bertram oder: Die lustigen Vagabonden. Posse mit Gesängen und Tänzen in 4 Abtheilungen. — Ein Prophet oder: Johannes Leiden und Freuden. Zauberposse mit Gesang und Tanz in 3 Akten. (208 S.)

Raeder, Gust., gesammelte komische Theaterstücke. etc.
Bd. 2. Der Weltumsegler wider Willen. Abenteuerliche Posse mit Tänzen und Gesängen in 4 Bildern. — Purzel in Spanien. Posse mit Gesang in 3 Akten. — Das Stelldichein oder: Alle fürchten sich. Posse mit Gesang in 1 Akt. (209 S.)
3. Aladin oder die Wunderlampe. Zaubermärchen mit Gesängen und Tänzen in 3 Akten. — Der artesische Brunnen. Zauberposse mit Gesängen und Tänzen in 3 Abtheilungen und 4 Akten. (194 S.)

—— gesammelte komische Theaterstücke. 4. Bd.: Flick und Flock, Zauberposse mit Gesang und Tanz in 4 Akten und 5 Bildern. — Wahrheit — nur Wahrheit! oder Menschenfeind und Bauer. Posse mit Musik in 4 Akten. — Der Hochzeitsbraten. Ländliche Scene mit Liedern von Frz. Schubert. — Fuchs und Luchs, oder: Die Chambregarnisten. Posse mit Gesang in 1 Akt. (Den Bühnen gegenüber Mscr.) 8. (233 S.) Dresden 867. Bock's Verlag.
1.—3. Bd. Ebendas. 1859,60. * 3 Thlr.

— der Weltumsegler wider Willen, } s. a. Universal-Bibliothek

—— der Weltumsegler wider Willen. Abenteuerliche Posse mit Tänzen und Gesangen in 4 Bildern. Frei bearb. nach dem Französ. des Théaulon und Decourcy. 4. Aufl. 8. (95 S.) Dresden (861)62, Bock's Verlag. Thlr.

Raeder, Hans

—: [Bericht über die Feier des 50jährigen Bestehens der Anstalt.] S. 10—19. 4. Friedrich-Wilhelms-Realgymn. *Grünberg i. Schl.* 1904 (256).
Progr.

Raeder, Hans, die Bestimmungen d. Gesetzes v. 24. Juli 1889 üb. das Grundeigentum u. das Hypothekenwesen. Gemeinverständlich dargestellt u. erläutert. 8. (34 S.) Gebweiler 891. J. Boltze. Kart. n. 1. —

— **Platons philosophische Entwickelung. Von der kgl. dän. Gesellschaft der Wissenschaften gekrönte Preisschrift. (IV, 435 S.) gr. 8. Leipzig 905. B. G. Teubner. n. 8. —; geb. n. 10. —**

Raeder, Examinatorium d. bürgerl. Rechts. gr. 8. (III, 246 S.) Gebweiler 897. J. Boltze. n. 6. —

Raeder, Examinatorium d. französischen Civilrechts. 8. (III, 200 S.) Gebweiler 886. Boltze. n. 4. —

Raeder, Hans, zur Geschichte der höh. Schule in Grünberg i. Schl., s. a. Festschrift usw. des Friedrich-Wilhelms-Realgymnasiums zu Grünberg i. Schl.

*Raeder, Hans: Zur Geschichte der höheren Schule in Grünberg in Schlesien. 63 S. 4. Anhang. Die Rektoren, Konrektoren und Kantoren von 1537—1651, zusammengestellt von R. S. 64—70. Anhang A. Verzeichnis der Abiturienten. S. 71 bis 79. Anhang B. Verzeichnis alter Bücher, die in der Lehrerbibliothek vorhanden sind, zusammengestellt von [Wilhelm] Schulz. S. 80—81. Anhang C. Verzeichnis der für die Schulprogramme von 1854—1903 gelieferten wissenschaftlichen Abhandlungen, zusammengestellt von [Wilhelm] Herforth. S. 82.
In: Festschrift zur Feier des 50jähr. Bestehens Friedrich-Wilhelms-Realgymn. *Grünberg i. Schl.* 1903. **Progr.**

— das Grundbuchgesetz f. Elsaß=Lothringen vom 22. Juni 1891, erläutert. Mit e. Anh., enth. das Gesetz vom 22. Juni 1891 üb. die Kosten in Grundbuchsachen, u. die Ausführungs=Verordngn. zu dem Grundbuchgesetz. 8. (IV, 178 S. m. Formularen.) Ebd. 892. Kart. n. 3. 50

— dasselbe, nebst dem Kostengesetz u. den Ausführungs=Verordngn., erläutert. Mit e. Anh., enth. den Text d. Gesetzes, betr. Grundeigenthum u. Hypothekenwesen, sowie die Notariatsgebühren, vom 24. Juli 1889 u. d. Gesetzes, betr. die Hypothekengebühren, vom 24. Juli 1889. 2., verm. u. verb. Aufl. gr. 8. (VIII, 359 S.) Ebd. 893. n. 7. —

Das materielle Grundbuchrecht des Bürgerlichen Gesetzbuchs unter Berücks. des in Elsass-Lothringen geltenden Rechts dargest. v. Dr. Raeder, Amtsgerichtsr. *Gebweiler: J. Boltze 1897.* (VII, 116 S.) 1 Bd 5.
97. 5,41

— d. Hypothekenrecht d. Entwurfs e. bürgerl. Gesetzbuchs (II. Lesung). [Aus: „Notariats-Zeitschr. f. Elsass-L."] gr. 8. (86 S.) Ebd. 896. n. 1. 50

Raeder, *Hans* [Dir. Dr]: Über die behauptete Identität der Metaphern und Gleichnisse in Bacon's und Shakespeare's Werken. Ein Beitr. z. Bacon-Shakespeare-Frage. Grünberg i. Schl., Druck v. W. Levysohn, 1891; 1 Bl., 26 S. 4°
Grünberg i. Schl., Friedrich-Wilhelms-RG u. VS, OP 1891 (212)

Raeder, Hans Logische Prüfung der im ersten Buch von Baruch Spinozas Ethik enthaltenen Definitionen. VII S. *Wandsbeck* 1880. 4°
Progr.

Raeder, Hans [Oberlehrer am Gymn. zu Wandsbeck]: Die Tropen und Figuren bei R. Garnier, ihrem Inhalt nach untersucht und in den römischen Tragödien mit der lateinischen Vorlage verglichen . . . Wandsbeck, Druck v. Fr. Puvogel, 1886; 2 Bl. + 93 + 1 S. + 1 Bl. 8°
Kiel, Phil. Fak., Inaug.-Diss. v. 22. Dez. 1886.

Raeder, H., die Tropen u. Figuren bei R. Garnier, ihrem Inhalt nach untersucht u. in den röm. Tragödien m. der latein. Vorlage verglichen. Inaug.=Diss. gr. 8. (94 S.) Wandsbeck 886. (Kiel, Lipsius & Tischer.) n. 2. —

Raeder, Heinrich, aus Haan (Rheinpr.): Versuche zur Herstellung von Naphtoyl-benzoyl-methan und seiner Isomeren. *Leipzig 1902: Thalacker & Schöffer.* (45 S.) 8°
Leipzig, Phil. Diss. v. [28. Juli] 1902

Raeder, J. F., Anfangsgründe zum Singenlernen f. Schulen, kleinere Gesangvereine u. zum Selbstunterrichte. 4. (8 S.) Elberfeld 849, Schmachtenberg in Comm. n. 1/12 ₰

— 4 Gesänge für Männerstimmen. qu. 4. (8 S.) Ebd. 848. 1/6 ₰

— 4 Gesänge für Männerstimmen. qu. 4. (8 S.) Elberfeld 849, (Schmachtenberg.)

Raeder, J. F., Melodien=Buch zum bergischen Gesangbuche enth. die gebräuchl. Singweisen. gr. 8. (3 B.) Elberfeld 846, Hassel.

Raeder, Joach., de Theodoreti graecarum affectionum curatione quaestiones criticae. gr. 8. (V, 190 S.) Kopenhagen 900. G. E. C. Gad. n.n. 4. 50

Räder, Julius, Klinische Beobachtungen an vier Wundfieberkranken. Diss. Dorpat. 8°. 70 pp. mit einer lithographirten Tafel. 1868.

Räder, Karl, Pälzer Bitzler. (Titelzeichng. v. G. Ernst. Textzeichnungen v. K. W. Dill.) (84 S.) kl. 8. Neustadt a/H. (909). W. Marnet. 1.50; geb. in Lw. 2. —

Räder, Karl, Pfälzer Heimatpoesien. Gedichte. (104 S.) 8. Neustadt a/H. (906). W. Marnet. n. 1. 20

Raeder, Carl, Die Wirkung der Transfusion von Fieberblut auf den thierischen Organismus. Diss. Dorpat. 8°. 48 pp. 1868.

Michael Raeder. Theses logicae et dialecticae ex disputationibus organo Aristotelico consonis extractae, quas praeside Michaele Raeder aa. ll. et philosophiae magistro eiusdemque in principali Athenaeo Marchio-Baadensi professore publico et ordinario propugnabunt nobiles ingenui, ac eruditi adolescentes: I. Franciscus Ignatius Stroh, Baadensis, II. Joannes Georgius Korn, Etlinganus, III. Fridericus Josephus Schwartz, Rastadianus, IV. Franciscus Josephus Vogel, Rastadianus, Logici.
In Aula principalis Athenaei Baadenae die 18. Augusti 1749, horis ante et post meridiem consuetis.
Argentorati. 4°. 8 S. Rastatt, P 1749

Michael Raeder. Theses selectae ex universa philosophia, quas ad coronandum biennii philosophici curriculum praeside Michaele Raeder aa. ll. et philosophiae magistro eiusdemque in principali Athenaeo Marchio-Baadensi professore publico et ordinario propugnabunt ornati et eruditi philosophiae auditores, paulo post emeriti: I. Franciscus Ignatius Stroh, Baadensis, II. Joannes Georgius Korn, Ettlinganus, III. Fridericus Josephus Schwarts, Rastadianus, IV. Franciscus Josephus Vogel, Rastadianus, V. Joan. Evangelista Reibel, Malschensis, VI. Joannes Baptista Stebel, Baadensis.
In aula principalis Athenaei Baadenae die 2. et 4. Sept. 1750, horis ante et post meridiem consuetis.
Argentorati. Imprimebat Simon Kürsner, Cancell. Typogr. 4°. 8 S.
Rastatt, P 1750

Räder, R., Dr. Martin Luther's kleiner Katechismus nebst Spruchbuch für Schul= und Confirmanden=Unterricht. 1. Aufl. (96 S.) 1871. * 40 Pf., und 2. verb. Aufl. br. 8. (108 S.) Riga 875, Brutzer und Comp.

Räder, R., das Lied in der Kirche Gottes. Ein Vortrag. gr. 8. (VII, 34 S.) Leipzig 890. A. Neumann's Verl. n. — 60

Räder, R., Unterlagen zur heiligen Geschichte Alten u. Neuen Testamentes m. erklär. Bemerkungen, Inhaltszusammenfassungen u. (3) veranschaulichenden (chromolith.) Karten u. Bildern (3 Holzschntaf.). Für den höhern Religionsunterricht u. kursor. Bibellesen bearb. gr. 8. (XXII, 228 S.) Leipzig 886. Neumann's Verl. n. 3. —

Radeřávek, Prof. Dr. Eugen, Wissen u. Glauben. Was ist schön? Zwei philos. krit. Vorträge. gr. 8. (56 S.) Wien, Edmund Schmid. 50 kr. 1885

Radermacher, C., s. Radermacher, Klemens

Radermacher, J. C. M.: Beschreibung der Insel Celebes, und der südwärts zwischen Timor und Java belegenen Inseln. Aus dem Holländischen (der Verhandelingen van het Bataviaasch Genootschap der Konsten en Weetenschappen. Deel 4. 1786.) Mit einer Karte.
in: Neue Beiträge zur Völker- und Länderkunde. Th. 1. S. 155--194. Leipzig 1790. 8°.

Radermacher, Jo. Jak. M. u. Joh. Schoenhals (Fronhausen) [Resp.]
Theses inaugurales.
Gissae 13. Feb. 1755: Braun. 8 S. 4°
pro licentia summos in utroque jure obtinendi doctoratus honores.

Lettre d'un franc-maçon [d. i. Joan Kornel. Radermacher] à un de ses amis, conten. quelques réflexions sur un livre intitulé: L'Ordre des francs-maçons trahi. [Frankfurt a. M. 1745.] 16 S. 2 Kpfr. 8°
Kl. 1871. Sehr selten. Die Kpfrtaf. enthalten Abb. von frmrischen Denkmünzen.
[Deutsche Übers. u. d. Tit.:]
Critischer Brief eines Freymaurers [d. i. Joan Kornel. Radermacher] über ein unter dem Titel: Der verrathene Freymaurer-Orden etc. neu herausgekommenes Buch. Aus d. Frantz. [!] ins Deutsche übers. [Frankfurt] 1745. 16 S. 8° [Umschlagtit.]
Kl. 1869. Selten. Thory: Acta. 1 (1815) Nr 35 erwähnt eine Ausg. mit 24 S.

Zwey Schreiben eines Freymåurers [d. i. Joan Kornel. Radermacher] an seinen Freund, 1. von dem Buche das betitelt ist: Der verrathene Orden der Freymåurer, und 2. Von dem wahren Character eines Freymåurers. [Von Jos. Uriot.] Aus d. Franz. ůbers. von S. . . Gŏttingen: Bossigel 1760. 40 S. 8°
Kl. 1872. Sehr selten.

Radermacher, Joh., **Fügungen u. Führungen oder der verlorene Sohn, s. a. Heidelmann's, A., Theaterbibliothek 5. Hft.**

Fügungen und Führungen oder Der verlorene Sohn. Religiöses Schausp. in 5 Aufz. von Johann Radermacher. *Bonn: A. Heidelmann [1899].* (48 S.) 8° [F.]
= Theatorbibliothek, A. Heidelmann's. H. 5. [00. 5936 5

Fügungen und Führungen oder Der verlorene Sohn. Religiöses Schauspiel (mit Gesang) in 5 Aufz. von Johann Radermacher. [Nebst] Musikbeilage. *Bonn: A. Heidelmann [1899–1901].* 2 Bde 8° [F.]
= Theaterbibliothek, A. Heidelmann's. H. 5. 31. [04. 11739

Radermacher, Joh., s.: Heidelmann's, A., Theater-Bibl.

Die Nordpol-Expedition. Lustsp. in 1 Akt von Johann Radermacher. *Bonn: A. Heidelmann [1899].* (18 S.) 8° [F.]
= Theatorbibliothek, A. Heidelmann's. H. 8. [00. 5937 5

Schuld und Sühne oder Die feindlichen Brüder. Romant. Schauspiel in 5 Aufz. mit Chören von Joh. Radermacher. *Bonn: A. Heidelmann [1900].* (69 S.) 8° [F.]
= Theatorbibliothek, A. Heidelmann's. H. 17. [01. 11407

Schuld und Sühne oder die feindlichen Brüder. Romant. Schauspiel in 5 Aufz. mit Chören von Joh. Radermacher. [Nebst] Musikbeilage. *Bonn: A. Heidelmann [1900-02].* 2 Bde 8° [F.]
= Theaterbibliothek, A. Heidelmann's. H. 17. 49. [04. 11741

— Vereinsbühne. 1.—17. Heft. kl. 8. Bonn, J. Radermacher. n. 19. 40
Dorn, Hans, die Lieder des Musikanten (od. Die Macht des Goldes.) Volksstück m. Gesang in 5 Akten. Für die Dilettanten-Bühne eingerichtet. (100 S.) (906.) (Hft. 16.) n. 1. 30
Fredow, Rich., am Grabe der Mutter. Volksschauspiel in 5 Aufzügen. (43 S.) (904.) (Hft. 4.) n. 1. 20
— unentbehrliches Taschenbuch f. Theaterspieler der Vereinsbühne, nebst Anleitung f. diejenigen, die es werden wollen. (43 S.) (904.) (Hft. 1.) n. 2. —
— (Umschlag: Alex. Frey), das Vaterunser. Weihnachtsspiel in 3 Akten. (23 S.) (904.) (Hft. 5.) n. 1. —
— Verwaist. Schauspiel in 3 Akten. (23 S.) (904.) (Hft. 7.) n. — 90

Fröhlich, Curt, Mathilde, e. deutsches Frauenherz. Schauspiel in 4 Aufzügen, f. die Vereinsbühne eingerichtet. (83 S.) (905.) (Hft. 10.) n. 1. 20
— Robert u. Bertram. Orig.-Schwank in 3 Akten. (60 S.) (905.) (Hft. 8.) n. 1. 10
Groenewald, Christian, der Falkenhändler. Ritterschauspiel in 5 Aufzügen. (68 S.) (901.) (Hft. 6.) n. 1. 20
— der Fürst kommt. Posse in 1 Akt. (19 S.) 904. (Hft. 3.) n. — 90
— die Helden v. Port Arthur! Orig.-Schauspiel aus dem russisch-japan. Kriege in 5 Aufzügen. (67 S.) (905.) (Hft. 11.) n. 1. 25
— der Weltuntergang. Studentenposse in 1 Aufzug. (16 S.) (904.) (Hft. 2.) n. — 80
— Wirrwarr. Lustspiel in 1 Aufzuge. (27 S.) (905.) (Hft. 9.) n. — 90
Pelzer, Mich., Kuriert od. Der gesunde Kranke. Lustspiel in in 1 Akt. (28 S.) (906.) (Hft. 17.) n. 1. —

Remmo, Jean, der Glockenguß zu Breslau. Historisches Schauspiel in 3 Abteilungen. Für die Dilettantenbühne eingerichtet. (60 S.) (906.) (Hft. 15.) n. 1. 25
— Vaterfluch u. Muttersegen od. Savoyardenmädchen u. Edelmann. Volksschauspiel m. Gesang in 5 Akten. Für die Dilettantenbühne neu bearb. (84 S.) (906.) (Hft. 14.) n. 1. 25
Schoeneieiffen, Carl, Elise, die Soldatenbraut. Militär-Schauspiel in 2 Aufzügen. (51 S.) (905.) (Hft. 13.) n. 1. 15
— Hans, der verliebte Offiziersbursche. Militärische Humoreske in 1 Akt. (24 S.) (905.) (Hft. 12.) n. 1. —

— Vereinsbühne. 14. 16. u. 18.—57. Heft. kl. 8. Bonn, J. Radermacher. p 45. 55
Arnim, M. v., ein vornehmer Gast. Schwank in 1 Akt. (16 S.) (908.) (Heft 41.) 1. —
— Im Schnellzuge. Dramatische Szene in 1 Akt. (16 S.) (908.) (Heft 46.) 1. —
Asten, Alwin, dankend quittiert. Schwank m. Gesang in 1 Akt. (16 S.) (908.) (Heft 37.) 1. —
— Förster Hartmann. Schauspiel in 1 Akt. Preisgekrönt. (16 S.) (908.) (Heft 35.) 1. —
— „Friede auf Erden." Weihnachtsbild in 1 Akt. (24 S.) (909.) (Heft 53.) 1. —
— Die Heimkehr am Weihnachtsabend. Weihnachtsbild in 1 Akt. (24 S.) (909.) (Heft 56.) 1. —
— Ein fideler Studentenstreich. Lustspiel in 4 Akten. (63 S.) (908.) (Heft 36.) 1. 30
— Trotzköpfchen. Lustspiel in 1 Akt. (18 S.) (908.) (Heft 34.) 1. —
— Ueberlistet. Posse m. Gesang in 1 Akt. (24 S.) (908.) (Heft 38.) 1. —
— Vergieb uns unsere Schuld. Schauspiel in 1 Akt. (14 S.) (908.) (Heft 16.) 1. —
Aezebalig, Köbes, Tünnes als Schohmächer un Rentje! Orig.-Posse in plattköln. Mundart in 2 Akten. (43 S.) (909.) (Heft 51.) 1. 20
Belly, Geo., Monsieur Herkules. Posse in 1 Aufzuge. (31 S.) (909.) (Heft 57.) — 80
Fredow, Rich., die Banditenbraut. Schauspiel in 5 Akten. (76 S.) (908.) (Heft 14.) 1. 25
— Wer nur den lieben Gott läßt walten . . . Volks-Schauspiel in 5 Aufzügen, f. die Vereinsbühne eingerichtet. (70 S.) (909.) (Heft 54.) 1. 30
Fröhlich, Kurt, Schuld u. Sühne. Orig.-Schauspiel in 5 Akten. (86 S.) (907.) (Heft 29.) 1. 30
Frühauf, J., heimliche Liebe od. Lebender Marmor. Preisgekrönte Posse in 1 Aufzug. (34 S.) (907.) (Heft 19.) 1. 10
Jaeckel, Elfriede, der Zukunft starkes u. schwaches Geschlecht. Lustspiel in 1 Akt. (42 S.) (908.) (Heft 44.) 1. 25
Jung, J. C., „Ludwig XVII." (Novel.) Drama in 5 Akten u. 1 Vorspiel. (87 S.) (909.) (Heft 52.) 1. 30
Kayser, Wilh., der Baron als Stadtwichser od. Wenn man nur will, es geht gewiß. Genrebild in 4 Aufzügen. Nur Herren-Rollen. (43 S.) (907.) (Heft 23.) 1. 20
— Die gleichen Brüder od. Irren ist menschlich. Militär-Humoreske in 1 Aufzuge. Nur Herren-Rollen. (21 S.) (907.) (Heft 27.) — 90
— Der Herrgottsschnitzler od. Wo die Not am größten, Ist Gottes Hilf' am nächsten. Genrebild in 1 Aufzuge. Nur Herren-Rollen. (20 S.) (907.) (Heft 22.) 1. —
— Heil Kaiser, dir! Militär-Humoreske in 1 Aufzuge. (24 S.) (907.) (Heft 28.) — 90
— Das Machtwort der Mutter od. Die musterhafte Vorstandssitzung e. Arbeitervereines. Lustspiel in 2 Aufzügen. (27 S.) (907.) (Heft 24.) 1. —
— Das erste Sedanfest od. Viel Freud' u. Leid in Kriegeszeit. Volksstück in 1 Aufzuge. (30 S.) (907.) (Heft 26.) 1. —
— Der Taler als Talismann. Volksstück m. Gesang in 3 Aufzügen. (36 S.) (907.) (Heft 33.) 1. 20
— Zentrum ist Trumpf. Schauspiel in 2 Aufzügen. Nur Herren-Rollen. (31 S.) (907.) (Heft 30.) 1. 15
Minra, F. v., Suschen's Verdienst. Lustspiel in 1 Akt f. junge Mädchen. (23 S.) (909.) (Heft 55.) 1. 20
Mittl, Hans, die Helden bei Sendling. Dramolet m. e. Engelchor. (12 S.) (908.) (Heft 48.) 1. —
Müller, J., um Liebe u. Ehre. Schauspiel in 4 Aufzügen. (54 S.) (908.) (Heft 50.) 1. 25
Pannek, W. A., der Damenimitator od. Die Gläubiger als Heiratskandidaten. Komödie in 1 Akt. (42 S.) (908.) (Heft 40.) 1. 20
— Tippelkunden od. Ein origineller Streich. Posse in 1 Akt (27 S.) (908.) (Heft 39.) 1. —
Remmo, Jean, der Bettler u. sein Kind od. Totgeglaubt u. Wiedergefunden. (Ausg. A.) Historisches Volks-Liederspiel in 4 Aufzügen. Für die Dilettanten (!)-Bühne bearb. (40 S.) (907.) (Heft 18.) 1. 10
— dasselbe. (Ausg. B.) Schauspiel in 2 Aufzügen. Für die Dilettanten-Bühne bearb. (38 S.) (907.) (Heft 21.) 1. 10
Schmidt, Leop., späte Sühne od. Das Strafgericht Gottes. Trauerspiel in 1 Aufzuge. (Nach dem Entwurf „Benno" des Ludw. Uhland.) (16 S.) (908.) (Heft 47.) 1. —
Schnyder, G., der Berghofbauer. Volksschauspiel in 3 Aufzügen. (28 S.) (908.) (Heft 49.) 1. —
Schott, Clara, die Kartenlegerin. Lustspiel in 1 Akt. (16 S.) (908.) (Heft 43.) 1. —
Spanke, Arnold Th., ein kleiner Irrtum od. Das Weihnachtsoratorium. Schwank in 1 Akt. Nur männl. Rollen. (37 S.) (907.) (Heft 20.) 1. —
Waldau, Erich, enttäuschte Liebhaber od. Eine verflixte Geschichte. Schauspiel in 1 Aufzuge f. die Vereinsbühne eingerichtet. (40 S.) (907.) (Heft 25.) 1. 10
Walther, Paul, Husarenfieber od. Der entlarvte Heuchler. Schwank in 1 Akt. (20 S.) (907.) (Heft 32.) 1. —
Weiß, Kurt, Sherlock Holmes. Detektivkomödie in 3 Aufzügen frei nach Conan Doyles' Motiven. (50 S.) (908.) (Heft 45.) 1. 25
Weisse, O. Th., all Heil! Am Ziel! od. Des Radfahrers Glück. Schwank in 1 Aufzuge. (16 S.) (908.) (Heft 42.) 1. —
Wolf, Jos., der Mönch v. Lützelburg. Schauspiel in 4 Aufzügen. (46 S.) (907.) (Heft 31.) 1. 20

Das Zugstück. Posse in 1 Akt von Joh. Radermacher. *Bonn: A. Heidelmann [1901].* (20 S.) 8° [F.]
= Theaterbibliothek, A. Heidelmann's. H. 44. [ca. 5347 5

Radermacher, Klemens

Radermacher, Clemens [aus Köln]: Lautlehre zweier altportugiesischen Heiligenleben (Euphrosyna und Maria aegyptiaca). . . . Bonn, Univ.-Buchdr. v. Carl Georgi. 1889; 2 Bl. + III + 60 + 1 S. + 1 Bl. 8°
Bonn, Phil. Fak., Inaug.-Diss. v. 7. Jun. 1889

Radermacher, Ludwig

Radermacher, L., s.: Anonymi Byzantini de caelo et infernis epistula.

Radermacher Ludwig, Dr.: Das Epigramm des Didius. S. 170 9 . . . .
Separatabdruck

Radermacher, L., s.: Honoch, das Buch.

Das Jenseits im Mythos der Hellenen. Untersuchungen über antiken Jenseitsglauben von L[udwig] **Radermacher.** *Bonn: A. Marcus & E. Weber 1903.* (152 S.) 8° [03. 8,86 9

Radermacher. L., Aus Lucians Lügenfreund. S.-A. 1902. 11 S.

Radermacher, *Martinus* Ludovicus [Rhenanus]: **Observationes in Euripidem miscellae** . . . Bonnae, typ. C. Georgi typogr. acad., 1891; 40 S., 2 Bl. 8°
Bonn, Phil. Fak., Inaug.-Diss. v. 28. Jul. 1891

Radermacher, L., s.: Studien, Wiener.

Radermacher, Martin Ludwig, s. Radermacher, Ludwig

Radermacher, Reinerus *(geb. Aldenhoven bei Aachen 3.5.1831)*:
De carcinomate pulmonum. Vratislaviae (1858). (39 S.) 8°
Breslau, Med. Diss. v. 22. Sept. 1858

(Rädern, R. v.,) † (Adalbert vom Berge,) Napoleons Leben, s. Adalbert vom Berge.

Rädern, R. v., † (Adalbert vom Berge,) der Telegraph v. Berlin, s. Telegraph.

Raders, Karl, a. Dresden: Über den Prosaroman „L'histoire et ancienne cronique de Gerard d'Euphrate" (Paris 1549). Greifswald 1907: H. Adler. (77 S.) 8°
Greifswald, Phil. Fak., Ref. Stengel, Diss. v. 30. Sept. 1907
[Geb. 19. Jan. 84 Dresden; Wohnort: Dresden; Staatsangeh.: Sachsen; Vorbildung: Real-Gymn. Dresden Reife O. 03; Studium: Leipzig 2, Greifswald 4 S.; Rig. 24. Juni 07.]

Lehrbuch der Vereinfachten deutschen Stenographie ‹Einigungssystem Stolze-Schrey›. Von W[ilhelm] **Räderscheidt,** Mittelschullehrer, u. H[einrich] Vordemfelde, Handelsschullehrer. *Cöln: P. Neubner [1903].* (IV, 51 S.) 8° [c4 7751

Lehrbuch der Vereinfachten deutschen Stenographie ‹Einigungssystem Stolze-Schrey› von W[ilhelm] **Räderscheidt** u. H[einrich] Vordemfelde. 2. Aufl. Cöln: P. Neubner [1906]. (52 S.) 8° [F.] [07. 17343

Räderscheidt, W., u. H. Vordemfelde, Lehrbuch der vereinfachten deutschen Stenographie (Einigungssystem Stolze-Schrey). 3. u. 4. Aufl. (7.—12. Taus.) (52 S.) 8. Cöln (910). P. Neubner. Kart. 1. —

Raderus, Matthäus

Raderi, Math., Bavaria sancta CXLVIII Iconismis exornata. IV Tomi. fol. Augsb. I. Wolf.

Raderus, Matthäus, Bavaria sancta, ob. d. heil. Bayerland, im Ausz. aus d. Lat. f. Deutsche bearb. u. hrsg. v. ein. kathol. Geistlichen. Ein nützl. Handbuch f. Priester, Schullehrer u. Hausväter rc. 8. (24½ B.) Straubing 840, Schorner'sche Bb.

Raderus, Matthaeus, s. J. (geb. 1561 zu Inichingen in Tyrol, † 22. Dezbr. 1634 zu München), *Heiliges Bayer-Land*, aus d. Latein. vor 100 Jahren von R. P. *Matthaeo Radero*, auss der Gesellschaft JESU, verfertigten Werck anjezo in die Teutsche Sprach übersetzt. Angefangen von einem andern Priester bemelter Societet, in gegenwärtigen Stand gebracht von R. P. *Maximiliano Rassler*, eben bemelter Societet. 3 Thle. (1 vol.). Mit Erlaubnus der Oberen. Mit 129 Kpfrn. (Heiligenbilder, unten je 8 Verse), gestoch. von *Raphael Sadeler* (geb. 1555 zu Brüssel, seit 1604 ständig in München, † daselbst um 1628). Augspurg, auf Unkosten Joh. Caspar Bencards, druckts Joh: Michael Labhart, hochfürstl: bischöfll: Buchdr. Im Jahr Christi 1714. Fol. Einige Kpftaf. aufgezog. u. stellenw. am Rande ausgebess., sonst schönes Expl. in gepr. Pgmtb. m. Schl.

I: 13 Bll. Vorst. (incl. roth u. schwarz gedr. Tit.), 412 S. (incl. Reg.). Mit Frontisp. (Bl. 1 a) u. 60 Kpfrn. II: 3 Bll., 355 S. (incl. Reg.), 46 Kpfrn. (u. a. S. 323: „Ein Knab zu München [!] von den Juden gemarteret"; S. 327: „Sechs Knaben zu Regenspurg von den Juden ermordet": S. 331: „Michael, ein Knab (von den Juden) gemartert 1540"). III: 3 Bll., 412 S. (incl. Reg.). Mit 22 Kpfrn.

Diese Uebersetzung ist dem Kurfürsten Max Emanuel vom Verleger gewidmet. Das lat. Orig. „Bavaria Sancta" erschien in 3 Theilen zuerst Monachii 1615, 1624, 1627; rep. ib. 1704 u. Dilling. 1709. Fol. (Cfr. Kobolt, S. 537.)

— heil. u. gottsel. Bayerland, 3 Thle. m. K. Fol. Ebd. 714.

Radesei, L., geb. Seidel, gründl. Anweisung, Damenkleider aufs Richtigste u. Leichteste zu verfertigen, als Handbuch für Damen rc. Mit 54 Steinzeichn. gr. 4. Wien ... (Wallishausser.) 7 sgr

Radesey, J. A., Stammtafeln der Familie Brade mit allen Nebenlinien. Mit Stammbaum. Wien 1878. 8. Nicht im Handel.

Radesey, Johann Ferdinand (Brieg/Schlesien), **De narcoticorum usu in mania cum adjectis duobus felicissimi hujus usus exemplis.** Frankfurt/Oder (Apitz) 2. XI. 1797. 25 S. (4.25) 27536
Gew.: August Wilhelm Andreae, Ernst Theophil Glawnig.

Radestock, C. G., und C. F. Richter, Fibel und erstes Lesebuch nach der Schreiblesemethode. 1. Aufl. (96 S.) 1847. und 2., verb. mit Ster. gedr. Aufl. 8. (100 S.) Leipzig 851, B. Tauchnitz.

Radestock, C. G., und C. F. Richter, Fibel und erstes Lesebuch nach der Schreiblesemethode. 3. Aufl. 1853. und 4., mit Ster. gedr. Aufl. 8. (100 S.) Leipzig 856, B. Tauchnitz.

Radestock, C. G., und C. F. Richter, Fibel und erstes Lesebuch nach der Schreiblesemethode. 5—8., mit Ster. gedr. Aufl. 8. (100 S.) Leipzig 857—61, B. Tauchnitz.

Radestock, C. G., und C. F. Richter, Fibel und erstes Lesebuch nach der Schreiblesemethode. 9.—11., mit Ster. gedr. Aufl. 8. (100 S.) Leipzig 864—68, B. Tauchnitz.

Radestock, C. G., und C. F. Richter, Fibel und erstes Lesebuch nach der Schreiblesemethode. 12.—14. mit Stereotypen gedr. Aufl. 8. (120 S. mit eingedr. Holzschn.) Leipzig 869—74, B. Tauchnitz.

—— und C. F. Richter, Fibel und erstes Lesebuch nach der Schreiblesemethode. 15. und 16. mit Stereotypen gedr. Aufl. 8. (120 S. mit eingedr. Holzschn.) Leipzig 877,78, B. Tauchnitz.

Radestock, C. G., und C. F. Richter, Fibel und erstes Lesebuch nach der Schreiblesemethode. 17. mit Stereotypen gedr. Aufl. 8. (120 S. mit eingedr. Holzschn.) Leipzig 880, B. Tauchnitz.

—— —— dass. — 18. und 19., mit neuer Orthographie vers. Aufl. 8. (120 S. mit eingedr. Holzschn.) Ebendas. 881.

Radestock, C. G., u. C. F. Richter, Fibel u. erstes Lesebuch nach der Schreiblesemethode. 20. Aufl. 8. (120 S. m. Illustr.) Leipzig 886. B. Tauchnitz. — 30

Radestock, C. G., u. C. F. Richter, Fibel u. erstes Lesebuch nach der Schreiblesemethode. 21. Aufl. 8. (120 S. m. Abbildgn.) Leipzig 892. B. Tauchnitz. — 30

Radestock, C. G., u. C. F. Richter, Fibel u. erstes Lesebuch nach der Schreiblesemethode. 22., m. neuer Orthographie verseh. Aufl. (120 S. m. Abbildgn.) 8. Leipzig 904. B. Tauchnitz. n. — 80

Radestock, C. G., zwölf Schulreden. 8. (123 S.) Meißen 879. Schlimpert. n. 1. 20

Radestock, G., die Inunctionskur, ihre Anwendung u. Bedeutung gegenüber anderen antiluetischen Kuren. s.: Bibliothek, medicinische, f. praktische Ärzte.

Radestock, Hans, wie schließt man e. Vertrag? Die Vorschriften des bürgerl. Gesetzbuchs üb. Entstehg., Inhalt u. Form der Verträge allgemeinverständlich erläutert. gr. 8. (77 S.) Berlin (901). H. Steinitz. n. 1. —

Der **Zentralverband** deutscher Konsumvereine. Berichte d. Vorstandes u. d. Sekretärs über d. Entwicklung d. Zentralverbandes deutscher Konsumvereine. Erstattet zu Händen d. 3. ordentl. Genossenschaftstages d. Zentralverb. ... von Max Radestock u. Heinrich Kaufmann. [1.] Im J. 1905. Hamburg: H. Kaufmann & Co. 1907. 8° [F.] 108. 1897

Radestock, Paul, Genie u. Wahnsinn. Eine psycholog. Untersuchg. gr. 8. (VII, 79 S.) Breslau 884. Trewendt. n. 2. —

Radestock, Paul, die Gewöhnung u. ihre Wichtigkeit für die Erziehung. Eine psychologisch-pädagog. Untersuchung. gr. 8. (XVI, 107 S.) Berlin 882. Oehmigke's Verl. n. 2. 50

— die Gewöhnung u. ihre Wichtigkeit f. die Erziehung. Eine psychologisch-pädagog. Untersuchg. 2. Ausg. gr. 8. (XV, 107 S.) Berlin 884. Oehmigke's Verl. n. 1. —

— Schlaf u. Traum. Eine physiologisch-psycholog. Untersuchung. gr. 8. (XI, 330 S.) Leipzig 879. Breitkopf & Härtel. n. 7. —

Radet, Honorine, ou la femme difficile à vivre, siehe: Théâtre Française publié par Schütz. Série VII. 8. livr.

Die Anwendung künstlicher Düngemittel im Gartenbau und in der kleinen Landwirtschaft. Eine Anleitung f. Gärtner, Gartenliebhaber u. Landwirte von A[dolf] **Radetzki.** Berlin: Gebr. Radetzki [1904]. (30 S.) 8°
= **Kultur-Anweisungen,** Gärtnerische. H. 25. 106. 187

Das großblum. Chrysanthemum. Chrysanthemum indicum (Curt.) Syn. Chrys. japonicum (Thb.) von A[dolf] **Radetzki.** 4. verm. u. verb. Aufl. Berlin: Berliner Gärtner-Börse [1904]. (22 S.) 8°
= **Kultur-Anweisungen,** Gärtnerische. H. 1. 106. 163

Radetzki A.: Führer durch die Gärtnereien Berlins und Umgegend. Berl. (1885). 49 S. P.

Radetzki, gärtnerische Kultur-Anweisungen. 1.—25. Hft. gr. 8. Berlin, Gebr. Radetzki. n. 17. 50

Bastel, F., u. H. Schulz, Reseda. Tuberosen. Citrus. Die Kultur der Reseda odorata, Tuberosen u. Citrus sinensis. 2. Aufl. (12 S.) (901.) (Hft. 7.) n. — 50

Bougainvillea Sand. gl. Ficus elastica. Die Kultur der Bougainvillica Sand. gl. Von Fred Nobody. Die Kultur der Ficus elastica. Von Wilh. Matschke. (12 S.) (901.) (Hft. 22.) n. — 50

Drube, Chr., Veilchen. Kultur u. Treiberei der Veilchen. 2. Aufl. (14 S.) (904.) (Hft. 14.) n. 1. —

Eucharis u. Hortensien. Die Kultur der Eucharis. Von Geo. Lindner. Die Kultur der Hortensien. Von Fritz Haese. (8 S.) (905.) (Hft. 21.) n. — 50

Friedländer, W., u. Aug. Schleifer, Bouvardien. Calla. Die Kultur der Bouvardien u. Calla aethiopica. (12 S.) (904.) (Hft. 6.) n. — 50

Goerke, J., Amaryllis. Primel. Die Kultur der Amaryllis vittata u. deren Hybriden sowie der gefüllten Primel. 2. Aufl. (11 S.) (904.) (Hft. 4.) n. — 50

Grubert, Rich., Cyclamen. Die Anzucht u. Behandlg. der Cyclamen. 3. Aufl. (11 S.) (904.) (Hft. 10.) n. — 50

— Maiblumen. Die Vorkultur u. Treiberei der Maiblumen. 2. Aufl. (8 S.) (Hft. 12.) n. — 50

— Remont.-Nelken. Die Kultur u. Treiberei der Remontant-Nelken. 2. Aufl. (Neu durchgesehen u. vermehrt.) (10 S.) (904.) (Hft. 5.) n. — 50

— Rosen. Die Treiberei der Rosen in Töpfen u. ausgepflanzt, sowie deren Vorkultur. (12 S.) (904.) (Hft. 11.) n. — 50

Haese, F., d. Kultur d. Hortensien, s.: Eucharis.

Heinricy, Flieder. Die Kultur u. Treiberei des Flieders. 2. Aufl. (11 S.) (904.) (Hft. 2.) n. — 50

Hennings, Frdr., Azaleen. Die Kultur der Azaleen (Azalea indica L.) Felsenstrauch. (18 S.) (904.) (Hft. 13.) n. 1 —

— Farne. Die Kultur der modernen Schnitt- u. Handels-Farne. (16 S.) (904.) (Hft. 20.) n. — 50

— Rhododendron. Die Kultur der Rhododendron (L. Alpenrose). (16 S.) (904.) (Hft. 8.) n. 1. —

Krell, C., Champignons. Die Kultur des Champignon. 2. Aufl. (12 S. m. Abbildgn.) (904.) (Hft. 3.) n. — 50

Lindner, G., d. Kultur der Eucharis, s.: Eucharis.

Matschke, W., die Kultur d. Ficus elastica, s.: Bougainvillea.

Nobody, Fr., die Kultur d. Bougainvillea Sand. gl., s.: Bougainvillea.

Pätzold, Max, Camellien. Die Kultur der Camellien. (14 S.) (904.) (Hft. 19.) n. — 50

Radetzki, A., die Anwendung künstlicher Düngemittel im Gartenbau u. in der kleinen Landwirtschaft. Eine Anleitg. für Gärtner, Gartenliebhaber u. Landwirte. (30 S.) (904.) (Hft. 25.) n. — 50

— das grossblum. Chrysanthemum. Chrysanthemum indicum (Curt.) (Syn. Chrys. japonicum (Thb.).) 3. verm. u. verb. Aufl. (20 S.) (904.) (Hft. 1.) n. 1. —

— der gärtnerische Pachtvertrag. Eine Anleitg. zur Anfertigg. von Verträgen üb. gärtner. Pachtgn. (18 S.) (904.) (Hft. 24.) n. 1. —

Schöde, Jul., Ananas. Practische Anleitung zur Ananas-Kultur. Aus der Praxis für die Praxis. (11 S.) (904.) (Hft. 9.) n. — 50

Scholz jun., C., Gurken. Prakt. Winke f. Gurken-Treiberei im Haus u. im Beet nach eigenen prakt. Erfahrgn. 2. Aufl. (Neu durchges. u. verm.) (16 S.) (901.) (Hft. 16.) n. — 50

Ulrich, Alb., Eriken. Die Kultur der Eriken. (17 S.) (904.) (Hft. 17.) n. 1. —

— Myrthen. Die Kultur der Myrthen. (15 S.) (904.) (Hft. 18.) n. — 50

Voigt, R., die Blumenzwiebel-Kultur in ihrem ganzen Umfang, unter besond. Berücksicht derjenigen Zwiebeln u. Knollen, welche sowohl als Topfpflanze, wie als Schnittblume werthvoll sind. Nach dem Stande der Jetztzeit u. unter Beachtg. mod. Anfordergn. bearb. nach eigenen Erfahrungen. Aus der Praxis. Für die Praxis. (41 S.) (904.) (Hft. 23.) n. 1. 50

— Orchideen. Die Kultur der Orchideen zum Blumenschnitt. (20 S.) (904.) (Hft. 15.) n. 1. 50

Radetzki, A., die Obstkultur im Hausgarten. 12. (70 S.) Berlin 891. Gebr. Radetzki. Kart. n. 1. —

Der gärtnerische Pachtvertrag. Eine Anleitung z. Anfertigung von Verträgen über gärtnerische Pachtungen von A[dolf] Radetzki. Berlin: Berliner Gärtner-Börse [1904]. (18 S.) 8°
= **[Kultur-Anweisungen,** Gärtnerische.] H. 24. 104. 186

Radetzki, A., Zoll-, Steuer- u. polizeiliche Vorschriften f. Versendung v. Gütern aus gärtnerischen Betrieben im Post- u. Eisenbahn-Verkehr m. dem europäischen Auslande. Bearb. nach den amtlichen Vorschriften u. Dienst-Instruktionen. (Einbd.-Titel: Verkehrs-Handbuch f. den gärtner. Versand.) (160 S.) 8. Berlin (905.) Gebr. Radetzki. Kart. n. 3. —

Radetzky und sein Denkmal in Wien ... Wien 1886. V: *Rieger, Franz.* (KA)

Radetzky, Der k. k. österreichische Feldmarschall. Eine biographische Skizze nach den eigenen Diktaten und der Korrespondenz des Feldmarschalls ... Stuttg. 1858. V: *Heller von Hellwald, Frdr.* (ADB 21, 283) V: *Schönhals, Carl v.* (Ky) (Kat. der Bibl. d. dtsch. Reichstags.) (zuwzür) (Doubl.-Anz. 1903, 6.)

Radetzky, der k. k. österreichische Feldmarschall Graf. Eine biograph. Skizze nach den eigenen Dictaten und der Correspondenz des Feldmarschalls von e. österreich. Veteranen. (Von v. Schönhals.) Mit 1 (lith.) Facsimile (in 4.). 1. u. 2. unveränd. Abdr. Stuttgart 858. Cotta. 8. (XV, 440 S.) n. 2 ₰. 10 ngr.

Radetzky, Marschall, der Heldengreis. Eine kurze Darstellung seines thatenreichen Lebens u. 64jähr. Dienstzeit. Nebst Aufzählg. aller seiner Rangesstufen ꝛc. Von einem Grazer Ehrenbürger. Mit dem Bildnisse des Heldengreises in Stahlst. 16. (16 S.) Graz 849, Dirnböck. 3 ngr.

Radetzky, Feldmarschall Josef Graf. Biographie, s. Haymerle, A. v.

—— Sein Leben, s. Bancalari, Gust. — Duncker, C. v. — Krones, Frz. v. — Smolle, Leo.

Radetzky, *Feldmarschall Graf* —, sein Leben und seine Thaten. Nach den zuverlässigsten Quellen bearbeitet von Anton Freih. v. Gavenda, k. k. Hauptmann und Frz. de Vuko et Branko, k. k. Lieuten. *Prag* 1858. Druck von *F. Rohliček*. 190 S., 2 Bl. 8°. Mit dem Porträte des F.-M. in Stahl. 1 fl.

Radetzky, s. Wehner, Otto.

Radetzky, Fr. Rob. v., Benedict. Ein Schauspiel in 5 Aufzügen. 8. (179 S.) Leipzig 883, Friedrich.

Radetzky, Josef Wenzel Graf
(eigentl. J. W. Graf R. von Radetz)

Radetzky, Briefe an seine Tochter Friederike. 1847—1857. Aus dem Archiv der freiherrl. Familie Walterskirchen hrsg. v. Bernh. Duhr. Festschrift der Leo-Gesellschaft zur feierl. Enthüllg. d. Radetzky-Denkmals in Wien. Mit 1 Portr. u. mehreren Fcsm. Lex.-8. (194 S.) Wien 892. Verlag „St. Norbertus" (Jos. Roller & Co.). Auf Chamoispap. n. 4. —; geb. in Leinw n n. 5. 50; auf Velin- od. Büttenpap. n. 5. —; geb. in Halbfrz. n.n. 7. —

(Radetzky.) Denkschriften militärisch-politischen Inhalts aus dem handschriftlichen Nachlaß des k. k. österreich. Feldmarschalls Grafen Radetzky. Stuttgart 858. Cotta. 8. (XII, 553 S.) n. 2 ₰. 26 ngr.

Radetzky, J. W. Grf v. Feld-Instruktion für die Infant., Kav. u. Art. Mit Pl.
Olmütz 1844. 464 S.
— — 2. Aufl. 1847. — 3. Aufl. 1852.

Radetzky, Graf, Feld-Instruktion für die Infanterie, Kavallerie u. Artillerie. 6. mit dem Portr. des Feldmarschalls (in Stahlst.) u. einer neuen historisch-biographischen Einleitung verm. Aufl. von einem österreich. Veteranen. Mit 8 (lith.) Plänen (in 4. u. Fol.). Wien 861. Braumüller. gr. 8. (XXIV, 464 S.) n. 2 ₰

(Radetzky, Graf v.) Manœuvrir-Instruction der Infanterie 1834. (Mailand 1836.) 8°. (Lithogr.)

(Radetzky v. Radetz, Joseph Graf, k. k. F. M.) Praktischer Unterricht im Felde. Zusammengesetzt aus den Vorschriften der Grundsätze der höheren Kriegs-Kunst, der praktischen Beiträge des Generals- sowie der Linien- und Jäger-Reglements und angewendet auf die Beschaffenheit des Landes für die k. k. Infanterie der Armee in Italien 1831. (Lithographiert.)
Fol. (ohne Ort.) 1831.

Radetzky-Album. Krieges- u. Sieges-Lieder hrsg. u. unserer tapferen k. k. Armee gewidmet v. Gust. Schönstein. [Mit dem (in Stahl gest.) Porträt u. der Biografie des greisen Helden.] gr. 8. (132 S.) Wien 849, Wenedikt. 24 ngr.

Radetzky-Album, Das. [Innsbruck 1851.] V: *Mahlschedl Ritter von Alpenburg, Johann Nepomuk.* (margr)

Radetzky - Denkmal, Das, im Nationalmuseum zu Innsbruck. Innsbruck 1859. V: *Mahlschedel, Ritt. v. Alpenburg, Joh. Nep.* (EB)

Radetzky-Denkmal, das, im Nationalmuseum zu Innsbruck. Beilage zum 10. Jahresbericht und der Jahresrechnung des Radetzky-Vereins, nebst dem Namensverzeichniß aller seit 1848 bis 1. März 1859 eingelaufenen Blätter und Beiträge für das Radetzky-Album, und Geschenke für das Denkmal. Innsbruck 859. (F. Rauch.) gr. 8. (57 S.) 4 ngr.

Radetzky-Denkmal, Das tirolische. Innsbruck 1854. V: *Mahlschedl Ritter von Alpenburg, Johann Nepomuk.* (margr)

Radetzky-Lieder. Ein Album zu Ehren des Feldherrn, seiner Paladine und seiner Tapfern. Dargebracht von deutschen Dichtern und hrsg. unter Mitwirkung von König Ludwig von Bayern, Prinz Adalbert von Bayern, Friedr. Beck, Adf. Doerr ꝛc. durch Frz. Jos. Adph. Schneidawind. 8. (XVI und 222 S mit 1 Stahlst.) Leipzig 854, Spamer.

Radetzky-Lieder. Ein Gedenkbuch zu Ehren des Feldherrn, seiner Paladine und seiner Tapfern. Dargebracht von deutschen Dichtern und hrsg. unter Mitwirkung von König Ludwig von Bayern, Prinz Adalbert von Bayern, Th. Apel, Friedr. Beck ꝛc. 2., verm. Aufl. gr. 8. (XX und 222 S. mit Portr. in Stahlst.) Leipzig 858, Spamer.
geb. mit Goldschn.

Radetzky's, Graf v., Lebensabriß, s. Lebensabriß, kurzer.

— Ruhestätte auf dem Heldenberge im Schlossparke zu Wetzdorf. Von einem steyrischen Grenadier. 8. Wien 1858.

Radetzky's Vermächtniß an Oesterreichs Heer und Volk nebst einer Charakteristik und einer kurzen Lebensbeschreibung des Helden. Mit dem Portr. Franz Joseph I. und des Feldmarschalls Radetzky (in Holzschn.). 1—3. Aufl. Wien 858. Dirnböck in Comm. Lex.-8. (16 S.) 6 ngr.

Radetzky-Verein, Der Tiroler. [Innsbruck 1849.] V: *Mahlschedl Ritter von Alpenburg, Johann Nepomuk.* (margr)

Radewald, Ernst (Bauführ.) Beschreibung des neuen Gymnasialgebäudes. 8 S. u. 2 Taf. **Progr.** Kö. G. *Danzig* 1882.
Die Einweihung des neuen Hauses und die bei derselben gehaltenen Reden des Prov.-Schulr. K. Kruse und des Dir. Eug. Trosien. S. 9—21. **Progr.** Kö. G. *Danzig* 1882.

Radewell, Friedr., Tyll Eulenspiegel. Komödie. 8. (18½ B.) Hamburg 840, Hoffmann u. Campe.

—— die Passion. Kirchl. Festspiel. Zur Stiftung e. Götheums, e. Erziehungsanstalt f. dramat. Künstler in Weimar. 8. (6 B.) Weimar 840, (Voigt.)

Radewitz, M., belohnte Rechtschaffenheit. Deklamatorium in 3 Aufzügen. (24 S.) kl. 8. Züllchow (904). M. Bühle. (Nur direkt.) n. — 50

— **auf der Wanderschaft.** Deklamatorium in 3 Aufzügen. (24 S.) kl. 8. Ebd. (904). n. — 50

Radewijns, Florentius, Tractatulus devotus de exstirpatione vitiorum et passionum et acquisitione verarum virtutum et maxime caritatis dei et proximi et verae unionis cum deo et proximo, seu tractatulus de spiritualibus exercitiis nunc primum editus ab Henr. Nolte. 12. (56 S.) Freiburg im Br. 862, Herder'sche Verlagsh.

Radezlwill, Minna, Reigensammlung, m. Abb., 1., u. 2. umgearb. u. verm. Aufl. (m. e. Anh.: Tanzen nach Instrumentalmusik), Leipzig u. Berlin 1908 u. 1912, 8° u. L.uer-8°. 2 Bde.

Radfahr-Blumen-Corso Wien 1897 am 26. Tage des Wonnemonds unt. d. höchsten Protektorate Ihr. k. u. k. Hoh. der durchlauchtigsten Frau Kronprinzessin-Witwe Erzherzogin Stephanie u. unter d. Ehrenpräsidium Ihr. Exc. d. Frau Gräfin Anastasia Kielmansegg-Lebedeff. schmal gr. 4. (16 Taf. m. Abb.) Wien 897. Gerlach & Schenk. n. 1. —

Radfahrer, der. Fachblatt f. die Gesammt-Interessen d. deutschen Radfahr-Sports u. der Fahrrad-Industrie. Red.: A. Mauxion. 9. Jahrg. 1890. 24 Nrn. (1¼ B.) 4. Leipzig 890. L. Weber (Sportverlag). n. 4. —

Jg. 1-4. 1881-1885 u. d. T.: Das Velociped.

Radfahrer, der. Aeltestes Fachblatt f. die Interessen d. deutschen Radfahr-Sports u. der Fahrrad-Industrie. Red.: G. Adf. Simon. 10.—12. Jahrg. 1891—1893. à 24 Nrn. (Bog.) 4. Leipzig, Theophil Weber. à Jahrg. n. 4.

— der deutsche. Deutsch-internationale Radfahrer-Zeitung. Organ zur Vertretg. der Interessen der deutschen Radfahrer. Amtliche Zeitg. der „Allgemeinen Radfahrer-Union". Organ der deutschen Fahrrad-Industrie. Red.: Casp. Bodensohn. 7. Jahrg. 1891. 24 Nrn. (à ca. 20 S.) Fol. Straubing, Mondsion. n. 6. —

— dasselbe. 8. u. 9. Jahrg. 1892. 1893. à 24 Nrn. (à ca. 20 S.) Fol. Nürnberg, A. Gutmann. à Jahrg. n. 6. —

Radfahrer, der deutsche. Deutsch-internat. Radfahrer-Zeitung. Organ zur Vertretg. der Interessen der deutschen Radfahrer. Amtliche Zeitg. der „Allgemeinen Radfahrer-Union". Organ der deutschen Fahrrad-Industrie. Red.: Karl Biesendahl. 10. Jahrg. 1894. 30 Nrn. (à ca. 20 S.) Fol. Stuttgart, Glaser & Sulz. n. 6. —

Radfahrer, der deutsche. Organ zur Vertretg. der Interessen d. deutschen Radfahrer. Deutsch-internat. Radfahrer-Zeitg. Amtl. Zeitg. d. Allgem. Radfahrer-Union. Organ d. deutschen Fahrrad-Industrie. Red.: Karl Biesendahl. 11. Jahrg. 1895. 30 Nrn. (à ca. 18 S. m. Abb.) Fol. Stuttgart, Glaser & Sulz. n. 6. —

— dasselbe. Amtl. Zeitg. d. Allgem. Radfahrer-Union, deutschen Touren-Club. Chef-Red.: Karl Biesendahl. 12.—14. Jahrg. 1895—1898. à 38 Nrn. (à ca. 24 S. m. Abb.) gr. 4. Ebd. à Jahrg. n. 6. —

Radfahrer, der deutsche, m. seinen 4 ständigen Beilagen: Der deutsche Automobilfahrer. Der Patentanwalt. Sportskollege Münchhausen. Die europäischen Tourenblätter. Chef-Red.: Carl Biesendahl. 16. Jahrg. 1900. 52 Nrn. gr. 4. (à ca. 16, 4 u. 4 S. m. Abbildgn. u. 8 S. in 8.) Stuttgart, Glaser & Sulz. n. 6. —

— der deutsche. Unabhängige illustr. Zeitschrift f. Radfahrer. Aeltestes Fachblatt der Fahrradbranche. Mit Radfahrer-Versichergn. u. den Gratis-Beiblättern: Die deutsche Radfahrerin. Hort's Touren-Postkarten für Radfahrer. Die deutschen Automobilfahrer. 17. Jahrg. 1901. 12 Nrn. gr. 8. (à ca. 48 Sp.) Stuttgart, N. Hort. n. 2. 40

— dasselbe. Illustr. Zeitschrift f. Radfahrer. Aelteste deutsche Sportzeitschrift, gegr. 1885. Organ f. Radfahrer-Vereine u. -Clubs. Verbunden m. Radfahrer-Versichergn., Prämiirgn. u. Benefizion. Beiblätter (in abwechselnder Folge): „Die deutsche Radfahrerin". „Der deutsche Kraftfahrer". Amtliches Organ des norddeutsch. Radfahrer-Bundes (Sitz Hamburg), sowie des westdeutsch. Radfahrer-Verbands (Sitz Aachen) u. anderer Radfahrer-Vereine u. -Clubs. 18. Jahrg. 1902. 20 Hfte. gr. 8. (à ca. 48 Sp.) Ebd. n. 2. 40

Der Deutsche Radfahrer-Bund und seine Aufgaben. (Bearb. vom Ausschuss f. Wanderfahren.) *(Berlin [um 1900]: Naack.)* (22 S.) 8° [Umschlagt. ?.] [illegible]

Radfahrer-Bund, deutscher. Fachzeitschrift f. die Gesammt-Interessen d. Radfahr-Sports. Amtliche Zeitg. d. Deutschen Radfahrer-Bundes. Red.: F. M. Rittinger, L. Stein. 1.—3. Jahrg. 1888—1890. à 24 Nrn. (à 2—3 B.) hoch 4. Magdeburg. (Leipzig, L. Weber, Sportverlag.) à Jahrg. n.n. 8. —

Radfahrer-Bund, deutscher. Fachzeitschrift f. die Gesammt-Interessen d. Radfahr-Sports. Amtliche Zeitg. d. Deutschen Radfahrer-Bundes. Red.: Louis Stein. 4. Jahrg. 1891. 24 Nrn. (à 2—3 Bog.) hoch 4. Magdeburg (Leipzig, Theophil Weber.) n.n. 8. —

Radfahrer-Compass 1897. Auskunftsbuch für das gesammte Fahrradwesen, mit Anhang: Die internationalen Radfahr-Verbände. Erster Jahrgang. Herausgeber Hans Czermak. 16. (XXII, 448 S.) In Lnwd. geb. In Comm * 1.— Mit dreimonatlichem Remissions-Rechte.

Wien: Braumüller 1897.

Radfahrer-Compass, österr.-ungar., 1898. Auskunftsbuch f. d. ges. Fahrradwesen. II. Jahrg. Hrsg.: Hans Czermak. gr. 16. (IX, 406 S.) Wien (W. Braumüller). Geb. in Leinw. n. 2. 40

Radfahrer-Dolmetsch. Deutsch-Italienisch-Französisch-Serbocroatisch (u. Slovenisch)-Ungarisch. Hrsg. v. Grazer Bicycle-Club v. J. 1894. gr. 16. (41 S.) Graz 898. P. Cieslar. — 90

Radfahrer-Kalender 1898/99. April 1898—März 1899. 12. (102 S.) Leipzig, Scholtze & Klemm. n. — 50

Radfahrer-Kalender f. 1902. 128. (32 S.) Schwerin, E. Herberger. — 10

Erscheint nicht weiter.

Radfahrer-Kalender, deutscher, f. d. J. 1894, m. gemeinnütz. Radfahrer-Notizen, sowie Touren-Tabellen etc. 16. (64 S.) Leipzig-A., W. Hoppe. Geb. — 60

— dasselbe, s. a All Heil.

— **deutscher.** 4. Jahrg. 1897/98. Zusammengestellt unt. Mitwirkg. v. Fachautoritäten. gr. 16. (64 S. m. Schreibkalender.) Leipzig, Schulze & Co. Geb. n. 1. —

— f. Liv-, Est- u. Kurland 1896. 1. Jahrg. Bearb. v. G. v. Redelion. 16. (174 S.) Riga, A. Stioda. Geb. in Leinw. n. 1. 50

— österreichisch-ungarischer u. Handbuch f. d. J. 1897. gr. 16. (XIV, 70 S.) Korneuburg, J. Kühkopf & Habol. Kart. n. — 60

Radfahrer-Karte der schlesischen Gebirge bearb. unter Mitw. d. Gaue 24 u. 37 d. Deutschen Radfahrer-Bundes. 1 : 300,000. Leipzig: Mittelbach [1906]; (Photolith. Globus, Kötzschenbroda). (1 Kartenbl. 67×53 cm.) [kol.] [07. 1006

Max Hansen's **Radfahrer**- und Tour**istenkarte** von Dithmarschen. 1 : 125000. 3. Aufl. Glückstadt. o. J. (1904). 1 Bl. Fol., aufgez. auf Leinen in Futteral. 8°.

(Alexius) Kiesslings **Radfahrer-Karte** der Provinz Brandenburg. 6 farbig. 8. Aufl. Mit Kilometer-Einteilung d. Chausseen u. Pflasterwege u. Ortschaften-Verz. (Maassst. 1:432,690.) *Berlin: A. Kiessling [1898].* (1 Kartenbl. 57×75 cm.) 8° [Umschlagt.] [01. 4317

(Alexius) Kiesslings **Radfahrer-Karte** von 300 Quadratmeilen um Berlin. 1 : 300,000. Bearb. unter Mitw. von Dr. B[runo] Graupe. 4. Aufl. Mit Kilometer-Einteilung d. Chausseen u. Pflasterwege u. Ortschaften-Verz. *Berlin: A. Kiessling [1900].* (1 Kartenbl. 38×53 cm.) 8° [Umschlagt.] [farbig] [01. 4674

Ravenstein's **Radfahrer**- und Automobilkarte des Regierungsbezirkes Frankfurt a.O. (Oestl. Blatt d. Radfahrerkarte von Brandenburg. Bearb. von **Hans Ravenstein** mit Zugrundelegung der W. Liebenowschen Karte von Mittel-Europa.) Maaßst. 1 : 300,000. *Frankfurt a. M.: L. Ravenstein [1903].* (1 Kartenbl. 63×74 cm mit Legende.) 8° [kol.] [04.6.70

Radfahrer- u. **Wanderkarte** der Umgebung von Magdeburg 80 Km. im Umkreis. Neue Ausg. *Magdeburg: J. Neumann [1900].* (1 Kartenbl. 72×64 cm.) 8° [Umschlagt.] [00. 10033 8

Radfahrerkarten [Schlagwort]

— s. a.: Automobilkarten.

— s. a. Berlin. Straube, Jul.

— s. a.: **Militärkarten**, Ravenstein, Hans.

— s.a. Oberhessen.

— s. a. Schweiz. Spezialkarte.

— s.a. Wiesbaden.

Radfahrerkarten. Albert, R., Radfahrerkarte der Prov. Sachsen u. d. angrenzenden Länderteile. 1 : 450,000. Chromolith. Imp.-Fol. Halle 888. (Reichardt.) n. 1. 50

Radfahrerkarten. Albert's, R., Specialkarte vom Harzgebirge f. Radfahrer. (Strassenkarte.) 1 : 200,000. 37 × 59 cm. Farbdr. Walkenried. (Halle 898. H. Hothan.) n. 1. —

Radfahrerkarten. Albert's, R., Special-Karte vom Harzgebirge für Radfahrer, Touristen etc. 1 : 200,000. 3. Aufl. 37,5×59,5 cm. Farbdr. Halle (901). (H. Hothan.) n. 1. —

— All Heil! Hamburger Radtouristen-Karte. Grösster Massstab 1 : 250,000. Weiter Umkreis, Hamburg als Mittelpunkt. 2. rev. Aufl. 2 Blatt à 70×39,5 cm. Lith. u. Farbdr. Hamburg (900). Centralbuchh. von Th. Nielsen. Auf Leinw.-Stoff in Karton 2. —

— **Taunus.** Automobil-, Rad- u. Touristenkarte, neueste, des Taunus u. der angrenzenden Teile der Bergstrasse, des Rheins u. der Lahn. 1 : 300,000. 38×29 cm. Farbdr. Wiesbaden (909). Jurany & Hensel. — 75

— Brunn's, Osk., Plan von München f. Radfahrer. Graphische Darstellg. der nach den neuen ortspolizeil. Vorschriften für den Radfahrverkehr verbotenen Anlagen, Strassen u. Plätze, sowie derjenigen Strassen, welche nur in bestimmter Zeit u. Richtung befahren werden dürfen. Ausg. 1900. 29,5×37,5 cm. Farbdr. Mit Text auf dem Umschlag. München (Ohlmüllerstrasse 1/I), O. Brunn. — 20

Radfahrerkarten. Bussemer, Ph., Automobilkarte f. die Umgebung v. Baden-Baden. 1 : 200,000. 42,5×43 cm. Farbdr. Nebst Text. (4 S.) kl. 8. Baden-Baden (906). F. Spies. n. 1. —

— Carte routière de l'Europe centrale pour vélocipédistes et touristes, divisée en carrés kilométriques et contenant les routes directes entre les villes principales en couleurs, les routes de 2me ordre, les chemins, les chemins de fer, etc. 1 : 1,250,000. 58 × 67 cm. Farbendr. Bern 896. Müllhaupt. n. 1. 60; auf Leinw. n. 2. 80

— — 2me, routière de la Suisse pour vélocipédistes et touristes, contenant les distances kilométriques entre les principales localités, les routes en couleurs, les stations de chemins de fer soulignées, les bureaux télégraphiques, les relais de poste et un grand nombre de renseignements utiles aux voyageurs. 1 : 445,000. 59,5 × 78,5 cm. Farbendr. Ebd. 896. n. 1. 60; auf Leinw. n. 2. 80

— Carte vélocipédique de la Suisse, indiquant les profils des routes. D'après la carte topographique (Dufour). 1 : 600,000. 45,5×59,5 cm. Farbdr. Leipzig (900). Mittelbach. Auf Leinw. n. 2. —; roh 1. 50

— Franke's, B., Radfahrer- u. Ausflugs-Karten. 1 : 500,000. Nr. 1—18. à 19,5×26 cm. Farbdr. Leipzig (905). B. Franke. à n. — 80

1. Harz u. Kyffhäuser. — 2. Thüringer Wald. — 3. Berlin u. Umgegend. — 4. Halle u. Umgegend. — 5. Magdeburg u. Umgegend. — 6. Braunschweig u. Umgegend. — 7. Gera (Reuss) u. Umgegend. — 8. Erfurt u. Umgegend. — 9. Bremen u. Umgegend. — 10. Hannover u. Umgegend. — 11. Kassel u. Umgegend. — 12. Münster u. Umgegend. — 13. Köln a. Rhein u. Umgegend. — 14. Wiesbaden u. Umgegend. — 15. Leipzig u. Umgegend. — 16. Dresden u. Umgegend. — 17. Plauen i. V. u. Umgegend. — 18. Zwickau u. Umgegend.

— Freytag's, Gust., Radfahrer-Karten. 1 : 300,000. Blatt 24, 25, 27, 28, 30. Farbdr. Wien 897. G. Freytag & Berndt. à 1. 35; auf Japanpapier à n. 1. 70

24. Nieder-Oesterreich. 53 × 58,5 cm. 897. — 25. Ober-Oesterreich. 53 × 58,5 cm. 897. — 27. Ost-Tirol. 53 × 64,5 cm. 898. — 28. Steiermark. 53 × 64,5 cm. 898. — 30. Krain u. Küstenland. 54 × 65,5 cm. 898.
Nr. 1—23, 26 u. 29 sind noch nicht erschienen.

— Freytag's, G., Radfahrer-Karten. 1 : 300,000. Bl. 9, 16 u. 18. Farbdr. Wien, G. Freytag & Berndt. à n. 1. 35; auf Japanpap. à n. 1. 70; auf Leinw. à n. 2. 20

9. Prov. Sachsen, Brandenburg. 53×64,5 cm. (906.) — 16. Breslau. 54×64,5 cm. (904.) — 18. Nürnberg. 53×64,5 cm. (904.)

Radfahrerkarten. **Freytag**, G., Radfahrer- u. Automobilkarten. Kleine Ausg. 1 : 300,000. Nr. 1—20. à 20,5×25 cm. Farbdr. Wien (899—902). Freytag & Berndt. à n.n. — 25

1. München-Nord. — 2. München-West. — 3. München-Ost. — 4. Salzburg-West. — 5. Salzkammergut. — 6. Linz u. Umgebung. — 7. Klagenfurt u. Umgebung. — 8. Graz u. Umgebung. — 9. Umgebung v. Eger, Marienbad, Karlsbad. — 10. Laibach u Umgebung. — 11. Triest u. Umgebung. — 12. Passau u. Umgebung. — 13. Budweis u. Umgebung. — 14. Pilsen u. Umgebung. — 15. Prag u. Umgebung. — 16. Regensburg u. Umgebung. — 17. Augsburg u. Umgebung. — 18. Wien-West. — 19. Wien-Süd. — 20. Wien-Nord.

— **Freytag**, G., Radfahrer- und Automobilkarten. 1 : 300,000. Blatt 12, 14, 15, 17 u. 19—30. Farbdr. Wien (900—902). Freytag & Berndt. à n. 1. 35; auf Japanpap. à n. 1. 70

12. Köln. 53×65 cm. — 14. Leipzig-Halle. 53,5×64,5 cm. — 15. Dresden-Reichenberg. 53,5×64 cm. — 17. Karlsruhe-Frankfurt a. M.-Koblenz. 53,5×64,5 cm. — 19. Prag. 53,5×66,5 cm. — 20. Brünn. 54×66,5 cm. — 21. Schlesien u. West-Galizien. 54×65,5 cm. — 22. Stuttgart—Strassburg—Basel. 53,5×64 cm. — 23. München. 54×65 cm. — 24. Ober-Österreich. (2. neubearb. Ausg.) 53,5×59 cm. — 25. Nieder-Österreich. (2. vollständig neubearb. Ausg.) 53,5×59,5 cm. — 26. Westtirol u. Schweiz. 53×64 cm. — 27. Ost-Tirol. 54×61,5 cm. — 28. Steiermark. 53×64 cm. — 29. Südtirol u. Oberitalien. 53×65 cm. — 30. Krain u. Küstenland. 54×65,5 cm.

— — Radfahrer- u. Automobil-Karten. 25. Bl. Niederösterreich. 1 : 300,000. (3., vollständig neubearb. Ausg.) 53×59,5 cm. Farbdr. Ebd. (905). n. 1. 35; auf Leinw. n.n. 2. 20

Radfahrer-Karten. **Freytag's**, Gust., Radfahrer- u. Automobilkarten. (Umschlag: Automobil- u. Radfahrerkarten.) 1 : 300,000. (Neue Ausg.) Bl. 17, 20. 29 u. 30. Farbdr. Wien, G. Freytag & Berndt. à 1.35; auf Leinw. 2. 20

17. Karlsruhe—Frankfurt a. M.—Koblenz. 53,5×64,5 cm. (908.)
20. Brünn. 54×64,5 cm. (910.)
29. Südtirol u. Oberitalien. 53,5×65 cm. (910.)
30. Krain u. Küstenland. (4., vollständ. neubearb. Ausg.) 54×65,5 cm. (907).

— — Radfahrerkarten. Kleine Ausg. Nr. 19. Wien-Süd. 1 : 300,000. (Neudr.) 25×20 cm. Farbdr. Ebd. (910). — 25

Radfahrerkarten. **Freytag's**, Gust., Radfahrplan u. Fahrordnung f. d. k. k. Reichshaupt- u. Residenzstadt Wien, nebst den wicht. Verordngn. f. Wien u. Nieder-Oesterreich (an der Seite). 1 : 20,000. 25,5 × 25,5 cm. Farbdr. Nebst Plan des k. k. Praters f. Radfahrer. 24 × 26,5 cm. Farbdr. Wien 897. G. Freytag & Berndt. — 40

— **Leipzig.** **Gaebler**, Eduard, Automobil- u. Radfahrer-Spezialkarte v. Leipzig u. Halle a. S. u. weiterer Umgebung. 70 bis 100 Kilometer Ausdehnung rund um Leipzig. 1 : 200,000. Mit 3 Nebenkarten. 59×72,5 cm. Farbdr. Leipzig-Neustadt (909). E. Gaebler. In Leinw.-Decke 1. 25

— **Gaebler**, Ed., Radsport-Spezialkarte v. Leipzig u. Halle u. weit. Umgegend, 70—100 Km. Ausdehnung rund um Leipzig. 1 : 200,000. 59,5×71,5 cm. Farbdr. Leipzig (901). E. Gaebler. In Leinw.-Decke 1. 25; auf Leinw. 1. 75

— **Grumm's** Strecken-Karten (f. Radfahrer). Logograph. Nr. 1—8 à 2 Blatt (Tour- u. Retourkarte). Farbdr. Wien 898. Artaria & Co. à Nr. n. 1. —

1. Wien-Graz. à 110×8 cm. — 2. Graz—Laibach. à 110×8 cm. — 3. Bruck a. d. M.—Klagenfurt. à 87,5×8 cm. — 4. Klagenfurt—Laibach—Triest. à 104×8 cm. — 5. Marburg—Klagenfurt—Spital a. d. D. à 110×8 cm. — 6. Wien—Linz. à 99×8 cm. — 7. St. Pölten—Mariazell—Mürzzuschlag od. Kapfenberg. à 104×8 cm. — 8. Wien—Znaim-Iglau. à 93×8 cm.

— **Grumm's** Strecken-Karten (f. Radfahrer). Logograph. Nr. 9—12 à 2 Blatt (Tour- u. Retourkarte). Farbdr. Wien 899. Artaria & Co. à Nr. n. 1. —

9. St. Pölten—Krems—Retz—Znaim—Brünn. à 93,5×8 cm. — 10. Leoben—Hieflau—Steyr—Enns—Linz—Eferding. à 104,5×8 cm. — 11. Wien—Tulln—Mautern—Steyregg—Linz. à 110×8 cm. — 12. Salzburg—Ischl—Aussee—St. Michael. à 106×8 cm.

— **Hansens**, Max, Radfahrer-Karte von Holstein. 1 : 325,000. 41×63,5 cm. Farbdr. Meldorf (901). M. Hansen. 1. —; aufgezogen auf Leinw. 1. 50

— **Hauptroutenkarte** v. Mitteleuropa f. Radfahrer. Bearb. nach der deutschen Strassenprofilkarte f. Radfahrer. 1 : 1,500,000. 4 Blatt à 42,5×45 cm. Farbdr. Leipzig (899). Mittelbach. à n. — 50; (kplt. n. 2. —; auf Leinw. n. 3. 50)

— **Junghans'** (Wolf-Junghans) Universal-Radsport-Karten f. Automobil- u. Radfahrer. Nr. 1—16. Farbdr. Leipzig, Th. Thomas. In Leinw.-Decke n. 22. 50; auf Leinw. in Leinw.-Decke n. 37. —

1. Königr. Sachsen. (Kleine Ausg.) 1 : 500,000. Mit 3 Nebenkarten auf der Rückseite. 27×45 cm. 901. In Leinw.-Decke n. 1. —; auf Leinw. in Leinw.-Decke n. 1. 50
2. Prov. Sachsen, Anhalt, Braunschweig, Hannover, östl. Theil. 1 : 500,000. Mit 2 Nebenkarten auf der Rückseite. 55,5×40 cm. 901. In Leinw.-Decke n. 1. 50; auf Leinw. in Leinw.-Decke n. 2. 50
3. Prov. Brandenburg. 1 : 500,000. Mit 3 Nebenkarten auf der Rückseite. 39,5×55 cm. 901. In Leinw.-Decke n. 1. 50; auf Leinw. in Leinw.-Decke n. 2. 50
4. Thüringische Staaten. Kgr. Bayern, nördl. Teil. 1 : 500,000. Mit 2 Nebenkarten auf der Rückseite. 40×59,5 cm. 901. In Leinw.-Decke n. 1. 50; auf Leinw. in Leinw.-Decke n. 2. 50
5. Königr. Bayern, mittlerer Teil. 1 : 500,000. Mit 2 Nebenkarten auf der Rückseite. 39×56 cm. 901. In Leinw.-Decke n. 1. 50; auf Leinw. in Leinw.-Decke n. 2. 50
6. Königr. Bayern, südl. Teil. 1 : 500,000. Mit 2 Nebenkarten auf der Rückseite. 39,5×56 cm. 901. In Leinw.-Decke n. 1. 50; auf Leinw. in Leinw.-Decke n. 2. 50
7. Königr. Sachsen nebst Teilen der angrenzenden Länder. (Grosse Ausg.) 1 : 400,000. Mit 3 Nebenkarten auf der Rückseite. 48,5×61 cm. 901. In Leinw.-Decke n. 1. 50; auf Leinw. in Leinw.-Decke n. 2. 50
8. Rheinprovinz, Westfalen, südl. Teil, Hessen-Nassau, Ober-Hessen, Waldeck. Gau Nr. 3. Westfalen, Nr. 4. Rheinland. Nr. 9. Frankfurt a/Main, Nr. 17a. Cassel. 1 : 500,000. Mit 5 Nebenkarten auf der Rückseite. 40,5×55,5 cm. 901. In Leinw.-Decke n. 1. 50; auf Leinw. in Leinw.-Decke n. 2. 50
9. Königr. Württemberg, Grossherzt. Hessen u. Baden, nordöstlicher Teil. Gau Nr. 5. Mittelrhein, Nr. 8. Württemberg, Nr. 10. Würzburg u. zum Tl. Nr. 6. Oberrhein, Nr. 7. Schwarzwald. 1 : 500,000. Mit 3 Nebenkarten auf der Rückseite. 57×42 cm. (902.) In Leinw.-Decke n. 1. 50; auf Leinw. in Leinw.-Decke n. 2. 50
10. Elsass, Grossherzogt. Baden, südwestl. Tl. 1 : 500,000. 33×27,5 cm. (902.) In Leinw.-Decke n. 1. —; auf Leinw. in Leinw.-Decke n. 1. 50
11. Lothringen, bayrische Pfalz, Luxemburg, Rheinprovinz, südl. Tl. 28×35,5. (902.) In Leinw.-Decke n. 1. —; auf Leinw. in Leinw.-Decke n. 1. 50
12. Prov. Schlesien. Gau Nr. 23. Görlitz, Nr. 24. Breslau, Nr. 37. Oberschlesien. 1 : 500,000. Mit 2 Nebenkarten auf der Rückseite. 48,5×64 cm. (902.) In Leinw.-Decke n. 1.50; auf Leinw. in Leinw.-Decke n. 2. 50
13. Prov. Hannover, Oldenburg, Westfalen nördl. Tl., Lippe, Hamburg, Bremen, Niederlande östl. Tl. Gau Nr. 2. Bremen, Nr. 3. Westfalen u. zum Tl. Nr. 17. Hannover. 1 : 500,000. Mit 3 Nebenkarten auf der Rückseite. 50×59 cm. (902.) In Leinw.-Decke n. 1. 50; auf Leinw. in Leinw.-Decke n. 2. 50
14. Prov. Schleswig-Holstein, Hamburg, Lübeck etc. 1 : 500,000. 53,5×42 cm. (902.) In Leinw.-Decke n. 1. 50; auf Leinw. in Leinw.-Decke n. 2. 50
15. Grossherzogtümer Mecklenburg, Vorpommern, Brandenburg nördl. Tl. 1 : 500,000. 41,5×57 cm. (902.) In Leinw.-Decke n. 1. 50; auf Leinw. in Leinw.-Decke n. 2. 50
16. Prov. Posen. Gau Nr. 25 Posen u. zum Tl. Nr. 26 Frankfurt a/Oder. 1 : 500,000. Mit 2 Nebenkarten auf der Rückseite. 54×50 cm. 901. In Leinw.-Decke n. 1. 50; auf Leinw. in Leinw.-Decke n. 2. 50

— **Bremen.** **Karte**, amtliche, des Gaues 2 (Bremen) des deutschen Radfahrer-Bundes. Nach den neuesten offiziellen Unterlagen, unter Mitwirkg. der Gauverbände des deutschen Radfahrerbundes u. der Consulate der allgem. Radfahrer-Union bearb. u. hrsg. (Neue Ausg.) 1 : 300,000. 65,5×79,5 cm. Farbdr. Leipzig (907). Mittelbach. 1.50; auf Leinw. in Futteral 2. 60

— **Magdeburg.** Karte, amtliche, des Gaues 18 (Magdeburg) des deutschen Radfahrer-Bundes. Nach den neuesten offiziellen Unterlagen, unter Mitwirkg. der Gauverbände des deutschen Radfahrerbundes u. d. Consulate der allgem. Radfahrer-Union bearb. u. hrsg. (Neue Ausg.) 1 : 300,000. 78×64,5 cm. Farbdr. Leipzig (907). Mittelbach. 1.50;
auf Leinw. in Futteral 2. 60

— **Berlin.** Karte, amtliche, des Gaues 20 (Berlin) des deutschen Radfahrer-Bundes. Nach den neuesten offiziellen Unterlagen, unter Mitwirkg. der Gauverbände des deutschen Radfahrerbundes u. der Consulate der allgem. Radfahrer-Union bearb. u. hrsg. (Neue Ausg.) 1 : 300,000. 70,5×57,5 cm. Farbdruck. Leipzig (907). Mittelbach. 1.50;
auf Leinw. in Futteral 2. 60

— **Görlitz.** Karte, amtliche, des Gaues 23 (Görlitz) des Deutschen Radfahrer-Bundes. Nach den neuesten offiziellen Unterlagen, unter Mitwirkg. der Gauverbände des Deutschen Radfahrerbundes u. der Consulate der Allgem. Radfahrer-Union bearb. u. hrsg. 1 : 300,000. (Neue Ausg.) 64×64,5 cm. Farbdr. Leipzig (908). Mittelbach. Auf Leinw. in Futteral 2. 60

— **Schleswig-Holstein.** Karte, amtliche, des „Gaues 31 (Schleswig-Holstein)" des Deutschen Radfahrer-Bundes. Nach den neuesten offiziellen Unterlagen, unter Mitwirkg. der Gauverbände des Deutschen Radfahrerbundes u. d. Consulate der Allgem. Radfahrer-Union bearb. u. hrsg. 1 : 300,000. (Neue Ausg.) 81×66,5 cm. Farbdr. Leipzig (908). Mittelbach.
Auf Leinw. in Futteral 2. 60

— Karte des Gaues 24 (Breslau) des deutschen Radfahrerbundes. 1 : 300,000. Blatt Breslau, Görlitz u. Neisse. à 30 × 37,5 cm. Photolith. u. Farbendr. Leipzig 896. Mittelbach. Auf Leinw. in Etui à n.n. 1. 50

— — der Gaue 1, 2, 7, 10a, 16—18, 20, 22—24 u. 31 des D. R. B. Nach den neuesten offiziellen Unterlagen, unter Mitwirkg. der Fahrwarte u. Ortsvertreter des deutschen Radfahrerbundes bearb. 1 : 300,000. Farbdr. Leipzig, Mittelbach. Auf Leinw. in Mappe n. 29. —;
unaufgezog. in Umschlag à 1. 50

1. Hamburg. 53×63 cm. (899.) n. 2. 50
2. Bremen. 66×79 cm. (902.) n. 2. 50
7. Schwarzwald, Südbaden u. Oberelsass. 57×77 cm. (901.) n. 2. 50
10a. Thüringen (südl. Blatt). 44×48,5 cm. (900). n. 2. —
16. Thüringen (nördl. Blatt). 43,5×50 cm. (900.) n. 2. —
17. Hannover. 64×57 cm. (900.) n. 2. 50
18. Magdeburg. 60×75,5 cm. 899. n. 2. 50
20. Berlin. 72,5×57,5 cm. (900.) n. 2. 50
22. Cottbus. 62×54 cm. (900). n. 2. 50
23. Görlitz. 52×59 cm. (900.) n. 2. 50
24. Breslau (nördl. Tl.). 54×82 cm. (902). n. 2. 50
31. Schleswig-Holstein. 81×65,5 cm. (902.) n. 2. 50

— Karte der Gaue 1, 3, 7, 11, 17, 17a, 18, 20, 21a, 23, 24 u. 27 des D. R. B. Nach den neuesten offiziellen Unterlagen, unter Mitwirkung der Gauverbände des deutschen Radfahrerbundes u. der Consulate der allgemeinen Radfahrer-Union bearb. u. hrsg. 1 : 300,000. Farbdr. Leipzig, Mittelbach.
Auf Leinw. in Futteral n. 29. 50

1. Hamburg. (Neue Ausg.) 53,5×65 cm. (905.) n. 2. 50
3. Westfalen. 64×77 cm. (903.) n. 2. 50
7. Schwarzwald, Südbaden u. Oberelsass. (Neue Ausgabe.) 57,5×78 cm. (905.) n. 2. 50
11. Augsburg. 72,5×61 cm. (904.) n. 2. 50
17. Hannover. (Ausg. 1904.) 65,5×58 cm. n. 2. 50
17a. Cassel. 56×65 cm. (906.) n. 2. 50
18. Magdeburg. (Neue Ausg.) 78×65,5 cm. (905.) n. 2. 50
20. Berlin. 70,5×58 cm. Nebst Textbeilage. (4 Bl.) 12. (903.) n. 2. 50
21a. Vogtland-Thüringen. 57,5×75 cm. (904.) n. 2. 50
23. Görlitz. 63,5×63 cm. (903.) n. 2. 50
24. Breslau. 61,5×38,5 cm. (903.) n. 2. —
27. Stettin. 63,5×78 cm. (904.) n. 2. 50

Radfahrerkarten. Karte der internationalen Distanzfahrt Mailand—München. 191×9,5 cm. Farbendr. Mit Text. 8. (9 S.) München 894. (Literar.-artist. Anstalt.)
n. 1. 20

— — der Umgegend v. Hannover f. Radfahrer u. Touristen. Umfassend u. A.: Den ganzen Teutoburger Wald, das Wesergebirge, e. Theil vom Grossherzogth. Oldenburg u. der Prov. Westfalen. 1 : 300,000. 84,5 × 54,5 cm. Lith. Hannover 896. O. Borgmeyer. — 50

Radfahrerkarten. Karte der Verkehrsanstalten von Bayern, zugleich Strassen- u. Ortentfernungskarte. Unter amtl. Leitg. bearb. u. ausgeführt. (Ausg. f. Radfahrer.) 1 : 133,333⅓. 4 Blatt à 66×75,5 cm. Farbdr. München (900). Piloty & Loehle. 10. —

— Keller's Radfahrerkarte f. die Umgebung Münchens zwischen Ammersee u. Holzkirchen, Dachau u. Starnbergersee. Praktischer Wegführer auf 15—60 Kilometer im Umkreis. 1 : 170,000. 29,5 × 28 cm. Farbdr. München 897. W. Keller. Auf Leinw. n. — 80

— Kiessling's Radfahrer-Plan v. Berlin. 1 : 25,000. 39,5 × 45,5 cm. Farbendr. Nebst Polizei-Verordng. 16. (2 S.) Berlin 896. A. Kiessling. n. — 50

— — neuer Radfahrer-Plan v. Berlin m. Vororten. Mit farb. Darstellg. der Art u. Beschaffenheit d. Pflasters u. der f. Zweiradfahrer verbot. Strassen, nebst vollst. Strassen-Verzeichnis u. Polizei-Verordng. 8. (16 S.) 1 : 20,000. 51 × 65 cm. Farbdr. Ebd. 898. n. 1. —

— Kiessling's neuer Radfahrer-Plan von Berlin m. Vororten. 1 : 20,000. 51×65,5 cm. Farbdr. Mit farb. Darstellg. der Art u. Beschaffenheit d. Pflasters nach dem Stande vom 1. IV. 1900 u. der f. Zweiradfahrer verbotenen Strassen, nebst vollständ. Strassen-Verzeichnis u. Polizei-Verordng. 2. Aufl. 8. (16 S.) Berlin (900). A. Kiessling. 1. —

Radfahrerkarten. Krauss, P., Radfahrer- u. Automobilkarte vom Königr. Sachsen. 1 : 275,000. 2. Aufl. Oestliches u. westliches Blatt. à 54,5×48,5 cm. Farbdr. Annaberg (906). Graser. n. 1. 50; einzelne Blatt 1. —

— — Radfahrkarte vom Königr. Sachsen. 1 : 275,000. 2 Blatt. Farbdr. Leipzig 898. (H. Hartung & Sohn.)
n. 1. 80; Einzelpr. n. 2. 20

1. Westliche Sektion. 54,5 × 42 cm. n. 1. 20. — 2. Oestliche Sektion. 54,5 × 40,5 cm. n. 1. —.

— Krauss, Paul, Radfahr-Karte der weit. Umgebung von Leipzig. 1 : 150,000. 39 × 48 cm. Farbdr. Leipzig 897. C. Meyer's graph. Inst. n. — 75; auf Leinw. n. 1. 20

— Krauss, Paul, Radfahr-Karte der weiteren Umgebg. v. Leipzig. 1 : 150,000. (Neue Aufl.) 39×48 cm. Farbdr. Leipzig (899). C. Meyer's graph. Institut. n. — 75;
Aufziehen auf Leinw. n.n.n. — 30

— Lechner's Touren-Karte f. Radfahrer. 1 : 300,000. Bearb. v. Emil Letoschek. Vereins-Karte des österr. Touring-Club. Blatt IX—XIV. à 45×50,5 cm. Farbdr. Wien 899. 901. R. Lechner's Sort.
Auf Leinw. à n.n. 1. 80

IX. Salzburg u. München. — X. Olmütz u. Troppau. — XI. Kufstein u. Lienz. — XII. Innsbruck u. Meran. — XIII. Trient u. Verona. — XIV. Venedig u. Belluno.

— Lechner's Touren-Karte f. Radfahrer. 1 : 300,000. Bearb. von Emil Letoschek. Vereins-Karte des österr. Touring-Club. Bd. XV. Königgrätz u. Breslau. 45× 51 cm. Farbdr. Wien (903). R. Lechner's Sort. Auf Leinw. n.n. 1. 80

— Lenz, W., Radfahrer-Karte f. die Reg.-Bezirke Düsseldorf, Köln u. Aachen. 4. Aufl. 58 × 52 cm. Lith. u. kolor. Nebst alphabet. Verzeichnis derjenigen Orte, welche Eisenbahnanschluss haben. 8. (7 S.) Essen 897. G. D. Baedeker. n. 1. —

— Lenz, W., Radfahrer-Karte f. die Reg.-Bezirke Düsseldorf, Köln u. Aachen u. die angrenz. Gebiete, m. den Stadtplänen Düsseldorf u. Köln. 5. Aufl. 68× 53 cm. Lith. u. kolor. Nebst alphabet. Verzeichnis derjenigen Orte, welche Eisenbahnanschluss haben. 8. (8 S.) Essen 900. G. D. Baedeker. n. 1. —

— — dasselbe f. die Reg.-Bezz. Koblenz, Trier u. angrenz. Gebiete, m. den Stadtplänen Koblenz u. Trier. 73×59 cm. Farbdr. Nebst Beigabe: Alphabet. Verzeichnis derjenigen auf der Karte aufgeführten Orte, welche Eisenbahnanschluss haben. 8. (6 S.) Ebd. 899. n. 1. —

— — dasselbe f. die Reg.-Bezirke Münster u. Arnsberg. 2. Aufl. 71 × 61,5 cm. Lith. u. kolor. Nebst alphabet. Verzeichnis derjenigen auf der Karte aufgeführten Orte, welche Eisenbahnanschluss haben. 8. (6 S.) Ebd. 897. n. 1. —

— — Radfahrer- u. Reisekarte f. die Reg.-Bezz. Münster, Arnsberg u. die angrenz. Gebiete, m. den Stadtplänen v. Dortmund u. Münster. 4. Aufl. 72,5×62,5 cm. Farbdr. Nebst Text. 8. (4 S.) Ebd. (902). n. 1. —

— Letoschek, Emil, Touren-Karten f. Radfahrer. Mit Angabe der Niveauverhältnisse der Strassen. 1:300,000. Neue Ausg. Bl. I—VIII. Farbendr. Wien (R. Lechner's Sort.). Auf Leinw. à n.n. 1. 80

I. Umgebung v. Wien. 44 × 49,5 cm. 896. — II. Umgebung v. Graz. 44 × 49,5 cm. 896. — III. Umgebung v. Linz. 44 × 49,5 cm. 896. — IV. Umgebung v. Klagenfurt. 44 × 49,5 cm. 896. — V. Umgebung v. Brünn. 44 × 49,5 cm. 896. — VI. Umgebung v. Budweis. 44 × 49,5 cm. 896. — VII. Laibach—Triest. 45 × 50,5 cm. 897. — VIII. Prag—Dresden. 45 × 50,5 cm. 897.

— Liebenow, W., u. Ravenstein's

— — — Radfahrer- u. Automobil-Karte der Grossherzogthümer Mecklenburg-Schwerin u. -Strelitz. Amtliche Karte des Gau 19a Schwerin i. M. des deutschen Radfahrer-Bundes. 1 : 300,000. 52,5 × 76 cm. Farbdr. Ebd. (900). Auf Leinw. n. 3. —

— Liebenow, W., u. Ravenstein's Radfahrer- u. Automobilkarte d. Umgegend v. Dresden. 1:300,000. 54,5×74 cm. Farbdr. Frankfurt a/M. (900). L. Ravenstein. Auf Leinw. n. 4. —; erm. Pr. n. 3. —

— Mittelbach's Automobilkarte v. Mitteleuropa. 1 : 1,500,000. 82,5×87 cm. Farbdr. Leipzig (903). Mittelbach. n. 2. 50

— **Königsberg.** Mittelbach's, R., Karte v. Königsberg i. Pr. u. weiterer Umgebung f. Automobilisten u. Radfahrer. Nach den neuesten offiziellen Unterlagen, unter Mitwirkg. der Gauverbände des deutschen Radfahrerbundes u. der Consulate der allgem. Radfahrer-Union bearb. u. hrsg. 1:300,000. 50,5×58 cm. Farbdr. Leipzig (910). Mittelbach. 1.25; auf Leinw. 1. 80

— **Posen.** Mittelbach's, R., neueste Karte f. Rad- u. Motorfahrer v. Posen u. Gnesen u. weiterer Umgebung. Nach den neuesten offiziellen Unterlagen, unter Mitwirkg. der Gauverbände des Deutschen Radfahrerbundes u. d. Consulate der Allgem. Radfahrer-Union bearb. u. hrsg. 1:300,000. 49×48,5 cm. Farbdr. Leipzig (908). Mittelbach. Auf Leinw. in Futteral nn 1. 80

— — Karte f. Rad- u. Motorfahrer. Nach den neuesten offiziellen Unterlagen, unt. Mitwirkg. der Gauverbände des deutschen Radfahrerbundes u. der Consulate der allgem. Radfahrer-Union bearb. u. hrsg. 1:300,000. 8 Blatt. Farbdr. Ebd. Auf Leinw. in Futteral.

Danzig u. Elbing. 39,5×67,5 cm. (904.) n. 1. 75
Dessau-Bernburg-Cöthen-Aschersleben. 44,5×66 cm. (904.) n. 1. 75
Frankfurt a. O.-Kottbus-Guben. 49×52,5 cm. (904.) n. 1. 75
Mecklenburg u. Rügen. 64×75 cm. (903.) n. 2. 50
Ober-, Mittel- u. Unter-Franken (Gebiet der Gaue 10 u. 15 des D. R. B.). 62,5×68,5 cm. (906.) n. 2. 50
Oberschlesien (Gau 37) nebst weiterer Umgebung. 55,5×67 cm. (905.) n. 2. —
Rheinpfalz — Lothringen — Saargebiet. 56,5×75,5 cm. (904.) n. 2. 50
Taunus, Odenwald, Spessart. 67×61 cm. (906.) n. 2. 50

— **Frankfurt a. O.** Mittelbach's, R., Karte f. Rad- u. Motorfahrer v. Frankfurt a. O.—Kottbus—Guben. Nach den neuesten offiziellen Unterlagen, unter Mitwirkung der Gauverbände des Deutschen Radfahrerbundes u. der Consulate der Allgem. Radfahrer-Union bearb. u. hrsg. 1 : 300,000. 49×52,5 cm. Farbdr. Leipzig (908). Mittelbach. Auf Leinw. in Futteral nn 1. 80

— Mittelbach's Karte f. Rad- u. Motorfahrer von Leipzig u. Halle a/S. u. weiterer Umgebung. Nach den neuesten offiziellen Unterlagen unter Mitwirkg. der Gauverbände des deutschen Radfahrerbundes u. der Consulate der allgemeinen Radfahrer-Union bearb. u. hrsg. 1:300,000. (Neue Ausg.) 54,5 ×63,5 cm. Farbdr. Leipzig (907). Mittelbach. Auf Leinw. in Futteral 1. 80

— **Mecklenburg.** Mittelbach's Karte f. Rad- u. Motorfahrer v. Mecklenburg u. Rügen. Nach den neuesten offiziellen Unterlagen, unter Mitwirkg. der Gauverbände des Deutschen Radfahrerbundes u. d. Consulate der Allgem. Radfahrer-Union bearb. u. hrsg. 1:300,000. (Neue Ausg.) 64,5×75,5 cm. Farbdr. Leipzig (908). Mittelbach. Auf Leinw. in Futteral 2.60

Radfahrer-Karten. **Niederrhein.** Mittelbach's Karte f. Rad- u. Motorfahrer v. Niederrhein-, Ruhr- u. Wuppergebiet. Nach d. neuesten offiziellen Unterlagen, unter Mitwirkg. d. Gauverbände des deutschen Radfahrerbundes u. der Consulate der allgem. Radfahrer-Union bearb. u. hrsg. 1:300,000. (Neue Ausg.) 45×60 cm. Farbdr. Leipzig (907). Mittelbach. Auf Leinw. in Futteral 1. 80

Radfahrer-Karten. Bayern. Mittelbach's Profilkarte (Strassenprofilkarte) f. Rad- u. Motorfahrer. Nach den neuesten offiziellen Unterlagen, unter Mitwirkg. der Gauverbände des deutsshen Radfahrerbundes u. der Consulate der allgem. Radfahrer-Union bearb. u. hrsg. Nördl. u. südl. Bayern. (Neue Ausg.) Farbdr. Leipzig (907). Mittelbach.
Auf Leinw. in Futteral à 1. 80
Nördliches Bayern. Würzburg—Bamberg—Nürnberg. 1: 350,000. 48,5×65,5 cm.
Südliches Bayern. München—Augsburg. 1:400.000. 55×68,5 cm.

— Mittelbach, R., Radfahrerkarte v. Berlin u. weitere Umgebung. Bearb. nach der „Deutschen Strassenprofilkarte f. Radfahrer". 1 : 300,000. 44 × 48,5 cm. Photolith. u. Farbendr. Leipzig 896. Mittelbach. Auf Leinw. in Etui n.n. 2. —; roh n. 1. 50; ermäss. Preis auf Leinw. n.n. 1. 75

— Mittelbach's, R., Radfahrerkarte v. Berlin u. weiterer Umgebung. Abdr. aus der amtl. Karte des Gaues 20 (Berlin) des D. R. B. 1:300,000. 42×56,5 cm. Farbdr. Leipzig (901). Mittelbach.
Auf Leinw. in Futteral n.n. 1. 75

Radfahrerkarten. Mittelbach's, R., Radfahrerkarte von Braunschweig u. weiterer Umgebung. Nach den neuesten offiziellen Unterlagen, unter Mitwirkg. der Gauverbände des deutschen Radfahrerbundes u. Consulate der allgemeinen Radfahrer-Union bearb. u. hrsg. 1 : 300,000. 51×48 cm. Farbdr. Leipzig (901). Mittelbach. Auf Leinw. in Futteral n. 2. —

— **Breslau.** Mittelbach, R., Radfahrerkarte v. Breslau u. Umgebg. Nach d. neuesten offiziellen Unterlagen unter Mitwirkung der Gauverbände des deutschen Radfahrerbundes bearb. u. hrsg. 1 : 300,000. 59×71,5 cm. Farbdr. Leipzig (910). Mittelbach. 1.50; auf Leinw. 2. 60

— — dasselbe v. Dresden u. Umgebung. Rev. 1900. 1 : 75,000. 48,5×57 cm. Farbdr. Ebd. (901).
Auf Leinw. in Futteral n. 1. 60

— — dasselbe v. Hamburg u. weiterer Umgebung, bearb. nach der Karte des Gaues 1 (Hamburg) des D. R. B. Nach den neuesten offiziellen Unterlagen, unter Mitwirkg. der Gauverbände des deutschen Radfahrerbundes u. Consulate der allgem. Radfahrer-Union bearb. u. hrsg. 1 : 300,000. 53,5×50 cm. Farbdr. Ebd. (901). Auf Leinw. in Futteral n.n. 1. 75

— **Hamburg.** Mittelbach's Radfahrerkarte v. Hamburg u. weiterer Umgebung, bearb. nach der Karte d. Gaues 1 (Hamburg) d. D. R. B. Nach den neuesten offiziellen Unterlagen, unter Mitwirkg. der Gauverbände des Deutschen Radfahrerbundes u. der Consulate der allgem. Radfahrer-Union bearb. u. hrsg. 1 : 300,000. (Neue Ausg.) 53,5×50,5 cm. Farbdr. Leipzig (908). Mittelbach. Auf Lw. in Futteral nn 1. 80

— — dasselbe v. Kiel u. Lübeck m. weiterer Umgebg., bearb. nach der Karte des Gaues 1 Hamburg des D. R. B. Nach den neuesten offiziellen Unterlagen, unter Mitwirkg. der Gauverbände des deutschen Radfahrerbundes u. Consulate d. allgem. Radfahrer-Union bearb. u. hrsg. 1 : 300,000. 49×64,5 cm. Farbdr. Ebd. (901).
Auf Leinw. in Futteral n.n. 1. 75

— **Kiel.** Mittelbach's Radfahrerkarte v. Kiel u. Lübeck m. weiterer Umgebg., bearb. nach der Karte d. Gaues 1 Hamburg des D. R. B. Nach den neuesten offiziellen Unterlagen, unter Mitwirkg. der Gauverbände des Deutschen Radfahrerbundes u. der Consulate der Allgem. Radfahrer-Union bearb. u. hrsg. 1 : 300,000. (Neue Ausg.) 49×65 cm. Farbdr. Leipzig (908). Mittelbach. Auf Lw. in Futteral nn 1. 80

— — dasselbe v. Leipzig u. Halle a/S. u. weiterer Umgebg. Nach den neuesten offiziellen Unterlagen, unter Mitwirkg. der Gauverbände des deutschen Radfahrerbundes u. Consulate der allgem. Radfahrer-Union bearb. u. hrsg. 1 : 300,000. 55,5×64 cm. Farbdr. Ebd. (900). Auf Leinw. in Futteral n. 2. —; roh 1. 50

— — dasselbe vom Mittelrheingebiet. Nach den neuesten offiziellen Unterlagen, unter Mitwirkg. der Gauverbände des deutschen Radfahrerbundes u. Consulate der allgem. Radfahrer-Union bearb. u. hrsg. 1 : 300,000. 61×73 cm. Farbdr. Ebd. (901).
Auf Leinw. in Futteral n. 2. 50

— **Mittelrhein.** Mittelbach's Radfahrerkarte vom Mittelrheingebiet. Nach den neuesten offiziellen Unterlagen, unter Mitwirkg. der Gauverbände des deutschen Radfahrerbundes u. d. Consulate d. allgem. Radfahrer-Union bearb. u. hrsg. (Neue Ausg.) 1 zu 300,000. 59,5×72,5 cm. Farbdr. Leipzig (907). Mittelbach. Auf Leinw. in Futteral 2. 60

— — dasselbe von Wien u. weitere Umgebung. Bearb. nach der „Deutschen Strassenprofilkarte f. Radfahrer". 43,5 × 48,5 cm. Photolith. m. Farbendr. Ebd. 896.
Auf Leinw. in Etui n.n. 2. —; roh n. 1. 50

— — Strassenprofilkarte der deutschen Alpenländer. Nach den neuesten offiziellen Unterlagen, unter Mitwirkg. der Gauverbände d. deutschen Radfahrerbundes u. Consulate der allgem. Radfahrer-Union bearb u. hrsg. Blatt 1—3. Farbdr. Ebd.
Auf Leinw. in Futteral à n. 2. —; roh à 1. 50
1. Wien. 49,5×53,5 cm. (900). — 2. München-Salzburg. 49,5×53,5 cm. (901.) — 3. Villach. 49×56,5 cm. (902.)

— — dasselbe der Bodensee-Umgebung. Nach d. neuesten offiziellen Unterlagen, unter Mitwirkg. der Gauverbände des deutschen Radfahrerbundes u. Consulate der allgem. Radfahrer-Union bearb. u. hrsg. 1 : 300,000. (Neue Ausg.) 47×49 cm. Farbdr. Ebd. (902). Auf Leinw. in Futteral n. 1. 60

— — dasselbe v. Chemnitz u. Zwickau m. weiterer Umgebung. Nach den neuesten offiziellen Unterlagen, unter Mitwirkg. der Gauverbände des deutschen Radfahrerbundes u. Consulate d. allgem. Radfahrer-Union bearb u. hrsg. 1 : 300,000. 44,5×60 cm. Farbdr. Ebd. (901). Auf Leinw. in Futteral n.n. 1. 75

— **Böhmen.** Mittelbach's, R., Strassenprofilkarte des Gebietes der böhmischen Bäder u. d. Erzgebirges f. Rad- u. Motorfahrer. Nach den neuesten offiziellen Unterlagen, unter Mitwirkg. der Gauverbände des Deutschen Radfahrerbundes u. der Consulate der Allgem. Radfahrer-Union bearb. u. hrsg. 1 : 300,000. 41×62 cm. Farbdr. Leipzig (908). Mittelbach.
Auf Leinw. in Futteral nn 1. 80

— **Trier.** Mittelbach's, R., neueste Strassenprofilkarte f. Rad- u. Motorfahrer vom Reg.-Bez. Trier (m. dem Moseltal von Koblenz—Metz), vom Grossherzogt. Luxemburg u. Fürstent. Birkenfeld. Nach den neuesten offiziellen Unterlagen, unter Mitwirkung der Gauverbände des Deutschen Radfahrer-Bundes u. d. Consulate der Allgem. Radfahrer-Union bearb. u. hrsg. 1 : 300,000. 51,5×46,5 cm. Farbdr. Ebd. (908).
Auf Leinw. in Futteral nn 1. 80

— — Strassenprofilkarte f. Rad- u. Motorfahrer. Nach den neuesten offiziellen Unterlagen, unter Mitwirkg. der Gauverbände des deutschen Radfahrerbundes u. Consulate der allgem. Radfahrer-Union bearb. u. hrsg. 1 : 300,000. 12 Blatt. Farbdr. Ebd.
Auf Leinw. in Futteral à n. 1. 75

Breslau-Liegnitz-Schweidnitz-Waldenburg. 42×58 cm. (903.)
Cassel-Marburg-Giessen. (Kurhessen, Grossherzogt. Hessen, nördl. Tl., u. Waldeck.) 53,5×56 cm. (903.)
Erfurt-Gotha-Weimar-Eisenach. (Thüringische Staaten.) 44,5 ×?2 cm. (903.)
Göttingen-Goslar-Mühlhausen-Nordhausen (Harz-Eichsfeld-Kyffhäuser). 51×51 cm. (904.)
Hessen-Nassau u. Hessen-Darmstadt. (Frankfurt-Wiesbaden-Darmstadt-Mainz.) 54×54 cm. (903.)
Karlsruhe-Mannheim-Heidelberg. (Mittel- u. Nordbaden, Haardtgebirge.) 51,5×51 cm. (903.)
Köln-Bonn-Aachen u weitere Umgebg. 51,5×56,5 cm. (903.)
Niederrhein-Ruhr u. Wuppergebiet. 45×60 cm. (903.)
Osnabrück-Münster-Bielefeld-Minden. 47,5×63,5 cm. (903.)
Prag-Pilsen. 46,5×59 cm. (904.)
Strassburg-Freiburg-Mülhausen (Elsass-Südwest-Baden.) 61,5 ×47,5 cm. (903.)
Stuttgart-Heilbronn-Tübingen. 60,? ×?6 cm. (903.)

— — dasselbe. Nördliches u. südl. Bayern. Farbdr. Ebd. (903). Auf Leinw. in Futteral à n. 1. 75
Nördliches Bayern. Würzburg-Bamberg-Nürnberg. 1 : 350,000. 49,5×67 cm. — Südliches Bayern. München-Augsburg. 1 : 400,000. 55,5×68,5 cm.

— — dasselbe. Alpenländer. 1 : 400,000. Blatt Graz u. Ulm. 49×56 bezw. 49,5×54,5 cm. Farbdr. Ebd. (903). Auf Leinw. in Futteral à n. 2. —

— — dasselbe. Nord-Italien u. Südost-Frankreich (Riviera). 1 : 600,000. 2 Blatt 51,5×48,5 u. 46×49 cm. Farbdr. Ebd. (906). Auf Leinw. in Futteral à n. 2. —; auch m. französisch-italien. Titel.

— — dasselbe f. Rad- u. Motor-Fahrer v. Dresden u. weiterer Umgebung. 1 : 300,000. 47,5×58,5 cm. Farbdr. Ebd. (902). Auf Leinw. in Futteral n.n. 1. 75

— **Dresden.** Mittelbach's Strassenprofilkarte f. Rad- u. Motor-Fahrer. Dresden u. weitere Umgebung. 1 : 300,000. Nach den neuesten offiziellen Unterlagen, unter Mitwirkg. der Gauverbände des deutsch. Radfahrerbundes u. Consulate der allgem. Radfahrer-Union bearb. u. hrsg. (Neue Ausg.) 46,5×59 cm. Farbdr. Leipzig (907). Mittelbach.
Auf Leinw. in Futteral 1. 80

— — dasselbe v. Elsass-Lothringen. Nach den neuesten offiziellen Unterlagen, unter Mitwirkg. der Gauverbände des deutschen Radfahrerbundes u. Consulate der allgem. Radfahrer-Union bearb. u. hrsg. 1 : 300,000. (Neue Ausg.) 72×66,5 cm. Farbdr. Ebd. (902). Auf Leinw. in Futteral n. 2. 50

— **Thüringen.** Mittelbach's Strassenprofilkarte f. Rad- u. Motorfahrer. Erfurt—Gotha—Weimar—Eisenach. (Thüringische Staaten.) Nach den neuesten offiziellen Unterlagen, unter Mitwirkg. d. Gauverbände des deutschen Radfahrerbundes u. d. Consulate der allgem. Radfahrer-Union bearb. u. hrsg. 1 zu 300,000. (Neue Ausg.) 45×52 cm. Farbdr. Leipzig (907). Mittelbach. Auf Leinw. in Futteral 1. 80

— — dasselbe v. Frankfurt a/M. u. weiterer Umgebg. Nach den neuesten offiziellen Unterlagen, unter Mitwirkg. der Gauverbände des deutschen Radfahrerbundes u. Consulate der allgem. Radfahrer-Union bearb. u. hrsg. 55×72,5 cm. Farbdr, Ebd. (900).
Auf Leinw. in Futteral n. 2. —; roh. 1. 50

— **Hessen-Nassau.** Mittelbach's Strassenprofilkarte f. Rad- u. Motorfahrer von Hessen-Nassau u. Hessen-Darmstadt (Frankfurt — Wiesbaden — Darmstadt — Mainz). Nach den neuesten offiziellen Unterlagen unter Mitwirkg. der Gauverbände des deutsch. Radfahrerbundes u. der Consulate d. allgem. Radfahrer-Union bearb. u. hrsg. 1 : 300,000. (Neue Ausg.) 54,5× 54 cm. Farbdr. Leipzig (907). Mittelbach.
Auf Leinw. in Futteral 1. 80

— **Baden.** Mittelbach's Strassenprofilkarte f. Rad- u. Motorfahrer v. Karlsruhe—Mannheim—Heidelberg. (Mittel- u. Nordbaden, Haardtgebirge.) Nach den neuesten offiziellen Unterlagen, unter Mitwirkg. der Gauverbände des deutschen Radfahrerbundes u. Consulate der allgem. Radfahrer-Union bearb. u. hrsg. 1 : 300,000. (Neue Ausg.) 52×51 cm. Farbdr. Ebd. (907). Auf Leinw. in Futteral 1. 80

— — dasselbe von Nord- u. Mittelböhmen. Nach den neuesten offiziellen Unterlagen unter Mitwirkung d. Gauverbände des deutschen Radfahrerbundes u. Consulate der allgemeinen Radfahrer-Union bearb. u. hrsg. 1 : 300,000. 54×68,5 cm. Farbdr, Ebd (900).
Auf Leinw. n. 2. 50; roh 1. 50

Radfahrerkarten. Mittelbach's, R, Strassenprofilkarte v. Reichenberg u. Zittau m. Umgebg. Nach den neuesten offiziellen Unterlagen, unter Mitwirkg. der Gauverbände d. deutschen Radfahrerbundes u. Consulate der allgem. Radfahrer-Union bearb. u. hrsg. 1 : 300,000. 47 × 54,5 cm. Farbdr. Leipzig (901). Mittelbach. Auf Leinw. in Futteral n.n. 1. 75

— — dasselbe des Salzkammergutes. Nach den neuesten offiziellen Unterlagen, unter Mitwirkg. der Gauverbände des deutschen Radfahrerbundes u. Consulate der allgem. Radfahrer-Union bearb. u. hrsg. 46×49 cm. Farbdr. Ebd. (901).
Auf Leinw. in Futteral n. 2. —

— Möller's Radfahrerkarte. 1 : 250,000. Abteilung A, Königr. Sachsen. 12 Nrn. Farbendr. Mit Text an der Seite. Leipzig 893. 894. (A. Serbe.) à n. - 50; (Abth. A kplt. in Leinw.-Decke n. 6. 50)
1. Leipzig—Dresden. 10,5×43 cm. — 2. Dresden—Chemnitz—Zwickau. 10,5×43 cm. — 3. Leipzig—Plauen. 10,5×43 cm. — 4. Zwickau—Oschatz. 35,5×11 cm. — 5. Dresden—Bautzen—Zittau. 12,5×37 cm. — 6. Altenburg—Gottesgab. 12,5×34,5 cm. — 7. Dresden—Teplitz. 11,5×26,5 cm. — 8. Borna—Karlsbad. 12,5×44 cm. — 9. Leipzig—Freiberg. 11,5×38,5 cm. — 10. Grimma—Sayda. 11×36 cm. — 11. Dresden—Herzberg. 10,5×38,5 cm. — 12. Dresden—Mittweida. 11×26,5 cm.

— — dasselbe. Wien—Berlin. 5 Sectionen. à 42,5× 12 cm. Farbendr. Ebd. 893. In Mappe. n. 3. —

Radfahrerkarten. Naujock, Osc., Chaussee-Karte der Prov. Ostpreussen. (Radfahrerkarte f. Ostpreussen.) 70,5 × 60,5 cm. Lith. Königsberg i/Pr. (Kaplansstr. 15) 896. Selbstverl. n. 1. 50; auf Leinw. n. 2. 50

— Oransz, M., Ob.-Oesterreich u. Salzburg m. den anliegenden Gebieten v. Bayern, Böhmen, Steiermark u. Tirol, f. Radfahrer u. Automobilisten zusammengestellt u. bearb. im Auftrage des Ö. T. C. Tour 237, 247 u. 255/255 a. 4. (4 Bl.) Wien 899/900. (R. Lechner's Sort.) Gebrochen in gr. 8. à Bl. n. — 10

— **Plan des k. k. Praters**, m. Angabe der Routen zur Benützung f. Radfahrer. Unter Mitwirkg. des österr. Touring-Club. 1:10,000. 40,5 × 50,5 cm. Farbdr. Wien 897. R. Lechner's Sort. n. — 50; auf Leinw. n. 1. —

— — von Wien f. Radfahrer. Hrsg. unter Mitwirkg. des österr. Touring-Club. 1:15,000. 40 × 50,5 cm. Farbdr. Mit Text an den Seiten. Ebd. 897. n. — 50; auf Leinw. n. 1. —; m. dem Plan des k. k. Praters, 1:10,000, 40,5 × 50,5 cm., auf der Rückseite n. — 80

— **Radfahrerkarte** v. Ansbach u. Umgebung. Auf Veranlassg. des Velocipedklub Ansbach hrsg. v. R. Mittelbach. 29,5 × 36 cm. Photolith. u. Farbdr. Leipzig 897. Mittelbach. Auf Leinw. in Futteral n.n 1. 50

— **Radfahrer-Karte** der schlesischen Gebirge, bearb. unter Mitwirkg. der Gaue 24 u. 37 des deutschen Radfahrer-Bundes. 1:300,000. (Neue Ausg.) 55,5 × 70 cm. Farbdr. Leipzig (902). Mittelbach. Auf Leinw. in Futteral n. 2. 50

— **Radfahrer- u. Wanderkarte** der Umgebung v. Magdeburg. 1:150,000. 57 × 47 cm. Farbdr. Magdeburg 897. J. Neumann. In Leinw.-Decke n. 1. —

— **Radfahrer- u. Wanderkarte** der Umgebung v. Magdeburg. (80 km im Umkreis.) (Neue Ausg.) 1:150,000. 66 × 61 cm. Farbdr. Magdeburg (900). J. Neumann. In Leinw.-Decke n. 1. 20; auf Leinw. n. 1. 75

— **Dessau.** Rad-, Automobil- u. Touristenkarte der weiteren Umgebung v. Dessau. Von Wittenberg bis Aschersleben, von Magdeburg bis Leipzig. Mit allen Strassen, Orten, Bahnen etc. 1:300,000. 38×29,5 cm. Farbdr. Dessau (909). W. Claass. — 80

— **Hannover.** Rad-, Automobil- u. Wanderkarte f. Hannover u. seine weitere Umgebung v. Soltau bis Alfeld u. Rehburg bis Braunschweig. 1:300,000. 38×30 cm. Farbdr. Hannover (909). Sachse & Heinzelmann. — 75

— **Sachsen-Altenburg.** Rad-, Touristen- u. Automobilkarte vom Herzogt. Sachsen-Altenburg u. Umgebung. 1:300,000. 38×29 cm. Farbdr. Altenburg (909). O. Bonde. — 60

— **Radtouristen-Karte**, kleine. 1:250,000. Sect. 1—4. Lith. Hamburg 899. Central-Buchh. v. Th. Nielsen. 2. 50

1. Hamburg als Mittelpunkt. 31,5 × 38,5 cm. 1. —. — 2. Ostholstein. 30,5 × 38,5 cm. — 50. — 3. Westholstein. 30,5 × 38,5 cm. — 50. — 4. Schwerin. 38 × 37 cm. — 50.

Radfahrer-Karten. Gumbinnen. Ravenstein's Radfahrer- u. Automobil-Karte f. den Reg.-Bez. Gumbinnen. Bearb. v. Hans Ravenstein m. Zugrundelegung d. W. Liebenow'schen Karte v. Mittel-Europa. 1:300,000. (Neue Aufl.) 77×52 cm. Farbdr. Frankfurt a/M. (909). L. Ravenstein. Auf Leinw. 3. —

— Ravenstein's Radfahrer- u. Automobil-Karte f. den Reg.-Bez. Königsberg. Bearb. v. Hans Ravenstein m. Zugrundelegg. der W. Liebenow'schen Karte v. Mittel-Europa. 1:300,000. (Neue Aufl.) 82×58,5 cm. Farbdr. Frankfurt a/M. (909). L. Ravenstein. Auf Leinw. 3. —

— Ravenstein's Radfahrer- u. Automobil-Karte des Mittelrhein-Gebietes zur Uebersicht der Haupt-Radfahrer- u. Automobilwege im Taunus, Westerwald, Vogelsberg, Wetterau, Rhoen, Spessart, Odenwald, Rheinebene u. der Pfalz. Erweiterte Karte des Gau IX Frankfurt a. M. des deutschen Radfahrerbundes. 1:500,000. 46×41 cm. Farbdr. Frankfurt a/M. (907). L. Ravenstein. Auf Leinw. 1. 50

— **Stettin.** Ravenstein's Radfahrer- u. Automobil-Karte f. den Reg.-Bez. Stettin m. Insel Rügen. 1 zu 300,000. Bearb. v. Hans Ravenstein m. Zugrundelegg. der W. Liebenow'schen Karte v. Mittel-Europa. Sonder-Ausg. der offiziellen Karte des deutschen Radfahrer-Bundes. 69×71,5 cm. Farbdr. Ebd. 910. Auf Leinw. 3. —

— — Radfahrer- u. Automobilkarte der mittelrheinischen Verkehrszentren. 1:300,000. (Neue Aufl.) 54,5×82 cm. Farbdr. Ebd. (908). Auf Leinw. 3. —

— **Rheinisch-westfälische Verkehrs-Zentren.** Ravenstein's Radfahrer- u. Automobilkarte der rheinisch-westfälischen Verkehrs-Zentren. Sonder-Ausg. der offiziellen Karte des deutschen Radfahrer-Bundes. 1:300,000. 4. Aufl. 69×74 cm. Farbdr. Frankfurt a/M. (910). L. Ravenstein. Auf Leinw. 3. —

— Ravenstein's Radfahrer-Karte des Gaues Danzig (Westpreussen) d. deutschen Radfahrer-Bundes. Amtl. Karte des Gaues 29 Danzig des deutschen Radfahrer-Bundes. 1:300,000. 68 × 76 cm. Farbdr. Frankfurt a/M. (901). L. Ravenstein. Auf Leinw. n. 3. —

— Ravenstein's Rad- u. Motorfahrerkarte der Umgegend v. Bremen. 1:300,000. 27×36,5 cm. Farbdr. Bremen (909). Röpke & Co. — 50

— Ravenstein's Radfahrerkarte v. Oberhessen (Vogelsberg, Wetterau, Kinzigthal u. Nordspessart). 1:170,000. 66 × 55,5 cm. Farbdr. Mit Gasthaus-Verzeichnis auf der Rückseite. Frankfurt a/M. 898. L. Ravenstein. Auf Leinw. n. 4. —

— **Oberhessen.** Ravenstein's Radfahrerkarte v. Oberhessen. (Vogelsberg, Wetterau, Kinzigthal u. Nordspessart.) 1:170,000. (Neue Aufl.) 66×55,5 cm. Farbdr. Frankfurt a/M. (907). L. Ravenstein. Auf Leinw. 3. —

— — dasselbe der Bayrischen Pfalz u. v. Rheinhessen (Nordvogesen, Haardt, Donnersberg u. Soonwald). 1:170,000. 77 × 54,5 cm. Farbdr. Mit Gasthaus-Verzeichnis auf der Rückseite. Ebd. 898. Auf Leinw. n. 4. —

— **Rheinpfalz.** Ravenstein's Radfahrerkarte der Bayerischen Pfalz u. v. Rheinhessen (Nordvogesen, Haardt, Donnersberg u. Soonwald). Offizielle Karte des Gau IX des deutschen Radfahrer-Bundes. 1 zu 170,000. (Neue Aufl.) 77,5×54,5 cm. Farbdr. Frankfurt a/M. (907). L. Ravenstein. Auf Leinw. 3. —

— — dasselbe v. Starkenburg (Rheinebene, Odenwald u. Spessart). 1:170,000. 61 × 48,5 cm. Farbdr. Mit Gasthaus-Verzeichnis auf der Rückseite. Ebd. 898. Auf Leinw. n. 4. —

— — dasselbe der Umgegend v. Frankfurt a. M. Unter Zugrundelage der grosshz. u. kurf. hess. Generalstabs-Aufnahmen sowie der neuen herz. nass. trigonometr. Ortsbestimmgn., amtl. Mittheilgn. üb. das landgräfl. hess. Amt Homburg u. eigener Aufnahmen des Frankfurter Gebietes und Recognoscirgn. bearb. Mit Entfernungsangaben und Tourenverzeichnis. 1 : 100,000. 6. Aufl. 50×61,5 cm. Farbdr. Ebd. (902). Auf Leinw. 3. —

— — dasselbe vom Reg.-Bez. Wiesbaden (Taunus, Westerwald, Lahn- u. Siegthal). 1 : 170,000. 79,5 × 56,5 cm. Farbdr. Mit Gasthaus-Verzeichnis auf der Rückseite. Ebd. 898. Auf Leinw. n. 4. —

— Ravenstein's Rad- u. Automobil-Karte f. die Grossherzogtümer Mecklenburg-Schwerin u. -Strelitz. 1 : 300,000. Amtliche Karte des Gau 19 Schwerin i. M. des deutschen Radfahrer-Bundes. (Neue Ausg.) 55×76 cm. Farbdr. Frankfurt a/M. (909). L. Ravenstein. Auf Leinw. 3. —

— Ravenstein's, Hans, Hauptstrassenkarte von Deutschland, Oesterreich, der Schweiz u. angrenz. Ländern. Mit Angabe der f. Automobile verbotenen Strassen, Pflasterzoll- u. Brückengeldhebestellen sowie Automobilfallen. Im Auftrage des kaiserl. Automobil-Clubs, Berlin, gezeichnet u. bearb. 1 : 2,200,000. 66×73,5 cm. Farbdr. Frankfurt a/M. (910). L. Ravenstein. Auf Leinw. in Halbleinw.-Decke 3. —

— Ravenstein's, Hans, Radfahrer- u. Automobil-Karte vom Herzogth. Braunschweig, Reg.-Bez. Hildesheim u. dem Harz m. angrenzenden Gebieten. Bearb. nach den Tourenbüchern der Gaue Hannover, Magdeburg u. Cassel des D. R.-B. unter Berücksicht. v. Albert's Harzführer f. Radler. 1 : 300,000. 52×69,5 cm. Farbdr. Ebd. (902). Auf Leinw. n. 2. 50

— — dasselbe der Prov. Hessen-Nassau, der Prov. Oberhessen u. des Fürstenth. Waldeck, (bearb. nach den Tourenbüchern der Gaue des deutschen Radfahrer-Bundes) m. Zugrundelegg. der Karte v. Mittel-Europa v. W. Liebenow. 1 : 300,000. 65×68 cm. Farbdr. Ebd. (902). Auf Leinw. n. 3. —

— Ravenstein's, Hans, Radfahrer- u. Automobilkarte der Prov. Hessen-Nassau, der Prov. Oberhessen u. des Fürstenth. Waldeck, (bearb. nach den Tourenbüchern der Gaue des deutschen Radfahrer-Bundes) m. Zugrundelegung der Karte v. Mittel-Europa v. W. Liebenow. 1 : 300,000. (Neue Aufl.) 65,5×69 cm. Farbdr. Frankfurt a/M. (907). L. Ravenstein. Auf Leinw. 3. —

— — dasselbe f. die Reg.-Bezz. Coblenz u. Wiesbaden m. Rheingebiet von Worms bis Köln a. Rhein. Bearb. m. Zugrundelegg. der W. Liebenow'schen Karte v. Mittel-Europa. 1 : 300,000. 57,5×51,5 cm. Farbdr. Ebd. (902). Auf Leinw. n. 2. 50

— — dasselbe f. die Reg.-Bezz. Köln, Düsseldorf und Aachen. Bearb. nach Otto Webers Wegweiser f. Radfahrer durch die Rheinprovinz m. Zugrundelegg. der W. Liebenow'schen Karte v. Mittel-Europa. 1 : 300,000. 69×47 cm. Farbdr. Ebd. (902). Auf Leinw. 2. 50

— — dasselbe des Moselgebietes (Reg.-Bez. Trier) von Coblenz bis Diedenhofen. Bearb. m. Zugrundelegung der W. Liebenow'schen Karte v. Mittel-Europa. 1 : 300,000. 54×38 cm. Farbdr. Ebd. (902). Auf Leinw. n. 2. —

— — dasselbe f. die Reg.-Bezz. Potsdam u. Berlin m. Angabe der Fahrbeschränkungen f. Radfahrer. Westliches Blatt der Radfahrerkarte v. Brandenburg. Bearb. m. Zugrundelegg. der W. Liebenow'schen Karte v. Mittel-Europa. 1 : 300,000. 69×73 cm. Farbdr. Frankfurt a/M. (902). L. Ravenstein. Auf Leinw. n. 3. —

— Potsdam. Ravenstein, Hans, Radfahrer- u. Automobil-Karte f. die Reg.-Bezz. Potsdam u. Berlin. 1 zu 300,000. Westliches Blatt der Radfahrerkarte von Brandenburg. Bearb. m. Zugrundelegg. der W. Liebenow'schen Karte v. Mittel-Europa. (Neue Ausg.) 69,5×73 cm. Farbdr. Frankfurt a/M. (909). L. Ravenstein. Auf Leinw. 3. —

— — dasselbe der mittelrheinischen Verkehrszentren. Weitere Umgegend v. Frankfurt a. M. 1 : 300,000. 54,5×81 cm. Farbdr. Ebd. (902). Auf Leinw. 3. —

— Ravenstein's, Hans, Radfahrer- u. Automobilkarten. Sonder-Ausg. der offiziellen Karte des deutschen Radfahrer-Bundes u. des deutschen Automobil-Verbandes. 1 : 300,000. Farbdr. Frankfurt a/M., L. Ravenstein. Auf Leinw. in Futteral.

Badisch-württembergische Verkehrscentren. (Schwarzwald u. Schwäb. Alb.) 80×70 cm. (905.) n. 3. —

Bremen, freie Stadt, Umgegend, das Grossherzogtum Oldenburg sowie die Reg.-Bez. Stade u. Aurich nebst angrenzenden Gebieten. Bearb. nach den Tourenbüchern der Gaue Bremen u. Hamburg des deutschen Radfahrer-Bundes m. Zugrundelegg. der W. Liebenow'schen Karte v. Mittel-Europa. 64×83,5 cm. (903.) n. 3. —

Breslau, Reg.-Bez., m. den schlesischen Gebirgen. Bearb. m. Zugrundelegg. der W. Liebenow'schen Karte v. Mittel-Europa. 69×64 cm. (905.) n. 3. —

Bromberg, Reg.-Bez. Bearb. m. Zugrundelegg. der W. Liebenow'schen Karte v. Mittel-Europa. 53×62 cm. (903.) n. 2. 50

Elsass-Lothringen (Vogesen). Bearb. m. Zugrundelegg. der W. Liebenow'schen Karte v. Mittel-Europa. 83×64,5 cm. (905.) n. 3. —

Erfurt, Reg.-Bez., u. die Thüringischen Staaten. Bearb. m Zugrundelegg. der W. Liebenow'schen Karte v. Mittel Europa. 61,5×74,5 cm. (905). n. 3. —

Frankfurt a. d. Oder, Reg.-Bez. Oestliches Blatt der Radfahrerkarte v. Brandenburg. Bearb. m. Zugrundelegg. der W. Liebenow'schen Karte v. Mittel-Europa. 75×65 cm. (903.) n. 3. —

Gumbinnen, Reg.-Bez. Bearb. m. Zugrundelegg. der W. Liebenow'schen Karte v. Mittel-Europa. 78,5×52 cm. (903.) n. 3. —

Hamburg u. Lübeck, freie Städte, Umgegend. Bearb. m. Zugrundelegg. der W. Liebenow'schen Karte v. Mittel-Europa. 62×70 cm. (903.) n. 2. 50

Königsberg, Reg.-Bez. Bearb. m. Zugrundelegg. der W. Liebenow'schen Karte v. Mittel-Europa. 81,5×53,5 cm. (903.) n. 3. —

Köslin, Reg.-Bez. Bearb. m. Zugrundelegg. der W. Liebenow'schen Karte v. Mittel-Europa. 62,5×80,5 cm. (903.) n. 3. —

Leipzig, Halle, Merseburg u. Naumburg, Umgegend. Bearb. m. Zugrundelegg. der W. Liebenow'schen Karte v Mittel-Europa. 54×74 cm. (905.) n. 2. 50

Liegnitz, Reg.-Bez., sowie die Umgegend v. Görlitz u. Zittau. Bearb. m. Zugrundelegg. der W. Liebenow'schen Karte v. Mittel-Europa. 79,5×58,5 cm. (905.) n. 3. —

Lothringen u. angrenzende Länderteile. Bearb. m. Zugrundelegg. der W. Liebenow'schen Karte v. Mittel-Europa. 51,5×61,5 cm. (905.) n. 2. 50

Oppeln, Reg.-Bez., sowie Teile des Sudeten-Gebirges. Bearb. m. Zugrundelegg. der W. Liebenow'schen Karte v. Mittel-Europa. 53,5×65 cm (905.) n. 2. 50

Posen, Reg.-Bez. Bearb. m. Zugrundelegg. der W. Liebenow'schen Karte v. Mittel-Europa. 64×75 cm. (903.) n. 3. —

Stettin, Reg.-Bez., m. Insel Rügen. Bearb. m. Zugrundelegg. der W. Liebenow'schen Karte v. Mittel-Europa. 68×70 cm. (903.) n. 3. —

— Braunschweig. Ravenstein, Hans, Rad- u. Automobilkarte vom Herzogt. Braunschweig, Reg.-Bez. Hildesheim u. dem Harz m. angrenzenden Gebieten. Bearb. nach den Tourenbüchern der Gaue Hannover, Magdeburg u. Cassel des D. R.-B. unter Berücksicht. v. Albert's Harzführer f. Radler. (Sonderausg. der einzigen offiziellen Wegekarte des deutschen Radfahrer-Bundes.) 1 : 300,000. (Neue Aufl.) 52×60,5 cm. Farbdr. Frankfurt a/M. (908). L. Ravenstein. Auf Leinw. 2. 50

— **Danzig.** Ravenstein, Hans, Rad- u. Automobilkarte des Gaues Danzig (Westpreussen) des deutschen Radfahrer-Bundes. Amtliche Karte des Gaues 29 Danzig des deutschen Radfahrer-Bundes. 1 : 300,000. (Neue Aufl.) 69×77 cm. Farbdr. Frankfurt a/M. (908). L. Ravenstein. Auf Leinw. 3. —

— **Elsass-Lothringen.** Ravenstein's, Hans, Rad- u. Automobilkarte v. Elsass-Lothringen (Vogesen). 1 : 300,000. Bearb. m. Zugrundelegg. der W. Liebenow-schen Karte v. Mittel-Europa. Sonder-Ausg. der offiziellen Karte des deutschen Radfahrer-Bundes u. der topograph, Karte des kaiserl. Automobil-Clubs. 7. Aufl. 82,5×64,5 cm. Farbdr. Frankfurt a/M. (909). L. Ravenstein. Auf Leinw. 3. —

— **Erfurt.** Ravenstein, Hans, Rad- u. Automobilkarte f. den Reg.-Bez. Erfurt u. die Thüringischen Staaten. 1 : 300,000. Bearb. m. Zugrundelegung der W. Liebenow'schen Karte v. Mittel-Europa. (Neue Ausg.) 62×74 cm. Farbdr. Ebd. (909). Auf Leinw. 3. —

— **Köln.** Ravenstein's, Hans, Rad- u. Automobil-Karte f. die Reg.-Bezz. Köln, Düsseldorf u. Aachen. Bearb. nach Otto Weber's Wegweiser f. Radfahrer durch d. Rheinprov. m. Zugrundelegg. der W. Liebenow'schen Karte v. Mittel-Europa. 1 : 300,000. (Neue Aufl.) 69×48 cm. Farbdr. Frankfurt a/M. (910). L. Ravenstein. Auf Leinw. 2. 50

— Ravenstein's, Hans, Rad- u. Automobilkarte des Reg.-Bez. Magdeburg. Bearb. m. Zugrundelegg. der W. Liebenow'schen Karte von Mittel-Europa. Sonderausg. der offiziellen Karte des deutschen Radfahrer-Bundes u. des deutschen Automobil-Verbandes. 1 : 300,000. (Neue Ausg.) 62,5×69 cm. Farbdr. Frankfurt a/M. (910). L. Ravenstein. Auf Leinw. 2. 50

— **Mittelfranken.** Ravenstein's, Hans, Rad- u. Automobilkarte f. die Reg.-Bezz. Mittel-Franken u. Oberpfalz. Mit Zugrundelegg. der W. Liebenow'schen Karte v. Mittel-Europa u. amtl. Karten neu bearb. (Weitere Umgegend v. Nürnberg, Fürth u. Regensburg. Sonder-Ausg. der offiziellen Karte der allgem. Radfahrer-Union, des deutschen Radfahrer-Bundes u. des bayr. Automobil-Clubs.) 1 : 300,000. 60×74,5 cm. Farbdr. Frankfurt a/M. (907). L. Ravenstein. Auf Leinw. 3. —

— Ravenstein's, Hans, Rad- u. Automobilkarte v. Schleswig-Holstein. (Bearb. nach den Tourenbüchern der Gaue Hamburg u. Schleswig-Holstein des D. R. B. u. den Gregers Nissenschen Radfahrerführern m. Zugrundelegg. der W. Liebenow'schen Karte v. Mittel-Europa.) 1 : 300,000. (Neue Aufl.) 77×61,5 cm. Farbdr. Frankfurt a/M. (907). L. Ravenstein. Auf Leinw. 3. —

— **Schwaben.** Ravenstein's, Hans, Rad- u. Automobilkarte des Reg.-Bez. Schwaben u. der angrenzenden Gebiete. Mit Zugrundelegg. der W. Liebenow'schen Karte v. Mittel-Europa nach amtl. Karten neu bearb. (Weite Umgegend v. Augsburg u. Ulm nebst Allgäu u. Vorarlberg. Sonder-Ausg. der offiziellen Karte der allgemeinen Radfahrer-Union, des deutschen Radfahrer-Bundes u. des bayr. Automobil-Clubs.) 1 : 300,000. 75×61,5 cm. Farbdr. Frankfurt a. M. (907). L. Ravenstein.. Auf Leinw. 3. —

— **Starkenburg.** Ravenstein's, Hans, Rad- u. Automobilkarte v. Starkenburg (Rheinebene, Odenwald u. Spessart [letztere auf der Rückseite, 30×28 cm]). Offizielle Karte des Gau IX des deutschen Radfahrer-Bundes. 1 : 170,000. (Neue Aufl.) 60,5×49 cm. Farbdr. Frankfurt a/M. (907). L. Ravenstein. Auf Leinw. 3. —

Radfahrer-Karten. Bremen. Ravenstein's, Hans, Rad- u. Automobil-Karte f. die Umgegend der freien Stadt Bremen, das Grossherzogt. Oldenburg sowie die Reg.-Bezz. Stade u. Aurich nebst angrenzenden Gebieten. Bearb. nach den Tourenbüchern der Gaue Bremen u. Hamburg des deutschen Radfahrerbundes m. Zugrundelegung der W. Liebenow'schen Karte v. Mittel-Europa. 1 : 300,000. (Neue Aufl.) 63,5×83 cm. Farbdr. Frankfurt a/M. (910). L. Ravenstein. Auf Leinw. 3. —

— **Chemnitz.** Ravenstein, Hans, Rad- u. Automobilkarte der Umgegend v. Chemnitz u. Zwickau. Bearb. m. Zugrundelegg. der topograph. Karte des kaiserl. Automobil-Clubs u. der offiziellen Karte des deutschen Radfahrer-Bundes. 1 : 300,000. 56×77 cm. Farbdr. Frankfurt a/M. (908). L. Ravenstein. Auf Leinw. 3. —

Radfahrer-Karten. Leipzig. Ravenstein's, Hans, Rad- u. Automobilkarte der Umgegend v. Leipzig, Halle, Merseburg u. Naumburg. Bearb. m. Zugrundelegung der W. Liebenow'schen Karte v. Mittel-Europa. Sonderausg. der offiziellen Karte des deutschen Radfahrer-Bundes u. der topograph. Karte des kaiserl. Automobil-Clubs. 1 : 300,000. (Neue Ausg.) 54,5×73,5 cm. Farbdr. Frankfurt a/M. (910). L. Ravenstein. Auf Leinw. 2. 50

— **München.** Ravenstein's, Hans, Rad- u. Automobilkarte f. die weitere Umgegend v. München (Ober-Bayern). Mit Zugrundelegung der offiziellen Karte der deutschen Automobil-Clubs, der Motorradfahrer-Vereinigg., des Radfahrer-Bundes u. der Radfahrer-Union, des deutschen Radfahrer-Bundes u. des bayr. Automobil-Clubs.) 1 : 300,000. 70×68 cm. Farbdr. Frankfurt a/M. (907). L. Ravenstein. Auf Leinw. 3. —

— Ravenstein's, Hans, Rad- u. Automobilkarte der badisch-württemberg. Verkehrscentren. (Schwarzwald u. schwäb. Alb.) Weite Umgegend v. Karlsruhe i. B. Sonder-Ausg. d. offiziellen Karte des deutschen Radfahrer-Bundes u. des deutschen Automobil-Verbandes. 1 : 300,000. (Neue Aufl.) 80,5×70,5 cm. Farbdr. Frankfurt a/M. (907). L. Ravenstein. Auf Leinw. 3. —

— **Wiesbaden.** Ravenstein's, Hans, Rad- u. Automobilkarte vom Reg.-Bez. Wiesbaden (Taunus, Westerwald, Lahn- u. Siegthal). Offizielle Karte des Gau IX des deutschen Radfahrer-Bundes. 1 : 170,000. (Neue Aufl.) 79,5×57 cm. Farbdr. Frankfurt a/M. (907). L. Ravenstein. Auf Leinw. 3. —

— Ravenstein's, Ludwig,

— — **Radfahrer- u. Automobilkarte** der Ostalpen. Radtouristischer Tl. v. Hans Ravenstein. 1 : 500,000. Östliches u. westl. Blatt. à 53×57 cm. Farbdr. Ebd. (901). Auf Leinw. à n. 3. —

— **Ostalpen.** Ravenstein's, L., Radfahrer- u. Automobilkarte der Ostalpen. Offizielle Karte des deutschen Radfahrer-Bundes. 1 : 500,000. Östliches u. westl. Blatt. Ausg. 1907. 54×57,5 cm resp. 53×58 cm. Farbdr. Ebd. Auf Leinw. 3. —

— — **Radfahrer-** (u. Automobil-)Karte v. Schleswig-Holstein. (Bearb. v. Hans Ravenstein nach den Tourenbüchern der Gaue Hamburg u. Schleswig-Holstein des D. R. B. u. den Gregers Nissen'schen Radfahrerführern m. Zugrundelegg. der W. Liebenow'schen Karte v. Mittel-Europa.) 1 : 300,000. 61,5×77 cm. Farbdr. Ebd. (901). Auf Leinw. n. 3. —

Radfahrerkarten. Ravenstein's, Ludw., Radtouristen-Karte d. Main- u. Rheinthal-Waldungen zwischen Frankfurt a/M. u. Darmstadt m. Angabe fahrbarer Waldwege. 1 : 50,000. 58×66 cm. Farbdr. Ebd. (902). Auf Leinw. 3. —

— Roch, Radfahrerkarte für das Königr. Sachsen. Sect. 1—4. Lith. u. color. qu. Fol. Mit 1 Blättchen Text. Leipzig 888. 889. (Hinrichs' Sort.) à n.n. 1.—; auf Leinw. in Etui à n.n. 1. 50; cplt. auf Leinw. in Etui n.n. 6. —

1. Leipzig. — 2. Dresden. — 3. Zwickau. — 4. Prag.

— Strassenkarte v. Nord-Ost-Bayern. u. d. angrenzenden Staaten (f. Rad- u. Automobil-Touristen). Hrsg. vom deutschen Touring-Club München e. V. 1 : 250,000. 77,5×80 cm. Farbdr. München 907. Th. Riedel. 2. —

— Strassenkarte v. Süd-Ost-Bayern u. Nord-Tirol. Hrsg. vom Haupt-Consulat München der Allgemeinen Radfahrer-Union. 1 : 250,000. Neu rev. Mitglieder-Ausg. 2 Blatt à 76 × 40,5 cm. Farbdr. München 898. (Literar.-Artist. Anstalt. — J. Lindauer.) n. 2. —

— — v. Süd-Ost-Bayern u. Nord-Tirol. Hrsg. vom deutschen Touring-Club München (e. V.). 1 : 250,000. (Neuestere v. Mitglieder-Ausg.) 76,5×80,5 cm. Farbdr. Ebd. (907). 2. —

— — v. Süd-West-Bayern u. d. angrenzenden Staaten. Hrsg. vom deutschen Touring-Club München e. V. 1 : 250,000. 76,5×80,5 cm. Farbdr. Ebd. (907). 2. —

— Strassenprofilskarte, deutsche, f. Radfahrer. Unter Mitwirkg. der Gauverbände d. Deutschen Radfahrerbundes u. Consulate der allgemeinen Radfahrer-Union bearb. (In 80 Blatt.) Blatt 40—45, 48—54, 57, 58 u. 67. Lith. u. color. qu. Fol. Leipzig 890. (Hinrichs' Sort.) Auf Leinw. in Carton. à n.n. 1. 50

40. Cassel. — 41. Erfurt. — 42. Leipzig. — 43. Dresden. — 44. Görlitz. — 45. Breslau. — 48. Fulda. — 49. Coburg. 50. Zwickau. — 51. Prag. — 52. Trautenau. — 53. Neisse. — 54. Oppeln. — 57. Würzburg. — 58. Nürnberg. — 67. Ingolstadt.

— Strassenprofilkarte, deutsche, f. Radfahrer. Unter Mitwirkg. der Gauverbände d. deutschen Radfahrerbundes u. Consulate der allgemeinen Radfahrer-Union bearb. Blatt 1, 2, 2a, 3—5, 9—16, 22—27, 30—36, 38, 39, 42, 46, 47, 55, 56, 59, 64—66, 68, 73, 73a, 74—79. Photolith. u. Farbendr. Leipzig 891—894. (J. C. Hinrichs' Sort.) Auf Leinw. in Etui. à n.n. 1. 50

In alphabetischer Ordnung:

11. Angerburg. 30,5×49 cm. — 26. Berlin. 30×37,5 cm. — 31. Bielefeld. 30,5×37 cm. — 46. Bonn. 30×37,5 cm. — 12. Bremen. 30×37,5 cm. — 38. Cöln. 30×37,5 cm. — 9. Danzig. 42,5×37,5 cm. — 34. Dessau. 30×37,5 cm. — 1. Flensburg. 40×45 cm. — 47. Frankfurt a/M. 30×37,5 cm. — 59. Fürth. 31×38 cm. — 36. Glogau. 30×37,5 cm. — 32. Göttingen. 31×38 cm. — 35. Guben. 30×37,5 cm. — 13. Hamburg. 30×37,5 cm. — 23. Hannover. 30×37,5 cm. — 2. Insterburg. 30,5×49 cm. — 3. Kiel. 30,5×45 cm. — 2a. 10. Königsberg u. Elbing. 49×37,5 cm. — 42. Leipzig. 30,5×37,5 cm. — 77. Linz (Ischl). 30×37,5 cm. — 4. Lübeck. 31×38 cm. — 33. Magdeburg. 30×37,5 cm. — 56. Mainz. 31×38 cm. — 15. Malchow. 30×37,5 cm. — 27. Meseritz. 30×37,5 cm. — 64. Metz. 30×37 cm. — 73a. Mülhausen. 30×37 cm. — 75. München. 30×37,5 cm. — 22. Osnabrück. 30×37,5 cm. — 25. Rathenow. 30×37,5 cm. — 68. Regensburg. 30×37,5 cm. — 76. Salzburg. 30×37,5 cm. — 24. Salzwedel. 30×37,5 cm. — 78. St. Pölten. 30×37,5 cm. — 73. Schlettstadt. 30×37,5 cm. — 14. Schwerin. 30×37,5 cm. — 39. Siegen. 30×37,5 cm. — 16. Stettin. 30×37,5 cm. — 5. Stralsund. 30×37,5 cm. — 65. Strassburg i/E. 30×37,5 cm. — 66. Stuttgart. 31×38 cm. — 19. Thorn. 30×37,5 cm. — 55. Trier. 30×37 cm. — 74. Ulm. 31×38 cm. — 30. Wesel. 30,5×37,5 cm. — 79. Wien. 30×37,5 cm.

— — dasselbe. Tirol. 1 : 600,000. 45×46,5 cm. Photolith. u. Farbendr. Ebd. 893. n. 1. 50; auf Leinw. in Etui n.n. 2. —

— — dasselbe. Steiermark. 1 : 300,000. 44×46 cm. Photolith. u. Farbendr. Ebd. 894. n.n. 1. 50; auf Leinw. in Etui n.n. 2. —

— Strassenprofilkarte, deutsche, f. Radfahrer. Unt. Mitwirkg. der Gauverbände des deutschen Radfahrerbundes u. Consulate der allgem. Radfahrer-Union bearb. 1 : 300,000. Blatt 6—8, 17, 18, 20, 21, 28, 29, 37, 45a, 60—63, 69—72 u. 80. (Schlussblätter.) Photolith. u. Farbdr. Leipzig 895 u. 897. Mittelbach. Auf Leinw. in Futteral à n.n. 1. 50

6. Greifswald. 30,5 × 37,5 cm. — 7. Kolberg. 30 × 37,5 cm. — 8. Stolp. 39,5 × 37 cm. — 17. Stargard. 29,5 × 37,5 cm. — 18. Schneidemühl. 29,5 × 37,5 cm. — 20. Osterode. 30 × 37,5 cm. — 21. Johannisburg. 30 × 45 cm. — 28. Posen. 29,5 × 37,5 cm. — 29. Inowrazlaw. 30 × 37,5 cm. — 37. Lissa. 29,5 × 49,5 cm. — 45a. Kreuzburg. 30 × 37,5 cm. — 60. Pilsen (Tabor). 30,5 × 37,5 cm. — 61. Iglau. 30,5 × 37,5 cm. — 62. Olmütz. 30,5 × 37,5 cm. — 63. Troppau (Bielitz). 29,5 × 37,5 cm. — 69. Budweis. 30,5 × 37,5 cm. — 70. Znaim. 30,5 × 37,5 cm. — 71. Brünn (Lundenburg). 30,5 × 37,5 cm. — 72. Trentschin. 29,5 × 37,5 cm. — 80. Komorn. 30 × 37,5 cm.

— — dasselbe. Sekt. Schweiz. 44 × 46 cm. Photolith. u. Farbendr. Ebd. 896. n.n. 1. 50; auf Leinw. in Futteral n.n. 2. —

— Strassenprofilkarte, deutsche, f. Radfahrer. Nach den neuesten offiziellen Unterlagen unter Mitwirkg. der Gauverbände des deutschen Radfahrerbundes u. Consulate der allgemeinen Radfahrer-Union bearb. 1 : 300,000. Blatt 1, 3, 4, 9, 12—16, 22—26, 30—36, 38—59, 64—68, 73a u. 73—77. In Landkarten- od. Planprofilmanier. à ca. 30,5×37 cm. Farbdr. Nebst Text. gr. 8. (à ca. 4 S.) Leipzig (902). Mittelbach. Auf Leinw. in Futteral à n. 1. 50

1. Flensburg. 4. Taus (Neubearbeitung.) (Landkartenmanier.) — 3. Kiel. 15. u. 16 Taus. (Landkartenmanier.) — 4. Lübeck. 11. u. 12. Taus. (Landkartenmanier.) — 9. Danzig 4. Taus (Landkartenmanier.) — 12. Bremen. 10. Taus. (Landkartenmanier.) — 13. Hamburg. 19. u. 20. Taus. (Landkartenmanier.) — 14. Schwerin. 12. u. 13. Taus. (Landkartenmanier.) — 15. Malchow. 6. Taus. (Landkartenmanier.) — 16. Stettin. 6. Taus. (Landkartenmanier.) — 22. Osnabrück. 7. Taus. (Landkartenmanier.) — 23. Hannover. 10. u. 11. Taus. (Landkartenmanier.) — 24. Salzwedel. 7. Taus. (Landkartenmanier.) — 25. Rathenow. 6. Taus. (Landkartenmanier.) — 30. Wesel. 9. Taus. (Landkartenmanier.) — 31. Bielefeld. 12. u. 13. Taus. (Landkartenmanier.) — 32. Göttingen. 11. Taus. (Planprofilmanier.) — 33. Magdeburg. 15. Taus. (Profilmanier.) — 34. Dessau. 10. u. 11. Taus. (Landkartenmanier.) — 35. Guben. 9. u. 10. Taus.) (Landkartenmanier.) — 36. Glogau. 7. Taus. (Landkartenmanier.) — 38. Köln. 28. u. 29. Taus. (Landkartenmanier.) — 39. Siegen. 11. Taus. (Landkartenmanier.) — 40. Cassel. 12. Taus. (Profilmanier.) — 41. Erfurt. 24. u. 25. Taus. (Profilmanier.) — 42. Leipzig. 29.—31. Taus. (Profilmanier.) — 43. Dresden. 27.—29. Taus. (Profilmanier.) — 44. Görlitz. 9. Taus. (Profilmanier.) — 45. Breslau. 8. u. 9. Taus. (Profilmanier.) — 46. Bonn. 13. u. 14. Taus. (Landkartenmanier.) — Dasselbe. (Neue Aufl.) (Profilmanier.) — 47. Frankfurt a. M. 18. Taus. (Landkartenmanier.) — Dasselbe. 5. u. 6 Taus. (Profilmanier.) — 48. Fulda. 9. Taus. (Profilmanier.) — 49. Coburg. 13. u. 14. Taus. (Profilmanier.) — 50. Zwickau. 16. u. 17. Taus. (Profilmanier.) — 51. Prag. 9. u. 10. Taus. (Profilmanier.) — 52. Trautenau. 7. Taus. (Profilmanier.) — 53. Neisse. 5. Taus. (Profilmanier.) — 54. Oppeln. 5. Taus. (Profilmanier.) — 55. Trier. 10. Taus. (Profilmanier.) — 56. Mainz. 23.—25. Taus. (Profilmanier.) — 57. Würzburg. 12. u. 13. Taus. (Profilmanier.) — 58. Nürnberg. 13. Taus. (Profilmanier.) — 59. Fürth. 5. Taus. (Profilmanier.) — 64. Metz. 6. u. 7. Taus. (Profilmanier.) — 65. Strassburg. 19. u. 20. Taus. (Profilmanier.) — 66. Stuttgart. 13. Taus. (Profilmanier.) — 67. Ingolstadt. 8. Taus. (Profilmanier.) — 68. Regensburg. 4. u. 5. Taus. (Profilmanier.) — 73a. Mülhausen. 4. Taus. (Profilmanier.) — 73. Freiburg i.B. (Schlettstadt). 13. u. 14. Taus. (Profilmanier.) — 74. Ulm. 9. Taus. (Profilmanier.) — 75. München. 14. u. 15. Taus. (Profilmanier.) — 76. Salzburg. 7. u. 8. Taus. (Profilmanier.) — 77. Linz (Ischl). 5. Taus. (Profilmanier.)

— — f. Radfahrer. Schweiz. 10. u. 11. Taus. 1 : 600,000. 45,5×60,5 cm. Farbdr. Ebd. (902). Auf Leinw. in Futteral n. 2. —

— — dasselbe. Steiermark. 5. u. 6. Taus. 1 : 600,000. 45×47,5 cm. Farbdr. Nebst Text. gr. 8. (15 S.) Ebd. (902). Auf Leinw. in Futteral n. 2. —

— — dasselbe. Tyrol (Oberitalien). 14. u. 15. Taus. 1 : 600,000. 46×52 cm. Farbdr. Ebd. (902). Auf Leinw. in Futteral n. 2. —

Radfahrerkarten. Strassenprofilkarte, deutsche, für Radfahrer. Nach den neuesten offiziellen Unterlagen unter Mitwirkg. der Gauverbände d. deutschen Radfahrerbundes u. Consulate der allgemeinen Radfahrer-Union bearb. 1 : 300,000. Blatt 38 u. 39. In Profilmanier. à ca. 30,5×37 cm. Farbdr. Nebst Text. (à ca. 4 S.) gr. 8. Leipzig (903). Mittelbach. Auf Leinw. in Futteral à n. 1. 50

38. Cöln. — 39. Siegen.

— — dasselbe f. Rad- u. Motorfahrer. Nach den neuest. offiziellen Unterlagen unter Mitwirkg. der Gauverbände des deutschen Radfahrerbundes u. d. Consulate der allgem. Radfahrer-Union bearb. u. hrsg. 1 : 300,000. Blatt 42, 43, 50, 54—58, 64—67 u. 73—75. Ausg. B, (Landkartenmanier.) à ca. 30,5×37 cm. Farbdr. Nebst Text. (à ca. 4 S.) gr. 8. Ebd. (903—905). Auf Leinw. in Futteral à n. 1. 50

43. Dresden. — 73. Freiburg i. B. — 67. Ingolstadt. — 42. Leipzig. — 56. Mainz. — 64. Metz. — 75. München. — 58. Nürnberg. — 54. Oppeln. — 65. Strassburg. — 66. Stuttgart. — 55. Trier. — 74. Ulm. — 57. Würzburg. — 50. Zwickau.

— Strassenprofilkarte, deutsche, f. Rad- u. Motorfahrer. Nach den neuesten offiziellen Unterlagen, unter Mitwirkg. der Gauverbände des Deutschen Radfahrerbundes u. der Consulate der Allgem. Radfahrer-Union bearb. u. hrsg. 1 : 300,000. Nr. 45, 52, 59, 68 u. 76. (Ausg. B in Landkartenmanier.) à ca. 30,5×37 cm. Farbdr. Mit Text. gr. 8. Leipzig (908). Mittelbach. Auf Leinw. in Futteral à 1. 50

45. Breslau. (2 Bl.) — 52. Trautenau. (3 S.) 59. Fürth. (3 S.) — 68. Regensburg. (4 S.) — 76. Salzburg (3 S.)

— — vom Königr. Sachsen. Nach den neuesten Unterlagen unter Mitwirkg. der Gauverbände des D. R. B. u. der Consulate der A. R. U. (D. T. C.) bearb. u. hrsg. 1 : 300,000. 55×74 cm. Farbdr. Ebd. 899. n. 1. 50; auf Leinw. in Mappe n. 2. 50

— — von Württemberg, Baden, Hessen-Darmstadt. Nördlicher u. südl. Tl. Nach den neuesten offiziellen Unterlagen, unter Mitwirkg. der Gauverbände des deutschen Radfahrerbundes u. Consulate der allgemeinen Radfahrer-Union bearb. u. hrsg. (Neue Ausg.) Farbdr. Leipzig (902). Mittelbach. Auf Leinw. in Futteral à n. 2. 50

Nördlicher Tl. 56,5×69 cm. — Südlicher Tl. 52,5×70 cm.

Radfahrer-Karten. Schweiz. Strassenprofilkarte f. Rad- u. Motorfahrer. Nach den neuesten offiziellen Unterlagen, unter Mitwirkg. der Gauverbände des Deutschen Radfahrerbundes u. der Consulate der Allgem. Radfahrer-Union bearb. u. hrsg. Schweiz. 1 : 600,000. 19.—21. Taus. 45×58,5 cm. Farbdr. Leipzig (908). Mittelbach. Auf Leinw. in Futteral 2. —

— Tirol. Strassenprofilkarte f. Rad- u. Motorfahrer. Nach den neuesten offiziellen Unterlagen, unter Mitwirkung der Gauverbände des Deutschen Radfahrerbundes u. der Consulate der Allgem. Radfahrer-Union bearb. u. hrsg. Tyrol. (Oberitalien). 1 : 600,000. 22.—24. Taus. 46×51,5 cm. Farbdr. Ebd. (908). Auf Leinw. in Futteral 2. —

— Strassen-Übersichtskarte v. Deutschland u. Deutsch-Oesterreich f. Radfahrer. Bearb. unter Zugrundelegg. der Ed. Gaebler'schen Verkehrskarte des Deutschen Reiches im Auftrage des Deutschen Radfahrerbundes. 1 : 1,750,000. 72×58,5 cm. Farbendr. Leipzig 894. (J. C. Hinrichs' Sort.) n.n. 2. —

— Straube's, Jul., neue Karte f. Automobilfahrer. 132 Quadrat-Meilen der Umgegend v. Berlin. Mit besond. Berücksicht. der Chausseen u. Entfernungsangaben von Ort zu Ort. (Jul. Straube's Karte der weiteren Umgegend v. Berlin.) 1 : 130,000. 61×78,5 cm. Farbdr. Berlin (904). J. Straube. n. 1. 50

— — neue Karte f. Automobilfahrer. 500 Quadrat-Meilen der Prov. Brandenburg. (Mittlerer Tl.: Ringsum Berlin.) Mit besond. Berücksicht. der Chausseen u. Entfernungsangaben von Ort zu Ort. (Straube's Karte der Prov. Brandenburg.) 1 : 180,000. 49,5×76 cm. Farbdr. Ebd. (904). n. 1. 50

Radfahrerkarten. Straube's, Jul., Radfahrer-Karte der Umgegend v. Berlin, e. Gebiet v. ca. 88 □-Meilen umfassend, mit Entfernungsangaben in Kilometern von Ort zu Ort. 1 : 130,000. 58,5×54,5 cm. 3farbig. Berlin (902). J. Straube. n. — 50; 5farbig n. 1. —

— Straube, Jul., Karte der Verkehrswege 1200 □Meilen um Berlin f. Rad- u. Auto-Fahrer. Offizielle Karte des deutschen Radfahrer-Bundes (Gau 20) Berlin. Nördl. Hälfte der Prov. Brandenburg (Berlin-Stettin-Ückermünde). 1 : 300,000. 48×79 cm. Farbdruck. Berlin (909). J. Straube. 1. 50

— — dasselbe. Südl. Hälfte der Prov. Brandenburg (Berlin-Halle-Leipzig-Dresden-Görlitz). Entworfen u. auf Grund amtl. Materials bearb. u. hrsg. 1 : 300,000. 58,5×81,5 cm. Farbdr. Ebd. (910). 1. 50

— — Radfahrer-Karte des mittleren Teiles der Prov. Brandenburg 500 □-Meilen um Berlin m. genauen Entfernungsangaben. 1 : 300,000. 49,5×64 cm. 3farbig. Ebd. 899. n. 1. —; auf Leinw. n. 1. 50; 5farbig n. 1. 50; auf Leinw. n. 2. —

— Straube's, Jul., Radfahrer-Karte der Umgegend v. Berlin u. Potsdam, e. Gebiet v. ca. 85 □ Meilen umfassend, m. genauem Entfernungsmesser in Meilen bezw. Kilometern. 1 : 180,000. Ausg. 1898. 58×54,5 cm. 6farbig. Mit Ortschaftsverzeichnis. 8. (6 S.) Berlin 898. J. Straube. n. 1. —; 3farbig ohne Ortschaftsverzeichnis n. — 50

— Straube, Jul., Radfahrer-Plan v. Berlin. 1 : 32,500. Chromolith. gr. 4. Mit der Polizei-Verordng. vom 24. März 1884 u. der Bezeichng. sämmtl. f. Zweiräder gesperrter Strassen etc., nach amtl. Quellen bearb. Berlin 888. Straube. n. — 30

— — dasselbe. 1 : 32,500. [Für Dreiradfahrer.] Chromolith. gr. 4. Mit der Polizeiverordnung vom 24. März 1884. Ebd. 888. n. — 50

— — Radfahrer-Plan v. Berlin. 1 : 22,000. Mit farb. Bezeichng. sämtl. f. Hochräder u. Tandems gesperrter Strassen. 42×52 cm. Farbdr. Mit den betreff. Polizei-Verordngn. 12. (4 S.) u. Strassenverzeichnis auf der Rückseite. Berlin 898. J. Straube. n. — 50

Radfahrerkarten. Straube's, Jul., neuer Radfahrer-Plan v. Berlin. 1 : 22,000. Graphische Darstellg. der Pflasterungsarten, unter Mitwirkg. des Schutzverbandes Berliner Radfahrer hrsg. 42×52 cm. Farbdr. Nebst Polizeiverordngn. 12. (4 S.) u. Strassenverzeichnis auf der Rückseite. Ebd. 898. n. — 50

— — neuer Radfahrer-Plan v. Berlin. Mit Bezeichng. der Pflasterungsarten sowie der f. das Befahren mit Zweirädern verbotenen Strassen. Unter Mitwirkg. des Schutzverbandes Berliner Radfahrer hrsg. 1 : 22,000. (Ausg. 1902.) 42,5×52,5 cm. Farbdr. Nebst: Polizei-Verordnung f. den Stadtkreis Berlin betr. das Fahren auf einsitz. Zweirädern (Nieder-Rädern). 8. (5 S.) Ebd. n. — 50

— Streckenprofil Nr. 1—22. Hrsg. vom deutschen Touring-Club München (e. V.). Strassen-Karten mit Strassen-Profil. à ca. 57,5×45.5 cm. Lith. München 901. (Literarisch-artist. Anstalt.) à n. — 40

— Streckenprofil Nr. 23—25. Hrsg. vom deutschen Touring-Club München (e. V.). Strassen-Karten m. Strassen-Profil. à ca. 57,5×45,5 cm. Lith. München 902. 903. (Literarisch-artist. Anstalt.) à n. — 40

— Supp, A., Reisekarte des Bez. Ober-Elsass f. Automobil-, Rad-Fahrer u. Touristen m. genauer Angabe der Entferngn. 1 : 150,000. 2. verb. Aufl. 68×41 cm. Lith. Colmar 903. M. Wettig. n.n. 2. —

— Touren-Karte f. Radfahrer, hrsg. vom österr.-ung. Radfahrer-Bund. 1 : 300,000. Blatt 1—4. à 44,5×51 cm. Farbendr. Wien 894. (R. Lechner's Sort.) à n. 1. —; auf Leinw. à n. 1. 80

1. Umgebung v. Wien. — 2. Umgebung v. Graz. — 3. Umgebung v. Linz. — 4. Umgebung v. Klagenfurt.

— Touren-Karte f. Radfahrer. Blatt 1. Farbendr. Wien 895. (R. Lechner's Sort.) Auf Leinw. n. 1. 80

Umgebung v. Wien. 1 : 300,000. Bearb. v. Emil Letoschek. (Neue Aufl.) 45×51 cm. Nebst Zeichenschlüssel u. 1 Kärtchen v. Wiens nächster Umgebung. 12.

— Touristen- u. Radfahrkarte d. oberbergischen Landes. Chromolith. Imp.-Fol. Barmen 889. Indorau. n. — 60

Radfahrerkarten. Universal-Automobil-Karte. Berichtigt von Gust. Müller. Nr. 1—16. Farbdr. Leipzig (903). Th. Thomas. Auf Leinw. in Futteral n. 37. —

1. Königr. Sachsen. (Kleine Ausg.) (Mit 3 Nebenkarten auf der Rückseite.) 1 : 500,000. 29×46 cm. n. 1. 50
2. Prov. Sachsen, Anhalt, Braunschweig, Hannover, östl. Thl. Mit 2 Nebenkarten auf der Rückseite. 1 : 500,000. 56×40 cm. n. 2. 50
3. Prov. Brandenburg. Mit 3 Nebenkarten auf der Rückseite. 1 : 500,000. 39,5×57 cm. n. 2. 50
4. Thüringische Staaten. Kgr. Bayern nördl. Tl. Mit 2 Nebenkarten auf der Rückseite. 1 : 500,000. 40×60 cm. n. 2. 50
5. Königr. Bayern mittlerer Tl. Mit 2 Nebenkarten auf der Rückseite. 1 : 500,000. 39,5×57 cm. n. 2. 50
6. Königr. Bayern südlicher Tl. Mit 2 Nebenkarten auf der Rückseite. 1 : 500,000. 39,5×57 cm. n. 2. 50
7. Königr. Sachsen nebst Teilen der angrenzenden Länder. (Grosse Ausg.) Mit 3 Nebenkarten auf der Rückseite. 1 : 400,000. 49,5×61,5 cm. n. 2. 50
8. Rheinprovinz, Westfalen südl. Tl., Hessen-Nassau, Ober-Hessen, Waldeck. Mit 5 Nebenkarten auf der Rückseite. 1 : 500,000. 40,5×56 cm. n. 2. 50
9. Königr. Württemberg, Grossherzogt. Hessen u. Baden nordöstlicher Tl. Mit 3 Nebenkarten auf der Rückseite. 1 : 500,000. 57,5×42 cm. n. 2. 50
10. Elsass. Grossherzogt. Baden südwestl. Tl. Mit 1 Nebenkarte auf der Rückseite. 1 : 500,000. 37,5×27,5 cm. n. 1. 50
11. Lothringen. Bayerische Pfalz. Luxemburg. Rheinprovinz südl. Tl. Mit 1 Nebenkarte auf der Rückseite. 1 : 500,000. 28×39 cm. n. 1. 50
12. Prov. Schlesien. Mit 2 Nebenkarten auf der Rückseite. 1 : 500,000. 51,5×64,5 cm. n. 2. 50
13. Prov. Hannover, Oldenburg, Westfalen östl. Tl., Lippe, Hamburg, Bremen, Niederlande östl. Tl. Mit 3 Nebenkarten auf der Rückseite. 1 : 500,000. 59,5×60 cm. n. 2. 50
14. Prov. Schleswig-Holstein, Hamburg, Lübeck etc. Mit 2 Nebenkarten auf der Rückseite. 1 : 500,000. 54×42 cm. n. 2. 50
15. Grossherzogtümer Mecklenburg. Vorpommern. Brandenburg nördl. Tl. Mit 2 Nebenkarten auf der Rückseite. 1 : 500,000. 41,5×58 cm. n. 2. 50
16. Prov. Posen. Gau Nr. 25 u. zum Tl. Nr. 26. Frankfurt a/Oder. Mit 2 Nebenkarten auf der Rückseite. 1 : 500,000. 44,5×51 cm. n. 2. 50

— Vollrath, C., Touristen- u. Radfahrer-Karte d. Nahethals, nebst den angrenz. Teilen d. Hunsrückens, der Pfalz, des Rheinhessens u. Rheingaues. Mit Angabe der Entferngn. nach Kilometern. Ausgeführt v. Phil. Friedr. Schmitt. 1 : 120,000. Lichtdr. 43×40,5 cm. Kreuznach 891. F. Harrach. n. 1. —

— Wander-, Rad- u. Automobilkarte, neueste, v. Chemnitz u. weitere Umgebung m. anschliessenden Gebieten des Vogtlandes u. Nordböhmens. 1 : 300,000. 38×29 cm. Farbdr. Chemnitz (909). B. Troitzsch Nachf. — 75

— Wolf's Radfahrerkarten. 1. Blatt. Königr. Sachsen. Kleine Ausg. 1 : 500,000. Chromolith. gr. Fol. Leipzig 890. Levien. n. 1. —; auf Leinw. gez., ohne Mess-Zirkel n. 1. 50

— — dasselbe. 2.—10. Blatt. Chromolith. gr. Fol. Ebd. 890. 891. à n. 1. 50; auf Leinw. gez., m. Mess-Zirkel à n. 2. 50

2. Prov. Sachsen. Anhalt. Braunschweig. 1 : 500,000.
3. Prov. Brandenburg. 1 : 500,000.
4. Thüringische Staaten. Königr. Bayern, nördl. Theil. 1 : 500,000.
5. Königr. Bayern, mittlerer Theil. 1 : 500,000.
6. Königr. Bayern, südlicher Theil. 1 : 500,000.
7. Königr. Sachsen. Grosse Ausg. 1 : 400,000.
8. Rheinprovinz. Ober-Hessen. Waldeck. 1 : 500,000.
9. Württemberg. Baden. Grossh. Hessen. 1 : 500,000.
10. Elsass-Lothringen. Bayr. Pfalz. Luxemburg. 1 : 500,000.

Radfahrerkarten. Wolf's Radfahrerkarten. Unter Red. v. Gust. Müller. Nr. 1, 2, 7—13. Farbendr. Leipzig, G. Levien. In Leinw.-Decken n. 12. —; auf Leinw. n. 19. 50

1. Königr. Sachsen. 1 : 500,000. 6. Aufl. 26×43 cm. 894. n. 1. —; auf Leinw. n. 1. 50
2. Prov. Sachsen, Anhalt, Braunschweig, Hannover (östl. Thl.). 1 : 500,000. 4. Aufl. 39×55,5 cm. 894. n. 1. 50; auf Leinw. m. Messzirkel n. 2. 50
7. Königr. Sachsen, nebst Theilen der angrenzenden Länder. 1 : 400,000. Grosse Ausg. 3. Aufl. 48×60,5 cm. 894. n. 1. 50; auf Leinw. m. Messzirkel n. 2. 50
8. Rheinprovinz, Westfalen (südl. Teil), Hessen-Nassau, Oberhessen, Waldeck. 1 : 500,000. 3. (Titel-)Aufl. 39×54,5 cm. 894. n. 1. 50; auf Leinw. m. Messzirkel n. 2. 50
9. Königr. Württemberg. Grossherzogthümer Baden u. Hessen. 1 : 500,000. 2. Aufl. 39×54 cm. 891. n. 1. 50; auf Leinw. m. Messzirkel n. 2. 50
10. Elsass, Grossherzogt. Baden (südwestl. Teil). 1 : 500,000. 37,5×27 cm. 894. n. 1. —; auf Leinw. n. 1. 50
11. Lothringen, Bayrische Pfalz, Grossherzogth. Luxemburg u. Rheinprovinz (südl. Thl.). 1 : 500,000. 27,5×37,5 cm. 891. n. 1. —; auf Leinw. n. 1. 50
12. Prov. Schlesien. 1 : 400,000. 43,5×59,5 cm. 894. n. 1. 50; auf Leinw. n. 2. 50
13. Prov. Hannover, Oldenburg, Westfalen (nördl. Thl.), Lippe, Hamburg, Bremen, Niederlande (östl. Thl.). 1 : 500,000. 47×56 cm. 894. n. 1. 50; auf Leinw. m. Messzirkel n. 2. 50

— Wolf's Radfahrerkarten. Red. Gustav Müller. Blatt I—IV, VII—IX, XI, XII, XIV—XVIII. Farbdr. Leipzig, Th. Thomas. In Leinw.-Decke n. 20. 50; auf Leinw. m. Zirkel in Leinw.-Decke n. 34. —; in Celluloid-Futteral n. 41. —

I. Königreich Sachsen. Kleine Ausg. 1 : 500,000. 7. Aufl. Rev. 1898. 26×43 cm. 898. n. 1. —; resp. n. 1. 50 u. n. 2. —
II. Prov. Sachsen, Anhalt, Braunschweig, Hannover östl. Thl. 1 : 500,000. 5. Aufl. Rev. 1897. 55×39 cm. 897. n. 1. 50; resp. n. 2. 50 u. n. 3. —
III. Prov. Brandenburg. 1 : 500,000. 4. Aufl. Rev. 1898. 39×55 cm. 898. n. 1. 50; resp. n. 2. 50 u. n. 3. —
IV. Thüringische Staaten. Kgr. Bayern nördl. Teil. 5. Aufl. Rev. 1896. 39,5×55,5 cm. 896. n. 1. 50; resp. n. 2. 50 u. n. 3. —
VII. Königr. Sachsen nebst Teilen der angrenzenden Länder. Grosse Ausg. 1 : 400,000. 5. Aufl. Rev. 1898. 48×60,5 cm. 898. n. 1. 50; resp. n. 2. 50 u. n. 3. —
VIII. Prov. Rheinland. Westfalen (südl. Tl.) Hessen-Nassau. Oberhessen. Waldeck. Gau 3 (Westfalen). Gau 4 (Rheinland). Gau 9 (Frankfurt a/M.). 1 : 500,000. 6. Aufl. Rev. 1897. 39×55,5 cm. 897. n. 1. 50; resp. n. 2. 50 u. n. 3. —
IX. Königr. Württemberg. Grossherzogth. Hessen. Baden, nordöstl. Tl. 3. Aufl. Rev. 1896. 1 : 500,000. 56,5×41,5 cm. 896. n. 1. 50; resp. n. 2. 50 u. n. 3. —
XI. Prov. Hannover, Oldenburg, Westfalen nördlicher Tl., Fürstent. Lippe, Hamburg, Bremen, Niederlande östl. Tl. 2. Aufl. Rev. 1898. 47×56 cm. 898. n. 1. 50; resp. n. 2. 50 u. n. 3. —
XII. Prov. Schlesien. 2. Aufl. Rev. 1898. 43,5×59,5 cm. 898. n. 1. 50; resp. n. 2. 50 u. n. 3. —
XIV. Prov. Schleswig-Holstein, Hamburg, Lübeck etc. 1 : 500,000. 2. Aufl. Rev. 1898. 53,5×41,5 cm. 898. n. 1. 50; resp. n. 2. 50 u. n. 3. —
XV. Grossherzogtümer Mecklenburg, Vorpommern, Brandenburg nördl. Tl. 41×56,5 cm. 895. n. 1. 50; resp. n. 2. 50 u. n. 3. —
XVI. Prov. Posen. 54×48 cm. 1 : 500,000. 896. n. 1. 50; resp. 2. 50 u. n. 3. —
XVII. Hinterpommern, Westpreussen. 1 : 500,000. 44×61,5 cm. 897. n. 1. 50; resp. n. 2. 50 u. n. 3. —
XVIII. Prov. Ostpreussen. 1 : 500,000. 56,5×49,5 cm. 895. n. 1. 50; resp. n. 2. 50 u. n. 3. —

— Wolf-Junghans' Universal-Radsport-Karten. s.: Junghans.

— Wunder, Rob., Radfahrer-Karte f. das Herzogthum Braunschweig u. Umgebung. Für Radfahrer bearb. v. Otto Vieth. 61 × 68 cm. Farbdr. Braunschweig 897. A. Limbach. Auf Leinw. in Karton n. 3. —

- Wunder, Rob., Radfahrer-Karte f. das Herzogt. Braunschweig u. Umgebung. 1 : 200,000. 5. verb. Aufl. 60,5×86,5 cm. Farbdr. Braunschweig (901). A. Limbach. 1. —; auf Kartenleinw. n. 2. —

— Wunder, Rob., Radfahrer-Karte f. das Herzogt. Braunschweig u. Umgebung 1 : 200,000. 9. verb. Aufl. 60,5×86 cm. Farbdr. Braunschweig (906). A. Limbach. n. 1. —; auf Kartenleinw. n. 1. 50

— Wunder, Rob., Radfahrer-Karte f. das Herzogt. Braunschweig u. Umgebg. 1 : 200,000. 11. verb. Aufl. 61×86,5 cm. Farbdr. Braunschweig (909). A. Limbach. 1.—; auf Kartenleinw. 1. 50

— — Radfahrkarte v. Harz u. Kyffhäuser. 1 : 100,000 53×72 cm. Farbdr. Ebd. n. 1. —

— Centralkarte v. Hannover f. Radfahrer u. Touristen. 1 : 300,000. 52 × 59 cm. Farbdr. Hannover 898. O. Borgmeyer. Auf Kartenleinw. n. 1. 50

— Centralkarte v. Hannover f. Radfahrer, Touristen u. Militärs. Terrain-Einzeichnung m. Höhen- u. Entfernungs-Angaben. 1 : 300,000. 2. Aufl. 52×59 cm Farbdr. Hannover (906). O. Borgmeyer. n. 1. — ; auf Kartenleinw. n. 1. 50

H. v. E., Radfahrerleben. Mit vielen Illustrat. 8. (48 S.) Wien. Friedr. Beck. Geb. 1 fl. 50 kr. 1885.

Radfahrer-Pantomimen. Nr. 1—9. 8. Leipzig, Rauh & Pohle. à n. 1. —

Geyer, W., eine verunglückte Karpartie. Humoristische Radfahrer-Pantomime m. Schlußgruppe. (8 S.) (904.) (Nr. 9.)
Kalisch, Paul, Abenteuer des Radlervereins „Schmetterhorn". (8 S.) Probstheida (902). (Nr. 4.)
— Bader Seifenschaum. (7 S.) Probstheida (902) (Nr. 3.)
— beim Dorfbarbier od. Eingeseifte Radler. (8 S.) Probstheida (902). (Nr. 1.)
— auf verbotener Wiese od. Radlerstreiche. (8 S.) Probstheida (902). (Nr. 2.)
Luttmann, Louis, der Wirtin Töchterlein od. Die Rache der abgeblitzten Liebhaber. Hochgroteske Radler-Pantomime. (7 S.) Probstheida (903). (Nr. 6.)
Pauli, Geo., eine Morgenfahrt des Radfahrerklubs „Geölter Blitz". Rad-Pantomime m. Deklamation. (14 S.) Probstheida (903). (Nr. 7.)
Schöne, Herm., die radelnden Studenten od. Der geprellte Wachtmeister. Humoristische Radfahrer-Pantomime. (8 S.) (904.) (Nr. 8.)
Zeyen, Leo, im Krug zum grünen Kranze. Große kom. Radler-Pantomime. (8 S.) Probstheida (903). (Nr. 5)

Radfahrer-Pantomimen. Nr 10—13. kl. 8. Leipzig, Rauh & Pohle. à 1. —

Luttmann, L., the speaking trachter od.: Wie 4 Vagabunden die Zeche bezahlen. (7 S.) (908.) (10. Nr.)
Riesebergg Wilh., der Raubanfall am Kreuzwege od.: Der Wegweiser als Kleiderschrank. Urkomische Radler (Umschlag: Radfahrer)Pantomime. (7 S.) (908.) (11. Nr.)
— Radlers Liebeslust u. -Leid. Urkomische Radler-Pantomime.
— Die Bremer Stadtmusikanten. Urkomische Radfahrer-Aufführg. (8 S.) (909.) (13. Nr.)
— Die lustige Zigeunerin od.: Der schlaue Lumpensammler. Radfahrer-Pantomime. (8 S.) (908.) (12. Nr.)

[Umschlagt:] ... Kiesslings Radfahrer-Plan von Berlin. 1: 25000 ... *Berlin: A. Kiessling [1896]*. (1 Bl., 1 Ktnbl. ") 1 Bd 8. [97. 3297

(Alexius) Kiesslings neuer Radfahrer-Plan von Berlin mit Vororten. 1 : 20,000. Mit farb. Darst. d. Art u. Beschaffenheit d. Pflasters nach d. Stande vom 1. April 1900 u. der f. Zweiradfahrer verbotenen Strassen nebst vollst. Strassen-Verz. u. Polizei-Verordnung. 2. Aufl. *Berlin: A. Kiessling (1900)*. (1 Kartenbl. 50×64 cm.) 8° [Umschlagt.] [01. 4318

Radfahrer-Recht im Herzogt. Anhalt, s.: Polizei-Verordnung betr. den Radfahrverkehr auf öffentlichen Wegen u. Plätzen im Herzogt. Anhalt.

Radfahrer-Recht im Herzogt. Anhalt, s.: Polizei-Verordnung betr. den Verkehr m. Fahrrädern 2c.

Radfahrers Jahrbuch 1888. gr. 16. (III, 257 S.) Berlin, SW., Zimmerstr. 87, T. H. S. Walker. geb.

Radfahrers Jahrbuch 1890, hrsg. v. Th. Weber. gr. 16. (206 S.) Leipzig. L. Weber (Sportverlag). geb. 1. 50

— Sang beim Becherklang! Vaterlands-, Sport- und Commerslieder f. den deutschen Radfahrer. 16. (88 S.) Ebd. 890. n. — 50

— Taschenliederbuch. Eine Auswahl der beliebtesten Radfahrerlieder nach bekannten Melodien. 3., verm. Aufl. Hrsg. von Th. Boeckling. 16. (40 S.) Ebd. 889. n.n. — 50

Radfahrer-Sport, s. Radfahr-Sport.

Radfahrer-Tourenbuch f. Prov. Hannover u. angrenz. Landesteile. 12. (X, 100 S. m. 1 Karte.) Hannover 897. O. Borgmeyer. 1. —

Radfahrer-Tourenbuch f. Nieder-Oesterreich. Mit Benützg. e. Entwurfes v. Heinz Kurz. Hrsg. vom Gauverband 34 „Nieder-Oesterreich" des deutschen Radfahrer-Bundes. Mit e. Uebersichtskarte. 8. (XVI, 219 S.) Wien 902. (R. Lechner's Sort.) n. 4. —

Radfahrer-Zeitung. (Illustr. Fachzeitschrift f. den Radfahrsport. Amtliches Organ. Hrsg.: Sächsischer Radfahrer-Bund. Schriftleitung: Max Möller. 1. 3. Jahrg. 1892—1894. à 26 Nrn. (à ca. 2 Bog. m. Illustr.) hoch 4. Leipzig, Theophil Weber. à Jahrg. n. 8. —

Rad- u. Kraftfahrer-Zeitung (Deutsche). seit 1900. Essen a/d R.,1912. jährl. 40 N. M. 6 —

Deutsche Rad- und Kraftfahrer-Zeitung. (Bundes-Zeitung.) Amtl. Zeitschr. des Deutschen Radfahrer-Bundes. Essen (Berlin). 4° Jg. 1910, Jg. 1928—32.

Radfahrer-Zeitung, illustr. allgemeine. Hrsg. u. Red.: Fritz Bohrmann. 1. Jahrg. Aug.—Dezbr. 1894. 19 Nrn. (à ca. 24 S.) gr. 4. Wien (L. Weiss). n. 5. —

— dasselbe. Red.: Andr. Kirchmayer. 2. Jahrg. 1895. 52 Nrn. (à ca. 20 S.) gr. 4. Ebd. n. 12. —

Rad- u. Motorfahrer Zeitung (Sächsische), des Radfahrer Bundes. seit 1891. zweimonatl. Lex-8°. Berlin. 1912. (*Nur für Mitglieder*)

Radfahr-Humor. Red.: H. Hildebrand. 1. u. 2. Jahrg. Oktbr. 1887—Septbr. 1889. à 24 Nrn. (ca. 1 B. m. Illustr.) gr. 4. München, Administration. à Jahrg. n. 6. —

Radfahr-Humor. Redact.: Heinr. u. Wilh. Hildebrand. Nebst Radfahr-Chronik. 3. u. 4. Jahrg. Oktbr. 1889—Septbr. 1891. à Jahrg. 24 Nrn. u. 5. u. 6. Jahrg. Oktbr. 1891—Septbr. 1893. à Jahrg. 36 Nrn. gr. 4. (à Nr. ca. 32 S. m. Abbildgn.) Münch., Administration d. Radfahr-Humor. à Jahrg. * 10 —

— dasselbe. 7. Jahrg. Oktbr. 1893 —Septbr. 1894. 52 Nrn. Nebst: Radfahr-Chronik. 104 Nrn. gr. 4. (108 u. 1028 S. m. Abbildgn.) Ebd. n. 10. —

Radfahr-Humor. Red.: F. M. Rittinger u. Max Kleinoscheg. 8.—9. Jahrg. Oktbr. 1894—Septbr. 1896. à 52 Nrn. Nebst Radfahr-Chronik. Illustr. Sport- u. Fachblatt. à 104 Nrn. gr. 4. (à Nr. ca. 24 S. m. Abb.) München, Verlag d. Radfahr-Humor. à Jahrg. n. 10. —

— Schriftleitg.: Rich. Braunbeck u. Carl Ronninger. 10. u. 11. Jahrg. Oktbr. 1896—Septbr. 1898. à 52 Nrn. Nebst: Radfahr-Chronik. Illustr. Sport- u. Fachblatt. à 78 Nrn. gr. 4. (à ca. 24 S. m. Abb.) Ebd. à Jahrg. n. 10. —

— dasselbe. 12. Jahrg. Oktbr. 1898—Septbr. 1899. Nebst: Radfahr-Chronik. Illustriertes Sport- u. Fachblatt. 52 Nrn. (à ca. 24 S. m. Abb.) gr. 4. Ebd. 6. —
Kann auch vierteljährlich bezogen werden.

Radfahr-Humor. Schriftleitung: Carl Ronninger. 13. u. 14. Jahrg. Oktbr. 1900—Septbr. 1901. Nebst: Radfahr- u. Automobil-Chronik. Illustriertes Sport- u. Fachblatt zur Förderg. des Wanderfahrens. 52 Nrn. gr. 4. (à ca. 4 u. 20 S. m. Abbildgn.) München, Verlag des Radfahr-Humor. à Jahrg. 6. —
Erscheint nicht mehr.

Radfahrkarten, G. Freytag's. Blatt 1: Nieder-österreich. Maßstab 1:300.000. Chromolithographie. 56×63 *cm* —.80, auf Japanpapier 1.—
Wien: Freytag & Bernst 1897.

Radfahrkarten, G. Freytag's. Blatt 2. Ober-Oesterreich und Salzburg. Maßstab 1:300.000. Chromolithographie. 56×63 *cm* —.80, auf Japanpapier 1.—
Wien: Freytag & Berndt 1897.

Radfahr-Ordnung, die, f. das Herzogt. Braunschweig. Gesetz, betr. Ordng. des Radfahrverkehrs v. 9. XI. 1907. (16 S.) 8,7×6,1 cm. Braunschweig 907. J. H. Meyer. nn —10

Radfahr-Ordnung f. d. Stadtkreis Breslau (Verordng. des kgl. Polizei-Präsidiums v. 1. XII. 1896.) gr. 16. (3 S.) Breslau 897. Schletter. n. —20

Radfahr-Ordnungen f. Kärnten. [Beilage des Kärnt. Gemeindeblattes.] 12. (8 S.) Klagenfurt 898. (F. Heyn.) n. —12

Radfahrplan und Fahrordnung für die k. k. Reichshaupt- und Residenzstadt Wien (und des k. k. Praters), nebst den wichtigsten Verordnungen für Wien und Niederösterreich. Zusammengestellt von Gustav Freytag. Maßstab 1:2 .000. Chromolithogr. Fol. —.20
Wien: Freytag u. Berndt 1897.

Radfahr-Sport. Organ f. das gesammte Radfahrwesen. Officielles Organ des „Bund deutscher Radfahrer Oesterreich-Ungarns" etc. Hrsg.: Ferd. Loidl. Schriftleiter: J. Adametz. 2. Jahrg. 1894. 38 Nrn. (à ca. 2 Bog. m. Illustr.) gr. 4. Wien. (Leipzig, Literar. Anstalt A. Schulze.) n. 6. —
Vom 1. Jahrg. Oktbr.—Dezbr. 1893 erschienen 5 Nrn. (76 S. m. Illustr.) zum Preise v. n. 1. 50.

Radfahr-Sport. Organ f. d. ges. Radfahrwesen. Offic. Organ d. „Bund deutscher Radfahrer Oesterreich-Ungarns" etc. Hrsg.: Ferd. Loidl. Schriftleiter: Jos. Adametz. 3. Jahrg. 1895. 38 Nrn. (à ca. 20 S. m. Ill.) gr. 4. Wien (W. Braumüller). n. 6. —

— dasselbe. 4.—6. Jahrg. 1896—1898. à 52 Nrn. (à ca. 2 Bog. m. Abb.) gr. 4. Ebd. à Jahrg. n.n. 8. —

Radfahr-Sport. Zeitschrift f. das gesammte Radfahrwesen. Schriftleiter: J. Adametz. 7.—10. Jahrg. 1899—1902. à 52 Nrn. gr. 4. (à ca. 12 S. m. Abbildgn.) Wien (III, Ungargasse 25), Kreisel & Gröger. à Jahrg. 8. —

Radfahrsport, der. Zeitschrift f. d. Verbreitg. d. Radfahrens u. zur Vertretg. d. Radfahrerinteressen Berlins u. Umgegend. Red.: Paul Günther. 1. Jahrg. Septbr. 1895—Aug. 1896. 12 Nrn. (à ca. 8 S.) gr. 4. Berlin, F. W. P. Günther. 1. 20

— dasselbe. Monatsschrift f. d. Gesammtinteressen d. Radfahrer m. der illustr. Beilage: Internat. Fahrrad-Industrie. Red.: Paul Günther. Jahrg. 1897—1898. à 12 Nrn. (Bog.) gr. 8. Ebd. à Jahrg. n. 2. —

— deutscher. Amtl. Organ des Gau 20 Berlin u. des Gau 26 Frankfurt a/O. d. Deutschen Radfahrer-Bundes. Fachblatt f. d. Interessen d. Radfahrsports. Red.: Osk. Kilian. 2. Jahrg. 1895. 52 Nrn. (à ca. : : S.) gr. 4. Berlin, Verlag deutsch. Automobil- u. Radfahrsport. n. 1. 20

Radfahrsport, deutscher. Amtl. Organ etc. 3. u. 4. Jahrg. 1896—1897. à 52 Nrn. (à ca. 2 Bog.) gr. 4. Ebd. à Jahrg. n. 1. 20

— dasselbe. Amtl. Organ etc. u. d. Gau 3 (Westfalen) d. D. R. B. 5. Jahrg. 1898. 52 Nrn. (à ca. 20 S. m. Abb.) gr. 4. Ebd. n.n. 5. 50
Die 3 ersten Quartale kosteten je n.n. 1. 25, das 4. n.n. 1. 75

— deutscher. Fachblatt f. Radfahrsport, Fahrrad- u. Motorwagen-Industrie m. den Beilagen 1. Zeitung f. Fahrrad- u. Motorwagenbau. 2. Unsere Frauen-Zeitg. 3. Amtliche Nachrichten v. Gauen u. Vereinen des deutschen Radfahrer-Bundes. Red.: Karl Hedrich. 6. Jahrg. 1899. 52 Nrn. (à ca. 4, 8 u. XVI S. m. Abb.) Berlin, Verlag deutscher Radfahrsport. n. 4. —
Fortsetzung s.: Automobil- u. Radfahrsport, deutsch.

Radfahrten, 100, in der Umgebung v. Göttingen. Mit e. Verkehrskarte. Hrsg. v. der akadem. Radfahrer-Vereinigg. gr. 16. (50 S.) Göttingen (901). [F. Wunder.] C. Spielmeyer's Nachf. n. —60

Radfahrten, 42 (Umschlag Kiesslings 42 Radfahrten), in der Umgebung v. Berlin. E. Orientierungsbüchlein f. Vergnügungsfahrer v. E. V. 2. Aufl. 12. (30 S.) Berlin 898. A. Kiessling. n. —50

Radfahrtouren durch das Gebiet der Mosel und Saar, durch Eifel, Hochwald-Hunsrück und das Rhein-Lahnthal. *Trier: F. Lintz 1902.* (24 S.) 8° [Umschlagt. J.]
Erw. SA. aus: Dronke's Führer.

Radfahr-Tourenbuch für Nieder-Oesterreich. Hrsg. v. Gauverband 34 „Nieder-Oesterreich" d. deutschen Radfahrer-Bundes. 8°. (XVI, 217 S. mit 1 Karte.) † K 4.
Wien: Lechner 1902.

Radfahrvorschriften in Niederösterreich (m. Einschluss v. Wien) nach d. m. 1. V. 1897 gilt. Stande. Amtl. Ausg. 16. (37 S.) Wien 897. Hof- u. Staatsdruckerei. n. —20

Radfahrvorschriften in Niederösterreich (mit Einschluss von Wien) nach dem mit 1. März 1899 giltigen Stande. Amtliche Ausgabe. Wien. 1899. Hof- und Staatsdruckerei. 32°. 37 S. fl. —.10

Radfahr-Zeitung, preußische. Septbr. 1892—Aug. 1893. 24 Nrn. (à Nr. 1—2 Bog.) gr. 8. Königsb. i. Pr., Beerwald. * 3 —

Radfahr-Zeitung, preußische. 3. Jahrg. 1894. 52 Nrn. (½ Bog.) Lex.-8. Königsberg, L. Beerwald. n. 3. —

Radfahr-Zeitung, preußische. Wirkl. unabhäng. Organ f. d. Interessen d. Radfahrer. Red.: Louis Beerwald. 4. u. 5. Jahrg. 1895—1896. à 52 Nrn. (à ca. 8 S.) Lex.-8. Königsberg i/Pr. (Kaiserstr. 52), L. Beerwald. à Jahrg. n. 3. —

— dasselbe. Mit Beigabe: Humoristisches Wochenblatt. 6. Jahrg. 1897. 52 Nrn. (Bog. m. Abb.) gr. 4. Ebd. n. 3. —

— dasselbe. Mit Beigabe: Humor ist Trumpf! 7. Jahrg. 1898. 52 Nrn. (Bog. m. Abb.) gr. 4. Ebd. n. 6. —

Radha, d. Frau d. Haritschendra, s.: Missionsschriften, kleine Hermannsburger, Nr. 7.

Râdjatarangini Histoire des rois du Kachmir trad. et commentée par M. A. Troyer, publiée aux frais de la Société asiatique. II Ts. gr. in-8. (78¾ B.) Paris 840. (Leipzig, Brockhaus et Avenarius.)

Radibor [Schlagwort]

Radibor, s.: Sachsen. Karte. Messtischblätter.

Radić, Emilian Edler v., ein Kampf um's Recht. Beitrag zur Lösung der orthodoxen Kirchenfrage in Bosnien-Herzegovina. gr. 8. (VIII, 51 S.) Prag 879. Grégr & Valecka. n. 1. —

Radić, Emilian Edler v., die Verfassung der orthodox-serbischen und der orthodox-rumänischen Partikular-Kirchen in Österreich-Ungarn, Serbien und Rumänien. 1. Buch: Die Verfassung der orthodox-serb. Particular-Kirche von Karlovitz. gr. 8. (XVI, 232 S.) Prag 880, Grégr und Valečka.

Radić, Frz., Beschreibung d. goth. Altarbildes in der Allerheiligen-Kirche zu Curzola, s. a. Mitteilungen, wissenschaftl. aus Bosnien u. d. Hercegovina, IV.

Radic, Franz, Beschreibung eines gothischen Altarbildes in der Allerheiligen-Kirche zu Curzola. Mit einer Abbildung im Texte. Lex.-8. (8 S.) —.10

Radić, Frz., Bruchstück e. altslavischen handschriftlichen Evangeliars m. Vorreden u. Weiheformeln in gothischer Schrift aus der Bibliothek des Franziskanerklosters in Badia bei der Stadt Curzola. [Aus: „Wissenschaftl. Mittheilgn. aus Bosnien u. d. Hercegovina" 2. Bd.] Lex.-8. (13 S. m. 1 Abbildg.) Wien 894. (C. Gerold's Sohn.) n. 60

Radić, Frano, s: Libro deili ordinamenti et delle usançe della universitade et dello commun della Isola de Lagusta.

Radical, Jonathan [Pseudon.] s. Weingart, Johann August.

Radical-Cur, s. Radikal-Kur

Radicalis, Joannes, siehe: Funken, politische.

Radicalisme. Le r' en 1844-45, jugé par ses œuvres. (Fribourg) 1845 s. [Bourqui, Joseph].

Radicalisme. Le r' à l'œuvre dans le canton de Fribourg ou Quelques pages d'histoire contemporaine ([publiées par la] Rédaction du Chroniqueur Suisse.) 8. Fribourg 1866.

Radicalismus. Der R'. Nach der Natur gezeichnet in mehreren Bildern und etwas Text. Von H K L. 8. St. Gallen 1845.

Radices

— linguae graecae incipientibus magis necessariae. 18. Vien. Gerold.

Radices latinae linguae cum derivativis, compositis suis etc. 8. Ofen 801. Typ. 8 gr

Radices praecip. graecae linguae in suas orationis partes etc. digestae. 12. Genev. (Pott, Lausanne.) 741.

Radicke, Ueber die mathematische Darstellung der Riemann'schen P-Function. (Schulprogramm.) Bromberg 1875. 4°. brosch. (28 S.)

Radicke, A., die Recursionsformeln für die Berechnung der Bernoullischen u. Eulerschen Zahlen. gr. 8. (III, 35 S.) Halle 880. Nebert. n. 1. 20

Radicke, F. Die Steuerfrage aus dem praktischen Gesichtspunkte, oder Grundzüge zur Einführung einer allgemeinen Staatssteuer. 8°. Schmiegel 1850.

Radicke, F. W. G., s. Radicke, Gustav

Radicke, Gustav

— Lehrbuch der Arithmetik. Zum Gebrauch für die oberen Klassen von Gymnasien und höh. Bürgerschulen bearb. gr. 8. (XVI und 218 S.) Coblenz 847, Blum.

Radicke, G., Lehrbuch der Arithmetik und niederen Analysis. Zum Gebrauch bei Vorlesungen und zum Selbst-Unterrichte bearb. gr. 8. (XXIV und 449 S.) Coblenz 847, Blum.
Hieraus wurde besonders abgedruckt:

Radicke, G., Lehrbuch der Arithmetik und niederen Analysis zum Gebrauche bei Vorlesungen und zum Selbst-Unterrichte bearb. 2. mit einer Zulage verm. (Titel-)Ausg. Berlin (847.) 853. Nicolai'sche Verlhdlg. gr. 8. (XXIV, 485 S.) 2 ₰. 15 ngr

— de phaenomenis quibusdam, quae prismata Nicoliana offerunt, de subsidiisque quibus quam optima construantur commentatio. 8maj. (2 B. u. 1 Stnt.) Berolini 839, libr. Nicolai.

Radicke, G[ustavus]: *De phaenomenis quibusdam, quae prismata Nicoliana offerunt, de subsidiisque quibus quam optima construantur commentationem scripsit. 46 S. 4° (2°)
Halle-Wittenberg, Phil. Diss. v. [6. April 1840]
Geb. [Berlin 18. 1. 1810]
Ersch. unter gleichem Tit. Berolini: Nicolai 1839. 31 S., 1 Taf. 8° vorh. Berlin OeWB (Marburg, Westdt. Bibl.) Vom Verf. ersch. eine Zusammenfassung: Ueber Vervollkommnung der Nicolschen Polarisationsprismen. In: Annalen der Physik u. Chemie. Bd 50. Leipzig 1840. S. 25—34.
Examen war am 10. Sept. 1839.

Radicke, F. W. G., Handbuch d. Optik, mit besond. Rücksicht auf d. neuesten Fortschritte d. Wissenschaft bearb. 2 Bde. gr. 8. Berlin 839, Nicolaische Buchh. [1. (30½ B. u. 3 Stnt. qu. ½ gr. Fol.) 2⅚ Thlr., 2. (31 B., 6 Stnt. incl. 1 in Farbendr., qu. ½ Fol.) 3⅙ Thlr.]

Radicke, Paul, aus Zerbst (Anh.): Schützt das Emphysem vor Erkrankung an Lungentuberkulose? *Erlangen 1902: F. Junge.* (31 S.) 8°
Erlangen, Med. Diss. v. [1. Juni] 1902

Radicke, Richard, aus Rönsahl, Referendar am kgl. Landgericht zu Essen: Klagen auf künftige Leistung (§§ 257—259 C.P.O.) unter Berücksichtigung des gemeinen Rechts. Würzburg 1905: F. Staudenraus. (VIII, 70 S.) 8°
Erlangen, Jur. Fak., Diss. v. 13. Jan. 1905
[Geb. Rönsahl; Wohnort: Essen; Staatsangeh.: Preußen; Rig. 13. Jan. 05.]

Radicke, Th. Gust., Special-Topographie. Alphabetisches Verzeichniß sämmtl. Kreisstädte, Amtsbezirke rc. der norddeutschen Bundesstaaten. Mit Angabe ihrer ressortir. Landwehrbezirke, zur speziellen Benutzung bei Entlassungen von Reservisten u. Landwehrleuten. Neuß 869. Radicke's Selbstverl. gr. 8. (25 S.) 10 ngr

Radics, Frau Anna, s.: Neera.

Radics, Peter von

Radics, P. v., Abbazia. Mit 1 (lith.) Karte der Umgebg. 8. (VIII, 62 S.) Wien 884. Braumüller. n. 1. 40

Radics, P. v., Adelsberg, s. Lloyd's illustrirte Reisebibliothek.

Radics, P. v., Alt-Krain, s.a Grefe, Conr.

Alt-Krain. Herausgegeben und im Selbstverlage von Conrad Grefe. Text von P. v. Radics. Wien und Laibach. 1900. [In Comm. Wien Kubasta & Voigt.] Fol. Text 8°. erscheint in Lieferungen. à K 1.20

Radics, P. v., Bergfahrten in Oesterreich einst u. jetzt 1363—1887. 8. (VIII. 134 S.) Augsburg 888. Amthor. n. 2. —

Radics, P. v., das befreite Bosnien. Prinz Eugen 1697 — Laudon 1788 — Philippović 1878. Dem Volke erzählt. Mit Abbildungen nach der Natur (Holzschn.-Taf.). 8. (VIII, 172 S.) Teschen 879. Prochaska. cart. n. 1. 60

Radics, P. v., „Codex austriacus!" Ein Gedenkbuch üb. Fürst u. Volk in Österreich. gr. 8. (VIII, 194 S.) Dresden 899. E. Pierson. n. 3. —

Ⓢ Radics, P. v., Codex austriacus. 899. (KBL 32.) — Fürstinnen d. Hauses Habsburg. 896. (KBL 30.) Jetzt: Berlin, Verlag Berlin-Wien.

v. Radics, „Codex austriacus". Gedenkbuch üb. Fürst u. Volk in Oesterreich. Dresden 899.

Geschichtliche Erinnerungen an das große Erdbeben in Fiume im Jahre 1750. Von P. v. Radics. *Laibach 1903: J. v. Kleinmayr & F. Bamberg.* (7 S.) 8° [Umschlagt.]
Aus: Erdbebenwarte. Jg. 2, No 11 u. 12. [03. 8771 9

— Kaiser Franz Joseph I. im Liede, s.a. National-Bibliothek, allgem.

Radics, P. von, Kaiser Franz Josef I. im Liede. Zur 50jährigen Feier seiner Regierung. Mit Porträt. 12. (82 S.) In Lnwd. geb. —.60
Wien: Daberkow 1898.

Radics, P. v., Führer durch Krain u. die Landeshauptst. Laibach. kl. 8. (90 S. mit 8 Ansichten u. einem Situationsplan.) Laibach, J. Giontini. 70 kr. 1885

[F.] Fürstinnen des Hauses Habsburg in Ungarn. Z. Milleniums- u. Huldiggsfeier. Von P[eter] v. Radics. M. 10 Ill. *Dresden, Leipzig, Wien: E. Pierson 1896.* (2 Bl., 216 S., 4 Taf.) 1 Bd 8. [96. 5431

— das Warmbad Gallenegg [Valvasor-Heim] in Krain. (Braumüller's Badebibliothek, Nr. 45.) 8. (VII, 35 S.) Wien 885, Braumüller. *

— Geschichte des deutschen Buchhandels, s. Publikationen des Börsen-Vereins der deutschen Buchhändler.

— Geschichte Krain's, ein Handbuch. 1. Lfg. gr. 8. (XXXV und 32 S. mit 1 archäolog. Karte sammt Erläuterung im Anh.) Laibach 862, Giontini. *
Nicht weiter erschienen.

Radics, P. v., die Freiherren v. Grimschitz. Eine geschichtl. Studie. gr. 8. (III, 48 S.) Wien 871. Mayer & Co. n. 1. —

— Anastasius Grün. Verschollenes u. Vergilbtes aus dessen Leben u. Wirken. gr. 8. (VII, 200 S.) Leipzig 879. Foltz. n. 4. —; geb. n. 6. —

— Anastasius Grün u. seine Heimath. Festschrift zum 70jähr. Jubiläum d. Dichters. [11. April 1876.] 8. (VIII, 141 S.) Stuttgart 876. Cotta. n. 2. 50

— s. Grün, Anast., Serben-Lieder.

— Alte Häuser in Laibach. Geschichtserinnerungen. I. u. II. Serie. (85 S. u. 80 S. m. Titelbild.) kl. 8. Laibach 908. 09. (J. v. Kleinmayr & F. Bamberg.) à nn 2. —

— Herbard VIII. Freiherr zu Auersperg (1528—1575) ein krainischer Held und Staatsmann. Mit einer Einleitung: Die Auersperge in Krain. gr. 8. (XX und 394 S. mit 1 lithogr. Portr. und der facs. Handschrift Herbard's etc.) Wien 862, Braumüller. *

— Kaiser Karl VI. als Staats- u. Volkswirth. Nach zeitgenöss. Quellen dargestellt. Mit Portr. u. Facsim. der Unterschrift d. Kaisers. gr. 8. (VIII, 77 S.) Innsbruck 886. Wagner. n. 2. —

— „in's Kärnten". Cultur- u. Reisebilder aus alter u. neuer Zeit für Badereisende u. Touristen. 8. (VIII, 240 S.) Wien 882. Braumüller. n. 2. 80

Krain, archäologische Karte v. Entworfen von P. Radics. Laibach, J. Giontini. 1864 Folio in Umschlag 20 kr.

— landwirtschaftliche Kulturbilder 1486—1886, zumeist aus Österreich. gr. 8. (94 S.) Leipzig 887. Gebhardt. n. 2. —

— Anastasius Grün's Lehrer u. Freund, der slovenische Dichter France Preschiren, als deutscher Poet. Biographisch-litterar. Studie. 8. (28 S.) Leipzig 882. Webel. n. — 40

— Maria Theresia u. das Land Krain 1740—1780. Dem Volke erzählt. gr. 8. (V, 72 S.) Rudolfswert 881. (Wien, Reger.) n. 1. 60

Radics, P. v.- Frau Musica in Krain. Laibach 1877.

— d. k. k. Post in Krain u. ihre geschichtl. Entwickelg. Anlässl. d. Eröffg. d. neuen k. k. Post- u. Telegraphen-Amtsgebäudes in Laibach verf. gr. 8. (153 S. m. 1 Taf.) Laibach 896. J. v. Kleinmayr & F. Bamberg. n. 2. —

— „Quellenstudien". Alte u. neue Culturbilder v. Oesterreichs Alpenbädern u. Alpenseen. 8. (VII, 222 S.) Wien 881. Braumüller. n. 2. 80

Radics, P. v. Die Schlacht bei Sissek, 22. Juni 1593, am Festtage des heil. Achatius. Eine Denkschrift. (Mit einem nach photografischer Aufnahme in Zeichnung und Ton facsimilirten Bilde.) 4. Laibach 1861.

Radics, P. v., die Gegenäbte Albert u. Peter v. Sittich u. Abt Angelus v. Rein. (1404—1414.) Als Einleitung: Geschichte der (ehemal.) Cisterze Sittich. Wien 866. Mechitharisten-Congregations-Buchh. gr. 8. (VI, 148 S.) 12 *ngr.*

— der verirrte Soldat, oder: Des Glück's Probirstein. Ein deutsches Drama des 17. Jahrh. aus einer Handschrift der k. k. Studienbibliothek in Laibach. (Mit einer Einleitung: Wolf Engelb. Graf v. Auersperg. (1610—1673) der Theatermäcen, u. e. Anh.: Theatralische Aufführungen in Laibach im 17. u. 18. Jahrh. u. sloven. Dramen u. die sloven. Aufführungen im Laibacher Theater.) Agram 865. (Suppan.) gr. 8. (XIX, 119 S.) n. 20 *ngr.*

— Mineralbad Töplitz in Unterkrain und seine Umgebungen. 8. (X, 117 S.) Wien 878, Braumüller. *

— **Valvasor.** Biographische Skizze. Graz 866. Leuschner & Lubensky. gr. 8. (65 S. mit dem Portr. u. Facs. Valvasors in Holzschn.) n. 16 ngr.

Johann Weikhard Freiherr von Valvasor (geb. 1641, gest. 1693). Von P(eter) v. **Radics.** Mit 5 Portr. u. 15 Abb., samt Anh., Nachtrag u. d. Genealogie d. Familie Valvasor. Laibach: Krainische Sparkasse 1910. XI, 530 S. 8° [10. ...]

Radics, **P. A., Institutiones Physicae, c. fig. 4. Ofen 766.** Typ. 1 ℛ

Radicsevics, B., lyrische Dichtungen. Aus dem Serb. frei übers. von G. v. Schulpe. 12. (XV, 55 S.) Dresden 888. Pierson. n. 1. 50; geb. n. 2. 50

Radier . . .

Radir- u. Kupferstecherkunst. 8. Halle, Dreyßig. 3 gr

Radirung, die, der Gegenwart in Europa u. Nordamerika. s. a. Kunst, die vervielfältigende, der Gegenwart.

Die Radirung der Gegenwart in Europa und Nordamerika. Redig. v. Dr. Richard Graul. *Wien: Gesellsch. f. vervielfältig. Kunst 1892.* (2 Bl., VII, 265 S., 99 Taf.) 1 Bd 2.
= Kunst, Die vervielfältigende, d. Gegenwart. [Bd] III. [...]

Radirungen, hrsg. v. der Gesellschaft f. Radirkunst zu Weimar. Jahrg. 1889. Fol. (15 Bl.) Magdeburg, Schäfer. In Papp-Mappe. Ausg. A auf chines. Pap. n. 28. —; Ausg. B auf weißem Pap. 20. —; Prachtmappe n.n. 5. — s.: Jahrbuch der Gesellschaft für Radirkunst.

Radirungen, hrsg. vom Radirverein zu Weimar. Jahrg. 1891—1896. Fol. (à 14 Taf.) Weimar 898. Radirverein. à Jahrg. in Mappe n. 20. —

Verein der Kunstfreunde in Preussen. 61 Blatt Radirungen. Berlin 1828 ... Fol.

Radirungen, 15, aus den alten u. neuen Kinderliedern hrsg. von Geo. Scherer. gr. 4. Leipzig 847, G. Mayer. n. 1/3 ℛ

Radierungen Weimarscher Künstler: Landschaften-Album. Eine Handschriftensammlung der Landschaftsmaler Weimars. Fol. (12 Bl. auf chines. Papier.) Weimar und Leipzig 888, Gesellschaft für Radierkunst. In Mappe *
Vgl.: Jahrbuch der Gesellschaft für Radierkunst.

Radierungen weimarscher Künstler. Unter dem Protectorat Sr. königl. Hoheit d. Grossherzogs v. Sachsen hrsg. v. der Gesellschaft f. Radierkunst in Weimar. 2. Subscr. (In 12 Lfgn.) 1. Lfg. gr. Fol. (5 Blatt.) Magdeburg 892. L. Schaefer. n. 5.

Radirungen, landschaftliche, von Jh. Wlh. Schirmer, Karl Wagner, Preller, R. v. Normann, u. A. Eine Gallerie von Original-Arbeiten der berühmt. Landschaftsmaler Deutschlands. (Besond. Abdruck aus d. Album deutscher Künstler.) 1. u. 2. Liefg. qu. 1/2 gr. Fol. (à 3 Blätter.) Düsseldorf 842, Buddeus. n. 4 ℛ

Radig, Berthold [app. Arzt aus Lindenau, Schlesien]: **Beitrag zur Casuistik der Gelenkmäuse.** . . . München, Buchdr. v. M. Ernst, 1889; 18 S. 8°
München, Med. Fak., Inaug.-Diss. v. 1889

Radig, Bruno, prakt. Arzt in Leubus, Bez. Breslau: Beitrag zu der Tarsoplastik nach Büdinger. Leipzig 1904: B. Georgi. (25 S.) 8°
Leipzig, Med. Fak., Ref. Sattler, Diss. v. 31. Dez. 1904
[Geb. 18. Aug. 71 Lindenau, Kr. Grottkau, Schles.; Wohnort: Leubus; Staatsangeh.: Preußen; Vorbildung: Gymn. Treptow a. d. Rega Reife O. 92; Studium: Breslau 2, Würzburg 3, München 1, Würzburg 4 S.; Coll. 14. Jan 05; Approb. 1. März 97.]

Radiguet, Lionel (O.) s. O'Radiguet, Lionel.

Radiguet, Max, les derniers sauvages. Souvenirs de l'occupation française aux îles Marquises 1842—1859. Extrait de la Revue des Deux-Mondes. Leipzig 861. A. Dürr. 12. (328 S.) n. 1 ℛ 5 ngr.

Radikal. Pest 1883—84. (Journal.)

Radikal-Arzt, der. Natur- und vernunftgemäße Heilung sämmtl. Krankheiten ohne Arznei, Charlatan- und Wundermittel. 2 Bde. in Lfgn. 32. Aufl. gr. 8. (XVIII, 1532 S.) Berlin 868—70, Grieben. à Lfg. * 50 Pf.; à Bd. * ℳ 4. *
Inhalt:
Bd. 1. Gerke, F. Gl., Kinder-, Frauen- und Männer-Krankheiten.
" 2. —— wundärztliche Krankheiten. — Kyple, M., diätetische Heil-Methode ohne Arznei und ohne Wasserkur.
12 Suppl.-Bde. umfassen die Familien-Bibliothek „Gesundheit, Wohlstand und Glück". * ℳ 36., s. 1. Abthl. S. 583.

Radikale (Der), von A. J. Becher. Wien, Juli—Oct. 1848. Täglich.

Der Radikale: 1864?—? St. Louis, MO
Edited & published by Dr. John Hartmann.

Radikale (Der). Reichenberg 1883—85.

Radikalinsky, Basilio, wie der Mutz um d. Bahnen wirbt. Ein Wintermärchen aus d. Bundesstadt. 12. (32 S.) Zürich 898. C. Schmidt. n. — 40

Radikalkur, die,. Lustsp. in 3 Akten, s. Schausp. von Frau von Weißenthurn 4r Bd.

Radikal-Kur

Radical-Cur, Die, der Gebrechen und Gefahren unsrer Zeit . . . Leipzig 1822. V: *Bergk, Johann Adam.* (NN) (Ky) (MGT) (Call)

Radical-Cur, die, der Gebrechen u. Gefahren unserer Zeit. Ein anthropolog. Versuch, v. C. D. J. H. C. v. M. (J. A. Bergk). 2e A. gr. 8. Lpz. 822. Exped. d. Aufl. 6 gr (Centr.-Cpt.) 2 gr

Radike, monatlicher Gartenkalender f. die östlichen Provinzen Deutschlands. [1. Der Landschafts- u. Blumengarten. 2. Der Obstgarten. 3. Der Gemüsegarten.] 12. (IV, 81 S.) Danzig 883. (Kafemann.) — 75

Radike, Jakob. Lehrbuch der Demagogie. Leipzig, G. Wigand (1848). 94 S. 8.

Radike, Jak., Lehrbuch der Demagogie. 16. (94 S.) Leipzig 849, G. Wigand (jetzt: Schlicke). 1/6 ℛ

Radike, Richard, pract. Arzt: **Beitrag zur Behandlung der Skoliose.** *Stuttgart 1899: Union.* (29 S.) 8°
Leipzig, Med. Diss. v. [4. Nov.] 1899

Radilowski, M(endel), cand. med.: Aus d. Privat-Klinik d. Hrn Dr. Hoeftmann zu Königsberg i. Pr. **Beitrag zur Therapie schwerer Scoliosen.** *Königsberg i. Pr. 1900: A. Jacoby.* (19 S.) 8°
Königsberg, Med. Diss. v. [hs.: 30. Jan.] 1900

Radimský, Wladimir

Radimsky, W., die Altorthümer v. Ošanić bei Stolac, s.: Hörmann, Const.

— die Alterthümer der Hochebene Rakitno in der Hercegovina. [Aus: „Wissenschaftl. Mittheilgn. aus Bosnien u. d. Hercegovina" 1. Bd.] Lex.-8. (11 S. m. 24 Abbildgn.) Wien 893. (C. Gerold's Sohn.) n. 1.—

Radimsky, W., d. vorgeschichtl. u. röm. Alterthümer d. Bezirkes Županjac in Bosnien, s.a. Mitteilungen, wissenschaftliche, aus Bosnien u. der Hercegovina.

— — Die vorgeschichtlichen und römischen Alterthümer des Bezirkes Županjac in Bosnien. Mit 77 Abbildungen im Texte. Lex.-8. (35 S.) Wien: Gerold 1896. 1.—

— d. römische Ansiedelung v. Majdan bei Varcar Vakuf. [Aus: „Wissenschaftl. Mittheilgn. aus Bosnien u. d. Hercegovina", 3. Bd.] Lex.-8. (10 S. m. 10 Abb.) Wien 894. (C. Gerold's Sohn.) n. —60

— die römische Befestigung auf der Crkvenica u. das Castrum bei Doboj. [Aus: „Wissenschaftl. Mittheilgn. aus Bosnien u. d. Hercegovina" 1. Bd.] Lex.-8. (12 S. m. 32 Abbildgn.) Ebd. 893. n. 2.—

— Bericht üb. die Ausgrabungen v. Domavia bei Srebrenica, s. Mitteilungen, Wissenschaftliche aus Bosnien u. d. Hercegovina.

— vorläufiger Bericht üb. die Ausgrabungen in der Nekropole v. Jezerine bei Bihać. [Aus: „Wissenschaftl. Mittheilgn. aus Bosnien u. d. Hercegovina" 1. Bd.] Lex.-8. (8 S.) Wien 893. (C. Gerold's Sohn.) n. —40

Radimský, W., das Bišćepolje bei Mostar. Archäologisch-topograph. Studie. [Aus: „Wissenschaftl. Mittheilgn. aus Bosnien u. d. Hercegovina" 2. Bd.] Lex.-8. (34 S. m. 51 Abbildgn.) Wien 894. (C. Gerold's Sohn.) n. 2.—

— u. J. Szombathy, urgeschichtliche Forschungen in der Umgegend v. Wies in Mittel-Steiermark. [Aus: „Mittheilgn. d. Anthropolog. Gesellsch. in Wien".] 4. Wien 891. (A. Hölder.) n. 10.—
I. Die praehistorischen Denkmale der Umgebung v. Wies. Von V. R. II. III. Bericht üb. die in den Jahren 1881, 1882 u. 1883 durchgeführten Grabungen. Von V. R. u. J. S. IV. Schlussbemerkungen. Von J. S. (196 S. m. Text-Abbildgn., 1 Karte u. 9 Taf.)
Radimský, V., identisch mit nachstehendem:

Radimský, V., die prähistorischen Fundstätten, ihre Erforschung u. Behandlung m. besond. Rücksicht auf Bosnien u. d. Hercegovina, sowie auf das österreichisch-ungarische Fundgebiet. Hrsg. v. der Landesregierg. f. Bosnien u. die Hercegovina. Lex.-8. (III, 184 S. m. 1 Taf. u. 337 Textbildern.) Sarajevo 891. (Wien, Gerold & Co.) n.n. 5.—

— Generalbericht üb. die bisherigen Ausgrabungen der römischen Stadt Domavia in Gradina bei Srebrenica. [Aus: „Wissenschaftl. Mittheilgn. aus Bosnien u. d. Hercegovina" 1. Bd.] Lex.-8. (37 S. m. 70 Abbildgn. u. 2 Taf.) Ebd. 893. n. 3.—

— römische Gräber bei Han Potoci nächst Mostar. [Aus: „Wissenschaftl. Mittheilgn. aus Bosnien u. d. Hercegovina" 1. Bd.] Lex.-8. (5 S. m. 7 Abbildgn.) Ebd. 893. n. —80

— die Gradina Čungar bei Cazin, s.a. Mitteilungen, Wissenschaftliche aus Bosnien u. d. Hercegovina.

— — Die Gradina Cungar bei Cazin. Mit 140 Abbildungen im Texte. Lex.-8. (21 S.) 1.20 Wien: Gerold 1896.

— die Gradina v. Majdan, e. neuer Fundort v. La Tène-Bronzen in Bosnien [Aus: „Wissenschaftl. Mittheilgn. aus Bosnien u. d. Hercegovina" 1. Bd.] Lex.-8 (5 S. m. 13 Abbildgn.) Ebd. 893. n. 1.—

Radimský, Wladim., Industrie- u. Gewerbe-Verhältnisse in Persien, s.a. Berichte, kommerzielle. 14.

Radimsky, Wladimir: Industrie- und Gewerbe verhältnisse in Persien. Von —. Wien: Manz in Komm. 1909. 55 S. 4° (8°)
(Kommerzielle Berichte hrsg. v. K. k. Österr. Handelsmuseum. Nr. 14.)

— die Kirchenruine v. Dabravina im Bezirke Visoko. [Aus: „Wissenschaftl. Mittheilgn. aus Bosnien u. d. Hercegovina" 2. Bd.] Lex.-8. (14 S. m. 35 Abbildgn.) Ebd. 894. n. 1.20

— der Narontsa-See des Skylax, s.a. Mitteilungen, Wissenschaftliche aus Bosnien u. d. Hercegovina.

— — Der Narenta-See des Skylax. Lex.-8. (6 S.) Wien: Gerold 1896. —.10

— die Nekropole von Jezerine in Pritoka bei Bihać. [Aus: „Wissenschaftl. Mittheilgn. aus Bosnien u. der Hercegovina", 3. Bd.] Lex.-8. (180 S. m. 625 Abb. u. 4 Taf.) Ebd. 895. n. 8.—

— Leop. Glück, Joh. Nep. Woldřich, G. Ritter Beck v. Mannagetta, d. prähistor. Pfahlbau v. Ripač bei Bihać, s.a. Mittheilungen, wissenschaftl., aus Bosnien u. d. Hercegovina, Bd. 5.

— d. prähistorische Pfahlbau v. Ripač bei Bihać. Vorläuf. Bericht. [Aus: „Wissenschaftl. Mittheilgn. aus Bosnien u. d. Hercegovina", 3. Bd.] Lex.-8. (8 S. m. 39 Abb.) Ebd. 895. n. 1.20

Radimský, W., Dr. Leopold Glück, Dr. Joh. Nep. Woldrich und Dr. G. Ritter Beck von Mannagetta, Der prähistorische Pfahlbau von Ripač bei Bihač. Mit 47 Tafeln und 26 Abbildungen im Texte. Lex.-8. (95 S.) Wien: Gerold 1898. * 5.-

— Reste römischer Ansiedlungen in Šipraga u. Podbrgje, dann altbosnische Grabsteine in Šipraga an der Vrbanja. [Aus: „Wissenschaftl. Mittheilgn aus Bosnien u. d. Hercegovina" 2. Bd.] Lex.-8. (5 S. m. 3 Abbildgn.) Ebd. 894. n. —60

— prähistorische u. römische Ruinen u. Bauwerke im Flussgebiet der Sana. [Aus: „Wissenschaftl. Mittheilgn. aus Bosnien u. d. Hercegovina" 1. Bd.] Lex.-8. (15 S. m. 6 Abbildgn.) Ebd. 893. n. 1.—

— Skeletgräber der Hallstattperiode im Bezirke Visoko. [Aus: „Wissenschaftl. Mittheilgn. aus Bosnien u. d. Hercegovina" 1. Bd.] Lex.-8. (6 S. m. 9 Abbildgn.) Ebd. 893. n. —60

Radimsky, W., d. neolithische Station v. Butmir bei Sarajevo in Bosnien, II. Bd., s.a. Fiala, Fr.

— d. neolithische Station v. Butmir bei Sarajevo in Bosnien. Hrsg. v. bosnisch-hercegovin. Landesmuseum. Ausgrabungen im J. 1893. Bericht v. R. Vorwort v. M. Hoernes. M. e. Beiträge v. C. Schröter u. 1 Plane, 20 Taf. u. 85 Abb. im Texte. gr. Fol. (III, 54 S.) Wien 895. A. Holzhausen. Kart. n. 50.—

Die neolithische Station von Butmir bei Serajevo in Bosnien. Hrsg. v. Bosnisch-Hercegovinischen Landesmuseum. Bericht v. W[enzel] Radimský (u: v. Fr. Fiala). Vorw. v. M[oriz] Hoernes. Th. [I.] u. *Wien: A. Holzhausen 1895—98.* 2 Bde 2.
[I.] Ausgrabgn im Jahre 1893. M. e. Beitr. v. C[arl] Schröter u. 1 Pl., 20 Taf. u. 85 Abb. im Texte. 1895. (2 Bl., 54 S., 1 Pl., 20 Taf.)
II. Ausgrabgn in d. Jahren 1894—1896. M. 1 Pl., 19 Taf. u. 47 Abb. im Texte. 1898. (2 Bl., 47 S., 1 Pl., 19 Taf.) [99. 493]

— archäolog. Tagebuchblätter, s.a. Mitteilungen, Wissenschaftliche aus Bosnien u. d. Hercegovina.

— **archäologische Tagebuchblätter.** [Aus: „Wissenschaftl. Mittheilgn. aus Bosnien u. d. Hercegovina" 2. Bd.] Lex.-8. (24 S. m. 14 Abbildgn.) Ebd. 894. n. 1.20

— archäolog. **Tagebuchblätter.** Fortsetzung. [Aus: „Wissenschaftl. Mittheilgn. aus Bosnien u. d. Hercegovina", 3. Bd.] Lex.-8. (15 S. m. 33 Abb.) Wien 895. (C. Gerold's Sohn.) n. 1.20

Radimský, W., Archäologische Tagebuchblätter. Fortsetzung und Schluss. Mit elf Abbildungen im Texte. Lex.-8. (13 S.) * —.20
Wien: Gerold 1898.

— die Burgruine **Tuheljgrad,** s.: **Ruvarac,** Hilarion, die Privilegien des Hauses Ohmućović-Grgurić.
s.: **Radimský, V.**

— Tumuli im Bez. Bilek (Hercegovina), s.a. Mitteilungen, Wissenschaftliche aus Bosnien u. d. Hercegovina.

— — Tumuli im Bezirke Bilek (Hercegovina). Mit neun Abbildungen im Texte. Lex.-8. (5 S.) Wien: Gerold 1896. —.15

— prähistor. Wallbauten im Bez. Bihać, s.a. Mitteilungen, Wissenschaftliche aus Bosnien u. d. Hercegovina.

— — Prähistorische Wallbauten im Bezirke Bihač. Mit 35 Abbildungen im Texte. Lex.-8. (12 S.) Wien: Gerold 1896. —.50

— Centralbericht über die bisherigen Ausgrabungen der römischen Stadt Domavia in Gradina bei Srebrenica. Mit 2 Tafeln und 70 Abbildungen. (37 S.) Wien: Gerold 1894. 1.50

Radin, Eugen, aus Russland: Die **Hysterie** bei den Schwachsinnigen. Studien über d. Parallelismus zwischen d. Geisteszustände der Hysterischen u. der Schwachsinnigen. *Berlin: M. Günther (1900).* (89 S.) 8°
Berlin, Med. Diss. v. 23. März 1900

Radina, August, aus Münnerstadt: Die **Analogie** auf dem Gebiete der Kasusrektion bei den vier großen griechischen Dramatikern. *Nürnberg 1904: G. P. J. Bieling-Dietz.* (66, IV S.) 8°
Erlangen, Phil. Diss. v. 21. Juni 1904

Radinger, Carl, s. Radinger, Karl

Radinger, Johann

Radinger, J. v., der Äther u. das Licht. gr. 8. (70 S. m. 3 Fig.) Wien 901. (C. Gerold's Sohn.) n. 1.30
Sonderabdruck aus: „Sitzungsber. d. k. Akad. d. Wiss."

Radinger, J., üb. die Kraftvertheilung m. comprimirter Luft, System Victor Popp, in Paris. Vortrag. [Aus: „Wochenschr. d. österr. Ingenieur- u. Architekten-Vereines".] 2. Aufl. gr. 8. (31 S. m. Fig.) Wien 889. Kravani. n. 1.—

Radinger, Johann Friedrich

Radinger, Joh. Frdr., Dampfkessel, sa Ausstellungs-Bericht, officieller.

Radinger, J. F., Dampfkessel und deren Ausrüstung in den Vereinigten Staaten von Nord-Amerika, sa. Bericht über die Weltausstellung in Philadelphia 1876.

— — Dampfkessel u. deren Ausrüstung in den vereinigten Staaten von Nordamerika. Mit 107 Zeichnungen. (Bericht der österr. Commission über die Weltausstellung in Philadelphia 1876. 10. Heft.) Wien 1877. 8°.

Radinger JF und V Novelly, Dampfkessel, Motoren usw. (438 S) (Ausstellungsbericht 1873, Heft 55, 82 und 83 in 1 Bd) Wien 1874

— **über Dampfmaschinen mit hoher Kolbengeschwindigkeit. Mit 46 (eingedr.) Holzschn. u. 2 (lith.) Taf. (in qu. Fol.) 2. verm. Aufl. gr. 8. (III, 135 S.) Wien 872. Gerold's Sohn. n. 4. —**

—— Dampfmaschinen und Transmissionen in den Vereinigten Staaten von Nord-Amerika, s.a. Bericht über die Weltausstellung in Philadelphia

— Dampfmaschinen und Transmissionen in den vereinigten Staaten von Nordamerika. (Zur Weltausstellung in Philadelphia 1876.) Mit 256 Zeichnungen. Wien 1878. 8°.

— **die Motoren, sa Ausstellungs-Bericht, officieller.**

Radinger, J. Fr. Die Motoren. Offizieller Ausstellungsbericht. Wien 1874.

Radinger, Karl

Radinger, Carl: Zu den Kyzikenischen Epigrammen der Palatinischen Anthologie. *Leipzig 1897.*
in: **Beiträge,** Philologisch-histor., C. Wachsmuth z. 60. Geburtstage überreicht. [57. 3344

Radinger Dr. Karl v.: Eine verschollene Handschrift des Sueton 22. Korneuburg 05.
Progr.

Radinger, Carl, Meleagros v. Gadara. E. litterargeschichtl. Skizze. gr. 8. (V, 115 S.) Innsbruck 895. Wagner. n. 2.—

Radio, Justus: De morphio..., s. Hoppe, Johann Gottfried

Radio-Radiis, Alfr. v., der Dachstein, s.: Gipfelführer, alpine.

Radio-Radiis, A. v., Reiseführer auf den neuen österr. Alpenbahnen Tauernbahn Schwarzach—St. Veit—Badgastein. 8°. (III. 80 S. mit 1 Karte) Wien: Hof- und Staatsdruckerei 1906. K 1.—

Radio-Radiis, Alfr., Reiseführer auf den neuen österreich. Alpenbahnen. Tauernbahn Badgastein-Spittal a. d. Drau-Villach. (62 S. m. 30 Abbild. u. 1 Karte.) kl. 8. Wien 910. Hof- u. Staatsdruckerei. 1.—

— **Der Rosengarten, s.: Gipfelführer, alpine.**

— **Skitouren in den Ostalpen, s.: Biendl, H.**

— Spezial-Führer durch das Dachsteingebirge u. die angrenzenden Gebiete des Salzkammergutes u. Ennstales. Mit 1 Farbentaf. u. 20 Taf. in Schwarzdr. (XLI, 248 S.) 8. Wien 908. A. Holzhausen. Geb. 4.50

Radiodiffusione: La Radiodiffusione Svizzera
v. Der Schweizerische Rundspruch - La Radiodiffusion Suisse - La Radiodiffusion Suisse - La Radiodiffusione Svizzera.

Radiolarien, die Tripyleen, der Plankton-Expedition, s.: Ergebnisse der Plankton-Expedition der Humboldt-Stiftg.

Radionoff, Sergius. Ueber die Tuberkulose der Schädelknochen. Diss. Med. Basel.. II + 38 S. 4. *o. O. u. J.* [1905].

Radir ..., s. Radier ...

Radisch, G. Die Pronomina bei Rabelais. Diss. Leipzig 1878. 56 S. Progr.

Raedisch, Ernst *Albert Richard* [aus Schlesien]: Ein Fall von krebsig entartetem Ovarialkystom ... Greifswald, Druck v. J. Abel, 1894; 26 S. 8.
Greifswald, Med. Fak., Inaug.-Diss. v. 24. März 1894

Radisics, Eug. de, s.: Chefs-d'oeuvre d'art de la Hongrie.

Radițching v. Lerchenfeld, Jos., (+ d. 16. Jan. 1818.) s. 1) Gedichte zweier Freunde. 2) in Schauspielen.

Radius nata Nene Zuccari, Anna [? Elena ? Maddalena ?] = Neera [Autorname].

Radius, J., Augenkrankheiten der Haustiere, s.: Leblanc.

Radius, Justus (Übers.):

s.: Ayre, Joseph: Praktische Bemerkungen über die gestörte Absonderung der Galle, abhängig von Krankheiten der Leber und der Verdauungswerkzeuge. (Practical Observations on the nature and treatment of marasmus... Dt.) Leipzig: 1822

JB 2.445

Radius, J(ustus) (Hrsg.):

s.: Beiträge zur praktischen Heilkunde mit vorzüglicher Berücksichtigung der medicinischen Geographie... Bd 1-4. Leipzig: 1834-37.

JB 6.077

—— Beiträge z. chirurg. Klinik, s. Cholera-Zeitung (Fortsetzung).

Radius, Just., einige Bemerkungen zur Pharmacopoea germanica vom 1. Juni 1872. gr. 8. (18 S.) Hamburg 878. Voss. n. 1. —

Radius, Just. (Wilh. Mart.), Bemerkungen üb. Salzbrunn u. Altwasser, nebst e. Anh. üb. Charlottenbrunn. Für solche, welche diese Bäder empfehlen od. gebrauchen wollen. 8. (5 B.) Leipzig 830, Voß.

– s. Bibliothek der ausländischen Literatur für Medicin.

Radius, Justus (Übers.):

s.: Blackall, John: Bemerkungen über das Wesen und die Heilung der Wassersuchten... (Observations on the nature and cure of dropsies... 3rd ed. Dt.) Leipzig: 1821

JB 2.440

Radius, Justus [Praes.], s. Böttger, Rudolph Maximilian: De omphalorrhagia idiopathica.

Radius, Justus [Praes.], s. Cramer, Hermann Ludwig: De rigiditate articulorum fracturas sanatas sequente.

— — **Febres ex morborum numero esse eliminandas.** Diss. med. Leipzig (B. G. Teubner) 1843. 48 S. (3.—) 27542

Radius, Justus [Praes.], s. Fehre, Karl Fürchtegott Immanuel: De hydatide seu echinococco glandulae lacrymalis et orbitae.

Radius, Justus [Praes.], s. Fiedler, Karl Ludwig Alfred: De nonnullis quibus assequimur primam intentionem conditionibus.

Radius, Justus (Übers.u.Hrsg.):

s.: Gendrin, A(ugustin) N(icolas): Anatomische Beschreibung der Enzündung und ihrer Folgen in den verschiedenen Geweben des menschlichen Körpers. (Histoire anatomique des inflammations. Dt.) Leipzig: 1828 - 1829

JB 1.201

JUSTUS RADIUS, Die Medicinische Gesellschaft zu Leipzig. Eine kurze geschichtliche Darlegung ihrer Entstehung und Fortbildung in den abgelaufenen ersten 25 Jahren. Nebst einem Anhang enthaltend die Beigesetze, ein Mitgliederverzeichniss und einen Nachtrag zum Büchercatalog. Im Auftrage der Gesellschaft zusammengestellt. Leipzig, am 13. Januar 1854. (Druck von Ph. Reclam jun.) 8°.

Radius, J(ustus) (Hrsg.):

s.: Handwörterbuch der gesammten Chirurgie und Augenheilkunde, hrsg.von (Johann Karl) W(ilhelm) Walther, M(ichael) Jaeger und J.Radius. Bd 1 - 6. Leipzig: 1836 - 1840

JB 3.427

Radius, Justus [Praes.], s. Haubold, Arthur: De calore mordace.

Radius, Justus: Auserlesene Heilformeln zum Gebrauche für praktische Aerzte und Wundärzte. Mit Berücksichtigung der neuesten Bereicherungen der Arzneimittellehre. 624 S., gbd.

Leipzig: Voss 1836

JB 1.632

—— de Influentia morbo anni CIƆIƆCCCXXXIII. **Commentat.** 4mai. (3 B.) Lipsiae 833. Voss.

Radius, Justus [Praes.], s. Kretzschmar, Hermann Theodor: Bedeutung des Netzes bei der Einklemmung und blutigen Operation der Brueche.

Radius, Justus [Praes.], s. Kühn, Karl Gottlob: A. Cornelii Celsi editio nova exoptatur. Cont. II.

Radius, Justus [Praes.], s. Meyer, August Hermann: Über die Gastrotomie.

—— Mittheilungen üb. d. asiat. Cholera, s. Cholera-Zeitung.

Radius, Justus (Leipzig), Observationes quaedam de pulsu arteriarum, valetudinis signo. Diss. med. Leipzig (J. Fr. Glück) 2. IV. 1822. 42 S. (3.25) 27538
Gew.: Christian Friedrich Schwaegrichen, Carl August Kuhl.

Radius, Just. (Wlh. Mt.), observationes quaedam de pulsu arteriar. valetudinis signo. 4maj. Lpz. 822. Reclam. 12 gl

Radius, Justus [Praes.], s. O c h e r n a l, Albert Ludwig: Über Operationen an der Zunge.

Radius, Justus (Übers.u.Comm.):

s.: Ollivier (d'Angers), C(harles) P(rosper): Über das Rückenmark und seine Krankheiten. (De la Moëlle épinière et de ses maladies. Dt.) Leipzig: 1824

JB 4.517

Radius, Justus [Praes.], s. P l e i s s n e r, Hugo: Nonnulla de ossificatione in femoris inferiore epiphyse.

—— Dissertat. de Pyrola et Chimophila. Spec. I et II. 4maj. Lipsiae, Voss.
Spec. I. botanicum. (5 1/4 B. u. 5 lith. Taf.) 821. 12 Gr.
- II. medicum. (4 1/4 B.) 829. 12 Gr.

— — De pyrola et chimophila. Specimen secundum medicum. Diss. Leipzig (L. Voss) 1829. 32 S. (—.—) 27539

— — Dasselbe. Leipzig (Hirschfeld) 11. VII. 1829. 33 S. (3.—) 27540

—— Scriptores ophthalmologici minores, s.a. Scriptores.

— Scriptores ophthalmologici minores. Vol. I. Cum 1 tab. litograph. 8 maj. Lips. 826, Hartmann.

Ihrem Hochverehrten Ehren-Director dem Geheimen Medicinalrath Herrn Johann Christ. August Clarus ... wünscht zu den in der Arznei- und Wundarzneikunde vor 50 Jahren erlangten höchsten Ehren auf das Ehrerbietigste Glück die medicinische Gesellschaft zu Leipzig. Beigegeben ist eine Skizze der Geschichte des Georgen-Hospitals zu Leipzig als Heilanstalt von JUSTUS RADIUS. Leipzig, am 10. März 1851. (Druck der Philipp Reclam'schen Officin.) 4°.

Radius, Justus (Übers.):

s.: Southey, Henry Herbert: Über die Vermeidung, Entstehung und Heilung der Lungenschwindsucht. (Observations on pulmonary consumption. Dt.) Leipzig: 1820

JB 2.439

Radii, Justi, commentatio de studio medico male saepissime ordinato. gr. 4. (10 S.) Leipzig 863, Dürr'sche Buchh.

Radke, Ferdinand: Die methodische Entwickelung des Gesichtssinnes durch den Zeichenunterricht. Aachen 1905: P. Urlichs. (22 S.) 4°
Aachen, OR m. Reform RG i. E. u. VS P 1905 (585)

Radke, Georg [Dr.]: Die epische Formel im Nibelungenliede. Fraustadt, L. S. Pucher's Buchdr., 1890; 62 S. 4°
Fraustadt, f. RG, OP 1890

Radke, Herm., die Frau Pastorin. Vortrag, auf dem pommerschen Pfarrertage in Dievenow geh. (19 S.) kl. 8. Stettin 908. J. Burmeister. —40

Radke, [Johannes], Baurat: Beschreibung des Schulgebäudes. Düsseldorf 1904: A. Bagel. (Sp. 1—8.) 4°
Düsseldorf, st. Reform-RG P 1904 (560)

Radke [Johannes], Kgl. Baurat: Beschreibung des neuen Schulgebäudes. Düsseldorf 1907: E. Lintz. (S. 2 u. 3 u. 2 Taf.) 4°
Düsseldorf, st. R OP 1907 (624)

Radke, Otto, Verwaltungsgeschichte Frankreichs unter Ludwig XIV. gr. 8. (91 S.) Braunsberg 883. (Königsberg, Beyer.) n. 1. 60

Radke, Wegweiser f. Avanzirte der Armee u. Marine bei der Vorbereitung f. die den Militäranwärtern zugänglichen Stellen d. Reichs- u. Preuß. Staatsdienstes u. bei der Wahl e. Stelle. Nach amtl. Quellen u. eigenen Erfahrgn. zusammengestellt. 3. Aufl. gr. 8. (63 S.) Berlin 892. A. Bath. n. 1. 20

Radke, Wegweiser f. Militär- u. Zivil-Anwärter bei d. Berufswahl, insbes. im Reichs- u. preuß. Staatsdienste, u. bei d. Vorbereitg. auf dieselbe. Nach amtl. Quellen zusammengest. 4. Aufl. gr. 8. (VI, 60 S.) Berlin 898. S. Gerstmann. n. 1. —

Radke, Wegweiser f. die Mitglieder des deutschen Unteroffizierkorps bei der Vorbereitg. auf den Beamtenberuf u. der Stellenwahl im Reichs-, Staats- od. Gemeindedienst. Nach amtl. Quellen zusammengestellt. 5. Aufl. (VI, 76 S.) gr. 8. Berlin 910. S. Gerstmann. 1. 60

Radkersberg-Radnicki, M. v. (Frau Maria Radnicki v. Lechita), Kinderscenen. Schumann'schen Melodien nachgedichtet. Novellen. 8. (328 S.) Köln (902). J. P. Bachem. n. 3. —; geb. n. 4. 20

Radkersberg-Radnicki, Maria v. (Maria Radnicki), Leidenschaftliche Naturen Neonila, die Tochter e. ruthen. Fürsten. 2 Erzählungen. 8. (125 S.) Steyl 897. Missionsdruckerei. Geb. in Leinw. n. 1. 80

— Vorurtheil. Roman. 8. (306 S.) Frankfurt a/M. 897. P. Kreuer. n. 2. 40; geb. n. 3. 60

Radkersburg und Umgebung. Topographie, Statistik, Geschichte. Landschaftsbild, Flora, Fauna, meteorologische Beobachtungen. (Mit 1 Ansicht.) (Erster Abschn. des Werkes: „4. und 5. Jahresbericht der steiermärkischen Landes-Bürgerschule in Radkersburg. Veröffentlicht am Schlusse des Schuljahres 1875".)
4. Radkersburg 1875.

Rádl, Em., über den Bau u. die Bedeutung d. Nervenkreuzungen im Tractus opticus der Arthropoden. gr. 8. (19 S. m. 6 Fig. u. 1 Taf.) Prag 899. (F. Řivnáč.) n. —48
Sonderabdruck aus: „Sitzungsber. d. böhm. Gesellsch. d. Wiss."

Rádl, Em., Geschichte der biologischen Theorien seit dem Ende des 17. Jahrh. 1. Tl. (VII, 320 S.) gr. 8. Leipzig 905. W. Engelmann. n. 7. —

Rádl, Em., Geschichte der biologischen Theorien. II. Tl. Geschichte der Entwickelungstheorien in der Biologie des XIX. Jahrh. (X, 604 S.) gr. 8. Leipzig 909. W. Engelmann. 16. —
I. Tl. Ebd. 905. 7.—.

— Untersuchungen üb. den Phototropismus der Tiere. (VIII, 188 S.) gr. 8. Ebd. 903. n. 4. —

Radlach, C. O., s.: Zeitschrift des Vereins f. Kirchengeschichte in der Prov. Sachsen.

Radlach, Otto, die in den römisch-kathol. Volksschulen Deutschlands im Gebrauch befindl. Katechismen. Hrsg. vom evangel. Bund zur Wahrg. der deutsch-protestant. Interessen. (85 S.) gr. 8. Leipzig 905. (C. Braun.) n. —75

Radlach, Otto: Über die erfolgreichere V e r b r e i t u n g der protestantischen Litteratur. Referat f. d. XI. Generalvers. d. Ev. Bundes in Magdeburg v. Pfarrer [Otto] Radlach-Zethlingen. Halle a. S.: Buchdr. d. Waisenhauses 1898. (24 S.) 1 Bd. 8°

Radlach, T., zuverlässige Preisberechnungs-Tabelle f. Waaren nach dem Metermaße, sowie Umwandlg. der Meter in Ellen. Zugleich e. Ausrechner der Preise f. $^1/_{10}$, $^1/_2$—100 Quadratmeter, Kubikmeter, Kilogramm 2c. Nebst e. f. jeden Geschäftsmann nützl. Anh. 1. u. 2. Thl. gr. 8. Luckenwalde 871. (Leipzig, Haesele jun.) n. 3. 50

1. Preise von 1 Pf. bis 1 Thlr. Hauptsächlich f. Manufacturwaaren-Geschäfte. (98 S. u. Anh. 24 S.) n. 1. 50

2. Preise v. 15, 15½—114 gr. Hauptsächlich f. Tuchfabrikanten u. Kaufleute. (21 S.) n. 2. –

Radlach, T. O., s.: Zeitschrift des Vereins f. Kirchengeschichte in der Prov. Sachsen.

Radlauer, Curt, s. Radlauer, Kurt

Radlauer, Ernst, finanzielle Selbstverwaltung u. Kommunalverwaltung der Schutzgebiete, auf rechtsvergleichender Grundlage dargestellt, s. Abhandlungen aus dem Staats- u. Verwaltungsrecht. 20. Heft.

Radlauer, Ernst: Finanzielle Selbstverwaltung u. Kommunalverwaltung d. Schutzgebiete auf rechtsvergleich. Grundlage dargest. Breslau 1910. 8°

Radlauer, Ernst: Über den Umfang der Geltung des preußischen Rechts in den deutschen Schutzgebieten. Hamburg 1911.
(Jahrbuch der Hamburgischen Wissenschaftl. Anstalten. 28. 1910, Beih. 6.)

Radlauer, Ernst Ludwig: Die lokale Selbstverwaltung der kolonialen Finanzen. Breslau: Marcus 1909. VIII, 66 S. 8° ¶(Ersch. vollst. u. d. T.: Finanzielle Selbstverwaltung u. Kommunalverwaltung d. dtsch. Kolonien, als: Abhandlungen aus d. Staats- u. Verwaltungsrecht m. Einschl. d. Kolonialrechts. H. 19.) *
Würzburg, Jur. Diss. v. 22. März 1909, Ref. Piloty
[Geb. 14. Febr. 84 Breslau; Wohnort: Breslau; Staatsangeh.: Preußen; Vorbildung: Johannes-Gymn. Breslau Reife O. 02; Studium: Genf 1, Breslau 5 S.; Rig. 15. Juli 08.] [U 09. 4079

Radlauer, Kurt

Radlauer, Curt. Beiträge zur Anthropologie des Kreuzbeines. Diss. Phil. [II.] Univ. Zürich. [Mit Figuren.] (Separat-Abdruck aus dem «Morpholog. Jahrbuch», Bd. 38.) II S. + S. 323—447. 8. Leipzig, Wilhelm Engelmann, 1908.

Radlauer, Curt, eine Ehe, s. Schriften-Folge. moderne.

Radlauer, Curt. Eine Ehe. Sittenstudie in drei Aufzügen. 80 S. 8. Zürich, Verlag Volkswort ⟨Fritz Schröter⟩, 1905. [fr. 2.—]
Moderne Schriften-Folge. (Bändchen 2.)

— Lorbeer u. Liebe. Einakter-Zyklus. (86 S.) 8. Stuttgart (904). Magdeburg, Luckhardt. n. 1.—

Radlberger L.: Über Salze des Guacidins, Dicyandiamids und Melamins mit Farbsäuren. S. 117. IIb. 643 . . . Vgr.
Separatabdruck

Rädle, Franz, appr. Arzt a. Liegnitz: Zwei Hebotomien aus der Universitäts-Frauenklinik zu Erlangen 1905. Liegnitz 1905: R. Wagner. (39 S.) 8°
Erlangen, Med. Fak., Ref. Menge, Diss. v. 28. Dez. 1905
[Geb. 19. Febr. 79 Liegnitz; Staatsangeh.: Preußen; Vorbildung: Ritterakad. Liegnitz Reife 99; Studium: Greifswald 2, Breslau 7 S.; Coll. 18. Okt. 05; Approb. 10. Sept. 05.]

Raedle, Joachim.,Hausen im Oberamt Hechingen.: Theses inaugurales medico-chemicae.
Basel; Med. Diss. 1774

Rædle, Nicolas, P. Notice sur la date exacte de la consécration de la cathédrale de Lausanne. Extrait de la „Revue suisse catholique“. Fribourg, imprimerie catholique suisse. 1887

Rädlein, Emil, Banz u. Umgebung. Wanderbuch durch den Banzgau. 8. (44 S. m. 2 Karten.) Coburg (902). E. Riemann. n. — 50

Rädlein, Emil, Banz u. Umgebung. Wanderbuch durch den Banzgau. 2. umgearb. u. verm. Aufl. (58 S. m. Abbildgn., 1 Bildnis u. 1 Karte.) 8. Coburg 908. E. Riemann. — 70

Rädlein, Emil, Entwickelg. u. Stand der Leibesübgn. 2c., s.: Leutheußer, Gust.

– Panorama vom Staffelberg, s.: Kniese, L.

— 40 Pyramiden am verbesserten eisernen Dreifuß, an Wagen- u. Doppelleitern auf 26 Taf. in Lichtdr., nebst 1 Taf. m. Werkzeichnungen f. den eisernen Dreifuß. Entworfen u. gezeichnet. qu. gr. 8. (8 S. Text.) Coburg (899). Dietz'sche Hofbuchdr. n. 2.—

— vier Sondervorführungen der Turngenossenschaft Coburg auf dem VII. thür. Kreisturnfest am 21.–23. VII. 1900 in Coburg, zum Gebrauch bei festl. Veranstaltgn. den deutschen Turnvereinen gewidmet. Mit Titelblatt u. 65 Abbildgn. qu. gr. 8. (49 S.) Ebd. (900). 2.—

Rädlein, Emil, „per Telephon“. — Unsinniana rusticana od. närr. Zipfelmützentanz, s. Bibliothek turnerischer Unterhaltungen.

Rädlein, Emil, „Per Telephon“, Turner. Schwank in 1 Aufz. — Unsinniana rusticana od. Närrischer Zipfelmützentanz, gesessen, gelaufen, gefahren u. geritten nach d. Musik v. 12 dummen Bauernjungen, Leipzig 1893, 30 S., 8°.

Rädlein, J., vollkommner franz. Sprachmeister. 8. Lpz. Georgi. 729.

— europ. Sprachschatz, od. deutsch. ital. u. franz. Wörterbuch. 3 Thle. 8. Leipz. 711.

Radler, der, Organ f. das Haupt-Consulat „Oberrhein“ der allgemeinen Radfahrer-Union. Red.: Rich. Herbst. 1. Jahrg. Mai 1894—April 1895. 12 Nrn. (Bog.) 4. Lahr. Ch. Schömperlen. n. 1. 50

Radler, o diese! Ein lust. Handbuch f. alle Radfahrer u. Nichtradfahrer. gr. 8. (88 S. m. Abb.) München 898. Braun & Schneider. n. 1. —; kart. n. 1. 50

Radler, o diese! Ein lust. Handbuch f. alle Radfahrer u. Nichtradfahrer. 3. Aufl. gr. 8. (96 S. m. Abbildgn.) München (900). Braun & Schneider. n. 1. —; kart. n. 1. 50

Radler, Frdr. v., das Amtsgeheimnis. — Prinzessin Pumphia u. der tyrann. Tatar Kulikan, s.: National-Bibliothek, allgemeine.

Radler, Frdr. Edler v., der Blitzableiter, s. Theater, neues Wiener. Nr. 156.

RADLER, von
(F) Der Blitzableiter, Originalschwank in einem Akte von Dr. v. Radler. [Neues Wiener Theater. Nr. 156.] Wien. 1900. Künast. Gr.-8°. 18 S. K 1.20

Radler, v., Bora. Schauspiel in 1 Akt. (27 S.) 8. Wien 905. B. Knepler. n. 1.—

Radler, Fr. v.: Das Buckelhaus am Bergl.
s.a. Bayer, Josef

— das Buckelhaus am Bergl. Komische Ballet-Pantomime in 3 Abthlgn. Musik v. Jos. Bayer. Der choreograph. Thl. v. J. Haßreiter. Textbuch. 12. (10 S.) Wien 900. A. W. Künast. — 40

Radler, F. v., er ist fehlbar, s.: Theater-Repertoir, Wiener.

Radler, Fr. v., der wienerische Hanswurst. (Wiener. Hanswurstheater. Verf. v. T. Flock [v. R.].) 8. (XIII, 15, 44, 32, 35, 31, 36 u. 34 S.) Wien 894. C. Daberkow. 2. 50

Radler, F. v., Josef Lanner, s.: Theater, neues Wiener.

— auf der Nestroy-Insel. Festspiel. 8. (26 S.) Wien (902). Th. Daberkow. n. — 50

— dasselbe, s.: National-Bibliothek, allgemeine.

— Charley's Onkel. Schwank in 4 Acten, m. freier Benützg. e. Idee d. B. Jonson. gr. 8. (VIII, 92 S.) Wien 895. C. Daberkow. n. 1. —

— Phönix. Gereimte Anecdoten. (Besond. geeignet f. drastisch-kom. Vorträge, in verschied. Dialecten.) In d. Form gegossen von v. R. (Mitarbeiter der Münchener Flieg. Blätter). 16. (VIII, 152 S.) Leipzig 896. R. Friese, Sep.-Cto. n. 1. 20

— heitere Sensations- u. harml. Familiengeschichten. Geeignet zu humorist. Vorlesgn. 8. (III, 116 S.) Ebd. 897. n. 1. 80

Radler, Joseph Engelbert —. Geharnischte Blätter aus Oberst. iermark seriöser und jokoser Natur. (Ein einfältiges Büchlein zum Lachen und Weinen für gelehrte und ungelehrte Schulmeistersleute.) Von — —. Gmunden. 1855 Druck und Verlag von Johann Habacher (2 Bl. 112 S. 8) geh.

Rädler, Georg [stud. phil. aus Au bei Illertissen '(Bayern.)']: Ueber das Abstraktionsphaenomen in der Erkenntnistheorie David Hume's ... Deggendorf, Knitl, 1896; 14 Bl. 8.
Leipzig, Phil. Fak., Inaug.-Diss. v. [1. Juni] 1896

Raedler, Johann Christoph (Lausa/Meißen), De commendatore Teutonico, patrono ecclesiae, quae commendaturae incorporata est, non vulgari. Sectio prior. Exercitat. jur. Präs. Philipp Jakob Heisler. Halle (Hendel) (8.) März 1770. Editio secunda 1776. 28 S. (4.50) 27547
Widm. v.: Philipp Jakob Heisler.

— — Dasselbe. Halle/Saale (Beyer) (8./10.) März 1770. 32 S. (4.50) 27548
Gew.: Christian Gotthelf von Gutschmid. — Widm. v.: Philipp Jakob Heisler, B. E. Maurer.

Rädler, Joseph, prakt. Arzt in München: Aus d. patholog. Institut zu München. Ueber Tuberkulose im Kindes- und Säuglingsalter. *München 1897: Kastner & Lossen.* (31 S.) 8°
München, Med. Diss. v. 1896

RAEDLER, Joseph Aurel (Neumla): De partu arte praematuro provocato.- Monachii: Wolf 1836. 16 S. 25.8.1836 - Urk; F 65
Diss. Ingolst.-Landsh.-Mchn.

Rädler, Max, aus Greiz, Gerichts-Ass. am Fürstl. Amtsgericht zu Gera: Vergleich zwischen dem vor dem 1. Januar 1900 im Fürstenthum Reuss j. L. geltenden Intestat-Erbrecht und dem Intestat-Erbrecht des Bürgerlichen Gesetzbuches für das deutsche Reich. *Köstritz 1900: C. Seifert.* (VII, 44 S.) 8° [F.]
Erlangen, Jur. Diss. v. 15. März 1899

RÄDLER, Wendelin (Scheffau): Tabes mesenterica.- München: Wolf 1847. 15 S. 21.8.1847 - Urk (Titel: De tabe mesenterica.); F 66
Diss.Ingolst.-Landsh.-Mchn.

Radlerei! 40 Kunsttaf. Hrsg. v. Wiener Radfahr-Club „Künstlerhaus". Text red. von Carl Rabis u. Carl Seidl. gr. 4. (81 S.) Wien 897. Gerlach & Schenk. Geb. n. 10. —

Radlerin, die. Sportblatt d. radfahr. Damen Deutschlands u. Oesterreich-Ungarns. Hrsg.: Josa Matzner Edle v. Heilworth, geb. Scharschmid Edle v. Adlertreu. 1. Jahrg. Septbr. 1896—Aug. 1897. 24 Nrn. (à ca. 2 Bog. m. Abb.) hoch 4. Berlin (Pass & Garleb.) n. 8. —; einz. Nrn. n. — 35

— dasselbe. Organ d. Damen d. „Deutschen Radfahrer-Bund" u. d. Damen d. „Oesterreich. Touring-Club". Hrsg.: Josa Matzner Edle v. Heilworth, geb. Scharschmid Edle v. Adlertreu. 2. Jahrg. Oktbr. 1897—Septbr. 1898. 24 Nrn. (à ca. 20 S. m. Abb.) hoch 4. Ebd. n. 8. —; einz. Nrn. n. — 35

— dasselbe. Mit dem Beiblatt „Motor-Sport". 3. Jahrg. Oktbr. 1898—Septbr. 1899. 24 Nrn. (à ca. 32 S. m. Abb.) hoch 4. Ebd. 8. —; einz. Nrn. — 40
Kann auch vierteljährlich bezogen werden.

Radlerin u. Radler, m. dem Beiblatt „Motor-Sport". Red.: Josa Matzner, Edle v. Heilwerth. 4. u. 5. Jahrg. Oktbr. 1899—Septbr. 1901. à 24 Nrn. hoch 4. (à ca. 16 S. m. Abb.) Berlin, W. Kabitz. à Jahrg. 8. —

Radler-Kommersbuch. Eine Sammlg. der schönsten Radfahrer-, Studenten-, Volks- u. Vaterlandslieder. 12. (233 S.) Lahr 892. M. Schauenburg. In Wachstuch kart. n. 1. —

Radler-Kommersbuch. E. Sammlg. d. schönsten Radfahrer-, Studenten-, Volks- und Vaterlandslieder. schmal 12. (238 S.) Lahr 898. M. Schauenburg. In Wachstuch kart. n. 1. —; geb. m. Biernägeln n. 1. 20

Radler-Lust Liederbuch f. Radfahrer. Ausg. A. Sammlg. beliebter Lieder f. den Radlersport. (IV, 118 S.) 16. Leipzig (904). Rauh & Pohle. — 30

— dasselbe. Ausg. B. Sammlung beliebter Lieder f. den Radlersport. Volks- u. Kommerslieder. (VIII, 176 S.) 16. Ebd. (906). — 50

Radler-Onkel, der. Illustr. Familien-Kalender f. d. radelnde Welt. Hrsg.: Otto Arrighi. 4. (67 S. m. 1 Farbdr.) Dresden. (Leipzig, J. Werner.) n. — 50

Radlers, des, Liederschatz. Ausgewählte Lieder f. Radfahrer. Hrsg. vom Radfahrer-Verein Zittau. 16. (VII, 96 S.) Zittau 894. Pahl. Kart. n. — 60

— Tourenlieder. In alphabet. Reihenfolge. 16. (68 S.) Lahr 892. M. Schauenburg. In Wachstuch. n. — 50

Radler's Wochenhefte. Illustr. Zeitschrift f. d. deutsche Familie. Red.: Karl Hedrich. Nebst Beilage: Unsere Frauen-Zeitg. 1. Jahrg. Dezbr. 1898—Dezbr. 1899. 52 Nrn. gr. 4. (à ca. 12 u. 4 S.) Berlin, Verlag deutscher Radfahrsport. 6. —

Radler's Wochenhefte. Illustr. Zeitschrift f. die deutsche Familie. Red.: Karl Hedrich. Nebst Beilage: Unsere Frauen-Ztg. 1. Jahrg. 1899. 52 Nrn. (à ca. 16 S.) gr. 4. Berlin, Verlag Deutscher Automobil- u. Radfahrsport. 6. —
Kann auch vierteljährlich bezogen werden.

Radlick, Eugen (geb. Psurow in Schles. 21. 7. 1846): Ein Fall von „Sclérose en plaques disséminées". Berlin (1874). (31 S.) 8°
Berlin, Med. Diss. v. 19. Juni 1874

RADLINGER, JOHANN NEPOMUK: Andenken der Einnahme Belgrads den 7. October 1789. und der den 25. g. M. in des k. k. Freistadt Pest vorgenommenen Dankes von den Zöglingen im k. k. G. Seminarium. Pest (1789): Gedr. bey Franz Aug. Patzko. 4 f. - 8°

Rädlinger, J. B., s. Rädlinger, J. M., Handbuch für den kathol. Seelsorger am Krankenbette.

Rädlinger, Joh. Mich., die Familie Traugott v. Friedheim, od. die wahren Grundsätze u. Früchte d. christl. Erziehung. Ein Handb. f. alle, denen es um d. lebendige Christenthum zu thun ist. Mit e. Vorr. v. Frz. Xav. Schwäbl. Lex.-8. (33 B. u. 1 Stndr.) München 833. (Regensburg, Manz.) Thlr.

Rädlinger, Joh. Mich., († d. 14. Juni 1833), die Familie Traugott v. Friedheim, od. die wahren Grundsätze u. Früchte der christl. Erziehung. Mit einer Vorrede von Frz. Xav. Schwäbl. Aufs Neue durchges. u. verb. v. Ferd. Herbst. gr. 8. (XII u. 304 S.) Augsburg 848, Rieger. 1/8 ℛ

Rädlinger, Joh. Mich., die Familie Traugott von Friedheim, oder die wahren Grundsätze und Früchte der christlichen Erziehung. 2. neu durchges. Aufl. von Ferd. Herbst. Augsburg 853. Rieger. gr. 8. (VIII, IV, 304 S.) 21 ngr.

Rädlinger, Joh. Mich., prakt. Handbuch f. d. kathol. Seelsorger am Kranken- u. Sterbebette. Nach e. hinterlass. Handschr. hrsg. v. J. B. Rädlinger. 8. (7½ B.) München 841, Literar.-artist. Anstalt.

Radlkofer, Ludw., über die Gattung Allophylus u. die Ordnung ihrer Arten. (S. 201—240.) gr. 8. München 909. G. Franz' Verl. — 80
Sonderabdr. a.: „Sitzungsber. d. bayer. Akad. d. Wiss."

Ueber die Arbeit und das Wirken der Pflanze. Rede an die Studierenden beim Antritte des Rectorates der Ludwig-Maximilians-Universität gehalten am 20. November 1886 von Dr. Ludwig Radlkofer. München, K. Hof- u. Univ.-Buchdr. v. Dr. C. Wolf & Sohn, 1886; 24 S. 4°.

Radlkofer, Ludw., die Befruchtung der Phanerogamen. Ein Beitrag zur Entscheidung des darüber bestehenden Streites. Mit 3 lithogr. Taf. 4. (VII und 36 S. mit 3 Stnt.) Leipzig 856, Engelmann. *

— der Befruchtungsprocess im Pflanzenreiche und sein Verhältniss zu dem im Thierreiche. Leipzig 857. Engelmann. gr. 8. (X, 102 S.) 22½ ngr.

Radlkofer, Ludw., ein Beitrag zur afrikanischen Flora, s. Abhandlungen, herausgegeben vom naturwissenschaftlichen Verein zu Bremen.

RADLKOFER (L.). Conspectus sectionum speciorumque generis Serjania. Monachii, 1874. 4°.

RADLKOFER, Ludwig (München): Die Kälte als Heilmittel.- München: Schurich 1855. 20 S. 7.8.1854 - Urk (Titel: De frigoris in medendi.); F 68
Diss.Ingolst.-Landsh.-Mchn.

Radlkofer, Ludw., über Krystalle proteinartiger Körper pflanzlichen und thierischen Ursprungs. Ein Beitrag zur Physiologie der Pflanzen und Thiere, zur Chemie und Physik der organischen Körper. Mit 3 lith. Taf. Leipzig 859. Engelmann. gr. 8. (XIV, 154 S.) n. 1 ℛ 10 ngr.

Radlkofer, Ludw., üb. die Methoden in der botanischen Systematik, insbesondere die anatomische Methode. Festrede zur Vorfeier d. Allerh. Geburts- u. Namensfestes Sr. Maj. d. Königs Ludwig II. gr. 8. (64 S.) München 883. (Franz' Verl.) n n. 1. 50

Radlkofer, L., Monographie der Sapindaceen-Gattung Serjania. Mit dem Aug. Pyr. De Candolle'schen Quinquennal-Preise gekrönte Abhandlg. gr. 4. (XVIII, 392 S.) München 875. Franz in Comm. n. 12. 35

Radlkofer, L., Monographie der Sapindaceen-Gattung Serjania. Mit dem Aug. Pyr. De Candolle'schen Quinquennal-Preise gekrönte Abhandlung. gr. 4. (XVIII, 392 S.) München 878, (Franz'sche Buchh.) *

Radlkofer, L., Monographie der Sapindaceen-Gattung Serjania. Ergänzungen. [Aus: „Abhandlgn. d. k. b. Akad. d. Wiss."] gr. 4. (X, 195 S. m. 9 Taf.) München 886. (Franz' Verl.) n.n. 6. — (Hauptwerk m. Ergänzgn.: n.n. 18. 35)

Radlkofer, L., Paullinia, Sapindacearum genus, monographice descriptum. Monographie der Sapindaceen-Gattung Paullinia. [Aus: „Abhandlgn. d. k. b. Akad. d. Wiss."] gr. 4. (315 S. m. 1 Taf.) München 895. (G. Franz' Verl.) n. 10. —

—— drei Pflanzen aus Central-Madagascar, s. Abhandlungen, herausgegeben vom naturwissenschaftlichen Verein zu Bremen.

— Sapindaceae, s.: Engler, A., u. K. Prantl, die natürl. Pflanzenfamilien, III, 5.

—— Serjania . . . monographice descript. Muenchen, 1875. 4°.

RADLKOFER (L.). Ueber das Verhaeltniss der Parthenogenesis zu den anderen Fortpflanzungsarten. Leipzig, 1857. 8°.

—— über das Verhältniss der Parthenogenesis zu den anderen Fortpflanzungsarten. Eine Berichtigung der Einsprüche Prof. A. Braun's gegen meine Anschauungen über die Fortpflanzungsverhältnisse der Gewächse. gr. 8. (74 S.) Leipzig 858, Engelmann.

— s.: Zeitschrift f. Biologie.

Radlkofer, Max

Auswahl deutscher Synonyma für den Schulgebrauch. — Von M. Radlkofer, Stdl. — 1882, Günzburg, ibid. — S. 3—24.
Progr. Günzburg a. d. D. (Schwaben), Isol. lat. Schule

Radlkofer, Max: Beschreibung des Büchsenschießens i. J. 1555 zu Passau durch den Augsburger Pritschenmeister Lienhard Flexel. Mit Einleitung und Anmerkungen. Verhandlungen des hist. Vereins in Landshut 29. Bd. 1893. 2203

Radlkofer, M., Johann Eberlin v. Günzburg u. sein Vetter Hans Jakob Wehe v. Leipheim. Zugleich m. e. Überblick üb. die Bauernbewegg. in Oberschwaben im Februar u. März 1525 bis zum Ausbruch d. Krieges u. e. Geschichte d. Leipheimer Haufens. gr. 8. (XI, 653 S.) Nördlingen 887. München, Beck. n. 9. —

Brants Narrenschiff, Murners Narrenbeschwörung, Erasmi Stultitiae Laus. Literar.-historische Parallele. — Von Max Radlkofer, Stdl. — 1877. Burghausen, ibid. — S. 1—74.
Progr. Burghausen, K. Gymn.

Radlkofer, Max, aus dem Reichstagsjahr 1582. Augsburger Novelle. (III, 152 S.) gr. 8. Augsburg 904. M. Rieger. n. 2. —

Radlkofer, Max, d. sieben Schwaben u. ihr hervorragendster Historiograph Ludwig Aurbacher, sa Sammlung gemeinverständl. wissenschaftl. Vorträge.

Radlkofer M, die sieben Schwaben. (Samml. wiss. Vorträge NF) Hamburg 1895

— die schriftstellerische Tätigkeit der augsburger Volksschullehrer im Jahrhundert der Reformation. (54 S) gr. 8. Augsburg 903. Schwäb. perman. Schulausstellg. n. — 85

Radlkofer, Otto, die Haftung d. dritten Besitzers nach dem bayerischen Hypothekengesetze. Eine partikularrechtl. Studie. gr. 8. (61 S.) München 885. Th. Ackermann's Verl. n. 1. —

Radlmacher, A., Hand-Receptbuch f. d. Thee- u. Mehlspeisküche, s.: Hampel, Frdr.

Radlmaier, Lor., Johann Michael Sailer als Pädagog, sa Mitteilungen der Gesellschaft f. deutsche Erziehungs- u. Schulgeschichte. 18

Johann Michael Sailer als Pädagog Von Dr. Lorenz **Radlmaier.** Berlin: A. Hofmann & Co. 1909. x, 111 S 8°
(Beiträge z. Geschichte d. Erziehung u. d. Unterrichts in Bayern.)
(Mitteilungen d. Gesellschaft f. deutsche Erziehungs- u. Schulgeschichte Beiheft 18.) [09. 17799 2

Radlmaier, Lorenz: Johann Michael Sailer als Pädagog. Eine erziehungsgeschichtl. Studie. Berlin 1909: Thormann & Goetsch. VIII, 111 S. 8° ¶ (Ersch. auch als: Mitteilungen d. Gesellsch. f. dtsch. Erzieh.- u. Schulgesch. Beih. 18.)
München, Phil. Diss. v. 18. Nov. 1908, Ref. Rehm, v. Hertling
[Geb. 9. Aug. 76 Wolfersdorf, B. A. Freising; Wohnort: Landshut; Staatsangeh.: Bayern; Vorbildung: Gymn. Freising Reife Juli 96; Studium: Phil. Freising Lyz. 2, Theol. München 6 S.; Rig. 18. Nov. 08.] [U 10. 3685

Radlmeyer, Karl, († ...) eröffnete Geheimnisse d. vornehmst. auserles. Haushaltungskünste u. Wissenschaften. 8. Wien 768.

Radlof, Jh. Gli., deutschkundl. Forschungen u. Erheiterungen für Gebildete. 3 Bde. gr. 8. Berl. 824—826. Voß. (à 1 ₰ 10 ℊ) 5 ₰

Radlof, Joh. Glob, Teutschkundliche Forschungen und Erheiterungen für Gebildete. Bd. I—III. Berlin 1825—27. 8.
[Sprachliches.] . . . . (D.)

— Gesetzgebung d. deutschen Sprache, mit Rücksicht auf andere noch lebende u. sich fortbildende Sprachen. gr. 8. Münch. 812. Fleischmann. 1 ₰ 8 ℊ

Radlof, (J. G.,) Grundzüge einer Bildungsgeschichte d. Germanen, nach den Urdenkmalen der Sprache u. d. Geschichte. gr. 8. Berl. 825, Reimer.

Radlof, Joh. Gottl., Mustersaal aller deutschen Mundarten; enthaltend Gedichte; prosaische Aufsätze und kleine Lustspiele. 1r Bd. 8. Bonn. (Büschler in Elberfeld.) 821.

— Mustersaal aller deutschen Mundarten, enthalt. Gedichte, prosaische Aufsätze u. kleine Lustspiele in verschied. Mundarten rc. 2 Bde. gr. 8. Bonn 821 u. 22. (Elberf., Schönian). (à 1 ₰ 12 ℊ) 3 ₰

— Deutschlands Ruhmhallen. gr. 8. Münch. 814. Fleischmann. 3 ℊ

— ausführl. Schreibungslehre der deutschen Sprache, f. Denkende, vornehml. f. Schriftsteller, Lehrer u. Beamte, durchaus neu bearbeitet. Nebst 2 Schreibtafeln. gr. 8. Frkf. a. M. 820. Brönner. 2 ₰ 16 ℊ, Hbg. Pr. 1 ₰

— die Sprache d. Germanen in ihren sämmtl. Mundarten dargestellt u. erläutert. gr. 8. Frkf. a. M. 817. Brönner. 2 ₰ Hbg. Pr. 18 ℊ, Schrtp. 2 ₰ 16 ℊ Hbg. Pr. 1 ₰

— Frankreichs Sprach- u. Geistestyrannei üb. Europa seit dem Rastadter Frieden 1714. gr. 8. Münch. 814. Fleischmann. 6 ℊ

— Trefflichkeiten d. süddeutschen Mundarten zur Verschönerung u. Berichtigung d. Schriftsprache. gr. 8. Münch. 811. Fleischmann. 1 ₰ 8 ℊ

— neue Untersuchungen zur Aufhellung der Urgeschichte d. Deutschen. gr. 8. Bonn 822. Büschler. 2 ₰

— neue Untersuchungen des Keltenthums, zur Aufhellung d. Urgeschichte d. Deutschen. gr. 8. Bonn 822. Weise in Elberf. 2 ₰

— — die irregulairen Verbe und Deponente des Lateins, neu untersucht und zum Schulgebrauche verzeichnet und erklärt. 8. Bonn, Büschler. 821.

— die irregulairen Verbe u. Deponente des Lateins, neu untersucht u. zum Schulgebrauche verzeichnet u. erklärt. 8. Bonn 821. (Schönian in Elberf.) 9 ℊ

— Zertrümmerung d. großen Planeten Hesperus u. Phaëton u. darauf folgende Zerstörung u. Ueberfluthung der Erde, nebst neuen Aufschlüssen üb. die Mythensprache d. alten Völker. gr. 8. Berl. 823. Reimer. 14 ℊ

Radloff, Alb., s.: Jahrbuch baurechtlicher Entscheidungen.

Radloff, Arthur: Über familiären Nystagmus. Rostock 1909: Adler. 38 S. 8°
Rostock, Med. Diss. v. 26. März 1910, Ref. Peters
[Geb. 9. Mai 82 Neubrandenburg; Wohnort: Rostock; Staatsangeh.: Mecklenburg-Schwerin; Vorbildung: Gymn. Neubrandenburg Reife O. 02; Studium: München 4, Rostock 7 S.; Coll. 18. Juni 09; Approb. 1. Febr. 10.] [U 10. 3923

Radloff, Franz, appr. Arzt: Ueber Gundu in Deutsch-Ostafrika. Leipzig 1907: B. Georgi. (36 S.) 8°
Leipzig, Med. Fak., Ref. Trendelenburg, Diss. v. 30. Mai 1907
[Geb. 28. Juni 76 Perlin i. Meckl.; Wohnort: Leipzig; Staatsangeh.: Mecklenburg-Schwerin; Vorbildung: Gymn. Schwerin, Wismar Reife O. 96; Studium: Tübingen 1, Rostock 4, Greifswald 2, Rostock 3 S.; Coll. 22. Juni 07; Approb. 15. Mai 02.]

RADLOFF, J. Ueber einige Sulfoderivate des Pseudocumols. Rostock, 1877.

Radloff, Leopold: Einige kritische Bemerkungen über Herrn Buschmann's Behandlung der Kinai-Sprache. (Melanges russes. T. 3. 1857. p. 364-399.) (St. Petersburg 1857.) 36 S. 8°

Radloff, Leopold: Einige Nachrichten über die Sprache der Kaiganen. (Melanges russes. T. 3. 1858. p. 569-607.) (St. Petersburg 1858.) 39 S.
an: Radloff: Bemerkungen über Herrn Buschmann's Behandlung der Kinai-Sprache. 1857. 8°

Radloff, L., über die Sprache der Tschuktschen, s. Mémoires de l'académie imp. des sciences de St.-Pétersbourg.

Radloff, L.: Über die Sprache der Tschuktschen und ihr Verhältniss zum Korjakischen. [MAP. VIIe Serie. Tome III, No. 10.] St. Petersburg 1861. 4°

Radloff, Leopold: Über die Sprache der Ugalachmut. (Melanges russes. T. 3. 1857. p. 468-524.) (St. Petersburg 1857.) 57 S.
an: Radloff: Bemerkungen über Herrn Buschmann's Behandlung der Kinai-Sprache. 1857. 8°

Radloff's, L., Wörterbuch der Kinai-Sprache, s. Memoires de l'academie impériale des scienes de St. Pétersbourg.

Radloff, Leopold: Wörterbuch der Kinai-Sprache herausgegeben von A. Schiefner. [=MAP. VIIe Serie. Tome XXI, No 8.] St.-Petersbourg 1874.

Radloff, Wilhelm

Radloff, W., Arbeiten der Orchon-Expedition. Atlas der Alterthümer der Mongolei. 1. u. 2 Lfg. gr. Fol. St. Petersburg. (Leipzig, Voss' Sort.) n 61. 50
1. (64 Lichtdr.-Taf. m. 14 S. Text.) 892. In Mappe. n. 37. 50
2. (18 Lichtdr.- u. 6 farb. Taf. m. 2 farb. Karten u. 12 S. Text.) 893. n. 24 —

Radloff, W., Arbeiten d. Orchon-Expedition. Atlas d. Alterthümer d. Mongolei. Im Auftr. der kaiserl. Akademie d. Wissenschaften hrsg. 3. Lfg. Fol. (22 Taf. m. 4 S. Text.) St. Petersburg 896. (Leipzig, Voss' Sort.) n. 10. 50 (1.—3.: n. 72. —

Atlas der Altertümer der Mongolei. Im Auftr. d. Kais. Akad. d. Wiss. hrsg. von Dr. W(ilhelm) **Radloff.** Lfg 1. *St. Petersburg: Akad. d. Wiss. 1892.* gr. 2°
(Arbeiten d. Orchon-Expedition.) [00. 5680

Radloff, Wilhelm: Das landesfürstliche Beamtentum Meklenburgs im Mittelalter. Kiel 1910: Jensen. 94 S. 8°
Kiel, Phil. Diss. v. 21. Juli 1910, Ref. Rodenberg
[Geb. 7. April 84 Neubrandenburg; Wohnort: Neubrandenburg; Staatsangeh.: Mecklenburg-Strelitz; Vorbildung: Gymn. Neubrandenburg Reife O. 04; Studium: Heidelberg 1, München 3, Rostock 1, München 1, Kiel 5 S.; Rig. 18. Dez 09.] [U 10. 2520

Radloff, W.: Vorläufiger Bericht über die Resultate der mit Allerhöchster Genehmigung von der Kaiserlichen Akademie der Wissenschaften ausgerüsteten Expedition zur archäologischen Erforschung des Orchon-Beckens. Aus dem Russischen übersetzt von O. Haller. (Mélanges Asiatiques, tirés du Bulletin de l'Académie Impériale des Sciences de St.-Pétersbourg. T. 10. 1892.) St.-Pétersbourg 1892. 51 S. 8°.

Radloff, (Wilh.), s.: **Chuastuanit**, das Bussgebet der Makkabäer.

Einleitende Gedanken zur Darstellung der Morphologie der Türkensprachen. W[ilhelm] **Radloff**. St.-Pétersbourg: Acad. 1906. (35 S.) 4° = **Mémoires** de l'Académie Impériale des sciences de St.-Pétersbourg. Sér. 8. Cl. hist.-philol. T. 7, No 7. [06. 5050

Radloff, Wilh., vergleichende **Grammatik** der nördlichen Türksprachen. 1. Thl.: Phonetik der nördl. Türksprachen. 2 Hefte. gr. 8. Leipzig, T. O. Weigel. *

Inhalt:

Heft 1. Vocale. (I—XX, S. 1—99.) 882. *ℳ 3.
» 2. Consonanten. (XXI—XLV, S. 101—318.) 883. *ℳ 6.

Radloff, W., die alttürkischen **Inschriften** der Mongolei. 1. Lfg. Die Denkmäler v. Koscho-Zaidam. Text, Transscription u. Übersetzg. Lex.-8. (83 S.) St. Petersburg 894. (Leipzig, Voss' Sort.) n. 2. —

— d. **alttürkischen Inschriften** d. Mongolei. 2. u. 3. Lfg. Lex.-8. Ebd. n. 9. 50 (kplt.: n. 11. 50)

2. Die Denkmäler v. Koscho-Zaidam. Glossar, Index u. d. chines. Inschriften, übers. v. W. P. Wassiljew. (S. 83—174 m. 2 Taf.) 894. n. 2. 50
3. Verbessergn., Zusätze u. Bemerkgn. zu d. Denkmälern v. Koscho-Zaidam, d. übr. Denkmäler d. Orchon-Beckens u. d. Denkmäler im Flussgebiete d. Jenissei. (XI u. S. 175—460.) 895. n. 7. —

— dasselbe. **Neue Folge.** Nebst e. Abhandlg. von W. Barthold: Die histor. Bedeutg. der alttürk. Inschriften. Lex.-8. (VII, 181 u. 36 S.) Ebd. 897. n. 5. —

Radloff, W., die alttürkisch. **Inschriften** d. Mongolei. 2. Folge. hoch 4. St. Pétersbourg 899. (Leipzig, Voss' Sort.) n. 7. 50

Die Inschrift des Tonjukuk. Von W. Radloff. — Nachworte zur Inschrift des Tonjukuk. Von Fr. Hirth. — Die alttürkischen Inschriften u. die arabischen Quellen. Von W. Barthold. (III, XXIV, 122, 140 u. 29 S.)
Hauptwerk u. 1. Folge. Ebd. 894—897. n. 16. 50.

Radloff, W., sa **Kudatku Bilik**.

Radloff, W. **Das Kudatku Bilik** d. Jusuf Chass-Hadschib aus Bälasagun. 1. Thl. Der Text, in Transscription hrsg. Imp.-4. (XCIII, 252 S. m. 2 Taf.) St. Petersb. 891. (Lpz., Voss' Sort.) * 18 15

— das **Kudatku Bilik** des Jusuf Chass-Hadschib aus Bälsagun. II. Thl Text u. Übersetzg. nach d. Handschriften von Wien u. Kairo hrsg. 1. Lfg.: p. 2—95 der Wiener Handschrift. gr. 4. (XXIV, 228 S.) Ebd. 900. n. 11. —

I. Thl. Ebd. 891. n. 13. 15.

— Das **Kudatku Bilik** des Jusuf Chass-Hadschib aus Bälasagun. II. Thl. Text u. Übersetzg., nach den Handschriften v. Wien u. Kairo hrsg. 2. Lfg.: p. 96—185 der Wiener Handschrift. (S. 229—560.) 33,5×25,5 cm. St. Petersburg 910. (Leipzig, Voss' Sort.) 22. —

I. Thl. u. II. Thl. 1. Lfg. Ebd. 891. 900. 24.15.

Radloff, Wilh., **Phonetik** der nördlichen Türksprachen. Anderes Hft. Consonanten. gr. 8. (XXI—XLV u. S. 101—318.) Leipzig 883. T. O. Weigel. n. 6. — (cplt.: n. 9. —)

Radloff, Wilh., das **Schamanenthum** und sein Kultus. Eine Untersuchung. gr. 8. (67 S.) Leipzig 885, T. O. Weigel Nachf. *

Aus: Aus Sibirien, besonders abgedruckt.

Radloff, Wilh., aus **Sibirien.** Lose Blätter aus dem Tagebuche eines reisenden Linguisten. 2 Bde. Mit farb. Titelbilde, 31 Illustr.-Taf. und 1 (lithogr. und color.) Karte. gr. 8. (VII, 536; 489 S.) Leipzig 884, T. O. Weigel. *

— aus **Sibirien.** Lose Blätter aus meinem Tagebuche. 2 Bde. 2. (Titel-)Ausg. gr. 8. (VII, 536 u. 489 S. m. farb. Titelbild u. 31 Illustr.-Taf.) Leipzig 893. Chr. Herm. Tauchnitz, früher T. O. Weigel Nachf. n 6. —; in 1 Halbfrzbd. n. 8. —

Die jakutische Sprache in ihrem Verhältnisse zu den Türksprachen. Von W[ilh.] Radloff. St. Pétersbourg: (Acad. Imp. d. sciences) 1908. 86 S. 4°

(Mémoires de l'Académie Imp. d. sciences de St.-Pétersbourg. Sér. 8. Cl. hist.-philol. Vol. 8, Nr 7.) [09. 8647

— die **Sprachen** der nördlichen türkischen Stämme. I. Abth.: Proben der Volkslitteratur. Gesammelt u. übers. 5. Thl.: Der Dialect der Kara-Kirgisen. Lex.-8. (XXVIII, 603 S.) St. Petersburg 885. Leipzig, Voss' Sort. n. 8. — (1—5.: n. 41. 10)

— die **Sprachen** der nördlichen türkischen Stämme. 1. Abth.: Proben der Volkslitteratur. Gesammelt u. übers. VI. Thl.: Der Dialect der Tarantschi. Lex.-8. (VIII, 272 S.) St. Petersburg 886. Leipzig, Voss' Sort. n. 3. 70 (1—6.: n. 44. 80)

— die **Sprachen** der nördl. türk. Stämme. 1. Abth. Proben d. Volkslitteratur. Gesammelt u. übers. VII. Thl. D. Mundarten d. Krym. gr. 8. (XVIII, 408 u. 527 S.) Ebd. 896. n. 18. 75 (1.—7.: n. 63. 55)

— die **Sprachen** der türkischen Stämme. 1. Abth. Proben der Volkslitteratur. VIII. Thl. Mundarten der Osmanen. Gesammelt u. übers. v. Ign. Kúnos. gr. 8. (II, XLII, 688 S.) Ebd. 899. n. 15. —; (I.—VIII. n. 78,55)

— die **Sprachen** der türkischen Stämme. I. Abth. Proben der Volksliteratur. X. Thl. Text u. Uebersetzg. (In russ. Sprache.) Lex.-8. Ebd. n. 11. 50 (I—VIII u. X.: 90 05)

Mundarten der bessarabischen Gagausen. Gesammelt u. übers. von V. Moschkoff. (Mit 2 Beilagen.) Text (X, XXXII, 343, 28 u. 114 S.) 904. 6. 50; Uebers. (X, 346 S.) IX ist noch nicht erschienen. 5. —

Radloff, W., die Sprachen der türkischen Stämme Süd-Sibiriens u. der dsungarischen Steppe. 1. Abth. Proben der Volksliteratur der türkischen Stämme Süd-Sibiriens. 1. Thl. Die Mundarten der Barabiner, Taraer, Toboler u. tümen. Tataren. Lex.-8. (512 S.) St. Petersburg 872. Leipzig, Voss. n. 6. 90 (I. 1—4.: n. 33 10)

— dasselbe. In tatarischer Sprache. Lex.-8. (XVII, 411 S.) Ebend. 872. n. 5. 40

Radloff, W., die Sprachen der türkischen Stämme Süd-Sibiriens u. der Dsungarischen Steppe. 1. Abthl.: Proben der Volkslitteratur der türkischen Stämme Süd-Sibiriens. Gesammelt u. übersetzt. 1—3. Thl. St. Petersburg. (Leipzig, Voss.) Lex.-8. 8 ℛ 22 ngr.

1. Thl. Die Dialecte des eigentlichen Altai: der Altaier u. Teleuten, Lebed-Tataren, Schoren u. Sojonen. (XVI, 131 S.) 866. n. 1 ℛ 27 ngr.
2. Thl. Die Abakan-Dialecte (der Sagaische, Koibalische, Katschinzische), der Kysil-Dialect u. der Tscholym-Dialect (Küärik). (XII, 720 S.) 868. n. 3 ℛ 3 ngr.
3. Thl. Kirgisische Mundarten. (XXVII, 856 S.) n. 3 ℛ 22 ngr.

— das türkische **Sprachmaterial** d. Codex Cumanicus, sa **Mémoires** de l'académie impériale des sciences de St.-Pétersbourg.

Radloff, W.: Das türkische Sprachmaterial des Codex-Comanicus. [= MAP., VIIe Serie. Tome XXXV, No. 6.] St.- Petersbourg 1887.

-- über das türkische Sprachmaterial der Grabinschriften aus Semirjetschie, s.a. Memoires de l'academie imperiale des sciences de St.- Petersbourg

— s.: Tižastoustik.

— ethnographische Uebersicht der Türkstämme Sibiriens u. der Mongolei. [Aus: „Vergl. Grammatik der nördlichen Türksprachen".] gr. 8. (29 S.) Leipzig 883. T. O. Weigel. n. — 80

— Versuch e. Wörterbuches der Türk-Dialekte. 1.—3. Lfg. hoch 4. (XVIII u. Sp. 1—960.) St. Petersburg 888—890. (Eggers & Co. — Leipzig, Voss' Sort.) n. 9. 60
1. n. 3.60. — 2. n. 3. —. — 3. n. 3. —.

— Versuch e. Wörterbuches der Türk-Dialecte. 4.—6. Lfg. hoch 4. (1. Bd. Sp. 961—1914 u. 66 S.) St. Petersburg 891—894. (Leipzig, Voss' Sort.) n. 10. 50 (1—6: n. 20. 10)

— Versuch e. Wörterbuches d. Türk. Dialecte. 7.—10. Lfg. Lex.-8. (2. Bd. Sp. 1—1280.) Ebd. 895—898. à Lfg. n. 2. 50 (1.—10.: n. 30. 10)

— Versuch e. Wörterbuches der Türk-Dialecte. 11.—14. Lfg. hoch 4. Ebd. n. 11. 50
11. (2. Bd. Sp. 1281—1600.) 898. n. 2. 50
12. (2. Bd. Sp. 1601—1814 u. 64 S.) 899. n. 4. —
13. (3. Bd. Sp. 1—320.) 901. n. 2. 50
14. (3. Bd. Sp. 321—640.) 901. n. 2. 50
1.—10. Lfg. Ebd. 888—898. n. 30. 10.

— Versuch e. Wörterbuches der Türk-Dialecte. 15. bis 19. Lfg. (3. Bd. Sp. 641—2204 u. 98 S. u. 4. Bd. Sp. 1—320. hoch 4. Ebd. 902—905. n. 16. 50
Lfg. 1—14. Ebd. 888—901. n. 41. 60.

— Versuch e. Wörterbuchs der Türk-Dialecte. 20.—23. Lfg. (4. Bd. Sp. 321—1600.) 30,5×21 cm. St.-Petersbourg 906—09. (Leipzig, Voss' Sort.) à Lfg. 2. 50

Radloff, Wlad., die Haftung des Eigenthümers für den durch Thiere angerichteten Schaden nach römischem Recht. Inaugural-Dissertation. 8. (92 S.) Leipzig 883, T. O. Weigel. *

Радловъй, В. В., Образцы народной литературы тюркскихъ племенъ, живущихъ въ южной Сибири и дзунгарской степи. Часть I и II. St. Petersburg 866,68. (Leipzig, Voss.) 8. [1. Thl. (XXIV, 419 S.) n. 1 ℛ 27 ngr; 2. Thl. (XXI, 712 S.) n. 2 ℛ 28 ngr] n. 4 ℛ 25 ngr
Dasselbe wie vorstehend, in tatarischer Sprache mit russischen Lettern gedruckt.

Radlubko et Mauritius Gallo, Scriptores hist. poloniae vetustiss. fol. Lips. Sommer.

Radmacher, F., und G. Rahn, der animalische Magnetismus vor Gericht! oder vollständiger Bericht über die am 8. Juli 1851 in Berlin vor der II. Abthl. des Kriminalgerichts verhandelte höchst interessante Anklage gegen den Hühneraugen-Operateur Zincke wegen wiederholten unbefugten gewerbmäßigen Kurirens. Stenographisch aufgenommen. 4. Aufl. 8. (32 S.) Berlin 858, Rahn. 3 Sgr.

Radmacher, W., die Duellanten, s.: Dilettanten-Mappe.

Radmann, Richard *Christian Emil Gotthilf* [pr. Arzt aus Grünhof, Kr. Neustadt in Westpr.]: Die aseptische Wundbehandlung Verletzter ... Leipzig, Druck v. Sellmann & Henne, 1897; 40 S. 8.
Leipzig, Med. Fak., Inaug.-Diss. v. 7. Jan. 1897

Radmannsdorf [Schlagwort]

Radmannsdorf, s.: Österreich-Ungarn. Spezialkarte.

Rad-Markt, der. Fach-Blatt f. Fahrrad-Industrie u. Handel. 9. Jahrg. 1894 80 Nrn. gr. 4. (Nr. 1. 26 S.) Bielefeld, E. Gundlach. n. 6. —

Rad-Markt, der. Fach-Blatt f. Fahrrad-Industrie u. Handel. 10. u. 11. Jahrg. 1895—1896. à 30 Nrn. (à ca. 20 S.) gr. 4. Bielefeld, E. Gundlach. à Jahrg. n. 6. —

— dasselbe. 12. Jahrg. 1897. 52 Nrn. (à ca. 24 S.) gr. 4. Ebd. Wird nur an Interessenten gratis versandt.

Radmarkt, der, u. das Motorfahrzeug, Fach-Blatt f. Fahrrad- u. Motor-Fahrzeug-Industrie u. -Handel. Red.: Aug. Gundlach. 25. Jahrg. 1910. 52 Nrn. (à ca. 52 S. m. Abb.) Lex. 8. Bielefeld, E. Gundlach. nnn 3. —
Nicht durch den Buchhandel zu beziehen.

Radnicki, Maria, s.: Radkersberg-Radnicki, Maria v.

Radnicki v. Lechita, Frau Maria, s.: Radkersberg-Radnicki, M. v.

Radnitzky, Aug. („Fink v. Mattsee"), Gedichte in Salzburger Mundart. Hrsg. v. Matth. Zauner, m. biograph. Einleitg. v. Herm. F. Wagner u. dem Portr. des verewigten Dichters. 12. (XV, 147 S.) Salzburg 901. H. Dieter. n. 2. —; geb. n. 3. —

Radnitzky, Ernst, die Parteiwillkür im öffentlichen Recht. gr. 8. (92 S.) Wien 888, Manz'sche Hof-Verlags- und Universitäts-Buchh. *

Radnitzky, die Parteiwillkür im öffentlichen Recht. Wien 889.

Radnitzky, Hans: Plutarchs Quellen in der vita des Sertorius. S. 3 -19. 8. Progr. K. k. Akademisches Gymn. Wien 1909.

Radnitzky Hans: Über Summierung unendlicher Reihen und das Dirichlet'sche Paradoxon. 16. Proßnitz R. 91.
Progr.

Radnitzky Johann: Quibus e fontibus C. Plinii Secundi naturalis historiae liber XXV. fluxerit. 1905 PN 1883 Diss.Wien, Univ. 1594

Radnitzky, Joh., Übungsbuch für d. Rechenunterricht in d. I. Realschulclasse. gr. 8. (III, 74 S.) Wien 898. A. Hölder. Geb. n. 1, 12

Radnizka, H., die direkte Besteuerung in Oesterreich mit ihren Mängeln u. wie sie sein soll. Faßlich dargestellt. gr. 8. (58 S.) Wien 850, Gerold in Comm. n. 12 ngr.

— die Militär-Verwaltung in Oesterreich mit ihren Gebrechen, nebst Vorschlägen zur Hebung derselben, wie ohne Reduzirung und ohne Verkürzung des Heeres jährlich wenigstens 6 Millionen Gulden zu ersparen sind, in Verbindung mit einer kurzen Geschichte des Bequartirungs- und Vorspann-Reglements. gr. 8. (66 S.) Wien 850, (Gerold, Verlag.) *

— dass. — 2., verm. Aufl. gr. 8. (IV und 80 S.) (Ebds. 850.) *

Radó, S., das Deutschtum in Ungarn. (95 S.) gr. 8. Berlin 903. Puttkammer & Mühlbrecht. n. 1. 50

Radó, Wilh., Lesebuch, s.: Gyertyánffy, Stef.

Radó-Rothfeld, S., die ungarische Verfassung, geschichtl. dargest. Mit einem Anh.: D. wichtigsten Verfassungs-Gesetze. gr. 8. (VII, 212 S.) Berlin 898 Puttkammer & Mühlbrecht. n. 3. 60

Radochlal, Johann Christoph (Spremberg / Lausitz), De potestate disponendi ultima voluntate, circa geradam in praejudicium fisci. Diss. jur. Präs. Friedrich Gottlieb Zoller. Leipzig (Stopfel) 28. XII. 1751. 13 S. (4.50) 27543

RADOJEWSKI, Ladislaus von (Grodzisk/Posen): De partubus arte praematurandis. (Titel nach der Urkunde)
6.3.1873 – Urk; Chr 1872/73,16
Diss. Ingolst.-Landsh.-Mchn.

Radolar, s.: Radausflug, e., in die Dilbener Heide.

Radolfzell [Schlagwort]

Radolfzell, s.: Deutschland. Kürschner-Pelp.

Radolfzell, s.: Woerl's Reisehandbücher.

Radolphi: Über die Erweiterung der Wurzelsilbe deutscher Wörter durch die Nasale m und n. 38 S.– Erfurt, Progr. 1864.

Radom [Schlagwort]

Radom, s.: Europa. Liebenow. Uebersichtskarte.

Radomar, der Drachenkopf, od. die deutschen Ordensritter in Preußen. Histor. Gemälde aus d. Vorzeit. 2 Thle. 8. (20 B.) Leipzig 830, Rein.

Radomski, Josef

Radomski, S., über Förderung der Wohnungshygiene in Posen, (a Veröffentlichungen des Vereins zur Fürsorge f. kranke Arbeiter in Posen. 1. Hft.

Ueber Förderung der Wohnungshygiene in Posen. Vortrag geh. zu Posen 1901 von S. [vielm.: J[osef]] Radomski, Kgl. Schulrath. *Posen: J. Jolowicz 1901.* (11 S.) 8° [F.]
— Veröffentlichungen d. Vereins z. Fürsorge f. kranke Arbeiter zu Posen. H. 1. [04. 1250

Radomski, J., Gebetbüchlein zunächst f. katholische Taubstumme. 16. (32 S.) Marienburg 876. Bretschneider in Comm. n. -- 20

Radomski, J., biblische Geschichten, zunächst f. kath. Schüler v. Taubstummenanstalten. 2., verb. Aufl. m. Bildern. (VIII, 79 S.) 8. Posen 908. (F. Ebbecke.) Geb. nn — 80

Radomski, J., Hilfsklassen f. schwachbegabte Kinder. Vortrag, gehalten im Posener Lehrerverein am 16. März 1895. 8. (15 S.) Posen 895. (J. Jolowicz.) n. — 30

— d. sittl. verwahrloste u. verbrecherische Jugend u. ihre Besserg. [Aus: „Schulpraxis".] 8. (16 S.) Ebd. 895. n. — 50

Radomski, J., kurzer Katechismus der kathol. Religion zunächst f. Schüler v. Taubstummen-Anstalten. (VI, 49 S.) gr. 8. Posen 903. (F. Ebbecke). Geb. n.n. — 70

Kurzer Katechismus der katholischen Religion zunächst für Schüler von Taubstummen-Anstalten, bearb. vom Kgl. Schulrat J[osef] Radomski, Dir. d. Prov.-Taubstummen-Anst. in Posen. *Posen: Selbstverl. 1903.* (49 S.) 8° [F.] [05. 11093

Kurzer Katechismus der kathol. Religion zunächst f. Schüler v. Taubstummen-Anstalten. 2., verb. Aufl. (VII, 52 S.) 8. Ebd. 908. Geb. nn — 70

Spezieller Lehrgang beim Rechenunterricht in der Taubstummenschule unter Annahme einer achtjährigen Schulzeit. Bearb v. Schulrat J[osef] Radomski, Posen. Posen 1902: Arbeits- u Landarmenhaus in Bojanowo. (32 S) 8° [F.] [02. 5731

— Mitgabe f. Taubstumme ins bürgerliche Leben. 1. u. 2., erweit. Aufl. (38 bezw. 39 S.) kl. 8. Posen 906. 907. Merzbach. Kart. n. — 50

— statist. Nachrichten üb. d. Taubstummen-Anstalten Deutschlands u. deren Lehrkräfte pro 1897, 1898 u. 1899. 12. (67, 68 u. 72 S.) Posen 897—899. (F. Ebbecke.) Geb. in Leinw. à n. 1. —

Radomski, J., statistische Nachrichten üb. die Taubstummen-Anstalten Deutschlands u. deren Lehrkräfte f. d. J. 1900, 1901 u. 1902. IV.—VI. Jahrg. 12. (72, 78 u. 79 S.) Posen (F. Ebbecke). Geb. in Leinw. à n. 1.—

— statistische Nachrichten üb. die Taubstummen-Anstalten Deutschlands sowie üb. deren Lehrkräfte f. d. J. 1905–1907. IX.—XI. Jahrg. (à 81 S.) kl. 8. Posen (F. Ebbecke). Geb. in Leinw. à n. 1. —

— Statistische Nachrichten üb. die Taubstummen-Anstalten Deutschlands sowie üb. deren Lehrkräfte f. d. J. 1910. XIV. Jahrg. (87 S.) kl. 8. Ebd. Geb. in Leinw. 1, 20

—— Rathgeber für Aeltern und Mahnruf an Lehrer, Geistliche, Behörden und alle Menschenfreunde, betr. die Taubstummen. 1. und 2. Aufl. 8. (38 S.) Marienburg 875, (Hempel.) *

— Rathgeber f. Eltern u. Mahnruf an Lehrer, Geistliche, Behörden u. alle Menschenfreunde, betr. die Taubstummen. 3., besonders bezüglich der Errichtg. neuer Taubstummenanstalten umgearb. u. verm. Aufl. 8. (44 S.) Marienburg 876. Hempel in Comm. n. — 40

—— Religionsbüchlein, enth. eine Auswahl von biblischen Geschichten, nebst Zusammenstellung und Erklärung der Festtage und Kirchenzeiten „als Anhang" und eine kurze Religionslehre, zunächst für kathol. Taubstumme. 16. (64 S.) Marienburg 876, (Bretschneider.) *

— das Schlafstellenwesen in Posen, (a Veröffentlichungen des Vereins zur Fürsorge f. kranke Arbeiter zu Posen.

Das Schlafstellenwesen in Posen. Vortrag geh. im Ver. z. Fürsorge f. kranke Arbeiter zu Posen 1906. von J[osef] Radomski, Schulrat. Posen 1906: Merzbach. (15 S.) 8° [F.]
= Veröffentlichungen d. Vereins z. Fürsorge f. kranke Arbeiter zu Posen. H. 8. 06 12915

Radomski, J., unsere Schmerzenskinder, die Blödsinnigen, u. deren Rettung. 8. (23 S.) Graudenz 887. Selbstverlag. n. - 50

Radomski, J., die Sprachgebrechen u. deren Heilung. 8. (23 S.) Graudenz 886. Selbstverlag d. Verf. n. — 50

—— das Taubstummen-Bildungswesen der neuen Provinz Westpreußen, ein Ergebniß mehrerer Reisen nach vielen fremden Taubstummen-Anstalten, sowie das Produkt eigener, mehrjähr. Erfahrung. 8. (31 S.) Graudenz 878, (Gabel's Buchh.) *

—— Noch ein Wort an die Provinz Westpreußen, betr. die Taubstummen. gr. 4. (4 S.) Königsberg 879. (Graudenz, Verlag des Verfassers.)
Aus: Lehrerzeitung der Provinzen Ost- und Westpreußen, besonders abgedruckt.

Radomyski, Steph., die Harncylinder im eiweissfreien Urin. Diss. gr. 8. (56 S.) Jurjew (Dorpat) 892. (E. J. Karow.) n. 1. 20

Radon, Joh., über das Minimum des Integrals $\int_{S_0}^{S_1} \mathfrak{F}(x, y, \vartheta, \varkappa)\, ds$. (70 S.) gr. 8. Wien 910. A. Hölder. 1.90
Sonderabdr. aus: „Sitzungsber. d. k. Akad. d. Wiss."

— Theorie und Anwendungen der absolut additiven Mengenfunktionen. S. 122. Ha. 126. . . . . 4.—
Separatabdruck

— Zur Theorie der Mayerschen Felder beim Lagrangeschen Variationsproblem S. 120. Ha. 137 70
Separatabdruck

Radonić Johann: Forschungen zum Leben und Wirken Sandulj Hranić-Kosača, des Großvojvoden von Bosnien.
1896 PN 981 Diss. Wien, Univ. 781

Radónska, Teof., krótka grammatyka polska. Dla aczącej się młodziezy w sposób łatwy i przystępny. gr. 8. (112 S.) Posen 872. Leitgeber & Co. n. 1. 50

Radoold, J.: Beitrag zur Kritik und Erklärung der ovidianischen Metamorphosen. 63 S. 8°.– Leoben, Progr. 1871.

Spěwna radosć. Zběrka šulskich spěwow. ib. 1830. — 8°
— Sangeslust. Sammlung von Schul-Gesängen.

Radosavlić, M., Über die Berechnung der erzwungenen Schwingungen eines materiellen Systems. [Aus: Sitzungsber. d. k. Akad. d. Wiss., mathem.-naturw. Klasse.] 8°. (17 S.) K —.40
Wien: Gerold 1905.

Radoslawow-Hadji-Denkow, Zwetan, aus Sistov in Bulgarien: Untersuchungen über das Gedächtniss für räumliche Distanzen des Gesichtssinnes. Mit 2 Taf. u. 6 Fig. im Text. *Leipzig: W. Engelmann 1899.* (137 S.) 8° (Aus: Philosoph. Studien, Bd 15.)
Leipzig, Phil. Diss. v. [17 Juni] 1899

Radossawljewitsch, Paul R., das Behalten u. Vergessen bei Kindern u. Erwachsenen nach experimentellen Untersuchungen, ss Monographien, pädagogische. I.

Radossawljewitsch, Paul R. Das Behalten und Vergessen bei Kindern und Erwachsenen nach experimentellen Untersuchungen ⟨Das Fortschreiten des Vergessens mit der Zeit⟩. Mit 1 Figur im Text und 1 Kurventafel ([im Text, sowie 2 Tabellen und] Vorwort von E[rnst Friedrich Wilhelm] Meumann). II + 197 S. 8. Leipzig, Otto Nemnich Verlag (Göttingen, Dieterichsche Univ.-Buchdr.), 1907. [M. 5. —, für Abonnenten der «Experimentellen Pädagogik» 4. — ; Einband 1.50]
Pädagogische Monographien, hrg. von Dr. E[rnst Friedrich Wilhelm] Meumann, o. Professor... in Königsberg i./Pr Band 1.
Buch-Ausg. der Diss. Phil. I. Univ. Zürich [1905] (*s. Bulletin 1905, S. 384*). —(Sämtliche Experimente wurden 1903/1904, im Psychologischen Institut der Universität Zürich ausgeführt.)

Radossawljewitsch, Paul R aus Obrež (Slavonien): Experimentelle Grundlegung der Gedächtnispsychologie. Das Fortschreiten des Vergessens mit der Zeit. Mit 1 Figur im Text und 1 Kurventafel. Göttingen [1905]. 198 S. 8°. [8. VII. 05.]
Zürich Phil. Diss I. S. 1905/1906

Radossawljewitsch, Paul R. Experimentelle Grundlegung der Gedächtnispsychologie: Das Fortschreiten des Vergessens mit der Zeit. Diss. Phil. I. Univ. Zürich. Mit 1 Figur im Text und 1 Kurventafel [im Text, sowie 2 Tabellen]. 198 S. 8. (Göttingen, Dieterich, [1905].)

Radoterien; Fragment e. Reisegesellschaften. 8. Leipz. 791. (W. Rauck). 12 gl

RADOTERIEN. Fragment einer Reisegeschichte. (Vorr. unterz. D. *R***.) Bdchn. 1. (glucklicherweise einziges). Dresden u. Leipzig in der Richterschen Buchhdlg. 1791. 8°.
Gestoch. Tit. m. lat. Lett., XVI. (Nebentit. u. „Prolegomena"), 168 S. (deutsche Lett.). — Confuses Sammelsurium satyr. Einfälle, wobei die zahlreichen Anmerkgn. einen Wust von gelehrtem Kram auftischen.
Nur Titelaufl. ist wohl die Ausg. Leipzig, Sommer, 1807. 8° (Kayser's Romanen-Verz. 1827, S. 98.)

Radoterien. Fragment e. Reisegeschichte. 1r Bd. 8. Dresd. Richter. (Sommer in Lpz.) 807.

Radoterien. Fragment meiner Reisegeschichte. 1r Bd. 8. Leipz. 807. Rauck. 12 gl

Radov, Georg [Praes.], s. Klein, Johann:
De officio jurisconsultorum sacerdotali, ex l. 1. §. 1. ff. de Just. & Jur.

Radovanovic, Alex. M., O. Min., St. Antonius od. Der Heilige v. Padua. Ein erschöpf. Andachtsbuch zu Ehren des hl. Antonius m. allen älteren u. neueren Andachten, nebst e. Anh. üb. die Erzbrüderschaft, des Brot d. hl. Antonius. (III, 528 S. m. Titelbild.) 16. Bozen 903. Buchh. „Tyrolia". Geb. in Leinw. n. 1. 40

Radovanovic, A., Führer durch Padua u. Umgebung, s.: Woerl's Reisehandbücher.

Radovanović, Demetrius M., dipl. Maschineningenieur aus Zürich: Die anfängliche Suszeptibilität von Nickel in Abhängigkeit von der Temperatur und die Abhängigkeit des Umwandlungspunktes von der Feldstärke. [Mit 13 Figuren im Text.] Zürich, Zürcher & Furrer, 1911. 54 S. 8°. S.-A. aus der Vierteljahrsschrift der Naturforschenden Gesellschaft in Zürich. Jahrg. 55. 1910. [20. III. 11.]
Zürich Univ Phil. Diss. II S. 1910/11.

Radovanović, Vlad(imir) M.: Darstellung der Religionsphilosophie Teichmüllers mit besonderer Berücksichtigung seiner Metaphysik. *Wien: F. Lang 1903.* (IV, 117 S.) 8°
Leipzig, Phil. Diss. v. [18. März] 1903

Radovanović, Vlad. M., Menschengeist u. Gottheit. Teichmüllers Religionsphilosophie auf Grund v. dessen Metaphysik. (IV, 119 S.) 8. Wien 903. F. Lang. n. 3.—

Radowitz. Eine Silhouette. Aus den Papieren des Grafen ***. 8. (IV u. 202 S.) Berlin 849, Gerhard (jetzt: Grobe) n.⅔ ₰

Radowitz. Eine Silhouette. Aus den Papieren des Grafen **. (IV 202) 8 Berlin 1850 2,00.

Radowitz, J. v., wie ihn seine Freunde kennen. Carlsruhe 1850. V: *Joukowsky, Was.* (ADB 27, 152) (Pr)

Radowitz, Joseph von. Leipzig 1850. V: *Sporschil, Johann.* (Pr)

Radowitz, Joseph von. Ein Gedenkblatt den Freunden. Berlin, 24. Jan. 1854. Berlin 854. Moeser u. Kühn. 8. (15 S.) 5 ngr

v. Radowitz, Herr, als Cassandra. [Abdr. aus der deutschen Reichs-Zeitung.] gr. 8. (23 S.) Braunschweig 851, Vieweg & Sohn. ⅙ ₰

v. Radowitz, . . ., die Formeln d. Geometrie u. Trigonometrie, s. Handbuch für d. Anwendung d. reinen Mathematik.

Radowitz, J. v. Die Formeln der Geometrie und Trigonometrie. Berlin 1827.

(Radowitz [J. v.]), Handbuch für Anwendung der reinen Mathematik. A. u. d. Tit.: Die Formeln der Geometrie und Trigonometrie. Berlin 1827. 4.

Radowitz, Josef Maria von

[Radowitz, Jos. v.]: Hundert Aphorismen über Staat, Kirche, Schule. Berlin 1848.

— Deutschland u. Friedrich Wilhelm IV. 2. Aufl. gr. 8. (68 S.) Hamburg 848, Perthes-Besser & Mauke. — 3. Aufl. gr. 8. (68 S.) Ebd. 848. 1/2 ℛ (Die 1. Aufl. erschien anonym, s.: Deutschland u. Friedrich Wilhelm IV.)

v. **Radowitz**, Jos., die Devisen u. Motto des späteren Mittelalters. Ein Beitrag zur Spruchpoesie. Lex. 8. (IV u. 87 S. mit Titel in Holzschn.) Stuttgart 850, Cotta. 1 ℛ

— s.a.: Gespräche aus der Gegenwart üb. Staat u. Kirche.

(**Radowitz**, Josef Maria von.) Gespräche aus der Gegenwart über Staat und Kirche. 2. verb. und verm. Aufl. Stuttgart, Ad. Becher 1846. VI 484 S. 8.

—— Gespräche, neue, aus der Gegenwart über Staat und Kirche, s. a. Gespräche.

— Neue Gespräche .... Th. 1, 2. Erfurt und Leipzig, Körner 1851. VIII 252, 243 S. 8.

(Radowitz, J. v.,) Ikonographie d. Heiligen, s. a. Ikonographie.

v. Radowitz, J. Ikonographie der Heiligen. Berlin 1834. 8°.

Radowitz J v, Ikonographie der Heiligen. Devisen und Motto des späten Mittelalters. Autographensammlung. (Ges. Schriften I.) (440 S) Berlin 1852

v. **Radowitz**, Joseph, s.: Männer, die, der Gegenwart, I.

Radowitz, Jos. v.: Gesammelte Schriften [1840–50]. 4 Bde. Berlin: Reimer.
1: Ikonographie der Heiligen (2. Aufl.). Die Devisen und Motto des späteren Mittelalters (3. Aufl.). Die Autographensammlungen. 1852.
2: Reden und Betrachtungen (1848–50). 1852.
3: Die Spanische Thronrevolution i. J. 1830. (Polit. Betrachtungen und Berichte 1846–49). 1852.
4: Fragmente: zur Politik und Rechtslehre; zur Religion und Philosophie; zur Literatur und Kunst. 1853.

Radowitz, Jos. v., gesammelte Schriften. 1. Bd. 8. (VIII und 440 S.) Berlin 852, G. Reimer.

—— dass. — 2. Bd. A. u. d. T.: Reden und Betrachtungen. 8. (XIV und 450 S.) Ebds. 852.

—— dass. — 3. Bd. 8. (VIII und 496 S.) Ebds. 853.

—— dass. — 4. und 5. (letzter) Bd. A. u. d. T.: Fragmente. Ebds. [4. (XVI und 326 S.) 1 Thlr. 15 Ngr., 5. (XII und 367 S.) 853. 1 Thlr. 20 Ngr.]

(Radowitz, Jos. v.,) die spanische Successionsfrage. gr. 8. (4 B.) Frankfurt a. M. 839. [Leipzig, Kersten.] Thlr.

v. **Radowitz**, (K. Preuß. Obristlieut. vom Generalstabe) d. spanische Successionsfrage. gr. 8. Frankf. 839. Schmerber. 1/3 ℛ

Radowitz, v., Urteil üb. den Jesuitenorden, s.: Aktenstücke, kirchliche.

Radowitz, Joseph Maria: Wer erbt in Schleswig? Eine Rechtsfrage. Karlsruhe. 1846. 8°

Radowsky, Hartw. v., s. a. Hundt-Radowsky.

Radowsky, Hartwig Hundt v., die Judenschule od. gründl. Anleitg., in kurzer Zeit e. vollkommener schwarzer od. weißer Jude zu werden. (In 20 Lfgn.) 1. Lfg. 8. (48 S.) Berlin 893. [P. Heichen.] Elberfeld, Th. Heinrich. — 30

Radreifen-Befestigung, Directe, für Eisenbahn-Fahrzeuge nach System Hönigswald. Wien 1898. V: *Hönigsvald, Joseph.* (EB)

Radreifen-Befestigung, directe, f. Eisenbahn-Fahrzeuge nach System Hönigsvald. Ohne Anwendg. v. Sprengringen, Schrauben oder sonst. Zwischenmitteln durch Aufstauchen d. Radreifens auf d. Radkörper. gr. 4. (18 S. m. 1 Fig. u. 3 Tab.) Wien 898. A. Hölder. n. 2. —

Radreifenbruch-Statistik, umfassend Brüche u. Anbrüche an Radreifen u. Vollrädern, f. die Berichtsj. 1888/89, 1889/90 u. 1890/91. Hrsg. vom Verein deutscher Eisenbahn-Verwaltgn. Fol. (à ca. 85 u. 3 S. m. Fig.) Berlin 891—893. (Wiesbaden, C. W. Kreidel.) à n. 10. —

— dasselbe f. d. Rechnungsj. 1891. Fol. (103 u. 3 S. m. Fig.) Ebd. 894. n. 10. —
Früher u. d. T.: Nachrichten, statistische, üb. die u. s. w. Radreifenbrüche.

Radreifenbruch-Statistik, umfass. Brüche u. Anbrüche an Radreifen u. Vollrädern, für d. Rechnungsj. 1892, 1893, 1894 u. 1895. Hrsg. v. Verein deutscher Eisenbahn-Verwaltgn. Fol. (à 105 u. 3 S. m. Fig.) Berlin 895—898. (Wiesbaden, C. W. Kreidel.) à n. 10. —

Radreifenbruch-Statistik, umfassend Brüche u. Anbrüche an Radreifen u. Vollrädern, f. d. Rechnungsj. 1896 u. 1897. Ausgegeben v. d. geschäftsführ. Verwaltg. d. Vereins deutscher Eisenbahn-Verwaltgn. Fol. (à 107 u. 3 S. m. Fig.) Berlin 899. 900. (Wiesbaden, C. W. Kreidel.) à n. 10. —

Radrennen, s. a. Miniatur-Bibliothek.

Radrennen. – Leipzig 1906. 8°. 48 S.

Raedisch, Rud., das Turnen in den Frei-Uebungen. Ein Lehr- oder Merkbüchlein für Jedermann. Soran 861. Heinrich. 16. (IX, 67 S. u. 1 lith. Taf. in 4.) n. 6 ngr.

Radspieler, Alfr., le parfait Turc, s.: Cray's Collection praktischer Sprachführer.

— Der perfekte Türke, s.: Cray's Collection prakt. Sprachführer.

Radspiller, Gtthlf. Dav., üb. die Absicht bei dem Vortrage d. Geschichte auf Schulen; e. Versuch. 8. Hamb. 789.

Radsport. – Tiroler Radsport. 4°
Seit 1894 monatl. Innsbruck 1912.

Radstandsverzeichnis. (R. V.) Verzeichnis der auf den Vereinsbahnstrecken zulässig. grössten festen Radstände u. Raddrücke der Eisenbahnfahrzeuge sowie der im gegenseit. Verkehr der Vereinsbahnen anzuwend. Lademasse. Nebst e. Anh. (Hrsg. vom Verein deutscher Eisenbahnverwaltungen.) (211 S. m. Fig.) Lex. 8. Berlin 910. (J. Springer.) nn 1. 60

Radt, Julian [aus Koschmin, Posen]: Ueber das Vorkommen von Magenkrebs in jugendlichem Alter .... Greifswald, Druck v. Julius Abel, 1885: 31 S. 8°.
Greifswald, Med. Fak., Inaug.-Diss. v. 24. Okt. 1885.

Radt, Julian, über das Vorkommen von Magenkrebs im jugendlichen Alter. Diss. Greifswald 1885, Jul. Bindewald. 8°. 31 S.

Radt, Martin: Die Eisenverluste in elliptischen Drehfeldern. Berlin: Springer 1911. 70 S. 8⁰ ¶ Ausz. in: Arbeiten aus d. Elektrotechn. Institut d. Großherzogl. Technischen Hochschule Fridericiana zu Karlsruhe. Bd 2. 1910—1911 [Nr 2012].
Karlsruhe, Dr.-Ing.-Diss. v. 19. 12. 1910

Radt, Max [pr. Arzt in Primkenau]: Aus d. dermatolog. Abteilg d. Allerheiligen-Hospitals zu Breslau. '(Primärarzt Dr. Jadassohn.)' Beiträge zur Psoriasis unguium ... Leipzig, G. Fock, 1895; 33 S. 8.
Leipzig, Med. Fak., Inaug.-Diss. v. 14. Mai 1895

Radtke, A., Unfallversicherungsgesetz f. Land- u. Forstwirtschaft, s.: Guttentag's Sammlung deutscher Reichsgesetze. Nr. 72.

Radtke, Adf., Paritäts-Tabellen f. den Getreide-Handel [Export, Spedition u. russ. Commmission.] 2. Aufl. gr. 16. (IV, 92 S.) Königsberg 875. (Hausbrand.) geb. n. 9. —

Radtke, Adf., Paritäts-Tabellen f. den Getreide-Handel [Export, Spedition u. russ. Commission]. 3. Aufl. 16. (IV, 92 S.) Königsberg 884. Braun & Weber. n. 9. —

— Reductions-Tabelle der Getreide- u. Waaren-Preise im deutsch- russischen Verkehr. [Cours 270 – 289.] 8. (32 S.) Ebend. 875. n. 4. 50

Radtke, Adf., Reductions-Tabelle der Getreide- und Waaren-Preise im deutsch-russischen Verkehr. [Cours 250—300.] 2. umgearb. Aufl. 8. (19 S.) Königsberg 876, (Braun und Weber.) *

— Reductions-Tabelle der Preise f. Getreide, Saaten, Grützen etc. v. der bisherigen Königsberger Usance: Silbergroschen pro Scheffel auf die neuen Notirungen in Mark pro Tonne v. 1000 Ko. 8. (16 S.) Königsberg 875. Hausbrand. n. — 50

Radtke, Carl, s. Radtke, Karl

Radtke, Erich, prakt. Arzt: Aus d. Kgl. pathol.-anat. Universitäts-Institut zu Königsberg i. Pr. Beiträge zur Kenntnis der Ureteritis cystica. *Königsberg i. Pr. 1900: H. Herrmann.* (55 S.) 8°
Königsberg, Med. Diss. v. 6. Aug. 1900

Radtke, Ernst [app. Arzt, Assistenzarzt in d. Städt. Krankenanst. zu Königsberg i. Pr.]: Zwei Fälle von intrauteriner Spontan-Amputation. '(M. Abbildg.)' ... Königsberg i. Pr., Buch- u. Steindr. E. Erlatis, 1894; 26 S., 1 Bl., 1 Taf. 8.
Königsberg, Med. Fak., Inaug.-Diss. v. 10. Febr. 1894

Radtke, Ernst, zwei Fälle v. intrauteriner Spontan-Amputation. Diss. gr. 8. (26 S. m. 1 Taf.) Königsberg 894. (W. Koch.) n. 1. —

Radtke, Frdr., die Hebung des Handwerks. Eine Zeitfrage, beantwortet von einem Handwerker. gr. 8. (IV, 56 S. m. 1 Tab.) Königsberg 882. Gräfe & Unzer. n. — 60

Radtke, Gustav Adolf

Radtke, [Gustav]: Ausschmückung der Aula. *Ratibor 1898: F. Lindner.* (27—28 S.) 4°
Ratibor, k. ev. G, P 1898 (213)

Radtke, *Gustav Adolf* [Prof. Dr., Dir.]: *Bericht über seine Einführung als Direktor.* Ratibor, Riedingers Buch- u. Steindr., 1893; 25—26 S. 4.
Ratibor, k. Ev. G, P 1893 (205)

—— und Marc Anton, Christus und die Apostel. 13 Bl., gestochen von F. Ruscheweyh. gr. 8. (7 S. Text.) Regensburg 883, Manz. *

—— die Loggien im Vatikan zu Rom. 43 Taf. (in Lichtdr.) nach den Kupferstichen von Volpato und Ottaviani, mit einem Vorwort von Adf. Rosenberg. Fol. (2 S. Text.) Berlin 883, Wasmuth. In Mappe *

—— Madonnen und heilige Familien. In Nachbildungen nach Kupferstichen und Photogr. hrsg. von Adf. Gutbier. Mit einer Einleitung von Wilh. Lübke. Lichtdr. von Mart. Rommel in Stuttgart. gr. 4. (20 S. mit 44 Taf.) Dresden 881, Gutbier. cart. *

— Materialien zum Uebersetzen aus dem Deutschen ins Lateinische für Gymnasial-Primaner. Zusammengestellt u. mit einem Commentar versehen. gr. 8. (V, 113 S.) Leipzig 880. Teubner. 1. 50

Radtke, Materialien zum Übersetzen aus dem Deutschen ins Lateinische f. Gymnasial-Primaner u. Studierende der Philologie. Zusammengestellt u. m. e. Kommentar versehen. 2. Aufl. gr. 8. (VIII, 138 S.) Leipzig 884. Teubner. 1. 80

Radtke, Materialien zum Uebersetzen aus dem Deutschen ins Lateinische f. Gymnasial-Primaner u. Studierende der Philologie. Zusammengestellt u. m. e. Kommentar versehen. 3., v. neuem verm. Aufl. gr. 8. (VIII, 189 S.) Leipzig 891. B. G. Teubner. 2. 40

Radtke, *Gustav* [Prof. Dr., Dir.]: Rede bei der Entlassung der Abiturienten Ostern 1894. Seinen Schülern gewidm. Ratibor, Druck v. B. G. Teubner in Leipzig, 1897; 10 S. 4.
Ratibor, k. ev. G, P 1897 (210)

Radtke, [Gustav]: [Oberlehrer Professor Dr. Karl Adolf Schimberg, gestorben am 31. August 1897.] *Ratibor 1898: F. Lindner.* (28—29 S.) 4°
Ratibor, k. ev. G, P 1898 (213)

—— die Stanzen des Vatikan. In Nachbildungen nach Kupferstichen hrsg. von Adf. Gutbier. Mit erläut. Text von Wilh. Lübke. Lichtdr. von Mart. Rommel in Stuttgart. 9 Lfgn. gr. 4. (VIII, 23 S. mit 35 Taf.) Ebendas. 883. Subscr.-Pr. à Lfg. *ℳ* 3.; cart. * geb. *

Radtke, Gust., de tropis apud tragicos graecos. Dissertatio inauguralis philologica. Berlin 865. (Calvary & Co.) gr. 8. (36 S.) 10 *ngr.*

— De tragicorum Graecorum tropis partic. II. De metaphoris ex verbis nauticis venaticis petitis. Pr. 1867. 14 S. 4°.

Radtke, Gust., der griechische Unterricht auf dem deutschen Gymnasium. Eine pädagogisch-didact. Studie. 4. (43 S.) Pless. 874. Krummer. n. — 50

Radtke, G. Die Verbindung des grammatischen und stilistischen Lernstoffes im lateinischen Unterricht. 20 S. **Progr.** *Wohlau* 1884.

Radtke, Gust., welcher Antheil gebührt Staat, Schule u. Haus an dem Werke der Jugenderziehung, s.: Studien, pädagogische.

Radtke, Ioannes [Flatowiensis]: Observationes criticae in Cornifici libros de arte rhetorica ... Regimonti, ex offic. Hartungiana, *1892*; 2 Bl., 64 S. 8.
Königsberg, Phil. Fak., Inaug.-Diss. v. 2. März 1892

Radtke, Karl

Radtke, Carl *August* [aus Düsseldorf]: Aus d. pharmakolog. Institut zu Bonn. Die nervenlähmende Wirkung des Phenylhydroxylamins ... Bonn, Buchdr. v. A. Henry, 1896; 35 S. 8.
Bonn, Med. Fak., Inaug.-Diss. v. [6.] Mai 1896

Radtke, M., 300 Jahre unter Gottes Schutz im Lichte des Evangelii. Versuch e. Geschichte der evangel. Kirchengemeinde Birnbaum, seiner durch 25jähr. Arbeit in Liebe ihm herzlich verbundenen Gemeinde gewidmet zur Feier ihres 300jähr. Kirchenjubiläums. gr. 8. (VII, 178 S. m. Abbildgn. u. Titelbild.) Birnbaum 900. (H. Buchwald.) 1. 50

Radtke, Max *Gottfried Paul* [aus Pustchow in Pomm.]: Ein seltener Fall von spinaler Kinderlähmung, vorgestellt in d. Greifswalder chirurg. Klinik ... Greifswald, Druck v. J. Abel, 1895; 25 S. 8.

Greifswald, Med. Fak., Inaug.-Diss. v. 13. Aug. 1895

Umgegend von Königs-Wusterhausen. Spezialkarte f. Wasser-, Rad- u. Automobilsport. (Maßst. 1:95,000. 5 Farbendr. Nach d. neuesten Material gezeichnet von Otto **Radtke**. Berlin: S. Schropp [1905]; Photolith. Berliner Lith. Inst.) (1 Kartenbl. 54×43 cm.) 8° [Kopft:] [Umschlagt.:] Karte d. Umgegend von Königs-Wusterhausen ... von O. Radtke.

[05. 11969

Radtke, Paul, aus Berlin: Die **Stabilität der Lebensversicherungs-Anstalten.** *Berlin 1903: E. S. Mittler & Sohn.* (63 S.) 8° [F.] ¶ (Aus: Zeitschr. f. d. ges. Versicherungs-Wissenschaft, Bd 3, H. 4.)

Göttingen, Phil. Diss. v. [25. Juni] 1903

Radtke, Rich., Handbuch f. d. preussischen Förster, enth. sämmtl., d. kgl., Kommunal- u. Privat-Forstschutzbeamten angeh. Gesetze, Verordngn. rc. Zusammengest. u. mit Erläutergn. vers. 2., verm. u. verb. Aufl. gr. 8. (XX, 464 S.) Gollup (Westpr.) 895. Selbstverl. Kart. 4.—

Radtke, Rich., Handbuch f. den preuß. Förster, enth. sämtl., die königl., Kommunal- u. Privat-Forstschutzbeamten angeh. Gesetze, Verordngn. rc. Zusammengestellt u. m. Erläutergn. versehen. 3., gänzl. neubearb. Aufl. gr. 8. (XXIV, 541 S.) Neudamm 899. J. Neumann. Kart. n. 6.—

Radtke, Rich., Handbuch f. den preuß. Förster, enth. sämtl., die königl., Kommunal- u. Privat-Forstschutzbeamten angeh. Gesetze, Verordngn. rc. Zusammengestellt u. m. Erläutergn. versehen. 3., gänzl. neubearb. Aufl. 2. Ausg., m. e. Anh., enth.: Neue Bestimmgn. üb. die Dienstländereinutzg. m. den Vorschriften üb. die Auseinandersetzg. bei Dienstübergaben vom 11. 3. 1901, Wildschongesetz vom 14. 7. 1904, Gesetz betr. die Verwaltg. gemeinschaftl. Jagdbezirke, vom 4. 7. 1905 u. Bestimmgn. üb. Vorbereitg. u. Anstellg. im königl. Forstschutzdienst v. 1. 10. 1905. (XXIV, 541 u. 64 S.) gr. 8. Neudamm 899. 906. J. Neumann. Geb. 6. —; Anh. allein — 80

Handbuch für den preussischen Förster enth. sämtliche, die Betriebs- u. Schutzbeamten d. Staats-, Kommunal- u. Privat-Forstdienstes angehenden Gesetze, Verordnungen u.s.w. Zsgest. u. mit Erl. vers. von Richard **Radtke**, Suhl. 4., gänzl. neu bearb. u. erw. Aufl. [Nebst] Nachtrag. Neudamm: Neumann 1908–11. 8°

Nachtrag. Umfassend d. wichtigsten Gesetze usw. aus d. J. 1908, 1909 u. 1910 nebst Pensionstab. f. Oberförster u. Förster. 1911. [11. 14888

Radtke, Rich., was bieten Kranken-, Invaliden- u. Unfallversicherung u. Unfallfürsorge den preußischen Staats-, Gemeinde- u. Privatforstbeamten? (42 S.) gr. 8. Neudamm 906. J. Neumann. Kart. n. 1. 80

Radtke, Robert, a. Hannover: Der Artikel bei Wolfram von Eschenbach. Straßburg i. E. 1906: „Straßb. Neueste Nachrichten". (VII, 82 S.) 8°

Straßburg, Phil. Fak., Ref. Martin, Diss. v. 10. Febr. 1906

[Geb. 17. März 82 Hannover; Wohnort: Straßburg i. E.; Staatsangeh.: Preußen; Vorbildung: Gymn. Saarlouis Reife O. 02; Studium: Straßburg 7, München 1 S.; Coll. 10. Febr. 06.]

Die Forstwirtschaft als landwirtschaftlicher Nebenbetrieb. Leitfaden f. Unterricht u. Praxis. Von W. **Radtke**, Forstass. Mit 22 Textabb. Berlin: Parey 1909. 117 S. 8°

(Landwirtschaftliche Unterrichtsbücher. [66.]) [10. 7179

Radtke, Wilhelm: **Beiträge** zu den Lydischen Geschichten des Xanthos. *Bischweiler 1898: F. Posth.* (3—22 S.) 4°

Bischweiler, PG, MP 1898 (530)

Radtke, Guilelmus [Hannoveranus]: De Lysimacho Alexandrino ... Argentorati, *Druckerei d. Str. N. N.*, 1893; 2 Bl., 122 S. 8.

Strassburg, Phil. Fak., Inaug.-Diss. v. 1893

18*

Radtke, W., De Lysimacho Alexandrino. Diss. 1895. 122 S.

Radtouren, 100, in d. Umgebung v. Strassburg i. E. Führer für kleine u. Tages-Touren. gr. 16. (16 S.) Strassburg 898. Bouillon & Bussenius. n. — 60

Radtourist, der. Amtliche Zeitg. der allgem. Radfahrer-Union, D.T.C. Internation. illustr. Fachzeitschrift f. die Gesammtinteressen des Radfahrsportes u. der Fahrradindustrie. Organ zur Hebg. des Fremdenverkehrs. Nebst: Der Automobilist. Internationale illustr. Fachzeitschrift f. die Gesammtinteressen des Automobilsportes u. der Automobilindustrie. Süddeutsche Touristenzeitg. Schriftleiter: P. Teichner. Jahrg. 1902. 26 Nrn. gr. 4. (à ca. 24 S. m. Abb.) Mannheim, J. Bensheimer's Verl. 2. 60

Radtourist, der. Internationale illustr. Fachzeitschrift f. die Gesammtinteressen d. Radfahrsportes u. d. Fahrradindustrie. Organ zur Hebg. des Fremdenverkehrs. Amtliche Zeitg. der allgemeinen Radfahrer-Union, D. T. C. Süddeutsche Touristenzeitg. Nebst: Der Automobilist. Schriftleiter: P. Teichner. April 1903—März 1907 à Jhrg. 26 Nrn. (à ca. 32 S.) gr. 4. Mannheim, J. Bensheimer's Verl. Jhrg. 1903/04 n. 4. —; 1904/05—1906/07 à n. 6. —

Radtourist, der. Internationale illustr. Fachzeitschrift f. die Gesamtinteressen d. Radfahrsportes u. d. Fahrradindustrie. Organ zur Hebg. des Fremdenverkehrs. Amtl. Zeitg. der allgemeinen Radfahrer-Union, D. T. C. Süddeutsche Touristenzeitg. Nebst: Der Automobilist. Schriftleiter: P. Teichner. April 1907—März 1908. 26 Nrn. (à ca. 24 S.) 30,5×22,5 cm. Mannheim, J. Bensheimer's Verl. 6. —

Radtourist. – Der Radtourist. 4°. Seit 1899 zweiwöchentlich. Mannheim 1912.

Radtourist, der, im Algäu. (Prakt. Führer f. Radfahrer u. Touristen m. zahlr. Ansichten d. schönsten Punkte d. Algäus.) Illustr. v. Eug. Felle. 8. (VIII, 96 S. m. 1 Karte.) Stuttgart 895. Glaser & Sulz. n. 1. 60

Radu, George: Die Donauschiffahrt in ihrer völkerrechtlichen Entwickelung. Berlin 1909: Ebering. 137 S. 8°

Berlin, Jur. Diss. v. 11. Aug. 1909, Ref. v. Martitz

[Geb. 25. Nov. 86 Băcau; Wohnort: Berlin; Staatsangeh.: Rumänien; Vorbildung: Collège St. Antoine Genf Reife 04; Studium: Berlin 1, Leipzig 1, Berlin 8 S.; Rig. 22. Juni 09.] [U 09. 14

Raducanu, Jon, a. Bukarest: Die Rumänischen Staatsschulden. (Abschn. 5: Die gegenwärtige Lage der Staatsschulden.) ¶Berlin 1905: G. Schade.) (46 S.) 8° ¶ (Ersch. später vollst.)

Berlin, Phil. Fak., Ref. Wagner, Sering, Diss. v. 5. Aug. 1905

[Geb. 20. März 84 Bukarest; Heimatsort: Bukarest; Staatsangeh.: Rumänien; Vorbildung: Humanistisches Gymn. Bukarest Reife Sommer 01; Studium: Graz Handels-Akademie 2, Berlin 5 S.; Rig. 17. Juli 05.]

Radüge, Erich, a. Hohensalza: Zur Zeitbestimmung des euböischen und olynthischen Krieges mit Erörterungen über die dritte olynthische Rede und die Rede περὶ συντάξεως. Giessen 1908: v. Münchow. VI, 74 S. 8°

Königsberg, Phil. Diss. v. 23. Okt. 1908, Ref. Rühl, Ludwich

[Geb. 9. Okt. 84 Belgard i. P.; Wohnort: Königsberg i. P.; Staatsangeh.: Preußen; Vorbildung: Gymn. Hohensalza Reife O. 04; Studium: Königsberg 8 S.; Rig. 26. Mai 08.] [U 09. 2413

Raduleseu, Peter [aus Focsani (Rumänien)]: Ueber das specifische Gewicht des Milchserums und seine Bedeutung für die Beurtheilung der Milchverfälschung. ... Munchen, M. Rieger'sche Univ.-Buchh. (Gustav Himmer.), 1890; 24 S. 8°

Erlangen, Phil. Fak., Inaug.-Diss. v. 1890

Radulescu-Motru, Constantin [aus Butoesti '(Rumän.)']: Zur Entwickelung von Kant's Theorie der Naturcausalität ... (Aus: Wundt, Philos. Studien, Bd. IX Heft 3 u. 4.) Leipzig, W. Engelmann, 1893; 121 S. 8.
Leipzig, Phil. Fak., Inaug.-Diss. v. [12. Okt.] 1893

Radulescu-Pogoneanu, Jon A., aus Pogoane ⟨Rumän.⟩: Über das Leben und die Philosophie Contas. *Leipzig 1902: O. Schmidt.* (108 S.) 8°
Leipzig, Phil. Diss. v. [18. Jan.] 1902

Radulowits, *Milorad* W.: Die Hauskommunion der Südslaven ... Heidelberg, A. Siebert, 1891; 41 S., 1 Bl. 8.
Heidelberg. Phil. Fak., Inaug.-Diss. v. [6. Aug.] 1891

Radulowits, M. W., Die Hauskommunion der Südslaven. gr. 8°. Heidelberg, A. Siebert, 1892.

Radunz, Karl, 100 Jahre Dampfschiffahrt 1807—1907. Schilderungen u. Skizzen aus der Entwicklungsgesch. des Dampfschiffes. Mit 125 Abb. u. 2 Taf.: Längs- u. Querschnitt des Dampfers „Amerika". (VIII, 300 S.) Lex. 8. Rostock 907. Berlin, C. J. E. Volckmann Nachf. 7.50; geb. in Leinw. 8.50

Radünz, Paul Heinrich Ferdinand (Berlin), Untersuchungen über die Erfolge einiger Methoden der Radicaloperation der Hernien. Diss. med. u. chir. Berlin (C. Vogt (E. Ebering)) 6. XII. 1892. 29 S. u. Biogr. (2.50) 27545
Oppon.: August Mohr, Bruno Priefer, Albr. Paulus Ferd. Richter. — Seinen Eltern gew. (V.: Albert Radünz.

Radvorschriften

Nachtrag zu den Radvorschriften in Niederösterreich. 32. (6 S.) —.02
Wien: Hof- und Staatsdruckerei 1898.

Radwaner, Jos., üb. die erste Anlage der Chorda dorsalis. [Mit 1 (lith.) Taf. u. 1 (eingedr.) Holzschn.] [Aus dem embryolog. Institut d. Prof. Schenk in Wien.] [Aus: „Sitzungsber. d. k. Akad. d. Wiss."] Lex.-8. (8 S.) Wien 876. (Gerold's Sohn.) n. — 40

—— über die Entwickelung der Sehnervenkreuzung, s. Mittheilungen aus dem embryologischen Institute der k. k. Universität in Wien.

RADWANSKY, Gustav (Leobschütz): Ueber den Einfluss der Unmässigkeit im Biergenuss auf den Organismus des Menschen.- München: Wolf 1883. 23 S.
9.3.1883 - Urk (Titel: De effectu quem consumptio cerevisiae immodica in hominis organismum exerceat.); Chr 1882/83,18
Diss.Ingolst.-Landsh.-Mchn.

Radwansky. Ueber den Einfluss der Unmässigkeit im Biergenuss auf den Organismus des Menschen. Inaug.-Diss. München 1884.

Radwansky, G., die Lungenschwindsucht, ihre Entstehg., Heilg. u. Verhütg. Gemeinverständlich dargestellt. gr. 8. (18 S.) Berlin 899. Berlinische Verlagsanstalt. 1.—

— die Selbsthilfe des menschlichen Körpers. Eine gemeinverständl. Abhandlg. gr. 8. (19 S.) Ebd. (901). —75

Rad-Welt. Organ f. d. Gesammt-Interessen d. Radfahrsportes. Red.: Ant. Pikl. 1. Jahrg. Aug. 1897—Juli 1898. 26 Nrn. (à ca. 12 S.) gr. 4. Linz, E. Marcis. n.n. 4.—; m. Postversendg. n.n. 5.—

— dasselbe. Amtl. Organ des Landesverbandes der Radfahrer v. Oberösterreich u. Salzburg. 2. Jahrg. 1898. 40 Nrn. (à ca. 2 Bog.) gr. 4. Ebd. n. 5.—

Rad-Welt. Zeitung f. die Gesamt-Interessen des Radfahrens u. des Kraftfahrwesens. Red.: Adph. Schulze. 9. u. 10. Jahrg. 1903 u. 1904. à 208 Nrn. (à ca. 4 S.) Fol. Berlin, Buchdr. u. Verlagsanstalt „Strauss". Postfrei à Jhrg. n n 5.—
Nicht durch den Buchhandel zu beziehen.

Rady ojca, ostatnie, dla syna. 8. (23⅔ B.) Wrocław 842, W. G. Korn. *

Rady, Johann Baptist

Chronik von Ockstadt. Nach Urkunden der v. Franckenstein'schen Archive zu Ockstadt u. Ullstadt bearb. u. hrsg. von J[ohann] B[apt.] Rady, Pfarrer. Friedberg, Hessen 1893: B. Ekey. (269 S.) 8° [08. 10879

Rady, Joh. Bapt., Geschichte der kathol. Kirche in Hessen vom hl. Bonifatius bis zu deren Aufhebung durch Philipp den Großmütigen. (722—1526). Hrsg. v. Joh. Mich. Raich. (XI, 834 S.) gr. 8. Mainz 904 Mainzer Verlagsanstalt u. Druckerei n 9 50; geb. in Halbfrz. n. 12.50

Rady, J. B., die Reformatoren in ihrer Beziehung zur Doppelehe des Landgrafen Philipp. Nach dem in den „Publicationen aus den preuß. Staatsarchiven" veröffentlichten Briefwechsel d. Landgrafen m. Bucer dargestellt. Mit dem Portr. der Margaretha v. der Saal in Lichtdr. gr. 8. (IV, 131 S.) Frankfurt a/M. 890. Foesser Nachf. n. 2.25

Radyminscius, M. Commentatio de vita et scriptis Nic. Copernici. Cracoviae 1873. 4.

Radyon, J.: V o r s c h l a g und Bitte zur Eröffnung einer neuen Hilfsquelle zum Besten der Armen ... und zum Wohle der Reichen und Hochgestellten. 8. (10 S.) Prag: Skrejšovsky 1868.

Trójniki. Sbĕrka powědančkow wot JANA RADYSSERBA. (Drillinge. Gesammelte Erzählungen von JOHANN GERNWENDE.) ib. 1885. — 8°.

Radzibor, Hnr. Ferd., über den Fortgang des Menschengeschlechts zur Vollkommenheit. Eine Untersuchung. 8. Riga 802.

Radzibor, Karl Wladimir

Radzibor, Carl Wladimir (Kaltenbrunn/Curonus), De nuce vomica. Diss. pharmacodynam. Berlin (Nietack) 2. X. 1837. 30 S. u. Biogr. (M.: von Lauw). (3.—) 27546
Oppon.: G. Murrmann, A. Ochwadt, W. Mueller.

Radziejewski, die erste Hülfe f. die Verwundeten im Felde. 12. (40 S.) Berlin 902. Herm. Walther. n. — 80

Radziejewski, f.: Rangliste der Offiziere des Beurlaubtenstandes der königl. preuß. Armee.

Radziejewski, Max, Amblyopie und Hysteria virilis. Diss. Berlin 1887, Mayer & Müller. 8°. 32 S.

Radziejewski, Max [aus Posen]: Amblyopie und Hysteria virilis.... Berlin, Buchdr. v. Gustav Schade (Otto Francke) (1887); 32 S. + 1 Bl. 8°.
Berlin, Med. Fak., Inaug.-Diss. v. 19. März 1887.

Und Nacht wird nicht mehr sein! (Offenbarung Johannes 22,5). Rede, gehalten in der Trauerloge der Prov.-Grossloge von Hamburg in Berlin von Max Radziejewski. Berlin: Unger 1910. 8 S. 8° [Umschlagtit.]
Aus: BstF. 19 (1910) S. 98—102.
In Versen: „Fern vom Kirchlein des Dorfes verhallen der Glöckelein Schläge:"

Der Verein deutscher Freimaurer, seine Geschichte, Wege und Ziele. Von Max **Radziejewski.** [Berlin 1908.] 8 S. 8⁰ [Kopftit.]
Abgedr. in: H. 19 (1908) Nr 46.
cf. BstF. 18 (1909) S. 30 (A. **Feld**). 358a.

Mr.sche Wahrheit. Vortrag, im dritten Grade gehalten am 25. April 1904 von Max **Radziejewski** im Auftr. der St. Joh.-Loge Friedrich Ludwig Schroeder-Berlin f. Joh.-Mstr. gedr. Berlin [1904]: Unger. 14 S. 8⁰
cf. Bbl. 18 (1904) S. 524 (G. **Diercks**); H. 15 (1904) Nr 25.
Von der Gleichberechtigung aller Menschen, insbesondere aller Frmr. 23.

Radziejewski, Sigism. Sigfr. (geb. Posen 9. 1. 1841): De corporibus quibusdam metamorphosis regressivae nonnulla. Berolini (1864). (34 S.) 8°
Berlin, Med. Diss. v. 18. März 1864

Radzig, Alexander [aus Russland]: Die Anwendung des Sylow'schen Satzes auf die symmetrische und die alternirende Gruppe ... Berlin, Buchdr. v. G. Schade, *1895;* 2 Bl., 39 S., 1 Bl. 8.
Berlin, Phil. Fak., Inaug.-Diss. v. 17. Apr. 1895

Radzig-Radzyk, Herm., Schrifttafeln f. den Unterricht an höheren Lehranstalten, Mittel- u. Fortbildungsschulen sowie f. den Selbstunterricht als Beitrag zur Kunsterziehung. Mit erläut. Text von Flodoard Frhr. v. Biedermann. (4 Taf. m. 8 S. illustr. Text.) 33×24,5 cm. Charlottenburg (907). P. J. Müller. 4. —

Radzio, die Mathematik u. deren Nutzanwendung im bürgerlichen Leben, insbesondere zur Vorbereitg. auf die Prüfgn. ꝛc. für Militär-Anwärter, Verkehrs-, Kassenbeamte ꝛc. gr. 8. (IV, 95 S.) Colberg 887. (Colbergemünde, Pickel.) n.n. 1. 30

Radzio, der Militär-Anwärter zur Subaltern-Beamtencarrière. Ein Lehrmittel zwecks sicherer Ablegg. d. betr. Examens. 6. Aufl. 8. (IV, 176 S.) Colberg 886. (Colbergermünde, Pickel.) n. 2. —

Radzio, der Militär-Anwärter. Ein Lehrbuch zur Vorbereitg. f. die Prüfgn. der Subalternbeamten-Laufbahnen 10., vielfach verb. u. stark verm. Aufl. Bearb. v. P **Kerzmann.** (IV, 220 S.) gr. 8. Wiesbaden 903. H Staadt. Kart. n. 2. 60

Radziwił, Mikołaj Krzystof, pielgrzymka do ziemi świetéj. Tłómaczona przez X. Andr. Wargockiego. gr. 8. (IV u. 252 S.) Wrocław 847, Schletter. 1 1/2 ℛ

Radziwill, Elisa. Ein Leben in Liebe u. Leid. Unveröffentlichte Briefe der J. 1820—1834, hrsg. v. Bruno Hennig. (LI, 288 S. m. 8 Vollbildern u. 2 Stammtaf.) gr. 8. Berlin 911. (E. S. Mittler & Sohn.) Geb. in Leinw. 7. 50

Radziwill, das Haus, s. Stellung, d. historische, d. Hauses R.

Radziwill, Fürstin Anton, geb. Prinzessin Luise v. Preußen s. **Radziwill,** Luise Fürstin. A 12.75.4

Fürst Radziwill, Anton. Scenen aus Goethe's Faust, in 8 lithographirten Bildern nach der Angabe des Fürsten Anton Radziwill zu seinen Compositionen des Faust gezeichnet von: Biermann, Cornelius, Hensel, Hosemann, Fürst Ferdinand Radziwill, C. Schulz und Zimmermann. Lithographirt von: Eichens, Hosemann, Jentzen, L'oeillot de Mars und Meyerheim. Berlin. Fol.

Radziwill, Bened., Festpredigt zur Feier d. 25jährigen Priesterjubiläums der am 1. Aug. 1866 zu St. Peter geweihten Priester der Erzdiöcese Freiburg. Geh. in der Abteikirche zu Beuron am 4. Aug. 1891. 8. (21 S.) Freiburg i/B. 891. Herder. n. — 25

— Festrede zum 50jährigen Bischofs-Jubiläum Sr. Heil. Papst Leo XIII. Geh. im großen Museumssaale zu Heidelberg am 19. Febr. 1893. 8. (31 S.) Ebd. 893. n. — 30

Radziwiłł, Carl, s. Radziwiłł, Karl

Radziwill, Catherine, s. Radziwill, Katherine

Radziwill, Edm. Prinz, die kirchliche Autorität u. das moderne Bewußtsein. gr. 8. (XXXI, 664 S.) Breslau 872. Aderholz. n. 9. —

Radziwill, Edm. Prinz, ein Besuch in Marpingen. Nebst einem Anhang, enth. alle Correspondenzen und Actenstücke, welche über die Marpinger Angelegenheit in letzter Zeit in der „Germania" erschienen sind. 1. und 2. Aufl. gr. 8. (53 S.) Berlin 877, Verlag der Germania.
Aus: Germania, besonders abgedruckt.

—— Canossa oder Damascus? Eine Lebensfrage für das Deutsche Reich. gr. 8. (60 S.) Ebendas. 878.

Radziwiłł, Karl

Radziwill, Carl Prinz, Entwicklung des fürstl. Stolbergischen Grundbesitzes seit dem XIII. Jahrh. m. besond. Beachtung der Grafsch. Wernigerode, s. Sammlung nationalökonom. u. statist. Abhandlgn. 23.

Radziwiłł, Karl: Entwicklung des fürstlich Stolbergischen Grundbesitzes seit dem XIII. Jahrhundert. Mit besond. Beachtung d. Grafschaft Wernigerode. Dargest. von Dr. Carl Prinz Radziwill. Jena: G. Fischer 1899. (VIII, 168 S.) 8⁰
= Sammlung nationalökon. u. statist. Abhandlungen d. staatswiss. Seminars zu Halle. Bd. 23.

Radziwill, Carl Prinz: **Entwickelung des Fürstlich zu Stolbergischen Grundbesitzes seit dem XIV. Jahrhundert mit besonderer Beachtung der Grafschaft Wernigerode.** *Naumburg a. S. 1899.* (VI, 64 S.) 8° ¶ [Erschien vollst. als Bd 23 d. Sammlung nationalökonom. u. statist. Abhandlungen d. staatswiss. Seminars zu Halle a. d. S.]
Halle, Phil. Diss. v. 1899

Radziwill, Katherine

Radziwill, Catherine Prinzessin, meine Erinnerungen. Aus dem Engl. übertr. von Beppina Freifrau v. Weinbach (geb. Kaulbach). Autoris. Ausg. 3. u. 4. Aufl. (à XI 276 S. m. Bildnis.) gr. 8. Leipzig 905. H Schmidt & C Günther. n. 7. 50; geb. n. 10. —

Radziwill, Prince Guill., s. Catalogue des monnaies.

Radziwillowicz, R., über Nachweis u. Wirkung d. Cytisins. Inaug.-Diss. gr. 8. (78 S.) Dorpat 887. (Karow.) n. 1. 20

Radziwiłowna, Barbara, romans historyczny, przetłumaczony z francuzkiego na język polski, w dwóch częściach z dwoma kopersztychami. (Barbara Radziwill, historischer Roman), mit 2 Kupf. 8. Breslau, W. G. Korn. 821.

Radziwilowna, Carolina, romans histor. 8. Bresl. 821. W. G. Korn. 1 ß

Die Bienenzucht im runden Magazin. Für Landwirte u. Anfänger. Nach eigener Erfahrung ... bearb. u. hrsg. von H. **Radzun**, Lehrer zu Neuhof-Ragnit in Ostpr. Im Selbstverl. *(Tilsit) 1894: (O. v. Mauderode).* (74 S.) 8° [F.] 10

Die Bienenzucht im runden Magazin. Für Landwirte u. Anfänger. Nach eigener Erfahrung ... bearb. u. hrsg. von H. **Radzun**, Lehrer zu Neuhof-Ragnit in Ostpr. 2. Aufl. Im Selbstverl. *(Memel) 1903: (Holz & Sernus Nachf.).* (99 S.) 8° [F.] 10

Rae, John, Der Achtstunden-Arbeitstag. Aus dem Engl. von Jul. Borchardt. gr. 8°. Weimar. E. Felber. 1896.

Rae, John, der Achtstunden-Arbeitstag. Autor. Übersetzg. aus d. Engl. v. Julian Borchardt. gr. 8. (IX, 280 S.) Weimar 897. Berlin, E. Felber. n. 5. —; geb. in Leinw. n. 6. —

Rae, William Fraser

Rae, W. Fraser, the business of travel, s. Collection of British authors.

The Business of travel. A fifty years record of progress. By W[illiam] Fraser **Rae**. New and rev. ed. with au introd. chapter. Copyright ed. Leipzig: Tauchnitz 1892. 286 S. 8°
(Collection of British authors. Tauchnitz Ed. Vol. 2802.) (11. 7870

Rae WF, das Reisegeschäft. Ein Rückblick auf 50jährige Thätigkeit (der Firma Thos Cook & Son). (347 S) Wien 1891

Rae, W. F., westward by rail, s. Collection of brit. authors.

Rae WF, westward by rail. Leipzig 1874

Raepsaet, J. J., Oeuvres complètes, revues, corrigées et considérablement augmentées par l'auteur, suivies de ses Oeuvres posthumes. Tom. I—VI. Lex.-8. Gand 838—41. (Bonn, Marcus.) n. 15 ß

Raesfeldt, Rud., Beiträge zur Lehre vom Magenkrebs. gr. 8. (65 S.) Göttingen 884. (Vandenhoeck & Ruprecht.) n. 1. 60

v. **Raet** v. Bögelskamp, Frhrr. Fr. Wlh. Fd., Beitrr. z. Gesch. Westphalens, zugleich Versuch einer Provinzial-Geschichte der Grafsch. Bentheim. 2 Thle. 8. Münst. 805. (Aschendorf). 1 ß

— s. 1) Geschichte, Münsterische. 2) J. D. v. Steinen, westphäl. Geschichte, 5r Thl.. 3) Ursprung u. Flor d. Niederlande.

Raetz, s. Rätz.

Rafael, s.a. Raffael

Rafael, die Freibeuter des 19. Jahrh. oder dunkle Existenzen. Histor. Erzählung. 4 Bde. in 32 Lfgn., mit 32 Holzschntaf. 8. (366; 384; 454; 326 S.) Prag 872, Bensinger. à Lfg. 40 Pf.

— das Gespenst von Eberstein oder die Tochter des Landstreichers. Roman. 1—26. Lfg. gr. 8. (1. Bd. 422, 2. Bd. 352, 3. Bd. 382 S. u. 4. Bd. S. 1—88 m. je 1 Holzschntaf.) Prag 878. Bensinger. à — 40

Rafael. Der modernen Jungfrau Leben, Lieben u. Heiraten. Prakt. Anleitg. zur Wahl e. Gatten f. Mädchen u. Frauen aller Stände. (Titel-Ausg. v. „R., des Mädchens Wahl".) 12. (VII, 192 S.) Leipzig (896). (897). W. Möschke. n. 1. 50

— des Mädchens Wahl. Wahlverwandtschaft u. Bestimmungswahl d. Weibes. Prakt. Anleitg. f. Mädchen u. Frauen aller Stände. 12. (VII, 192 S.) Ebd. 896. n. 1. 50; geb. n. 2. —; in Damastleinw. n. 2. 50

Rafael, L. [Pseud.], s.a. Kiesekamp, Hedwig

Rafael, L. (Frau Hedw. Kiesekamp), Abendgluten. Gedichte. 4. Sammlg. 8. (IX, 222 S.) Leipzig 901. Breitkopf & Härtel. Geb. in Leinw. n. 4. —

Rafael, L. (Hedw. Kiesekamp), Ebbe u. Flut. Gedichte. 12. (X, 280 S.) Leipzig 896. Breitkopf & Härtel. Geb. in Leinw. n. 4. —

Rafael, L. (Frau Hedw. Kiesekamp), Schultsch Ebbinghaus u. ihr Einsiger u. andere Geschichten, s.: Aus Vergangenheit u. Gegenwart.

— das Engelchen. Die Tetta, s.: Erzählungen f. Schulkinder. IV. 3.

— der Geburtstag, s.: Dilettantenbühne, kathol.

Rafael, L., Gedichte. Mit e. Einleitg. v. F. Dahn. 12. (XII, 180 S.) Leipzig 888. Breitkopf & Härtel. geb. n. 3. —

Rafael, L. Gedichte. Mit e. Einleitg. v. Fel. Dahn. 2. Aufl. 12. (XIV, 209 S.) Lpz. 890, Breitkopf u. Härtel. geb. * 3 —

— Gedichte. 1. Sammlg. Mit e. Einleitg. zur 1. Aufl. von Fel. Dahn. 3. gesichtete u. durchgeseh. Aufl. 12. (XII, 156 S.) Leipzig 900. Breitkopf & Härtel. Geb. in Leinw. n. 3. —

Rafael, L., neue Gedichte. 12. (XIV, 242 S.) Leipzig 894. Breitkopf & Härtel. Geb. in Leinw. n. 4. —

— Heinrich. Familiendrama in 2 Akten. 8. (76 S.) Ebd. 898. n. 1. 50

— junge Herzen. Novellen. 8. (VII, 182 S.) Stuttgart 900. [J. Roth.] München, Allg. Verlags-Gesellschaft. n. 2. —; geb. n. 2. 80

Ⓑ — Junge Herzen. 900. (KBL 32.) Jetzt: Regensburg, J. Habbel.

— Das Lied der hl. Cäcilia. — Heimgeholt. — Doris, s.: Erzähler, unsere.

— der Prinz kommt. Lustsp. in 3 Akten. 8. (90 S.) Ebd. 898. n. 1. 50

Rafael, L. (H. Kiesekamp), vom alten Sachsenstamme Novellen. (211 S.) 8. Leipzig 905. C. F. Amelang. n. 2. —; geb. in Leinw. n. 3. —

— Aus der Skizzenmappe, s.: Aus Vergangenheit u. Gegenwart.

— Der Spökenkieker u. andere westfälische Geschichten. (238 S.) 8. Essen 909. Fredebeul & Koenen. 2.50; geb. in Leinw. 3. 50

— Tiefen der Sehnsucht. Neue Gedichte (VIII, 88 S. kl. 8 Ebd. 906. Geb. in Leinw. m. Goldschn. n. 2. —

— Goldgretels Weihnachtsbuch. Kindergedichte. Mit Orig.-Zeichngn. v. Frz. Hecker. (64 S.) kl. 8. Münster 910. Universitäts-Buchh. F. Coppenrath. Geb. 1. —

— Winterträume. Neue Märchen. 12. (VII, 254 S.) Dresden 892. E. Pierson. n. 2. —; geb. n. 3. —

Rafaela. Der Roman e. Tänzerin, v. Dolorosa. (256 S.) 8. Leipzig (908). Leipziger Verlag. 3. --

Rafael-Album mit einer Lebensskizze Rafael's und den Erklärungen der Bilder von Adf. Stahr. I. Ebend. 861. gr. 4. (10 Photogr. u. 40 S. Text.) 7 ß

— — II. Rafael's Tapeten-Cartons und seine Bildnisse der Päpste Julius II. und Leo X. Erklärt von Adf. Stahr. Ebend. 861. gr. 4. (10 Photogr. u. 45 S. Text.) 7 ß.

— — III. Die Loggien des Vatikan [Rafael's Bibel]. Erklärt von Adf. Stahr. Ebend. 861. gr. 4. (52 Photogr. u. 56 S. Text.) 17 ß

Rafalowski, Moses. Zur Frage der Behandlung der Halsdrüsen und Knochentuberkulose mit Röntgenlicht. Aus der chirurgischen Klinik der Universität Basel .... Diss. Med. Basel. 19 S. 8. Basel, Brin & Cie., 1910.

Rafel, Henry [Bachelor of Arts and Laws aus New-York, U. S. of A.]: Zur Paranoia ... Erlangen, k. b. Hofbuchdr. v. A. Vollrath, 1894; 2 Bl., 1, 1a—c, 2, 2a—c, 3, 3a, 4, 4a, 5, 5a, 6, 6a, 7, 7a, 8, 8a, 9—128 S. 8.
Erlangen, Med. Fak., Inaug.-Diss. v. Febr. 1894

Raff, F., lectures choisies à l'usage des Allemands, pour faciliter l'étude de la langue française. Esslingen 859. Weychardt. gr. 8. (IV, 284 S.) n. 18 ngr

Raff, F., Lectures choisies à l'usage des Allemands pour faciliter l'étude de la language française. 2. édit. revue, corrigée et augmentée. Esslingen 869. Weychardt. gr. 8. (VII, 311 S.) n. 20 ngr

Raff, F., lectures choisies à l'usage des Allemands pour faciliter l'étude de la langue française. 3. éd. revue, corrigée et augmentée. 1. et 2. partie. gr. 8. Stuttgart 879. Metzler's Verl. n. 5. 60
1. (VIII, 314 S.) n. 2. 60. — 2. (VIII, 316 S.) n. 3. —
s.a. Raff, L.

Raff, F., Lectures choisies à l'usage des Allemands pour faciliter l'étude de la langue française. 1. partie. 4. éd. revue, corrigée et augmentée. gr. 8. (X, 328 S.) Stuttgart 889. Metzler's Verl. n. 2. 60

Junge Lieder. Von Friedrich **Raff.** Strassburg i. E. & Leipzig: Singer 1910. 64 S. 8°
A 12.10636

Raff, Georg Christian

— Abriß d. allgem. Weltgeschichte f. d. Jugend. 1r—3r Thl. 8. Götting. 787, 88. 1r u. 2r Thl. 2e Aufl. 789, 90. 4r—6r Thl. Nach d. Verf. Tode fortges. von Ad. Chr. Gaspari 792, 800, 803. 8. Ebd., Vandenhöck u. R. 6 ß (4r—6r Thl. A. u. d. T.: Gaspari, Abriß d. neuern allgem. Weltgeschichte, 3 Thle.)

Raff, Georg Christ. Dialoge für Kinder von acht bis vierzehn Jahren. Neue, nach dem Tode des Verfassers umgearbeitete . . . Ausgabe. Göttingen 1797. H: *Buse, Gerhard Heinrich.* (Russell IV, 820)

Raff, Geo. Chr., († d. 5. Juni 1788.) Dialogen f. Kinder von 8—14 Jahren. 8. Götting. 779. Neue nach d. Verfass. Tode hrsgg. Aufl. (v. G. H. Buse). 797. Dieterich. 12 gr (A. u. d. T.: wissenschaftl. Dialogen).

— Geographie f. Kinder. 1r Thl. Deutschland. 8. Götting. 776. 5e A. 786. Nach d. Verf. Tode neu ausgearb. v. Chr. K. André. gr. 8. Ebd. 796. 1 ß 16 gr N. A. 806. (A. u. d. T.: André's erstes geograph. Lehrbuch f. d. Jugend. 1e Abtheil.) 2 ß 8 gr 2r Thl. Asien u. Afrika, fortges. von Chr. K. André. gr. 8. Ebd. (790.) 2e A. 792. (A. u. d. T.: erstes geograph. Lehrbuch. 2e Abtheil.) 1 ß 4 gr 3r Thl. fortges. v. Chr. K. André. gr. 8. Ebd. 791. 2e A. 794. (A. u. d. T.: erstes geograph. Lehrb. 3e Abtheil.) 1 ß 4 gr Dieterich. 4 ß 16 gr

— Geographie f. Kinder, zum Gebr. f. Schulen. 8. Götting. 780. 2e A. 783. 3e A. 785. Nach d. Verf. Tode verb. u. hrsgg. v. Chr. K. André. 790. Dieterich. 8 gr N. A. 805. 5 gr 2r Thl. hrsgg. v. Chr. K. André. (A. u. d. T.: Auszug aus André's ersten geograph. Lehrb. f. d. Jugend rc.) 8. Ebd. 792. 12 gr Noch ein 2r Thl., s. G. A. Grohmann; u. noch eine Fortsetzung, s. Geographie, kurze, v. Asia, Afrika u. Amerika rc.

RAFF, Georg Christian 1748 - 1788
Geographie für Kinder, von M. Georg Christian Raff ...
Erster [- Dritter] Theil.
Fünfte verbesserte Auflage. [Tl. 2-3: Nach des Verfassers Tode fortgesetzt von Christian Carl Andre. 1. Aufl.]
Göttingen: Dieterich. 1786 [- 1791]. 8°.
Lippische Landesbibliothek Detmold: Bd. 1 u. 2; Bayerische Staatsbibliothek München: Bd. 3
1. Aufl. 1776.
Nachdr. 1787-1791, s. Nr. 437. 2. Aufl. v. Bd. 2 u. 3, 1792-1794, s. Nr. 595.
Christian Carl Andre, 1763-1821

RAFF, Georg Christian 1748 - 1788
Geographie für Kinder, von M. Georg Christian Raff ...
Erster [- Dritter] Theil.
Tübingen: Balz und Schramm. 1787 [- 1791]. 8°.
Bayerische Staatsbibliothek München: Bd. 2; Eigenbesitz: Bd. 1 u. 3
Bd. 2 u. 3 mit Zusatz: Nach des Verfassers Tode fortgesetzt von Christian Carl Andre.
Nachdr. d. Göttinger Ausg. v. 1786-1791, s. Nr. 414.
Bd. 1: 5. Aufl.; Bd. 2 u. 3: 1. Aufl.
2. Aufl. v. Bd. 2 u. 3, 1792-1794, s. Nr. 595.
Christian Carl Andre, 1763-1821

RAFF, Georg Christian 1748 - 1788
M. Georg Christians Raff's ... Geographie für Kinder zum Gebrauch auf Schulen.
Nach des Verfassers Tode durchgesehen, verbessert und herausgegeben von Christian Carl Andre ...
Göttingen: Dieterich. 1790 [- 1792]. 8°.
Universitätsbibliothek Gießen
Untertitel v. Bd. 2: Zweyter und letzter Theil. Nach des Verfassers Tode fortgesetzt von Carl Christian Andre ...
Gekürzte Ausg. d. Geographie für Kinder, 1786-1791 [3 Bde.], s. Nr. 414.
Baginsky 1046.
Christian Carl Andre, 1763-1821

RAFF, Georg Christian 1748 - 1788
M. Georg Christian Raff's Geographie für Kinder.
Zweyter [- Dritter] Theil ...
Nach des Verfassers Tode fortgesetzt von Christian Carl Andre ...
Zweyte Auflage.
Göttingen: Dieterich. 1792 [- 1794]. 8°.
Niedersächsische Landesbibliothek Hannover. Bd. 2, Staats- und Universitätsbibliothek Göttingen: Bd. 3
1. Aufl. Tl. 1-3, 1786-1791 [Tl. 1, 5. Aufl.], s. Nr. 414.
Nachdr. 1787-1791, s. Nr. 437.
Bezügl. anderer Fortsetzungen des Raffschen Werkes von Grohamnn u. a., s. Nr. 510, 515, 516.
Christian Carl Andre, 1763-1821

— — Versuch einer Fortsetzung dieser Geographie als 2r Thl. enthält, Asien, Afrika, Amerika, siehe G. A. Grohmann.

— Naturgeschichte f. Kinder, zum Gebr. in Stadt- u. Landschulen. Mit 4 Kpf. 8. Götting. 778. 2e verb. A. 780. 3e A. 781 4e A. 783. 5e verm. Ausg. v. Fr. A. A. Meyer. Ebd. 813. Dieterich. 20 gr — Dies. 6e Aufl. in gr. 8. verm. v. Fr. A. A. Meyer. Mit 14 Kpf. Ebd. 793. 13e A. 827. Ebd. 1 ß 12 gr Mit ill. Kpf. 1 ß 20 gr

Raff. *Naturgeschichte* für Kinder. Mit elf (gefalteten) Kupfer-Tafeln (E. L. H. Waagen del., J. G. Sturm sc). 2. verm. u. verbess. Aufl. Göttingen, J. C. Dieterich, 1780. 7 Bl. 658 S. 8°. Pbd. d. Z. m. Rsch. 48.—
Schönes Ex. dieser frühen, mit vielen Tier-, Pflanzen- u. Mineralienfiguren illustr. Ausgabe.

— Naturgesch. f. Kinder, z. Geb. a. Stadt- u. Landschul. v. F. Alb. Ant. Meyer, m. K. 8. Gött. Dieterich. 792.

Raff. *Naturgeschichte* für Kinder. Mit vierzehn Kupfertafeln. 7. verb. Aufl., besorgt von D. F. A. A. Meyer. Nebst einem besonderen Anhange. Über die Naturlehre in Gesprächen für Kinder. Mit einer Kupfertafel. Tübingen, W. H. Schramm, 1809. XIV (statt XVI), 624 SS. 8 Bll.; 2 Bll. 108 SS. und 16 Kupfer. 8°. Hübscher brauner Halbldrbd. d. Z. mit rotem Rsch. u. Rv. 22.—
Die Kupfer stellen Tiere und Pflanzen, die Anatomie des Menschen u. a. dar. Gutes Ex. Eintrag a. d. Titel.

— — dies. m. K. gr. 8. Ebend. 810.

RAFF. *Naturgeschichte* für Kinder ... besorgt von D. F. A. A. Meyer. Mit vierzehn Kupfertafeln ... 11. verbess. Aufl. Göttingen, Heinrich Dieterich. 1813. XV, 627 S. 6 Bl. 14 gefalt. Taf. 8°. Pappbd. d. Z. m. blauem Rücken u. Schildchen. — Sehr hübsche Kupfer. 20.—

Raff, G. C., Naturgeschichte für Kinder. 12te Aufl. Mit neuen Kupfern. gr. 8. Göttingen, Dieterich. 819.

RAFF. *Naturgeschichte* für Kinder, besorgt von D. F. A. A. Meyer. Mit [1 Frontisp. u.] 14 Kupfertaf. 12. verbess. Aufl. Reutlingen, Mäcken, 1822. 600 S. 8°. Schöner marmor. Ldr. d. Z. auf Bünden m. Rückenvergold. u. Schildchen u. goldgepr. Supralibros (Solothurnisches Kantonswappen). Schönes Ex. 20.—

Raff, (G. C.,) Naturgeschichte f. Kinder. 12e Aufl. M. Kpf. gr. 8. Götting. 827, Dietrich.

Naturgeschichte für Kinder. Von Georg Christian Raff. Nach d. Verf. Tode besorgt von F[riedrich] A[lbrecht] A[nton] Meyer. Neueste verb. Aufl. Reutlingen: Mäck 1830. 600 S. 8°

Raff's, G. Chr., Naturgeschichte für Kinder. 15., verb. und verm. Aufl. Nach dem gegenwärt. Zustande der Wissenschaft bearb. von A. A. Berthold. gr. 8. (X und 522 S. mit 15 Kpfrt.) Göttingen 854, Dieterichsche Buchh. *
mit ill. Kpfrn. *

Raff's, G. Chr., Naturgeschichte für Kinder. Nach dem gegenwärtigen Zustande der Wissenschaft bearb. von A. A. Berthold. 16. Aufl. Mit 15 (color.) Kpfrtaf. Göttingen 861. Dieterich. gr. 8. (X, 521 S.) n. 1 ₰ 16 ngr.

Raff, Helene, die Braven u. die Schlimmen. Geschichten aus Bayern u. Tirol. (274 S.) 8. Berlin 904. Gebr Paetel. n. 4. —; geb. in Leinw. n. 5. —

Raff, Helene, Paul Heyse. (VI, 154 S. m. 3 Bildnissen.) 8. Stuttgart 910. J. G. Cotta Nachf. 2.50

Raff, Helene, Modellgeschichten. 8. (181 S.) Berlin 902. Gebr. Paetel. n. 3. —; geb. in Leinw. n. 4. —

— Naturgewalten, s.: Engelhorn's allgemeine Roman-Bibliothek. 26. VIII.

— Sünder u. Entsühnte. Erzählungen u. Skizzen. (267 S.) 8. Berlin 907. Gebr. Paetel. 4.—; geb. in Leinw. 5. —

Raff, Hermann [Rechtspraktikant]: Ist Zahlung einer Geldstrafe für einen Anderen Begünstigung? ... München, kgl. Hof- u. Univ.-Buchdr. v. Dr. C. Wolf & Sohn, 1892; 47 S. 8.
Erlangen, Jur. Fak., Inaug.-Diss. v. 1892

Raff, Joach., Blondel de Nesle, s. Breitkopf und Härtel's Text-Bibliothek Nr. 105

—— die Tageszeiten, s. Breitkopf und Härtel's Text-Bibliothek Nr. 134.

Raff, Joach., die Wagnerfrage. Kritisch beleuchtet. I. Thl.: Wagner's letzte künstlerische Kundgebung im „Lohengrin." 8. (VIII und 287 S.) Braunschweig 854, Vieweg und Sohn. *

—— Welt-Ende; Gericht; neue Welt, s. Breitkopf und Härtel's Text-Bibliothek Nr. 128.

Raff, Johs. (Joh. Hozhevar), der letzte Streich der Königin v. Navarra. (Hohe Liebe.) Ein Trauerspiel. (210 S.) 8. Berlin 907. S. Fischer Verl. 3.—; geb. n 4.—

Raff, Johs. (Joh. Hozhevar), der Zerstörer. Eine Tragödie in 3 Aufzügen. (176 S.) 8. Berlin 910. S. Fischer Verl. 3.—; geb. n 4.—

Raff, Julius [cand. med. aus München]: Die Behandlung der Psoriasis mit Aristol. ... München, im Selbstverl. d. Verf., C. Ueberreuter'sche Buchdr. in Wien, 1891; 22 S. 8°
München, Med. Fak., Inaug.-Diss. v. 1891

Raff, Jul., s.: Neisser, A., stereoscop. medicin. Atlas, Lfg. 14.

Raff, L., Lectures choisies à l'usage des Allemands pour faciliter l'étude de la langue française. 3e édit. revue, corrigée et augmentée. 2 parties. gr. 8. Stuttgart 879, Metzler'sche Buchh. [1re partie. (VIII, 314 S.) * ℳ 2,60.; 2e partie. (VIII, 316 S.) * ℳ 3.] *
s.a. Raff, F.

Raff, Paul, a. Stuttgart: Zur Ästhetik der Zahl. München 1907: Kastner & Callwey. (96 S.) 8°
München, Phil. Fak., Ref. Lipps, Diss. v. 16. Febr. 1907
[Geb. 1. Aug. 85 Stuttgart; Wohnort: Stuttgart; Staatsangeh.: Württemberg; Vorbildung: Kgl. Eberhard-Ludwigs-Gymn. Stuttgart Reife Juli 03; Studium: München 7 S.; Rig. 16. Febr. 07.]

Raffael's Bildungs- u. Entwickelungsgang, s. Lützow, Carl v.

—— Biographie und Charakteristik, s. Springer, A.

Rafael, s. Dalton, Herm.

Rafael's Leben und Werke, s. Lübke, Wilh.

Rafael, auf blutgetränktem Boden oder die Hyäne von Serajewo. Zeitgeschichtlicher Roman aus der jüngsten Gegenwart. 2 Thle. oder 27 Lfgn. gr. 8. (729 u. 494 S. m. je 1 Holzschntaf.) Urfahr-Linz 878—80. Kraußlich. à Lfg. — 60

Rafael in Oberstdorf von Adf. R.... gr. 8. (8 S.) München 895. L. Finsterlin. n. — 20

Rafael Sanzio von Urbino, ein dramat. Spiel in 5 Akten, von G. Ch. Braun. Nebst einem noch ungedruckten Gedicht F. Schiller's an einen Künstler, so wie erklärenden Anmerkungen und 6 Umrissen in Kupf. und 1 Musikblatte. 8. Main. Kupferberg. 819. Rthlr.

Raffael [ital. Künstler]
s. Raffaello Sanzio. [10. 1764]

Raffaello Sanzio

— s. auch Raphael.

Rafael Santi. Eine in chronolog. Anschauung gehaltene Auswahl seiner bedeutendsten Werke seit seinem Austritte aus Perugino's Schule bis zu seinem Tode. Nach den Orig. gez. von Geo. Koch. Ausg. I—III. 1. Serie. 12 Nrn. Cassel 867, 68. Kay. Imp.-Fol. (12 Photogr.)
Ausg. I., à Blatt 6 ₰; cplt. in Carton 80 ₰
Ausg. II., à Blatt 3 ₰; cplt. in Carton 42 ₰
Ausg. III., à Blatt 1 ₰ 15 ngr.; cplt. in Carton 24 ₰
La belle jardinière. — La vierge au voile. — Lo Sposalizio. — Madonna di Tempi. — Portrait d'un jeune homme. — Madonna Colonna. — Madonna del Granduca. — La visione d'Ezechiel. — Fornarina. — Madonna Sistina. — Madonna in trono. — Madonna della Sedia.

Rafael Santi, die Basreliefs am Chorgestühl in S. Pietro, s. Meister, alte.

Rafael's Bibel, genannt die Loggien. Mit einem Vorwort von C. Bormann. hoch 4. (VI S. und 52 Photogr. mit Text.) Berlin 861, Schauer. ** 17 Thlr.; geb. **

Raffael's Bilder z. biblischen Geschichte des alten Testamentes. Nebst einem kurzen erklärenden Text. 1.—10. Hft. Jedes mit 4 Kpfrtaf. qu. gr. 4. Prag 841, 42, Bohmanns Erben. à n. 1/6 ₰ Chines. Papier à n. 1/4 ₰

— Christ's Charge to St. Peter. Photograph. Nachbildung. (2 Bl auf 1 T) qu.imp

— u. **Anton**, Christus u. die Apostel. 13 Blätter, gestochen v. F. Ruschewoyh. gr. 8. (7 S. Text.) Regensburg 883. Verlags-Anstalt. n. 2. 80

— Engelsköpfe, s.: Meisterbilder, Bl. 121.

Rafael's Fabel der Psyche in d. Farnesina zu Rom. Gezeichnet an Ort u. Stelle, radirt u. hrsg. v. Frz. Schubert. 2. Gesammtausg. in 1. Bde. mit 25 Blätt. Fol. (3 Blatt Text.) München 846, Roller.

Rafael. — Raphaelische Facsimilen. 36 Blatt Photographieen nach in den Gallerieen des Hampton-Court und Louvre aufbewahrten Handzeichnungen Raphaels. gr. Fol. Berlin 861, (Th. Grieben.) * *

Rafael-Galerie. Nach den Zeichnungen von G Koch potographiert von F Bruckmann. (12 Bl) grfol In Mappe. Kassel

— die schöne Gärtnerin, s.: Meisterbilder. 157. Bl.

Raffael's Gedichte, s.: Michelangelo.

— Gemälde, hrsg. v. Adf. Rosenberg, sa Klassiker der Kunst

Raffael [Raffaello Sanzio]. Des Meisters Gemälde in 202 Abb. Mit e. biogr. Einl. von Adolf Rosenberg. *Stuttgart & Leipzig: Deutsche Verl.-Anst. 1904.* (XXXIV, 153 S.) 4°
= Klassiker d. Kunst in Gesamtausgaben. Bd 1. [04. 8073 11

Raffael [Raffaello Sanzio]. Des Meisters Gemälde in 203 Abb. Mit e. biogr. Einl. von Adolf Rosenberg. 3. Aufl. Stuttgart & Leipzig: Deutsche Verl.-Anst. 1906. (XXXIV, 168 S.) 4°
= Klassiker d. Kunst in Gesamtausgaben. Bd 1. [06. 5891 5

Raffael Santi, Johanna v. Aragonien, s.: Meisterbilder fürs deutsche Haus. 73. Blatt.

— Papst Julius II, s.: Meisterbilder. Bl. 119.

Raffael. Kartons in photographischen Nachbildungen. (11 Bl) Imp In Mappe.

Raffael. Eine bibl. Kunstgabe. Geleitwort, biograph. Einleitg. u. erläut. Text v. Rud. Pfleiderer, s.: Hausschatz christl. Volkskunst.

Rafael's Loggien im Vatican zu Rom. 43 Blatt, nach den Stichen von Volpato in Lichtdr. ausgeführt von Römmler & Jonas zu Dresden. Fol. Dresden 878, Gilbers'sche Verlagsh. In Mappe *
—— dass. — In Lichtdr. ausgeführt und hrsg. von L. Koch. gr. Fol. (43 Bl.) Wien 878, Koch. In Mappe *

— die Loggien im Vatikan zu Rom. 43 Taf. (in Lichtdr.) nach den Kupferstichen v. Volpato u. Ottaviani, m. e. Vorwort v. Adf. Rosenberg. Fol. (2 S. Text.) Berlin 884. Wasmuth. In Mappe. n. 40. —

— Madonna della Sedia, s.: Blätter, bunte, aus aller Welt.

— Madonna della Sedia, s.: Meisterbilder. Bl. 125.

— Die Sixtinische Madonna, s.: Bildkunst.

— dasselbe, s.: Blätter, bunte, aus aller Welt.

Raffael Santi, die sixtinische Madonna, s.: Meisterbilder fürs deutsche Haus.

—— Madonnen. 4. (11 Photogr. mit 42 S. Text.) Berlin 861, Schauer. * *

— Madonnen u. heilige Familien, in Nachbildgn. nach Kupferstichen u. Photographien hrsg. v. Adf. Gutbier. Mit e. Einleitg. v. Wilh. Lübke. Lichtdr. v. Martin Rommel in Stuttgart. gr. 4. (20 S. m. 44 Taf.) Dresden 881. Gutbier. cart. n. 30. —

— Meisterbilder, sa Weicher's Kunstbücher.

Die Meisterbilder von Raffael [d. i. Raffaello Sanzio]. Eine Auswahl von 60 Reprod. nach Orig.-Aufnahmen. (Neue Ausg.) Berlin & Leipzig: Weicher 1909. 67 S. 8°
(Weichers Kunstbücher. Nr 4.) [10. 17643

— Meisterwerke, s.: Möhring's Künstlermappen. 4. Bd.

—— s. Minghetti, Marco, Rafael.
Vgl.: Raphael.

Raffael-Album. 30 Reprodukt. seiner berühmt. Werke (30 S.) 4. Berlin (904). Globus Verlag. Geb. n. 1. 2(

Rafael-Werk. Sämmtliche Tafelbilder und Fresken des Meisters in Nachbildungen nach Kupferstichen und Photogr. Hrsg. von Adf. Gutbier. Mit erläut. Text von Wilh. Lübke. Lichtdr. von Mart. Rommel in Stuttgart. 1. Bd.: 92 Tafelbilder. Mit einem Vorwort von Wilh. Lübke. gr. 4. (XVIII S. mit 92 Bl. Taf.-Erklärungen.) Dresden 881, Gutbier. geb. in Calico mit Goldschn. *
geb. in Ldr. mit Goldschn. *

Rafael-Werk. Sämmtliche Tafelbilder und Fresken des Meisters in Nachbildungen nach Kpfrst. und Photogr. Hrsg. von Adf. Gutbier. Mit erläut. Text von Wilh. Lübke. Lichtdr. von Mart. Rommel in Stuttgart. 2. Bd.: 92 Fresken und Tapeten. Mit einem Vorwort von Wilh. Lübke. gr. 4. (XVIII S. mit 92 Bl. Taf.-Erklärungen.) Dresden 881, Gutbier. cart. *
geb. in Calicot mit Goldschn. *
1. Bd.: 92 Tafelbild. Ebendas. 1881, zu denselben Preisen. — Den 3. Bd. bildet: Lübke, W., Rafaels Leben und Werke. Ebendas. 1882. * ℳ 16.—. (s. XVII. Bd. 2. Abthl. S. 84).

Raffael, die Stanzen d. Vatikan, in Nachbildgn. nach Kupferstichen hrsg. v. Adf. Gutbier. Mit erläut. Text v. Wilh. Lübke. Lichtdr. v. Martin Rommel in Stuttgart. (In 9 Lfgn.) 1. Lfg. gr. 4. (4 Taf.) Dresden 883. Gutbier. Subscr.-Pr. n. 3. —

—— Tapeten im Vatican zu Rom nach den Kartons im Kensington-Museum. In Lichtdr. ausgeführt und hrsg. von L. Koch. Mit einer Einleitung und Erläuterungen versehen von V. K. Schembera. qu. Fol. (7 Bl. mit 9 Bl. Text.) Ebendas. 878. In Mappe *

—— les vierges de Raphaël. gr. 4. (11 Photogr. mit 22 S. Text.) Berlin 861, Schauer. geb. * *

Raffaello di Urbino, vita di, s.: Vasari, G.

Raffalovich, Arth., die russischen Finanzen seit dem letzten orientalischen Kriege 1876—1883. Deutsche Bearbeitg. m. e. Vorworte v. Mark Reischer. 8. (63 S.) Odessa 884. Verl. des russ. Merkur. n. 2. —

Raffalovich, Marc. André, d. Entwicklg. d. Homosexualität. Autor. Uebersetzg. aus d. Franz. gr. 8. (39 S.) Berlin 895. Fischer's medicin. Buchh. n. 1. 20

Raffalowitsch, Marc-André, der Uranismus, s.: Roman, der, eines Konträrsexuellen.

Raffalowitsch, Sol. Arthur (geb. Odessa 11/X 11. 1816): Quaedam capita ex commentatione ampliore de syphilide ejusque curatione antiphlogistica secundum observationes in praxi nosocomiali. Berolini (1838). (43 S.) 8°
Berlin, Med. Diss. v. 1. Juni 1838

Raffauf, Sammlung einiger wichtigeren, die Geld- und Naturalverpflegung an Bord in Dienst gestellter Fahrzeuge der norddeutschen Kriegsmarine betr. Vorschriften. gr. 8. (95 S.) Kiel 869, Schwers'sche Buchh. *

Raffauf, Vorschriften der norddeutschen Kriegsmarine über Schiffsverpflegung gesammelt u. geordnet. Ebend. 869. gr. 8. (35 S.) n. 10 ngr.

Raffauf, Alexander Mathias (geb. am 25 März 1833 in Koblenz): De pyaemia ... Bonnae, form. C. Georgi 1855. 2 Bl., 23 S., 1 Bl. 8.
Bonn, Med. Fak., Diss. v. 22 Aug. 1855

Raffauf, Johannes, Gerichtsreferendar in Köln: Die kirchenrechtlichen Bestimmungen über den Altar. Borna-Leipzig 1904: R. Noske. (VIII, 37 S.) 8°
Leipzig, Jur. Fak., Diss. v. 6. Jan. 1904
[Geb. 17. Febr. 79 Cöln; Wohnort: Cöln; Staatsangeh.: Preußen; Vorbildung: Kais. Wilh.-Gymn. Cöln Reife O. 99; Studium: Bonn 2, Heidelberg 2, Bonn 2 S.; Rig. 28. Mai 02.]

(RAFFAY,) EMERICH CARL: Ankündigung zum allgemeinen Jubiläum. Emerich Carl / Bischof von Bosnien und Syrmien. Esseck (1825). Gedr. bei Martin Aloys Diwald, k. k. priv. Buchdrucker. 1 f. - 1°

RAFFAY, EMERICH CARL: Von der Vortrefflichkeit des Priesterthumes und der demselben gebührenden Achtung. Bey seiner Sekundiz-Feyer an der hiesigen Dommkirche vorgetragen in der slawonischen Sprache. Im Jahre 1826. am 31. Dezember, und hernach in die Deutsche übersetzt. Essegg 1826: A. Diwald. 16 S. - 4°

RAFFAY, EMERICH CARL: Von der Warnung vom Rückfalle in die vorigen Sünden. Predigt. Am Schlusse des fünfzigjährigen Jubiläums vorgetragen in der slavonischen Sprache und hernach in die Deutsche übersetzt. Essegg 1821. Gedr. bei M. A. Diwald. 18 S. - kl. 4°

Raffay, Frz., die Besitzlehre im Entwurfe des ung allg. bgl. Gesetzbuches. Kritische Studie m. e. Gegenantrage. Aus dem Ung. übers. v. Eduard Hobelt (35 S.) gr. 8. Budapest 903. S. Politzer & Sohn. n. — 90
Sonderabdruck aus: „Ztschr. f. ung. öff. u. Privatrecht".

— die Ungültigkeit der Ehe im Sinne des ungar Ehegesetzes. (61 S.) gr. 8. Ebd. 903. n. 1. 20
Sonderabdruck aus: „Ztschr. f. internat. u. öff. Recht".

Raffay, Leop., alphabetisch geordnetes Orts-Verzeichniß der Kronländer Mähren u. Schlesien nach der k. k. polit. Administrations- u. Gerichtseintheilung. Imp. 4. (98 S.) Olmüz 850, Hölzel. ⅔ ℔

Raffay. O. Ritter v., der Käse der Brie. Brie de Meaux Coulommiers, Brie de Melun. (31 S. m. 2 Abbildgn. gr. 8. Wien 904. C. Fromme. n. — 50
Sonderabdruck aus: „Oesterr. Molkerei-Zeitg."

Raffay Robert: Ueber die Erblichkeit im augusteischen Prinzipat.
H. 1878 PN 101 Diss. Wien, Univ. 646

Raffay, R., der Geschichtsunterricht an den österreichischen Mittelschulen. gr. 8. (35 S.) Wien 889. (Hölder.) n. — 60

— Grundriss der Geschichte der österreichisch-ungarischen Monarchie zum Selbstunterricht u. zur Vorbereitung für Prüfungen [Maturitäts-, Einjährig-Freiwilligen-, Lehramts- etc.] gr. 8. (X, 198 S.) Ebd. 889. n. 3. —

Raffay, Rob., die Memoiren der Kaiserin Agrippina. gr. 8. (V, 91 S.) Wien 884. Hölder. n. 2. 40

Raffay, Rob., zur Reform der Institution der Reserve-Offiziere. [Aus: „Oesterr.-ung. Officiers-Zeitg."] gr. 8. (46 S.) Wien 893. IX, Wasagasse 21 (Administration der Oesterr.-ungar. Officiers-Ztg.). — 50

Raffeiner Adalbert: Kritische Darstellung der Kategorienlehre des Aristoteles zugleich in ihrem Unterschied von der Kants.
1904 Diss. Innsbruck, Univ. 1363

Raffel, Frdr., englische Freihändler vor Adam Smith, s. a Zeitschrift f. die gesamte Staatswissenschaft. 18. Erg.-Hft.

Englische Freihändler vor Adam Smith. Ein Beitrag z. Gesch. d. polit. Oekonomie von Dr. Friedrich **Raffel**. Tübingen: H. Laupp 1905. (V, 1903 S.) 8°
Ein Teil erschien u. d. T.: Ist Berkeley e. Freihändler? als Inaug.-Diss. Kiel 1904.
= **Zeitschrift** f. d. gesamte Staatswissenschaft. Erg.H. 18. (r5. 15139

Raffel, Friedrich, aus Kiel: Ist **Berkeley** ein Freihändler? *Kiel 1904: H. H. Peters.* (31 S.) 8° ¶(Hauptwerk erscheint als: Bücher'sche Zeitschrift f. d. ges. Staatswiss., Erg. H.) ¶
Kiel, Phil. Diss. v. [13. Aug.] 1904

Raffel, Johannes [aus Berlin]: Die Voraussetzungen welche den Empirismus Locke's, Berkeley's und Hume's zum Idealismus führten .... Berlin, Mayer & Müller (1887); 46 S. 8°.
Berlin, Phil. Fak., Inaug.-Diss. v. 18. Jun. 1887.

Raffel, (Henr. Guil.) Car. (geb. Berlin 23. 11. 1827): De glaucomate. Berolini (1851). (33 S.) 8°
Berlin, Med. Diss. v. 13. Okt. 1851

Raffel, R(ichard), approb. Arzt: Ueber die **Aetiologie** der traumatischen Syringomyelie. *Leipzig 1902: B. Georgi.* (82 S.) 8°
Leipzig, Med. Diss. v. (12. Febr.) 1902

Raffelsberg, Aug., das Bild der Mutter. Roman aus österreich. Adelskreisen. (339 S.) 8. Leipzig 905. Leipziger Central-Verlag. n. 4. —

Raffelsberger. Die Befestigung von Paris nach dem von den Kammern angenommenen Gesetze, ausgeführt durch die erste typometrische Anstalt in Wien. (1 Plan.) 4. (1842.)

Raffelsberger sen., Gemälde aus Sicilien rc., s. Gemälde.

Raffelsberger Ernst: Das Waldviertel.
1894 PN 883 Diss. Wien, Univ. 2354

Raffelsberger. Ernst: Das niederösterreichische Waldviertel. ([S.-A.] Berichte über das XIX., XX. und XXI. Vereinsjahr des Vereines der Geographen an der Universität Wien.) Wien 1896. 131 S. 8°.

Raffelsperger, Franz

Raffelsperger, F. Erster typometrischer Atlas, oder Austria. Nach der K. K. Landesvermessung. Wien 1844. 1 Bd. folio mit 14 Karten c. Dr.

Raffelsperger, Franz, Atlas in 38 Karten, typograph. ausgeführt. 1. Lfg.: Karte d. Königreichs Böhmen. — Karte d. Erzhrzgthums Oesterreich mit Salzburg. — Karte v. Inner-Oesterreich, das ist: des Königreiches Illirien u. des Hrzgthums Steiermark. — (Spanien u. d. Kriegsschauplatz in Afrika.) Farbendruck. Fol. Wien 841. (Leipzig, Fr. Fleischer.)

Raffelsperger, Franz, Eisenbahnkarte von Deutschland und den Nachbarstaaten, in Farbendruck. Wien, Bermann u. Sohn, 1843. gr. Fol. (Leipzig, Fr. Fleischer. (12 ngr.)

Raffelsperger, Franz, Die landesherrlichen Fahrposten zu Wasser und zu Lande oder der Post- und Reise-Secretär. Ein geographisches Posthandbuch für Postämter, Reisende ... Bd. 1—3. Wien 1834. 8. . . . . (D.)

Raffelsperger, F. Erste typometrische General-Karte von Europa. Wien 1844. 25 Bl. c. Dr. Ff.

Raffelsperger, Franz. Typographische General-Post-Karte des Kaiserthums Oesterreich und der nächsten Grenzländer, mit Ergänzungen der übrigen Staaten in Europa. Wien 1838. 4 Bl. c. Dr. Ff.

Raffelsperger, Frz., erste typographische Karte, General-Postkarte d. Kaiserth. Oesterreich u. nächsten Grenzländer mit Ergänzungen d. übrigen Staaten in Europa. 4 Bl. Neue Aufl. Fol. (Leipzig 840. Fr. Fleischer.) n. 1⅔ ℔

— Influenzkarte der Eilpost-Diligenz- und Packwagens-Course in dem Kaiserthume Oesterreich und in den angränz. Ländern bis Rom, Genua, Paris, Brüssel, Hamburg, Berlin, Petersburg rc. rc. 3e Aufl. Imp.-Fol. Wien 833. (Leipzig, Hinrichs.) n. 1¼ ℔

Raffelsperger, Franz: Karte des Königreiches Galizien und dem Krakauer Gebiete . . . 2 Bl. (1:864.000.) Wien: Typogr. Landkartenverl. 1847.

Raffelsberger, Kreis-, Gerichts-, Völker-Telegraphen- und Postkarte der gefürsteten Grafschaft Tirol mit Vorarlberg. Herausgegeben von ... 9. Auflage mit dem Wappen des Kronlandes. Quer-Folio. (1 Bl.) Wien und London. (Typographie.) 1853

Raffelsperger, Frz., allgem. geograph. Lexikon. des österr. Kaiserstaates, sa Lexikon.

Raffelsberger, Franz. Allgemeines geographisch-statistisches Lexikon aller österreichischen Staaten. (Mit Karten.) (6 Bde.) 8. Wien 1845—1853.

Raffelsberger, Fr.: Allgemeines geographisches Lexikon des österreichischen Kaiserstaates. Wien. 1846-1853. 8°

Raffelsperger, Frz., Poststraßenbuch, od. Wegweiser durch Europa, mit besond. Berücksichtigung auf den Oestreich. Kaiserstaat. Mit 1 Uebersichtskarte all. r. Post-Routen u. der summarischen Entfernungen im Kaiserth. Oestreich. gr. 8. Wien 821. Sollinger. 2 ℳ

Raffelsperger, Frz., Poststrassenbuch, od. Wegweiser durch Europa, mit besond. Berücksichtig. auf d. österr. Kaiserstaat. Ein Hülfsb. f. jeden Reisenden, Postmeister etc. M. 1 Uebersichtskarte (Fol. u. ill.) aller Post-Routen u. der summar. Entfernungen im Kaiserth. Oesterreich u. in d. angränz. Staaten. Nach d. neuesten ämtl. Postkarten, Materialien, Vermessungen u. Bestimmn. gr. 12. (20⅔ B.) Wien 831. Sollinger.

— Poststraßenbuch, oder Wegweiser durch Europa, mit besond. Berücksichtigung auf d. österr. Kaiserstaat. 2e Aufl. 8. Wien 834. Sollinger. 2 ℳ

—— Proben d. ersten geograph. Typen. gr. 8. (½ B. u. 8 farb. gedr. Taf.) Wien 838. (Leipzig, Fr. Fleischer.)

—— der Reise-Secretär. Ein geograph. Posthandb. f. Reisende, Kaufleute, Geschäftsmänner u. Postbeamte. 2 Bde. M. 4 in Kpfr. gest. ill. Postkarten v. Deutschland, Europa, Oesterreich u. üb. Wasserreisen. gr. 8. (51¼ B.) Wien 829, 30. (Heubner.)

Raffelsperger, Frz., s. See- u. Alpenbesuche in den Umgebungen Ischl's.

Raffelsperger. Neueste Sprachen- und Eisenbahnkarte des Kaiserthumes Oesterreich mit der neuen politischen Eintheilung und Angabe der Handels- und Gewerbekammern. Herausgegeben vom Geographen ... 22ste Auflage, mit 25 Wappen der Kronländer am Rande. Querf. (1 Bl.) Wien und London. 1853

Raffelsperger, F. Uebersichts-Karte der fahrenden Posten in dem österreichischen Kaiserstaate. Wien 1826. 1 Bl. c. L.

Raffelsberger, Franz. Völker-, Kreis-, Gerichts-, Eisenbahn- und Postkarte der Herzogthümer: Steiermark, Kärnthen, Krain, der Grafschaften Görz, Gradisca, Istrien, und der Reichsstadt Triest. 13. Auflage. Folio. (1 Blatt.) Wien und London. (Typographie.) Mit den Wappen der obigen Kronländer. 1853

Raffenberg, Anton

Raffenberg, A., des Kindes erstes Gebetbuch. Gebete in Versen, nebst Stoßgebeten u. den nothwendigsten Glaubensstücken. [Aus: „Betende Mutter".] Zum Auswendiglernen für Kinder zusammengestellt. 16. (16 S.) Dülmen 880. Laumann. n. — 6

— dasselbe. Gebetbuch für katholische Mütter, welche ihre Kinder christlich erziehen wollen, zugleich Vereins-Gebetbuch für die Mitglieder der Erzbruderschaft der christlichen Mütter. 2., verb. u. sehr verm. Aufl. 16. (XVI, 432 S.) Ebend. 880. n. 1. —; geb. n. 1. 50

Raffenberg, Ant., die betende Mutter. Gebetbuch für die Mitglieder des Vereins der christlichen Mütter, sowie für alle kathol. Mütter, welche ihre Kinder christl. erziehen wollen. 16. (336 S.) Dülmen 878, Laumann'sche Verlagsh.

Raffenberg, Ant., die betende Mutter. Gebetbuch f. kathol. Mütter, welche ihre Kinder christlich erziehen wollen, zugleich Vereins-Gebetbuch f. die Mitglieder der Erzbruderschaft der christl. Mütter. 3. Aufl. 16. (XVI, 416 S.) Dülmen 883. Laumann. n. 1. —; geb. von n. 1. 50 bis n. 6. —

Raffenberg, Ant., die betende Mutter. Gebetbuch f. kathol. Mütter, welche ihre Kinder christlich erziehen wollen, zugleich Vereins-Gebetbuch f. die Mitglieder der Erzbruderschaft der christl. Mütter. 4. u. 5. Aufl. 16. (XVI, 488 S. m. farb. Titel u. Stahlst.) Dülmen 891. 892. A. Laumann. n. 1. — ; geb. n. 1. 50

— dasselbe. Auszug aus dem Gebetbuche. Für ältere Mütter u. Großmütter. [Grobdr.-Ausg.] 16. (XII, 480 S. m. farb. Titel u. Stahlst.) Ebd. 892. n. 1. —

Raffenberg, Ant., die betende Mutter. Gebetbuch für kathol. Mütter, welche ihre Kinder christl. erziehen wollen, zugl. Vereins-Gebetbuch f. d. Mitglieder d. Erzbruderschaft der christl. Mütter. Verm. durch Andachten zu Ehren der hl. Familie. 6. Aufl. 16. (XVI, 500 S. m. farb. Titel u. 1 Stahlst.) Dülmen 896. A. Laumann. Geb. in Leinw. n. 1. 50

Raffenberg, Anton: Die betende Mutter. Vereins-Gebetb. f. d. Mitgl. d. Erzbruderschaft d. christl. Mütter. Verm. durch Andachten zu Ehren d. hl. Familie. Hrsg. v. Anton Raffenberg, Pfarrer ... 7. Aufl. Dülmen i. W.: A. Laumann 1898. (VIII, 528 S., 1 Taf.) 1 Bd. 8°

Raffenberg, A., die betende Mutter. Auszug aus dem Gebetbuche v. A. Für ältere Mütter u. Großmütter. (Grobdr.-Ausg.) 2. Aufl. 16. (XII, 496 S. m. farb. Titel u. 1 Stahlst.) Dülmen 899. A. Laumann. Geb. in Leinw. n. 1. 50

Die betende Mutter. Auszug aus d. Gebetbuche von A[nton] Raffenberg, Pfarrer. Für ältere Mütter u. Grossmütter. ⟨Grobdr.-Ausg.⟩ 3. Aufl. *Dülmen: A. Laumann 1900.* (XII, 503 S.) 8° [F.] [ot. 4319

Die betende Mutter. Vereins-Gebetbuch f. die Mitgl. d. Erzbruderschaft d. christl. Mütter. Verm. durch Andachten zu Ehren d. hl. Familie. Hrsg. von Anton Raffenberg, Pfarrer. 8. Aufl. *Dülmen: A. Laumann (1900).* (VIII, 528 S.) 8° [F.] [ot. 4320

Die betende Mutter. Vereins-Gebetbuch f. d. Mitglieder d. Erzbruderschaft d. christl. Mütter. Vermehrt durch Andachten zu Ehren d. hl. Familie. Hrsg. von Anton Raffenberg. 9. Aufl. Dülmen: A. Laumann 1903. (560 S.) 8° [F.] 105. 13999 B

Raffenberg, Ant., die betende Mutter. Vereins-Gebetbuch f. die Mitglieder der Erzbruderschaft der christl. Mütter. Vermehrt durch Andachten zu Ehren der hl. Familie. 10. Aufl. (575 S. m. farb. Titel u. 1 Farbdr.) 16. Dülmen 906. A. Laumann. Geb. in Leinw. n. 1. 50

— dasselbe. Auszug aus dem Gebetbuche. Für ältere Mütter u. Großmütter. (Grobdr.-Ausg.) 4. Aufl. (XII, 503 S. m. farb. Titel u. farb. Titelbild.) 16. Ebd. 905. Geb. in Leinw. n. 1. 50

Raffenberg, Ant., die betende Mutter. Vereins-Gebetbuch f. die Mitglieder der Erzbruderschaft der christl. Mütter. Vermehrt durch Andachten zu Ehren der hl. Familie. Ausg. I. 11. Aufl. (575 S. m. farb. Titel u. 1 Farbdr.) 16. Dülmen 908. A. Laumann. Geb. in Leinw. 1. 50

– dasselbe. Auszug aus dem Gebetbuche. Für ältere Mütter u. Großmütter. Ausg. II. (Grobdr.-Ausg.) 5. Aufl. (XII, 503 S. m. farb. Titel u. 1 Farbdr.) 16. Ebd. 908. Geb. in Ldr. m. Goldschn. 1. 50

— die am Krankenbette betende Mutter. Kurze Unterweisungen u. Gebete für christliche Mütter bei der Krankheit Eines der Ihrigen. 16. (64 S.) Ebend. 880. n. — 20

Raffenberg, A., siehe, dein König kommt zu dir, od. Der hl. Kreuzweg zur ersten hl. Kommunion. Allen lieben Erstkommunikanten gewidmet. 3. Aufl. 16. (64 S. m. Abbildgn.) Dülmen 901. A. Laumann. n. — 20

— siehe, dein König kommt zu dir, od. Der hl. Kreuzweg zur ersten hl. Kommunion. Allen lieben Erstkommunikanten gewidmet. 4. Aufl. 16. (64 S. m. Abbildgn.) Ebd. 905. n. — 20

Raffenel, Anne, Reise in Senegambien, s. Weltpanorama, 87.—90. Bd.

Raffenel, M. C. D., Geschichte d. Ereignisse in Griechenland seit dem Ausbruche der ersten Unruhen bis zur Mitte dieses Jahres, mit krit. u. topograph. Anmerkk., nebst e. kurzen Schilderung v. Konstantinopel; aus d. Französ. v. W. J. F. v. Haslein. Mit 1 Karte. gr. 8. Leipz. (822.) Hinrichs. 1 ℛ 12 𝒢

RAFFESEDER, CASPAR: Rede auf die Erlösung gefangener Christen, bey Gelegenheit des feyerlichen Einzuges den der Orden der Allerheiligsten Dreyfaltigkeit in der königl. freyen Krönungsstadt Preßburg den 10. Märzen im Jahre 1777. mit den erlösten Gefangenen hielt. Preßburg 1777. Gedr. bey Joh. Mich. Landerer. 20 S. - kl. 4°

Raff- und Leseholz- wie auch Waldstreu-Ordnung für die Oberherrschaft des Fürstenthums Schwarzburg-Sondershausen (vom 23. Juni 1841.). - Sondershausen 1841. 13 S.

Raffi, Bilder aus Persien u. Türkisch-Armenien, sa Bibliothek, armenische.

Raffi: Bilder aus Persien und Türkisch-Armenien. Aus dem Armenischen übersetzt von Leo Rubenli. [Armenische Bibliothek. III.] Leipzig o. J.

Raffi. Dialaleddin, s.: Bibliothek der fremden Zungen.

Raffin, A.v. Blanche-, s. Blanche- Raffin.

Raffinerien für raffinirende Theologen. Berlin, Frankf. u. Leipzig [Baireuth] 1785--86. V: *Vogel, Erhard Friedrich.* (Ky) (Fiker) (Wr) (MGT)

Raffinerien, f. raffinirende Theologen, (von Er. Fr. Vogel). 2 Bde. gr. 8. (Bayr.) 785, 86. Lübecks Erb. (Grau in Hof). 1 ℛ 18 𝒢

Raffl, Frdr., die Psalmen. Nach dem Urtexte übers. u. erklärt. III. Bd. Psalm 107—150. gr. 8. (VII, 303 S.) Freiburg i/B. 892. Herder. n. 6. —
Der I. u. II. Bd. erscheinen später.

Rafflenbeul, Herm., eine eigene sozial-politische Theorie f. d. christl.-nationale Arbeiterbewegung, s.: Mumm.

Raffler, Ferd., Orts- u. Post-Lexikon f. Schwaben u. Neuburg. gr. 8. (IV, 148 S.) Augsburg 898. B. Schmid's Verl. n. 1. 60; geb. n. 1. 90

Raffler, Hnr. Jos., Versuch über die Einimpfung der Pocken. 8. Grätz 787. Ferstl. 6 𝒢

Raffler, H(einrich) J(oseph): Versuch über die Einimpfung der Pocken. 85 S., gbd.

Gratz: mit v.Widmannstätterschen Schriften 1787

JB 5.062

Raffler, Konrad

Raffler, Conr., die heilige Bischofsweihe. Nach dem römischen Pontificale für das katholische Volk hrsg. gr. 16. (39 S.) Augsburg 858, Schmid'sche Verlagsbuchh.

Raffler, Konr., Jubiläums-Ablaßbüchlein, enth. einen kurzen Unterricht über den Ablaß, Meß-, Buß- und Kommunionandacht, sammt den übl. Ablaßgebeten. Neu hrsg. und verm. 16. (64 S.) Augsburg 879, Kranzfelder'sche Buchh. — Schmid'sche Verlagsh. *

Raffler, Konr., Jubiläums-Ablaßbüchlein, enthaltend einen kurzen Unterricht über den Ablaß, Meß-, Buß- und Kommunionandacht, sammt den übl. Ablaßgebeten. Neu hrsg. und verm. Mit dem (eingedr. Holzschn.-)Bildniß des heil. Vaters. 16. (64 S.) Augsburg 881, (Kranzfelder'sche Buchh. — Schmid'sche Verlagsh.) *

Raffler, Konr., kleines Charwochenbuch. Zum Gebrauche f. kathol. Christen aus dem röm. Meßbuche zusammengestellt. 8. (VIII, 148 S.) Augsburg 871. Kranzfelder. — 90

— Manuale zum Gebrauche f. die Sänger auf kathol. Musikchören beim vormittäg. Gottesdienste. Nebst e. Anh. v. Gebeten bei der hl. Messe. 8. (VIII, 190 S.) Regensburg 874. Pustet. — 60

Raffler, Conr., der sel. Petrus Canisius, S. J., Apostel Deutschlands u. ehemal. Domprediger in Augsburg. E. kurze Lebensgeschichte m. bes. Berücksicht. s. Wirkens in Augsburg. 2., verb. Aufl. 12. (71 S.) Augsburg 897. Kranzfelder. n. — 40

Raffler, Konr., Predigt auf das Fest des göttlichen Herzens Jesu. Gehalten in der Institutskirche der engl. Fräulein zu Augsburg am 28. Juni 1867. Augsburg 867. Kranzfelder'sche Buchh. gr. 8. (16 S.) n. 2 ngr.

—— der heilige Ulrich, Bischof von Augsburg. Nach seinem Leben und Wirken geschildert. gr. 8. (VIII und 229 S.) Augsburg 866, Kranzfelder'sche Buchh. –

— der heilige Ulrich, Bischof v. Augsburg. Nach seinem Leben u. Wirken geschildert. 2. Aufl. 8. (VIII, 167 S. m. e. Stahlst.) München 870. (J. A. Finsterlin.) n. 1. 80

—— kurzer Unterricht über die allgemeinen Concilien. Mit Bezugnahme auf das für das J. 1869 ausgeschriebene allgemeine Concil. 8. (63 S.) Augsburg 869, Kranzfelder'sche Buchh.

— kleines Weihnachtsbuch. Zum Gebrauch f. kathol. Christen aus dem röm. Meß-Buche u. Brevier zusammengestellt. 8. (IV, 147 S.) Augsburg 873. Kranzfelder. — 90

Raffles, Necker u. Daubeny, Die Vulkane auf Java, über den Monte Somma u. über die Vulkane der Auvergne. Aus dem Engl. u. Franz. von Dr. J. Nöggerath u. J. P. Pauls. Elberfeld 1825. 8°.

Raffray, M. X., die Schönheiten des katholischen Kultus. Aus dem Franz. übersetzt u. mit einem Vorworte begleitet von W. Reithmeier. gr. 12. (VIII u. 312 S.) Schaffhausen 852, Hurter. 3/4 ℛ

Raffs, Bernhard, Referendar: Die Rechtslage der Bienen im Bürgerlichen Gesetzbuch. Borna-Leipzig 1909: Noske. IX, 66 S. 8°

Leipzig, Jur. Diss. v. 15. Sept. 1909

[Geb. 21. März 86 Riesa; Wohnort: Pausa; Staatsangeh.: Sachsen; Vorbildung: Dreikönigsch. Dresden Reife O. 05; Studium: Leipzig 2, Freiburg i. B. 1, Berlin 1, Leipzig 4 S.; Rig. 28. Jan. 09.] [U 10. 2836

Rafilsohn, Elisabeth, a. Irkutsk ⟨Ost-Sibirien⟩: Coxa vara congenita. Emmendingen: Druck- u. Verlags-Ges. vorm. Dölter 1908. (38 S.) 8°

Freiburg i. B., Med. Fak., Ref. Kraske, Diss. v. 1908

[Geb. 10. Aug. 81 Irkutsk; Wohnort: Freiburg i. B.; Staatsangeh.: Rußland; Vorbildung: Gymn. Irkutsk Reife 98; Studium: Freiburg i. B. 10 S.; Rig. 22. Mai 08.]

Rafilsohn, Rosalia, a. Irkutsk ⟨Ost-Sibirien⟩: Ätiologie, Prognose und Therapie der Erb'schen Lähmung. Emmendingen: Druck- u. Verlags-Ges. vorm. Dölter 1908. (24 S.) 8°

Freiburg i. B., Med. Fak., Ref. Krönig, Diss. v. 1908

[Geb. 8. Nov. 82 Irkutsk; Wohnort: Freiburg i. B.; Staatsangeh.: Rußland; Vorbildung: Gymn. Irkutsk Reife 01; Studium: Freiburg i. B. 10 S.; Rig. 22. Mai 08.]

Rafinisque, C. S., monographie des coquilles bivalves fluviatiles, siehe: Chenu, J. C., bibliothèque conchyliologique, 1. série, tome III.

——— Regeln der Botanischen Nomenclatur . . . Nach der 2 fr. Ausg. uebersetz. Basel, 1868. 8°.

Rafn, Carl Chrstn., die Entdeckung Amerikas im 10. Jahrh. A. d. dän. Handschrift v. Gtl. Mohnike. gr. 8. (2½ B.) Stralsund 838, Loeffler'sche Buchh.

—— Mémoire sur la découverte de l'Amérique au 10. siècle. Trad. p. Xav. Marmier. gr. in-8. (3¼ B.) Paris 838. (Hambourg, Perthes-Besser et Mauke.) *

— s. Saga Faereyinga.

Rafn, Karl Glo., Anleit. für den Landmann zum Flachsbau u. zur Behandlung des Flachses bis zum Hecheln. Mit Kpf. 8. Kopenh. 809. Schubothe. 12 gr.

— Entwurf einer Pflanzenphysiologie, auf die neuern Theorien der Physik u. Chemie gegründet ꝛc.; aus d. Dän. von J. A. Markussen. gr. 8. Kopenh. 797. Schubothe. 1 ₰ 6 gr.

— der Nutzen d. verschied. Mehlsorten, s. de Lacoudraye.

— Schriften d. physischen Classe d. dänischen Gesellschaft d. Wissenschaften in Copenhagen, s. Schriften.

— Versuch üb. d. besten Plan zu e. prakt. Schule f. d. Ackerbau; aus d. Dän. gr. 8. Altona 798. Hammerich. 6 gr.

Rafner, Otto, die sogenannte Sokratische Methode, dargestellt nach Xenophons Memorabilien u. auf deren Anwendung im Gymnasial-Unterrichte geprüft. Progr. gr. 8. (27 S.) St. Paul 894. (Klagenfurt, F. v. Kleinmayr.) 1. —

FSC
www.fsc.org
MIX
Papier | Fördert gute Waldnutzung
FSC® C083411

Kolibri 360 GmbH
Ferdinand-Jühlke-Straße 7
99095 Erfurt, Deutschland
produktsicherheit@kolibri360.de